ANALYSE
DER FETTE UND WACHSE

ZWEITER BAND

SYSTEMATIK · ANALYSENERGEBNISSE BIBLIOGRAPHIE DER NATÜRLICHEN FETTE UND WACHSE

UNTER MITWIRKUNG VON

PROFESSOR DR. **ADOLF GRÜN**

MITGLIED DES VORSTANDES
DER F. HOFFMANN-LA ROCHE & CO A.-G. BERLIN
GRENZACH

VERFASST VON

DR. **WILHELM HALDEN**

AM MEDIZIN. CHEMISCHEN INSTITUT DER UNIVERSITÄT
GRAZ

BERLIN
VERLAG VON JULIUS SPRINGER
1929

ISBN-13: 978-3-642-89318-6 e-ISBN-13: 978-3-642-91174-3
DOI: 10.1007/978-3-642-91174-3

Softcover reprint of the hardcover 1st edition 1929

Vorwort.

Der vorliegende Band, in dem die Ergebnisse der Analyse sämtlicher natürlicher Fette und Wachse zusammengefaßt sind, ist die notwendige Ergänzung zum ersten, methodischen Teil. Darüber hinaus bildet er auch ein in sich abgeschlossenes Nachschlagewerk für Chemiker und Biologen. Eine vollständige Sammlung dieser Art lag bisher nicht vor. Das größte einschlägige Sammelwerk bringt die Ergebnisse der Untersuchung von nahezu 600 Fettarten und etwa 200 Wachsen. In unserer Darstellung sind alle bis Anfang 1929 untersuchten Fett- und Wachsarten aufgenommen, darunter viele Fette, namentlich von Poikilothermen, die nur in japanischen Fachblättern beschrieben wurden und den deutschen Lesern bisher meist unbekannt blieben. Die Zahl der einzeln charakterisierten Fette einschließlich der Organfette ist seit 1914 auf mehr als das Doppelte angewachsen; wir beschreiben über 1330 Arten, ferner 280 Wachse und wachshaltige Substanzgemische.

Von einem Buche wie dem vorliegenden muß gefordert werden, daß es das Tatsachenmaterial nicht nur vollständig bringt, sondern auch kritisch geprüft, sachgemäß ausgewertet und in einer Weise zusammengefaßt, die dem neuesten Stande der Wissenschaft entspricht und Anregungen zur weiteren Forschung enthält. Dies kann nicht erreicht werden durch bloßes Ergänzen und Kompilieren schon vorhandener Kompilationen. Wir stellten uns daher die Aufgabe, das gesamte Tatsachenmaterial in übersichtlicher Weise neu zu ordnen und darzustellen.

Für die Anordnung der Fette diente das System, wie es der eine von uns vor einiger Zeit aufgestellt hat; ein System, das zwar von dem biologischen Einteilungsprinzip Gebrauch macht (das — wenn auch nur für die Pflanzenfette — schon im Jahre 1915 von S. Ivanow vorgeschlagen und im Jahre 1921 von H. Jumelle angewendet wurde), dieses Prinzip aber mit gewissen unentbehrlichen Elementen der Einteilung nach chemischen Gesichtspunkten und insbesondere mit einer neuartigen Gliederung der Tierfette zweckmäßig kombiniert. Die Einteilung der Wachse erfuhr ebenfalls eine Ausgestaltung, wobei speziell auf die biologische Funktion und die Lokalisierung dieser Stoffe in den Organismen Bedacht genommen wurde. Diese neue Systematik der Fette und Wachse ist einerseits durch Aufzeigen der biologischen Zusammenhänge der Spender wissenschaftlich begründet, andererseits entspricht sie auch durch die Berücksichtigung der chemischen Zusammenhänge den praktischen Bedürfnissen.

Wie bei der Anordnung des Tatsachenmaterials wurde auch bei seiner Beschreibung von der bisher üblichen Art und Weise abgewichen. Die Charakterisierung der einzelnen Fette und Wachse geschah soweit als möglich durch ausschließlich tabellarische Darstellung der Untersuchungsergebnisse, indem wir nämlich nicht nur die Kennzahlen, sondern auch die wichtigsten Eigenschaften in Tabellenform zusammenfaßten. Nur bei den Arten von größerer technischer oder physiologischer Bedeutung ließen sich textliche Ergänzungen, die wir aber jeweils so knapp als möglich formulierten, nicht gut vermeiden; andererseits ließen wir es nicht dabei bewenden, durchweg nur nackte Zahlen wiederzugeben. Soweit einzelne Angaben unwahrscheinlich sind, z. B. da, wo die Kennzahlen einer Art untereinander nicht die erforderliche Übereinstimmung zeigen, wird darauf besonders hingewiesen und nach Möglichkeit eine Erklärung zu geben versucht. Die Leitlinien für diese kritische Auswertung der Analysenergebnisse werden in der Einleitung, S. 2 bis S. 5, erörtert.

Im ersten Teil des Bandes sind die Ergebnisse der fettanalytischen Untersuchungen bis zum Ende des Jahres 1927, in einem Nachtrage die vom Beginn des Jahres 1928 bis Anfang 1929 neubeschriebenen Fette behandelt. Im zweiten Teil werden sämtliche Arbeiten über Wachse und wachshaltige Substanzgemische besprochen. Den dritten Teil bilden die Literaturangaben; es sind fast 6000 Zitate, die großenteils an Hand der Originalarbeiten geprüft wurden. Eine Bibliographie in der von uns gewählten Anordnung lag noch nicht vor; wir glauben, daß sie sowohl Chemikern wie Biologen als Behelf beim Quellenstudium willkommen sein wird.

Das Inhaltsverzeichnis gibt eine gedrängte Übersicht der Einteilung des ganzen Gebietes nach chemischen und biologisch-systematischen Gesichtspunkten. Die botanischen und zoologischen Namen, für die am Ende des Buches neben einem ausführlichen Sachverzeichnis eigene Register angelegt wurden, sind sämtlich an Hand der einschlägigen Spezialwerke nachgeprüft.

Bei der Abfassung des Buches erfreuten wir uns wirksamer Unterstützung, die uns von verschiedenen Seiten zuteil wurde. In erster Linie gebührt unser Dank Herrn Hofrat Prof. Dr. FRITZ PREGL, der dem einen von uns und seinen Mitarbeitern während der ganzen Zeit ihrer Tätigkeit alle Mittel seines Institutes gütigst zur Verfügung stellte. Besonderen Dank schulden wir auch der Firma GEORG SCHICHT A.-G. in Außig, die wie andere wissenschaftliche Arbeiten so auch die vorliegende in ihrer großzügigen Weise förderte. Herr Capt. FRANZ JARKA, Präsident der F. JARKA Co., Inc. in New York, hat uns durch Beschaffung der gesamten fremdsprachigen Sammelliteratur sehr nützliche Hilfe angedeihen lassen, wofür ihm auch hier der herzlichste Dank ausgesprochen sei.

Herrn Dr. HERMANN WIRNITZER (Außig) verdanken wir die sorgfältige Sammlung und Vorbereitung des größten Teils der einschlägigen älteren Literatur (Fette bis 1914, Wachse bis ungefähr zum Jahre 1918). Ebenso danken wir Frl. Dr. ANGELA HAUSER, Frl. Dr. FRIEDL JELE und Herrn Dr. ROLAND KUNZE in Graz für die wertvolle Unterstützung beim Sammeln und Sichten der neueren Literatur; Frl. Dr. JELE sowie Herrn Dr. KUNZE sind wir auch für die eifrige und gewissenhafte Mithilfe beim Lesen der Korrekturen sehr erkenntlich.

Das Kolonialwirtschaftliche Komitee in Berlin, das United States Department of Agriculture in Washington und namentlich das Imperial Institute in London erteilten wiederholt in dankenswerter Weise bereitwillig Auskünfte über seltene Öle. Wir sind ferner allen Fachgenossen aufrichtig dankbar, die uns durch Überlassung von Sonderdrucken schwer zugänglicher Abhandlungen, zum Teil auch durch briefliche oder mündliche Mitteilungen die Arbeit erleichterten; es sind dies vor allem die Herren Prof. L. J. COLE (Madison, U.S.A.), Prof. S. IVANOW (Moskau), Prof. Dr. J. PIERAERTS (Brüssel) und Prof. Dr. M. TSUJIMOTO (Tokyo); ferner die Herren Prof. Dr. S. BERLINGOZZI (Rom), Prof. Dr. L. BÖHMIG (Graz), Prof. Dr. S. FACHINI (Mailand), Prof. Dr. P. GILLOT (Nancy), Direktor Ing.-Chem.

K. Hazura (Wien), Prof. Dr. T. P. Hilditch (Liverpool), Prof. Dr. K. Linsbauer (Graz), Direktor Dr. L. Margaillan (Marseille), Prof. Dr. Y. Toyama (Tokyo), Prof. Dr. F. Weber (Graz) und Dozent Dr. F. Widder (Institut für systematische Botanik der Universität Graz, Vorstand Hofrat Prof. Dr. K. Fritsch).

Die Verlagsbuchhandlung hat unsere Arbeit stets in entgegenkommendster Weise gefördert, wofür wir ihr auch an dieser Stelle verbindlichst danken.

Graz und Grenzach, im September 1929.

Wilh. Halden. Ad. Grün.

Inhaltsverzeichnis.

2. Hauptabschnitt: Tierfette.

Poikilothermen-Fette.

Leberöle (Klassen: Cyclostomata und Pisces).

Öle von meerbewohnenden Homoiothermen („Trane“).

Homoiothermen-Fette.

Unterabteilung: Milchfette (Butterfette).

Anhang zum Hauptabschnitt „Tierfette“.

(Fette von Avertebraten 487.)

Nachtrag.

1. Pflanzenfette.

Unterabt.: Gymnospermae.

Unterabt.: Angiospermae.

2. Tierfette.

Poikilothermen-Fette.

Homoiothermen-Fette.

Zweiter Teil:

Wachse.

2. Hauptabschnitt: Tierische Wachse.

3. Hauptabschnitt: Fossile Wachse.

Dritter Teil:

Bibliographie.

Verzeichnis der Abkürzungen bei Literaturangaben.

Am. Ch. J.	The American Chemical Journal.
Analyst	The Analyst.
Ann.	Liebigs Annalen der Chemie.
Ann. Chim. anal.	Annales de Chimie analytique appliquée.
Ann. di Chim. appl.	Annali di Chimica applicata.
Ann. Chim. Phys.	Annales de Chimie et de Physique.
Ann. Falsif.	Annales des Falsifications.
Ann. Lab. Gabelle	Annali del Laboratorio chimico centrale delle Gabelle.
Apoth.-Ztg.	Apotheker-Zeitung.
Arb. Ges.-Amt	Arbeiten aus dem Reichsgesundheitsamt, Berlin.
Arch. Pharm.	Archiv der Pharmacie.
Arch. Hyg.	Archiv für Hygiene (München und Berlin).
Ber.	Berichte der Deutschen Chemischen Gesellschaft.
Ber. Pharm. Ges.	Berichte der Deutschen Pharmazeutischen Gesellschaft.
Bioch. Z.	Biochemische Zeitschrift.
Bioch. J.	The Biochemical Journal.
Bull. Imp. Inst.	Bulletin of the Imperial Institute (London).
Bull. Soc. Chim.	Bulletin de la Société Chimique de Paris.
Centralbl. Bakteriol.	Centralblatt für Bakteriologie, Parasitenkunde und Infektionskrankheiten.
C.	Chemisches Zentralblatt.
Ch. News	The Chemical News.
Ch. Umschau (Ch. Revue)	Chemische Umschau (früher Chemische Revue) auf dem Gebiete der Fette, Öle, Wachse und Harze.
Ch. Weekblad	Chemisch Weekblad.
Ch.-Ztg.	Cöthener Chemiker-Zeitung.
Ch. Ztg. Rep.	Chemiker-Zeitung, Repertorium.
Compt. rend.	Comptes rendus hebdomadaires des séances de l'Académie des Sciences.
Compt. rend. Soc. Biol.	Comptes rendus de la Société de Biologie.
Crells Ann.	Crells Chemische Annalen.
D. med. Wochenschr.	Deutsche medizinische Wochenschrift.
Dingl. Polyt. J.	Dinglers Polytechnisches Journal.
Eng.	The Journal of Industrial and Engineering Chemistry.
Farbenztg.	Farben-Zeitung (Berlin).
Forschungsber. Lebensm.	Forschungsberichte über Lebensmittel und ihre Beziehungen zur Hygiene, über forensische Chemie und Pharmacognosie.
Gazz. chim.	Gazzetta chimica Italiana.
Helv.	Helvetica chimica acta.
Hofm. Beitr.	Hofmeisters Beiträge.
J. Am. Ch. Soc.	The Journal of the American Chemical Society.
J. Franklin Inst.	The Journal of the Franklin Institute.
J. Am. Leather Ch. Assoc.	The Journal of the American Leather Chemists Association.
J. Biol. Ch.	The Journal of Biological Chemistry.
J. Ch. Soc.	The Journal of the Chemical Society.
J. Oil Fat Ind.	Oil and Fat Industries (New York).
J. Pharm. Chim.	Journal de Pharmacie et de Chimie.
J. pr.	Journal für praktische Chemie.
J.Russ.Phys.Chem.Ges.	Journal der russischen physikalisch-chemischen Gesellschaft.
J. Soc. Ch. Ind.	The Journal of the Society of Chemical Industry.

Kolloid-Z.	Kolloid-Zeitschrift.
Landw. Vers.-Stat.	Die landwirtschaftlichen Versuchsstationen.
Lewkowitsch, Ch. Technol.	Chemical Technology and Analysis of Oils, Fats and Waxes by Lewkowitsch.
Mat. grasses	Les Matières grasses (Paris).
Mitt. Mat. Prüf.	Mitteilungen aus dem Materialprüfungsamt zu Berlin-Lichterfelde.
Mitt. Techn. Vers.-Anst.	Mitteilungen aus der technischen Versuchsanstalt (Berlin).
Monatsh.	Monatshefte für Chemie.
Monit. scient.	Moniteur scientifique.
Münch. med. Wochenschr.	Münchner medizinische Wochenschrift.
Öl- u. Fettind., Wien	Die Öl- und Fettindustrie.
Öst. Ch.-Ztg.	Österreichische Chemikerzeitung.
Oil Paint Drug Rep.	Oil, Paint and Drug Reporter.
Petroleum	Petroleum, Zeitschrift für die gesamten Interessen der Mineralölindustrie.
Pharm. Centralh.	Pharmazeutische Zentralhalle.
Pharm. Jahresber.	Jahresbericht der Pharmazie.
Pharm. J.	The Pharmaceutical Journal (London).
Pharm. Ztg.	Pharmazeutische Zeitung (Berlin).
Pharm. Post	Pharmazeutische Post (Wien).
Pharm. Weekblad	Pharmaceutisch Weekblad (Amsterdam).
Pogg. Ann.	Annalen der Physik und Chemie, herausgegeben von Poggendorf (neue Folge herausgegeben von Wiedemann).
Pflügers Arch.	Pflügers Archiv für die gesamte Physiologie.
Proc. Dubl. Soc.	Proceedings of the Royal Irish Academy (Dublin).
Proc. Roy. Soc.	The Proceedings of the Royal Society (London).
R. Accad. Linc.	Rendiconti della Reale Accademia dei Lincei.
Rec. trav. chim.	Recueil des travaux Chimiques des Pays-Bas.
Revue intern. Falsif.	Revue internationale des Falsifications.
Schweiz. Apoth.-Ztg.	Schweizerische Apotheker-Zeitung (bis 1913); dann Schweizer Wochenschrift für Chemie und Pharmazie.
Sffbr.	Der Seifenfabrikant (Berlin).
Sfsz.	Seifensiederzeitung und Revue über die Harz-, Fett- und Ölindustrie.
Sitzungsber. Akad. Wiss.	Sitzungsberichte der Akademie der Wissenschaften zu Berlin.
Sitzungsber. Wiener Akad.	Sitzungsberichte der Akademie der Wissenschaften (Wien).
Staz. sperim. agrar. ital.	Stazioni sperimentali agrarie italiane.
Therap. Monatsh.	Therapeutische Monatshefte (seit 1922 vereinigt mit der Klinischen Wochenschrift).
Tropenpflanzer	Der Tropenpflanzer (Berlin).
Virchows Arch.	Virchows Archiv für pathologische Anatomie und Physiologie und für klinische Medizin.
Z. anal. Ch.	Fresenius' Zeitschrift für analytische Chemie.
Z. ang.	Zeitschrift für angewandte Chemie.
Z. Biol.	Zeitschrift für Biologie.
Z. Brauwesen	Zeitschrift für das gesamte Brauwesen.
Z. f. Ch.	Zeitschrift für Chemie (1865—1871).
Z. D. Öl- u. Fettind.	Zeitschrift der Deutschen Öl- und Fettindustrie (Fortsetzung des „Seifenfabrikant“).
Z. Lebensm.	Zeitschrift für Untersuchung der Lebensmittel (Fortsetzung der Z. Nahrgsm.; siehe folgende).
Z. Nahrgsm.	Zeitschrift für Untersuchung der Nahrungs- und Genußmittel sowie der Gebrauchsgegenstände (bis 1925; dann Z. Lebensm., s. ob.).
Z. öff. Ch.	Zeitschrift für öffentliche Chemie.
Z. physik. Ch.	Zeitschrift für physikalische Chemie.
Z. physiol. Ch.	Hoppe-Seylers Zeitschrift für physiologische Chemie.

Einleitung.

Das erste Erfordernis für die übersichtliche Darstellung eines so großen Tatsachenmaterials, wie es in den Ergebnissen der Untersuchung aller bisher isolierten Fette und Wachse vorliegt, ist eine Systematik, die sowohl den wissenschaftlichen wie auch den praktischen Bedürfnissen Genüge leistet. Die bisher gebräuchliche Aneinanderreihung der Fette und der Wachse mochte vielleicht früher, solange nur einige hundert Arten zu registrieren waren, wenigstens vom praktischen Standpunkt befriedigen; für das in der letzten Zeit so vergrößerte Gebiet trifft dies aber kaum mehr zu. Daher wurde eine Umgestaltung des Systems der Fette vorgenommen, und zwar nach folgenden Grundsätzen:

Die Pflanzenfette werden nach dem vom chemischen Standpunkt charakteristischesten Merkmal nur in zwei Hauptgruppen geteilt, die trocknenden Öle und die nicht-trocknenden Öle mitsamt den festen Pflanzenfetten[1]. Innerhalb dieser beiden Hauptgruppen sind die Fettarten in der gleichen Reihenfolge geordnet, wie es ihre Stammpflanzen, nach Klassen, Reihen, Familien usw. gruppiert, im botanischen System sind. In vielen Fällen ist ja die Stellung der Stammpflanzen bestimmend für die Zusammensetzung der von ihnen gelieferten Fette; das gleiche gilt — sinngemäß übertragen — für die tierischen Fette. Für die neue Klassifizierung der Tierfette war demnach das zoologische System maßgebend. Die alte, primitive Unterscheidung in Fette von Landtieren und Seetieren wurde fallen gelassen und durch die wissenschaftlich korrektere in Fette der Homoiothermen (gleichwarmen Tiere) und der Poikilothermen (wechselwarmen Tiere) ersetzt[2]. Diese Einteilung erweist sich überdies vom chemischen und vom praktischen Standpunkt als die zweckmäßigste, denn für die eine Hauptgruppe ist ein mehr oder weniger großer Gehalt an hoch-ungesättigten Säuren, für die andere das Fehlen dieser Verbindungen charakteristisch.

Die weitere Gliederung des neuen Pflanzenfettsystems ist in den Einleitungen zu den betreffenden Gruppen auf S. 6, S. 12, S. 177 eingehend begründet; das System der Tierfette auf S. 353 und die Einteilung der Wachse auf S. 523f.

Wie im Vorwort erwähnt, kennt man bereits über 1300 Fette und gegen 300 Wachsarten. Um auch nur die wesentlichsten Ergebnisse ihrer Untersuchung mit der erforderlichen Genauigkeit und dabei doch auf möglichst kleinem Raum wiederzugeben, mußte von der bisher üblichen Form monographischer Beschreibung fast jeder einzelnen Art abgegangen werden. Abgesehen von der Raumverschwendung wäre auch in einer stilisierten Beschreibung von weit über tausend einzelnen Fett- und Wachsarten die endlose Wiederholung von stereotypen Ausdrücken und Wendungen unvermeidlich.

Eine solche Darstellung der Untersuchungsergebnisse, die zudem die Übersicht erschwert und vielfach bloß ablenkt, ist aber auch gar nicht nötig. Die meisten Eigenschaften der zu beschreibenden Stoffe lassen sich ja einfach durch

[1] Vgl. HALDEN: Ch. Umschau Bd. 36, S. 109. 1929.

[2] Über die Ordnung der Tierfette nach der Zugehörigkeit ihrer Spender zu den Gruppen der Homoiothermen und der Poikilothermen siehe HALDEN: Ch. Umschau Bd. 35, S. 55. 1928.

Schlagworte ausdrücken. Das hat auch noch den Vorteil, daß nicht nur — wie üblich — die Zahlenangaben tabellarisch angeordnet werden können, sondern auch die wichtigsten Eigenschaften. In der Mehrzahl der Fälle konnte man sich auf die Anlage von 2 bis 3 Tabellen beschränken, von denen eine oder zwei die Kennzahlen umfassen, die andere in möglichst knapper und übersichtlicher Form alle Angaben über den botanischen bzw. zoologischen Ursprung des betreffenden Spenders, über den Fettgehalt im Organ, über Farbe, Geruch oder Geschmack enthält und — soweit Beobachtungen vorliegen — auch die Reaktionen, besondere Merkmale und allenfalls die wichtigsten Bestandteile verzeichnet.

Bei den gründlicher untersuchten Fetten reichen diese Tabellen allerdings nicht aus, da zu viele Besonderheiten bekannt sind, und so mußte in allen diesen Fällen noch ein ergänzender Text angefügt werden, der aber auch das allgemein zur Durchführung gebrachte Prinzip kürzester Fassung erkennen läßt. Größeren Gruppen von Fetten, die gemeinsame Merkmale aufweisen, wurden Angaben und Erklärungen über die wichtigsten Eigenschaften und besonders charakteristischen Zusammenhänge vorangestellt, so z. B. „Vorbemerkungen“ zu Getreideölen, Cruciferenölen, Leguminosenölen, Palmfetten, den Fetten der Chaulmoogragruppe, den Bassiafetten; ferner „Vorbemerkungen“ zu Fischleberölen, zu den Tranen aus der Familie Delphinidae, zu den Milchfetten u. a.

Umgekehrt sind wiederum manche Fette und Wachse zu wenig untersucht, als daß sich das Anlegen einer eigenen Tabelle für jede einzelne Art lohnen würde. In solchen Fällen wurden Sammeltabellen angelegt; in einigen dieser Sammeltabellen wurden ausnahmsweise, um Raum zu ersparen, Fette aus verschiedenen Pflanzenfamilien vereinigt. Diese Fette konnten nicht durchwegs streng nach der Reihenfolge ihrer Spender im botanischen System geordnet werden. Im bibliographischen Teil (siehe unten) ist jedoch die systematisch korrekte Aufeinanderfolge ausnahmslos gewahrt.

Die Zahlenangaben sind nicht wahllos aufgenommen, viele wurden nachgerechnet und verglichen, besonders die Kennzahlenwerte, und zwar nicht nur die jeweils von den einzelnen Autoren für eine bestimmte Kennzahl veröffentlichten[1], sondern auch die Werte für die verschiedenen Kennzahlen untereinander; d. h. es wurde nötigenfalls kontrolliert, ob diese Werte den Beziehungen entsprechen, die bekanntlich zwischen gewissen Kennzahlen eines Fettes (z. B. Hehnerzahl und Verseifungszahl) sowie zwischen den Kennzahlen desselben und den korrespondierenden Kennzahlen des Säurengemisches bestehen sollen. Fehlt die Übereinstimmung zwischen den Werten für die Kennzahlen von Neutralfett und Säuregemisch, so müssen die einen oder die anderen fehlerhaft sein.

Bei allen Fetten und Wachsen schwanken die zahlenmäßigen Angaben der verschiedenen Beobachter innerhalb mehr oder weniger weiter Grenzen. (Selbst die vom gleichen Autor angegebenen Werte für Kennzahlen, Prozentgehalte von Bestandteilen usw. sind oft voneinander sehr verschieden.) Das beruht nicht oder nur zum geringeren Teil auf Beobachtungsfehlern (vgl. unten), sondern darauf, daß — entsprechend gewissen Variationen[2] in der Zusammensetzung einer und derselben Fettart — ihre Kennzahlen nicht konstant sind. Sie liegen aber in einem gewissen Bereich, dessen Grenzwerte als konstant und charakteristisch angesehen werden können.

Von den in der Originalliteratur, zum Teil auch schon in den Sammelwerken, auffindbaren Kennzahlen und den übrigen Daten wurden deshalb in erster Linie

[1] Siehe z. B. HALDEN und KUNZE: Ch. Umschau Bd. 36, S. 61. 1929.

[2] Vgl. HALDEN: „A propos des variations qu'accusent les constantes des huiles de certaines légumineuses.“ Mat. grasses Bd. 20, S. 8168. 1928. Kurz referiert in Ch. Umschau Bd. 35, S. 260. 1928.

die Grenzwerte in die Tabellen aufgenommen, mehrfach aber auch ihre am häufigsten vorkommenden engeren Bereiche angegeben[1]. Bei vielen Fetten und auch bei manchen Wachsen differieren die verschiedenen Angaben für diese oder jene Kennzahl in solchem Maße, daß es oft schwierig ist zu beurteilen, ob die extremen Daten als die Grenzwerte der betreffenden Kennzahl des normalen Fettes (Wachses) betrachtet werden können oder ob sie als unzuverlässig ausgeschieden werden müssen. Eine sichere Entscheidung ist nur dann möglich, wenn man die Gewähr hat, daß alle die verschiedenen Proben des analysierten Fettes rein waren und im frischen Zustande exakt untersucht wurden. Die mitunter sehr beträchtlichen Differenzen in den analytischen Angaben können nämlich auf sehr verschiedenen Ursachen beruhen. Es sind dies[2]:

A. Primäre Ursachen. Das Fett einer bestimmten Art zeigt schon ursprünglich, d. h. im Organismus der Pflanze oder des Tieres, gewisse Variationen in der Zusammensetzung. Für diese Variationen sind bestimmend:

1. Die Verschiedenheit von Lokalrassen (botanische und zoologische Varietäten).

2. Der Einfluß des Klimas, insbesondere der Temperatur, auf die Fettbildung im Organismus. Näheres hierüber siehe S. 10f.

3. Die Einflüsse sonstiger ökologischer Bedingungen. Bei Pflanzen die Bodenbeschaffenheit (deren Bedeutung aber nur gering zu sein scheint), bei Tieren die Beschaffenheit des Futters, die das Körperfett — und beim Säugetier das Milchfett — wesentlich beeinflußt. Im Zusammenhange damit dürfte auch der Einfluß der Domestizierung stehen: die Fette der als Haustiere gezogenen Vögel und Säugetiere unterscheiden sich bezüglich ihres Sättigungsgrades von denen der wild lebenden Verwandten.

4. Die Verschiedenheiten der physiologischen Zustände (allenfalls auch pathologische Zustände) der Spender: Bei Pflanzen der Reifezustand von Samen oder Früchten[3], beim Fett bzw. Wachs in Holz und Rinde die Variation je nach der Jahreszeit. Bei Tieren das Entwicklungsstadium, der Kräftezustand je nach der Jahreszeit (Fangzeit), bei den Milchfetten der Säugetiere die Lactationsperiode.

B. Sekundäre Ursachen:

1. Nachträgliche Veränderungen der isolierten Fette beim Altern (langem Lagern) infolge Oxydation, Zersetzung durch Mikroben (Ranzigwerden), insbesondere aber partielle Hydrolyse.

2. Beimengungen von anderen Fetten, z. B. bei Samenölen Gegenwart von Fetten aus fremder Saat, Unkrautsamen usw. oder von Wachsen der Samenhaut; bei Fetten aus bestimmten tierischen Organen Beimischung von Fetten benachbarter Organe. (Bei Handelsware ist zu beachten, daß die verwendeten Gebinde oft vorher zum Transport oder zur Lagerung anderer Fette dienten und die Reste derselben nicht vollständig entfernt wurden.) Selbstverständlich kommt auch die Verunreinigung mit Fremdstoffen verschiedenster Art in Betracht.

C. Verschiedenheit der Vorbehandlung:

1. Die Verschiedenheiten der Gewinnungsverfahren: Ausschmelzen, Extrahieren, kalte oder warme Pressung.

---

[1] Aus der Reihe fallende Werte sind eingeklammert, ebenso diejenigen, die nicht für die Fettart an sich charakteristisch sind, sondern nur für die von dem betr. Autor untersuchte Probe, z. B. für ein Muster, das offenbar durch Vorbehandlung, langes Lagern oder andere Einflüsse gelitten hat.

[2] Von den subjektiven Analysenfehlern, die natürlich auch eine gewisse Rolle spielen, ist in diesem Zusammenhange abgesehen.

[3] Über die Zunahme des Ölgehalts während der Reifung siehe S. 12 (Kleberger). Über die Änderungen der Jodzahlen in verschiedenen Entwicklungsstadien siehe S. 9, Fußnote 3 und S. 69 (S. Ivanow, Gillot).

2. Verschiedenheiten der Reinigungsmethoden bzw. gewisse Unterschiede in der Zusammensetzung des Fettes, je nachdem es raffiniert oder in rohem Zustande vorliegt.

3. Einfluß des Probeziehens, so zwar, daß z. B. im einen Fall ein richtiges Durchschnittsmuster analysiert wird, in anderen Fällen Proben, die mehr von den festen oder von den flüssigen Anteilen enthalten.

4. Fehler bei der Vorbereitung zur Analyse. Diese machen sich besonders bei der Untersuchung der Fettsäurengemische geltend. Bei unvorsichtiger Abscheidung der Fettsäuren aus dem Neutralfett können nämlich beträchtliche Veränderungen eintreten, wie Verlust flüchtiger oder wasserlöslicher Säuren, Oxydation, Lacton- und Estolidbildung aus ungesättigten Säuren usw. (wodurch besonders die Hehnerzahl, die Verseifungszahl, die Reichert-Meißl-Zahl und die Jodzahl beeinflußt werden). In diesen Fällen stimmen auch die Kennzahlen des Fettsäurengemisches nicht mit den entsprechenden Kennzahlen des Neutralfettes überein, worauf im Tabellenteil mehrfach hingewiesen wird.

D. Verschiedenheiten der Bestimmungsmethoden (Analytische Abweichungen und Fehler). Verschiedene Methoden bzw. Ausführungsformen geben mitunter voneinander abweichende Werte. Das gilt insbesondere für die Jodzahl, die Acetylzahl, die Thermozahl u. a. m. Deshalb wird in den Tabellen jeweilig nach Tunlichkeit angegeben, nach welcher Methode resp. Ausführungsform die dort angeführten Werte erhalten wurden[1].

Da die Kennzahlen eines Fettes (oder Wachses) keine konstanten sind, wäre es unzweckmäßig, die von den verschiedenen Beobachtern gefundenen Einzelwerte bzw. die Grenzwerte anders als in abgerundeten Zahlen anzugeben. Übrigens sind auch bei fast allen Bestimmungsmethoden (ausgenommen Dichte und Refraktion) die Fehlergrenzen so groß, daß die Resultate nur bis zur ersten Dezimale sicher sind. Noch ungenauer sind die Methoden zur Bestimmung der einzelnen Fettbestandteile, wie der verschiedenen Säuren. Hier dürfte die Genauigkeit sicher nur selten mehr als $\pm$ 1% erreichen (bekanntlich ist die gewöhnliche Ausrechnung von Analysenergebnissen auf Hundertstelprozente auch sonst in vielen Fällen abwegig). — Offenkundig falsche Zahlenangaben wurden natürlich überhaupt nicht in die Tabellen aufgenommen, zweifelhafte durch Fragezeichen als solche kenntlich gemacht oder mit kritischen Bemerkungen versehen.

Einer besonderen Erwähnung bedarf die Maßnahme, die Säurezahlen der Fette nicht in die Tabellen aufzunehmen, sondern sie für sich anzuführen. Der Grund ist, daß die Säurezahl für ein Fett im allgemeinen nicht charakteristisch, demnach zur Kennzeichnung unbrauchbar ist. Sie ist überhaupt keine „Kennzahl" im eigentlichen Sinne des Wortes (wie es die Neutralisationszahl für die Fettsäuren ist). Andererseits ist aber die Kenntnis der Säurezahl eines untersuchten Fettes bzw. des aus ihr errechenbaren Gehaltes an freien Fettsäuren nötig, um verschiedene Kennzahlenwerte, wie Verseifungszahl, Hehnerzahl und andere Daten[2], richtig zu interpretieren bzw. die für ein (stärker) saures Fett gefundenen Werte auf die vergleichbaren Werte für das neutrale Fett umzurechnen[3]. Durch Berücksichtigung des Säuregrades der untersuchten Probe erklärt sich manche

[1] Wo dieser Hinweis fehlt, wurde er als entbehrlich weggelassen, weil es sich um die Angabe eines weiten Bereiches handelt, in dem die methodischen Fehler keine Rolle spielen, oder es liegt der — in der älteren Literatur häufige — Fall vor, daß der Autor nicht angab, nach welcher Methode er analysierte.

[2] Z. B. wird der Erstarrungspunkt der Adjab- oder Njavebutter meist mit 21—28° angegeben. Eine Probe mit der Säurezahl 129 zeigte aber einen Erstarrungspunkt über 39°!

[3] Über die Änderungen der Kennzahlen mit wechselndem Säuregehalt des Fettes siehe Bd. I, S. 149.

Abweichung von der Norm. Aus diesen Gründen wurde jeweils die Säurezahl der Fettprobe, auf die sich die tabellarisch geordneten Kennzahlen beziehen, sofern sie vom Beobachter mitgeteilt[1], besonders vermerkt. Jedenfalls bietet aber die Anordnung des bibliographischen Teils die Möglichkeit, für die meisten Zahlenangaben einer Tabelle die zugehörige Literaturstelle aufzufinden und sich aus der Originalabhandlung auch über etwaige Besonderheiten des untersuchten Materials zu informieren, die in die Tabellen nicht aufgenommen wurden.

Methoden zum Nachweis oder zur Bestimmung einzelner Fette oder Fettgruppen wurden im allgemeinen nicht erwähnt, weil ja ihre Beschreibung Gegenstand des ersten Bandes ist; wo es nötig schien, wurde auf die betreffende Seitenzahl desselben hingewiesen. Nur in einzelnen Fällen mußten Spezialreaktionen, die im methodischen Teil des Buches nicht enthalten sind, kurz beschrieben werden.

Bibliographie.

Die Literaturangaben wurden vereinigt und an den Schluß des Bandes gesetzt. Infolgedessen erscheinen die Kennzahlen nicht einzeln belegt. Wenn dies ein Nachteil wäre, so würden ihn doch die Vorteile der getroffenen Anordnung weitaus überwiegen. Die große Zahl Fußnotenzeichen hätte die Tabellen ganz unübersichtlich gemacht, ferner wären durch die Literaturhinweise — die bei manchem einzelnen Fett, das gründlich untersucht wurde, z. B. bei Leinöl, Cocosfett, Schweineschmalz oder Butterfett, allein mehrere Druckseiten beanspruchen — die Zusammenhänge vielfach zerrissen worden. Diese Bibliographie bildet nun einen selbständigen Teil, der jedoch mit dem Tabellenteil organisch verbunden ist. Für jedes einzelne im Textteil behandelte Fett findet sich in der Bibliographie die soweit als möglich vollständige und chronologisch geordnete Aufzählung der einschlägigen Literatur. Die einzelnen Fett- und Wachsarten zeigen die gleiche Reihenfolge wie im Tabellenteil, mit Ausnahme derjenigen Glieder einer Familie oder Reihe (Klasse), die im Textteil in Sammeltabellen zusammengefaßt wurden.

Den meisten Literaturzitaten, insbesondere denjenigen aus den Jahren nach 1912, sind kurze Inhaltsangaben in Klammern beigefügt, die sich oft direkt auf die entsprechenden Angaben im Textteile beziehen. Wenn also in der Kennzahlentabelle eines Fettes die Ergebnisse der Untersuchung mehrerer Proben angeführt sind, so gibt die Bibliographie die Literaturstellen für jede einzelne Untersuchung mit den entsprechenden Hinweisen an; durch diese Maßnahme ist die engste Beziehung zwischen Tabellenteil und bibliographischem Teil hergestellt und die Brauchbarkeit des letzteren als Führer zum Quellenstudium gewährleistet. Die Literaturzusammenstellungen der wichtigeren Fette, z. B. die des Leinöles, des Chinesischen Holzöles, des Olivenöles, des Cocosfettes, der Kakaobutter, des Schweinefettes, des Rindertalges oder des Butterfettes, sind gleichsam Sammelreferate mit schlagwortartiger Charakterisierung des Inhaltes der betreffenden Arbeiten, soweit sie auf die Fettanalyse Bezug haben.

[1] Leider fehlen vielfach, besonders in der älteren Literatur, die einschlägigen Angaben.

Erster Teil.

Fette.

1. Hauptabschnitt: Pflanzenfette.

Neueinteilung des Gebietes.

Die bisher nahezu allgemein angewendete Klassifizierung der Pflanzenfette nach rein „praktischen" Gesichtspunkten läßt viel zu wünschen übrig. Bei der Gliederung in die bekannten vier Unterabteilungen

a) trocknende Öle,
b) halbtrocknende oder schwachtrocknende Öle,
c) nichttrocknende Öle,
d) feste Fette

liegt der größte Nachteil darin, daß sie kontinuierliche Übergänge aufweisen und daher gegeneinander nicht scharf abgrenzbar sind[1]. Daher bestand seit jeher bei der Einreihung der chemisch oder physikalisch nicht eindeutig charakterisierbaren Fette in die erwähnten Untergruppen eine gewisse Unsicherheit[2].

Ein anderes Einteilungsprinzip hat JUMELLE seinem Leitfaden[3] zugrunde gelegt, nämlich das System der natürlichen Pflanzenfamilien. Es zeigt sich aber, daß das Fehlen jedweder Gliederung nach chemischen Gesichtspunkten auch nicht zweckmäßig ist, weil aus praktischen Gründen und aus Gründen der Übersichtlichkeit die Fette mit ähnlichen Eigenschaften zusammengehören. Wendet man, wie dies JUMELLE tut, nur das botanische Einteilungsprinzip an, so folgen

---

[1] Siehe die „Vorbemerkungen" zu den Hauptgruppen „Trocknende Öle", S. 12 sowie „Nichttrocknende Öle und feste Fette" S. 177.

[2] Beispiele: das Pongamöl wurde von HEFTER (Technologie der Fette und Öle) als „halbtrocknend" bezeichnet; von UBBELOHDE (Handbuch der Chemie und Technologie der Öle und Fette) dagegen als „nichttrocknend", während es LEWKOWITSCH (Chemical Technology and Analysis of Oils, Fats and Waxes) ein „festes Fett" nennt. — Das Tabaksamenöl erscheint in der Technologie von HEFTER unter den „trocknenden" Ölen, in den Handbüchern von LEWKOWITSCH bzw. UBBELOHDE dagegen unter den „schwachtrocknenden" Ölen. — Das Parapalmöl wird von HEFTER bei den „halbtrocknenden" Ölen und bei den festen Fetten angeführt, von LEWKOWITSCH bei den „halbtrocknenden" Ölen, von UBBELOHDE bei den festen Fetten. — Schließlich nennt HEFTER das Baobaböl ein „nichttrocknendes" Öl, während LEWKOWITSCH und UBBELOHDE es als festes Fett bezeichnen. — Weitere Beispiele siehe HALDEN: Ch. Umschau Bd. 36, S. 109. 1929.

[3] „Les Huiles végétales." Paris 1921. SERGIUS IVANOW hatte schon lange vor JUMELLE auf Grund der Erkenntnis, daß die Öle von Pflanzen aus der gleichen botanischen Gruppe (Gattung, Familie) meist ähnlich zusammengesetzt sind, die Einteilung der von ihm untersuchten Fette nach botanisch-systematischen Gesichtspunkten vorgenommen. Vgl. S. 9 (Fußnote 2). Auch in dem vor kurzem erschienenen Buch von BOLTON: „Oils, Fats and Fatty Foods", London 1928, sind die 133 mehr oder weniger eingehend besprochenen Pflanzenfette in der Reihenfolge der natürlichen Familien ihrer Spender angeordnet.

häufig ganz heterogene Fettarten aufeinander[1]. Es führen nämlich einerseits Pflanzen aus benachbarten Familien oft Fette von sehr verschiedener Beschaffenheit und Zusammensetzung, andererseits liefern sogar die Arten einer und derselben Familie manchmal erheblich voneinander abweichende Fette. Dies ist hauptsächlich dann der Fall, wenn die betreffende Pflanzenfamilie weit über die Erde verbreitet ist und somit ihre fettliefernden Arten unter den verschiedensten klimatischen Bedingungen zur Entwicklung gelangen. Da nun vielfach die geographische Lage der Stammpflanzen für die Zusammensetzung der von ihnen produzierten Fette bestimmend ist, so bedingt auch eine weite Verbreitung meist große Verschiedenheiten der chemischen und physikalischen Natur der Fette solcher Pflanzen.

Wollte man die bisherige Einteilung in vier Untergruppen mit der systematisch einwandfreien nach botanischen Gesichtspunkten kombinieren, so ergäbe sich öfters die Notwendigkeit, die Fette aus einer Pflanzenfamilie auf drei oder sogar vier der obengenannten Gruppen verteilen zu müssen[2]; hiedurch würden die Zusammenhänge gelöst werden, die ja einen großen Vorzug des botanischen Einteilungsprinzips bilden. Hauptsächlich aber würden die Unsicherheiten bestehen bleiben, die daraus folgen, daß die Übergänge zwischen den vier chemischen Unterabteilungen kontinuierliche sind.

Daher wurde eine Verschmelzung der beiden Einteilungsprinzipien in der Weise durchgeführt, daß man die beiden ersten Untergruppen des alten Systems a) und b) zu einer Hauptgruppe „Trocknende Öle" und die beiden Untergruppen c) und d) zu einer zweiten Hauptgruppe „Nichttrocknende Öle und feste Fette" vereinigte und im übrigen die Aufteilung sämtlicher Pflanzenfette beider neuer Hauptgruppen nach der Stellung ihrer Spender im botanischen System vornahm. Übrigens ist die wenig glückliche Teilung in die obengenannten vier Untergruppen keineswegs die ursprüngliche; in der ersten Zeit der Beschäftigung mit der Chemie der Fette unterschied man nur zwischen „trocknenden" Ölen einerseits und „erstarrenden" Ölen andererseits[3]. Diese somit auch historisch begründete Zweiteilung des Gebietes nach sinnfälligen Eigenschaften entspricht wohl am meisten den Unterschieden in der Zusammensetzung der Fette, und sie läßt auch am besten die Kombination mit der Gliederung nach botanischen Gesichtspunkten zu.

Zum Zwecke der Neueinteilung mußte die Unterscheidung von „trocknenden" und „halbtrocknenden" Ölen wieder fallengelassen werden, weil sie wissenschaftlich nicht gerechtfertigt ist[4] und die bestmögliche Auswertung des botanischen

---

[1] So schließt sich z. B. an das Myricafett (Familie Myricaceae) das trocknende Walnußöl an; die Muskatnußbutter und das Lorbeerfett (Familie Lauraceae) stehen in der Nähe des trocknenden Mohnöles (Familie Papaveraceae); innerhalb der Familie Euphorbiaceae reihen sich dem stark trocknenden Chinesischen Holzöl der Stillingiatalg und das Ricinusöl an, dessen Zusammensetzung eine von der der übrigen Öle völlig abweichende ist, usw.

[2] So rechnet z. B. LEWKOWITSCH (LEWKOWITSCH-WARBURTON: Chem. Technology, 6. ed., Bd. II. 1922) — allerdings ohne Betonung der botanischen Zugehörigkeit — von den Leguminosenölen das Sojabohnenöl zu den „trocknenden" Ölen, die übrigen Bohnenöle zu den „halbtrocknenden" Ölen, das Owalaöl zu den „nichttrocknenden" Ölen und das Parkiaöl sowie das Pongamöl zu den „festen Fetten". In anderen Sammelwerken findet sich wieder eine andere Art der Aufteilung; vgl. S. 6, Fußnote 2.

[3] FOURCROY, siehe CORNETTE in Crells Ann. Bd. II, S. 437. 1786 (nach CZAPEK: Biochemie der Pflanzen Bd. 1, S. 713. 1913).

[4] Siehe insbesondere EIBNER: „Über fette Öle, Leinölersatzmittel und Ölfarben", S. 9 und 28. München 1922; ferner Ch. Umschau Bd. 33, S. 29. 1926; Bd. 34, S. 92. 1927. Farbenztg. Bd. 32, S. 1850. 1927. Siehe auch den Bericht über die Generalversammlung der Wissensch. Zentralstelle für Öl- und Fettforschung in Berlin vom 12. Dezember 1927 (Z. ang. Bd. 41, S. 161. 1928): Die übliche Klassifizierung der Fette in trocknende, halb- und nichttrocknende wird als „sehr zweifelhaft" bezeichnet.

Einteilungsprinzips nicht zuläßt. Ferner erwies sich die Vereinigung der nichttrocknenden Öle und der festen Fette zu einer Hauptgruppe als nützlich; zudem ist diese Maßnahme auch deshalb gerechtfertigt, weil die Unterschiede in der Konsistenz keine prinzipiellen sind, wie bei den Vorbemerkungen zu dieser zweiten Hauptgruppe (S. 177) des näheren ausgeführt wird[1].

Wie eingangs erwähnt, brachte die Unterteilung des Gebietes der Pflanzenfette in vier Gruppen für die Einreihung der Fette von zweifelhaftem chemischen Charakter Unsicherheiten mit sich, die vorwiegend dadurch bedingt waren, daß drei Übergangsgebiete existieren, durch die eine eindeutige Klassifizierung verhindert wurde: zwischen den „trocknenden" und den „halbtrocknenden", zwischen den „halbtrocknenden" und den „nichttrocknenden" und schließlich zwischen den „nichttrocknenden" Ölen und den „festen Fetten".

Durch die Eliminierung zweier Unterabteilungen werden die vormals vorhandenen drei Übergangsgebiete auf eines reduziert, somit wird auch die Zahl der unsicheren Stellen des Systems von drei auf eine herabgesetzt. Die noch bestehende Unsicherheit der Verteilung auf dem Übergangsgebiet zwischen den trocknenden und den nichttrocknenden Ölen[2] wird beim neuen System dadurch verringert, daß man das zuverlässige botanische Einteilungsprinzip dem chemischen überordnet, wie dies bei den Vorbemerkungen zur Hauptgruppe „Trocknende Öle", S. 12, erläutert ist.

Eine übersichtliche Darstellung des neuen Systems findet sich im Inhaltsverzeichnis, Hauptabschnitt „Pflanzenfette", S. VI—IX. Bei der überwiegenden Zahl der Familien konnte eine Teilung vermieden werden. Bei einigen wenigen Familien erwies sich die Aufteilung auf die beiden chemischen Hauptgruppen als unvermeidlich. Und nur in einem Falle, nämlich bei den Fetten aus der Familie Euphorbiaceae, war eine Dreiteilung erforderlich: die Mehrzahl der Öle dieser Familie wurde in die Hauptgruppe der trocknenden Öle eingereiht, der Chinesische Talg (von Stillingia sebifera) in die zweite Hauptgruppe, das Ricinusöl jedoch wurde als „Zwischengruppe" herausgenommen. Infolge seiner Zusammensetzung, die sich von der sämtlicher übrigen Fette wesentlich unterscheidet, gebührt dem Ricinusöl ein eigener Platz im System.

Die Aufeinanderfolge der Pflanzenfamilien entspricht für beide chemischen Hauptgruppen dem ENGLERschen System (A. ENGLER und E. GILG: Syllabus der Pflanzenfamilien, 9. und 10. Aufl. Berlin 1924). Auch innerhalb der einzelnen Familien sind die Gattungen und Arten gemäß dem „Syllabus" aneinandergereiht; nur in wenigen Fällen (z. B. bei den Cruciferenölen) mußten aus Gründen der Übersichtlichkeit Verschiebungen in der Gruppierung der

[1] Übrigens ist schon mehrfach darauf hingewiesen worden, daß die Unterscheidung von Fetten und fetten Ölen unzweckmäßig ist, vgl. Bd. I, S. 3; ferner: Einheitl. Untersuchungsmethoden f. d. Fettindustrie Bd. I, S. 4. Stuttgart 1927: „Der Ausdruck Fette umfaßt die verseifbaren Öle und Fette; nur in besonderer Hinsicht auf den flüssigen Aggregatzustand wird der Ausdruck Öle gebraucht."

[2] Die Ursachen für die verschiedenartige Beurteilung der Öle vom Standpunkt ihrer Trockenfähigkeit liegen darin, daß es kein zuverlässiges Maß für die Trockenfähigkeit der fetten Öle gibt. Wie schon in der Einleitung S. 3 erwähnt, sind die Eigenschaften der Fette, also auch ihr Trockenvermögen, von vielerlei Faktoren abhängig. Zudem sind die Unterschiede im Verhalten dünner Ölschichten an der Luft keine prinzipiellen, sondern nur graduelle. Nach EIBNER (Bayer. Ind. u. Gewerbebl. Bd. 54, S. 105. 1922; siehe auch EIBNER und RASQUIN: Ch. Umschau Bd. 33, S. 29. 1926) können selbst typische Vertreter der sog. nichttrocknenden Öle, wie das Mandelöl und das Olivenöl, unter den Bedingungen erhöhter Reaktionsfähigkeit (wie im ultravioletten Licht) trockene, nicht wieder erweichende Filme geben; dieses erzwungene Trocknen hat jedoch, wie EIBNER selbst hervorhebt („Über fette Öle", S. 286), keine technische Bedeutung, es kommt folglich für die Einteilung der Fette vom praktischen Standpunkt nicht in Betracht.

Stammpflanzen vorgenommen werden — bei den Cruciferen durfte dies um so eher geschehen, als auch die botanische Einteilung hier nicht endgültig ist, wie ENGLER und GILG selbst hervorheben[1].

Dort, wo es sich um die Feststellung der Familienzugehörigkeit seltener Arten oder um die Aufdeckung botanischer Synonymie handelte, wurde der „Index Kewensis Plantarum Phanerogamarum" (Oxford 1896—1920) zu Rate gezogen.

Die Bedeutung der systematischen Stellung und der Ökologie der Pflanzen für die Zusammensetzung ihrer Fette.

Die Voraussetzung für die Klassifizierung der Pflanzenfette nach botanischen Gesichtspunkten ist das Bestehen gemeinsamer Merkmale bei den Fetten bestimmter botanisch-systematischer Gruppen. (In vielen Fällen sind solche Beziehungen auch seit langer Zeit bekannt, sagen doch schon die Namen einzelner Fettsäuren aus, daß sie für bestimmte Pflanzenfamilien kennzeichnend sind: Lauraceae — Laurinsäure; Myristicaceae — Myristinsäure; Linaceae — Linolsäure, Linolensäure.) Diese Gruppen enthalten zwar meist den gleichen charakteristischen Bestandteil, aber in verschiedenen Mengen. Sogar das Fett von einer und derselben Pflanzenart aus einer solchen Gruppe zeigt nicht immer dieselbe quantitative Zusammensetzung; die Menge des charakteristischen Bestandteils kann wechseln (größere Bereiche der Kennzahlen, vgl. S. 2ff.). Es kommt nämlich nicht nur darauf an, zu welcher Gruppe (Art, Gattung, Familie) die fettspendende Pflanze gehört, sondern auch auf ihre Lebensbedingungen (ökologischer Faktor). Das Verdienst, dies klar erkannt und zum Gegenstand planmäßiger Forschungen gemacht zu haben, gebührt SERGIUS IVANOW[2]. Er zeigte, daß nur unter gleichen oder ähnlichen äußeren Bedingungen die reifen[3] Pflanzen einer bestimmten botanischen Art (Varietät) nahezu konstant zusammengesetzte Öle liefern, während Veränderungen der Lebensbedingungen auch Veränderungen in der Zusammensetzung der betreffenden Fette zur Folge haben können.

---

[1] „Syllabus", S. 217: „Diese Einteilung, welche einige Verbesserungen gegen die älteren enthält, ist zum Bestimmen wenig geeignet; hierfür ist die ältere, keineswegs vollkommene, von DE CANDOLLE brauchbarer" (die Reihenfolge der Gattungen ist in den beiden Fällen vollständig verschieden).

[2] Mitt. des Büros für Pflanzenbau 1915, Heft 1 und 7 (russisch). — „The influence of climatic factors on the physiologic-chemical characters of the plants. The concealed characters of the plants." Bull. of applied Botany and Plant breeding. Leningrad, Bd. 13, Nr. 2. 1922—1923. — „Die Lehre von den Pflanzenölen", Moskau 1924 (russisch). — „Die Evolution des Stoffes in der Pflanzenwelt und das Grundgesetz der Biochemie." Ber. D. Botan. Ges., Bd. 44, S. 31. 1926. — Vgl. ferner die zusammenfassende Abhandlung „Die Klimaten des Erdballs und die chemische Tätigkeit der Pflanzen" in Abderhaldens „Fortschritte der Naturwissenschaftlichen Forschung", Neue Folge, Heft 5, S. 1 (Berlin und Wien 1929). — Die Einteilung der Pflanzenfette nach botanisch-systematischen Gesichtspunkten hat S. IVANOW auch schon im Jahre 1915 vorgeschlagen: „Statt ein zufälliges muß ein natürliches System der pflanzlichen Öle aufgestellt werden" (Punkt 5 im „Resumé" der Abhandlung „Physiologische Merkmale der Pflanzen, ihre Variabilität und ihre Beziehung zur Evolutionstheorie", Beih. z. Botan. Zentralbl. Bd. 32, Abt. I, S. 66. 1915).

[3] Nach den Untersuchungen von IVANOW („Über den Stoffwechsel beim Reifen ölhaltiger Samen mit besonderer Berücksichtigung der Ölbildungsprozesse", Beih. z. Botan. Zentralbl., Bd. 27, Abt. I, S. 159. 1912) erfolgt während des Reifens der Ölsaaten eine Zunahme der ungesättigten Bestandteile bei trocknenden Ölen, wogegen die Zusammensetzung der nichttrocknenden Öle praktisch konstant bleibt. Enthält demnach das Öl einer reifen Saat Linol- oder Linolensäure, so beobachtet man eine allmähliche Zunahme der Jodzahl im Laufe der Entwicklung; so zeigte ein Leinöl im Anfangsstadium der Reifeperiode die Jodzahl 120 und die Hexabromidzahl 0, während das Öl der reifen Leinsamen Jodzahl 180 und Hexabromidzahl 25—30 aufwies; s. a. „Vorbemerkungen" zu Papilionatenölen, S. 68.

Als Kriterium für seine Versuche benutzte S. IVANOW die Jodzahl, da sie einfach zu bestimmen ist und Änderungen der Zusammensetzung meist mit genügender Deutlichkeit anzeigt. Z. B. fand er bei Leinölen aus der Moskauer Gegend für den Zeitraum von 1907 bis 1916 die Jodzahl 180 ± 4; für Sonnenblumenöl aus dem Gouvernement Woronesch betrug die Jodzahl für die Zeit von 25 Jahren im Durchschnitt 125 ± 3; für die Gegend von Kuban beim gleichen Öl 122 ± 3. Die relative Konstanz der Zusammensetzung gilt — bei gleichbleibendem ökologischen Faktor — nicht nur für Öle der gleichen botanischen Varietät, sondern auch — allerdings in beschränkterem Maße — für die Fette verwandter Arten der gleichen Gattung:

Mittlere Abweichungen der Jodzahlen der Öle von Pflanzen gleicher Gattung[1].

Gattung	Familie	Zahl der untersuchten Arten	Gegend der Kultur	Jodzahl (Bereiche der Abweichungen)
Malva	Malvaceae	5	Leningrad	124 ± 4
Hibiscus	„	4	Moskau	121 ± 5
Gossypium	„	3	Taschkent	108,7 ± 5
Lavatera	„	6	Turkestan und Kuban	120 ± 8
Trollius	Ranunculaceae	3	Moskau	139 ± 5
Aconitum	„	9	„	115 ± 7
Delphinium	„	6	„	112,3 ± 8
Thalictrum	„	7	„	174 ± 12
Aquilegia	„	5	„	191,4 ± 13

Für größere botanische Gruppen, wie die Familien, gilt jedoch die erwähnte relative Konstanz der Zusammensetzung ihrer Fette nicht allgemein; dies war auch ein Grund dafür, daß in der vorliegenden Darstellung des Gebietes das Prinzip der Einteilung nach rein botanischen Gesichtspunkten — wie z. B. nach dem Vorgange von JUMELLE, vgl. S. 6 — nicht beibehalten wurde. Ähnlichkeit der Zusammensetzung bei Fetten einer bestimmten Pflanzenfamilie besteht anscheinend nur in jenen Fällen, in denen die geographische Verbreitung der betreffenden Pflanzengruppe eine territorial begrenzte oder klimatisch in gleichem Sinne beeinflußte ist[2]. Dies hat S. IVANOW zum Teil experimentell bewiesen; er unternahm nämlich Versuche zur Feststellung der ökologischen Bedingtheit der Ölbildungsprozesse, wählte auch in diesem Falle die Jodzahl als Kriterium und fand, daß diese Kennzahl sowie die Trockenfähigkeit bei Ölen, die aus kälteren resp. hoch gelegenen Gegenden stammten, stets höher war als bei den Ölen von Pflanzen gleicher Art, die in wärmeren bzw. tiefer gelegenen Gebieten kultiviert wurden (Temperaturabhängigkeit des Sättigungsgrades, „klimatischer Faktor" nach IVANOW; experimentelle Belege s. „Nachtrag" S. 511).

Auch LADD[3] gelangte bei Versuchen mit Sojabohnen zu ähnlichen Ergebnissen: Soja-hispida-Pflanzen aus warmen Gebieten, die ein Öl mit niedriger Jodzahl lieferten und dann in kältere Gegenden versetzt wurden, ergaben dort

[1] IVANOW, S.: Zusammenfassender Vortrag, gehalten bei der IV. Farbentagung in München am 19. Februar 1929; Bayer. Ind. u. Gewerbebl. 115. Jahrg. S. 60. 1929; s. a. HALDEN, Österr. Ch. Ztg. Bd. 32, S. 89. 1929.

[2] Die Meinung von HILDITCH (Proc. Royal Soc., London, Ser. B, Bd. 103, S. 111. 1928), daß die Fette jeder botanisch einheitlichen Gruppe (Familie) gewisse gemeinsame Merkmale aufweisen, die sie von den Fetten anderer Familien unterscheiden, ist noch nicht genügend belegt. Es ist wohl richtig, daß manchen Gruppen typische Bestandteile gemeinsam sind (z. B. charakteristische Säuren, wie die obenerwähnten, Laurinsäure u. a., oder die Träger von spezifischen Farbenreaktionen, wie das Chromogen der Halphenreaktion bei den Ölen von Pflanzen aus der Reihe Malvales). In vielen anderen Fällen fehlen aber sowohl charakteristische Begleitstoffe wie die genannten als auch kennzeichnende Gruppenmerkmale in bezug auf die Zusammensetzung der Fettsäuren; es mag sein, daß die genauere Durchforschung andere charakteristische Merkmale aufdecken wird, wie etwa spezifische Glyceride.

[3] North Dakotah Agric. Experim. Station, Paint Bulletin Bd. 1, S. 130. 1919.

Samen, deren Öl eine höhere Jodzahl zeigte; umgekehrt ergab sich eine Erniedrigung der Jodzahlen von Ölen aus solchen Bohnen, die von nördlichen in südlichere Gebiete verpflanzt wurden.

Von der weiteren Erforschung des Gebietes ist zu erhoffen, daß auch die Einflüsse der übrigen ökologischen Faktoren erfaßt werden, die neben dem klimatischen Faktor mit in Betracht kommen. Nach den bisherigen Beobachtungen scheint allerdings das Klima, insbesondere die Temperatur während der Fettbildung, ausschlaggebend zu sein. Z. B. hat die Bodenbeschaffenheit und auch die Düngung keinen nennenswerten Einfluß auf die Zusammensetzung der Fette, wie aus Versuchen hervorgeht, die zum Zwecke der Verbesserung der Trockenfähigkeit von Sojabohnenöl ausgeführt wurden[1].

Bei nichttrocknenden Ölen (d. h. solchen, die keine mehrfach-ungesättigten Säuren enthalten), konnte IVANOW keinen oder nur einen geringfügigen Einfluß der Lebensbedingungen der Pflanzen auf die Jodzahl ihrer Fette konstatieren; die klimatisch bedingten Abweichungen der Jodzahlen sind jedenfalls um so größer, je stärker ungesättigt das Öl ist. Zur Erklärung des Einflusses des „klimatischen Faktors" hebt IVANOW hervor, daß sowohl in nördlichen Breiten als auch in höheren Lagen (im Gebirge) zur Zeit der Samenreifung ein schroffer Wechsel der Tages- und Nachttemperaturen herrscht; demnach sei letzten Endes die Temperatur während der Fettbildung im Samen maßgebend für die Zusammensetzung des Fettes. (Für die definitive Klarlegung dieser Beziehungen wären allerdings in den einzelnen Fällen auch das Jahresmittel der Temperatur sowie deren extreme Werte festzustellen.)

Weitere Erkenntnisse über die Bedeutung des ökologischen Faktors auf den Sättigungsgrad der Fette brachten die Untersuchungen von TERROINE[2] und von PEARSON und RAPER[3]. Während S. IVANOW seine Beobachtungen an freilebenden höheren Pflanzen durchführte, züchteten TERROINE und PEARSON als Untersuchungsmaterial niedere Pflanzen, Schimmelpilze und Bakterien,

I. Befunde von TERROINE, BONNET, KOPP und VÉCHOT.

Versuchsobjekt	Temperatur	Jodzahl des Fettes
Sterigmatocystis nigra (Fam.: Mucedinaceae)	17°	112—116
	35°	83—87
„Bacille de la Fléole" (Timothy grass bacillus)	14°	57—59
	35°	31—35

II. Befunde von PEARSON und RAPER.

Versuchsobjekt	Temperatur	Reaktionszeit (Tage)	Jodzahl des Fettes
Aspergillus niger (Fam.: Aspergillaceae)	18°	17	146,7—153,6
		56	145,9—150,2
			im Mittel: 149
	25°	10	124
		14	132,5
		17	131,3
		35	127
			im Mittel: 129
	35°	6	92,1
		7	92,3
		9	99,9
			im Mittel: 95
Rhizopus nigricans (Fam.: Mucoraceae)	12°	30	87,2—88,7
			im Mittel: 88
	25°	10	79
		13	77,3
			im Mittel: 78

[1] FELLERS: Eng. Bd. 13, S. 689. 1921; siehe auch WHITE: Ref. Mat. grasses Bd. 11, S. 5209. 1919 und Ch. Umschau Bd. 26, S. 187. 1919. Siehe insbesondere COLE, LINDSTROM und WOODWORTH: Journ. Agric. Research Bd. 35, S. 75. 1927.

[2] TERROINE, BONNET, KOPP und VÉCHOT: Bull. Soc. Chim. Biol. Bd. 9, S. 604. 1927.

[3] Bioch. J. Bd. 21, S. 875. 1927.

die sich sehr rasch entwickeln und bei denen die Fettbildung bei weit auseinander liegenden Temperaturen, sonst aber unter genau gleichen Bedingungen („in vitro") vor sich gehen kann. Es zeigte sich in allen Fällen eine starke Temperaturabhängigkeit des Sättigungsgrades; und zwar, was besonders wichtig ist, auch bei den Fetten mit niedrigen Jodzahlen.

Auch die niederen Pflanzen bilden demnach bei tiefen Temperaturen Fette mit stärker ungesättigten Bestandteilen, bei höheren Temperaturen Fette von höherem Sättigungsgrade. Die angeführten Versuche stimmen im Prinzip mit den Ergebnissen von S. IVANOW vorzüglich überein, und man kann sie als Modell für die Fettbildung in der Natur auffassen, wo auch unter rauhen klimatischen Bedingungen vorwiegend ungesättigte Fettbestandteile entstehen (bei Pflanzen kälterer Klimate und bei den Poikilothermen); bei milden oder hohen Temperaturen dagegen hauptsächlich Fette mit gesättigten Komponenten (bei den Pflanzen der Tropen und Subtropen sowie bei der Mehrzahl der Homoiothermen).

Zunahme des Ölgehaltes im Samen während des Reifungsvorganges[1].

Der Ölgehalt ist im Stadium der Grünreife noch sehr gering[2]: der Ätherextrakt besteht hauptsächlich aus wachsartigen und harzähnlichen Substanzen, die als Überzüge den Samen nach außen abschließen und schützen[3]. Während der Gelbreife nimmt die Menge des Gesamtfettes (Ätherextrakt) sehr stark zu und erreicht die Hälfte oder weit über die Hälfte des Fettgehaltes in den reifen Samen; aber der Anteil an Wachsen und Harzen ist in diesem Stadium noch verhältnismäßig groß. Erst bei der Vollreife, d. h. in dem Stadium, in dem die ganze Pflanze einen vollständigen Vegetationsabschluß erkennen läßt und die Samen ihre normale Reifefarbe zeigen, wird das Maximum des Ölgehaltes erreicht; Harze und Wachse bilden nur mehr einen verschwindenden Anteil an der Gesamtmenge des Ätherextraktes. Eine Ausnahme bildet der Hanf, bei dem der größte Teil des Öles schon im Stadium der Gelbreife gefunden wurde.

In der folgenden Tabelle sind die Ergebnisse der Untersuchungen von KLEBERGER zusammengestellt:

Pflanze	Grünreife: % Öl		Gelbreife: % Öl		Vollreife: % Öl	
	in frischer Saat	nach zweimonatigem Lagern	in frischer Saat	nach zweimonatigem Lagern	in frischer Saat	nach zweimonatigem Lagern
Hanf	15,6	15,8	24,3	29,8	29,5	29,8
Mohn	3,5	3,8	17,3	23,8	40,5	40,9
Raps	2,1	2,7	10,7	18,6	42,6	42,8
Rübsen	1,9	2,3	10,3	17,9	41,2	41,3
Leindotter	4,2	4,1	15,8	22,6	26,5	26,5
Lein	4,3	4,5	15,4	23,1	34,8	34,9

Hauptgruppe „Trocknende Öle".

Vorbemerkungen.

In die Hauptgruppe „Trocknende Öle" sind alle flüssigen Pflanzenfette eingereiht, die unter normalen Bedingungen, d. h. bei gewöhnlichen Temperatur- und Lichtverhältnissen im dünnen Aufstrich mit der Zeit „trocknen". Der

[1] Über die Änderungen in der Zusammensetzung der Öle während des Reifungsvorganges siehe S. 9, Fußnote 3.

[2] KLEBERGER: Ch. Umschau Bd. 28, S. 2. 1921.

[3] Über die Lokalisierung und Funktion von Fetten bzw. Wachsen siehe Zweiter Teil, „Wachse", S. 523 f.

Grad der Trockenfähigkeit, d. i. die bis zum Antrocknen bzw. Durchtrocknen des Aufstriches erforderliche Zeitspanne, schwankt in weiten Grenzen.

Für die trocknenden Öle ist charakteristisch ein gewisser Gehalt an Glyceriden der autoxydablen doppelt- und dreifach-ungesättigten Säuren, während sie nur geringe Mengen fester Säuren enthalten. Je größer der Gehalt an mehrfach-ungesättigten Säuren ist, um so größer ist auch die Trockenfähigkeit des Öles. Selbstverständlich sind die dreifach ungesättigten Säuren infolge ihrer größeren Tendenz zur Autoxydation am wirksamsten. In welchem Maße die Konstitution der Säuren (nicht nur Zahl, sondern auch Lage der Lückenbindungen) die Trockenfähigkeit beeinflußt und wie sich Verschiedenheiten in der Konstitution der Glyceride auswirken, bedarf noch weiterer Erforschung.

Es gibt sehr stark trocknende Öle, wie das chinesische Holzöl und die Öle einiger anderer Euphorbiaceen, starktrocknende wie das Leinöl, weniger stark trocknende wie das Mohnöl, schwachtrocknende wie das Rüböl oder das Baumwollsamenöl und schließlich kaum merklich trocknende wie das Sesamöl. Nachdem es in der Skala der trocknenden Öle alle möglichen Abstufungen gibt, läßt sich auch zwischen den einzelnen Unterabteilungen keine Trennungslinie ziehen. Auch zwischen den ganz schwach trocknenden Ölen und den unter normalen Umständen gar nicht trocknenden besteht keine Grenzlinie, sondern nur ein Grenzgebiet. Auf diesem Grenzgebiet muß die Einreihung solcher Öle, deren chemisches Verhalten nicht bekannt oder zweifelhaft ist, nach dem botanischen System erfolgen. Das heißt also: wenn die Trockenfähigkeit eines Öles so gering ist, daß sich nicht mit Sicherheit entscheiden läßt, ob man es noch zu den trocknenden oder schon zu den nichttrocknenden zählen soll, so reiht man es dort ein, wohin es zufolge seiner Abstammung gehört[1]; ist demnach die Stammpflanze näher verwandt mit Arten, die auch ausgesprochen trocknende Öle liefern, so wird man das fragliche Öl zweckmäßig an diese trocknenden Öle anreihen; hat dagegen die Stammpflanze nähere Verwandte unter den Spendern nichttrocknender Öle oder fester Fette, so wird das fragliche Öl dieser Gruppe zugeteilt.

Die Fälle, in denen es nicht möglich ist, das Öl auf Grund des chemischen Charakters, der Trockenfähigkeit, einzureihen, sind nicht selten[2]. Dagegen wird es kaum je einem Zweifel unterliegen, von welcher Pflanze ein Öl stammt und zu welcher Gruppe des botanischen Systems es somit gehört.

Für die technisch verwertbaren Öle hat EIBNER drei Typen aufgestellt, die sich durch praktische Prüfungsmethoden unterscheiden lassen:

a) Chinesisches Holzöl mit einem Gehalt von über 80% an dreifach-ungesättigter Elaeostearinsäure.

b) Leinöl mit über 20% Linolensäure, ca. 60% Linolsäure und geringen Mengen Ölsäure[3].

---

[1] Wie die Sammelliteratur zeigt, wurden solche Öle von den einen Autoren zur ersten Gruppe (Untergruppe der „halbtrocknenden“ oder „schwachtrocknenden“ Öle) gezählt, von den anderen zur zweiten Gruppe. Die Einteilung wurde also mit einer gewissen Willkür, nach dem subjektiven Empfinden getroffen.

Ein typisches Beispiel bietet das Dombaöl (von Calophyllum inophyllum); man findet es in den Sammelwerken teils unter den „halbtrocknenden“ Ölen, teils unter den nichttrocknenden, teils unter den festen Fetten. Nachdem nun die Stammpflanze zur Familie Guttiferae gehört, die ausnahmslos nichttrocknende Öle und feste Fette liefern, scheidet die Einreihung in die erweiterte Hauptgruppe der trocknenden Öle aus, wenn man dem botanischen Einteilungsprinzip den Vorrang vor dem chemischen einräumt, wie dies das neue System verlangt.

[2] Vgl. Einleitung zum Hauptabschnitt „Pflanzenfette“, S. 6.

[3] Bei der praktischen Prüfung (Thermoprobe, Löseprobe) erweisen sich die Filme der unter a und b genannten Typen als unschmelzbar und unlöslich. Sie zeigen keine Synärese, aber starkes Vergilben.

c) Mohnöl mit ca. 60% Linolsäure und an die 30% Ölsäure[1]. Zum gleichen Typus gehören das Walnußöl, das Sojabohnenöl, das Sonnenblumenöl und manche Pinaceenöle.

Eine weitere Unterteilung des Gebietes der trocknenden Öle bleibt so lange willkürlich, als sich keine experimentelle Methode zur Unterscheidung der allfälligen Untergruppen findet[2]. Aus diesem Grunde kann auch die Gruppe „halbtrocknende" oder „schwachtrocknende" Öle nicht als solche erhalten bleiben[3]. Der Begriff des schwach- oder halbtrocknenden Öles ist nur relativ und dementsprechend unsicher. Z. B. ist das Mohnöl im Vergleich zum Leinöl nur „schwach"trocknend, trotzdem wurde es bisher von allen Autoren mit Recht unter die „trocknenden" Öle gerechnet. Hingegen wird das Sojabohnenöl nur von LEWKOWITSCH[4] zu den „trocknenden" Ölen gezählt, während es die übrigen Autoren als „halbtrocknend" bezeichnen. Schließlich wird das Sesamöl meist unter die schwachtrocknenden Öle eingereiht, obgleich sein Trockenvermögen nicht viel größer ist als das des Olivenöles und viel geringer als das des Baumwollsamenöles[5]. Über den Einfluß der Temperatur während der Fettbildung auf den Sättigungsgrad der Fette s. S. 10ff.

Unterabteilung: Gymnospermae.

Klasse: Coniferae.

Kayaöl.

Stammpflanzen und Pflanzenfamilie	Verbreitung	Gehalt (% Öl) im Organ	Farbe bzw. Geschmack usw.	Reaktionen
Torreya nucifera (Kaya) Var.: T. grandis Fam.: Taxaceae	Japan Südostchina	Samen: 35%; Kern: 51—51,7%; Kern entschält: 69%	Kalt gepreßt: hellgelb, schwacher Geruch und Geschmack. Handelsöle: harzartiger Geruch und widerlicher Geschmack	Elaidinierung: nach 24 Std. geringe Abscheidung von butterweicher Konsistenz

Fettsäuren: 9% Palmitin- und Stearinsäure; 19% Ölsäure; 72% Linolsäure. Geben keine ätherunlöslichen Hexabromide.

Physikalische und chemische Kennzahlen.

	Dichte d_{15}^{15}	Brechungs-Index n_D	Verseifungszahl	Hehner-Zahl	Jodzahl	Reichert-Meißl-Zahl
Öl	0,9233—0,9244	1,4770 (20°)	188,4	95,7	132,2—142,2	0,9
Fettsäuren	$d^{98} = 0,8509$ Flüssige Säuren: $d^{15} = 0,9105$	—	Neutral.-Z.: 192,8—196,3 Flüss.Srn.: 189,4	Mittl. Mol.-Gewicht: 286,2—291	Jodzahl: 140 (WIJS) bis 149,5 (HÜBL) Flüssige Säuren: 161,7	

[1] Die Mohnölfilme sind schmelzbar und löslich; sie zeigen deutliche Synärese, aber dafür nur schwaches Vergilben.

[2] Möglicherweise wird der weitere Ausbau der Rhodanometrie zu einer chemischen Systematik der Fette beitragen.

[3] Über die weitere Begründung s. Einleitung zum Hauptabschnitt „Pflanzenfette", S. 7; ferner HALDEN, CH.: Umschau Bd. 36, S. 109. 1929.

[4] LEWKOWITSCH-WARBURTON: Chemical Technology, 6. ed. Bd. II, 1922.

[5] ELSDON: Edible Oils and Fats, S. 233. London 1926.

Inukayaöl.

(Inugaya- oder Bébé-Öl.)

Stammpflanze und Pflanzenfamilie	Verbreitung	Gehalt (% Öl) im Organ	Farbe bzw. Geruch	Anmerkung
Cephalotaxus drupacea SIEB. u. ZUCC. (Inukaya) Fam.: Taxaceae	Japan	Samen: ca. 45%; Kern: ca. 67%	Hellgelb, schwach harziger Geruch	Ähnlich Kayaöl, aber geringere Trockenfähigkeit

Physikalische und chemische Kennzahlen des Öles.

Dichte d_{15}^{15}	Erstarrungspunkt	Brechungsindex n_D	Verseifungszahl	Jodzahl
0,9250	noch flüssig bei −15°	1,4760 (20°)	188,5	130,3

Edeltannensamenöl.

Huile de sapin — Pitch tree oil, Pitch oil.

Stammpflanze und Pflanzenfamilie	Verbreitung	Gehalt (% Öl) im Organ	Farbe bzw. Geschmack	Anmerkung
Pinus picea, Abies pectinata (alba, picea) „Weißtanne" Fam.: Pinaceae	Süd- und Mitteleuropa, Ver. Staaten v. Amerika	Samen: 31,2—32,8%	Braungelb, Geschmack und Geruch terpentinartig	Die Tannensamen enthalten Terpentinölbläschen, daher ist das Tannensamenöl im Gegensatz zu den übrigen Pinaceenölen meist ein Gemenge von fettem Öl mit Terpentinöl und Harz

Physikalische Kennzahlen.

	Dichte d_{15}^{15}	Schmelzpunkt	Erstarrungspunkt	Brechungsindex n_D
Öl	0,9215—0,9312	—	−25 bis −26°; auch −18 bzw. −27°	1,4879 (35°)
Fettsäuren	—	−11 bis −13°	−15 bis −16°	1,4895 (35°)

Chemische Kennzahlen.

	Verseifungszahl	Wasserunlösliche Fettsäuren	Jodzahl	Unverseifbares
Öl	190,5—191,3	89,7%	118,9—120,9	3,4%
Fettsäuren	Neutral.-Z.: 192,1	Mittl. Mol.-Gew.: 298,8	121,6	—

Fichtensamenöl.

Huile de pinastre — Red pine seed oil, Pinaster seed oil.

Stammpflanze und Pflanzenfamilie	Verbreitung	Gehalt (% Öl) im Organ	Farbe bzw. Geschmack	Besondere Merkmale.
Picea excelsa (vulgaris) „Rottanne", Fam.: Pinaceae.	Süd- und Mitteleuropa, Ver. Staaten v. Amerika.	Samen: 25—31,6 %. Mit Petroläther extrah. 31,5—32,7 %	Goldgelb. Mit Äther extrah.: blaßgelb. Geschmack etw. bitter. Geruch aromatisch.	Leicht bleichbar. Lichtaktivierbarkeit ähnlich wie bei Kiefernsamenöl (hoher Gehalt an β-Linolensäure).

Bestandteile: 7,6% gesättigte Säuren. 11,4% Ölsäure; 29,6% α-Linolsäure; 23,6% β-Linolsäure; 5,2% α-Linolensäure; 15,7% β-Linolensäure; 1,5% Oxysäuren; 4,61% Glycerinrest. 1% Unverseifbares. (Öle III). Nach anderen Angaben[1]: 0,14% Buttersäure; 91,6% nicht flüchtige Fettsäuren; Zusammensetzung der letzteren: 0,7% Palmitinsäure; 42,7% Ölsäure; 49,5% Linolsäure; 7,7% Linolensäure. Unverseifbares: 0,9%.

[1] Äther-extrahierte Öle.

Physikalische Kennzahlen.

	Dichte d_{15}^{15}	Schmelzpunkt	Erstarrungspunkt	Lichtbrechung B.-Refr. Sk. T.	Lichtbrechung Brechungs-Index n_D
Öl I mit Säuregrad 0,8	d^{25}: 0,925	—	—	78,2 (25°)	1,4718(40°)
Öl II mit S. Z. = 5,0	—	—	—	79,9 (25°)	—
Andere Öle	0,9285—0,9312	—	— 26 bis — 27°	—	1,4742(35°) 1,4801(18°)
Fettsäuren	—	— 12 bis — 16°	— 17 bis — 19°	—	1,4672(40°)

Chemische Kennzahlen.

	Verseifungszahl	Hehner-Zahl	Hexabromidzahl	Jodzahl	R.-M.-Zahl	Thermozahl (MAUMENÉ)
Öl I	182,6	—	—	155,8	1,2	—
Öl II	191,7	—	—	191,0	—	—
Öle III	—	—	14,0—17,0	164—167,5	—	—
Öle versch. Ursprungs	192,0—192,8	91,5 bis 92,7	—	119—191 (WIJS) 154,0 (HANUS)	—	98—99°
Fettsäuren von Öl II anderer Öle	205,0 190,4 (?)	Mittl. Mol. Gew. 301,5 (?)	—	195,5 121,8 (?)	—	—

Öl I: kaltgepreßt; Öl II: mit Petroläther extrahiert; Öle III: durch Pressen gewonnen.

Trockenvorgang: Gewichtszunahme (Öle III) 14,5—19,0% in 60 Tagen. Die Trockenkurven der belichteten Öle sind teilweise denen des Leinöls ähnlich. Trockenzeit eines mit Blei-Mangan-Resinat bereiteten Firnisses: 24 Stunden. Die Filme verhalten sich wie die des Mohnöls (s. S. 43): sie zeigen nur schwaches Vergilben; nach dem klebefreien Antrocknen erfolgt Wiedererweichen nach mehreren Monaten. Schmelzpunkt des Fichtensamenölfilms: ca. 110° (Aufschäumen).

Zirbelnußöl.

(Zirbelkiefernöl.)

Stammpflanze und Pflanzenfamilie	Verbreitung	Gehalt (% Öl) im Organ	Farbe bzw. Geschmack	Anmerkung
Pinus cembra (Arve, Zirbel) Fam.: Pinaceae	Ostalpen, Nordrußland, Sibirien, Karpathen	Samen, gepr.: 18%; Mit Petroläther extrah.: 35,7%	Goldgelb, angenehmer Geschmack	Das Öl wird oft fälschlich als Zedernnußöl bezeichnet

Fettsäuren: Palmitinsäure; wenig Ölsäure; vorwiegend Linolsäure; wenig Linolensäure. Unverseifbares: 0,9—1,6%.

Physikalische Kennzahlen.

	Dichte d_{15}^{15}	Schmelzpunkt	Erstarrungspunkt	Lichtbrechung B.-Refr. Sk. T.	Lichtbrechung Brechungsindex n_D
Öl	0,930—0,9316	—	—20 bis —21°	—	1,4710 (40°)
mit S. Z. = 2,5	—	—	—	75,3 (25°)	—
Fettsäuren	—	—9°	—11 bis —11,3°	—	1,4607 (40°)

Chemische Kennzahlen.

	Verseifungszahl	Hehner-Zahl	Acetylzahl	Jodzahl	R.-M.-Zahl	Thermozahl (MAUMENÉ)
Öl	188,0—191,8	92—93,3	—	149,5—159,2	2,0 bis 3,8	98
mit S. Z. = 2,5	194	—	—	173,1	—	—
Fettsäuren	Neutral.-Z.: 189—193	M. M.-Gew.: 290—296,8	81,0[1]	158,0—161,3 Innere J.-Z.:		
von Öl mit S. Z. = 2,5	Verseif.-Z.: 199,3	—	—	184,0 175,3	— —	— —

„Piniennußöl".

Stammpflanze und Pflanzenfamilie	Verbreitung	Gehalt (% Öl) im Organ	Farbe bzw. Geschmack	Besonderes Merkmal
Pinus monophylla oder P. Fremontiana Familie: Pinaceae	Südkalifornien, SierraNevada, Arizona	Samen: 12,4 %; Kern: 16,2 bis 22,8 %; wasserfrei: 24,7 %	Mit Äther extrah.: hellgelb bis braun, angenehmer Geschmack, aromatischer Geruch	Unter dem Einfluß des Lichtes wird das Öl stark gebleicht

Fettsäuren: 8% gesättigte Säuren (Laurinsäure, Palmitinsäure, Stearinsäure); 82% ungesättigte Säuren; davon ca. 70% Ölsäure und ca. 30% Linolsäure. Kein Phytosterin (?).

Physikalische und chemische Kennzahlen.

	Dichte d_{15}^{15}	Schmelzpunkt	Erstarrungspunkt	Brechungsindex n_D	Verseifungszahl	Jodzahl	Thermozahl
Öl	0,933	—	— 15°	1,4543 (40°) 1,4716 (20°) 1,4733 (15°)	189—192,8	101,3 (WIJS)	71
Fettsäuren	0,904	— 15°	—	1,4698 (25°)	Neutral.-Z.: 189,3 (?)	108 (HÜBL)	—

Kiefernsamenöl.

(Föhrensamenöl.)

Huile de pin commun ou pin silvestre — Pine tree oil, Pine oil — Olio di pinastro.

Stammpflanzen und Pflanzenfamilie	Verbreitung	Gehalt (% Öl) im Organ	Farbe, bzw. Geschmack	Reaktionen. Besondere Merkmale
Pinus silvestris, P. Pinaster, P. maritima Fam.: Pinaceae	Europa und Asien bis 67—70° nördl. Breite. Nord-Amerika	Samen extrah.: 26,7—32% (äther. Öl beigemengt?); gepreßt: kalt 9%, heiß 8,5%; zusammen 17,5%; enthält kein Terpentin	Kalt gepr.: goldgelb; angenehmer Geschmack, fast geruchlos. Heiß gepreßt: dunkelgelb; Geschmack mild, dann kratzend	Elaidinierung: Geringe Mengen eines bei 30 bis 33° schmelzenden Elaidins (Jodzahl 124,7). Leicht bleichbar, überhaupt bes. starke Aktivierbarkeit durch Licht

Bestandteile: 3,9% Palmitin-; 2,9% Stearin-; 9% Öl-; 30,8% α-Linol-; 23,9% β-Linol-; 6,7% α-Linolen-; 17,3% β-Linolensäure. 4,3% Glycerinrest. 1,1% Unverseifbares (Preßöle I, II, III). Nach anderen Angaben: 0,11% Buttersäure; 90,4% nicht flüchtige

[1] Fettsäuren eines Öls, das 6 Tage dem Einfluß der Luft ausgesetzt war.

Säuren, davon 3% Palmitinsäure + Stearinsäure; 36,2% Öl-; 56,2% Linol-; 7,6% Linolensäure (Fettsäuren von Äther-extrahierten Ölen).

Unverseifbares: In Äther-extrahierten Ölen (in den Tabellen mit * bezeichnet) fanden sich bis zu 2,1% unverseifbare Bestandteile; in einem Falle 1,3% Rohphytosterin vom Schmp. 135°.

Physikalische Kennzahlen.

	Dichte d_{15}^{15}	Schmelzpunkt	Erstarrungspunkt	Lichtbrechung B.-Refr. Sk. T.	Lichtbrechung Brechungs-Index n_D	Zähigkeit ° Engler	Oberflächenspannung
Öl I mit S. Z. = 1,5	0,9286	—	—	—	1,4729 (40°)	E = 8,7 (Temp.?)	0,0340 g pro cm
Öl III mit S. Z. = 5,7	0,9307	—	—	—	—	E = 14,6 (Temp.?)	
Öl IV mit S. Z. = 14,4	—	—	—	80,1 (25°)	—	—	—
Andere Öle	0,9312 bis 0,9326	—	−27 bis −30°	—	1,4704 (35°) 1,4799 (18°)*	—	—
Fettsäuren	—	−4 bis −10°	−7 bis −8°	—	1,4626 (40°) 1,4714 (40°)*	—	—

Chemische Kennzahlen.

	Verseifungszahl	Hehnerzahl	Acetylzahl	Jodzahl	R. M.-Zahl	Hexabromidzahl
Öl I	196,4	—	—	170,2—172,8	—	19,1
Öl II u. III	197,2—198,5	—	—	162,2—167,6	—	13,9—14,9
Öl IV	193,0	—	—	(Hanus) 184,0	—	(Schmp. der Hexabromide: 180—181°)
Andere Öle	189,8 bis 190,7*	94,8*	—	147,1 (Wijs) 159,2 (Hanus)*	0,8*	
Fettsäuren	201,5 (Öl IV) Neutral.-Z.: 203,5—205,5	Mittl. Mol. Gew. 272,9—275,9		181 (Öl IV) 182,1—187,9 Innere Jodzahl: 184,8	—	—

Öl I: Kalt gepreßt, frisch, goldgelb. Öl II: heiß gepreßt, frisch, dunkelgelb; S. Z. = 3,7. Öl III: heiß gepreßt, mehrere Jahre im verschlossenen Gefäß am Lichte aufbewahrt, wasserhell. Öl IV: mit Petroläther extrahiert. Mit * bezeichnet: Äther-extrahierte Öle.

Trockenvorgang.

Jahreszeit	Art des Öles	Antrocknen in Tagen „Anziehen"	„Kleben"	„Klebefrei"	Gewichtszunahme nach 60 Tagen
Winter	Öl I	5	6	11	14%
	Öl III	4	6	10	14,6%
Sommer	Öl I	4	5	6	12,2%
	Öl III	3	4	4—5	11,2%

Anstieg der Säurezahlen von Kiefernsamenölaufstrichen.

Tage:	0	2	4	6	8	10	12	14	16	18	19	20	25	30	60
S. Z. (Winter):	1,45	2,2	2,4	2,7	3,8	4,3	7,1	8,5	13,8	14,5	20,9	21,5	23,0	50,2	77,3
S. Z. (Sommer):	1,45	2,7	3,8	4,8	7,8	19,1	36,6	47,3	58,9	60,5	62,3	68,9	70,3	89,1	105,3

Verhalten der Filme: Nach längerer Zeit erfolgt Wiedererweichen. Schwaches Vergilben. Thermoprobe nach Eibner: Beginn des Schäumens bei 110°; Sintern bei 118°; Schmelzen bei 125—145°.

Piniensamenöl.

Huile de pin pignon ou pin parasol.

Stammpflanze und Pflanzenfamilie	Verbreitung	Gehalt (% Öl) im Organ	Farbe bzw. Geschmack	Reaktion
Pinus pinea (Pinie, Pinienfichte) Fam.: Pinaceae	Mittelmeergebiet	Samen lufttrocken, mit Petrolä. extrah.: 45%; durch kalte Pressung: 27,3%	Kaltgepr.: hellgelb; angenehmer Geschmack, geruchlos. Extrahiert: braun	Elaidinierung: positiv

Fettsäuren: Geringe Mengen flüchtiger Fettsäuren; ca. 5% feste Fettsäuren (darin 8% Stearin-; 92% Palmitinsäure); ca. 94% flüssige Säuren (bestehend aus 51—57% Ölsäure; 43—49% Linolsäure). Unverseifbares: 1,6%.

Nach einer anderen Angabe betragen die unverseifbaren Anteile im gepreßten Öl 0,77%, im extrahierten Öl 0,75%. Der flüssige Teil (13,2% des Rohproduktes) ist rotbraun, schwach rechtsdrehend, hat die J.-Z. = 90,1 und $n_D^{40} = 1,4913$. Der feste Anteil enthält Sitosterin vom Schmelzpunkt 136—137°.

Physikalische Kennzahlen.

	Dichte d_{15}^{15}	Schmelzpunkt	Erstarrungspunkt	Brechungs-Index n_D
Öl	0,9198—0,9326	—	−21 bis −22°	1,4678—1,4685 (40°)
Fettsäuren	—	−15 bis −16°	−19°	1,4636 (40°)

Chemische Kennzahlen.

	Verseifungszahl	Hehner-Zahl	Acetylzahl	Jodzahl	R.-M.-Zahl	Pol.-Zahl
Öl	192,6—192,8	94,8—96	(10,9)	120,9 (Wijs) bis 125	0,2—0,8	0,4—0,6
Fettsäuren	Neutral.-Z. 194,3	Mittl. Mol. Gewicht: 288,7	—	120,8 (Wijs) (zu niedrig)	—	—

Eigenschaften und Kennzahlen einiger anderer Pinaceenöle.

Name des Öles	Gerardsfichtensamenöl[1]	Lärchensamenöl	Lebensbaumsamenöl	Zwergkiefernsamenöl	Zypressensamenöl
Stammpflanze	Pinus Gerardiana	Larix decidua (Europa). Lar. sibirica, u. a.	Thuja occidentalis	Pinus montana, P. Pumilio	Cupressus sempervirens, var.: C. horizontalis
Verbreitung	Afghanistan, Himalaya	gemäßigte Zone	Atlant. Nordamerika, Sibirien, usw.	Mitteleuropa (Riesengebirge, Alpen, Karpathen)	Persien, Mittelmeergebiet
Ölgehalt im Samen	„Chilgoza"- oder „Neoza"-nüsse: 30,7%	Petroläther-extrahiert: 9,1%—10,6%	15,0%	Äther-extrah.: 29,6%	10,8%
Farbe	grünlich-gelb	hellgelb	grün	gelb, im auffallenden Licht grün (Fluoresc.)	grün
Geschmack und Geruch	angenehm	harzartig	aromatisch	terpentinartig	aromatisch

[1] S. a. Nachtrag S. 496 (Chilgozaöl).

Eigenschaften und Kennzahlen einiger anderer Pinaceenöle (Fortsetzung).

Name des Öles		Gerardsfichtensamenöl	Lärchensamenöl	Lebensbaumsamenöl	Zwergkiefernsamenöl	Zypressensamenöl
Dichte d_{15}^{15}		0,9307	—	0,9298	0,9318	0,9320
Erstarrungspunkt		−17°	—	−8°[1]	−25 bis −26°	−4°[1]
Brechungs-Index n_D		1,4649 (35°)	B. Refr. Sk. T. 87,8 (25°)	1,4797 (35°)	1,4698 (35°)	1,4857 (35°)
Verseifungszahl		191,3	199,0	186,7	189,6	188,6
Wasserunlösliche Fettsäuren		91,5%	—	89,9%	91,3%	91,6%
Jodzahl		118,3	152,0	154,8	145,7	135,1
Unverseifbares		1,6%	3,1%	3,2%	2,2%	2,1%
Säurezahl		1,6	14,0	2,1	0,8	2,3
Fettsäuren	Schmelzpunkt	0°	—	−3°	0°	4—5°
	Erstarrungspunkt	−3°	—	−7 bis −8°	−4°	1°
	Brechungs-Index n_D	1,4613 (40°)	—	1,4736 (40°)	1,4634 (40°)	1,4795 (40°)
	Neutral.-Zahl	196,7	—	185,7	191,2	193,0
	Jodzahl	125,0	—	155,7	150,5	142,1
	Mittl. Mol.-Gew.	285,2	—	302,1	293,4	290,7

Die Glycerinausbeute der Öle liegt zwischen 10,0 und 10,4%.

Unterabteilung: Angiospermae.

Reihe: Glumiflorae.

Vorbemerkungen. Die meisten Getreidekörner enthalten zwei Ölarten, die in verschiedenen Teilen des Korns lokalisiert sind: die eine im Keim oder Embryo, das Keimöl, die andere in der Kleberschicht des Korns (Aleuron- oder Glutenschicht), das Schalenöl. Öl aus ganzen Körnern besteht demzufolge meist aus einem Gemisch von Keimöl und Schalenöl; die Kennzahlen schwanken entsprechend dem Mengenverhältnis der beiden Anteile.

Die Gramineenöle zeigen, entsprechend dem Lipasegehalt der Körner, oft sehr hohe Säurezahlen. Auch der Gehalt an Lecithin und an unverseifbaren Bestandteilen ist auffallend hoch.

Die Konsistenz hängt bei Ölen aus ganzen Körnern von der Gewinnungsart ab: Durch Pressen gewonnene Öle sind meist flüssig, extrahierte dickflüssig bis salbig.

[1] Trübt sich bei Zimmertemperatur infolge geringer Ausscheidungen.

Maisöl.

Huile de mais — Maize oil, corn oil — Olio di mais, olio di granturco.

Stammpflanze und Pflanzenfamilie	Verbreitung	Gehalt (% Öl) im Organ	Farbe bzw. Geschmack	Reaktionen
Zea Mays Fam.: Gramineae	Tropische und subtrop. Gebiete, Teile der gemäßigten Zone	Keime: 15—40%; trocken: bis 50%	1. Pressung: hell- bis goldgelb. 2. Pressung: rotbraun. Geruch und Geschmack nach den Körnern.	Elaidinierung: schmalzartige Masse. HALPHEN: negativ.

Bestandteile: 10—10,7% feste Fettsäuren. Geringe Mengen flüchtiger Fettsäuren (Ameisen-, Essig-, Capron-, Capryl-, Caprinsäure?). 1,3% Oxysäuren. Glyceride der Palmitinsäure: 7,7%; der Stearinsäure: 3,5—3,6%; der Arachinsäure: 0,4%; der Lignocerinsäure: 0,2%; der Ölsäure: 44,8—45,4%; der Linolsäure: 41—48%. Gibt 10,3—10,5% Glycerin.

Physikalische Kennzahlen.

	Dichte d_{15}^{15}	Schmelzpunkt	Erstarrungspunkt	Lichtbrechung B.-Refr. Sk. T.	Lichtbrechung Brechungs-Index n_D
Öl	0,920—0,9284 d^{25}: 0,9185 bis 0,9202 d^{100}: 0,8711 bis 0,8756	−9°	−10 bis −15° auch: −22,4 bis −36°	63,5 (40°) 70—73,1 (25°) 75,6—77,5 (15°)	1,4745 (23°) 1,4757 — 1,4770 (15°)
Fettsäuren	d_{100}^{100}: 0,8529	16—23° 25° [1]	13—19°	—	—

Chemische Kennzahlen.

	Verseifungszahl	Hehnerzahl	Acetylzahl	Jodzahl	Rhodanzahl	R. M.-Zahl	Thermozahl
Öl	188—193, auch 198	92,2 bis 95,7	(7,8 bis 11,5)	111—131 meist 117 bis 123	77,1—77,6 (Jodzahlen um 111)	0,33—2,5 aus Maisschlempe gew. Öle: 4,2—9,9	75,2 bis 89,2
Fettsäuren	feste: 208 flüssige: 197 Neutral.-Z.: 198,4—200	—	—	113—126,4 Innere J. Z.: 136—143,7	80,5	—	—

Das Unverseifbare (1,3—2,5%) besteht etwa zur Hälfte aus Sterinen:

	Schmelzpunkt (korr.)	$[\alpha]_D$		Schmelzpunkt (korr.)	$[\alpha]_D$
Dihydrositosterin	143—144°	+23,81°	α-Sitost.-Acetat	127—128°	−17,18°
Stigmasterin (sehr wenig)	170—171°	−45,28°	β-Sitosterin	139—140°	−36,11°
			β-Sitosterin-Acetat	127—128°	ca. −39°
Stigmast.-Acetat	143°	−50,28°	γ-Sitosterin	145—146°	−42,43°
α-Sitosterin	135—136°	−13,45°	γ-Sitosterin-Acetat	143—144°	−46,09°

Der Gehalt an Lecithin wechselt stark je nach der Gewinnungsart des Öles; mit Benzin extrahiertes Öl enthält zehnmal mehr Lecithin als gepreßtes

[1] Feste Fettsäuren.

Öl. Aus der Schlempe von nicht entkeimtem Mais können 28%, von entkeimtem Mais 10% dunkelrotes Öl gewonnen werden, das 30—70% freie Fettsäuren enthält (s. a. R.-M.-Zahl). Über die Grenzwerte der Kennzahlen von Speise-Maisölen s. Bd. I, S. 366. Über gehärtetes Maisöl s. ebenda, S. 368.

Gewichtszunahme nach LIVACHE: ca. 6% nach 10 Tagen. Ozonzahl nach MOLINARI und SONCINI: 21,6 (s. Bd. I, S. 286).

Mohrhirseöl.

(Sorghoöl.)

Huile de sorgho, huile de durrha. — Sorghum oil. — Olio di sorgho.

Stammpflanze und Pflanzenfamilie	Verbreitung	Gehalt (% Öl) im Organ	Farbe bzw. Geruch	Merkmale
Sorghum (Andropogon) cernuum Fam.: Gramineae	Afrika, Mittelmeergebiet	Samen: 2 bis 3%	Gelb; eigentümlicher Geruch	Dickflüssig, vaselineartig. Neigt zum Ranzigwerden. Trocknet langsam.

Bestandteile: niedere gesättigte Fettsäuren; von ungesättigten Säuren vorwiegend Öl- und Erucasäure, auch Linolsäure. 9,7% Glycerin. 0,8% Unverseifbares. 0,2% Lecithin.

Physikalische Kennzahlen.

	Dichte d_{15}^{15}	Schmelzpunkt	Erstarrungspunkt
Öl	0,9218—0,9282	39—40°	8—10°
Fettsäuren	0,9185	43—44° (29—30°)[1]	— (25—26°)[1]

Chemische Kennzahlen.

	Verseifungszahl	Hehnerzahl	Acetylzahl	Jodzahl	R. M.-Zahl
Öl	172,1—181,8	96	6,8	99—103,4	2,1
Fettsäuren	Neutralis.-Z. 176—180,8	M. M.-Gew.: (310,0)	9,6	101,6—102,8 Innere J. Z.: 148,1	—

Eine Ölprobe hatte 2,3% freie Fettsäuren (als Ölsäure berechnet).

Samenöle von Körnerhirsen.

Sog. Kaffernkornöl (1). Sog. Besenhirsenkörnerfett oder Besenhirseöl (2).

Stammpflanze und Pflanzenfamilie	Verbreitung	Gehalt (% Öl) im Organ	Farbe bzw. Geschmack	Anmerkung
Sorghum (Andropogon) vulgare Fam.: Gramineae	Afrika	Korn, mit Äther extrahiert: 1,3—2,9%	gelb bis grünlich; Geschmack milde, Geruch nicht charakteristisch	Ziemlich leicht löslich in Alkohol

Fettsäuren der Sorten „Kafir" (Durra), „Foeterita" und „Milo": Ameisensäure, Buttersäure, Palmitinsäure, Stearinsäure, Ölsäure, Linolsäure, wahrscheinlich auch Erucasäure[2]. Unverseifbares: 1,7% (Öl 1).

[1] Fettsäuren eines Öls mit 2,3% freien Säuren (ber. als Ölsäure).

[2] Ein Hinweis für die Gegenwart von Erucasäure ist die Tatsache, daß die festen Säuren eine niedrigere Verseifungszahl und eine höhere Jodzahl zeigen als die Gesamtfettsäuren.

Physikalische Kennzahlen.

	Dichte d_{15}^{15}	Schmelzpunkt	Erstarrungspunkt	B.-Refr. Sk. T.
Öl (1) mit 27% freien Säuren	0,9098	44,2° (?)	—	—
Öl (2) mit 13,3% freien Säuren	—	24—25°	20°	67—68 (40°)
Fettsäuren von Öl (2)	—	35—36°	30°	—

Chemische Kennzahlen.

	Verseifungszahl	Hehner-Zahl	Acetylzahl[1]	Jodzahl	R.-M.-Zahl
Öl (1)	248,5—249,7	—	42,2	109,4—110,0	6,1
Öl (2)	249,1	79,2	—	53,6	5,6
Feste Fettsäuren von Öl (2)	194,9	—	—	68,4	—

Zuckerrohrfett.

Stammpflanze und Pflanzenfamilie	Verbreitung	Anmerkung
Saccharum officinarum Fam.: Gramineae	Heimat: Tropisches Asien; in allen Tropenländern kultiviert	Das hier beschriebene Fett ist zu ca. 60% im Rohwachs des Zuckerrohres (s. S. 527) enthalten

Bestandteile. Angeblich Glyceride der Palmitin-, Stearin-, Öl- und Linolsäure; ferner Oxysäuren, Harzsäuren, sowie Lecithin.

Physikalische und chemische Kennzahlen.

	Schmelzpunkt	Verseifungszahl	Acetylzahl	Jodzahl
Fett	35—55°	120—242 (?)	15—47	49—68

Die untersuchten Proben zeigten Säurezahlen zwischen 10 und 40.

Hirseöl.

Huile de millet — Millet seed oil — Olio di miglio, olio di panico.

Stammpflanzen und Pflanzenfamilie	Verbreitung	Gehalt (% Öl) im Organ	Farbe bzw. Geruch	Reaktionen
1. Panicum miliaceum oder P. Italicum	Warme Gegenden Europas u. Asiens, auch Ägypten	Samen, mit Äther extrah.: 3,5%. Geschältes Korn: 4,3—5%	Hellgelb bis gelbbraun. Geruch etwas scharf, ähnlich dem der übrigen Gramineenöle	Elaidinierung: negativ. HEYDENREICH: grüngelblich bis braun. HAUCHECORNE bzw. BRULLÉ: orange
2. Panicum colonum (Schamahirse)	Deutsch-ostafrika	Mit Äther extrah.: 5,4%	—	—
3. Panicum germanicum (Moharhirse)[2] Fam.: Gramineae	Californien, Südrußland	Samen: ca. 3%	dunkelgrün	—

Bestandteile von Öl (1): Glyceride der Palmitin-, Datura- (?), Carnauba- (?), Öl- und Linolsäure. 15,5% feste und 84,5% flüssige Fettsäuren, unter den letzteren angeblich vorwiegend Hirseölsäure, s. Bd. I, S. 10, 20. In Öl (3): ungefähr 5,3% feste Säuren.

[1] Der hohe Wert dieser Kennzahl ist wahrscheinlich durch Produkte partieller Fettspaltung, Mono- oder Diglyceride, bedingt, wofür auch der hohe Gehalt an freien Fettsäuren spricht.

[2] Das Öl dieser Varietät (3) wird auch als Mogaröl bezeichnet.

Physikalische Kennzahlen.

	Dichte d_{15}^{15}	Schmelzpunkt	Erstarrungspunkt	B.-Refr. Sk. T.
1. Öl	0,9275	—	−6 bis −7°	70 (25°)
3. Öl	0,9264	—	−12°	—
Fettsäuren				
von Öl (1)	—	26—27°	19—20°	—
von Öl (3)	—	16°	—	—

Chemische Kennzahlen.

	Verseifungszahl	Hehner-Zahl	Acetylzahl	Jodzahl	R.-M.-Zahl	Thermozahl
1. Öl	183,8	95,5	—	130,4	—	67,5 (MAUMENÉ)
3. Öl	193,5	95,5	15,3	135,5	0,7	—
Fettsäuren						
von Öl (1)	—	—	—	134,3	—	—
von Öl (3)	—	—	—	137,5 Innere Jodzahl 146,3	—	—

Reisöl[1].

Huile de riz — Rice oil — Olio di riso.

Stammpflanze und Pflanzenfamilie	Verbreitung	Gehalt (% Öl) im Organ	Farbe bzw. Geruch	Reaktionen Besondere Merkmale
Oryza sativa Fam.: Gramineae	Trop. Asien, Australien und alle wärmeren Länder	Reiskorn, entschält, aber nicht blanchiert bis 3%. Gewöhnlich. Reismehl: 8—9%; Amerikanisches bis 12%; Rangoon-Reismehl ca. 15%. Reiskleie: 11% (Ätherextrakt)[2]. Keime, entschält, bis 35%	Gelblichgrün bis bräunlich, auch dunkelgrün. Reismehlgeruch	HEYDENREICH: gelborange. HAUCHECORNE: In der Wärme: orange. BRULLÉ: gelborange. BECCHI bzw. HALPHEN: negativ. Infolge Gegenwart einer Lipase wird das Öl schon nach einigem Stehen stark sauer. Bei Zimmertemperatur meist halbfest

Bestandteile: Von Fettsäuren ca. 30% feste, ca. 70% flüssige. 19—20% Palmitin-; ca. 4% Arachin-; 0,5—0,6% Behen-; 43—47% Öl-; 30—35% Linolsäure; ca. 0,5% Lecithin; 9% Glycerin (der Glyceringehalt kann entsprechend den hohen Säurezahlen mancher Öle auch bis gegen 1% sinken). Nach neuesten Untersuchungen: ca. 15% feste, 74% flüssige Säuren (Öl I). Glyceride der Myristinsäure: 0,3%; der Palmitinsäure: 12,3%; der Stearinsäure: 1,8%; der Arachinsäure: 0,5%; der Lignocerinsäure: 0,4%; der Ölsäure: 41,0%; der Linolsäure: 36,7%. Unverseifbares: 3—4,8%. Der krystallisierte Anteil (25%) enthält Myricylalkohol vom Schmelzpunkt 85°; Dihydrositosterin vom Schmelzpunkt 144 bis 145°; Stigmasterin, Schmelzpunkt 169—170°; $[\alpha]_D = -50°$ (Stigmasterinacetat, Schmelzpunkt 143°).

[1] Die Kennzahlen des Reiskeimöles stimmen mit denen des Reiskleien-(Reisschalen-)öles überein.

[2] Dieser Ätherextrakt wurde in 73% flüssiges Öl und 27% festes Fett zerlegt. Der flüssige Anteil gab 91,1% Fettsäuren (ca. 31,8% Palmitinsäure und 59,3% Ölsäure) und enthielt 5,3% Phytosterin. Der feste Anteil gab 90,6% Fettsäuren und enthielt 4,7% Phytosterin und 0,5% eines Kohlenwasserstoffes $C_{27}H_{48}$ (Schmelzpunkt 79,5—80,5°). Kennzahlen eines Fettes, das sich aus Reisöl beim Stehen abschied: Verseifungszahl 197,2. Jodzahl 74,1. Säurezahl 124,3. d_{15}^{15}: 0,924. B.-Refr. Sk. T. 44,7 (50°). Erstarrungspunkt der Fettsäuren: 39,6°.

Physikalische Kennzahlen.

	Dichte d_{15}^{15}	Schmelzpunkt	Erstarrungspunkt	Lichtbrechung B.-Refr. Sk. T.	Lichtbrechung Brechungs-Index n_D	Löslichkeit
Öl	0,913—0,928	Bei 24° Beginn d. Schm., bei 47°: klar	−5 bis −10°	67—68,5 (25°)	1,4565 (60°) 1,4742 (20°)	Kritische Lösungstemp. in Eisessig: 88°
I mit S.Z. = 73,7	—	—	—	—	1,4690 (25°)	
II bzw. III	0,918; 0,913	—	—	—	—	
IV bzw. V	(V) d_{99}^{99}: 0,8907	(IV) 25—26°	—	—	—	
Fettsäuren	d^{100}: 0,8523	31—36°	28—29°	—	—	—

Chemische Kennzahlen.

	Verseifungszahl	Hehner-Zahl	Ester-Zahl	Jodzahl	R.-M.-Zahl (Pol.-Zahl)	Thermo-zahl
Öl	179—196 meist 183—192	92—96	—	100—108	0,6—1,7	MAUMENÉ 66,7
I mit S.Z. = 73,7	185,3 Korr.[1]: 194,2	—	—	99,9 (HANUS)	0,3 Pol.-Z.: 0,3	—
II bzw. III	179,4; 189,7	94; 95	165,6; 88,2	—	—	—
IV bzw. V	186,0; 193,5	95,2	27,3	99,7; 91,7	1,1	—
Fettsäuren	Neutral.-Z.: 197,7	M. M.-Gew.: 289,3[2]	—	108—109,5 Innere Jodzahl: 130,7—133,2	—	—

Öl I aus Reiskleie mittels Äther extrahiert. Öle II und III aus Reisspreu gepreßt (Säurezahl 13,8 bzw. 101,5). Öl IV aus Reishülsen mit Petroläther extrahiert (Säurezahl 90,9). Öl V aus enthülster Kleie extrahiert (Säurezahl 166,2).

Kanariensaatöl.

Canary seed oil.

Stammpflanze und Pflanzenfamilie	Verbreitung	Gehalt (% Öl) im Organ	Farbe bzw. Geruch
Phalaris canariensis Familie: Gramineae	Europa, Nordafrika	Samen extrahiert: 5,6%	Hellgelb, schwach aromatischer Geruch

Unverseifbares: 1,4—1,5%. Ein Muster gab 9,3% Glycerin.

Physikalische und chemische Kennzahlen.

	Dichte d_{15}^{15}	Schmelzpunkt	Erstarrungspunkt	Lichtbrechung B.-Refr. Sk. T.	Verseifungszahl	Hehnerzahl	Jodzahl
Öl	0,9232	—	—	68,7 (25°)	183,2—184	96,2	113,8—115,5
Fettsäuren	—	25°	20°	—	Neutral.-Z.: 186,9	M. M.-Gew. 300,1	115,5—126,3

Säurezahlen zweier Proben: 10,3 bzw. 20,8.

Digitaria-Samenöl.

Die Samen von Paspalum longiflorum (Verbr.: trop. und subtrop. Länder der Alten Welt) enthalten ca. 5% Öl.

[1] Mit Berücksichtigung des Gehaltes an Unverseifbarem.
[2] Mittl. Mol.-Gewicht der unlöslichen Fettsäuren von Öl (V).

Haferöl.

Huile d'avoine — Oil of oats — Olio die avena.

Stammpflanze und Pflanzenfamilie	Verbreitung	Gehalt (% Öl) im Organ	Farbe bzw. Geschmack	Anmerkung
Avena sativa Fam.: Gramineae	Gemäßigte Zone; in Europa bis 69,5° nördl. Breite kultiviert	Geschroteter Hafer, mit Petroläther extrahiert: ca. 3% (Öl I plus Fett I). Andere Angaben: Korn entschält: 7,2%; Schale: 3,5%; trockene Haferflocken mit Petroläther extrahiert: 4,3%	Hellgelb bis grünlichgelb; Öl I: gelb, angenehm frischer Geruch, etwas kratzender Geschmack. Fett I: gelbgrün	Durch eine zweite Extraktion (mit Petroläther) konnten in einem Falle noch ca. 10% des Gesamtfettgehaltes an festem Fett gewonnen werden (Kennzahlen s. unten: „Fett I")

Bestandteile (s. a. u.): Fettsäuren: 10,4% Palmitinsäure; 58,5% Ölsäure; 17,2% α-Linolsäure; 13,9% β-Linolsäure. Glyceride: u. a. Triolein; α-Palmito-diolein. 1,4% Unverseifbares (Öl I).

Physikalische Kennzahlen.

	Dichte d_{15}^{15}	Schmelzpunkt	Erstarrungspunkt	Brechungs-Index n_D
Öl I	0,9210	—	—	—
andere Öle	0,911—0,925	8—20°	3°	1,4701 (40°) 1,4706 (15°)
Fettsäuren	—	27,0—27,5°	—	1,4635 (40°)

Chemische Kennzahlen.

	Verseifungszahl	Hehnerzahl	Hydroxylzahl	Jodzahl	R.-M.-Zahl	Pol.-Zahl
Öl I	191,4	93,9	—	105,3	0,6	0,3
andere Öle	180,1—192,4	93,6	—	91,7 (?)—114,2 (WIJS)	—	—
Fett I	194,5	—	80,1	104,2	0,7	0,4
Fettsäuren	Neutral.-Z.:	M. M.-Gew.:		108 (I) Innere Jodzahl:		
von Öl I	—	279,2	—	121,2—123,1	—	—
andere Öle	196,6—200,8	279—284,8	—	127,1 (WIJS)	—	—

Öl I zeigte die Säurezahl 34,6; Fett I hatte die Säurezahl 123. Säurezahlen anderer Haferöle: zwischen 62 und 70,3. Gehalt an Unverseifbarem: 1,3—2,6%. Lecithingehalt eines Öles (Säurezahl 68,9) ca. 1%; dieses Öl trocknete bei 99° nach 3 Tagen klebefrei an; bei gewöhnlicher Temperatur begann das Trocknen erst nach 2 Monaten.

Roggenöl.

Huile de seigle — Rye seed oil — Olio di segale.

Stammpflanze und Pflanzenfamilie	Verbreitung	Gehalt (% Öl) im Organ	Farbe
Secale cereale Familie: Gramineae	Europa, gemäßigte Zone Asiens usw.	Korn: 0,9—3% Keim: 8—11%	Gelbbraun

Physikalische Kennzahlen.

	Dichte d_{15}^{15}	Schmelzpunkt	Erstarrungspunkt	Brechungs-Index n_D
Öl	—	12—16°	−12 bis −14°	—
I mit S. Z. = 5,2	0,9198	—	—	1,4665 (40°)
II mit S. Z. = 40,6	0,9334 (?)	—	—	1,4767 (28°)
Fettsäuren von Öl I	—	29°	25°	1,4602 (40°)
von Öl II	—	36°	34°	1,4711 (26°)

Chemische Kennzahlen

	Verseifungszahl	Hehner-Zahl	Esterzahl	Jodzahl
Öl I	183,8	ca. 96	178,6	103,6
Öl II	196	88,8	—	81,9(?)
	Neutral.-Z.			
Fettsäuren von Öl I	184,7	—	—	105,3
von Öl II	199	—	—	113

Eine Probe Roggenöl enthielt 1,1% Unverseifbares und gab 1,7% Oxysäuren bzw. 9,8% Glycerin.

Die Verseifungszahl von Öl I und die Neutralisationszahl seiner Fettsäuren stimmen nicht genügend überein; noch weniger stimmen bei Öl II Jodzahl und Jodzahl der Fettsäuren, eine der Zahlen muß falsch sein. — Die große Verschiedenheit der Öle I und II erfordert experimentelle Prüfung. Vielleicht überwog in dem einen Falle das Keimöl, im anderen das Schalenöl; vgl. Vorbemerkungen zu Getreideölen S. 20.

Weizenöl.

A. Weizenkernöl = Weizenkeimöl (Huile de blé — Wheat oil — Olio di germi di grano).
B. Weizenmehlöl (Huile de farine de froment — Wheat meal oil — Olio di farina di frumento).

Stammpflanze und Pflanzenfamilie	Verbreitung	Gehalt (% Öl) im Organ	Farbe bzw. Geruch	Besondere Merkmale
Triticum vulgare Fam.: Gramineae	In sämtlichen Kulturländern angebaut	Ganzes Korn: 1—1,8%. Kleie: 5,6%[1]. A. Keim: 10 bis 17,5%. B. Endosperm: 0,8—1,6% (Mehlöl)	A. Extrah.: hellgelb bis gelbbraun; charakteristischer Geruch nach Weizenmehl	Neigung zum Ranzigwerden (unter Dunkelfärbung). Purgierend. A. Keimöl gibt nach einigen Wochen eine geringe Abscheidung von Phytosterin, Schmp. 132°. B. Mehlöl gibt sofort einen starken Niederschlag von Sitosterinester, Schmp. 97°

Bestandteile von Keimöl (A): Glyceride der Stearinsäure: 3,5%; der Palmitinsäure: 7,7%; der Arachinsäure: 0,4%; der Lignocerinsäure: 0,2%; der Ölsäure: 45,4%; der Linolsäure: 40,9%. 1,5—2% Lecithin.

Physikalische Kennzahlen.

		Dichte d_{15}^{15}	Schmelzpunkt	Erstarrungspunkt	Lichtbrechung B.-Refr. Sk. T.	Lichtbrechung Brechungs-Index n_D
Keimöl	Öl	0,9245—0,9374	—	Bei 15° dickflüssig, bei 0° halbfest	74,5 (40°)	1,4745 (40°) 1,4794 (30°) 1,4833 (20°)
Keimöl	Fettsäuren	—	39,5°	29,7°	—	—
Weizenmehlöl		d^{28}: 0,9673 bis 0,9715 (?)	—	—	—	1,4714 (17,5°)
		d^{100}: 0,9068	—	—	92 (25°)	1,4851 (25°)

[1] Weizenkleie enthält Aleuronzellen mit 30—40% Ölgehalt, auf die Trockensubstanz der Inhaltsmasse abgeschätzt.

Chemische Kennzahlen.

		Verseifungszahl	Hehner-Zahl	Jodzahl	R.-M.-Zahl	Pol.-Zahl	Unverseifbares
Keimöl	Öl m. S. Z. = 21,5	182,8—190,3 184,1	— 93,7	115,2—115,6 123,6; bei durch hohen Druck gewonn. Öl: 127,7	— 0,48	— 0,25	2—4,5% 3,7%
Keimöl	Fettsäuren	—	—	123,3	—	—	—
Mehlöl		166,5—182,8	—	96,1—112,5	2,8—5,0	—	2,5%

Das Unverseifbare besteht zu fast Zweidrittel aus Sterinen:

	Schmelzpunkt (Korr.)	$[\alpha]_D$
Dihydrositosterin	143—144°	+23,61°
α-Sitosterin	138—141°	−23,41°
β-Sitosterin	140°	−35,06°
γ-Sitosterin	147—148°	−42,47°
γ-Sitosterin-Acetat	143—144°	−45,37°

Außerdem wurde ein Alkohol $C_{20}H_{42}O$ (Schmelzpunkt 83°; Acetat-Schmelzpunkt 65°) gefunden.

Gerstenöl.

Huile d'orge — Barley seed oil — Olio d'orzo.

Stammpflanze und Pflanzenfamilie	Verbreitung	Gehalt (% Öl) im Organ[1]	Farbe bzw. Geschmack
Hordeum vulgare (Hordeum sativum, L.) Familie: Gramineae	In Vorderasien heimisch. In sämtlichen Kulturgebieten angebaut	Korn: 0,26—3,2%; meist 2% (frisch), 2,2—2,4% (Trockensubstanz)	Gelblich bis gelbbraun; angenehmer Geschmack

Bestandteile: Caprinsäure (?), Palmitin-, Stearin-, Öl-, Linol- und Linolensäure (?). Unverseifbares: 4,7—6,1%. Lecithingehalt: 3,1—4,2%.

Physikalische Kennzahlen.

	Dichte d_{15}^{15}	Erstarrungspunkt	Lichtbrechung B.-Refr. Sk. T.	Lichtbrechung Brechungs-Index n_D
Öl	0,9145	13°	—	—
I mit S. Z. = 25	0,9474 (?)	—	—	—
II mit S. Z. = 16,7	—	—	68,0 (°?)	—
Fettsäuren von Öl I	—	—	—	1,4745 (30°)
von Öl II	—	—	51,2 (°?)	—

Chemische Kennzahlen.

	Verseifungszahl	Jodzahl	R.-M.-Zahl
Öl II	181,5	125,2 (Wijs)	—
Öl III	182,1	114,6	0,03
Fettsäuren von Öl II	Neutralisationszahl 193,6	130,1 (Wijs)	—

[1] Rohfettgehalt in Gerstenmalzkeimen: 0,3—5,6%; im Mittel 2%. Rohfettgehalt in Grünmalz: 1%; in der Trockensubstanz: 1,9%. Rohfettgehalt in Darrmalz: 1,9%; in der Trockensubstanz: 2,0%. Rohfettgehalt in Trockentrebern: 6,2%; in der Trockensubstanz: 6,6%.

Reihe: Liliiflorae.

Öl aus den Blättern von Zygadenus intermedius.

Stammpflanze und Pflanzenfamilie	Verbreitung	Bestandteile
Zygadenus intermedius Fam.: Liliaceae	Sibirien, Nordamerika	Fettsäuren: Palmitin-, Stearin-, Cerotinsäure; Ölsäure, Linol- und Isolinolensäure; angeblich auch eine gesättigte Säure mit weniger als 16 Kohlenstoffatomen. Unverseifbares: Hentriakontan, s. S. 554. Ein Phytosterin $C_{27}H_{46}O$ mit dem Schmelzpunkt 135° (Acetat-Schmelzpunkt 122—123°).

Herbstzeitlosen-Samenöl.

Stammpflanze und Pflanzenfamilie	Verbreitung	Gehalt (% Öl) im Organ	Farbe bzw. Geschmack
Colchicum autumnale Familie: Liliaceae	Europa	Samen, erschöpfend mit Äther extrahiert: 17,6%. Nach älteren Angaben: 6,6—8,4%	Hellbraun; geruchlos, etwas scharf schmeckend

Physikalische Kennzahlen.

	Dichte d_{15}^{15}	Schmelzpunkt	Erstarrungspunkt	Brechungs-Index n_D
Öl	0,9176	—	−8 bis −9°	1,4642 (40°)
Fettsäuren	—	24,0°	22,5°	1,4646 (40°)

Chemische Kennzahlen.

	Verseifungszahl	Hehner-Zahl	Jodzahl
Öl	184,3	95,8	128,5 (WIJS)
Fettsäuren	Neutralisationszahl 187,6	Mittl. Mol.-Gew. 300,3	131,0 (WIJS)

Das untersuchte Ölmuster zeigte die Säurezahl 20,3; es enthielt 0,7% Unverseifbares und gab 95,1% Fettsäuren sowie 9% Glycerin.

Spargelsamenöl.

Huile d'asperge — Asparagus seed oil — Olio di asparaghi.

Stammpflanze und Pflanzenfamilie	Verbreitung	Gehalt (% Öl) im Organ	Farbe bzw. Geruch
Asparagus officinalis Familie: Liliaceae	Europa, asiatisches Rußland; auch gemäßigte Zonen anderer Kontinente	Samen: 15,3%; mit Petroläther extrah.: 12%	Gelblich bis rötlichgelb; schwach herber Geruch

Fettsäuren: Palmitin-, Stearin-, Öl-, Linol- und Linolensäure. Unverseifbares: 1%.

Physikalische und chemische Kennzahlen.

	Dichte d_{15}^{15}	B.-Refr. Sk. T.	Verseifungszahl	Acetylzahl	Jodzahl
Öl	0,928	—	193,4	25,2	137,1
mit S.Z. = 6,6	—	73,75 (25°)	194,1	—	140
Fettsäuren	—	—	200	—	142,2

Samenöl von Samuela carnerosana.

Stammpflanze und Pflanzenfamilie	Verbreitung	Gehalt (% Öl) im Organ	Anmerkung
Samuela carnerosana Fam.: Liliaceae	Mexiko	Samen, mit Äther extrahiert: 20%	Farb- und geruchlos

Physikalische und chemische Kennzahlen.

	Dichte	Brechungs-Index n_D	Verseifungszahl	Jodzahl
Öl	d^{22}: 0,9265	1,4710 (° ?)	192,8	125,6

Die untersuchte Probe zeigte die Säurezahl 5,1.

Reihe: Piperales.

Pfeffersamenöl.

Stammpflanze und Pflanzenfamilie	Verbreitung	Gehalt (% Öl) im Organ	Farbe bzw. Geschmack	Reaktionen
Piper nigrum Fam.: Piperaceae	Südasien	Samen, mit Äther extrahiert: 25,7%	Gelb mit grünlicher Fluoreszenz; süßlich-brennender Geschmack	Braunfärbung mit den Reagenzien von HEYDENREICH, HAUCHECORNE, BAUDOUIN, BECCHI, BRULLÉ, TORTELLI sowie BELLIER

Fettsäuren: 68% fest, 32% flüssig[1]. 1,6% Oxysäuren. Unverseifbares: 2,7% (2,1% Phytosterin).

Physikalische und chemische Kennzahlen.

	Dichte	Schmelzpunkt	Erstarrungspunkt	Brechungs-Index n_D	Verseifungszahl	Acetylzahl	Jodzahl	R.-M.-Zahl
Öl	d^{16}: 0,9216	—	12°	1,4735 (16°)	184,6	ca. 40	129,0	17,3
Fettsäuren	—	feste: 40—43°	—	—	—	—	Innere Jodz.: 141,3	—

Das untersuchte Muster zeigte die Säurezahl 11,3 und gab ca. 7,5% Glycerin.

Reihe: Juglandales.

Walnußöl.

Huile de noix — Walnut oil, nut oil — Olio di noce.

Stammpflanze und Pflanzenfamilie	Verbreitung	Gehalt (% Öl) im Organ	Farbe bzw. Geschmack	Reaktionen Besondere Merkmale
Juglans regia Fam.: Juglandaceae	Himalaya, Persien, Europa, Californien	Kern: 40 bis 65%. Äther-extrahiert meist: 50%; kalt gepr.: 44%	Kalt gepr.: schwach gelblichgrün; angenehm nußartiger Geruch u. Geschmack. Heiß gepr.: grünlich; scharfer Geruch u. Geschmack. Ähnlich bei Äther-extrahierten Ölen	Elaidinierung: positiv. HEYDENREICH: braun, vgl. Bd. I, S. 289. HAUCHECORNE: kalt gelbrot, warm rotbraun. BRULLÉ: orange. BECCHI, MILLIAU, MABEN: negativ. Das Öl frischer Nüsse ist trüb; 3 bis 4 Monate alte Nüsse geben klares Öl. Nußöle werden leicht sauer und ranzig

Fettsäuren: 7% feste, 93% flüssige Fettsäuren; von letzteren 14—15% Ölsäure, 78—83% Linol- und ca. 4% Linolensäure (Öl mit S. Z. = 9,9; s. u.). Nach neueren Angaben: 5,1% Palmitin-; 2,5% Stearin-; 28,8% Ölsäure; 30,2% α-Linol-; 17,2% β-Linol-; 6,1% α-Linolen-; 9,7% β-Linolensäure (kalt gepr. frisches Öl).

[1] Die Angaben über die Zusammensetzung des Fettsäurengemisches sind mit der Jodzahl nicht in Einklang zu bringen.

Physikalische Kennzahlen.

	Dichte d_{15}^{15}	Schmelzpunkt	Erstarrungspunkt	Lichtbrechung B.-Refr. Sk. T.	Lichtbrechung Brechungs-Index n_D	Zähigkeit (Öl)	Oberflächenspannung	Opt. Drehungsvermögen
Öl	0,925 bis 0,9265 d^{25}: 0,919 d^{94}: 0,871	—	bei −15° flüssig, bei −27° starr	64,8 bis 68 (40°)	1,469 bis 1,471 (40°) 1,4804 (22°) 1,4809 (20°)	°ENGLER: E_{15} = 9,7. REDWOOD: 231,8 Sek. (21° C) = 9,1° bez. auf Wasser von 70° F	0,0337 g pro cm (18°)	$[\alpha]_D$ = −0° 3′ bis +0° 15′
mit S. Z. = 9,9	0,9238	—	−28 bis −29°	72,7 (25°)	1,4740 (25°)			
Fettsäuren	—	16—20°	13—16°	61,1 (25°)	—			

Kritische Lösungstemperatur des Öles in Alkohol (Crismerzahl, s. Bd. I, S. 139): 100,5°.

Chemische Kennzahlen.

	Verseifungszahl	Hehner-Zahl	Acetylzahl	Jodzahl	R.-M.-Zahl	Pol.-Zahl	Hexabromidzahl	Thermozahl
Öl	188—197	95,4	4,6	143—162 (WIJS)	0 bis 3,2	—	2,2	96—110
mit S. Z. = 9,9	192,6	96,0	—	148,3 Jodbromzahl: 146—148 (WINKLER)		1,6	—	101—106 MAUMENÉ
Fettsäuren	202,8 Neutral.-Z.: 200,2	M.M.-G. 273,5 bis 276,3	7,6	150—155 Innere Jodzahl: 166—167	—	—	ca. 4; nach neueren Angaben: 11—15	—

Unverseifbares: In gepr. Öl 0,2%; in Äther-extrahiertem Öl: 0,4%; letzteres enthält ein Sitosterin vom Schmelzpunkt 137,5°.

Trockenvorgang: Maximale Gewichtszunahme: 13,2—15,8% (frisches Öl); 12% (altes Öl). Trockenzeit: „Anziehen" nach 5—6 Tagen; „Kleben" nach 6—10 Tagen; „Klebefrei"-Trocknen nach 8—12 Tagen (im Winter).

Erhöhung der Säurezahlen von Nußölaufstrichen.

Tage:	0	2	4	8	10	12	14	17	20	25	30	40	49	60
S. Z.:	0,5	0,7	1,1	1,3	2,9	5,0	10,4	19,5	39,8	54,7	79,2	101,6	107,9	109,9

Die Filme verhalten sich ähnlich wie die des Mohnöls (s. S. 43). Der Standölfilm des Walnußöls dagegen verkohlt beim Erhitzen gegen 260°, sein Mennigeaufstrich ist in Äther unlöslich. Nußölstandölfarben reißen und springen nicht auf Mennigenußölgrund.

Amerikanisches Nußöl.

Stammpflanze und Pflanzenfamilie	Verbreitung	Gehalt (% Öl) im Organ	Farbe bzw. Geschmack	Anmerkung
Juglans nigra Fam.: Juglandaceae	Nordamerika	Kern: bis 57%	Gelb bis bräunlich, Geschmack angenehm	Der Ölgehalt der Kerne stieg in einem Falle von Ende Juli bis Anfang September von ca. 8% auf ca. 57%, während die wasserlöslichen Anteile des Alkohol-Äther-Extrakts, der Gehalt an Phosphatiden usw. entsprechend abnahmen[1]

[1] Vgl. Einleitung S. 12.

Physikalische Kennzahlen.

	Dichte d_{15}^{15}	Erstarrungspunkt	Lichtbrechung Oleo-Refr. Sk. T.
Öl (mit S. Z. = 4,1)	0,9215 (—0,929)	−12 bis −30°	26 (25°)

Kritische Lösungstemperatur für die gleiche Gewichtsmenge Anilin-Äthylalkohol (1:4) = 29,6—33,1°.

Chemische Kennzahlen.

	Verseifungszahl	Hehner-Zahl	Jodzahl
Öl	191,1	93,8	141,4—142,7
mit S. Z. = 4,1	195	—	135,5

Öl aus den Samen einer Kreuzung zwischen Juglans nigra und Juglans cinerea.

Stammpflanze und Pflanzenfamilie	Gehalt (% Öl) im Organ
Juglans nigra, J. cinerea } Bastard Fam.: Juglandaceae	Samen: 50%

Fettsäuren: Spuren wasserlöslicher und flüchtiger Säuren; Stearinsäure, Ölsäure, vorwiegend (ca. 70%) Linolsäure, etwas Linolensäure.

Physikalische und chemische Kennzahlen.

	Dichte d_{15}^{15}	Brechungs-Index n_D	Kritische Lösungstemperatur	Verseifungszahl	Jodzahl
Öl	0,925	1,4765 (22°)	Alkohol: 71°	191	151

Japanisches Nußöl.

Stammpflanze und Pflanzenfamilie	Verbreitung	Gehalt (% Öl) im Organ	Farbe bzw. Geschmack
Juglans Sieboldiana Fam.: Juglandaceae	Japan	Kern: 60%	Hellgelb, geruchlos, angenehmer Geschmack

Physikalische Kennzahlen.

	Dichte d_{15}^{15}	Lichtbrechung B.-Refr. Sk. T.	Lichtbrechung Brechungs-Index n_D
Öl	0,9248	82,2 (20°)	1,4799 (20°)
mit S. Z. = 0,7	0,9332 (?)	—	1,4800 (20°)

Chemische Kennzahlen.

	Verseifungszahl	Hehner-Zahl	Jodzahl
Öl	189,8	—	156,5
mit S. Z. = 0,7	191,1	92,3	150,8 (HÜBL)

Hickorynußöl.

(Pekannußöl[1].)

Huile de Hickory — Hickory nut oil (Pecan oil, Paccan oil) — Olio di Hickory.

Stammpflanzen und Pflanzenfamilie	Verbreitung	Gehalt (% Öl) im Organ	Farbe bzw. Geschmack	Anmerkung
Carya alba (= C. ovata) C. amara, C. olivaeformis Fam.: Juglandaceae	Nordamerika. C. alba in Europa als Forstbaum kultiviert	Kern, gepr.: 65% extrahiert: 75%	Kalt gepr.: hell und klar, angenehmer charakterist. Geruch und Geschmack; heiß gepr.: dunkel	Schwach trocknend

Pekannußöl-Fettsäuren: 4% Palmitin- und Stearinsäure; 80% Ölsäure; 16% Linolsäure. Ferner 0,3% Phytosterin (Schmelzpunkt 134°). 0,5% Lecithin.

Physikalische und chemische Kennzahlen der Öle.

	Dichte	Brechungs-Index n_D	Verseifungs-zahl	Hehner-Zahl	Acetyl-zahl	Jodzahl	R.-M.-Zahl
Öl von C. olivaeformis	d_{15}^{15}: 0,9184	—	198,0	93,4	1,2	106,0	2,2
Öl von C. ovata	d^{24}: 0,9119	1.4699 (20°)	189,6	95,7	—	106,8	0,5
Öl mit S. Z. = 0,8	d^{20}: 0,9118	1,4700 (20°)	191,5	—	—	97,1 (Hübl)	—
Öl von C. amara	—	1,4699 (20°)	190,0	95,6	—	105,2	0,5

Reihe: Fagales.

Bucheckernöl.

Huile de faine — Beechnut oil — Olio di faggio.

Stammpflanze und Pflanzenfamilie	Verbreitung	Gehalt (% Öl) im Organ	Farbe bzw. Geschmack	Reaktionen
Fagus silvatica Familie: Fagaceae	Europa bis 60° nördl. Breite	Frucht, nicht entschält: 23 bis 29%. Schale: 1—1,5%. Kern, entschält, extrahiert: 42,5 bis 47,2%. Durch kalte Pressung gew.: 12—17%	Hellgelb; schwacher Geruch. Geschmack etwas bitter, leicht veränderlich. Bitterstoff durch Schütteln mit warmem Wasser entfernbar	Elaidinierung: langsame Bildung einer festen Masse. Phosphormolybdänsäure + Salpetersäure: grün; auf Zusatz v. Ammoniak: blau. Furfurol + Salzsäure: rosa. Konzentr. Schwefelsäure: braun bis orange. Schwefelsäure + Salpetersäure: johannisbeerrote Trennungsschicht

Bestandteile: 4,9% Palmitin-; 3,5% Stearin-; 76,7% Öl-; 9,2% Linol-; 0,4 Linolensäure. 0,8% Unverseifbares (Phytosterin). — Gibt keine ätherunlöslichen Hexabromide.

[1] Die Bezeichnung „Pekannuß" kommt eigentlich nur den Samen der Species Carya olivaeformis zu (Hefter), wird aber manchmal auch auf die übrigen Arten der Gattung Carya zur Anwendung gebracht. Die Species Carya alba liefert die „weißen Hickorynüsse". Außer den obengenannten Arten gibt auch Carya illinoiensis ölführende Samen („Illinoisnüsse"). Die Eigenschaften und Kennzahlen der Öle der verschiedenen Carya-Arten sind voneinander nur wenig abweichend. Auch das Öl der Nüsse von Carya tonkinensis (Verbreitung Indochina; Ölgehalt der Kerne ca. 45%) zeigt eine Jodzahl von 96,5; die Verseifungszahl beträgt 201; die Hehnerzahl 93. Als Bestandteile werden Glyceride der Ölsäure und Linolsäure genannt.

Physikalische Kennzahlen.

	Dichte d_{15}^{15}	Schmelzpunkt	Erstarrungspunkt	Lichtbrechung Oleo-Refr. Sk. T.	Lichtbrechung Brechungs-Index n_D
Öl	0,920—0,9225	—	−17 bis −17,5°	16,5—18 (22°)	—
kalt gepreßt	0,9099—0,9169	—	—	—	1,4729 bis 1,4732 (15°)
warm gepreßt, mit S. Z. = 2,4	0,9221	—	—	—	1,4752 (15°)
Fettsäuren	—	23—24°	17°	—	—

Chemische Kennzahlen.

	Verseifungszahl	Hehner-Zahl	Acetylzahl	Jodzahl	R.-M.-Zahl u. Pol.-Z.	Thermozahl
Öl	191,1—196,3	95,2	—	104,4—111,2 120 (Wijs)	unter 0,1	63—65 (Maumené)
warm gepreßt, mit S. Z. = 2,4	190,5	95,2	4,2	111,0		
Fettsäuren	—	—	—	114	—	—

Edelkastanien-Samenöl.

(Castanea vulgaris; Fam.: Fagaceae; Mittelmeergebiet, südliches Europa.) Die frischen Samen enthalten 2%; das Mehl 2,6—2,8% Öl.

Eichelöl.

(Eicheckernöl.)

Huile de gland — Acorn oil — Olio di ghiande.

Stammpflanzen und Pflanzenfamilie	Verbreitung	Gehalt (% Öl) im Organ	Farbe	Reaktionen. Anmerkung
Quercus agrifolia, Quercus robur Fam.: Fagaceae	Heimat: Californien. Gemäßigte Zone	Ganze Frucht: 3,1%. Schale: 1,6%. Kern: 3,4%. Früchte von Quercus robur, mit Äther extrahiert: 4,7—5%	Dunkelbraun, fluorescierend	Elaidinierung: nicht charakteristisch. Milliau: schwache Färbung. — Das Öl ist bei trockenem Lagern der Eicheln in diesen ziemlich beständig

Physikalische und chemische Kennzahlen.

	Dichte d_{15}^{15}	Schmelzpunkt	Erstarrungspunkt	Brechungs-Index n_D	Verseifungszahl	Jodzahl	Thermozahl (Maumené)
Öl	0,9162	—	−10°	1,4731 (°?)	199,3	100,7	60
Fettsäuren	—	25°	—	—	—	—	—

Reihe: Urticales.

Maulbeersamenöl.

Huile de mûrier — Mulberry seed oil — Olio di moro.

Stammpflanze und Pflanzenfamilie	Verbreitung	Gehalt (% Öl) im Organ	Farbe bzw. Geschmack	Reaktionen
Morus alba Fam.: Moraceae	Heimat: China. Seit dem 12. Jahrhundert im Mittelmeergebiet kultiviert	Samen, mit Äther extrahiert: 33%. Durch Pressung gewonnen: 24%	Goldgelb. Angenehmer Geschmack. Schwacher Geruch	Heydenreich: intensive Gelbfärbung. Hauchecorne: (kalt) orange; (warm) braun. Brullé: orange

Fettsäuren:	Feste Fettsäuren	Flüssige Fettsäuren
in ätherextrahiertem Öl:	20,6%	79,4%
in gepreßtem Öl:	19,4%	80,6%

Physikalische Kennzahlen.

	Dichte	Schmelzpunkt	Erstarrungspunkt	B.-Refr. Sk. T.
Ätherextrahierte Öle	d_{15}^{15}: 0,9260 d_{15}^{100}: 0,8706	—	—	63,9 (40°) 72,5 (25°) 78,2 (15°)
Gepreßte Öle	d_{15}^{15}: 0,9245 d_{15}^{100}: 0,8692	—	—	63,6 (40°) 71,9 (25°) 77,7 (15°)
Fettsäuren aus extrahiertem Öl	d_{15}^{100}: 0,8566	23,6—25°	20,8—21,2°	55,5 (45°); 57,8 (40°); 63,2 (30°)
aus gepreßtem Öl	d_{15}^{100}: 0,8544	22—23°	19,2—19,6°	51,0 (45°); 55,3 (40°); 58,5 (30°)

Chemische Kennzahlen.

	Verseifungszahl	Hehner-Zahl	Jodzahl		R.-M.-Zahl	Thermozahl
Ätherextrah. Öl	190,1	94,9	140,4 (HÜBL)		0,4	(MAUMENÉ) 94,8
Gepreßtes Öl	191,3	95,6	143,3 (HÜBL)		0,1	95,6
Fettsäuren aus		Mittl. Mol.-Gew.:		Innere Jodzahl:		
extrahiertem Öl	—	270,4	—	146,5	—	—
aus gepreßtem Öl	199,8 Neutral.-Z.: 194	280,9	144,1	159,9	—	—

Gewichtszunahme beim Trocknen, nach LIVACHE: 3,5% nach 6 Tagen; 9,4% nach 14 Tagen.

Maclura-Samenöl.

Osage orange seed oil.

Stammpflanze und Pflanzenfamilie	Verbreitung	Gehalt (% Öl) im Organ
Maclura pomifera Familie: Moraceae	Nordamerika	Samen: 42%

Physikalische und chemische Kennzahlen des Öles.

Dichte d_{15}^{15}	Verseifungszahl	Jodzahl
0,929	192	134

Vom sogenannten **Vall-del-Öl** („Wal-del-oil")[1] ist nur die Stammpflanze bekannt: Artocarpus nobilis, Fam.: Moraceae; Verbreitung: Indisch-Malayischer Archipel und Ceylon.

Hopfensamenöl

(Huile de houblon — Hop seed oil — Olio di luppolo) von Humulus lupulus (Fam.: Moraceae). Die Samen enthalten 24,4—28,5% hellgelbes Öl mit Jodzahlen zwischen 149,7 und 161,5.

[1] Nach frdl. Privatmitteilung des Imperal Institute, London, vom 20. Februar 1928, sind auch dort keine näheren Angaben über dieses Öl bekannt.

Hanföl.

Huile de chènevis — Hemp seed oil — Olio di canapa.

Stammpflanzen und Pflanzenfamilie	Verbreitung	Gehalt (% Öl) im Organ[1]	Farbe	Reaktionen
Cannabis sativa; C. ruderalis, JANISCH („Wilder Hanf") Fam.: Moraceae	Gemäßigte Zone und wärmere Gebiete. Hauptsächl. Rußland	Frucht: 28—35%	Frisch: hellgelb od. grünlichgelb. Alt: braungelb. Öl von wildem Hanf[2]: bräunlichgrün	Rohöle: mit Schwefelsäure intens grün, mit konz. Salzsäure gelb bis grasgrün. HEYDENREICH: grünbraun, s. a. Bd. I, S. 289. 5 Teile Öl mit 1 Teil BIEBERS Reagens geschüttelt: grün, dann schwarz. HAUCHECORNE: (kalt) dunkelgrün. BRULLÉ: rotbraun. BECCHI: schwachbraun. BELLIER: beim Schütteln sattgrün, nach Trennung der Schichten: Benzollösung bläulichgrün, Salpetersäurelösung goldgelb

Fettsäuren: 4,5% gesättigte Säuren (Palmitin-, Stearinsäure); 14% Öl-; 65% Linol-; 16% Linolensäure. — Unverseifbares: 0,5—1%.

Physikalische Kennzahlen.

	Dichte d_{15}^{15}	Schmelzpunkt	Erstarrungspunkt	Lichtbrechung B.-Refr. Sk. T.	Lichtbrechung Brechungs-Index n_D	Lichtbrechung Oleo-Refr. Sk. T.	Zähigkeit °ENGLER	Oberflächenspannung
Öl	0,925—0,933 $d_{20,5}^{20,5}$: 0,9233	—	Bei −15° flüssig; bei −27,5° starr	68,5 (40°) 77,2 (25°)	1,4517 (20°)	34—37 (22°)	$E_{7,5}$=11,6 E_{15} = 9,6 E_{20} = 8,3	0,0351 g pro cm
Fettsäuren	—	17—21°	14 bis 16,6°	—	—	—		

Kritische Lösungstemperatur des Öles in Alkohol (Crismerzahl): 97°.

Chemische Kennzahlen.

	Verseifungszahl	Hehnerzahl	Acetylzahl	Jodzahl	R.-M.-Zahl	Hexabromidzahl	Thermozahl
Öl	190—194	92—93	7,5 bis 20,0 (?)	140,5—143 (HÜBL) 157—167 (WIJS) Jodbromzahl: 151—152	2,0	8,8 (HEHNER und MITCHELL[3]). ca. 2 (EIBNER)	(MAUMENÉ) 95—99
Fettsäuren	Neutral.-Z.: 199,4	M.M.-Gew.: 280,5 bis 281,3	7,5	141 (HÜBL) 160—170 (WIJS)	—		

Trockenvorgang. Gewichtszunahme beim Trocknen: 13,6% nach 22 Tagen. Trockenzeit: 4—8 Tage; Hanföl, roh, mit 2% Mangan-Resinat: 25 Stunden; dasselbe, geblasen: 20 Stunden. Die Hanfölfilme verhalten sich gegenüber Lösungsmitteln und beim Erhitzen ähnlich wie die des Mohnöls, s. S. 43.

---

[1] Über die Zunahme des Ölgehaltes der Samen während des Reifungsvorganges siehe Einleitung, S. 12.

[2] Die Kennzahlen stimmen mit denen des gewöhnlichen Hanföles überein.

[3] Schmelzpunkt der Hexabromide: 150—160°.

Lieferbedingungen
für technisches Hanföl in Rußland (U. d. S. S. R.).

a) Farbe dunkelgrün verschiedener Intensität.
b) Das abgelagerte Hanföl muß klar sein.
c) Das Volumen des Satzes darf nicht mehr als 2% betragen.
d) Spezifisches Gewicht 0,925—0,933 (bei 15°).
e) Refraktionszahl 66—72 Skalenteile (bei 40°).
f) Jodzahl 140—172.
g) Säurezahl höchstens 8.
h) Verseifungszahl 185—195.
i) Unverseifbares höchstens 0,5%.

Bei Hanföl für Speisezwecke kommt noch hinzu:
Das Hanföl muß den spezifischen Hanfölgeruch und Hanfölgeschmack haben ohne Nebengeruch und ohne Nebengeschmack.
Die Säurezahl darf in diesem Falle höchstens 2,3 betragen.

Vereinzelte Angaben über die Öle anderer Cannabis-Arten.

Stammpflanze und Pflanzenfamilie	Verseifungszahl	Jodzahl	Säurezahl
Cannabis pyramidalis	197,4	195	8,5
C. gigantea	—	184,6—185,4	—
Fam.: Moraceae			

Sämtliche Muster gaben Äther-unlösliche Hexabromide (Schmelzpunkte zwischen 176 und 177°); der Gehalt an Linolensäure berechnet sich zu 5—8%.

Reihe: Santalales.

Conejoöl.

Huile de „Fruta de Conejo" — „Rabbit's fruit" oil.

Stammpflanze	Verbreitung	Gehalt (% Öl) im Organ	Farbe	Besondere Merkmale
Heisteria (?)[1]	Cordilleren von Columbien	Kerne: 61,2%; bezogen auf die Trockensubstanz: 64,7%; auf die ganzen Nüsse: 40,4%	Klar, goldbraun	Dickflüssig. Nicht trocknend (?). Beim 4 stündigen Erhitzen auf 200° tritt Polymerisation ein; das Reaktionsprodukt ähnelt polymeris. Holzöl. Beim Erhitzen auf 250 bis 285° erfolgt plötzlich Zersetzung

Physikalische und chemische Kennzahlen.

	Dichte d_{15}^{15}	Schmelzpunkt	Brechungs-Index n_D	Verseifungszahl	Acetylzahl	Jodzahl	R.-M.-Zahl
Öl	0,9940 (?)	—	1,502 (40°)	187,8	128 (?)	140,0	0,2
Fettsäuren	—	unter 10°	—	—	—	—	—

Nach den ungewöhnlich hohen Werten für Dichte und Acetylzahl zu schließen, war das untersuchte Muster weitgehend verändert; es könnten aber auch ungesättigte Oxysäuren im Conejoöl zugegen sein (s. Traubenkernöl, S. 120). Jedenfalls bedürfen die Kennzahlen der Überprüfung.

[1] Die Stammpflanze ist nicht mit Sicherheit bekannt; wahrscheinlich handelt es sich um eine Art von Heisteria (Fam.: Olacaceae). Die Zugehörigkeit des Conejoöles zu dieser Familie ist demnach nicht erwiesen; s. a. Bibliographie S. 649.

Trockenversuche: Dünne Schichten des Öles (Muster mit Säurezahl 4,2 und 2,1% Unverseifbarem), mit Sikkativ vermengt, trockneten selbst nach 14 Tagen nicht; möglicherweise waren in der untersuchten Probe Antikatalysatoren vorhanden.

Reihe: Polygonales.

Fam.: Polygonaceae[1]. Vom Buchweizenöl (aus den Körnern von Fagopyrum esculentum, „Heidekorn") scheint nicht mehr als der hohe Gehalt an Sterinen (bis zu 10,5%) sowie an Lecithin (bis zu 2,5%) bekannt zu sein. Über das Samenöl des Sauerampfers s. Bibliographie S. 595.

Reihe: Centrospermae.

Celosiaöl.

Huile de Celosia — Celosia oil — Olio di Celosia.

Stammpflanze und Pflanzenfamilie	Verbreitung	Farbe	Reaktionen
Celosia cristata Fam.: Amarantaceae	Ost-indien, China	Grünlich-braun; geruchlos	HEYDENREICH: gelbbraun, dann braun; nach einiger Zeit Abscheidung einer öligen Haut an der Oberfläche. HAUCHECORNE: kalt unverändert, wässerige Schicht grünlichgelb; warm: braun, die grüne Farbe der unteren Schicht verschwindet bald; starker Schaum. BRULLÉ: intensiv gelbbraun.

Physikalische und chemische Kennzahlen.

	Schmelzpunkt	Erstarrungspunkt	Verseifungszahl	Jodzahl	Thermozahl
Öl	—	−10°	190,5	126,3	94
Fettsäuren	27—29°	19—21°	—	—	—

Die obigen Angaben gelten für ätherextrahierte Öle.

Reihe: Ranales.

Schwarzkümmelöl.

Huile de nigelle — Small Fennel oil — Olio di cominella.

Stammpflanze und Pflanzenfamilie	Verbreitung	Gehalt (% Öl) im Organ	Farbe bzw. Geruch
Nigella sativa Fam.: Ranunculaceae	Europa, Asien, Ägypten	Samen: 32—37%	Rotbraun; frisches Öl riecht nach Eukalyptus

Physikalische Kennzahlen.

	Dichte d_{15}^{15}	Erstarrungspunkt	Lichtbrechung B.-Refr. Sk. T.	Lichtbrechung Brechungs-Index n_D
Öl	0,9248	—	58,5 (40°)	1,4649 (40°)
Fettsäuren	—	16—19°	—	—

[1] Die Angaben über die Öle aus dieser Familie sind so spärlich, daß es sich vom chemischen Standpunkt nicht entscheiden läßt, ob sie in die Gruppe der trocknenden oder in die der nicht-trocknenden Öle einzureihen sind. Zufolge des Vorkommens ihrer Stammpflanzen in den Ländern der gemäßigten Zone erscheint es jedoch wahrscheinlich, daß diese Öle ein mehr oder weniger großes Trockenvermögen besitzen.

Chemische Kennzahlen.

	Verseifungszahl	Hehnerzahl	Jodzahl	R.-M.-Zahl	Thermozahl (MAUMENÉ)
Öl	192,6—196,4	88,8	116,2—123,2	5,4	89
Fettsäuren	199,7 Neutral.-Z.: 197,6	—	—	—	—

Rittersporнöl.

Huile de dauphinelle élevée — Larkspur oil — Olio di fiorcappuccio.

Stammpflanze und Pflanzenfamilie	Verbreitung	Gehalt (% Öl) im Organ	Geschmack
Delphinium elatum[1]. Fam.: Ranunculaceae	Gemäßigte Zone	Samen: 36,6%	Bitter

Fettsäuren: u. a. Linolsäure; keine Linolensäure.

Physikalische und chemische Kennzahlen.

	Dichte d^{20}	Lichtbrechung B.-Refr. Sk. T.	Neutralisationszahl	Jodzahl
Öl	0,921	72 (°?)	—	—
Fettsäuren	0,8915	56,6 (°?)	191,8	108,2

Verschiedene Ranunculaceenöle.

Stammpflanze	Jodzahl	Stammpflanze	Jodzahl
Trollius asiaticus	134,5	Aconitum excelsum	108,6
Trollius europaeus	143,7	Aconitum volubile	115,6
Trollius Ledebourii	144,3	Aconitum Lycoctonum	115,4
		Aconitum Anthora	119,3
Aquilegia Wittmanniana	178,4	Aconitum septemtrionale	119,6
Aquilegia ecalcarata	180,5	Aconitum Kusnetzowi	120,4
Aquilegia vulgaris	181,6	Aconitum Napellus	121,9
Aquilegia alpina	188	Aconitum orientale	122,2
Aquilegia advena	198	Aconitum laxum	123,8
Aquilegia atrata	204,5		
		Thalictrum flavum	159,2
Delphinium Ajacis	103	Thalictrum simplex	161,2
Delphinium scopulorum	106,6	Thalictrum squarrosum	163
Delphinium turkestanicum	110,5	Thalictrum foetidum	163,1
Delphinium intermedium	113,1	Thalictrum lucidum	163,6
Delphinium triste	118,3	Thalictrum aquilegifolium	167
Delphinium elatum	120,6	Thalictrum laserpitiifolium	184

Die untersuchten Proben stammten sämtlich aus der Gegend von Moskau.

Öle aus der Gattung Ranunculus.

Stammpflanzen	Öl-gehalt	Farbe	Verseifungs-zahl	Jodzahl
Ranunculus acer (scharfer Hahnenfuß)	23%	Hellgelb bis gelb	—	—
Ranunculus auriconus bzw. R. ceratocephalus	35%	—	178,3	80,1 (?)

[1] Das aus den Samen von Delphinium consolida durch Extraktion mit 5 proz. alkoholischer Salzsäure erhaltene grünlichgelbe „Öl" (mit den Kennzahlen $d = 0{,}889$ (°?); $n_D^{20} = 1{,}4581$; Verseifungszahl 181,2 (?); Acetylzahl 34,9; Jodzahl 87,8; Säurezahl 189,5) ist nach dem letztgenannten Wert in Wirklichkeit ein Gemisch der freien Fettsäuren, das allenfalls geringere Mengen ungespaltene Glyceride und vielleicht Äthylester enthalten kann.

Berberitzensamenöl.

(Sauerdornsamenöl.)

Stammpflanze und Pflanzenfamilie	Verbreitung	Gehalt (% Öl) im Organ	Farbe bzw. Geschmack
Berberis vulgaris Fam.: Berberidaceae	Europa, gemäßigte Zone Asiens	Samen: 14,8%	Rötlichgelb; beinahe geruchlos, angenehmer Geschmack

Physikalische und chemische Kennzahlen.

	Dichte d_{15}^{15}	Verseifungszahl	Hehnerzahl	Jodzahl (Wijs)
Öl	0,9213	186,5	95,9	128,2
Fettsäuren	0,9188	Neutral.-Z.: 189,4	M. M.-Gew.: 296,6	130,3

Die untersuchte Probe zeigte die Säurezahl 5,3, enthielt 1,1% Unverseifbares und gab 9,9% Glycerin.

Mahonienbeerenöl.

Stammpflanze und Pflanzenfamilie	Verbreitung	Gehalt (% Öl) im Organ	Farbe bzw. Geruch	Anmerkung
Mahonia aquifolium (Berberis aquifolium) Fam.: Berberidaceae	Nordamerika	Beeren, mit Petroläther extrah.: 1,5%; Samen: 15—20%	Braungrün; Geruch leinölartig oder tranartig	Schwaches Trockenvermögen: nach 9 Tagen noch klebend

Physikalische und chemische Kennzahlen.

	Dichte d_{15}^{15}	Verseifungszahl	Jodzahl	R.-M.-Zahl
Öl mit S. Z. = 5,2	0,9335	199 (−205)	150	0,3

Reihe: Rhoeadales.

Schöllkrautöl.

Huile de chélidoine — Celandine oil, Swallow-wort oil — Olio di celidonia.

Stammpflanze und Pflanzenfamilie	Verbreitung	Gehalt (% Öl) im Organ	Besondere Merkmale
Chelidonium majus Fam.: Papaveraceae	Europa, Kleinasien	Samen: 46,6%	Die Samen enthalten ein fettspaltendes Enzym. Das Öl enthält angeblich keine Linolsäure

Physikalische und chemische Kennzahlen.

	Dichte	Schmelzpunkt	Erstarrungspunkt	Verseifungszahl	Jodzahl
Öl	d_{19}^{19}: 0,917	—	—	198,2	—
Fettsäuren	d_{19}^{19}: 0,902	7—16°	4—6°	Neutral.-Z.: 201,1	127,3

Das untersuchte Muster enthielt 50,4% freie Fettsäuren (berechnet als Ölsäure).

Argemoneöl.

(Mexikanisches Mohnöl.)

Huile de pavot épineux — Argemone oil — Olio di argemona.

Stammpflanzen und Pflanzenfamilie	Verbreitung	Gehalt (% Öl) im Organ	Farbe bzw. Geschmack	Reaktionen. Besondere Merkmale
Argemone mexicana und A. speciosa; (A. grandiflora, A. hispida usw.) Fam.: Papaveraceae	Mexiko, Westindien, Ostindien (Pendschab), Sudan, Ägypten, Madagascar, Hawaï	Samen: 33,7 bis 36,2%; 35 bis 38,7% in Samen von Curaçao. Durch Pressen gew.: 25—30%	Gelb bis orangegelb, eigentüml. Geruch, meist scharfer Geschmack (brechenerregend)	Öl von A. speciosa, mit Tetrachlorkohlenstoff extrah., gibt mit salpetriger Säure tiefrote Farbe. — Betäubende und purgierende Wirkung. (Samen enthalten Berberin und Argemonin)

Bestandteile: u. a. Myristin-, Palmitin- und Linolsäure. Feste Fettsäuren: ca. 30%; wasserunlösliche flüchtige Säuren: 1,2%. Unverseifbares: 1,1%.

Physikalische Kennzahlen.

	Dichte d_{15}^{15}	Schmelzpunkt	Erstarrungspunkt	Lichtbrechung B.-Refr. Sk. T.	Lichtbrechung Brechungs-Index n_D	Zähigkeit (REDWOOD)
Öl von A. mexicana	0,9247—0,9259 0,922*	— —	— —	62,5 (40°) —	— 1,466 (40°)*	268,9 bis 272 Sek. (bei 70°F)
Öl von A. speciosa	0,9435 (?)	—	—	—	—	
Fettsäuren	—	22°	22,8°	—	—	
feste	—	53°	—	—	—	

Chemische Kennzahlen.

	Verseifungszahl	Hehner-Zahl	Jodzahl	R.-M.-Zahl	Thermozahl
Öl von A. mexicana	187,8—190,3 192,7*	95,1	119,9—122,5 123,7*	0,0	(MAUMENÉ) 67
Öl von A. speciosa	200,2	—	113,3	—	—

Die Öle sind mitunter stark sauer (Säurezahl bis 83,9); die Kennzahlen eines Öles mit Säurezahl 21,6 sind mit * bezeichnet. Maximale Gewichtszunahme beim Trocknen: 8%.

Mohnöl.

Huile d'oeillette (europäisches Mohnöl), huile de pavot (außereuropäisches Mohnöl) — Poppy seed oil — Olio di papavero.

Stammpflanzen und Pflanzenfamilie	Verbreitung	Gehalt (% Öl) im Organ[1]	Farbe bzw. Geschmack	Reaktionen. Anmerkung
Papaver somniferum. 1. Var. nigra (eig. Mohn, pavot oeillette, maw seed). 2. Var. alba (sog. weißer Mohn). Fam.: Papaveraceae	1. Gemäßigte Zone, besond. Europa. 2. Mazedonien, Nordafrika, Asien, besond. China und Indien	Samen: 45—60%; Indische: 45—48%. Durch Pressen gewonn.: 35—40%	Kalt gepr.: fast farblos bis goldgelb, angenehmer Geschmack, schwacher Geruch. Heiß gepr.: rot bis braun. Geschmack kratzend, Geruch leinölartig	Elaidinierung: ca. 1,5% Elaidine vom Schmelzpunkt 39 bis 40° (J.-Z. = 65,7—66,8). SERGER: ätherische Lösung blaugrün. BEHRENS: ziegelrot. HEYDENREICH: ohne Rühren: gelber Fleck mit gelben Streifen oder Ringen; nach dem Rühren: oliv bis rotbraun. — Das Öl ist gut haltbar

[1] Über die Zunahme des Ölgehaltes der Samen während des Reifungsvorganges s. Einleitung, S. 12.

Bestandteile: 7,2% gesättigte Säuren (64% Palmitinsäure, 36% Stearinsäure); 28,3% Ölsäure; 29,5% α-Linol- und 29,0% β-Linolsäure. Rhodanometrisch bestimmt: 27,5% Ölsäureglyceride; 63,8% Linolsäureglyceride (nach HAZURA: 30% Ölsäure, 65% Linolsäure). Kein Triolein. 0,8% Oxysäuren. 4,2% Glycerinrest. — Gibt keine ätherunlöslichen Hexabromide.

Unverseifbares: 0,5—0,7%. Enthält ein Sitosterin, das nach achtmaligem Umkrystallisieren bei 136—137° schmolz (Acetat-Schmelzpunkt 125,5—126°). Gesamtgehalt an Sterin in einem Falle gefunden 0,25%; davon 0,23% frei und 0,02% verestert.

Physikalische Kennzahlen.

	Dichte d_{15}^{15}	Schmelzpunkt	Erstarrungspunkt	Lichtbrechung B.-Refr. Sk. T.	Lichtbrechung Brechungs-Index n_D	Zähigkeit
Öl	0,924—0,927 d^{20}: 0,9186	2°	−15 bis −20°	63,4 (40°) 71 bis 74,5 (25°) 79,4 (20°) 78,1 bis 78,4 (15°)	1,4586 (60°) 1,4729 bis 1,4751 (25°) 1,478 (20°) 1,477 bis 1,478 (15°)	°ENGLER: E_{15} = 13,6 E_{20} = 8,0—8,1 REDWOOD: 254—259 Sek. (70° F) = 10,0° bez. auf Wasser von 70° F
Fettsäuren	d_{100}^{100}: 0,8886	20—21° feste: 51°	15—17°	—	1,4506 (60°) feste Säuren: 1,4364 (60°)	

Kritische Lösungstemperatur des Öles in der gleichen Gewichtsmenge Anilin-Äthylalkohol (1:4): 12,1°.

Chemische Kennzahlen.

	Verseifungszahl	Hehner-Zahl	Acetylzahl	Jodzahl	Rhodanzahl	Thermozahl
Öl	189—198	94,9—95,4	13,1	131—143 Jodbromzahl: 132—136 (WINKLER)	78,7 (von Öl mit Jodzahl 133,6)	(MAUMENÉ) 85,5—88,5
Fettsäuren	Neutral.-Z.: 199,0 feste Säuren: 210,7—212,7	Mittl. Mol.-Gewicht: 279,1	—	139—145 Innere Jodzahl: 149,5—150	83	—

Öle anderer Papaverarten.

Stammpflanze	Ölgehalt in %	Verseifungszahl	Jodzahl	Säurezahl	Linolsäuregehalt
Papaver Rhoeas	38,4	184,1	176	17,6	33,9%
Papaver Rhoeas japonicum	32,1	189,3	168,5	12,1	26,6%
Papaver monstrosum	32,8	193,4	172,9	8,8	22,9%
Papaver pavonicum	25,9	181,8	171,9	4,0	—
Papaver laevigatum	33,7	195,7	171,0	5,1	29,6%
Papaver giganteum	40,5	192,4	167,6	7,0	33,8%
Papaver umbrosum	—	184,1	164,4	8,5	17,7%

Trockenvorgang.

Maximale Gewichtszunahme: 13,4%.

Trockenzeiten. Unvorbehandelte Öle: 6½—8 Tage; Firnis, aus rohem Mohnöl, mit 2% Mangan-Resinat versetzt: 25 Stunden; ebenso bereiteter Firnis aus geblasenem Öl: 34 Stunden.

Erhöhung der Säurezahlen von Mohnölaufstrichen[1].

Tage:	0	3	6	9	12	127
Säurezahl:	7,7	24,1	57,1	63,5	100,0	221,0

[1] Vgl. dagegen Leinöl, S. 90.

Die Trockenkurven[1] sind von denen der stärker trocknenden Öle, wie Leinöl usw., verschieden; ihr absteigender Ast ist stark gegen die Abszissenachse zu geneigt. Dies deutet auf die großen Substanzverluste, die das Mohnöl beim Trocknen erleidet (50—70% der Höchstaufnahme nach 60 Tagen) und die auch mit die Ursache der Frühsprungbildung seiner Farben sind.

Die Filme[2] *sind löslich* in Fettlösungsmitteln, zeigen oft spontanes Wiedererweichen und Klebendwerden (Synärese) und neigen zur Schwundrißbildung[3]. Der einzige Vorteil ist der, daß sie nicht vergilben. Verhalten klebefrei trockener Filme beim Erhitzen: Erweichen bei ca. 100°, Schmelzen bei 118—125° ohne Verfärbung (unter Gasentwicklung). Der Standölfilm verhält sich beim Erhitzen anders, nämlich: Sintern bei 125°; Braunfärbung bei 150°; Dunkelbraun bei 200°; Aufglühen bei ca. 205°. Bei 210—230° erfolgt Schwarzfärbung ohne Schmelzen (Leinölfilm-ähnlich).

Öle der Rübölgruppe.

Vorbemerkungen. Extrahierte Rohöle enthalten meist etwas Schwefel; durch kalte Pressung gewonnene sind jedoch schwefelfrei.

Die meisten Cruciferenöle, speziell Rüböle, sind nur als „sehr schwach trocknend" zu klassifizieren. Besonders charakteristisch sind die niedrigen Verseifungszahlen (zwischen 167 und 180), deren Ursache der hohe Gehalt an Erucasäure ist. Die Öle dieser Gruppe sind in Eisessig — selbst bei dessen Siedetemperatur — nur unvollständig löslich; z. B. beträgt die kritische Lösungstemperatur der Rübölfettsäuren in Essigsäure (81,18%) um 107°, die kritische Lösungstemperatur in Alkohol (Crismerzahl) 132,5°. Die bei der HOLDEschen Probe (s. Olivenöl, S. 337) erhaltene Seifenlösung gibt eine feste, strahlige, weiße bis gelblichweiße Abscheidung.

Über die Grenzwerte der Kennzahlen von Speiserübölen, sowie über deren Verfälschungen siehe Bd. I, S. 366.

Außer den in Bd. I angegebenen Methoden verwendet man auch die folgende zur

Prüfung auf Cruciferenöle (insbesondere Rüböl):

Man löst 20—25 g Fettsäuren im doppelten Volumen 96 proz. Alkohols und kühlt in einem weiten Reagenzglas auf —20° ab. Der aus den gesättigten Fettsäuren bestehende Niederschlag wird bei —20° im Kältetrichter abgesaugt und mit —20° kaltem Alkohol gewaschen. Man nimmt den Rückstand mit dem vierfachen Volumen 75 vol.-proz. Alkohols auf und behandelt wie oben. Ist nur wenig Rüböl zugegen, so fällt mitunter erst nach einer Stunde krystallinische Erucasäure aus, die bei —20° abgesaugt, mit —20° kaltem 75 vol.-proz. Alkohol gewaschen und mit warmem Benzol oder Äther vom Filter gelöst wird. Man bestimmt nun das Molekulargewicht des getrockneten Eindampfrückstandes, das bei Gegenwart von Cruciferenölen über 300 liegt. Es lassen sich auf diese Weise noch 20% dieser Öle nachweisen.

Ist der Niederschlag an gesättigten Fettsäuren zu stark, so wird die alkoholische Lösung zunächst nur auf 0° abgekühlt, die Hauptmenge der festen Säuren bei dieser Temperatur abgesaugt und dann wie oben weiter verfahren.

Der Nachweis von gehärteten Cruciferenölen erfolgt nach der Vorschrift Bd. I, S. 373. Über „oxydiertes Rüböl" siehe ebenda S. 408; über „Rübölfaktis" ebenda S. 417 und 418.

---

[1] Siehe Bd. I, S. 285.

[2] Bestandteile: 51% in siedendem Aceton unlösliches Gel (Mol.-Gew. nach RAST 707); 31% acetonlösliches, benzinunlösliches Sol; 18% großenteils unverändertes Öl.

[3] EIBNER gibt an: „Durch Standölkochen ist Mohnöl anstrichtechnisch verbesserbar".

Jamba- oder Raukenöl.

Huile de jamba — Jamba oil — Olio di jambo.

Stammpflanze und Pflanzenfamilie	Verbreitung	Gehalt (% Öl) im Organ	Farbe bzw. Geschmack	Anmerkung
Eruca sativa („roquette" in Frankreich, „jamba" oder „jambho" bzw. „tara miri" in Indien genannt) Fam.: Cruciferae	Indien und übriges Westasien. Nordafrika, Frankreich	Samen, im Handel oft „colza jamba" genannt, auch „graines de taramani": 26—33,5%	Gelb bis hellbraun. Manchmal rübenähnl. Geschmack. Eigentümlicher Geruch	Geringeres Trockenvermögen als bei Rüböl. Beim Blasen nimmt das spezifische Gewicht des Öles nicht in demselben Maße zu wie das anderer Öle der Rübölgruppe

Bestandteile: 10—11% gesättigte Säuren (Stearin-, Behen-, Lignocerinsäure). Ca. 29% Ölsäure; 46% Erucasäure; 12% Linol- und 2% Linolensäure. 0,11—1,1% Unverseifbares[1]. 9,4% Glycerinausbeute.

Physikalische Kennzahlen.

	Dichte d_{15}^{15}	Schmelzpunkt	Erstarrungspunkt	Lichtbrechung B.-Refr. Sk.-T.	Lichtbrechung Brechungs-Index n_D	Zähigkeit (Redwood)	Opt. Drehungsvermögen
Öl	0,913 bis 0,918	—	−8 bis −12°	59,5 (40°) 67,2 bis 68,0 (25°)	— 1,4705 (25°) 1,4723 (20°)	369,4 bis 405,8 Sek. (70° F) entspr. 14,5 bis 16,0°	−11′ bis −18′
Öl I: mit S.-Z. = 3,0	0,918	—	−10°	—	—		
Fettsäuren von Öl I	—	17—21°	11—16°	—	—		
	—	12—13°	8—10°	—	1,4643 (20°)		

Chemische Kennzahlen.

	Verseifungszahl	Hehner-Zahl	Jodzahl	R.-M.-Zahl	Thermozahl
Öl	169—175,7	95—96,5	95,2—102,5	0,1—0,8	51—53
Fettsäuren von Öl I	Neutralis.-Z.: 180,1	Mittl. Mol.-Gew.: 311,8	96,1—103,6 (Wijs)	—	—

Gehalt an ätherischem Senföl: ca. 1,1% in der Saat; 1,6% im extrahierten Saatmehl.

Rübölarten.

Gewöhnliches Rüböl (Raps-, Rübsen-, Colzaöl).

Huile de Colza — Rape oil, colza oil — Olio di colza — Oleum Rapae.

Stammpflanzen und Pflanzenfamilie	Verbreitung	Gehalt (% Öl) im Organ[2]	Farbe bzw. Geschmack	Reaktionen. Besondere Merkmale
Brassica campestris, var. Napus L., var. Rapa L., var. Chinoleifera Fam.: Cruciferae	Europa, Ostindien, China, Japan	Europ. Saat: 33—45% Chines. Saat: 40—50%	Rohöl: dunkel, eigenart. Geruch (etw. nach Senföl). Raffiniert: hellgelb, meist bitter	Elaidinierung: butterweiche Masse. Rohöl beim Schütteln mit Schwefelsäure (1,53): Grünfärbung. Heydenreich: s. Bd. I, S. 288. Schneidersche Reaktion s. Bd. I, S. 293. Merkmale s. „Vorbemerkungen", S. 43

Bestandteile: Hauptsächlich Oleodierucin, auch Linoleodierucin. Fettsäuren: ca. 1,5% Myristin-; 1,6% Stearin-; 1,5% Arachin-; bis ca. 20% Ölsäure; 56—65% Eruca-; 14% Linol-; 2—3% Linolensäure. In einem Falle 4,4% Oxyfettsäuren vom Mol.-Gew. 372—380. 9,4% Glycerin. Unverseifbares 0,5—1,5%, siehe auch unten.

Zusammensetzung des Fettsäurengemisches eines englischen Rüböles: 1% Palmitinsäure, 1% Lignocerinsäure, 32% Ölsäure, 50% Erucasäure, 15% Linolsäure, 1% Linolensäure.

[1] Enthält ein Sitosterin vom Schmelzpunkt 137—138°.

[2] Über die Zunahme des Ölgehaltes der Samen während des Reifungvorganges s. Einleitung, S. 12.

Physikalische Kennzahlen.

	Dichte d_{15}^{15}	Schmelzpunkt	Erstarrungspunkt	Lichtbrechung B.-Refr. Sk. T.	Lichtbrechung Brechungs-Index n_D	Zähigkeit (raffinierte Öle) °ENGLER usw.	Zähigkeit absolut	Opt. Drehungsvermögen
Öl	0,911—0,9177 (auch 0,9226) d^{99}: 0,8032	—	Bei 0° meist talgartig, bei −4 bis −10° erstarrt	58,5—59,2 (bei 40°) 66,4—72,0 (bei 25°) 69,5—76 (bei 20°)	1,4667 (60°) 1,4650 (40°) 1,472—1,476 (bei 20°) Chin. Saatöl: 1,4695 (25°)	E_{20} = 13 (11—15) E_{31} = 7,7 E_{50} = 4 E_{69} = 2,6 E_{89} = 1,9 Nach REDWOOD: 369,4 bis 464,6 Sek. (70° F) entspr. 15,4—16,3°	bei 20° 0,928 bei 30° 0,589 bei 40° 0,405 bei 50° 0,281 bei 60° 0,207	−1,6 bis −2,1 Saccharim.° (200 mm Rohr, 13—15°) In Bogen°: −5′ bis −10′
Fettsäuren	$d_{15,5}^{99}$: 0,8438 d_{100}^{100}: 0,8758	16—21° (11 bis 22°)	11,7 bis 18,5°	—	1,4491 (60°) 1,4657 (20°)			

Brennpunkt des neutralen Öles: 350°; der Fettsäuren: 240°. Mittl. Mol.-Gewicht des Öles: 960 (ber.); 892 (gef.).

Chemische Kennzahlen.

	Verseifungszahl	Hehner-Zahl	Acetylzahl	Jodzahl	Rhodanzahl[1]	Hexabromidzahl	R.-M.-Zahl	Thermozahl
Öl	167—180 meist 172—175	94—96	1,5—6 alte Öle: bis 42	94—106 102 (HÜBL) Jodbromzahl: 100—103 (WINKLER)	77,8 (von Öl mit Jodzahl 105,9)	Rohöl: 2—2,5, Höchstwert: 7,6 (Schmp. 179°) Raff. Öl: 0,28—0,34	0,1 bis 0,8	(MAUMENÉ) 49—64°. Brom-Thermozahl: 17—20,3
Fettsäuren	Neutral.-Zahl: 173—185	Mittl. Mol.-Gew. 306—321	6—7	99—108 Innere Jodzahl: 121—126	Hydroxylzahl s. Bd. I, S. 162. Rüböl (V. Z. = 175,4, Acetylzahl = 5,9) ergab Hydroxylzahl = 7,0			

Freie Säuren, als Ölsäure berechnet, meist zwischen 0,3 und 6,0%. Das Unverseifbare enthält 0,35% Sterin; davon frei 0,05%, verestert: 0,3%. Brassicasterin $C_{28}H_{46}O$ ($+H_2O$), $[\alpha]_D^{18} = -64° 25'$ (in Chloroform); Schmelzpunkt 148°, Acetat-Schmelzpunkt 157—158°. Ein anderes Rübölsterin schmilzt bei 142°; Acetat-Schmelzpunkt 134°. Ferner ein Dihydrositosterin, Schmelzpunkt 170°.

Gewichtszunahme nach LIVACHE: 2,9% nach 7 Tagen. Fettsäuren: 0,9% nach 8 Tagen.

Beim Stehen scheidet sich aus Rüböl eine feste Substanz aus, die bei 38,5° schmilzt. Verseifungszahl: 161,8.

Rübölarten.

Ravisonöl[2].

Huile de ravison — Ravison oil, Black Sea rape oil — Olio di ravizzione.

Stammpflanze und Pflanzenfamilie	Verbreitung	Gehalt (% Öl) im Organ	Anmerkung
Brassica campestris, wilde Art (Schwarze-Meer-Rüben-Saat). Fam.: Cruciferae	Küstengebiete des Schwarzen und Mittelländischen Meeres	Samen: 33—40%	Trockenfähigkeit höher als bei Rüböl

[1] Aus Rhodanzahl und Jodzahl wurde der Gehalt an mehrfach-ungesättigten Glyceriden des Rüböles zu 33,1%, der Gehalt an einfach-ungesättigten Bestandteilen (Ölsäure und Erucasäure) zu 56,6% errechnet.

[2] S. a. Ackersenföl von Sinapis (Brassica) arvensis, S. 52.

Zusammensetzung des Fettsäurengemisches eines Öles aus „Donausaat“ (Jodzahl 112,6; freie Fettsäuren, als Ölsäure berechnet: 1,4%; Unverseifbares 2,2%): 2% Palmitinsäure; Spuren von Behensäure; 2% Lignocerinsäure; 20,5% Ölsäure; 47% Erucasäure; 25,5% Linolsäure; 2% Linolensäure. In anderen Fällen betrug der Gehalt an unverseifbaren Bestandteilen 1,4—1,8%.

Physikalische Kennzahlen.

	Dichte d_{15}^{15}	Erstarrungspunkt	Lichtbrechung B.-Refr. Sk.-T.	Zähigkeit[1] (REDWOOD)	Zündpunkt des reinen Öles[2]
Öl	0,9146—0,9217	−8°	71,5 (25°) 74 (20°)	334—385 Sek. (70° F); 95 Sek. bei 140° F	ca. 396° C
Fettsäuren	d^{100}: 0,8802	—	—	—	

Chemische Kennzahlen.

	Verseifungszahl	Jodzahl	Thermozahl
Öl	172,9—181,3	105—121,7	66—76
Fettsäuren	—	126,1 Innere Jodzahl: 124,2[3]	—

Rübölarten.

Kohlsaatöle I.

Name des Öles	Rötliches Blätterkohlöl	Grünkohlsamenöl	Braunkohlsamenöl	Rosenkohlsamenöl	Wirsingsamenöl
Stammpflanze	Brassica oleracea acephala vulgaris D. C.	Brassica oleracea acephala quercifolia D.C.	Brassica oleracea acephala crispa D. C.	Brassica oleracea gemmifera D. C.	Brassica oleracea sabauda
Ölgehalt im Samen	33,7%	35,7%	34,4%	27,4%	27,9%
Farbe	hellbraun	hellbraun	gelbbraun	grünbraun	grünbraun
Dichte (15°)	0,9226	0,9198	0,9213	0,9214	0,9203
Erstarrungspunkt	−5 bis −7°	−6 bis −8°	−6 bis −8°	−9°	−4 bis −7°
Brechungs-Index n_D (20°)	1,4732	1,4723	1,4729	1,4736	1,4736
Verseifungszahl	174,4	178,6	177,2	174,6	176,9
Hehner-Zahl	94,3	94,3	94,1	94,3	94
Jodzahl (WIJS)	100,2	94,0	93,6	97,9	101,9
Unverseifbares %	0,98	0,92	1,1	1,0	1,2

[1] Um 6—13% niedriger als bei raffiniertem Rüböl.
[2] Von der Extraktion herrührende Spuren des Lösungsmittels können leicht durch Ermittlung des Zündpunktes erkannt werden.
[3] Der obere Grenzwert muß selbstverständlich höher liegen.

Kohlsaatöle I (Fortsetzung).

Name des Öles		Rötliches Blätterkohlöl	Grünkohl-samenöl	Braunkohl-samenöl	Rosenkohl-samenöl	Wirsing-samenöl
Glycerinausb.		9,3%	9,6%	9,5%	9,4%	9,7%
Gehalt an äther. Senföl		0,12%	0,08%	0,16%	0,2%	0,18%
Fettsäuren	Schmelzpunkt	18—19°	19—20°	12—13°	14—15°	18—20°
	Erstarrungspunkt	15—16°	18—19°	8—10°	11—12°	16—18°
	Brechungs-Index n_D (20°)	1,4648	1,4638	1,4646	1,4651	1,4647
	Neutral.-Zahl	178,6	181,2	180,1	176,6	178,9
	Jodzahl (Wijs)	105,9	98,2	98,0	102,9	107,1
	Mittl. Molekular-Gewicht	314,5	310,4	311,8	318,0	314,0

Kohlsaatöle II.

Name des Öles	Weißkohl-samenöl	Rotkohl-samenöl	Oberkohlrabi-samenöl	Blumenkohl-samenöl	Spargelkohl-samenöl
Stammpflanze	Brassica oleracea capitata alba	Brassica oleracea capitata rubra	Brassica oleracea gongylodes	Brassica oleracea botrytis	Brassica oleracea asparagoides
Ölgehalt im Samen	27,8%	27,4%	26,6%	34,2%	33,1%
Farbe	braun	dunkelgrün	grünbraun	grünbraun	braun
Dichte (15°)	0,9215	0,9208	0,9211	0,9228	0,9206
Erstarrungspunkt	−5 bis −6°	−7 bis −8°	−6 bis −8°	−5 bis −7°	−7 bis −8°
Brechungs-Index n_D (20°)	1,4737	1,4739	1,4726	1,4734	1,4731
Verseifungszahl	178,1	175,4	175,9	180,3	175,5
Hehner-Zahl	94,5	94,5	94,3	94,1	93,9
Jodzahl (Wijs)	101,8	98,8	97,9	98,3	101,7
Unverseifbares %	0,72	0,78	0,92	0,98	1,42
Glycerinausb.	9,5%	9,5%	9,6%	9,8%	9,4%

Kohlsaatöle II (Fortsetzung).

Name des Öles		Weißkohlsamenöl	Rotkohlsamenöl	Oberkohlrabisamenöl	Blumenkohlsamenöl	Spargelkohlsamenöl
Gehalt an äther. Senföl		0,36%	0,36%	0,2%	0,16%	0,18%
Fettsäuren	Schmelzpunkt	11—13°	19—20°	19—20°	20—21°	18—20°
	Erstarrungspunkt	6—8°	17—18°	15—17°	16—17°	15—16°
	Brechungs-Index n_D (20°)	1,4646	1,4646	1,4634	1,4647 (25°)	1,4646
	Neutral.-Zahl	181,8	179,4	177,0	182,8	178,4
	Jodzahl (WIJS)	106,5	104,4	98,3	100,2	105,0
	Mittl. Molekular-Gewicht	309,0	313,1	317,3	307,2	314,8

Rübölarten.

Europäische Rapsöle.

Name des Öles	Sommerrapsöl	Winterrapsöl	Samenöl des weißblühenden Rapses	Erdkohlrabisamenöl	Wruckenöl
Stammpflanze	Brassica napus oleifera annua, KOCH	Brassica napus oleifera hiemalis	Brassica napus oleifera flore alba	Brassica napus rapifera	Brassica napus napobrassica
Ölgehalt im Samen	37,5%	40,7%	43,3%	37,1%	42,1%
Farbe	braun	braun	hellbraun	grüngelb	gelb
Dichte (15°)	0,9172	0,9188	0,9210	0,9203	0,9198
Erstarrungspunkt	−5°	−7 bis −8°	−11 bis −12°	−7 bis −8°	−6 bis −8°
Brechungs-Index n_D (20°)	1,4723	1,4725	1,4723	1,4726	1,4710
Verseifungszahl	171,3	180,1	175,4	176,2	173,6
Hehner-Zahl	95,7	95,1	95,2	95,2	95,3
Jodzahl (WIJS)	95,3	103,3	100,7	97,4	104,6
Unverseifbares %	0,92	0,94	0,83	1,04	1,12
Glycerinausbeute	9,4%	9,8%	9,6%	9,6%	9,5%
Säurezahl	1,0	2,1	6,8	2,6	2,2

Europäische Rapsöle (Fortsetzung).

Name des Öles		Sommerrapsöl	Winterrapsöl	Samenöl des weißblühenden Rapses	Erdkohlrabisamenöl	Wruckenöl
Gehalt an äther. Senföl in der Saat		0,1%	0,07%	0,06%	0,06%	0,01%
im Preßrückstand		0,16%	0,12%	0,1%	0,1%	0,02%
Fettsäuren	Schmelzpunkt	11—12°	17—18°	18—19°	8—10°	11—12°
	Erstarrungspunkt	6—8°	13—14°	14—15°	6—7°	8—10°
	Brechungs-Index n_D (20°)	1,4641	1,4640	1,4638	1,4640	1,4625
	Neutralis.-Zahl	175,4	181,3	179,4	180,2	177,6
	Jodzahl	100,9	106,5	104,7	101,5	105,7
	Mittl. Molekular-Gewicht	320,2	309,8	313,0	311,7	316,3

Rübölarten.

Indische Rapsöle.

Stammpflanze		Brassica campestris, rote Var.	Brassica campestris, glauca	Brassica campestris, dichotoma	Brassica campestris	Brassica campestris, braune V.	Brassica campestris, gelbe Var.	Brassica napus
Herkunft		N. W. Provinzen Indiens	N. W. Provinzen Indiens	N. W. Provinzen Indiens	Pendschab	Bombay	Bombay	Bengalen
Dichte $d_{15,5}^{15,5}$		0,9148	0,9142	0,9154	0,9163	0,9171	0,9141	0,9146
Butter-Refraktometer Sk. T. (40°)		—	59,2	—	—	—	—	58,8
Zähigkeit (° Redwood)	Sekunden bei 70° F	390,6	402,6	371,8	393,2	464,6	413,8	398,0
	Wasser (70° F) = 1	15,38	15,85	14,64	15,48	18,29	16,29	15,67
Optisches Drehungsvermögen im 200 mm Rohr		−7′	−10′	—	—	—	−5′	−15′
Verseifungszahl		171,6	171,4	172,2	173,4	172,8	169,4	167,7
Hehner-Zahl		96,3	95,0	95,6	94,6	—	—	95,6
Jodzahl		99,2	97,7	104,8	96,25	94,1	96,66	97,7
R.-M.-Zahl		0,8	0,7	0,2	0,4	0,0	0,0	0,0
Säurezahl		2,9	1,8	1,6	2,6	4,0	1,4	3,8

Rübölarten.

Rübsenöle.

Name des Öles		Sommerrübsenöl	Winterrübsenöl	Samenöl der weißen Speiserübe	Samenöl der Teltower Rübe
Stammpflanze		Brassica rapa oleifera annua	Brassica rapa oleifera hiemalis	Brassica rapa rapifera	Brassica rapa teltowiensis
Ölgehalt im Samen		28,9%	41,6%	34,1%	33,6%
Farbe		braun	grünbraun	grüngelb	grünbraun
Dichte (15°)		0,9200	0,9170	0,9182	0,9178
Erstarrungspunkt		−9 bis −10°	−7 bis −8°	−6 bis −8°	−8 bis −10°
Brechungs-Index n_D (20°)		1,4726	1,4725	1,4728	1,4723
Verseifungszahl		175,6	174,7	178,2	178,9
Hehner-Zahl		95,2	95,2	95,1	95,1
Jodzahl (Wijs)		96,4	98,9	97,1	100,0
Unverseifbares %		0,9	ca. 1	1,0	1,0
Glycerinausbeute %		9,6	9,6	9,7	9,8
Säurezahl		5,5	2,4	2,5	2,4
Gehalt an äther. Senföl in der Saat		0,09%	0,09%	0,17%	0,13%
im Preßrückstand		0,12%	0,16%	0,25%	0,2%
Fettsäuren	Schmelzpunkt	14—15°	15—17°	16—17°	13—14°
	Erstarrungspunkt	9—12°	13—14°	14—15°	9—10°
	Brechungs-Index n_D (20°)	1,4644	1,4640	1,4636	1,4627
	Neutralisationszahl	177,2	178,4	182,4	183,5
	Jodzahl	99,2	104,0	102,4	107,1
	Mittl. Molekular-Gewicht	317,0	314,8	307,9	306,0

Schwarzsenföl.

Huile de moutarde noire — Black mustard seed oil — Olio di mostarda nera.

Stammpflanze und Pflanzenfamilie	Verbreitung	Gehalt (% Öl) im Organ	Farbe bzw. Geschmack	Reaktionen
Brassica nigra oder Sinapis nigra Familie: Cruciferae	Gemäßigte Zone von Europa; westliches Asien, Nordafrika; in Nordamerika eingeführt	Samen: 29 bis 33%. Durch Pressung gew.: ca. 20%	Bräunlichgelb bis grünbraun. Milder Geschmack, Senfgeruch	BELLIER: Öl violett, Säure rotorange. HEYDENREICH: himmelblau bis grünlich

Bestandteile: Angeblich ca. 5,6% Stearinsäure, Arachin- und Behensäure; 78% Öl-; 4,5% Linol-; 6,5% Linolensäure. Über 1% Unverseifbares. Gibt 9,3% Glycerin.

Zusammensetzung des Fettsäurengemisches eines Öles aus englischem schwarzem Senf (Jodzahl 104,0; Unverseifbares 3,3%): 2% Palmitinsäure; Spuren von Stearin- oder Arachinsäure; 2% Lignocerinsäure; 24,5% Ölsäure; 50% Erucasäure; 19,5% Linolsäure; 2% Linolensäure.

Physikalische Kennzahlen.

	Dichte d_{15}^{15}	Schmelzpunkt	Erstarrungspunkt	Lichtbrechung B.-Refr. Sk. T.	Lichtbrechung Brechungs-Index n_D	Zähigkeit (absolute) bzw. REDWOOD°	Opt. Drehungsvermögen
Öl	0,9143 bis 0,923 0,9212 (Öl I)	— —	−11 bis −17,5° −15 bis −16° (Öl I)	59,5 bis 61,2 (40°) 69,4 (25°) 76,5 (15,5°)	1,4655 (40°) 1,4739 (20°) 1,4672 (15,5°)	0,897 (20°) 0,580 (30°) 0,386 (40°) 0,261 (50°) 0,187 (60°)	$[\alpha]_D$ = −17′, auch −21′
Fettsäuren von Öl I	— —	16—18° 9—10°	13—17° 6—8°	— —	1,4627 bis 1,4655 (20°)	REDWOOD-grade (für verschiedene Senföle): 15,8—16,8 (bezogen auf Wasser von 70° F)	

Mittleres Molekular-Gewicht des Öles: 944 (berechnet); 928 (gefunden).

Chemische Kennzahlen.

	Verseifungszahl	Hehner-Zahl	Jodzahl	Hexabromide	Thermozahl
Öl	174—175 (171,1—182)	94,2—96,5	96—107	1,24% (Schmelzpunkt 154°)	42—44° (MAUMENÉ)
Fettsäuren von Öl I	Neutral.-Z. 177,7—187,1 176,7	M. M.-Gew. 299,8—315,8 317,8	109,3—126,5 108,4		

Säurezahlen zwischen 1,4 und 12,0. Gehalt an ätherischem Senföl: 1,4% in extrahiertem Öl. — Öl I zeigte die Säurezahl 2,6.

Weißsenföl.

Huile de moutarde blanche — White mustard seed oil — Olio di mostarda bianca.

Stammpflanze und Pflanzenfamilie	Verbreitung	Gehalt (% Öl) im Organ	Farbe bzw. Geschmack	Reaktionen. Besondere Merkmale
Brassica alba oder Sinapis alba Fam.: Cruciferae	Süd- und Mitteleuropa, Nordafrika, Westasien, Indien, Nordamerika	Samen: 25—36%	Goldgelb; Geschmack milde, manchmal senfartig (brennend)	Wie bei Schwarzsenföl. Schwach trocknend. Beim Abpressen der vorher mit Wasser angefeuchteten weißen Senfsaat geht das scharfe Prinzip (Synalbin) nicht in das Öl über

Zusammensetzung des Fettsäurengemisches eines Öles aus englischem weißem Senf (Jodzahl 95,4; Unverseifbares 4,6%): 2% Palmitinsäure; Spuren von Stearinsäure; 1% Arachinsäure; 1% Lignocerinsäure; 28% Ölsäure; 52,5% Erucasäure; 14,5% Linolsäure; 1% Linolensäure.

Physikalische Kennzahlen.

	Dichte d_{15}^{15}	Schmelzpunkt	Erstarrungspunkt	Lichtbrechung B.-Refr. Sk. T.	Lichtbrechung Brechungs-Index n_D	Zähigkeit (°Engler)	Opt. Drehungsvermögen
Öl	0,9125—0,916 d^{100}: 0,8594	—	—8 bis —16,3°	58,5 (40°) 67,8 (25°) — 74,5 (15,5°)	— — 1,4704 (20°) 1,4750 (15,5°)	$E_{7,5}$ = 24 E_{15} = 17,4; nach Redwood: 402 Sek. bei 70° F	$[\alpha]_D$ = —0° 9′ (200 mm-Rohr)
Fettsäuren von Öl I	— —	12—16° —	(17°) 9—10°	— —	1,4630 (20°) —		

Öl I: Säurezahl = 2,6.

Chemische Kennzahlen.

	Verseifungszahl	Hehner-Zahl	Jodzahl	Hexabromide	Thermozahl
Öl	170,3—178,0	94,2—96,7	92,1—108,6 96,8 (Wijs)	1,3—1,5% (Schmelzpunkt 154,5°)	44,5—49,5 (Maumené)
Fettsäuren	Neutral.-Z.: 181—185,8	M. M.-Gew.: 301,9—310,3	94,7—110,4 Innere Jodzahl: 103,1		

Säurezahlen zwischen 2,5 und 8,5. Unverseifbares 1% und darüber. Gehalt an ätherischem Senföl: in der Saat ca. 0,8%; im Extraktionsrückstand 1,2%.

Ackersenföl.

Huile de moutarde sauvage (moutarde des champs, moutarde bâtarde; „jotte") — Charlock oil.

Stammpflanze und Pflanzenfamilie	Verbreitung	Gehalt (% Öl) im Organ	Farbe	Anmerkung
Sinapis arvensis oder Brassica arvensis (Wild mustard charlock) Fam.: Cruciferae	Mittel- und Südeuropa, Nord- und Zentralasien, Nordafrika, Ver. Staaten v. Amerika	Samen: 26,7—35%	Grünbraun	Das Öl wird oft mit dem „Ravisonöl" identifiziert, vgl. S. 45

Bestandteile: 1,2—3,1% feste, 89—90% flüssige Fettsäuren. 1,1% Unverseifbares. Gibt 9,3% Glycerin.

Physikalische Kennzahlen.

	Dichte d_{15}^{15}	Schmelzpunkt	Erstarrungspunkt	Brechungs-Index n_D
Öl Öl mit S. Z. = 8,6	0,9212—0,9272 0,9228	— —	—13 bis —15° —	— 1,4738 (20°)
Fettsäuren von Öl mit S. Z. = 8,6	—	6—8°	4—5°	1,4625 (20°)

Chemische Kennzahlen.

	Verseifungszahl	Hehner-Zahl	Jodzahl
Öl Öl mit S. Z. = 8,6	181—183,1 179,4	95,2—95,4 —	119,3—121,1 102,6 (Wijs)
Fettsäuren von Öl mit S. Z. = 8,6	Neutral.-Z.: 179,8	M. M.-Gew.: 312,4	106,6 (Wijs)

Gehalt an ätherischem Senföl: im Samen ca. 1%, im extrahierten Samenmehl ca. 1,3%.

Chinesisches Senföl (1). Schlitzblättriges Senföl (2).

Stammpflanzen und Pflanzenfamilie	Verbreitung	Gehalt (% Öl) im Organ	Farbe
(1) Sinapis chinensis (2) Sinapis dissecta Fam.: Cruciferae	China	(1) Samen: 30,4% (2) Samen, ätherextr.: 27,6%	(1) dunkelbraun (2) braun

Physikalische Kennzahlen.

	Dichte d_{15}^{15}	Schmelzpunkt	Erstarrungspunkt	Brechungs-Index n_D
(1) Öl	0,9230	—	−14°	1,4736 (20°)
(2) Öl	0,9221	—	−13 bis −14°	1,4725 (20°)
Fettsäuren von Öl (1)	—	17—18°	14—15°	1,4648 (20°)
von Öl (2)	—	9—10°	5—8°	1,4645 (20°)

Chemische Kennzahlen.

	Verseifungszahl	Hehner-Zahl	Esterzahl	Jodzahl (WIJS)
(1) Öl	177,3	95,2	174,1	103,3
(2) Öl	178,2	95,3	175,7	105,6
	Neutral.-Z.:	M. M.-Gew.:		
Fettsäuren von Öl (1)	182,0	308,6	—	106,7
von Öl (2)	181,7	309,1	—	109,0

	Öl (1)	Öl (2)
Säurezahl	3,2	2,5
Unverseifbares	ca. 1%	ca. 1%
Glycerinausbeute	9,5%	9,4%
Ätherisches Senföl im Samen	1,4%	0,8%
„ „ im extrahierten Saatmehl	2,0%	1,2%

Indisches Senföl.

(Sarepta-Senföl.)

Huile de moutarde de Sarepta (moutarde Russe) — Indian mustard seed oil.

Stammpflanze und Pflanzenfamilie	Verbreitung	Gehalt (% Öl) im Organ	Farbe	Anmerkung
Brassica juncea oder Sinapis juncea Fam.: Cruciferae	Indien, Süd-Rußland, Nordwestafrika, Madagascar, Nordamerika	Samen: 33,3—38,3%	Hellgelb bis braun	Die Sarepta-Saat wird in Indien „rai“ genannt

Bestandteile: ca. 5,5% gesättigte Fettsäuren (0,5% Myristin-; 3,8% Behen-; 1,1% Lignocerinsäure). 32,3% Öl-; 41,5% Eruca-; 18,1% Linol-; 3% Linolensäure. 1,2—1,4% Unverseifbares.

Physikalische Kennzahlen.

	Dichte d_{15}^{15}	Schmelzpunkt	Erstarrungspunkt	Lichtbrechung: B.-Refr. Sk. T.	Lichtbrechung: Brechungs-Index n_D	Opt. Drehungsvermögen
Öl	0,9158 bis 0,9206	—	−11 bis −12°	60 (40°)	1,4659 (40°) 1,4723 (20°) 1,4739 (20°)	$[\alpha]_D$ = −18 bis −25′
Fettsäuren	—	17—18°	13—15°	—	1,4627 (20°)	

Chemische Kennzahlen.

	Verseifungszahl	Hehner-Zahl	Jodzahl	R.-M.-Zahl
Öl	172,1—180,1	94,3—95,5	101,8—109,7	0,3—0,9
Fettsäuren	Neutral.-Z.: 177,7	Mittl. Mol.-Gew.: 315,8	109,3 (WIJS)	—

Gehalt an ätherischem Senföl: 1,7% in extrahiertem Öl. Säurezahlen zweier Proben: 2,2 bzw. 27,5.

Färberwaidöl.

Wood oil.

Stammpflanze und Pflanzenfamilie	Verbreitung	Gehalt (% Öl) im Organ	Farbe	Anmerkung
Isatis tinctoria Fam.: Cruciferae	Östliches Mittelmeergebiet	Ganze Frucht, extrah.: 10,3%; ber. auf Samen: 31,3%	Grünschwarz	Wenig trocknend; stark ausscheidend

Physikalische Kennzahlen.

	Dichte d_{15}^{15}	Schmelzpunkt	Erstarrungspunkt	Brechungs-Index n_D
Öl mit S. Z. = 22,7	0,9251	—	−2 bis −5°	1,4758 (20°) 1,4751 (15°)
Fettsäuren	—	24—25°	21—22°	1,4710 (25°)

Chemische Kennzahlen.

	Verseifungszahl	Hehner-Zahl	Esterzahl	Jodzahl (WIJS)
Öl mit S. Z. = 22,7	181,2	95,7	158,5	111,8
Fettsäuren	Neutral.-Z.: 191,0	Mittl. Mol.-Gew.: 294,0	—	121,2

Eine Probe enthielt 2,9% unverseifbare Bestandteile und gab 8,9% Glycerin.

Löffelkrautöl.

Spoonwort oil.

Stammpflanze und Pflanzenfamilie	Verbreitung	Gehalt (% Öl) im Organ	Farbe	Anmerkung
Cochlearia officinalis Fam.: Cruciferae	Europa	Samen: 22,5%	Rotbraun	Schwach trocknend

Physikalische Kennzahlen.

	Dichte d_{15}^{15}	Schmelzpunkt	Erstarrungspunkt	Brechungs-Index n_D
Öl mit S. Z. = 10,8	0,9232	—	−7 bis −8°	1,4739 (20°)
Fettsäuren	—	18—20°	15—16°	1,4670 (25°)

Chemische Kennzahlen.

	Verseifungszahl	Hehner-Zahl	Esterzahl	Jodzahl
Öl mit S. Z. = 10,8	173,4	95,6	162,6	143,3
Fettsäuren	Neutral.-Z.: 179,1	Mittl. Mol.-Gew.: 313,6	—	139,2 [1]

Unverseifbare Bestandteile: ca. 1%. Glycerinausbeute: 8,9%.

[1] Zu niedrig im Vergleich zur Jodzahl des Öles.

Meerkohlsamenöl.

Sea kale oil.

Stammpflanze und Pflanzenfamilie	Verbreitung	Gehalt (% Öl) im Organ	Farbe	Anmerkung
Crambe maritima Fam.: Cruciferae	Europa, Asien, Mittelmeergebiet	Ganze Schote: 17,6%; berechnet auf Samen: 47,0%	Dunkelbraun	Trocknend (?)

Physikalische Kennzahlen.

	Dichte d_{15}^{15}	Schmelzpunkt	Erstarrungspunkt	Brechungs-Index n_D
Öl mit S. Z. = 10,1	0,9187	—	−8 bis −10°	1,4715 (20°)
Fettsäuren	—	18—20°	16—18°	1,4673 (25°)

Chemische Kennzahlen.

	Verseifungszahl	Hehner-Zahl	Esterzahl	Jodzahl (Wijs)
Öl mit S. Z. = 10,1	179,5	95,4	169,4	92,7
Fettsäuren	Neutral.-Z.: 181,5	Mittl. Mol.-Gew.: 309,4	—	99,3

Unverseifbare Bestandteile: 2,2%. Glycerinausbeute: 9,3%.

Hederichöl.

Huile de ravenelle — Hedge mustard oil — Olio di rafano.

Stammpflanze und Pflanzenfamilie	Verbreitung	Gehalt (% Öl) im Organ	Farbe bzw. Geschmack	Anmerkung
Raphanus Raphanistrum Fam.: Cruciferae	Europa, insbesondere Mittelmeerländer; Kleinasien, Nordafrika, Nordamerika	Samen: 21,5—25,6%	Bräunlichgelb bis dunkelgrün; Geschmack ähnlich dem des Rüböles	Schwach trocknend

Physikalische Kennzahlen.

	Dichte d_{15}^{15}	Schmelzpunkt	Erstarrungspunkt	Brechungs-Index n_D
Öl	0,9175 bis 0,9186 d^{18}: 0,9236	—	−12 bis −14°	1,4722 (20°) 1,4730 (18°)
Fettsäuren	—	14—16°	11—12°	1,4658 (25°)

Chemische Kennzahlen.

	Verseifungszahl	Hehner-Zahl	Jodzahl
Öl	174—177	94,3	105 (Hübl) 105 (Wijs)
Fettsäuren	Neutral.-Z.: 179,5	M. M.-Gew.: 312,8	109,1 (Wijs)

Eine Probe zeigte die Säurezahl 16, enthielt 1,3% Unverseifbares und gab 8,7% Glycerin.

Rettichöle.

Huiles de raifort — Radish seed oils — Olii di ravano.

Namen der Öle		Rettichöle (Verbreitung: Europa und Asien)	Weißrettichöl	Schwarzrettichöl	Radieschenöl	Ölrettichsamenöl
Stammpflanze (Fam.: Cruciferae)		Raphanus sativus-Arten	Raphanus sativus albus	Raphanus sativus niger	Raphanus sativus radiola	Raphanus sativus oleiferus
Ölgehalt im Samen		33—39%	37,5%	39,0%	34,7%	33%
Farbe		grünlichgelb bis braun	braun	hellbraun	braun	braun
Dichte (15°)		0,9163—0,9178	0,9168	0,9172 0,9142 (20°)	0,9165	0,9178
Erstarrungspunkt		−10 bis −17,5°	−10 bis −12°	−11 bis −14°	−10 bis −12°	−14°
Brechungs-Index n_D		1,4642 (40°) 1,4710 bis 1,4722 (20°)	1,4722 (20°)	1,4717 (20°)	1,4718 (20°)	1,4710 (20°)
B.-Refr. Sk. T.		57,5 (40°)	—	—	—	—
Zähigkeit °ENGLER		$E_{7,5} = 22,2$ $E_{15} = 15,8$	—	—	—	—
REDWOOD-Sek.		385,3 (70° F)	—	—	—	—
Verseifungszahl		173,8—181,6	179,8	179,4—180,5	179,6	181,6
Hehner-Zahl		94,1—95,9	95,1	95,1	95,1	95,1
Jodzahl (WIJS)		99,8—103,5 (92,9—112,4)	102,1	99,8—112,4	102,6	103,5
Thermozahl		51°	—	—	—	—
Nachgewiesene Fettsäuren		Stearin-, Öl-, Erucasäure	—	—	—	—
Unverseifbares %		0,9—1,0	1,0	1,0	0,9	0,9
Glycerinausbeute		9,8—9,9%	9,8%	9,8%	9,8%	9,9%
Säurezahl		2,4—4,5	2,4	4,5	3,5	4,4
Gehalt an äther. Senföl im Samen		0,1—0,16%	0,16%	0,11%	0,11%	0,13%
im Preßrückst.		0,16—0,26%	0,26%	0,18%	0,16%	0,2%
Fettsäuren	Schmelzpunkt	11—15° nach anderer Angabe: 20°	11—12°	13—15°	13—15°	13—15°
Fettsäuren	Erstarrungspunkt	7—15°	7—9°	10—11°	10—11°	10—11°
Fettsäuren	Brechungs-Index n_D (20°)	1,4625—1,4630	1,4626	1,4629	1,4630	1,4625
Fettsäuren	Neutral.-Zahl	182—189,5	185	182,6—189,5	184,9	185,6
Fettsäuren	Jodzahl	97,1—115,3	108,0	102,4 (115,3)	105,3	105,8
Fettsäuren	M. M.-Gew.	296—307,6	303,6	307,6 (296)	303,7	302,6

Brunnenkressenöl.

Huile de nasturce — Water cress oil — Olio di nasturzio.

Stammpflanze und Pflanzenfamilie	Verbreitung	Gehalt (% Öl) im Organ	Farbe
Nasturtium officinale Fam.: Cruciferae	Länder der gemäßigten und warmen Zone	Samen: 24%	Dunkelbraun, etwas grünstichig

Physikalische Kennzahlen.

	Dichte d_{15}^{15}	Schmelzpunkt	Erstarrungspunkt	Brechungs-Index n_D
Öl	0,9205	—	−5 bis −6°	1,4704 (20°)
Fettsäuren	—	24—25°	21—22°	1,4621 (20°)

Chemische Kennzahlen.

	Verseifungszahl	Hehner-Zahl	Esterzahl	Jodzahl (WIJS)
Öl	170,9	94,3	168,7	98,6
Fettsäuren	Neutral.-Z.: 174,0	M. M.-Gew.: 322,7	—	102,5

Die untersuchte Probe hatte die Säurezahl 2,2; sie enthielt 1,1% Unverseifbares und gab 9,2% Glycerin.

Winterkressenöl.

Huile de Barbarea — Winter cress oil — Olio di Barbarea.

Stammpflanze und Pflanzenfamilie	Verbreitung	Gehalt (% Öl) im Organ	Farbe
Barbaraea praecox. Fam.: Cruciferae	Gemäßigte Zone	Samen: 20,3%	Dunkelbraun

Physikalische Kennzahlen.

	Dichte d_{15}^{15}	Schmelzpunkt	Erstarrungspunkt	Brechungs-Index n_D
Öl	0,9214	—	−5 bis −7°	1,4750 (20°)
Fettsäuren	—	23—24°	21—22°	1,4666 (25°)

Chemische Kennzahlen.

	Verseifungszahl	Hehner-Zahl	Esterzahl	Jodzahl
Öl	180,0	94,42	168,3	137,3
Fettsäuren	Neutr.-Z.: 189,4	M.M.-Gew.: 296,5	—	139,2

Die untersuchte Probe hatte die Säurezahl 11,7; sie enthielt ca. 1% Unverseifbares und gab 9,2% Glycerin.

Gartenkressenöl.

Huile de cresson alénois — Garden cress oil — Olio di crescione

Stammpflanze und Pflanzenfamilie	Verbreitung	Gehalt (% Öl) im Organ	Farbe bzw. Geruch	Besondere Merkmale
Lepidium sativum (Indisch: halim) Fam.: Cruciferae	Indien, Persien, östl. Mittelmeergebiet	Samen: 20,5—25%	Gelborange bis hellbraun; Senfgeruch	Eines der am stärksten trocknenden Cruciferenöle. Bei der Verseifung (bes. extrahierter Öle) tritt ein unangenehmer Fischgeruch auf; der ursprüngl. Geruch kehrt bei der Abscheidung der Fettsäuren wieder

Bestandteile: 94,1% wasserunlösliche Fettsäuren. 1,2% Unverseifbares. Glycerinausbeute 9,4%.

Physikalische Kennzahlen.

	Dichte d_{15}^{15}	Schmelzpunkt	Erstarrungspunkt	Lichtbrechung B.-Refr. Sk. T.	Lichtbrechung Brechungs-Index n_D	Zähigkeit (REDWOOD)
Öl	0,920—0,9238	—	−6 bis −16°	60,5 (40°)	1,4622 (40°) 1,4718 (20°)	321 Sek. (70° F.)
Fettsäuren	—	16—26°	22—23°	—	1,4659 (25°)	—

Chemische Kennzahlen.

	Verseifungszahl	Hehner-Zahl	Jodzahl	R.-M.-Zahl	Thermozahl (MAUMENÉ)
Öl	178—186,4	95,6	108—133,5; extrah. Öl: 139,1 (WIJS)	0,2—0,4	89,5—95
Fettsäuren	Neutral.-Z.: 186,7—193,4	M. M.-Gew.: 290—300	111,4—138,1; extrah. Öl: 144,9 (WIJS)	—	—

Die Öle waren gepreßt oder extrahiert; eine Probe zeigte die Säurezahl 8,3.

Leindotteröl.

(Deutsch-Sesamöl, Rüllöl, Cameline-, Rapsdotter- oder Saatdotteröl.)
Huile de caméline — Dodder oil, Cameline oil — Olio di cameline.

Stammpflanze und Pflanzenfamilie	Verbreitung	Gehalt (% Öl) im Organ[1]	Farbe bzw. Geschmack	Reaktion. Besonderes Merkmal
Camelina sativa, CRANTZ (Myagrum sativum L.) Fam.: Cruciferae	Europa; Zentral-Asien	Samen: 30—35%; gepreßt: 27—30%	Goldgelb; scharfer Geruch und bitterer Geschmack	HEYDENREICH: Gelb mit blauen Streifen, dann orange bis graubraun. Langsam trocknend

Bestandteile: Glyceride der Palmitinsäure, Ölsäure, Erucasäure und einer isomeren Linolsäure. 1,2% Unverseifbares. Gibt 9,4% Glycerin.

Physikalische Kennzahlen.

	Dichte d_{15}^{15}	Schmelzpunkt	Erstarrungspunkt	Lichtbrechung B.-Refr. Sk. T.	Lichtbrechung Brechungs-Index n_D	Zähigkeit (°ENGLER)
Öl	0,920 bis 0,927	—	−15 bis −18°	66 (25°) 32 (22°)[2]	1,4761 (20°)	$E_{7,5} = 18,3$ $E_{13,1} = 13,1$
Fettsäuren	—	18—20°	13—16°	—	1,4680 (25°)	

Chemische Kennzahlen.

	Verseifungszahl	Hehner-Zahl	Jodzahl	Thermozahl (MAUMENÉ)
Öl	185,8—188 (193,3)	94,1	132,9—153	82—117
Fettsäuren	Neutral.-Z.: 189,6	M. M.-Gew.: 296,3	136,8—138,5 Innere Jodzahl: 165,4	

Eine Ölprobe hatte die Säurezahl 13,2; eine andere zeigte die Säurezahl 7,7 (Verseifungszahl = 193,3).

[1] Über die Zunahme des Ölgehaltes der Samen während des Reifungsvorganges siehe Einleitung, S. 12.

[2] Oleo-Refraktom. Sk. T. (JEAN, s. Bd. I, S. 129).

Goldlacksamenöl.

Huile de giroflée — Wallflower seed oil — Olio di leucaio giallo.

Stammpflanze und Pflanzenfamilie	Verbreitung	Gehalt (% Öl) im Organ	Farbe bzw. Geschmack	Reaktion. Bes. Merkmal
Cheiranthus Cheiri Fam.: Cruciferae	Mittelmeergebiet, Nord-Amerika	Samen, extrahiert: 26,2%	Äther-extrah.: grün; im auffallenden Licht rot bis rotbraun. Geruch unangenehm, ähnlich dem des rohen Rüböls. Stark bitter. Mittels Petroläther extrahiert, von ätherischem Öl befreit: nicht bitter	Elaidinierung: feste, gelblichweiße Masse. Gut trocknend

Bestandteile: Angeblich 65% „Cheiranthussäure" (s. Bd. I, S. 10 u. 18); 30% Linol-, 5% Linolensäure. Keine Oxysäuren. Etwa 0,03% äther. Öl. Bittere Nichtfette. Nach neueren Untersuchungen enthält das Fettsäuregemisch: 3% Palmitinsäure; 0,5% Lignocerinsäure; 12% Ölsäure; 38,5 Erucasäure; 42% Linolsäure; 4% Linolensäure. Dieses Ölmuster (IV, s. u.) enthielt 5,6% Unverseifbares. Die „Cheiranthussäure" ist aus der Literatur zu streichen.

Physikalische und chemische Kennzahlen.

	Dichte d_{15}^{15}	Brechungs-Index n_D	Verseifungszahl	Hehner-Zahl	Jodzahl	R.-M.-Zahl	Pol.-Zahl
Öl I	0,9240	1,4690 (40°)	180,3	95,7	124,5	0,33	1,4
Öl II	—	1,4666 (40°)	—	—	120,5	0,99	2,0
Öl III	—	—	—	—	125,7	0,33	1,1
Öl IV	—	—	—	—	129,8	—	—

Unverseifbares: 1,43% (flüssig); 0,47% krystallis. Phytosterin (Schmelzpunkt 136°; Acetat-Schmelzpunkt 128—129°).

Öl I mittels Petroläther extrahiert, Säurezahl 11,5; Öl II mittels Äther extrahiert, roh, Säurezahl 31,8; Öl III mittels Äther extrahiert, durch Wasserdampfdestillation gereinigt, Säurezahl 35,0; Öl IV mittels Petroläther extrahiert, Säurezahl 4,8.

Rotreps- oder Nachtviolenöl.

Huile de Julienne — Garden Rocket (Dame's violet) oil — Olio di Hesperide.

Stammpflanze und Pflanzenfamilie	Verbreitung	Gehalt (% Öl) im Organ	Farbe bzw. Geschmack	Reaktion
Hesperis matronalis Fam.: Cruciferae	Mittel- und Südeuropa, bes. Schweiz und Frankreich. Nördl. und westl. Asien	Samen: 30%	Frisch: grün, alt: braun; etwas bitter, geruchlos	BECCHI: schwach braun

Physikalische und chemische Kennzahlen.

	Dichte d_{15}^{15}	Schmelzpunkt	Erstarrungspunkt	Verseifungszahl	Jodzahl	Thermozahl (MAUMENÉ)
Öl	0,928—0,9335	—	−22 bis −23°	191,8	155—155,3	125—127,5
Fettsäuren	—	20—22°	14—16°	—	157	—

Täschelkrautsamenöl.

Huile de cresson — Cassweed seed oil.

Als Stammpflanzen werden genannt Thlaspi arvense und Capsella Bursa pastoris (Fam.: Cruciferae). Verbreitung: Europa, Asien. Ölgehalt der Samen: ca. 20%. Jodzahlen des Öles: 110,5 (Rostow am Don; Tiefland, 47° 10′ nördl. Breite); 128,9 (Bakuriani; 1670 m ü. M., 41° 25′ nördl. Breite); 134,2 (Ust-Zylma; Tiefland, 65° 10′ nördl. Breite).

Resedasamenöl.

(Wausamenöl.)

Huile de gaude — Weld seed oil — Olio di guaderella.

Stammpflanze: Reseda luteola (Fam.: Resedaceae). Farbe: dunkel-grünlich. Geschmack bitter, Geruch unangenehm. Gut trocknend. Dichte: 0,9358 (?°). Erstarrungspunkt: −20°.

Reihe: Rosales.

Johannisbeersamenöl.

Huile de groseille — Red currant seed oil — Olio di ribes.

Stammpflanze und Pflanzenfamilie	Verbreitung	Gehalt (% Öl) im Organ	Farbe bzw. Geschmack	Anmerkung
Ribes rubrum Fam.: Saxifragaceae	Gemäßigte Zone	Samen: 16—21,3%. In der Trockensubstanz: 23,3%	Orangegelb bis rotbraun. Warm gepreßt: scharfer Geschmack	Die bei der HOLDEschen Probe (s. Olivenöl, S. 337) erhaltene Seifenlösung gibt keine flockigen Abscheidungen

Bestandteile: ca. 5% Palmitinsäure und Stearinsäure. Viel Linolsäure, wenig Ölsäure und Linolensäure. 1,8—2,3% Unverseifbares (1% Phytosterin).

Physikalische Kennzahlen.

	Dichte d_{15}^{15}	Erstarrungspunkt	Lichtbrechung: B.-Refr. Sk. T.	Lichtbrechung: Brechungs-Index n_D
Öl	0,924—0,93	−20°	62,0 (40°) 78,1 (25°)	1,4742 bis 1,4770 (20°)
Fettsäuren	0,9117	—	—	—

Chemische Kennzahlen.

	Verseifungszahl	Hehner-Zahl	Jodzahl	R.-M.-Zahl	Pol.-Zahl
Öl	187—194,5	95,6	160—176	0,6—0,8	0,5
Fettsäuren	Neutral.-Z.: 196,3	—	169,5—178,7	—	—
flüssige	200—200,6	—	Innere Jodzahl: 188—193	—	—

Die Angaben über die Trockenfähigkeit lauten widersprechend. Die Trockenzeit betrug in einem Falle 4 Tage; in einem anderen Falle war das Öl noch nach 9 Tagen schwach klebend; bei 50° ist das Öl angeblich nach 7 Stunden klebefrei trocken. Nach „vollständigem Trocknen" betrug die Gewichtszunahme 8,8%.

Samenöle der weißen (A) bzw. schwarzen (B) Johannisbeere.

Stammpflanzen und Pflanzenfamilie	Verbreitung	Gehalt (% Öl) im Organ	Farbe bzw. Geschmack
A. Ribes vulgare, var. album	Europa, Sibirien	A. Samen: 17,4%	Lichtgelb, angenehmer Geruch und Geschmack
B. Ribes nigrum Fam.: Saxifragaceae	Europa, Sibirien, Himalaya	B. Samen: 24,5%	Gelbbraun, eigentümlicher aromatischer Geruch, kratzender Geschmack

Physikalische Kennzahlen.

	Dichte d_{15}^{15}	Erstarrungspunkt
Öl A	0,9231	—
Öl B	0,9256	—
Fettsäuren von Öl A	0,9182	unter −20°
Fettsäuren von Öl B	0,9218	unter −15°

Chemische Kennzahlen.

	Verseifungszahl	Hehner-Zahl	Acetylzahl	Jodzahl
Öl A	188,7	—	—	170,5
Öl B	185,9	—	—	178,3
Fettsäuren	Neutral.-Z.:	M. M. Gew.:		
von Öl A	192,3	291,8	15,8	172,3
von Öl B	189,0	296,8	18,3	176,5

Öl A zeigte die Säurezahl 18,6; es enthielt 1,4% Unverseifbares und gab neben 96,2% Fettsäuren ca. 9,3% Glycerin. Öl B hatte eine Säurezahl von 14,2 und gab neben 96,1% Fettsäuren ca. 9,4% Glycerin. Der Gehalt an Unverseifbarem betrug 1,9%.

Stachelbeersamenöl.

Stammpflanze und Pflanzenfamilie	Verbreitung	Gehalt (% Öl) im Organ	Farbe bzw. Geschmack
Ribes grossularia Fam.: Saxifragaceae	Europa, Asien, Nordafrika	Samen: 18,3%	Gelbbraun, angenehmer Geruch und Geschmack

Physikalische und chemische Kennzahlen.

	Dichte d_{15}^{15}	Erstarrungspunkt	Verseifungszahl	Hehner-Zahl	Acetylzahl	Jodzahl
Öl	0,9231	—	187,6	—	—	170,6
Fettsäuren	0,9189	unter −20°	Neutral.-Z.: 189,3	M. M.-Gew.: 296	14,5	172,5

Die untersuchte Probe zeigte die Säurezahl 10,8, enthielt 1,4% Unverseifbares und gab neben 96,9% Fettsäuren (?) 9,6% Glycerin.

Vogelbeersamenöl.

(Ebereschensamenöl.)

Huile de sorbier sauvage — Service berry (Mountain ashberry) oil — Olio di sorba salvatica.

Stammpflanze und Pflanzenfamilie	Verbreitung	Gehalt (% Öl) im Organ	Farbe
Sorbus aucuparia Fam.: Rosaceae	Gemäßigte Zone	Samen: 21,9%	Gelb bis gelbbraun

Physikalische und chemische Kennzahlen.

	Dichte d_{15}^{15}	Brechungs-Index n_D	Verseifungszahl	Jodzahl
Öl	0,9317	1,4753 (15°)	208,0	128,5
Fettsäuren	—	—	Neutral.-Z.: 230,2	137,5

Die Neutralisationszahl der Fettsäuren und die Verseifungszahl des Öles stehen miteinander nicht im Einklang.

Himbeerkernöl.

Huile de framboisier — Rapsberry seed oil — Olio di lampone.

Stammpflanze und Pflanzenfamilie	Verbreitung	Gehalt (% Öl) im Organ	Farbe	Anmerkung
Rubus idaeus Fam.: Rosaceae	Gemäßigte Zone	Samen: 13,5—16,6%; mit Petroläther extrahiert: 22—24,4%	Goldgelb bis grüngelb	Extraktionsöl gibt beim Stehen eine reichliche Abscheidung. Die bei der HOLDEschen Probe (s. Olivenöl S. 337) erhaltene Seifenlösung gibt bei 18—20° eine geringe flockige Abscheidung

Bestandteile: U. a. wenig Ölsäure, vorwiegend Linol- und Linolensäure, wenig Isolinolensäure; 0,7—0,73% Phytosterin (Schmelzpunkt 134,5°).

Physikalische Kennzahlen.

	Dichte d_{15}^{15}	Erstarrungspunkt	Lichtbrechung	
			B.-Refr. Sk. T.	Brechungs-Index n_D
Öl	0,9317	bei −17,5° dünnsalbig, noch fließend	65,0 (40°)	1,4760 (20°)
Fettsäuren	0,9114	—	—	—

Chemische Kennzahlen.

	Verseifungszahl	Jodzahl	R.-M.-Zahl
Öl	192,3	174,8	0,0—0,1
Fettsäuren	203,6	181,3	—
flüssige	Neutral.-Z.: 197,2; 200,8; 206,8	Innere Jodzahl: 185,9	—

Maximale Gewichtszunahme beim Trocknen (LIVACHE): 8,4% (nach 2 Tagen).

Brombeerkernöl.

Huile de ronce — Blackberry seed oil — Olio di more.

Stammpflanze und Pflanzenfamilie	Verbreitung	Gehalt (% Öl) im Organ	Farbe
Rubus caesius (Rubus ulmifolius) Fam.: Rosaceae	Gemäßigte Zone	Samen: 12,6%	Dunkelgrüngelb

Bestandteile: 4,7% feste Säuren, vorwiegend Palmitinsäure; 91% flüssige Säuren (17% Ölsäure, 80% Linolsäure, 3% Linolensäure). 0,8% Unverseifbares (0,6% Phytosterin vom Schmelzpunkt 133°).

Physikalische und chemische Kennzahlen.

	Dichte d_{15}^{15}	Verseifungszahl	Hehner-Zahl	Jodzahl
Öl	0,9256	189,5	96,3	147,8
Fettsäuren	0,9070	Neutral.-Z.: 199,9	M. M.-Gew.: 281	155,1 Innere Jodzahl: 163,2

Maximale Gewichtszunahme beim Trocknen (LIVACHE): 6,9% (nach 3 Tagen).

Erdbeersamenöl.

Huile de fraisier — Strawberry seed oil — Olio di fragola.

Stammpflanze und Pflanzenfamilie	Verbreitung	Gehalt (% Öl) im Organ	Farbe	Anmerkung
Fragaria vesca Fam.: Rosaceae	Gemäßigte Zone	Samen: 19,0—20,8%	Hellgelb bis braun	Trockenfähigkeit: ähnlich der des Leinöles

Flüssige Fettsäuren: wenig Ölsäure, 81% Linol-, ca. 10% Linolensäure, wenig Isolinolensäure.

Physikalische Kennzahlen.

	Dichte d_{15}^{15}	Schmelzpunkt	Lichtbrechung B.-Refr. Sk. T.	Lichtbrechung Brechungs-Index n_D
Öl	0,9345—0,9395	—	65,0 (40°)	1,4790 (25°) 1,4760 (20°)
Fettsäuren	—	21°	—	—

Chemische Kennzahlen.

	Verseifungszahl	Hehner-Zahl	Jodzahl	R.-M.-Zahl
Öl	193,8	88,2	180,3	2,1—3,1 (?)
Fettsäuren	Neutral.-Z.: 233,1 (feste?)	—	191—193	—

Die Neutralisationszahl der Fettsäuren steht mit der Verseifungszahl des Öles nicht im Einklang.

Hagebuttensamenöl.

(Heckenrosenöl.)

Huile d'églantier — Hawthorn seed oil, Hip oil — Olio di rosa canina.

Stammpflanze und Pflanzenfamilie	Verbreitung	Gehalt (% Öl) im Organ	Farbe bzw. Geruch	Reaktionen
Crataegus oxyacantha oder Rosa canina apiifolia Fam.: Rosaceae	Europa, Nord-Amerika und andere Gegenden der gemäßigten Zone	Samen: 8,5—9,6%	Gelb bis orangegelb oder hellrot; angenehmer, leicht aromatischer Geruch	Elaidinierung: gelb-rote, flüssig bleibende Masse. SERGER: tiefblau. BELLIER: violett, bald verschwindend. Die bei der HOLDEschen Probe (s. Olivenöl, S. 337) erhaltene Seifenlösung gibt bei 18—20° eine geringe flockige Abscheidung

Bestandteile: 2,4% feste Säuren (71% Palmitin-, 29% Stearinsäure); ca. 90% flüssige (etwas Capronsäure, ungefähr 83% Ölsäure, 11% Linolsäure, ca. 5% Linolensäure). 1,9 bis 2,6% Unverseifbares. 10,2% Glycerinausbeute.

Physikalische Kennzahlen.

	Dichte d_{15}^{15}	Schmelzpunkt	Erstarrungspunkt	Lichtbrechung B.-Refr. Sk. T.	Lichtbrechung Brechungs-Index n_D
Öl I	0,9292	—	—	—	1,4775 (25°)
Öl II	d^{50}: 0,9161	—	unter −17,5°	67 (40°)	1,4772 (20°)
Öl III	d^{20}: 0,907	—	—	46,9 (25°)	—
Fettsäuren von Öl I	—	55° [1]	—	—	1,4652 (25°) 1,4672 (25°) [2]
Fettsäuren von Öl II	—	31°	—	—	—

[1] Feste Säuren, zweimal gefällt, umkrystallisiert. [2] Flüssige Säuren.

Chemische Kennzahlen.

	Verseifungszahl	Hehner-Zahl	Acetylzahl	Jodzahl	R.-M.-Zahl	Pol.-Zahl
Öl I	189,8	94,9	—	157,0 (Hübl)	1,5	0,25
Öl II	172,8 (?)	—	—	152,8	0,4	—
Öl III	191,1	—	—	169,3	—	—
Fettsäuren von: Öl I	Neutral.-Z.: 197,9	M. M.-Gew.: 283,5	11,9	155,9—169,0	—	—
	feste: 215,4	260,7	—	Innere Jodzahl:	—	—
	flüss.: 199,6	281,2	—	166,6	—	—
Öl II	202,9	276,8	—	174,3	—	—
Öl III	205,8	—	—	—	—	—

Öl I: mittels Äther extrahiert, getrocknet, filtriert, Säurezahl 3,7. Öl II: Säurezahl 4,2. Öl III: Säurezahl 1,8. Die Jodzahlen, insbesondere aber die Verseifungszahlen bedürfen einer Überprüfung. Kennzahlen und Bestandteile des Unverseifbaren: Jodzahl = 69,3. $[\alpha]_D^{20} = -28{,}5°$. Flüssige Anteile: 38,7%; feste Anteile: 61,3%. Schmelzpunkt des reinen Phytosterins: 134—135°; des Azetats: 127°. Der feste Anteil enthält auch etwas Melissylalkohol vom Schmelzpunkt 87°.

Trockenvorgang: „Anziehen“ nach 7 Tagen, klebefrei trocken nach 10 Tagen. Trockenzeit bei 50°: 7 Stunden.

Öl von Parinarium anamense.

(Cam-Öl.)

Huile de „Cam“ d'Annam — Parinarium oil.

Stammpflanze und Pflanzenfamilie	Verbreitung	Gehalt (% Öl) im Organ	Farbe bzw. Geruch	Reaktionen
Parinarium anamense Fam.: Rosaceae	Cochinchina, Cambodge, Annam, China	Samen (Nuß): 9,4%; Kern, mit Äther extrah.: 60%	Gelb; Geruch angenehm, ähnlich dem des süßen Mandelöls	Elaidinierung: negativ. Schwefelsäure: dunkelbraun. Salpetersäure—Schwefelsäure: kalt rötlichbraun; 5 Minuten auf 100° erhitzt, dann abgekühlt: dunkelbraun, rotstichig. Keine Violettfärbung mit Essigsäureanhydrid. Ammoniak: butterige Emulsion, bräunlichgelb

Fettsäuren: 0,8% flüchtige, wasserlösliche Säuren (ber. als Buttersäure); 9,2% Stearinsäure; 89,8% ungesättigte Säuren. Oxysäuren. Unverseifbares: 0,8% (Phytosterin). Das Öl gibt bei der Bromierung Äther-unlösliche Hexabromide.

Chemische Kennzahlen.

	Verseifungszahl	Hehner-Zahl	Acetylzahl	Jodzahl	R.-M.-Zahl	Thermo-Zahl (Maumené)
Öl mit S. Z. = 18,6	203,0	93,2	6,3	160,4	1,8	92
Fettsäuren	219 Neutral.-Z.: 219	M. M.-Gew.: 256,1	—	—	—	Brom-Thermo-Zahl: 27,4

Maximale Gewichtszunahme (Livache): 2,8% nach 2 Tagen; 21% nach 7 Tagen.

Po-Yoaköl (1).

Öl von Parinarium senegalense (2).

Stammpflanze und Pflanzenfamilie	Verbreitung	Gehalt (% Öl) im Organ	Besondere Merkmale
1. Parinarium, unbekannte Art („Po-Yoak“) 2. Parinarium senegalense Fam.: Rosaceae	Sierra Leone Senegal	1. Samen: 58,3%; Trockensubstanz: 63,8% 2. Nuss: 9,5%; Kern: 62,4%	1. Gut trocknend. Nach 20 Minuten langem Erhitzen auf 300° tritt Polymerisation ein

Physikalische und chemische Kennzahlen.

	Dichte d_{15}^{15}	Erstarrungspunkt	Verseifungszahl	Jodzahl	R.-M.-Zahl	Pol.-Zahl
Öl (1)	0,969	—	192,3	157,1 (HÜBL)	0,2	0,4
Fettsäuren von Öl (1)	—	48,3°	—	—	—	—

Die Säurezahl der untersuchten Probe war 17,4; der Gehalt an unverseifbaren Bestandteilen betrug 0,7%.

Oiticicasamenöl.

(Oitikiza-, Oticia-Öl.)

Huile de Conepia — Oiticica oil, Oticia oil — Olio di Conepia.

Stammpflanze und Pflanzenfamilie	Verbreitung	Gehalt (% Öl) im Organ	Farbe bzw. Geschmack	Besondere Merkmale
Conepia grandifolia oder Pleurogyne umbrasissima Fam.: Rosaceae	Brasilien	Kern: 50—62%	Gelblich; Geschmack und Geruch unangenehm, ähnlich wie bei chinesischem Holzöl	Konsistenz: butterweich. Verhalten beim $^1/_2$-stünd. Erhitzen auf 250—270° in Kohlensäureatmosphäre: Keine Verdickung wie bei Holzöl, erst bei 300° Bildung einer festen, klaren, durchscheinenden Gallerte.

Das Öl gibt nur Spuren ätherunlöslicher Hexabromide.

Physikalische Kennzahlen.

	Dichte d_{15}^{15}	Schmelzintervall	Erstarrungspunkt	Brechungs-Index n_D
Öl I	0,9694	21,5—65,1°	—	—
„ II	0,9518	15,9—57,0°	—	1,4945 (30°)
„ III	—	—	—	1,4921 (30°)
„ IV	0,9536	15,4—55,0°	—	1,4933 (30°)
Fettsäuren von I	—	53,7—67,0°	42,8°	—
„ „ II	—	63—68°	14,5°	—
„ „ III	—	62—67°	15,2°	—
„ „ IV	—	64—67°	15,8°	—

Säurezahlen s. Rubrik 2 der Chemischen Kennzahlen.

Chemische Kennzahlen.

	Verseifungszahl	Säurezahl	Jodzahl	Unverseifbares
Öl I	188,6	11,4	179,5	0,9%
„ II	195,3	10,5	83,7	6,1%
„ III	196,5	18,3	81,5	8,2%
„ IV	194,8	20,8	84,3	9,9%
„ V	203,2	45,3	123,0	—

Öl IV wurde nach neunjährigem Lagern untersucht; während dieser Zeit hat das Öl — ebenso wie die Muster II, III und V — tiefgreifende Veränderungen erfahren.

Loganbeerenöl.

Der in Amerika kultivierte Bastard zwischen Himbeere und Brombeere (engl. loganberry) liefert ein Öl mit folgenden Kennzahlen: $d^{15,5} = 0{,}9260$. Brechungsindex $n_D^{15,5} = 1{,}4811$. Verseifungszahl = 179,8. Jodzahl = 158,3. Das untersuchte Öl wurde aus dem getrockneten Brei der Beeren gewonnen.

Samenöl von Afzelia Brieyi.

Huile d'Afzelia Brieyi du Congo Belge.

Stammpflanze und Pflanzenfamilie	Verbreitung	Gehalt (% Öl) im Organ	Farbe bzw. Geschmack	Reaktionen
Afzelia Brieyi, DE WILD. Fam.: Leguminosae (Caesalpinioideae)	Belgisch-Kongo	Samen: ca. 30%	Mit kaltem Petroläther extrahiert: bräunlichgelb; mit Äther extrah.: rötlichgelb. Geschmack angenehm süß, ähnlich dem mancher Olivenöle	BAUDOUIN: negativ. MILLIAU-BECCHI: stark positiv. HALPHEN: orange (Öl I); orange bis bräunlich, Stich ins rötliche (Öl II). Reaktionen der Fettsäuren: BAUDOUIN und HALPHEN: negativ. MILLIAU-BECCHI: stark positiv

Gibt keine ätherunlöslichen Hexabromide.

Physikalische Kennzahlen.

	Dichte $d_{19,5}^{19,5}$	Schmelzpunkt	Erstarrungspunkt	Brechungs-Index n_D	Kritische Lösungstemp. (Crismerzahl)
Öl (I)	0,9328	—	—	1,4749 (40°)	60,6°
Öl (II)	0,9320	—	—	1,4750 (40°)	60,0°
Fettsäuren von Öl (II)	—	53—54,6°	50,5—52°	1,4678 (60°)	—

Chemische Kennzahlen.

	Verseifungszahl	Hehnerzahl	Acetylzahl	Jodzahl	R.-M.-Zahl	Pol.-Zahl	Thermozahl (MAUMENÉ)
Öl (I)	184,4	95,2	39,8	142,4	0,6	0,5	124
Öl (II)	183,8	93,3	38,4 (ANDRÉ)	144	0,6	0,7	—
Fettsäuren von Öl (II)	Neutral.-Z.: kalt: 180,9 warm: 200,1[1]	M. M.-Gew.: 310,1 280,3	—	(135)[2]	—	—	—

Öl (I) mit Äther extrahiert, zeigte die Säurezahl 5,1. Öl (II) mit Petroläther extrahiert, hatte die Säurezahl 3,2.

Trockenvorgang: Beginn des Trocknens am 36. Tag. Antrocknen nach 44 Tagen. Trocken, kaum klebend am 59. Tag. Klebefrei trockener, aber biegsamer Film nach 86 Tagen; maximale Gewichtszunahme hiebei: 0,54%.

Samenöl von Gymnocladus.

Stammpflanze und Pflanzenfamilie	Verbreitung	Gehalt (% Öl) im Organ	Farbe bzw. Geschmack	Anmerkung
Gymnocladus dioica[3] Fam.: Leguminosae (Caesalpinioideae)	Nordamerika, China	Samen: 7,6%	Hellgelb; milder Geschmack; geruchlos	Geringes Trockenvermögen

Bestandteile: 0,8% wasserlösliche Säuren (ber. als Buttersäure); Palmitinsäure, Stearinsäure, wenig Arachinsäure; Ölsäure, Linolsäure. 1,3% Unverseifbares (Phytosterin vom Schmp. 165—166°).

[1] Starke Braunfärbung bei der Neutralisation.
[2] Zu niedrig im Vergleich zur Jodzahl des Öls.
[3] Wird auch als Kentucky-Kaffeebaum bezeichnet.

Physikalische und chemische Kennzahlen.

	Dichte	Brechungs-Index n_D	Verseifungszahl	Hehnerzahl	Acetylzahl	Jodzahl	R.-M.-Zahl
Öl	d^{20}: 0,9219	1,4769 (20°)	191,0	95,2	11,4	137,5 (HANUS)	0,4
Fettsäuren	—	—	—	—	—	132, innere Jod.-Z.: 145	—

Die untersuchte Probe hatte die Säurezahl 0,4. — Die Jodzahl der Fettsäuren ist im Vergleich zur Jodzahl des Öles zu niedrig.

Goldregensamenöl.

Stammpflanze und Pflanzenfamilie	Verbreitung	Farbe	Reaktion
Laburnum vulgare Fam.: Leguminosae (Papilionatae)	Mittelmeergebiet und andere warme Gegenden	Bräunlich-gelb	BELLIER: positiv

Physikalische und chemische Kennzahlen.

Lichtbrechung: B.-Refr. Sk. T.	Verseifungszahl	Jodzahl
65,3 (40°) 71,1 (25°)	192,6	131,7

Besenginsteröl

von Cytisus (Sarothamnus) scoparius.

In den enthülsten Samen sind 7,2% eines gelbbraunen Öles enthalten.

Ginstersamenöl.

Huile de genêt — Broom seed oil.

Stammpflanze und Pflanzenfamilie	Verbreitung	Gehalt (% Öl)	Farbe bzw. Geschmack	Reaktion
Spartium junceum Fam.: Leguminosae (Papilionatae)	Mittelmeergebiet	Samen: 10%	Frisch: olivgrün, dann dunkelgrün; bitter, aromatischer Geruch	Elaidinierung: butterartig

Physikalische Kennzahlen.

	Dichte d_{15}^{15}	Schmelzpunkt	Erstarrungspunkt	Lichtbrechung B.-Refr. Sk.-T.
Öl mit S.-Z. = 9,1	0,9403	—	—	73,5 (25°)
Fettsäuren	d^{17}: 0,9208	26,6—27°	21,3°	—

Chemische Kennzahlen.

	Verseifungszahl	Hehnerzahl	Jodzahl	R.-M-Zahl	Thermozahl (TORTELLI)
Öl mit S.-Z. = 9,1	198,6	89,9	134	0,4	97,5

Vorbemerkungen zu den Ölen einiger Gattungen aus der Unterfamilie Papilionatae[1].

Nach neueren Untersuchungen zeigen die Samenöle von Lupinen, von Medicago sativa, von Trigonella Foenum graecum, von Melilotus u. a. aus der Unterfamilie der Papilionaten hohe Jodzahlen und ein gutes Trockenvermögen, während diese Öle nach älteren Angaben[2] oft nur halb so hohe Jodzahlen und eine sehr geringe Trockenfähigkeit aufweisen. Diese ungewöhnlich großen Abweichungen im Verhalten und in den Kennzahlen von Ölen, bei denen eine Unterscheidung von Samenöl und Fruchtfleischöl (wie z. B. beim Holunderbeerenöl) nicht in Betracht kommt, können auf mehrere Ursachen zurückgeführt werden (vgl. Einleitung, S. 3f.). Da die Verschiedenheiten sich in auffallender Regelmäßigkeit und fast im gleichen Ausmaße zeigen, können sie nicht nur auf Beobachtungsfehlern beruhen.

I. In erster Linie ist eine durch Klima und Bodenbeschaffenheit bedingte Verschiedenheit von Varietäten oder Lokalrassen in Betracht zu ziehen. Auf diese Weise wollen z. B. Dunbar und Wells[3] die außerordentlichen Differenzen bei Steinkleeöl erklären. Abweichungen der Jodzahlen von Ölen derselben Pflanzenart sind jedoch bisher nicht in solcher Höhe (142,5 und 71,4!) beobachtet worden. Leinöle verschiedener Provenienz können Jodzahlen aufweisen, die um 20—30% differieren; nach Ivanow[4] zeigen auch andere trocknende Öle je nach der geographischen Lage ihrer Stammpflanzen Abweichungen innerhalb dieses Bereiches, die auf der Verschiedenheit der Zusammensetzung beruhen.

Das Sojabohnenöl (s. S. 81) zeigt auch Schwankungen der Jodzahl sowie anderer Kennzahlen, die zur Aufstellung zweier Typen für dieses Öl führten[5]. Die eine Type (a) ist u. a. durch hohe Jodzahlen und niedrige Verseifungszahlen, die andere (b) durch niedrige Jodzahlen und hohe Verseifungszahlen gekennzeichnet. Die verschiedene Zusammensetzung dieser Öle ist, außer von der Varietät der Stammpflanze[6], lediglich vom Klima abhängig, unter dem die Sojabohnen reifen; Pflanzen aus warmen Gebieten, die ein Öl mit niedriger Jodzahl lieferten und dann in kältere Gegenden versetzt wurden, ergaben dort Samen, deren Öl eine höhere Jodzahl zeigte[7]. Umgekehrt ergab sich eine Erniedrigung der Jodzahlen von Ölen aus solchen Bohnen, die von nördlichen in südlichere Gebiete verpflanzt wurden. Eine Wechselwirkung von Ölgehalt und Jodzahl (vgl. III.) konnte bei Sojabohnen nicht beobachtet werden[7]. Es war auch nicht möglich, durch Düngung oder Züchtung Pflanzen zu erhalten, die Öle mit höheren Jodzahlen gaben, als sie die ersten Versuchsobjekte geliefert hatten. Diese Ergebnisse wurden in zahlreichen, durch viele Jahre hindurch ausgedehnten Versuchen gewonnen, wobei schließlich zwei „Typen“ als Extreme bestehen blieben, nämlich eine Ölsorte mit der Durchschnitts-Jodzahl 133,7 und eine mit der Jodzahl 124,9 als Mittelwert.

Auch beim Sojabohnenöl betragen die Abweichungen der Jodzahlen allerhöchstens ca. 30%. Verschiedenheiten von Lokalrassen allein dürften demnach

[1] Die folgenden Ausführungen behandeln einen Sonderfall der allgemeinen Regeln über die Ursachen für die Abweichungen der Kennzahlen, s. Einleitung, S. 2f.

[2] Grimme: Ch. Revue Bd. 18, S. 54, 77. 1911.

[3] J. Oil Fat Ind. Bd. 3, S. 382. 1926.

[4] Vgl. Einleitung zum Hauptabschnitt Pflanzenfette, S. 10.

[5] Vgl. H. Wolff und Schlick: Farben- und Lackkalender.

[6] Das Ackerbauministerium der Vereinigten Staaten von Amerika in Washington, D. C., nennt 280 Varietäten der Sojabohne; über 30 sind deutlich durch Farbe usw. unterscheidbar (z. B. gelbe, blaue und schwarze Varietäten).

[7] Ladd: N. Dak. Agr. Expt. Stat. Paint Bull. Bd. 1, S. 130. 1919.

wohl kaum die Ursache für die eingangs erwähnten außerordentlichen Differenzen der Eigenschaften mancher Papilionatenöle sein; eine Teilursache sind sie aller Wahrscheinlichkeit nach.

II. Es müssen nicht verschiedene Lokalrassen sein, die Öle mit abweichenden Eigenschaften und Kennzahlen hervorbringen. Auch ein- und dieselbe Pflanze kann verschieden zusammengesetzte Öle liefern, je nachdem ihre Samen früh oder spät zur Reifung gelangten oder — wie oben beim Sojabohnenöl erwähnt — durch den Wechsel der geographischen Lage ihres Standortes verschiedenen klimatischen Einflüssen ausgesetzt wurden. GILLOT[1] konnte bei den Ölen von Mercurialisarten (Bingelkrautöle, s. S. 103) die Beobachtung machen, daß ihre Jodzahlen um so höher waren, je später die Ernte der Samen stattgefunden hatte. Die Unterschiede der Jodzahlen von Sommerölen (Juli-August) einerseits und Herbstölen (Oktober-November) andererseits betrug allerdings nicht mehr als ungefähr 5% (Jodzahlen: 205 bzw. 215). GILLOT glaubt diese Abweichungen nicht dem verschiedenen Reifezustand der Samen (s. u.) zuschreiben zu können, denn die Öle, die zur Untersuchung gelangten, stammten einerseits immer aus vollreifen Saaten, andererseits wurden auch keine Veränderungen in der Zusammensetzung beim längeren Lagern beobachtet.

Höchstwahrscheinlich handelt es sich in allen Fällen nur um Temperatureinflüsse während der Ölbildung — mögen sie sich in einem nördlich-rauheren Klima oder in einer vorgerückteren Jahreszeit äußern. Bemerkenswerte Versuche über die Beeinflussung der Zusammensetzung von fetten Ölen durch die Temperatur während ihrer Entstehung sind schon in anderem Zusammenhange (s. Einleitung, S. 11) erwähnt worden. Es hat sich am Modell: Ölbildung durch Schimmelpilze auf Glukosenährböden gezeigt, daß bei Änderung der Temperatur innerhalb von Bereichen, die für Samenpflanzen wohl nicht in Betracht kommen, Öle mit bis zu 80% variierenden Jodzahlen erhalten werden können.

III. Es wäre denkbar, daß die Unstimmigkeiten der Kennzahlen z. T. auch daher rühren, daß Samen in Verwendung kamen, die in verschiedenen Vegetationsstadien geerntet wurden und deren Bestandteile eine mit dem Reifezustand wechselnde Zusammensetzung aufwiesen.

Die Untersuchungen von S. IVANOW[2] haben ergeben, daß beim Reifen der Samen in manchen Fällen der Gehalt an ungesättigten Bestandteilen in den Ölen auf Kosten der gesättigten zunimmt. Beim Leinöl stieg z. B. die Jodzahl im Laufe der Entwicklung von 151 auf 175 (die erste Zahl entsprach einem Ölgehalt von 11,0%, die zweite Zahl einem Gehalt von 35% Öl im Samen). Beim Mohnöl nahm die Jodzahl von 117 auf 135,5 zu (Ölgehalt 38,0% bzw. 47,6%)[3].

Es ist mithin experimentell nachgewiesen, daß in manchen Fällen die Jodzahlen im Laufe der Entwicklung des Samens und der Ölgehalt im letzteren eine mehr oder weniger proportionale Zunahme erfahren. Bei zwei Papilionatenölen (von Trigonella foenum graecum — a — und von Medicago sativa — b —) läßt sich auch eine Parallelität dieser beiden Größen feststellen:

	— a —		— b —	
Ölgehalt:	(I) 5%	(II) 7%	(I) 7,6%	(II) 9,5%
Jodzahl:	(I) 81,9	(II) 137,8	(I) 78,9	(II) 154,2

[1] „Recherches Chimiques et Biologiques sur le Genre Mercurialis“, S. 53. Nancy 1925.

[2] Über den Stoffwechsel beim Reifen ölhaltiger Samen mit besonderer Berücksichtigung der Ölbildungsprozesse. Beih. z. Botan. Zentralbl. Bd. 28, Abt. I, S. 159. 1912.

[3] Die Öle der Samen von Sonnenblumen, Hanf und Raps zeigten dagegen keine Zunahme der ungesättigten Bestandteile während des Reifungsvorganges (Jodzahl konstant).

Es ist möglich, daß auch hier die niedrigen Jodzahlen solchen Ölen entsprechen, die aus unreifen Samen gewonnen werden.

Allerdings stünde die unverhältnismäßig starke Erhöhung der Jodzahlen bei der nur mäßigen Steigerung der Ölgehalte ganz vereinzelt da (beim Leinöl und Mohnöl entspricht einer starken Zunahme des Ölgehaltes während der Reifung eine verhältnismäßig geringe Erhöhung der Jodzahl).

In anderen Fällen ist aus den Ölgehalten weder eine Beziehung zum Reifezustande der Saaten noch eine solche zu den Jodzahlen erkennbar (vgl. insbesondere Öl von Melilotus albus). Im allgemeinen werden wohl Samen von annähernd gleichem Reifezustand zur Untersuchung der Öle verwendet. Auch in den wenigen Fällen, in denen Anhaltspunkte für einen Parallelismus von Ölgehalt und Jodzahl vorzuliegen scheinen, muß berücksichtigt werden, daß Steigerungen der Jodzahl der Öle im Laufe der Entwicklung der Samen nur bis zu ca. 30% festgestellt wurden.

IV. Die Verschiedenheiten der Gewinnungsmethoden der Öle aus den Saaten können auch Anomalien der Kennzahlen zur Folge haben. Die Gewinnung der Öle aus den Saaten kann einerseits durch (kalte oder warme) Pressung, andererseits durch Extraktion (in der Kälte bzw. in der Wärme) erfolgen. Nach dem ersten Verfahren gewonnene Öle sind verhältnismäßig reicher an hoch-ungesättigten Bestandteilen, somit stärker trocknend als extrahierte Öle; auch kaltextrahierte Öle sind durch einen höheren Gehalt an stärker ungesättigten Bestandteilen ausgezeichnet als die in der Wärme extrahierten Fette. Die von GRIMME untersuchten Leguminosenöle waren in der Wärme extrahiert[1]. Die Lupinensamenöle, die GUILLAUME[2] analysierte, waren durch Extraktion mit kaltem Äther gewonnen (Jodzahlen zwischen 102,3 und 117,0; Jodzahlen nach GRIMME 61,6—83,2; Methode von WIJS). Diese großen Differenzen können jedoch nicht allein in der Verschiedenheit der Gewinnungsmethode begründet sein.

V. Eine weitere Möglichkeit für die Unstimmigkeiten könnte auch die sein, daß verschieden zusammengesetzte Anteile der betreffenden Fette untersucht wurden. Von vielen Leguminosenölen wird angegeben, daß sie beim Stehen eine feste Abscheidung liefern. Es ist nun keineswegs ausgeschlossen, daß der eine Autor die feste, der andere die flüssige Phase analysiert hat; dies hätte selbstverständlich zur Folge, daß im ersten Falle ein Fett mit niedriger Jodzahl und geringem Trockenvermögen gefunden wurde, im zweiten Falle jedoch ein Öl mit hohem Gehalt an stark ungesättigten Fettsäuren und entsprechend großem Trockenvermögen[3]. Hinweise für die Richtigkeit dieser Annahme finden sich stellenweise in den Beziehungen der übrigen Kennzahlen zueinander. So zeigt das Luzernensamen (Alfalfasamen-) Öl nach GRIMME die hohe Verseifungszahl von 193,4 und die niedrige Jodzahl 78,9 (WIJS). JACOBSON und HOLMES[4] fanden für die Verseifungszahl den Wert 172,3; für die Jodzahl 154,2. Auch die von GRIMME untersuchten Lupinensamenöle zeigen höhere Verseifungszahlen als die von GUILLAUME[5] beschriebenen. Es ist hiernach wahrscheinlich, daß vom ersteren Autor die an festen Glyceriden reicheren Anteile, die mehr Palmitinsäure enthalten, analysiert wurden; hierauf deuten auch die Angaben von GRIMME, daß die meisten von ihm untersuchten Öle „dickflüssig" waren.

[1] und filtriert; nach freundlicher Privatmitteilung von Herrn Dr. GRIMME vom 22. Oktober 1927.

[2] Compt. rend. Soc. Biol. Bd. 89, S. 887. 1923.

[3] Das Beispiel des Manketti-Öles zeigt, daß die Verschiedenheiten der Kennzahlen von fester bzw. flüssiger Phase u. U. erhebliche sein können. Jodzahl der flüssigen Phase: 135,0; der festen: ca. 90.

[4] J. Am. Ch. Soc. Bd. 38, S. 480. 1916. [5] A. a. O.

VI. Von chemischen Ursachen für die Verschiedenheiten der Jodzahlen wären auch Eigenarten in der Jodanlagerung möglich. Das Beispiel des Chinesischen Holzöles zeigt, daß nach verschiedenen Methoden gefundene Jodzahlen entsprechend der Reaktionsfähigkeit der Jod- (bzw. Brom-) Lösungen voneinander erheblich abweichen können (Jodzahlen zwischen 140 und 270). Die Ursache dieser Erscheinung ist in der Konstitution der charakteristischen Säuren dieses Öles zu suchen. Analog könnte es sich auch in anderen Fällen um mehrfach-ungesättigte Säuren handeln, die infolge konjugierter oder kumulierter Doppelbindungen Jodlösungen gegenüber verschieden reagieren. Nun ist aber die Gegenwart größerer Mengen derartiger Säuren in Leguminosenölen wenig wahrscheinlich, zudem wären damit die Verschiedenheiten im Trockenvermögen nicht erklärt; die Kleesaat- usw. Öle mit niedriger Jodzahl sind angeblich „nichttrocknend", während die gleichen Öle, für die von anderen Autoren bedeutend höhere Jodzahlen gefunden wurden, auch ein dementsprechend hohes Trockenvermögen aufweisen.

VII. Schließlich könnten die niedrigen Jodzahlen und das geringe Trockenvermögen der einen Reihe von Papilionaten-Ölen damit im Zusammenhang stehen, daß diese teilweise oxydiert und ihre Oxyfettsäuren anhydrisiert (lactonisiert) waren; ein Hinweis darauf ist der, daß die Säurezahlen der Fettsäuren stets niedriger gefunden wurden, als sie sich aus der Verseifungszahl der Öle berechnen.

Die außerordentlich stark divergierenden Kennzahlen und Eigenschaften mancher Leguminosenöle dürften ihren Grund in einer Superposition sämtlicher oder eines Teiles der obengenannten Einflüsse haben. Der experimentellen Prüfung bleibt es überlassen, festzustellen, ob und in welchem Grade die einzelnen Faktoren an den Unstimmigkeiten beteiligt sind. Jedenfalls bedürfen auch die älteren Angaben über die anderen Kleesaat- und Bohnenöle (z. B. der Gattungen Trifolium, Anthyllis, Lotus, Galega, Canavalia, Dolichos, Phaseolus u. a.) der Überprüfung. Es ist nicht ausgeschlossen, daß sich bei einer Revision auch für diese Öle von den bisherigen abweichende Kennzahlen, hauptsächlich höhere Jodzahlen, ergeben werden.

Lupinensamenöle.

Huiles de Lupin — Lupin oils — Olii di lupino.

1. Samenöl der gelben Lupine.

Huile de Lupin jaune — Yellow lupin oil.

Stammpflanze und Pflanzenfamilie	Verbreitung	Gehalt (% Öl) im Organ	Farbe bzw. Geschmack	Anmerkung
Lupinus luteus Fam.: Leguminosae (Papilionatae)	Mitteleuropa, vorwiegend Deutschland	Samen, mit warmem Äther extrah.: 5,4% (I); mit kaltem Äther extrahiert: 4,2% (II)	Dunkelbraun; unangenehmer Geschmack (pikant); durchdringender Geruch	Die Öle enthalten geringe Mengen von Alkaloiden, die den bitteren Geschmack bedingen, aber durch Raffination entfernt werden können.

Physikalische Kennzahlen.

	Dichte	Schmelzpunkt	Erstarrungspunkt	Brechungs-Index n_D
Öl I	d^{20}: 0,920	—	— 5°	1,4776 (20°)
Öl II	d^{15}: 0,9270	—	—18,7°	1,4756 (22°)
Fettsäuren von Öl I	—	35,5°	32°	1,4600 (50°)

Chemische Kennzahlen.

	Verseifungszahl	Hehnerzahl	Jodzahl	Unverseifbares
Öl I Öl II	185,0 172,2	95,8 —	68,3 (WIJS) 117	1,1% —
Fettsäuren von Öl I	Neutral.-Z.: 177,3	M. M.-Gew.: 316,7	64,0 (WIJS)	—

Öl I: warm extrahiert und filtriert[1], Säurezahl 16,5. Glycerinausbeute 9,2%. Öl II: 1,7% freie Fettsäuren (als Ölsäure berechnet).

2. Samenöl der weißen Lupine.

Huile de Lupin blanc — White lupin oil.

Stammpflanze und Pflanzenfamilie	Verbreitung	Gehalt (% Öl) im Organ	Farbe bzw. Geschmack
Lupinus albus Fam.: Leguminosae (Papilionatae)	Gemäßigte Zone, hauptsächlich Mittelmeergebiet	Samen, mit warmem Äther extrah.: 6,3% (I) bis 13,4%; mit kaltem Äther: 8,9% (II)	Hellbraun bis rot. Unangenehmer Geschmack, durchdringender Geruch

Physikalische Kennzahlen.

	Dichte	Schmelzpunkt	Erstarrungspunkt	Brechungs-Index n_D
Öl I Öl II	d^{20}: 0,920 d^{15}: 0,9281	— flüssig bei 15°	−9° −18,5°	1,4742 (20°) 1,4723 (22°)
Fettsäuren von Öl I	—	27°	24°	1,4559 (50°)

Chemische Kennzahlen.

	Verseifungszahl	Hehnerzahl	Jodzahl	Unverseifbares
Öl I Öl II	192,8 182,1	95,3 —	61,6 (WIJS) 102,3	ca. 1% —
Fettsäuren von Öl I	Neutral.-Z.: 188,3	M. M.-Gew.: 298,3	56,3 (WIJS)	—

Öl I: warm extrahiert und filtriert[1]; Säurezahl 20,5. Glycerinausbeute 9,4%. Öl II: 1,9% freie Fettsäuren (als Ölsäure berechnet).

3. Samenöl der blauen Lupine.

Huile de Lupin bleu — Blue lupin oil.

Stammpflanze und Pflanzenfamilie	Verbreitung	Gehalt (% Öl) im Organ	Farbe	Anmerkung
Lupinus varius (L. angustifolius) Fam.: Leguminosae (Papilionatae)	Gemäßigte Zone	Samen, mit warmem Äther extrahiert: 4,6—5,6% (I); mit kaltem Äther: 5,5% (II)	Braun bis rotbraun	Öl II bildet bei Zimmertemperatur eine salbenartige Masse

Physikalische Kennzahlen.

	Dichte	Schmelzpunkt	Erstarrungspunkt	Brechungs-Index n_D
Öl I Öl II	d^{20}: 0,920 d^{15}: 0,9309	— 35°	−10° (−18°)*	1,4725 (20°) 1,4678 (40°)
Fettsäuren von Öl I	—	24°	23°	1,4566 (50°)

[1] Nach frdl. Privatmitteilung von Herrn Dr. GRIMME, Hamburg, vom 22. Okt. 1927.

Chemische Kennzahlen.

	Verseifungszahl	Hehnerzahl	Jodzahl	Unverseifbares
Öl I	186,2	95,5	83,2 (WIJS)	1,1%
Öl II	176	—	103,3	—
Fettsäuren von Öl I	Neutral.-Z.: 187,2	M.M.-Gew.: 300,2	67,6 (WIJS)	—

Öl I: warm extrahiert und filtriert[1]; Säurezahl 21,6. Glycerinausbeute: ca. 9%. Öl II: 2% freie Fettsäuren (ber. als Ölsäure). — Der mit * bezeichnete Erstarrungspunkt steht mit dem Schmelzpunkt des Öles nicht im Einklang.

Samenöle von Lupinus Cruckshanksii (4) und L. polyphyllus (5).

Huile de lupin changeant — Huile de lupin polyphylle.

Stammpflanzen und Pflanzenfamilie	Verbreitung	Gehalt (% Öl) im Organ	Farbe bzw. Geschmack	Anmerkung
Lupinus Cruckshanksii (4); Lupinus polyphyllus (5) Fam.: Leguminosae (Papilionatae)	(4) Anden von Peru	Samen, mit kaltem Äther extrahiert: 11,2% (4); 9,7% (5)	Grünlichgelb (4); starker, durchdringender Geruch; unangenehmer (pikanter) Geschmack	Der bittere Geschmack rührt von beigemengten Alkaloiden her.

Physikalische und chemische Kennzahlen.

	Dichte d_{15}^{15}	Erstarrungspunkt	Brechungs-Index n_D	Verseifungszahl	Jodzahl
Öl (4)	0,9351	−18,6°	1,4724 (22°)	189,8	104,3
Öl (5)	0,9320	−18,3°	1,4717 (22°)	184,8	115,8

Freie Fettsäuren (als Ölsäure berechnet) von Öl (4): 1,6%; von Öl (5): 1,5%.

Trigonellasamenöl.

(Bockshornkleesamenöl.)

Huile de fenugrec — Fenugreek oil — Olio di fenugrec.

Stammpflanze und Pflanzenfamilie	Verbreitung	Gehalt (% Öl) im Organ	Farbe bzw. Geschmack	Anmerkung
Trigonella Foenum graecum („griech. Heu") Fam.: Leguminosae (Papilionatae)	Mittelmeergebiet	Samen, extrahiert: ca. 5% (I); ca. 7% (II)	(I) braun, bitterer Geschmack, aromatischer Geruch; (II) goldgelb, unangenehmer Geruch und Geschmack	(II) Elaidinierung negativ. — Gutes Trockenvermögen. Näheres siehe bei „Vorbemerkungen" zu Papilionatenölen

Bestandteile (Öl II): Vorwiegend Palmitinsäure und Linolsäure; weniger Ölsäure und Linolensäure. Das Unverseifbare enthält 0,5% Phytosterin (Schmelzpunkt 135,5°; Acetat-Schmelzpunkt 131°). Angeblich 6,3% Lecithin (0,55% Phosphorsäureanhydrid).

Physikalische Kennzahlen.

	Dichte	Schmelzpunkt	Erstarrungspunkt	Lichtbrechung: Oleo-Refr. Sk. T.	Lichtbrechung: Brechungs-Index n_D
Öl I	d^{25}: 0,928	—	−12°	—	1,4738 (30°)
Öl II	d^{15}: 0,9471	—	—	43 (°?)	1,4774 (22°)
Fettsäuren von Öl I	—	29°	25,5°	—	1,4626 (40°)

[1] Nach frdl. Privatmitteilung von Herrn Dr. GRIMME, Hamburg, vom 22. Okt. 1927.

Chemische Kennzahlen.

	Verseifungszahl	Hehnerzahl	Jodzahl	R.-M.-Zahl	Thermozahl (MAUMENÉ)	Unverseifbares
Öl I	183,4	94,7	81,9 (WIJS)	—	—	2,6%
Öl II	189,5	93,8	137,8	1,5	98,9	0,9%
Fettsäuren von Öl I	Neutral.-Z.: 178,5	M. M.-Gew.: 314,8	79,8 (WIJS)	—	—	—

Öl I: Säurezahl 20,6. Glycerinausbeute: 9,2%. Neutralisationszahl und Jodzahl der Fettsäuren stehen nicht im Einklang mit den entsprechenden Kennzahlen des Öles. Öl II: 3,2% freie Fettsäuren.

Luzernensamenöl.

(Alfalfasamenöl.)

Huile d'alfa — Alfalfa seed oil — Olio d'alfa.

Stammpflanze und Pflanzenfamilie	Verbreitung	Gehalt (% Öl) im Organ	Farbe	Anmerkung
Medicago sativa Fam.: Leguminosae (Papilionatae)	Europa, Orient, wärmere Gegenden d. Ver. Staaten von Amerika	Samen, extrahiert: 7,6% (I); 9,5% (II)	(I) braun; (II) blaßgelb	Siehe Vorbemerkungen. (II) Gutes Trockenvermögen, ähnlich dem des Safloröles, s. S. 172

Fettsäuren von Öl (II): 9,4% feste Säuren (Datura-, Behen-, Carnaubasäure?). 90,4% flüssige Säuren (Ölsäure, Linolsäure und Linolensäure).

Physikalische Kennzahlen.

	Dichte	Schmelzpunkt	Erstarrungspunkt	Brechungs-Index n_D
Öl I	d^{25}: 0,922	—	−12°	1,4766 (30°)
Öl II	d^{24}_{24}: 0,9117 bis 0,9149	—	—	—
Fettsäuren von Öl II	—	32°	30°	1,4659 (40°)

Chemische Kennzahlen.

	Verseifungszahl	Hehnerzahl	Acetylzahl	Jodzahl	R.-M.-Zahl
Öl I	193,4	93,8	—	78,9 (WIJS)	—
Öl II	172,3	92,5	19,8	154,2	0,4
Fettsäuren	Neutral.-Z.:	M. M.-Gew.:			
von Öl I	183,4	306,2	—	77,8 (WIJS)	—
von Öl II	191,5	—	—	169,5	—

Öl I: Säurezahl 14,7. Unverseifbares: 1,4%. Glycerinausbeute: 9,8%. Die Neutralisationszahl und die Jodzahl der Fettsäuren stehen mit den entsprechenden Kennzahlen des Öles nicht im Einklang. Öl II: Säurezahl 2,9. Unverseifbares: 4,4%.

Samenöl des weißen Steinklees.

White Sweet clover seed oil (White Melilot oil).

Stammpflanze und Pflanzenfamilie	Verbreitung	Gehalt (% Öl) im Organ	Farbe bzw. Geruch	Anmerkung
Melilotus albus Fam.: Leguminosae (Papilionatae)	Gemäßigte und subtrop. Zone. In Nordamerika von Mexiko bis Kanada	Samen, extrahiert: 6,6% (I); 5,3% (II)	(I) dunkelbraun; (II) grünlichbraun. Cumarinartiger Geruch	Siehe Vorbemerkungen. (I) dickflüssig. (II) Elaidinierung: orangefarbige, butterige Masse.

Fettsäuren von Öl (II): 8,2% feste Fettsäuren (vorwiegend Palmitinsäure); 78,7% flüssige Säuren. Glyceringehalt (ber.): 11,1%.

Physikalische Kennzahlen.

	Dichte	Schmelzpunkt	Erstarrungspunkt	Brechungs-Index n_D	Zähigkeit (SAYBOLT)
Öl I	d^{25}: 0,931	—	−10°	1,4862 (30°)	—
Öl II	d^{25}: 0,9513	—	—	1,4838 (25°)	19,1 (70° F.)
Fettsäuren von Öl I	—	27°	23°	1,4812 (50°)	—

Chemische Kennzahlen.

	Verseifungszahl	Hehnerzahl	Acetylzahl	Jodzahl	R.-M.-Zahl	Thermozahl (MAUMENÉ)
Öl I	187,9	93,3	—	71,4 (WIJS)	—	—
Öl II	203,3	89,9	43,1	142,5 (HANUS)	3,5	108,4
Fettsäuren von Öl I	Neutral.-Z.: 178,5	M. M.-Gew.: 314,6	—	74,8 (WIJS)	—	—
von Öl II feste	216,3	259,7	—	68,1	—	—
flüssige	198,9	281,1	—	147,2 (HANUS)	—	—

Öl (I): Aus deutscher Saat. Säurezahl 15,5; Glycerinausbeute: 9,4%. Die Neutralisationszahl erscheint viel zu niedrig. Öl (II): Aus amerikanischer Saat aus South Dakota, U.S.A.

Trockenvorgang:

	Tage: 1	2	3	4	5	6
Gewichtszunahme nach HÜBL-LIPPERT:	1,4%	5,3%	7,7%	8%	—	—
„ „ LIVACHE:	3,5%	3,8%	3,8%	3,8%	4%	4,2%

Feldsteinkleeöl.

(Steinkleeöl.)

Stammpflanze und Pflanzenfamilie	Verbreitung	Gehalt (% Öl) im Organ	Farbe bzw. Geruch	Konsistenz
Melilotus officinalis Fam.: Leguminosae (Papilionatae)	Gemäßigte Zone	Samen extrah.: 7,8—8,4%	Rotbraun, auch grünlich. Cumarinartiger Geruch	Sehr dickflüssig

Physikalische Kennzahlen.

	Dichte	Schmelzpunkt	Erstarrungspunkt	Brechungs-Index n_D
Öl	d^{25}: 0,928	—	−10°	1,4760 (30°)
Fettsäuren[1]	—	38°	35°	1,4659 (50°)

Chemische Kennzahlen.

	Verseifungszahl	Hehnerzahl	Jodzahl
Öl	193,2	96,7	69,2 (WIJS)
Fettsäuren	Neutral.-Z.: 169,3	M.M.-Gew.: 331,9	64,7 (WIJS)

Säurezahl der untersuchten Probe 86,1. Unverseifbares 0,7%. Glycerinausbeute: 5,9%. Entsprechend dem hohen Spaltungsgrade dürfte das Öl auch sonst weitgehend verändert gewesen sein. Besonders auffallend sind die niedrigen Jodzahlen (bes. der Fettsäuren) und die abnorm niedrige Neutralisationszahl; das mittl. Mol.-Gew. der Fettsäuren ist dadurch zu hoch angegeben.

[1] Braun, butterartig.

Rotkleeöl.

Huile de trèfle rouge — Red clover oil — Olio di trifoglio rosso.

Stammpflanze und Pflanzenfamilie	Verbreitung	Gehalt (% Öl) im Organ	Farbe	Anmerkung
Trifolium pratense Fam.: Leguminosae (Papilionatae)	Gemäßigte Zone	Samen, mit Äther extrah.: 14,8%; mit Petroläther extrah.: 11,1%	Grünbraun; geruchlos	Wenig ausscheidend. Schwach trocknend

Fettsäuren: Palmitin-, Stearin-, Ölsäure und etwas Linolsäure. 1,9% Unverseifbares. Das Öl gibt 10% Glycerin.

Physikalische Kennzahlen.

	Dichte	Schmelzpunkt	Erstarrungspunkt	Brechungs-Index n_D
Öl II	d^{25}: 0,914	—	−14°	1,4732 (30°)
Fettsäuren von Öl II	—	33°	29,5°	1,4626 (40°)

Chemische Kennzahlen.

	Verseifungszahl	Hehnerzahl	Acetylzahl	Jodzahl	R.-M.-Zahl
Öl I	189,9	93,6	7,7	124,3	3,3
Öl II	191,8	93,1	—	64,1 (Wijs)	—
	Neutral.-Z.:	M. M.-Gew.:			
Fettsäuren von Öl I	198,1	283,2	—	126,2	—
Öl II	185	303,6	—	66,0	—

Öl II: Säurezahl 8,3. Die Neutralisationszahl der Fettsäuren ist zu niedrig im Vergleich zur Verseifungszahl des Öles.

Weißkleeöl.

Huile de trèfle blanc — White clover oil — Olio di trifoglio bianco.

Stammpflanze und Pflanzenfamilie	Verbreitung	Gehalt (% Öl) im Organ	Farbe	Anmerkung
Trifolium repens Fam.: Leguminosae (Papilionatae)	Gemäßigte Zone	Samen, mit Äther extrahiert: 6,8%; mit Petroläther extrahiert: 11,8%	Dunkelbraun; geruchlos	Wenig ausscheidend. Schwach trocknend

Fettsäuren: Palmitin-, Stearin-, Ölsäure und etwas Linolsäure. 1,8% Unverseifbares. Glycerinausbeute: 9,8%.

Physikalische Kennzahlen.

	Dichte	Schmelzpunkt	Erstarrungspunkt	Brechungs-Index n_D
Öl II	d^{25}: 0,910	—	−16°	1,4745 (30°)
Fettsäuren von Öl II	—	31°	28°	1,4624 (40°)

Chemische Kennzahlen.

	Verseifungszahl	Hehnerzahl	Acetylzahl	Jodzahl	R.-M.-Zahl
Öl I	189,5	93,2	8,6	119,7	3,5
Öl II	189,4	93,3	—	68,5 (Wijs)	—
	Neutral.-Z.:	M. M.-Gew.:			
Fettsäuren von Öl I	197,6	283,8	—	122,2	—
Öl II	188,7	297,6	—	68,1	—

Öl II: Säurezahl 10,5. Neutralisationszahl und Jodzahl der Fettsäuren sind im Vergleich zu den entsprechenden Werten des Öles zu niedrig.

Andere Kleesaatöle.

Fam.: Leguminosae (Papilionatae).

Name des Öles	Gelbkleeöl Yellow clover oil	Alsike- od. Bastard-kleeöl Bastard clover oil	Inkarnat-kleeöl Pink clover oil	Wund-kleeöl Wound wort oil	Hornkleeöl Horn trefoil	Geißkleeöl Lagwort oil
Stammpflanze	Trifolium agrarium	Trifolium hybridum	Trifolium incarnatum	Anthyllis vulneraria	Lotus corniculatus	Galega officinalis
Verbreitung	Gemäßigte Zone; besonders Mittelmeergebiet, Europa, Asien usw.					Südeuropa, Westasien
Ölgehalt im Samen	6,6%	6,4%	6,2%	10,4%	6,5%	3,9%
Farbe	dunkel-braun	dunkel-grün	braun	dunkel-grün	rotbraun	dunkel-grün
Dichte (25°)	0,922	0,918	0,910	0,916	0,930	0,921
Erstarrungs-punkt	−15°	−14°	−9°	−18°	−14°	−9°
Brechungs-Index n_D^{30}	1,4757	1,4757	1,4723	1,4756	1,4729	1,4728
Verseifungszahl	188,4	187,2	181,3	189,0	190,7	175,1
Esterzahl	178,9	173,8	159,9	175,9	178,7	141,6
Hehnerzahl	93,9	94,3	94,1	92,9	93,2	93,1
Jodzahl (Wijs)	75,9	65,9	61,6	71,6	70,0	61,8
Säurezahl	9,5	13,4	21,4	13,1	12,0	33,5
Unverseifbares	1,1%	1,0%	1,6%	2,4%	1,9%	3,1%
Glycerinausbeute	9,8%	9,5%	8,7%	9,6%	9,8%	7,7%
Fettsäuren: Schmelzpunkt	32°	28°	30°	25°	30°	39°
Fettsäuren: Erstarrungs-punkt	28°	24°	27,5°	22,5°	27,5°	36°
Fettsäuren: Brechungs-Index	—	1,4626 (40°)	1,4620 (40°)	1,4640 (50°)	1,4620 (45°)	1,4672 (45°)
Fettsäuren: Neutral.-Zahl	185,3*	189,0	189,0	179,9*	171,6*	184,5
Fettsäuren: Jodzahl (Wijs)	78,3	69,5	66,1	79,7	73,4	62,0
Fettsäuren: Mittl. Mol.-Gewicht	303,2	297,1	297,1	312,2	327,4	305,1

Die mit * bezeichneten Werte sind im Vergleich zu den Kennzahlen der Öle viel zu niedrig.

Samenöl von Amorpha fruiticosa.

Stammpflanze und Pflanzenfamilie	Verbreitung	Gehalt (% Öl) im Organ	Farbe
Amorpha fruiticosa Fam.: Leguminosae (Papilionatae)	Mandschurei	Samen: 8,7%	Bräunlichgelb

Physikalische und chemische Kennzahlen des Öles.

Dichte d_{15}^{15}	Brechungs-Index n_D	Verseifungszahl	Jodzahl
0,9426	1,4845 (20°)	182,5	133,7

Die untersuchte Probe hatte die Säurezahl 7,0.

Akazienöle.

Gelbakazienöl (1).

Huile d'acacia jaune — Yellow acacia oil — Olio di acacia gialla.

Weißakazienöl (2).

Huile d'acacia blanc — White acacia oil — Olio di acacia bianca.

Stammpflanzen und Pflanzenfamilie	Verbreitung	Gehalt (% Öl) im Organ	Farbe
(1) Caragana arborescens	Süd-Rußland	(1) Samen, extrah.: 12,4%	„Akazienöl", mit Benzol extrah.: tiefgelb (s. unten)
(2) Robinia pseudacacia	Süd-Rußland	(2) Samen, extrah.: 13,3%	
Fam.: Leguminosae (Papilionatae)			

Bestandteile. Gelbakazienöl (1): 8,7% feste Säuren (Palmitin-, Stearin-, Erucasäure?). Von flüssigen: Ölsäure und Linolsäure. Unverseifbares: 0,1%. Weißakazienöl (2): 3,7% feste Säuren (Stearin-, Erucasäure?). Von flüssigen: vorwiegend Ölsäure und Linolsäure, etwas Linolensäure. Unverseifbares: 0,2%.

Chemische Kennzahlen.

	Verseifungszahl	Hehnerzahl	Acetylzahl	Jodzahl	R.-M.-Zahl
(1) Öl	190,6	94	14,9	128,9	2,7
(2) Öl	192,4	94,3	9,4	161,0	1,2
Fettsäuren	Neutral.-Z.:	Mittl. Mol.-Gew.:			
von Öl (1)	199,0	281—282	—	131,7	—
von Öl (2)	200,1	280,4	—	167,0	—

Die Analyse eines Akazienöles unbekannter Herkunft ergab von den obigen Kennzahlen zum Teil stark abweichende Werte ($d^{18} = 0,9365$. Verseifungszahl 181,3. Jodzahl 158,8. Säurezahl 4,8).

Serradellaöl (1). Esparsetteöl (2).

Bird's foot oil. Turkish clover oil.

Stammpflanzen und Pflanzenfamilie	Verbreitung	Gehalt (% Öl) im Organ	Farbe
(1) Ornithopus sativus	(1) Portugal	(1) Samen, extrah.: ca. 9%	(1) Dunkelgrün bis braun; geruchlos
(2) Onobrychis sativa Fam.: Leguminosae (Papilionatae)	(2) Europa	(2) Samen: 7,2%	(2) dunkelbraun; geruchlos

Physikalische Kennzahlen.

	Dichte	Schmelzpunkt	Erstarrungspunkt	Brechungs-Index n_D
Öl (1) m. S. Z. = 19,4	d^{20}: 0,918	—	−17°	1,4751 (20°)
Öl (2) m. S. Z. = 13,2	d^{25}: 0,915	—	−11°	1,4770 (30°)
Fettsäuren von Öl (1)	—	28°	25°	1,4593 (50°)
Fettsäuren von Öl (2)	—	19°	16,5°	1,4574 (50°)

Chemische Kennzahlen.

	Verseifungszahl	Hehnerzahl	Jodzahl	Unverseifbares
Öl (1) m. S. Z. = 19,4	185,3	95,3	69,0	1,8%
Öl (2) m. S. Z. = 13,2	175,2 (?)	95,7	67,7	5,5%
	Neutral.-Z.:	M. M.-Gew.:		
Fettsäuren von Öl (1)	183,0	305,2	(61,7)[1]	—
Fettsäuren von Öl (2)	194,0	289,5	75,9	—

Die Verseifungszahl von Öl (2) erscheint im Vergleich zu den Verseifungszahlen anderer Öle dieser Gruppe zu niedrig. Die Neutral.-Zahl der Fettsäuren von Öl (2) ist auffallend hoch. Glycerinausbeute von Öl (1): 9,1%; von Öl (2): 8,9%.

Kichererbsenöl.

Huile de pois-chiche — Chick pea oil — Olio di cicerchia.

Stammpflanze und Pflanzenfamilie	Verbreitung	Gehalt (% Öl) im Organ	Farbe bzw. Geschmack
Cicer arietinum Fam.: Leguminosae (Papilionatae)	Mittelmeergebiet	Samen, extrah.: 5,1%	Dunkelbraun, angenehmer Geschmack

Physikalische Kennzahlen.

	Dichte d_{15}^{15}	Schmelzpunkt	Erstarrungspunkt	Brechungs-Index n_D
Öl	0,9184	—	−15°	1,4717 (30°)
Fettsäuren	—	18−21°	15−16°	1,4587 (40°)

Chemische Kennzahlen.

	Verseifungszahl	Hehnerzahl	Jodzahl
Öl	182,6	93,7	118,5 (Wijs)
Fettsäuren	Neutral.-Z.: 189,4	M. M.-Gew.: 296,5	120,3 (Wijs)

Die untersuchte Ölprobe hatte die Säurezahl 6,9; sie enthielt 1,1% Unverseifbares und gab 9,6% Glycerin.

Futterwickenöl.

Common vetch oil.

Stammpflanze und Pflanzenfamilie	Verbreitung	Gehalt (% Öl) im Organ	Farbe bzw. Geschmack
Vicia sativa Familie: Leguminosae (Papilionatae)	Kulturländer	Samen: 1,1 %	Dunkelgrünbraun; unangenehmer Geschmack

[1] Zu niedrig.

Physikalische Kennzahlen.

	Dichte	Schmelzpunkt	Erstarrungspunkt	Brechungs-Index n_D
Öl	d^{20}: 0,9204	—	−8°	1,4795 (30°)
Fettsäuren	—	30—32°	26—28°	1,4704 (35°)

Chemische Kennzahlen.

	Verseifungszahl	Hehnerzahl	Jodzahl
Öl	180,5	92,9	107,2 (Wijs)
Fettsäuren	Neutral.-Zahl: 180,8	Mittl. Mol.-Gew.: 310,6	105,8 (Wijs) (zu niedrig)

Das untersuchte Ölmuster hatte die Säurezahl 17,5; es enthielt 2,2 % Unverseifbares und gab 8,9 % Glycerin.

Zaunwickenöl.

Wild vetch oil.

Stammpflanze und Pflanzenfamilie	Verbreitung	Gehalt (% Öl) im Organ	Farbe bzw. Geschmack
Vicia sepium Familie: Leguminosae (Papilionatae)	Kulturländer	Samen: 1,4 %	Grün, unangenehmer Geschmack

Physikalische Kennzahlen.

	Dichte d_{15}^{15}	Schmelzpunkt	Erstarrungspunkt	Brechungs-Index n_D
Öl	0,9208	—	−8°	1,4748 (45°)
Fettsäuren	—	33—34°	30—31°	1,4704 (35°)

Chemische Kennzahlen.

	Verseifungszahl	Hehnerzahl	Jodzahl
Öl	183,1	93,9	111,0 (Wijs)
Fettsäuren	Neutral.-Zahl: 185,9	Mittl. Mol.-Gew.: 302,1	111,9 (Wijs)

Die untersuchte Ölprobe hatte die Säurezahl 13,3; sie enthielt ca. 2% Unverseifbares und gab 9,3% Glycerin.

Linsenöl.

Huile de lentille — Lentil-oil — Olio di lente.

Stammpflanze und Pflanzenfamilie	Verbreitung	Gehalt (% Öl) im Organ	Farbe bzw. Geschmack
Lens esculenta Familie: Leguminosae (Papilionatae)	Mittelmeergebiet	Samen, extrahiert: 0,8%	Olivgrün; fader Geschmack

Physikalische Kennzahlen.

	Dichte	Schmelzpunkt	Erstarrungspunkt	Brechungs-Index n_D
Öl	d^{25} : 0,9211	—	−6°	1,4766 (40°)
Fettsäuren	—	25—26°	22—23°	1,4698 (40°)

Chemische Kennzahlen.

	Verseifungszahl	Hehnerzahl	Jodzahl
Öl	182,4	93,8	100,4 (WIJS)
Fettsäuren	Neutral.-Zahl: 182,0 (zu niedrig)	M. M.-Gew.: 308,6	103,0 (WIJS)

Das untersuchte Ölmuster hatte die Säurezahl 13,1; es enthielt 1,8 % Unverseifbares und gab 9,3 % Glycerin.

Erbsenöl.

Huile de pois — Common pea oil — Olio di pisello.

Stammpflanze und Pflanzenfamilie	Verbreitung	Gehalt (% Öl) im Organ	Farbe bzw. Geschmack
Pisum sativum Familie: Leguminosae (Papilionatae)	Mittelmeergebiet	Samen: 1 %	Dunkelbraun; fader Geschmack

Bestandteile: u. a. 7,4 % feste Säuren; von flüssigen Säuren hauptsächlich Ölsäure. 1,3 % Unverseifbares. Ein Muster gab 9,7 % Glycerin.

Physikalische Kennzahlen.

	Dichte d_{15}^{15}	Schmelzpunkt	Erstarrungspunkt	Brechungs-Index n_D
Öl	0,9193	—	−12°	1,4766 (35°)
Fettsäuren	—	26—27°	24—25°	1,4659 (35°)

Chemische Kennzahlen.

	Verseifungszahl	Hehnerzahl	Jodzahl
Öl	184,5	93,6	106,0 (WIJS)
Fettsäuren	Neutral.-Zahl: 183,5 (zu niedrig)	M. M.-Gew.: 306,1	108,4 (WIJS)

Die untersuchte Probe zeigte die Säurezahl 6,2.

Sojabohnenöl.

(Chinesisches Bohnenöl[1].)

Huile de soja — Soya bean oil — Olio di soia.

Stammpflanze und Pflanzenfamilie	Verbreitung	Gehalt (% Öl) im Organ	Farbe bzw. Geschmack	Reaktionen
Soja hispida = Glycine soja Fam.: Leguminosae (Papilionatae)	Ostasien, Indochina, Java, Indien, Ceylon, Ver. Staaten v. Amerika, Afrika (Kamerun)[2]	Asiat. Bohnen: 15—26 %; Amerikanische Bohnen: 17—20 %. Durch heiße Pressung: meist 14 %	Extrahiert: hellgelb; heiß gepreßt: dunkelgelb, manchmal grünlich, auch braun. Geschmack angenehm	Elaidinierung: negativ[3]. SERGER: schmutzig-grün; Reagens blaugrün. Gelbfärbung mit Urannitrat nicht eindeutig (s. Bd. I, S. 293).

Bestandteile: Glyceride der Palmitinsäure 2,4—6,8 %; der Stearinsäure 4,4—7,3 %; der Arachinsäure 0,4—1 %; der Ölsäure 32—35,6 %; der Linolsäure 51,5—57 %; der Linolensäure 2—3 %. Unverseifbares 0,5—1,5 %. Lecithingehalt ca. 0,2 %. Glycerinrest 3,8—3,9 %. Von Glyceriden wahrscheinlich Trilinolein neben Trilinolenin; ferner folgende mehrsäurige Glyceride: Oleo-dipalmitin, Oleo-dilinolein, Oleo-dilinolenin, Linoleo-dilinolenin, Dilinoleo-linolenin und Oleo-linoleo-linolenin.

[1] Diese Bezeichnung findet sich in der älteren Literatur.

[2] Die in Kamerun angebauten Varietäten sind hauptsächlich Soja hispida platycarpa melanosperma und Soja hispida tumida atrosperma bzw. pallida.

[3] Durch Einleiten von nitrosen Gasen in die eisgekühlte 50 proz. Lösung des Öles in Aceton erhält man nach älteren Angaben ein festes Elaidin; dies dürfte jedoch nur bei den Ölen mit niedriger Jodzahl — Type b, s. u. — zutreffen.

Physikalische Kennzahlen.

	Dichte d_{15}^{15}	Schmelzpunkt	Erstarrungspunkt	Lichtbrechung B.-Refr. Sk. T.	Lichtbrechung Brechungs-Index n_D	Dispersion (TOCH)	Zähigkeit (° ENGLER)
Öl	0,922–0,934 meist 0,924–0,927 d_{25}^{25} : 0,9194 –0,9203	–7 bis –8°	–8 bis –18°	73 (25°)	1,467 –1,4686 (40°) 1,4720–1,4750 (25°) 1,4754 (20°) 1,472–1,480 (15°)	0,01027	E_{20} = 8–9
Fettsäuren	–	20–29°	14–25°	–	1,4623–1,467 (40°) 1,4655–1,466 (27,5°)	–	–

Mittl. Mol.-Gew. des Öles ber. 866; gef. 783.

Chemische Kennzahlen.

	Verseifungszahl	Hehnerzahl	Acetylzahl	Jodzahl	Hexabromidzahl	Rhodanzahl	Thermozahl
Öl	188–195	94–96	(17–20; ANDRÉ) (12–13; BENEDIKT)	114–138,5, meist 124–133	0,3–1,1 nach CARRIÈRE	83,7 (von Öl mit Jodzahl 131,1)	59–88
Fettsäuren	Neutral.-Zahl: 190–198	M. M.-G. um 290	–	118–142	3–7,8 nach EIBNER[1])	–	–

Säurezahlen meist unter 6. Unverseifbares: 55% fest, 45% flüssig; ein kleiner Teil des ersteren besteht aus Stigmasterin („Sojasterin"), Schmelzpunkt 169°. Hauptmenge ist Sitosterin, Schmelzpunkt 139°. Über die Grenzwerte der Kennzahlen von Sojabohnenölen zu Speisezwecken s. Bd. I, S. 366. Über hydriertes Sojabohnenöl s. ebenda, S. 368.

Sojabohnenöltypen. Allgemeines hierüber siehe bei „Vorbemerkungen zu Papilionatenölen", S. 68. Die öfters als „Type a" bezeichneten Öle enthalten geringe Mengen fester Säuren und zeigen einen hohen Gehalt an mehrfach-ungesättigten Bestandteilen. Die oben angegebenen Beispiele für die Zusammensetzung entsprechen dieser Kategorie. Die „Type b" enthält größere Mengen fester Fettsäuren, besonders Palmitinsäure; ferner viel Ölsäure, weniger Linolsäure. Beispiel für die Zusammensetzung eines dieser Kategorie entsprechenden Säuregemisches: 15% Palmitinsäure, 80% flüssige Säuren, davon ca. 70% Ölsäure, 24% Linolsäure, Rest Linolensäure.

Trockenvorgang. Maximale Gewichtszunahme: 13% (nach 8 Tagen). Nach 9 Tagen sind dünne Schichten des Öles meist klebefrei trocken. Unter günstigen Bedingungen trocknet Rohöl in 5—7 Tagen, geblasenes Öl in $3^1/_2$ Tagen; rohes Öl, mit 3—7% holzölsaurem Mangan verkocht, in 24 Stunden; mit 2% Manganresinat auch schon nach 13 Stunden. — Die Filme verhalten sich beim Erhitzen ähnlich denen des Mohnöls, s. S. 43.

Sojabohnenölmischungen. Der Nachweis von Leinöl im Sojabohnenöl erfolgt durch Heranziehung der Jod- und Hexabromidzahlen. Für reines Leinöl gilt die Beziehung: $J - 126{,}29 = 1{,}574\,H$; für Sojabohnenöl: $J - 126{,}29 > 12\,H$. „J" bedeutet die Jodzahl, „H" ist die Hexabromidzahl des Öles. Mit Hilfe von Formeln (s. Ch. Weekbl. Bd. 23, S. 274. 1926 oder Ch. Umschau Bd. 34, S. 113. 1927) läßt sich der Leinölgehalt eines Gemisches bei Abwesenheit von Seetierölen innerhalb mäßiger Fehlergrenzen ermitteln.

[1] Schmelzpunkt der Hexabromide: 181—183°.

„Soy"-Öl

ist ein Gemisch von Sojabohnenöl mit Weizenkernöl; eine tiefrote bis braune Flüssigkeit oder halbfeste Masse von aromatischem Geruch. Verseifungszahl 183—184; Jodzahl 128—133; Brechungs-Index 1,4633—1,4650 (20°); Unverseifbares 2,7—2,8%.

Sojabohnenblätteröl.

Aus den getrockneten Blättern von Soja hispida wurden mittels Äther 3—6% Extrakt erhalten (Jodzahl 106,2—126,2); dieser bestand z. T. aus fettem Öl (Jodzahlen zwischen 95,3 und 122,3) und im übrigen aus unverseifbaren Bestandteilen (Jodzahlen von 122,3—158,2).

Bohnenöle I[1].

Familie: Leguminosae (Papilionatae).

Name des Öles	Pferde-, Sau- oder Puffbohnenöl	Fetischbohnenöl oder Schwertbohnenöl	Helmbohnenöl	Vignabohnenöl oder Kundebohnenöl	Erbsenbohnen- oder Strauchbohnenöl
Stammpflanzen	Vicia faba major	Canavalia ensiformis	Dolichos Lablab	Vigna sinensis, Vigna catjang	Cajanus Indicus
Verbreitung	Gemäßigte und warme Zone	Warme Länder	Tropisches Afrika und Indien	Ostafrika und Indien	Tropisches Asien und Afrika
Ölgehalt im Samen	ca. 1%	2,8—2,9%	1,2—1,4%	1,1—1,8%	1,2—1,8%
Farbe Geschmack	Dunkelbraun —	Goldgelb; angenehm	Hellbraun; angenehm	Dunkelbraun —	Gelb; angenehm
Bestandteile	s. Fußnote [1]	—	—	—	—
Dichte	0,9175 (15°)	0,9169 (25°)	0,9192 (25°)	0,9228 (25°)	0,9198 (25°)
Erstarrungspunkt	−11°	−7°	−2°	−2°	−2°
Brechungsindex	1,4756 (30°)	1,4685 (45°)	1,4710 (45°)	1,4672 (40°)	1,4633 (35°)
Verseifungszahl	184,7	186,5	187,5	185,6	188,2
Esterzahl	172,0	160,6	180,6	126,5	184,6
Hehnerzahl	93,8	94,1	93,4	95,5	93,6
Jodzahl (Wijs)	99,6	86,1	94,4	100,8	102,7
Säurezahl	12,7	25,9	6,9	59,1	3,6
Unverseifbares in %	1,9	1,3	1,5	1,7	2,3
Glycerinausbeute in %	9,4	8,8	9,9	6,9	10,1

[1] Die Öle dieser meist in den Tropen heimischen Bohnenarten sind nur der Vollständigkeit halber hier angeführt. Sie dürften — wie auch das weiter unten erwähnte Mondbohnenöl — in die Gruppe der „nicht trocknenden Öle" gehören, was u. a. für eines der Öle aus den Angaben über seine Zusammensetzung hervorgeht. Diese ist nämlich für das Saubohnenöl die folgende: von Fettsäuren ca. 10% feste (vorwiegend Palmitinsäure) und ca. 76% flüssige (vorwiegend Ölsäure).

Bohnenöle I (Fortsetzung).

Name des Öles		Pferde-, Sau- oder Puffbohnenöl	Fetischbohnenöl oder Schwertbohnenöl	Helmbohnenöl	Vignabohnenöl oder Kundebohnenöl	Erbsenbohnen- oder Strauchbohnenöl
Fettsäuren	Schmelzpunkt	25–26°	32–34°	35–36°	35–36°	29–31°
	Erstarrungspunkt	22–23°	29°	33°	32°	24–25°
	Brechungs-Index	1,4679 (35°)	1,4593 (45°)	1,4633 (45°)	1,4620 (40°)	1,4691 (35°)
	Neutralis.-Zahl	183,3*	189	180,0*	189,4	185,7*
	Jodzahl (WIJS)	102,0	92,3	97,0	99,4*	104,0
	Mittl. Mol.-Gewicht	306,4	297,1	312,0	296,5	302,5

Die mit * bezeichneten Werte erscheinen im Vergleich zu den entsprechenden Kennzahlen der Öle zu niedrig.

Bohnenöle II.

Familie: Leguminosae (Papilionatae).

Name des Öles	Öl der weißen Bohne oder Gartenbohne	Mungobohnenöl	Mondbohnenöl	Feuerbohnenöl	Öl der unschönen Bohne
Stammpflanze	Phaseolus vulg. albus	Phaseolus mungo (aureus)	Phaseolus lunatus	Phaseolus coccineus	Phaseolus inamoenus
Verbreitung	Vorwiegend Europa	Tropen der alten Welt	Brasilien, Afrika, Indien	Gemäßigte und warme Zone	Tropen und subtrop. Afrika
Ölgehalt im Samen	1,2–1,3%	1,0–1,8%	ca. 1%	1,8%	1,3%
Farbe Geschmack	schwarzbraun —	hellgelb; angenehm	braun —	rotbraun; angenehm	braun —
Dichte	0,9179 (15°)	0,9266 (25°)	0,9212 (25°)	0,9198 (15°)	0,9206 (25°)
Erstarrungspunkt	−4°	± 0°	+1°	−12°	−2°
Brechungs-Index	1,4789 (45°)	1,4640 (45°)	1,4772 (40°)	1,4760 (40°)	1,4646 (45°)
Verseifungszahl	189,2	187,5	189,3	189,6	188,7
Esterzahl	182,2	177,3	183,4	174,4	184,6
Hehnerzahl	93,4	93,4	93,3	93,6	93,3
Jodzahl (WIJS)	135,7	111,3	99,8	141,2	118,9
Säurezahl	7,0	10,2	5,9	15,2	4,1
Unverseifbares in %	5,9	1,3	ca. 1	1,7	1,1
Glycerinausbeute in %	ca. 10	9,9	10,0	9,5	10,1

Bohnenöle II (Fortsetzung).

Name des Öles		Öl der weißen Bohne oder Gartenbohne	Mungo-Bohnenöl	Mondbohnenöl	Feuerbohnenöl	Öl der unschönen Bohne
Fettsäuren	Schmelzpunkt	22–23°	32–33°	29–31°	14–15°	26–27°
	Erstarrungspunkt	19°	27–28°	26°	13°	23°
	Brechungs-Index	1,4679 (40°)	1,4723 (40°)	1,4704 (45°)	1,4653 (40°)	1,4640 (44°)
	Neutral.-Zahl	180,5*	185,8*	188,2*	187,0*	182,8*
	Jodzahl (WIJS)	136,0	114,2	101,6	143,6	121,7
	Mittl. Mol.-Gewicht	311	302,4	298,4	300,3	307,2

Die mit * bezeichneten Werte erscheinen im Vergleich zu den entsprechenden Kennzahlen der Öle zu niedrig.

Erderbsenöl.

Huile de voandzou.

Stammpflanze und Pflanzenfamilie	Verbreitung	Gehalt (% Öl) im Organ	Farbe bzw. Geschmack
Voandzeia subterranea Familie: Leguminosae (Papilionatae)	Tropen	Samen, extrahiert: 6,4 %	Goldgelb bis braun; milder Geschmack

Physikalische Kennzahlen.

	Dichte d_{15}^{15}	Schmelzpunkt	Erstarrungspunkt	Brechungs-Index n_D
Öl I	0,9176	—	2°	1,4626 (40°)
Öl II	0,9328	—	Beginn bei 10°	1,4760 (° ?)
Fettsäuren				
von Öl I	—	26—27°	22°	1,4566 (45°)
von Öl II	—	39—40°	37,5°	—

Chemische Kennzahlen.

	Verseifungszahl	Hehnerzahl	Acetylzahl	Jodzahl	Reichert-Meißl-Zahl
Öl I	184,1	93,7	—	112 (WIJS)	—
Öl II	176,5	—	7,8	86 (WIJS)	0,1
Fettsäuren	Neutral.-Z.:	Mittl. Mol.-Gew.:			
von Öl I	185,1	303,4	—	112,8 (WIJS)	—
von Öl II	192	291	—	93	—

Öl I hatte die Säurezahl 11,8, enthielt 1,4% Unverseifbares und gab 9,4% Glycerin. Öl II hatte die Säurezahl 1,4 und enthielt 1,3% Unverseifbares. Die Kennzahlen der beiden Öltypen weichen im übrigen stark voneinander ab (vgl. „Vorbemerkungen“ zu Papilionatenölen, S. 68).

Reihe: Geraniales.

Leinöl.

Huile de lin — Linseed oil, Flax seed oil — Olio di lino — Oleum lini.

Stammpflanze und Pflanzenfamilie	Verbreitung	Gehalt (% Öl) im Organ	Farbe bzw. Geschmack	Reaktionen
Linum usitatissimum Fam.: Linaceae	Gemäßigte Zone und Indien (Wichtigste Ursprungsländer s. u.)	Samen: 28—44%. Der Ölgehalt schwankt nach Jahreszeit und Gegend [1]. Ausbeute im allgemeinen: durch Extraktion 34—38% (Äther extrahiert mehr Öl als Petroläther). Durch kalte Pressung mindestens 20%, durch heiße Pressung 28%	Kaltgepreßt: goldgelb, Geschmack angenehm. Warmgepreßt: gelb bis braun, Geschmack oft scharf, manchmal schon kurz nach dem Pressen bitter (Eiweißspaltprodukte)	HEYDENREICH: rotbraun bis braunschwarz, nach dem Rühren: dunkelbraun gefleckt. LIEBERMANN-VOGT: grün. SERGER: blaugrün. LIEBERMANN-STORCH-MORAWSKY-Probe auf Harz (vgl. Bd. I, S. 275): s. „Unverseifbares". „Thermoprobe" nach EIBNER (vgl. Bd. I, S. 389) s. bei Trockenvorgang w.u.

Bestandteile s. S. 89.

Physikalische Kennzahlen, 1. Teil.

Ursprungsland der Öle	% Öl in der Saat	Dichte d_{15}^{15}	Lichtbrechung B.-Refr. Sk. T.	Lichtbrechung Brechungs-Index n_D	Zähigkeit (° ENGLER)
Argentinien (La Plata)	35—36 (36—39)	0,9315 [2] 0,9315—0,9321	—	1,4782—1,4783 (25°) 1,4843—1,4868 (15°) 1,4807 (15°) [2]	$E_{20} = 7{,}66$ (rohes Öl) $E_{20} = 7{,}43$ [2]
Indien (Bombay) Kalkutta	37—44, meist 40—42	0,9337 0,9322 [2] 0,9316	72,5 (40°)	1,4813 (15°) [2] 1,4846—1,4859 (15°) 1,4790—1,4793 (25°) 1,4853—1,4859 (15°)	$E_{20} = 7{,}16$ [2]
Rußland Baltische (Riga) Saat	32—38, auch 39	0,9357 0,9344 [2] 0,9344—0,9358	81,0 (25°) —	1,484—1,485 (15°) (Südruß. Saat) 1,4834 (15°) [2] 1,4858—1,4872 (15°)	$E_{20} = 7{,}14$ $E_{20} = 6{,}77$ [2]
Nordamerika	36—40	0,9310—0,9380	80,0 (25°)	1,4797—1,4802 (25°)	—
China gelbe Saat	38	0,9325	—	1,4748 (40°)	—
China braune Saat	31—35	0,9319—0,9363	—	1,4725—1,4743 (40°)	—
Schlesien	—	0,9326 [2] 0,9326—0,9339	—	1,4817 (15°) [2] 1,4817—1,4819 (15°)	$E_{20} = 7{,}06$ [2] (7,07)
Holland	—	0,9312—0,9331	—	1,4743 (40°)	—

[1] Näheres über den Einfluß verschiedener Faktoren auf den Ölgehalt und die Kennzahlen siehe S. 3f. und 69. Über die Zunahme des Ölgehaltes der Samen während des Reifungsvorganges s. ebenda, S. 12.

[2] Reine Öle, bei 18° C gepreßt, im Wasserstoffstrom filtriert (HOLDE).

Physikalische Kennzahlen, 1. Teil (Fortsetzung).

Ursprungsland der Öle	% Öl in der Saat	Dichte d_{15}^{15}	Lichtbrechung B.-Refr. Sk. T.	Lichtbrechung Brechungs-Index n_D	Zähigkeit (° ENGLER)
Leinöle verschiedenen Ursprungs	31—44, oft 36—38	0,930—0,935 [1] d^{20}: meist [2] 0,9280—0,9305 $d_{15,5}^{99}$: 0,8809	72,5—74,5 (40°) 80,0—87,5 (25°) 84,0—90,0 (20°) 87,0—91,6 (15°)	1,4660 (60°) 1,4731—1,4751 (40°) 1,4782—1,4820 (25°) 1,4795—1,4810 (20°) [3] 1,4807—1,4850 (15°)	E_{21} = 7,2 [4] E_{30} = 5,0 [4] E_{50} = 2,9 [4] E_{70} = 2,1 [4] E_{90} = 1,7 [4] E_{100} = 1,7
Fettsäuren	—	$d_{15,5}^{15,5}$: 0,9233 $d_{15,5}^{99}$: 0,8612 d_{100}^{100}: 0,8925	—	1,4546 (60°) 1,4619 (40°) 1,4630—1,4679 (40°) 1,4720 (20°)	—

Physikalische Kennzahlen, 2. Teil.

Schmelzintervall a) Öl b) Säuren	Erstarrungsintervall a) Öl b) Säuren	Dispersion a) nach FRYER und WESTON b) nach TOCH	Oberflächenspannung	Flammpunkt	Opt. Drehungsvermögen
a) −16 bis −20° b) 20,5° (17—24°); aus chines. Saat: 15—17°	a) −18 bis −27°; meist bei −10° noch flüssig; bis −15° dickflüssig; bei −16 bis −21° erstarrt. b) 19,2° (16—21°); aus chines. Saat: 12—14°	a) 45,8 (s. Bd. I, S. 132) b) 0,01078 (für raffiniertes Öl)	0,0327 bzw. 0,0332 g pro cm	205—285°. Indisches Öl: 258°. Baltisches Öl: 257°	$[\alpha_D]$ = 0,3 Saccharimetergrade (200 mm-Rohr; 13—15° C)

Durchschnittliches Molekulargewicht des Leinöles, ber.: 875; gef. Werte: zwischen 740 und 860.

Löslichkeit: a) In Alkohol. 1 Liter abs. Alkohol löst bei 13—15°:

	Rohes Öl	Neutrales Öl
Leinöl, frisch, ca. 1% freie Säure enthaltend	ca. 25 g	ca. 20 g
Leinöl, $3^1/_2$ Jahre alt, mit 3,2% freier Säure	ca. 34 g	ca. 20 g

b) In Eisessig (1,0562). Kritische Lösungstemperaturen: 57—74° (auch 102°).

c) In Essigsäure von 81,18%. Kritische Lösungstemperaturen der Fettsäuren: 72°.

Leinöle verschiedenen Ursprungs zeigen das Chlorophyllspektrum. Bei manchen zeigt sich schwache Fluorescenz (diese ist also kein Beweis für die Gegenwart von Mineralöl).

Chemische Kennzahlen.

Ursprungsland der Öle	Verseifungszahl	Hehner-zahl	Jodzahl [5] nach HÜBL	Jodzahl [5] nach WIJS	Hexabromid-zahl [6]	Unverseif-bares
Argentinien (La Plata)	190 [7] 191,5—194,6	95,7	172 [7] (167,4)	178—180 (170,7—185)	Öle: 36—38,1 Säuren: 50,4—54,3	0,5 bis 0,7%

[1] Ausführliche Angaben über das spezifische Gewicht des Leinöles bei verschiedenen Temperaturen s. FRITZ, Farbenztg. Bd. 34, S. 24. 1928.

[2] In 88,3% von ca. 300 Fällen (H. WOLFF).

[3] In 84,6% von ca. 300 Fällen (H. WOLFF).

[4] Raffiniertes Leinöl, möglichst entsäuert (S. Z. 0,6), mit Bleicherde verrührt und filtriert. Die letzten zwei Werte für die Zähigkeit sind infolge teilweiser Oxydation des Öles nicht zuverlässig (NORMANN).

[5] Der Zusammenhang zwischen der HÜBLschen Jodzahl J_H und der Jodzahl J_W (nach WIJS) läßt sich bei Leinölen mittels der Beziehung: $J_H = J_W - \frac{J_W - 140}{5}$ ausdrücken; in 80 Fällen betrug die Fehlergrenze +2 und −1 (H. WOLFF).

[6] Hexabromidzahlen der Öle nach CARRIÈRE; der Fettsäuren nach EIBNER und MUGGENTHALER.

[7] Reine Öle, bei 18° C gepreßt, im Wasserstoffstrom filtriert (HOLDE).

Chemische Kennzahlen (Fortsetzung).

Ursprungsland der Öle	Verseifungszahl	Hehnerzahl	Jodzahl[1] nach Hübl	Jodzahl[1] nach Wijs	Thermozahl Maumené	Thermozahl Br.-Th.-Z.	Hexabromidzahl[2]	Unverseifbares
Indien, (Bombay, Kalkutta)	191[3] 190,8—193,2	95,7 94,8	177[3] 172,0 168,6	175,7—191,6 182,3—187,5 182,5	—	29,8 bis 30,5	Fettsäuren: 50,1—54,6	0,65 bis 0,70%
Rußland: Balt. Öle Schwarzes Meer-Öle	191[3] 192,2—195,2 —	95,6 bis 95,7	192[3] 174,8—183 165,6 bis 177,2	196,5 188,5—204,0 179—182 (176,3—190,9)	— —	31,4 bis 32,5 —	Öl: 44,2 Säuren: 58—59,1	0,98 bis 1,1%
Nord-Amerika	191,5	—	166—180 178,5—190,5 (Hanus)	180 (177,8—188,5)	90—106	29,6 bis 29,7	—	—
China, gelbe Saat	192,3	—	—	184,9—194,2	—	—	—	0,63%
China, braune Saat	194,3 (189,6)	—	—	178,4—194	—	—	—	0,82%
Schlesien	190[3]	—	182[3] (180)	—	—	—	—	—
Holland	192,6—193,7	—	176—185	195,3—195,6 (192,5—201)	—	—	Öl: 32,8 Säuren: 51,2—52,3	0,46 bis 0,61%
Leinöle verschiedenen Ursprungs	187—197: meist[4] 188—192	94,8 bis 95,5	169—192: meist[5] 170—180	183—196 (174—205,4)	104—111 (90—126)	30,4	Öle: 36,3—37,1	0,5 bis 1,5% (darin 30—60% Phytosterine[6])
Fettsäuren	192,0—200,0	—	179—182 (175—200). Aus chines. Saat: 195—197 (Wijs)		—	—	Säuren: 50,1—57,9	
	M. M.-Gew.: 273,2—275 (266,8—307,2)	—	Innere Jodzahl: 201,4 (190,1—209,8)		—	—	—	—

Anforderungen des Deutschen Arzneibuches (6. Ausgabe): Jodzahl 168—190; Verseifungszahl 187—195; Unverseifbares höchstens 2,5%; Säuregrad höchstens 8.

Andere chemische Kennzahlen.

Hydroxylzahl	Acetylzahl	R.-M.-Zahl	A-Zahl	B-Zahl	Rhodanzahl des Öles	Rhodanzahl der Fettsäuren
Öl mit Verseifungszahl 189,1: 10,1	9,8	bis 0,9	0,40	0,49	110—118,5 (entspr. Jodzahlen von 174 bis 185)	117,8—119,4 (Jodzahlen über 180)
Einige Tage in dünner Schicht an der Luft (Verseifungszahl 187,2): 14,6	14,1					

Die wichtigste Kennzahl zur Reinheitsbestimmung von Leinöl ist die Hexabromidzahl. Zusätze von weniger stark trocknenden Ölen lassen sich an der Erniedrigung dieser Zahl erkennen. Zur Entscheidung, ob nicht Seetieröle (zur Korrektur der Jodzahl) beigemengt sind, prüft man den Schmp. der Hexabromide[7], der bei 175—180° liegen muß. Die Dekabromide der Trane verkohlen erst oberhalb 200°.

[1] Siehe Fußnote 5, S. 87. [2] Siehe Fußnote 6, S. 87. [3] Siehe Fußnote 7, S. 87.
[4] In 94,4% von ca. 300 Fällen (H. Wolff).
[5] In 86,6% von ca. 300 Fällen (H. Wolff).
[6] Zwei Phytosterine, Jodzahl 80—90, siehe „Bestandteile“ w. u.
[7] Diese sollen rein weiß sein, s. Bd. I, S. 198.

Über die Grenzwerte der Kennzahlen von Speiseleinölen s. Bd. I, S. 366.

Über den Nachweis von Leinöl in Sojabohnenöl s. dieses S. 82.

Bestandteile. Der Gehalt an Ölsäure, an Linol- und Linolensäure schwankt innerhalb weiter Grenzen. So zeigten Leinöle verschiedenen Ursprungs 4,5% (Holländ. Saat), 17% und 22,5% Ölsäure (Kalkutta-Saat).

Der Einfluß der geograph. Breite ist deutlich erkennbar, indem Leinöle aus kälteren Gebieten linolensäurereicher und ölsäureärmer sind als solche aus wärmeren Gegenden; s. a. S. 10, S. 68 und S. 511.

Beispiele für die Zusammensetzung von Leinölen[1].

Gesättigte Säuren	Ölsäure	Linolsäure	Linolensäure	Oxysäuren	Unverseifbares	Glycerinrest
8—9%	15—20%	25—35%	35—45%	6,5%	0,5—1,5%	4,5%
5%	—	über 50%	22—25%	—	—	—
10%	5%	48,3—59,1[2]	21,3—32,1[2]	—	—	—
Holländisches Leinöl:						
8,3%	4,5%	17,0%, 41,8% (α—) (β—)	20,1%, 2,7% (α—) (β—)	0,5%	1,0%	4,1%
Indisches (Kalkutta-)Leinöl:						
8,3%	17,6%	17,4%, 4,3% (α—) (β—)	22,9%, 22,8% (α—) (β—)	0,3%	ca. 1%	4,2%

Mehrsäurige Glyceride (s. Bd. I, S. 48). Bisher wurden folgende Verbindungen nachgewiesen: Palmito-diolein, Stearo-diolein, Oleo-dipalmitin, Linoleo-distearin, Oleo-dilinolein, Oleo-dilinolenin, Linoleo-dilinolenin[3], Dilinoleo-linolenin, Stearo-oleo-linolein, Palmito-stearo-linolein, Palmito-oleo-linolein.

Unverseifbare Bestandteile: Phytosterine, Wachsalkohole, Kohlenwasserstoffe. Bisher wurden gefunden ein Phytosterin, Schmp. 138° (unscharf), Acetat-Schmp. 130—131°, $[\alpha]_D^{20} = -34{,}22°$ und ein Phytosterin, Schmp. 134° (unscharf), Acetat-Schmp. 124°, $[\alpha]_D^{20} = -31{,}16°$. Ob tatsächlich zwei Sterine vorliegen, bleibt zu überprüfen. Gesamtgehalt an Sterin in einem Falle gefunden 0,42%; davon 0,2% frei und 0,22% verestert.

Spuren von Cerylalkohol und einem Kohlenwasserstoff aus einem in geringen Mengen im Leinöl vorkommenden Wachs, s. u. Diese Bestandteile des Unverseifbaren dürften auch die Ursache der manchmal, auch bei Abwesenheit von Harz, positiv ausfallenden Storch-Morawsky-Reaktion sein. Die Violettfärbung durch diesen akzessorischen Bestandteil, der wahrscheinlich aus der Samenhaut stammt, ist jedoch viel beständiger als die der Harzreaktion. Jedenfalls ist der positive Ausfall der Probe kein Beweis für die Anwesenheit von Kolophonium.

Wachs in Speiseleinöl, s. S. 545. Lecithin: aus dem Stickstoffgehalt von 0,077—0,082% N eines Leinöls wurde ein Lecithingehalt von 4,5% berechnet. Das im Leinsaatmehl vorhandene Vitamin A wird bei der Ölgewinnung meist unwirksam.

Schleimgehalt: 0,25—0,67%; s. a. Bd. I, S. 324.

Trockenvorgang.

1. Maximale Gewichtszunahme (sog. Sauerstoffzahlen s. Bd. I, S. 283).

Tageslicht		Uviollicht		Sauerstoffatmosphäre
Zimmertemp.	60—100°	Zimmertemp.	95°	—
19—24,2%	16,2—23% (volum. best.) 21—28,7% (gravim. best.)	25,8%	26,5%	34,7%

[1] S. a. Nachtrag S. 511.

[2] Berechnet aus Analysen mehrerer Autoren.

[3] 36,8% in einem „Bombay-Öl"; 32,7% in einem „Riga-Öl"; 24,3% in einem La Plata-Öl".

Nach Versuchen aus neuester Zeit beträgt die von Leinölen unter bestimmten Bedingungen[1] aufgenommene Sauerstoffmenge ziemlich konstant ca. 11,4% entsprechend der Anlagerung von 1 Atom O an jede Doppelbindung. Siehe dagegen Leinölfirnis, S. 91. Sog. Ozonzahl (s. Bd. I, S. 286): 34,0.

2. *Zeitlicher Verlauf der Gewichtszunahme. (Trockenkurven,* s. Bd. I, S. 285.)

Tage:	$1^3/_4$	3	5	7	9
Zunahme:	7%	14,9%	19,0%	20,6%	20,6% konst.

Der „absteigende" Ast der Kurven zeigt bei Leinölen unter normalen Bedingungen einen fast wagrechten Verlauf, ein Zeichen für die geringen Stoffverluste beim Trocknen (Unterschied von den „mohnölartigen" Ölen). Der Substanzverlust dünner Aufstriche frischer Leinöle beträgt nach 60 Tagen durchschnittlich 6—8% der maximalen Gewichtszunahme; bei älteren Ölen ist der Schwundbetrag 15—17%; im Höchstfalle war er 25—27% (60 Tage)[2].

In seinen Einzelheiten ist der Kurvenverlauf unstetig, da der Trockenprozeß von verschiedenen Bedingungen abhängig ist (vgl. Bd. I, S. 284). Beim Trocknen im starken Sonnenlicht verhält sich Leinöl ähnlich wie Mohnöl, die Stoffverluste sind erheblich, d. h. der angetrocknete Film unterliegt der spontanen Synärese, s. unten.

3. *Trockenzeiten.*

Frische Öle		Gelagerte Öle		Durch Belichten oder Anoxydieren gebleichte Öle	Sikkativhaltige Öle (Firnisse)
Winter	Sommer	Winter	Sommer		
8—10 Tage	6—7 Tage	4—5 Tage	3 Tage	2—3 Tage	24 Stunden, mitunter nur 5 Stunden

Normale Trockenzeit eines nicht vorbehandelten älteren Leinöls 3—4 Tage.

Kalt gepreßtes Öl trocknet rascher als heiß gepreßtes, da letzteres mehr Glyceride mit gesättigten Säuren enthält. Extrahierte Öle trocknen langsamer als gepreßte, da zuerst die Lösungsmittelreste verdampfen. Schließlich ist die Trocknungsgeschwindigkeit von längere Zeit belichtet gewesenen Ölen größer als die frisch geschlagener, junger Öle, weil das Licht aktivierend wirkt.

4. *Erhöhung der Säurezahlen von Leinölaufstrichen.*

Tage:	0	1	2	4	7	60	720
Säurezahl:	3,0	4,2	5,1	45,1	57,4	191,8	185,9

Siehe dagegen Holzöl, S. 102; Mohnöl, S. 42.

Die Angaben über den Einfluß von Beimengungen anderer Öle auf die Trockenfähigkeit von Leinölen weichen stark voneinander ab; nach den einen sollen bis 5% fremder Öle nicht merklich stören, nach anderen können schon geringe Zusätze die Trockenfähigkeit erheblich verringern. Die Kennzahlen schwanken bei den verschiedenen Sorten in so weiten Grenzen, daß diese Bestimmungen allein nicht genügen, um selbst die Anwesenheit von 10% und mehr als 10% fremder Öle mit Sicherheit zu erkennen; ein eindeutiger Nachweis kleiner Mengen fremder Öle ist nur dann möglich, wenn sie spezifische Reaktionen geben.

Besonders zu beachten ist, daß selbst unverfälschte Leinöle mitunter schwach oder praktisch gar nicht trocknen. Dies ist vielleicht durch antikatalytische

[1] Temperatur möglichst niedrig (konstant 40° C). Ausschaltung aller Faktoren, welche sekundäre Reaktionen bewirken könnten (Katalysatoren, höhere Temperatur, Ausbreitungsmittel). Entfernung der flüchtigen Verunreinigungen aus dem Öl durch mehrtägiges Evakuieren und Schütteln. Durchblasen von Sauerstoff: Die Absorption beginnt bei Gegenwart von Spuren Ozon sofort, sonst erst nach ca. 5 Tagen. — Bei einer Temp. von 18° C konnte innerhalb von 28 Tagen in keinem Falle Absorption beobachtet werden.

[2] In einem Falle wurde ein Verlust von nur 5% nach 300 Tagen beobachtet.

Beimengungen zu erklären (vgl. Bd. I, S. 283). Die Trockenfähigkeit von Leinölfirnissen kann erheblich durch Überhitzung beim Kochen leiden; außerdem können auch ganz reine Leinöle in solchen Fällen einen tranartigen Geruch annehmen, der mithin kein Beweis für eine Verfälschung zu sein braucht.

Man kann aber auch aus den Eigenschaften des beim Trocknen in dünner Schicht erhaltenen Films[1] Schlüsse auf die Reinheit des Leinöls ziehen. Ein reiner Leinölfilm ist klebefrei, glänzend, ohne Streifen und Knoten. Er ist in Fettlösungsmitteln schwer löslich und zeigt keine sog. Synärese (Erscheinungskomplex des Wiedererweichens, Klebendwerdens, Zerlaufens usw.[2]). Vgl. auch Holzölfilme, S. 102.

Kleben des Films, trotz hoher Gewichtszunahme beim Trocknen, deutet auf Harzzusatz. Tropfenartige Ansammlungen lassen auf nichttrocknende Zusätze schließen, da diese an die Oberfläche abgeschoben werden. Schon geringe Mengen von schwachtrocknenden Ölen, von Harz, Harzölen, Mineralölen usw. zu Leinöl werden daran erkannt, daß die entsprechenden Filme bei ca. 115° zu sintern beginnen und sich bei ca. 130° unter starkem Schäumen zersetzen, ohne zu verkohlen. Reine Filme zeigen dagegen beim Erhitzen folgendes Verhalten.

Temperatur	8 Tage alter, klebfrei trockener Leinölfilm	Älterer, dünner Leinölfilm
140°	Schrumpfen	—
160°	allmähl. Bräunung	Bräunung
170—180°	—	schwaches Sintern
220°	Dunkelbraunfärbung	teilw. Schwärzung
260°	Verkohlung	Verkohlung

Neuere Untersuchungen über die Sauerstoffaufnahme und die Stoffabgabe beim Trocknen von Leinöl-Firnissen ergaben: Maximale Sauerstoffaufnahme ca. 40% des angewandten Firnisses; Abgabe von ca. 10% Kohlendioxyd und 1% Kohlenmonoxyd (Dauer des Versuches: 7 Wochen, Temperatur 25°, Sonnenlicht). Die nicht gasförmigen, leicht flüchtigen Oxydationsprodukte (durch Erhitzen im Stickstoffstrom bei 130° ausgetrieben) betrugen bis zu 36% des Firnisses. Die „Sauerstoffbilanz" des Vorganges der Trocknung stellt sich annähernd so dar, „daß auf jede in Reaktion tretende Doppelbindung 2 Atome Sauerstoff aufgenommen werden, wovon 1 Atom beim Erhitzen auf 130° als Wasser abgegeben wird; darüber hinaus treten noch bis zu 9 Sauerstoffatome auf jedes Molekül Leinöl in Reaktion und werden zur Bildung von niederen Spaltprodukten verwendet" (D'Ans, 1927). Diese Angaben stehen im Widerspruch zu den unter „Maximale Gewichtszunahme" erwähnten Versuchen, bei denen sich eine Sauerstoffaufnahme von 1 Atom O pro Doppelbindung im Verlaufe der Leinöltrocknung ergab.

Lieferbedingungen für rohes, gebleichtes, raffiniertes und Lack-Leinöl.

(„Deutscher Reichsausschuß für Lieferbedingungen", Berlin[3].)

A. Sorten.

1. Rohes Leinöl.
2. Gebleichtes Leinöl.
3. Raffiniertes Leinöl.
4. Lackleinöl.

[1] Bestandteile des Films: z. B. 55% in siedendem Aceton unlösliches Gel; 40% Acetonlösliches, Benzin-unlösliches Sol; 5% unverändertes Öl.

[2] Als Nachteil der Leinölfilme und -Farben ist nur deren leichtes Vergilben zu nennen.

[3] Die Vereinbarung ist unter Nr 848 A in der Liste des RAL beim Reichskuratorium für Wirtschaftlichkeit eingetragen. Vertriebsstelle Beuth-Verlag, G. m. b. H., Berlin S, 14. Juni 1927.

B. Eigenschaften.

1. Rohes Leinöl.

Rohes Leinöl muß klar oder darf nur schwach getrübt sein. Stärkere durch Kälte erzeugte Trübungen müssen beim Erwärmen auf etwa 40° C verschwinden, so daß das Öl auch nach längerem Stehen bei Zimmertemperatur klar oder nur schwach getrübt ist. Der Geruch soll blumig sein, die Farbe gelb oder gelbgrün und nicht dunkler als eine $^1/_{100}$ Normaljodlösung. Beim Farbenvergleich sind zwei Röhrchen genau gleichen Durchmessers zu nehmen, das eine ist mit dem filtrierten Leinöl, das andere mit der Vergleichslösung bis zu gleicher Höhe aufzufüllen. An Stelle der Vergleichslösung kann auch die Farbenskala von KNAUTH-WEIDINGER verwendet werden. Die Farbe darf nicht tiefer als Rohr 8 dieser Skala sein.

Die physikalischen und chemischen Kennzahlen müssen zwischen den nachstehend angegebenen Grenzwerten liegen. Der Besteller ist nicht berechtigt, Leinöl zurückzuweisen, das bei einer einzelnen Kennzahl, besonders bei der Säurezahl, eine Abweichung von den Grenzen bis zu zwei Einheiten der letzten angegebenen Stelle aufweist, es sei denn, daß eine ausführliche Untersuchung einen Verschnitt zweifellos erweist.

Spezifisches Gewicht (20°/4°, 760 mm)	0,927—0,932
Brechungs-Index n_D^{20}	1,4785—1,4830
Säurezahl	nicht über 6
Verseifungszahl	188—196
Jodzahl nach HÜBL-WALLER oder HANUS	mindestens 170
Unverseifbare Stoffe nach SPITZ-HÖNIG	höchstens 2,0%
Hexabromidzahl	mindestens 48
Hexabromidzahl bei baltischen Ölen	mindestens 53

(Die Hexabromide müssen sich in der 50fachen Menge beim Erhitzen völlig lösen und sollen bei 176—178° C ohne Schwärzung schmelzen.)

2. Gebleichtes Leinöl.

Das Öl muß klar sein. Trübungen, die etwa durch Kälte entstanden sind, müssen beim Erwärmen auf 40° C verschwinden und dürfen auch bei längerem Stehen bei Zimmertemperatur nicht wiederkehren.

Die Farbe darf nicht tiefer sein, als eine $^1/_{600}$ Normaljodlösung (Rohr 4 der KNAUTH-WEIDINGER-Skala). Im übrigen gelten die gleichen Bedingungen wie für rohes Leinöl. Der Geruch kann blumig oder gurkenartig sein. Beim Erhitzen darf das gebleichte Leinöl nicht dunkler werden.

3. Raffiniertes Leinöl.

Das Öl muß klar sein. Trübungen, die etwa durch Kälte entstanden sind, müssen beim Erwärmen auf 40° C verschwinden und dürfen auch bei längerem Stehen bei Zimmertemperatur nicht wiederkehren.

Die Farbe darf nicht tiefer sein als eine $^1/_{600}$ Normaljodlösung (Rohr 4 der KNAUTH-WEIDINGER-Skala). Die Säurezahl kann bis zu 8 betragen. Im übrigen gelten die gleichen Bedingungen wie für rohes Leinöl. Der Geruch kann blumig oder gurkenartig sein. Beim Erhitzen darf das Öl keine Schleimstoffe abscheiden, während ein Dunklerwerden dabei nicht zu beanstanden ist.

4. Lackleinöl.

Lackleinöl muß klar sein. Trübungen, die etwa durch Kälte entstanden sind, müssen beim Erwärmen auf 40° C verschwinden und dürfen auch bei längerem Stehen bei Zimmertemperatur nicht wiederkehren. Die Kennzahlen sind die gleichen wie bei rohem Leinöl. Bei der Erhitzungsprüfung darf eine Schleimausscheidung nicht stattfinden, das Öl soll beim Erhitzen auf 280 bis 300° C hellgelblich oder grünlich oder wasserhell werden (Farbtiefe nach Erhitzen wie bei 2.).

C. Prüfverfahren.

1. Erhitzungsprüfung.

In einem bis zu etwa $^2/_3$ gefüllten Reagensglase wird das Öl mit großer Flamme schnell auf 300° C erhitzt. Die Thermometerkugel soll dabei in der Mitte des Öles sein. Das Erhitzen erfolgt ohne Umrühren. Der bei dieser Probe sich abscheidende „Schleim" soll hell oder mäßig bräunlich, jedenfalls nicht dunkelbraun gefärbt sein. Auch soll die Ausscheidung gallertig und nicht pulverig oder körnig sein. Das Öl soll nach dem Erhitzen und Filtrieren klar und etwas heller sein.

2. Trocknungsprüfung.

Drei Tropfen werden auf einer Glasplatte 9×12 cm aufgebracht, und zwar so, daß sie in etwa gleichen Abständen auf der kleineren Halbierungslinie sich befinden. Durch abwechselndes Verstreichen mit der Fingerkuppe in der Längs- und Querrichtung werden die Tropfen gleichmäßig verteilt; die Platte wird dann wagerecht der Luft ausgesetzt.

Das Trocknen soll bei einer Temperatur von 20° C, jedenfalls nicht unter 18° und nicht über 23°, und zwar im zerstreuten Tageslicht erfolgen. Die Trockenzeit darf im Sommer nicht länger als 4 Tage, im Winter nicht länger als 6 Tage betragen. Bei dauernd feuchtem Wetter kann sich die Trockenzeit um etwa 2 Tage verlängern.

3. Spezifisches Gewicht
4. Brechungskoeffizient
5. Säurezahl
6. Verseifungszahl
7. Unverseifbares
8. Jodzahl
9. Hexabromidzahl

} Die Bestimmung erfolgt nach den Methoden der „Deutschen Kommission zur Schaffung einheitlicher Untersuchungsmethoden für die Fettindustrie“[1].

Lieferbedingungen für rohes Leinöl

nach dem Bericht der „Leinölkommission der Vereeniging van Vernis en Verffabrikanten en -Handelaaren in Nederland“[2].

	Mindestens	Höchstens
Dichte d_4^{15}	0,928	0,935
Brechungsindex n_D^{20}	1,4785	1,4815
Jodzahl nach Wijs	175,0	—
Säurezahl	—	6,0
Verseifungszahl	190,0	195,0
Verlust beim Erhitzen auf 105—110°	—	0,2%
„Satz“ in Volumenprozenten	—	1,0%
Unverseifbares	—	1,5%
Trockenzeit bei 60—70° C	96 Stunden	

Öle verschiedener Linum-Arten russischer Herkunft.

(Familie Linaceae[3].)

Stammpflanze	Ölgehalt in %	Verseifungszahl	Jodzahl	Säurezahl einer Probe
Linum alpinum	26,8	180,5	224,6—225,7	3,7
Linum perenne	11,8	197,5	221,2	4,1
Linum austriacum	19,4	193,4	218,1—219,4	6,4
Linum catharticum	24,6	193,2	179,9	—
Linum flavum	27,7	188,6	171,6	6,7

Sämtliche untersuchten Muster zeigten hohe Hexabromidzahlen (Schmelzpunkte der Hexabromide zwischen 177 und 178°).

Samenöl der Kapkastanie.

Stammpflanze und Pflanzenfamilie	Verbreitung	Gehalt (% Öl) im Organ	Farbe bzw. Geschmack
Calodendron capense Fam.: Rutaceae	Süd- und Ostafrika	Kern: 59,2%	Extrahiert: zitronengelb; bitter

[1] Vgl. „Einheitl. Untersuchungsmethoden für die Fettindustrie“, Stuttgart 1927.
[2] Vgl. Farbenztg. Bd. 33, S. 1472. 1928.
[3] Über das Öl von Linum usitatissimum (Leinöl) s. oben S. 86.

Physikalische und chemische Kennzahlen.

	Dichte d_{15}^{15}	Erstarrungspunkt	Brechungs-Index n_D	Verseifungszahl	Jodzahl	R.-M.-Zahl	Pol.-Zahl
Öl	0,9219	—	1,465 (40°)	192,6	108,7	0,5	0,2
Fettsäuren	—	26,8°	—	—	—	—	—

Die Probe zeigte die Säurezahl 0,4 und enthielt 0,5% Unverseifbares.

Samenöl von Chloroxylon swietenia.

(Familie Rutaceae.)

Ölgehalt: 16%. Als Bestandteile werden genannt: Myristin-, Palmitin-, Stearin-, Ölsäure und Linolensäure (?). Die untersuchte Probe stammte aus Indien.

Samenöl von Limonia.

Stammpflanze und Pflanzenfamilie	Gehalt (% Öl) im Organ	Reaktionen
Limonia Warneckei Familie: Rutaceae	Samen: 38,5%	Bellier: schokoladebraun, dann schwarz. Baudouin: hellbraun. Halphen: negativ

Bestandteile: u.a. Palmitinsäure (Hauptbestandteil der festen Fettsäuren). Ein Phytoterin vom Schmelzpunkt 124°.

Physikalische Kennzahlen.

	Schmelzpunkt	Erstarrungspunkt	Lichtbrechung B.-Refr. Sk. T.
Öl mit S. Z. = 4,1	32,4°	21,5°	47,7(40°)
Fettsäuren	44,3°	38,5°	38,3(40°)
flüssige	—	—	41,0(40°)

Chemische Kennzahlen.

	Verseifungszahl	Hehnerzahl	Jodzahl (Hübl)	R.-M.-Zahl	Pol.-Zahl
Öl mit S. Z = 4,1	188,8	—	75,2	0,6	0,6
Fettsäuren	Neutral -Z.: 199,7	M. M.-Gew.: 280,9	80,5 Innere Jodzahl: 94,9	—	—

Zitronenkernöl.

Huile de pépins de citrons — Lemon seed (pips) oil — Olio di semi del limone.

Stammpflanze und Pflanzenfamilie	Verbreitung	Gehalt (% Öl) im Organ	Farbe bzw. Geschmack	Reaktionen. Anmerkung
Citrus medica (C. Limonum) Fam.: Rutaceae	In allen warmen Ländern kultiviert	Samen: 30—35% Kern, gepreßt: ca. 40%; mit Äther extrah.: bis 54%; Schalen: 1—2%	Kalt gepreßt: hellorange; heiß gepreßt oder extrahiert: grüngelb bis rotbraun. Geschmack etwas bitter oder scharf, Geruch schwach zitronenartig	Halphen: negativ. Hauchecorne: orange. Brullé: orange. Mit konz. Salpetersäure in der Kälte gelb, beim Erwärmen orange. Durch Raffinieren ist der Bitterstoff entfernbar

Bestandteile: 22—27% feste Säuren. Glyceride der Palmitin-, Stearin-, Ölsäure, Linol- und Linolensäure (?). 0,4—0,8% Unverseifbares. Bitterstoff Limonin $C_{22}H_{26}O_7$ in ätherextrahiertem Öl (in Petroläther-extrahiertem Öl angeblich nicht vorhanden).

Physikalische Kennzahlen.

	Dichte d_{15}^{15}	Schmelzpunkt	Erstarrungspunkt	Lichtbrechung B.-Refr. Sk. T.	Lichtbrechung Brechungs-Index n_D	Krit. Lösungstemperatur
Öl	0,921—0,9236 d^{22}: 0,916 d^{27}: 0,9138	—	−3 bis −6°	60 (40°) 68,2—70 (26°) 70,8 (20°)	1,4645 bis 1,465 (40°) 1,4740 (28°) 1,4717 (25°)	Eisessig: 104°
Fettsäuren aus chines. Öl	— —	35—41,5° 33,5—34°	28—38° 29—30°	— —	— —	— —

Chemische Kennzahlen.

	Verseifungszahl	Hehnerzahl	Acetylzahl	Jodzahl	R.-M.-Zahl	Pol.-Zahl
Öl	188—198	94,5—95,6	(13,6)	103—110	0,3—0,6	0,3—0,5
Fettsäuren	Neutral.-Z.: 202,0	M. M.-Gew.: 277—281	—	114	—	—

Säurezahlen zwischen 2 und 23. Ein Öl (grünlich fluoreszierend) mit der Säurezahl 21,1 zeigte die Acetylzahl 33 und die Thermozahl 83 (nach Tortelli). Maximale Gewichtszunahme beim Trocknen (nach Livache): 5,4%.

Orangensamenöl.

(Apfelsinenkernöl.)

Huile de pépins d'oranges — Orange seed oil — Olio di semi d'arancia.

Stammpflanzen und Pflanzenfamilie	Verbreitung	Gehalt (% Öl) im Organ	Farbe bzw. Geschmack	Reaktion. Anmerkung
Citrus Aurantium, var. C. Aur. dulcis, C. Aur. amara Fam.: Rutaceae	In allen warmen Ländern kultiviert	Samen 33—37%; Kern extrah.: 54—57%; Schale: 2%	Hellgelb bis goldgelb. Geschmack etwas bitter (Zunahme beim Stehen)	Bellier: negativ. — Das Öl ist dickflüssig und hat eine geringe Trockenfähigkeit

Physikalische Kennzahlen.

	Dichte d_{15}^{15}	Schmelzpunkt	Erstarrungspunkt	Lichtbrechung B.-Refr. Sk. T.	Lichtbrechung Brechungs-Index n_D
Öl	0,921—0,926 0,920 (Chines. Öl)	—	Unter 0°	57,3—58 (40°) 65,8 (25°)	1,4638—1,4649 (40°)
Fettsäuren	—	39—41°	29—34,5°	43,2—43,7 (40°)	—

Chemische Kennzahlen.

	Verseifungszahl	Hehnerzahl	Jodzahl	R.-M.-Zahl	Pol.-Zahl
Öl	193—197	95,6	97—105	0,6—0,9	0,4
Fettsäuren	204,4—206,2 Neutral.-Z.: 200,1	M. M.-Gew.: 274—275	100,4—106	—	—

Öle von Citrus-Arten aus Surinam.

Stammpflanze	Ölgehalt	Farbe	Schmelzpunkt	Verseifungszahl	Jodzahl (Thermozahl)
Citrus Aurantium	Samen: 18%	Gelblich	38° (?)	205	98
Citrus Limetta	Samen: 30%	Gelblich	22° (?)	203	109
Citrus nobilis (Mandarine)	Samen: 30%	Hellgelb	Bei 0° noch flüssig	204	99,5 (Thermozahl nach MAUMENÉ: 66)
Citrus decumana („Pompelmus")	Samen: 31%	Hellgelb	Bei 0° noch flüssig	197	96 (Thermozahl nach MAUMENÉ: 64)
Citrus decumana (Varietät, genannt „Grape-fruit")	Samen: 41%	Hellgelb	Bei 0° noch flüssig	201	101 (Thermozahl nach MAUMENÉ: 61)
Citrus vulgaris, RISSO	Samen: 42%	Hellgelb	Bei 0° noch flüssig	196	101 (Thermozahl nach MAUMENÉ: 62)

Mahagonisamenöl.

Stammpflanze und Pflanzenfamilie	Verbreitung	Farbe bzw. Geschmack	Anmerkung
Swietenia mahagoni Fam.: Meliaceae	Antillen	Dunkelgrün; unangenehm bitter	Schwach trocknend

Physikalische und chemische Kennzahlen.

	Dichte d_{15}^{15}	Erstarrungspunkt	Verseifungszahl	Hehnerzahl	Jodzahl	R.-M.-Zahl
Öl	0,935	—	193,3	93,7	125,0	1,9
Fettsäuren	—	30,5°	—	—	—	—

Säurezahl der untersuchten Probe: 13,0.

Amooraöl.

(Immergrünbaumöl.)

Stammpflanze und Pflanzenfamilie	Verbreitung	Gehalt (% Öl) im Organ	Farbe bzw. Geschmack	Konsistenz
Amoora Rohituka oder A. polystachia Fam.: Meliaceae	Indien (Bengalen): (Öle I). Madagascar (Öle II), auch Malayischer Archipel und Philippinen	Kern, mit Petroläther extrahiert: 50,5% (Öle I); 43,9%, entsprechend 34,2% in den Samen (Öle II)	Rotbraun; etw. bitter, unangenehmer Geruch (leinölähnlich)	Zähflüssig

Physikalische Kennzahlen.

	Dichte d_{15}^{15}	Schmelzpunkt	Erstarrungspunkt	Lichtbrechung: B.-Refr. Sk. T.	Lichtbrechung: Brechungs-Index n_D	Zähigkeit (REDWOOD)
Öle I	0,9310—0,9386	—	—	64,5 (40°)	1,4687 (40°)	375,8 Sek. (70° F)
Fettsäuren aus Öl I	—	ca. 15°	32,4°	—	—	—
Öl II	—	15—38°	9—19°	—	—	—

Chemische Kennzahlen.

	Verseifungszahl	Hehnerzahl	Jodzahl	R.-M.-Zahl
Öle I	189,7—192,3	92,4—93,2	131,7—134,8	1,6—1,8
Öle II	184	—	122,7—125,4	—

Öle I: Säurezahlen 17 bzw. 24,7. Öle II: Säurezahl einer Probe 11,2. — Die untersuchten Proben enthielten ca. 1,4% Unverseifbares.

Meliaöl[1].

Huile de Melia Azedarach — Melia azedarach oil — Olio di Melia.

Stammpflanze und Pflanzenfamilie	Verbreitung	Gehalt (% Öl) im Organ	Farbe bzw. Geschmack	Reaktion. Bes. Merkmal
Melia azedarach („Lilas des Indes"; „Laurier grec") Fam.: Meliaceae	Himalayagebiet; in vielen Tropenländern und im Mittelmeergebiet kultiviert	Samen: ca. 7%; Kern: 37,7—39,4%	Mit Petroläther extrahiert: hellgelb bis hellgrün; unangenehmer Geschmack	Elaidinierung: negativ. Das Öl gibt bei Zimmertemperatur Ausscheidungen, die selbst nach wiederholtem Filtrieren wieder auftreten

Physikalische Kennzahlen.

	Dichte d_{15}^{15}	Schmelzpunkt	Erstarrungspunkt	Lichtbrechung B.-Refr. Sk. T.
Öl	0,9253	−3 bis −5°	−12 bis −18°	65,1 (40°)
Fettsäuren	—	22°	19°	—

Chemische Kennzahlen.

Verseifungszahl	Jodzahl	R.-M.-Zahl
191,5	135,6	0,8

Öl von Croton Elliotianus.

Stammpflanze und Pflanzenfamilie	Verbreitung	Gehalt (% Öl) im Organ	Farbe
Croton Elliotianus Fam.: Euphorbiaceae	Britisch-Ostafrika	Samen, mit Petroläther extrahiert: 27,7%	Gelb bis bräunlich

Physikalische und chemische Kennzahlen.

	Dichte d_{15}^{15}	Erstarrungspunkt	Verseifungszahl	Hehnerzahl	Jodzahl
Öl	0,9266	—	201,5	94,0	138,5
Fettsäuren	—	13,7°	—	—	—

Die untersuchte Probe zeigte die Säurezahl 4,2.

[1] Nicht zu verwechseln mit dem Fett von Azadirachta indica, dem Margosafett oder Nimöl, s. S. 266.

Crotonöl.

(Krotonöl.)

Huile de croton — Croton oil — Olio di crotontiglio — Oleum crotonis.

Stammpflanze und Pflanzenfamilie	Verbreitung	Gehalt (% Öl) im Organ	Farbe bzw. Geschmack	Reaktionen. Besondere Merkmale
Croton tiglium Fam.: Euphorbiaceae	Tropisches und subtropisches Asien	Samen, entschält: 53—57%	Gelb bis braungelb oder rot; brennender Geschmack, unangenehmer Geruch	Elaidinierung: negativ. Reaktion nach COMTE[1]: positiv. Das Öl ist dickflüssig. Stark rechtsdrehend. Wirkt stark purgierend. Rötet die Haut, ist blasenziehend auf Schleimhäuten. Von Ricinusöl unterscheidet es sich u. a. durch seine Löslichkeit und seine Trockenfähigkeit

Bestandteile des Öles: Palmitinsäure, Stearinsäure, Ölsäure, Linolsäure. 0,6% Unverseifbares. Ferner Crotonharz, der opt. aktive Träger der toxischen Eigenschaften, ein Estergemisch mit der Jodzahl 77; gibt bei der Verseifung: Ameisensäure, Essigsäure, Isobuttersäure, Tiglinsäure [($C_5H_8O_2$: 2-Methylbuten-(2)-säure-(1)], wahrscheinlich auch Valeriansäure, Heptyl-, Octyl-, Undecyl-, Laurin- und Myristinsäure.

Das Crotonharz läßt sich dem Öl durch Ausschütteln mit Methanol entziehen; bei der katalytischen Hydrierung wird es ungiftig, daher zeigen auch hydrierte Crotonöle keine purgierende Wirkung mehr.

Physikalische Kennzahlen.

	Dichte d_{15}^{15}	Erstarrungspunkt	Lichtbrechung B.-Refr. Sk. T.	Lichtbrechung Brechungs-Index n_D	Opt. Drehungsvermögen
Öl	0,9375—0,9437 d_{15}^{100}: 0,8874	−7 bis −16°	68 (40°) 77,5 (27°) Oleo-Refr. Sk.T.: 35 (22°)	1,4781 (26°) 1,4700—1,4730 (40°)	Bogen°: +14,5 bis +16,4° (200 mm Rohr)
Fettsäuren	—	18—19°	—	—	

Das Öl gibt beim Stehen eine Abscheidung. Es löst sich vollständig in Petroläther; mit abs. Alkohol ist es nur mischbar, wenn weniger als das gleiche Volum Alkohol verwendet wird. Die Löslichkeit in kaltem Alkohol ist hauptsächlich dem beigemengten Crotonharz zuzuschreiben.

Chemische Kennzahlen.

	Verseifungszahl	Hehnerzahl	Acetylzahl	Jodzahl	R.-M.-Zahl	Pol.-Zahl
Öl	200—215	88,9—89,1	33—39 (20)	102—109 (122,3)	12—14,4	1,2
Öl I	193	—	—	—	—	—
Öl II	194,5	—	—	—	—	—
Fettsäuren	Neutral.-Z.: 201 (Wasserunlösl. Säuren)	M. M.-Gew.: 278,6	8,5	111,2—111,8	—	—

Öl I: gepreßt, Säurezahl 27,3. Öl II: mit Äther extrahiert, Säurezahl 30,9. Andere ölliefernde Arten der Gattung Croton sind die folgenden: Croton oblongifolius, Croton pavana, Croton polyandrus (Verbreitung Ostindien).

[1] Man erhitzt mit konzentrierter Natronlauge; beim Abkühlen entsteht an der Trennungsfläche der Schichten ein bräunlicher oder violetter Ring.

Candlenußöl.

(Kandelnußöl, Bankulnußöl, Lichtnußöl, Kerzennußöl, Kekunaöl, Ketunöl, Lumbangöl.)
Huile de bancoulier, huile de noix de Bancoul — Candle nut oil — Olio di noce di Bankoul.

Stammpflanzen und Pflanzenfamilie	Verbreitung	Gehalt (% Öl) im Organ	Farbe bzw. Geschmack	Besondere Merkmale
Aleurites moluccana (Lumbang bato der Philippinen) (I). Aleurites trisperma (Lumbang banucalag der Philippinen) (II) Fam.: Euphorbiaceae	Südseeinseln, Philippinen, Westindien, Florida, Brasilien, Kamerun, Madagascar (dort „Bakolyöl" genannt)	Samen (Bancoulnuß, Kukuinuß, usw.) 32,7%. Kern: 50,9 bis 65% durch Extraktion; 43 bis 44% durch Pressung gewonnen	Kalt gepreßt: farblos bis gelblich, angenehmer Geruch; Äther-extrah.: gelb, scharfer Geschmack	Purgierend. — Wird beim Erhitzen klebrig. Öl von (I) gut, von (II) weniger gut haltbar; letzteres wird auch „weiches Lumbangöl" genannt

Bestandteile: 2,7% feste Fettsäuren (Myristin-, Palmitin-, Stearinsäure). 93,0% flüssige Fettsäuren, davon 54,5—56,9% Ölsäure; 33,0—33,4% Linolsäure; 6,3—6,5% Linolensäure. 0,2% oxydierte Säuren.

Physikalische Kennzahlen.

	Dichte d_{15}^{15}	Schmelzpunkt	Erstarrungspunkt	Lichtbrechung B.-Refr. Sk. T.	Lichtbrechung Brechungs-Index n_D
Öle I (bzw. II)	0,920—0,928 0,9362—0,9368 (Öle II)	— 2—4° (Öle II)	−15 bis −18° −6,5° (Öle II)	Gepreßt: 76,0 (25°) extrah.: 78,5 (20°) 75,5—76 (15°)	1,4703 (40°) 1,475—1,4762 (25°)
Fettsäuren der Öle I	—	18—21°	13—15,5°	—	—

Chemische Kennzahlen.

	Verseifungszahl	Hehnerzahl	Acetylzahl	Jodzahl	R.-M.-Zahl	Hexabromide	Thermozahl
Öle I	Gepreßt: 192,6—194,8 extrahiert: 184—187	95,5	9,9	Gepreßt: 163,7—164,2 extrahiert: 136,3—139,3	1,2	(Hehner und Mitchell) 8,8%	(Maumené) 86,2
Öle II	190—195,8	95,8	—	160,5	—	7,3—8,2%	—
Fettsäuren der Öle I	—	—	—	extrahiert: 142,4—144,1 Innere Jodz.: 185,7	—	11,5—12,6%	—

Öle I von Aleurites moluccana; Säurezahlen von 1,3—8,0. Öle II von Aleurites trisperma, gepreßt; Säurezahl 7,6 bzw. 8,7.

Trockenvorgang. Öle I: Maximale Gewichtszunahme 11,0% nach 4 Tagen (frisches Preßöl); 11,2% nach 2 Tagen (6 Monate altes Öl). Öl II: Maximale Gewichtszunahme 8,9%.

„Kekuna"-Öl von Aleurites triloba.

(Candlenußöl[1].)

Stammpflanze und Pflanzenfamilie	Verbreitung	Gehalt (% Öl) im Organ	Farbe bzw. Geschmack
Aleurites triloba Fam.: Euphorbiaceae	Ceylon, Hongkong	Samen („Kirimi"-Nüsse), ungeschält: 20%; Kern: 60—68%	Gelblich; angenehmer Geruch und Geschmack

[1] Vgl. Bibliographie S. 611.

Physikalische und chemische Kennzahlen.

	Dichte d_{15}^{15}	Erstarrungspunkt	Verseifungszahl	Hehnerzahl	Jodzahl	R.-M.-Zahl
Öl	0,927—0,9274	—	193,7—204,2	96,4	137—139,7 (151,0)	2—2,8
Fettsäuren	—	17,8°	—	—	—	—

Chinesisches Holzöl.

(Tungöl, Ölfirnisbaumöl[1].)

Huile de bois de Chine — Chinese Tung oil, China wood oil — Olio di legno del China.

Stammpflanzen und Pflanzenfamilie	Verbreitung	Gehalt (% Öl) im Organ	Farbe bzw. Geschmack	Reaktionen
Aleurites Fordii (tung-yu shu), Tungölbaum. Aleurites montana (muk-yu shu), Holzölbaum. Fam.: Euphorbiaceae	China, zwisch. 25 und 34° nördl. Breite (A. Fordii bes. im Yangtsetal; A. mont. mehr im Süden und Südosten). Cochinchina, Ceylon, Westindien, Ver. St. v. Amerika, Zanzibar, Algier	Samen: 36,4%; Kerne, mittels Holzpressen entölt: 40%. Mit Petroläther extrahiert: 58,3%. Bei 28° gepreßt: 35 bis 42%; bei 65° gepreßt: weitere 10%	Kalt gepreßt: blaßgelb (pei-yu-Weißöl). Nachschlag: orange. Anfangs geruchlos, bald charakteristischer Holzölgeruch. Heiß gepreßt: dunkel (sog. Schwarzöl) unangenehmer Geruch und Geschmack	Elaidinierung: nitrose Gase, Schwefel, Selen, Halogene sowie Belichtung bewirken die Isomerisation der α-Eläostearinsäure in die β-Säure und damit das Festwerden des Öles. Erhitzt man reine Öle auf höhere Temperaturen (Bedingungen s. Bd. I, S. 376), so werden sie infolge teilweiser Polymerisation der Glyceride gallertig schnittfest[2]. Andere Reaktionen s. „Nachweis"

Bestandteile siehe unten.

Physikalische Kennzahlen.

	Dichte d_{15}^{15}	Schmelzpunkt	Erstarrungspunkt	Brechungs-Index n_D		Dispersion	Zähigkeit	Molekulargewicht
Öl	0,936 bis 0,945 (0,939 bis 0,943[3])	—	−17 bis −21° (frisch: 2—3°)	1,4993 (71,5°) 1,5038 (60°) 1,5112 (41°)	1,516—1,524 (25°) (1,515—1,52; 25°)[3] 1,518—1,520 (20°) 1,520—1,525 (15°)	26,9[4]. Über 0,02025, meist 0,0207 bis 0,0208[5]	°ENGLER $E_{20} = 32$ bis 39° REDWOOD 1850 Sek. bei 15,5°	Rohöl: 825 bis 855; ³/₄ Stdn. auf 232° erhitzt: 1700 bis 1760
Fettsäuren	—	35—44° oft 39—40°	31—37°	—	1,491—1,495 (48°)[6]	—	—	—

Charakterist. Dispersionsspektrum: Bei Anwesenheit von Verfälschungen wird es z. T. ausgelöscht oder vollständig umgekehrt. Der Umkehrungspunkt wird zur Bestimmung benutzt.

---

[1] „Hankowöl" und „Cantonöl" sind Handelsbezeichnungen nach dem Sammelorte. Ca. ⁹/₁₀ der im Handel befindlichen Öle stammen von Aleurites Fordii.

[2] Je größer der Gehalt an freien Säuren, desto langsamer die Gelatinierung.

[3] Anforderungen der U. S. A. Soc. f. Testing Materials. Außer den obigen gelten noch folgende Grenzwerte: Säurezahl < 6; Gehalt an Unverseifbarem $< 0,75\%$.

[4] Im ZEISS-PULFRICHschen Refraktometer mit H-Rohr von ca. 2 mm Druck und einem Prisma von $n_D = 1,62197$ bei 40° bestimmt; Dispersion: $\frac{n_D - 1}{N_F - N_C}$.

[5] Werte nach TOCH.

[6] Abnahme um 0,000395 für je 1° Temperatursteigerung.

Chemische Kennzahlen.

	Verseifungszahl	Hehnerzahl	Jodzahl	R.-M.-Zahl	Rhodanzahl	Thermozahl
Öl	188—197	94,6—96,6	154—176 (nach HÜBL u. a.) 147—242 (nach HANUS)[1] 149—160 (nach KAUFMANN)[2]	0,4—0,7	78—87 (entspr. Jodzahlen von 149—160)	Brom-Th.-Z.: 21—25,6
Fettsäuren	190—203 Neutral.-Z.: 196—200	M. M.-Gew.: 281,4—285,8	160—180 „Wahre" Jodzahl: über 232	—	—	—

Bemerkungen zur Jodzahlbestimmung: Die Werte schwanken innerhalb weiter Grenzen je nach der Temperatur, der Zeitdauer der Ausführung, der Belichtung, dem Lösungsmittel und dem Verhältnis der Jodlösung zum Öl. Die in vielen Fällen zu niedrige Jodzahl erklärt sich durch die sterische Hinderung, welche die konjugierten Doppelbindungen der Eläostearinsäure der Anlagerung von Jod entgegensetzen.

Bromometrische Jodzahl der reinen β-Eläostearinsäure: 272—273 bei einer Einwirkungsdauer von 40—60 Min.; darüber hinaus erfolgt Substitution (Kaufmann).

Bestandteile: 2—7% gesättigte Säuren (in einem Falle 4,9% nach BERTRAM; davon 3,7% Palmitinsäure und 1,2% Stearinsäure); stark wechselnde Mengen Ölsäure (durchschnittlich 10—15%); vorwiegend die dreifach-ungesättigte α-Eläostearinsäure (bis zu ca. 80%); 1,3% Oxysäuren. 0,4 bis ca. 1% Unverseifbares. 10,4—10,6% Glycerin. Öl von Aleurites montana enthält angeblich Linolsäure.

Beispiele für die Zusammensetzung von chinesischen Holzölen.

Glyceride der Ölsäure	Eläostearinsäure — Glyceride	Glyceride gesättigter Säuren + Unverseifbares
—	72—75%	ca. 4%
8—10%	80—85%	—
Olein: 22,8%[3]	78,5%[3]	—
„ 7,6%[3]	83,9%[3]	8,5%[3]
„ 13,0%[3]	87,1%[3]	—

Nachweis: Charakteristischer Holzölgeruch, an dem auch alle Produkte aus Holzöl kenntlich sind. Von Farbenreaktionen sind die nach BECCHI und MILLIAU positiv, die nach HALPHEN negativ. Nach STORCH-MORAWSKI erhält man eine weinrote Färbung. Über spezifische Holzölreaktionen vgl. Bd. I, S. 294.

Eine ausgedehnte Verwendung findet (besonders in Amerika) die Reaktion von BROWNE (modifizierte BACON-Probe): 100 ccm des zu prüfenden Öls werden zwecks Neutralisation mit 5 g trockenem Calciumhydroxyd 15 Minuten verrührt und filtriert. Eine Probe von 5 ccm des neutralen Öls wird im Ölbad auf 540° F (= 282,2° C) erhitzt. Reines Öl soll nach längstens 12 Minuten erstarrt sein. Bei Gegenwart von 10% fremder Öle (z. B. Soja-, Baumwollsamenöl usw.) verlängert sich die Erstarrungszeit um $2^1/_2$ bis 3 Minuten (ebenso wirkt freie Säure verlängernd, daher die vorangehende Entsäuerung). Man kann zugleich mit dem entsäuerten auch das ursprüngliche sowie ein Vergleichsöl prüfen.

[1] Beispiel für die Abhängigkeit der Jodzahl von der Einwirkungsdauer einer Jodlösung nach HANUS: nach $^1/_4$ Stunde 146,5—162,5; nach 1 Stunde 220—240; nach 2 Stunden 242 (HOLDE). Mit WIJSscher Jodlösung erhielt STEGER nach 7tägiger Kontaktdauer eine „wahre" Jodzahl 224 für Holzöl.

[2] Die Absättigung von zwei Doppelbindungen erfolgt mit einer Lösung von Brom in Tetrachlorkohlenstoff bei Lichtabschluß; bei Bestrahlung mit ultraviolettem Licht sättigt Brom in Tetrachlorkohlenstofflösung drei Doppelbindungen ab (Jodzahlen von 225—237). Durch eine Lösung von Brom in Methanol bei Gegenwart von Natriumbromid und Jod erfolgt die Absättigung einer Doppelbindung („Partielle Jodzahl", Werte zwischen 80 und 84).

[3] Aus den Jod- und Rhodanzahlen berechnet.

Erkennung von Zusätzen.

Gurjunbalsam (sog. Malayisches Holzöl) wird mittels Zinnchlorür nachgewiesen[1].

Paraffinöl oder eines der folgenden fetten Öle lassen sich am raschesten durch Bestimmung der Brechungsindices und Dispersionswerte (u. U. auch der Dichte) ermitteln.

Öle der Gruppe A: Leinöl, Perillaöl, Stillingiaöl, Sojabohnenöl, Rüböl, Baumwollsamenöl, Maisöl, Erdnußöl, Teesamenöl.

Gruppe B: Chines. Talg, Menhadenöl u. dgl.

Holzöl bzw. Ölmischung	Dichte d_{15}^{15}	Grenzwerte der Lichtbrechung $n_D^{21,5}$	Dispersion bei 21,5°
Chines. Holzöl (2 Proben)	0,938—0,939	1,5181—1,5183	0,02073—0,02074
Holzöl und 5% Paraffinöl	0,934	1,5165	0,02019
„ „ 10% „	0,932	1,5149	0,01964
„ „ 15% „	0,928	1,5132	0,01933
Holzöl und 5% eines der Öle A	0,937—0,939	1,5156—1,5163	0,02005—0,02026
„ „ 10% „ „ „ „	0,936—0,939	1,5135—1,5146	0,01951—0,01990
„ „ 15% „ „ „ „	0,935—0,938	1,5110—1,5127	0,01879—0,01948
Holzöl und 5% eines der Öle B	0,938—0,941	1,5162—1,5169	0,02012—0,02033
„ „ 10% „ „ „ „	0,938—0,943	1,5138—1,5156	0,01970—0,01990
„ „ 15% „ „ „ „	0,938—0,945	1,5115—1,5140	0,01903—0,01955

Trockenvorgang.

Maximale Gewichtszunahme: 14,5—15,9%.

Trockenzeiten: Schnelles Vortrocknen[2] infolge Isomerisation im Lichte. Vorgekochte und andere besonders behandelte Holzöle können, bei gewöhnlicher Temperatur in dünner Schicht auf Glas aufgestrichen, schon nach 10—30 Minuten klebefrei trocken sein. Trockenzeit eines unvorbehandelten reinen Holzöles: 1—2 Tage.

Anstieg der Säurezahlen von Holzölaufstrichen:

Tage:	0	1	3	5	8	11	14	21	24	34	127
Säurezahl:	3,82	6,59	7,4	7,91	5,4	7,6	6,1	17,1	25,1	41,1	59,8

Im Vergleich zu anderen Ölen, vgl. S. 18, 31, 42 und 90, ist diese Erhöhung gering.

Eigenschaften der Holzölfilme: Fest, elastisch, unlöslich in Fettlösungsmitteln[3]. (Die Holzölfarben zeigen keinerlei Neigung zur Frühsprungbildung und nur schwaches Vergilben.) Verhalten der Filme beim Erhitzen: orangefarbig bei ca. 130°, rotbraun bei 180°, Verkohlen gegen 265°.

[1] 5 Tropfen des Öles werden in 5 ccm Eisessig gelöst und 2 ccm Zinnchlorürlösung hinzugefügt, dann schüttelt man kräftig und läßt stehen. Bei Anwesenheit von nur 5% Gurjunbalsam entsteht nach kurzer Zeit eine lachsrote bis blutrote Färbung. Taucht man nach dem Absetzen der Zinnchlorürlösung das Reagensglas in ein kochendes Wasserbad, so daß nur die letztere erhitzt wird, so zeigt eine nunmehr eintretende Rotfärbung die Anwesenheit von Sesamöl an.

[2] Holzöl trocknet rascher an, aber im allgemeinen langsamer durch als Leinöl.

[3] Die Löslichkeit ist eine viel geringere als die des Leinölfilms. Der Holzölfilm ist auch bedeutend härter als der Leinölfilm ohne dabei spröder zu sein; schließlich besitzt er eine geringere Quellfähigkeit, er ist überhaupt gegen Wasser viel weniger empfindlich als die Filme anderer trocknender Öle.

Bestandteile eines Holzölfilms: 83% in siedendem Aceton unlösliches Gel, 17% lösliches Sol.

Japanisches Holzöl.

Huile d'abrasin, Huile de bois du Japon — Japanese Tung oil — Olio di legno del Giappone.

Stammpflanze und Pflanzenfamilie	Verbreitung	Gehalt (% Öl) im Organ	Farbe	Besondere Merkmale
Aleurites cordata (Japan. yama Kiri oder abura Kiri) Fam.: Euphorbiaceae	Japan, subtropische Zone	Aus Samen-„Mus" durch Extraktion: 51%	Hellgoldgelb	Unterschied gegenüber Chines. Holzöl: gelatiniert nicht beim Erhitzen. 2 Stunden auf 150° erhitzt: viskos, aber nicht fest. Die Geschwindigkeit der Isomerisation durch Belichtung und Katalysatoren (Jod) beträgt nur ca. $^1/_3$ von der des Chines. Holzöls, s. a. u. „Trockenvorgang"

Bestandteile: Ölsäure; α-Eläostearinsäure; keine nennenswerten Mengen gesättigter Säuren.

Physikalische Kennzahlen.

	Dichte d_{15}^{15}	Schmelzpunkt	Erstarrungspunkt	Brechungs-Index n_D	Zähigkeit (Redwood)
Öl	(0,933–0,940)[1] 0,9351[2]	—	unter −17°	(1,5034—1,5086; 25°)[1] 1,505—1,508 (20°)[2]	1230—1620 Sek. (15,5° C)
Öl mit S.-Z. 0,9	0,9372 d^{20}: 0,929	—	—	1,4981 (25°)	Zwischen der des Chines. Holzöls u. der des Leinöls
Fettsäuren	—	30—49,4°	31—37°	—	

Chemische Kennzahlen.

	Verseifungszahl	Jodzahl	Brom-Th.-Z.
Öl	(185,1—197)[1]	(150—161,3)[1]	—
mit S.-Z. 0,9	193,2	150,2 (Wijs)	—
	(193,4—196,3)[2]	149—158[2]	24,5[2]

Trockenvorgang. 12 Stunden auf 200° erhitzt: weiche, schmierige, klebende Masse. Nach 43 Stunden Bildung eines trüben, weichen Films. Mit 10% Blei-Mangan-Sikkativ versetzt, nach 10 Stunden trocken.

Bingelkrautöle.

Samenöl von Mercurialis annua.

Huile de Mercuriale annuelle.

Stammpflanzen und Pflanzenfamilie	Verbreitung	Gehalt (% Öl) im Organ	Farbe bzw. Geschmack	Reaktionen. Anmerkung
Mercurialis annua und Mercurialis annua, var. ambigua Fam.: Euphorbiaceae	Europa Mittelmeergebiet	Samen extrahiert: 35—40%	Kalt gepr.: blaßgelb; süßlicher Geschmack. Geruch etwas an den der Pflanze erinnernd	Elaidinierung: negativ. — Die mit Petroläther extrah. Öle haben die gleichen Eigenschaften wie die gepreßten. Mit anderen Lösungsmitteln erhält man grünlich gefärbte Öle

Fettsäuren: 5,2% feste (u. a. Arachinsäure?); 94,8% flüssige. Lösliche Fettsäuren: 0,1—0,4% (berechnet als Buttersäure). — Unverseifbares: 0,5—0,9%.

[1] Anforderungen der U. S. A. Soc. f. Testing Materials.

[2] Kennzahlen eines Öles, dessen Stammpflanze fälschlich als Paulownia Imperialis (Japan. Abura Toi) angegeben wurde.

Physikalische Kennzahlen.

	Dichte d_{15}^{15}	Erstarrungspunkt	Brechungs-Index n_D	Krit. Lösungstemperatur	Opt. Drehungsverm.
Öl	0,9348—0,9370	−17,5°	1,4848—1,4861 (15°) 1,4833 (22°)	(Crismerzahl): 62,4—67,8°	$[\alpha]_D$: −8′
Fettsäuren	—	22,2°	1,4687 (40°) flüssige: 1,4790 (15°)	—	

Chemische Kennzahlen.

	Verseifungszahl	Hehnerzahl	Acetylzahl	Jodzahl	R.-M.-Zahl	Hexabrom. Glyceride
Öl	190,8—192,6	95,5—95,8	4,9—7,9 (LEWK.)	205,9—215,5 (WIJS) 203,0—212,4 (HÜBL)	0,1—1,4 Pol.-Zahl 0,1	(HEHNER und MITCHELL) 65,8—80,3%
Fettsäuren	Neutral.-Z.: 196,0	—	—	223,4 (WIJS) Innere Jodz.: 235,5 (WIJS)	—	

Freie Fettsäuren: 0,7—3% (ber. als Ölsäure).

Das Öl ist gut haltbar. Belichtung ohne Luftzutritt während 6 Wochen hatte keinen Einfluß auf die Kennzahlen. Langes Verweilen an der Luft (auch im Dunkeln) erzeugt jedoch Ranzigkeit und andere Veränderungen.

Samenöl von Mercurialis perennis.

Huile de Mercuriale vivace.

Stammpflanze und Pflanzenfamilie	Verbreitung	Gehalt (% Öl) im Organ	Farbe bzw. Geschmack	Reaktionen. Anmerkung
Mercurialis perennis Fam.: Euphorbiaceae	Europa	Samen (gepreßt oder extrahiert): 14—27%	Kalt gepr.: blaßgelb; süßer Geschmack; extrah.: grünlichgelb	Elaidinierung: negativ. Das Öl ist im Samen gut haltbar

Fettsäuren: 3,5% feste (u. a. Arachinsäure?); 96,5% flüssige. Lösliche Fettsäuren: 0,1% (ber. als Buttersäure). — Unverseifbares 0,7—1,7%.

Physikalische Kennzahlen.

	Dichte d_{15}^{15}	Erstarrungspunkt	Brechungs-Index n_D	Krit. Lösungstemperatur	Opt. Drehungsverm.
Öl	0,9343—0,937	−17,5°	1,4820 (22°) 1,4846—1,4857 (15°)	(Crismer-Zahl) 62,8—67,6°	$[\alpha]_D$: −6′
Fettsäuren	—	21,8°	1,4677 (40°) flüssige: 1,4772 (15°)	—	—

Chemische Kennzahlen.

	Verseifungszahl	Hehnerzahl	Acetylzahl	Jodzahl	R.-M.-Zahl	Hexabrom. Glyceride
Öl	190,2—191,9	95,7—96,5	9,8 (LEWKOWITSCH)	203,6—208,3 (WIJS) 201,2—205,3 (HÜBL)	0,2—1,0 Pol.-Zahl: 0,2	(HEHNER und MITCHELL): 54,2—58%
Fettsäuren	Neutral.-Z.: 198,0	—	—	213,3 (WIJS) Innere Jodzahl: 220,9	—	

Freie Fettsäuren: 0,4—4% (ber. als Ölsäure).

Samenöl von Mercurialis tomentosa.

Huile de Mercuriale tomenteuse.

Stammpflanze und Pflanzenfamilie	Verbreitung	Gehalt (% Öl) im Organ	Farbe bzw. Geschmack	Reaktionen
Mercurialis tomentosa Fam.: Euphorbiaceae	Mittelmeergebiet	Samen: 32—35%	Kaltgepreßt oder mit Petroläther extrahiert: hellgelb, süßlich	Elaidinierung: negativ

Fettsäuren eines gepreßten Öles: 4,1% feste (u. a. Arachinsäure?); 95,9% flüssige. In einem Falle 0,1% wasserlösliche Säuren (ber. als Buttersäure). — Unverseifbares: 0,8%.

Physikalische Kennzahlen.

	Dichte d_{15}^{15}	Erstarrungspunkt	Brechungs-Index n_D	Krit. Lösungstemperatur	Opt. Drehungsvermögen
Preßöl mit S.-Z. 3,4	0,935	−18°	1,4826 (22°) 1,4852 (15°)	(Crismerzahl): 62°	$[\alpha]_D$: −6′
Extrah. Öl (Petroläther)	0,934	—	1,4840 (15°)	—	—
Fettsäuren des Preßöles	—	20,8°	1,4677 (40°) flüssige: 1,4780 (15°)	—	—

Chemische Kennzahlen.

	Verseifungszahl	Hehnerzahl	Acetylzahl	Jodzahl	R.-M.-Zahl	Pol.-Zahl	Hexabrom. Glyceride
Preßöl	191,3	95,8	12,5 (Lewk.)	204,4 (Hübl) 208,1 (Wijs)	0,3	0,3	(Hehner und Mitchell) 68,3%
Extrah. Öl mit S.-Z. 3,7	191,4	—	—	201,5 (Wijs)	0,2	—	52,4%
Fettsäuren des Preßöles	Neutral.-Z.: 197,3	—	—	215,3 (Wijs) Innere Jodzahl: 224,4	—	—	

Trockeneigenschaften der Mercurialis-Öle: Fester, elastischer, durchscheinender, farbloser Film bildet sich bei gewöhnlicher Temp. nach 24—36 Stunden; im Sonnenlicht nach 2—3 Stunden; bei 105° nach 25—30 Minuten. — Auch durch Extraktion erhält man Öle, die beim Stehen keine Abscheidung geben und andererseits Filme liefern, die lichtbeständig und in Fettlösungsmitteln unlöslich sind.

Kautschukbaumsamenöl.

(Paragummibaumöl.)

Huile d'Hevea — Para rubber tree seed oil, Rubber seed oil — Olio d'albero di cacciù.

Stammpflanze und Pflanzenfamilie	Verbreitung	Gehalt (% Öl) im Organ	Farbe bzw. Geschmack	Reaktion. Besondere Merkmale
Hevea brasiliensis, Müller Arg. Fam.: Euphorbiaceae	Brasilien, Ostindien, Ceylon, Malayenstaaten, Ostafrika	Lufttrock. Samen mit Petroläther extrahiert: 23,5—31,4%. Kern (Mandel): 51,8—53,3%. Mit Äther extrahiert: 41,3 bis 48,9%. Durch Pressen gewonnen: 33%	Oft stark gefärbt. Mit Petroläther extrahiert: hellgelb; mit Äther: olivgrün. Geruch angenehm, zuweilen leinölartig. Geschmack je nach Säuregehalt mild, nußähnlich bis unangenehm kratzend	Mit Essigsäureanhydrid und 1 Tropfen Schwefelsäure: olivgrün. — Samen enthalten fettspaltendes Enzym, daher werden beim Pressen oft stark saure Öle erhalten. Der Latexgehalt der Bäume und ihr Fruchtreichtum stehen im umgekehrten Verhältnis zueinander

Fettsäuren: 14% gesättigte Säuren (Palmitin-, Stearinsäure); 86% ungesättigte Säuren, davon 32,6% Öl-; 50,9% Linol-; 2,5% Linolensäure. Nach einer anderen Angabe: 16,5% feste, 74,8% flüssige Fettsäuren. Glycerinausbeute: 9,5—9,6%. Unverseifbares: 0,7—1%.

Physikalische Kennzahlen.

	Dichte d_{15}^{15}	Schmelzpunkt	Erstarrungspunkt	Lichtbrechung B.-Refr. Sk. T.	Lichtbrechung Brechungs-Index n_D
Öl	0,9225—0,9316 d^{18}: 0,9219 d^{20}: 0,9232	26°	21°	62 (40°) 69,5 (27,5°) 75 (25°)	1,4661—1,4681 (40°) 1,4698 (30°) 1,4733 (25°)
Fettsäuren	—	—	27° (15—33°)	—	—

Aus dem Ätherextrakt scheiden sich bei 15° feste Glyceride ab. Beim Erwärmen und Wiederabkühlen tritt die Abscheidung schon bei 21° ein.

Chemische Kennzahlen.

	Verseifungszahl	Hehnerzahl	Acetylzahl	Jodzahl	R.-M.-Zahl
Öl	185,6—198,1 mit Äther extrahiertes Öl: 206,1	95,1—96,4	27,9* 30,6**	121,2—144 mit Petroläther extrahierte Öle: 127,6—128,3	0,3—0,5
Fettsäuren	Neutral.-Z.: 185	M. M.-Gew.: 303	—	127,3 Inn. Jodz.: 154,2—155,2	—

Bei Rohölen wurden Säurezahlen von 10 bis über 50 gefunden; die mit * bezeichnete Acetylzahl stammt von einem Öl mit der Säurezahl 56,4; ** von einem Öl mit Säurezahl 34,3 (Unverseifbares ca. 1%).

Durchschnittliche Trockenzeit des unvorbehandelten Öles: 12 Tage. Eine Angabe über das Trocknen lautet: „54 Stunden, aber nicht so fest wie Leinöl."

Curcasöl.

(Purgiernußöl, Heilnußöl, Höllenöl, Kurkasöl.)

Huile de pulghère (pignon d'Inde) — Curcas oil, Purging nut oil, Physic nut oil — Olio di Curcas.

Stammpflanze und Pflanzenfamilie	Verbreitung	Gehalt (% Öl) im Organ	Farbe bzw. Geschmack	Reaktion. Besondere Merkmale
Jatropha curcas Fam.: Euphorbiaceae	Tropisch. Amerika, auch in anderen tropisch. Ländern kultiviert	Samen[1]: 34 bis 37%; Kern: 48 bis 57% (kalt gepreßt: 16,5%; dann heiß: 18%; dann extrahiert: 13,5%.) Schale: 2,5%	Frisch gepreßt: hellgelb, beim Lagern rötlich werdend. Extrah.: hellbraun. Mild, dann kratzend; eigentümlich unangenehmer Geruch	Elaidinierung: rotbraune Masse. Das Öl enthält einen harzartigen Bitterstoff. Die purgierende Wirkung liegt zwischen der des Crotonöles und der des Ricinusöles. „Rasch trocknend"

Fettsäuren: ca. 10% feste Säuren (u. a. Myristin- und Palmitinsäure); ca. 90% flüssige Säuren (Ölsäure und Linolsäure). — 0,5—1,1% Unverseifbares. Gibt 10,2% Glycerin.

Physikalische Kennzahlen.

	Dichte d_{15}^{15}	Schmelzpunkt	Erstarrungspunkt	Lichtbrechung B.-Refr. Sk. T.	Lichtbrechung Brechungs-Index n_D	Zähigkeit
Öl	0,911—0,924	—4 bis —9°	—7 bis —9°	56,5 (40°) 65 (25°)	1,4610—1,4618 (40°) 1,4681—1,4687 (25°)	°ENGLER: E_{20} = 9,6 REDWOOD: 284—298 Sek. (70° F)
Fettsäuren	—	24—30,5° (15—18°)	24—28,6° (13—16°)	—	1,4614—1,4625 (40°)	

[1] Die Samen enthalten eine Lipase, die aber weniger wirksam ist als die des Ricinusöles.

Das Öl gibt nach längerem Stehen bei 12° C eine geringe Abscheidung. Schmelzpunkt der festen Säuren: 57,5°.

Löslichkeit: In 100 Raumteilen absol. Alkohols lösen sich bei 15,5°: 2,2 Teile Curcasöl. Das Öl ist in kaltem Eisessig unlöslich, in heißem löslich. — Farbe der Fettsäuren aus kalt gepreßtem Öl: rein weiß; aus heiß gepreßtem Öl: gelbweiß; aus extrahiertem Öl: gelb.

Chemische Kennzahlen.

	Verseifungszahl	Hehnerzahl	Acetylzahl	Jodzahl	R.-M.-Zahl	Pol.-Zahl	Thermozahl
Öl	190—210	95,5—95,8	7,5—9,8 (18—35)	98—110 (89)	0,1 bis 0,9	0,2	(MAUMENÉ) 65—68
Fettsäuren	Neutral.-Z.: 192—208	—	—	98—105	—	—	—

Säurezahlen: zwischen 0,6 und 8,5.

Samenöl von Jatropha glandulifera.

Stammpflanze und Pflanzenfamilie	Verbreitung	Gehalt (% Öl) im Organ	Farbe	Anmerkung
Jatropha glandulifera Fam.: Euphorbiaceae	Indien (vorwiegend Bengalen und Birma), tropisches Afrika	Samen: 21,3%	Strohgelb	Purgierend

Physikalische Kennzahlen.

	Dichte d_{15}^{15}	Schmelzpunkt	Erstarrungspunkt	Lichtbrechung B.-Refr. Sk. T.
Öl	0,963	—	−5°	68,5 (40°) 76,5 (25°)
Fettsäuren	—	35°	—	—

Chemische Kennzahlen.

	Verseifungszahl	Hehnerzahl [1]	Jodzahl	R.-M.-Zahl	Pol.-Zahl
Öl	194,5	89,1—90,4	—	4,0	0,4
Fettsäuren	Neutral.-Z.: 187,3 [2]	M. M.-Gew.: 299,4	119,6	—	—

Eine Probe enthielt 1,4% Unverseifbares.

Samenöl von Jatropha mahafalensis.

„Betrata"oil.

Stammpflanze und Pflanzenfamilie	Verbreitung	Gehalt (% Öl) im Organ	Farbe	Anmerkung
Jatropha mahafalensis Fam.: Euphorbiaceae	Südliches Madagascar	Samen: 44,6%. Kern: 57,6%; durch erste, kalte Pressung 24%; weitere heiße Pressung: 16%; im ganzen 40% durch Pressung	Gelblich oder hellgoldgelb; manchmal schwach fluoreszierend	Das Öl enthält keine Alkaloide

Bestandteile. Von Fettsäuren: ca. 5,6% gesättigte; 94,4% ungesättigte. 0,8% Unverseifbares. Gibt 9,3% Glycerin.

[1] Wahrscheinlich beziehen sich die niedrigen Werte auf die wasserunlöslichen Säuren (ohne Unverseifbares).

[2] Die Neutralisationszahl der (wasserunlöslichen) Fettsäuren ist auffallend niedrig, findet aber ihre Erklärung in der hohen R.-M.-Zahl und der niedrigen Hehnerzahl des Öles.

Physikalische Kennzahlen.

	Dichte d_{15}^{15}	Schmelzpunkt	Brechungs-Index n_D
Öl	0,920—0,9213	—	1,4648 (20°)
Fettsäuren	—	21°	—

Chemische Kennzahlen.

	Verseifungszahl	Hehnerzahl	Acetylzahl	Jodzahl	R.-M.-Zahl	Thermozahl
Öl	188,4—194	—	17—28,9	107,4—111,8	0,6	(MAUMENÉ) 61
Fettsäuren	Neutral.-Z.: 196,8	M. M.-Gew.: 284,2	—	Durchschn.-Wert: 110	—	Brom.-Th.-Zahl: 19,1

Trockenzeit (bei 50°): 26 Stunden.

Plukenetiaöl.

(N'gartöl.)

Huile de Plukenetia — N'gart oil — Olio N'gart.

Stammpflanze und Pflanzenfamilie	Verbreitung	Gehalt (% Öl) im Organ	Farbe bzw. Geschmack	Reaktionen. Besondere Merkmale
Plukenetia conophora, MÜLLER ARG. Fam.: Euphorbiaceae	Tropisch. Afrika, besonders Kamerun	Samen: 53,5—59%. Durch Pressung gew.: 35%; mit nachfolgend. Extraktion: 50%	Goldgelb; Geschmack ähnlich dem des Leinöls; Geruch etwas an den des Leinöls oder Nußöles erinnernd	MORAWSKI: rotbraun. BAUDOUIN und HALPHEN: negativ. Schütteln mit Schwefelsäure: gelbbraun. — Beim Erhitzen auf 300° Gelatinierung (holzölähnlich) innerhalb von 6 Stunden, bei 250° nach 35 Stunden. Leichtflüssig, kältebeständig

Das Trockenvermögen entspricht dem des besten russischen Leinöls; die Zähigkeit ist geringer als die des Leinöls. Das Öl läuft auf Glas tropfenartig zusammen; diese Eigenschaft (beobachtet an einem Muster mit der Säurezahl 34,3) kann durch Entsäuern aufgehoben werden.

Physikalische Kennzahlen.

	Dichte d_{15}^{15}	Schmelzpunkt	Erstarrungsintervall	Lichtbrechung B.-Refr. Sk. T.	Lichtbrechung Brechungs-Index n_D	Zähigkeit °ENGLER	Optisches Drehungsvermögen
Öl	0,9354 bis 0,9409	—	Bei −15° klarflüssig; bei −21 bis −27° trübe; bei −33° dünnsalbig	84,2 (25°)	1,481 (20°) 1,4830 (17,5°) 1,4835 bis 1,4843 (15°)	$E_{20} = 5,61$ [1] $E_{20} = 6,53$ [2] spezifische Zähigkeit: 20,72 [1] 24,28 [2] (Wasser von 0° = 1)	$[\alpha]_D = +0,4°$
Fettsäuren aus extrahiertem Öl [3]	—	24—28°, Hauptmenge bei 25°	—	—	—		

[1] Äther-extrahiert, im Wasserstoffstrom von Äther befreit; bei 105° getrocknet.
[2] Kalt gepreßt.
[3] Flüssig mit festen Krystallausscheidungen, hellgelb gefärbt.

Chemische Kennzahlen.

	Verseifungszahl	Hehnerzahl	Hexabromidzahl	Jodzahl	R.-M.-Zahl	Pol.-Zahl
Öl	190—192	95,7	—	198—204 (WIJS) 195* (HÜBL) 200** (HÜBL)	0,5—1,0	0,2—0,3
Fettsäuren	201,6 Neutral.-Z: 199,4	M. M.-Gew.: 278,5—280,3	47,7 (Schmelzpunkt der Hexabromide: 177—178°)	211,4 (WIJS) 199 (HÜBL)	—	—

Ein Öl mit Säurezahl 34,3 enthielt ca. 3% Petroläther-unlösliche Oxysäuren und 0,2% Unverseifbares. — Die mit * bezeichnete Jodzahl stammte von einem Äther-extrahierten Muster, die mit ** gekennzeichnete von einem kalt gepreßten Öl.

Trockenvorgang. Gewichtszunahme nach WEGER: 29,9% nach 96 Stunden. Trockenzeit: Nach 4 Tagen klebefrei (im Sommer); nach 6 Tagen (im Winter); bei 50° nach 18 Stunden. Die Filme verhalten sich beim Erhitzen ähnlich wie die des Leinöls.

Essangöl.

(Nsa-sana-öl, Sanga-sanga-öl, Enguessangöl.)

Huile d'essang — Nsa-sana oil — Olio di essang.

Stammpflanze und Pflanzenfamilie	Verbreitung	Gehalt (% Öl) im Organ	Farbe bzw. Geschmack	Reaktion. Bes. Merkmal
Ricinodendron Heudelotii oder Ric. africanum, MÜLLER ARG. Fam.: Euphorbiaceae	Westküste u. Tropenregion Afrikas	Samen („Sanganüsse")[1]: 14—18,5%. Kern: 47—55%; Trockensubstanz: 67%. Durch Pressung gew.: 50%	Hellgelb. Preßöl: angenehmer Geruch u. Geschm. Äther-extrah. Öl: erdiger Nachgeschmack	Elaidinierung: dickflüssige, gelblichrote Masse. Mit einer Lösung von Jod in Chloroform behandelt, erstarrt das Öl zu einer Gallerte

Fettsäuren: 30% feste Säuren (Palmitin-, Myristinsäure?). 70% flüssige Säuren (Öl- und Linolsäure). Eine Probe gab 9,8% Glycerin.

Physikalische Kennzahlen.

	Dichte d_{15}^{15}	Schmelzpunkt	Erstarrungspunkt	Brechungs-Index n_D	Opt. Drehungsverm.	Krit. Lösungstemperatur
Öl	0,9345—0,937 d^{20}: 0,932	—	frisch gepreßt: −22°	Preßöl: 1,5068 (17,5°) Äther-extrah.: 1,5028 (19,5°) 1,5070 (17,5°)	$[\alpha]_D = +0,04°$	(absoluter Alkohol) 90,2°
Fettsäuren	—	43° (32,3 bis 34,5°)	34,5—35,7°	—	—	—

Bei längerem Stehen erstarrt das Öl bei gewöhnlicher Temperatur zu salbenartiger Konsistenz.

[1] Nach freundlicher Privatmitteilung des Kolonial-Wirtschaftlichen Komitees in Berlin vom 17. Oktober 1927 stammen die sogenannten Ojok-Früchte von Ricinodendron Heudelotii, sind daher mit den „Sanganüssen" identisch.

Chemische Kennzahlen.

	Verseifungszahl	Hehnerzahl	Acetylzahl	Jodzahl	R.-M.-Zahl	Thermozahl (MAUMENÉ)
Öl	184,7—191,6 auch 194,4	94,1—95,8	—	146,1—148,2	1,5—1,9	79
Fettsäuren	—	—	27,6	151,4	—	—

Säurezahlen der Öle: zwischen 0,9 und 16,8.

Trockenvorgang: Schon nach eintägiger Einwirkung von Luft auf dünne Schichten des Öles bildet sich ein durchscheinender Film; die Gewichtszunahme beträgt aber auch nach 3 Tagen erst 0,2%. Der Film trübt sich immer mehr, nach 12 Tagen vollkommen; Gewichts-Zunahme: 9,4%. Maximale Zunahme nach 18 Tagen: 11,3%. In einem anderen Falle trat die Trübung später ein, ebenso der Anstieg der sog. Sauerstoffzahlen. Maximum bei 15—18°: 10,6%. Bei 28°: vollständig trüb nach 2 Tagen, maximale Gew.-Zunahme nach 2 Tagen: 4,5%. Bei 50°: Trübung ebenso, maximale Gew.-Zunahme nach 2 Tagen 7,2%. nach 4 Tagen nur 6,3%. Bei 100°: Zunahme nach 2 Tagen: 0,6%. Der Trockenvorgang sowie das Verhalten des Öles beim Behandeln mit Jod in Chloroform sind dem des japanischen Holzöles sehr ähnlich.

Mankettinußöl.

(Munkuettiöl.)

Huile de Manketti — Manketti oil, Munkuetti oil — Olio di Manketti.

Stammpflanze und Pflanzenfamilie	Verbreitung	Gehalt (% Öl) im Organ	Farbe bzw. Geschmack	Reaktionen. Anmerkung
Ricinodendron Rautanenii (Mankettibaum) Fam.: Euphorbiaceae	Deutsch-Südwest-Afrika, Okowangogebiet	Kern (= 10% der Frucht), mit Äther extrah.: 51,5%; ungeschält: 32,3%	Hellgelb; angenehm nußartiger Geschmack und Geruch	BELLIER, HALPHEN und BAUDOUIN: negativ. Das Öl ist optisch inaktiv

Hauptbestandteil: Linolsäure. Das Öl gibt keine ätherunlöslichen Hexabromide.

Physikalische Kennzahlen.

	Dichte d_{15}^{15}	Schmelzpunkt	Erstarrungspunkt	Lichtbrechung B.-Refr. Sk. T.	Lichtbrechung Brechungs-Index n_D
Öl	0,9286—0,9306	—	−8 bis −10°	82—84 (40°) 93 (25°)	1,4805 (15°)
Fettsäuren	—	39—41°	35—36°	69 (40°)	1,4694 (50°)

Chemische Kennzahlen.

	Verseifungszahl	Hehnerzahl	Acetylzahl	Jodzahl	R.-M.-Zahl	Pol.-Zahl
Öl	193,3—195,2	94,8—95,8	—	128,6—130,4 (HÜBL) 134,8 (WIJS)	0,8—1,2	0,4—0,6
Fettsäuren	204,5 Neutral.-Z.: 196,5	M. M.-Gew.: 281—285,6	18,4	135,7 (HÜBL) 137,6—140,7 (WIJS)	—	—

Säurezahlen: zwischen 0,6 und 0,9. Unverseifbares: 0,9. Gewichtszunahme nach LIVACHE: 9,9—10,1%. Das Rohöl scheidet ein halbfestes Fett aus, dessen Kennzahlen in einem Falle die folgenden waren: Schmelzpunkt 33°; Verseifungszahl 195,2; Jodzahl 90,3.

Manihotöl.

(Manicobanußöl.)

Huile de Manihot — Manihot oil, Ceara Rubber seed oil — Olio di Manihot.

Stammpflanzen und Pflanzenfamilie	Verbreitung	Gehalt (% Öl) im Organ[1]	Farbe bzw. Geschmack	Reaktionen
Manihot Glaciovii, MÜLL. ARG. (Ceara-Kautschukbaum), Manihot dichotoma, Manihot piauhyensis. Fam.: Euphorbiaceae	Heimat: Brasilien (Ceara). In fast allen Tropenländern kultiviert, insbesondere Afrika, Java, Ostindien	Samen: 10 bis 16%, davon ca. $^1/_{10}$ aus d. Schale. Kern: 41,3 bis 50,2%; trocken 53,7% (mittels Äther extrah.)	Goldgelb od. gelbgrün; Geschmack und Geruch angenehm nußartig od. olivenölartig. Geschmack manchmal etwas bitter	Elaidinierung: negativ. BELLIER: tiefblau. Rohöl gibt beim Erhitzen mit 1—2% Manganresinat Rosafärbung

Bestandteile: von den Fettsäuren sind ca. 11% fest, 89% flüssig (wenig Ölsäure, vorwiegend Linolsäure). Unverseifbares: 0,3—1,1%. Glycerinausbeute: 9,6—10,6%. Das Öl gibt keine ätherunlöslichen Hexabromide.

Physikalische Kennzahlen.

	Dichte d_{15}^{15}	Schmelzpunkt	Erstarrungspunkt	Lichtbrechung B.-Refr. Sk. T.	Lichtbrechung Brechungs-Index n_D
Öl	0,9225—0,9265	—	Trübung bei +4°; bei −17° noch nicht fest	61,8—62,9 (40°) 70,2 (25°)	1,4661—1,4681 (40°) 1,4742 (20°)
Fettsäuren	d^{25}: 0,8984	23—25,8° feste Säuren: 54°	20,5—23,5°	47,3 (40°) 55,4 (25°)	1,4549—1,4575 (40°) 1,4681 (40°)[2]

Chemische Kennzahlen.

	Verseifungszahl	Hehnerzahl	Acetylzahl	Jodzahl	R.-M.-Zahl	Pol.-Zahl
Öl	187,5—194	95,1—95,8	—	133,1—144,1, auch 117,6 —137 (HÜBL)	0,4 bis 0,7	0,5
Fettsäuren wasserunlösliche	200,1—202,6 Neutral.-Z.: 197,6 188,3—189,9	M. M.-Gew.: 280,9 295,6—298,3	20,7 —	131,6—145,3 Innere Jodz.: 162,5—163,6	— —	— —

Säurezahlen: zwischen 0,6 und 5,7.

Trockenvorgang. Gewichtszunahme nach LIVACHE:

Tage:	2	3	4	5	6	7
Zunahme in %:	0,82	5,79	8,33	8,36	8,41	8,88.

Trockenzeit bei Zimmertemperatur: einige Wochen; bei 55°: 10 Stunden.

[1] In den Samen von Manihot utilissima sind ca. 23% eines gelblichen, bisher nicht näher untersuchten Öles enthalten.

[2] Von Manihot piauhyensis.

Stillingiaöl.

(Talgsamenöl.)

Huile de Stillingia — Stillingia oil (Tallow seed oil) — Olio di stillingia.

Stammpflanze und Pflanzenfamilie	Verbreitung	Gehalt (% Öl) im Organ	Farbe bzw. Geschmack	Reaktionen. Anmerkung
Sapium sebiferum Roxb. = Stillingia sebifera Willd. (Croton sebif., L.) Chines. Talgbaum Fam.: Euphorbiaceae	China, Süd-Japan, Ost-Indien, Ver. Staaten v. Amerika (Süd-Carolina)	Ganzer Samen mit Belag: 60 bis 68% Fette[1]. Kern: 40% Öl; Durch Pressen meist nur ca. 20% gewonnen	Hellgelb bis braun. Eigenartiger Geruch und Geschmack, an Leinöl und Senf erinnernd	Bellier: blau. Mit Schwefelsäure keine beständige Farbenreaktion. — Die beiden im Samen enthaltenen Fette lassen sich bei der Verarbeitung oft nicht scharf trennen, daher zeigen die Handelsprodukte stark schwankende Kennzahlen. Das Öl ist nicht giftig

Bestandteile: u. a. 2,7% wasserlösliche Fettsäuren (berechnet in % Buttersäure); Linolensäure oder eine andere dreifach ungesättigte Säure (s. Hexabromidzahl). 0,44 bis 1,5% Unverseifbares.

Physikalische Kennzahlen.

	Dichte d_{15}^{15}	Schmelzpunkt	Erstarrungspunkt	Lichtbrechung B.-Refr. Sk. T.	Lichtbrechung Brechungs-Index n_D	Dispersion	Optisches Drehungsvermögen	Zähigkeit
Öl	0,9432 bis 0,9458 ($d^{15,5}$: 0,9395) d^{27}: 0,9370 d^{100}: 0,8737	—	—	75 (35°) 89,1 (20°)	Kalt gepreßt: 1,4812 (50°) 1,4825 (23,5°) 1,4835 (23°)	0,01114 nach Toch	$[\alpha]_D = -6°$ bis $-6° 45'$ (entspr. 29,9 Saccharim.°). Nach anderer Angabe: $[\alpha]_D^{16} = -18,6°$	ca. $^3/_4$ von der des Rüböls, s. S. 45
Fettsäuren	—	14,5°	12,2°	59,2 (40°)	—	—		

Die Fettsäuren trennen sich beim Stehen in einen flüssigen und einen festen Anteil. Löslichkeit: 1 Liter abs. Alkohol löst bei gewöhnlicher Temperatur 42,8 g neutrales Öl bzw. 48,9 g Öl, das 6,2% freie Fettsäuren enthält.

Chemische Kennzahlen.

	Verseifungszahl	Hehnerzahl	Acetylzahl	Jodzahl	R.-M.-Zahl	Pol.-Zahl	Hexabromidzahl	Thermozahl
Öl	203,8 bis 210,4	94,4—95,3	—	145,6—166,6	ca. 1	0,8	20,0 (Schmp. der Hexabromide: 173°)	Maumené 136,5
kalt gepreßt:	205,3	91,2 (?)	—	158,7 (Hanus)	—	—		—
Fettsäuren	209,5 Neutral.-Z.: 210,5—214,2	M. M.-Gew.: 272—274,1	(28,7)	161,9 (Hübl) bis 165,0; 181,8 (Wijs) Innere Jodzahl: 178,1 (Hübl) 191,1 (Wijs)	—	—	25,8% hexabromierte Säuren, Schmp. 171,1°	—
	Wasserunlösl. Säuren aus kalt gepreßtem Öl: Neutral.-Z.: 182,1 M. M.-Gew.: 308,1							

Säurezahlen: zwischen 6 und 12. Gewichtszunahme (Livache): 8,7% nach 2 Tagen; 12,2—12,5% nach 8 Tagen.

[1] Die Samen führen zwei verschiedene Fette: als äußeren Belag ein festes Fett (Chines. Talg, s. S. 271) und im Innern des Kernes das Stillingiaöl.

Samenöl von Euphorbia gregaria.

Stammpflanze und Pflanzenfamilie	Verbreitung	Gehalt (% Öl) im Organ	Farbe bzw. Geschmack
Euphorbia gregaria Fam.: Euphorbiaceae	Südwestafrika	Samen, extrahiert: 40,8%; gepreßt: 20,9%	Hellgelb; Geschmack zunächst mild, dann kratzend und brennend

Physikalische Kennzahlen.

	Dichte d_{15}^{15}	Schmelzpunkt	Erstarrungspunkt	Lichtbrechung B.-Refr. Sk. T.
Öl	0,9378	6—7°	−7 bis −8°	71,5 (25°)
Fettsäuren	—	35—37°	28—32°	—

Chemische Kennzahlen.

	Verseifungszahl	Hehnerzahl	Jodzahl	R.-M.-Zahl	Pol.-Zahl
Öl, extrahiert	179,5	—	103,6	—	—
Öl, gepreßt	186,0	95,9	107,9	2,7	0,3

Samenöl von Euphorbia cyparissias.

Huile d'Euphorbe cyprès.

Stammpflanze und Pflanzenfamilie	Verbreitung	Gehalt (% Öl) im Organ	Farbe bzw. Geschmack	Reaktionen. Merkmale[1]
Euphorbia cyparissias Fam.: Euphorbiaceae	Europa (Frankreich)	Samen: ca. 33,7% (27,5—37,4%)	Kalt gepreßt: blaßgelb; extrahierte Öle manchmal grünlich; Geschmack mild, dann brennend	Elaidinierung sowie Reaktion von HALPHEN: negativ. TOCHER: dunkelrot. BELLIER: Öl dunkelviolett, Säureschicht: gelb. — Gibt keine Abscheidung. Wirkt purgierend

Physikalische Kennzahlen[1].

	Dichte d_{15}^{15}	Erstarrungspunkt	Brechungs-Index n_D	Optisches Drehungsvermögen	Löslichkeit (Crismerzahl)
Öl	0,937—0,9396	−37°	1,4848—1,4861 (15°) 1,4835 (22°)	$[\alpha]_D = +2° 50'$	In Alkohol (0,7967): 62°
Fettsäuren	—	—	1,4739 (22°)	—	—

Chemische Kennzahlen[1].

	Verseifungszahl	Hehnerzahl	Acetylzahl (ANDRÉ)	Jodzahl (WIJS)	R.-M.-Zahl	Pol.-Zahl	Hexabromierte Glyceride
Öl	196	94,3	7,2	195,8—204,8	3,5	0,5	47,7% (HEHNER und MITCHELL)
Fettsäuren	Neutral.-Z.: 199,5	—	—	215,4	—	—	

Säuregehalt (ausgedrückt in % Ölsäure): 0,9—1,6% (einige Monate alte Öle); 8,3—8,6% (mehrere Jahre alte Öle). Unverseifbares: ca. 1%. Maximale Gewichtszunahme beim Trocknen (BISHOP): ca. 20%.

[1] Eigenschaften und Kennzahlen kalt gepreßter Öle.

Öl von Euphorbia amygdaloides (1). Öl von Euphorbia helioscopia (2).

Huile d'Euphorbe amandier. Huile d'Euphorbe réveille-matin.

Stammpflanzen und Pflanzenfamilie	Verbreitung	Gehalt (% Öl) im Organ	Farbe bzw. Geschmack	Reaktionen. Bes. Merkmale
(1) Euphorbia amygdaloides L. = E. sylvatica (2) Euphorbia helioscopia Fam.: Euphorbiaceae	Europa (Frankreich) Europa, nördl. Asien	Samen: 28,9% (22,2 bis 32,6%)[1] Samen: 32,6% (31,8 bis 33,3%)	(1) und (2) kalt gepreßt: blaßgelb. (1) Geschmack anfangs süß, dann bitter, (2) angenehmer Geschm. (1) und (2): mit Petroläther bzw. Äther extrahierte Öle verhalten sich wie die gepreßten. Die Extraktion mit anderen Lösungsmitteln liefert bei (2) grünliche Öle	(1) und (2): Elaidinierung sowie Reaktion von HALPHEN: negativ. BELLIER: Mischung violett, Säureschicht gelb. (1) Reakt. von TOCHER: weinrot. (1) und (2) wirken purgierend. Die beiden Öle sind einander sehr ähnlich; (1) trocknet viel langsamer

Bestandteile: Die Öle (1) und (2) enthalten u. a. 0,28 bzw. 0,06% wasserunlösliche Fettsäuren, ber. als % Buttersäure. Der Gehalt an Unverseifbarem beträgt bei Öl (1) 0,9%; bei Öl (2) 0,7%.

Physikalische Kennzahlen.

	Dichte d_{15}^{15}	Erstarrungspunkt	Brechungs-Index n_D	Optisches Drehungsvermögen	Löslichkeit (Crismerzahl)
(1) Öl, S.-Z. = 2,1	0,9359	−30°	1,4810 (22°) 1,4836 (15°)	$[\alpha]_D = +36'$	Kritische Lösungstemp. in Alkohol (0,7967): (1) 64° (2) 64,6°
7 verschiedene Ölproben	0,9357—0,9368	—	1,4836—1,4846 (15°)		
(2) Öl, S.-Z. = 0,6	0,9346	−28°	1,4821 (22°) 1,4847 (15°)	$[\alpha]_D = +8'$	
6 verschiedene Ölproben	0,9343—0,9352	—	1,4845—1,4850 (15°)		
Fettsäuren Öl (1)	—	—	1,4721 (22°) flüssige: 1,4751 (15°)	—	—
von Öl (2)	—	—	1,4670 (40°)	—	—

Absorptionsspektrum (5 cm): in beiden Fällen 3 schmale Banden.

Chemische Kennzahlen.

	Verseifungszahl	Hehnerzahl	Acetylzahl (ANDRÉ)	Jodzahl (WIJS)	R.-M.-Zahl	Pol.-Zahl	Hexabromierte Glyceride
(1) Öl, S.-Z. = 2,1	194,0	95,85	5,8	192,1	1,0	0,4	(HEHNER u. MITCHELL) 39,7% (1) 58,4% (2)
7 verschiedene Ölproben[1]	—	—	—	189,5—197,6	—	—	
(2) Öl, S.-Z. = 0,6	191,1	95,67	5,6	204,4	0,1	0,2	
6 verschiedene Ölproben[2]	—	—	—	202,6—205,4	—	—	
Fettsäuren Öl (1)	Neutral.-Z.: 198,0	—	—	(1) 201,0 Innere J.Z.: 207,1	—	—	—
von Öl (2)	—	—	—	(2) 213,5	—	—	—

Maximale Gewichtszunahme beim Trocknen (BISHOP): Öl (1) 20%; Öl (2) 19,5%.

[1] Französische Ölproben, zu verschiedenen Zeiten aus Samen ungleichen Alters (zwischen 1 Monat und 10 Jahren) gewonnen. Ölgehalt stark wechselnd. Öl in den Samen unterliegt beim Lagern nur unbedeutenden Veränderungen. Säurezahlen zwischen 1,1 und 4,9.

[2] Unterschiede gegenüber den Proben von Öl (1): Ölgehalt gleichbleibend. Säurezahlen auch gleichmäßiger: zwischen 0,2 und 1,7.

Andere Öle der Gattung Euphorbia[1].

Stammpflanzen	Verbreitung	Gehalt (% Öl) im Organ	Farbe	Anmerkung
(1) E. exigua (2) E. peplus (3) E. stricta (4) E. verrucosa	Europa	Samen: 14—40%	Strohgelb bis goldgelb	Die Öle waren durch Extraktion mit Petroläther oder durch Pressung gewonnen

Physikalische und chemische Kennzahlen.

	Dichte d_{15}^{15}	Brechungs-Index n_D^{15}	Jodzahl (WIJS)	Hexabromierte Glyceride
Öl (1)	0,936	1,4858	209,2	60%
Öl (2)	0,935	1,4849	201,9	51%
Öl (3)	0,936	1,4856	212,0	62%
Öl (4)	0,935	1,4850	205,4	54%

Die Samenöle der folgenden, bisher nicht näher untersuchten Arten zeigen durchwegs Jodzahlen über 190 (Bereich: 190—210): Euphorbia characias, E. dulcis, E. nicaeensis, E. palustris, E. pubescens, E. segetalis, E. serrata.

Johannesiaöl.

Huile de Joannesia — Joannesia oil — Olio di Joannesia.

Stammpflanze und Pflanzenfamilie	Verbreitung	Gehalt (% Öl) im Organ	Farbe bzw. Geschmack	Reaktion. Merkmal
Joannesia princeps Fam.: Euphorbiaceae	Brasilien (S. Paolo)	Samen, lufttrocken, entschält, bei 200 atm. gepr.: 26,6%. Kern, mit Äther extrahiert: 55,7%	Kalt gepr.: licht gelblichgrün; angenehmer Geruch und Geschmack	HALPHEN, BAUDOUIN, SETTIMI: negativ.—Das Öl wirkt purgierend

Fettsäuren: ca. 8% gesättigte Säuren; 80,5% ungesättigte Säuren (54,2% Ölsäure, ca. 26% Linolsäure).

Physikalische Kennzahlen.

	Dichte	Erstarrungspunkt	Brechungs-Index n_D
Öl	d^{18}: 0,9176	Klar bei −15°; trüb	—
Öl mit S.-Z. = 5,4	$d^{15,5}$: 0,9257 d^{20}: 0,9229	bei −21° bis −27°; salbig bei −33°	1,4750 (20°) 1,4770 (15°) Öl mit S.-Z. = 5,4

Chemische Kennzahlen.

	Verseifungszahl	Acetylzahl	Jodzahl	R.-M.-Zahl	Pol.-Zahl
Öl	188,9—190	—	98,3	—	—
m. S.-Z. = 5,4	192,2	8,8	115,7 (HANUS)	1,2	0,4
Fettsäuren	gesättigte: 222,8 ungesättigte: 196,1	—	„gesättigte“: 11,4 ungesättigte: 147,7 (HANUS)	—	—

Das Unverseifbare (1,2%) enthält ein Sitosterin, das nach viermaligem Umkrystallisieren bei 131° schmilzt.

[1] Über die Samenöle von Euphorbia esula, E. paralias, E. platyphylla und E. verrucosa s. Nachtrag, S. 500—503.

Tacaysamenöl.

Huile de Caryodendron — Tacay seed oil — Olio di Tacay.

Stammpflanze und Pflanzenfamilie	Verbreitung	Gehalt (% Öl) im Organ
Caryodendron orinocense. Fam.: Euphorbiaceae	Columbien	Kern: 53,3%

Physikalische und chemische Kennzahlen.

	Dichte d_4^{15}	Brechungs-Index n_D	Verseifungszahl	Hehnerzahl	Jodzahl (WIJS)
Öl	0,9220	1,4744 (20°)	188,1	94,4	108,5

Die untersuchte Probe zeigte die Säurezahl 31,6.

Cayetéöl.

Huile de Cayeté — Cayeté oil.

Stammpflanze und Pflanzenfamilie	Verbreitung	Gehalt (% Öl) im Organ	Konsistenz
Omphalea megacarpa Fam.: Euphorbiaceae	Brasilien, Westindien	Samen: 46,8%; trocken: 66,8%	Bei gewöhnlicher Temperatur flüssig

Physikalische und chemische Kennzahlen.

	Dichte d_{15}^{15}	Schmelzpunkt	Erstarrungspunkt	Lichtbrechung B.-Refr. Sk. T.	Verseifungszahl	Jodzahl
Öl	0,922	—	—	58,4 (40°)	190,3—192,2	115,8—119,7
Fettsäuren	—	36—37°	31,5°	—	—	—

Gehalt an freien Fettsäuren in einer Probe: 0,1%. Unverseifbares: 0,5%.

Cassosamenöl.

Huile de casso — Casso seed oil.

Stammpflanze und Pflanzenfamilie	Verbreitung	Gehalt (% Öl) im Organ
Manniophyton fulvum Fam.: Euphorbiaceae	Tropisches Afrika (hauptsächlich Französ.-Kongo)	Samen: 51,3%

Physikalische und chemische Kennzahlen.

	Dichte d_{15}^{15}	Schmelzpunkt	Verseifungszahl	Hehnerzahl	Jodzahl
Öl	0,907 (? °)	—	187,6	95,6	101
Fettsäuren	—	14°	—	—	—

M'Fucuta-Samenöl.

M'Fucuta seed oil.

Pflanzenfamilie	Verbreitung	Gehalt (% Öl) im Organ
Euphorbiaceae[1]	Ostafrika (Mozambique)	Samen: ca. 51%

Physikalische und chemische Kennzahlen.

	Dichte d_{15}^{15}	Erstarrungspunkt	Verseifungszahl	Hehnerzahl	Jodzahl	R.-M.-Zahl
Öl mit S.-Z. = 7,8	0,9264	—	188,8	95,4	118,7	0,4
Fettsäuren	—	23,8°	—	—	—	—

[1] Nach frdl. Privatmitteilung des Imperial Institute, London, vom 31. Oktober 1927, konnte die Stammpflanze bisher auch dort nicht festgestellt werden.

Vereinzelte Angaben über andere Euphorbiaceenöle.

Name des Öles	Stammpflanze	Verbreitung	Ölgehalt im Organ	Farbe bzw. Geschmack	Kennzahlen	Anmerkung
Camulöl	Mallotus philippinensis	Ostindien, Australien	Samen: 20%	Hellbraun	Dichte d^{25}: 0,9195	—
—	Jatropha multifida	Tropen	Samenkern: 28,5—30%	—	Dichte: 0,914 (27°)	Purgierend
—	Jatropha oligranda	Tropen	Samenkern (getrocknet): 31,5%	—	Dichte: 0,910 (14°)	Purgierend
—	Mabea fistulifera	Brasilien	Samen: 22,2%	Orangerot; scharf	Dichte: 0,9665 (25°)	—
—	Sapium indicum	Indien	Samen (Mandeln): 50,3%	Grünlichgelb	Jodzahl: 130,4	„Trocknend" (Trockenzeit: 2 Tage)
Purgierkernöl	Euphorbia lathyris	Südeuropa	Samen: 35—45%	Blaßgelb; mild, nachher kratzend	Dichte: 0,926 (14°) Erstarrungspunkt 11°	—
Jy-chee- oder Jy-Öl	Euphorbia dracunculoides	Indien (Bengalen, Madras, Pentschab)	Samen: 25%	Grünlichgelb	—	„Trocknend"
Chrozophorenöl	Chrozophora verbascifolia	Indien, Arabien	Samen („Tannoom"): 35%	Gelb	Verseifungszahl: 200,2 Jodzahl: 137,0 E. P. d. Fettsäuren: 30,5°	Dickflüssig; trocknend
—	Putranjiva Roxburghii	Indien	Samen, mit Äther extrahiert: 43%	Gelb oder braun	—	Gibt beim Stehen eine feste Abscheidung
Omphaleaöle	Omphalea diandra	Brasilien, Französ.-Guiana	Samen: 64,2%	Blaßgelb	—	—
—	Omphalea oleifera	Guatemala, Cuba	Kern*: 52,3%	Orangegelb	—	* Nach einer älteren Angabe nur 20—30%
Sandbüchsensamenöl	Hura crepitans	Trop. Amerika, Indien	—	Wenig gefärbt	—	—
Téné-Fi-Öl	—	—	—	Bernsteingelb	Dichte d^{15}: 0,9436 Verseifungszahl: 203 Jodzahl: 171	Maximale Gewichtszunahme beim Trocknen: 17,7%

Reihe: Sapindales.

Pimpernußöl.

Huile de Staphylea — Staphylea oil — Olio di pistacchio selvatico.

Stammpflanze und Pflanzenfamilie	Verbreitung	Gehalt (% Öl) im Organ	Farbe bzw. Geruch
Staphylea pinnata Fam.: Staphyleaceae	Wärmere Gegenden Mitteleuropas	Samen, mit Äther extrahiert: 40,1%; warm gepreßt: 20%	Dunkelgrün, im Sonnenlicht Verfärbung. Angenehmer Geruch

Fettsäuren: 3,2% gesättigte (vorwiegend Palmitinsäure); 90,3% ungesättigte Säuren (davon ca. 94% Ölsäure, 5,5% Linolsäure und 0,5% Linolensäure).

Physikalische und chemische Kennzahlen.

	Dichte d_{15}^{15}	Brechungs-Index n_D	Verseifungszahl	Hehnerzahl	Jodzahl	R.-M.-Zahl	Pol.-Zahl
Öl mit S.-Z. = 2,0	0,9355	1,4717 (25°)	190,3	95,5	108,3	2,6	0,5

Öl aus den Samen von Impatiens balsamina.

(Fam.: Balsaminaceae.)

Heimat: Indien. Die Samen liefern, mit Äther extrahiert, 25% eines grünlichen Öles mit ausgeprägten Trockeneigenschaften.

Chemische Kennzahlen.

	Verseifungszahl	Jodzahl
Öl	196,8	160

Reihe: Rhamnales.

Kreuzbeerenöl.

(Kreuzdornöl.)

Huile de nerprun — Buck-thorn oil — Olio di spina cervina (olio di ramno cattartico).

Stammpflanze und Pflanzenfamilie	Verbreitung	Gehalt (% Öl) im Organ	Farbe bzw. Geschmack	Besonderes Merkmal
Rhamnus cathartica Fam.: Rhamnaceae	Nördl. gemäßigte Zone von Europa und Asien	Samen: 8,9%	Grünlichgelb; unangenehmer Geschmack	Purgierende Wirkung (Gehalt an Emodin), daher auch „Purgierwegdornöl" genannt

Bestandteile: 0,24% flüchtige Fettsäuren (ber. als Buttersäure). Gesättigte Säuren: 1,1% Palmitin-, 6% Stearinsäure. Ungesättigte Säuren: 30% Ölsäure, 35,2% Linol-, 22,4% Linolen- (Isolinolen-?)säure. 0,5—0,6% Unverseifbares (Phytosterin); 0,11% eines gesättigten Kohlenwasserstoffes vom Schmelzpunkt 81—82°.

Physikalische und chemische Kennzahlen.

	Dichte d_{15}^{15}	Verseifungszahl	Hehnerzahl	Acetylzahl	Jodzahl	R.-M.-Zahl
Öl mit S.-Z. = 5,6	0,9195	186	95,8	—	155	0,9
Fettsäuren	—	Neutral.-Z.: 194,2	M. M.-Gew.: 288,9	25,8	160,6	—

Traubenkernöl.

Huile de pépins de raisin — Grape seed oil — Olio di vinacciuli.

Stammpflanze und Pflanzenfamilie	Verbreitung	Gehalt (% Öl) im Organ[1]	Farbe bzw. Geschmack	Reaktionen. Besonderes Merkmal
Vitis vinifera Fam.: Vitaceae	Mittelmeergebiet, Rhein- und Donauländer, Frankreich, Californien	Kern, je nach Alter bzw. Art der Gewinnung: 6,5—20%; getrocknet: bis 22%	Gepreßt: goldgelb (kalt) bis gelbbraun (warm). Geschmack angenehm, oft nußartig-süß; geruchlos. Extrah. oder heiß gepr.: grünlich bis schwarzbraun; bitter; scharfer Geruch	HEYDENREICH: gelbrot. HAUCHECORNE: (kalt) gelborange, (warm) rotbraun. BELLIER: blauviolett, später weinrot. BAUDOUIN (VILLAVECCHIA und FABRIS): rosa, nach Ammoniakzusatz Entfärbung. STORCH-MORAWSKI: grün. Beim Erhitzen auf 300° erfolgt binnen wenigen Stunden Gelatinierung

Bestandteile: 8—13% feste Fettsäuren (Palmitinsäure, Stearinsäure; etwas Melissinsäure aus dem Wachs des Samenüberzuges); ca. 80% flüssige Säuren (Ölsäure und Linolsäure; Erucasäure?). Möglicherweise Oxysäuren der C_{14}- oder C_{16}-Reihe. In einem Falle wurde folgende Zusammensetzung gefunden: Glyceride der Palmitinsäure: 5,2%; der Stearinsäure: 2,2%; der Ölsäure: 35,9%; der Linolsäure: 53,6%. Unverseifbares: 0,33 bis 1,6% (Concord grape-oil); in einem Falle 0,6% Phytosterin vom Schmelzpunkt 132 bis 133°; $[\alpha]_D^{15} = -32,8°$; Acetat-Schmelzpunkt: 120—121°.

Physikalische Kennzahlen.

	Dichte d_{15}^{15}	Schmelzpunkt	Erstarrungspunkt	Lichtbrechung B.-Refr. Sk. T.	Lichtbrechung Brechungs-Index n_D	Kritische Lösungstemperatur
Öl	0,920—0,937 (0,95—0,956)[2] d^{20}: 0,913 bis 0,9334 d^{25}: 0,9204	—	—10 bis —24°	54,5 (50°) 62,9 (40°) 68,5—70,3 (25°)	1,4623 (50°) 1,461—1,468 (40°) 1,4713—1,4720 (25°) 1,476—1,4802 (15°)	In Eisessig: 83°
Fettsäuren	d^{25}: 0,8988	23—28,5°	18—21°	51,8 (40°)	—	in Alkohol (Crismerzahl): 75°

Löslichkeit: Leicht löslich in Petroläther; auch in Eisessig bei 70°; letztere Lösung trübt sich bei 66,5°. Teilweise löslich in 95%igem Alkohol.

Chemische Kennzahlen.

	Verseifungszahl	Hehnerzahl	Acetylzahl	Jodzahl	R.-M.-Zahl	Thermozahl
Öl	Mit Petroläther extrahiert: 176,1—189,6 Technisch gew.: 181,2—206,0	92—97	Petroläther extrahiert: 2,4—43,2 Techn. gew.: 27,6—72	Petroläther extrah. (HANUS): 125—157 Techn. gew.: 93,6—137,3	0,4—1,9	(MAUMENÉ) 52—83 (auch 118)
Fettsäuren	Neutral.-Z.: 173,4—202	—	—	98,7—141 Innere Jodzahl: 151,7	—	—

Gehalt an freien Fettsäuren. Im Laboratorium mit Petroläther extrahierte Proben: 0,5—36,1% (ber. in % Ölsäure); technische Rohöle: 4,4—58% (ber. in % Ölsäure).

[1] Der Ölgehalt ist am größten zur Zeit der Reife der Trauben; beim Lagern der Samen nimmt er rasch ab. Kerne von weißen bzw. süßen Trauben sind meist ölreicher als die von roten bzw. sauren Trauben.

[2] Öle mit Acetylzahlen von 143—144.

Abweichungen der Kennzahlen. Außer den oben in der Tabelle angegebenen Acetylzahlen wurden auch noch bedeutend höhere gefunden, deren Zusammenhang mit den Jodzahlen die folgende Gegenüberstellung zeigt:

Acetylzahl		Jodzahl	
des Öles	der Fettsäuren	des Öles	der Fettsäuren
17,8	—	140,2	141,0
23—25	—	136,5—140,4	—
30,9	—	130,3	132,5
—	43,7	142,8	—
—	143,1	96,0	—
—	144,5	94,0	98,7

Hohen Acetylzahlen entsprechen hier niedrige Jodzahlen und umgekehrt. Die Ursache für die außergewöhnlich hohen Acetylzahlen mancher Traubenkernöle könnte nun einerseits auf einer dem Ricinusöl ähnlichen Zusammensetzung beruhen; diesbezüglich siehe unten.

Andererseits zeigen aber die oft sehr niedrigen Jodzahlen, ferner die Hehnerzahlen und der Umstand, daß die Neutralisationszahlen der Fettsäuren häufig um vieles niedriger gefunden wurden als sie sich aus den Verseifungszahlen der Öle berechnen, die Leichtigkeit, mit der das Traubenkernöl weitgehenden Veränderungen unterliegt. Dies dürfte z. T. die Ursache der abnorm hohen Acetylzahlen sein; hiezu kommt, daß bei der Bestimmung dieser Kennzahl oft methodische Fehler unterlaufen, wodurch u. U. ein hoher Gehalt an Hydroxylgruppen vorgetäuscht werden kann. Nach den äußeren Eigenschaften (Löslichkeit in Petroläther, geringe Löslichkeit in Alkohol, Trockenfähigkeit usw.) ist die Gegenwart größerer Mengen von Oxysäuren im ursprünglichen Öl nicht wahrscheinlich.

Nach André und Canal beruhen die großen Verschiedenheiten der Eigenschaften von Traubenkernölen auf dem Umstande, daß 21 Arten der Weinrebe (Vitis vinifera) in mehr als 500 Varietäten existieren. Es sei möglich, daß in manchen Ölen auch Säuren vom Typus der Erucasäure und der Ricinolsäure vorkommen, dies seien jedoch Ausnahmen, die nur in den wärmsten Anbaugebieten der Rebe, z. B. in Nordafrika anzutreffen sind.

Trockenvorgang. Trockenzeit eines Rohöles: 4 Tage; Gewichtszunahme hiebei: 7%. Das Öl liefert, mit 5% Sikkativ (harzsaures Bleimangan) versetzt, nach 14 Stunden ziemlich feste Filme, die aber noch 8 Tage kleben. Die Qualität ist besser als die von Sojabohnenölfilmen unter gleichen Bedingungen [diese Angaben gelten für ein kalifornisches Rosinensamenöl, Verseifungszahl 196,4; Jodzahl 125,8 (Hanus) bzw. 128,0 (Wijs); Säurezahl 12,6]. Im allgemeinen steht die Trockenfähigkeit in der Mitte zwischen der des Nußöles und der des Sojabohnenöles.

Öle des wilden Weins.

A. Öl einer Vitis-Art.

Stammpflanze und Pflanzenfamilie	Verbreitung	Gehalt (% Öl) im Organ	Farbe bzw. Geschmack
Vitis riparia Fam.: Vitaceae	Gemäßigte Zone	Kern, getrocknet, mit Petroläther extrahiert: 19,4%	Grünbraun; Geschmack nach Ricinusöl, scharfer Geruch

Fettsäuren: 5% feste (64% Palmitinsäure und 36% Stearinsäure); 95% flüssige Säuren, davon 44% Ölsäure und 50% Linolsäure[1].

[1] Die Zusammensetzung des Fettsäurengemisches steht mit der Jodzahl nicht im Einklang.

Physikalische und chemische Kennzahlen.

	Dichte d_{15}^{15}	Brechungs-Index n_D	Verseifungszahl	Hehnerzahl	Acetylzahl	Jodzahl
Öl	0,9425	1,4781 (15°)	184,8	—	61,3	76,5
Fettsäuren	—	—	Neutral.-Z.: 173,4 (zu niedrig)	M. M.-Gew. der festen Säuren: 268,6	—	— Innere Jodzahl: 91,8

B. Öle von Ampelopsis-Arten.

Stammpflanzen und Pflanzenfamilie	Verbreitung	Gehalt (% Öl) im Organ	Farbe bzw. Geschmack	Anmerkung
Parthenocissus quinquefolia (Öle a und b) Ampelopsis quinquefolia (Öl c)[1] Fam.: Vitaceae	Canada Virginia	a) Kern: 11,8% b) Fruchtfleisch und Schalen: 3,3% c) 25,6%	a) Dunkelgelblichgrün; nußölähnlicher Geruch, süßer, angenehmer Geschmack. b) olivgrün; angenehmer Geruch, zusammenziehender Geschmack	a) Samenöl trocknend; flüssig b) Fruchtfleischöl: butterartig. Wird leicht ranzig

Fettsäuren. a) Samenöl: 3% feste Säuren (Stearinsäure), 97% flüssige (wenig Ölsäure, vorwiegend Linolsäure). b) Fruchtfleisch- und Schalenöl: 10% feste Säuren (Palmitinsäure), viel Ölsäure, wenig Linolsäure. In beiden Ölen wurden auch flüchtige Säuren gefunden. Unverseifbares von Öl a): 1,4%; von Öl b): 1,7%; von Öl c): 1,7%.

Physikalische Kennzahlen.

	Dichte d_{15}^{15}	Schmelzpunkt	Brechungs-Index n_D
Öl a)	0,9215	—	1,4778 (15°)
„ b)	—	—	1,4722 (15°)
„ c)	0,9239	—	1,4761 (15°)
Fettsäuren von Öl a)	—	57,6	—

Chemische Kennzahlen.

	Verseifungszahl	Hehnerzahl	Acetylzahl	Jodzahl	Innere Jodzahl
Öl a)	189,2—189,6	95,4	—	141,4—141,6	—
„ b)	192,3—193,3	95,7	—	90,3	—
„ c)	193	—	42,8	70,0	—
	Neutral.-Z.:	M. M.-Gew.:			
Fettsäuren von Öl a)	—	281,2	—	144,6	148,8—149,2
„ „ „ b)	—	278,8	—	94,4—94,6	110,2
„ „ „ c)	203	275,0	—	96	103,2
flüssige Säuren:	170	330,0	—	—	—

[1] Den Kennzahlen zufolge handelt es sich offenbar um ein Fruchtfleischöl; auffallend ist der hohe Ölgehalt sowie die Angabe: Trockenzeit 14 Tage (Überprüfung nötig.) Von weiteren Eigenschaften werden angegeben: geruchlos, schlechter Geschmack; olivenölähnlich. Bestandteile: 16% feste Säuren: Laurin-, Myristin-, Palmitin-, Stearinsäure; 84% flüssige: Ölsäure, Linolsäure. Die niedrige Jodzahl und die hohe Acetylzahl deuten auf oxydative Veränderungen.

Öle aus der Reihe Malvales.

Vorbemerkungen.

Für die meisten Öle dieser Gruppe ist die Reaktion nach HALPHEN charakteristisch[1]. Sie ist daher keineswegs eindeutig für Baumwollsamenöl (Fam.: Malvaceae); manche Öle anderer Malvaceen reagieren viel stärker als dieses und selbst Baobab- und Kapoköle (Fam.: Bombacaceae), die tiefere Färbungen geben als Baumwollsamenöl[2]. Nach den ausgedehnten Untersuchungen von PIERAERTS reagieren die Öle aus der Reihe Malvales verschieden. Von den Tiliaceenölen geben nicht alle die HALPHENsche Reaktion, die auch bei einigen Malvaceenölen versagt. Dagegen reagieren sämtliche Bombacaceenöle stark positiv; ferner alle Öle aus der Familie Sterculiaceae, mit Ausnahme derjenigen der Gattungen Theobroma und Cola (Bombacaceen- und Sterculiaceenöle siehe zweiter Hauptabschnitt, S. 287—297).

Nach S. IVANOW geben folgende Öle der Familien Malvaceae und Tiliaceae die HALPHENsche Reaktion, und zwar von den Samenölen aus der Familie Malvaceae diejenigen der Gattung Gossypium; ferner diejenigen folgender Arten:

Hibiscus syriacus, H. esculentus, H. trionum, H. ponticus.

Malva brasiliensis, M. rotundifolia, M. crispa, M. oxyloba, M. alcea, M. parviflora, M. moschata, M. borealis, M. duriana, M. verticillata.

Sidalcea malvaeflora, S. candida.

Lavatera cretica, L. trimestris, L. plebeja, L. mauritanica, L. thuringiaca, L. cashmeriaca.

Althaea cannabina, A. hirsuta, A. officinalis, A. armeniaca, A. ficifolia.

Sida sp.

Malvastrum peruvianum; Malope; Anoda cristata; Abutilon Avicenne. Urena lobata.

Von den Samenölen aus der Familie Tiliaceae u. a. diejenigen der Arten:

Tilia europaea, T. parvifolia, T. americana, T. argentea, T. macrophylla, T. grandiflora.

Die Angaben stehen teilweise im Widerspruch zu denen von PIERAERTS, bedürfen daher der Überprüfung.

Lindensamenöl.

Huile de tilleul — Lindentree oil — Olio di tiglio.

Stammpflanzen und Pflanzenfamilie	Verbreitung	Gehalt (% Öl) im Organ[3]	Farbe bzw. Geschmack	Anmerkung
Tilia cordata, T. parvifolia, T. grandifolia, T. silvestris, T. tomentosa, T. ulmifolia, T. americana, Fam.: Tiliaceae	Gemäßigte Zone, bes. Europa und Amerika	Frucht, ohne Stiel und Fahne: 9,4 bis 12,7%. Samen: bis 28%. T. cordata: 20,4—26,6%	Hellgelb bis grüngelb; angenehm süßer Geschmack, aromatischer Geruch	Sehr schwaches Trockenvermögen. Gut haltbar. Gibt die HALPHENsche Reaktion nicht[4]

Bestandteile: u. a. Linolsäure, aber keine Linolensäure.

[1] Es ist zu beachten, daß außer erhitzt gewesenen Ölen auch oxydierte, geblasene und ranzige Öle, ferner solche, die mit Chlor, Salzsäure oder Schwefelsäure in Berührung waren, die Reaktion nicht geben; s. a. Bd. I, S. 292.

[2] Die Chloroformlösungen der Öle verhalten sich einer 2%igen absolut-alkoholischen Silbernitratlösung gegenüber verschieden: Baumwollsamenöl färbt sich gelb, Kapoköle geben eine kaffeebraune Färbung.

[3] Die Angaben lauten sehr widersprechend. Jedenfalls erscheint die im älteren Schrifttum sich findende Zahl von 58% für den Ölgehalt von Tilia silvestris-Kernen viel zu hoch.

[4] Öl von Tilia grandifolia.

Physikalische Kennzahlen.

	Dichte d_{15}^{15}	Schmelzpunkt	Erstarrungspunkt	Lichtbrechung B.-Refr. Sk. T.	Lichtbrechung Brechungs-Index n_D
Öl	0,9275 d^{20}: 0,926	—	bei −21,5° noch flüssig	71,3 (25°)	1,4703 (40°)[1]
Fettsäuren	—	17—26°	9—18°	—	—

Chemische Kennzahlen.

	Verseifungszahl	Hehnerzahl	Jodzahl
Öl	184,8—195,2 204,5[1]	95,1	123,9—126,0 111,4[1]
Fettsäuren	198,5 Neutral.-Z.: 197,0	—	128,0—130,3

Eine Probe zeigte die Säurezahl 12,2 und enthielt 1,5% Unverseifbares.

Öle von Tilia-Arten russischer Herkunft.

Stammpflanze	Verseifungszahl	Jodzahl	Säurezahl einer Probe
Tilia americana	191,2	162,5 163,5	16,9
Tilia argentea	197,5	160,9 161,9	28,6
Tilia europaea parvifolia	198,1	162—162,2	22,4
Tilia macrophylla	197,9	160,7	16,3

Die Öle geben keine Äther-unlöslichen Hexabromide. Die Tetrabromidprobe ergab Linolsäuregehalte von ca. 10—12,5% (Schmelzpunkte der Tetrabromide zwischen 112 und 113°). Über den Einfluß des Klimas auf den Sättigungsgrad der Fette s. S. 10 u. 511.

Lindenholz- und Rindenöl.

Huile de bois de tilleul — Basswood oil — Olio di legno di tiglio.

Stammpflanzen und Pflanzenfamilie	Verbreitung	Gehalt (% Öl) im Organ[2]	Farbe	Anmerkung
(1) Tilia americana (2) Tilia cordata und T. ulmifolia Fam.: Tiliaceae	(1) Amerika, (2) Europa	(1) Holz extrah.: 3,7% (2) Holz, getrocknet (im Sommer): 1,5% (3) Rinde: 2,3%	(1) gelbbraun	Die unten angeführten Kennzahlen beziehen sich auf Sommeröle

Bestandteile eines Rindenöles: ca. 1,5% Stearinsäure; ca. 88% Ölsäure; ca. 4% Linolsäure. 7,3% Unverseifbares.

Physikalische und chemische Kennzahlen.

	Dichte d_{15}^{15}	Erstarrungspunkt	Verseifungszahl	Jodzahl
Öl (1)	0,938	−10°	178,1	111
,, (2)	—	—	174	111,5—112,2
,, (3)	—	bei 5° noch flüssig	175,2	99,4—106,0
Fettsäuren von Öl (1)	—	5°	—	—
,, ,, ,, (3)	—	—	Neutral.-Z.: 183,5; vom Unverseifbaren befreit: 195,3	106,9—113,2; vom Unverseifbaren befreit: 101—102,9

[1] Öl von Tilia grandifolia.

[2] Der Fettgehalt schwankt in weiten Grenzen entsprechend der Jahreszeit. Im Winter wurden im Holze bis zu 9,2%; in der Rinde bis zu 15,1% Öl gefunden.

Jutesamenöl.

Stammpflanze und Pflanzenfamilie	Verbreitung	Gehalt (% Öl) im Organ	Farbe	Reaktionen. Anmerkung
Corchorus capsularis Fam.: Tiliaceae	Tropen	Samen (I) mit Äther extrahiert: kalt ca. 11%, warm 12,1%. Samen (II) mit Petroläther extrahiert: 14,7%	Orangegelb bis gelbbraun	Elaidinierung: butterartige Masse. HALPHEN: negativ (Öl I). Das Öl ist dickflüssig, polymerisiert sich an der Luft und ist optisch inaktiv

Physikalische und chemische Kennzahlen.

	Dichte	Brechungs-Index n_D	Verseifungszahl	Jodzahl
Öl I	—	1,4703 (40°)	207,8	93,5
Öl II	d^{28}: 0,921	1,4705 (30°)	184,4	109,2

Öl I zeigte die Säurezahl 20,4; die kritische Lösungstemperatur in Alkohol (Crismerzahl) betrug 35°. Öl II hatte Säurezahl 24,1 und enthielt ca. 3% Unverseifbares. Die absolute Zähigkeit betrug $\eta = 53{,}14$ (28°).

Pappelrosenöl.

(Stockrosenöl.)

Huile de rose trémière — Hollyhock oil — Olio di alcea.

Stammpflanze und Pflanzenfamilie	Verbreitung	Gehalt (% Öl) im Organ	Farbe bzw. Geruch	Reaktionen
Althaea rosea Fam.: Malvaceae	Heimat: Balkanländer, Kreta, Kleinasien. In vielen Ländern eingeführt	Samen: 12—13%. Mit Äther extrahierte indische Saat: kalt 6,9%, warm 8,2%	Goldgelb bis grünlichgelb; anfangs angenehm, später unangenehm riechend; Geschmack nicht sehr ausgesprochen	HALPHEN: positiv, BECCHI: positiv. Öle, die 10 Minuten lang auf 250° erhitzt wurden, geben die Reaktion nach HALPHEN nicht [1]

Physikalische und chemische Kennzahlen.

	Dichte d_{15}^{15}	Brechungs-Index n_D	Verseifungszahl	Jodzahl
Öl aus amerikanischer Saat	0,9275	1,4722 (25°)	—	119,0
Öl aus indischer Saat [2]	—	1,4691 (40°)	191,3	84,8

Ambarihanföl.

Huile de chanvre Indien (chanvre du Deccan, jute batard); huile d'Ambari ou d'Ambaru.

Stammpflanze und Pflanzenfamilie	Verbreitung	Gehalt (% Öl) im Organ	Farbe bzw. Geruch	Reaktion. Anmerkung
Hibiscus cannabinus Fam.: Malvaceae	Fast alle warmen Länder, bes. Indien, Java, Französ. Sudan, Belgisch-Kongo	Samen, mit Äther [3] extrah.: ca. 22%; ber. auf Trockensubstanz: 23,5%. Mit Benzin extrah.: 17,2%	Hellgelb; schwacher, eigenartiger Geruch	HALPHEN: nach 20 Min. Erhitzen kirschrot. Dickflüssig; in chem. Beziehung dem Erdnußöl ähnlich

Bestandteile: u. a. 25% feste Fettsäuren vom Schmelzpunkt 51°.

[1] Vgl. Bd. I, S. 293.

[2] Dieses Öl war bei gewöhnlicher Temperatur fest. Es hatte eine Säurezahl 7,2 und eine Crismerzahl 76,5. Auffallend sind die starken Abweichungen im Ölgehalt des Samens und in der Jodzahl gegenüber den Werten für Öl aus amerikanischer Saat; s. a. Nachtrag, S. 506.

[3] Heiß extrahiert. — Die Ausbeute bei Extraktion mit kaltem Äther betrug nur 14,6%.

Physikalische Kennzahlen.

	Dichte d_{15}^{15}	Schmelzpunkt	Erstarrungspunkt	Brechungs-Index n_D
Öl	0,9255	—	—	1,4659 (40°)[1]
Öl I	0,9091	—	—	—
Fettsäuren	—	33—36°	—	—
von Öl I	—	34,5°	29,5°	—

Kritische Lösungstemperatur des Öles in Alkohol (Crismerzahl)[1]: 66°.

Chemische Kennzahlen.

	Verseifungszahl	Hehnerzahl	Jodzahl	R.-M.-Zahl
Öl	187,1[1]	95,1	93,4—99,1[1]	—
Öl I	189,2	95,4	89,7	0,5
Fettsäuren	Neutral.-Z.:	M. M.-Gew.:	105,1	—
von Öl I	171,9	325,8	—	—

Öl I zeigte die Säurezahl 1,6.

Samenöl von Hibiscus Abelmoschus.

Huile de Ketmie musquée.

Stammpflanze und Pflanzenfamilie	Verbreitung	Gehalt (% Öl) im Organ	Farbe	Reaktion. Konsistenz
Hibiscus Abelmoschus Fam.: Malvaceae	Heimat: Indien und Ägypten. Kultiviert in allen Tropenländern	Samen, mit Äther extrahiert, kalt: 16—17%; warm: 18—19%	Blaßgelb	HALPHEN: nach 12 Min. orangerot, nach 30 Min. kirschrot. — Sehr dickflüssig, wird aber beim Stehen nicht fest

Physikalische und chemische Kennzahlen des Öles.

Brechungs-Index n_D	Kritische Lösungstemperatur in Alkohol (Crismerzahl)	Verseifungszahl	Jodzahl
1,4641—1,4654 (40°)	48—79,4°	195,2—198,8	65,1—79,6

Okrasamenöl[2].

Huile de gombo — Okra seed oil — Olio di gombo.

Stammpflanze und Pflanzenfamilie	Verbreitung	Gehalt (% Öl) im Organ	Farbe bzw. Geruch	Reaktion. Anmerkung
Hibiscus esculentus[3] Fam.: Malvaceae	In allen warmen Ländern kultiviert	Samen: 15—22%; entschält: 32,5%; kalt gepreßt: 15,6%	Grünlichgelb; schwacher, angenehmer Geruch	HALPHEN: positiv. Von 2 Ölen (Kennzahlen unten in Klammern) mit Säurezahl 5,1 bzw. 22,1 wird angegeben, daß sie eine negative HALPHEN-Reaktion gaben

[1] Öl mit Säurezahl 14,3.
[2] Man findet auch die Bezeichnungen: Ukrasamenöl, „Gombo"-Öl, „Bamia"-Öl.
[3] Auch Abelmoschus esculentus („Gombo" in Ostindien).

Bestandteile: 0,1—0,14% wasserlösliche Säuren; 95,9—96,3% wasserunlösliche Säuren; 28,8% gesättigte Säuren (25,9% Palmitinsäure; 2,8% Stearinsäure; 0,05% Arachinsäure); 67,3% ungesättigte Säuren (41,9% Ölsäure; 25,4% Linolsäure). Glyceride der Palmitinsäure: 27,2%; der Stearinsäure: 2,75%; der Arachinsäure: 0,05%; der Ölsäure: 43,7%; der Linolsäure: 26,6%. Unverseifbares: 0,4%.

Physikalische Kennzahlen.

	Dichte d_{15}^{15}	Erstarrungspunkt	Brechungs-Index n_D	Kritische Lösungstemperatur in Alkohol
Öl	0,9172 d_{25}^{25}: 0,9160—0,9187	—	1,4654—1,467 (40°) 1,4692—1,4702 (25°)	(58,5—78,1°)
Fettsäuren	—	38,5°	—	—

Chemische Kennzahlen.

	Verseifungszahl	Hehnerzahl	Acetylzahl	Jodzahl	R.-M.-Zahl	Pol.-Zahl
Öl	195,2—195,6 (198,2)	95,9—96,3	11,5—23,9	93,2—100,3 (89)	0,26	0,23

Säurezahlen dreier Muster: 0,3 bis 1,4.

Thespesiaöl.

Huile de Thespesia, Huile de catalpa (huile amère).

Stammpflanze und Pflanzenfamilie	Verbreitung	Gehalt (% Öl) im Organ	Farbe	Reaktion. Anmerkung
Hibiscus populneus oder Thespesia populnea Fam.: Malvaceae	Asien und tropisches Afrika, Polynesien, Westindien	Samen: 18—19,6%; Kern: 41,7%	Gelbrot bis rötlichbraun	Halphen: negativ *. Das Öl gibt beim Stehen eine feste Abscheidung

Physikalische Kennzahlen.

	Dichte	Schmelzpunkt	Lichtbrechung		Kritische Lösungstemperatur in Alkohol (Crismerzahl)
			B.-Refr. Sk. T.	Brechungs-Index n_D	
Öl	d_{100}^{100}: 0,9018 d_{15}^{100}: 0,8670	— —	73,0 (40°) 81,5 (25°)	1,4701 (40°) *	47° *
Fettsäuren (wasserunlöslich)	—	43,9°	—	—	—

Chemische Kennzahlen.

	Verseifungszahl	Hehnerzahl	Jodzahl	R.-M.-Zahl	Pol.-Zahl
Öl	201—204 196,1 *	93,5	71,5 59,5 *	5,9	0,55
Fettsäuren (wasserunlöslich)	Neutral.-Z.: 196,9 [1]	M. M.-Gew.: 284,7	75,3	—	—

Eine Probe mit Verseifungszahl 202,7 zeigte die Säurezahl 48,1. Die mit * versehenen Angaben beziehen sich auf ein Öl mit Säurezahl 50,4. Ein Muster enthielt 0,6% unverseifbare Bestandteile.

[1] Die Neutralisationszahl ist im Vergleich zur Verseifungszahl des Öles auffallend niedrig; offenbar enthält das Öl beträchtliche Mengen wasserlöslicher Säuren von niedrigem Mol.-Gewicht, wofür auch die hohe R.-M.-Zahl und die niedrige Hehnerzahl sprechen.

Baumwollsamenöl.

(Kottonöl).

Huile de coton — Cotton seed oil — Olio di cotone.

Stammpflanzen u. Pflanzenfamilie	Verbreitung	Gehalt (% Öl) im Organ	Farbe bzw. Geschmack	Reaktionen[1]. Besondere Merkmale
Gossypium arboreum G. barbadense G. hirsutum G. herbaceum G. peruvianum u. a. Fam.: Malvaceae	Tropisches Afrika und Ostasien Tropisches und nördlich. Amerika, auch Ägypten (G. barbadense) Ostindien, Westasien, Ägypten Tropisches Amerika	Ganze Frucht: 16—25%; Kern: 34—39%; kurzstapelige Uplandsaat: 39,4—41,6%; Schale: 0,4—1%	Rohöl: hellrot bis rotbraun, auch rubinrot bis schwarz, manchmal fluoreszierend. Raffin.: gelb; Geschmack des Rohöls: bitter; des gereinigten: angenehm	Elaidinierung: butterartige Masse. HALPHEN[2]: intensiv rot. MILLIAU-BECCHI: braun. Salpetersäurereaktion: braun. SERGER: dunkelblau. Keine Grünfärbung mit Kupferacetat. HEYDENREICH: gelb oder rotbraun gefleckt. — Bei der Verseifung des Rohöles färben sich die der Luft ausgesetzten Schichten blau, später violett. Die bei der HOLDEschen Probe (s. Olivenöl S. 337) erhaltene Seifenlösung gibt bei 20° starke flockige Abscheidungen

Bestandteile s. unten.

Physikalische Kennzahlen.

	Dichte d_{15}^{15}	Schmelzpunkt	Erstarrungspunkt[3]	Lichtbrechung B.-Refr. Sk. T.	Lichtbrechung Brechungs-Index n_D	Zähigkeit °ENGLER	Oberflächenspannung
Öl	0,918—0,932 (roh); 0,913—0,927 (raffin.) d_{25}^{25}: 0,916 —0,918 d_{25}^{100}: 0,8672—0,8725	—	2—4° (Rohöl); −6 bis −1° (raffin. Öl). Bei oder unter 12° Abscheidung des Stearins	58,4 (40°) 66—70 (25°) 73—76 (20°) 72—76 (15°) Oleo-Refr. 17—23 (22°)	1,4570 (60°) 1,463 bis 1,4638 (40°) 1,4722 bis 1,4768 (20°) 1,4737 bis 1,4757 (15°)	E_{20} = 9—10 E_{50} = 3,0	0,0323 g pro cm
Fettsäuren	d_4^{15}: 0,9205—0,9219 d_4^{40}: 0,905 —0,9061 d_4^{50}: 0,8986—0,8997 d_4^{100}: 0,8654—0,8677 d_{100}^{100}: 0,8816	34—46°	28—40°, meist 32—38°. „Winteröl": 28,1—28,5°	flüssige: 51,4—53,7 (48°)	1,4460 (60°) flüssige: 1,4604 bis 1,4625 (40°)	M. M.-Gew. des Öles ber. 857 gef. 803	

Löslichkeit: a) Alkohol. In 100 g alkoholischer Lösung sind 3,62 g neutrales Öl enthalten. In 100 g Methanol lösen sich bei 25°: 6,7 g Öl, in 100 g Äthylalkohol: 9,2 g. In 100 ccm

---

[1] Den Farbenreaktionen kommt im allgemeinen nur eine orientierende Bedeutung zu. Erhitzt gewesene Öle geben die Reaktionen nicht, bis auf die Salpetersäurereaktion, die man am besten als Vorprobe verwendet. Rohe Öle — manchmal übrigens auch nicht ranzige, raffinierte Öle — geben die KREISsche Ranziditätsreaktion.

[2] Die Reaktion nach HALPHEN-GASTALDI wird durch Verwendung einer 10 proz. Lösung von Schwefel in Schwefelkohlenstoff und direktes Erhitzen mit wenig Pyridin auf 150° (5 Minuten) verbessert.

[3] Im Handel unterscheidet man Sommer- und Winteröl; letzteres hat einen tieferen Erstarrungspunkt, da es vom „Stearin" befreit ist; es bleibt bei 0° mindestens 5 Stunden klar.

Öl lösen sich bei 25°: 21,2 g Äthylalkohol bzw. 4,84 g Methanol. Kritische Lösungstemperatur in Alkohol vom spez. Gewicht 0,8195 bei 15,5°: 116°.

b) Eisessig (1,0562). Kritische Lösungstemperatur 90—110° (im Mittel 96—100°).

Chemische Kennzahlen.

	Verseifungszahl	Hehnerzahl	Acetylzahl	Jodzahl	R.-M.-Zahl	Thermozahl
Öl	191—199; Rohöl meist 194—196	95,6—96,2	(7,6—21)	100,9—120,5; Rohöl meist 103—111 (HANUS) „Winteröl“: 110—116 Jodbromzahl 104—107	0,2—1	(MAUMENÉ): 66—90; reines Öl: 75,5; dass. ranzig: 100 Brom-Th.-Z: 19,4
Fettsäuren	201,6—208 Neutral.-Z.: 194—204	M. M.-Gew.: 275—289	16,6—20,8	105—124 Inn. Jodzahl: 136—152, meist 144—148	—	

Über die Grenzwerte der Kennzahlen von Baumwollsamenölen zu Speisezwecken s. Bd. I, S. 366; über gehärtetes Baumwollsamenöl ebenda S. 369. Zum Nachweis des Baumwollsamenöles dienen die Jodzahlen des Öles, der Gesamtfettsäuren und die der flüssigen Säuren, insbesondere aber die Schmelz- und Erstarrungspunkte der Fettsäuren; s. a. Fußnote 1, S. 127, und die Vorbemerkungen zu den Ölen aus der Reihe Malvales.

Bestandteile: Glyceride der Palmitinsäure 20—22% (Tripalmitin und etwas Dipalmitin)[1], der Stearinsäure 2%, der Myristinsäure 0,3—0,5%, der Arachinsäure 0,1—0,6%, der Ölsäure 30,5—35,2%, der Linolsäure 41,7—44,8%. Im allgemeinen ist die Zusammensetzung des Fettsäurengemisches: 20—25% feste Säuren, 70—75% flüssige Säuren, darunter 30—35% Ölsäure, 40—45% Linolsäure. — In einem 3 Jahre alten Öl (Jodzahl 81,4) wurden 3,6% Oxyfettsäuren gefunden. Die freien Fettsäuren (meist 1—3%, berechnet als Ölsäure) zeigen dieselbe Zusammensetzung wie die Gesamtfettsäuren des Öles.

Unverseifbares: 0,7—1,6% Sterine, berechnet aus dem Digitonid: 0,23%; ferner 0,4% sterinfreier, unverseifbarer Anteil mit $[\alpha]_D = +28,3°$. Von den Phytosterinen (Sitosterine) zeigt das eine (a): Schmelzpunkt 138—139°; $[\alpha]_D = -34,19°$; Acetat-Schmelzpunkt 129—130°; das zweite (b): Schmelzpunkt 134—135°; $[\alpha]_D = -33,61°$; Acetat-Schmelzpunkt 124° (nach ALLAN und MOORE: 125,5°).

Im Rohöl findet sich ein Phosphatid vom Lecithintyp, das eine ätherlösliche Verbindung mit Cadmiumchlorid gibt. — Das färbende Prinzip des Öles ist das Gossypol von der Formel $C_{13}H_{14}O_4$ oder $C_{30}H_{28}O_9$; es ist zu ca. 0,6% in den Kernen enthalten und löst sich in verdünnten Alkalien und den gebräuchlichen organischen Lösungsmitteln.

Trockenvorgang. Gewichtszunahme des Öles nach LIVACHE: 5,9% in 24 Stunden (die Gesamtfettsäuren nehmen in derselben Zeit nur um 0,8% an Gewicht zu). — Nach BISHOP: 8,6% (25°). Nach WILSON und HEAVEN: 11,1% (100°). Nach CHATTERJI und FINCH: 7,2%; aus der Jodzahl (unter der Annahme 2 J = 1 O) berechnet: 6,8%.

Baumwollstearin.

Margarine de coton, margarine végétale — Cotton seed stearine — Margarina di cotone.

Reaktionen: wie bei Baumwollsamenöl.

Bestandteile: ähnlich wie bei Baumwollsamenöl, aber größere Mengen fester Fettsäuren. Das Verhältnis zwischen festen und flüssigen Glyceriden schwankt beträchtlich, daher zeigen auch die Kennzahlenwerte, insbesondere Schmelzpunkt und Erstarrungspunkt, sehr weite Bereiche.

[1] 240 g „Satz“ von 22,5 Liter Rohöl, das 3 Jahre gestanden war (Säurezahl ca. 4; nicht ranzig), enthielten 60 g (= 25%) Tripalmitin und 2,6 g (= 1,1%) Dipalmitin vom Schmelzpunkt 70°; Verseifungszahl 196,7. — Außerdem wurde im „Satz“ noch ca. 0,1% eines Phytosterins nachgewiesen, dessen Acetylderivat bei 166—167° schmolz.

Physikalische und chemische Kennzahlen.

	Dichte	Schmelzpunkt [1]	Erstarrungspunkt	Verseifungszahl	Hehnerzahl	Jodzahl	Thermozahl (MAUMENÉ)
Fett	d^{15}: 0,9188 bis 0,9230 d^{40}: 0,9031 d^{50}: 0,8967 $d_{15,5}^{99}$: 0,8684 d^{100}: 0,8646	20—40°	16—32°	194,6—195,1 (198,4)	95,5—96,3	88,0—103,8	48
Säuren	—	27—30°	21—23°	—	—	—	—

Weniger untersuchte Öle aus der Reihe Malvales.

Familie Tiliaceae.

Stammpflanze	Verbreitung	Ölgehalt im Organ	Farbe	Kennzahlen	Anmerkung
Corchorus olitorius	Tropen. (Proben aus Ägypten und dem belgischen Kongo)	Samen, mit Äther extrahiert, kalt: 11,0% warm: ca. 15%	Blaßgelb bis gelbgrün	Brechungs Index (40°): 1,4687—1,4710 Vers.-Z.: 193,5 bis 196,1 Jodzahl: 110,2 bis 119,7 Säurezahl: 38,4	HALPHEN: negativ. Warm extrahiertes Öl sehr viskos
Tilia grandifolia	Europa. (Probe aus Rußland)	Samen, mit Äther extrahiert, kalt: 7,6%	Goldgelb	n_D^{40}: 1,4703 Vers.-Z.: 204,5 Jodzahl: 111,4	HALPHEN: negativ
Grewia populifolia	Tropen. (Probe aus Indien)	Samen, mit Äther extrahiert, kalt: 1,7% warm: 2,0%	—	n_D^{40}: 1,4715 Vers.-Z.: 180,7 Jodzahl: 106,2 Säurezahl: 27,6	HALPHEN: negativ
Triumfetta rhomboidea JACQ.	Tropen. (Probe aus Indien)	Ganze Frucht mit Äther extrahiert, kalt: 6,0% warm: 7,7%	Dunkelolivgrün	n_D^{40}: 1,4708 Vers.-Z.: 196,4 Jodzahl: 105,4 Säurezahl: 18,7	HALPHEN: negativ. Das Öl heißt auf Mauritius: huile „d'Hérisson blanc“

Familie Malvaceae.

Stammpflanze	Verbreitung	Ölgehalt im Organ	Farbe	Kennzahlen	Anmerkung
Abutilon indicum DON.	Tropen. (Probe aus Indien)	Samen, mit Äther extrahiert, kalt: 6,7% warm: 9,5% [2]	Bräunlichgelb	n_D^{40}: 1,4701 Vers.-Z.: 189,1 Jodzahl: 98,7 Säurezahl: 19,4 Crismer-Z.: 68,5	HALPHEN: negativ. Charakteristischer Geruch, nicht unangenehmer Geschmack
Abutilon graveolens	Tropen. (Probe aus Indien)	Samen, mit Äther extrahiert, kalt: 4,2% warm: 5,2%	Dunkelbraun	n_D^{40}: 1,4728 Vers.-Z.: 180,9 Jodzahl: 94,8 Säurezahl: 7,4 Crismer-Z.: 68,3	HALPHEN: negativ

[1] Die Höhe des Schmelzpunktes hängt davon ab, bei welcher Temperatur und nach welchem Preßverfahren die Abtrennung des „Stearins“ vom Öl erfolgte.

[2] Bemerkenswert der große Unterschied in der Ölausbeute bei kalter bzw. warmer Extraktion; nach frdl. Privatmitteilung von Prof. PIERAERTS dürfte die Ursache einer harzartigen Begleitsubstanz zuzuschreiben sein, die in kaltem Äther schwer löslich ist.

Weniger untersuchte Öle aus der Reihe Malvales.

Familie Malvaceae (Fortsetzung).

Stammpflanze	Verbreitung	Ölgehalt im Organ	Farbe	Kennzahlen	Anmerkung
Malva rotundifolia	Gemäßigte Zone und Indien	Ganze Frucht (Indien) mit Äther extrahiert, kalt: 6,8% warm: 8,2%	Blaßgelb	n_D^{40}: 1,4694 Vers.-Z.: 200,4 Jodzahl: 97,9 Säurezahl: 7,2 Crismer-Z.: 75,5	HALPHEN: negativ. Das Öl hat angenehmen Geschmack und ist beinahe geruchlos
Malva parviflora	Gemäßigte Zone und Indien	Ganze Frucht (Indien) mit Äther extrahiert, kalt: 17,8% warm: 18,0%	Blaßgelb	n_D^{40}: 1,4708 Vers.-Z.: 220,2 Jodzahl: 99,4 Säurezahl: 6,9 Crismer-Z.: 74,5	HALPHEN: negativ
Sida cordifolia	Tropen. (Probe aus Indien)	Samen, mit Äther extrahiert, kalt: 2,2% warm: 3,2%	Goldgelb	n_D: 1,4719 Vers.-Z.: 183,1 Jodzahl: 101,1 Säurezahl: 3,5 Crismer-Z.: 77,0	HALPHEN: negativ
Sida carpinifolia	Tropen. (Probe aus Indien)	Samen, mit Äther extrahiert, kalt: 4,5% warm: 6,7%	Grünlichgelb	n_D: 1,4729 Vers.-Z.: 189 Jodzahl: 92,3 Säurezahl: 17,9 Crismer-Z.: 60,0	HALPHEN: negativ
Sida rhombifolia [1]	Warme Gegenden der alten und neuen Welt	Samen, aus Indien, mit Äther extrahiert, kalt: 13,9% warm: 16,9%	Blaßgelblich	n_D: 1,4690 Vers.-Z.: 191,3 Jodzahl: 107,3 Säurezahl: 10,8 Crismer-Z.: 62,5	HALPHEN: nach 35 Min. Erhitzens lebhaft kirschrot, wie bei Baumwollsamenöl
Urena lobata	Tropen. (Probe aus Indien)	Samen, mit Äther extrahiert, kalt: 12,5% warm: 13,9%	Strohgelb	n_D: 1,4696 Vers.-Z.: 198,1 Jodzahl: 109,6 Säurezahl: 7,4 Crismer-Z.: 70,0	HALPHEN: negativ

Reihe: Parietales.

Orleansbaum-Samenöl (Bixaöl).

Huile de Bixa orellana — Bixa oil — Olio di Bixa orellana.

Stammpflanze und Pflanzenfamilie	Verbreitung	Farbe	Besonderes Merkmal
Bixa orellana Fam.: Bixaceae	Tropen	Grünlichbraun (Rohöl I); rötlich (Öl II)	Das vom Farbstoff (Orleans oder Anatto) des Samens befreite Öl ist sehr dunkel und dickflüssig

Bestandteile: Vorwiegend Palmitinsäure, ferner Stearinsäure, Ölsäure und Linolsäure. Im Unverseifbaren ein Phytosterin.

[1] Bezeichnungen des Öles: „Sidahanf"-Öl — Huile de chanvre de Sida — „Teaplant"-oil.

Physikalische und chemische Kennzahlen.

	Dichte d^{25}	Brechungs-Index n_D	Verseifungszahl	Acetylzahl	Jodzahl
Rohöl[1] I	0,928	1,4745 (28°)	227,8	—	124,9
Öl II	0,9808 (?)	1,4831 (28°)	186,7	5,6	98,2 (HANUS)

Das Rohöl I zeigte die Säurezahl 17,3. Öl II (zu 2,7% aus den Samen mittels Alkohol und Petroläther extrahiert) hatte die Säurezahl 11,6; die Kennzahlen weisen auf abnorme Veränderungen des Öles hin.

Samenöl von Oncoba spinosa.

Stammpflanze und Pflanzenfamilie	Verbreitung	Gehalt (% Öl) im Organ	Farbe	Besondere Merkmale
Oncoba spinosa Fam.: Flacourtiaceae	Tropisches Afrika	Samen: 37,6%	Braungelb	Optisch inaktiv; trocknend

Physikalische und chemische Kennzahlen.

	Dichte d_{15}^{15}	Schmelzpunkt	Brechungs-Index n_D	Verseifungszahl	Jodzahl	R.-M.-Zahl	Pol.-Zahl
Öl mit S.-Z.: 12,1	0,9303	—	1,4740 (40°)	192,2	177,0	0,5	0,45
Fettsäuren	—	23,4°	—	—	—	—	—

Unverseifbare Bestandteile: 1,3%.

Gynocardiaöl.

Huile de Gynocardia — Gynocardia oil — Olio di Gynocardia.

Stammpflanze und Pflanzenfamilie	Verbreitung	Gehalt (% Öl) im Organ	Farbe bzw. Geruch	Reaktionen. Anmerkung
Gynocardia odorata oder Hydnocarpus odoratus Fam.: Flacourtiaceae	Ostindien (Assam, Bengalen), China, Malayischer Archipel	Samen: 31—38% Kern: 47—57% Samen, gepreßt: 20%	Hellgelb; Geruch ähnlich dem des Leinöls; geschmacklos	Erhitzen mit Äther-Eisenchloridlösung: schmutziggrün, nach dem Ansäuern mit Schwefelsäure: blau[2]. — Optisch inaktiv

Bestandteile: Ameisensäure, Essigsäure, Laurin-, Palmitinsäure, Gynocardiasäure (s. Bd. I, S. 10, 17); Ölsäure, Linol-, Linolensäure. Gynocardin, ein Glykosid von der Zusammensetzung $C_{13}H_{19}O_9N + 1\frac{1}{2}\,H_2O$ und dem Schmelzpunkt 162°, ist oft Begleiter.

Physikalische und chemische Kennzahlen.

	Dichte d_{15}^{15}	Schmelzpunkt	Erstarrungspunkt	Lichtbrechung B.-Refr. Sk. T.	Verseifungszahl	Jodzahl
Öl	0,9318—0,9338	—	—	79,0 (25°)	—	—
kalt gepreßt	d^{25}: 0,925	22—23°	20°	—	197	152,8
warm gepreßt	—	17°	—	—	—	—
extrahiert	d^{25}: 0,929	14°	—	—	199,6	152,0
Fettsäuren	—	40,6°	—	—	Neutral.-Z.: 199,8	162,6

[1] Die Kennzahlen eines zwecks Reinigung destillierten (!) und dabei natürlich weitgehend veränderten Öles (z. B. Verseifungszahl 106) wurden nicht aufgenommen.

[2] Eine neue Ausführungsform ist die Reaktion nach LIFSCHÜTZ: 1 Tropfen Öl in 1/2 ccm Chloroform aufgelöst, mit 1,5 ccm Eisessig verdünnt und mit 4—5 Tropfen konzentrierter Schwefelsäure versetzt: intensiv grasgrün, im durchfallenden Licht rotviolett (Spektrum). Das Spektrum wird auf Zusatz von Eisenchloridlösung nicht verändert. Frisches oder frisch gereinigtes Öl gibt die Reaktion nicht, dagegen tritt sie auch bei solchen Ölen auf, wenn die Eisessiglösung mit einem Körnchen Benzoylsuperoxyd aufgekocht wird. Die Reaktion kommt den Fettsäuren, nicht dem Unverseifbaren zu.

Reihe: Opuntiales.

Feigendistelöl[1].

Huile d'Opuntia — Prickly pear oil.

Stammpflanze und Pflanzenfamilie	Verbreitung	Gehalt (% Öl) im Organ	Farbe bzw. Geruch	Anmerkung
Opuntia monacantha = Opuntia Tuna (Opuntia Ficus indica) Fam.: Cactaceae	Süd- und Mittelamerika	Samenkern: 10,9%	Grüngelb; ohne ausgesprochenen Geruch	Dickflüssig; schwach trocknend

Physikalische und chemische Kennzahlen.

	Dichte d_{15}^{15}	Brechungs-Index n_D	Verseifungszahl	Hehnerzahl	Jodzahl	R.-M.-Zahl
Öl	0,9294	1,4676 (40°)	189,5	93,8	116,3	2,8

Die untersuchte Probe stammte von einer „Tuna blaca da huerta" und zeigte die Säurezahl 3,1.

Reihe: Myrtiflorae.

Daphneöl (Seidelbastöl).

Huile de Daphne — Daphne oil — Olio di Daphne.

Stammpflanze und Pflanzenfamilie	Verbreitung	Gehalt (% Öl) im Organ	Farbe	Reaktion
Daphne mezereum Fam.: Thymelaeaceae	Gemäßigte Zone Europas und Asiens	Samen (Semen Coccognidii): 36—37%	Gelbgrün	Elaidinierung: negativ

Bestandteile: Palmitin-, Stearinsäure; von flüssigen Fettsäuren wahrscheinlich Öl-, Linol-, Linolen- und Isolinolensäure.

Physikalische und chemische Kennzahlen.

	Dichte d_{15}^{15}	Verseifungszahl	Acetylzahl	Jodzahl
Öl	0,9237	196—197	17,6	125,9—126,3

Öl von Lawsonia alba.

(Hennapflanze, Fam.: Lythraceae. Verbreitung: Indien.) Die Samen enthalten 10,5% eines dickflüssigen, dunkelgrünen Öles mit der Jodzahl 125,6 und dem Schmelzpunkt 25,5°.

Barringtoniaöl.

Stammpflanze und Pflanzenfamilie	Verbreitung	Gehalt (% Öl) im Organ	Anmerkung
Barringtonia speciosa Fam.: Lecythidaceae	Indien	Samen: ca. 3%	Die Angabe, daß das Fettsäurengemisch aus Palmitinsäure, Stearinsäure und Ölsäure besteht, ist mit der niedrigen Verseifungszahl sowie der hohen Jodzahl des Öles nicht in Einklang zu bringen

[1] Das Referat über die den obigen Angaben zugrundeliegende englische Originalarbeit wurde im Chem. Zentralblatt (1921, I, S. 455) fälschlich unter dem Titel „Das Öl von Stachelbeersamen" aufgenommen.

Physikalische und chemische Kennzahlen.

	Dichte	Lichtbrechung B.-Refr. Sk. T.	Verseifungszahl	Hehnerzahl	Acetylzahl	Jodzahl (HÜBL)	R.-M.-Zahl
Öl	d^{21}: 0,9188	65 (26°)	172,6	95,7	—	134,1	2,1
Fettsäuren	—	—	—	—	44,8	135,2	—

Psidium guajava-Öle.

a) Samenöl (Huile de goyava)

b) Blätteröl (Djamboëblätteröl)

Stammpflanzen und Pflanzenfamilie	Verbreitung	Gehalt (% Öl) im Organ	Farbe bzw. Geruch	Reaktionen. Konsistenz
Psidium guajava, var. Psidium guaj. piriferum Fam.: Myrtaceae	Tropisches Amerika, Indien, Ägypten	a) Samen, getrocknet, mit Äther-Petroläther-Chloroform-Gemisch extrahiert: 14,3% b) Blätter, getrocknet, Äther-extrahiert: 5,9—6%	a) Angenehmer Geruch infolge Gegenwart von Eugenol b) grünlich-gelb; angenehm aromatischer Geruch	a) HALPHEN: negativ. BAUDOUIN: negativ. b) wachsartige Konsistenz

Physikalische Kennzahlen.

	Dichte d_{15}^{15}	Schmelzpunkt	Lichtbrechung B.-Refr. Sk. T.	Lichtbrechung Brechungs-Index n_D
Öle a)	0,9243—0,9306	—	52,2—66,4 (40°) 50,7 (40°)[1]	1,4587—1,4700 (40°)
Öl b)	—	23,5°	—	—

Chemische Kennzahlen.

	Verseifungszahl	Jodzahl	R.-M.-Zahl	Pol.-Zahl
Öle a)	190—216,0 234,5[1]	127,9—134,5	0,2—0,4	0,2—0,3
Öl b)	—	137	—	—

Öle a) Säurezahlen zwischen 0,3 und 0,7. Gehalt an ätherischen Ölen: 0,25—0,3%. Öl b) Säurezahl 95.

Myrtensamenöl.

Huile des sémences de myrte — Myrtle seed oil — Olio di semi di mirto.

Stammpflanze und Pflanzenfamilie	Verbreitung	Gehalt (% Öl) im Organ	Farbe bzw. Geschmack	Reaktion
Myrtus communis Fam.: Myrtaceae	Mittelmeergebiet	Samen: 12—15% (Äther-extrahiert)	Gelb; angenehmer Geruch, charakteristischer Geschmack	Elaidinierung: gelber Niederschlag

Bestandteile: Myristin-, Palmitin-, Ölsäure und Linolsäure.

Physikalische und chemische Kennzahlen des Öles.

Dichte d_{15}^{15}	Verseifungszahl	Hehnerzahl	Jodzahl	R.-M.-Zahl	Thermozahl (TORTELLI)
0,9244	199,8	95,3	107,5	9,7	39

Die untersuchte Probe zeigte die Säurezahl 1,7.

[1] Von Psidium guajava, var. pomiferum.

Pimentöl.

(Nelkenpfeffer- oder Jamaikapfefferöl).

Huile de piment de la Jamaïque — Jamaica pepper oil — Olio di pimento.

Stammpflanze und Pflanzenfamilie	Verbreitung	Farbe
Pimenta officinalis. Fam.: Myrtaceae	Antillen	Raffiniert: rötlich

Bestandteile: u. a. 12,6% gesättigte; 82,8% ungesättigte Säuren.

Physikalische und chemische Kennzahlen.

	Dichte	Erstarrungspunkt	Brechungs-Index n_D	Verseifungszahl	Jodzahl (WIJS)
Öl, fast neutral	d_{20}^{20}: 0,9228	—	1,4750 (20°)	171,4	134,4
Fettsäuren	—	21,2°	—	—	157,9

Samenöl von Eugenia Jambolana.

(Fam.: Myrtaceae.)

Die Samen von Eugenia Jambolana (= Syzygium Jambolanum; „Jambulbaum"; Verbreitung: Ostindien und Malayenstaaten) liefern, mit Äther bzw. Ligroin extrahiert, 1,3 bzw. 1,2% Öl, in dem folgende Bestandteile nachgewiesen wurden: Palmitin-, Stearin-, Ölsäure und Linolsäure; Myricylalkohol, Hentriacontan und ein Phytosterin $C_{27}H_{46}O \cdot H_2O$; das letztere zeigt den Schmelzpunkt 135—135,5° und $[\alpha]_D^{25} = -42,04°$; Acetat-Schmelzpunkt: 119—120°. Ferner ein Phytosterolin $C_{33}H_{56}O_6$ mit dem Schmelzpunkt 275—285°; Acetat-Schmelzpunkt: 167—168°, $[\alpha]_D^{23} = -24,1°$.

Nachtkerzenöl.

Huile d'oenothera — Evening primrose oil — Olio di onagra.

Stammpflanze und Pflanzenfamilie	Verbreitung	Gehalt (% Öl) im Organ	Farbe bzw. Geschmack	Reaktionen
Oenothera biennis Fam.: Oenotheraceae	Heimat: Virginien; in Europa verwildert	Samen, mit Petroläther extrahiert: 15%	Hellgelb; fast geruchlos, Geschmack angenehm mild, ähnlich dem des Mohnöles	Elaidinierung: positiv. BELLIER: dunkelrot. KREIS: braunrot. WELMANS: positiv. SOLTSIEN und BAUDOUIN: negativ

Bestandteile von Öl I: 0,8% Capronsäure; 5,2% Palmitinsäure und Spuren höhermolekularer gesättigter Säuren; 25,8% Ölsäure; 33,6% α-Linol-, 26,7% β-Linol-, 2,2% γ-Linolensäure (s. Bd. I, S. 7, 21). 2,3% Unverseifbares[1].

Bestandteile von Öl II: 5,1% gesättigte Säuren; 23,6% Ölsäure; 29,6% α-Linolsäure; 22,2% β-Linolsäure; 2,7% γ-Linolensäure[2]; 6,0% isomere γ-Linolensäure[3]. 4,1% Glycerinrest. 1,6% Unverseifbares.

Physikalische Kennzahlen.

	Dichte d_{15}^{15}	Erstarrungspunkt	Lichtbrechung B.-Refr. Sk. T.	Lichtbrechung Brechungs-Index n_D	Zähigkeit °ENGLER
Öl I	0,9283	—	69,8 (40°)	1,4722 (40°) 1,4789 (20°)	$E_{24} = 8,14$
Öle II	0,9312	—	—	1,4715 (40°)	$E_{24,6} = 8,01$
Fettsäuren von Öl I	—	bei −15° geringe Abscheidung	—	—	—

[1] Davon 0,6% Phytosterin; Schmelzpunkt des Phytosterinacetats: 130,3°.

[2] α-symmetrische oder α-6,7-9,10-12,13-Linolensäure.

[3] β-symmetrische oder β-6,7-9,10-12,13-Linolensäure. Zur Nomenklatur s. EIBNER, Ch. Umschau Bd. 34, S. 317. 1927.

Chemische Kennzahlen.

	Verseifungszahl	Hehnerzahl	Acetylzahl	Jodzahl	R.-M.-Zahl	Pol.-Zahl	Hexabromidzahl
Öl I	195,2	94,9	13,9	148,9 (HÜBL)	2,6	0,6	—
Öle II	187,4	95,5	—	147,9 (HANUS)	—	—	—
Fettsäuren	205,3	M. M.-Gew.: 273,2	—	156,6—158,2 Innere Jodzahl: 159,6—166,2	—	—	6,9—7,3 Schmelzpunkt der Hexabromide: 203° (Öl II)

Öl I mit Petroläther extrahiert, Säurezahl 0. Trockenzeit des nicht vorbehandelten Öles: 17 Tage. Öle II (mit * bezeichnet) kalt gepreßt; Säurezahlen 4,5 und 4,6.

Trockenvorgang (von Öl II): Maximale Gewichtsaufnahme 9,7% (Sommer); Substanzverlust („Schwund") nach 60 Tagen: 58,3% der gesamten Gewichtszunahme. Maximale Gewichtsaufnahme im Winter: 15,9%; Gewichtsverlust ebenfalls nach 60 Tagen: 41,5% vom Maximum. Trockenzeiten: im Sommer nach 11 Tagen, im Winter nach 16 Tagen klebefrei trocken. Im direkten Sonnenlicht erfolgt Trocknen unter Synärese (vgl. Leinöl, S. 91); im Uviollicht Anziehen nach $2^1/_2$ Stunden, Kleben nach 3 Stunden, Trocknen über Nacht. Verhalten bei der Thermoprobe: die Filme verkohlen ohne zu schmelzen. Auch bei der Löseprobe zeigen die Filme Ähnlichkeit mit denen des Leinöles. Beim Trocknen verhält sich das Nachtkerzenöl jedoch mohnölartig, es nimmt daher eine Art Mittelstellung zwischen den Ölen vom Typus des Leinöles und denen des Mohnöles ein.

Reihe: Umbelliflorae.

Vorbemerkungen zu einigen Ölen aus der Familie Umbelliferae.

Die älteren Angaben beziehen sich auf ätherextrahierte Öle, während die neueren für Öle gelten, die mittels Chloroform oder Tetrachlorkohlenstoff extrahiert waren. Die Kennzahlen der beiden Gruppen weichen mitunter erheblich voneinander ab. Auch die Ölgehalte sind in manchen Fällen sehr verschieden. Es ist jedoch nicht möglich, zwischen diesen beiden Größen irgendwelche Beziehungen aufzustellen (vgl. Vorbemerkungen zu Papilionatenölen, III, S. 69f.); möglicherweise beruhen die Anomalien z. T. auf dem Gehalte mancher Umbelliferenöle an ätherischen Ölen.

Das in letzter Zeit öfters untersuchte Petersiliensamenöl ist ein nichttrocknendes Öl, wie auch aus seiner Zusammensetzung hervorgeht, s. S. 137. Seine Aufnahme in die erste Hauptgruppe erfolgte wegen seiner Zugehörigkeit zur Familie Umbelliferae, deren Samenöle nach älteren Angaben sämtlich ein merkliches, wenn auch geringes Trockenvermögen besitzen. Bezüglich der Grundsätze für die Systematik (Überordnung des botanischen über das chemische Einteilungsprinzip) s. S. 13.

Gartenkerbelöl.

Chervil seed oil.

Stammpflanze und Pflanzenfamilie	Verbreitung	Gehalt (% Öl) im Organ	Farbe bzw. Geschmack
Anthriscus cerefolium Fam.: Umbelliferae	Europa; Mittelmeergebiet	Samen: 13,2% (Äther-extrahiert)	Grünbraun; scharf aromatischer Geruch, unangenehm kratzender Geschmack

Bestandteile: 91,9% (olivgrünbraune) Fettsäuren; 1,5% Unverseifbares; Glycerinausbeute: ca. 1%.

Physikalische und chemische Kennzahlen.

	Dichte d_{15}^{15}	Schmelzpunkt	Erstarrungspunkt	Brechungs-Index n_D	Verseifungszahl	Jodzahl (WIJS)
Öl mit S.-Z. = 1,0	0,9265	—	−9°	1,4672 (35°)	183,1	110,2
Fettsäuren	—	4—6°	2°	1,4580 (35°)	Neutral.-Z.: 183,2 M. M.-Gew.: 307,3	115,7

Ajovanöl.

Ajowan seed oil.

Stammpflanze und Pflanzenfamilie	Gehalt (% Öl) im Organ	Farbe bzw. Geschmack
Ptychotis Ajovan Fam.: Umbelliferae	Samen: 22,8% (Äther-extrahiert)	Grünbraun; thymolartiger Geruch und Geschmack

Bestandteile: 92,6% Fettsäuren; 1,1% Unverseifbares. 9,5% Glycerinausbeute.

Physikalische und chemische Kennzahlen.

	Dichte d_{15}^{15}	Schmelzpunkt	Erstarrungspunkt	Brechungs-Index n_D	Verseifungszahl	Jodzahl (WIJS)
Öl mit S.-Z. = 3,9	0,9267	—	−2°	1,4710 (35°)	176,8	108,8
Fettsäuren	—	4—5°	3°	1,4650 (35°)	Neutral.-Z.: 178,0 M. M.-Gew.: 315,5	109,2

Koriandersamenöl.

Huile de coriandre — Coriander seed oil — Olio di coriandre.

Stammpflanze und Pflanzenfamilie	Verbreitung	Gehalt (% Öl) im Organ	Farbe bzw. Geschmack	Konsistenz
Coriandrum sativum Fam.: Umbelliferae	Europa; Mittelmeergebiet	Samen: 18,8—21%	Grünbraun; angenehmer, aromatischer Geruch und Geschmack	Ziemlich dünnflüssig

Bestandteile: 91,1% Fettsäuren von butterartiger Konsistenz. 2,3% Unverseifbares. 9,9% Glycerinausbeute.

Physikalische und chemische Kennzahlen.

	Dichte d_{15}^{15}	Schmelzpunkt	Erstarrungspunkt	Brechungs-Index n_D	Verseifungszahl	Jodzahl (WIJS)
Öl	0,9284 0,9262[1]	—	−4°	1,4704 (30°)	182,0 190,1[1]	99,8 93,5[1]
Fettsäuren	—	3—4°	1°	1,4593 (35°)	Neutral.-Z.: 179,6[2] M. M.-Gew. 312,6	98,6[2]

Die untersuchte (ältere) Probe zeigte die Säurezahl 1,3.

[1] Neuere Angaben. [2] Zu niedrig.

Kreuzkümmelöl.

(Römischkümmelöl.)

Huile de cumin — Cumin seed oil — Olio di comino.

Stammpflanze und Pflanzenfamilie	Verbreitung	Gehalt (% Öl) im Organ	Farbe bzw. Geschmack
Cuminum cyminum Fam.: Umbelliferae	Östliches Mittelmeergebiet	Samen: 9,9% (Äther extrahiert)	Grünbraun; unangenehmer, scharf aromatischer Geruch und Geschmack

Bestandteile: 91,5% (tiefdunkelbraune) Fettsäuren. 2,1% Unverseifbares. 9,6% Glycerinausbeute.

Physikalische und chemische Kennzahlen.

	Dichte d_{15}^{15}	Schmelzpunkt	Erstarrungspunkt	Brechungs-Index n_D	Verseifungszahl	Jodzahl (WIJS)
Öl mit S.-Z. = 3,3	0,9256	—	−8°	1,4720 (30°)	179,3	91,8
Fettsäuren	—	−1°	−4°	1,4748 (35°)	Neutral.-Z.: 181,6 M. M.-Gew.: 309,3	90,1[2]

Sellerieöl.

Huile de célery — Celery seed oil — Olio di sedano, olio d'apio.

Stammpflanze und Pflanzenfamilie	Verbreitung	Gehalt (% Öl) im Organ	Farbe bzw. Geschmack
Apium graveolens Fam.: Umbelliferae	Fast über die ganze Erde verbreitet	Samen: 16,7% (Äther-extrahiert)	Grünbraun; scharf aromatischer Geruch und Geschmack

Bestandteile: 93,0% Fettsäuren. 0,8% Unverseifbares. 9,6% Glycerinausbeute.

Physikalische und chemische Kennzahlen.

	Dichte d_{15}^{15}	Schmelzpunkt	Erstarrungspunkt	Brechungs-Index n_D	Verseifungszahl	Jodzahl (WIJS)
Öl mit S.-Z. = 1,8	0,9236	—	−12°	1,4783 (35°)	178,1	94,8
Fettsäuren	—	−2°	−4 bis −5°	1,4778 (35°)	Neutral.-Z.: 177,2[1] M. M.-Gew.: 316,9	93,4[1]

Petersiliensamenöl.

Huile de persil — Parsley seed oil — Olio di petrosello.

Stammpflanze und Pflanzenfamilie	Verbreitung	Gehalt (% Öl) im Organ	Farbe bzw. Geschmack	Anmerkung
Petroselinum sativum Fam.: Umbelliferae	Heimat: Mittelmeergebiet	Samen, extrahiert: 17—19%; kalt gepreßt: 6—8%	Rotbraun oder dunkelgrün; mit Tierkohle gebleicht: gelb; eigentümlicher Geruch und Geschmack	Hauptbestandteil: Petroselinsäure, s. Bd. I, S. 7, 17 u. 112. Ergänzungen (1927): Schmelzpunkt 29,4—30°; Erstarrungspunkt 28,6°; n_D^{35}: 1,4545; d_4^{35}: 0,8802

Bestandteile (Englisches Petersiliensamenöl). Fettsäuren: 2% Palmitinsäure; 1% höhere gesättigte Säuren; 76% Petroselinsäure; 15% Ölsäure; 6% Linolsäure. Im

[1] Zu niedrig.

Unverseifbaren: Petrosilan[1] und Myristicin $C_{11}H_{12}O_3$; letzteres gibt bei der Oxydation Myristicinsäure vom Schmelzpunkt 208—209°. Bestandteile von Öl I (s. Tabelle): u. a. Glyceriden auch „Petroselin", das Triglycerid der Petroselinsäure (Petroselin schmilzt bei 30—32° und erstarrt zwischen 14 und 18°); eine Probe mit 2,2% Unverseifbarem gab 91,7% Fettsäuren und 9,5% Glycerin.

Physikalische Kennzahlen.

	Dichte d_{15}^{15}	Schmelzpunkt	Erstarrungspunkt	Brechungs-Index n_D
Öl I	0,9243	—	−14°	1,4778 (35°)
Öl II	d_4^{20}: 0,9663	—	—	1,4800 (40°)
Fettsäuren von Öl II	—	ca. 26°	20,6°	1,4597 (40°)
flüssige	—	—	—	1,4584 (40°)

Chemische Kennzahlen.

	Verseifungszahl	M. M.-Gew.	Jodzahl	Rhodanzahl	R.-M.-Zahl
Öl I	176,5	—	109,5 (WIJS)	—	—
Öl II	129,7	—	121,1	85,9 (von Öl mit Jodzahl 98,5 nach WIJS)	1,1
	Neutral.-Z.:				
Fettsäuren von Öl I	180,1	311,7	108,2 (WIJS)	—	—
Fettsäuren von Öl II	188,3	293	96,6	—	—
flüssige:	197,5	283,4	119,3 (Innere Jodzahl)	—	—

Öl II war mittels Petroläther extrahiert, zeigte die Säurezahl 3,2 und enthielt ca. 2% flüchtige Bestandteile; bei der Verseifung gab es 65,2% Gesamtfettsäuren und 6,9% Glycerin. Ungefähre Zusammensetzung des Öles: 2—3% Palmitin- und Stearinsäure; 45% Petroselinsäure; 6—8% Ölsäure; 9—12% Linolsäure; 3% Glycerinrest; über 30% Unverseifbares (hellgelb, gelatinös, Petersiliengeruch; $n_D^{40} = 1{,}5198$; Jodzahl 136. Enthält Myristicin und eine Verbindung $C_{10}H_{18}O_2$). Zusammensetzung des Fettsäurengemisches: 4—5% höhere gesättigte Säuren, ca. 70% Petroselinsäure, ca. 12% Ölsäure und ca. 14% Linolsäure.

Kümmelöl.

Huile de cumin des prés — Caraway seed oil — Olio di carvi.

Stammpflanze und Pflanzenfamilie	Verbreitung	Gehalt (% Öl) im Organ	Farbe bzw. Geschmack
Carum carvi Fam.: Umbelliferae	Gemäßigte Zone	Samen: 14,8% (Äther-extrahiert). 18—18,4% [2]	Grünbraun; stark würziger, aromatischer Geruch und Geschmack

Bestandteile: Das Öl gibt 91,1% (schwarzbraune) Fettsäuren, 9,5% Glycerin und enthält 2,7% Unverseifbares.

Physikalische und chemische Kennzahlen.

	Dichte d_{15}^{15}	Schmelzpunkt	Erstarrungspunkt	Brechungs-Index n_D	Verseifungszahl	Jodzahl (WIJS)
Öl	0,9268 0,9213 [2]	—	−7°	1,4710 (35°)	178,3 183,4 [2]	128,5 104,8 [2]
Fettsäuren	—	−7°	−8 bis −10°	1,4679 (35°)	Neutral.-Z.: 182,8 M. M.-Gew.: 307,2	124,6

Die untersuchte (ältere) Probe zeigte die Säurezahl 1,3.

[1] S. Bd. I, S. 45. [2] Neuere Angaben.

Anissamenöl.

Huile d'anis — Anis seed oil — Olio di anice (anacio).

Stammpflanze und Pflanzenfamilie	Verbreitung	Gehalt (% Öl) im Organ	Farbe bzw. Geschmack	Reaktion
Pimpinella anisum. Fam.: Umbelliferae	Heimat: östliches Mittelmeergebiet	Samen: 10,4%. 25—28,4% [1]	Grünlichbraun; süßer, würziger Geschmack	Elaidinierung: nach 48 Stunden erstarrt

Bestandteile: Das Öl gibt 92,6% (dunkelbraune) Fettsäuren, 9,6% Glycerin und enthält ca. 1% Unverseifbares. Linolsäure nachgewiesen.

Physikalische und chemische Kennzahlen.

	Dichte d_{15}^{15}	Schmelzpunkt	Erstarrungspunkt	Brechungs-Index n_D	Verseifungszahl	Jodzahl (WIJS)	R.-M.-Zahl
Öl	0,9232 bis 0,9240 0,9302 [1]	—	−3°	1,4738 (35°)	178,4 187,1 [1]	105,3—108,6 102,9 [1]	4,5
Fettsäuren	—	2—3°	±0°	1,4704 (35°)	Neutral.-Z.: 179,0 M. M.-Gew.: 313,7	110,0	—

Eine Probe zeigte die Säurezahl 1,9. Gewichtszunahme beim Trocknen nach LIVACHE: 2,7% nach 3 Tagen.

Fenchelöl.

Huile de fenouil — Fennel seed oil — Olio di finocchio.

Stammpflanze und Pflanzenfamilie	Verbreitung	Gehalt (% Öl) im Organ	Farbe bzw. Geschmack
Foeniculum officinale Fam.: Umbelliferae	Heimat: Mittelmeergebiet	Samen: 9,9% (Äther-extrahiert). 17,6% [1]	Dunkelgrün; charakterist. Geruch und Geschmack

Bestandteile: Das Öl gibt 89,8% (braune, schmalzartige) Fettsäuren, 9,8% Glycerin und enthält 3,7% Unverseifbares.

Physikalische und chemische Kennzahlen.

	Dichte d_{15}^{15}	Schmelzpunkt	Erstarrungspunkt	Brechungs-Index n_D	Verseifungszahl	Jodzahl (WIJS)
Öl	0,9304 0,9308 [1]	—	−2°	1,4795 (35°)	181,2 182,9 [1]	99,0 97,8 [1]
Fettsäuren	—	1—2°	±0°	1,4710 (35°)	Neutral.-Z.: 180,5 [2] M. M.-Gew.: 311,1	98,8

Die untersuchte (ältere) Probe zeigte die Säurezahl 2,8.

Dillöl.

Huile d'aneth — Dill seed oil — Olio d'aneto.

Stammpflanze und Pflanzenfamilie	Verbreitung	Gehalt (% Öl) im Organ	Farbe bzw. Geschmack	Anmerkung
Anethum graveolens Fam.: Umbelliferae	Heimat: Mittelmeergebiet	Samen: 17,2% (Äther-extrahiert). 16—20% [1]	Dunkelgrün; Geruch scharf fenchelartig, Geschmack kratzend	Bei Zimmertemperatur stark ausscheidend

Bestandteile: Das Öl gibt 92,6% (dunkelgrüne, butterartige) Fettsäuren, 9,5% Glycerin und enthält 1,1% Unverseifbares.

[1] Neuere Angaben. [2] Zu niedrig.

Physikalische und chemische Kennzahlen.

	Dichte d_{15}^{15}	Schmelzpunkt	Erstarrungspunkt	Brechungs-Index n_D	Verseifungszahl	Jodzahl (WIJS)
Öl	0,9282 0,9291[1]	—	−2°	1,4795 (35°)	176,0 188,7[1]	119,6 92,4[1]
Fettsäuren	—	5°	1—2°	1,4760 (35°)	Neutral.-Z.: 181,0 M. M.-Gew.: 310,3	114,2

Das untersuchte (ältere) Muster zeigte die Säurezahl 3,1.

Möhrenöl.

Huile de carotte — Carrot seed oil — Olio di carota.

Stammpflanze und Pflanzenfamilie	Verbreitung	Gehalt (% Öl) im Organ	Farbe bzw. Geschmack	Konsistenz
Daucus carota Fam.: Umbelliferae	Europa, usw.	Samen: 13,1% (Äther-extrahiert)	Grünbraun; unangenehmer Geruch und Geschmack	Ziemlich dünnflüssig

Bestandteile: Das Öl gibt 92,0% (rotbraune) Fettsäuren, 9,7% Glycerin und enthält 1,5% Unverseifbares.

Physikalische und chemische Kennzahlen.

	Dichte d_{15}^{15}	Schmelzpunkt	Erstarrungspunkt	Brechungs-Index n_D	Verseifungszahl	Jodzahl (WIJS)
Öl mit S.-Z. = 2,1	0,9296	—	−6°	1,4723 (30°)	179,4	105,1
Fettsäuren	—	−1 bis −2°	−5°	1,4625 (35°)	Neutral.-Z.: 179,0 M. M.-Gew.: 313,7	102,7 [2]

Reihe: Ericales.

Sandbeerensamenöl.

Olio di corbezzola.

Stammpflanze und Pflanzenfamilie	Verbreitung	Gehalt (% Öl) im Organ	Farbe bzw. Geschmack
Arbutus unedo Fam.: Ericaceae	Südeuropa	Frucht, extrah.: 30—39%	Goldgelb; in frischem Zustande charakteristischer Geruch und Geschmack

Fettsäuren: wenig Palmitinsäure; 3,4% Ölsäure; 53,8% Linolsäure; 24,3% Isolinolsäure.

Physikalische Kennzahlen.

	Dichte d_{15}^{15}	Verhalten beim Abkühlen	Lichtbrechung B.-Refr. Sk. T
Öl	0,9208	Bei −9° trüb; bei −19° noch flüssig; bei −23° butterartig; bei −27° fest	71 (25°)

Chemische Kennzahlen.

	Verseifungszahl	Hehnerzahl	Jodzahl	R.-M.-Zahl	Thermozahl[3]
Öl	208	92,5	147,9	0,9	103,5
Fettsäuren	flüssige: 198,3	—	Innere Jodzahl: 155,8	—	—

[1] Neuere Angaben. [2] Zu niedrig. [3] Nach TORTELLI; mit Olivenöl verdünnt.

Heidelbeersamenöl.

Huile de mirtille — Bilberry seed oil — Olio di bacola.

Stammpflanze und Pflanzenfamilie	Verbreitung	Gehalt (% Öl) im Organ	Farbe	Reaktion. Konsistenz
Vaccinium myrtillus Fam.: Ericaceae	Gemäßigte, nördliche und arktische Zone	Samen, ungeschält: 31,0% (Äther-extrahiert)	Schwach grünlichgelb	BELLIER: tiefblauviolett. Nach der Trennung der Schichten: Benzollösung blauviolett, bald tiefrot; Salpetersäure: strohgelb. — Ziemlich dickflüssig.

Fettsäuren: u. a. Ölsäure, Linol- und Linolensäure.

Physikalische und chemische Kennzahlen.

	Dichte d_{15}^{15}	Lichtbrechung B.-Refr. Sk. T.	Verseifungszahl	Hehnerzahl	Jodzahl	R.-M.-Zahl	Pol.-Zahl
Öl mit S.-Z. = 3,6	0,9331	71,2 (40°) 79,8 (25°)	190,4	95,7	167,2	0,7	0,3
Fettsäuren	—	57,3 (40°)	200,7	M. M.-Gew.: 278,0	177,3	—	

Preißelbeersamenöl.

Huile d'airelle — Cranberry seed oil — Olio di mirtillo.

Stammpflanze und Pflanzenfamilie	Verbreitung	Gehalt (% Öl) im Organ	Reaktion. Merkmale
Vaccinium vitis Idaea Fam.: Ericaceae	Nördliche und arktische Zone	Samen: 30,1% (Äther-extrahiert)	BELLIER: positiv. — Bei Zimmertemperatur dickflüssig. Dem Heidelbeersamenöl sehr ähnlich

Fettsäuren: u. a. Linol- und Linolensäure.

Physikalische und chemische Kennzahlen.

	Dichte d_{15}^{15}	Lichtbrechung B.-Refr. Sk. T.	Verseifungszahl	Hehnerzahl	Jodzahl	R.-M.-Zahl	Pol.-zahl
Öl mit S.-Z. = 2	0,9301	75,0 (40°) 83.4 (25°)	190,1	95,7	169,2	0,6	0,3
Fettsäuren	—	60,4 (40°)	Neutral.-Zahl: 195,8	M. M.-Gew.: 281,0	178,6	—	—

Reihe: Ebenales.

Persimmonöl.

Huile de plaqueminier de Virginie — Persimmon seed oil — Olio di diospiro.

Stammpflanze und Pflanzenfamilie	Verbreitung	Farbe bzw. Geschmack
Diospyros virginiana Fam.: Ebenaceae	Nordamerika	Bräunlichgelb; Geruch und Geschmack ähnlich dem des warm gepreßten Erdnußöles

Bestandteile: u. a. 9,1% feste und 85,5% flüssige Säuren. Keine Arachinsäure.

Physikalische und chemische Kennzahlen.

	Dichte d_{15}^{15}	Schmelzpunkt	Erstarrungspunkt	Verseifungszahl	Hehnerzahl	Acetylzahl	Jodzahl
Öl	0,9244	−6°	−11°	188	95,9	7,15	114,5 (HANUS) 115,6 (HÜBL) 116,8 (WIJS)
Fettsäuren	0,9033	23,8°	20,2°	Neutral.-Z.: 192,7	M. M.-Gew.: 291,5 feste Säuren: 298 flüssige Säuren: 285	—	flüssige Säuren: 134—135

Styraxöl.

Stammpflanze und Pflanzenfamilie	Verbreitung	Gehalt (% Öl) im Organ
Styrax obassia, SIEB. et ZUCC. Fam.: Styracaceae	Japan	Samenkern: 18,2% (Öl I); 30,5% (Öl II)

Physikalische und chemische Kennzahlen.

	Dichte d_{15}^{15}	Trübungspunkt	Lichtbrechung B.-Refr. Sk. T.	Verseifungszahl	Hehnerzahl	Jodzahl (HÜBL)
Öl I	0,974	—	—	180,0	91,0	127,0
Öl II	0,9610	—	99,5 (27,5°)	181,8	92,9	115,4
Fettsäuren von Öl II	—	13,5—14°	—	—	—	114,7

Öl I, durch Pressung gewonnen, Säurezahl: 9,0. Öl II, extrahiert, Säurezahl: 1,7; für die R.-M.-Zahl (16,5) und die Neutralisationszahl der Fettsäuren dieses Öles (166,1) finden sich Angaben, die mit den übrigen Kennzahlen nicht in Einklang zu bringen sind, daher oben nicht aufgenommen wurden; auch die Jodzahl der Fettsäuren erscheint zu niedrig.

Reihe: Contortae.

Eschensamenöl.

Huile de frêne — Ash seed oil — Olio di frassino.

Stammpflanze und Pflanzenfamilie	Verbreitung	Gehalt (% Öl) im Organ	Farbe bzw. Geschmack	Reaktionen. Anmerkung
Fraxinus excelsior Fam.: Oleaceae	Europa	Samen: 8—9%; Kern, mit Petroläther extrahiert: 21,8%	Braungelb; mit Petroläther extrahiert: hellgrün. Würziger Geruch, manchmal teeartig, Geschmack brennend	Elaidinierung: negativ. Ziemlich dickflüssig. Schwach trocknend. Ähnlich dem Sojabohnenöl

Bestandteile: eine Probe (Öl I) enthielt 5,5% Unverseifbares (Phytosterin) und 85,1% unlösliche Fettsäuren; hiervon waren 81,8% nicht mit Wasserdampf flüchtig. Ein anderes Muster (Öl II) zeigte die Säurezahl 4 und enthielt 9,4% Unverseifbares.

Physikalische und chemische Kennzahlen.

	Dichte d_{15}^{15}	Schmelzpunkt	Erstarrungspunkt	Verseifungszahl [1]	Hehnerzahl	Jodzahl	R.-M.-Zahl
Öl I	0,9181	—	Trübung bei 27°	168,5	90,6	129,5	1,68
Öl II	$d^{16,5}$: 0,929 d^{25}: 0,922	—	—	162,6	—	140,5	—
Fettsäuren	—	36,8°	28,6°	Neutral.-Z.: 181,7	—	125,8 [2]	—

[1] Die abnorm niedrigen Verseifungszahlen finden ihre Erklärung in dem hohen Gehalt an Unverseifbarem. Die Verseifungszahlen der reinen Glyceride wären nach der Berechnung (vgl. Bd. I, S. 149): 178,3 bzw. 177,4.

[2] Zu niedrig.

Isanosamenöl.

(Unguekuöl.)

Huile d'Ongueko — Isano (Ungueko) oil.

Stammpflanze und Pflanzenfamilie	Verbreitung	Gehalt (% Öl) im Organ	Farbe bzw. Geschmack	Reaktion. Anmerkung
Ongokea Klaineana („Ngore", Onguekoa Gore oder „I'sano") Fam.: Oleaceae	Trop. Afrika, hauptsächlich Französ. Kongo	Samen, mit Benzin extrahiert: 35%; Kern: 60%	Rot mit grüner Fluoreszenz; fader Geschmack, fischartiger Geruch	Elaidinierung: rötlicher, dicker Brei. — Angeblich stark trocknend

Fettsäuren: 86% flüssige, enthaltend 15% Ölsäure, 75% Linolsäure, 10% Isansäure (vgl. Bd. I, S. 10, 21).

Physikalische Kennzahlen.

	Dichte d_{15}^{15}	Erstarrungspunkt	Brechungs-Index n_D
„Ungueku"-Öl	d^{23}: 0,973	unter −15°	1,5043 (17°)
„Ngore"-Öl	0,987 (?)	—	—

Chemische Kennzahlen.

	Verseifungszahl	Hehnerzahl	Acetylzahl	Jodzahl	Thermozahl (Maumené)
„Ungueku"-Öl	206,4	93	—	—	115—117
„Ngore"-Öl	190,0	83 (?)	85,5	153	—

Die Kennzahlen bedürfen der Überprüfung.

Funtumiaöl.

(Kickxiaöl — Gummiöl.)

Stammpflanze und Pflanzenfamilie	Verbreitung	Gehalt (% Öl) im Organ	Farbe bzw. Geschmack	Reaktion. Besondere Merkmale
Kickxia elastica oder Funtumia elastica Fam.: Apocynaceae	Westafrika, Goldküste bis Kongo, hauptsächlich Kamerun	Samen: 28—33%. Samenschale: 7,2% (getrocknet: 8,1%). Kern: 54,8% (getrocknet: 58%). Sämtl. Äther-extrah.	Goldgelb; schwach bitter; Geruch an den des Löwenzahns erinnernd	Bellier: negativ. Schwach rechtsdrehend infolge Gegenwart eines Alkaloides. Das Öl gibt beim Abkühlen eine bei 47° schmelzende Abscheidung

Bestandteile: u. a. ca. 80% flüssige Fettsäuren, hauptsächlich Linol- und etwas Linolensäure.

Physikalische Kennzahlen.

	Dichte d_{15}^{15}	Schmelzpunkt	Erstarrungspunkt	Lichtbrechung: B.-Refr. Sk. T.	Lichtbrechung: Brechungs-Index n_D	Optisches Drehungsvermögen
Öl I	0,9327	—	—	68,8 (40°) 77,3 (25°)	Andere Öle: 1,4788 (15°) 1,4783 (20°)	$[\alpha]_D = +0{,}8°$
Öl II	0,9315	—	—	69,3 (40°) 77,7 (25°)		
Öl III	—	—	—	68,2 (40°) 76,7 (25°)		
Fettsäuren von Öl I	—	25,2°	23,0°	57,3 (40°) 66,0 (25°)	—	—

Chemische Kennzahlen.

	Verseifungszahl	Hehnerzahl	Jodzahl	R.-M.-Zahl	Pol.-Zahl	Hexabromierte Glyceride
Öl I	179,6	95,95	130,9	0,7	0,3	0,48% (Schmelzpunkt 146°; nicht umkrystallisiert)
Öl II	179,0	95,95	131,8	—	—	
Öl III	181,9	95,90	130,4	—	—	
Andere Öle:	185,0	95,1	138,0	—	—	
Fettsäuren von Öl I	183,0	M. M.-Gew.: 312,0	139,7 Inn. Jodzahl: 175,5	—	—	—

Öl I: aus den Samen mit Äther extrahiert; Säurezahl 3,3. Öl II: aus den Samen gepreßt; Säurezahl 2,1. Öl III: aus dem Samenkern mit Äther extrahiert; Säurezahl ca. 4. — Gewichtszunahme beim Trocknen (nach LIVACHE): 9,5%.

Reihe: Tubiflorae.

Borraginaceenöle.

Stammpflanzen und Pflanzenfamilie	Verbreitung	Gehalt (% Öl) im Organ	Farbe bzw. Geschmack	Kennzahlen
Cordia atrofusca	Tropen	Samen, getrocknet: 7,8%	Gelblich, mild	Dichte: 0,888 (d_{22}^{100})
Trichodesma Zeylanicum Fam.: Borraginaceae	Trop. Asien und Australien	Samen: 28,7% (Tanganyika-Saat)	Goldgelb	Verseifungszahl: 192 Jodzahl: 161 (HÜBL)

Lallemantiaöl.

Stammpflanze und Pflanzenfamilie	Verbreitung	Gehalt (% Öl) im Organ	Farbe bzw. Geschmack	Reaktion
Lallemantia iberica Fam.: Labiatae	Kaukasus, Süd- u. Ost-Rußland, Kleinasien, Turkestan, Persien	Samen: 27—33,5%	Äther-extrahiert: hellgelb; Geschmack anfangs kratzend, dann leinölähnlich. Preßöl: geruchlos, angenehmer Geschmack	Elaidinierung: dunkelrote, teigige Masse

Fettsäuren: ca. 6,5% feste und 93,5% flüssige Säuren, angeblich keine Linolensäure. Glycerinausbeute: 9,8%.

Physikalische Kennzahlen.

	Dichte	Schmelzpunkt	Erstarrungspunkt
Öl	d^{20}: 0,9336—0,9340	—	—34 bis —35°
Fettsäuren	—	22,2°	11°

Chemische Kennzahlen.

	Verseifungszahl	Hehnerzahl	Jodzahl (HÜBL)	R.-M.-Zahl	Thermozahl
Öl	181—185	93,3	162,1	1,6	120
Fettsäuren	—	—	166—167,0	—	—

Trockenvorgang. Öl (Gewichtszunahme nach LIVACHE): 15,8% nach 24 Stunden. Fettsäuren: 11,6% nach 24 Stunden; 12,8% nach 3 Tagen; 14,0% nach 8 Tagen; 16,6% nach 1 Monat. Trockenzeit eines nicht vorbehandelten Öles: ca. 9 Tage; eines 3 Stunden auf 150° erhitzten Öles: nur 1 Tag.

Salbeiöle I.

Öle von Salvia plebeja, Salvia hispanica („Chia seed") sowie von abessinischen Arten.

Stammpflanzen und Pflanzenfamilie	Verbreitung	Gehalt (% Öl) im Organ	Farbe bzw. Geschmack	Anmerkung
(1) Salvia plebeja	(1) Ostasien, Australien	(1) Samen, mit Benzin extrahiert: 11%	(1) hellgelb	(1) Schwach trocknend
(2) Salvia hispanica	(2) Mexiko, Spanien	(2) Samen: 22—36%	(2) leinölähnlich	(2) Stark trocknend
(3) Salvia-Art, gen. „Abahaderà"	(3) und (4) Abessinien	(3) Samen: 22,8%	(3) und (4) gepreßt: goldgelb[1], leinölähnlich	(3) und (4) stark trocknend
(4) Salvia-Art, gen. „EntatieVallahà" Fam.: Labiatae		(4) Samen: 27,6%		

Physikalische Kennzahlen.

	Dichte	Schmelzpunkt	Erstarrungspunkt	Brechungs-Index n_D
Öl (1)	d_{30}^{30}: 0,934	—	—	1,4832 (30°)
Öl (2)	$d^{15,5}$: 0,9338	—	—	—
Öl (3) kalt gepreßt	d^{15}: 0,9273	—	—	—
Äther-extrahiert	d^{15}: 0,9320	—	−2 bis −8°	—
Öl (4) kalt gepreßt	d^{15}: 0,9355	—	−16 bis −20°	—
Fettsäuren von Öl (3) und (4)	—	16—20°	8—12°	—

Chemische Kennzahlen.

	Verseifungszahl	Jodzahl	R.-M.-Zahl	Thermozahl
Öl (1)	195,0	131,1	1,3	105—110
Öl (2)	192,2	192,2	—	—

Öl (1) zeigte die Säurezahl 6,0 und enthielt 0,02% Unverseifbares. Fettsäuren: Stearin-, Öl-, Linol-, Linolensäure. Öl (2) hatte die Säurezahl 0,6 und enthielt 0,8% Unverseifbares. Das Öl zeigt — ähnlich wie Perillaöl — die Erscheinung des „Perlens" oder streifigen Auftrocknens.

Salbeiöle II.

Öle von Salvia sclarea und Salvia spinosa.

Stammpflanzen u. Pflanzenfamilie	Verbreitung	Gehalt (% Öl) im Organ	Farbe bzw. Geschmack	Reaktionen
(1) Salvia sclarea	Mittelmeergebiet, Orient (Ägypten, Arabien, Syrien, Persien)	(1) Samen: 28,9%	(1) Hellgelb; schwacher Geruch	(1) Elaidinierung: negativ. HEYDENREICH: braun. HAUCHECORNE: rot.
(2) Salvia spinosa Fam.: Labiatae		(2) Samen: 19,7%	(2) Gelbgrün; nicht unangenehmer Geschmack, schwach aromatischer Geruch	(2) Elaidinierung: halbflüssige, gelbbraune Masse, sonst wie bei (1)

[1] Beim Lagern wird das Öl unter dem Einfluß des Lichtes beinahe farblos. Läßt man die Saat nach der Ernte einige Wochen nachreifen, so gewinnt man ein klareres Öl als nach Pressung frischer Samen.

Physikalische Kennzahlen.

	Dichte d_{15}^{15}	Schmelzpunkt	Erstarrungspunkt	Brechungs-Index n_D
(1) Öl mit S.-Z. = 1,2	0,9303	—	—	1,4829 (15°)
(2) Öl mit S.-Z. = 1,7	0,9298	—	bei −15° noch nicht erstarrt	1,4799 (15°)
Fettsäuren	—	5—9°	3—5°	—

Chemische Kennzahlen.

	Verseifungszahl	Hehnerzahl	Jodzahl	R.-M.-Zahl	Hexabromidzahl	Thermozahl (MAUMENÉ)
Öl (1)	192,8	94,8	141,2	1,1	—	130
Öl (2)	193,1	94,2	159,2	1,3	—	132
Fettsäuren			Inn. Jodzahl:			
von Öl (1)	—	—	199	—	36,2 [1]	—
von Öl (2)	—	—	203,6	—	41 [2]	—

Perillaöl.

(Okumiöl.)

Huile de perilla — Perilla oil — Olio di perilla.

Stammpflanzen und Pflanzenfamilie	Verbreitung	Gehalt (% Öl) im Organ	Farbe bzw. Geschmack	Reaktionen. Besondere Merkmale
Perilla ocimoides (Mentha perilloides, LAM.); Perilla heteromorpha; P. arguto, BENTH; P. nankinensis, DECNE Fam.: Labiatae	China, Japan, Korea, nördliche Gebiete Ostindiens, Cypern usw., auch Ver. Staaten von Amerika, Südafrika	Samen, extrahiert: 41—45%; trocken: bis 49%; ungeschält: um 35,8%. Durch Pressung gewonnen: 33%	Hellgelb bis dunkelgelb. Beim Erhitzen auf 270° wird das Öl hell-weingelb und dunkelt nicht mehr nach. Geruch angenehm, oft kräuterartig; Geschmack manchmal etwas bitter	HALPHEN, BAUDOUIN: negativ. — Adhäriert auf Glas mangelhaft; bildet Tropfen wie Quecksilber oder zusammenhängende Streifen. Durch einmaliges rasches Erhitzen auf 250° läßt sich dieses „Perlen“ auf Glas beseitigen

Bestandteile: 12% gesättigte Fettsäuren (Palmitin-, Stearinsäure). Ungefähr 4% Öl-, 10% α-Linol-, 43% β-Linol-, 20% α-Linolen-, 3% β-Linolensäure. 16,2% Oxysäuren bei einem Öl mit der Säurezahl 14,7. 0,4—1,5% Unverseifbares.

Physikalische Kennzahlen.

	Dichte d_{15}^{15}	Schmelzpunkt	Erstarrungspunkt	Brechungs-Index n_D	Dispersion	Oberflächenspannung
Öl	0,928—0,934 d^{20}: 0,928 bis 0,9306	—	Erstarrt erst bei sehr niedriger Temperatur	1,4662 (60°) 1,473—1,476 (40°) 1,481—1,483 (20°) 1,4825—1,485 (15°)	0,01062 nach TOCH	Sehr hoch; Ursache des sog. Perlens od. streifigen Auftrocknens
Fettsäuren	d^{20}: 0,9235	−4 bis −5°	Bei 0° Ausscheidung von Fettsäurekrystallen	1,4662 (60°)	—	—

[1] Schmelzpunkt 179°. [2] Schmelzpunkt 178°.

Chemische Kennzahlen.

	Verseifungszahl	Hehnerzahl	Jodzahl	Hexabromidzahl	Thermozahl
Öl	187—197	95—96	180—196 (HÜBL) 181—206 (WIJS) 196—206 (HANUS)	—	(MAUMENÉ) 124—127
Fettsäuren	Neutral.-Z.: 193—199 meist 197	M. M.-Gew.: 284—291	190—210 meist 200—203	51—64; Schmelzpunkt der Hexabromide: 174—180° (nach EIBNER)	130

Säurezahlen zwischen 1,4 und 28,1.

Bei einem 10 Jahre alten Perillaöl wurden folgende Kennzahlen gefunden: $d^{15} = 0{,}9264$; n_D: 1,3920 (15°); Säurezahl: 14,4; Verseifungszahl: 187,5; Jodzahl: 180,9 (HÜBL); Hehnerzahl: 95. Unverseifbares: 0,3%. Fettsäuren, n_D: 1,3808 (60°); Neutralisationszahl: 192. Oxysäuren: ca. 16%.

Trockenvorgang. Maximale Gewichtszunahme: 21—26%. Nach 60 Stunden: 19,5—21,2%. Trockenzeit des nicht vorbehandelten Öles: ca. 6 Tage. Firnis aus Perillaöl mit 3% Blei-Mangan-Resinat bei 150° gelöst: 6 Stunden; aus Perillaöl mit 5% Blei-Mangan-Resinat bei 150° gelöst: 4½ Stunden. Das Verhalten des Films beim Erhitzen ist ähnlich dem des Leinöles. Die Perillaölfarben sind in Äther fast unlöslich und trocknen beinahe rißlos. Die Bleiweißfarbe zeigt starkes Vergilben.

Öl von Perilla citriodora.

Stammpflanze und Pflanzenfamilie	Verbreitung	Gehalt (% Öl) im Organ	Farbe
Perilla citriodora = P. ocimoides, forma citriodora (MAKINO). Fam.: Labiatae	Japan	Samen, mit Äther extrahiert: 26%	Grünlichgelb

Bestandteile: u. a. Linolensäure.

Physikalische und chemische Kennzahlen des Öles.

Dichte d_{15}^{15}	Brechungs-Index n_D	Verseifungszahl	Hehnerzahl	Acetylzahl	Jodzahl
0,9357	1,4803 (23°)	173,8	94,2	36	156,5 (HÜBL)

Die Säurezahl der untersuchten Probe betrug 8,3.

Schwarzsesamöl.

(Hyptis- oder Benefingöl.)

Huile de „sésame noir" — Black sesamé oil.

Stammpflanze und Pflanzenfamilie	Verbreitung	Gehalt (% Öl) im Organ	Farbe bzw. Geruch	Merkmale
Hyptis spicigera Fam.: Labiatae	Tropisches Amerika und Afrika (Sudan, Kongo), Madagascar	Samen, mit Schwefelkohlenstoff extrahiert: 23,2—37,2%. Durch Pressung gew.: 20—22%	Extrahiert: hellgelb; warm gepreßt: gelbbraun; leinölähnlicher Geruch	Stark trocknend, rascher als Leinöl; die Ölfarben sind weniger elastisch als die entsprechenden Leinölfarben

Physikalische und chemische Kennzahlen des Öles.

Dichte d_{15}^{15}	Verseifungszahl	Jodzahl
0,9436	203	171—203

Maximale Gewichtszunahme beim Trocknen (nach MILLIAU): 17,7%.

Origan-Samenöl.

Stammpflanze und Pflanzenfamilie	Verbreitung	Gehalt (% Öl) im Organ	Anmerkung
Origanum vulgare. Fam.: Labiatae	Europa, Asien, Nordafrika	Samen: 27,3%	Stark trocknend

Chemische Kennzahlen des Öles.

Verseifungszahl	Jodzahl
194,9	190,5

Die Samen von **Galeopsis** (Hohlzahn, Familie: Labiatae) enthalten ca. 35% hellgelbes Öl.

Nach S. Ivanow (Privatmitteilung, Grenzach, März 1929) liefern manche tropische Labiaten (**Leucas**-Arten aus Java und Ceylon) nichttrocknende Öle mit Jodzahlen unter 100.

Tollkirschenöl.

(Belladonnaöl.)

Huile de Belladonne — Belladonna seed oil — Olio di Belladonna.

Stammpflanze und Pflanzenfamilie	Verbreitung	Gehalt (% Öl) im Organ	Farbe	Anmerkung
Atropa belladonna Fam.: Solanaceae	Europa, Orient bis Persien	Samen, kalt gepreßt: 10%; dann warm gepreßt: 15%	Goldgelb, ohne Geruch und Geschmack	Nicht giftig

Physikalische und chemische Kennzahlen.

	Dichte d_{15}^{15}	Erstarrungspunkt	Brechungs-Index n_D	Verseifungszahl	Hehnerzahl	Jodzahl	R.-M.-Zahl	Pol.-Zahl
Öl mit S.-Z. = 0,7	0,925 bis 0,9258	−27°	1,4726 (25°)	191,2	95,6	138; nach Winkler: 145,2	2,9	0,5

Bilsenkrautsamenöl.

Huile de jusquiame — Henbane seed oil — Olio di giusquiamo.

Stammpflanze und Pflanzenfamilie	Verbreitung	Gehalt (% Öl) im Organ	Farbe bzw. Geschmack	Reaktionen. Besondere Merkmale
Hyoscyamus niger Fam.: Solanaceae	Gemäßigte Zone aller Kontinente	Samen: 34—35% (Ätherextrahiert). Durch Pressen gewonnen: 15,6—24%	Gelblichgrün bis dunkelgelb; angenehmer Geschmack; manchmal Leinöl-ähnlicher Geruch	Elaidinierung: negativ. Serger: Ölschichte braun; Reagens nach dem Absitzen hellbraun. Keine spezifische Farbenreaktion. Die grüne Farbe des Öles schlägt bei der Verseifung in rot um. — Keine Alkaloide zugegen, weder im gepreßten, noch im extrahierten Öl

Bestandteile: Glyceride der Palmitin-, Öl-, Linol- und Linolensäure. 0,7% Unverseifbares (enthält ein Phytosterin vom Schmelzpunkt 117°).

Physikalische Kennzahlen.

	Dichte d_{15}^{15}	Schmelzpunkt	Erstarrungspunkt	Brechungs-Index n_D
Öl Öle IV	0,9282—0,9291 0,921—0,924	— —	bei −1° zähe —	1,4777 bis 1,4788 (15°) —
Fettsäuren	—	18,8°	8°	—

Chemische Kennzahlen.

	Verseifungszahl	Hehnerzahl	Acetylzahl	Jodzahl	R.-M.-Zahl	Polenskezahl
Öl I	219,9	96	—	118,7	1,1	—
Öl II	233,4	—	—	131,3	—	—
Öl III	170,8	95	—	138	ca. 1	—
Öle IV	180,6—187,7	93,3—94,1	20,5 (LEWKOWITSCH)[1]	132,6—135,7	1,1	0,5—0,6
Fettsäuren	—	—	—	122,9	—	—

Öl I zeigte die Säurezahl 5,3. Öl II: mittels Äther extrahiert. Öle IV: mit Petroläther in der Kälte bzw. Wärme erhalten; Säurezahlen 23,6 und 28,3. — Die Verseifungszahlen der Öle zeigen untereinander keine Übereinstimmung. Auch die Jodzahl der Fettsäuren ist mit den Jodzahlen mancher Proben des Öles nicht in Einklang zu bringen.

Paprikasamenöl.

Huile de poivre de Guinée — Paprica oil — Olio di paprica.

Stammpflanze und Pflanzenfamilie	Verbreitung	Gehalt (% Öl) im Organ	Farbe bzw. Geschmack	Reaktion
Capsicum annuum Fam.: Solanaceae	Fast alle wärmeren und heißen Länder	Samen: ca. 20%	Rötlich bis rot. Sehr scharfer Geschmack. Angenehmer Geruch	Elaidinierung: salbenartige Masse

Fettsäuren: Palmitin-, Stearin-, Ölsäure und mindestens eine höher-ungesättigte Säure.

Physikalische Kennzahlen.

	Dichte d_{15}^{15}	Schmelzpunkt	Erstarrungspunkt	Brechungs-Index n_D	Zähigkeit
Öle I Öle II	0,9138—0,9316 0,9291	— —	— −9°	1,489—1,490 (15°) 1,47763 (21°)	Entspricht ungefähr der des Rüböls, s. S. 45
Fettsäuren von Öl I von Öl II	 — —	 22,2° 30°	 — 27°	 — —	

Chemische Kennzahlen.

	Verseifungszahl	Hehnerzahl	Acetylzahl	Jodzahl	R.-M.-Zahl	Thermozahl
Öle I Öle II	184,6—189,7 —	90,7 92	64—66,2 —	112,0—116,2 119,5 (HÜBL) 133,0—139,7 (HANUS)[2]	5,2 —	86 —
Fettsäuren von Öl I feste	Neutral.-Z.: 197,8—199,0 —	M. M.-Gew.: 282 266	 — —	 131,2—132,4 —	 — —	 — —

Öle I waren aus Paprikapulver extrahiert; Säurezahl eines Öles: 6,7. Öl II war aus den Samen gewonnen; Säurezahl: 52.

[1] Nach NORMANN (Hydroxylzahl): 21—21,6.

[2] Spanische Öle. Die Jodzahlen sind um so höher, je niedriger der Samengehalt der Pflanze ist.

Tomatensamenöl.

Huile de tomate — Tomato seed oil — Olio di pomodoro.

Stammpflanze und Pflanzenfamilie	Verbreitung	Gehalt (% Öl) im Organ	Farbe bzw. Geschmack	Anmerkung
Solanum lycopersicum L. oder Lycopersicum esculentum, MÜLL. Fam.: Solanaceae	Gemäßigte Zone	Samen: 17,3%. Aus amerikan. Saat: 18% durch Pressung, bis zu 25% durch Äther-Extraktion	Gepreßt: rötlichbraun; angenehmer Geschmack. Extrah.: braunschwarz, unangenehmer Geruch. Raffiniert: hellgelb, nußähnlicher Geschmack	Die bei der HOLDEschen Probe (s. Olivenöl, S. 337) erhaltene Seifenlösung gibt bei 18—20° eine geringe flockige Abscheidung. Die Trokkenfähigkeit entspricht der des Baumwollsamenöls

Bestandteile: 0,44—0,7% wasserlösliche Fettsäuren, ca. 94% unlösliche; von letzteren sind 14,7—18% gesättigt, 76—80,6% ungesättigt. Es wurden Myristin-, Stearin- und Arachinsäure (0,4%), ferner Ölsäure und Linolsäure nachgewiesen.

Physikalische Kennzahlen.

	Dichte d_{15}^{15}	Schmelzpunkt	Erstarrungspunkt	Lichtbrechung B.-Refr. Sk. T.	Lichtbrechung Brechungs-Index n_D
Öl	0,920—0,925	—	bei −9° dickflüssig, bei −12° dicksalbig	63 (40°)	1,4661—1,4678 (40°) 1,4715—1,4728 (25°) 1,4748 (20°)
Fettsäuren	unlösliche: 0,9100 flüss.: 0,9013	26—29° feste: 53,5°	20,5—21,5°	—	unlösliche: 1,4655 flüssige: 1,4654

Chemische Kennzahlen.

	Verseifungszahl	Hehnerzahl	Acetylzahl	Jodzahl	R.-M.-Zahl	Pol.-Zahl
Öle I	183,6—190,4	95,1	10,0	107—118	0,2	—
Öle II	186,3—192	95—96,6	20,5	117,5—125,0 (HANUS)	0,1—0,3	0,4—0,6
Öle III	194,2—202,6	—	—	105—115	—	—
Fettsäuren	Neutral.-Z.: 199,5 feste: 204 flüss.: 192,3	M. M.-Gew.: 281,5	—	112—129,6 Innere Jodz.: 130 (Öl II)	—	—

Öle I aus italienischer Saat; Säurezahlen 1,8—26,3. Öle II aus amerikanischer Saat; Säurezahl eines Öles 2,5. Öle III: Säurezahlen 6,9—30. Unverseifbares 2,6% (im extrahierten Öl nur Spuren?).

Öle von Solanumarten aus Surinam.

Stammpflanze	Ölgehalt	Farbe	Schmelzpunkt	Verseifungszahl	Jodzahl
Solanum melongena	Samen: 9% (Fruchtfl.: 0,3%)	Gelb	Bei 0° noch flüssig	188	139
Solanum mammosum	Samen: 12%	Hellgelb	,,	185	139
Solanum surinamense	Samen: 16% (Fruchtfl.: 0,4%)	Gelblich	,,	186	140

Die R.-M.-Zahl betrug in allen drei Fällen 0,9.

Stechapfelsamenöl.

(Daturaöl.)

Huile de datura — Datura oil, Thorn apple seed oil — Olio di Stramonia.

Stammpflanze und Pflanzenfamilie	Verbreitung	Gehalt (% Öl) im Organ	Farbe bzw. Geruch	Anmerkung
Datura stramonium Fam.: Solanaceae	Tropen und gemäßigte Zone	Samen, lufttrocken: 16,7—25%	Hell-grünlichgelb; charakteristischer Geruch	Im Öl sind angeblich nur Spuren von Atropin zugegen

Bestandteile: ca. 10% Palmitinsäure; 2,5% Daturinsäure (vgl. Bd. I, S. 6, 14); 62% Ölsäure; 15% Linolsäure; Spuren höher-molekularer Säuren. Keine flüchtigen Fettsäuren. Unverseifbares: ca. 1%. Glycerinausbeute: 9,6%.

Physikalische Kennzahlen.

	Dichte d_{15}^{15}	Schmelzpunkt	Erstarrungspunkt	Zähigkeit °Engler
Öl	0,9175—0,923	—	Bei —12° dickflüssig ohne zu erstarren	$E_{20} = 9$
Fettsäuren	—	25,1°	—	—

Beim längeren Stehen in Winterkälte scheidet sich aus dem Öl etwas „Stearin" (Schmelzpunkt 60°) aus.

Chemische Kennzahlen.

	Verseifungszahl	Hehnerzahl	Jodzahl
Öl	186—194	93	109—113
Öl mit S.-Z. = 8,1	202,2	—	113,2

Das Unverseifbare enthält ein Phytosterin vom Schmelzpunkt 128°.

Trockenbeginn des Öles bei gewöhnlicher Temperatur erst nach ca. 35 Tagen.

Andere Daturasamenöle.

Öl von Datura metel (1). **Öl von Datura alba, Nees (2).**

Stammpflanzen und Pflanzenfamilie	Verbreitung	Gehalt (% Öl) im Organ	Farbe bzw. Geschmack	Reaktionen
(1) Datura metel (2) Datura alba, Nees Fam.: Solanaceae	Ostafrika (Erythraea)	Samen: (1) 15,3%	(1) Blaßgelb; charakteristischer Geruch, unangenehmer Geschmack	(1) Baudouin und Halphen: negativ

Bestandteile von Öl (2): 6,2% feste Fettsäuren (vorwiegend Palmitinsäure); 1% Capron-, 60,9% Ölsäure; 23,6% α-Linol-, ca. 3% β-Linolsäure. 2,9% Unverseifbares, davon 1% Phytosterin.

Physikalische und chemische Kennzahlen von Öl (1).

	Dichte d_{15}^{15}	Erstarrungspunkt	Verseifungszahl	Jodzahl	Thermozahl (Maumené)
Öl	0,9225	12—15°	198,4	116,2	74,8
Fettsäuren	—	22,3°	196,0 Neutral.-Z.: 195,1 M. M.-Gew.: 286,2	—	—

Die Verseifungszahl und die Neutralisationszahl der Fettsäuren erscheinen im Vergleich zur Verseifungszahl des Öles zu niedrig.

Tabaksamenöl.

Huile de tabac — Tobacco seed oil — Olio di tabacco.

Stammpflanze und Pflanzenfamilie	Verbreitung	Gehalt (% Öl) im Organ	Farbe bzw. Geschmack	Reaktionen
Nicotiana tabacum Fam.: Solanaceae	Heimat: Trop. Zentral- und Südamerika. In vielen warmen Ländern kultiviert	Samen: 30—38%; durch Pressen: 30%	Blaßgrün bis braun; gereinigt: gelb; manchmal schwach bitter, Geruch schwach	Elaidinierung: neg. BAUDOUIN, bzw. HALPHEN: negativ. Alkaloidreaktion: mit Phosphorwolframsäure u. Jodjodkalium gaben saure Extrakte aus 10g Öl schwach positive Reaktion

Bestandteile: 32% Palmitin-, sehr wenig Stearinsäure; 25% Öl-, 15% Linolsäure. Ca. 3% Unverseifbares. — Das Öl gibt keine ätherunlöslichen Hexabromide.

Physikalische Kennzahlen.

	Dichte d_{15}^{15}	Erstarrungspunkt	Brechungs-Index n_D	Zähigkeit ° ENGLER
Öl	0,9232—0,9262	−25°	1,4739—1,4770 (25°)	$E_{20}=8,6$ $E_{50}=3,2$
Fettsäuren	—	18°	1,4651 (25°)	—

Chemische Kennzahlen.

	Verseifungszahl	Hehnerzahl	Jodzahl	R.-M.-Zahl	Pol.-Zahl	Thermozahl
Öl	193—198 (189)	94,7 —	136,6—142,3 (WIJS) (118,6)	0,3 —	0,3 —	100 —
Fettsäuren	Neutral.-Z.: 195,6—203	M.M.-Gew.: 276—286	147,1 (WIJS)	—	—	—

Säurezahlen zwischen 0,5 und 13,0. Gewichtszunahme nach LIVACHE: 5% nach 2 Tagen; 5,6% nach 3 Tagen; 6,8% nach 14 Tagen. Trockenzeit (Zimmertemperatur): 84 Stunden.

Öl von Brunfelsia ramosissima.

(Fam.: Solanaceae.) Die Samen enthalten bis zu 12,8% farb- und geschmackloses Öl von der Dichte 0,957 (25°).

Leinkrautöl.

Huile de linaire, huile de lin sauvage — Linaria oil — Olio di linaria.

Stammpflanze und Pflanzenfamilie	Verbreitung	Gehalt (% Öl) im Organ
Linaria reticulata Fam.: Scrophulariaceae	Europa	Samen: 37,5%

Bestandteile: u. a. Linolsäure.

Physikalische und chemische Kennzahlen.

	Dichte	Schmelzpunkt	Erstarrungspunkt	Verseifungszahl	Hehnerzahl	Acetylzahl	Jodzahl
Öl	d_{18}^{20}: 0,9217	—	—	188,6	94,1	—	140,0
Fettsäuren	d_{19}^{19}: 0,903	14—22°	8,5—13°	Neutral.-Z.: 201,1	—	12,3	148,5

Wasserpfeffersamenöl.

Water pepper seed oil.

Stammpflanze und Pflanzenfamilie	Verbreitung	Gehalt (% Öl) im Organ	Kennzahlen
Melampyrum arvense Fam.: Scrophulariaceae	Rußland, Kaukasus, auch übriges Europa	Samen: 35%	Verseifungszahl: 188,4 Jodzahl: 104,8

Die untersuchte Probe zeigte die Säurezahl 89.

Sesamöl.

Huile de sésame — Sesamé oil, Beniseed oil, Gingelli oil, Teel oil — Olio die sesamo — Oleum sesami.

Stammpflanze u. Pflanzenfamilie	Verbreitung	Gehalt (% Öl) im Organ	Farbe bzw. Geschmack	Reaktionen
Sesamum indicum Fam.: Pedaliaceae	Von den Sundainseln über Indien bis nach Ostafrika. — Auch in den übrigen Tropenländern kultiviert	Samen: 35—55%. Indische Saat meist 50—53%; Levantinische meist 55—57%. Durch Pressen gewonnen: 40—48%	Kalt gepreßt: hellgelb; fast geruchlos; angenehmer Geschmack. Öle zweiter und dritter Pressung minder gut	HEYDENREICH: lebhaft rot; BAUDOUIN: intensiv rot[1]; SOLTSIEN: rot. SERGER: dunkelgrünblau. BELLIER: violett oder blauschwarz, Säureschicht grün. BISHOP ähnlich wie BELLIER. TOCHER: Durchsicht purpurviolett, Aufsicht blau. Schwefelsäure und Wasserstoffsuperoxyd: grün. S. a. Kakaofett, S. 290 und Bd. I, S. 291 f., 351, 357. Die bei der HOLDEschen Probe (s. Olivenöl, S. 337) erhaltene Seifenlösung gibt bei 20° starke flockige Abscheidungen

Bestandteile: 12—16% feste und 75—80% flüssige Säuren. 0,9—1,7% Unverseifbares (s. u.); ca. 0,1% Lecithin. — Glyceride der Palmitinsäure 7,7%; der Stearinsäure 4,6%; der Arachinsäure 0,4%; der Lignocerinsäure 0,04%; der Ölsäure 48,1% (rhodanometrisch 48,6%); der Linolsäure 36,8% (rhodanometrisch 38,8%).

Physikalische Kennzahlen.

	Dichte d_{15}^{15}	Schmelzpunkt	Erstarrungspunkt	Lichtbrechung B.-Refr. Sk. T.	Lichtbrechung Brechungs-Index n_D	Zähigkeit ° ENGLER	Oberflächenspannung	Optisches Drehungsvermögen
Öl	0,921 bis 0,924 (0,914 und 0,9187)	—	−3 bis −6°	58,2 bis 61,7 (40°) 66,2 bis 70,0 (25°) 74,3 bis 76 (20°)	1,4561 (60°) 1,4699 bis 1,4718 (25°) 1,4731 bis 1,4760 (20°)	E_{20} = 10 bis 10,5	0,0324 g pro cm (18°)	$[\alpha]_D$ = +0,8° bis +1,6°. In Saccharim.-Graden: +3,1 bis +9,0 (200 mm Rohr), 13—15°
Fettsäuren	—	24 bis 31,5°	20 bis 24°	45 bis 47,7 (40°)	1,4461 (60°)	—	—	
Feste Säuren	—	59,6°	—	51 bis 56 (25°)	1,4369 (70°)	—	—	

Mittleres Molekulargewicht des Öles: ber. 880; gef. 800.

[1] Folgende Ausführungsform bewährt sich auch bei ranzigen Ölen: ein Gemisch von 1 ccm Salzsäure (spez. Gew. 1,2) und zwei Tropfen einer 2%igen alkoholischen Furfurollösung wird mit 2—3 ccm des Öles vorsichtig überschichtet. Bei Gegenwart von nur 0,5% Sesamöl bildet sich ein lebhaft gefärbter Ring, der 1 Stunde bestehen bleibt. Zuverlässiger ist die Reaktion von SOLTSIEN (HELLER).

Löslichkeit: a) Alkohol. 1 Liter löst bei 13—15°:

	Rohes Öl	neutrales Öl
frisches Öl, 0,21% freie Säure enthaltend .	17,4 g	16,3 g
2 Jahre altes Öl mit 3,3% freier Säure . .	22,6 g	18,9 g

Kritische Lösungstemperatur in Alkohol (0,8195 bei 15,5°): 120—121°. Kritische Lösungstemperatur in der gleichen Gewichtsmenge Anilin-Alkohol (1 : 4): 30,0—33,4°. b) Eisessig (1,0562). Kritische Lösungstemperatur 87—107° (Mittelwert 95—97°). Kritische Lösungstemperatur der Sesamölfettsäuren in Essigsäure (81,18%): 89°.

Chemische Kennzahlen.

	Verseifungszahl	Hehnerzahl	Acetylzahl	Jodzahl	R.-M.-Zahl	Pol.-Zahl	Rhodanzahl	Thermozahl
Öl	187—195	95—95,9	9,8—11,5	103—112 Jodbromzahl: 103—109	0,1 bis 0,5 (1,2)	0,15	75,5—77,4 (entspr. Jodzahlen von 107—109)	63—68
Fettsäuren	Neutral.-Z.: 197—201,6	M. M.-Gew.: 279,5—286	11,5	109 bis 120,6 Innere Jodzahl: 126,3 bis 139,9	—	—	—	—

Über die Grenzwerte der Kennzahlen von Sesamölen zu Speisezwecken s. Bd. I, S. 366. — Über gehärtetes Sesamöl ebenda, S. 369.

Kaltgepreßte Öle zeigen sehr niedrige Säuregehalte (meist unter $^1/_2$% freie Säure); warm gepreßte Nachschlagöle sind dagegen meist stark gespalten (häufig 15—20% freie Säure).

Unverseifbares: Gute Öle enthalten unter 1%. In 1,2% Unverseifbarem ($[\alpha]_D = +52°$) waren 0,42% Sterin; 0,6% sterinfreie Anteile mit Jodzahl 54,5; $[\alpha]_D = +102°$. In einem anderen Falle betrug der Gesamtgehalt an Sterin 0,55%; davon frei 0,33%, verestert 0,22%. Schmelzpunkt des Phytosterins 137—139°, des Acetats 129—130°. Der sterinfreie Anteil enthält Sesamin ($C_{20}H_{18}O_6$; Molekulargewicht 341,8; $[\alpha]_D^{22}$ — in Chloroform — $+68° 36'$); ferner Sesamol (Oxyhydrochinonmethylenäther), den Farbträger der Baudouinschen Reaktion. Nach Adriani beträgt die Menge des Sesamins (Schmp. 122,5°) im Sesamöl ca. 1%, die des Sesamols (Schmp. 65,5°) ca. 0,1%. Das Unverseifbare enthält ferner Sesamolin $C_{20}H_{18}O_7$ (Schmp. 93,6°; $[\alpha]_D = +218,4°$), das durch Salzsäure in Sesamol $C_7H_6O_3$ und Samin $C_{13}H_{14}O_5$ (Schmp. 103°) gespalten wird.

Reaktionen des Sesamins. Baudouin: negativ; Bömer und Winter (Essigsäureanhydrid-Schwefelsäure): erst rot, dann bleibend grün; Tocher (Pyrogallol-Salzsäure): violett; Bellier (Vanadin-Schwefelsäure): dunkelgrün; Bellier (Formalin-Schwefelsäure): violett; Soltsien Zinnchlorürlösung): rot; Kreis (Schwefelsäure-Wasserstoffsuperoxyd): intensiv grün.

Maximale Gewichtszunahme des Öles beim Trocknen: 5,8%.

Samenöl von Ceratotheca Sesamoides.

Stammpflanze und Pflanzenfamilie	Verbreitung	Gehalt (% Öl) im Organ	Farbe	Reaktionen. Merkmale
Ceratotheca Sesamoides („Bungu") Fam.: Pedaliaceae	Goldküste, Belgisch-Kongo	Samen: 35,5%	Hellgelb	Baudouin: negativ. Halphen: negativ. — Große Ähnlichkeit mit Sesamöl, außer den Reaktionen. Das Öl gibt beim Stehen eine Abscheidung

Physikalische und chemische Kennzahlen.

Dichte d_{15}^{15}	Lichtbrechung B.-Refr. Sk. T.	Verseifungszahl	Jodzahl
0,9163	59,6 (40°)	190,2	110,6

Die untersuchte Probe enthielt 0,6% freie Fettsäuren (ber. als Ölsäure) und 1,5% unverseifbare Bestandteile.

Reihe: Plantaginales.

Wegerichsamenöle.

A. Samenöl des großen Wegerich.

Stammpflanze und Pflanzenfamilie	Verbreitung	Gehalt (% Öl) im Organ	Farbe bzw. Geschmack
Plantago major Fam.: Plantaginaceae	Europa, Asien, Nord-Amerika	Samen: 10,5% (16,7—22%)	Gelb, mit grünlichem Stich; an Nußöl erinnernder Geschmack

Physikalische und chemische Kennzahlen.

	Dichte d_{15}^{15}	Verseifungszahl	Jodzahl
Öl	0,9315	182,9	138,5

Die untersuchte Probe zeigte die Säurezahl 0,9.

B. Die Samen des Spitzwegerich

(Plantago lanceolata) enthalten 8—9% Öl.

Reihe: Rubiales.

Holunderbeerenöle.

Huiles de sureau — Elderberry oils — Olii di sambuco.

A. Samenöl (stark trocknend).

Stammpflanze und Pflanzenfamilie	Verbreitung	Gehalt (% Öl) im Organ	Farbe bzw. Geschmack	Reaktionen. Besondere Merkmale
Sambucus racemosa (Bergholunder) Var. S. arborescens Fam.: Caprifoliaceae	Viele Arten, fast auf der ganzen Erde. Var. S. arborescens in Nordamerika	Samen: 24—30%	Extrahiert: hellgelb, unangenehmer Geschmack	Elaidinierung: braune, halbweiche Masse. SERGER: moosgrün. — Die meisten Öle bewirken Erbrechen und Durchfall. Durch Erhitzen auf 200° wird das Öl für den menschlichen Genuß unschädlich; schon heißes Pressen vermindert die Giftigkeit

Fettsäuren: 22% feste (Palmitin-, Stearinsäure); 74% flüssige Säuren (ca. 30% Ölsäure; 55% Linolsäure; über 10% Linolensäure). — Diese Zusammensetzung entspricht der eines Gemisches von Samen- und Fruchtfleischöl.

Physikalische Kennzahlen.

	Dichte d_{15}^{15}	Erstarrungspunkt	Brechungs-Index n_D
Öl	0,9340 d^{20}: 0,9242—0,9439	−13°	1,4797—1,485 (20°) 1,4710 (25°) 1,4655 (40°)
Fettsäuren	0,9106	—	1,4725 (20°)

Chemische Kennzahlen.

	Verseifungszahl	Hehnerzahl	Hexabromidzahl	Jodzahl	R.-M.-Zahl	Pol.-Zahl
Öl	187—198	94—95	—	161—177	0,8	0,8
Fettsäuren	Neutral.-Z.: 192,4	M. M.-Gew.: 291,1	bis ca. 30	176,6 (von Öl mit Jodzahl: 162)	—	—

Säurezahlen: 3,1—29,2. Unverseifbares: 0,6—1,1% (0,65% Rohphytosterin; Schmelzpunkt des Phytosterins: 136,5°; Schmelzpunkt des Acetats: 126°).

Trockenvorgang: Maximale Gewichtszunahme: 13,8—15,8%. Trockenzeit (frisches Öl): 15 Tage (im Winter); 8—10 Tage (im Sommer, zerstreutes Tageslicht); 3—4 Tage (Sommer; Sonnenlicht). Bei 100°: 7 Stunden (im Dunkeln). Am Licht gelagertes Öl ($1^1/_2$ Jahre lang): nach 2 Tagen klebefrei trocken. Verhalten der Filme beim Erhitzen: ähnlich denen des Leinöles (Verkohlen bei ca. 260°). Die Aufstriche neigen zum Nachkleben (Analogie mit Mohnöl). Die Bleiweißfarben vergilben stark, der Ölaufstrich schon im zerstreuten Tageslicht.

B. Fruchtfleischöl (nicht trocknend).

Stammpflanze	Verbreitung	Gehalt (% Öl) im Organ	Farbe bzw. Geschmack	Bes. Merkmale
Sambucus racemosa (wie oben); liefert rote Beeren. Über das Öl aus schwarzen Beeren s. unten	Wie oben	Fruchtfleisch, lufttrocken: ca. 4%	Gepreßt: goldgelb, geruchlos; bei längerem Aufbewahren: Nachdunkeln, beim Erwärmen charakteristischer Holundergeruch. Angenehmer Geschmack	Butterartige Konsistenz. Nicht giftig

Physikalische Kennzahlen.

	Dichte d_{15}^{15}	Schmelzpunkt	Erstarrungspunkt	Brechungs-Index n_D
Öl	0,9205 (d^{21}: 0,9214) andere Angabe: 0,9072—0,9171	—	−4 bis −8°	1,4720—1,4770 (20°)
Fettsäuren	—	38—44°	43° [1]	—

Chemische Kennzahlen.

	Verseifungszahl	Hehnerzahl	Jodzahl	R.-M.-Zahl
Öl	196—209	92—95	81,4—98,6	1,5—1,8
Fettsäuren	204,8 (flüssige: 188,2; feste: 220)	M. M.-Gew.: 273,4	93,0 Innere Jodzahl: 120,4	—
unlösliche:	Neutral.-Z.: 205,6	272,3	—	—

Säurezahlen: 5,6—13,3.

Schwarze Holunderbeeren

(von Sambucus nigra, Flieder; Verbreitung: Europa, Kaukasus) enthalten ca. 1% fettes Öl; der Trockenrückstand der Beeren gibt 6,1% Öl.

Zwergholunderbeerenöl.

Stammpflanze und Pflanzenfamilie	Verbreitung	Gehalt (% Öl) im Organ	Farbe
Sambucus ebulus Fam.: Caprifoliaceae	Europa, Nordostafrika, Westasien	Frucht, getrocknet, extrahiert: 24,8%	Olivenöl-gelb

[1] Salbenartig, unter 20° fest. Schmelzpunkt der festen Säuren: 65—67°.

Physikalische und chemische Kennzahlen des Öles.

Dichte d_{15}^{15}	Erstarrungspunkt	Jodzahl
0,9318	− 30 bis − 40°	38 (HÜBL)

Erstarrungspunkt der Fettsäuren: − 8 bis − 9°.

Samenöl von Sambucus nigra.

Stammpflanze und Pflanzenfamilie	Verbreitung	Gehalt (% Öl) im Organ	Farbe	Anmerkung
Sambucus nigra (Schwarzer Holunder) Fam.: Caprifoliaceae	Europa, Kaukasus	Samen: ca. 30% (Beeren: 6—19%)	Braungrün	Das Öl ist sehr dünnflüssig

Physikalische und chemische Kennzahlen.

	Dichte d_{15}^{15}	Brechungs-Index n_D	Verseifungszahl	Jodzahl
Öl	0,9407	1,485 (23°)	190,1	157,8

Die untersuchte Probe enthielt 4,5% Unverseifbares (gelbes Lipochrom, wachsartige Substanzen, Phytosterin). Gewichtszunahme beim Trocknen nach 14 Tagen: 15,1% (völlig trockener, klarer Film).

Samenöl von Viburnum lantana.

Stammpflanze und Pflanzenfamilie	Verbreitung	Farbe
Viburnum lantana Fam.: Caprifoliaceae	Europa, Nordafrika	Grüngelb

Physikalische und chemische Kennzahlen.

	Brechungs-Index n_D	Verseifungszahl	Jodzahl
Öl	1,486 (23°)	192,5	121

Das Unverseifbare enthält u. a. auch Phytosterine. Maximale Gewichtszunahme beim Trocknen: 7,3%. Langsamer Trockenverlauf.

Samenöl von Viburnum opulus.

Stammpflanze und Pflanzenfamilie	Verbreitung	Gehalt (% Öl) im Organ	Farbe
Viburnum opulus Fam.: Caprifoliaceae	Europa, Asien, Nordamerika	Samen: 21%	Goldgelb

Physikalische und chemische Kennzahlen.

	Dichte d_{15}^{15}	Brechungs-Index n_D	Verseifungszahl	Jodzahl
Öl	0,9252	1,484 (23°)	192,3	108,0

Die untersuchte Probe enthielt 2,3% Unverseifbares (keine Phytosterin-Reaktion).

Schneeballöl.

Stammpflanze und Pflanzenfamilie	Verbreitung	Ölausbeute
Viburnum prunifolium Fam.: Caprifoliaceae	Nordamerika, auch anderwärts kultiviert	Mit Äther extrahiert 10,5%; mit Ligroin extrahiert: 7,1%

Fettsäuren: angeblich Ameisensäure, Essigsäure, Capronsäure, Caprylsäure, Myristinsäure, Palmitinsäure, Ölsäure, Linolsäure. Im Unverseifbaren u. a. ein Phytosterin $C_{27}H_{46}O$ vom Schmelzpunkt 186—187° (Acetat-Schmelzpunkt 223—224°).

Samenöl von Symphoricarpus racemosa.

Stammpflanze und Pflanzenfamilie	Verbreitung	Konsistenz	Farbe	Jodzahl und Gewichtszunahme
Symphoricarpus racemosa Fam.: Caprifoliaceae	Nordamerika	Dickflüssig	Blaßgelb	Jodzahl: 131,8; Gewichtszunahme bei der Trockenprobe nach sechs Wochen: 5,8%

Samenöl von Lonicera xylosteum.

Stammpflanze und Pflanzenfamilie	Verbreitung	Konsistenz	Farbe
Lonicera xylosteum. Fam.: Caprifoliaceae	Vorwiegend Mitteleuropa	Dickflüssig	Rotgelb

Chemische Kennzahlen.

	Verseifungszahl	Jodzahl
Öl	184,9	132,8

Die untersuchte Probe zeigte die Säurezahl 16,5 und enthielt 4,9% Unverseifbares (Carotin, wachsartige Substanzen, Phytosterin in Spuren).

Gewichtszunahme beim Trocknen (im zerstreuten Tageslicht bei gewöhnlicher Temperatur) nach 14 Tagen: 12% (völlig trockener, farbloser Film).

Samenöl von Lonicera nigra.

Stammpflanze und Pflanzenfamilie	Verbreitung	Gehalt im Organ	Farbe	Konsistenz
Lonicera nigra. Fam.: Caprifoliaceae	Nördliche Hemisphäre	„Die Samen enthalten viel Fett“	Grün	Salbenartig

Physikalische und chemische Kennzahlen.

	Brechungs-Index n_D	Verseifungszahl	Jodzahl
Öl	1,494 (23°)	156,5	101,4

Die untersuchte Probe enthielt 21,6% Unverseifbares (wachsartige Stoffe, vorwiegend Phytosterine: intensive Färbungen mit den Reagenzien von Liebermann bzw. Hesse-Salkowski).

Gewichtszunahme beim Trocknen nach 14 Tagen: 8,2%. Langsamer Trockenverlauf.

Reihe: Cucurbitales.

Naras-Samenöl.

Huile d'acanthosicyus — Narras seed oil — Olio di naras.

Stammpflanze und Pflanzenfamilie	Verbreitung	Gehalt (% Öl) im Organ
Acanthosicyus horrida, Welw. Fam.: Cucurbitaceae	Südwestafrika (Walfischbay)	Samen: 47,8%

Physikalische und chemische Kennzahlen.

	Schmelzpunkt	Erstarrungs-punkt	Brechungs-Index n_D	Verseifungs-zahl	Jodzahl
Öl	−9 bis −11,5°	−7°	1,4768 (20°)	181,4	116,6
Fettsäuren	31—32°	16—26°	1,4581 (40°)	Neutral.-Z.: 179,8	122,0

Schwammkürbiskernöl.

(Luffa-Öl.)

Huile de Luffa — Luffa seed oil, Loofah seed oil — Olio di luffa.

Stammpflanzen und Pflanzenfamilie	Verbreitung	Gehalt (% Öl) im Organ	Farbe bzw. Geschmack
Luffa cylindrica oder Luffa aegyptiaca Fam.: Cucurbitaceae	Indien, Britisch Nigeria; viele andere Tropenländer	Kern: 41,6%	Rötlichbraun, schwacher Geruch und Geschmack

Physikalische Kennzahlen.

	Dichte d_{15}^{15}	Schmelzpunkt	Erstarrungspunkt	Lichtbrechung B.-Refr. Sk. T.	Lichtbrechung Brechungs-Index n_D
Öl	0,921—0,926	—	—	62 (40°)	1,4660 (40°)
Fettsäuren	—	44,1°	34—35°	—	—

Chemische Kennzahlen.

	Verseifungszahl	Hehnerzahl	Jodzahl	R.-M.-Zahl
Öl	187,8—195,8	93,8—94,8	108,5	0,5—1,4

Kennzahlen und Eigenschaften eines Öles (angeblich von Luffa acutangula), das offenbar weitgehend verändert war, sind auf S. 350 zusammengefaßt. Ergänzungen zu Öl von Luffa cylindrica s. Nachtrag S. 510.

Zaunrübenöl.

Huile de vigne blanche — Bryony oil — Olio di brionia.

Stammpflanze und Pflanzenfamilie	Verbreitung	Gehalt (% Öl) im Organ	Farbe	Reaktion
Bryonia dioica Fam.: Cucurbitaceae	Europa, Westasien	Samen, ungeschält, mit Äther extrah.: 23,6%; aus der Trockensubstanz: 27,6%	Rötlichgelb	Bellier: blauviollett

Gibt keine ätherunlöslichen Hexabromide.

Physikalische und chemische Kennzahlen.

	B.-Refr. Sk. T.	Verseifungszahl	Hehnerzahl	Jodzahl	R.-M.-Zahl	Pol.-Zahl
Öl mit S.-Z. = 1,8	67,2 (40°) 75,5 (25°)	193,0	95,6	135,1	0,7	0,3
Fettsäuren	52,5 (40°)	201,4	M. M.-Gew.: 278,8	141,9	—	—

Wassermelonenöl[1].

Huile de pastèque (melon d'eau) — Water melon oil — Olio di citriulo.

Stammpflanze und Pflanzenfamilie	Verbreitung	Gehalt (% Öl) im Organ	Farbe bzw. Geschmack	Reaktionen
Citrullus vulgaris (Cucumis citrullus, Cucurbita citrullus) Fam.: Cucurbitaceae	Tropen und warme Zone	Samen: 37—45,3% (manche Varietäten sind ölärmer; Ölgehalt z. B. 11,8—20%)	Hellgelb bis intensiv gelb; angenehmer Geschmack, meist geruchlos	Elaidinierung: zähe, nicht erstarrende Masse. HALPHEN: negativ. BAUDOUIN: negativ.

Bestandteile eines Preßöles (Ausbeute 7,4% aus den Samen): Glyceride der Palmitin- und Stearinsäure: 30%; der Ölsäure: 25%; der Linolsäure: 45%. Unverseifbares: 0,3 bis 1,1% (enthält ein Phytosterin vom Schmelzpunkt 163—164°).

Physikalische Kennzahlen.

	Dichte d_{15}^{15}	Schmelzpunkt	Erstarrungspunkt	Lichtbrechung B.-Refr. Sk. T.	Lichtbrechung Brechungs-Index n_D
Öl	0,916—0,925 d_4^{20}: 0,9160 d_{20}^{20}: 0,9233	−2 bis −10°	−5 bis −11,5°, auch −20°	71 (25°)[2]	1,4645—1,4670 (40°) 1,4728 (20°) 1,4751 (15°)
Fettsäuren	d^{50}: 0,8894	34—36°	29—34°	—	1,4568 (45°) 1,4632 (40°)

Chemische Kennzahlen.

	Verseifungszahl	Hehnerzahl	Acetylzahl	Jodzahl[3]	R.-M.-Zahl
Öl	190—198	94—96	4,7—13,5	117—124,3 Westafrikanische Saat: 106—113	0,4—1,3
Fettsäuren	Neutral.-Z.: 197—198 (194,5—196,2)	M. M.-Gew.: 284 (285,8—286,2)	—	113—123 (Der obere Grenzwert ist zu niedrig)	—

Gewichtszunahme beim Trocknen (LIVACHE): 2,7% (nach 48 Stunden).

Das sog. **Ikpansamenöl** (Süd-Nigeria) stammt auch von Citrullus vulgaris; seine Kennzahlen fallen in den Bereich der oben angeführten. Nur gibt es beim Stehen eine Abscheidung und seine Fettsäuren erstarren schon bei 36°.

„Cocorico"-Öl. „Sélé"-Öl.

Huile de Cocorico — Cocorico-oil. Huile de sélé — Sélé-oil.

Stammpflanzen und Pflanzenfamilie	Verbreitung	Gehalt (% Öl) im Organ	Farbe bzw. Geschmack	Reaktionen. Anmerkung
Citrullus vulgaris, Varietäten aus dem Belg. Kongo Fam.: Cucurbitaceae	Belgisch-Kongo	Samen: 37,5%. Trockener Kern: 50,5%	Filtriert: goldgelb; angenehm süß; schwach brenzliger Nachgeschmack	Elaidinierung: orangebraune, butterweiche Masse. HALPHEN: negativ. BAUDOUIN: negativ. MILLIAU-BECCHI: schwärzlichbraun. Das Öl ist gut haltbar

[1] Die Namen „Kaffernmelonen" („Tsamma", „Monketaan"), ebenso auch „Straußengurke" u. a. dürften alle nur Bezeichnungen für afrikanische Varietäten von Citrullus vulgaris sein. In den Samen von Citrullus Naudinianus („Tschamma"-Melone) wurden 15,3% Öl gefunden. Die unter den obigen Namen beschriebenen Öle entsprechen in ihren Eigenschaften und Kennzahlen durchwegs dem Typus Wassermelonenöl.

[2] „Tschamma"-Öl.

[3] Ein Öl aus Surinam hatte die Jodzahl 126.

Fettsäuren: 30—40% feste; 60—70% flüssige Säuren. Die Öle geben keine ätherunlöslichen Hexabromide. Glycerinausbeute 10,1—10,3%. Fettsäuren eines Sélé-Öles: 2,5% Laurinsäure; 12,5% Palmitinsäure; 15% Stearinsäure; 43% Ölsäure; 26% Linolsäure.

Physikalische Kennzahlen.

	Dichte d_{15}^{15}	Schmelzpunkt	Erstarrungspunkt	Brechungs-Index n_D	Krit. Lösungstemperatur in absolutem Alkohol
Öl I	0,9241	—	—	1,4710 (20°)	81,1°
Öl II	—	—	—	1,4738 (20°)	80,6°
Sélé-Öl	0,9231	—	—	1,4716 (20°)	81,9°
Fettsäuren von Öl I	—	35,5—36,7°	33,2°	flüssige: 1,4663 (20°)	—
von Öl II	—	34,4—36,6°	—	—	—
von Sélé-Öl	—	35—36,5°	33,2°	flüssige: 1,4686 (20°)	—

Chemische Kennzahlen.

	Verseifungszahl	Hehnerzahl	Acetylzahl	Jodzahl	R.-M.-Zahl	Thermozahl (MAUMENÉ)
Öl I	196,1	94,4	13,5	113,9	1,3	80
Ö II	194,2	95,0	—	111,7	—	—
Sélé-Öl	190.4	94	5,3	111—119	1,3	—
Fettsäuren von Öl I	Neutral.-Z.: 183,3 (V.-Z.: 196,5)	M. M.-Gew.: 306 (285,4)	49,1	100,4 flüss.: 125,8	—	—
von Öl II	185,2 (V.-Z.: 196,0)	—	—	102,1	—	—
von Sélé-Öl	180,9 (V.-Z.: 193,7)	—	—	102,6 flüss.: 126,4	—	—

„Cocorico"-Öl I: gewonnen nach besonderem Verfahren („Méthode dite arabisée"); das trübe Öl wurde absitzen gelassen und filtriert; es zeigte die Säurezahl 3,0 und enthielt 0,8% Unverseifbares. Öl II: mittels Äther extrahiert, Säurezahl 1,4; 0,9% Unverseifbares. „Sélé"-Öl: die untersuchte Probe enthielt 0,7% Unverseifbares.

Koloquintensamenöl.

(Handalsamenöl[1].)

Huile de Citrullus Colocynthis — Colocynth oil — Olio di coloquintida.

Stammpflanze und Pflanzenfamilie	Verbreitung	Gehalt (% Öl) im Organ	Farbe bzw. Geschmack	Reaktionen. Besonderes Merkmal
Citrullus colocynthis, ARN. (Citr. coloc. SCHROEDER) Fam.: Cucurbitaceae	Ostindien, Nordafrika, Senegambien, auch Arabien. „Handalsamenöl": Sudan	Samen: 17—17,8%; von Citr. col. SCHROEDER: 12,7%; „Handalsamen": 19,7% (sämtlich extrahiert)	Rötlichgelb, grün fluoreszierend. — Geschmack der Öle aus nicht entschälten Samen schwach bitter. „Handalsamenöl": hellgelb	HEYDENREICH: intensiv orangerot. HAUCHECORNE: (warm) rötlichbraun. BRULLÉ: dunkelorange. MILLIAU: negativ. HALPHEN: negativ. — Das Öl ist sehr dickflüssig

Bestandteile: 43,8% feste und 56,2% flüssige Fettsäuren. „Handalsamenöl": 12,4% feste; 78,2% flüssige Fettsäuren; ca. 4% Oxysäuren; keine Linolensäure. — Das Unverseifbare (0,8%) enthält ein Phytosterin $C_{20}H_{34}O$ vom Schmelzpunkt 159—160°; $[\alpha]_D = +8,1°$; Acetat-Schmelzpunkt 167—170°.

[1] Nach freundlicher Privatmitteilung des Imperial Institute, London, vom 25. 4. 1927 stammt das sogenannte Handalsamenöl von einer Var. von Citrullus colocynthis.

Physikalische Kennzahlen.

	Dichte d_{15}^{15}	Schmelzpunkt	Erstarrungspunkt	Lichtbrechung B.-Refr. Sk.-T.	Lichtbrechung Brechungs-Index n_D
Öl	0,9289 0,923[1] d^{20}: 0,9273[2] d_{15}^{100}: 0,8733	—	−14°	63,5 (40°) 72,3 (25°) 78,2 (15°)	—
Fettsäuren	d^{18}: 0,9153[1] d_{50}^{50}: 0,8910[2] d_{15}^{100}: 0,8537	— 29,5—32°[2] 29,2—30°	— 29°[3] 26,2—27,2°	48,3 (45°) 51,5 (40°) 56,6 (30°)	1,4548 (60°)

Sämtliche nicht mit Zeichen versehene Angaben beziehen sich auf ein algerisches Öl mit Säurezahl 2,7.

Chemische Kennzahlen.

	Verseifungszahl	Hehnerzahl	Jodzahl	R.-M.-Zahl	Thermozahl
Öl	191,7 202,9[3] 186,7[2] 183,8[1]	90,7 92,2[3] 94,5[1]	120,4 129,3[3] 126,6[2] 129,3[1]	0,3	86,4 (TORTELLI)
Fettsäuren	198,2 Neutral.-Z.: 192,6 195,6[3]	M. M.-Gew.: 272	121,0 131,1[2] Innere Jodzahl: 150	—	—

Während die Verseifungszahlen der Fettsäuren einigermaßen übereinstimmen, bedürfen die voneinander viel stärker abweichenden Verseifungszahlen der Öle einer Überprüfung. — Eine vereinzelte Angabe der Neutral.-Zahl von Handalsamenöl 216,8 (entsprechend einem M. M.-Gew. von 258,8) ist mit keiner der Kennzahlen in Einklang zu bringen.

Gewichtszunahme nach LIVACHE: 5,2% nach 5 Tagen; 5,8% nach 7 Tagen. — Trockenzeit: 132 Stunden[1].

Melonensamenöl.

Huile de melon, huile de petit béraff — Melon seed oil, Cantaloup seed oil, Senat seed oil — Olio di mellone.

Stammpflanzen und Pflanzenfamilie	Verbreitung	Gehalt (% Öl) im Organ	Farbe bzw. Geschmack	Anmerkung
Cucumis Melo (Warzenmelone), Cucumis chate Fam.: Cucurbitaceae	Indien, tropisches Afrika und viele andere warme Gegenden	Samen aus Togo: 43,8%; Südrußland: 29,4%. Oft 27—36%; in den Tropen meist ca. 40%	Hellgelb; geruchlos, schwach süßlicher Geschmack	Schwachtrocknend. Gibt keine Ätherunlöslichen Hexabromide

Bestandteile eines Öles von Cucumis Melo: 0,4% lösliche Säuren (in % Buttersäure); 94,0% unlösliche Säuren. 15,3% gesättigte Säuren (Jodzahl 10,0); 79,2% ungesättigte Säuren (Jodzahl 151,8). Glyceride der Myristinsäure: 0,3%; der Palmitinsäure: 10,2%; der Stearinsäure: 4,5%; der Ölsäure: 27,2%; der Linolsäure: 56,6%. Unverseifbares: 1,1%.

Physikalische Kennzahlen.

	Dichte d_{15}^{15}	Schmelzpunkt	Erstarrungspunkt	Brechungs-Index n_D	Zähigkeit °ENGLER
Öl	0,923—0,928 d_{25}^{25}: 0,9210	5,5°	5,0°	1,4652 (40°) 1,4725 (20°)	$E_{15} = 8,9$
Fettsäuren aus Togo-Saat	— —	— 39°	30,3°[4] 36,0°	— —	— —

[1] Handalsamenöl, Säurezahl: 3,3.
[2] Öl von Citr. col. SCHROEDER, mit Petroläther extrahiert.
[3] Öl aus Beludschistansaat, Säurezahl: 5,9.
[4] Kennzahlen von Ölen aus sog. Senat-Saat von Cucumis chate (Verbreitung: Ägypten, Sudan).

Chemische Kennzahlen.

	Verseifungszahl	Hehnerzahl	Acetylzahl	Jodzahl	R.-M.-Zahl	Pol.-Zahl
Öl	192,3	—	15,8	125,9 (HANUS)	0,3	0,3
Togo-Saat	193,3	—	—	101,5	0,0	—
Russ. Saat	190,5	95,3	33,7	133,3[2]	1,7	—
„Senat"-Saat	187—192[1]	96,6[1]	—	117—128,5[1]	—	—
Fettsäuren von Öl aus Russ. Saat	Neutral.-Z.: Kalt: 192,2 Warm: 201,5	— —	— —	128 (Zu niedrig)	— —	— —

Gurkensamenöle.

Gurkenkernöl (1). Straußengurkensamenöl (2).

Stammpflanzen und Pflanzenfamilie	Verbreitung	Gehalt (% Öl) im Organ	Farbe bzw. Geschmack	Anmerkung
(1) Cucumis sativus (2) Citrullus-Art, nicht identifiziert Fam.: Cucurbitaceae	Tropen, Subtropen und Teile der gemäßigten Zone	(1) Samen: ca. 25% (2) Samen, extrahiert: 11,8%	hellgelb; angenehmer Geschmack (1 und 2)	— (2) Sehr dünnflüssig. Die Kennzahlen fallen in den Bereich der für Wassermelonenöl angegebenen Zahlen

Physikalische und chemische Kennzahlen.

	Dichte d_{15}^{15}	Erstarrungspunkt	Verseifungszahl	Hehnerzahl	Jodzahl	R. M.-Zahl
Öl (1)	0,923—0,924	—	195,2—196,9	94,2—94,6	117,6—118,5	0,5
Fettsäuren von Öl (1)	—	35,5°	—	—	—	—

Öl (1) aus indischer Saat; eine Probe zeigte die Säurezahl 11,5. Öl (2) aus Süd-Westafrikanischer Saat; ein Muster enthielt 0,3% Unverseifbares und gab 10,3% Glycerin.

Samenöl der wilden Gurke.

Wild cucumber seed oil.

Stammpflanze und Pflanzenfamilie	Verbreitung	Gehalt (% Öl) im Organ	Farbe
Echinocystis oregana Fam.: Cucurbitaceae	Westliches Nordamerika	Samen: 30—35,5%	Mit Petroläther extrahiert: goldgelb (Öl I); gepreßt: olivgrün (Öl II)

Physikalische und chemische Kennzahlen.

	Dichte	Erstarrungspunkt	Brechungs-Index n_D	Verseifungszahl	Jodzahl
Öl I	d^{25}: 0,9267	+ 5 bis − 8°	1,4722 (25°)	193,4	116,5
Öl II	d^{25}: 0,9166	ebenso	1,4701 (25°)	189,1	117,0

[1] Kennzahlen von Ölen aus sog. Senat-Saat von Cucumis chate (Verbreitung: Ägypten, Sudan).

[2] Auch hier zeigt sich — ähnlich wie beim Leinöl u. a. — daß die Öle der Samen aus kälteren Gegenden reicher an höher-ungesättigten Säuren sind als die Öle von Saaten aus wärmeren Gebieten.

Kürbiskernöl.

(Melonenkürbissamenöl, Kürbisöl.)

Huile de courge citrouille (I); huile de courge potiron (II) — Pumpkin seed oil („squashed gourd oil" II) — Olio di zucca.

Stammpflanzen und Pflanzenfamilie	Verbreitung	Gehalt (% Öl) im Organ	Farbe bzw. Geschmack	Anmerkung
Cucurbita pepo (I), C. maxima (II) („Hubbard squash") Fam.: Cucurbitaceae	Warme Gegenden; vorwiegend Ungarn, Rumänien, Jugoslavien, Südrußland, Indien (I), Amerika, Indien (II)	Kern mit Schale extrahiert: 35 bis 37%; entschält: 45 bis 48%. Kerne entschält, erste Pressung: 25 bis 28%[1]	Gelblichgrün bis rot oder braun. Oft stark fluoreszierend: Aufsicht purpurrot, Durchsicht grün. Preßöl angenehm süßlich, eigenartig, in manchen Gegenden als Speiseöl sehr beliebt	Die Fluoreszenz ist meist stärker bei extrahierten Ölen. Durch Bleichen u. Dämpfen erhält man lichtes Tafelöl[1]. Gibt keine Äther-unlöslichen Hexabromide

Bestandteile: Glyceride der Palmitin- und Stearinsäure: 30%; der Ölsäure: 25%; der Linolsäure: 45% (Öl I). 0,33% wasserlösliche Säuren, 94,7% unlösliche Säuren; ca. 18% gesättigte und 76,5% ungesättigte Säuren. Glyceride der Palmitinsäure: 13%; der Stearinsäure: 6%; der Ölsäure: 37%; der Linolsäure: 44%; Spuren Arachinsäure (Öl II). Unverseifbares: ca. 1% (enthält ein Phytosterin vom Schmelzpunkt 162—163°).

Physikalische Kennzahlen.

	Dichte d_{15}^{15}	Schmelzpunkt	Erstarrungspunkt	Lichtbrechung: B.-Refr. Sk. T.	Lichtbrechung: Brechungs-Index n_D	Krit. Lösungs-Temp.
Öl I aus indischer Saat	0,920—0,925	—	—15 bis —16°	63,3 (40°) 71,8 (25°)	1,4668—1,4685 (40°) 1,4740 (20°)	In Eisessig: 108°
Öl II	0,926—0,928	—	—	70—72,5 (20°)	—	
Indische Saat	0,919—0,926	—	—	—	—	
Amerikanische Saat	0,9179 (25°)	—	—	—	1,4714 (25°)	
Fettsäuren	0,8886 (50°)	26,5—31° (Öl I)	24,5° (Öl I)	—	—	
Indische Saat	—	—	31—38°	—	—	

Chemische Kennzahlen.

	Verseifungszahl	Hehnerzahl	Acetylzahl	Jodzahl	R.-M.-Zahl	Pol.-Zahl
Öl I aus indischer Saat	188—190,5	96,2	27,2	119—131	1,2—1,8	—
Öl II	195,7—196,2	94—95	—	126—129,6	0,4—0,5	—
Indische Saat	195—197,1	94—95,8	—	133,4	0,5—0,7	—
Amerikanische Saat	191,5	—	27,8	121 (Hanus)	0,4	0,4
Fettsäuren	Neutral.-Z.: 199	M.-M.-Gew.: 284,7	—	123,5	—	—

Öle I aus indischer Saat zeigten Säurezahlen zwischen 11 und 13. Öl II aus amerikanischer Saat war kaltgepreßt und hatte die Säurezahl 0,5.

Über die Grenzwerte der Kennzahlen von Kürbiskernölen zu Speisezwecken s. Bd. I, S. 366.

[1] Nach frdl. Privatmitteilung von Herrn Albert Stiger (Slovenska Bistrica, S. H. S.) vom 4. Juli 1927.

Öl von Ampelosicyos scandens.

Stammpflanze und Pflanzenfamilie	Verbreitung	Gehalt (% Öl) im Organ	Geruch	Anmerkung
Ampelosicyos scandens („voanono") Fam.: Cucurbitaceae	Madagascar	Kern, mit Schwefelkohlenstoff extrahiert: 49,5%	Scharfer Geruch	Die Stammpflanze wurde oft mit Telfairia pedata verwechselt [1]

Das Öl gibt keine ätherunlöslichen Hexabromide.

Physikalische und chemische Kennzahlen.

	Dichte d_{15}^{15}	Schmelzpunkt	Erstarrungspunkt	Verseifungszahl	Hehnerzahl	Jodzahl	Thermozahl
Öl	0,940	4°	—	181	94,4	152	88
Fettsäuren	—	28°	26°	—	M. M.-Gew.: 302	161	—

Reihe: Campanulatae.

Vapachiöl.

Huile de Vernonia — Vernonia oil.

Stammpflanze und Pflanzenfamile	Verbreitung	Gehalt (% Öl) im Organ	Farbe bzw. Geruch	Anmerkung
Vernonia anthelmintica Fam.: Compositae	Indien, Ceylon, Malakka	Samen, extrahiert: 18,3%	Gepreßt: hellgelb; extrahiert: braun. Intensiver Geruch	Dickflüssig; beim Stehen scheidet sich „Stearin" ab. Das Öl enthält einen harzartigen Bestandteil

Physikalische Kennzahlen.

	Dichte	Schmelzpunkt	Lichtbrechung B.-Refr. Sk. T.
Öl	d^{15}: 0,9168 d_{100}^{100}: 0,8835	—	67,5 (40°) 75 (25°)
Fettsäuren	—	35,6°	—

Chemische Kennzahlen.

	Verseifungszahl	Hehnerzahl	Jodzahl	R.-M.-Zahl	Pol.-Zahl
Öl	202,8	93,4	71,0	7,9	0,4
Fettsäuren	Neutral.-Z.: 195,1	M. M.-Gew.: 287,4	73,4	—	—

Eine Probe hatte die Säurezahl 58,2 und enthielt 1,8% Unverseifbares.

Öl der Früchte von Eupatorium urticaefolium.

Stammpflanze und Pflanzenfamilie	Verbreitung	Gehalt (% Öl) im Organ	Anmerkung
Eupatorium urticaefolium Fam.: Compositae	Columbien	Frucht: 17,2%	Stark trocknend

[1] Auch im Index Kewensis (Oxford) sind die beiden Namen als Synonyma hingestellt. JUMELLE bemerkt in „Les huiles végétales", Paris 1921, S. 444, daß es unbegreiflich sei, wieso diese Verwechslung zustande kommen konnte, da doch die schotenförmigen Früchte von Ampelosicyos keine Ähnlichkeit mit den flachen Samen von Telfairia pedata besitzen.

Physikalische und chemische Kennzahlen des Öles.

Dichte d_{15}^{15}	Erstarrungspunkt	Brechungs-Index n_D	Verseifungszahl	Jodzahl
0,9116	— 24°	1,475 (20°)	157,3—163,2	145,3—155,2

Hauptsächlich die abnorm niedrigen Verseifungszahlen bedürfen der Überprüfung; wahrscheinlich ist der Gehalt an unverseifbaren Bestandteilen ein sehr hoher.

Kernöl von Xanthium echinatum.

Cockle burr oil.

Stammpflanze und Pflanzenfamilie	Verbreitung	Gehalt (% Öl) im Organ	Farbe bzw. Geschmack	Reaktion. Anmerkung
Xanthium echinatum Fam.: Compositae	Nordamerika, Australien	Kern, kalt gepreßt: 29,8%	Kalt gepreßt: hellgelb, angenehmer Geruch, nußartiger Geschmack	Konzentrierte Schwefelsäure: hellgelb, dann über braun in purpur und grün übergehend. — Das Öl ist gut haltbar

Physikalische Kennzahlen.

	Dichte d_{15}^{15}	Schmelzpunkt	Erstarrungspunkt	Brechungs-Index n_D
Öl	0,9251	—	— 18°	1,4691 (40°) 1,4773 (15,5°)
Fettsäuren	—	19°	—	—

Chemische Kennzahlen.

	Verseifungszahl	Hehnerzahl	Acetylzahl	Jodzahl	R.-M.-Zahl
Öl	190,2	89,7	10,6	140,8 (Hanus)	0,2

Sonnenblumenöl.

Huile de tournesol, huile de Grand Soleil, huile d'Hélianthe annuel — Sunflower oil — Olio di girasole.

Stammpflanze und Pflanzenfamilie	Verbreitung	Gehalt (% Öl) im Organ	Farbe bzw. Geschmack	Reaktionen. Anmerkung
Helianthus annuus Fam.: Compositae	Heimat: Mexiko, kultiviert in Europa (vorwiegend Rußland und Ungarn), Ver. Staaten von Amerika, Peru, Indien, Südafrika, Belg.-Kongo	Samen: 24—34%. Kern: 42—55%. Durch kalte (erste) Pressung gewonnen: 18—20%; nachfolgende warme Pressung: 12—14%	Kalt gepreßt: hellgelb, angenehmer Geruch und Geschmack. Heiß gepreßt: dunkelgelb, eigentüml. Geruch und Geschmack	Elaidinierung: 1,5% Elaidin, Schmelzpunkt 39—40°, Jodzahl 66,2 (kein Tri-Elaidin). — Milliau-Becchi sowie Baudouin: negativ. Halphen: rötlichorange. Sisley und Frehse, s. Bd. I, S. 294. — Mit 1 Tropfen konzentrierter Schwefelsäure: goldgelb mit graublauer Zone und violetten Punkten. — Alkalische Silberlösung wird reduziert. — Sonnenblumenöl ist relativ gut haltbar. Durch Licht ist es nicht so leicht aktivierbar wie die Pinaceenöle.

Bestandteile (Beispiele für die Zusammensetzung) s. S. 167.

Physikalische Kennzahlen.

	Dichte d_{15}^{15}	Schmelzpunkt	Erstarrungspunkt	Lichtbrechung: B.-Refr. Sk. T.	Lichtbrechung: Brechungs-Index n_D	Zähigkeit ° ENGLER
Öl	0,920—0,927 d_{18}^{18}: 0,9285 d_{25}^{25}: 0,9193 d^{90}: 0,919	—	−16 bis −18° (bei −17° teilweise erstarrt)	62,5—64 (bei 40°) 72,2 (25°) 72,4 (15,5°)	1,4611—1,4622 (60°) 1,467 —1,4691 (40°) 1,4736—1,4762 (20°)	$E_{7,5}$ = 17,3 E_{15} = 12,6 bis 13,1 E_{20} = 8,2 E_{30} = 5,5 E_{40} = 3,9 E_{50} = 3,1
Fettsäuren	—	21—24°	17—20°	—	1,453—1,454 (60°) 1,4572 (50°) 1,461 (40°) 1,4648 (30°) 1,4663 (25°)	

Chemische Kennzahlen.

	Verseifungszahl	Hehnerzahl	Acetylzahl	Jodzahl [1]	R.-M.-Zahl	Rhodanzahl	Thermozahl (MAUMENÉ)
Öl	186—194 199,4 (Öl mit S.-Z. = 4,8) 199,2 (Öl mit S.-Z. = 14,7)	95	14,5 (Öl mit S.-Z.: 2,3) 16,6 (Öl mit S.-Z.: 5,2)	127—136 Jodbromzahl: 127—128	0,3—1 Pol.-Zahl: 0,3	79,5—82,9 (letztere entspr. Jodzahl 127,7)	67—89,5
Fettsäuren	195—201,6 Neutral.-Z.: 193—200,0	M. M.-Gew.: 278,4 bis 287,6	—	128—140 Inn. Jodzahl: 134—154	—	83,8	

Beispiele für die Zusammensetzung von Sonnenblumenölen.

Kalt gepreßtes Öl	Russische Saat [2]	Süd-Missouri-Saat	Belgisch-Kongo-Saat
Feste Säuren	9,0%	7,4%	5,8%
Von diesen sind:			
Palmitinsäure	—	46,6%	ca. 57%
Stearinsäure	—	39,1%	„ 24%
Arachinsäure	—	8,9%	„ 17%
Lignocerinsäure	—	5,4%	—
Flüssige Säuren	85,3%	87,5%	90,6%
Davon Ölsäure	39,0%	32,1%	40,5%
α-Linolsäure	12,0%	} 55,4%	50,1%
β-Linolsäure	34,3%		
Glycerinrest	4,3%	—	—
Glycerin	—	—	ca. 10,1%
Unverseifbares	0,3%	1,2%	0,9%
Oxysäuren	0,5%	—	—

Außerdem ca. 0,14% Cerylcerotat (s. Bd. I, S. 60); es stammt wahrscheinlich aus den Schalen, die ein Fett mit 10% Unverseifbarem (größtenteils Cerylalkohol vom Schmelzpunkt 70°) enthalten.

[1] Jodzahlen von Ölen aus Süd-Turkestan (Ashabad, 38° nördl. Breite): 118—120; von Ölen aus Sibirien (Omsk, 55° nördl. Breite): 140—144 (S. IVANOW; vgl. Einleitung, S. 10 und Nachtrag, S. 511).

[2] Die Zusammensetzung entspricht der eines südrussischen Öles von sehr niedriger Jodzahl.

Warm gepreßtes Öl enthält erhebliche Mengen von Schleimstoffen, die sich beim Abkühlen in bräunlichen Flocken absetzen, ähnlich dem Leinölschleim. Das Öl gibt keine ätherunlöslichen Hexabromide. Das Unverseifbare enthält ein Phytosterin vom Schmelzpunkt 135,5°; durch Acetylierung wurde eine Verbindung vom Schmelzpunkt 119,5° und eine zweite vom Schmelzpunkt 115,5° erhalten.

Trockenvorgang. Gewichtszunahme (HÜBL): 5% nach 7 Tagen. Maximale Gewichtszunahme 12,4% (13—16%, EIBNER). Trockenzeit: Kleben nach 10 Tagen, klebefrei nach 19—21 Tagen. Sonnengebleichtes Öl trocknet klebefrei nach 13 Tagen; die Bleiweißfarbe nach 2, die Zinkweißfarbe nach 5 Tagen. Bei manchen (unvorbehandelten?) Ölen wurden auch Trockenzeiten von nur 8 Tagen beobachtet.

Verhalten der Filme: Spontanes Wiedererweichen und Vergilben. Leichte Löslichkeit in kaltem Äther, Neigung zur sog. Frühsprungbildung. Erhitzen des Films: zwischen 85 und 90° tritt Schmelzen unter Gasentwicklung ein. — Die Säurezahlen der Aufstriche steigen nach dem Trocknen, z. B.

ursprüngliches Öl,	Säurezahl	1,9;
nach 19 Tagen	„	38;
„ 60 „	„	59.

Auch die Standölfilme des Sonnenblumenöls (Molekulargewicht um 1000—1100) zeigen das niedrige Schmelzintervall 92—95°, zum Unterschiede von Mohnölstandölfilmen (s. S. 43).

Lieferbedingungen.

für technisches Sonnenblumenöl in Rußland (U. d. S. S. R.).

a) Farbe goldgelb verschiedener Nüancen.
b) Das abgelagerte Öl muß klar sein.
c) Das Volumen des Satzes darf 2% nicht übersteigen.
d) Spezifisches Gewicht 0,920—0,930 (15°).
e) Refraktionszahl 58—73 Skalenteile (40°).
f) Jodzahl 120—142.
g) Säurezahl höchstens 6.
h) Verseifungszahl 185—198.
i) Unverseifbares höchstens 0,5%.

Bei Sonnenblumenöl für Speisezwecke kommt noch hinzu: Das Öl muß den charakteristischen Sonnenblumenölgeruch und -geschmack haben, ohne Nebengeruch und ohne Nebengeschmack. Die Säurezahl darf in diesem Falle höchstens 2,25 betragen.

Nigeröl.

(Ramtillöl.)

Huile de Niger — Niger seed oil — Olio di Niger.

Stammpflanze und Pflanzenfamilie	Verbreitung	Gehalt (% Öl) im Organ	Farbe bzw. Geschmack	Reaktionen
Guizotia oleifera oder G. abyssinica Fam.: Compositae	Abessinien, Indien	Samen, extrahiert: 37—45%; gepreßt: 35—40%	Kalt gepr.: hellgelb, angenehmer Geruch und Geschmack (etwas nußähnlich)	HEYDENREICH: gelb bis rotorange, nach dem Rühren: braungrün. HAUCHECORNE: (kalt) kanariengelb, (warm) fahlgelb. BRULLÉ: Öl entfärbt sich, Säureschicht gelb. SERGER: blaugrün

Bestandteile: Myristin-, Palmitin-, Ölsäure und Linolsäure. Von Glyceriden vermutlich Triolein und Oleo-dilinolein.

Physikalische Kennzahlen.

	Dichte d_{15}^{15}	Schmelzpunkt	Erstarrungspunkt	Lichtbrechung B.-Refr. Sk. T.	Lichtbrechung Brechungs-Index n_D	Zähigkeit REDWOOD	Optisches Drehungsvermögen
Öl	0,924—0,927 $d_{15,5}^{99}$: 0,8738	−7 bis −15°	−9 bis −15° (auch −6°)	63 (40°) 71,3 (25°) Oleo-Refr. Sk. T.: 26—30	1,468 (40°) 1,4768 (15°)	263,1 bis 292,6 Sek. (70° F.)	$[\alpha]_D = 0°$ bis $+18'$
Fettsäuren	d_{100}^{100}: 0,8886	28,2 bis 33,5°	28—30°	51,6 (40°)	1,4605 (40°)	—	—

Kritische Lösungstemperatur in Eisessig (1,0562) nach ALLEN: 49° (vgl. Bd. I, S. 137).

Chemische Kennzahlen.

	Verseifungszahl	Hehnerzahl	Jodzahl	R.-M.-Zahl	Thermozahl
Öl	189—198	94,1	126—134	0,1—0,9	81—82 (JEAN) 91,5—96,5 (TORTELLI)
Fettsäuren	Neutral.-Zahl: 195,5	M. M.-Gew.: 286,9	130—140 Innere Jodzahl: 147,5	—	

Maximale Gewichtszunahme beim Trocknen: 7,2% nach 15 Tagen. Trockenzeit: 8 Tage.

Madiaöl.

Huile de Madia — Madia oil — Olio die Madia.

Stammpflanze und Pflanzenfamilie	Verbreitung	Gehalt (% Öl) im Organ	Farbe bzw. Geschmack	Reaktion. Merkmale
Madia sativa Fam.: Compositae	Chile, hauptsächlich Nordamerika, auch Kleinasien und Südafrika	Samen: 32—36,5%, auch 41%	Dunkelgelb. Kalt gepreßt: angenehm nußähnlicher Geruch und Geschmack	Elaidinierung: negativ. — Seinen Eigenschaften nach zwischen Sonnenblumenöl und Baumwollsamenöl zu stellen

Physikalische Kennzahlen.

	Dichte d_{15}^{15}	Schmelzpunkt	Erstarrungspunkt
Öl	0,925—0,9286	—	Kalt gepreßt: −12 bis −15° heiß gepreßt: −10 bis −17°
Fettsäuren	—	23—26°	20—22°

Chemische Kennzahlen.

	Verseifungszahl	Hehnerzahl	Jodzahl	R.-M.-Zahl	Pol.-Zahl	Thermozahl
Öl	192,8—194,5	95,8	117,5—129	0,1	0,7	(MAUMENÉ) 96—101
Fettsäuren	—	—	120,7	—	—	—

Eine Probe enthielt 0,8% Unverseifbares.

Distelsamenöle.

(1) Echinopsöl. Huile d'Echinops — Thistle seed oil.

(2) Bisam- oder Eselsdistelöl (argentinisches Distelöl). Huile de chardon.

(3) Spinnendistelöl, Kardobenediktenkrautöl. Huile de chardon bénit.

Stammpflanzen und Pflanzenfamilie	Verbreitung	Gehalt (% Öl) im Organ	Farbe bzw. Geschmack	Reaktionen. Besondere Merkmale
(1) Echinops ritro	Europa, Asien, Afrika	(1) Samen: 27,5%	(1) gelblich	(1) HALPHEN und BAUDOUIN: negativ
(2) Carduus nutans	Argentinien	(2) Samen: 41—44%; erste Preßung 33—36%	(2) dunkelgelb	(2) Öl erster Pressung als Speiseöl geeignet
(3) Cnicus benedictus	Mittelmeergebiet	(3) 24,4 bis 28,3%; kalt gepreßt: 14,8%	(3) hellgelb, ohne Geruch u. Geschmack; warm gepreßt: dunkelbraun	(3) Ähnlichkeit mit Sesamöl, s. S. 153; langsam trocknend
Fam.: Compositae				

Bestandteile von Öl (3): angeblich[1] 3,7% feste Fettsäuren (60% Palmitin-, 40% Stearinsäure); 89,8% flüssige Fettsäuren (74% Öl-, 26% Linolsäure). 0,7% Unverseifbares.

Physikalische Kennzahlen.

	Dichte d_{15}^{15}	Schmelzpunkt	Erstarrungspunkt	Brechungs-Index n_D	Löslichkeit
(1) Öl	0,930 d_4^{20}: 0,9253—0,9285	—	—	—	1 Liter absol. Alkohol löst bei 15° C 51 g des entsäuerten Öles (1)
(2) Öl mit S.-Z. = 1,6	0,9242	—	−13°	1,4770 (15°)	
(3) Öl mit S.-Z. = 1,2	0,9262	—	—	1,4718 (15°)	
Öl mit S.-Z. = 16,6	0,9255	—	—	1,4653 (25°)	
Fettsäuren von Öl (1)	—	11—12°	—	—	—

Chemische Kennzahlen.

	Verseifungszahl	Hehnerzahl	Acetylzahl	Jodzahl	R.-M.-Zahl	Pol.-Zahl
(1) Öl, S.-Z. 8,8 bzw. 14,6	189,2—190	—	26,5	138,1—141,1 (WIJS)	—	—
(2) Öl	—	—	—	119	—	—
(3) Öl mit S.-Z. = 1,2	191	95,8	—	141	2,5	0,6
Öl mit S.-Z. = 16,6	196,5	—	—	139,6	—	—
	Neutral.-Z.:	M. M.-Gew.:				
Fettsäuren von Öl (1)	192,3—192,9	291—292	—	139,1—143,8 (WIJS)	—	—
von Öl (3)	—	—	—	Innere Jodzahl: 146	—	—

Echinopsöl (1). Maximale Gewichtszunahme (nach WEGER): 9%. Spinnendistelöl (3): Dünne Ölschicht auf Glas zeigt nach 24 Stunden noch keine Anzeichen von Trocknung.

(4) Frauendistel- oder Krebsdistelsamenöl

von Onopordon acanthium L. (Europa). Ölgehalt in den Samen: 30—35%; durch Pressung gewonnen: 25%.

[1] Die Zusammensetzung des Fettsäurengemisches steht mit der Jodzahl nicht im Einklang.

Klettensamenöl.

Huile de bardane — Burdock oil, Bur oil — Olio di bardana.

Stammpflanze und Pflanzenfamilie	Verbreitung	Gehalt (% Öl) im Organ	Farbe bzw. Geschmack und Geruch
Arctium Lappa, L. Fam.: Compositae	Asien, Europa	Samen: 14,8%	Goldgelb; kalt gepreßt: hellgelb. Geschmack etwas bitter, Geruch ähnlich dem des Leinöls

Physikalische und chemische Kennzahlen.

	Dichte	Brechungs-Index n_D	Verseifungszahl	Jodzahl	R.-M.-Zahl
Öl	d^{17}: 0,9255	1,4691 (40°)	196,6	153,6	ca. 1
Fettsäuren	—	—	—	162,0	—

Die untersuchte Probe zeigte die Säurezahl 2.

Castilladistelöle.

Argentine donkey thistle seed oil.

Stammpflanze und Pflanzenfamilie	Verbreitung	Gehalt (% Öl) im Organ	Farbe bzw. Geschmack	Anmerkung
Cynara carduncculus Fam.: Compositae	Argentinien	Samen: 15—18%	Goldgelb bis tiefgelb; Geschmack ähnlich dem des Olivenöles. Angenehmer Geruch	Aus den Blüten konnte mittels Äther ein festes Fett von angenehmem Geruch extrahiert werden: Schmelzpunkt 44° Erstarrungspunkt 39°; Freie Fettsäuren: Schmelzpunkt 48° Erstarrungspunkt 42°

Physikalische Kennzahlen.

	Dichte d_{15}^{15}	Schmelzpunkt	Erstarrungspunkt	Brechungs-Index n_D
Samenöl	0,9213—0,923	—	—	1,4732—1,4733 (25°) 1,4729 (20°)
Fettsäuren	—	11—17°	29° (Öl I)[1]	—

Chemische Kennzahlen.

	Verseifungszahl	Hehnerzahl	Jodzahl	Thermozahl
Öl mit S.-Z. = 3,8	187,7	83,1 (?)	97,8	(MAUMENÉ) 58,5
Öl I	197,4	—	103,5	—

[1] Der Erstarrungspunkt der Fettsäuren von Öl I stimmt mit dem Schmelzpunkt der Fettsäuren einer anderen Ölprobe nicht überein; auch die chemischen Kennzahlen stehen miteinander nicht im Einklang und bedürfen der Überprüfung (wahrscheinlich handelt es sich — zumindest bei Öl I — um Verunreinigungen mit Blütenfett).

Safloröl.

(Carthamusöl[1].)

Huile de carthame — Safflower oil, Saffron oil — Olio di cartamo.

Stammpflanzen und Pflanzenfamilie	Verbreitung	Gehalt (% Öl) im Organ	Farbe bzw. Geschmack	Reaktionen. Anmerkung
Carthamus tinctorius; Carthamus oxyacantha („Wilder Saflor") Fam.: Compositae	Indien; gemäßigte Zone der ganzen Erde	Samen: 30—32%; durch Pressung gewonnen: 17—18%. Kern: 49—54%; „Carthamusöl" von einem in Indien vorkommenden Bastard: 14—30%; meist 25—30%	Kalt gepreßt: blaßgelb; heiß gepreßt: dunkelgelb. Geschmack angenehm, ähnlich dem des Sonnenblumenöls	HEYDENREICH: gelb; HAUCHECORNE: (kalt) weiß, (warm) braunrot; BRULLÉ: braunschwarz; BECCHI: hellbraun. Indisches „Carthamusöl"* wird als „starktrocknend" bezeichnend

Bestandteile: 10—11,8% gesättigte Säuren (hauptsächlich Palmitinsäure; Stearinsäure nur in Spuren). Von ungesättigten Säuren: Ölsäure, Linol- und Linolensäure. 0,7—1,5% Unverseifbares. 4,3% Glycerinrest. Bromierung nach HEHNER und MITCHELL: 0,7—1,7% ätherunlösliche Hexabromide.

Physikalische Kennzahlen.

	Dichte d_{15}^{15}	Schmelzpunkt	Erstarrungspunkt	Lichtbrechung B.-Refr. Sk. T.	Lichtbrechung Brechungs-Index n_D	Zähigkeit	Optisches Drehungsvermögen
Öl	0,923 bis 0,9280 d^0: 0,934 bis 0,936 $d^{15,5}$: 0,9258* d^{15}: 0,927** d^{26}: 0,914	—5°	—13 bis —20°	63—65,2 (bei 40°) 64 (40°)* 68,2 (40°)** 77,5 (25°)	1,4685 (40°)* 1,4735 (25°) 1,4754 (20°) 1,477 (16°) 1,4711 (15,5°)*	E_{21} = 9,6 bis 10,8; REDWOOD: 243—294 Sek. (70° F) = 9,57—11,57 (Wasser = 1). E_{21} = 11,6**; REDWOOD: 245,8*	$[\alpha]_D$ = +4′ bis +14′
Fettsäuren	0,9135	16 bis 17°	11 bis 16°	50 (40°) 65 (15,5°)	1,4593 (40°) 1,4691 (15,5°)		

Chemische Kennzahlen.

	Verseifungszahl	Hehnerzahl	Acetylzahl	Jodzahl	R.-M.-Zahl	Thermozahl
Öl	187—194 197,3* 174,2 bis 189,4**	94—95,4 95,7* 95,4**	12,8—16,1 60,5**	Kalt gepreßt: 138—150 warm gepreßt: 122—129 147,6 (WINKLER) 132,4—132,9**	0,2—1,6 Pol.-Zahl: 0,6	(MAUMENÉ) 101—120 (85—94)
Fettsäuren	200,8 Neutral.-Z.: 198—199	M. M.-Gew.: 293—297	—	132,5—148,2	—	—
flüssige	191,4			Innere Jodzahl: 140,5—159,6		

Die mit * bezeichneten Angaben beziehen sich auf ein Öl von einem Carthamusbastard, mit Säurezahl 9,8. — Mit ** sind die Kennzahlen des Öles von Carthamus oxyacantha („Poli"-Öl) bezeichnet.

[1] Das Öl wird zuweilen auch als „Safrandistelöl" bezeichnet.

Trockenvorgang. Gewichtszunahme nach LIVACHE: 6,4% nach 2 Tagen; 7,5% nach 136 Stunden. Trockenzeit des Films von Öl*: 21 Stunden; nach dem Blasen: 18 Stunden. Durch zwölfstündiges Erhitzen von Safloröl (von Carth. oxyacantha) auf 240—250° erhält man die gelatinöse „Rhogan“-Masse. — Über polymerisiertes Safloröl s. a. Bd. I, S. 378.

Lattichsamenöl.

Huile de laitue — Egyptian lettuce oil — Olio di lattuga.

Stammpflanze und Pflanzenfamilie	Verbreitung	Gehalt (% Öl) im Organ	Farbe bzw. Geschmack	Reaktionen
Lactuca scariola var. oleifera Fam.: Compositae	Ägypten, Sudan	Samen: 33—44% (Äther-extrahiert)	Hellgelb bis goldrot; charakteristischer, nicht unangenehmer Geschmack, schwacher Geruch	Elaidinierung: flüssiger als bei Baumwollsamenöl. HALPHEN: negativ. BAUDOUIN: negativ. Beim Erhitzen auf 290° während $^1/_4$ Stunde tritt keine Polymerisation ein

Enthält Linolsäure, aber keine Linolensäure. Gehalt an Unverseifbarem: 1,5%.

Physikalische Kennzahlen.

	Dichte d_{15}^{15}	Schmelzpunkt	Erstarrungspunkt	Brechungs-Index n_D
Öl	0,9244—0,9334	—	Bei 0° noch flüssig	1,4686—1,469 (40°)
Fettsäuren	—	17,2°	—	—

Scheidet bei 0° und nach 12 Monate langem Stehen bei 8—10° kein Stearin ab.

Chemische Kennzahlen.

	Verseifungszahl	Hehnerzahl	Acetylzahl	Jodzahl	R.-M.-Zahl	Pol.-Zahl	Thermozahl
Öl	189,1—194,2	—	12,0 bis 26,5	120,6—136,3 (HÜBL)	0,3—0,6	0,1—0,2	(MAUMENÉ) 92,5
Fettsäuren	Neutral.-Z.: 192,5	M. M.-Gew.: 291,5	—	126,8 (der obere Grenzwert ist nicht angegeben)	—	—	—

Säurezahlen von ägyptischen Ölen: 18 bzw. 20,8. Trockenzeit bei 28—30°: 5 bis 6 Tage.

Samenöl von Cosmos bipinnatus.

Stammpflanze und Pflanzenfamilie	Verbreitung	Gehalt (% Öl) im Organ	Farbe bzw. Geschmack	Reaktionen
Cosmos bipinnatus Fam.: Compositae	Nordamerika, Mexiko	Samen: 18,3%	Gelbgrau; unangenehmer Geruch und Geschmack	Elaidinierung: nach $^1/_2$ Stunde orangegelbe Masse von butterartiger Konsistenz. HEYDENREICH: gelborange. HAUCHECORNE: orange

Physikalische Kennzahlen.

	Dichte d_{15}^{15}	Schmelzpunkt	Erstarrungspunkt	Brechungs-Index n_D
Öl	0,9174	– 4 bis – 1°	– 5 bis – 7°	1,4717 (24,5°)
Fettsäuren	—	33—35°	30—32°	—

Chemische Kennzahlen.

	Verseifungszahl	Hehnerzahl	Jodzahl	R.-M.-Zahl	Thermozahl
Öl	193,1	92,32	103,8	1,3	(MAUMENÉ) 79°
Fettsäuren	—	—	120,4	—	—

Die untersuchte Probe zeigte die Säurezahl 4,4. Die Jodzahl des Öles und die der Fettsäuren stimmen nicht überein; auch die Verseifungszahl und die Hehnerzahl bedürfen der Überprüfung.

Anhang zur Hauptgruppe „Trocknende Öle".

Algenfette.

In den Fetten der folgenden Algen (botanisch-systematische Abteilungen der Phaeophyceae bzw. Rhodophyceae) wurden durch Bromierung und Isolierung der Polybromide hoch-ungesättigte Fettsäuren vom Typus $C_{22}H_{36}O_2$ bzw. $C_{22}H_{34}O_2$ nachgewiesen.

Stammpflanze und Familie[1]	Ölgehalt und Eigenschaften des Öles[2]	Gehalt an ätherunlöslichen Polybromiden	Bromgehalt und Eigenschaften der Polybromide
Laminaria japonica Fam.: Laminariaceae	0,06% dunkelgrünlichgelbes Öl von stechendem Geruch	0,014% der Alge	65,85% Brom; Dunkelfärbung bei 200°, Schwärzung bei 230°
Sargassum sagamianum Fam.: Fucaceae	1,2—2% grünlichgelbbraunes, halbfestes Fett	0,03—0,05% der Alge (ca. 2,5% des Fettes)	65,9—68% Brom; Schwärzung bei 230 bzw. 237°, Sintern bei 235°
Grateloupia sp. Fam.: Grateloupiaceae	0,075% Öl	0,01% der Alge	Dunkelfärbung bei 200°, Schwärzung bei 230°
Chondrus ocellatus Fam.: Gigartinales	0,05% Öl	Sehr geringe Menge	Schwärzung bei 200°
Acanthopeltis japonica	0,5% Öl	0,02% der Alge	Schwärzung bei 200°
Undaria pinnatifida	0,5% Öl	0,02% der Alge	Schwärzung bei 200°
Eisenia bicyclis	0,13% Öl	0,02% der Alge	Schwärzung bei 230°

Aus dem Algenschlamm von Havel und Wannsee wurden mittels Äther und Chloroform 6,8% Fett extrahiert, das folgende Kennzahlen aufwies: Verseifungszahl 190; Jodzahl 91; Jodzahl der flüssigen Säuren (ungefähr die Hälfte des Fettsäurengemisches): 151. Die untersuchte Probe zeigte die Säurezahl 135 und enthielt 12,4% Unverseifbares, bestehend aus Sterinen und höheren aliphatischen Alkoholen.

---

[1] Die Mehrzahl dieser Algen stammte von der Ostküste der Provinz Idzu (Japan) und war im August gesammelt worden.

[2] Aus lufttrockenen Algen mittels Äther extrahiert.

Zwischengruppe.

Ricinusöl.

Huile de ricin — Castor oil — Olio di ricino — Oleum Ricini.

Stammpflanzen und Pflanzenfamilie	Verbreitung	Gehalt (% Öl) im Organ	Farbe bzw. Geschmack	Besondere Merkmale (siehe auch weiter unten; ebenso Reaktionen)
Ricinus communis; R. viridis, R. sanguineus und andere Varietäten Fam.: Euphorbiaceae	Fast alle tropischen und subtropischen Länder[1]	Samen: 40 bis 55%; Kern: 56—69%. Durch erste Pressung: 30 bis 33%; durch zweite Pressung: 7—10%	Öl erster Pressung (für medizinische Zwecke): farblos oder blaßgelblich. Eigentümlicher Geschmack. Andere Öle hellgelb bis tiefgelb, grüne Fluorescenz	Löslich in Alkohol. Schwer löslich in Petroläther. — Hohe Viscosität; flache Viscositätskurve[2]. — Kältebeständig. — Purgierend[3]. — Die Samen enthalten ein fettspaltendes Enzym (Lipase) und das Alkaloid Ricin; letzteres ist in Ölen erster, kalter Pressung nicht zugegen; solche Öle werden daher für medizinische Zwecke verwendet. Raffinierte Öle sind gut haltbar[4]

Bestandteile: 3% Stearinsäure + Dioxystearinsäure; 3—9% Ölsäure; 2—3% Linolsäure (rhodanom. best.: 1,2%); 80—85% Ricinolsäure. 5% Glycerinrest + Unverseifbares.

Physikalische Kennzahlen.

	Dichte d_{15}^{15}	Schmelzpunkt	Erstarrungspunkt	Lichtbrechung B.-Refr.-Sk. T.	Lichtbrechung Brechungs-Index n_D	Zähigkeit	Optisches Drehungsvermögen	Oberflächenspannung
Öl	0,950—0,974 d^{30}: 0,9522 d_{15}^{98}: 0,909 bis 0,910	—	—10 bis —18°	65,5 (40°) 78,0 (25°) 77,5 bis 79,4 (20°) Oleo-R.: 37—46 (22°)	1,4636 (60°) 1,4705 bis 1,4720 (40°) 1,477 bis 1,479 (20°) 1,4803 (15°)	°ENGLER: E_{20} = 139 bis 140; absolute: η_{20} = 9,6 η_{30} = 4,6 η_{40} = 2,3. REDWOOD: 1160 bis 1190 Sek. (bei 100° F.)	$[\alpha]_D$ = +7,6 bis +9,7° (200 mm Rohr); auch: +3 bis +12°	0,0371 g pro cm (18°)
Fettsäuren	d^{15}: 0,9509 d^{99}: 0,8960	13°	3°	—	1,4546 (60°)			

Das Öl gibt beim längeren Stehen eine geringfügige Abscheidung.

Mittleres Molekulargewicht des Öles, berechnet aus der Verseifungszahl: 933 (923); gefunden: 844 und 1031.

Flammpunkt des Öles im offenen Tiegel: 274—275°.

Spezifische Doppelbrechung: 1,14—1,61.

Dielektrizitätskonstante (Frequenz = 4 · 10^7 Perioden pro Sek.): 4,86 (17,5°).

---

[1] Die Pflanze gedeiht auch in der gemäßigten Zone; das Öl von Pflanzen aus kühleren Gegenden ist angeblich für medizinische Zwecke geeigneter als solches aus den Tropen. Aber der Anbau ist nur in wärmeren Gegenden rentabel.

[2] Die Schmierfähigkeit eines Öles ist umso größer, je flacher die Viscositätskurve (Abhängigkeit der Zähigkeit von der Temperatur) verläuft. Die Schmierergiebigkeit sowie die Schmierwirkung der Öle ist umso besser, je größer ihre Benetzungswärme gegenüber Metall ist. Diese beträgt bei Ricinusöl (gegen Kupfer): 11,75—12,4 cal/100 g Cu. Über die Theorie der fetthaltigen Schmiermittel und ihre Untersuchung s. Bd. I, S. 440ff.

[3] Durch Hydrierung wird die purgierende Wirkung des Öles aufgehoben.

[4] Eine Probe, die 4 Jahre der Luft ausgesetzt war, enthielt nur 1% freie Säure.

Löslichkeit: Mit kleinen Mengen Petroläther (bis zum gleichen Volumen) ist Ricinusöl mischbar. In größeren Mengen reinen Petroläthers ist jedoch reines Ricinusöl in der Kälte nicht völlig löslich[1].

In Alkohol von 95 und mehr Prozent ist Ricinusöl in jedem Verhältnis löslich[2]; in 90proz. Alkohol, sowie auch Methanol, im Verhältnis 1 : 3. Durch längeres Lagern wird die Löslichkeit vermindert. Kritische Lösungstemperatur in Alkohol (spez. Gew. 0,8159 bei 15,5°): 0°.

In Eisessig von $d^{15} = 1{,}0562$ ist das Öl auch bei gewöhnlicher Temperatur (14—20°) vollkommen löslich. Das Öl löst andererseits 100% Eisessig (bei 50°). — Kritische Lösungstemperatur der Ricinusölfettsäuren in Essigsäure (81,18%): 13,5°.

Das Öl löst in der Kälte 35 Teile Vaseline.

Chemische Kennzahlen.

	Verseifungszahl	Hehnerzahl	Acetylzahl	Jodzahl	R.-M.-Zahl	Rhodanzahl	Thermozahl
Öl	176—187	96,1	146—154	81—90 (94,5) Jodbromzahl: 84 bis 86	0,2—0,3 (1,1—2,8)	81,6 (von Öl mit Jodzahl 82,6)	(Maumené) 46—73 Brom-Thermozahl: 14,7—15
Fettsäuren	188,9—191,1 Neutral.-Z.: 183,1—187	M. M.-G.: 290—300 (306,6)	153—156	86—94 (96,7) Innere Jodzahl: 10,96	—	—	—

Hydroxylzahl: Ein Öl mit Verseifungszahl 180,4 und Acetylzahl 154,4 zeigte die Hydroxylzahl 161,7; andere Öle zeigen Hydroxylzahlen, die zwischen 159,6 und 164,1 liegen. — Hydroxylzahl des Methylesters der Fettsäuren (Verseifungszahl 179,3): 152,7.

Säurezahl: Im allgemeinen zeigen Ricinusöle niedrige Säuregehalte. Extrahierte Öle enthalten bis zu 5% freie Säure, berechnet als Ölsäure. Preßöle können stärker sauer sein, wenn die Pressung unter Bedingungen verlief, die für die Spaltung des Öles unter dem Einflusse der Samen-Lipase günstig waren. Die Zunahme der Säurezahl beträgt pro Jahr durchschnittlich 0,3—3,2. Die Berechnung des Prozentgehaltes an freien Fettsäuren aus der Säurezahl erfolgt mittels des Umrechnungsfaktors 0,53 (mittleres Molekulargewicht der Ricinusöl-Fettsäuren 298).

Unverseifbares: Der Gehalt an Unverseifbarem ist ebenfalls meist niedrig: 0,3—0,6%. In einem Falle betrug die Gesamtmenge 0,3%; $[\alpha]_D = -15{,}8°$; berechnet aus dem Digitonid: 0,13%. Sterinfreie Anteile: 0,13%; $[\alpha]_D = +5{,}7°$.

Reaktionen. Elaidinierung: feste weiße Masse (Triricinelaidin, Schmelzpunkt 64—65°; Dielaido-Ricinelaidin, Schmelzpunkt 54,5°). Reaktion von Heydenreich: gelb oder hellbraun.

Besonderes Verhalten: Bei der trockenen Destillation erfolgt Abspaltung von Oenanthol und Bildung von Undecylensäuretriglycerid und dessen Polymeren. Für Ricinusöl ist charakteristisch, daß in jedem Acyl eine alkoholische Hydroxylgruppe vorkommt; diese bedingt die Möglichkeit der Veresterung mit organischen Säuren (Acetylierung; charakteristische Kennzahl: Acetylzahl[3]), ferner die Veresterung mit Ricinusölsäuren selbst (Bildung von Polyricinolsäureglyceriden). Über polymerisiertes Ricinusöl s. Bd. I, S. 382. S. a. ebenda, S. 419: Veresterung mit Schwefelsäure (Erzeugung von Türkischrotölen).

Beim Erhitzen des verseiften Öles, d. h. von ricinolsauren Alkalien, erfolgt Spaltung in Sebacinsäure und sekundären Octylalkohol. Hierauf beruht ein

Nachweis von Ricinusöl: Eine Probe wird mit einem erbsengroßen Stück Kaliumhydroxyd in einer Nickelschale allmählich erhitzt; bei Anwesenheit von Ricinusöl tritt beim Durchschmelzen der charakteristische Geruch des Octylalkohols auf. Man löst die Schmelze

[1] Es ist zu beachten, daß höher siedende Benzinkohlenwasserstoffe, sowie solche, die aromatische oder naphthenartige Bestandteile enthalten, ein größeres Lösungsvermögen für Ricinusöl besitzen. Mit reinem Petroläther läßt sich folgende Probe auf die Reinheit von Ricinusöl durchführen: Schüttelt man 10 ccm Öl mit 7 ccm Petroläther, so bildet sich bei 15,5° eine klare Lösung. Beim Zufügen von weiteren 3 ccm Petroläther trübt sich die Flüssigkeit; sie wird wieder klar, wenn man 5 Minuten auf 21° erwärmt, und trübt sich wieder beim Fallen der Temperatur auf 18°. Bei Anwesenheit anderer fetter Öle tritt unter den angegebenen Bedingungen keine Trübung ein.

[2] Eine 5proz. Lösung von reinem Ricinusöl in 95proz. Alkohol kann bis auf —20° abgekühlt werden, ohne daß sie sich trübt. Bei Gegenwart von z. B. 1% Erdnußöl erfolgt Trübung bei —4 bis —5°.

[3] Beim Nachweis fremder Öle mittels der Acetylzahl ist die Nachweisgrenze 1—2%.

in Wasser und versetzt die Lösung mit überschüssiger Magnesiumchloridlösung. Aus dem Filtrat scheidet sich beim Ansäuern mit verdünnter Salzsäure die Sebacinsäure krystallinisch aus. Ein mikrochemischer Nachweis gründet sich auf die Ermittlung der Struktur der Krystallgebilde nach Verseifung mit alkoholischer Kalilauge.

Die verdünnten wässerigen Seifenlösungen des Öles (Verdünnung 1 : 160 und mehr) sind durch ihre geringe Dissoziation gekennzeichnet, die viel niedriger ist als die sämtlicher anderer Öle[1].

Die bei der HOLDEschen Probe (s. Olivenöl, S. 337) erhaltene Seifenlösung bleibt im Falle reinen Ricinusöles bei 0° klar; je 10% Rüböl, Erdnußöl oder Baumwollsamenöl machen sich durch flockige Niederschläge kenntlich.

Über gehärtetes Ricinusöl s. Bd. I, S. 373.

Lieferungsbedingungen: Folgende Anforderungen werden vom V. St. A.-Kriegsdepartement an Ricinusöl für Flugzeugmotoren gestellt: „Farblos, vollständig löslich in 4 Raumteilen Alkohol von der Dichte 0,834 (ca. 90proz.). Höchst-zulässiger Säuregehalt 1,5% (als Ölsäure berechnet). Dichte (bei 15,5°): 0,959—0,968. Verseifungszahl: 176—187. Jodzahl: 80—90. Unverseifbares: weniger als 1%. Flammpunkt (offene Zündschale): 450° F. Kältepunkt: unter 0° F (—17,8° C). — Kein Harz, Harzöl oder Baumwollsamenöl."

„Floricinöl".

Wird Ricinusöl auf 300° erhitzt, bis 5—10% des Öles abdestilliert sind, so bleibt ein verdicktes Öl zurück, das man als Dericinöl oder Floricinöl bezeichnet. Es ist im Gegensatz zu gewöhnlichem Ricinusöl in Alkohol und Eisessig unlöslich; mit Mineralölen ist es in jedem Verhältnis mischbar.

Hauptgruppe „Nichttrocknende Öle und Fette".

Vorbemerkungen.

In dieser Hauptgruppe des neu in Vorschlag gebrachten Systems sind alle Pflanzenfette mit einem geringen Gehalt an doppelt-ungesättigten Säuren und einem höheren Gehalt an Glyceriden gesättigter Säuren vereinigt. Bei den nichttrocknenden Ölen dominieren die Olefinsäuren, d. h. Ölsäure, ihre Isomeren und Homologen; dreifach-ungesättigte Säuren wurden bisher nicht nachgewiesen.

Die nichttrocknenden Öle und die festen Fette lassen sich gegeneinander nicht scharf abgrenzen. Einerseits gibt es ja Fette von sog. schmalzartiger Beschaffenheit, die also weder ausgesprochen fest noch flüssig sind. Andererseits sind wieder manche Fette nur im frischen Zustande vollkommen flüssig, müssen demnach als Öle angesprochen werden; beim längeren Lagern scheiden aber diese Öle (und zwar handelt es sich praktisch nur um nichttrocknende Öle) mehr oder weniger große Mengen fester Glyceride ab, sie „entstearinieren" sich. Wir haben also auf zwei verschiedenen Wegen Übergänge von den nichttrocknenden Ölen zu den festen Fetten, fast lückenlose Reihen von den höchstschmelzenden, harten Talgen zu den nichtausscheidenden Ölen, deren Glieder weder zu den festen Fetten noch ohne weiteres zu den nichttrocknenden Ölen gezählt werden können. Eine Unterteilung dieser Hauptgruppe nach der Konsistenz der einzelnen Fette läßt sich demnach nicht ohne Willkür vornehmen. Übrigens ist die Klassifizierung von Fetten nach ihrer Konsistenz, auch abgesehen von denen, die eine Zwischenstellung einnehmen, willkürlich. Die Konsistenz eines Fettes ist ja in erster Linie von der herrschenden Temperatur abhängig und damit eine Frage des Klimas. Ein in unserem gemäßigten Klima festes Fett kann in tropischen Gegenden vollkommen flüssig sein. Das Schulbeispiel dafür ist das Cocosfett, das mit ebensoviel oder mehr Berechtigung als Cocosöl angesprochen wird, weil es schon bei 24—26°, also bei der im Ursprungsland normalen Temperatur flüssig ist. Es ist deshalb am zweckmäßigsten, die nicht-

[1] Hierauf beruht auch eine Methode zur Erkennung von Ricinusöl.

trocknenden Fette — gleichviel ob fest oder flüssig — als eine einzige Hauptgruppe zu betrachten und diese (ebenso wie die Hauptgruppe der trocknenden Öle) nach dem botanischen Prinzip zu unterteilen, d. h. die Fette nach der Stellung ihrer Spender im System der Pflanzen zu ordnen. Übrigens sind auch in dieser Gruppierung die Fette verschiedener Konsistenz nicht sozusagen bunt durcheinander gewürfelt. In den meisten Fällen führen nämlich die Pflanzen einer bestimmten Familie entweder nur feste oder nur flüssige Fette.

Von den nichttrocknenden Ölen und hauptsächlich von den festen Fetten stammen viele aus tropischen Gegenden mit großenteils unzivilisierter Bevölkerung, die selbstverständlich durchaus nicht alle Pflanzen von ähnlicher Beschaffenheit, geschweige denn die Fette aus diesen Pflanzen scharf unterscheidet und dementsprechend auch nicht alle Fette verschieden benennt. Sogar Fette aus recht verschiedenen Pflanzen bezeichnet der Eingeborene des Ursprungslandes oft mit demselben Wort. Andererseits findet man aber auch für ein und dasselbe Fett mehrere Namen aus verschiedenen Sprachen der Ursprungsländer, wenn eben die das Fett führende Pflanze in einem weiten territorialen Bereich gedeiht, der von mehreren Stämmen mit verschiedenen Sprachen bewohnt wird[1]. Manche von diesen Fetten sind nun auch bei uns bloß unter den in den Ursprungsländern gebrauchten Vulgärnamen bekannt und man begegnet deshalb in der Fettliteratur mitunter sowohl einem und demselben Fett unter verschiedenen Namen (wie z. B. das Fett von Maximiliana regia, Familie Palmae, als Cokeritefett, Inayaöl und zuweilen auch als „Maripa"-Fett bezeichnet wird[2]), wie auch verschiedenen untereinander mehr oder weniger ähnlichen Fettarten unter demselben Namen, wie z. B. die Bezeichnung Corozofett einerseits für die Fette von Scheelea-Arten, andererseits aber auch für das Fett von Attalea cohune (beide Arten aus der Familie der Palmen) gebraucht wird. Dies gilt außer für die Fette aus der Familie der Palmae insbesondere für die Fette aus folgenden Familien: Myristicaceae, Simarubaceae, Burseraceae, Guttiferae, Dipterocarpaceae und Sapotaceae. Ein typisches Beispiel dafür, wie der gleiche Name sogar für Fette aus verschiedenen Pflanzenfamilien verwendet wird, bietet die Bezeichnung „Illipé", die man sowohl dem Borneotalg (Familie Dipterocarpaceae), als auch den Fetten der Gattung Bassia (Familie Sapotaceae) beigelegt hat; s. a. S. 327. Durch vergleichendes Quellenstudium, Kritik der chemischen Daten und Prüfung der botanischen Zusammenhänge konnten nunmehr in den meisten Fällen die einzelnen Fettarten herausgeschält und botanisch definiert werden.

Öle von Schleimpilzen. (Abteilung: Myxomycetes.)

Reihe: Endosporeae.

Plasmodiumöl von Lycogala.

Stammpflanze und Pflanzenfamilie	Verbreitung	Gehalt (% Öl) im Organ	Farbe
Lycogala epidendrum Fam.: Trichiaceae	Auf Baumstümpfen in der gemäßigten Zone	Plasmodium, mit Äther extrahiert: 37,5%; unreifer Fruchtkörper: 32,2%. Im Vakuum getrocknetes Plasmodium: 40,1%; unreifer Fruchtkörper: 35,2%.	Dunkelrotbraun infolge der Gegenwart von Chromolipoiden

Bestandteile: 8,8—10,5% feste Fettsäuren; 74,4—76% flüssige Säuren (vorwiegend Ölsäure, weniger Linolsäure). 3—4% Sterine; geringe Mengen eines Alkohols $C_{20}H_{36}O$ (Schmelzpunkt 156°).

[1] S. a. PIERAERTS, Bull. Sciences Pharmacol. Bd. 24, S. 278. 1917.

[2] Letztere Bezeichnung gibt wieder Anlaß zu Verwechslungen mit dem eigentlichen Maripafett von Attalea maripa.

Chemische Kennzahlen.

	Verseifungszahl	Hehnerzahl	Acetylzahl	Jodzahl
Öl I	193,2	91	—	102,5
Öl II	198,4	89,5	—	112,0
Fettsäuren: flüssige	M. M.-Gew.:		72,5—85 (?)	130,2
feste	272—314		—	—

Öl I aus dem Plasmodium zeigte die Säurezahl 14,9 und gab 7,7% Glycerin. Unverseifbares: 4,4%. Öl II aus unreifen Fruchtkörpern hatte die Säurezahl 23,5 und gab 7,1% Glycerin. Lecithingehalt 0,3% (aus dem P-Gehalt berechnet). Unverseifbares: 6,3%. Das aus beiden Ölen isolierte Sterin schmolz bei 154,5—155,5° (unkorr.).

Plasmodiumöl von Reticularia.

Stammpflanze und Pflanzenfamilie	Verbreitung	Gehalt (% Öl) im Organ	Farbe	Anmerkung
Reticularia lycoperdon Fam.: Reticulariaceae	Auf Baumstümpfen in der gemäßigten Zone	Plasmodium, extrahiert: ca. 23% (mittels Alkohol. 19,3%; darauf mittels Äther: 3,8%)	Dunkel (Öl I); hellgelb (Öl II)	Der Fettgehalt ist abhängig von äußeren Bedingungen

Fettsäuren in Proz.

	Öl I	Öl II
Gesamtfettsäuren	85,3	97,3
Flüssige Säuren	78,2	81,4
Palmitinsäure	7,1	15,8
Ölsäure	65,3	68,6
Linolsäure	12,7	12,2

Chemische Kennzahlen.

	Verseifungszahl	Hehnerzahl	Jodzahl
Öl I	168,5	88,3	84,5
Öl II	176,3	—	96,3
Fettsäuren von Öl I	—	—	Innere Jodzahl: 95,1
von Öl II	—	—	105,4

Öl I: mittels Alkohol aus Plasmodien extrahiert, dann mit Petroläther aufgenommen und filtriert: Säurezahl 25,4; unverseifbare Bestandteile 2,5%. Öl II: Rückstand der Alkoholextraktion mit Äther erschöpfend extrahiert: Säurezahl 3; Unverseifbares 2,7%.

Öle von höheren Pilzen. (Abteilung: Eumycetes.)

Klasse: Ascomycetes.

Mutterkornöl.

Huile de seigle ergoté — Oil of ergot — Olio di segale cornuta.

Stammpflanze und Pflanzenfamilie	Verbreitung	Gehalt (% Öl) im Organ	Farbe bzw. Geschmack	Reaktionen. Anmerkung
Secale cornutum, das Dauermycel von Claviceps purpurea Fam.: Hypocreaceae	Vorwiegend im Fruchtknoten des Roggens	15,5—35%; meist 17—30%	Gelb bis rotbraun, oft grün fluoreszierend; eigenartiger Geruch und Geschmack	Elaidinierung: olivgrün, zähflüssig. BELLIER: dunkelgrün, Säure: rötlichviolett. WELMANS: grünlich, mit Ammoniak hellgelb. SERGER: dunkelgrün. ALLEN: gelbbraun. KREIS: schmutzig-dunkelgrün. — Das Öl ist dickflüssig und gut haltbar[1]

[1] In einem Falle stieg die Säurezahl im Zeitraume von 10 Jahren von 4,7 auf ca. 12.

Fettsäuren. Die Angaben lauten widersprechend. A. 20,5% feste Säuren (Palmitin-, Daturinsäure u. a.); 68—71% Ölsäure; 4,6% Linolsäure. Keine Oxyfettsäuren. B. 28,8% feste Säuren; 70,2% flüssige Säuren; von letzteren: 45% Ölsäure; 50% Oxyölsäure.

Physikalische Kennzahlen.

	Dichte d_{15}^{15}	Schmelzpunkt	Erstarrungspunkt[1]	Lichtbrechung B.-Refr. Sk. T.	Lichtbrechung Brechungs-Index n_D	Optisches Drehungsvermögen
Öl	0,925—0,927 d_4^{16}: 0,9259 d^{20}: 0,917 bis 0,921 d_{25}^{25}: 0,9222	—	−10 bis −15°	72,5 (40°) 65 (25°)	1,4623—1,4642 (40°) 1,4694—1,4710 (20°) 1,4691 (25°)	Im 1 dm-Rohr: +10,5 bis 10,7° (15°)
Fettsäuren	—	37—42°	30—38°	—	1,4550—1,4552 (40°) flüssige: 1,4602	$[\alpha]_D^{15}$: +2,74° bis +2,84°

Chemische Kennzahlen.

	Verseifungszahl	Hehnerzahl	Acetylzahl	Jodzahl	R.-M.-Zahl	Pol.-Zahl	Thermozahl
Öl	178—197, meist über 190	95,8—96,6	27,4—86,6	67—76	0,2—0,7	0,5	51
Fettsäuren	Neutral.-Z.: 183—202,1	M.M.-Gew.: 278—307 flüssige: 290	20,6 Äthylester: 71,3—73,2	70—77 Innere Jodzahl: 82,2—101,2	—	—	—

Säurezahlen zwischen 5 und 13. Glycerinausbeute: 10%. Unverseifbares: 0,4—1,0%. Die Kennzahlen, hauptsächlich die Acetylzahlen, bedürfen der Überprüfung. — Ein in jüngster Zeit untersuchtes Muster zeigte die Acetylzahl 7,3; dieses Öl hatte folgende Zusammensetzung: Glyceride der Myristinsäure 0,3%; der Palmitinsäure 21,5%; der Stearinsäure 5,3%; der Arachinsäure 0,7%; der Ölsäure 62,5%; der Linolsäure 8,7%; Unverseifbares: 1,2%. — Beim Mutterkornöl des Diß[2] enthält das Unverseifbare ein Ergosterin-Gemisch mit $[\alpha]_D = -114°$, bestehend aus reinem Ergosterin ($[\alpha]_D = -126°$) und seinem niederen Homologen, dem Fungisterin ($[\alpha]_D = -22°$).

Fett von Gärungs-Pilzen.

(Hefefett[3].)

Stammpflanzen	Pflanzenfamilien	Gehalt (% Öl) im Organ
Gärungspilze, insbesondere Endomyces vernalis, LUDWIG; Saccharomyces cerevisiae (Bierhefe); außerdem Debaryomyces spec., u. a.	Endomycetaceae, Saccharomycetaceae	Frische Kulturen, mit Äther extrahiert: 2—3% (siehe unten: „Fettgewinnung"); 10—15tägige Kulturen: 15—28% (nach vorheriger Aufschließung?); unter besonderen Bedingungen auch bis zu 50% Fett.

[1] Bei 16° scheiden sich aus dem Öl feste Bestandteile ab.

[2] Mit dem Ausdruck „Diß" werden zwei Gramineen-Arten aus Nordafrika bezeichnet: Ampelodesmos tenax und Arundo festucoides.

[3] Die Bezeichnung „Hefefett" trifft genau genommen nur für das Fett von Pilzen aus der Familie Saccharomycetaceae (Hefen) zu. Da nun die Untersuchungen über Bildung und Zusammensetzung von „Hefefett" vielfach auch an anderen Pilzen vorgenommen wurden, sind die Ergebnisse in der vorliegenden Darstellung unter dem Titel „Fett von Gärungs-Pilzen" zusammengefaßt. — Die Bezeichnung „Fetthefen" ist irreführend. Unter den für die Fettbildung günstigsten Bedingungen kann jeder Gärungspilz größere Fettmengen produzieren. Der Ausdruck „Fetthefe" ist demnach nicht für die Pilzart (Gattung, Familie) charakteristisch; er kennzeichnet speziell den physiologischen Zustand der betreffenden Pilze.

Wir möchten auch an dieser Stelle Herrn Prof. Dr. F. FUHRMANN (Direktor des Institutes für technische Biochemie und Mikrobiologie an der Technischen Hochschule Graz) unseren besten Dank für die wertvollen Mitteilungen aussprechen, die uns zur Präzisierung der Begriffe „Hefefett" usw. nützlich waren.

Fettbildung: Freies Fett ist in normalen Hefezellen nur in geringer Menge vorhanden. Größere Fettmengen finden sich in alten, degenerierten oder solchen Zellen, die unter ungünstigen Bedingungen (z. B. Giftwirkung) zur Entwicklung gelangten. Künstlich läßt sich die Fettbildung erhöhen durch Zufuhr von Sauerstoff (Lüftung, aber nicht Durchblasen!), Gegenwart von Milchsäure oder Kohlehydraten; insbesondere wird die fettige Degeneration der Zellen von Gärungs-Pilzen durch Alkoholdämpfe begünstigt. Die kräftigste Fettbildung tritt bei untergärigen Brauereihefen ein (LINDNER).

Der Fettgehalt ist demnach abhängig von den Kulturbedingungen (Vorgeschichte) und den Bestandteilen des Substrates; ferner sind von Einfluß die Rasse des Pilzes und hauptsächlich auch die Temperatur: Zimmertemperatur ist für die Fettbildung günstig, über 25° C wird die Entwicklung allgemein schlechter; bei 37° C hört sie auf.

Fettgewinnung: Ein Teil des in den Zellen der Gärungs-Pilze vorhandenen Fettes ist durch Fettlösungsmittel ohne vorherige Aufschließung nicht extrahierbar; die fetthaltigen Komplexe müssen erst durch Kochen mit verdünnten Mineralsäuren zerlegt werden, worauf die Extraktion dieses Fettanteiles erfolgen kann.

Bestandteile. Fettsäuren: vermutlich Laurinsäure und höhere Homologe; ungesättigte Säuren mit 18 Kohlenstoffatomen (vorwiegend Ölsäure). Sterine: WINDAUS fand in einer Preßhefe 0,15% reines Ergosterin $C_{27}H_{42}O$ mit dem Schmelzpunkt 154° (aus Petroläther, dann aus Alkohol umkrystallisiert); das Acetat schmilzt bei 180—181° und ist identisch mit dem Acetat aus Mutterkorn-Ergosterin. Ein zweites Sterin $C_{27}H_{42}O$ gibt wasserfreie Nadeln aus Äther mit dem Schmelzpunkt 160—161°; $[\alpha]_D = -117°$ in Chloroform; Acetat $C_{29}H_{44}O_2$ schmilzt bei 172—173°; $[\alpha]_D = -87{,}4°$ in Chloroform; Benzoat-Schmelzpunkt 163 bis 165°.

Chemische Kennzahlen.

	Verseifungszahl	Hehnerzahl	Jodzahl
Fett	196	87?	90—92

Eine frische Probe zeigte die Säurezahl 12, ein älteres Muster hatte die Säurezahl 50.

Klasse: Basidiomycetes.

(Mitbearbeitet von Dr. FRIEDL JELE.)

Vorbemerkungen.

Die meisten Pilzfette enthalten als unverseifbaren Bestandteil Ergosterin (Acetat-Schmelzpunkt 180,5°); in manchen Pilzfetten findet sich auch ein „Mycosterin", das vermutlich mit Ergosterin identisch ist. In einigen Fällen wurde auch „Fungisterin" als Bestandteil des Unverseifbaren angegeben. Die Sterine der echten Pilze unterscheiden sich u. a. vom Cholesterin und vom Sitosterin durch folgende Farbenreaktion: „Löst man ein Pilzsterin in Chloroform und setzt konzentrierte Schwefelsäure hinzu, färbt sich die Säure tiefrot und das darüber befindliche Chloroform bleibt farblos, während sich beim Cholesterin und Sitosterin das Chloroform rot färbt und die konzentrierte Schwefelsäure nur grünlich fluoresziert. Gegenüber Digitonin verhalten sich die Pilzsterine wie die übrigen Sterine." (WINDAUS und GROSSKOPF, 1923.)

Sämtliche untersuchten Ölproben waren zum großen Teil gespalten (Spaltungsgrad über 50—80%); dies ist eine Folge der Gegenwart von Lipasen im Pilzkörper.

Reihe: Ustilaginales.

Fett von Ustilago Zeae (Maisbrand).

Stammpflanze und Pflanzenfamilie	Verbreitung	Gehalt (% Öl) im Organ	Farbe bzw. Geruch	Anmerkung
Ustilago Zeae (Ustilago maydis, TULASNE) Fam.: Ustilaginaceae	Warme Gegenden	Sporen, lufttrocken: ca. 1,4%	Rotbraun; eigentümlicher, nicht unangenehmer Geruch	Das Öl ist dickflüssig und gibt nach längerem Stehen eine Abscheidung

Bestandteile. Sporenöl: ca. 85—90% flüssige Fettsäuren (Ölsäure); wenig feste Säuren; 12,4—15% Unverseifbares (Sterine mit dem Schmelzbereich 128—138°); Lecithin. — Gewebeöl: 10% Unverseifbares mit einem größeren Gehalt an Sterinen als das Sporenöl.

Physikalische und chemische Kennzahlen.

	Brechungs-Index n_D	Verseifungszahl	Jodzahl
Sporenöl	1,468—1,470 (20°)	166,8—175,1	68,0—68,1
Gewebeöl	1,478 (20°)	171,2	72,8
Sporenöl: flüssige Säuren	—	197	85,2
feste Säuren	—	Neutral.-Z.: 190—196	—

Zwei Proben des Sporenöles zeigten die Säurezahl 84 bzw. 96,6; ein Muster Gewebeöl hatte die Säurezahl 109.

Reihe: Autobasidiomycetes.

Fliegenpilzöl.

Huile de fausse orange — Foad stool oil — Olio di moscaio.

Stammpflanze und Pflanzenfamilie	Gehalt (% Öl) im Organ	Farbe	Reaktionen
Amanita muscaria Fam.: Agaricaceae	Pilzsubstanz, frisch: 0,9%; lufttrocken: 6%	Hellgelb bis braun	Elaidinierung: positiv. Konzentrierte Schwefelsäure: tiefrotbraun; auf Wasserzusatz: gelbgrün

Fettsäuren: angeblich etwas Buttersäure; ca. 10% Palmitinsäure; ca. 90% Ölsäure. Ferner etwas Lecithin, sehr geringe Mengen Ergosterin sowie andere unverseifbare Substanzen.

Physikalische und chemische Kennzahlen des Öles.

Dichte d_{15}^{15}	Erstarrungspunkt	Brechungs-Index n_D	Verseifungszahl	Jodzahl	R.-M.-Zahl
0,9166	8—9°	1,460—1,470 (20°)	227	82	4,4

Die Säurezahl der untersuchten Ölprobe war 177. Die Angaben über die Zusammensetzung des Fettsäurengemisches sowie über die Verseifungszahl und R.-M.-Zahl bedürfen der Überprüfung.

Weniger untersuchte Pilzfette.

Klasse: Ascomycetes.

Pflanzenfamilie	Stammpflanze	Fettgehalt	Farbe	Anmerkung (Bestandteile)
Elaphomycetaceae	Elaphomyces hirtus (Hirschtrüffel)	Fruchtkörper, mit Äther extrahiert: ca. 0,7%; Kern, bzw. Sporen: je ca. 1%	Hellgelb	Enthält u. a. Mycosterin $C_{30}H_{54}O_3$ mit dem Schmelzpunkt 265°. Dieses gibt die LIEBERMANN-BURCHARDsche Reaktion; die Chloroform-Lösung gibt mit dem gleichen Volum Eisessig und etwas konzentrierter Schwefelsäure versetzt, eine violette Färbung, die über rotbraun in malvenrot übergeht.

Klasse: Basidiomycetes.

Familie Tilletiaceae.

Stammpflanze	Fettgehalt	Farbe	Kennzahlen	Anmerkung (Bestandteile)
Tilletia tritici, WINTER (Weizenbrand oder Stinkbrand)	ca. 1,5%	Grünbraun	Öl: Verseifungszahl: 184,8; Säurezahl: 104,6. FesteFettsäuren: Schmelzpunkt ca. 52°	18,1% Unverseifbares (wachsartige Substanz vom Schmelzpunkt ca. 60°; enthält u. a. Ergosterin)
Tilletia laevis, KÜHN (Weizenbrand)	ca. 1,5%	Grünbraun	Verseifungszahl: 182; Säurezahl: 106,3; Schmelzpunkt der festen Fettsäuren ca. 58—60°	15,3% Unverseifbares (wachsartige Substanz vom Schmelzpunkt ca. 60°, enthält u. a. Ergosterin
Familie Tremellaceae.				
Exidia auricula	Lufttrocken: ca. 1%	Braun	—	Der Ätherextrakt enthält u. a. Ergosterin
Familie Exobasidiaceae.				
Exobasidium Vaccinii	Galle, lufttrocken: 1,7%	Grün	Verseifungszahl: 165,1; Säurezahl: 93,4	12,5% Unverseifbares, enthält eine Phytosterin-artige Substanz vom Schmelzpunkt 129—130° (nach vorhergehendem Sintern bei 118°) nebst einer zweiten, die über 280° unter Zersetzung schmilzt
	Blätter, lufttrocken: 9,2%	Schwarzgrün	Verseifungszahl: ca. 150; Säurezahl: ca. 60	Phytosterin-artige Substanzen im Unverseifbaren
Familie Clavariaceae.				
Clavaria flava (Bärentatze)	ca. 3%	Hellgelb	Verseifungszahl: 228,2: Säurezahl: 122,4	Enthält vorwiegend flüssige Säuren. Im Unverseifbaren Ergosterin-artige Substanzen
Familie Hydnaceae.				
Hydnum repandum (Stachelpilz)	Lufttrocken: 4,7%	Gelb	Verseifungszahl: 191,0; Säurezahl: 126,7	Ergosterin-artige Substanzen im Unverseifbaren
Hydnum imbricatum (Habichtschwamm)	—	—	Verseifungszahl: 170; Jodzahl: 93; Säurezahl: 106	ca. 9% Unverseifbares (gelb, amorph; vorwiegend Ergosterin, Schmelzpunkt 159°; nach vorhergehendem Sintern bei 145°); ferner Lecithin
Hydnum asparatum	—	—	—	Mycosterin $C_{32}H_{48}O_2$ mit dem Schmelzpunkt 159—160°; $[\alpha]_D^{20}$ in Chloroform: ca. —129,5°; Acetat-Schmelzpunkt 169°

Familie Hydnaceae (Fortsetzung).

Stammpflanze	Fettgehalt	Farbe	Kennzahlen	Anmerkung (Bestandteile)
Hydnum ferrugineum	Lufttrocken: 5—5,5%	—	Verseifungszahl: 189; Säurezahl: 104	15,3% Unverseifbares (rotgelb, amorph; das Ergosterin-haltige Gemisch schmilzt bei 154° nach vorherigem Sintern bei 146°); Lecithin
Familie Polyporaceae.				
Polyporus betulinus	Lufttrocken: ca. 3,5%	Gelbbraun	Verseifungszahl: 155,0; Jodzahl: 98,6; Säurezahl: 96,3	15,5% Unverseifbares: Ergosterinartige Substanzen vom Schmelzpunkt 139—144°; vermutlich ein Cerebrin sowie eine Verbindung $C_{31}H_{50}O_5$ oder $(C_6H_{10}O)_x$, sogenanntes Polyporol
Polyporus officinalis (Lärchenschwamm)	—	—	—	Cerylalkohol, ein Alkohol $C_9H_{18}O$ (?), ferner sterinartige Substanzen, zwei feste Kohlenwasserstoffe, eine Säure $C_{14}H_{24}O_2$ und eine Oxysäure $C_{18}H_{34}O_3$
Polyporus ignarius (Feuerschwamm)	Lufttrocken: ca. 1%	—	Säurezahl: 87,8	Neben viel freien Fettsäuren Ergosterin mit dem Schmelzbereich 144—149°
Polyporus applanatus	—	—	Verseifungszahl: 137; Säurezahl: 54	32,3% Unverseifbares (gelb; enthält u. a. ein bei 154° sinterndes Ergosterin); ferner Lecithin
Polyporus confluens (Semmelschwamm)	22,8%	Rotbraun	Verseifungszahl: 76,2; Säurezahl: 45,1	Sehr hoher Gehalt an Unverseifbarem
Polyporus hispidus	—	Gelb	Verseifungszahl: 158,1; Säurezahl: 104,4	18,6% Unverseifbares (Ergosterine)
Polyporus nigricans	—	—	—	Enthält u. a. Phytosterine (Ergosterin und Fungisterin)
Trametes suaveolens	0,8%	Gelb	Öl: Verseifungszahl: 172—175,2; Säurezahl: 29,4—32,3. Flüssige Fettsäuren: Neutralisationzahl 186,1. Feste Fettsäuren: Schmelzpunkt 74°	Vorwiegend flüssige Säuren (Ölsäure; positive Elaidinreaktion). Das Unverseifbare enthält ein Gemisch zweier Sterine: darunter $C_{26}H_{44}O + H_2O$ mit dem Schmelzpunkt 165—167° (positive Sterin-Reaktionen; Schmelzbereich des Gemisches 158—167°)
Lencites sepiaria	Lufttrocken: 2%	Gelbbraun	—	Enthält größere Mengen Ergosterin
Boletus edulis oder B. bulbosus (Steinpilz)	ca. 4%	—	—	U. a. 13% Sterine vom Schmelzpunkt 160°
Boletus luridus (Hexenpilz)	—	Dunkelbraun	—	Stark gespalten (62% freie Säuren, darunter Palmitinsäure und Ölsäure). Im Unverseifbaren ein Sterin vom Schmelzpunkt 144—145°

Familie Polyporaceae (Fortsetzung).

Stammpflanze	Fettgehalt	Farbe	Kennzahlen	Anmerkung (Bestandteile)
Boletus elegans (Löcherpilz)	Lufttrocken: 2,5%	Dunkelgelbbraun	Verseifungszahl: 176,6; Säurezahl: 132,5	Ergosterin-artige Substanzen im Unverseifbaren

Familie Agaricaceae.

Stammpflanze	Fettgehalt	Farbe	Kennzahlen	Anmerkung (Bestandteile)
Cantharellus cibarius (Eierschwamm)	Lufttrocken: 3,9%	Dunkelgelb	Verseifungszahl: 214,4; Säurezahl: 102,9	Enthält nur sehr wenig Unverseifbares
Lactaria deliciosa (Blutreizker)	—	—	—	ca. 0,9% freie Stearinsäure
Lactaria rufa	—	—	—	Größere Mengen freier Säuren (vorwiegend Lactarinsäure, Schmelzpunkt 86—87°). Wenig Ergosterin-artige Substanzen
Lactaria torminosa	—	—	—	Enthält Stearinsäure
Lactaria vellerea oder Gallhoreus vellerius	Lufttrocken: 8,5%	Gelb	Verseifungszahl: 174,2; Säurezahl: 131,6	ca. 1,2% freie Stearinsäure, Ölsäure; ferner Ergosterin; Lecithin
Lactaria piperata (Pfeffermilchling)	Lufttrocken: 5,9%	—	Verseifungszahl: 200,2; Säurezahl: 121,3	Enthält hauptsächlich feste Fettsäuren (Stearinsäure); Lecithin, sowie Ergosterin, welches bei 138° sintert und zwischen 146—150° schmilzt
Lactaria pallida	—	—	Feste Fettsäuren: Neutralisationszahl 184,7; Schmelzpunkt: 86°	Feste (Lactarinsäure) und flüssige Säuren. Das Unverseifbare enthält Ergosterin-artige Substanzen
Lactaria scrobiculata	Lufttrocken: 11—12%	—	Verseifungszahl: 182; Säurezahl: 122	Ein Ergosterin vom Schmelzpunkt 155° (nach vorhergehendem Sintern bei 145°), daneben Lecithin
Lactaria uvida	—	—	—	Enthält ca. 2,9% Lactarinsäure
Lactaria theiogala	—	—	—	U. a. 2,3% Lactarinsäure
Lactaria lilacina	—	—	—	ca. 2,3% Lactarinsäure
Lactaria subdulcis	—	—	—	ca. 2,2% Lactarinsäure, ferner Stearinsäure
Lactaria plumbea	—	—	—	Enthält ca. 2,1% Lactarinsäure
Lactaria pyrogala	—	—	—	ca. 1,8% Lactarinsäure
Lactaria azonites	—	—	—	Enthält ca. 3% freie Stearinsäure
Lactaria controversa	—	—	—	ca. 1,1% freie Stearinsäure

Familie Agaricaceae (Fortsetzung).

Stammpflanze	Fettgehalt	Farbe	Kennzahlen	Anmerkung (Bestandteile)
Russula delica	—	—	—	U. a. ungefähr 0,5% freie Stearinsäure (bezogen auf trockene Pilzsubstanz)
Russula Queletii	—	—	—	ca. 0,6% freie Stearinsäure (bezogen auf trockene Pilzsubstanz)
Panus stypticus oder Lentinus stypticus	Lufttrocken: ca. 1,2%	Braun	—	Enthält u. a. Ergosterin-artige Substanzen
Psalliota campestris (Champignon)	—	—	—	Die unverseifbaren Bestandteile des Ätherextraktes bestehen aus Ergosterin und Fungisterin
Hypholoma fasciculare (Schwefelkopf)	Lufttrocken: ca. 2,4%	—	Verseifungszahl: 150,8; Säurezahl: 122,5	Enthält neben festen und flüssigen Fettsäuren 25% Unverseifbares (davon 0,4% Ergosterin, das nach Sintern bei 137° zwischen 139 und 140° schmilzt), ferner Lecithin
Pholiota squarrosa	Lufttrocken: ca. 3,8%	Dunkelgelbbraun	Verseifungszahl: 168,3; Säurezahl: 51,8	12,9% Unverseifbares (ca. 0,3% Ergosterin-artige Substanz vom Schmelzbereich 154—159°), ferner viel Lecithin
Paxillus atrotomentosus oder Rhymovis atrotomentosus (Samtfuß)	3%	Gelblich	Verseifungszahl: 150,2; Säurezahl: 75,1	Ergosterin-artige Substanz im Unverseifbaren
Hebeloma firmum	—	—	—	Im Acetonextrakt eine Verbindung vom Schmelzpunkt 201—202° (gibt keine Sterinreaktionen)
Lepiota procera (Parasolpilz)	Lufttrocken: 3,2%	Hellgelb	Verseifungszahl: 202,6; Säurezahl: 153,5	Das Unverseifbare enthält eine Ergosterin-artige Substanz
Tricholoma Georgii (Maischwamm)	—	—	—	Enthält u. a. ein Gemisch von Ergosterin und Fungisterin
Armillaria mellea (Hallimasch)	—	Dunkelbraun	Öl: Verseifungszahl: 179,6; Jodzahl: 94,2; Säurezahl: 89,1. Feste Fettsäuren: Neutralisationszahl 210; Schmelzpunkt 62° nach Sintern bei 56°	Neben wenig Palmitinsäure vorwiegend flüssige Säuren. 4,5% Unverseifbares (Gemisch von Ergosterinen, Schmelzpunkt 155° nach vorhergehendem Sintern bei 150°; Acetat-Schmelzpunkt 169° nach Sintern bei 163°)
Armillaria edodes	—	—	—	U. a. Mycosterin $C_{32}H_{48}O_2$ mit dem Schmelzpunkt 159—160°; Acetat-Schmelzpunkt 169°
Collybia maculata	—	—	—	Im Acetonextrakt eine Verbindung vom Schmelzpunkt 201—202° (gibt keine Sterinreaktionen)

Familie Agaricaceae (Fortsetzung).

Stammpflanze	Fettgehalt	Farbe	Kennzahlen	Anmerkung (Bestandteile)
Collybia shitake	—	—	—	Mycosterin $C_{32}H_{48}O_2$ mit dem Schmelzpunkt 159—160°; Acetat-Schmelzpunkt 169°
Familie Sclerodermataceae.				
Scleroderma vulgare oder Scleroderma aurantium (falsche Trüffel)	Lufttrocken: ca. 2%	Dunkelrotbraun	Verseifungszahl: 144,3; Säurezahl: 68,9	27,3% Unverseifbares (rotbraun, fest; enthält Ergosterin-artige Substanzen); Lecithin
Polysaccum crassipes	—	Dunkelrotbraun	Verseifungszahl: 141,7; Säurezahl: 66,8	31,1% Unverseifbares (Sterine mit einem Schmelzbereich von 145 bis über 160°; darunter Ergosterin)
Familie Lycoperdaceae.				
Lycoperdon gemmatum (Waldbovist)	Lufttrocken: 1,2%	Gelb	Verseifungszahl: 223,2; Säurezahl: 120,2	Sterinartige Substanz $(C_{10}H_{16}O)_n$ vom Schmelzpunkt 283 bis 284°; $[\alpha]_D = -65{,}2°$; gibt die LIEBERMANNsche Reaktion. Ferner Mycosterin $C_{32}H_{48}O_2$ mit dem Schmelzpunkt 159 bis 160°; $[\alpha]_D^{20}$ in Chloroform ca. $-129{,}5°$; Acetat-Schmelzpunkt 169°
Lycoperdon bovista (Riesenbovist)	—	—	—	Krystallisierte Sterine (Ergosterin und Fungisterin); Blättchen aus Alkohol; Schmelzpunkt 158 bis 159° bzw. Nadeln aus Äther, Schmelzpunkt 163,5 bis 164°

Abteilung: Embryophyta asiphonogama.

Klasse: Filicales.

Farrenkrautöle.

Wurmfarnöl (1); Wurzelöle von Aspidium spinulosum (2) und Aspidium athamanticum (3).

Stammpflanzen und Pflanzenfamilie	Verbreitung	Gehalt (% Öl) im Organ	Farbe	Bestandteile
(1) Aspidium filix mas [1]	Nördliche gemäßigte Zone	—	Dunkelgrün	Öl (1): 4,5% Palmitinsäure und Cerotinsäure; vorwiegend Ölsäure.
(2) Aspidium spinulosum [1]		—	schwach gelb	Öl (2): sehr wenig feste Säuren; vorwiegend Ölsäure, ca. 4% (der flüssigen Säuren) Linolsäure und angeblich etwas Isolinolsäure
(3) Aspidium athamanticum = Dryopteris athamantica Fam.: Polypodiaceae	Süd-Afrika	(3) „Panna"-rhizom: 3,4%	—	

Physikalische und chemische Kennzahlen.

	Dichte d_{15}^{15}	Schmelzpunkt	Erstarrungspunkt	Jodzahl
Wurzelöl von (1)	—	—	—	85,4 (HÜBL)
Öl von (3)	0,917	11,5°	2,3°	—

(1) Die (trockenen) Sporen von Aspidium filix mas enthalten 17—24% Öl. Eine Probe gab 88% wasserunlösliche Fettsäuren (ca. 4% Cerotinsäure); 0,9% flüchtige lösliche Säuren (als Buttersäure ber.); ca. 9% Glycerin; ca. 5% Sterine.

[1] Die beiden Arten werden jetzt meist als Nephrodium (Dryopteris) filix mas bzw. Nephrodium spinulosum bezeichnet.

Klasse: Lycopodiales.

Bärlappöl.

Stammpflanze und Pflanzenfamilie	Verbreitung	Gehalt (% Öl) im Organ	Farbe bzw. Geschmack
Lycopodium clavatum Fam.: Lycopodiaceae	Nördliches und mittleres Europa, auch Asien und Amerika	Sporen, extrahiert: ca. 50%	Hellgelb bis grün; mild, nachher kratzend

Bestandteile[1]: u. a. 2% Myristinsäure, ca. je 1% Palmitin- und Stearinsäure; ferner angeblich 81% Lycopodiumölsäure und 3,2% Dioxystearinsäure (Lycopodiumsäure). 0,4% Unverseifbares; 7,8% Glycerinausbeute.

Physikalische Kennzahlen.

	Dichte d_{15}^{15}	Schmelzpunkt	Erstarrungspunkt	Brechungs-Index n_D
Öl	0,925—0,9362	—	unter −22°	1,4671 (15°)
Fettsäuren	—	39—40°	—	—

Chemische Kennzahlen.

	Verseifungszahl	Hehnerzahl	Acetylzahl	Jodzahl	R.-M.-Zahl
Öl	195,0	88,0	44,1 (53,8)	81	7,3
Fettsäuren	Neutral.-Z.: 202,0	M. M.-Gew.: 278,0	—	91,8 Innere Jodzahl: 98,7	—

Ein mittels Chloroform extrahiertes Öl zeigte die Säurezahl 18,6.

Abteilung: Embryophyta siphonogama.

Reihe: Glumiflorae.

Erdmandelöl.

Huile de souchet — Sedge oil — Olio di cipero commestibile.

Stammpflanze und Pflanzenfamilie	Verbreitung	Gehalt (% Öl) im Organ	Farbe bzw. Geschmack
Cyperus esculentus Fam.: Cyperaceae	Mittelmeergebiet, Brasilien	Wurzelknollen: 20—28%	Goldgelb bis bräunlich; angenehm nußartig

Fettsäuren von Öl I: u. a. Myristinsäure; von flüssigen vorwiegend Ölsäure.

Bestandteile von Öl II („Chufa“-Öl). Glyceride der Myristinsäure: Spuren; der Palmitinsäure: 11,8%; der Stearinsäure 5,2%; der Arachinsäure: 0,5%; der Lignocerinsäure 0,3%; der Ölsäure: 73,3%; der Linolsäure: 5,9%. Im Unverseifbaren ein Phytosterin vom Schmelzpunkt 134—135°.

Physikalische und chemische Kennzahlen.

	Dichte d_{15}^{15}	Erstarrungspunkt	Brechungs-Index n_D	Verseifungszahl	Acetylzahl	Jodzahl	R.-M.-Zahl
Öl I	0,924	unter +3°	—	224—225,4	—	62,4	—
Öl II mit S.-Z. = 15,7	d^{25}: 0,9120	—	1,4680 (20°)	191,5	10,5	76,5	0,12

[1] Das Öl muß zufolge seiner hohen R.-M.-Zahl und seiner niedrigen Hehnerzahl eine erhebliche Menge wasserlöslicher flüchtiger Fettsäuren enthalten. Der inneren Jodzahl entsprechend müssen auch geringe Mengen mehrfach-ungesättigter Säuren zugegen sein.

Öl von Cladium mariscus.

(Germanicus-öl.)

Stammpflanze und Pflanzenfamilie	Verbreitung	Gehalt (% Öl) im Organ	Farbe	Konsistenz
Cladium mariscus Familie: Cyperaceae	Sumpfige Orte der ganzen Erde	Samen, mit Petroläther extrahiert: 5,0—5,7%	Lebhaft grün	Dickflüssig

Physikalische und chemische Kennzahlen des Öles.

Dichte d_{15}^{15}	Brechungs-Index n_D	Verseifungszahl	Hehnerzahl	Jodzahl	R.-M.-Zahl	Pol.-Zahl
0,9183	1,4676 (15°)	192,4	96,3	97,7 (WINKLER)	2,9	0,5

Reihe: Principes.

Vorbemerkungen zu den Fetten aus der Familie Palmae.

Die meisten Kernfette dieser Gruppe sind charakterisiert durch ihren hohen Gehalt an flüchtigen Fettsäuren sowie den geringen Gehalt an ungesättigten Säuren (hohe Verseifungszahlen, hohe Reichert-Meißl- und Polenske-Zahlen, niedrige Jodzahlen). Es ist daher unrichtig, den Gehalt an freien Säuren in Prozenten Ölsäure anzugeben, wie dies sonst üblich ist, denn das Molekulargewicht der Ölsäure weicht ja von dem mittleren Molekulargewicht der Palmölfettsäuren beträchtlich ab. Nach einem Vorschlag der „Deutschen Kommission zur Schaffung einheitlicher Untersuchungsmethoden für die Fettindustrie" soll der Gehalt an freien Fettsäuren folgendermaßen berechnet werden: Bei Babassu-, Cocos-, Palmkern- und Tucumafett auf Grund des mittleren Molekulargewichtes 200 (Laurinsäure); eine Säurezahleinheit entspricht in diesen Fällen 0,356% freien Fettsäuren. Bei Palmöl erfolgt die Berechnung des Gehaltes an freien Fettsäuren am besten auf Grund des mittleren Molekulargewichtes 256 (Palmitinsäure); eine Säurezahleinheit entspricht hier 0,456% freien Fettsäuren[1]. Im allgemeinen zeigen nämlich die Fruchtfleischöle der Palmen einen hohen Gehalt an Palmitinsäure, daneben größere Mengen von flüssigen Säuren, wogegen der Gehalt an flüchtigen Säuren nur gering ist.

Über die botanische Zugehörigkeit einzelner Fette aus der Familie Palmae herrscht noch einige Unklarheit. Dies hat seinen Grund hauptsächlich darin, daß manche Handelsbezeichnungen (z. B. „Babassu", „Corozo", „Tucuma" usw.) auf Fette verschiedener Abstammung angewendet werden und die Autoren, die solche Fette untersucht haben, oft nicht die genaue Herkunft des betreffenden Öles ermitteln konnten. Es ist daher nicht ausgeschlossen, daß auch dieses oder jenes der im folgenden beschriebenen Fette infolge irreführender ursprünglicher Namengebung botanisch nicht einwandfrei charakterisiert ist, obwohl durch kritisches Studium der Quellen getrachtet wurde, soweit als möglich Klarheit in das Gebiet zu bringen.

[1] Ch. Umschau Bd. 36, S. 163. 1929 („Wizoeff"-Tagung vom 5. bis 8. März 1929).

Dattelsamenöl.

Huile de noyau de datte — Date-kernel oil — Olio di semi di datteri.

Stammpflanzen und Pflanzenfamilie	Verbreitung	Gehalt (% Öl) im Organ	Farbe bzw. Geschmack	Reaktion. Anmerkung
Phoenix dactylifera (Zahlreiche Kulturformen) Fam.: Palmae	Von den Kanarischen Inseln durch die Oasen der Sahara bis nach Südwestasien	Kern: ca. 8%; trocken: ca. 9% (Äther-extrahiert)	Goldgelb; nicht unangenehmer Geschmack	Bellier: negativ. Dickflüssig; beim längeren Stehen gibt das Öl eine Abscheidung

Physikalische Kennzahlen.

	Schmelzpunkt	Erstarrungspunkt	Lichtbrechung B.-Refr. Sk. T.
Öl	—	—	48,2 (40°) 56,1 (25°)
Fettsäuren	22,4°	18,1°	33,9 (40°) 41,5 (25°)

Chemische Kennzahlen.

	Verseifungszahl	Hehnerzahl	Jodzahl	R.-M.-Zahl	Pol.-Zahl
Öl	211	95,2	52,3	0,9	3,2
Fettsäuren	220,3	M. M.-Gew.: 257,5	55,3	—	—

Säurezahl einer Probe: 3,4. Unverseifbares in Spuren.

Coperniciafett.

Stammpflanze und Pflanzenfamilie	Verbreitung	Gehalt (% Öl) im Organ	Farbe
Copernicia cerifera (Karnauba-Palme). Fam.: Palmae	Brasilien	Samen: 13,7%. Ganze Frucht: 8,3%	Weiß bis grünlich

Physikalische Kennzahlen.

	Dichte d_{15}^{15}	Schmelzpunkt	Erstarrungspunkt	Brechungs-Index n_D
Fett	0,9483	28,3°	27,1°	1,4291 (40°)
Säuren	—	28,6°	27,8°	1,4170 (40°)

Chemische Kennzahlen.

	Verseifungszahl	Hehnerzahl	Jodzahl	R.-M.-Zahl
Fett	221,5	95,9	23,3 (Wijs)	4,2
Säuren	Neutral.-Z.: 230,3	M. M.-Gew.: 243,9	20,9 (Wijs)	—

Das untersuchte Fett hatte die Säurezahl 2,6; es enthielt 0,84% Unverseifbares und gab 12,0% Glycerin.

„Uruahy“-Kernöl.

Stammpflanze[1] und Pflanzenfamilie	Verbreitung	Gehalt (% Öl) im Organ
Fam.: Palmae	Brasilien	Kern: 61,6% (Frucht: 5,3%)

[1] Nach einer frdl. Privatmitteilung des Imperial Institute, London, vom 14. Juli 1928, ist die Abstammung dieses Palmöles nicht sichergestellt.

Physikalische und chemische Kennzahlen.

	Dichte d_{15}^{15}	Schmelzpunkt	Erstarrungspunkt	Brechungs-Index n_D	Verseifungszahl	Hehnerzahl	Jodzahl	R.-M.-Zahl
Fett	0,9001	26°	20,5°	1,499 (40°)	216	95,2	9,3	2,4
Säuren	—	25,2°	21,9°	1,4255 (40°)	Neutral.-Z.: 245,1	M. M.-Gew. 229,1	8,6	—

Die untersuchte Probe zeigte die Säurezahl 2,4; sie enthielt 0,5% Unverseifbares und gab 11,7% Glycerin.

Muritifett.

(Mauritifett.)

Huile de Muriti — Muriti fat — Burro di Muriti.

Stammpflanze und Pflanzenfamilie	Verbreitung	Gehalt (% Öl) im Organ	Farbe bzw. Geschmack	Anmerkung
Mauritia vinifera Fam.: Palmae	Tropisches Amerika, insbes. Brasilien	Kern: 48,6%	Hellgelb; angenehmer Geschmack, ähnlich dem des Cocosfettes	Die Stammpflanze wird in Nicaragua, Costa Rica und Panama oft „Coyol-Palme" genannt[1]

Fettsäuren: u. a. Myristinsäure.

Physikalische und chemische Kennzahlen.

	Dichte	Schmelzpunkt	Erstarrungspunkt	Verseifungszahl	Jodzahl	R.-M.-Zahl
Fett	d^{25}: 0,9136	25°	17°	246,2	25,2	5,0
Säuren	—	54,5°	—	—	—	—

Säurezahl einer Probe: 1,7.

Raphia-Fruchtfleischöl.

Stammpflanze und Pflanzenfamilie	Verbreitung	Gehalt (% Öl) im Organ	Farbe	Anmerkung
Raphia Ruffia Fam.: Palmae	Madagascar	Ganze Frucht: 6,1% Fruchtfleisch: 24,3%	Dunkelrot	Rohöl ähnelt dem Palmöl

Gibt beim Stehen eine Abscheidung („Stearin"); diese besteht aus 75% Stearinsäure und 25% Palmitinsäure. Schmelzpunkt 61°; Erstarrungspunkt 58°.

Physikalische und chemische Kennzahlen.

	Schmelzpunkt	Erstarrungspunkt	Verseifungszahl
Öl	17—18°	—	197,4
Fettsäuren	—	42,5°	—

Die untersuchte Probe zeigte die Säurezahl 5,1.

[1] Wahrscheinlich handelt es sich da aber nicht um Mauritia vinifera, sondern um Acrocomia vinifera, deren Fett von dem hier beschriebenen verschieden ist.

Parapalmöl.

(Parabutter, Pinotöl, Kohlpalmöl.)

Huile de pinot, Beurre de Para — Pinot oil, Para Palm oil, Para butter — Olio di pinot.

Stammpflanze und Pflanzenfamilie	Verbreitung	Gehalt (% Öl) im Organ	Farbe bzw. Geschmack	Anmerkung
Euterpe oleracea Fam.: Palmae	Französ. Guayana (Pinot-Palme); Brasilien (Assahy-Palme); Surinam („Kohl-Palme“)	Fruchtfleisch: 10% (Surinam). Ganze Frucht mit Schwefelkohlenstoff extr.: 1,9%; Kern: ca. 1,4%	Fruchtfleischöl: hellgelb; in frischem Zustande angenehmer, leicht aromatischer Geschmack	Fruchtfleischöl bei gewöhnlicher Temperatur flüssig (bei 0° dickflüssig), gibt beim Stehen eine grünliche Abscheidung. Wird leicht ranzig

Fettsäuren: angeblich 48% feste und 52% flüssige Säuren.

Chemische Kennzahlen des Fruchtfleischöles[1].

Verseifungszahl	Jodzahl	R.-M.-Zahl
198	77	1,7

Comuöle.

(Fruchtfleischöle von Oenocarpusarten[2].)

Eigentliches Comuöl (1). Huile de comou.

Batava- oder Patauaöl (2). Huile de pataua — Batava oil.

Stammpflanzen und Pflanzenfamilie	Verbreitung	Gehalt (% Öl) im Organ	Farbe bzw. Geschmack	Anmerkung
(1) Oenocarpus distichus = Oen. Bacaba	Mittel- und Südamerika	Fruchtfleisch (a): 6,7%; Kern (b): 1,3—7,1%	(a) Grünlich; (b) hellgelb; süßlich	Ziemlich gut haltbar. Fruchtfleischöl (a) gibt starke grünliche Abscheidung.
(2) Oenocarpus Batava[3] Fam.: Palmae	Tropisches Südamerika; Surinam[4]	Fruchtschale: 24%; Kern: 0,3%	Goldgelb	Fruchtfleischöl ist flüssig; bei gewöhnlicher Temperatur allmähliche schmutzigweiße Abscheidung

Bestandteile von Fruchtfleischöl (1): u. a. 19% Ölsäure. Gibt 10,4% Glycerin. Kernöl (1): u. a. 0,8% Unverseifbares.

---

[1] Kennzahlen eines Öles aus Surinam. Es finden sich auch Angaben, denen zufolge das Öl unter normalen Bedingungen trocknet; ein solches Ölmuster zeigte die Jodzahl 136 und die Verseifungszahl 162,4; die Säurezahlen zweier solcher Öle waren 81,7 bzw. 84,0. Da es sich offenbar um eine Verwechslung mit einem Öl ganz anderer Herkunft handelt, wurden diese Zahlen oben nicht erwähnt.

[2] Die im Handel befindlichen Sorten „Comuöl“ und „Patauaöl“ stammen ausschließlich aus dem Fruchtfleisch.

[3] Die Früchte dieser Varietät sind viel größer und auch anders geformt als die von Oen. Bacaba; das Öl wird auch als Comuöl bezeichnet.

[4] Dort wird die Stammpflanze „Koemboe“-Palme genannt.

Physikalische Kennzahlen.

	Dichte d_{15}^{15}	Schmelzpunkt	Erstarrungspunkt	Lichtbrechung B.-Refr. Sk. T.	Brechungs-Index n_D
(1) Fruchtfleischöl	0,916	18—20°	14—15°	—	—
Kernöl	0,9284	−7,5°	−9°	49 (40°)[1]	1,4691 (15°)
Fettsäuren von (a)	—	19°	—	—	—
„ von (b)	—	19,5°	17,8°	—	1,4502 (45°)

Chemische Kennzahlen.

	Verseifungszahl	Hehnerzahl	Acetylzahl	Jodzahl	R.-M.-Zahl
(1) Fruchtfleischöl	169,1 (?) 209,2[1]	95,7	3,4	96,5 55,0[1]	1,2
Kernöl	190,5	96,1	—	80,0	—
(2) Fruchtfleischöl	200	—	—	80,0	—
Fettsäuren von Kernöl (1)	Neutral.-Z.: 190,2	—	—	85,3	—

Arecanußfett.

Beurre d'Areca — Areca nut fat.

Stammpflanze und Pflanzenfamilie	Verbreitung	Farbe bzw. Geruch
Areca catechu (Betelnußpalme) Fam.: Palmae	Sundainseln	Äther-extrahiert (Fett I): rötlich-braun; Geruch ähnlich dem der Muskatnüsse. Mit Petroläther extrahiert (Fett II): gelblich-weiß; geruchlos

Fettsäuren:	Capron-,	Capryl-,	Caprin-,	Laurin-,	Myristin-,	Palmitin-,	Stearin-,	Ölsäure.
Fett I:	—	—	1,0%	43,7%	21,0%	3,1%	2,3%	29%
Fett II:	Spuren		1,0%	53,3%	24,7%	2,5%	3,3%	14,5%

Physikalische und chemische Kennzahlen.

	Dichte[2]	Schmelzpunkt	Verseifungszahl	Hehnerzahl	Acetylzahl[3]	Jodzahl	R.-M.-Zahl
Fett I	0,884 (?)	36—37°	227,4	92,8	11,2	24,3	0,2
Fett II	0,973 (?)	37—38°	234,6	91,5	9,8	12,3	4,2
Säuren			Neutral.-Z.:	M. M.-Gew.:			
von Fett I	—	39°	229,6	224,6	—	Ca. 26	—
von Fett II	—	39—40°	235,5	238,5	—	13,6	—

Fett I hatte die Säurezahl 91,1; es enthielt 1,1% Unverseifbares und gab 5,3% Glycerin. Fett II zeigte die Säurezahl 97,2; es enthielt 1% Unverseifbares und gab 5,2% Glycerin.

[1] Kennzahlen eines Fettes mit 65,9% freien Säuren und 2,2% Unverseifbarem; die Zahlen sind mit den übrigen nicht in Einklang zu bringen und bedürfen der Überprüfung. Die mit (?) versehene Verseifungszahl soll wahrscheinlich 196,1 heißen (solche Druckfehler finden sich häufig in älteren Handbüchern, Referaten, auch in der Originalliteratur).

[2] In der Originalabhandlung findet sich keine Angabe über die Temperatur, bei der die Dichte bestimmt wurde; jedenfalls bedürfen die Werte der Überprüfung.

[3] „Wahre" Acetylzahlen nach LEWKOWITSCH.

Palmkernöl.

Huile de palmiste — Palm kernel oil, Palm nut oil — Sego di noce di palma.

Stammpflanze und Pflanzenfamilie	Verbreitung	Gehalt (% Öl) im Organ	Farbe bzw. Geschmack	Besondere Merkmale
Elaeis guineensis (Varietäten s. u. Palmöl) Fam.: Palmae	Tropisches Afrika; in Indien kultiviert	Kern, extrahiert: 46—53%. Durch zweimalige warme Pressung aus ölreichen Kernen: 43—45%	Weißes bis gelbliches Fett; angenehm nußartiger Geschmack, aromatischer Geruch	Ähnlich wie bei Cocosfett. Das Verhalten bei der Verseifung ist verschieden je nach dem Gehalt an freien Fettsäuren. Die Seifen sind nicht so schwer aussalzbar wie die Seifen aus Cocosfett. S. a. unten

Bestandteile. Flüchtige Säuren: 12,5—15,4%, und zwar lösliche: 2,0—3,5%, unlösliche: 9,4—12,9%. Gesättigte Säuren: höchstens 2% Capronsäure; 3,0—5,0% Caprylsäure; 3,0—6,0% Caprinsäure; 50—55% Laurinsäure; 12—16% Myristinsäure; 7—9% Palmitinsäure; 1—7% Stearinsäure. Ungesättigte Säuren: 4—16% Ölsäure; 1,0% Linolsäure. Glyceride: Caprylo-myristo-olein (ca. 44%); Myristo-dilaurin (beträchtliche Mengen); wenig Lauro-dimyristin; ca. 0,1% Palmito-dimyristin; ca. 0,05% Myristo-dipalmitin. Im allgemeinen finden sich Glyceride der Capron-, Capryl-, Caprin- und Laurinsäure: 56,4%; der Myristin-, Palmitin- und Stearinsäure: 33%; der Ölsäure: 10,6%. Unverseifbares: 0,1—0,6%. (Schmelzpunkt des Phytosterinacetats: 126,5—127°.) Glycerinausbeute: 12—14%. Selbstverständlich ist die Glycerinausbeute von Rohölen vom Spaltungsgrade abhängig. Geruchstoffe des Rohfettes ähnlich wie bei Cocosfett, s. S. 203.

Physikalische Kennzahlen.

	Dichte d_{15}^{15}	Schmelzpunkt	Erstarrungspunkt	Lichtbrechung B.-Refr. Sk. T.	Lichtbrechung Brechungs-Index n_D
Fett	0,925—0,935 d_{15}^{40}: 0,9119 d_{15}^{99}: 0,8731 d_{15}^{100}: 0,8727[1]	25—30° (höher bei alten Ölen)	19—24° raffiniert: 20—23°	36—39 (40°)	1,4431 bis 1,4438 (60) 1,4495 bis 1,4517 (40°)
Säuren	d^{99}: 0,8350	25—28° (Erweichen bei 23,5°)	20—25° raffiniert: 21—23°	21,6 (40°) 29,0 (25°)	1,4310 (60°) 1,4389 (40°) 1,4444 (25°)

M. M.-Gew. des Fettes: ber. 669 (Verseifungszahl 251); gef. 644.

Löslichkeit. Kritische Lösungstemperatur in Eisessig (1,0562): 32—48°. Kritische Lösungstemperatur der Palmkernölfettsäuren in Essigsäure von 81,18%: 49°. Über die Abhängigkeit der Lösungstemperatur vom Wassergehalt des Lösungsmittels (Alkohol und Essigsäure) sowie vom Fettsäuregehalt s. bei Cocosfett, S. 203.

Chemische Kennzahlen.

	Verseifungszahl	Hehnerzahl	Acetylzahl	Jodzahl	Rhodanzahl	Thermozahl
Fett	240—257 raffiniert: 242—252	89—93 meist um 90	3,8—4,5 (Lewkowitsch[1])	12—16	13—17,2 (letztere entsprechend der Jodzahl 17,5)	23,4
Säuren	258—264 Neutral.-Z.: 256—261	M. M.-Gew.: 211—223	—	12—16	—	—

[1] Öle von Palmkernen der Varietäten „Ekali-Mohéi" bzw. „Kokoto-Elume" aus dem Belgischen Kongo. Säurezahlen: 12,6 und 13,6.

Andere chemische Kennzahlen.

R.-M.-Zahl	Pol.-Zahl	A-Zahl	B-Zahl	Kirschner-Zahl
4—7	8,5—11	16,0—16,8	1,8—1,9	um 1

Flüchtige, wasserlösliche Fettsäuren: M. M.-Gew. 139,5—143,7. Flüchtige, unlösliche Säuren („Polenske-Säuren"): M. M.-Gew. 180—184; bei gewöhnlicher Temperatur fest (Schmelzpunkte zwischen 22 und 24°).

Säurezahlen von Rohölen: 6,4—116.

Öl aus der Kernrinde („Testa") und dem entschälten Kerninneren.

	Ölgehalt	Brechungs-Index n_D	Jodzahl	Verseifungszahl	Säurezahl
Rinde	30,0—35,1%	1,4433 (70°)	28—39,5	226—231	6,8—18,9
Inneres	54,4—63,1%	1,4390 (70°)	10,8—14,3	240—244	3,5—6,7

Nachweis und Bestimmung des Palmkernfettes erfolgen nach den in Bd. I, S. 362 angegebenen Grundsätzen. Zur genauen Bestimmung in Fettgemischen kommt nur die „A"-Zahl in Betracht, s. Bd. I, S. 172. Neben Cocosfett läßt sich Palmkernfett annähernd mit Hilfe der Krystallisationstemperaturen der „Polenskesäuren" bestimmen, s. S. 203.

Palmöl.

(Fruchtfleischöl der afrikanischen Ölpalme.)

Huile de palme — Palm oil — Olio di palma.

Stammpflanzen und Pflanzenfamilie	Verbreitung	Gehalt (% Öl) im Organ	Farbe bzw. Geschmack	Reaktionen. Besonderes Merkmal
Elaeis guineensis (Zahlreiche Varietäten)[1] Fam.: Palmae	Tropisches Afrika; in Indien kultiviert	Fruchtfleisch: 51 bis 67%; auf die ganze Frucht berechnet: 17—23%. Samenschale (Mesokarp): 3,9%	Dunkelgelb bis dunkelrot; süßlicher Geschmack. Schwach veilchenartiger Geruch (von einem Oxydationsprodukt des Carotins herrührend)[2]	Die Farbenreaktionen entsprechen denen der im Öl vorhandenen Lipochrome (Carotine). Schwefelsäure: blaugrün; Chlorzink: dunkelgrün. Bellier: violett. — Charakteristisch ist der meist sehr hohe Spaltungsgrad des Fettes, s. unten

Bestandteile. Feste Säuren: 40—50% (davon über 80% Palmitinsäure). Flüssige Säuren: Ölsäure, wenig Linolsäure. Glyceride: angeblich 10% Tripalmitin und 10% Triolein; von gemischtsäurigen Glyceriden Oleo-dipalmitin und Palmito-diolein. Unverseifbares: 0,3% in reinen Palmölen (Schmelzpunkt des Phytosterinacetats: 130—131°.)

Physikalische Kennzahlen.

	Dichte d_{15}^{15}	Schmelzpunkt	Erstarrungspunkt	Lichtbrechung: B.-Refr. Sk. T.	Lichtbrechung: Brechungs-Index n_D	Krit. Lösungs-Temperatur
Fett	0,921—0,948 meist 0,921—0,925 d_{15}^{100}: 0,860	Frisch: 27—30°; alt bis 45°	31—41°	47,0—48,0 (40°)	1,4482—1,4510 (60°) 1,4531—1,4559 (40°)	Eisessig (1,0562): 83—85,5°
Säuren	d_{15}^{99}: 0,8369	44—50°	35,8—47,6°	—	1,4441—1,4448 (60°)	

[1] Ölreichste Varietät: Elaeis pisifera; ölärmste Varietäten: E. communis, E. sempernigra u. E. vulgaris. Über die Varietäten von Elaeis guineensis s. insbes. Jumelle, „Les variétés du palmier à huile", Ann. Musée Colonial Marseille 1917.

[2] Bei der chemischen Bleichung geht der veilchenartige Geruch fast vollständig verloren; bei der Raffination mit Lauge bleibt er jedoch erhalten. — Der gelbrote Farbträger wird bei der Verseifung mit Alkalien nicht zerstört; dagegen erfolgt Bleichung (Zerstörung der Lipochrome) durch Säuren, Wärme und Oxydationsmittel. Längere Einwirkung von Luft und Licht wirkt auch schon farbaufhellend.

Chemische Kennzahlen.

	Verseifungszahl	Hehnerzahl	Acetylzahl	Jodzahl	R.-M.-Zahl	Pol.-Zahl	Thermozahl
Fett	196—210	94,2—98,7	LEWKOWITSCH: 19,2	43,8—58,5, meist 51—57	0,4—1,9	0,4—0,6	31—38 (TORTELLI)
Fette I	205,6—206,3	96—96,2		50,2—52,8	—	—	
Säuren	208—212,2 Neutral.-Z.: 206,2	M.M.-Gew.: 264—274	—	49—63 Innere Jodzahl: 95—99	—	—	

Fette I aus dem Belgischen Kongo, genannt „Ekali-Mohéi“ und „Kokoto-Elume“. Säurezahlen: 167,0 bzw. 169,4.

Spaltung des Palmöles. Öl aus unverletzten Früchten ist nur zu ca. 1% gespalten. Öl aus frisch durchschnittenen Früchten enthält schon ca. 10% freie Fettsäuren; die Säuerung schreitet dann rasch fort und kann selbst 100% erreichen. Bei der Spaltung werden die Glyceride der ungesättigten Säuren zuerst angegriffen. Die Kennzahlen der Öle werden durch den Spaltungsgrad in mehr oder weniger hohem Maße beeinflußt, s. Bd. I, S. 149.

Palmölsorten. Öle guter Qualität sind orangefarben, wenig gespalten, ziemlich rein und zeigen relativ niedrige Schmelzpunkte („weiche“ Öle); Handelsbezeichnungen: Lagos-, Old-Calabar- oder Dahomeyöle. Schlechtere Sorten sind rotbraun, stark gespalten, zeigen einen größeren Gehalt an Wasser und Schmutz sowie relativ hohe Schmelzpunkte („harte“ Öle); Handelsname: Kongoöle.

Obere Grenzwerte für die Verwendung als Speiseöl: 8% freie Säuren; 0,5% Verunreinigungen unschädlicher Art; 0,5% Wasser (rohes Palmöl enthält bis zu 2% Nichtfette und 1,2—1,6% Wasser). Über gehärtetes Palmöl s. Bd. I, S. 368.

Cayauéöl.

(„Brasilianisches Palmöl“.)

Stammpflanze und Pflanzenfamilie	Verbreitung	Gehalt (% Öl) im Organ	Farbe bzw. Geschmack	Anmerkung
Elaeis melanococca („Noli“-Palme Columbiens) Fam.: Palmae	Südamerika, insbesonders Brasilien und Columbien	Fruchtfleisch (a): 29%; auf die ganze Frucht berechnet: 4,6%. Kern (b): 36,7—45,4%; getrocknet: 49%. Ölgehalt der ganzen Frucht: 6,5%	(a) orangegelb; Geruch und Geschmack ähnlich dem des eigentlichen „Palmöls“. (b) blaßgelb; angenehmer Geruch und Geschmack	Das Öl ist dünnflüssiger als westafrikanisches Palmöl und scheidet beim Stehen reichlich „Stearin“ ab

Physikalische Kennzahlen.

	Dichte d_{15}^{100}	Schmelzpunkt	Erstarrungspunkt	Lichtbrechung: B.-Refr. Sk. T.	Lichtbrechung: Brechungs-Index n_D
Fette a	0,8636	22—32,2°	21,9—29,5°	48,5—51,5 (40°)	1,4512 (40°)
Fette b	0,8651 (d^{15}: 0,9175)	28—31°	27,3—27,8°	40,5—42,7 (40°)	—
Säuren von Fett a	—	—	33,6°	—	—
„ „ Fett b	—	29,2°	23,5—26,9°	—	1,4136 (40°)

Chemische Kennzahlen.

	Verseifungszahl	Hehnerzahl	Jodzahl	Flüchtige Säuren in % lösliche	unlösliche
Fette a	197—199,0	—	78,1—88,3	0,7	0,5
Fette b	220,2—234,0	95,3	27,7 (10,1)	1,4—2,1	3,0
Säuren von Fett b	Neutral.-Z.: 228,6	M. M.-Gew.: 245,7	29,7	—	—

Fette a: aus dem Fruchtfleisch; Säurezahlen über 29,7. Der hohe Schmelzpunkt der Fettsäuren ist mit der hohen Jodzahl des Öles nur dann vereinbar, wenn außer Ölsäure auch noch andere, stärker ungesättigte Fettsäuren vorhanden sind. Fette b: aus dem Kern; Säurezahlen von 0,6 bis 1. Unverseifbares (a und b): 0,7—0,8%.

Cohunekernöl.

Huile de cohune — Cohune oil — Olio di cohune.

Stammpflanze und Pflanzenfamilie	Verbreitung	Gehalt (% Öl) im Organ	Farbe bzw. Geruch	Anmerkung
Attalea cohune Fam.: Palmae	Britisch Honduras, Guatemala, Mexiko	Kern: 65,4—71,6%	Gelb; gereinigt: weiß; Geruch ähnlich dem des Cocosfettes	Weicher als Cocosfett. In Guatemala bezeichnet man die Cohunekerne als „Manaccanüsse"; dies ist vielleicht ein Hinweis auf die Abstammung der Früchte von Attalea Manaca [1]

Fettsäuren: Spuren von Capronsäure; 7,5% Caprylsäure; 6,5% Caprinsäure; 46,5% Laurinsäure; 16% Myristinsäure; 9,5% Palmitinsäure; 3% Stearinsäure; 10% Ölsäure; 1% Linolsäure.

Physikalische Kennzahlen.

	Dichte	Schmelzpunkt	Erstarrungspunkt	Brechungs-Index n_D
Fett	d^{100}_{15}: 0,868—0,871	18—24°	15—16°	1,4490—1,4497 (40°)
Säuren	—	27—30°	19—21°	—

Chemische Kennzahlen.

	Verseifungszahl	Hehnerzahl	Jodzahl (HÜBL)	R.-M.-Zahl	Pol.-Zahl
Fett	252,4—256,5 (260)	87,7	11,0—13,7 (9—16)	5,8—8,3	12,5—15,4

Säurezahlen der untersuchten Proben: 1,2—20,4. Unverseifbares: 0,2—0,3%.

Cohune-Fruchtfleischöl.

Stammpflanze und Pflanzenfamilie	Verbreitung	Gehalt (% Öl) im Organ	Farbe	Anmerkung
Attalea Cohune Fam.: Palmae	Britisch Honduras, Guatemala, Mexiko	Faseriges Fruchtfleisch: 9,3—20,6%	Grünlichgelb	Die Kennzahlen beziehen sich auf Fette, die mittels Tierkohle entfärbt und zum großen Teil gespalten waren

[1] Für die Früchte von Attalea cohune wird angeblich auch die Bezeichnung „Corozo‘, gebraucht.

Physikalische und chemische Kennzahlen.

	Dichte	Erstarrungspunkt	Verseifungszahl	Hehnerzahl	Jodzahl	R.-M.-Zahl
Fett	d_{15}^{100}: 0,848—0,855	—	197,4—203,1	97,0	65,4—75,1	1,7
Säuren	—	31°	—	—	—	—

Säurezahlen: 121,3—162,0. Unverseifbares: ca. 1%.

Maripafett.

Huile de maripa — Maripa fat — Sego di maripa.

Stammpflanze und Pflanzenfamilie	Verbreitung	Gehalt (% Öl) im Organ	Farbe bzw. Geschmack	Anmerkung
Attalea maripa Fam.: Palmae	Westindien	Kern: ca. 56%; Fruchtfleisch, mit Schwefelkohlenstoff extrahiert: 14—15%	Weiß bis gelblich; milder Geschmack	Die Eigenschaften und Kennzahlen beziehen sich auf das Fett der Kerne

Physikalische und chemische Kennzahlen.

	Dichte	Schmelzpunkt	Erstarrungspunkt	Verseifungszahl	Hehnerzahl	Jodzahl	R.-M.-Zahl
Fett	d_{15}^{100}: 0,8686	23—28°	24—25°	259—270,5	88,9	9,5—17,4	4,5
Säuren	d_{15}^{100}: 0,823	27,5—28,5°	25°	—	—	12,2—17	—

Licury- oder Urukurinußfett.

Huile de Licoury — Ouricoury kernel oil.

Stammpflanze und Pflanzenfamilie	Verbreitung	Gehalt (% Öl) im Organ	Farbe bzw. Geschmack	Anmerkung
Attalea excelsa Fam.: Palmae	Tropisches Amerika	Kern, mit Chloroform extrahiert: 73,5%. Kern-Inneres: 70—74%. Kern-Rinde: 53 bis 56%	Cocosfettähnlich	Fett a aus ganzen Kernen; Fett b aus dem entschälten Kerninneren; Fett c aus der Kernrinde (s. Cocosfett)

Physikalische und chemische Kennzahlen.

	Dichte	Schmelzpunkt	Erstarrungspunkt	Verseifungszahl	Jodzahl	R.-M.-Zahl
Fett a	d^{11}: 0,9012	18—19°	16—17°	—	15,8—16	10,5
Fett b	—	—	—	232,5—256,9	8,4—10,5	—
Fett c	—	—	—	209,9—214,0	30,4—36	—

Fett b (Verseifungszahl: 256,9; Jodzahl: 8,4) zeigte die Säurezahl 2. Fett c (Verseifungszahl: 209,9; Jodzahl: 36) hatte die Säurezahl: 8,4.

Curuafett.

Curua Palm oil.

Stammpflanze und Pflanzenfamilie	Verbreitung	Gehalt (% Öl) im Organ	Farbe bzw. Geschmack	Anmerkung
Attalea spectabilis Fam.: Palmae	Westafrika (Guayana)	Kern: 52,9—62,5%	Weiß bis dunkelgelb; angenehmer Geruch und Geschmack	Ähnlich dem Palmkernöl und Cohuneöl

Physikalische Kennzahlen.

	Dichte	Schmelzpunkt	Erstarrungspunkt	Brechungs-Index n_D
Fett I	—	24,5°	23°	1,4491 (40°) 1,4527 (30°)
Fett II	d^{100}_{15}: 0,8693	23,6°	—	1,447 (40°)
Säuren von Fett I	—	38,5°	36,5°	1,4304 (60°)
„ „ Fett II	—	24,6°	—	—

Chemische Kennzahlen.

	Verseifungszahl	Hehnerzahl	Jodzahl	R.-M.-Zahl	Pol.-Zahl
Fett I	256,6	93,5	3,6 (Wijs)	—	—
Fett II	259,5	—	8,9	6,3	15,6
Säuren von Fett I	Neutral.-Z.: 256,8	M. M.-Gew.: 218,7	8,8	—	—

Fett I zeigte die Säurezahl 8,1 und enthielt 1,1% Unverseifbares; die Glycerinausbeute betrug 13,6%. Fett II hatte Säurezahl 1,2 und enthielt 0,4% Unverseifbares.

Babassufett.

(Basoba-, Coquilla-, Coquitonußfett.)

Huile de babassu — Babassu kernel oil — Olio di babassú.

Stammpflanze und Pflanzenfamilie	Verbreitung	Gehalt (% Öl) im Organ	Farbe bzw. Geschmack	Anmerkung
Attalea funifera (Piassave-Palme) Fam.: Palmae	Brasilien, Mexiko, Honduras, Sierra Leone, Guinea	Kern, extrahiert: bis zu 80%. Kern-Inneres: 65,5—69%. Kern-Rinde: 48,8—49%	Gelblichweißes Fett (geschmolzen: wasserhell). Geruch und Geschmack ähnlich dem des Cocosfettes, aber nicht so intensiv	Fett a aus ganzen Kernen; Fett b aus dem entschälten Kerninneren; Fett c aus der Kernrinde (s. Cocosfett)

Von Orbignia speciosa (Fam. Palmae; Verbr. Brasilien, Guayana, Bolivien) stammt ein ähnliches, öfters auch als „Babassukernöl“ bezeichnetes Fett (im Kern: ca. 60%). Gesättigte Anteile des Babassufettes, rhodanometrisch bestimmt: 82,4%.

Physikalische Kennzahlen.

	Dichte d^{100}_{15}	Schmelzpunkt	Erstarrungspunkt	Lichtbrechung	
				B.-Refr. Sk. T.	Brechungs-Index n_D
Fett a	0,868	22,2—26°	21,8—23,3°	35,8—37,1 (40°) 44,9 (25°)	1,4494—1,4503 (40°)
Säuren	—	25,8—26°	23—24°	24,0 (40°) 32,7 (25°)	1,4408 (40°)

Chemische Kennzahlen.

	Verseifungszahl	Jodzahl	R.-M.-Zahl	Pol.-Zahl	Rhodanzahl
Fett a	247—253 (261)	13,3—16,5	5,8—6,7	10,2—12,5	15,2
Fett b	241—248,1	10,2—13,8	—	—	—
Fett c	211,6—217,5	22,8—55,7	—	—	—
Säuren von Fett a	Neutral.-Zahl[1]: 246,1—262	17,04	—	—	—

[1] 246,1 ist die Neutral.-Zahl der freien Fettsäuren einer Probe; der gefundene Wert entspricht ungefähr der Neutral.-Zahl der Myristinsäure (245,8).

Flüchtige, wasserlösliche Fettsäuren: Mittl. Mol.-Gew. 127,5. Flüchtige, unlösliche Säuren („Polenskesäuren"): M. Mol.-Gew. 189,1. Nicht flüchtige, unlösliche Fettsäuren: M. M.-Gew. 227,5—228,0. Eine Probe von Fett a zeigte die Säurezahl 5,5. Fett b (Verseifungszahl 248,1; Jodzahl 13,8) hatte Säurezahl 2,4 und enthielt 0,3% Unverseifbares. Fett c (Verseifungszahl 211,6; Jodzahl 55,7) zeigte die Säurezahl 14,3.

Babassu-Fruchtfleischöl.

Physikalische und chemische Kennzahlen.

	Dichte d_{15}^{15}	Erstarrungspunkt	Verseifungszahl	Jodzahl
Fett	0,919	—	192,7	79,5
Säuren	—	41,1°	—	—

Die untersuchte Probe zeigte die Säurezahl 6,2 und enthielt 2,1% Unverseifbares.

„Corozo"-Palmkernöle.

Mamarrónfett (1). Corozofett (2).

Stammpflanzen und Pflanzenfamilie	Verbreitung	Gehalt (% Öl) im Organ	Farbe bzw. Geruch	Anmerkung
Scheelea insignis („Corozo"-Palme)[1]	Columbien (Brasilien)	Kern: 69,9%; trocken: 73% (8% der ganzen Frucht)	Gelblich; Geruch nach Cocosfett	Die Kerne dieser Varietät werden in Columbien „Mamarrón"-Nüsse genannt
Scheelea spec. (?) (eigentliche „Corozo"-Palme)	Columbien	Kern: 65,4%; trocken: 68%	Hellgelb; Geruch ähnlich dem des Cocosfettes, jedoch schwächer	Die Kerne sind kleiner als die „Mamarrón"-Nüsse
Scheelea regia (?) („Cuesco"-Palme) Fam.: Palmae	Columbien	—	—	Diese Varietät hat die kleinsten Kerne

Physikalische Kennzahlen.

	Dichte d_{15}^{100}	Schmelzpunkt	Erstarrungspunkt	Brechungs-Index n_D
Fett (1)	0,8679	24°	—	1,449 (40°)
Fett (2)	0,8644	29°	—	—
Säuren: Fett (1)	—	23°	—	—
Fett (2)	—	—	25,3°	—

Chemische Kennzahlen.

	Verseifungszahl	Hehnerzahl	Jodzahl	R.-M.-Zahl	Pol.-Zahl
Fett (1)	250,9	—	10,8	8,6	10,8
Fett (2)	224,6	93,0	35,2	2,1	3,0

Fett (1): Die untersuchte Probe zeigte die Säurezahl 2,3 und enthielt 0,4% Unverseifbares. Fett (2): Das Muster hatte die Säurezahl 0,6 und enthielt 0,7% Unverseifbares.

[1] In Guatemala wird auch die Cohunenuß manchmal mit „Corozo" bezeichnet.

Cocosfett.

(Kokosnußfett[1].)

Huile de coprah, Beurre de coco — Coconut oil — Burro di cocco.

Stammpflanze und Pflanzenfamilie	Verbreitung	Gehalt (% Öl) im Organ	Farbe bzw. Geschmack	Besondere Merkmale
Cocos nucifera Fam.: Palmae	Inseln und Küstengebiete der Tropen	Von der Steinschale befreiter, getrockneter Kern (Endosperm): 57—75%	Rohfett: gelb; charakteristischer Geruch (s. u.). Raffiniert: weiß (geschmolzen: wasserhell); wohlschmeckend. Gut haltbar, wenn sorgfältig gereinigt	(Reaktion nach SERGER: gelb.) Löslichkeit, Bestandteile (Geruchsstoffe), Unterscheidung von Palmkernöl s. unten. Durch verdünnte Laugen wird das Öl nicht angegriffen; starke Alkalien verseifen schon in der Kälte (Seifen schwer aussalzbar)

„Coprah“ (Kopra) ist die Handelsbezeichnung für den getrockneten, zerkleinerten Kern.

Physikalische Kennzahlen.

	Dichte d_{15}^{15}	Schmelzpunkt	Erstarrungspunkt	Lichtbrechung B.-Refr. Sk. T.	Lichtbrechung Brechungs-Index n_D	Dispersion $\frac{n_D - 1}{N_F - N_C}$	Zähigkeit ° ENGLER[2]
Fett	0,920—0,938 meist 0,925—0,926 d_{15}^{40}: 0,9115 d_{100}^{100}: 0,903 bis 0,904	20—28°; nach POLENSKE: 24—27°	14—25°; nach POLENSKE: 19—23°	33 bis 36,3 (40°) 49,1 (15°)	1,4431 (60°) 1,4477 bis 1,4497 (40°)	59,8 (40°) (Zeiss-Pulfrich-Refraktometer, H-Rohr von ca. 2 mm Druck; Prisma n_D = 1,62197)	E_{30} = 5,6 E_{50} = 3,1 E_{69} = 2,0 E_{89} = 1,6 REDWOOD: 64 Sek. (140° F)
Säuren	d^{40}: 0,880 d_{15}^{99}: 0,8354	24—27°	16—25°	—	1,4295 (60°)		

POLENSKEsche Differenzzahl (s. Bd. I, S. 358f.): 4,8—6,0. M. M.-Gew. des Fettes: ber. 654; gef. 613.

Chemische Kennzahlen.

	Verseifungszahl	Hehnerzahl	Jodzahl	Rhodanzahl	Thermozahl
Fett	246—268 raffiniert: 254—262	86—92	8—10 (Rindenöl s. u.) Jodbromzahl: 8—9	8,2—9,6 (letztere entspr. der Jodzahl 9,7)	36,0
Säuren	258—273 Neutral.-Z.: 258—270	M. M.-Gew.: 196—211	8—10 Fettsäuren des Handels: 18—20[3] Innere Jodzahl: 22—54		

Andere chemische Kennzahlen.

R.-M.-Zahl	Pol.-Zahl	A-Zahl	B-Zahl	Kirschnerzahl
4—7	8,5—11	16—16,8	1,8—1,9	um 1

[1] Öl erster Qualität wird unabhängig von der Herkunft oft als „Cochinöl“ bezeichnet.

[2] Öl möglichst entsäuert (Säurezahl: 0,05), mit einigen Prozenten Bleicherde verrührt und filtriert.

[3] Die Jodzahl der Fettsäuren ist bei den Cocosölfettsäuren des Handels (Abfallfettsäuren) manchmal viel höher als nach den Jodzahlen der neutralen Cocosöle zu erwarten ist. Diese Erscheinung kann daher rühren, daß die freien Säuren aus dem Rindenöl

Flüchtige, wasserlösliche Fettsäuren: M. Mol.-Gew. 141,5—145,1. Flüchtige, unlösliche Säuren („Polenske-Säuren"): M. Mol.-Gew. 168—171; Schmelzpunkte zwischen 8 und 11°.

Säurezahlen von Rohölen: 5—13 und darüber.

Öl aus der Kernrinde („Testa") und dem entschälten Kerninnern.

	Ölgehalt	Jodzahl	Verseifungszahl	Säurezahl
Rinde	22,2—58,6%	21,5—59,7	213,4—219,3	(7,5)
Inneres	57,2—75,0%	5,7—9,6	232,5—253,5	(0,5)

Cocosfett-Olein und -Stearin[1].

Physikalische Kennzahlen.

	Dichte	Schmelzpunkt	Erstarrungspunkt
„Olein"	d^{15} : 0,9293	—	4—8°
„Stearin"	d^{100}: 0,870	26,4—32,0°	21,5—26,5°
Säuren des „Oleins"	—	—	20,1—20,3°
Säuren des „Stearins"	—	28,1°	26,4—32,0°

Chemische Kennzahlen.

	Verseifungszahl	Hehnerzahl	Jodzahl	R.-M.-Zahl	Pol.-Zahl
„Olein"	265	85,3	14,8	8—8,5	23,2
„Stearin"	251—258	—	3,8—9,4	3,1—6,3	11,1—12,1

Bestandteile: Flüchtige Säuren: 19,3—23,1%; und zwar lösliche: 2,6—4,3%, unlösliche: 16,3—19,7%. Gesättigte Säuren: 0,2—2,0% Capronsäure; 6,0—9,5% Caprylsäure; 4,5—10,7% Caprinsäure (in einem Falle nur 1—2%); 45—51% Laurinsäure; 16,5 bis 20% Myristinsäure; 4,3—7,5% Palmitinsäure; 0,8—5% Stearinsäure. Ungesättigte Säuren: 2—10,3% Ölsäure; 1,0% Linolsäure. Die Zusammensetzung des Fettsäurengemisches eines Öles aus der Rindenschicht (botanisch „Testa", englisch „Parings") der Kopra war

stammen, das stärker gespalten und viel ölsäurereicher ist als das Öl aus dem Innern der Kopra. Ein besonderes Beispiel möge dies erläutern:

	% des Kernes	Ölgehalt in %	Säurezahl	Jodzahl
Abgeschälte, braune Rindenschicht (Samenhaut) der Kopra	ca. 8	ca. 47	7,5	38,8
Weiße, innere Partien der Kopra	„ 92	„ 71	0,5	6,4

„Aus den Versuchen ergibt sich, daß die Spaltung der Glyceride in der Rindenschicht der Kopra zuerst einsetzt und dort auch rascher fortschreitet als in den inneren Schichten. Im Verhältnis zur gesamten Ölmenge ist die Menge des Rindenöles nur klein, folglich ist auch die absolute Menge an freien Säuren aus dem Rindenöl mit dem hohen Ölsäuregehalt nur gering. Je weiter nun die Spaltung der Glyceride fortschreitet, um so mehr freie Fettsäuren werden auch in den weißen Innenschichten der Kopra gebildet und um so mehr überwiegt ihre Menge die der freien Fettsäuren des Rindenöles. Die Kennzahlen der Abfallsäuren aus solcher Kopra werden sich denen des normalen Cocosöles nähern. Stark saure Cocosöle müssen Abfallfettsäuren mit normalen kleinen Jodzahlen geben. Gute Cocosöle werden dagegen Abfallfettsäuren mit hohen Jodzahlen geben und die Jodzahlen werden um so höher sein, je besser das angewandte Raffinationsverfahren ist, d. h. je weniger Neutralfett dabei gespalten wird, je reiner die ursprünglichen freien Fettsäuren isoliert werden. Die Abfallfettsäuren des Handels aus Cocosfett, deren Jodzahlen zu hoch sind, können folglich aus diesem Grunde allein nicht mit Sicherheit als verfälscht bezeichnet werden." (Grün-Wittka 1922.) S. a. „Palmkernöl" S. 195, „Babassufett" S. 199, „Licuryfett" S. 198.

[1] Cocos-„Stearin" ist ein Cocosfett, von dem 50—80% flüssige Glyceride („Olein") durch Pressen abgetrennt wurden.

die folgende: 2% Caprylsäure, 2% Caprinsäure, 28% Laurinsäure, 22% Myristinsäure, 12% Palmitinsäure, 1% Stearinsäure, 23% Ölsäure, 10% Linolsäure. Glyceride: Caprylo-lauro-myristin (ca. $^2/_3$), Myristo-dilaurin (ca. $^1/_4$), wenig Lauro-dimyristin; 5—6% Palmito-dimyristin und Stearo-dipalmitin; 12% Mon-oleoglyceride und 4% Di-oleoglyceride. Unverseifbares: 0,2—0,3%; 0,1—0,2% Rohphytosterin, Schmelzpunkt 140,7—141,8° (Acetat-Schmelzpunkt 129—130°). Glyceringehalt: um 14%; berechnet aus dem mittleren Mol.-Gewicht des Fettes (654 entspricht einer Verseifungszahl 257). Geruchstoffe des Rohfettes: nicht nur die niederen Fettsäuren, sondern auch mehrere neutrale Riechstoffe, wie Methylheptylketon, Methylnonylketon, Methylamylketon, Methylheptylcarbinol, Methylnonylcarbinol usw.[1].

Löslichkeit. Charakteristisch ist die Löslichkeit in Alkohol: 1 Teil Cocosfett löst sich in 2 Teilen (90proz.) Alkohol bei 60°. Kritische Lösungstemperatur in Alkohol ($d^{15,5}$ = 0,8195): 71—74°. Die Angaben über die kritischen Lösungstemperaturen in Eisessig (1,0562) schwanken sehr: nach VALENTA 40°, nach ALLEN 7,5°, nach GRIMME 60°. — Kritische Lösungstemperatur der Cocosfettsäuren in Essigsäure von 81,18%: 33°.

Abhängigkeit der Lösungstemperatur vom Wassergehalt des Lösungsmittels und vom Fettsäuregehalt von Cocos- und Palmkernfett (1 g Fett in 5 ccm Lösungsmittel).

	d^{15}_{15}	Volum-%	Kritische Lösungstemperatur Cocosfett	Kritische Lösungstemperatur Palmkernöl
Alkohol	0,7942	99,96	20,2°	28,7°
	0,7981	99,16	30,0°	38,8°
	0,8001	98,75	35,5°	44,2°
	0,8002	98,36	39,5°	47,9°
	d^{15}_{4}	% Essigsäure		
Eisessig	1,0573	99,25	17,9°	32,5°
	1,0579	99,05	26,0°	41,5°
	1,0584	98,85	30,9°	45,6°

Kritische Lösungstemperaturen von Gemischen (1 g Fett in 5 ccm Lösungsmittel).

	Alkohol (99,16 Vol.-%)	Eisessig (99,05%)
100% Cocosfett	30°	26°
90% „ + 10% Palmkernöl	31°	27,3°
70% „ + 30% „	32,8°	30,5°
50% „ + 50% „	35,0°	34,0°
30% „ + 70% „	36,5°	36,3°
10% „ + 90% „	38,0°	39,5°
100% „	38,8°	41,5°

Nachweis von Ölen der Cocosfettgruppe in Fettgemischen.

Der Nachweis und die Bestimmung der Fette mit einem hohen Gehalt an flüchtigen Fettsäuren erfolgt auf Grund der für diese Bestandteile charakteristischen Zahlen; insbesondere wird man sich der „A“- und „B“-Zahl bedienen.

Unabhängig von der Gegenwart anderer Öle kann das Verhältnis von Cocosfett und Palmkernöl in Mischungen annähernd durch die Krystallisationstemperaturen der „Polenske-Säuren“ bestimmt werden[2]. Man führt die Bestimmung in zwei Schmelzpunkt-

[1] Auf der Bildung größerer Mengen solcher Substanzen beruht die für Cocosfett und in geringerem Maße auch für Palmkernöl charakteristische Art der Ranzigkeit (sog. Keton- oder Parfümranzigkeit: aromatischer, nicht unangenehmer Geruch, aber scharfer, oft widerlicher Geschmack). Gut raffinierte, desodorisierte und wasserfreie Fette unterliegen dieser Reaktion nicht, die durch Schimmelpilze (Penicillium- und Aspergillus-Arten) bzw. ein von diesen produziertes Enzym (Carboligase?) hervorgerufen und durch Wärme sowie schwach saures Milieu begünstigt wird.

[2] Sofern es sich nicht um andere Palmfette oder Butterfett handelt und ihre Menge nicht 30% übersteigt.

röhrchen von 1 mm Durchmesser in einem Ätherbade aus, dessen Temperatur von 30° abwärts durch Einblasen eines Luftstromes allmählich verringert wird. Beim Abkühlen erfolgt zunächst eine schwache Trübung, worauf bei einer bestimmten Temperatur die Krystallisation beginnt; in diesem Augenblick hat die Ablesung zu geschehen.

Krystallisationstemperaturen der „Polenske-Säuren" von Mischungen von Cocos- und Palmkernfett.

Mittelwerte in °C	% Cocosfett	% Palmkernfett
11,8	85	15
13,4	75	25
15,5	60	40
16,9	50	50
17,9	40	60
19,5	25	75
21,8	10	90

Fett von Cocos acrocomioides.

Stammpflanze und Pflanzenfamilie	Verbreitung	Farbe	Verseifungszahl	Jodzahl	Säurezahl
Cocos acrocomioides Fam.: Palmae	Brasilien	Hellgelb	292,8	4,8	131

Piririmafett.

Stammpflanze: Cocos Syagrus (Fam.: Palmae). Verbreitung: Brasilien.

Physikalische und chemische Kennzahlen des Kernfettes.

Schmelzpunkt	Erstarrungspunkt	Lichtbrechung: B.-Refr. Sk. T.	Verseifungszahl	Jodzahl
23—29°	26,8°	36,2—37,4 (40°)	252,2	12,5—13,4

Öl von Jubaea chinensis.

Stammpflanze und Pflanzenfamilie	Verbreitung	Gehalt (% Öl) im Organ	Geschmack	Anmerkung
Jubaea chinensis (J. spectabilis) Fam.: Palmae	West-Chile, abseits der Küste	Frucht: 68,4%	Angenehmer Geruch und Geschmack	Auch „Miniaturcocosnuß"-Öl genannt; bei gewöhnlicher Temperatur flüssig

Physikalische und chemische Kennzahlen.

	Dichte d_{15}^{15}	Schmelzpunkt	Erstarrungspunkt	Brechungs-Index n_D	Verseifungszahl	Jodzahl	R.-M.-Zahl	Pol.-Zahl
Öl	0,9243	11—12°	8—10°	1,4482 (40°) 1,4541 (25°)	273,7	12,7 (Wijs)	8,8	25,5
Fettsäuren	—	—	—	—	—	Innere Jodzahl 41,2	—	—

Freie Fettsäuren: 0,2% (ber. als Ölsäure; s. Vorbemerkungen zu Palmfetten). Unverseifbares: 0,24%.

Aouarakernfett.
(„Tukumanfett".)

Stammpflanzen und Pflanzenfamilie	Verbreitung	Gehalt (% Öl) im Organ	Farbe bzw. Geschmack	Anmerkung
Astrocaryum vulgare, A. aculeatum Fam.: Palmae	Französisch-Guayana, Brasilien	Kern: ca. 40%	Ähnlich Cocos-„Stearin"	Die Stammpflanze wird mitunter auch als „Tucum Aouara Palm" bezeichnet, was zu Verwechslungen mit dem eigentlichen Tucumafett von Astrocaryum Tucuma Anlaß gibt

Physikalische Kennzahlen.

	Schmelzpunkt [1]	Erstarrungspunkt	Lichtbrechung B.-Refr. Sk. T.
Fett	29,3—32,5°	26,2—28,6°	36,3—37,5 (40°)
Säuren	—	27°	—

Chemische Kennzahlen.

	Verseifungszahl	M. M.-Gew.	Jodzahl
Fett	240—245,2	—	10,4—13,9
Säuren	Neutral.-Z.: 248,4—249,8	225	—

Freie Fettsäuren einiger Proben von Aouarakernfett: 0,5—1,7%.

Aouarafett.
(„Tucum"-Fruchtfleischöl[2].)

Huile d'aouara, Huile de Tucum — Aoura (Tucum) oil.

Stammpflanzen und Pflanzenfamilie	Verbreitung	Gehalt (% Öl) im Organ	Farbe bzw. Geschmack	Anmerkung
Astrocaryum vulgare, A. aculeatum Fam.: Palmae	Französisch-Guayana, Brasilien	Fruchtfleisch, mit Petroläther extrahiert: 31—37,2%. Mit Schwefelkohlenstoff extr.: 41,6% (auf ganze Frucht ber.: 14,4%)	Gelbrot; raffiniert: goldgelb. Angenehmer Geschmack und Geruch	Aourafett und Aourakernfett unterscheiden sich in ähnlicher Weise voneinander wie Palmöl und Palmkernöl

Physikalische Kennzahlen.

	Dichte d_{15}^{15}	Schmelzpunkt	Erstarrungspunkt	Lichtbrechung B.-Refr. Sk. T.
Fett I	—	27—35°	32,5°	52,5 (40°)
Fette II	0,916	—	—	—
Säuren	—	—	32,2°	—

Chemische Kennzahlen.

	Verseifungszahl	Hehnerzahl	Jodzahl
Fett I	220,2	—	46,4
Fette II	196,5—197,2	95,0	74,8—75,7
Säuren	Neutral.-Z.: 198,5—199,7	M. M.-Gew.: 281,0	—

Fett I aus dem Fruchtfleisch der „Tucum Aouara"-Palme aus Brasilien; 43,8% freie Fettsäuren. Fette II aus Französ.-Guayana; Säurezahl einer Probe: 31,4.

[1] Schmelzbeginn bei 18°. [2] Vgl. „Anmerkung" bei Aouarakernfett.

Murumuru-Fett.

Stammpflanze und Pflanzenfamilie	Verbreitung	Gehalt (% Öl) im Organ
Astrocaryum Murumuru Fam.: Palmae	Brasilien	Ganze Frucht: 10,3%; Kern: 40—42% (Fette I); 31% (Fett II)

Fettsäuren: Capryl-, Caprin-, Laurinsäure (reichlich), Myristin-, Palmitin-, Stearin- und Ölsäure.

Physikalische Kennzahlen.

	Dichte d_{15}^{15}	Schmelzpunkt	Erstarrungspunkt	Lichtbrechung B.-Refr. Sk. T.	Lichtbrechung Brechungs-Index n_D
Fette I	0,918	34—35°	32,5°	36,8 (40°)	1,4535 (31°)
Fett II	0,9266	35,8°	30,2°	—	1,4518 (40°)
Säuren von Fett II	—	30,3°	26,2°	—	1,4125 (40°)

Chemische Kennzahlen.

	Verseifungszahl	Hehnerzahl	Jodzahl	R.-M.-Zahl	Pol.-Zahl
Fette I	237—242	92,7	11,2—12,4	2,8—3,1	6,9
Fett II	242,2	94,6	5,5	1,4	—
Säuren von Fett II	Neutral.-Z.: 237,0	M. M.-Gew.: 237,0	4,8	—	—

Fette I: Säurezahl einer Probe 0,8. Fett II: Ein Muster zeigte die Säurezahl 2,7; es enthielt 0,6% Unverseifbares und gab 13,1% Glycerin. — Einige der Kennzahlen sind mit denen der Fette I nicht in Einklang zu bringen.

Jauari-Kernfett[1].

Stammpflanze und Pflanzenfamilie	Verbreitung	Gehalt (% Öl) im Organ
Astrocaryum Jauari Fam.: Palmae	Brasilien	Ganze Frucht: 8,6% Kern: 21,1%

Physikalische und chemische Kennzahlen.

	Dichte d_{15}^{15}	Schmelzpunkt	Erstarrungspunkt	Brechungs-Index n_D	Verseifungszahl	Hehnerzahl	Jodzahl	R.-M.-Zahl
Fett	0,9159	30,5°	26,2°	1,4510 (40°)	242	94,7	13,7	1,1
Säuren	—	28,5°	23,5°	1,4360 (40°)	Neutral.-Z.: 242,6	M. M.-Gew.: 231,5	8,2	—

Die untersuchte Probe zeigte die Säurezahl 5,4; enthielt 0,7% Unverseifbares und gab 12,9% Glycerin. Die Jodzahl der Fettsäuren steht mit der Jodzahl des Öles nicht im Einklang.

Tucuma-Kernfett.

(Guere-Palmfett.)

Stammpflanze und Pflanzenfamilie	Verbreitung	Gehalt (% Öl) im Organ	Farbe bzw. Geschmack	Anmerkung
Astrocaryum Tucuma Fam.: Palmae	Columbien, Westindien, Brasilien	Kern: 37,6—48,6% Frucht: 12,3%	Tiefgelb; Geruch und Geschmack ähnlich dem des Palmkernöles	Die Kerne werden auch „Tukan-“ oder „große Panama“-Nüsse genannt

[1] S. a. Nachtrag S. 497 (Awarrafette).

Physikalische Kennzahlen.

	Dichte d_{15}^{100}	Schmelzpunkt	Erstarrungspunkt	Brechungs-Index n_D
Fette I	0,864—0,867	30,5—35,5°	—	—
Fett II	0,897 (?)	31,2°	27,5°	1,4504 (40°)
Säuren der Fette I	—	—	27—29,7°	—
von Fett II	—	28,6°	23,4°	1,4291 (40°)

Chemische Kennzahlen.

	Verseifungszahl	Hehnerzahl	Jodzahl	R.-M.-Zahl	Pol.-Zahl
Fette I	249—250	—	9,4—11,6	3,8	5,9
Fett II	252,8	94,3	8,4	3,5	—
Säuren von Fett II	Neutral.-Z.: 257,9	M. M.-Gew.: 217,8	5,8 (zu niedrig)	—	—

Fette I: Säurezahlen zweier Proben 1,7 und 2,9; Unverseifbares: 0,3%. Fett II enthielt 0,6% Unverseifbares und gab 13,7% Glycerin.

Tucuma-Fruchtfleischöl.

Physikalische und chemische Kennzahlen.

	Dichte d_{15}^{15}	Schmelzpunkt	Erstarrungspunkt	Brechungs-Index n_D	Verseifungszahl	Hehnerzahl	Jodzahl	R.-M.-Zahl
Fett	0,9177	—	—	1,4616 (40°)	202,3	95,5	40,1	0,3
Säuren	—	19,5°	14,3°	1,4508 (40°)	Neutral.-Z.: 202,5	M. M.-Gew.: 277,3	42,1	

Die untersuchte Probe zeigte die Säurezahl 3,2; enthielt 0,4% Unverseifbares und gab 10,8% Glycerin.

Affendornfett.

Stammpflanze und Pflanzenfamilie	Verbreitung	Gehalt (% Öl) im Organ	Anmerkung
Bactris Plumeriana Fam.: Palmae	Surinam, Guayana	Samen: 34,8%	Das Fett besteht angeblich aus 86,4% Trilaurin und 13,6% Triolein (?). Schmelzpunkt des Fettes: 32°

Fruchtfleischöl von Jessenia.

Huile de palme de sejen — Sejen Palm oil — Olio di unamo.

Stammpflanze und Pflanzenfamilie	Verbreitung	Farbe bzw. Geschmack	Reaktion
Jessenia polycarpa Fam.: Palmae	Columbien, Brasilien	Gelb, etw. fluoreszierend; nicht unangenehmer Geschmack	Elaidinierung: ähnlich wie bei Olivenöl

Physikalische und chemische Kennzahlen.

	Dichte d_4^{15}	Brechungs-Index n_D	Verseifungszahl	Hehnerzahl	Jodzahl
Öl	0,9161	1,4682 (20°)	188,5—190,5	93,8	73,5—74,8 (WIJS)
Fettsäuren	—	—	—	M. M.-Gew.: 273	79,5

Freie Fettsäuren: 1,9—2,0% (als Ölsäure berechnet).

Cokerite-Kernfett.
(Inayaöl.)

Stammpflanze und Pflanzenfamilie	Verbreitung	Gehalt (% Öl) im Organ	Farbe bzw. Geschmack	Anmerkung
Maximiliana regia Fam.: Palmae	Britisch-Guayana, Brasilien	Ganze Frucht: 12,3%. Kern: 57—60%	Palmkernöl-ähnlich	Das Fett wird auch öfters fälschlich „Maripa"-Fett genannt

Physikalische Kennzahlen.

	Dichte	Schmelzpunkt	Erstarrungspunkt	Lichtbrechung B.-Refr. Sk. T.	Lichtbrechung Brechungs-Index n_D
Fette I	d^{100}_{15}: 0,8673	26—28,5°	—	38,3 (40°)	1,450 (40°)
Fett II	d^{15}: 0,9209	29,3°	24,1°	—	1,4510 (40°)
Säuren von Fett I	—	25,5°	24,2—25,5°	—	—
Säuren von Fett II	—	26,2°	22,8°	—	1,4144 (40°)

Chemische Kennzahlen.

	Verseifungszahl	Hehnerzahl	Jodzahl	R.-M.-Zahl	Pol.-Zahl
Fette I	241—253	88,9	10,5—16,6	3,0—6,5	7—11,6
Fett II	227,8	94,9	7,5	1,7	—
Säuren von Fett II	Neutral.-Z.: 235,8	M. M.-Gew.: 238,7	8,5	—	—

Fette I aus den Kernen; Säurezahl: 2,6 bzw. 3,1; Unverseifbares: 0,3%. Fett II, ebenfalls aus den Kernen, Säurezahl: 0,9; Glycerinausbeute: 12,4%; Unverseifbares: 0,7%. Die Kennzahlen sind mit denen der Fette I nicht in Einklang zu bringen.

Cokerite-Fruchtfleischöl.

Stammpflanze und Pflanzenfamilie	Verbreitung	Gehalt (% Öl) im Organ	Farbe bzw. Geschmack
Maximiliana regia Fam.: Palmae	Brit.-Guayana, Brasilien	Fruchtfleisch (Perikarp): 10—15%	Palmöl-ähnlich

Physikalische und chemische Kennzahlen.

	Dichte d^{100}_{15}	Erstarrungspunkt	Brechungs-Index n_D	Verseifungszahl	Jodzahl	R.-M.-Zahl	Pol.-Zahl
Fett	0,8590	—	1,4575 (40°)	206,9—211,6	51,4—56,1	0,6	2,7
Säuren	—	23,8°	—	—	—	—	—

Unverseifbares: 2,3%. Säurezahlen: 28,6 bzw. 70,1.

Orbigniafette.

Stammpflanzen und Pflanzenfamilie	Verbreitung	Gehalt (% Öl) im Organ	Anmerkung
Orbignia martiana, O. Lydiae, O. speciosa Fam.: Palmae	Brasilien, Tropen Süd-Amerikas	Ganze Frucht: 4,3% Kern: 63,8% (66,1%)*	Ein Teil der unten angegebenen Kennzahlen bezieht sich auf ein Fett von Orbignia martiana[1]. Die in Guayana, Bolivien usw. vorkommenden übrigen Arten werden öfters auch mit dem Namen „babaçu" bezeichnet

[1] Die mit * versehenen Zahlen wurden für ein Fett von Orbignia speciosa gefunden. Es hatte die Säurezahl 11,7 und enthielt 0,3% Unverseifbares; Gehalt an löslichen Fettsäuren: 5,7 (ausgedrückt in % Buttersäure; s. Vorbemerkungen zu Palmfetten, S. 189).

Physikalische Kennzahlen.

	Dichte d_{15}^{15}	Schmelzpunkt	Erstarrungspunkt	Brechungs-Index n_D
Fett	0,9212 d^{25}: 0,909*	30,5° (25—26°)*	25,5° (18—19°)*	1,4488 (40°) 1,4539 (40°)*
Säuren	—	21,0°	18,9° (23°)*	1,4381 (40°)

Chemische Kennzahlen.

	Verseifungszahl	Hehnerzahl	Jodzahl	R.-M.-Zahl
Fett	246,1 278*	94,5 83,2*	15,8 20,3 (WIJS)*	4,1 6,9*
Säuren	Neutral.-Z.: 247,4 242*	M. M.-Gew.: 227,0 231*	17,4	—

Säurezahl einer Probe: 3,4. Unverseifbares: 0,8%; Glycerinausbeute: 13,3%. — Die mit * bezeichneten Kennzahlen beziehen sich auf ein Fett von Orbignia speciosa, vgl. die Fußnote S. 208.

Mocayafett.

(„Gru-Gru“-Kernfett.)

Stammpflanze und Pflanzenfamilie	Verbreitung	Gehalt (% Öl) im Organ	Farbe bzw. Geschmack	Anmerkung
Acrocomia sclerocarpa Fam.: Palmae	Westindien, Brasilien. Surinam: „Makasuba-Palme“	Samen: ca. 25% Kern: 49—60%	Gepreßt: blaßgelb; ähnlich dem Cocosfett	Das Fruchtfleisch enthält ein goldgelbes Öl, das in Geruch und Konsistenz dem Palmöl ähnelt; Kennzahlen s. unten

Bestandteile: Vorwiegend Laurinsäure[1], etwas Myristinsäure; ferner Ölsäure in größeren Mengen als im Cocosfett. 0,4—0,5% Unverseifbares.

Physikalische Kennzahlen.

	Dichte	Schmelzpunkt	Erstarrungspunkt	Lichtbrechung: B.-Refr. Sk. T.
Fett	d_{15}^{99}: 0,861 d_{15}^{100}: 0,865—0,8680	21—32,5°	19,4—24,9°	37,0—40,1 (40°)
Säuren	d_{15}^{99}: 0,838	23—25°	20—23,5°	—

Chemische Kennzahlen.

	Verseifungszahl	M. M.-Gew.	Jodzahl	R.-M.-Zahl	Pol.-Zahl
Fett	243,5—255	—	16—21	5,7—7,2	10—13,9
Säuren	254—262	214	19,7—20,3	—	—

Säurezahlen von zwei Proben: 1,2 bzw. 1,4.

Kennzahlen eines Fruchtfleischöles.

Erstarrungspunkt	Lichtbrechung B.-Refr. Sk. T.	Lichtbrechung n_D^{40}	Verseifungszahl	Jodzahl	Säurezahl
24,9°	40,5 (40°)	1,4527	189,8	77,2	110

[1] Von einem Fett der Makasuba-Palme (Surinam) wird angegeben, daß es zu 17,5% aus Triolein und zu 82,5% aus Trilaurin bestand.

Paraguaynußfett.

Stammpflanze und Pflanzenfamilie	Verbreitung	Gehalt (% Öl) im Organ	Farbe bzw. Geschmack	Anmerkung
Acrocomia Totai Fam.: Palmae	Südamerika, vorwiegend Paraguay	Kern: 59—65,2% Trockensubstanz: 69,4%	Hellgelb; angenehmer Geschmack	Die Früchte von A. Totai werden mitunter auch als „Mocaya"-Nüsse bezeichnet

Physikalische und chemische Kennzahlen.

	Dichte	Schmelzpunkt	Erstarrungspunkt	Verseifungszahl	Jodzahl	R.-M.-Zahl	Pol.-Zahl
Fett	d^{100}_{15}: 0,865	24—29°	15—22°	240,1—247	24,6—28,5	6,5	10,2
Säuren	—	23—25°	21°	—	—	—	—

Säurezahl einer Probe: 26,1. Unverseifbares: 0,3%.

Weniger untersuchte Palmfette.

Stammpflanze	Verbreitung	Fettgehalt im Organ	Farbe	Kennzahlen	Anmerkung
Hyphaene Schatan	Östliches Madagascar	Samen: 8,1%	Hellgelb	Verseifungszahl: 245,3 Jodzahl: 21,9	Geruch ähnlich dem des Palmöls
Borassus madagascariensis	Östliches Madagascar	Samen: 0,5%	—	—	—
Mauritia flexuosa (Mauritiuspalme)*	Surinam	Fruchtfleisch: 0,8% Kern: 0,1%	—	—	* Auch „Ita"-Palme genannt
Manicaria saccifera (Mützenpalme)	Brasilien, Westindien, Guayana, Surinam	Kern: 8%	Weiß	Schmelzpunkt: 30° Verseifungszahl: 241 Jodzahl: 19	—
Raphia Hookeri	Ostafrika	Fruchtfleisch: 3,5% Kern: 1%	Braun Braun	Schmelzpunkt: 18—20° —	— Bei gewöhnlicher Temp. flüssig
Oreodoxa regia (Königspalme)	Panama, Antillen	Fruchtfleisch: 9—28% Kern: 10—25%	Goldbraun Blaßgelb	Schmelzpunkt: 33° Verseifungszahl: 192 Jodzahl: 75 Schmelzpunkt: 25° Verseifungszahl: 237 Jodzahl: 32	— —
Astrocaryum Paramaca (Paramacapalme)	Surinam	Kern: 24%	Weiß	Schmelzpunkt: 35° Verseifungszahl: 257 Jodzahl: 14 R.-M.-Zahl: 4,8	Das Fruchtfleisch enthält ca. 0,5% Fett

Weniger untersuchte Palmfette (Fortsetzung).

Stammpflanze	Verbreitung	Fettgehalt im Organ	Farbe	Kennzahlen	Anmerkung
Astrocaryum segregatum (Awarrapalme)[1]	Surinam	Fruchtfleisch: 12%	Orangegelb, später farblos	Verseifungszahl: 197 Jodzahl: 70 R.-M.-Zahl: 1,1	Neben flüchtigen Säuren hauptsächlich Öl- und Laurinsäure
		Kern: 29%	Weiß	Schmelzpunkt: 33° Verseifungszahl: 238 Jodzahl: 17 R.-M.-Zahl: 2	
Bactris speciosa	Südamerika	Samen: 31,4%	—	—	—
Bactris minax	Surinam	Kern: 35%	Weiß	Schmelzpunkt: 32°	Angeblich 13,6% Triolein, 86,4% Trilaurin
Bactris acanthocarpa	Surinam	Kern: 40%	Weiß	Schmelzpunkt: 34,5° Verseifungszahl: 238 Jodzahl: 15	—
Maximiliana maripa (Maripapalme)	Surinam	Fruchtfleisch: 9%	—	Jodzahl: 58	—
		Kern: 54%	Weiß	Schmelzpunkt: 28,5° Jodzahl: 17	Besteht größtenteils aus Trilaurin

Reihe: Spathiflorae.

Pinelliaöl.

Stammpflanze und Pflanzenfamilie	Verbreitung	Anmerkung
Pinellia tuberifera Fam.: Araceae	Japan	Das Öl stammte aus den Wurzelknöllchen, aus denen im Ursprungslande eine Droge bereitet wird

Fettsäuren: u. a. Palmitinsäure und eine Säure der Ölsäure-Reihe.

Chemische Kennzahlen.

	Verseifungszahl	Jodzahl
Öl	133,3	80,9

Die untersuchte Probe zeigte die Säurezahl 1,9 und enthielt ca. 20% Unverseifbares; in diesem wurde ein Phytosterin $C_{26}H_{44}O + H_2O$ festgestellt mit dem Schmelzpunkt 136° (Acetat-Schmelzpunkt 121°) und $[\alpha]_D = -31{,}4°$.

[1] S. a. Nachtrag S. 497.

Reihe: Liliiflorae.

Sabadillöl.

Stammpflanze und Pflanzenfamilie	Verbreitung	Farbe	Reaktionen
Sabadilla officinalis Fam.: Liliaceae	Mexiko bis Venezuela	Gelb; fast geruchlos	HEYDENREICH: dunkel-rotbraun, dann blutrot. Schütteln mit verdünnter Schwefelsäure: orange. BRULLÉ: orangerot. BECCHI: blaßrot. Mit Furfurol-Salzsäure: Öl grünlich; Säureschicht: farblos

Physikalische und chemische Kennzahlen.

	Dichte d_{15}^{15}	Schmelzpunkt	Erstarrungspunkt	Verseifungszahl	Jodzahl
Öl[1]	0,931	—	−2° (bei 0° dickflüssig)	193,0	75,8
Fettsäuren	—	30,5—33,5°	28—30°	—	—

Freie Säure (als Ölsäure berechnet): 21,7%. Das Unverseifbare (2,8%) ist von gelblichroter Farbe, harzähnlichem Aussehen und durchdringendem Geruch.

Einbeeröl.

Die Samen von Paris quadrifolia (Fam.: Liliaceae; Verbreitung: Europa) enthalten bis zu 17,2% Öl.

Schwertliliensamenöl.

Die Samen von Iris pseudacorus (Fam.: Iridaceae; Verbreitung: fast ganz Europa und nördliches Asien) enthalten 14% Fett.

Reihe: Scitamineae.

Cardamomfett.

Stammpflanzen und Pflanzenfamilie	Verbreitung	Gehalt (% Öl) im Organ	Farbe bzw. Geruch	Anmerkung
Cardamomum minus, Elettaria cardamomum Fam.: Zingiberaceae	Malabarküste, Ceylon	Samen: ca. 10%	Roh: gelbgrünlich, scharfer Geruch, an den von Kakao erinnernd. Raffiniert: farb- und geruchlos	Die Fette von Cardamomumarten werden öfters mit denen aus Hydnocarpussamen verwechselt, welch letztere der Ceylon-Cardamomen-Saat sehr ähnlich sind

Physikalische Kennzahlen.

	Dichte d_{15}^{15}	Schmelzpunkt	Erstarrungspunkt	Lichtbrechung B.-Refr. Sk. T.	Optisches Drehungsvermögen
Fett	0,903	24,5°	17,8°	64,5—70,5 (40°)	$[\alpha]_D^{25} = +22{,}2$ bis $+40°$
Säuren	—	47,5°	36,9°	—	—

Chemische Kennzahlen.

	Verseifungszahl	Hehnerzahl	Jodzahl	R.-M.-Zahl
Fett	206—210,7	95,0	92—92,3 (77,1)	3,6
Säuren	Neutral.-Z.: 215	—	96	—

Freie Fettsäuren: 4,5—13%. Unverseifbares: 0,4%.

[1] Die untersuchte Probe war mittels Petroläther extrahiert.

Renealmiaöl.

Stammpflanze und Pflanzenfamilie	Verbreitung	Gehalt (% Öl) im Organ	Farbe	Anmerkung
Renealmia exaltata Fam.: Zingiberaceae	Surinam	Fruchtfleisch: 10%	Rotbraun	Die Kerne enthalten ca. 7% eines Öles, in dem sich große Mengen harzartiger Stoffe befinden

Physikalische und chemische Kennzahlen des Fruchtfleischöles.

Erstarrungspunkt	Verseifungszahl	Jodzahl	R.-M.-Zahl
0° (dickflüssig)	176	70	0,1

Reihe: Myricales.

Myricafett (Myricawachs)[1].

Cire de Myrica — Myrtle wax, Laurel wax, Bayberry tallow — Cera mirica.

Stammpflanzen und Pflanzenfamilie	Verbreitung	Gehalt (% Öl) im Organ	Farbe bzw. Geschmack
Myrica cerifera (= M. pensylvanica);	Östl. Nordamerika	Überzug der Früchte: 20—25%	Ursprüngl. schneeweiß; Handelsware: grünlich oder gelblich. Aromatischer Geruch, bitterer Geschmack
M. mexicana oder M. jalapensis;	Mexiko		
M. arguta, M. caracasana;	Südamerika		
M. quercifolia, M. cordifolia;	Südafrika		
M. serrata (= M. aethiopica)	Abessinien		
Fam.: Myricaceae			

Bestandteile: etwa 8% Trimyristin, vorwiegend Tripalmitin, geringe Mengen anderer Glyceride; wenig Olein, kein Stearin.

Physikalische Kennzahlen.

	Dichte	Schmelzpunkt	Erstarrungspunkt	Lichtbrechung	
				B.-Refr. Sk. T.	Brechungs-Index n_D
Fett	d_{15}^{15}: 0,995 d_{15}^{22}: 0,9806 d_{15}^{99}: 0,874 bis 0,878	40—48°	39—45°	55 (40°)	1,4363 (80°)
Säuren	d_{15}^{99}: 0,837	47—48°	46°	—	—

Chemische Kennzahlen.

	Verseifungszahl	Hehnerzahl	Jodzahl	R.-M.-Zahl
Fett	205—217	89,7	1,1—3,9	0,5
Säuren	230,9	M. M.-Gew.: 241—243	—	—

Säurezahlen meist zwischen 3 und 4,4. In einer Probe fand man 2,5% Unverseifbares, in einer anderen nur 0,4% (aber Säurezahl 21,2).

[1] Auch Myrtlewachs genannt; die Bezeichnung Wachs ist irreführend, aber aus dem Grunde gebräuchlich, weil das Fett wachsartige Überzüge an der Oberfläche der Früchte bildet.

Reihe: Fagales.

Haselnußöl.

Huile de noisetier — Hazelnut oil — Olio di nocciuole.

Stammpflanze und Pflanzenfamilie	Verbreitung	Gehalt (% Öl) im Organ	Farbe bzw. Geschmack	Reaktionen. Anmerkung
Corylus avellana Fam.: Betulaceae	Europa bis 63° nördl. Br.	Samenkern: 50—63,5% (mit Äther extrahiert)	Goldgelb; angenehm charakteristischer Geschmack	Elaidinierung: feste, weiße oder grünliche Masse. LIEBERMANN-STORCH: smaragdgrün. HEYDENREICH: gelbgrün. HAUCHECORNE: (kalt) rosa, (warm) gelb. BRULLÉ: gelb. BELLIER: positiv. BAUDOUIN, HALPHEN: negativ. Keine Spezialreaktion. — Das Öl wird ziemlich leicht ranzig.

Bestandteile: 10—15% feste Fettsäuren (vorwiegend Palmitinsäure); ca. 80% Ölsäure nebst geringen Mengen von Linolsäure. 0,5—0,6% Unverseifbares[1]; 10,4% Glycerinausbeute.

Physikalische Kennzahlen.

	Dichte d_{15}^{15}	Schmelzpunkt	Erstarrungspunkt	Lichtbrechung B.-Refr. Sk. T.	Lichtbrechung Brechungs-Index n_D
Öl	0,914—0,924	—	−17 bis −20°	61,2 (25°) 54,2—54,4 (40°)	1,4612 (40°)
Fettsäuren	—	22—25°	15—20°	40,6—41,2 (40°)	—

Chemische Kennzahlen.

	Verseifungszahl	Hehnerzahl	Acetylzahl	Jodzahl	R.-M.-Zahl	Pol.-Zahl	Thermozahl (MAUMENÉ)
Öl	189—197	95,5	3,2	84—90	1—1,5	0,5	35—38
Fettsäuren	Neutral.-Z.: 197,6—200	M. M.-Gew.: 279—281	—	87,5—91 Innere Jodzahl: 91—99	—	—	—

Säurezahlen zweier Ölproben: 0,8 und 1,7. Die Kennzahlen sind denen des Erdnußöles sehr ähnlich; zur Unterscheidung dient die Prüfung auf Arachinsäure (PRITZKER).

Birkensamenöl.

Huile de bouleau — Birch seed oil — Olio di semi di betulle.

Stammpflanze und Pflanzenfamilie	Verbreitung	Gehalt (% Öl) im Organ	Farbe bzw. Geruch	Kennzahlen. Löslichkeit
Betula alba Fam.: Betulaceae	Europa, Nord-Amerika	Samen (bei 80° getrocknet), mit Äther extrahiert: 4,7%	Grünlich. „Beim Erwärmen auf dem Wasserbad ätzender Teergeruch“	Verseifungszahl: 211,0. Jodzahl: 83,6. — In Alkohol leicht löslich

Die Kennzahlen bedürfen der Überprüfung, da der beim Erwärmen der untersuchten Probe festgestellte Teergeruch auf Verunreinigungen schließen läßt.

Birkenholz- bzw. Birkenrindenfett.

Der Fettgehalt des Holzes schwankt zwischen 1,6 und 2,3%; der Fettgehalt der Rinde beträgt 1,9—2,6% je nach der Jahreszeit.

[1] Großenteils Phytosterin; Schmelzpunkt des Phytosterinacetats: 121°.

Reihe: Urticales.

Ulmensamenöl.

Huile d'orme — Elm seed oil — Olio d'olmo.

Stammpflanzen und Pflanzenfamilie	Verbreitung	Gehalt (% Öl) im Organ	Farbe bzw. Geschmack	Reaktionen
Ulmus campestris, U. effusa, U. scabra U. pedunculata Fam.: Ulmaceae	Europa	Ganze Frucht: 18%. Samen, extrahiert: 26 bis 29%; gepreßt: 20—25%. Flügel: 13,6%. Schalen: 2,0—2,3%	Extrahiert: grünlich, ohne besonderen Geschmack. Gepreßt: gelblichgrün; süßlich, angenehmer Geruch	SOLTSIEN (bei 40—50°): hellrot; mit Salpetersäure keine Färbung. BELLIER: undeutlich. 75%ige Schwefelsäure: bleibend olivgrün; Salzsäure (1,19): hellgrün. Schwefelsäure + Salpetersäure: grün, dann kaffeebraun

Bestandteile: u. a. bis 56% Caprinsäureglycerid. Bei der Verseifung gibt das Öl ca. 50% Caprinsäure, ferner Buttersäure und Ölsäure; bis zu 15% Glycerin. 1,4% Unverseifbares[1].

Physikalische Kennzahlen.

	Dichte	Schmelzpunkt	Erstarrungspunkt	Lichtbrechung B.-Refr. Sk. T.
Öl	d_{15}^{15}: 0,938 d^{17}: 0,928 d^{21}: 0,921	4,5°	0° bis 2°	34,2—36 (40°) 42,3 (25°)
Öl mit S.-Z. 5,6	d^{20}: 0,9559	5,7°	3,5°	—

Chemische Kennzahlen.

	Verseifungszahl	Hehnerzahl	Jodzahl	R.-M.-Zahl	Pol.-Zahl
Öl	274—280	75,5	18—32	3—3,8	33,5
Öle I	—	—	16—25	5—6	37,4—41,5

Öle I von Ulmus effusa bzw. Ulmus scabra: hellgelb, geruchlos, dünnflüssig.

Treculiasamenöl.

(Katokaöl.)

Huile de Katoka, huile de tobory (stipa).

Stammpflanze und Pflanzenfamilie	Verbreitung	Gehalt (% Öl) im Organ	Farbe	Anmerkung
Treculia Perrieri, JUM. Fam.: Moraceae	Madagascar	Kern: 10%	Mit Äther oder Schwefelkohlenstoff extrahiertes Oel: goldgelb	Das Öl gibt nach längerem Stehen bei gewöhnlicher Temperatur eine feste Abscheidung

Physikalische und chemische Kennzahlen.

	Dichte d_{15}^{15}	Schmelzpunkt	Brechungs-Index n_D	Verseifungszahl	M. M.-Gew.	Jodzahl
Öl	0,947	—	1,4786 (25°)	203	—	66
Fettsäuren	—	46—48°	—	Neutral.-Z.: 204	275	—

[1] Viel mehr (bis zu 10%) Unverseifbares erhält man aus dem Öl, wenn die Samenschalen mitextrahiert werden, denn die letzteren enthalten eine schwarzgrüne wachsartige Substanz mit ca. 26% unverseifbaren Bestandteilen.

Reihe: Proteales.

Macadamianußöl[1].

Stammpflanze und Pflanzenfamilie	Verbreitung	Gehalt (% Öl) im Organ	Farbe bzw. Geschmack	Anmerkung
Macadamia ternifolia Fam.: Proteaceae	Australien (Queensland), Hawaii	Fruchtfleisch: 76,5%; Kern: 72,8% (durch Pressen gewonnen: 44%	Preßöl: fast farblos, angenehmer Geschmack; extrahiert: hellgelb	Das Fruchtfleischöl gibt bei 0° eine geringe Abscheidung. — Die Qualität des Öles gleicht der des besten Olivenöls

Fettsäuren: vorwiegend Ölsäure; geringe Mengen von Palmitinsäure und Stearinsäure.

Physikalische und chemische Kennzahlen.

	Dichte d_{15}^{15}	Erstarrungspunkt	Brechungs-Index n_D	Zähigkeit	Verseifungszahl	Jodzahl
Öl I	0,9141	−12,2°	1,4698 (15,5°)	—	193,7	74,2
Öle II	0,9122 bis 0,9154		1,4696 (17°) 1,4675 (20°)	REDWOOD: 375 Sek. (70° F)	195,6	74,5—75,8 (WIJS)

Öl I: Säurezahl 0,2; Unverseifbares 0,3%. Öle II: Säurezahl 0,1; Unverseifbares 0,1—0,2%.

Samenöl von Dilobeia Thouarsi.

Stammpflanze und Pflanzenfamilie	Verbreitung	Gehalt (% Öl) im Organ	Farbe	Anmerkung
Dilobeia Thouarsi[2] Fam.: Proteaceae	Madagascar	Kern: 63%	Dunkelgelb	Das Öl wird beim Stehen bei Zimmertemperatur halbfest

Physikalische und chemische Kennzahlen.

	Schmelzpunkt	Verseifungszahl	Jodzahl
Öl	—	196,4—196,7	84,4—84,6
Fettsäuren	36°	—	—

Ein Muster enthielt 54,1% freie Fettsäuren, als Ölsäure berechnet.

Reihe: Santalales.

Elozyöl.

Huile de citron de mer, huile d'Élozy — Elozy oil — Olio di Elozy.

Stammpflanze und Pflanzenfamilie	Verbreitung	Gehalt (% Öl) im Organ	Farbe bzw. Geruch	Reaktionen
Ximenia americana Fam.: Olacaceae	Tropisches Amerika, Afrika und Asien, Pazifische Inseln	Samen: 35—45%; Kern: 63—69%	Gepreßt oder mit Äther extrah.: hellgelb; mit Aceton extrah.: gelb; schwach zwiebelartiger Geruch, der sich an der Luft verflüchtigt	Elaidinierung: gelbe, konsistente Masse. HALPHEN: negativ. MILLIAU-BECCHI: sehr schwache Reduktion. BAUDOUIN: negativ.— Beim Verseifen mit Kalilauge tritt Geruch nach Myrthenöl auf

Fettsäuren: ca. 75% flüssige Säuren; ca. 10% Arachinsäure.

[1] Die Früchte heißen auch Queensland-, Busch- oder Possum-Nüsse.
[2] Vulgärnamen für die Stammpflanze: „Vivaona" in Hova; „Mankaleo" in Betsimi-Saraka, usw.

Physikalische Kennzahlen.

	Dichte d_{15}^{15}	Schmelzpunkt	Erstarrungspunkt	Brechungs-Index n_D	Zähigkeit [1] ° ENGLER	Opt. Drehungsvermögen
Öle I	0,9187 bis 0,9248	18—22°	Bei 8° salbenartig, bei 2—4° fest	1,4677 bis 1,4687 (40°) 1,4751 (22°)	$E_{25} = 19—37$ $E_{35} = 12—23$ $E_{50} = 6{,}6—11$	0 oder sehr gering (dem Begleitstoff zuzuschreiben)
Fettsäuren	—	45—50° feste: 59,7—60,8°	43—44° feste: 57,5—58,5°	1,4596 (60°) flüssige: 1,4676 (16°)	—	

Chemische Kennzahlen.

	Verseifungszahl	Hehnerzahl	Acetylzahl	Jodzahl	R.-M.-Zahl	Pol.-Zahl	Thermozahl
Öle I	173—177	93,9—94,8	—	80—85	1,6 bis 2,5	0,12 bis 0,21	69
Öl II	170,8	95,1	19,6	94,5	—	—	—
Säuren der Öle I	Neutral.-Z.: 180—184	M. M.-Gew.: 305—312	—	71—78,2	—	—	—
der Öle II	173,9 Vers.-Zahl: 184,2	322,6 304,5	— —	88,8 Innere Jodzahl: 101,1	— —	— —	— —

Öle I zeigten Säurezahlen von 10—12 und enthielten 0,5—2,9% Unverseifbares. Öl II hatte die Säurezahl 1 und enthielt 1,9% Unverseifbares.

Das Öl aus den Samen von **Ximenia Gabonensis** (Verbreitung: Westküste Afrikas) ist von gelber Farbe und besitzt angenehmen Geschmack.

Fett aus den Samen von Heisteria Trillesiana.

Stammpflanze und Pflanzenfamilie	Verbreitung	Gehalt (% Öl) im Organ	Farbe bzw. Geschmack	Anmerkung
Heisteria Trillesiana Fam.: Olacaceae	Tropisches Afrika (Kongo)	Samen, mit Schwefelkohlenstoff extrahiert: 48%	Hellgelb; angenehmer Geschmack	Durch Behandeln mit konzentrierter Schwefelsäure entsteht ein pechartiges Produkt in einer Ausbeute von ca. 30% des Ausgangsmaterials

Physikalische Kennzahlen.

	Dichte d_{15}^{15}	Schmelzpunkt	Erstarrungspunkt
Fett	0,925	28—30°	10°
Säuren	—	—	54°

Coulanußöl.

Stammpflanze und Pflanzenfamilie	Verbreitung	Gehalt (% Öl) im Organ	Farbe	Reaktionen. Anmerkung
Coula edulis Fam.: Olacaceae	Tropisches Ost- und Westafrika	Kern: 30,5—40%	Gelb bis braungelb. Kein ausgesprochener Geruch oder Geschmack	BAUDOUIN: negativ. HALPHEN: negativ. BELLIER: hellgelb, dann dunkelrot. — Das Öl ist gut haltbar

[1] Die Zähigkeit des Öles ist bedingt durch einen kautschukartigen Begleitstoff, der durch Aceton fällbar ist. Daher hat mit Aceton extrahiertes Öl die niedrigste, mit Äther extrahiertes die höchste Zähigkeit. Preßöle zeigen mittlere Werte.

Physikalische Kennzahlen.

	Dichte	Schmelzpunkt	Erstarrungspunkt	Lichtbrechung: B.-Refr. Sk. T.
Öl	d^{25}: 0,9116; d^{30}: 0,913	5—6°	0°	51,2 (40°)
Fettsäuren	—	—	—	39,4 (40°); flüssige: 39,3 (40°)

Chemische Kennzahlen.

	Verseifungszahl	M. M.-Gew.	Jodzahl	R.-M.-Zahl	Pol.-Zahl	Thermozahl (MAUMENÉ)
Öl	189,7	—	83,4 (HÜBL)	0,4	0,2	39
Fettsäuren	Neutral.-Z.: 197,5	284,0	87,1 (HÜBL) Innere Jodzahl: 89,5	—	—	—

Eine Probe mit Säurezahl 18,4 gab ca. 90% flüssige Säuren (fast ausschließlich Ölsäure) und 9% Glycerin. Ferner 0,2% Phytosterin (Acetat-Schmelzpunkt 128—129°).

Reihe: Aristolochiales.

Fett aus den Wurzeln von Aristolochia.

Stammpflanze und Pflanzenfamilie	Verbreitung	Gehalt (% Öl) im Organ
Aristolochia sipho Fam.: Aristolochiaceae	Atlantisches Nordamerika	Wurzeln: ca. 4% (mit Petroläther extrahiert)

Physikalische und chemische Kennzahlen.

	Dichte	Erstarrungspunkt	Lichtbrechung B.-Refr. Sk. T.	Verseifungszahl	Jodzahl	R.-M.-Zahl
Fett	d^{25}: 0,9122	25—30°	79 (40°) 88 (25°)	189—195	103—105	2,1

Reihe: Centrospermae.

Zuckerrübensamenöl.

Stammpflanze und Pflanzenfamilie	Verbreitung	Gehalt (% Öl) im Organ	Farbe
Beta rapa vulgaris Fam.: Chenopodiaceae	Europa und die meisten übrigen Kulturländer der gemäßigten Zone	Samen: ca. 7%	Gelbgrün

Physikalische und chemische Kennzahlen des Öles.

Dichte d_{15}^{15}	Erstarrungspunkt	Verseifungszahl	Hehnerzahl	Jodzahl	R.-M.-Zahl
0,9174	−5 bis −6°	189,7	94,4	95,8	1,8

Zuckerrübenfett.

Bei der Hydrolyse des ätherischen Extraktes trockener Rüben erhält man u. a. 8,7% Palmitinsäure; 36,1% Ölsäure; 18,6% Erucasäure. Ferner geringe Mengen zweier phytosterinähnlicher Verbindungen: $C_{31}H_{58}O_2$ vom Schmelzpunkt 155°; bzw. $C_{29}H_{45}O_2$ vom Schmelzpunkt 120—122°.

Kumtaröl.

Stammpflanze und Pflanzenfamilie	Verbreitung	Gehalt (% Öl) im Organ	Farbe
Agriophyllum, spec.[1] Fam.: Chenopodiaceae	Turkestan	Samen: 19—20%	Gepreßt oder extrahiert: goldgelb; ohne Geruch und Geschmack

Physikalische und chemische Kennzahlen.

	Schmelzpunkt	Verseifungszahl	Hehnerzahl	Jodzahl
Öl	—	190	94	84
Fettsäuren	14°	—	—	92

Säurezahl der Probe: 4,7.

Reihe: Ranales.

Samenöl von Akebia quinata.

Huile d'akebi — Akebi seed oil.

Stammpflanze und Pflanzenfamilie	Verbreitung	Gehalt (% Öl) im Organ
Akebia quinata. Fam.: Lardizabalaceae (ENGLER); Berberideae (Index KEW.)	China, Japan	Samen: 17,7%

Physikalische Kennzahlen.

	Dichte d_{15}^{15}	Schmelzpunkt	Erstarrungspunkt	Lichtbrechung B.-Refr. Sk. T.	Lichtbrechung Brechungs-Index n_D
Öl mit S.-Z. = 25,5	0,9340	—	—	53,2 (27,5°)	1,46145 (27°)
Fettsäuren	—	38—39°	31°	—	—

Chemische Kennzahlen.

	Verseifungszahl	Hehnerzahl	Jodzahl	R.-M.-Zahl
Öl	246,4	85,8	78,4 (HÜBL)	39,8
Fettsäuren	Neutral.-Z.: 191,7	M. M.-Gew.: 292,7	77,8 (HÜBL)	—

Fett aus den Samen von Anamirta paniculatus.

Huile de „kakmari".

Stammpflanze und Pflanzenfamilie	Verbreitung
Anamirta paniculatus (= Menispermum cocculus) Fam.: Menispermaceae	Indien, Malayenstaaten

Physikalische und chemische Kennzahlen.

	Dichte d^{20}	Schmelzpunkt	Jodzahl
Fett	0,9258	40°	42,4
Säuren	—	54°	—

[1] Nach freundlicher Privatmitteilung des Imperial Institute, London, vom 20. 1. 1928, konnte die Spezies bisher nicht sichergestellt werden.

Rindenöl von Tiliacora acuminata.

Fam.: Menispermaceae; Verbreitung: Indien, Java.

Physikalische und chemische Kennzahlen.

	Brechungs-Index n_D	Verseifungszahl	Jodzahl
Öl	1,4784 (19°)	175,3	95

Die untersuchte Probe zeigte die Säurezahl 94,9. Im Unverseifbaren wurde ein Phytosterin nachgewiesen.

Sternanisöl.

(Chinesisches Sternanis-Samenöl.)

Huile d'anis étoilé — Chinese star anis seed oil.

Stammpflanze und Pflanzenfamilie	Verbreitung	Gehalt (% Öl) im Organ	Farbe bzw. Geruch
Illicium verum Fam.: Magnoliaceae	China	Frucht: 2,6% Samen: 20%	Hellgelb; angenehmer Geruch

Fettsäuren: angeblich 23,2% Palmitinsäure; 2,6% Stearinsäure; 45% Ölsäure; 23,9% Linolsäure.

Physikalische und chemische Kennzahlen des Öles.

Dichte d_{15}^{15}	Verseifungszahl	Hehnerzahl	Jodzahl (Hübl)	R.-M.-Zahl
0,9264	193,8	95,2	93,1	1,4

Samenöl von Illicium religiosum.

(Japanisches Sternanis-Samenöl.)

Huile d'anis japonais — Japanese star anis seed oil.

Stammpflanze und Pflanzenfamilie	Verbreitung	Gehalt (% Öl) im Organ	Farbe
Illicium religiosum Fam.: Magnoliaceae	Japan	Frucht: 1%; Samen: 12,5% (mit Äther extrahiert)	Dunkelgelb mit grünlicher Fluorescenz

Fettsäuren: angeblich 22,5% Palmitinsäure; 2,5% Stearinsäure; 60,2% Ölsäure; 9,8% Linolsäure.

Physikalische und chemische Kennzahlen des Öles.

Dichte d_{15}^{15}	Verseifungszahl	Hehnerzahl	Jodzahl (Hübl)	R.-M.-Zahl
0,9295	193,4	95,0	90,6	1,5

Micheliafett.

Stammpflanze und Pflanzenfamilie	Verbreitung	Gehalt (% Öl) im Organ	Farbe
Michelia champaca Fam.: Magnoliaceae	Indien, Java, Malayenstaaten	Samen, lufttrocken: 32%	Rötlichgelb bis dunkelbraun

Bestandteile: angeblich 30% Tripalmitin und 70% Triolein.

Physikalische und chemische Kennzahlen des Fettes.

Dichte	Schmelzpunkt	Verseifungszahl	Jodzahl
0,903 (°?)	44—45°	196—199,3	60,3—66

Magnoliaöle.

Stammpflanze und Pflanzenfamilie	Verbreitung	Gehalt (% Öl) im Organ
Magnolia hypoleuca Fam.: Magnoliaceae	Japan	a) Fruchtfleisch: 35,3%. b) Samenkern: 7,7%. c) Ganze Frucht: 31,5%

Physikalische Kennzahlen.

	Dichte d_{15}^{15}	Schmelzpunkt	Erstarrungspunkt	Lichtbrechung B.-Refr. Sk. T.	Lichtbrechung Brechungs-Index n_D
Öl a	0,9239	—	—	65,3 (27°)	1,4693 (25°)
Öl b	0,9288	—	—	75,0 (27°)	—
Öl c	0,9315	—	—	72,5 (27°)	1,4739 (25°)
Fettsäuren a	—	36,5°	32—32,5°	—	—
b	—	—	17—17,5°	—	—
c	—	35—35,5°	28—28,5°	—	—

Chemische Kennzahlen.

	Verseifungszahl	Hehnerzahl	Jodzahl (Hübl)	R.-M.-Zahl
Öl a	205,0	91,8	89,5	4,7
Öl b	207,4	96,5	124,5	0,2
Öl c	224,4	93,1	109,2	4,9
Fettsäuren a	Neutral.-Z.: 205,1	M. M.-Gew.: 273,5	86,2	—
b	193,7	289,6	125,5	—
c	201,9	277,9	99,7	—

Öl a: aus dem Fruchtfleisch; Säurezahl 13,6. Öl b: aus den Kernen; Säurezahl 6,7. Öl c: aus der ganzen Frucht; Säurezahl 13,4. Die Verseifungszahlen der Öle b und c sind zu überprüfen; sie stimmen auch mit den Neutralisationszahlen der Fettsäuren nicht überein.

Mohambaöl.

Stammpflanze und Pflanzenfamilie	Verbreitung	Gehalt (% Öl) im Organ	Farbe bzw. Geschmack	Reaktionen
Möglicherweise [1] Enantia chlorantha, Oliv. (im mittleren Kongo „Mo-ambe" genannt). Fam.: Anonaceae	Französisch-Kongo	Samen: 12%	Gelb; fader Geschmack, geruchlos	Elaidinierung: gelbe, pastenartige Masse

Bestandteile: vorwiegend Ölsäure und eine homologe Säure vom Schmelzpunkt 34—35°; Glycerinausbeute 9%.

Physikalische und chemische Kennzahlen.

	Dichte	Erstarrungspunkt	Hehnerzahl	Thermozahl
Öl	d^{23}: 0,915	unter −15°	90	55

Sirikayaöl.

Stammpflanze und Pflanzenfamilie	Verbreitung	Gehalt (% Öl) im Organ	Farbe	Reaktion. Konsistenz
Anona squamosa (Flaschenbaum) Fam.: Anonaceae	Tropen	Samen: 45% (Öl I). Nach anderen Angaben: 14% (Öl II), 21% (Öl III)	Gelb bis lichtbraun	Elaidinierung (Öl I): nach 45 Minuten fest. Das Öl ist bei 0° dickflüssig

Bestandteile (von Öl II): Glyceride der Palmitinsäure 14,7%; der Stearinsäure 10,7%; der Cerotinsäure 0,9%; der Ölsäure 18,1%; der Linolsäure 55,2%; einer unbekannten flüssigen (gesättigten?) Säure 0,3%. Unverseifbares 0,2% (Sitosterin).

[1] Nach freundlicher Privatmitteilung des Imperial Institute, London, vom 25. April 1927.

Physikalische Kennzahlen.

	Dichte d_{15}^{15}	Schmelzpunkt	Lichtbrechung B.-Refr. Sk. T.	Lichtbrechung Brechungs-Index n_D
Öl I	—	−3°	63 (?°)	—
Öl II	0,9126	—	—	1,4558 (60°)
Fettsäuren von Öl I	—	32,8°	—	—

Chemische Kennzahlen.

	Verseifungszahl	Hehnerzahl	Acetylzahl	Jodzahl	R.-M.-Zahl	Pol.-Zahl
Öl I	181,1	86,5	—	88,2	—	—
Öl II	188,3	93,8	18,5	85,6	0,6	0,1
Öl III	200,0	—	—	88,0	—	—
Fettsäuren von Öl I	—	—	23,1	78,7 (zu niedrig)	—	—

Öl I besteht angeblich vorwiegend aus den Glyceriden der Palmitinsäure, der Stearinsäure und Ölsäure. Die Hehnerzahl des Öles ist unglaubwürdig. — Öl II aus Süd-Indien; Säurezahl 0,8. Aus der petrolätherischen Lösung des Öles scheiden sich beim Stehen ca. 0,6% eines neutralen Harzes aus. Der hohe Gehalt an Glyceriden ungesättigter Säuren ist mit der Jodzahl nicht in Einklang zu bringen.

Fett von Monodora myristica.

Stammpflanze und Pflanzenfamilie	Verbreitung	Gehalt (% Öl) im Organ	Anmerkung
Monodora myristica Fam.: Anonaceae	Tropisches Afrika	Samen, mit Äther extrahiert: ca. 50%	Begleitstoffe des Fettes: 6,1% ätherisches Öl und ein braunes Harz. Verseifungszahl des Rohfettes: 160,7

Andere Öle der Gattung Anona.

(Fam.: Anonaceae.)

Stammpflanzen	Verbreitung	Gehalt (% Öl) im Organ	Farbe bzw. Geruch
Anona Cherimolia	Antillen, Mittelamerika, Brasilien	Samen: 7—8%; Fruchtfleisch: 0,4%, getrocknet: 1,3%; Fruchtschale: 0,4%, getrocknet: 1,1%	Samenöl: rötlich, aromaticher Geruch
Anona palustris	Tropisches Amerika und Afrika	Samen: 17,4%	Farblos
Anona muricata	Surinam	Samen: 17%	Lichtgelb
Anona reticulata	—	Samen: ca. 40%	—
Anona obtusiflora	—	Samen: 16,3%	—

Spezif. Gewicht des Samenöls.

Anona palustris	d^{22}: 0,9562(?)
Anona reticulata	d^{18}: 0,8936(?)[1]

Chemische Kennzahlen des Samenöles.

	Verseifungszahl	Jodzahl	R.-M.-Zahl	Thermozahl
Anona Cherimolia[2]	184,7	—	1,6	—
Anona muricata	191	92	—	70

[1] Wahrscheinlich d_{18}^{100} gemeint. [2] Säurezahl der untersuchten Probe: 56,0.

Muskatnußbutter.

Beurre de muscade — Nutmeg butter, Mace butter — Burro di noce moscata.

Stammpflanze und Pflanzenfamilie	Verbreitung	Gehalt (% Öl) im Organ	Farbe bzw. Geschmack	Anmerkung
Myristica fragrans (M. officinalis) Fam.: Myristicaceae	Ceylon, Niederl.-Indien, Molukken, Südsee-inseln	Samen, extrahiert: 40—45%, gepreßt: 24—34%	Roh: gelb bis rötlich; starker Geruch u. Geschmack nach Muskatblüten	Das Rohfett (I) konnte durch Behandeln mit 95%igem Alhohol (Temperatur < 5°) in ein weißes, geruchloses Fett[1] und ein rötlichbraunes, aromatisch riechendes Öl (6% vom Rohfett; Jodzahl 114) zerlegt werden

Bestandteile: ca. 40% Trimyristin. Von Fettsäuren außer Myristinsäure ca. 6% Stearinsäure; ferner wechselnde Mengen von Ölsäure und Linolsäure. 4%—12% ätherisches Öl; 8,5% Unverseifbares, ca. 2% Harze.

Physikalische Kennzahlen.

	Dichte d_{15}^{15}	Schmelzpunkt	Erstarrungspunkt	Lichtbrechung: B.-Refr. Sk. T.	Lichtbrechung: Brechungs-Index n_D	Kritische Lösungstemperatur
Fette	0,945—0,966 d_{15}^{100}: 0,884—0,904	38—51°	39—42°	39—40 (66°) 61—67 (40°)	1,4662 bis 1,4705 (40°)	In Eisessig (1,0562): 27—39°
Fett I	0,9598	49—50°	39—40°	55 (50°) 61 (40°)	—	
Säuren von Fett I	— —	40—49° 48—49°	40—45° 44—45°	— —	— —	

Chemische Kennzahlen.

	Verseifungszahl	Hehnerzahl	Jodzahl	R.-M.-Zahl	Thermozahl
Fette	172—179	82,9	31—59	1—4,2	39
Säuren von Fett I	—	—	31,6 (kein oberer Grenzwert) Innere Jodzahl: 93,5	—	—

Säurezahlen: 19—45. Im Unverseifbaren 5% einer Verbindung $C_{18}H_{22}O_5$; etwas Myristicin $C_{11}H_{22}O_3$ sowie geringe Mengen eines Alkohols $C_{20}H_{34}O$ vom Schmelzpunkt 134—135°.

Die großen Verschiedenheiten der Kennzahlen und die einander vielfach widersprechenden Angaben über die Eigenschaften von Muskatbuttersorten stehen damit im Zusammenhang, daß die Fette der einzelnen Myristica-Arten z. T. sehr verschieden zusammengesetzt sind; andererseits kann aber auch der mehr oder weniger große Gehalt an ätherischem Öl die Abweichungen bedingen. Schließlich kann auch die Art der Aufbewahrung der Nüsse Veränderungen in der Zusammensetzung zur Folge haben.

Muskatblütenfett

aus dem Samenmantel (Arillus). In frischen „Blüten“: 6,7% Fett.

Schmelzpunkt	B.-Refr. Sk. T.	Verseifungszahl	Jodzahl	R.-M.-Zahl
25—26°	74—85 (40°)	169—173	76—81	4,1—4,2

[1] Schmelzpunkt 55—56°, B.-Refr. Sk. Teile 35 (50°), Verseifungszahl 226,1, Jodzahl 7,0 (praktisch reines Trimyristin).

Fett von Myristica malabarica.

Stammpflanze und Pflanzenfamilie	Verbreitung	Gehalt (% Öl) im Organ	Anmerkung
Myristica malabarica Fam.: Myristicaceae	Indien	Samen: 40,8%; Samenhaut (arillus; sog. Blüte): 61,5—63,3% (fettes Öl und Harz)	Die „Blüte“ (Samenhaut) dieser M.-Art ist völlig verschieden von der von M. fragrans. Die vorliegende enthält viel mehr Fett, dagegen nur ca. 0,3% ätherisches Öl

Physikalische und chemische Kennzahlen des Fettes.

Schmelzpunkt	Lichtbrechung B.-Refr. Sk. T.	Verseifungszahl	Jodzahl	R.-M.-Zahl
31—31,5°	48—49 (40°)	189,4—191,4	50,4—53,5	1—1,1

Fett von Myristica canarica[1].

Stammpflanze und Pflanzenfamilie	Verbreitung	Gehalt (% Öl) im Organ	Farbe	Reaktion. Anmerkung
Myristica canarica Fam.: Myristicaceae	Tropen	Samen: 49,4%; Kern: 64,8%; Samenhaut („Blüte“): 54,6%	Hellbraun	Konzentrierte Schwefelsäure: (kalt) karminrot. — Die Angaben dürften sich auf das Fett der ganzen Samen beziehen

Von festen Säuren nur Myristinsäure nachgewiesen (70,8%).

Physikalische und chemische Kennzahlen.

	Schmelzpunkt	Verseifungszahl	Hehnerzahl	Jodzahl
Fett	37,5°	215	92	26,6
Säuren	41°	Neutral.-Z.: 217,5	—	—

Säurezahl der untersuchten Probe: 37,1.

Fett von Myristica platysperma.

Stammpflanze und Pflanzenfamilie	Verbreitung	Gehalt (% Öl) im Organ	Farbe
Myristica platysperma Fam.: Myristicaceae	Brasilien	Samen: 32,6%; Kern: 55,2—59,3%	Gelblichweiß

Physikalische und chemische Kennzahlen des Fettes.

Schmelzpunkt	Erstarrungspunkt	Lichtbrechung B.-Refr. Sk. T.	Verseifungszahl	Jodzahl
41—43°	39—40°	36,9—37,1 (40°)	239,5—240,2	5—6,3

Säurezahlen zweier Proben: 7,4 bzw. 10,6.

Fett von Virola sebifera.

Stammpflanze und Pflanzenfamilie	Verbreitung	Farbe bzw. Geruch	Schmelzpunkt
Virola (Myristica) sebifera Fam.: Myristicaceae	Westindien, Guayana	Gelblich; Geruch nach Muskatbutter	44—50°

Bestandteile: vorwiegend Myristin und Olein.

[1] Das Fett wird zuweilen auch als Mangalore-Butter bezeichnet.

Ucuhubafett.

(Bicuhybafett.)

Graisse d'Ucuhuba — Ucuhuba fat, Bicuhyba fat — Sego di Ucuhuba.

Stammpflanze und Pflanzenfamilie	Verbreitung	Gehalt (% Öl) im Organ	Farbe bzw. Geruch	Reaktion. Anmerkung
Virola (Myristica) Bicuhyba Fam.: Myristicaceae	Brasilien	Ganze Frucht: ca. 60%; Schale: 2,6%; Kern: 64% (Petroläther); 70% (Tetrachlorkohlenstoff)	Gepreßt: gelb bis braun; extrahiert: ebenso; Geruch: honigähnlich	Konz. Schwefelsäure: fuchsinrot (Farbträger in der Schale). Die konz. braune Lösung in „Tetra" fluoresziert bläulich infolge eines harzartigen Stoffes, der in Petroläther unlöslich ist. — Das Fett wirkt schwach giftig

Bestandteile: von gesättigten Säuren vorwiegend Myristinsäure; ferner etwas Stearinsäure und wechselnde Mengen flüssiger Säuren (bis 21%). Geringe Mengen von ätherischen Ölen, wachs- und harzartigen Substanzen (Handelsfett ca. 7%). Unverseifbares: 0,1—3,9%.

Physikalische Kennzahlen.

	Dichte	Schmelzpunkt	Erstarrungspunkt	Lichtbrechung B.-Refr. Sk. T.
Fett	d_{100}^{100}: 0,9120 d_{15}^{100}: 0,8715	39—45°	32—34°	51—54 (40°) Handelsfett: 61,6 (40°)
Säuren	—	42—46°	43,5°	—

Chemische Kennzahlen.

	Verseifungszahl	Hehnerzahl	Jodzahl	R.-M.-Zahl	Pol.-Zahl
Fett	219—224	93,4	9,5—35	1,7—2,7	8,0
„Beschlag"[1]	214—217	—	—	—	—
Säuren	Neutral.-Z.: 219—230	M. M.-Gew.: 245	Innere Jodzahl: 69—70	—	—

Freie Fettsäuren: 8,8 bis 17,5%.

Otobabutter.

(Otoba-Muskatnußfett.)

Beurre d'Otoba — Otoba fat — Sego di Otoba.

Stammpflanze und Pflanzenfamilie	Verbreitung	Gehalt (% Öl) im Organ	Farbe bzw. Geruch	Besondere Merkmale
Virola (Myristica) Otoba Fam.: Myristicaceae	Südamerika, vorwiegend Columbien	Samenkern: 61,7%; trocken: 67,3%	Gepreßt: beinahe farblos bis braun; extrahiert: dunkelgelb; frisch: angenehm aromatischer Geruch; geschmolzen: unangenehmer Geruch	Gehalt an Otobit[2] und Isootobit[3] (angeblich $C_{20}H_{20}O_4$); diese Substanzen (46% des Unverseifbaren) sind keine Alkohole, denn sie lassen sich nicht azetylieren. Mit konzentrierter Schwefelsäure: rosa; beim Stehen intensiver; ebenso in Eisessiglösung.

Bestandteile: ca. 14% Laurinsäure; 49,5% Myristinsäure; 0,2% Palmitinsäure; 3,7% Ölsäure. 20,4% Unverseifbares, siehe Merkmale. 9,3% ätherisches Öl (Fett II).

[1] Auf manchen Handelsfetten treten helle Krusten als Beschlag auf; sie bestehen aus niedrig-molekularen Anteilen von meist gesättigtem Charakter.
[2] Schmelzpunkt: 137—138°; $[\alpha]_D^{20} = -35,7°$ enthält eine Methoxylgruppe.
[3] Schmelzpunkt: 106—108°; $[\alpha]_D^{20} = +5,3°$; enthält keine Methoxylgruppe.

Physikalische Kennzahlen.

	Dichte	Schmelzpunkt	Erstarrungspunkt	Brechungs-Index n_D
Fette I	d_{15}^{100}: 0,892—0,908	35,7—38,7°	—	—
Fett II	d^{20}: 0,9293	34°	—	1,4710 (40°)
Säuren von Fett I	—	—	37,2°	—

Chemische Kennzahlen.

	Verseifungszahl	Jodzahl
Fette I	165—199	20—49
Fett II	185	54

Fette I: verschiedenen Ursprungs. Säurezahl eines Fettes: 7,9; dasselbe nach Abtrennung des ätherischen Öles, Säurezahl: 9,7; extrahiertes Fett, Säurezahl: 16,8. Die Kennzahlen schwanken stark, entsprechend den wechselnden Gehalten an Begleitstoffen: ein Muster enthielt z. B. neben 9,7% ätherischem Öl und 22,4% Wasser nur 67,7% fettes Öl (Verseifungszahl: 165; Jodzahl: 49). Fett II: ranzige Probe von brauner Farbe.

Fett von Virola surinamensis.

Stammpflanze und Pflanzenfamilie	Verbreitung	Gehalt (% Öl) im Organ	Farbe	Reaktionen. Besondere Merkmale
Virola (Myristica) surinamensis Fam.: Myristicaceae	Westindien	Frucht: 57,8%; Schale: 1,4%; Kern: 68,3% (sämtl. mit Petroläther extrahiert)[1]	Mit Petroläther extrahiert: hellgelb; gepreßt: braungelb	Konzentrierte Schwefelsäure: intensiv rot; ebenso färbt sich die Lösung des Fettes in Essigsäureanhydrid auf Zusatz von konzentrierter Schwefelsäure. Aus der alkoholischen oder petrolätherischen Lösung des gepreßten Fettes scheiden sich hellbraune Flocken ab, die sich bald zu einer linoxynähnlichen Masse zusammenballen[2]

Hauptbestandteil: Trimyristin. Von flüssigen Säuren wurde Ölsäure nachgewiesen.

Physikalische Kennzahlen.

	Dichte d_{50}^{50}	Schmelzpunkt	Erstarrungspunkt	Lichtbrechung B.-Refr. Sk. T.	Anmerkung
Fett I	0,9229	44,5°	—	45,3 (45°)	Schmelzpunkte im Capillarrohr, Erstarrungspunkt nach WOLFBAUER bestimmt
Fett II	0,9355	43,8°	—	52,3 (45°)	
Säuren von I	—	47,8°	—	30,5 (45°)	
von Fett II	0,9118	47,1°	44,6°	38 (45°)	

Chemische Kennzahlen.

	Verseifungszahl	Hehnerzahl	Acetylzahl	Jodzahl	R.-M.-Zahl
Fett I	223,6	92,8	—	7,8 (HÜBL) 9,1 (WIJS)	0,7
Fett II	224,7	92,7	—	10,6 (HÜBL) 11,2 (WIJS)	0,9
Säuren von Fett I	235,3	Neutral.-Z.: 230,3	—	8 (HÜBL) 9,3 (WIJS)	—
von Fett II	227,2	216,7	27,9	9,5 (HÜBL) 11 (WIJS)	—

Fett I mit Petroläther extrahiert; Säurezahl: 8,4; Unverseifbares: 1,1%. Fett II durch Pressung gewonnen; Säurezahl 24,3.

[1] Mittels Äther wurden 73% Fett extrahiert (Schmelzpunkt 45—47°).

[2] Ausbeute: 7,6—8% (Oxysäuren bzw. deren Glyceride; Verseifungszahl 198,2; Jodzahl 22 nach WIJS).

Fett von Virola guatemalensis.

Stammpflanze und Pflanzenfamilie	Verbreitung	Gehalt (% Öl) im Organ	Farbe
Virola guatemalensis Fam.: Myristicaceae	Mittelamerika	Samen: 51,8%; Kern: 60,7%	Hellbraun

Physikalische und chemische Kennzahlen.

	Dichte	Schmelzpunkt	Erstarrungspunkt	Brechungs-Index n_D	Verseifungszahl	Hehnerzahl	Jodzahl
Fett	d_4^{50}: 0,9005	41,0°	38,5°	1,4539 (50°)	244,0	94,8	13,8
Säuren	—	38,0°	36,8°	1,4486 (50°)	M. M.-Gew.: 246,5	—	15,6

Die untersuchte Probe zeigte die Säurezahl 28; sie enthielt 1,1% Unverseifbares und gab 11,9% Glycerin.

Fett von Virola venezuelensis.

Stammpflanze und Pflanzenfamilie	Verbreitung	Gehalt (% Öl) im Organ	Farbe	Anmerkung
Virola venezuelensis Fam.: Myristicaceae	Venezuela	Samen: 47,5% (gepreßt?); Kern, mit Äther extrahiert: 74,7% (auf den Samen berechnet: 62,0%)	Braun	Die Kennzahlen sind denen des Ucuhubafettes sehr ähnlich

Physikalische und chemische Kennzahlen.

	Dichte	Schmelzpunkt	Erstarrungspunkt	Brechungs-Index n_D	Verseifungszahl	Hehnerzahl	Jodzahl
Fett	d_4^{50}: 0,8996	47,0°	44,5°	1,4541 (40°)	221,5	95,2	12,4
Säuren	—	43,0°	39,5°	1,4482 (45°)	M. M.-Gew.: 253,2	—	12,9

Die untersuchte Probe hatte die Säurezahl 19,1; sie enthielt 0,9% Unverseifbares und gab 11,1% Glycerin.

Ochocofett.

Beurre d'Ochoco — Ochoco fat.

Stammpflanze und Pflanzenfamilie	Verbreitung	Gehalt (% Öl) im Organ	Farbe	Besonderes Merkmal
Ochocoa Gaboni (Scyphocephalium ochoca) Fam.: Myristicaceae	Westküste Afrikas	Endosperm, aus dem Kern isoliert und extrahiert: 69,4%	Rohfett aus ganzen Kernen: dunkelbraun. Aus Endosperm extrahiert: weiß	Das Fett besteht zu ca. 98% aus Trimyristin und etwas Ölsäureglycerid

Physikalische und chemische Kennzahlen.

	Dichte	Schmelzpunkt	Verseifungszahl	Jodzahl	R.-M.-Zahl
Fett	d_4^{60}:0,8899	45—48°	238,5	1,7	0,7
Säuren	—	47,2°	M. M.-Gew.[1]: 221,9	1,5	

Säurezahl: 1,4. Unverseifbares: 0,4%.

[1] M. M.-Gew. der unlöslichen flüchtigen Säuren: 227,3 (Myristinsäure 228); Schmelzpunkte dieser Säuren: 43—49°. Verlust beim Behandeln mit kochendem Wasser: 1,5% (also keine Laurinsäure zugegen).

Kombofett.

Beurre de Kombo — Kombo fat, Kombo butter.

Stammpflanzen und Pflanzenfamilie	Verbreitung	Gehalt (% Öl) im Organ	Farbe bzw. Geruch	Anmerkung
Pycnanthus (Myristica) Kombo; Myristica angolensis Fam.: Myristicaceae	Westliches Afrika von Sierra Leone bis Angola	Samen, mit Schwefelkohlenstoff extrahiert: 45,5%. Geschält: 56%. Mit Petroläther extrahiert: 54%. Samenhaut, extrahiert: 57%	Gepreßt oder extrahiert: rotbraun; schwach aromatischer Geruch; nach längerem Stehen Trimethylaminartig	Die Stammpflanze ist je nach ihrer Herkunft unter verschiedenen Vulgärnamen bekannt. — Das Fett der Samenhaut (arillus) färbt sich beim Behandeln mit Alkalien tiefviolett

Bestandteile: fast ausschließlich Trimyristin[1].

Physikalische und chemische Kennzahlen.

	Dichte	Schmelzpunkt	Erstarrungspunkt	Verseifungszahl	Hehnerzahl	Jodzahl
Fett I	d_{15}^{99}: 0,887	—	—	255,0	90,9	65,4
Fett II	—	(51°)[1]	(49°)[1]	183,0	—	33,7
Fett III	d_{15}^{99}: 0,866	—	—	214,0	91,2	77,5
Säuren von						
Fett I	—	—	37°	—	—	—
Fett II	—	—	37,6°	—	—	—
Fett III	—	—	35°	—	—	—

Fett I: aus zerkleinerten Kernen mit Petroläther extrahiert; roh, Säurezahl: 26,5; Fett II: dasselbe raffiniert, Säurezahl: 0. Fett III: aus der Samenhaut; Säurezahl: 40,7. Die Verseifungs- und Jodzahlen zeigen ungewöhnliche Abweichungen und bedürfen gründlicher Überprüfung.

Samenöl von Pycnanthus Schweinfurthii.

Stammpflanze und Pflanzenfamilie	Verbreitung	Gehalt (% Öl) im Organ	Farbe bzw. Geschmack	Anmerkung
Pycnanthus Schweinfurthii Fam.: Myristicaceae	Uganda	Kern: 60,2%; Blüten („macis“): 57%	Dunkelbraun; bitter Dunkelrot	Wird leicht ranzig Gibt beim Stehen eine starke Abscheidung; durch Alkalien wird es violett gefärbt

Physikalische und chemische Kennzahlen von Kernfetten.

	Dichte	Erstarrungspunkt	Verseifungszahl	Hehnerzahl	Jodzahl
Rohöl	d^{99}: 0,887	—	255	90,9	65,4
Raffiniertes Fett	—	—	183	—	33,7
Säuren	—	37—37,6°	—	—	—

Säurezahl des Rohöles: 26,5; des raffinierten: 0. Kennzahlen eines „Blütenöles“: d^{99} = 0,866; Verseifungszahl: 214; Jodzahl: 77,5; Hehnerzahl: 91,2; Erstarrungspunkt der Fettsäuren: 35°; Säurezahl: 40,7.

[1] Diese Angaben beziehen sich auf reines Fett. Die übrigen in der Tabelle angeführten Kennzahlen sind durch starke Verunreinigungen oder Veränderungen der untersuchten Fette unzuverlässig.

Kalifornisches Muskatöl.

Huile de noix de Californie — Californian Nutmeg oil — Olio di noce di California.

Stammpflanze und Pflanzenfamilie: Tumion californicum; Fam.: Myristicaceae.

Physikalische und chemische Kennzahlen.

	Dichte d_{15}^{15}	Schmelzpunkt	Brechungs-Index n_D	Verseifungszahl	Jodzahl	Thermozahl (MAUMENÉ)
Öl	0,9072	—	1,4766 (?°)	191,3	94,7	77 (JEAN)
Fettsäuren	—	19°	—	—	—	—

Weniger untersuchte Fette aus der Familie Myristicaceae.

Stammpflanze	Verbreitung	Fettgehalt im Organ	Farbe usw.	Kennzahlen	Anmerkung
Myristica argentea	Neuguinea	—	—	Ähnlich denen der Muskatnußbutter	„Papua-Muskat-Butter" genannt
Myristica ocuba	Brasilien	Samen: 20—22%	—	d^{15}: 0,920 Schmelzpunkt: 39—40°	Ocubafett, auch „Ocuba-Wachs" genannt
Virola Micheli	Französisch-Guayana	Samen: 51,3%. Endosperm: 65,4%	Weiß	Bestandteile: vorwiegend Myristin und Olein	Samenhaut, mit Schwefelkohlenstoff extrahiert: 47% (auch äther. Öl)
Staudtia Kamerunensis	Kamerun	Samen, entschält, mit Schwefelkohlenstoff extrahiert: 31,7%	Hellgelb, aromatischer Geruch und Geschmack	Schmelzpunkt der Fettsäuren: 39,2°	„Staudtiabutter" genannt. Vorwiegend Glyceride der Myristinsäure und Ölsäure
Coelocaryum cuneatum (C. Klainii)	Kamerun, Kongo	Samen, entschält, mit Schwefelkohlenstoff extrahiert: 34%	Lichtkakaobraun; Geruch: kakaoähnlich	Schmelzpunkt: 40°; Jodzahl: 33	Zusammensetzung ist ähnlich der der Muskatnußbutter
Brochoneura Freneei	Ostafrika	Kern, mit Schwefelkohlenstoff extrahiert: 71,5%	—	d^{15}: 0,9439; unlösliche Fettsäuren: 93,3% (Erstarrungspunkt: 36,8°)	Bis zu 13,5% unverseifbare Bestandteile
Brochoneura Vouri	Madagascar	Samen, gepreßt: ca. 25%	—	—	—

Kusufett.

Stammpflanze und Pflanzenfamilie	Verbreitung	Gehalt (% Öl) im Organ	Farbe bzw. Geruch	Anmerkung
Cinnamomum camphora Fam.: Lauraceae	Japan	Früchte, lufttrocken: 42,4%	Warm gepreßt: weiß; schwach aromatischer Geruch, ähnlich dem des Cocosfettes	Hauptbestandteil: Trilaurin

Physikalische und chemische Kennzahlen.

	Dichte	Schmelzpunkt	Brechungs-Index n_D	Verseifungszahl	Hehnerzahl	Jodzahl	R.-M.-Zahl
Fett	d^{25}: 0,9267 d^{100}: 0,8760	22,8°	1,4517 (25°)	283,8	81,8	4,5	0,5
Säuren	d^{100}: 0,8412	21°	—	Neutral.-Z.: 292,8	M. M.-Gew.: 191,6	5,1	—

Säurezahl einer Probe: 4,7.

Inukusuöl.

Stammpflanze und Pflanzenfamilie	Verbreitung	Gehalt (% Öl) im Organ	Farbe	Anmerkung
Machilus Thunbergii (Tabu-no-Ki) Fam.: Lauraceae	Japan	Frucht: 65,1%	Bräunlichgelb	Gibt bei tiefer Temperatur eine feste Abscheidung

Physikalische und chemische Kennzahlen des Öles.

Dichte	Brechungs-Index n_D	Verseifungszahl	Jodzahl	R.-M.-Zahl
d^{25}: 0,9347	1,4646 (25°)	241,4	66,1 (WIJS)	2,1

Die untersuchte Probe hatte die Säurezahl 19,3.

Avocatofett.

(Avocatobirnenöl, Advocatofett[1].)

Stammpflanze und Pflanzenfamilie	Verbreitung	Gehalt (% Öl) im Organ	Farbe	Anmerkung
Persea gratissima (Lanus Persea) Fam.: Lauraceae	Tropen, auch subtropische Gegenden	Fruchtfleisch: 5—10,8%; auf Trockensubstanz bezogen: 23,7—46%	Goldgelb bis grünlichgelb	Die californischen Früchte scheinen am ölreichsten zu sein

Fettsäuren: 30% flüssig; 70% fest. Vorwiegend Ölsäure, Laurinsäure und Palmitinsäure.

Physikalische und chemische Kennzahlen des Fettes.

Schmelzpunkt	Lichtbrechung B.-Refr. Sk. T.	Verseifungszahl	Jodzahl
15°	62,8 (25°)	180—186	61—79

Samenfett von Nectandra.

Stammpflanze und Pflanzenfamilie	Verbreitung	Gehalt (% Öl) im Organ
Nectandra Wane. Fam.: Lauraceae	Surinam	Samen: 55% (auf Trockensubst. berechnet)

Physikalische und chemische Kennzahlen des Fettes.

Schmelzpunkt	Verseifungszahl	Jodzahl	R.-M.-Zahl
43°	270	3	0,5

[1] Neuere Angaben s. Nachtrag S. 498.

Fett von Litsea polyantha.

Stammpflanze und Pflanzenfamilie	Verbreitung	Gehalt (% Öl) im Organ	Farbe	Anmerkung
Litsea polyantha Fam.: Lauraceae	Indien, Südabhang des Himalaya	Samen: 21,2%; Kern: 33%	Weiß	Hauptbestandteil: Laurinsäure

Physikalische und chemische Kennzahlen des Fettes.

Schmelzpunkt	Verseifungszahl	Jodzahl
38,5°	244,8	34,4

Die Säurezahl der untersuchten Probe war 98,9.

Fett der Beeren von Litsea zeylanica.

Stammpflanze und Pflanzenfamilie	Verbreitung	Gehalt (% Öl) im Organ	Hauptbestandteil
Litsea zeylanica. Fam.: Lauraceae	Indien	Beeren: 61%	Laurin

Physikalische und chemische Kennzahlen des Fettes.

Dichte d^{40}	Schmelzpunkt	Verseifungszahl	Hehnerzahl	Jodzahl
0,9317	40°	244,7	91,3	46,5

Die **Beeren von Litsea Stocksii** (Indien) enthalten 31,6% Fett (Schmelzpunkt 39°), dessen Hauptbestandteil ebenfalls Trilaurin ist.

„Tsuzu"-Samenöl.

Stammpflanze und Pflanzenfamilie: Tetradenia glauca (= Litsea gl.). Fam.: Lauraceae.
Verbreitung: Japan.

Bestandteile: u. a. ca. 2% Tsuzusäure $CH_3 \cdot (CH_2)_8 \cdot CH : CH \cdot (CH_2)_2 \cdot COOH$ mit dem Schmelzpunkt 20°; ferner größere Mengen gesättigter Säuren (vorwiegend Myristinsäure).

Physikalische und chemische Kennzahlen des Öles.

Dichte	Brechungs-Index n_D	Verseifungszahl	Jodzahl	R.-M.-Zahl
d^{15}_{4}: 0,9452	1,4670 (20°)	238,3	79,4	1,3

Die untersuchte Probe zeigte die Säurezahl 13,4 und enthielt 2,5% Unverseifbares.

Lindera-Samenöle.

Stammpflanzen und Pflanzenfamilie	Verbreitung	Gehalt (% Öl) im Organ	Im Ursprungsland übliche Bezeichnung
Lindera triloba (1)	Japan	Kern: 45,3%	„Shiromoji"
Lindera sericea (2)	„	Kern: 58,0%	„Kuromoji"
Lindera hypoglauca (3)	„	—	„
Lindera praecox (4)	„	Kern: 18,2%	„Aburachan"
Fam.: Lauraceae			

Das „Kuromoji"-Öl von Lindera hypoglauca enthält eine Dodecylensäure in beträchtlicher Menge sowie geringe Mengen einer Tetradecylensäure. Ferner ca. 4% Unverseifbares.

Physikalische Kennzahlen.

	Dichte d_{15}^{15}	Erstarrungspunkt	Lichtbrechung B.-Refr. Sk. T.	Brechungs-Index n_D
Öl von (1)	0,9361	—	40,2 (27,3°)	—
(2)	0,9401 (30°)	—	63,2 (27°)	—
(3)	0,9394	—	—	1,4728 (20°)
(4)	0,9348	—	43,6 (27°)	—
Fettsäuren von Öl (1)	—	14°	—	—
(2)	—	9,5°	—	—
(3)	—	13°	—	—

Chemische Kennzahlen.

	Verseifungszahl	Hehnerzahl	Jodzahl (HÜBL)	R.-M.-Zahl
Öl von (1)	282,0	85,7	11,7	2,0
(2)	255,6	86,2	65,3	2,5
(3)	222,5	—	69,1	1,5
(4)	273,6	89,2	20,5	1,4
	Neutral.-Z.:	M. M.-Gew.:		
Fettsäuren von Öl (1)	287,1	205,4	12,2	—
(2)	262,0	214,1	37,0	—
(3)	277,2	202,4	18,3	—

Säurezahlen von Öl (1): 0,6; von Öl (2): 18,8; von Öl (3): 38,8; von Öl (4): 2,6.

Das **Öl von Lindera obtusiloba** enthält eine Dodecylensäure $C_{12}H_{22}O_2$ (s. Bd. I, S. 7).

Gewürzbusch-Samenfett.

Spice bush seed (Fever bush seed) oil.

Stammpflanze und Pflanzenfamilie	Verbreitung	Gehalt (% Öl) im Organ	Farbe	Anmerkung
Lindera benzoin Fam.: Lauraceae	Nordamerika; auch in Europa kultiviert	Samen: 45,6%	Gelb	Von Fettsäuren vorwiegend Laurinsäure; auch Caprin- und Ölsäure nachgewiesen

Physikalische und chemische Kennzahlen des Fettes.

Schmelzpunkt	Verseifungszahl	R.-M.-Zahl
26°	284,4	1,3

Lorbeerfett.

Huile de laurier — Laurel oil, Bayberry oil — Burro di lauro, Olio di lauro.

Stammpflanze und Pflanzenfamilie	Verbreitung	Gehalt (% Öl) im Organ	Farbe bzw. Geruch	Reaktionen. Anmerkung
Laurus nobilis Fam.: Lauraceae	Mittelmeergebiet	Frische Beeren: 16—17%; getrocknet: 24 bis 30%. Fruchtfleisch: 7—8%; Kern: 12,9 bis 14,1%	Beerenöl (Fruchtfleischöl): gelblichgrün bis dunkelgrün; bitter, Geruch nach Lorbeerblättern. Kernöl: gelblich, Geruch weniger ausgeprägt	Rohöl färbt sich mit Furfurol und Salzsäure violett bis weinrot. HEYDENREICH: bräunlich. HAUCHECORNE: (kalt) grün, (warm) gelb. BRULLÉ: orangegelb. Das Fett wird durch Penicillium glaucum im Sinne der Ketonbildung abgebaut. Es ist auch leicht verseifbar (vgl. Cocosfett)

Bestandteile: ca. 30% Trilaurin; Glyceride der Ölsäure sowie mehrfach ungesättigter Säuren. Ätherisches Öl. Unverseifbares: ca. 1%; enthält Melissylalkohol, ein Phytosterin vom Schmelzpunkt 132—133°, einen Kohlenwasserstoff Lauran $C_{20}H_{42}$ (Schmelzpunkt 69°) sowie eine ölige Substanz von brauner Farbe und aromatischem Geruch.

Physikalische Kennzahlen.

	Dichte d_{15}^{15}	Schmelzpunkt	Erstarrungspunkt	Lichtbrechung B.-Refr. Sk. T.	Lichtbrechung Brechungs-Index n_D	Kritische Lösungstemp.
Fett a	0,926—0,953 d^{25}: 0,941	31—36°	23—25°	72 (40°) 80 (25°)	1,4643 (40°) 1,4710 (25°?)	Fett a: 61,5° (GRIMME) 40° (ALLEN) 26—27° (VALENTA)
,, b	0,9284 $d_{15,5}^{98,5}$: 0,8806	30°	22°	—	—	
,, c	—	33—34°	10—25°	—	—	
Säuren von Fett a	—	14,2°	8,2—15,1°	—	—	
,, ,, b	—	35°	—	—	—	

Chemische Kennzahlen.

	Verseifungszahl	Hehnerzahl	Acetylzahl	Jodzahl	R.-M.-Zahl	Pol.-Zahl
Fett a	197—215,6	84—95	5,1	65—96,4	1,5—5,9	2,8
,, b	188—206,4	97 (?)	—	88—98,8	2,3	—
,, c	217,5—219	92	—	71,2—74	2,5	—
Säuren von Fett a	V.-Z.: 204 | N.-Z.: 200 bis 202	M. M.-Gew.: 277—280	1,6	81,6—89	—	—
,, ,, b	194 | 190	294	—	92,1	—	—
,, ,, c	226 | 213	263	—	—	—	—

Fette a aus der ganzen Frucht; Säurezahlen: 5 bis 26. Fett b aus dem Fruchtfleisch; Säurezahl einer Probe: 10. Fett c aus dem Kern; Säurezahl einer Probe: 2.

„Die Angabe, daß Lorbeerfett hauptsächlich aus Trilaurin bestünde, trifft nicht zu. Die relativ niedrige Verseifungszahl und die hohe Jodzahl beweisen vielmehr, daß Trilaurin nur in geringer Menge enthalten ist und die Hauptmenge des Fettes aus Glyceriden ungesättigter Säuren besteht, die ungefähr das Molekulargewicht der Ölsäure haben.

Beim Digerieren und Waschen von rohem Lorbeerfett mit 95proz. Alkohol geht ein Teil in Lösung. Derselbe ist flüssig und zeigt die Verseifungszahl 186,6 und die Jodzahl 124,1. Das Lorbeerfett enthält demnach wahrscheinlich mehrfach-ungesättigte Säuren, vielleicht auch ungesättigte Säuren von niedrigerem Molekulargewicht als Ölsäure (z. B. berechnet sich für $C_{12}H_{22}O_2$ die Jodzahl zu ca. 127).

Der bei 0° in Alkohol unlösliche Teil (die Hauptmenge des Lorbeerfettes) ist ein farb- und geruchloser Talg, der folgende Kennzahlen ergab“:

	Schmelzpunkt	Erstarrungspunkt	B.-Refr. Sk. T.	Hehnerzahl	Verseifungszahl	Jodzahl
Fett	40—50°	26—28°	53° (40°)	90,0	206,5	65,6
Säuren	23—24°	18—19°	—	—	—	64,7 Innere Jodz. 98,1

(GRÜN in ABDERHALDEN, Biochemisches Handlexikon, VIII. Band (1. Ergänzungsband), S. 434. 1914.)

Indisches Lorbeeröl.

Oleum lauri indicae.

Stammpflanze und Pflanzenfamilie	Verbreitung	Farbe bzw. Geruch
Laurus indica Fam.: Lauraceae	Indien	Braun; eigentümlicher Geruch

Physikalische und chemische Kennzahlen.

	Dichte d^{15}	Schmelzpunkt	Erstarrungspunkt	Verseifungszahl	Jodzahl
Öl	0,926	—	—	170,0	118,6
Fettsäuren	—	24—26°	18—19°	—	—

Das mit Petroläther extrahierte Muster war dickflüssig und trüb, zeigte die Säurezahl 33,0 und enthielt 20% Unverseifbares.

Tangkallakfett.

Beurre de tangkallah — Tangkallak fat.

Stammpflanze und Pflanzenfamilie	Verbreitung	Gehalt (% Öl) im Organ	Farbe
Lepidadenia wightiana[1] Fam.: Lauraceae	Java, Indochina	Fruchtfleisch: 36,5%; Samen: 47—52%	Weiß bis gelblich

Bestandteile des Fruchtfleischöles: angeblich 87% Trilaurin und 13% Triolein. Kernfett angeblich 96% Trilaurin und 2,6% Triolein (?); vgl. die Schlußbemerkungen zu Lorbeerfett.

Physikalische und chemische Kennzahlen.

	Dichte	Schmelzpunkt	Erstarrungspunkt	Verseifungszahl	Hehnerzahl	Jodzahl	R.-M.-Zahl
Fruchtfleischöl	—	37°	—	—	—	11,5	—
Kernfett	d^{41}: 0,8734	44—46,2°	27°	268,2	76,1	2,3	1,5

Das Kernfett hatte die Säurezahl 3,4; es enthielt 1,4% Unverseifbares und gab 13% Glycerin.

Mahubasamenfett.

Stammpflanze und Pflanzenfamilie	Verbreitung	Gehalt (% Öl) im Organ	Farbe	Anmerkung
Acrodiclidium mahuba Fam.: Lauraceae	Brasilien	Samen, mit Petroläther extrahiert: 65%; davon reines Fett: 45—50%	Roh: dunkelbraun, nach dem Abkühlen und Erstarren: fahlgelb	Das Fett besteht zum größten Teil aus Trilaurin. Es ist nur teilweise in siedendem Äther löslich.

Physikalische und chemische Kennzahlen des Fettes.

Schmelzpunkt	Verseifungszahl	Jodzahl
43—44°	272	20

Durch mehrmaliges Umkrystallisieren des Rohfettes wurde Trilaurin fast rein erhalten: Schmelzpunkt 49°; Verseifungszahl 260; Jodzahl 1 bis 1,5.

[1] Es werden auch folgende Pflanzen genannt, von denen sich „tangkallah"-Fette ableiten: Litsea sebifera, Litsea Tetranthera, Tetranthera laurifolia, Cylicodaphne Litsea, Cylicodaphne sebifera u. a.

Hernandiaöl.

Stammpflanze und Pflanzenfamilie	Verbreitung	Gehalt (% Öl) im Organ
Hernandia peltata; Fam.: Hernandiaceae	Tropen der alten Welt	Kern: 33,9%

Physikalische und chemische Kennzahlen.

	Dichte d_{15}^{15}	Erstarrungspunkt	Lichtbrechung B.-Refr. Sk. T.	Verseifungszahl	Hehnerzahl	Jodzahl	R.-M.-Zahl
Öl	0,9380	—	78,3 (27°)	195,7	93,2	126,1 (Hübl)	1,8
Fettsäuren	—	12—13° (trüb)	—	Neutral.-Z. 185,7	M. M.-Gew.: 302,1	130 (Hübl)	—

Die untersuchte Probe zeigte die Säurezahl 7,4.

Reihe: Rhoeadales.

Pillenbaumöl.

Stammpflanze und Pflanzenfamilie	Verbreitung	Gehalt (% Öl) im Organ	Farbe bzw. Geschmack
(1) Cleome viscosa (2) Polanisia viscosa (3) Cleome gigantea Fam.: Capparidaceae	Indien Tropen Brasilien	Samen: 9% Samen: 24% (mit Schwefelkohlenstoff extrahiert) Samen: 9,5%	Helloliv; mild (1) Grünlich (2) Rötlichbraun (3)

Physikalische Kennzahlen.

	Dichte d_{15}^{15}	Schmelzpunkt
Öl von (1)	0,9080	—
(3)	d_{22}^{200}:0,833	—
(2)	0,927	—
Säuren von Öl (2)	—	22°

Öl aus den Samen von Gynandropsis pentaphylla.

Hure-seed Oil.

Stammpflanze und Pflanzenfamilie	Verbreitung	Gehalt (% Öl) im Organ	Farbe	Konsistenz. Kennzahlen
Gynandropsis pentaphylla Fam.: Capparidaceae	Indien	Samen, mit Äther extrahiert: 25%	Grünlich	Dickflüssig. — Vers.-Zahl: 194,5; Jodzahl: 119,5. Säurezahl der Probe: 6,4

Behenöl.

Huile de ben — Ben oil — Olio di ben.

Stammpflanzen und Pflanzenfamilie	Verbreitung	Gehalt (% Öl) im Organ	Farbe bzw. Geschmack	Anmerkung
Moringa oleifera, M. aptera, M. pterygosperma Fam.: Moringaceae	Tropisches und subtropisches Asien, Afrika und Amerika	Samen (Nigeria): 33,3%; Kern, extrahiert: 36—38%	Raffiniert: gelblich; angenehm süßlich, geruchlos	Ein Behenöl von Jamaika konnte durch Filtration bei 17° in 60% flüssige und 40% feste Anteile zerlegt werden; die letzteren waren gelblichweiß und schmolzen bei 25°

Fettsäuren: neben Palmitin-, Stearin- und Behensäure vorwiegend Ölsäure (71% der wasserunlöslichen Säuren).

Physikalische Kennzahlen.

	Dichte d_{15}^{15}	Erstarrungspunkt	Lichtbrechung B.-Refr. Sk. T.
Öl	0,912—0,920 d^{100}: 0,865	Bei 7° trüb, bei 0° fest	59,0—60,5 (40°)
Öl I	d_{40}^{40}: 0,9018	—	—
Öl II	d_{40}^{40}: 0,8984	—	—
Öl III	—	8,8°	50 (40°)
Fettsäuren	—	37,2—37,8°	—

Die meisten Behenöle sind bei gewöhnlicher Temperatur flüssig und geben bei 0° eine feste Abscheidung.

Chemische Kennzahlen.

	Verseifungszahl	Hehnerzahl	Jodzahl	R.-M.-Zahl
Öl	184,6—189,2	95,2	110—113 (Type a)	0,5
	—	—	81—84 (Type b)	—
Öl I	179,2	—	100,3	—
Öl II	178,7	—	88,0	—
Öl III	188,0	—	72,2	—

Öl I (kalt gepreßt) zeigte die Säurezahl 49,7 und enthielt 1,7% Unverseifbares. Öl II (warm gepreßt) hatte die Säurezahl 100,5 und enthielt 2,7% Unverseifbares (darunter ein Phytosterin vom Schmelzintervall 131—135°). Öl III von Moringa pterygosperma.

Reihe: Rosales.

Samenöl von Pittosporum coriaceum.

Stammpflanze und Pflanzenfamilie	Verbreitung	Gehalt (% Öl) im Organ	Farbe bzw. Geruch	Reaktion
Pittosporum coriaceum Fam.: Pittosporaceae	Brasilien	Samen: ca. 3%; Samenhülle: bis 7%; Kern: 1,5%	Orangegelb; schwacher Geruch (Kopaivaähnlich)	Schütteln mit Schwefelsäure: Öl dunkelgrün, Säureschicht rot. Salpetersäure: dunkelgelb; nach 15 Min. Öl grün, Säure fleischrot. Salzsäure: sogleich rosarot, Öl lebhaft grün

Quittensamenöl.

Huile de cognassier — Quince oil — Olio di cotogno.

Stammpflanze und Pflanzenfamilie	Verbreitung	Gehalt (% Öl) im Organ	Farbe bzw. Geschmack	Reaktionen. Anmerkung
Cydonia vulgaris (gemeine Quitte) Fam.: Rosaceae (Pomoideae)	In Asien und Europa kultiviert	Samen: ca. 15%	Gelb bis grünlich; angenehmer Geruch, ähnlich dem des Mandelöls	HEYDENREICH: gelborangegrünlich. HAUCHECORNE: in der Wärme orange. BRULLÉ: orange. BECCHI: bräunlich. Geringes Trockenvermögen

Bestandteile: angeblich Myristinsäure und eine andere gesättigte Fettsäure. 77,3% flüssige Säuren. Von ungesättigten Säuren u. a. eine Oxysäure $C_{17}H_{32}$ (OH) COOH (Schmelzpunkt des Dibromides: 108°).

Physikalische Kennzahlen.

	Dichte d_{15}^{15}	Schmelzpunkt	Erstarrungspunkt	Lichtbrechung B.-Refr. Sk. T.	Lichtbrechung Brechungs-Index n_D
Öl	0,922—0,924	—	−11 bis −13°	68,5 (25°)	1,4729 (25°)
Fettsäuren	—	33—34°	26—27°	—	—

Chemische Kennzahlen.

	Verseifungszahl	Hehnerzahl	Jodzahl	R.-M.-Zahl	Thermozahl
Öl	180,3—187,7	95,2—95,5	113—120,2 (105,5—107,6)[1]	0,5	(MAUMENÉ) 73
Fettsäuren	—	—	124,6 Innere Jodzahl: 132,1	—	—

Säurezahlen bis 31,7.

Scharlachquittensamenöl.

Stammpflanze und Pflanzenfamilie	Verbreitung	Gehalt (% Öl) im Organ	Anmerkung
Cydonia japonica Fam.: Rosaceae (Pomoideae)	Japan	Samen: 17,8%	Trocknet nicht nach 20 Tagen

Physikalische und chemische Kennzahlen des Öles.

Dichte d_{15}^{15}	Verseifungszahl	Jodzahl	R.-M.-Zahl
0,9285	195,2	110,7	0,4

Die untersuchte Probe zeigte die Säurezahl 3,1 und gab 10,6% Glycerin.

Vorbemerkungen zu den Samenölen der Gattungen Pirus und Prunus.

Die Samen[2] dieser Rosaceen-Arten enthalten wechselnde Mengen des Glykosides Amygdalin sowie des Enzymkomplexes, der unter dem Namen Emulsin bekannt ist. Unter dem Einflusse des letzteren wird in wässeriger Lösung das Amygdalin in seine Bestandteile Glykose, Benzaldehyd und Blausäure je nach den Bedingungen der Temperatur und der Wasserstoffionenkonzentration mehr oder weniger stark gespalten. Werden demnach Kerne von Pirus- oder Prunus-Arten in Gegenwart von Wasser gepreßt, so erfolgt Zerlegung des Amygdalins und die flüchtigen Spaltprodukte verleihen den Ölen den Geruch und Geschmack „nach bitteren Mandeln".

Durch Überleiten eines Luftstromes über die trockenen, zerkleinerten Kerne kann der Großteil der schon vorhandenen Spaltprodukte Benzaldehyd und Blausäure entfernt werden. Dermaßen vorbehandelte Kerne liefern ein Öl, das nur sehr geringe Mengen dieser Substanzen gelöst enthält, die sich aber auch beim längeren Aufbewahren verflüchtigen. S. a. Pflaumenkernöl, S. 240 und Kirschkernöl, S. 243.

[1] Jodzahlen von Ölen mit Säurezahl 7,8 bzw. 11,2; Hehnerzahlen 92,2 bzw. 92,6; R.-M.-Zahlen um 2; Pol.-Zahlen 0,5 bzw. 0,6; Acetylzahl 23,6 (nach LEWKOWITSCH).

[2] Es ist zu beachten, daß mit dem Ausdruck „Kern" auch hier der innere Teil des Samens gemeint ist, den man z. B. bei Amygdalus „Mandel" nennt.

Bezüglich der Farbenreaktionen der drei hauptsächlich im Handel vorkommenden Öle dieser Gruppe gelangten PRITZKER und JUNGKUNZ zu folgenden Ergebnissen:

Reaktion nach BELLIER: stark positiv bei Aprikosenkernölen; negativ bei Pfirsichkernölen; bei Mandelölen meist negativ oder schwach positiv.

Reaktion nach KREIS[1]: Aprikosenkernöl intensiv fuchsinrot; Mandelöl und Pfirsichkernöl meist negativ oder schwach positiv.

Mandelöle aus ganz frischen Mandeln geben die Reaktionen von KREIS und BELLIER so stark, daß auf einen Zusatz von 10—15% Aprikosenkernöl geschlossen werden kann; beim längeren Aufbewahren der Mandeln oder des aus ihnen gewonnenen Öles nimmt die Intensität der Reaktionen ab.

Salpetersäure-Reaktion: negativ bei Mandelöl und Pfirsichkernöl.

Reaktion nach MABEN: in allen Fällen negativ.

Birnensamenöl.

Huile de poirier — Pear seed oil — Olio di pera.

Stammpflanze und Pflanzenfamilie	Verbreitung	Gehalt (% Öl) im Organ	Farbe bzw. Geruch
Pirus communis Fam.: Rosaceae (Pomoideae)	Gemäßigte Zone	Samen: 12—15%; Kern: 20—21,3% (mit Äther extrahiert)	Hellgelb, Geruch nach getrockneten Birnen

Physikalische Kennzahlen.

	Dichte d_{15}^{15}	Schmelzpunkt	Erstarrungspunkt	Lichtbrechung B.-Refr. Sk. T.	Lichtbrechung Brechungs-Index n_D
Öl I	—	—	—	70,6 (25°)	—
Öl II	0,9177	—	—	—	1,4717 (21°)
Fettsäuren von Öl II	—	25°	16°	—	—

Chemische Kennzahlen.

	Verseifungszahl	Jodzahl
Öl I	197,5	126,5
Öl II	—	121
Fettsäuren von Öl I	203	128,9

Öl I, mit Äther extrahiert, Säurezahl: 2,3; Unverseifbares: 0,5%. Öl II: Säurezahl 38,5; die chemischen Kennzahlen dieses Öles und die seiner Fettsäuren wurden in obiger Tabelle (mit Ausnahme der Jodzahl) nicht aufgenommen, da sie weder untereinander noch mit den Kennzahlen von Öl I übereinstimmen.

Apfelsamenöl.

Huile de pommier — Apple seed oil — Olio di mela.

Stammpflanze und Pflanzenfamilie	Verbreitung	Gehalt (% Öl) im Organ	Farbe bzw. Geruch
Pirus malus Fam.: Rosaceae (Pomoideae)	Gemäßigte Zone	Samen: 15%; Kern: 20—22,5%	Hellgelb bis dunkelgelb; schwacher Geruch nach bitteren Mandeln

[1] Man überschichtet konz. Salpetersäure vom spez. Gewicht 1,4 mit dem gleichen Volumen Öl, hierauf mit ebensoviel 1promill. ätherischer Phloroglucinlösung und schüttelt einmal kräftig durch.

Physikalische und chemische Kennzahlen.

	Dichte d_{15}^{15}	Lichtbrechung B.-Refr. Sk. T.	Lichtbrechung Brechungs-Index n_D	Verseifungszahl	Jodzahl
Öl I	—	70,6 (25°)	—	189,5	119,8
Öl II	0,9016	—	1,4713 (21°)	202 (?)	135 (?)
Fettsäuren von Öl II	—	—	1,4794 (21°)	195,5	129,5

Öl I, mit Äther extrahiert, Säurezahl: 2,9; Unverseifbares: 1,2%. Öl II: Säurezahl 57; Die Kennzahlen sind z. T. derart unglaubwürdig, daß sie in der obigen Tabelle mit Fragezeichen versehen oder überhaupt nicht aufgenommen wurden.

Fett der Japanischen Mispel.

Stammpflanze und Pflanzenfamilie	Verbreitung	Gehalt (% Öl) im Organ
Eriobotrya japonica Fam.: Rosaceae (Pomoideae)	Japan; in wärmeren Ländern kultiviert	Samen, extrahiert: 0,4—0,5%

Fettsäuren: Palmitin-, Arachin-, Ölsäure und Linolsäure.

Physikalische Kennzahlen.

	Dichte d_{15}^{15}	Schmelzpunkt	Lichtbrechung B.-Refr. Sk. T.	Säurezahl
Fett (gepreßt, Säurezahl 90,5)	0,967	49°	75,5 (45°)	90,5
Fett (extrahiert, Säurezahl 89,5)	—	48°	76 (45°)	89,5

Chemische Kennzahlen.

	Verseifungszahl	Hehnerzahl	Jodzahl	R.-M.-Zahl
Fett	179,9	92,6	48—48,7	5,4
Säuren	173 Neutral.-Z.: 160	—	58,5	—

Die Verseifungszahl und die Neutral.-Zahl der Fettsäuren sind mit der Verseifungszahl des Fettes nicht in Einklang zu bringen. Sie bedürfen ebenso wie auch andere Kennzahlen dieses Fettes der Überprüfung.

Aprikosenkernöl.

Huile d'abricotier — Apricot kernel oil — Olio di albicocche.

Stammpflanze und Pflanzenfamilie	Verbreitung	Gehalt (% Öl) im Organ	Farbe bzw. Geschmack	Reaktionen. Anmerkung
Prunus armeniaca Fam.: Rosaceae (Prunoideae)	Europa, Nordafrika, Kleinasien, Persien, Afghanistan, westlicher Himalaya	Samen: 9,6%; Kern, extrahiert: 40—51,4%. Durch erste Pressung ca. 27%, durch zweite Pressung 5,5% gewonnen	Gepreßt: anfangs fast farblos, dann gelb. Angenehmer, schwacher Geruch und Geschmack	Elaidinierung: positiv. BIEBER: pfirsichblütenrot, später dunkelorange[1]. Schütteln mit Salpetersäure (1,4): orange bis orangerot. HEYDENREICH: orange. HAUCHECORNE: (kalt) rosa, (warm) orange. BRULLÉ: schwach gelb. — Das Öl wird ziemlich leicht ranzig

Bestandteile: 0,5% wasserlösliche und 93,7% wasserunlösliche Säuren (u. a. 5,3—14,3% feste Säuren). Eine Probe enthielt 1,2% Unverseifbares und gab 8,9% Glycerin.

[1] In einer Mischung mit Mandelöl können mit Hilfe dieser Reaktion 15—25% Aprikosenkernöl nachgewiesen werden. Das Öl reagiert auch positiv, wenn es mit Wasserdampf behandelt oder längere Zeit (z. B. 1 Jahr) aufbewahrt wurde.

Physikalische Kennzahlen.

	Dichte d_{15}^{15}	Schmelzpunkt	Erstarrungspunkt	Lichtbrechung B.-Refr. Sk. T.	Lichtbrechung Brechungs-Index n_D	Kritische Lösungstemperatur
Öl	0,915—0,921 d^{25}: 0,9117 d^{90}: 0,901 bis 0,9015	—	—4 bis —22° (meist bei —20°)	52,5 (50°) 56—58 (40°) 65—67 (25°)	1,4609—1,4650 1,4708—1,4725 (25°) 1,4712 (20°)	in Eisessig (1,0562): 92—114° (s. Bd. I, S. 137 u. 138)
mit Säurezahl = 1,8	$d^{15,5}$: 0,9211	—22 bis —24°	—19 bis —21°	—	1,4646 (40°)	
Fettsäuren	0,9021—0,9195 d^{90}: 0,8875	2—15° (18°)[1]	0—6°	41,3 (50°) 44,6 bis 44,9 (40°) 56—59 (25°)	1,4626 (20°)	

Chemische Kennzahlen.

	Verseifungszahl	Hehnerzahl	Jodzahl	R.-M.-Zahl	Pol.-Zahl	Thermozahl
Öl	188—198 Südafrikan. Öl: 179	95—95,7	96—108,7 Südafrikan. Öl: 112; Jodbromzahl: 107—109	0,1	0,3	42—46 (JEAN); 60,5 (TORTELLI)
Fettsäuren	Neutral.-Z.: 193,6—200,1	M. M.-Gew.: 280,5—289,8	99—108,1 Inn. Jodzahl: 110—112	—	—	—

Pflaumenkernöl.

Huile de prunier — Plum kernel oil — Olio di susina, olio di prugne.

Stammpflanze und Pflanzenfamilie	Verbreitung	Gehalt (% Öl) im Organ	Farbe bzw. Geschmack	Reaktionen. Anmerkung
Prunus domestica Fam.: Rosaceae (Prunoideae)	Gemäßigte Zone	Samen, mit Äther extrah.: 4—5,7%; warm gepreßt: 2,2%. Kern: 35,1—61%; im Mittel: 40—50%[2]. Durch Pressung 25% gewonnen	Goldgelb bis bräunlich. Frisch gepreßt: Geruch und Geschmack nach bitteren Mandeln[3]; ältere Öle sind geruchlos	BIEBER: rosa; nach einiger Zeit orange bis schokoladenbraun. BELLIER: blauviolett, Säureschicht dunkelorange; nach längerer Zeit beide Schichten purpurn. Salpetersäure (1,4): orange. BAUDOUIN: negativ. SOLTSIEN: negativ. — Das Öl ist gut haltbar

Von den Fettsäuren sind angeblich 70% flüssig. Eine Probe enthielt ca. 0,6% Unverseifbares.

[1] In der Capillare bestimmt.

[2] Die Verteilung der Werte ist die folgende (70 Bestimmungen): 35—40% (10 Fälle); 40—45% (32 Fälle); 45—50% (21 Fälle); 50—55% (5 Fälle); über 55% (2 Fälle).

[3] Benzaldehydcyanhydrin aus dem Amygdalin der Kerne (ca. 1,8%); Überleiten von Luft über trockene Samenkerne entfernt die Hauptmenge der Blausäure. Das aus solchen Kernen gepreßte Öl enthält nur mehr Spuren von Blausäure (bis zu 0,006% HCN), ferner 0,037—0,047% Benzaldehyd und Benzoesäure (berechnet als Benzoesäure).

Physikalische Kennzahlen.

	Dichte d_{15}^{15}	Schmelzpunkt	Erstarrungspunkt	Lichtbrechung B.-Refr. Sk. T.	Lichtbrechung Brechungs-Index n_D
Öl	0,916—0,921	—	−5 bis −17°; bei −20° trüb [2]	63,1—66,7 (25°)	1,4705 bis 1,4715 (20°) 1,4624 bis 1,4647 (40°)
Fettsäuren	—	20—22° (12—18°) [1]	12—15°	—	—

Chemische Kennzahlen.

	Verseifungszahl	Hehnerzahl	Jodzahl	R.-M.-Zahl	Pol.-Zahl	Thermozahl
Öl	188,0—198,5	95,8—97,2	91,2—104 (gepreßt: 103,6—121,1 ?) Jodbromzahl: 96—98	0,8	0,7	44—45
Fettsäuren	200,5	M.M.-Gew.: 279,3	95,7—104,2 Innere Jodzahl: 98—102 [3]	—		

Mandelöl.

Huile d'amande — Almond oil — Olio di mandorle — Oleum Amygdalarum.

Stammpflanze und Pflanzenfamilie	Verbreitung	Gehalt (% Öl) im Organ [4]	Farbe bzw. Geschmack	Reaktionen. Bes. Merkmale
Prunus amygdalus; var. dulcis, var. amara Fam.: Rosaceae (Prunoideae)	Mittelmeergebiet, Persien, auch Indien und Californien	Kerne (süße Mandeln): 45—54%; schalenfrei: bis 67%. Bittere Mandeln je nach Herkunft und Gewinnungsmethode: 35,5—62,5%	Gepreßt: blaßgelb bis tiefgelb. Geruch und Geschmack angenehm	Elaidinierung: positiv. BIEBER: negativ. Schütteln mit Salpetersäure (1,4): farblos bis schwach gelb. HEYDENREICH: anfangs farblos, dann schmutziggelb; nach dem Rühren dunkelgelb, dann olivgrün. Verhalten der Fettsäuren s. Fußnote 1, S. 242

Bestandteile: 1,5—5,4% Glyceride gesättigter Säuren; 80,8—83,7% Ölsäureglyceride; 14,8—16,0% Linolsäureglyceride (rhodanometrisch bestimmt). Phytosterin (Schmelzpunkt 122°): 0,1—0,3%.

Physikalische Kennzahlen.

	Dichte d_{15}^{15}	Schmelzpunkt	Erstarrungspunkt	Lichtbrechung B.-Refr. Sk. T.	Lichtbrechung Brechungs-Index n_D	Oberflächenspannung	Kritische Lösungstemperatur
Öl	0,914 bis 0,920	—	−10 bis −21°	55,5—57,5 (40°) 64,0—65,3 (25°) 70,9 (15°)	1,4555 (60°) 1,4612 bis 1,4643 (40°) 1,4702 bis 1,4715 (20°) 1,4728 (15,5°)	0,0335 g pro cm (18°)	Alkohol (0,8195 bei 15,5°): 119,5° Eisessig: 100,5—110°
Fettsäuren	—	12—15°	9,5—11,8°	42,0—43,8 (40°) 52 (25°)	1,4461 (60°)	—	—

[1] In der Capillare bestimmt. [2] Bei −15° krystallinische Abscheidung.

[3] Der obere Grenzwert muß höher liegen.

[4] Der Ölgehalt ist im allgemeinen bei süßen Mandeln umgekehrt proportional ihrer Größe. Zum Beispiel enthielten süße Mandeln unter 1 g Gewicht 60,5%, solche von 1—1,5 g Gewicht 57,7%, über 1,5 g schwere 55,3% Öl. Bittere Mandeln enthalten im Mittel 51% Öl. Die Kennzahlen der Öle von süßen bzw. bitteren Mandeln zeigen keine Unterschiede.

Chemische Kennzahlen.

	Verseifungszahl	Hehnerzahl	Acetylzahl	Jodzahl	R.-M.-Zahl[3]	Rhodanzahl	Thermozahl
Öl	189—195,4 (190—195)[1]	95,8—96,6	(5,8—9,7)	92—102 (95—100)[1] Jodbromz.: 94—96	0,2—0,5 Pol.-Z.: 0,2—1,0	81,7—85,2 (letztere entsprech. der Jodzahl 97,9)	(Maumené): 51—54 Brom-Thermozahl: 17,6—21
Fettsäuren	Neutral.-Z.: 195,8—204	M. M.-Gew.: 278—280	(5,8)	93,5—96,5[2] Innere Jodz.: 101,7[2]	—	85,4	—

Säurezahlen frischer Öle meist um 1; Handelsöle zeigen Säurezahlen zwischen 4 und 7.

Pfirsichkernöl.

Huile de pêcher — Peach kernel oil — Olio di pesche — Oleum persicarum.

Stammpflanze und Pflanzenfamilie	Verbreitung	Gehalt (% Öl) im Organ	Farbe bzw. Geschmack	Reaktionen
Prunus persica Fam.: Rosaceae (Prunoideae)	Ostasien; in warmen Gegenden vielfach kultiviert	Samen, mit Äther extrahiert: 2,6%; Kern: 32—45%	Blaßgelb bis goldgelb, auch grünlich. Geruch und Geschmack oft bittermandelölartig	Bieber: allmählich schwach rosa, dann dunkelorange[4]. Heydenreich: orange. Hauchecorne: orange, nach 12 Stunden fest. Brullé: goldgelb

Bestandteile: 15,6% Palmitinsäure und Stearinsäure; vorwiegend Ölsäure. Im Unverseifbaren ist ein Sitosterin enthalten.

Physikalische Kennzahlen.

	Dichte d_{15}^{15}	Schmelzpunkt	Erstarrungspunkt	Lichtbrechung B.-Refr. Sk. T.	Lichtbrechung Brechungs-Index n_D	Oberflächenspannung
Öl	0,918—0,923 d^{90}: 0,8899	—	−20 bis −23°	51,5—52,8 (50°) 57,0—58,5 (40°) 63,5—67,2 (25°)	1,4639—1,4650 (40°) 1,4717 (20°) Oleo-Refr.: 7,5—11,5 (22°)	0,0324 g pro cm (18°)
Fettsäuren	—	12—19°	5—13°	44,6 (40°) 52,8 (25°)	1,4645 (25°)	—

[1] Anforderungen des Deutschen Arzneibuches (6. Ausgabe); außerdem soll der Gehalt an unverseifbaren Bestandteilen höchstens 1,5%, der Säuregrad höchstens 8 betragen. Ferner stellt das D.A.B. 6 die Forderung, daß die Mandelöl-Fettsäuren bei 15° dauernd flüssig bleiben; beim Vermischen mit dem gleichen Volumen Alkohol sollen sie bei 15° eine klare Lösung geben und beim Zufügen des doppelten Volumens Alkohol darf keine Trübung eintreten. Wegen des höheren Schmelzpunktes ihrer Fettsäuren verhalten sich bei dieser Probe Olivenöl, Sesamöl, Erdnußöl und Baumwollsamenöl anders. Aprikosen- und Pfirsichkernöl verhalten sich wie Mandelöl, können aber mit Biebers Reagens nachgewiesen werden.

[2] Der obere Grenzwert muß höher liegen.

[3] In einem Falle wurde die jedenfalls zu hohe R.-M.-Zahl 2,6 angegeben. Für die gleiche Probe fand man eine Shrewsbury-Knapp-Zahl von 18,7.

[4] Nach der Wasserdampfdestillation des Öles gibt der Rückstand noch die Biebersche Reaktion: sie ist in jedem Falle schwächer als bei Aprikosenkernöl.

Chemische Kennzahlen.

	Verseifungszahl	Hehnerzahl	Acetylzahl	Jodzahl	R.-M.-Zahl[2]	Pol.-Zahl	Thermozahl
Öl	189,1—195,5 (190—195)[1]	94—94,1	(12,3)	92,5—110,1 (95—100)[1]	0,0 bis 0,1	0,3 bis 0,8	(MAUMENÉ) 42—43 (41,5—50,7)
Fettsäuren	Neutral.-Z.: 201—205	M. M.-Gew.: 276,5—279	(6,4)	94,1—102[3] Innere Jodzahl: 102—104[3]	—	—	—

Kirschkernöl.

Huile de cerisier — Cherry kernel oil — Olio di ciliegie.

Stammpflanze und Pflanzenfamilie	Verbreitung	Gehalt (% Öl) im Organ	Farbe bzw. Geschmack	Reaktionen Anmerkung
Prunus cerasus Fam.: Rosaceae (Prunoideae)	In fast allen Ländern mit mildem Klima	Samen, mit Äther extrah.: 6,8%; warm gepreßt: ca. 3%. Kern: 30—39%	Gepreßt: goldgelb, schwach mandelartiger Geruch, der sich beim Ranzigwerden verliert. Geschmack oft nußähnlich	BIEBER: braun. Salpetersäure (1,4): dunkel-rotbraun. Das Öl wird leicht ranzig

Physikalische Kennzahlen[4].

	Dichte d_{15}^{15}	Schmelzpunkt	Erstarrungspunkt[5]	Lichtbrechung B.-Refr. Sk. T.	Lichtbrechung Brechungs-Index n_D
Öl	0,9218 bis 0,9285	—	−19 bis −20°	74,7—77,5 (25°)	1,4697—1,4713 (40°)
amerikan. Herkunft	0,9092 bis 0,9137	—	12—13°	—	1,4641 (°?)
Fettsäuren	—	16—21°	15—17°	—	—

Chemische Kennzahlen[4].

	Verseifungszahl	Hehnerzahl	Jodzahl	R.-M.-Zahl	Pol.-Zahl	Thermozahl
Öl	190,0—197,8	94,4	110,8—114,6	0,3	0,3	45
amerikan. Herkunft	179,7—180,8	—	92,8—93,7	3,7—4,7	—	—
Fettsäuren	Neutral.-Z.: 189	—	104,3—114,3 Innere Jodzahl: 124,7	—	—	—

Das Öl trocknet angeblich in dünner Schicht auf Glas in 18 Tagen. In einem Öle wurden 0,006—0,064% Benzaldehyd und Benzoësäure (ber. als Benzoësäure) gefunden; frisches Öl ist oft blausäurehaltig (s. Vorbemerkungen zu Prunusölen). Eine Probe enthielt 0,9% Unverseifbares.

[1] Anforderungen des Deutschen Arzneibuches (6. Ausgabe).

[2] In einem Falle wurde die R.-M.-Zahl 2,6 angegeben; diese ist bestimmt zu hoch. Das gleiche Muster zeigte eine SHREWSBURY-KNAPP-Zahl von 22,0.

[3] Der obere Grenzwert muß höher liegen.

[4] Die meisten der oben angeführten Zahlen gelten für extrahierte Öle.

[5] Bei −15° trüb; bei −20° salbenartig. Bei −5° scheiden sich ca. 10% des Öles ab.

Kirschlorbeersamenöl.

Huile de laurier cerise — Cherry laurel oil — Olio di lauroceraso.

Stammpflanze und Pflanzenfamilie	Verbreitung	Gehalt (% Öl) im Organ	Farbe bzw. Geschmack
Prunus laurocerasus Fam.: Rosaceae (Prunoideae)	Mittelmeergebiet, Persien, Kaukasus	Samen: 25—30%	Goldgelb; deutlicher Geruch und Geschmack nach bitteren Mandeln

Physikalische und chemische Kennzahlen.

	Dichte d_{15}^{15}	Schmelzpunkt	Erstarrungspunkt	Verseifungszahl	Jodzahl	Thermozahl
Öl	0,9230	—	−19 bis −20°	194	108,9	(Maumené) 44,5
Fettsäuren	—	20—22°	15—17°	—	112,1	—

Icacopflaumenöl.

Stammpflanze und Pflanzenfamilie	Verbreitung	Gehalt (% Öl) im Organ	Anmerkung
Chrysobalanus icaco Fam.: Rosaceae (Chrysobalanoideae)	Tropisches Amerika, Westafrika	Samen: 20—25%	Angenehmer Geschmack

Parinariumöle.

Stammpflanze und Pflanzenfamilie	Verbreitung	Gehalt (% Öl) im Organ	Farbe bzw. Geruch	Anmerkung
Parinarium Mobola Fam.: Rosaceae (Chrysobalanoideae)	Südamerika	Samen („Mabo“-seeds): 74,2%; bei 100° getrocknet: 76,8%	Dunkelbraun; starker, unangenehmer Geruch	Das Öl ist dickflüssig; es wird beim Stehen halbfest

Physikalische und chemische Kennzahlen des Öles.

Dichte	Brechungs-Index n_D	Verseifungszahl	Jodzahl	R.-M.-Zahl	Pol.-Zahl
d_{15}^{100}: 0,905	1,469 (40°)	200,5	77,3 (Hübl)	2,7	0,5

Die untersuchte Probe zeigte die Säurezahl 16,2 und enthielt 0,8% Unverseifbares.

Eine andere ölliefernde Art der Gattung Parinarium ist **Parinarium mabosa** aus Angola und Sambesi, s. a. S. 64. Parinariumöle von botanisch nicht definierten Arten sind die beiden folgenden:

Parinariumsamenfett.

(„Jaboty“-Öl[1].)

Stammpflanze und Pflanzenfamilie	Verbreitung	Gehalt (% Öl) im Organ
Parinarium spec. Fam.: Rosaceae (Chrysobalanoideae)	Brasilien	Kern: 42—53%

[1] Über ein „Jabotykernöl“ von einer Pflanze aus der Familie Vochysiaceae s. S. 268.

Physikalische und chemische Kennzahlen des Fettes.

Schmelzpunkt	Lichtbrechung: B.-Refr. Sk. T.	Verseifungszahl	Jodzahl
40,6—45°	37 (40°)	227,3	5—9

Freie Fettsäuren: 1—7% (als Ölsäure berechnet). Unverseifbares: 0,5%.

Pajurakernöl.

Stammpflanze und Pflanzenfamilie	Verbreitung	Gehalt (% Öl) im Organ
Parinarium spec. Fam.: Rosaceae (Chrysobalanoideae)	Brasilien	Kern: 76,5%

Physikalische und chemische Kennzahlen des Öles.

Lichtbrechung: B.-Refr. Sk. T.	Verseifungszahl	Jodzahl
82,4 (40°)	194,5	98,0

Freie Fettsäuren: 0,3% (als Ölsäure berechnet). Unverseifbares: 0,6%.

Öl von Moquilea tomentosa.

Stammpflanze und Pflanzenfamilie	Verbreitung	Gehalt (% Öl) im Organ	Farbe
Moquilea tomentosa Fam.: Rosaceae	Brasilien, Guayana	Kern: 48,3%	Dunkelbraun

Physikalische und chemische Kennzahlen.

	Schmelzpunkt	Erstarrungspunkt	Brechungs-Index n_D	Verseifungszahl	Hehnerzahl	Jodzahl
Öl	—	14,5°	1,4921 (30°)	196,5	88,9	81,5
Fettsäuren	64—67°	—	1,4857 (70°)	Neutral.-Z.: 183,9	M. M.-Gew.: 305,4	102,4

Ein Muster enthielt 8,2% Unverseifbares. Die Kennzahlen bedürfen der Überprüfung.

Ingaöl.

Stammpflanze und Pflanzenfamilie	Verbreitung	Gehalt (% Öl) im Organ	Farbe	Anmerkung
Pithecolobium dulce (Mimosa dulcis, Inga dulcis)[1] Fam.: Leguminosae (Mimosoideae)	Mexiko, Indien, Philippinen	Samen, mit Äther extrahiert: 18,2%	Gepreßt: hellgelb; extrahiert: gelblich	Sehr zähflüssig. Preßöl gibt beim Stehen eine feste Abscheidung

Physikalische Kennzahlen.

	Dichte	Schmelzpunkt	Erstarrungspunkt	Lichtbrechung B.-Refr. Sk. T.
Öl	d_{15}^{100}: 0,8756 d_{100}^{100}: 0,9106	—	15°	62,0 (40°) 69,5 (25°)
Fettsäuren	—	44,7°	—	—

[1] Über das Öl von Pithecolobium Saman s. S. 254.

Chemische Kennzahlen.

	Verseifungszahl	Hehnerzahl	Jodzahl	R.-M.-Zahl	Pol.-Zahl
Öl	205,9	87,6—88,8	56,6	8,4	0,3
Fett-säuren	Neutral.-Z.: 198,7[1]	—	57,6	—	—

Eine Probe zeigte die Säurezahl 63,9 und enthielt 1,2% Unverseifbares.

Korallenbaumöl.

(Condoribaumfett[2].)

Stammpflanze und Pflanzenfamilie	Verbreitung	Gehalt (% Öl) im Organ	Farbe	Anmerkung
Adenanthera pavonina Fam.: Leguminosae (Mimosoideae)	Indien; fast in alle trop. Länder eingeführt	Kern: 25,5%, trocken: 28% (nach einer älteren Angabe: 35%)	Goldgelb	BELLIER: negativ. — Bei gewöhnlicher Temperatur salbenartige Konsistenz

Physikalische Kennzahlen.

	Schmelzpunkt	Erstarrungspunkt	Lichtbrechung: B.-Refr. Sk. T.
Fett mit S. Z. = 16,8	26°	21—22°	59,7 (40°) 67,5 (25°)
Säuren	60,5—60,8°	53,8—54,0°	—

Chemische Kennzahlen.

	Verseifungszahl	M. M.-Gew.	Jodzahl	R.-M.-Zahl	Pol.-Zahl
Fett mit S. Z. = 16,8	184,7	—	63,6	2,6	0,3
Säuren	192,6	291	55,2 (zu niedrig)	—	—

Parkiaöl[3].

Stammpflanze und Pflanzenfamilie	Verbreitung	Gehalt (% Öl) im Organ	Farbe	Konsistenz
Parkia africana Fam.: Leguminosae (Mimosoideae)	Afrika (bes. Togo)	Samen: 16%; Kern, extrahiert: 22%	Mit Petroläther extrahiert: goldgelb, geruchlos	Bei gewöhnlicher Temperatur halbflüssig bis fest

Physikalische und chemische Kennzahlen des Öles.

Lichtbrechung: B.-Refr. Sk. T.	Verseifungszahl	Hehnerzahl	Jodzahl	R.-M.-Zahl
58,8 (40°) 67,2 (25°)	184,5	95,5	91,6	0,6

Die untersuchte Probe hatte die Säurezahl 2,5.

[1] Im Vergleich zur Verseifungszahl des Öles erscheint die Neutralisationszahl seiner Fettsäuren viel zu niedrig; offenbar bezieht sich die letztere auf die wasserunlöslichen Säuren (niedrige Hehnerzahl!). Die Verseifungszahl steht dagegen mit der hohen R.-M.-Zahl im Einklang. Übrigens kann auch der hohe Gehalt an freien Fettsäuren die Verseifungszahl um einige Einheiten erhöhen.

[2] S. a. Nachtrag, S. 499. [3] Über das Öl von Parkia biglandulosa s. S. 255.

Xyliaöl.

Stammpflanze und Pflanzenfamilie	Verbreitung	Gehalt (% Öl) im Organ	Farbe	Anmerkung
Xylia dolabriformis Fam.: Leguminosae (Mimosoideae)	Indo-China	Samen, mit Äther extrahiert: 21,1%	Gelb	Von den Säuren des Öles sind ca. 33% fest (Stearinsäure)

Physikalische und chemische Kennzahlen.

	Schmelzpunkt	Verseifungszahl	Hehnerzahl	Jodzahl
Öl	—	176,3 (?)	93,3	89,4
Fettsäuren	54°	—	—	—

Owalaöl.

(Atta-Bohnenöl, Mabula-Pansaöl, Pauconußöl.)

Huile d'Owala, beurre d'Owala — Owala oil, Atta seed oil, Maboula Panza oil — Olio di Owala.

Stammpflanze und Pflanzenfamilie	Verbreitung	Gehalt (% Öl) im Organ	Farbe bzw. Geschmack	Reaktionen Konsistenz
Pentaclethra macrophylla Fam.: Leguminosae (Mimosoideae)	Westafrika, vorwiegend Kongo	Samen („Fulla Panza") extrahiert: 29 bis 30%. Kern: 41 bis 49% (geschält). Schale: 4%	Gepreßt: bernsteingelb; angenehmer Geschmack (Erdnußöl-ähnlich). Extrahiert: hellgelb; süßlich, dann bitter. Rohöl kratzend, aromat. Geruch	Elaidinierung: nach längerem Stehen fest. BAUDOUIN, SOLTSIEN, HALPHEN: negativ. BELLIER: schwarzgrün, später rotbraun. Konsistenz: bei gewöhnlicher Temperatur halbflüssig

Bestandteile: Von Fettsäuren ca. 30% feste (vorwiegend Arachinsäure?) und 70% flüssige. Bis 2,5% Unverseifbares (darunter ca. 0,2% Phytosterin vom Schmelzpunkt 140,8°; Acetat-Schmelzpunkt 132,4°). 7,5—8,4% Glycerinausbeute. 0,5—1,9% harzartige Begleitstoffe.

Physikalische Kennzahlen.

	Dichte	Schmelzpunkt	Erstarrungspunkt	Lichtbrechung B.-Refr. Sk. T.	Lichtbrechung Brechungs-Index n_D
Öl	d^{15}: 0,916—0,9170 [1] d^{25}: 0,9119 d^{40}: 0,902—0,9036 d^{100}: 0,8637	18—30°	8—23°	57,8—59,2 (40°)	1,4612 bis 1,4682 (40°) 1,4728 (30°)
Fettsäuren	—	52,4—58,7°	52,1—55,2°	—	1,4647 (70°)

Chemische Kennzahlen.

	Verseifungszahl	Hehnerzahl	Acetylzahl	Jodzahl	R.-M.-Zahl	Pol.-Zahl	Thermozahl
Öl	181—186 (178) [2]	94—96	Rohöl: 20,6	86—100,4	0,5—1,3	0,5	(MAUMENÉ) 100 (Rohöl)
Fettsäuren	Neutral.-Z.: 185,7—192,7	M. M.-Gew.: 291,5—302,4	—	92,6—106,3 Innere Jodz.: 143,5 bis 144,1 (?)	—	—	—

Säurezahlen von Rohölen: 20,4 bzw. 24,7. Säurezahlen von raffinierten Ölen: 0,1 bis 3,7.

[1] Raffiniert: 0,9208—0,9259. [2] Öl mit 1,9% Harz (durch Extraktion gewonnen).

Paroacaxyöl.

(Pracaxy- oder Pracachykernöl.)
Huile de Pracachy — Paroacaxy fat.

Stammpflanze und Pflanzenfamilie	Verbreitung	Gehalt (% Öl) im Organ	Farbe, Geschmack und Geruch
Pentaclethra filamentosa Fam.: Leguminosae (Mimosoideae)	Brasilien	Kern: 48,3%	Hellgelb; schwach bitter; Geruch ähnlich dem von gerösteten Kakao- oder Kaffeebohnen

Fettsäuren: ca. 43% flüssige; 25,4% feste Säuren mit weniger als 20 Kohlenstoffatomen; 23% Arachinsäure sowie höhere Homologe.

Physikalische Kennzahlen.

	Dichte	Schmelzpunkt	Erstarrungspunkt	Lichtbrechung B.-Refr. Sk. T.	Lichtbrechung Brechungs-Index n_D
Öl	d^{19}: 0,919	28°	14°	52,8 (40°)	1,4561 (40°)
Säuren	—	—	49,3°	—	—

Chemische Kennzahlen.

	Verseifungszahl	Hehnerzahl	Acetylzahl	Jodzahl	R.-M.-Zahl
Öl	176—182	94,8	54,2—59	67,3—72	1,2
Säuren	—	M. M.-Gew.: 281,6	—	—	—

Ein Ölmuster (kalt gepreßt) hatte die Säurezahl 3,6 und enthielt 0,7% harzartige Bestandteile. Ein mit Schwefelkohlenstoff aus den Preßrückständen extrahiertes Öl hatte die Säurezahl 60,5 und zeigte einen Harzgehalt von 7,6%. Die Kennzahlen der beiden Ölsorten zeigten keine großen Verschiedenheiten.

Kopalöl.

Huile de copaïfera — Copal oil — Olio di copal.

Stammpflanzen und Pflanzenfamilie	Verbreitung	Farbe bzw. Geschmack	Reaktion. Anmerkung
Copaifera Demeusii u. a. Varietäten. Fam.: Leguminosae (Caesalpinioideae)	Tropisches Afrika (Belgisch-Kongo)	Blattgrün, geruchlos, kein ausgesprochener Geschmack	MILLIAU-BECCHI: positiv. — Gibt bei gewöhnl. Temp. eine krystallinische Abscheidung, die sich bei 25° löst

Fettsäuren: ca. 55% fest und 45% flüssig.

Physikalische Kennzahlen.

	Dichte	Schmelzpunkt	Erstarrungspunkt	Brechungs-Index n_D	Krit. Lösungstemperatur
Öl	$d_{19,5}^{19,5}$: 0,9165	—	—	1,4601 (40°)	(Crismerzahl): 61°
Fettsäuren	—	46—47°	42—43°	1,4488 (51°)	—

Chemische Kennzahlen.

	Verseifungszahl	Hehnerzahl	Jodzahl	R.-M.-Zahl	Pol.-Zahl
Öl	196,2	94,6	59,5	0,7	0,4
Fettsäuren	207,5 Neutral.-Z.: 196,1	M. M.-Gew.: 270,4	62,9 Innere Jodzahl: 138,9 (?)	—	—

Samenöl von Hymenaea.

Stammpflanze und Pflanzenfamilie	Verbreitung	Gehalt (% Öl) im Organ	Farbe bzw. Geruch
Hymenaea Courbaril. Fam.: Leguminosae (Caesalpinioideae)	Süd- und Mittelamerika	Samen: 7—8%	Beinahe farblos; unangenehmer Geruch

Physikalische und chemische Kennzahlen des Öles.

Schmelzpunkt	Verseifungszahl	Jodzahl	R.-M.-Zahl
10°	208	93	1,0

Tamarindenöl.

Stammpflanze und Pflanzenfamilie	Verbreitung	Gehalt (% Öl) im Organ	Farbe	Anmerkung
Tamarindus Indica Fam: Leguminosae (Caesalpinioideae)	Trop. Asien und Afrika (auch Surinam)	Samen: 15—20% (4%)[1]	Hellgelb	Halbflüssige Konsistenz. Unter den Fettsäuren befindet sich eine mit dem Schmp. 74,5°

Physikalische und chemische Kennzahlen.

	Schmelzpunkt	Erstarrungspunkt	Verseifungszahl	Hehnerzahl	Jodzahl
Öl	—	15°	183 (190)	94,9	87,1 (104,0)
Fettsäuren	46,0°	—	—	—	—

Samenöl von Afzelia africana.

Stammpflanze und Pflanzenfamilie	Verbreitung	Gehalt (% Öl) im Organ	Farbe bzw. Geruch	Anmerkung
Afzelia africana Fam.: Leguminosae (Caesalpinioideae)	Tropen Afrikas	a) Kern: 19,3%; Trockensubstz.: 21,2%. b) Arillus[2]: 54,1%; Trockensubstanz: 57,8%	a) Kernöl, mit Äther extrahiert: hellgelb; Geruch nicht ausgesprochen. b) Fett aus dem Arillus: ziegelrot, Geruch nach Veilchenessig	Dickflüssig b) Palmölähnlich

[1] Die Zahlenangaben in Klammern beziehen sich auf ein Öl aus Surinam; auffallend ist der geringe Ölgehalt und die hohe Jodzahl.

[2] Wachsartig durchscheinende Kappe, die den Samenkern umhüllt.

Physikalische und chemische Kennzahlen.

	Lichtbrechung: B.-Refr. Sk. T.	Verseifungszahl	Hehnerzahl	Jodzahl
Öl a	74,0 (40°)	229,1	94,8	74,2
Öl b	54,6 (40°)	210,2	95,3	55,7
Fettsäuren von Öl a	—	241,6	M. M.-Gew.: 241,2	—
von Öl b	—	221,0	253,6	—

Säuregrad von Öl a: 4,2.

Gemsbockbohnenöl.

(Ozombanuiöl.)

Stammpflanze und Pflanzenfamilie	Verbreitung	Gehalt (% Öl) im Organ	Farbe bzw. Geschmack	Konsistenz
Bauhinia esculenta Fam.: Leguminosae (Caesalpinioideae)	Süd- und Südwestafrika	Kern: 40 bis 41,6%; Schalen: 0,2%	Goldgelb, nußartiger Geruch, wohlschmeckend	Dickflüssig

Physikalische und chemische Kennzahlen.

	Dichte d_{15}^{15}	Schmelzpunkt	Lichtbrechung B.-Refr. Sk. T.	Lichtbrechung Brechungs-Index n_D	Verseifungszahl	Jodzahl	R.-M. Zahl	Pol.-Zahl
Öl	0,9211	—	65 (25°)	1,4640 (40°)	189—190	94,4—95,6 (HÜBL)	0,3	9,1 (?)
Fettsäuren	—	30,6°	—	—	—	—	—	—

Eine Probe hatte die Säurezahl 0,6 und enthielt 0,8% Unverseifbares.

Bawchansaatöl.

(Psoraleaöl.)

Stammpflanze und Pflanzenfamilie	Verbreitung	Gehalt (% Öl) im Organ	Farbe	Konsistenz
Psoralea corylifolia Fam.: Leguminosae (Papilionatae)	Indien	Samen: 20,2%	Hellbraun bis rotbraun	Dickflüssig

Physikalische und chemische Kennzahlen.

	Dichte d_{15}^{15}	Schmelzpunkt	Lichtbrechung B.-Refr. Sk. T.	Verseifungszahl	Hehnerzahl	Jodzahl	R.-M.-Zahl
Öl	0,9107 d^{100}: 0,8756	—	71,5 (40°) 79,5 (25°)	204,6	90,1	79,9	6,9
Fettsäuren	—	32,8°	—	Neutral.-Z.: 192,4[1]	M. M.-Gew.: 291,5	83,1	—

Eine Probe enthielt 1,7% unverseifbare Bestandteile.

[1] Wasserunlösliche Säuren.

Erdnußöl.

(Arachisöl.)

Huile d'arachide, huile de pistache de terre — Arachis oil, Ground nut oil, Peanut oil — Olio di arachide — Oleum arachidis.

Stammpflanze und Pflanzenfamilie	Verbreitung	Gehalt (% Öl) im Organ	Farbe bzw. Geschmack	Reaktionen[2]. Besondere Merkmale
Arachis hypogaea („Erdnuß")[1] Fam.: Leguminosae (Papilionatae)	Tropisches Amerika, Afrika und Asien. Australien, Südafrika. Mittelmeergebiete (besonders Spanien)	Samen: 29—39%; Samen enthülst (Kern): 42—56%. Durch Pressung: 27 bis 32% (Samen); 36—45% (Kern)	Farblos bis rötlichbraun. Geschmack angenehm, schwach an den grüner Bohnen erinnernd	Elaidinierung: positiv. SERGER: blau. HEYDENREICH: schmutziggelb. — Das Öl ist gut haltbar. Charakteristisch ist die Gegenwart von höheren Homologen der Stearinsäure, auf deren Isolierung der Nachweis bzw. die Bestimmung des Erdnußöles in Mischungen mit anderen Ölen beruht[3]

Bestandteile: Die Zusammensetzung des Fettsäurengemisches schwankt innerhalb weiter Grenzen. Gesättigte Säuren: 13—22%. Palmitinsäure: 4,0—8,5%; Stearinsäure: 4,5—6,2%; Arachinsäure: 2,3—4,9%; Lignocerinsäure: 1,9—3,1%; Hexakosansäure: 0,04% (diese Menge wurde in einem indischen Erdnußöl gefunden; die tatsächlich vorhandene Menge der Säure $C_{26}H_{52}O_2$ — vom Schmelzpunkt 78,5 bis 79° — dürfte im allgemeinen größer sein, schätzungsweise 0,1—0,2%)[4]. Ölsäure: 51,6—79,9%; Linolsäure: 7,4—26,0%; auf rhodanometrischem Wege wurden gefunden: 55,7—80,7% Glyceride der Ölsäure; 10,0 bis 23,1% Glyceride der Linolsäure. Unverseifbares: 0,3 bis 1%. — Das beim Abkühlen des Öles sich ausscheidende „Arachis-Stearin" hat ungefähr dieselbe Zusammensetzung des Fettsäurengemisches wie das ursprüngliche Öl.

Physikalische Kennzahlen.

	Dichte d_{15}^{15}	Schmelzpunkt	Erstarrungspunkt	Lichtbrechung B.-Refr. Sk. T.	Lichtbrechung Brechungs-Index n_D	Zähigkeit	Oberflächenspannung	Optisches Drehungsvermögen
Öl	0,916 bis 0,921 d^{18}: 0,904	—	0°—3°	54,8—57,5 (40°) 62,6—67,5 (25°) 63,2—69,5 (20°) 70—71,3 (15,5°)	1,4545 (60°) 1,4624 bis 1,4643 (40°) 1,468 bis 1,472 (20°) 1,473 (15°)	°ENGLER: $E_{20} = 10$ bis 12. REDWOOD: 307—430 Sek. (70° F)	0,0334 g pro cm (18°)	$[\alpha]_D = -7'$ bis $+24'$. In Saccharim.-graden: −0,4 (200 mm-Rohr, 13—15°)
Fettsäuren	d_{15}^{99}: 0,846 d_{100}^{100}: 0,879	27—35°	22 bis 30° (32,5°)	40,8—41,3 (40°)	1,4461 (60°) 1,4531 (40°)	Spez. Doppelbrechung des Öles: 1,0—1,15		

[1] Die (unter der Erde reifende) Frucht von Arachis hypogaea ist keine Nuß, sondern eine „Hülse", daher ist die Bezeichnung Erdnuß morphologisch unrichtig.

[2] Über die „HOLDEsche Probe" auf Erdnußöl usw. s. Olivenöl, S. 337.

[3] Vgl. Bd. I, S. 235f. und 552. Es ist zu beachten, daß in Mischungen, die gehärtete Fette (bes. Trane) enthalten, die Isolierung von höheren Homologen der Stearinsäure kein Beweis für die Anwesenheit von Erdnußöl sein muß. Eine einfache qualitative Prüfung auf höhere Homologe der Stearinsäure ist die folgende: 1 ccm Öl wird mit 5 ccm alkoholischer Kalilauge verseift; man fügt 1,5 ccm Essigsäure (1:2) hinzu und kühlt während 30 Minuten auf ungefähr 15° ab. Dann wird mit 50 ccm 70%igem Alkohol ($d = 0,8899$), der 1% Salzsäure enthält, verdünnt und 1 Stunde lang in Wasser von 17—19° getaucht. Enthält die Mischung mehr als 10% Erdnußöl, so bildet sich ein Niederschlag oder mindestens eine Trübung, während z. B. reines Olivenöl eine klare Lösung gibt.

[4] Die Gegenwart einer Hexakosansäure bildet wahrscheinlich die Hauptursache der Schwierigkeiten bei der Reindarstellung der Lignocerinsäure aus Erdnußöl (HOLDE).

Löslichkeit. Kritische Lösungstemperatur in Alkohol (0,8195 bei 15,5°): 123°; in der gleichen Gewichtsmenge Anilin-Äthylalkohol (1:4): 42,6—43,4°. Kritische Lösungstemperatur in Eisessig (1,0562): 87—112°; Mittelwert 91,2°. Kritische Lösungstemperatur der Erdnußölfettsäuren in Essigsäure (81,18%): 90°.

Mittl. Mol.-Gewicht des Öles, ber. aus der Verseifungszahl: 880; gef.: 803.

Chemische Kennzahlen.

	Verseifungszahl	Hehnerzahl	Acetylzahl	Jodzahl	R.-M.-Zahl	Rhodanzahl	Thermozahl
Öl	188—197 auch 185,3 bzw. 202	94—96	(3,4 bis 9,1)	83—103 meist 89—98 Jodbromz.: 100—107	0,4—1,6 Pol.-Z.: 0,3	70,1—72,4 (entspr. Jodzahlen von 89—91)	(MAUMENÉ): 46—75 (BALLANTYNE): 73,5 (ranzig: 90)
Fettsäuren	200—201,6 Neutral.-Z.: 195,5	M. M.-Gew.: 280—282	—	96—103,4 Innere Jodz.: 111—128	—	75,2	

Säurezahlen meist niedrig, im Höchstfalle ca. 20 (Handelsöl).

Unverseifbares: Von 0,3% Unverseifbarem, $[\alpha]_D = -7,3°$, waren 0,11% Sterin; 0,16% sterinfreie Anteile mit Jodzahl 77,5 und $[\alpha]_D = +8°$. In einem anderen Falle betrug der Gesamtgehalt an Sterin 0,25%; davon frei 0,19%; verestert 0,06%. Schmelzpunkt des Phytosterinacetats: 128—129°.

Über die Grenzwerte der Kennzahlen von Erdnußölen zu Speisezwecken s. Bd. I, S. 366. Über gehärtetes Erdnußöl ebenda, S. 369. Anforderungen des Deutschen Arzneibuches (6. Ausgabe): Verseifungszahl: 188—197; Jodzahl: 83—100; Unverseifbares: höchstens 1,5%; Säuregrad: höchstens 8.

Das Gemisch der hochmolekularen, gesättigten Fettsäuren kann zum annähernd quantitativen Nachweis des Erdnußöles in Mischungen, z. B. mit Olivenöl, dienen. Die nach einem der üblichen Verfahren isolierten festen Säuren aus etwa 20 g Öl werden mit 100 ccm 90proz. Alkohol und einem Tropfen verdünnter (n/1) Salzsäure in einem mit durchbohrtem Kork versehenen Kolben versetzt. Man erwärmt unter gelindem Schütteln auf eine 60° nicht übersteigende Temperatur, bis eine klare Lösung erhalten wird. Beim darauffolgenden Abkühlen scheidet sich zunächst die Lignocerinsäure in Nädelchen, die sich bald zu Büscheln vereinigen, ab; dann fällt die Arachinsäure in perlmutterartigen Blättchen aus. Stammen die Fettsäuren von reinem Erdnußöl, so beginnt die Krystallisation bei ungefähr 38°. Handelt es sich um Fettsäuren aus Ölmischungen, so erfolgt die Abscheidung bei um so tieferer Temperatur, je weniger Erdnußöl im ursprünglichen Öl zugegen war.

Folgende Tabelle (TORTELLI und RUGGERI) zeigt den Zusammenhang zwischen der Krystallisationstemperatur und dem Prozentgehalt an Erdnußöl:

% Gehalt an Olivenöl	% Gehalt an Erdnußöl	Krystallisationstemperatur °C (90% Alkohol)	„Rohe Arachinsäure" (s. u.) Krystalle gewogen	„Rohe Arachinsäure" gelöst (ber.)	„Rohe Arachinsäure" Gesamtmenge in g	„Rohe Arachinsäure" Gesamtmenge in %	Schmelzpunkt der Krystalle
0,0	100	37,7	0,8894 g	0,1768 g	1,0662	5,33	74,1—74,3°
40	60	31,8	0,5231 g	0,1200 g	0,6431	3,22	74—74,6°
50	50	29,0	0,3931 g	0,1500 g	0,5431	2,72	74—74,6°
60	40	25,5	0,2770 g	0,1500 g	0,4279	2,14	74,5—75,1°
70	30	23,2	0,2056 g	0,1300 g	0,3356	1,68	74,1—74,6°
80	20	21,0	0,1260 g	0,1150 g	0,2410	1,21	73,9—74,4°
90	10	18,8	0,0514 g	0,0682 g	0,1196	0,60	72,2—74,6°
95	5	16,7	0,0241 g	0,0434 g	0,0675	0,34	73—73,5°

Löslichkeiten von „roher Arachinsäure" (Gemisch der höheren Homologen der Stearinsäure; Schmelzpunkt über 71°) in 90proz. Alkohol. 100 Teile lösen:

„Rohe Arachinsäure" vom Schmelzpunkt 74—75,5°	bei 15° C	bei 17,5° C	bei 20° C
Mengen von 0,5 —2,7 g	0,07 g	0,08 g	0,09 g
„ „ 0,17—0,47 g	0,05 g	0,06 g	0,07 g
„ „ 0,05—0,11 g	0,03 g	0,04 g	0,05 g

Tonkabohnenfett.

Stammpflanze und Pflanzenfamilie	Verbreitung	Gehalt (% Öl) im Organ	Farbe
Dipteryx odorata Fam.: Leguminosae (Papilionatae)	Venezuela, Surinam, Guayana	Samen: 25%	Orangegelb

Physikalische und chemische Kennzahlen des Fettes.

Dichte	Schmelzpunkt	Lichtbrechung B.-Refr. Sk. T.	Kritische Lösungstemperatur	Verseifungszahl	R.-M.-Zahl
d^{100}: 0,888	28°	47 (°?)	32,5°	257	5,4

Die **„Dadap"-Samen von Erythrina Hypaphorus** (Fam.: Leguminosae; Verbreitung: Tropen) enthalten ein bei Zimmertemperatur festes, grünlich gefärbtes Fett.

Mucunaöl.

Stammpflanzen und Pflanzenfamilie	Verbreitung	Gehalt (% Öl) im Organ	Anmerkung
Mucuna capitata, var. M. urens; M. pruriens, M. monosperma Fam.: Leguminosae (Papilionatae)	Niederländisch-Indien	Samen, frisch, mit Petroläther extrahiert: 2,1%	Das Öl ist in den zerkleinerten Samen nicht gut haltbar

Von Fettsäuren wurden Palmitinsäure und Stearinsäure nachgewiesen.

Physikalische und chemische Kennzahlen.

	Dichte	Schmelzpunkt	Erstarrungspunkt	Lichtbrechung B.-Refr. Sk. T.	Verseifungszahl	Jodzahl	R.-M.-Zahl
Öl	d_{15}^{100}: 0,865	16°	3,5°	66,2 (25°)	178,2 (?)	104	0,8
Fettsäuren	—	37°	—	—	Neutral.-Z.: 195,6	112,9	—

Die untersuchte Probe hatte die Säurezahl 6,7.

Kinobaumöl.

Huile de kino, huile de palas kino.

Stammpflanze und Pflanzenfamilie	Verbreitung	Gehalt (% Öl) im Organ	Farbe	Konsistenz
Butea frondosa Fam.: Leguminosae (Papilionatae)	Indien, Ceylon	Samen: 16—18%	Gelb; fast geschmacklos	Dickflüssig

Physikalische und chemische Kennzahlen.

	Dichte d_{15}^{15}	Erstarrungspunkt	Thermozahl
Fett	0,923—0,927	10°	36,5
Säuren	—	46°	—

Eine (offenbar weitgehend veränderte) Probe gab 6,6% Glycerin.

Pongamöl.

(Poonace-, Korung-, Hongay-, Kanooga-, Kagoo-Öl.)
Huile de pongam, Huile de Hongay — Pongam oil — Olio di pongam.

Stammpflanze und Pflanzenfamilie	Verbreitung	Gehalt (% Öl) im Organ	Farbe bzw. Geschmack	Reaktionen
Pongamia glabra (Dalbergia arborea; Gadelupa arborea) Fam.: Leguminosae (Papilionatae)	Indien, Malayischer Archipel, Nord-Australien, Inseln des Still. Oceans	Samen, gepreßt: 27%; mit Äther extrahiert: 34—37%	Gepreßt: hellgelb bis orangebraun. Extrahiert: schmutziggelb, meist unangenehmer Geruch[1]; bitter	1 Tropfen Öl in 2 ccm Acetanhydrid mit 1 Tropfen Schwefelsäure (1:1): hellrot, auf weiteren Säurezusatz: gelb. Mit 2% Schwefelsäure gelber Niederschlag (gibt die Proteinreaktion)

Bestandteile: 20,2% gesättigte, 70% ungesättigte Säuren. 0,23% Myristin-, 6,1% Palmitin-, 2,2% Stearin-, 4,3% Arachin-, 3,2% Lignocerin-, 61,3% Öl-, 10% Linol-, 0,5% Linolensäure. 4,4% Dioxystearinsäure; ca. 2% lösliche Säuren (berechnet als Buttersäure).

Physikalische Kennzahlen.

	Dichte d_{15}^{15}	Schmelzpunkt	Erstarrungspunkt	Lichtbrechung B.-Refr. Sk. T.	Lichtbrechung Brechungs-Index n_D
Öl	0,936—0,937	—	—	70—78 (40°)	—
Öl mit S.-Z. = 42,3	d^{30}: 0,9289 d^{40}: 0,917—0,9282	2°	0°; bei 8° halbfest	—	1,4770 (25°)
Fettsäuren	—	—	44,4°	—	—
von Öl mit S.-Z. = 42,3	—	43,8°	42,5°	—	1,4637 (50°)

Chemische Kennzahlen.

	Verseifungszahl	Hehnerzahl	Acetylzahl	Jodzahl	R.-M.-Zahl	Thermozahl
Öl	178—183,1	—	20,2	89,4—94,1	1,1	41
Öl mit S.-Z. 16,7	189,1	93,3	—	89,1	1,0	—
Öl mit S.-Z. 42,3	185,1	91,2	—	77,3	—	—
Fettsäuren	Neutral.-Z.: 196,1	M. M.-Gew.: 286,0	—	92,6 (Hanus)	—	—
von Öl mit S.-Z. = 42,3	180,1	308,7	—	78,8	—	—

Das Unverseifbare (4,9—9,2%) enthält angeblich Brassicasterin und Sitosterin, außerdem eine krystallisierte Substanz vom Schmelzpunkt 159°. Einer der Bestandteile des Unverseifbaren verleiht dem Öl seinen bitteren Geschmack.

Vereinzelte Angaben über andere Leguminosenöle.

Unterfamilie: Mimosoideae.

Name des Öles	Stammpflanze	Verbreitung	Ölgehalt im Organ	Farbe	Kennzahlen	Anmerkung
—	Pithecolobium Saman	Surinam	Samen: 4%	—	—	—
—	Prosopis stephaniana	Tropen	Samen: 2,8%; Schoten: 2,5%; Samen und Schoten: 2,6%	—	—	—

[1] Der Geruchsträger ist mit überhitztem Wasserdampf leicht flüchtig.

Unterfamilie: Mimosoideae (Fortsetzung).

Name des Öles	Stammpflanze	Verbreitung	Ölgehalt im Organ	Farbe	Kenn-zahlen	Anmerkung
Meerbohnenöl	Entada scandens	Tropisches Amerika, Afrika, Indien	Samen: ca. 30% (je nach Herkunft stark schwankender Ölgehalt)	—	—	—
—	Var. discosperma	Madagascar	—	—	—	—
Parkiaöl, s. a. S. 246	Parkia biglandulosa	Indien, Malayen-Staaten, Afrika	Samen: ca. 18%	—	—	Oft auch „Inga-Öl" genannt
Unterfamilie: Caesalpinioideae.						
Bauhiniaöle, s. a. S. 250	Bauhinia variegata, Bauhinia candida	Indien, Malayischer Archipel	Samen: ca. 30%	—	—	—
Bonducnußöl; Huile de guilandine bonduc; Nicker seed oil	Caesalpinia Bonducella	Tropisches Asien, Afrika, Amerika	Samen: ca. 23%	bräunlichgelb	Jodzahl ca. 90	—
Unterfamilie: Papilionatae.						
Calabarbohnenöl	Physostigma venenosum	Tropisches Westafrika	Fettsäuren des Öles: Palmitinsäure, Stearinsäure, Behensäure, Ölsäure, Linolsäure. Geringe Mengen von Physovenin finden sich im Öl gelöst. 80% des Rohphytosterins bestehen aus Sitosterin vom Schmelzpunkt 136—137°; die restlichen 20% sind Stigmasterin, Schmelzpunkt 170°, Acetat-Schmelzpunkt 141°.			
—	Psophocarpus tetragonolobus	Tropisches Asien	Samen: 14—15%	—	—	—

Reihe: Pandales.

Familie: Pandaceae.

Die Samen von **Panda oleosa** (tropisches Westafrika) liefern, mit Schwefelkohlenstoff extrahiert, ein Öl, das bei gewöhnlicher Temperatur flüssig ist, nach längerem Stehen jedoch große Mengen einer weißlichen Abscheidung gibt.

Reihe: Geraniales.

Averrhoaöle (Familie: Oxalidaceae).

Stammpflanzen	Ölgehalt	Farbe	Schmelzpunkt	Verseifungszahl	Jodzahl
Averrhoa Carambola	Samen: 37%	Hellgelb	Bei 0° flüssig	191	85
A. bilimbi	Samen: 28%	Weiß	29°	198	66

Kapuzinerkressenöl.

Huile de cresson d'Inde — Tropaeolum oil — Olio di tropeolo.

Stammpflanze und Pflanzenfamilie	Verbreitung	Farbe	Anmerkung
Tropaeolum majus Fam.: Tropaeolaceae	Zierpflanze (Heimat: Südamerika)	Grünlich	Das Fett der Samen ist eine butterweiche Masse, aus der beim Stehen Tri-erucin auskrystallisiert[1]

Bestandteile: u. a. 35% Tri-erucin (Schmelzpunkt 30,5—31,0°). 1,1% Unverseifbares (davon ca. 1% Phytosterin). Eine Probe gab 9% Glycerin.

Physikalische und chemische Kennzahlen.

	Dichte d_{15}^{15}	Schmelzpunkt	Erstarrungspunkt	Brechungs-Index n_D	Verseifungszahl	Hehnerzahl	Jodzahl
Öl	0,9092 bis 0,9185	—	0°	1,4568 (40°)	172,6—178,6	96,3	73,7 bis 78,5
Fettsäuren	0,9098	0°	−2 bis −3°	—	Neutral.-Z.: 175,9	M. M.-Gew.: 319,0	78,3

Säurezahl einer Probe: 14,5.

Samenöl von Saccoglottis gabonensis.

Stammpflanze und Pflanzenfamilie	Verbreitung	Gehalt (% Öl) im Organ	Farbe bzw. Geruch
Saccoglottis gabonensis = Aubrya gabonensis. Fam.: Humiriaceae	Tropisches Amerika, Afrika	Samen, mit Äther extrahiert: 54%	Gelblich; Geruch ähnlich dem des Olivenöles

Physikalische und chemische Kennzahlen des Öles.

Dichte d_{15}^{15}	Erstarrungspunkt	Verseifungszahl	Jodzahl	R.-M.-Zahl
0,900	−2°	188	85,8	5,5

Zachun- oder Mkongaöl.

Huile de Zachun — Zachun oil, Betu oil, Sump oil — Olio di Zachune.

Stammpflanze und Pflanzenfamilie	Verbreitung	Gehalt (% Öl) im Organ	Farbe bzw. Geschmack	Reaktionen
Balanites aegyptiaca Fam.: Zygophyllaceae	Ostafrika, Indien	Ganze Frucht: 3,6%; Kern: 41—49,6%; „Mkonganüsse"[2]: 30,7—33,9%	Hellgelb bis goldgelb. Angenehm nußartiger Geschmack	BELLIER: schwach positiv. HALPHEN bzw. BAUDOUIN: negativ

Fettsäuren: 34% Palmitin- und Stearinsäure; 33% Ölsäure; 33% Linolsäure. Unverseifbares: 0,6%.

Physikalische Kennzahlen.

	Dichte d_{15}^{15}	Schmelzpunkt	Erstarrungspunkt	Lichtbrechung B.-Refr. Sk. T.
Öl	0,9173—0,9200 d_{100}^{100}: 0,8819	8°	0°—5°	55,9 (40°) 64,2 (25°)
Fettsäuren	—	34,5—37°	30,5—32°	—

[1] Jodzahl des Tri-erucins: 72,2.
[2] Aus Deutsch-Ostafrika. Aus nigerischer Saat konnten 58,7% Öl gewonnen werden.

Chemische Kennzahlen.

	Verseifungszahl	Hehnerzahl	Jodzahl	R.-M.-Zahl	Pol.-Zahl	Thermozahl
Öl	194,1—198,5	95,2	92,5—105 (77,2)	0,6	0,4	75,5
Fettsäuren	201,6—206,1 Neutral.-Z.: 200,0	M. M.-Gew.: 278,2	(82,9)	—	—	—

Öle von Balanites Maughamii.

(„Manduro"-Öl.)

Stammpflanze und Pflanzenfamilie	Verbreitung	Gehalt (% Öl) im Organ	Farbe
Balanites Maughamii Fam.: Zygophyllaceae	Portugiesisch-Ostafrika	Samen: 7,5% a) Kern: 45,5 bzw. 60% b) Fruchtfleisch: 4,4%	a) Goldgelb

Physikalische und chemische Kennzahlen.

	Dichte d_{15}^{15}	Erstarrungspunkt	Lichtbrechung B.-Refr. Sk. T.	Lichtbrechung Brechungs-Index n_D	Verseifungszahl	Jodzahl
Kernöl	0,916—0,92	-1 bis $-4°$	57 (40°)	1,4639 (40°)	190,5—198,5	100—100,6
Fruchtfleischöl	—	—	51,8 (40°)	—	188,9	77,5

Eine Probe Kernöl zeigte die Säurezahl 2,4 und enthielt 0,9% Unverseifbares. Das Fruchtfleischöl hatte die Säurezahl 79.

Öl von Balanites Tieghemi.

Stammpflanze und Pflanzenfamilie	Verbreitung	Gehalt (% Öl) im Organ	Farbe
Balanites Tieghemi Fam.: Zygophyllaceae	Portugiesisch-Ostafrika	Samen: 2%; Kern: 10%	Dunkelgelb

Fettsäuren: 37% gesättigte, 63% ungesättigte Säuren.

Physikalische und chemische Kennzahlen.

	Dichte d_{15}^{15}	Schmelzpunkt	Hehnerzahl	Jodzahl	R.-M.-Zahl
Öl	0,908	Flüssig bis $-3°$	93,5	121,0	6,0
Fettsäuren	—	35°	—	—	—
feste	—	47—48°	—	—	—

Quassiafett.

(Odyendyébutter.)

Stammpflanze und Pflanzenfamilie	Verbreitung	Gehalt (% Öl) im Organ	Farbe bzw. Geschmack
Quassia gabonensis Fam.: Simarubaceae	Tropisches Westafrika, hauptsächlich Gabon und Kongo	Samen: 24,5%; Kern: 61,3%	Gelblich bis rötlich; schwach bitter

Eine Probe gab 8,6% Glycerin.

Physikalische Kennzahlen.

	Dichte d_{15}^{15}	Schmelzpunkt
Fett	0,980	—
Säuren	—	54°

Die Samen von **Samadera indica** (Familie: Simarubaceae; Verbreitung: Britisch- und Niederländisch-Indien) enthalten 33—63% hellgelbes Fett von bitterem Geschmack. Glyceride der Palmitinsäure: 8—16%; der Stearinsäure: 4%; der Ölsäure: 83—87%.

Ko-Sam-Öl (1) und Samenöl von Brucea antidysenterica (2).

Stammpflanzen und Pflanzenfamilie	Verbreitung	Gehalt (% Öl) im Organ	Farbe
(1) Brucea sumatrana (2) Brucea antidysenterica Fam.: Simarubaceae	(1) Indisch-Malayische Gebiete (2) Abessinien	(1) Samen: 20% (2) Samen: 22,2%	Dunkelgrün

Bestandteile von Öl (1): Palmitinsäure, Stearinsäure, Ölsäure, Linolsäure. Hentriacontan $C_{31}H_{64}$ und ein krystallinischer Stoff $C_{20}H_{34}O$ (Schmelzpunkt 130—133°), der an Phytosterin gebunden ist. — Fettsäuren von Öl (2): angeblich etwas Essigsäure und Buttersäure; Palmitinsäure, Stearinsäure; vorwiegend Ölsäure, vermutlich auch Linolsäure.

Physikalische und chemische Kennzahlen.

	Dichte	Verseifungszahl	Jodzahl
Öl (1)	d^{18}: 0,9025 (°?)	185,4	81,5

Dikafett.

(Obaöl, Wild-Mangoöl.)

Beurre de dika — Dika fat, Oba oil, Wild Mango oil — Sego di dika.

Stammpflanzen und Pflanzenfamilie	Verbreitung	Gehalt (% Öl) im Organ	Farbe bzw. Geschmack	Reaktionen Bes. Merkmal
Irvingia gabonensis, var. Irvingia gab. mangifera Fam.: Simarubaceae	Westküste Afrikas, von Sierra Leone bis Gabon	Samen: ca. 39%. Kern: 54—68%	Frisch: weiß, nach längerer Zeit gelb. Angenehm süßlicher Geschmack	Bellier: negativ; ebenso Halphen. Milliau-Becchi: schwach positiv. Leicht verseifbar.

Bestandteile: ca. 19% Laurinsäure; 65—69% Myristinsäure und höhere Homologe; bis ca. 10% Ölsäure. Gibt 13% Glycerin. 0,7—1,4% Unverseifbares.

Physikalische Kennzahlen.

	Dichte	Schmelzpunkt	Erstarrungspunkt	Lichtbrechung: B.-Refr. Sk. T.	Lichtbrechung: Brechungs-Index n_D	Krit. Lösungstemperatur
Fett	d_{15}^{15}: 0,9195 (d^{10}: 0,9140)[1] d^{50}: 0,9125 d_{60}^{60}: 0,9043 d_{15}^{100}: 0,863	39—41,6° (37,5°)[2]	34,8—40° (27—29,4°)[1]	63 (40°)	1,4505 (50°) 1,4488 bis 1,4498 (40°)	In Alkohol: 30—48°
Säuren	—	40—40,8° (34,3—35,5°)[2]	33—38,6° (29—31°)[2]	—	1,4357 (50°) 1,4368 (40°)	—

[1] Kennzahlen eines Fettes von Irvingia Barteri aus Südnigeria.
[2] Fette von Irvingia gabon. mangifera (Belg.-Kongo); Säurezahlen 15,4 bzw. 17,5.

Chemische Kennzahlen.

	Verseifungszahl	Hehnerzahl	Jodzahl	R.-M.-Zahl	Pol.-Zahl
Fett	241,2—250	94,4—95	2,1—9,8	0,4—1,2	1,4—1,8 (5,5)
Säuren	258,7—259,5 Neutral.-Z.: 254,8—259,4	M. M.-Gew.: 216,2—218,3	3,3—14,5	—	—

Säurezahlen zwischen 4 und 19.

Cay-Cay-Fett.

(Irvingiabutter, „Cochinchina-Wachs".)

Beurre de Cay-Cay, Cire de Cochinchine, Beurre d'Irvingia — Cay-Cay Fat, Cochin-China Wax — Sego di Cay-Cay.

Stammpflanzen und Pflanzenfamilie	Verbreitung	Gehalt (% Öl) im Organ	Farbe bzw. Geschmack	Anmerkung
Irvingia Oliveri, Irvingia malayana Fam.: Simarubaceae	Tropisches Asien (Cochinchina, Südannam, Cambodge)	Kern: 52—58,4%; trocken extrahiert: 66—74,4%. Mittelwert ca. 60%	Beinahe farblos, erstarrt: weiß. Angenehmer Geschmack	Das Fett ist leicht verseifbar

Fettsäuren: ca. 0,5% Caprylsäure u. a. lösliche Säuren; 30—39% Laurinsäure; 55—65% Myristinsäure; ca. 5% Ölsäure.

Physikalische Kennzahlen.

	Dichte	Schmelzpunkt	Erstarrungspunkt
Fett I Fette II	d_{40}^{40}: 0,9133 d^{15}: 0,936 d_{40}^{40}: 0,9130	39,7° 37,5—38,5°	31° 31,2—32°
Säuren von Fett I Säuren von Fett II	— —	35—38,8° —	36,6° 36,4°

Chemische Kennzahlen.

	Verseifungszahl	Hehnerzahl	Jodzahl	R.-M.-Zahl
Fett I	235—235,6	94	6,7—6,8	0,6
Fette II	236,3—237,4	93,2—93,4	3,5—5,1	0,7—1,7
	Neutral.-Z.:	M. M.-Gew.:		
Säuren von Fett I	253,0	222	—	—
„ von Fett II	250,0	224	—	—

Fett I im Laboratorium extrahiert, Säurezahl 0,9. Fette II stammten aus Cambodge und zeigten die Säurezahlen 23,5 bzw. 34,9.

Fett von Irvingia Smithii.

Stammpflanze und Pflanzenfamilie	Verbreitung	Gehalt (% Öl) im Organ	Farbe	Anmerkung
Irvingia Smithii Fam.: Simarubaceae	Tropisches Afrika (Belgisch-Kongo)	Samen: 11%; Kern: 75%	Weiß	Das Fett ist gut haltbar

Physikalische und chemische Kennzahlen.

	Schmelzpunkt	Erstarrungspunkt	Kritische Lösungstemperatur	Verseifungszahl	M. M.-Gew.	Acetylzahl	Jodzahl
Fett	37,8—39°	36,4—36,8°	Alkohol: 37°	237,3	—	13	2,96
Säuren	33,9—36°	29,8—32°	—	Neutral.-Z.: 264,5	212,2	—	3,03

Das Fett war mit Petroläther in der Kälte extrahiert und hatte die Säurezahl 7,1.

Fett von Picramnia Carpinterae.

Stammpflanze und Pflanzenfamilie	Verbreitung	Gehalt (% Öl) im Organ	Farbe
Picramnia Carpinterae Fam.: Simarubaceae	Guatemala, Costa Rica	Kern: 76%	Weiß

Physikalische und chemische Kennzahlen.

	Schmelzpunkt	Brechungs-Index n_D	Verseifungszahl	Hehnerzahl	Jodzahl (Wijs)
Fett	50—52°	1,4624 (50°)	156,2 (?)	96,3	63,9
Säuren	56—57°	1,4538 (70°)	Neutral.-Z.: 192	M. M.-Gew. 292,5	87,0

Die untersuchte Probe enthielt 1,7% Unverseifbares. Die Verseifungszahl und die Jodzahl des Fettes sind mit der Neutralisationszahl und der Jodzahl der Fettsäuren nicht in Einklang zu bringen und bedürfen der Überprüfung.

Fett von Picramnia Lindeniana.

Stammpflanze und Pflanzenfamilie	Verbreitung	Gehalt (% Öl) im Organ	Farbe bzw. Geschmack	Bes. Merkmal
Picramnia Lindeniana Fam.: Simarubaceae	Mexiko	Samen, mit Äther extrahiert: 39%	Extrahiert: gelbbraun; angenehm milder Geschmack	Gehalt an Taririnsäure; s. u. Taririfett

Fettsäuren: ca. 57% gesättigte (21% Myristinsäure; 31,5% Palmitinsäure; ca. 3% Stearinsäure); ca. 41% ungesättigte Säuren (21% Ölsäure und 20% Taririnsäure; möglicherweise auch etwas Linolsäure).

Physikalische und chemische Kennzahlen.

	Dichte d_{15}^{15}	Schmelzpunkt	Erstarrungspunkt	Brechungs-Index n_D	Verseifungszahl	Hehnerzahl	Jodzahl (Wijs)
Fett	0,9125 d^{50}: 0,888	40—41°	36—37°	1,4608 (50°)	192,7	94,4	56,8
Säuren	—	43—44°	39°	1,4572 (50°)	Neutral.-Z.: 192,1	M. M.-Gew.: 296,7	59,2

Die untersuchte Probe enthielt ca. 1% Unverseifbares und gab 10,1% Glycerin.

Taririfett.

Stammpflanze und Pflanzenfamilie	Verbreitung	Gehalt (% Öl) im Organ	Kennzahlen	Besonderes Merkmal
Picramnia Sow = P. Tariri Fam.: Simarubaceae	Tropisches Amerika, insbes. Guayana	Kern: ca. 67%	Schmelzpunkt des Fettes: 47°; der Säuren: 49—50°	Charakteristisch ist der Gehalt an Taririnsäure, der C_{18}-Säure der Propiolsäurereihe, s. Bd. I, S. 8, 22 u. 242

Das Fett der Samen von **Picramnia Camboita** (Brasilien) enthält auch Taririnsäure. Diese krystallisiert aus den siedenden Ätherlösungen der genannten Fette in perlmutterglänzenden Blättern aus.

Samenöl von Eurycoma longifolia.

Stammpflanze und Pflanzenfamilie	Verbreitung	Farbe	Konsistenz
Eurycoma longifolia. Fam.: Simarubaceae	Birma, Malayen-Staaten	Hellgelb	Dünnflüssig

Physikalische und chemische Kennzahlen.

	Brechungs-Index n_D	Verseifungszahl	Hehnerzahl	Jodzahl
Öl	1,4688 (25°)	191	94	89

Die untersuchte Probe gab 11% Glycerin.

Javamandelöl.

(„Canariöl").

Huile de canari — Canari oil — Olio di canari.

Stammpflanze und Pflanzenfamilie	Verbreitung	Gehalt (% Öl) im Organ	Farbe bzw. Geruch	Besonderes Merkmal
Canarium commune Fam.: Burseraceae	Tropisches Asien, insbesondere Molukken	Samen: 65—75%. Durch Pressen: 56%	Hellgelb; angenehmer, mandelartiger Geruch	Beim Erhitzen auf 240 bis 245° wird das Öl plötzlich unter starker Wärmeentwicklung fest; s. Bd. I, S. 378 unter „Polymerisiertes Javamandelöl"

Fettsäuren: angeblich 44,6% Palmitin- und Stearinsäure; 43% Ölsäure und 12,5% Linolsäure. — Unverseifbares: 0,4%. Glycerinausbeute: 10,5%.

Physikalische Kennzahlen.

	Dichte	Schmelzpunkt	Erstarrungspunkt	Lichtbrechung	
				B.-Refr. Sk. T.	Brechungs-Index n_D
Öl	d^{15}: 0,9010 d^{40}_{40}: 0,8953 bis 0,9050	18—28,5°	15—20°	49,5—51,3 (40°)	1,4589 bis 1,4601 (40°)
Fettsäuren	d^{50}_{50}: 0,8825	40—41°	37—41°	35,7 (45°)	—

Chemische Kennzahlen.

	Verseifungszahl	Hehnerzahl	Acetylzahl	Jodzahl (Wijs)	R.-M.-Zahl	Thermozahl
Öl	193,5—194,3 (191,4)	95,5	8,4	64,6—65,9 (59,6)	0,1	(Maumené) 59
Fettsäuren	204,9—208,5 Neutral.-Z.: 191,1—201,6	M. M.-Gew.: 278,6	15,7—16,4	67,2 Innere Jodzahl: 110,4	—	—

Säurezahlen einiger Muster: 0,8; 1,3 und 22,8.

„Canari"-Öl

von Canarium polyphyllum.

Stammpflanze und Pflanzenfamilie	Verbreitung	Gehalt (% Öl) im Organ	Farbe bzw. Geschmack	Reaktionen. Konsistenz
Canarium polyphyllum Fam.: Burseraceae	Neu-Guinea	Samennuß (entschält), mit Äther extrahiert: 68,2—69,6%	Gelblich bis tiefgelb; nußähnlicher Geschmack und Geruch	HALPHEN: negativ; BELLIER und BAUDOUIN: schwach violett. Butterkonsistenz bei Zimmertemperatur

Physikalische Kennzahlen.

	Dichte	Schmelzpunkt	Erstarrungspunkt	Lichtbrechung B.-Refr. Sk. T.	Lichtbrechung Brechungs-Index n_D
Öl I	—	30°	19—20°	—	1,4679 (40°) 1,4750 (21°)
Öl II mit S.-Z. = 1,5	d^{30}: 0,9042	22°	9—10°	47,4 (40°)	—
Fettsäuren	—	45,0°	37—38°	27,4 (49,5°)	—

Chemische Kennzahlen.

	Verseifungszahl	M. M.-Gew.	Jodzahl	R.-M.-Zahl	Pol.-Zahl
Öl I	200,2	—	59,7	4,4	—
Öl II mit S.-Z. = 1,5	189,7	—	52,9	0,3	0,4
Fettsäuren	Neutral.-Z.: 200,9	279,2	59,4 Innere Jodzahl: 89,9	—	—

Das Unverseifbare enthält ca. 0,15% eines Phytosterins vom Schmelzpunkt 137°.

Pilinußöl.

Huile de noix de pili — Pili nut oil.

Stammpflanzen und Pflanzenfamilie	Verbreitung	Gehalt (% Öl) im Organ
Canarium pachyphyllum, Canarium ovatum, Canarium luzonicum Familie: Burseraceae	Philippinen	Samen (I, länglich): 74,4%; (II, kurz): 72,5%; Kern (III): 74%; Frucht (IV): 15,9%; Kern (IV): 72,2%

Bestandteile von Öl III: 38,1% gesättigte Säuren; 57,2% ungesättigte Säuren. Glyceride der Palmitinsäure: 38,2%; der Stearinsäure: 1,8%; der Ölsäure: 59,6%. Unverseifbares: 0,2%.

Physikalische Kennzahlen.

	Dichte d^{30}	Schmelzpunkt	Erstarrungspunkt	Lichtbrechung B.-Refr. Sk. T.	Lichtbrechung Brechungs-Index n_D
Öl I mit S.-Z. = 2,7	0,9067	—	—	54—54,2 (30°)	—
Öl II mit S.-Z. = 3,1	0,9067	—	—	54—54,2 (30°)	—
Öl III mit S.-Z. = 1,4	0,9069	—	—	—	1,4646 (30°)
Öl V	—	29°	14°	48,6 (40°)	—

Chemische Kennzahlen.

	Verseifungszahl	Jodzahl	R.-M.-Zahl
Öl I	192,6	61,3 (HANUS)	3,3
II	186,8	59,6 (HANUS)	2,2
III	197,4	55,9 (HÜBL)	—
IV	197,0	57,1 (WIJS)	—
Fettsäuren von Öl III	—	Innere Jodzahl: 89,9	—

Öl I und II von Canarium pachyphyllum, Öl III von Canarium ovatum, Öl IV von Canarium luzonicum, Öl V von unbekannter Abstammung.

Öle von Canarium oleosum.

a) Kernöl. b) Schalenöl.

Stammpflanze und Pflanzenfamilie	Verbreitung	Gehalt (% Öl) im Organ	Farbe
Canarium oleosum (c. oleiferum) Fam.: Burseraceae	Tropisches Asien	a) Kern: 68,6% b) Schale: 34,5%	Hellgelb Blaßgelb

Physikalische und chemische Kennzahlen.

	Schmelzpunkt	Erstarrungspunkt	Brechungs-Index n_D	Verseifungszahl	Hehnerzahl	Jodzahl
Öl a)	—	12,5°	1,4664 (20°)	197,0	94,8	63,0
Öl b)	—	16,5°	1,4584 (20°)	185,5	89,9[1]	78,2
Fettsäuren von Öl a)	44—46°	—	1,4505 (50°)	Neutral.-Z.: 195,2	M. M.-Gew.: 287,7	63,7

Eine Probe Kernöl (a) enthielt ca. 1%, ein Muster Schalenöl (b) ca. 5% Unverseifbares.

Die Samen von **Commiphora Zanzibarica, var. elongata** (Familie: Burseraceae) enthalten 55,1% Öl. Im Endo- und Mesocarp sind angeblich 21% Öl zugegen. Eine Probe aus Tanganyika war gelbbraun; Kennzahlen und sonstige Eigenschaften ähneln angeblich denen des Baumwollsamenöls.

Carapafett.

(Tulucunafett.)

Beurre (huile) de Carapa (touloucouna) — Carapa oil — Olio di carapa.

Stammpflanze und Pflanzenfamilie	Verbreitung	Gehalt (% Öl) im Organ	Farbe bzw. Geschmack	Besonderes Merkmal
Carapa procera = Carapa Touloucouna Fam.: Meliaceae	Tropisches Afrika und Asien[2]	Kern, extrahiert: 61,2—63%	Gelb; bitter	Purgierend

Physikalische Kennzahlen.

	Dichte d_{15}^{15}	Schmelzpunkt	Erstarrungspunkt	Lichtbrechung B.-Refr. Sk. T.	Lichtbrechung Brechungs-Index n_D
Fett	0,9238	37,5°	32,3°	50—53 (40°)	1,4686 (20°)
Säuren	—	43—45°	—	—	1,4536 (50°)

[1] Wasserunlösliche Säuren.
[2] Über das Samenöl von Carapa guyanensis aus Südamerika s. unten.

Chemische Kennzahlen.

	Verseifungszahl	Hehnerzahl	Jodzahl	R.-M.-Zahl	Pol.-Zahl
Fett	195—201,2	94,2	56,8—64,9	2,3—2,5	0,4—0,5
Säuren von Fett mit Säurezahl = 5,3	Neutral.-Z.: 181,4	M. M.-Gew.: 310,0	60,9	—	—

Säurezahlen: 5,3; 16,5 und 75,3. Die Kennzahlen von rohen und raffinierten Fetten stimmen miteinander gut überein.

Samenöl von Carapa guyanensis.

(Andirobaöl.)

Huile de Carapa rouge — Crab wood (Andiroba) oil.

Stammpflanze und Pflanzenfamilie	Verbreitung	Gehalt (% Öl) im Organ
Carapa guyanensis Fam.: Meliaceae	Tropisches Amerika	Kern, mit Äther extrahiert: 57,3%; kalt gepreßt: 24%; hierauf heiß gepreßt: 22,7%

Fettsäuren von Öl I (kalt gepreßt): 34,1% feste und 65,9% flüssige;
Fettsäuren von Öl II (heiß gepreßt): 36,5% feste und 63,5% flüssige.

Physikalische Kennzahlen.

	Dichte	Schmelzpunkt	Erstarrungspunkt	Brechungs-Index
Öl I	$d_{15,5}^{15,5}$: 0,9272; d_{40}^{40}: 0,9179	15—36°	12°	—
Öl II	$d_{15,5}^{15,5}$: 0,9327; d_{40}^{40}: 0,9174	15—48°	14°	—
Öl III	d_{15}^{100}: 0,8572	—	—	1,4560 (40°)
Fettsäuren von Öl I	—	—	35,5°	—
„ von Öl II	—	—	36,2°	—
„ von Öl III	—	—	35,8°	—

Chemische Kennzahlen.

	Verseifungszahl	Hehnerzahl	Jodzahl	R.-M.-Zahl
Öl I	197,1	95,1	75,7	3,5
Öl II	196,4	92,7	71,3	3,1
Öl III	197,4	—	75,1	—
Fettsäuren	Neutral.-Z.:	M. M.-Gew.:	Innere Jodzahl:	
von Öl I	192,4	291,5	107,4	—
von Öl II	192,0	292,1	108,0	—

Öl I enthielt 1,5% Unverseifbares; Öl II hatte 2% unverseifbare Bestandteile; ein Muster von Öl III (mit Äther extrahiert) zeigte die Säurezahl 75,8 und die Jodzahl 64,5; es enthielt 0,7% Unverseifbares.

Ein anderes „Andiroba"-Öl war zum Teil bei 15° flüssig, zeigte die Jodzahl 62,2, die Verseifungszahl 197,0 und die B.-Refr.-Zahl 50 (bei 40°); es hatte 18,6% freie Fettsäuren und enthielt 0,6% Unverseifbares.

Öl von Carapa grandiflora.

Stammpflanze und Pflanzenfamilie	Verbreitung	Gehalt (% Öl) im Organ	Farbe
Carapa grandiflora Fam.: Meliaceae	Uganda (Tropisches Afrika)	Kern, mit Äther extrahiert: ca. 30%[1]. Durch kalte Pressung 10%; heiß gepreßt (70°): 20%	Kalt gepreßt: fast weiß, gelblicher Stich; heiß gepreßt: dunkel

Fettsäuren von Öl I (kalt gepreßt): 26,5% feste und 72,8% flüssige;
Fettsäuren von Öl II (heiß gepreßt): 34,9% feste und 64,6% flüssige.

[1] In einem anderen Falle wurden 52% extrahiert.

Physikalische Kennzahlen.

	Dichte	Schmelzpunkt	Erstarrungspunkt
Öl I	$d_{15,5}^{15,5}$: 0,9261; d_{40}^{40}: 0,9171	15—23°	8°
Öl II	$d_{15,5}^{15,5}$: 0,9306; d_{40}^{40}: 0,9215	20—30°	10°
Fettsäuren von Öl I	—	—	34,9°
Fettsäuren von Öl II	—	—	38,9°

Chemische Kennzahlen.

	Verseifungszahl	Hehnerzahl	Jodzahl	R.-M.-Zahl
Öl I	198,1	94	83,7	3,7
Öl II	201,8	92,9	72,6	3,8
Fettsäuren	Neutral.-Z.:	M. M.-Gew.:	Innere Jodzahl:	
von Öl I	202,3	277,3	94,74	—
von Öl II	202,4	277,1	94,71	—

Öl I, kalt gepreßt, ist optisch aktiv ($[\alpha]_D = 2° 4'$ im 100 mm-Rohr); die Drehung dürfte durch einen harzartigen Bestandteil bedingt sein. Eine Probe (Öl I) enthielt 3,8%, eine andere Probe (Öl II): 1,6% Unverseifbares.

Öl von Carapa microcarpa.

(Kobibutter.)

Stammpflanze und Pflanzenfamilie	Verbreitung	Gehalt (% Öl) im Organ	Farbe
Carapa microcarpa Fam.: Meliaceae	Elfenbeinküste (Tropisches Afrika)	Samen: 35%; Kern: 50%, auch 63,4%	Bräunlich

Fettsäuren: 92% wasserunlöslich; von diesen sind 45% gesättigt; wahrscheinlich Myristin-, Palmitin-, Stearinsäure; 55% ungesättigt (vorwiegend Ölsäure).

Physikalische und chemische Kennzahlen.

	Dichte	Schmelzpunkt	Verseifungszahl	Hehnerzahl	Jodzahl	R.-M.-Zahl
Öl	0,895 (°?)	16° (9—11°)	188,0	92	58,5	3,3
Fettsäuren	—	28°	—	—	—	—

Säurezahl eines Musters: 8,4.

Die Samen von **Carapa moluccensis** geben, mit Petroläther extrahiert, nur ca. 1% Fett: gelblichweiß, bitter, fest, reich an Harz.

Champacafett.

Stammpflanze und Pflanzenfamilie	Verbreitung	Zusammensetzung
Melia Champaca Fam.: Meliaceae	Niederländisch- Indien	Angeblich 30% Tripalmitin und 70% Olein

Physikalische und chemische Kennzahlen.

	Dichte d_{15}^{15}	Schmelzpunkt	Jodzahl
Fett	0,903	44,5°	60,3[1]

[1] Von Lewkowitsch aus dem Oleingehalt berechnet.

Margosafett.

(Nimöl.)

Huile de margosa — Margosa oil, Veppam fat, Neem oil — Olio di margosa.

Stammpflanze und Pflanzenfamilie	Verbreitung	Gehalt (% Öl) im Organ	Farbe bzw. Geschmack	Konsistenz
Azadirachta indica Familie: Meliaceae	Indien	Ganze Frucht: 15%; Samen: 24%; Kern: 43,6—47,1%	Gelblich, etwas unangenehmer Geruch, der mit der Zeit intensiver wird; bitterer Geschmack	Bei gewöhnlicher Temperatur halbfest oder fest

Fettsäuren: enthalten u. a. ca. 24% „Margosasäure", eine Säure der Linolsäurereihe (Neutralisations-Zahl 167; Jodzahl 151).

Physikalische Kennzahlen.

	Dichte	Schmelzpunkt	Erstarrungspunkt	Lichtbrechung: B.-Refr. Sk. T.
Fett	d_{16}^{16}: 0,9142 d_{40}^{40}: 0,9032	25—28°	9°	52—54,1 (40°)
Säuren	—	—	42°	—

Chemische Kennzahlen.

	Verseifungszahl	Jodzahl	R.-M.-Zahl	Pol.-Zahl	Kirschner-Zahl
Fett	196,9	69,6	1,1	—	—
Fett I	185,6	72,9 (WIJS)	8,3	0,3	ca. 5

Fett I hatte 3,2% freie Säuren (berechnet als Ölsäure) und enthielt 7,7% Unverseifbares.

Mafuratalg[1].

Huile de mafoureire — Mafura Tallow — Sego di mafura.

Stammpflanze und Pflanzenfamilie	Verbreitung	Gehalt (% Öl) im Organ	Farbe bzw. Geruch	Konsistenz. Anmerkung
Trichilia emetica Fam.: Meliaceae	Tropisches Afrika	Samen: 49—61%; Kern: 51—68%; Schale: 20—51%	Gelblich bis bräunlich; eigentümlich aromatischer, manchmal nußartiger Geruch[2]	Talgartig weich. Das Fett aus den Schalen ist härter und bitterer als das aus den Kernen. Der Spaltungsgrad ist meist ein hoher

Gesamtfettsäuregehalt: 92,1—94,6%.

Physikalische Kennzahlen.

	Dichte d_{15}^{15}	Schmelzpunkt	Erstarrungspunkt	Lichtbrechung B.-Refr. Sk. T.	Kritische Lösungstemperatur
Fette I	d_{15}^{30}: 0,920 d_{15}^{40}: 0,913	29—42°	25—35°	47,3 (40°)	—
Fette II	d_{15}^{30}: 0,909 d_{15}^{40}: 0,902 d^{100}: 0,857	35—39°	28—32°	—	—
Fette III	0,9192—0,931	43—50°	40—47°	54,6 (40°) 60,1 (30°) 65,6 (20°)	—
Säuren von I	—	51—55°	42—49°	26,3 (57°)	88°
von II	d_{15}^{92}: 0,843	52—53°	44—50°	—	—
von III	d_{15}^{92}: 0,854	46—47°	42—45°	37,2 (50°)	—

[1] Das Fett stellt meist ein Gemisch von Schalenfett und Kernfett vor, in dem das letztere überwiegt.

[2] Die Geruchsstoffe lassen sich durch Abblasen mit Wasserdampf entfernen.

Chemische Kennzahlen.

	Verseifungszahl	M. M.-Gew.	Acetyl-Zahl	Jodzahl	R.-M.-Zahl	Pol.-Zahl	Thermozahl (MAUMENÉ)
Fette I	200—221 (240)	—	—	45—56	3—3,4	2,7	57
Fette II	198—241	—	16 [1]	43,5—52,6	—	—	—
Fette III	202—209,7	—	36,5 [2]	65—72	—	—	—
Säuren von I	197—205 Neutral.-Z.: 194—204	284,7	—	46—48	—	—	—
von II	205,8	272,5	—	46—48,2	—	—	—
von III	201,2	278,8	—	68	—	—	—

Fette I: aus ganzen Samen; Säurezahlen bis 52,5. Unverseifbares 1,2%. Fette II: aus den Kernen, durch Pressung gewonnen. Unverseifbares 1,4%. Fette III: aus der Samenschale (Arillus). Unverseifbares 1,3%.

Msukuliosamenfett.

Stammpflanze und Pflanzenfamilie	Verbreitung	Gehalt (% Öl) im Organ	Konsistenz
Trichilia subcordata Fam.: Meliaceae	Küstengebiete Ostafrikas	Samen: 56—59%	Wachsartig

Fettsäuren: etwas Buttersäure sowie Säuren niedrigeren Molekulargewichtes. Vorwiegend Palmitin- und Stearinsäure sowie Ölsäure.

Physikalische und chemische Kennzahlen.

	Schmelzpunkt	Erstarrungspunkt	Lichtbrechung B.-Refr. Sk. T.	Verseifungszahl	Jodzahl	R.-M.-Zahl
Fett	45°	24—30°	51 (43°)	201,5—201,8	39,9—40,4	3,3
Säuren	54—55°	51,5°	—	—	—	—

Säurezahlen der untersuchten Proben: 27,3 bzw. 39,6.

Fruchtfleisch- und Samenöle einer nicht näher identifizierten Trichilia-Art.

Stammpflanze und Pflanzenfamilie	Verbreitung	Gehalt (% Öl) im Organ	Farbe
Trichilia spec. Fam.: Meliaceae	Mexiko	Frucht: 49,1%; Fruchtfleisch: ca. 60%; Samen: 61,4%; Samenschale: 12,1%	Rötlichbraun (a); gelb (b); weißlichgelb (c)

Physikalische und chemische Kennzahlen.

	Erstarrungspunkt	Brechungs-Index n_D	Verseifungszahl	Hehnerzahl	Jodzahl
Öl a	2,5°	1,4731 (30°)	198,8	94,1	90,7
Öl b	14,0°	1,4706 (40°)	189,5	—	52,5
Öl c	9,0°	1,4736 (30°)	194,3	—	78,9
Fettsäuren von Öl a	40—41°	1,4586 (50°)	Neutral.-Z.: 181,3 [3]	M. M.-Gew.: 309,8	88,0 [3]

Öl a: aus den Samen, enthielt 4,8% Unverseifbares; Öl b: aus den Samenschalen (6,9% Unverseifbares); Öl c: aus dem Fruchtfleisch (3,6% Unverseifbares).

[1] Aus zerkleinerten und gepreßten Samen gewonnenes Öl.
[2] Durch Auskochen der Samen gewonnenes Öl.
[3] Im Vergleich zu den entsprechenden Kennzahlen des Öles zu niedrig.

Catosamenöl.

Cato seed oil.

Stammpflanze und Pflanzenfamilie	Verbreitung	Gehalt (% Öl) im Organ	Anmerkung
Chisocheton cumingianus Fam.: Meliaceae	Philippinen	Samen: 44,1%	Das Öl der sogenannten Catonüsse wirkt purgierend (schwächer als Ricinusöl)

Physikalische und chemische Kennzahlen des Öles.

Dichte	Lichtbrechung B.-Refr. Sk. T.	Verseifungszahl	Jodzahl	R.-M.-Zahl
d_{15}^{15}: 0,9203 d^{30}: 0,9188	60—61 (30°)	192,0	80,8 (Hanus)	7,3

Eine Probe enthielt ca. 4% freie Fettsäuren (als Ölsäure berechnet).

Weniger untersuchte Öle aus den Familien: Simarubaceae, Burseraceae, Meliaceae.

Pflanzen-familie	Stammpflanze	Verbreitung	Ölgehalt im Organ	Farbe bzw. Geschmack	Kennzahlen	Anmerkung
Simarubaceae	Simaba cedron	Nordbrasilien	Samen: 12%	—	—	—
Burseraceae	Protium heptaphyllum	Tropisches Südamerika	Getrocknete Samen: 40%	Hell; Geschmack mild	—	—
	Canarium Schweinfurthii	Tropisches Afrika	—	Rot; wohlriechend	—	Fette Substanz in der Fruchtschale
	Canarium decumanum	Niederländisch-Indien	Frucht: 75,4%	—	—	—
	Canarium Colophania	Mauritius	Samen: 64,6%	—	—	—
	Canarium moluccanum	Niederländisch-Indien, Molukken	Samen: 75,3%	—	—	—
	Canarium rufum	Hinterindien	Samen: 70,5%	—	—	—
Meliaceae	Guarea tricholoides	Brasilien	Samen: 4,5%	Hellgelb; bitter, kratzend	Dichte: 0,945 (25°)	Elaidinierung: fahlgelbe, weiche Masse

Jabotykernöl.

Stammpflanze und Pflanzenfamilie	Verbreitung	Gehalt (% Öl) im Organ	Farbe bzw. Geschmack	Anmerkung
Erisma calcaratum Fam.: Vochysiaceae	Brasilien	Kern: 53,7%	Gepreßt: blaßgelb; nicht unangenehmer Geschmack	Ein „Jaboty"-öl soll angeblich von einer Pariniumart abstammen, s. S. 244

Fettsäuren: ca. 28% Myristinsäure, 43,6% Palmitinsäure, 3,4% Stearinsäure; 25% flüssige Säuren.

Physikalische und chemische Kennzahlen.

	Schmelzpunkt	Erstarrungspunkt	Brechungs-Index n_D	Verseifungszahl	Hehnerzahl[1]	Acetyl-Zahl	Jodzahl	R.-M.-Zahl
Fett	45°	36°	1,4553 (40°)	228	94,3%	32	23,1	1,3
Säuren	—	35,1°	—	M. M.-Gew.: 259	—	—	—	—

Die untersuchte Probe enthielt 3% harzartige und ca. 1,6% unverseifbare Bestandteile.

Senegawurzelöl.

Huile de Polygala de Virginie — Senega root oil — Olio di senega.

Stammpflanze und Pflanzenfamilie	Verbreitung	Gehalt (% Öl) im Organ	Farbe bzw. Geschmack	Besondere Merkmale
Polygala senega Familie: Polygalaceae	Nordamerika	Wurzel: 4,6—8,7%	Dunkelbraun; mild	Nur teilweise löslich in Petroläther. Schwerlöslich in Xylol

Bestandteile: von flüchtigen Fettsäuren Essigsäure, Valeriansäure und Salicylsäure (?). 7,9% Palmitin; 79,3% Olein. Eine Probe enthielt 12,8% Unverseifbares[2] und gab 8,3% Glycerin.

Physikalische und chemische Kennzahlen.

	Dichte d^{18}	Verseifungszahl	Hehnerzahl	Acetylzahl	Jodzahl	R.-M.-Zahl
Öl	0,9616	193,5—194,1	85,8	44,5	81,6—82,0 (78,4)[4]	6,4
Fettsäuren[3]	—	—	—	—	Innere Jodzahl: 82,4 (zu niedrig)	—

Eine Probe zeigte die Säurezahl 38.

Malukangbutter.

Huile de maloukang — Cheyi oil, Maloukang oil.

Stammpflanze und Pflanzenfamilie	Verbreitung	Gehalt (% Öl) im Organ	Farbe bzw. Geschmack	Reaktion
Polygala butyracea Fam.: Polygalaceae	Tropisches Westafrika	Samen: 35—38%; nach anderen Angaben: frisch 41,6%; getrocknet 45,4%	Gelb; angenehmer Geschmack	BELLIER: braun, Benzollösung gelb. Salpetersäure: dunkelrot

[1] Hehnerzahlfettsäuren (ohne Unverseifbares).
[2] Das Unverseifbare besteht vorwiegend aus einem in Petroläther unlöslichen harzartigen Bestandteil.
[3] Die gesättigten Fettsäuren zeigen nach wiederholtem Umkrystallisieren den Schmelzpunkt 61°.
[4] Vom Unverseifbaren befreites Öl.

Physikalische und chemische Kennzahlen.

	Dichte d_{15}^{15}	Schmelzpunkt[1]	Erstarrungspunkt	Lichtbrechung B.-Refr. Sk. T.	Verseifungszahl	Hehnerzahl	Jodzahl	R.-M.-Zahl	Pol.-Zahl
Fett	0,940 $d_{15,5}^{100}$: 0,866	36°	33°	44,2 (40°)	251—253	85,6	49,4 bis 52,5	45,6	0,7
Säuren	—	—	—	36,7 (40°)	M. M.-Gew.: nicht flüchtige: 274,8 flüchtige, lösliche: 51,7 flüchtige, unlösliche: ca. 207		—	—	—

Säurezahl einer Probe: 1,2.

Ältere Angaben über die Zusammensetzung des Fettes stimmen mit den obigen Kennzahlen nicht überein, wurden daher auch nicht in die Tabellen aufgenommen; s. Bibliographie, S. 663.

Sioerfett[2].

Stammpflanze und Pflanzenfamilie	Verbreitung	Gehalt (% Öl) im Organ	Farbe	Anmerkung
Xanthophyllum lanceatum (Scaphium lanc.) Fam.: Polygalaceae	Monsungebiete	Samen: 39,2%	Rohfett: durch Chlorophyll grün gefärbt	Preßöl ist ungiftig; die giftigen Saponine bleiben im Preßkuchen zurück. Das Fett ist dem Tengkawangfett (Borneotalg) sehr ähnlich

Physikalische und chemische Kennzahlen.

	Dichte	Schmelzpunkt	Erstarrungspunkt	Brechungs-Index n_D	Verseifungszahl	Hehnerzahl	Jodzahl
Fett	d^{50}: 0,9021	Bei 28° halbfest, bei 48° völlig geschmolzen	Beginn bei ca. 41,5°; bei 15° völlig erstarrt	1,4549 (40°)	198,5	95,8	36,6 bis 38,9
Säuren	—	54—55°	51,5—53,5°	1,4424 (55°)	Neutral.-Zahl: 207,2	M.M.-Gew.: 268	38,2

Eine Probe (aus Sumatra) zeigte die Säurezahl 12,2. Ein anderes Muster enthielt 1,4% unverseifbare Bestandteile.

Öl von Chailletia toxicaria.

Stammpflanze und Pflanzenfamilie	Verbreitung	Gehalt (% Öl) im Organ	Farbe
Chailletia toxicaria Fam.: Dichapetalaceae (ENGLER); Chailletiaceae (BENTHAM und HOOKER)	Sierra Leone	Frucht: 1,8%	Gelb

Bestandteile: neben flüchtigen Säuren Stearinsäure und Ölsäure (angeblich Oleodistearin vom Schmelzpunkt 43°). Ein Phytosterin mit dem Schmelzbereich 135—148°.

[1] Erst bei 52° völlig klar.
[2] Sprich: Siuhrfett.

Chinesischer Talg.

(Vegetabilischer Talg, Stillingiatalg[1].)

Suif végétale de Chine — Chinese vegetable tallow — Sego di Stillingia.

Stammpflanze und Pflanzenfamilie	Verbreitung	Gehalt (% Öl) im Organ	Farbe bzw. Geschmack	Reaktionen. Besondere Merkmale
Sapium sebiferum (Stillingia sebifera) Fam.: Euphorbiaceae	China, Südjapan, Ostindien	Talgschicht (Belag) der Samen: 18—30%	Weiß oder graugelb bis grüngelb; kein ausgesprochener Geschmack	BELLIER: negativ; WELMANS: schwach grünlich. — Reiner Talg, der frei ist von Stillingiaöl, hinterläßt auf Papier keinen Fettfleck. Beim Erstarren zeigt das Fett eine plötzliche, starke Ausdehnung

Bestandteile: 55—60% feste Fettsäuren, vorwiegend Palmitinsäure; angeblich Oleodipalmitin und Oleodistearin. 0,3—1% Unverseifbares. 8—9% Glycerinausbeute.

Physikalische Kennzahlen.

	Dichte d_{15}^{15}	Schmelzpunkt	Erstarrungspunkt	Lichtbrechung B.-Refr. Sk. T.	Lichtbrechung Brechungs-Index n_D
Fette I	0,9052—0,918, auch 0,890 (?) d_{15}^{100}: 0,860	43—47°, auch 53°	27—37°	46,7—47,1 (40°)	1,4546—1,4574 (40°)
Fette II	0,9182—0,9242	35—44°	24—34°	38 (50°) 41—44 (40°)	1,4481—1,4518 (60°)
Säuren I	—	53—57°	45—56°	(II) flüssige: 40,6 (40°)	—
Säuren II	—	39—53°	34—48°		—

Chemische Kennzahlen.

	Verseifungszahl	Hehnerzahl	Jodzahl	R.-M.-Zahl	Pol.-Zahl
Fette I	201—231	93,5	19—30	0,2—1,2	0,5—0,6
Fette II	196—210	95,7	28—41	—	—
Säuren	Neutral.-Z.: 200—223 (240,1)	M. M.-Gew.: 263—271	30—55 Innere Jodzahl: 86—97	—	—

Säurezahlen von Rohtalgen: bis 38,0; Säurezahlen raffinierter Talge: 0,6—2,0. Fette I durch Abschmelzen mittels Wasserdampf gewonnen; großenteils aus reinem Talg (frei von Stillingiaöl) bestehend, sog. Primaqualität des Handels. Fette II: Gemische von Talg und Öl, durch Pressung oder Extraktion erhalten („Sekunda"-Ware).

Reihe: Sapindales.

Chironji-Fett.

Stammpflanze und Pflanzenfamilie	Verbreitung	Gehalt (% Öl) im Organ	Farbe bzw. Geschmack
Buchanania latifolia Fam.: Anacardiaceae	Vorder- und Hinter-Indien	Samen: 40—50%; Kern: 58—61%	Strohgelb; angenehmer Geschmack

Physikalische Kennzahlen.

	Dichte d_{15}^{15}	Schmelzpunkt	Erstarrungspunkt	Lichtbrechung B.-Refr. Sk. T.	Lichtbrechung Brechungs-Index n_D
Fett	0,923 d_{100}^{100}: 0,894	32°	18°	48,8—49,3 (40°)	1,4584 (40°)
Säuren	—	39,2°	—	—	—

[1] Die starken Abweichungen der Kennzahlen sind auf verschiedene Gewinnungsweise, auf Veränderungen der Fette durch längeres Lagern sowie auf das wechselnde Verhältnis von Stillingiatalg und Stillingiaöl (s. S. 112) zurückzuführen.

Chemische Kennzahlen.

	Verseifungszahl	Hehnerzahl	Jodzahl	R.-M.-Zahl	Thermo-Zahl
Fett	193,6—198,7	95—95,8	54,9—57,3	0,3	28 (MAUMENÉ)

Ein Muster zeigte die Säurezahl 15,4; ein anderes enthielt 4,5% freie Säuren, berechnet als Ölsäure. Eine Probe gab 8,8% Glycerin.

Mangosamenfett.

Huile de manguier.

Stammpflanze und Pflanzenfamilie	Verbreitung	Gehalt (% Öl) im Organ	Farbe bzw. Geschmack	Hauptbestandteil
Mangifera indica Fam.: Anacardiaceae	Tropen	Samen: ca. 6%; Kern: 15%	Weiß; angenehmer Geschmack	Oleodistearin

Chemische Kennzahlen des Fettes.

Verseifungszahl	Jodzahl	R.-M.-Zahl
175	54,5	0,2

Die untersuchte Probe zeigte die Säurezahl 12,3.

Acajouöl.

(Akaschuöl, Cashew-Nußöl, Cashew-Kernöl[1]).

Huile d'acajou à pomme (huile de cardole) — Cashew nut oil — Olio di noci d'anacardo.

Stammpflanze und Pflanzenfamilie	Verbreitung	Gehalt (% Öl) im Organ	Farbe bzw. Geschmack	Anmerkung
Anacardium occidentale Fam.: Anacardiaceae	Heimat: tropisches Amerika; in allen Tropenländern kultiviert	Samen: 13,5%; Kern: 40—57%; Schalen: 12,5%[2]	Gepreßt: hellgelb; angenehmer mandelartiger Geruch und Geschmack	Die entschälten getrockneten Samen (Cashew-Kerne) werden auch als „Elefantenläuse" bezeichnet

Bestandteile. Glyceride der Palmitinsäure: 6,4%; der Stearinsäure: 11,2%; der Lignocerinsäure: 0,5%; der Ölsäure: 73,8%; der Linolsäure: 7,7%. Unverseifbares: 0,4%, vorwiegend Sitosterin. Nach anderen Angaben: 23,1% gesättigte; 72,3% ungesättigte Bestandteile (17,3% Stearinsäureglyceride, 80,4% Ölsäureglyceride). 1,5% Unverseifbares.

Physikalische Kennzahlen.

	Dichte	Erstarrungspunkt	Lichtbrechung B.-Refr. Sk. T.	Lichtbrechung Brechungs-Index n_D
Öl	d_{15}^{15}: 0,916—0,9184 $d_4^{26,6}$: 0,9105 d^{100}: 0,8621	—	54,4 (40°) 58,1—62 (25°)	1,4623—1,4632 (40°) 1,4665 (30°) 1,4702 (20°)
Fettsäuren	—	30°	—	1,4533 (40°)

[1] Zuweilen auch als „Mahagony"-Öl bezeichnet.

[2] Das in den Schalen enthaltene Öl ist blasenziehend und giftig; es enthält Anacardiasäure $C_{22}H_{32}O_3$ und Cardol $C_{32}H_{52}O_4$. Die Angaben bedürfen der Überprüfung.

Chemische Kennzahlen.

	Verseifungszahl	M. M.-Gew.	Acetylzahl	Jodzahl	R.-M.-Zahl	Pol.-Zahl
Öl	187—200	—	4,9	77—89	0,6	0,3
Fettsäuren	—	278—292	—	83	—	—
flüssige	—	285—301	—	Innere Jodzahl: 98,7	—	—

Anacardienöl[1].

Stammpflanze und Pflanzenfamilie	Verbreitung	Gehalt (% Öl) im Organ	Geschmack	Kennzahlen
Anacardium officinarum Fam.: Anacardiaceae	Ostindien	Kern: 48,5%	Weniger angenehm als der des Acajouöls	Dichte: 0,930 (°?)

Sorindeiaöl.

Stammpflanze und Pflanzenfamilie	Verbreitung	Gehalt (% Öl) im Organ	Farbe
Sorindeia oleosa Fam.: Anacardiaceae	Sudan	Kern, mit Benzin extrahiert: ca. 25%	Braun

Fettsäuren: im ganzen 91,8% (angeblich 76% gesättigte Säuren vom Schmelzpunkt 44—45° und 24% ungesättigte Säuren); diese Angaben sind jedoch mit der hohen Jodzahl des Öles nicht in Einklang zu bringen; andererseits erscheint die letztere im Hinblick auf die übrigen Kennzahlen (insbesondere Schmelzpunkt, Erstarrungspunkt und R.-M.-Zahl) sehr unwahrscheinlich[2].

Physikalische und chemische Kennzahlen.

	Dichte	Schmelzpunkt	Erstarrungspunkt	Verseifungszahl	Jodzahl	R.-M.-Zahl
Öl	0,889 (°?)	16—17°	12—13°	185	132	7,9
Säuren	—	39—40°	—	—	—	—

Pistazienöl.

(Pistaziennußöl.)

Huile de pistachier — Pistachio oil — Olio di pistacchio.

Stammpflanze und Pflanzenfamilie	Verbreitung	Gehalt (% Öl) im Organ	Farbe bzw. Geschmack	Reaktionen
Pistacia vera Fam.: Anacardiaceae	Mittelmeergebiet und Afghanistan	Frucht: 46—63%	Gepreßt: goldgelb; extrahiert: grün. Angenehmer Geschmack	HEYDENREICH: (gepreßt) gelb bis gelborange mit grünem Ring; extrahiert: grün, dann braun. HAUCHECORNE: (kalt) grün, (warm) gelb. BRULLÉ: orange

Bestandteile: u. a. 20% feste Säuren (Arachinsäure, Lignocerinsäure und eine Säure $C_{26}H_{52}O_2$ mit dem Schmelzpunkt 79°).

Physikalische Kennzahlen.

	Dichte d_{15}^{15}	Schmelzpunkt	Erstarrungspunkt	Lichtbrechung B.-Refr. Sk. T.	Lichtbrechung Brechungs-Index n_D
Öl	0,9185—0,920	—	Gepreßt: −8 bis −11° extrahiert: −5 bis −8°	62 (25°)	1,4729 (20°)
Fettsäuren	—	17—20°	13—14°	—	—

[1] Auch „Ostindisches Elefantenläuseöl“ genannt.
[2] Vgl. auch die Fußnote bei Parapalmöl, S. 192.

Chemische Kennzahlen.

	Verseifungszahl	Hehnerzahl	Jodzahl	R.-M.-Zahl	Thermozahl
Öl	191—192	92,2—96,1	86—92,7	0,5	44—45 (JEAN) 55 (TORTELLI)
Fettsäuren	—	—	89,9—96,4 Innere Jodzahl: 105,4—106,3	—	—

Samenöl von Pistacia atlantica.

(Fam.: Anacardiaceae; Verbreitung: Libyen.) Erdnußöl-ähnlich; angenehmer Geschmack; Erstarrungspunkt 5—10°. Dichte: 0,918 (°?).

Öl der Früchte von Pistacia Terebinthus.

Stammpflanze und Pflanzenfamilie	Verbreitung	Gehalt (% Öl) im Organ	Farbe bzw. Geschmack	Anmerkung
Pistacia Terebinthus Fam.: Anacardiaceae	Mittelmeergebiet; vorwiegend Kleinasien, Syrien, Palästina	Frucht (sog. Nuß) gepreßt: 20—22%; Äther-extrah.: 36,9—37,6%; Petroläther-extrahiert: 34%	Gepreßt: goldgelb bis rötlichbraun. Angenehmer Geschmack, ähnlich dem des Pistazienöles	Wird leicht ranzig; raffiniertes Öl nach 2—3 Monaten, Rohöl noch früher

Bestandteile: unter anderen 76% flüssige Fettsäuren; 0,6% Unverseifbares.

Physikalische und chemische Kennzahlen eines gepreßten Rohöles[1].

Dichte	Verseifungszahl	Hehnerzahl	Jodzahl	R.-M.-Zahl
d^{20}: 0,9184	193,5	94,3	89,5	1,1

Gehalt an freien Säuren: 2,9 bis 4,7%.

„Lentiscusöl".

Huile de lentisque — Shinia oil.

Stammpflanze und Pflanzenfamilie	Verbreitung	Gehalt (% Öl) im Organ	Farbe bzw. Geruch	Reaktionen
Pistacia lentiscus Fam.: Anacardiaceae	Mittelmeergebiet, besonders Cypern, Tripolis	Frische Frucht: 15,5—18%; bei 100° getrocknetes Fruchtfleisch: 13,5%	Grünlichgelb bis grün; aromatischer Geruch[2]	HEYDENREICH: orangegelb, rascher Übergang in rot bis braun. HAUCHECORNE: (kalt) grün, (warm) rotbraun; 20 Min. auf 100° erhitzt: gelb. BRULLÉ: orange bis gelbbraun. VILLAVECCHIA u. FABRIS: leicht rosa. Konz. Salpetersäure u. Salzsäure: intensiv grün

Bestandteile: Von Fettsäuren 36% feste (Palmitin- und Stearinsäure); 54% flüssige (vorwiegend Ölsäure, etwas Linolsäure). 0,8% Unverseifbares (Phytosterin und Harz). 8,8% Glycerinausbeute.

[1] Die Kennzahlen fallen in den Bereich der bei „Pistazienöl" angegebenen. Möglicherweise sind die Öle identisch; nach dem Index Kewensis sind Pistacia vera und Pistacia Terebinthus (Mill. Gard. Dict. ed. VIII. n. 1) Synonyma.

[2] Bei extrahiertem Öl stärker als bei kalt gepreßtem. Aus ersterem können mittels Wasserdampf 0,5% terpenartige Substanzen ausgetrieben werden.

Physikalische Kennzahlen.

	Dichte d_{15}^{15}	Schmelzpunkt	Erstarrungspunkt	Lichtbrechung: B.-Refr. Sk. T.
Öl	0,9188[1]—0,9253	—	bei 45° klar; 25—30° trüb; bei −6° fest	66 (14°)[1]
Fettsäuren	—	32—35°	27—30°	—

Chemische Kennzahlen.

	Verseifungszahl	Hehnerzahl	Jodzahl	Thermozahl
Öl	182—189 (165,6)[1]	94,8[1]	83,6[1]—92,5	46,2[1]
Fettsäuren	Neutral.-Z.: (179,0)[1]	—	ca. 86[1]	—

Japantalg[2].

Suif du Japon, suif végétal vert, cire du Japon — Japan tallow, Japan wax — Cera giapponesa.

Stammpflanzen und Pflanzenfamilie	Verbreitung	Gehalt (% Öl) im Organ	Farbe bzw. Geruch	Besondere Merkmale
Rhus succedanea, Rhus acuminata, Rhus vernicifera (Lackbaum)[3]. Rhus sylvestris Fam.: Anacardiaceae	Japan, China, Indochina. Japan	Fruchtfleisch: 40 bis 65%; ganze Beeren: 15—27%	Hellgelb bis tiefgelb oder grünlich. Talgartiger oder wachsartiger Geruch	Die Dichte des Japantalges ist bei 16—18° angeblich gleich der des Wassers. Frisch geschmolzenes Fett zeigt ein höheres spezifisches Gewicht als das normale; dies ist dadurch bedingt, daß der Ausdehnungskoeffizient des Japantalges größer ist als der des Wassers

Bestandteile: 4,7—6% lösliche Säuren (wahrscheinlich Isobuttersäure); vorwiegend Palmitinsäure, auch Stearinsäure und Ölsäure. Dicarbonsäuren (s. Bd. I, S. 25): Japansäure $C_{19}H_{38}$ $(COOH)_2$ vom Schmelzpunkt 117,5° und ihre niederen Homologen $C_{18}H_{36}$ $(COOH)_2$ sowie $C_{17}H_{34}$ $(COOH)_2$; schließlich eine bei 87° schmelzende Säure. Das Fett enthält 0,7—1,6% Unverseifbares (s. a. u.) und gibt 11,5—12% Glycerin.

Physikalische Kennzahlen.

	Dichte	Schmelzpunkt[4]	Erstarrungspunkt	Lichtbrechung B.-Refr. Sk. T.	Kritische Lösungstemperatur
Fett	$d^{7,2}$: 1,0074 d^{15}: 1,0060 (0,975) d^{17}: 0,9912 d^{22}: 0,9875 (0,9692) $d_{15,5}^{60}$ 0,9018 $d_{15,5}^{98-99}$: 0,8755 $d_{15,5}^{100}$: 0,873	50—54,5°	45—51°	47—49,7° (40°)	Alkohol (d^{15}: 0,8195): 100°
Säuren	$d_{15,5}^{99}$: 0,8482	54—62°	53—56,5° „Titer“: 58,8—59,4°	—	—

[1] Öl mit Säurezahl 15,9.

[2] Wegen seiner äußerlichen Ähnlichkeit mit den Wachsen wird dieses Fett sehr häufig als Japanwachs (oder Sumachwachs) bezeichnet. Der Handel kennt drei Sorten, die sich durch den verschiedenen Reinheitsgrad des Talges („Prima“, „Sekunda“, „Tertia“) unterscheiden und von der Filtrationsmethode abhängig sind.

[3] Rhus succedanea kommt in zwei Varietäten, einer größeren und einer kleineren, vor; die letztere gibt eine höhere Ausbeute an Talg. Bezüglich Lack- und Talgausbeute der Pflanzen besteht Reziprozität: je mehr Lack die Stammpflanze liefert, desto geringer ist der Talgreichtum der Früchte.

[4] Das Fett zeigt die Erscheinung des „doppelten Schmelzens“ (s. Bd. I, S. 109f.): nach raschem Abkühlen und Erstarren schmilzt das Fett beim Wiedererweichen schon bei 42°.

Chemische Kennzahlen.

	Verseifungszahl	Hehnerzahl	Acetylzahl	Jodzahl [1]	R.-M.-Zahl
Fett	217—237,5	89—90,7	(27—31)	4,2—15,1 meist 8—10	1,2—3,1
Säuren	—	M. M.-Gew.: 257,6—265,3	—	— Innere Jodzahl(?): 42,1	—

Freie Fettsäuren in Handelsprodukten: 4—16%.
Unverseifbares: ein Phytosterin vom Schmelzpunkt 139°. Cerylalkohol, Melissylalkohol und ein gesättigter Alkohol — vielleicht $C_{19}H_{40}O$ — vom Schmelzpunkt 65° (Acetat-Schmelzpunkt 41°; gibt keine Stearinreaktion).

Fett von Rhus diversiloba.

(Fam.: Anacardiaceae.)

Physikalische und chemische Kennzahlen des Fettes.

Dichte	Schmelzpunkt	Verseifungszahl	Jodzahl
$d^{18,5}$: 0,9872	53°	220,6	8,8

Sumachöl.

Huile de sumac — Sumac seed oil — Olio di sumach.

Stammpflanze und Pflanzenfamilie	Verbreitung	Gehalt (% Öl) im Organ	Farbe bzw. Geschmack	Anmerkung
Rhus glabra Fam.: Anacardiaceae	Atlantisches Nordamerika	Samen, geschält, extrahiert: 9—12%; Schalen: 8,3%	Hellgelb bis tiefgelb. Angenehmer Geruch und Geschmack. Dunkelgelb bis braun	Von einem Samenöl (Säurezahl: 0,9) wird angegeben, daß es stärker trocknet als Baumwollsamenöl. Diese Angabe steht ebenso wie die hohe Jodzahl dieses Öles mit früheren Befunden nicht im Einklang und bedarf der Überprüfung

Bestandteile eines Samenöles mit Säurezahl 0,9: u. a. 0,7—0,8% lösliche Fettsäuren.

Physikalische Kennzahlen.

	Dichte d_{15}^{15}	Schmelzpunkt	Erstarrungspunkt	Brechungs-Index n_D
Öl a (mit S.-Z. = 0,9)	0,9257—0,9258	—	Bei −16° salbenartig	1,4710 (20°)
Andere Öle	d^{20}: 0,9203	—	−24°	1,4823 (15°) 1,4882 (8°)
Öl b	d^{20}: 0,9412 d^{35}: 0,933	—	Bei 15° halbfest	—
Fettsäuren	—	17°	6°	1,470 (20°)

[1] Höhere Jodzahlen dürften wohl immer auf dem Zusatz trocknender Öle (z. B. Perillaöl) beruhen.

Chemische Kennzahlen.

	Verseifungszahl	Hehnerzahl	Acetylzahl	Jodzahl
Öl a (mit S.-Z. = 0,9)	191—194	93—94	9,2—9,3	126,6—129
Andere Öle	190—200	—	—	86—88
Öl b	180	—	—	87,2
Fettsäuren von Öl mit S.-Z. = 0,9	—	—	—	121,8 (zu niedrig)

Öl a: aus den Samen; ebenso die mit „andere Öle" bezeichneten. Öl b: aus den Schalen; durch Aceton ist dieses Öl trennbar in ca. 80% hellgelbes Fett und ca. 20% schwarzes, halbfestes Fett, dessen Unverseifbares einen einwertigen Alkohol enthält (Schmelzpunkt 63,5—64°).

Öl der „Tintennuß".

Stammpflanze und Pflanzenfamilie	Verbreitung	Gehalt (% Öl) im Organ	Farbe	Anmerkung
Semecarpus anacardium (= Anacardium orientale) Fam.: Anacardiaceae	Indien	Kern, mit Äther extrahiert: 29,2%	Rot	Das Fruchtfleisch enthält ca. 32% eines fast farblosen Öles, das jedoch an der Luft bald braun, dann schwarz wird

Physikalische und chemische Kennzahlen des Kernöles.

Dichte d_{15}^{15}	Brechungs-Index n_D	Verseifungszahl	Jodzahl
0,9277	1,4574 (60°)	216,5	101,4

Die Säurezahl der untersuchten Probe betrug 23,9.

Öl der Gonyonuß.

Huile d'amande de Gonyo.

Stammpflanze und Pflanzenfamilie	Verbreitung	Gehalt (% Öl) im Organ	Farbe bzw. Geschmack	Reaktionen
Anthrocaryon Nannani, De Wild. („Gonyo") Fam.: Anacardiaceae	Belgisch-Kongo	Kern, mit Petroläther extrahiert: 68,8%	Gereinigt[1]: farblos; süßer Geschmack, geruchlos	Elaidinierung: nach $^1/_2$ Std. sehr harte, gelblichbraune Masse. Halphen bzw. Baudouin: negativ, Milliau-Becchi: positiv

Bestandteile: ca. 30% feste Fettsäuren (20% Myristinsäure, 45% Palmitinsäure, 35% Stearinsäure); ca. 70% flüssige Fettsäuren (aus der Jodzahl ber.: 65,2% Ölsäure; 34,8% Linolsäure). 1,6% Unverseifbares. Ca. 7% Lecithin (ber. aus 0,65% Phosphorsäureanhydrid). 10,7% Glycerinausbeute.

Physikalische Kennzahlen.

	Dichte d_{14}^{14}	Schmelzpunkt	Erstarrungspunkt	Brechungs-Index n_D	Kritische Lösungstemperatur
Öl mit S.-Z. = 0,8	0,9137	—	—	1,4717 (18°)	In Alkohol: 73°
Fettsäuren	—	43,5—45,5°	37,5—40°	1,4517 (50°)	—

Nach einwöchigem Stehen bei 14—17° erfolgt die Abscheidung geringer Mengen farbloser Krystalle; bei 10° erstarrt das Öl zu einer vaselinartigen Masse.

[1] Das mittels Petroläther extrahierte Öl wurde mit Wasserdampf behandelt, nach Absetzen der wässerigen Schicht filtriert und getrocknet.

Chemische Kennzahlen.

	Verseifungszahl	Hehnerzahl	Acetylzahl	Jodzahl	R.-M.-Zahl	Thermozahl
Öl, S.-Z. = 0,8	200,6	95,3	2,8 (André)	84,7	0,3	(Maumené) 53 Spezifische Reaktionstemperatur: 129°
Fettsäuren	203 Neutral.-Z.: 192	M.M.-Gew.: 276,3 292,1	—	85,4 Innere Jodzahl: 121,8	—	—

Öl der „Maroolanuß".

Stammpflanze und Pflanzenfamilie	Verbreitung	Gehalt (% Öl) im Organ	Farbe	Anmerkung
Sclerocarya Caffra Fam.: Anacardiaceae	Natal, Transvaal	Kern, getrocknet: 59,2%	Dunkelgelbbraun	Das w. u. beschriebene „Sakoa"-Öl stammt angeblich auch von Sclerocarya Caffra. Die Kennzahlen sind jedoch von den für Maroolanußöl angegebenen so verschieden, daß es sich möglicherweise um eine andere Varietät der Stammpflanze handelt

Physikalische und chemische Kennzahlen.

	Dichte d_{15}^{15}	Schmelzpunkt	Brechungs-Index n_D	Verseifungszahl	Jodzahl
Öl	0,9167	—	1,460 (40°)	193,5	76,6
Fettsäuren	—	25°	—	—	—

Die untersuchte Probe zeigte die Säurezahl 3,7; sie enthielt u. a. 0,1% flüchtige lösliche Fettsäuren, 0,5% flüchtige unlösliche Säuren und 0,6% Unverseifbares.

Sakoaöl.

(Huile de Sakoa.)

Stammpflanze und Pflanzenfamilie	Verbreitung	Gehalt (% Öl) im Organ	Farbe	Anmerkung
Sclerocarya Caffra[1] Fam.: Anacardiaceae	Madagascar	Samenkern, mit Tetrachlorkohlenstoff extrahiert: 45%; auf den ganzen Samen bezogen 2,7%; auf die Frucht: 2,1%	Ziegelrot	Das Öl ist sehr dickflüssig; die Zähigkeit nimmt bei Temperaturerhöhung sehr rasch ab

Physikalische und chemische Kennzahlen.

	Dichte	Schmelzpunkt	Erstarrungspunkt	Brechungs-Index n_D	Verseifungszahl	M. M.-Gew.	Acetylzahl	Jodzahl
Fett	d^{20}: 0,969	29—33°	—	1,474 (°?)	216	—	30	51 (Wijs)
Säuren	—	—	29,8°	—	Neutral.-Z.: 197	284	—	51

Säurezahl der untersuchten Probe: 33. Lösliche Säuren: 9,6%. Das Muster dürfte — den meisten Kennzahlen nach zu schließen — weitgehend verändert gewesen sein.

[1] Vgl. die Anmerkung bei „Maroolanuß"-Öl.

Heeriabeerenöl.

Stammpflanze und Pflanzenfamilie	Verbreitung	Gehalt (% Öl) im Organ	Geruch	Anmerkung
Heeria paniculosa Fam.: Anacardiaceae	Südafrika	Früchte (Beeren): 11,7%; Kern: 30% (nach Entfernung des äther. Öles)	Aromatisch, bedingt durch äther. Öl, das zu ca. 5% in den Beeren enthalten ist	Das Öl ist teilweise fest. Ein Muster zeigte die Verseifungszahl 174,1

Spindelbaumöl.

(Spillbaumöl, Pfaffenhütchenöl.)

Huile de fusain — Spindle tree oil — Olio di fusaggine.

Stammpflanze und Pflanzenfamilie	Verbreitung	Gehalt (% Öl) im Organ	Farbe bzw. Geschmack	Besondere Merkmale
Evonymus europaeus Fam.: Celastraceae	Mittel-Europa	Samen: (nebst Samenmantel, Arillus): 28—35%	Hellgelb bis rotbraun (Öl des Arillus ist orangerot); Geschmack bitter und kratzend, eigentümlich widerwärtiger Geruch	Dickflüssig. Beim Erstarren scheidet sich der rote Farbstoff des Arillus aus. Die bei der HOLDEschen Probe (s. Olivenöl S. 337) erhaltene Seifenlösung gibt bei 18—20° eine geringe flockige Abscheidung

Bestandteile: ca. 10,7% feste Säuren (Palmitinsäure, Stearinsäure)[1], 72,5% flüssige Säuren (Essigsäure, Ölsäure; eine höher-ungesättigte Säure); 2,3—5,8% Unverseifbares: enthält ein Phytosterin (Schmelzpunkt 128—130°, Acetat-Schmelzpunkt 118—119°; Digitonid bei 210° gelb, bei 230° vollständig geschmolzen); ferner eine flüssige, ungesättigte Substanz, welche die Phytosterinreaktion gibt und eine harzartige, trocknende Substanz (Evonymin).

Physikalische Kennzahlen.

	Dichte d_{15}^{15}	Schmelzpunkt	Erstarrungspunkt	Lichtbrechung B.-Refr. Sk. T.	Lichtbrechung Brechungs-Index n_D
Öl	0,9390—0,945	—	−10 bis −15°	52 (40°)	1,4679 (20°)
Fettsäuren	—	Beginn bei 38°	—	—	—

Das Öl gibt nach längerem Stehen bei Zimmertemperatur eine feste Abscheidung.

Chemische Kennzahlen.

	Verseifungszahl	Hehnerzahl	Jodzahl	R.-M.-Zahl	Pol.-Zahl
Öl	230—237	83	100	32—35,3	0,6
Fettsäuren	Neutral.-Z.: 223,6	M. M.-Gew.: 251,2	105,3—113	—	—

Säurezahlen zweier Proben: 31 (Preßöl); 32 (extrahiertes Öl).

Samenöl von Evonymus verrucosus.

Stammpflanze und Pflanzenfamilie	Verbreitung	Gehalt (% Öl) im Organ	Anmerkung
Evonymus verrucosus Familie: Celastraceae	Östliches Europa, Kleinasien	Samen: 43,6%	Enthält angeblich Linolsäure

[1] Angeblich auch geringe Mengen Benzoesäure.

Physikalische und chemische Kennzahlen.

	Dichte	Erstarrungspunkt	Neutral-Z.	Jodzahl	R.-M.-Zahl
Öl	d^{20}: 0,959[1]	—	—	—	über 4
Fettsäuren (wasserunlöslich)	d^{20}: 0,912	22—23°	198,5	110,6	—

Celasteröl.

Huile de célastre — Staff tree oil — Olio di celastro.

Stammpflanze und Pflanzenfamilie	Verbreitung	Gehalt (% Öl) im Organ	Reaktionen
Celastrus senegalensis (= Gymnosporia montana) Familie: Celastraceae	Erythräa	Samen: ca. 50%	HALPHEN: negativ. BAUDOUIN: negativ

Physikalische und chemische Kennzahlen.

	Dichte d_{15}^{15}	Schmelzpunkt	Erstarrungspunkt	Verseifungszahl	M M.-Gew.	Jodzahl	Thermozahl
Öl	0,9435	—	−3 bis −6°	223,5	—	86,7	(MAUMENÉ) 77
Fettsäuren (wasserunlöslich)	—	34—37°	29—32°	189,2 Neutral.-Z.: 188,7	296,5	—	—

Eine Probe enthielt 10,1% freie Fettsäuren.

Samenöl von Celastrus paniculatus.

(Ducuduöl[2].)

Stammpflanze und Pflanzenfamilie	Verbreitung	Gehalt (% Öl) im Organ	Farbe bzw. Geschmack	Anmerkung
Celastrus paniculatus Fam.: Celastraceae	Indien, Malayenstaaten, Sundainseln, Philippinen	Samen: 43—44%	Dunkelrot; bitter	Gibt beim Stehen eine Abscheidung. Der Gehalt an unverseifbaren Bestandteilen wird mit 3,5% angegeben

Physikalische und chemische Kennzahlen.

	Dichte d_{15}^{15}	Schmelzpunkt	Verseifungszahl	Hehnerzahl	Jodzahl	R.-M.-Zahl
Öl	0,942—0,956	—	218—246,6	70,2 bis 86,2	75,5—108	41—42
Fettsäuren	—	34,5—38,5°	Neutral.-Z.: 179,2—192,8	—	—	—

Samenöl von Salacia fluminensis.

(Fam.: Hippocrataeaceae. Verbreitung: Brasilien). Ölgehalt des frisch entschälten Kernes: 22%. Das Öl ist gelblich gefärbt und hat einen unangenehmen Geschmack. Das spezifische Gewicht bei 25° beträgt 0,9246.

[1] Wahrscheinlich einem hohen Gehalt an wasserlöslichen Säuren (vgl. R.-M.-Zahl) von hoher Dichte zuzuschreiben.

[2] Die Kennzahlen zeigen untereinander keine Übereinstimmung; es finden sich auch z. T. ganz ungewöhnliche Werte darunter, deren Überprüfung erforderlich ist.

Khakanfett.

(Kilnelöl.)

Huile de Kakhan (Kalawa) — Khakan fat, Kilnel oil.

Stammpflanze und Pflanzenfamilie	Verbreitung	Gehalt (% Öl) im Organ	Farbe bzw. Geruch	Anmerkung
Salvadora oleoides = Salvadora indica Fam.: Salvadoraceae	Nord-Indien, Persien, Arabien	Samen, gepreßt: 33%; extrahiert: 42—45,5%	Gelbgrün; Geruch des gepreßten Fettes: Senföl-artig	Entfärbt sich an der Luft. Leicht verseifbar, ähnlich dem Palmkernöl

Bestandteile: 4,4% Caprylsäure; 6,7% Caprinsäure; 47,2% Laurinsäure; 28,4% Myristinsäure; 12% Ölsäure; 1,3% Linolsäure (?); 1—1,3% Unverseifbares (reichlich Sitosterin). In gepreßtem Fett wurde symmetrischer Dibenzylthioharnstoff nachgewiesen.

Physikalische Kennzahlen.

	Dichte	Schmelzpunkt	Erstarrungspunkt	Brechungs-Index n_D
Fett I	$d^{35,5}_{15,5}$: 0,9205	—	31,1°	1,4431 (60°)
„ II	$d^{35,5}_{15,5}$: 0,9246	—	31,1°	1,4465 (60°)
„ IV	d^{50} : 0,9084	41°	—	—
Säuren von Fett I, II, III	—	—	26,6—27,9°	1,4303—1,4315 (60°)
von Fett IV	—	40°	—	—

Chemische Kennzahlen.

	Verseifungszahl	Hehnerzahl	Acetylzahl	Jodzahl	R.-M.-Zahl	Pol.-Zahl
Fett I	247,2	89,8	0,9	14,0	5,1	11,6
„ II	251,2	88,1	—	15,6	5,9	10,9
„ III	251,4	—	—	14,4	5,3	9,4
„ IV	242,4	94,1	—	7,5	1,3	—
Säuren von	Neutral.-Z.:	M. M.-Gew.:				
Fett I	—	219,6	—	14,1	—	—
II	—	219,7	—	15,5	—	—
III	—	214,0	—	13,1	—	—
IV	244,4	—	—	8,3	—	—

Fett I durch Extraktion gewonnen, Säurezahl 2,0; Fett II durch Pressung gewonnen, Säurezahl 2,5; Fett III, raffiniert: geruchlos, frei von Schwefel und Stickstoff, Säurezahl 0,4; Fett IV, wahrscheinlich eine ältere Probe, zeigte die Säurezahl 11,3.

Fett von Salvadora persica.

Mustard tree oil.

Stammpflanze und Pflanzenfamilie	Verbreitung	Gehalt (% Öl) im Organ	Farbe
Salvadora persica Fam.: Salvadoraceae	Indien, Arabien, Nordafrika	Samen: 44%	Gelb

Physikalische und chemische Kennzahlen.

	Dichte d^{99}_{15}	Schmelzpunkt	Erstarrungspunkt	Verseifungszahl	Jodzahl
Fett	0,867	—	—	245,2	5,9
Säuren	—	38°	30,4°	—	—

Die untersuchte Probe zeigte die Säurezahl 9,3.

Ahornöle.

Huile d'érable — Maple fruit oil — Olio d'acero.

Stammpflanzen und Pflanzenfamilie	Verbreitung	Gehalt (% Öl) im Organ	Farbe, bzw. Geruch	Konsistenz
Acer platanoides (1) u. Acer pseudoplatanus (2) Fam.: Aceraceae	Europa (1), Orient	Frucht, lufttrocken: 4,5 % (1); Frucht, mit Petroläther extrah.: 2,8 % (2)	(1) gelbgrün; aromatischer Geruch. (2) Rindenöl, mit Petroläther extrah.: dunkelgrün	(1) salbenartig

Bestandteile eines Rindenöles[1] von Acer pseudoplatanus: u. a. Palmitinsäure, Stearinsäure, Arachinsäure. Das Unverseifbare enthält neben einem Phytosterin auch Cerylalkohol.

Physikalische und chemische Kennzahlen.

	Schmelzpunkt	Lichtbrechung B.-Refr. Sk. T.	Verseifungszahl	Jodzahl
Öl (1)	—	71 (25°)	157,0	100
Öl (2)	—	62,4 (40°)	179,8	93
Fettsäuren von Öl (1) bzw. Öl (2)	ca. 25° (1)	—	138,0 (2)	99,2 (2)

Öl (1) zeigte die Säurezahl 22,5 und enthielt 8,7% Unverseifbares. Öl (2) hatte die Säurezahl 13,8 und enthielt 6,9% Unverseifbares.

Öle von Acer saccharinum.

Die Kotyledonen des lufttrockenen Samens enthalten 3,6% Öl, das Perikarp 2,4 % Öl (dickflüssig, grüngelb; als akzessorischer Bestandteil eine flüchtige Substanz von sehr scharfem Geruch).

Roßkastanienöl.

Huile du marronier d'Inde — Horse chestnut oil — Olio di castagna d'India.

Stammpflanze und Pflanzenfamilie	Verbreitung	Gehalt (% Öl) im Organ	Farbe zw. Geschmack	Anmerkung
Aesculus hippocastanum Fam.: Hippocastanaceae	Heimat: Asien. Als Alleebaum kultiviert	Samen[2] extrahiert: 3—4%; geschält: 5—7,7%	Goldgelb bis grünlichbraun; bitter	Keine ausgesprochene Farbenreaktion. Mittels Petroläther läßt sich ein braunes Harz abtrennen

Fettsäuren (Öl I): Palmitin- und Stearinsäure; vorwiegend Ölsäure, wenig Linolsäure. 0,5% Unverseifbares.

Physikalische Kennzahlen.

	Dichte d_{15}^{15}	Erstarrungspunkt	Lichtbrechung B.-Refr. Sk. T.	Lichtbrechung Brechungs-Index n_D
Öl I	0,926—0,927	1 bis 2° (−20°)	—	1,4747 (20°)
Öl II	—	—	57,6 (45°) 60,7 (40°) 68,1 (25°)	—

[1] Verseifungszahl 104,2; Jodzahl 60,4; Säurezahl 78,7.

[2] Samen aus weißblühenden Bäumen sind ölreicher: 3,4—3,8% frisch; 6,4—6,5% Öl im Trockenrückstand. Rotblühende: frisch 1,4%; getrocknet: 2,8%.

Chemische Kennzahlen.

	Verseifungszahl	Hehnerzahl	Acetylzahl	Jodzahl	R.-M.-Zahl	Pol.-Zahl
Öl I	194,5	—	13,5	95,4	1,5	—
Öl II	175,5	92,8	—	99,0	ca. 1	0,4
Fettsäuren von Öl I	—	M. M.-Gew.: ca. 300	—	95,8	—	—

Öl II: Säurezahl 11,7. Unverseifbares: 2,5% (Schmelzpunkt des Phytosterinacetats: 136,3°). Glycerinausbeute: 9,4%.

Fett der Ölkastanie.

Stammpflanze und Pflanzenfamilie	Verbreitung	Gehalt (% Öl) im Organ	Geruch	Reaktion. Merkmale.
Aesculus chinensis (Tonkinesische Kastanie) Fam.: Hippocastanaceae	Ostasien	Samen: 32%	Nicht unangenehm	Elaidinierung: nach 24 Stunden feste Masse. — Das Öl ist flüssig wie Olivenöl; beim Filtrieren scheiden sich ca. 10% Tristearin ab

Bestandteile: Angeblich 24% gesättigte und 76% ungesättigte Fettsäuren; (eine Probe enthielt u. a. 1,2% flüchtige lösliche Säuren und 3,6% Stearolakton). Sehr geringe Mengen unverseifbarer Bestandteile.

Chemische Kennzahlen des Öles.

Verseifungszahl	Hehnerzahl	Acetylzahl	Jodzahl	R.-M.-Zahl	Thermozahl
201,9	92,9	35,1	64,2—67,5	6,1	(MAUMENÉ) 38 Brom-Thermo-Zahl: 13

Die Säurezahl einer Probe war 51,4; die Neutralisationszahl der wasserunlöslichen Fettsäuren 194,6. Das Öl trocknet unter normalen Bedingungen nicht (Gewichtszunahme einer Probe nach LIVACHE: ca. 1% nach 8 Tagen).

Fett von Allophylus racemosus.

Stammpflanze und Pflanzenfamilie	Verbreitung	Gehalt (% Öl) im Organ	Farbe	Anmerkung
Allophylus racemosus Fam.: Sapindaceae	Ceylon	Samen: 20,2%; Kern, extrahiert: 22,3%	Braun	Vulgärname: „Hangola-Del“

Physikalische und chemische Kennzahlen.

	Dichte	Schmelzpunkt	Erstarrungspunkt	Brechungs-Index n_D	Verseifungszahl	Hehnerzahl	Jodzahl
Fett	d^{75}: 0,8983	63°	61°	1,4629 (60°)	242,2	95,8	39,4 (WIJS)
Säuren	—	62°	60,5°	1,4567 (60°)	Neutral.-Z.: 226,5	M.M.-Gew.: 248,0	39,9

Die untersuchte Probe war weitgehend verändert; sie zeigte die Säurezahl 136,7, enthielt 2,3% Unverseifbares und gab 5,8% Glycerin. Die Neutralisationszahl der Säuren steht mit der Verseifungszahl des Fettes nicht im Einklang.

Seifenbaumöl.

Huile de savonnier — Soap tree oil — Olio d'albero saponario.

Stammpflanze und Pflanzenfamilie	Verbreitung	Gehalt (% Öl) im Organ	Farbe bzw. Geruch	Anmerkung
Sapindus trifoliatus Fam.: Sapindaceae	Indien	Samen: 44,6% (mit Äther extrahiert); gepr.: 26%	Gelblich bis schmutzig-braun; charakteristischer Geruch	Die indischen Varietäten der Gattung Sapindus werden als „ritah" bzw. „rarak" bezeichnet

Das Öl ist bei Zimmertemperatur halbfest; es enthält 1,1% Unverseifbares und gibt 93,9% unlösliche Fettsäuren. Diese bestehen nach einer Angabe über Sapindus „rarak" aus: 16% Palmitin-, 4% Stearin-, 80,5% Ölsäure.

Physikalische und chemische Kennzahlen.

	Dichte	Schmelzpunkt	Lichtbrechung B.-Refr. Sk. T.	Verseifungszahl	Hehnerzahl	Jodzahl	R.-M.-Zahl	Pol.-Zahl
Öl	d_{15}^{15}: 0,911 d_{100}^{100}: 0,8542 d_{15}^{100}: 0,8213	—	74 (25°) 65 (40°)	191,8	95,0	58,6 bis 65,1	0,7 bis 1,6	0,4
Fettsäuren	—	54,4°	—	Neutral.-Z.: 188,6 [1]	M.M.-Gew.: 297,3	57,0 [1]	—	—

Makassaröl.

(Kusumöl.)

Huile de Macassar — Macassar oil, Kusum oil — Olio di Macassar.

Stammpflanze und Pflanzenfamilie	Verbreitung	Gehalt (% Öl) im Organ	Farbe bzw. Geschmack	Reaktionen, Merkmale
Schleichera trijuga Fam.: Sapindaceae	Tropisches Asien	Samen: 36—41,3%; Kern: 62,7—72%; Fruchtfleisch: 2,4%	Gelblich; Geschmack mild, zuweilen auch etwas bitter	Salpetrige Säure: Rotfärbung. — 5 Tropfen Öl und 20 Tropfen Schwefelsäure: rotbraun. — Konsistenz des Öles: butterartig. Purgierende Wirkung. Enthält manchmal geringe Mengen Blausäure

Bestandteile: Essigsäure, etwas Buttersäure; 30—45% feste Säuren (Laurin-, Palmitin-, Arachinsäure); 55—70% flüssige Säuren (Ölsäure, Linolsäure?). 3,1% Unverseifbares.

Physikalische Kennzahlen.

	Dichte d_{15}^{15}	Schmelzpunkt	Erstarrungspunkt	Lichtbrechung: B.-Refr. Sk. T.
Fett	0,924—0,942	21—28°	10—20°	50,6 (40°)
Säuren	—	52—55°	51,6—53,2°	—

Chemische Kennzahlen.

	Verseifungszahl	Hehnerzahl	Jodzahl	R.-M.-Zahl	Pol-Zahl	Kirschnerzahl
Fett	221,5—227 (215—238)	90,6—91,6	47—54,5 (69,1)	9—16	0,3	14,5
Säuren	Neutral.-Z.: 191,2—192	—	49,7—58,9 Innere Jodzahl: 103,2	—	—	—

Säurezahlen zwischen 6,2 und 35,4.

[1] Die Neutralisationszahl und die Jodzahl der Fettsäuren sind im Vergleich zu den entsprechenden Kennzahlen des Öles zu niedrig.

Rambutantalg.

Suif de Ramboutan — Rambutan tallow — Sego di Rambutan.

Stammpflanze und Pflanzenfamilie	Verbreitung	Gehalt (% Öl) im Organ	Anmerkung
Nephelium lappaceum Fam.: Sapindaceae	Tropisches Asien	Samen, mit Äther extrahiert: 35%; Kern: 40—48%	Die Samen von Nephelium longana enthalten nur ca. 3,8% Fett

Fettsäuren: Stearinsäure, Arachinsäure (20,6—23%), Ölsäure (45,5%).

Physikalische und chemische Kennzahlen.

	Dichte d_{15}^{18}	Schmelzpunkt	Erstarrungspunkt	Verseifungszahl	Hehnerzahl	Acetylzahl	Jodzahl	R.-M.-Zahl
Fett	0,9236	42—46°	38—39°	193,8	92,0	10,3	39,4	2,2
Säuren	—	58—61°	57°	186,4 [1]	M. M.-Gew.: 300,9	12,6	41,0	—

Paranepheliumfett.

Stammpflanze und Pflanzenfamilie	Verbreitung	Gehalt (% Öl) im Organ	Anmerkung
Paranephelium (? spec.) Fam.: Sapindaceae	Niederländisch-Indien, Indochina	Samenkern: 57,6%	Enthält manchmal etwas Blausäure

Chemische Kennzahlen des Fettes.

Verseifungszahl	Hehnerzahl	Jodzahl
227	94,5	92,7

Mittl. Mol.-Gew. der Fettsäuren: 292.

Akeeöl.

Huile d'akee — Akee oil — Olio di akee.

Stammpflanze und Pflanzenfamilie	Verbreitung	Farbe bzw. Geschmack	Anmerkung
Blighia sapida Fam.: Sapindaceae	Tropisches Westafrika, Westindien	Gelb; Geschmack unangenehm, schwacher Geruch	Das Fett scheint dem fleischigen Träger des Samens zu entstammen

Fettsäuren: ca. 50% feste gesättigte Säuren, ca. 50% Ölsäure.

Physikalische und chemische Kennzahlen.

	Dichte $d_{15,5}^{99-100}$	Schmelzpunkt	Erstarrungspunkt	Verseifungszahl	Hehnerzahl	Jodzahl	R.-M.-Zahl
Fett	0,857	25—35°	20°	194,6	93	49,1	0,9
Säuren	0,8365	42—46°	38—40°	207,7	—	58,4 Innere Jodzahl: 82,4	—

Ein Muster zeigte die Säurezahl 20,1.

[1] Offenbar bezieht sich die Angabe auf die wasserunlöslichen Säuren.

Ungnadiaöl.

Huile d'Ungnadia — Ungnadia oil (Mexican buckey oil) — Olio di Ungnadia.

Stammpflanze und Pflanzenfamilie	Verbreitung	Gehalt (% Öl) im Organ	Farbe bzw. Geschmack	Reaktion. Anmerkung
Ungnadia speciosa Fam.: Sapindaceae	Texas, Mexiko	Samen: 46—50%	Hellgelb; angenehm milder Geschmack	Elaidinierung: erstarrt nach $3^1/_2$ bis 4 Stunden. — Wird nicht leicht ranzig

Fettsäuren: 22% Palmitin- und Stearinsäure; 78% Ölsäure.

Physikalische Kennzahlen.

	Dichte d_{15}^{15}	Schmelzpunkt	Erstarrungspunkt	Brechungs-Index n_D
Öl	0,9120 d^{100}: 0,854	—	—12°	—
Öl I	d^{15} : 0,9117	—	—	1,4666 (20°)
Fettsäuren von Öl I	— d^{30}: 0,8848	19° 26°	10° —	— 1,4565 (31°) 1,4607 (20°)

Chemische Kennzahlen.

	Verseifungszahl	Hehnerzahl	Jodzahl
Öl	191—192	95,1	81,5—82 (Hübl)
Öl I	203	93,4	84,0
Fettsäuren von Öl I	Neutral.-Z.: 194,5	M. M.-Gew.: 288,2	86—87 —

Öl I zeigte die Säurezahl 9,4 und enthielt 0,6% Unverseifbares.

Samenöl von Pappea capensis.

Stammpflanze und Pflanzenfamilie	Verbreitung	Gehalt (% Öl) im Organ	Farbe	Anmerkung
Pappea capensis Fam.: Sapindaceae	Südafrika	Samen: 47,8%	Goldgelb	Gibt beim Stehen eine geringe Abscheidung

Physikalische und chemische Kennzahlen.

	Dichte d_{15}^{15}	Schmelzpunkt	Verseifungszahl	Acetylzahl	Jodzahl	R.-M.-Zahl	Pol.-Zahl
Öl	0,9150	—	188,0	21,1	69,8	0,4	0,3
Fettsäuren	—	39,5°	—	—	—	—	—

Säurezahl einer Probe: 13,1. Unverseifbares: 0,5%.

Weniger untersuchte Öle aus der Familie Sapindaceae.

Stammpflanze	Verbreitung	Ölgehalt	Farbe usw.	Kennzahlen (Anmerkung)
Paullinia trigona	Brasilien	Samen: 27%	Hellgelb	d^{25}: 0,9128; Jodzahl: 57,7
Sapindus Mukorossi	China, Japan, Algier	Samen: 9,7%	Goldgelb	Varietäten: Sapindus carinata, S. utilis
Sapindus saponaria	Mittel- und Südamerika	Samen: 9—10%; getrocknet: ca. 20%	Hellgelb; geruchlos	—

Reihe: Malvales.

Apeibaöl.

Huile d'Apeiba — Apeiba (Burillo) seed oil.

Stammpflanze und Pflanzenfamilie	Verbreitung	Farbe	Anmerkung
Apeiba Tibourbou Fam.: Tiliaceae	Tropisches Südamerika, Nicaragua	Rot bis rotbraun	Das Öl ähnelt durch den Gehalt an flüchtigen Säuren dem Cocosöl, von dem es sich jedoch vor allem durch die höhere Jodzahl unterscheidet (JUMELLE)

Fettsäuren: 75% unlösliche Säuren vom M. M.-Gew. 220,2; 10,2% unlösliche flüchtige Säuren, M. M.-Gew. 167,8; 1,8% lösliche flüchtige Säuren, M. M.-Gew. 120.

Physikalische und chemische Kennzahlen.

	Dichte d_{15}^{15}	Erstarrungspunkt	Verseifungszahl	Hehnerzahl	Jodzahl	R.-M.-Zahl	Pol.-Zahl
Öl	0,9275	—	234,8	76,3	77,9	7,8	27,2
Fettsäuren	—	26,6—37,8°	—	M. M.-Gew.: s. oben	35,4 (?)	—	—

Das untersuchte Ölmuster enthielt 1,3% Unverseifbares und zeigte die Säurezahl 34,8. Die Angaben über dieses Öl sind unbefriedigend; die Kennzahlen bedürfen der Überprüfung.

Kapoköle.

Huiles de Kapok, huiles de kapoquier — Kapok oils — Olii di kapok.

A. Öl von Eriodendron anfractuosum.

Stammpflanze und Pflanzenfamilie	Verbreitung	Gehalt (% Öl) im Organ	Farbe bzw. Geschmack	Reaktionen. Anmerkung
Eriodendron anfractuosum = Bombax pentandrum = Ceiba pentandra (Wahrer Kapokbaum oder Gemeiner Wollbaum) Fam.: Bombacaceae	Ostindien, Malayischer Archipel, Japan, Westindien, Mexiko, Trop. Afrika und Amerika	Samen, gepr.: 17—20%; extrahiert: 19—30%. Kern, extrahiert: 31 bis 44,4%. Schale von Javasamen: 43%; entschälter Kern: bis 57%	Goldgelb bis braun, selten grüngelb. Geruch und Geschmack angenehm. Eigenartig modriger Geruch beim Übergießen kleiner Ölmengen mit heißem Wasser	Elaidinierung: weiche Masse. HALPHEN: dunkelkarminrot[1]. BECCHI: positiv. Salpetersäure-Rk.: grünlichbraun. BELLIER sow. BAUDOUIN: negativ. WELMANS: blaugrün, später dunkelblau. Die Öle zeigen stark wechselnde Säuregehalte; es wurden bis zu 71,1% freier Säure (ber. als Ölsäure) gefunden. Die schwach sauren Öle sind flüssig, die stark sauren jedoch fest.

Fettsäuren: angeblich 26% Palmitinsäure, 44,5% Ölsäure und 29,5% Linolsäure. Unverseifbares: 0,7—1,1% (geringe Mengen eines Phytosterins vom Schmelzpunkt 136°).

[1] Intensiver — besonders im Falle extrahierter Öle — als beim Baumwollsamenöl. Unterscheidung siehe Vorbemerkungen zu den Ölen aus der Reihe Malvales, S. 122. Die dort angegebene Reaktion kann auch zum Nachweis geringer Mengen von Kapoköl in Olivenöl, Sesamöl usw. dienen.

Physikalische Kennzahlen.

	Dichte d_{15}^{15}	Schmelzpunkt	Erstarrungspunkt	Lichtbrechung B.-Refr. Sk. T.	Lichtbrechung Brechungs-Index n_D	Zähigkeit °Engler	Kritische Lösungstemperatur
Öl	0,918—0,933 meist: 0,923—0,926 d_{15}^{100}: 0,869—0,8710	26,2 bis 31,6°	bei 20° Abscheidung eines „Stearins"	49,7 bis 59,7 (40°) 63—68 (25°)	1,4605 bis 1,4657 (40°) 1,4685 bis 1,4710 (20°)	$E_{20}=11,5$	(in Alkohol, Crismerzahl): 101°
„Pochote"-Öl [1]	d_{100}^{100}: 0,9080	—	—	—	—	—	
Fettsäuren	d^{18}: 0,9162	32—36°	27—32°	43,7 bis 47,6 (40°)	—	—	—

Beim Stehen scheidet sich aus dem Öl eine geringe Menge sog. Kapokstearin ab, das großenteils aus Tripalmitin besteht.

Chemische Kennzahlen.

	Verseifungszahl	Hehnerzahl	Acetylzahl	Jodzahl	R.-M.-Zahl	Pol.-Zahl
Öl	189,2—196,3	95—96	—	85,2—98,1	0,1—0,6	0,1—0,5
„Pochote"-Öl	192	95,1	42,7	85,9	1,5	—
Fettsäuren	199,2—202,7 Neutral.-Z.: 189,8—199,8	M. M.-Gew.: 277,4—292,4	—	86,8—112,3 meist: 92—99	—	—
von „Pochote"-Öl	175,2 (?)	319,7	—	90,3	—	—

Beim Abkochen mit Wasser neigen die Fettsäuren zur Bildung von Laktonen.

B. Öl von Bombax malabaricum.

Stammpflanze und Pflanzenfamilie	Verbreitung	Gehalt (% Öl) im Organ	Farbe bzw. Geschmack	Reaktion. Anmerkung
Bombax malabaricum = Bombax Ceiba (Malabarischer Wollbaum) Fam.: Bombacaceae	Tropisches Asien und Amerika. Nördliches Australien, auch China	Samen, mit Äther extrah., kalt: 19%; warm: 21—26%. Kern: 38%.	Hellgelb bis bräunlichgelb; charakteristischer Geruch, wenig ausgesprochener Geschmack	Halphen: dunkelkarminrot. — Das Öl gibt beim Stehen eine Abscheidung

Physikalische Kennzahlen.

	Dichte d_{15}^{15}	Schmelzpunkt	Erstarrungspunkt	Lichtbrechung B.-Refr. Sk. T.	Lichtbrechung Brechungs-Index n_D
Öl	0,9208—0,9300	—	—	54,3—57,0 (40°) 63,2—65,6 (25°)	1,4601—1,4610 (40°)
Fettsäuren	—	43,3°	38—39°	43,0 (40°)	—

Chemische Kennzahlen.

	Verseifungszahl	Hehnerzahl	Jodzahl	R.-M.-Zahl	Pol.-Zahl
Öl	190—197	95,6	73,6—78	0,0	0,5
Fettsäuren	205,8	M.M.-Gew.: 276,7	73,7	—	—

Säuregehalt: 1—11% freie Säuren (als Ölsäure berechnet). Unverseifbares: 1,0%.

[1] Von den in Mexiko und auf den Philippinen vorkommenden Varietäten Eriodendron occidentale und E. aesculifolium.

Sogenannte Kapoköle stammen auch von den Samen des Venezuela-Kapok-Baumes (Bombax globosum?), ferner von Bombax buonopozense (Verbreitung: Westafrika; Ölgehalt der Samen: 20—24%).

Baobaböle.

(Adansoniaöle.)

Huiles de baobab — Baobab oils (Renalia oil, Fony oil) — Olii di baobab.

Stammpflanzen[1] und Pflanzenfamilie	Verbreitung	Gehalt (% Öl) im Organ	Farbe bzw. Geschmack	Reaktionen. Anmerkung
(1) Adansonia Grandidieri (2) A. madagascariensis (3) A. digitata (Affenbrotbaum) Fam.: Bombacaceae	Madagascar (1) u. (2); Tropen (3)	(1) Samen: 37—42,6%; Kern: 58,5—63,5%. (2) Samen: 34,4%; Kern: 60,5%. (3) Samen: 11—13%; Kern: 30,7%	Preßöl aus ganzen Samen: gelb bis ambrafarben. Angenehmer Geschmack (insbesondere hat das sog. Fonyöl einen süßen, nußartigen Geschmack)	HALPHEN: carminrot[2]. BECCHI: positiv. Öl aus ganzen Samen gibt beim Stehen eine Abscheidung. Aus den Kernen erhält man ein weißes Fett von Butterkonsistenz

Bestandteile. Angeblich Glyceride der Myristinsäure: 7,6%; der Palmitinsäure: 32,5%; anderer fester Säuren 1,9%. Ölsäureglyceride: 36,5%; Linolsäureglyceride: 8,7%.

Physikalische Kennzahlen.

	Dichte d_{15}^{15}	Schmelzpunkt	Erstarrungspunkt	Brechungs-Index n_D
Öl von (1)	0,9187	24—25°	11—13°	—
aus ganzen Samen	d^{20}: 0,9190	20—21°	13°	1,4584 (40°)
aus geschälten Samen	d^{40}: 0,9135	39—40°	33°	1,4521 (40°)
Öl von (3)	0,915	—	—3 bis +3°	—
Fettsäuren von Öl (1)	—	55°	43—44°	—
aus ganzen Samen	—	51—52°	44,5°	—
aus geschälten Samen	—	45—46°	—	—
Säuren von Öl (3)	—	35,5—38,5°	32—34°	—

Chemische Kennzahlen.

	Verseifungszahl	Hehnerzahl	Jodzahl	R.-M.-Zahl
Öl von (1)	190—196	95,5	55,9—56,8	—
aus ganzen Samen	192,4	95,5	65,4—66,1	0,8
aus geschälten Samen	196,0	—	36,9	—
Öl von (3)	190,5—191,7	95,8	76—77,8	—
Fettsäuren von Öl (1)	—	Neutral.-Z.	—	—
aus ganzen Samen	202,5	179[3]	66,3—66,9	—
aus geschälten Samen	207,5	204,5	34,5—35	—
Säuren von Öl (3)	—	197,5	Inn. Jodzahl: 97,6	—

[1] Außer den obengenannten werden noch folgende Species von Adansonia als öl-liefernd erwähnt: A. alba, A. gregori, A. rubrostipa, A. Za, A. Bozy, A. rainiala. Die Samen der verschiedenen Arten unterscheiden sich zum Teil erheblich im Fettgehalt und in der Zusammensetzung des Fettes.

[2] Intensiver als bei Baumwollsamenöl.

[3] Der niedrige Wert ist der Gegenwart von Lactonen zuzuschreiben; in einem Falle betrug der Gehalt an Lactonen 11,4%.

Weniger untersuchte Öle aus der Familie Bombacaceae.

Stammpflanze	Verbreitung	Ölgehalt im Organ	Farbe	Kennzahlen	Anmerkung
Bombax crenulatum	Tropisches Amerika	Samen: 39,1%	Dunkelgelb	Vers.-Z.: 131 bis 134,7 (?) Jodzahl: 51—54	Man findet auch die Bezeichnung: „Paineira"-Öl
Chorisia speciosa	Brasilien	Samen: 13,9%	Gelb	Dichte: 0,996 (?)	Angenehmer Geschmack
Chorisia Peckoltiana	—	—	Hellgelb	Vers.-Z.: 214 bis 218 Jodzahl: 61,4	—
Bombax aquaticum[1]	Brasilien	Samen: 25,3% Kern: 39,1%	Gelblich bis rötlichbraun	Dichte (25°): 0,9286 Schmelzpunkt: 25—26°	Elaidinierung: nach 24 Stunden dickflüssig. Orangegelb
Bombax cyathophorum	Brasilien	Samen: 16,1%	Gelblich	Dichte (25°): 0,8644 (?), wahrscheinlich: d_{25}^{100}	Schmelzpunkt: 34°

Kakaobutter[2].

Beurre de cacao — Cacao butter — Burro di cacao — Oleum Cacao.

Stammpflanze und Pflanzenfamilie	Verbreitung	Gehalt (% Öl) im Organ[3]	Farbe, bzw. Geschmack	Reaktionen (s. Bd. I, S. 291 f.). Merkmale
Theobroma cacao Fam.: Sterculiaceae	Tropen	Samen, getrocknet: 48—57%; (Kernfett der Rohbohnen meist 42—48%; Trockenmasse: 51—55%). Durch Rösten bei 130—140° wird der Fettgehalt nicht verringert. Über Kakaoschalen- und Keimfett s. unten.	Gelblich; bei längerer Belichtung heller. Extrahiertes Fett beinahe rein weiß. Charakteristischer Geruch, angenehmer Geschmack	HALPHEN: negativ (s. Vorbem. zu Malvales-Ölen). Mit den Reagenzien von BAUDOUIN bzw. SOLTSIEN gibt auch reine Kakaobutter infolge ihres Gehaltes an Kakaorot eine positive Reaktion; daher muß der Farbträger vor der Prüfung auf Sesamöl durch wiederholtes Ausschütteln mit heißem Wasser entfernt werden. Das Fett ist gut haltbar. Es wirkt leicht purgierend. Über das „höckerige" Erstarren s. unten

Bestandteile: 23—25% Palmitinsäure; 31—34,5% Stearinsäure; 39—43% Ölsäure; ca. 2% Linolsäure. Rhodanometrisch gefunden: 34—38% Ölsäureglyceride und 2—5% Linolsäureglyceride. Auf Grund der Permanganat-Oxydation in Aceton ist die Zusammen-

[1] Neuere, ausführliche Angaben siehe u. Öl von Pachira aquatica, Nachtrag, S. 507.

[2] Über die Fettbestimmung in Kakao s. Bd. I, S. 72 (GROSSFELD) und S. 75; über den Nachweis von Verfälschungen usw. s. ebenda S. 363f.

[3] Der Fettgehalt von Kakaopulvern schwankt innerhalb weiter Grenzen. Gutes Material enthält 22—30% Fett; „schwach entölte" Pulver müssen den allgemeinen Bestimmungen zufolge mindestens 20%, „stark entölte" mindestens 15% Fettgehalt aufweisen. Zur Orientierung über den annähernden Fettgehalt von Kakaopulvern schüttelt man mit der fünffachen Menge Äther kräftig durch: das Pulver setzt sich bei einem Fettgehalt bis zu etwa 15% rasch ab; dagegen bleibt die Flüssigkeit bei fettreichem Kakao auch nach tagelangem Stehen mehr oder weniger trübe.

setzung des Glyceridgemisches ungefähr die folgende: 2,5% völlig gesättigte Glyceride (Palmitostearine); ca. 77% Mono-oleoglyceride (u. a. etwa 10% Oleodistearin und 55% Oleo-palmito-stearin); ca. 16% Di-oleoglyceride; ca. 4% Triolein (?). — Bei der fraktionierten Krystallisation der Glyceride wurden isoliert: 0,02% Tristearin; 0,03% β-Palmito-α, α-distearin; 24,9% Oleo-α, β-distearin; 20,3% Oleo-β-palmito-stearin; 54,7% α-Palmito-α, β-diolein (verändert sich rasch). Im flüssigen Anteil der Kakaobutter (gewonnen durch Entfernung der bei 5—7° aus der alkoholischen Lösung sich abscheidenden Glyceride): vorwiegend Palmito-diolein, das Oleo-palmito-stearin gelöst enthält; beim längeren Stehen scheiden sich Krystalle von Palmito-distearin und von Tristearin aus.

Unverseifbares: 0,25—0,8%, davon ca. 0,2% Rohphytosterin (Stigmasterin vom Schmelzpunkt 162—163°; Sitosterin vom Schmelzpunkt 139°, Acetat-Schmelzpunkt 130°), ein Kohlenwasserstoff $C_{30}H_{48}$. Geringe Mengen eines ätherischen Öles. Kakaoschalenfett (s. unten) zeigt höhere Werte für das Unverseifbare.

Physikalische Kennzahlen[1].

	Dichte[2]	Schmelzpunkt	Erstarrungspunkt	Lichtbrechung		Kritische Lösungs-Temperatur	Zähigkeit
				B.-Refr. Sk. T.	Brechungs-Index n_D		
Fett	d_{15}^{15}: 0,9450 bis 0,9700 d^{20}: 0,9702 d_{20}^{40}: 0,9206 d^{50}: 0,8920 $d_{15,5}^{60}$: 0,8825 $d_{15,5}^{99}$: 0,8575 d^{100}: 0,857 bis 0,858	32—36° meist 33—35°	21,5—27°	46—48 (40°)	1,4489—1,4496 (60°) 1,4560—1,4578 (40°) 1,4653 (17,5°)	Alkohol (d = 0,8195 bei 15,5°): 126° (CRISMER); 79,5—80,5° (GRIMME). Eisessig (1,0562): 105° (VALENTA); 65—69° (GRIMME)	°REDWOOD: 99,9 (bei 60°)
Säuren	—	47,5—52° meist 48—49,5°	45—51°	—	1,4475 (40°)	—	—

Chemische Kennzahlen[1].

	Verseifungszahl	Hehnerzahl	Rhodanzahl	Jodzahl	R.-M.-Zahl	Pol.-Zahl	A-Zahl	B-Zahl
Fett	192—202 meist 192—196	95—96	32—35 (entspr. Fetten mit Jodzahlen von 35—37)	34—38 Jodbromzahl: 34—36	0,1 bis 0,4	0,5 bis 1,0	0,06 bis 0,12	0,3 bis 0,6
Säuren	Neutral.Z.: 194—204	M.M.-Gew.: 275—282	—	36—39 Innere Jodzahl: 85—87	—	—	—	—

Säurezahlen: meist 1 bis 1,5; selten, auch bei Handelsproben, höher als 4. Fette, die durch hohen Druck bei hoher Temperatur gepreßt wurden, zeigen meist einen höheren Gehalt an freien Säuren als normale Preßbutter; Säuregrade 3,5 bis 4,8.

Schmelzen und Erstarren.

Geschmolzene Kakaobutter erlangt beim Erstarren erst nach längerer Zeit ihre endgültige Beschaffenheit; das Gleichgewicht stellt sich u. U. erst nach mehreren Wochen ein. Für die Praxis der Schmelzpunktsbestimmung ergibt sich

[1] Die Behandlung der Kakaobohnen (Röstung, Alkalisierung) und die Art der Gewinnung des Kakaofettes (Pressung oder Extraktion) beeinflussen die Kennzahlen nicht in nennenswertem Maße.

[2] Die Dichte frisch gewonnenen Fettes steigt während der ersten Tage nach der Gewinnung an.

hieraus der Schluß, das Fett vor der Beschickung der Capillare nicht zu schmelzen, sondern es der Probe durch kunstgerechtes Ausstechen zu entnehmen.

Die Erreichung des höchsten Schmelzpunktes tritt beim Erstarrenlassen größerer Fettmengen früher ein als in der Capillare. Frisch gewonnene Kakaobutter läßt man in einem Schälchen erstarren und rührt das erkaltende Fett mehrfach um, bis die Ausscheidung fester Anteile beginnt; durch das Umrühren wird die sonst leicht eintretende teilweise Entmischung verhindert. Man läßt hierauf noch einige Tage stehen, bevor Proben zur Bestimmung ausgestochen werden.

Aus der Art der Erstarrung kann kein Schluß auf die Reinheit der Kakaobutter oder die Art der Vorbehandlung der Bohnen gezogen werden. Wird heiße Kakaobutter langsam und ruhig erstarren gelassen, so daß ungestörte Krystallisation erfolgen kann, dann erscheint die Oberfläche meist blumenkohlartig höckerig; bewegt man die Kakaobutter kurz vor dem Erstarren, so entsteht eine meist glatte Oberfläche (Fincke).

Nachweis von Verfälschungen.

Allgemeines hierüber s. Bd. I, S. 363f. Ergänzend ist zu bemerken, daß sich Cocosfettmengen von über 1% mittels der A-Zahl sicher nachweisen lassen; die quantitative Bestimmung wird erst bei größeren Zusätzen genau. In ähnlicher Weise gestattet die B-Zahl den Nachweis und die Bestimmung von Milchfett.

Schmelzpunkt und Brechungsindex sollten niemals für sich allein zum Nachweis von Verfälschungen in Anwendung kommen, sondern höchstens „unterstützend" oder zur ersten Orientierung: so erniedrigt sich angeblich der Schmelzpunkt der Kakaobutter bei Anwesenheit von ca. 50% Cocosfett auf etwa 25°, ihr Brechungsindex auf 1,445 (bei 40°).

Die in neuerer Zeit als Beimischungen zu Kakaobutter verwendeten Fette mancher Astrocaryum-Arten — insbesondere das sog. Murumurufett — werden, da sie sich chemisch dem Cocosfett nähern, in ähnlicher Weise wie dieses nachgewiesen.

Manche Verfälschungen lassen sich nur sehr schwer feststellen[1]. In solchen Fällen kann die vergleichsweise Prüfung der Erstarrungspunkte der zu untersuchenden Probe und eines Musters reiner Kakaobutter zur Orientierung dienen. Auch die Untersuchung der Fettsäuren vermag da wertvolle Anhaltspunkte zu liefern: die Kakaobutter-Fettsäuren zeigen eine spezifische Oberflächenstruktur und eine charakteristische innere Krystallbildung.

Kakaoschalen- und Keimfett.

Gehalt (% Öl) im Organ	Farbe bzw. Geschmack	Merkmale
Schalen: 1—8%, meist unter 3%; hiervon ist jedoch Eigenfett nie mehr als 2%; der Überschuß besteht aus übergetretenem Kernfett. Keime: Rohfett 3—4,5%; trocken 3,3 bis 5%; Reinfett 3—3,5%; trocken bis ca. 4%	Schalenfett: gelb bis braun; Geschmack und Geruch verschieden von dem der Kakaobutter. Keimfett: dunkelgelb bis braun; Geschmack und Geruch sehr unangenehm	Schalenfett: meist stark gespalten; zähflüssig. Keimfett zeigt mangelhaftes Erstarrungsvermögen; ebenfalls meist stark gespalten

[1] Zum Nachweis von Borneotalg wurde folgendes komplizierte Verfahren vorgeschlagen: man bestimmt das spezifische Gewicht des Fettes bei 60° und bei 99°, die Zähigkeit, den Schmelzpunkt des Fettes, den der Fettsäuren, sowie die Jodzahl des Fettes; das Produkt aus den ersten 5 Faktoren und dem reziproken Wert der Jodzahl ist für Kakaobutter im Mittel 3150, für Borneotalg dagegen 4403.

Der Nachweis von extrahierter Kakaobutter (sowie auch von manchen artfremden Fetten) in Kakaopreßbutter erfolgt durch Bestimmung der Fluorescenz im ultravioletten Licht mit Hilfe des Pulfrichschen Stufenphotometers (Kaufmann).

Physikalische und chemische Kennzahlen.

	Dichte	Schmelzpunkt	Lichtbrechung B.-Refr. Sk. T.	Verseifungszahl	Jodzahl	R.-M.-Zahl	Pol.-Zahl
Schalenfett I	d_{20}^{40}: 0,9206	—	56,3 (40°)	180,3	39,0 (Hübl)	8,3	0,4
Fette II	—	31,5—34,8°	54,1—63,8 (40°)	—	42,6—55,5	—	—
Keimfett	—	28—30,3°	54,0—62,6 (40°)	178—180	51,6—70,0	2,1	0,5

Schalenfett I: Säurezahl 69,0; Fette II: Säuregrade 23—101. Keimfette: Säuregrade 25—69.

„Cupu"-Samenfett.

Stammpflanze und Pflanzenfamilie	Verbreitung	Gehalt (% Öl) im Organ	Farbe bzw. Geschmack	Konsistenz
Theobroma grandiflorum Familie: Sterculiaceae	Brasilien	Samen, mit Petroläther extrahiert: frisch 47 bis 48,7%; bei 100° getrocknet: 53%	Gelblichweiß; ohne Geruch und Geschmack	Weicher als Kakaobutter

Physikalische Kennzahlen.

	Dichte d_{15}^{100}	Schmelzpunkt	Erstarrungspunkt	Lichtbrechung B.-Refr. Sk. T.	Lichtbrechung Brechungs-Index n_D
Fett I	0,8522	32,0°	—	—	1,456 (40°)
Fett II	—	34,3—45,5°	—	45,6 (40°)	—
Säuren von Fett I	—	—	48,1°	—	—

Chemische Kennzahlen.

	Verseifungszahl	Jodzahl	R.-M.-Zahl	Pol.-Zahl
Fett I	187,8	44,8 (Hübl)	0,08	0,12
Fett II	189,2	44,3	—	—

Fett I zeigte die Säurezahl 44,0 und enthielt 0,9% Unverseifbares. Fett II enthielt 22% freie Fettsäuren.

„Lupu"-Samenfett.

Stammpflanze und Pflanzenfamilie	Verbreitung	Gehalt (% Öl) im Organ
Theobroma bicolor Familie: Sterculiaceae	Südamerika	Kern: 62%

Physikalische und chemische Kennzahlen des Fettes.

Schmelzpunkt	Lichtbrechung: B.-Refr. Sk. T.	Verseifungszahl	Jodzahl
30—42,1°	45,8 (40°)	189,0	44,4

Das untersuchte Muster enthielt 11% freie Säuren und 0,9% Unverseifbares.

Javaolivenöl.

(„Sterculiaöl", Calumpangsamenöl, Belighosamenöl, Stinkbaumöl.)

Huile de Sterculia, Huile d'olives Javanaises — Oil of Java olives, Sterculia oil — Olio di Sterculia.

Stammpflanze und Pflanzenfamilie	Verbreitung	Gehalt (% Öl) im Organ	Farbe bzw. Geschmack	Reaktion. Besondere Merkmale
Sterculia foetida Fam.: Sterculiaceae	Tropisches Asien, Brasilien	Ganze Frucht: 25,3 bis 30,8%. Kern: 46,6—58,7%. Schale: ca. 7—10%	Hellgelb; angenehmer Geruch und Geschmack	HALPHEN: stark positiv. — Salbenartige Konsistenz. Polymerisation[1] beim Erhitzen auf 240—245°. Näheres s. Bd. I, S. 378

Die Kennzahlen weisen sehr starke Abweichungen auf, die darauf zurückzuführen sind, daß die untersuchten Öle wohl meist ein Gemisch von Kernöl und Fruchtfleischöl in verschiedenen Verhältnissen darstellten.

Physikalische Kennzahlen.

	Dichte	Schmelzpunkt	Erstarrungspunkt	Lichtbrechung B.-Refr. Sk. T.	Lichtbrechung Brechungs-Index n_D	Zähigkeit °ENGLER
Öl I	d^{15}: 0,926	—	—	—	1,4654 (40°)	$E_{20} = 16,5$
Öle II	d^{15}: 0,929 d^{30}: 0,9254 d^{100}_{15}: 0,8676	—	−6°	63—64 (30°) 59,8 (40°)[2]	1,4620 (40°)	—
Öl III	d^{100}_{15}: 0,8561	—	—	63—66 (40°)[2]	1,4578 (40°)	—
Fettsäuren von Öl II	—	—	25—27°; 50,3°*	—	—	—
von Öl III	—	46,5°	43°; 30—31°**	—	—	—

Chemische Kennzahlen.

	Verseifungszahl	Hehnerzahl	Acetylzahl	Jodzahl	R.-M.-Zahl	Thermozahl
Öl I	187,9	95,6	—	76,6	0,8	(MAUMENÉ) 158
Öle II	192,5—212 180,2* (173,4—174,3)	95,4	—	81,4—87,0 76,1 62,3*	—	—
Öle III	193,8 191,2** (172,4)	95,7	—	81,4 69,7** 56,5—58,7	—	—
Fettsäuren von Öl I	—	Neutral.-Z.: —	23,5	—	—	—
der Öle II	186,8—190,8	185,6—198,7	—	63,3*	—	—
der Öle III	203,8	199,2	—	57,7—71,7**	—	—

Öl I: aus der ganzen Frucht gepreßt (85% Kernöl; 15% Schalenöl); 1,7% Unverseifbares. Öle II: aus den Kernen; Öl mit *: 10,6% freie Fettsäuren (als Ölsäure ber.); 5,6% Unverseifbares. Öle III: aus dem Fruchtfleisch bzw. den Schalen gepreßt oder extrahiert; Öl mit ** bezeichnet: 74,2% freie Fettsäuren (als Ölsäure ber.); 3,7% Unverseifbares.

[1] Das Fruchtfleischöl gibt die Reaktion nicht.

[2] „Belighosamenöl".

Samenöl von Sterculia Chicha.

Stammpflanze und Pflanzenfamilie	Verbreitung	Gehalt (% Öl) im Organ	Farbe
Sterculia Chicha. Fam.: Sterculiaceae	Brasilien	Samen: 10—14%	Hellgelb

Physikalische und chemische Kennzahlen des Öles.

Dichte d_{15}^{15}	Erstarrungspunkt	Verseifungszahl
0,9343	Bei 24° dickflüssig	193,2—195,1

Samenöl von Sterculia javanica.

Stammpflanze und Pflanzenfamilie	Verbreitung
Sterculia javanica. Fam.: Sterculiaceae	Java

Physikalische und chemische Kennzahlen.

	Dichte d_{15}^{15}	Verseifungszahl	Jodzahl
Öl	0,9223	193,3	83,0
Fettsäuren	—	195,8 Neutral.-Z.: 192,8	84,1

Die untersuchte Probe enthielt 0,5% Unverseifbares.

Samenöl von Sterculia appendiculata.

Stammpflanze und Pflanzenfamilie	Verbreitung	Gehalt (% Öl) im Organ	Farbe	Anmerkung
Sterculia appendiculata Fam.: Sterculiaceae	Ostafrika (Usambara)	Samen: 15,8%; Kern: 28,8%	Hellgelb	Gibt beim Stehen eine Abscheidung. — Enthält viel Unverseifbares (in einer Probe: 6,4%)

Physikalische und chemische Kennzahlen.

	Schmelzpunkt	Erstarrungspunkt	Brechungs-Index n_D	Verseifungszahl	Hehnerzahl	Jodzahl
Öl	—	—2°	1,4729 (20°)	185,0	91,1	82,4
Fettsäuren	34—35°	—	1,4630 (40°)	Neutral.-Z.: 175,2[1]	M. M.-Gew.: 320,6[1]	86,7

Samenöl von Sterculia urens.

Stammpflanze und Pflanzenfamilie	Verbreitung	Gehalt (% Öl) im Organ	Farbe	Reaktion
Sterculia urens Fam.: Sterculiaceae	Hindustan, Coromandelküste	Samen, mit Äther extrahiert, kalt: 18,4 bis 21,9%; warm: 19,8—24,1%	Hellgelb bis goldgelb	HALPHEN: sehr stark positiv; die Färbungen sind intensiver als die mit Baumwollsamenöl, Kapok- oder Baobabölen gefundenen

[1] Mit der Verseifungszahl des Öles nicht im Einklang.

Physikalische und chemische Kennzahlen.

	Brechungs-Index n_D	Kritische Lösungstemperatur in Alkohol (Crismerzahl)	Verseifungszahl	Jodzahl
Öl I mit S.-Z. = 8,4	1,4643 (40°)	64,0°	199,0	81,1
Öl II mit S.-Z. = 19,1	1,4604 (40°)	55,0°	192,0	56,6

Öl I: in der Kälte extrahiert; das Öl scheidet auch nach 6 Tagen kein „Stearin" ab; dagegen gibt Öl II schon nach kurzem Stehen eine starke Abscheidung. Das letztgenannte Öl war in der Wärme extrahiert und wurde mit höherer Ausbeute aus den Samen gewonnen als Öl I; das Plus scheinen gesättigte Glyceride zu sein (vgl. die viel niedrigere Jodzahl).

Samenöl von Sterculia diversifolia.

(„Kurrajong"-Öl.)

Stammpflanze und Pflanzenfamilie	Verbreitung	Gehalt (% Öl) im Organ	Anmerkung
Sterculia diversifolia (Brachychiton populneum) Fam.: Sterculiaceae	Australien	Samen, mit Äther extrahiert: 20 bis 22%	Das Öl zeigt angeblich ein schwaches Trockenvermögen; im Widerspruch zu dieser Angabe steht der hohe Schmelzpunkt

Bestandteile: 12—17,5% feste Säuren (vorwiegend Palmitinsäure); 70—78% flüssige Säuren (Ölsäure, 15—20% Linolsäure). 1,1—1,5% Unverseifbares (enthält ein Sitosterin vom Schmelzpunkt 133°).

Physikalische und chemische Kennzahlen.

	Dichte d_{15}^{15}	Schmelzpunkt	Brechungs-Index n_D	Verseifungszahl	Jodzahl
Öl I	0,9203	30°	1,4676 (20°)	198,0	101,3
Öl II	d^{30}: 0,9083	—	1,4709 (20°)	192,8	107,6
Öl III	0,9214	—	1,4709 (20°)	195,6	108,0
Fettsäuren von Öl I	0,8908	33,5°	1,4548 (40°)	Neutral.-Z.: 202,4 M. M.-Gew.: 277	100,9

Öl I (mit Säurezahl 65,0) gibt zwischen 12 und 15° eine Abscheidung von Palmitinsäure. Öl II (mit Säurezahl 42,7) war nach einigen Tagen halbfest. Öl III, möglichst entsäuert, zeigte die Säurezahl 4,8.

Heritiera-Samenöl.

Stammpflanze und Pflanzenfamilie	Verbreitung	Gehalt (% Öl) im Organ	Farbe bzw. Geschmack	Reaktion
Heritiera littoralis, Ait. Fam.: Sterculiaceae	Tropen Afrikas und Asiens; Australien	Samen, mit Äther extrahiert: 7,4% (kalt); 8,3% (warm)	Strohgelb; angenehmer Geschmack, geruchlos	Halphen: stark positiv; nach 5 Minuten rosenrot, nach 15 Minuten karminrot

Physikalische und chemische Kennzahlen.

	Brechungs-Index n_D	Kritische Lösungstemperatur in Alkohol (Crismerzahl)	Verseifungszahl	Jodzahl
Öl I	1,4674 (40°)	—	197,1	59,8
Öl II mit S.-Z. = 6,7	1,4628 (40°)	62,0°	200,2	67,5

Weniger untersuchte Öle aus der Familie Sterculiaceae.

Stammpflanze	Verbreitung	Ölgehalt im Organ	Farbe bzw. Geschmack	Kennzahlen	Anmerkung (Reaktionen usw.)
Sterculia tragacantha	Tropisches Afrika	Samen, mit Äther extrahiert, kalt: 22,4%, warm: 25,4%	Goldgelb; nicht unangenehmer Geschmack	n_D^{40}: 1,4641 V.-Z.: 194,7 J.-Z.: 66,3 S.-Z.: 8,4 Crismer-Z.: 71,3	HALPHEN: nach 3 Min. orange, nach 5 Min. rosa, nach 7 Min. dunkelkarmin
Sterculia acuminata	—	—	—	—	Liefert die ölhaltigen Gura- oder Gurunüsse
Sterculia pruriens	Brasilien	—	—	—	Liefert ölreiche Samen
Sterculia stricta, St. excelsa, St. triphacea	Brasilien	—	—	—	Liefern ölhaltige Samen
Cola Ballayi Cornu	Belgisch-Kongo	Trockene Cotyledonen, mit Äther extrahiert: 1,7%	—	—	HALPHEN: negativ
„Petit Cola du Dahomey"	Dahomey	Samen, mit warmem Äther extrahiert: 2,6%	—		HALPHEN: negativ
Cola acuminata	Ceylon	Samen, mit warmem Äther extrahiert: 1,3%	—	—	HALPHEN: negativ
Pterospermum acerifolium	Tropisches Asien	Samen, mit warmem Äther extrahiert: 22,6%	Hellgelb; nicht unangenehmer Geschmack	n_D^{40}: 1,4660 V.-Z.: 191,6 J.-Z.: 87,8 S.-Z.: 12,2 Crismer-Z.: 64,5°	HALPHEN: rosarot nach 7 Min.
Tarretia Cochinchinensis	Hinter-Indien, Australien	Samen, mit warmem Äther extrahiert: 17,2%	Blaßgelb	—	HALPHEN: nach 10 Min. blaßkirschrot. Das Öl bleibt bei 18° noch flüssig
Hélicteres isora	—	—	—	—	HALPHEN: dunkelkirschrot
Basiloxylon brasiliense	Brasilien	Frische Frucht: 8,7%; trockene Samen: 36,2%	Dunkelgelb	Vers.-Zahl: 196—198,5 Jodzahl: 76,4	—

Reihe: Parietales.

Niamfett.

Beurre de Méné (Mana, Meni), graisse de Niam — Niam Fat, Meni Oil, Zawa oil — Grasso di Niam.

Stammpflanze und Pflanzenfamilie	Verbreitung	Gehalt (% Öl) im Organ	Farbe bzw. Geschmack[1]	Reaktionen
Lophira alata (Sagdobaum) Fam.: Ochnaceae	Tropisches Afrika	Samen: 19,2—25,3%; Kern, extrahiert: 40—46%	Kalt gepreßt oder extrahiert: weiß oder hellgelb; Geruch nicht unangenehm, Geschmack manchmal etwas bitter. — Im Ursprungslande warm gepreßtes Öl ist dunkelbraunrot, von unangenehm speckartigem Geruch und widerlich-bitterem Geschmack	Elaidinierung: nach $2\frac{1}{2}$ Stunden feste Masse. HALPHEN: negativ. Schwefelsäure: dunkelrot

Bestandteile: von Fettsäuren ca. 50% gesättigte (Palmitin- und Arachinsäure), ca. 25% Ölsäure und 25% Linolsäure. Unverseifbares: 1,4—1,5% (auch 0,5 bzw. 2,5%).

Physikalische Kennzahlen.

	Dichte	Schmelzpunkt	Erstarrungspunkt	Lichtbrechung: B.-Refr. Sk. T.
Fett	d^{40}: 0,9016 bis 0,9105 d^{100}: 0,8615	24°	—	—
Fett I	d^{15}: 0,920	—	Bei 16° teilweise erstarrt	62 (25°)
Säuren	—	—	42,5°	—
von Fett I	—	43°	38°	—

Chemische Kennzahlen.

	Verseifungszahl	Hehnerzahl	Acetylzahl	Jodzahl	R.-M.-Zahl
Fett	190,1—195,6 (180,7—183,3) *	—	—	68,4—78,7	0,8—0,9
Fett I	194,0	95,4	—	79,4	1,6
Säuren von Fett I	203,0	M. M.-Gew.: 276	21,2	79,74 Innere Jodzahl:	—
anderer Fette	Neutral.-Z.: 195—196	286	—	134,5	—

Säurezahlen bis 48. Fett I wurde als „Öl des Sagdobaumes“ beschrieben und zeigte die Säurezahl 2,6. Die mit * bezeichneten Verseifungszahlen stellen Ausnahmsfälle dar; es handelte sich um stark gespaltene Fette (Säurezahlen zwischen 26 und 48); „Titer-Test“ der Säuren dieser Fette: 47,5—49,0°.

Fett von Lophira procera.

Stammpflanze und Pflanzenfamilie	Verbreitung	Gehalt (% Öl) im Organ	Farbe
Lophira procera Familie: Ochnaceae	Tropisches Afrika	Kern: 55,3%	Gelblich

[1] Dunkle Farbe und bitterer Geschmack sind einem harzartigen Begleitstoff zuzuschreiben, der in Mengen von ca. 0,8% im Rohfett zugegen ist.

Physikalische und chemische Kennzahlen.

	Dichte	Verseifungszahl	Jodzahl
Fett	d^{100}:0,859	190	60

Die untersuchte Probe enthielt 0,8% Unverseifbares.

Batiputafett.

Stammpflanze und Pflanzenfamilie	Verbreitung	Farbe bzw. Geruch
Gomphia (? spec.) Familie: Ochnaceae	Mittelamerika	Grünlich; eigentümlicher Geruch

Physikalische und chemische Kennzahlen.

	Schmelzpunkt	Erstarrungspunkt	Verseifungszahl	Jodzahl
Fett	30—32°	26—28°	212,4	51,5
Säuren	31—33°	28—29°	—	—

Eine Probe hatte 1,4% freie Säuren (berechnet als Palmitinsäure).

Sawarrifett.

(Suarinußöl.)

Huile de noix de Souari — Sawarri Fat — Burro di noce di Souari.

Stammpflanze und Pflanzenfamilie	Verbreitung	Gehalt (% Öl) im Organ	Farbe bzw. Geschmack
Caryocar tomentosum[1] Fam.: Caryocaraceae	Brasilien, Guayana, Peru[2]	Samenkern: 60—63%	Weiß; angenehm nußartig

Fettsäuren: vorwiegend Palmitinsäure und Ölsäure.

Physikalische Kennzahlen.

	Dichte d_{15}^{40}	Schmelzpunkt	Erstarrungspunkt	Lichtbrechung B.-Refr. Sk. T.
Fett	0,8981	29,5—37°	23,3—29°	46,2 (40°)
Säuren	—	48,3—50°	46—47°	—

Chemische Kennzahlen.

	Verseifungszahl	Hehnerzahl	Acetylzahl	Jodzahl	R.-M.-Zahl
Fett	197,6—200	96,9	—	41,9—49,5	0,7
Säuren	—	M. M.-Gew.: 273	Flüssige Säuren: 14	51,5	—

[1] Synonym Pekea guyanensis. Die eigentlichen Pekeanüsse, Butternüsse oder Suarinüsse stammen von Rhizobolus butyrosa = Caryocar butyrosum, siehe Butterbaumsamenöl. In manchen Gegenden werden alle Caryocar-Arten als „Pekeabaum“ bezeichnet.

[2] Landesübliche Bezeichnung der Art: Sacha Almendras.

Butterbaumsamenöl.

(Eigentliches Pekeanußöl.)

Stammpflanze und Pflanzenfamilie	Verbreitung	Gehalt (% Öl) im Organ	Anmerkung
Caryocar butyrosum (Rhizobolus butyrosa) Fam.: Caryocaraceae	Guayana	Kern, mit Schwefelkohlenstoff extrahiert: 71,7%	„Zwischen der Außenschale der Frucht und dem eigentlichen Steinkern liegt eine dünne Schicht eines butterähnlichen Stoffes, der das Pekeafett oder fälschlich Pekafett[1] bildet" (HEFTER)

Eine Probe gab 95,3% Fettsäuren und 7,3% Glycerin.

Physikalische Kennzahlen.

	Dichte d_{15}^{15}	Erstarrungspunkt
Fett	0,915 d^{100}: 0,860	—
Säuren	—	49,8°

Butterbaumsamenöl.

(Von pequia amarella[2].)

Stammpflanze und Pflanzenfamilie	Verbreitung	Gehalt (% Öl) im Organ	Farbe bzw. Geschmack	Dichte
Caryocar nuciferum Fam.: Caryocaraceae	Brasilien	Kern, mit Tetrachlorkohlenstoff extrahiert: 26,4%	Weiß; kein ausgesprochener Geschmack	d^{17}: 0,956

Die Samen von Caryocar glabrum (Pekea ternata; pequia rana da terra firme[2]) liefern 21,1% farbloses Öl von angenehmem Geschmack.

Teesamenöl.

Huile de thé — Tea seed oil — Olio di thè.

Stammpflanze und Pflanzenfamilie	Verbreitung	Gehalt (% Öl) im Organ	Farbe bzw. Geschmack	Reaktionen
Camellia theifera = Thea sinensis Fam.: Theaceae	2 Kulturvarietäten (sinensis und assamica): I. China und Japan; II. Assam, Indien, Ceylon, Sundainseln	Chinasaat: 17—35%; Japansaat: 24—26%; Assamsaat: 43—45%	Strohgelb bis orange; Geschmack bitter, wenn Saponine zugegen[3]; Geruch zuweilen rauchartig	Elaidinierung: nach 2 Stunden zähflüssig, nach 24 Stunden butterige Masse. HALPHEN: negativ. BAUDOUIN: negativ. Erhitzen mit einem Gemisch aus gleichen Mengen von konzentrierter Schwefelsäure, konzentrierter Salpetersäure und Wasser: Schwärzung[4]. BISHOP: Rosafärbung der Säureschicht. Reaktion nach ROTH[5]: Säureschicht gelb bis schwach rosa

Von den Fettsäuren sind 88—93% flüssig.

[1] „Die Pekanüsse stammen von Carya olivaeformis" (HEFTER); s. S. 33.
[2] Diese Bezeichnungen werden in den Ursprungsländern gebraucht.
[3] Sie finden sich manchmal in gepreßten Ölen (diese sind dann trüb); klare Öle enthalten angeblich keine Saponine.
[4] Hauptsächlich zur Unterscheidung von Olivenöl; s. a. Bd. I, S. 291.
[5] Mit nitrosen Gasen gesättigte Schwefelsäure ($d = 1,4$); Schütteln gleicher Teile des Öles und des Reagens. Olivenöl wird nicht verändert.

Physikalische Kennzahlen.

	Dichte d_{15}^{15}	Schmelzpunkt	Erstarrungspunkt	Lichtbrechung B.-Refr. Sk. T.	Lichtbrechung Brechungs-Index n_D
Öl	0,917—0,927 d^{20}: 0,9110 d^{15}: 0,9028 (Assamöl)	—	−5 bis −12°	62,9 (25°)	1,4707 (20°)
Fettsäuren	d^{99}: 0,8445	33,5° (10—11°)[1] 38,9° (Assamöl)	—	43,3 (40°)	—

Chemische Kennzahlen.

	Verseifungszahl	Hehnerzahl	Jodzahl	R.-M.-Zahl	Pol.-Zahl
Öl	188,3—195,5	95,2—95,6	88—93,2 82,1[2]	0,14 bis 0,7	0,16 bis 0,6
Fettsäuren	Neutral.-Z.: 195—199,9	M. M.-Gew.: 280,5—287,6	90,8—94,1; 83,3[2] Innere Jodzahl: 99,6—104,4 117,8 (Assamöl) 91,8[2]	—	—

Tsubakiöl.

(Cameliensamenöl.)

Huile de tsubaki — Tsubaki oil — Olio di tsubaki.

Stammpflanze und Pflanzenfamilie	Verbreitung	Gehalt (% Öl) im Organ	Farbe bzw. Geruch	Reaktionen. Anmerkung
Camellia japonica („Tsubaki"-Baum) Fam.: Theaceae	Japan	Samen: 37,6—38,8%; gepr.: 15%. Kern: 64,3—66,4%	Gepreßt: blaßgelb, geruchlos, angenehm mild. Handelsöl rötlich, eigentümlicher Geruch	Elaidinierung: nach 2 Stunden fest, nach 24 Stunden sehr harte Masse. BIEBER: negativ. — Das Öl wird oft mit Rüböl, Baumwollsamenöl, Erdnußöl, oder Sojabohnenöl verfälscht.

Fettsäuren: 7% feste; 93% flüssige (anscheinend nur Ölsäure).

Physikalische Kennzahlen.

	Dichte d_{15}^{15}	Schmelzpunkt	Erstarrungspunkt	Lichtbrechung B.-Refr. Sk. T.	Lichtbrechung Brechungs-Index n_D
Öl	0,9159 bis 0,9166	—	—15 bis —21°	62,4 (25°)	1,4679—1,4691 (20°)
Fettsäuren	d^{100}: 0,8402 bis 0,8419	21,5—22°	—	—	—

Chemische Kennzahlen.

	Verseifungszahl	Hehnerzahl	Jodzahl	R.-M.-Zahl
Öl	188—192,6	95,3—95,6	79,8—81,3	ca. 0,5
Fettsäuren	Neutral.-Z.: 196,7—198,2	M. M.-Gew.: 283,0—285,1	83,1—84,1 Innere Jodzahl: 89,0	—

Säurezahlen kalt gepresster Öle: 1,6—2,7; warm gepreßt: bis 7,6 (ein Handelsöl zeigte die Säurezahl 8,8).

[1] Nach älteren Angaben. [2] Öl von Camellia theifera, var. assamica.

Sasanquaöl.

Huile de sasanqua — Sasanqua oil — Olio di sasanqua.

Stammpflanze und Pflanzenfamilie	Verbreitung	Gehalt (% Öl) im Organ	Farbe bzw. Geruch	Reaktionen
Thea Sasanqua Fam.: Theaceae	Südl. Japan und China	Samen gepreßt: 16—17%; Kern: 58—59%	Gelb bis gelbbraun; manchmal rauchartiger Geruch	Elaidinierung: nach 2 Stunden harte Masse. BIEBER: positiv

Fettsäuren: ca. 90% ungesättigte (Ölsäure).

Physikalische Kennzahlen.

	Dichte d_{15}^{15}	Schmelzpunkt	Erstarrungspunkt	Lichtbrechung B.-Refr. Sk. T.	Lichtbrechung Brechungs-Index n_D
Öl	0,9163 bis 0,9188	—	$-9°$	63,3 (25°)	1,4691 (20°)
Fettsäuren	d^{100}: 0,8405	28°	—	—	—

Chemische Kennzahlen.

	Verseifungszahl	Hehnerzahl	Jodzahl	R.-M.-Zahl
Öl	189,9—193,9	96,4	81,7—82,3 (87,5)	1,2
Fettsäuren	Neutral.-Z.: 199,6	M. M.-Gew.: 281,0	86,1 Innere Jodzahl: 92,9	—

Die untersuchten Proben zeigten Säurezahlen zwischen 0,4 und 6,8.

Caydeau-So-Öl.

von Camellia drupifera (Fam.: Theaceae. Verbreitung: China, Ostindien). Die Samen enthalten 28—35% eines gelben Öles von angenehmem Geschmack. Das Öl ist angeblich gut haltbar; eine Probe zeigte die Jodzahl 68,0 und $[\alpha]_D = +1{,}8°$.

Samenöl von Mesua ferrea.

Iron wood seed oil.

Stammpflanze und Pflanzenfamilie	Verbreitung	Gehalt (% Öl) im Organ	Farbe bzw. Geschmack	Konsistenz
Mesua ferrea Fam.: Guttiferae	Ostindien (Assam)	Samen: 42—53%; Kern: 73—79,5%	Gelb oder braun; sehr bitter	Halbfest

Feste Fettsäuren: vorwiegend Stearinsäure. — Eine Probe enthielt 2,5% Unverseifbares.

Physikalische Kennzahlen.

	Dichte	Schmelzpunkt	Erstarrungspunkt	Brechungs-Index n_D
Öl	d^{15}: 0,9166—0,9359 d^{20}: 0,9285 $d_{15,5}^{100}$: 0,932	16,5—26,7°	5,5°	1,4786 (20°)
Fettsäuren	—	33—34,5°	30,5°	1,4679 (40°)

Chemische Kennzahlen.

	Verseifungszahl	Hehnerzahl	Jodzahl	R.-M.-Zahl
Öl	192,5—205,8	92—94	82,2—92,2	7,7—11,5

Eine Angabe über die Neutralisationszahl der Fettsäuren lautet: 165,3 (dementsprechend das mittlere Molekulargewicht 339,7); diese Werte sind mit den übrigen Kennzahlen nicht in Einklang zu bringen.

Dombaöl.

(Tacamahac-Fett, Tamanou-Öl[1].)

Huile de Calophyllum, huile de tamanou — Calophyllum oil — Olio di Calophyllum.

Stammpflanzen und Pflanzenfamilie	Verbreitung	Gehalt (% Öl) im Organ	Farbe bzw. Geschmack	Reaktion. Besondere Merkmale
Calophyllum inophyllum, C. Tacamahaca Fam.: Guttiferae	Süd-Asien, Ostafrika	Samen: ca. 31%. Kern, heiß gepreßt: 34—36%, extrahiert: 50—60%; mit Harz auch weit über 70%	Mit Äther extrahiert, harzhaltig: dunkelgrün; harzfrei: braungelb; gepreßt: eigentümlicher Geruch, bitterer Geschmack	Elaidinierung: positiv. Das harzhaltige Öl wirkt purgierend. Das grüne Harz ist mittels Sodalösung entfernbar; es beeinflußt die Eigenschaften und Kennzahlen des Öles in hohem Maße

Bestandteile: u. a. Glyceride der Palmitinsäure, Stearinsäure und Ölsäure (55 bis 58%), wahrscheinlich auch Linolsäure. Unverseifbares: 0,3—0,4%. Der Harzgehalt beträgt 14—18,3%.

Physikalische Kennzahlen.

	Dichte d_{15}^{15}	Schmelzpunkt	Erstarrungspunkt	Lichtbrechung: B.-Refr. Sk. T.	Lichtbrechung: Brechungs-Index n_D
Öle I	0,9315—0,951	7,5—8°	3—4,5°	76 (40°) 81,6 (27°)	1,4772 (15°)
Öl II	0,9212	—	17°	72,3 (40°)	—
Fettsäuren	0,9237	36,5—38°	28—33°	—	1,4654 (45°)

Chemische Kennzahlen.

	Verseifungszahl	Hehnerzahl	Acetylzahl	Jodzahl	R.-M.-Zahl
Öle I	194,1—199,5	93,6	—	92,8—96,2	0,4
Öl II	191,0	90,9	—	86,0—90,4	0,1—0,2
Fettsäuren	Neutral.-Z.:	M. M.-Gew.:			
von Öl II	194,0	289,2	37,2	92,2—94,8	—
flüssige	190,7	294,2	—	114,5	—

Öle I: roh, harzhaltig; Säurezahlen zweier Proben 28,5 bzw. 46. Öl II: den Kennzahlen zufolge offenbar weitgehend verändert.

Kennzahlen eines „Tamanou"-Öles aus Neu-Caledonien.

(73,2% Öl und Harz aus dem Kern mittels Schwefelkohlenstoff extrahiert.)

	Dichte $d^{16,5}$	Schmelzpunkt	Verseifungszahl	Hehnerzahl	Jodzahl	R.-M.-Zahl
Öl	0,97	35—36°	212,8	91	86,9 (WIJS)	4,7
Säuren	—	38°	203,8	M. M.-Gew.: 275	106	—

[1] Das Öl wird mitunter auch als Lorbeernußöl oder Alexandrinisches Lorbeeröl bezeichnet.

Lösliche Säuren: 27,4% (in % Buttersäure). Unverseifbares: 0,3%. Harzgehalt: 14,3%. Die von den obigen teilweise stark abweichenden Kennzahlen sind offenbar dem Überwiegen der Harzkomponente im vorliegenden Falle zuzuschreiben.

Calabafett

von Calophyllum Calaba (Verbreitung: Westindien) ist dem Dombaöl oder Tacamahacfett sehr ähnlich. Mittels Schwefelkohlenstoff sind aus den Kernen ca. 67% Fett vom Schmelzpunkt 20° extrahierbar.

Fett von Calophyllum brasiliense.

Stammpflanze und Pflanzenfamilie	Verbreitung	Gehalt (% Öl) im Organ	Farbe bzw. Geschmack	Anmerkung
Calophyllum brasiliense Fam.: Guttiferae	Brasilien	Kern, getrocknet: 68%	Grünlichgelb; bitter	Mittels Alkohol konnten dem untersuchten Muster ca. 7% Bitterstoffe entzogen werden.

Physikalische und chemische Kennzahlen.

	Dichte d_{15}^{15}	Schmelzpunkt	Erstarrungspunkt	Verseifungszahl
Fett	0,932—0,942	—	16—19°	285
Säuren	d^{16}: 0,9237	37,6°	—	—

Öl von Calophyllum tomentosum.

Stammpflanze und Pflanzenfamilie	Verbreitung	Gehalt (% Öl) im Organ
Calophyllum tomentosum Fam.: Guttiferae	Indien	Frucht: 50%; Kern: 70,3%

Physikalische und chemische Kennzahlen des Öles.

Erstarrungspunkt	Lichtbrechung B.-Refr. Sk. T.	Verseifungszahl	Jodzahl (Wijs)
25°	72,7 (40°)	170,5	93,7

Freie Fettsäuren (als Ölsäure berechnet): 3,5%. Unverseifbares: 4,0%.

Punnaöl.

Stammpflanze und Pflanzenfamilie	Verbreitung	Gehalt (% Öl) im Organ	Farbe bzw. Geschmack	Anmerkung
Calophyllum Wightianum Fam.: Guttiferae	Indien	Samen: 45—50%; Kern: 72,5%	Gelb bis grünlichgelb; bitterer Geschmack, charakteristischer Geruch	Gut raffinierbar; z. B. erhält man mit Natronlauge 82% hellgelbes nicht bitteres Öl

Physikalische und chemische Kennzahlen.

	Dichte d_{15}^{15}	Erstarrungspunkt	Brechungs-Index n_D	Verseifungszahl	Hehnerzahl	Jodzahl
Öl	0,938—0,939	−5 bis −8°	1,4733 (40°) 1,4800 (22°)	187—200	92,3	102—103
Fettsäuren	—	20—22°	—	—	M. M.-Gew.: 297	—

Säurezahlen zweier Proben: 13,0 und 18,0. Unverseifbares: 1,6 bis 1,8%.

Mkányi-Fett.

Suif de m'kani — Mkányi fat — Sego di Mkany.

Stammpflanze und Pflanzenfamilie	Verbreitung	Gehalt (% Öl) im Organ	Farbe bzw. Geschmack
Allanblackia Stuhlmannii Fam.: Guttiferae	Tropisches Afrika	Samen: 54,5—55,5%; Kern: 67,8%; Schale: 1,4%	Gelblichweiß; schwach aromatisch

Bestandteile: angeblich 0,6% flüchtige Säuren; ca. 53% Stearinsäure; 43% flüssige Säuren (Ölsäure). Vorwiegend Oleodistearin. Unverseifbares: 0,5—1,2%. Gibt 9,1% Glycerin.

Physikalische Kennzahlen.

	Dichte	Schmelzpunkt	Erstarrungspunkt	Brechungs-Index n_D
Fett	d_{15}^{15}: 0,9298 d^{40}: 0,8927 d^{100}: 0,861	40—46°	30—38°	1,4503 (50°)
Säuren	—	50—61,5°	57,5—61,4°	—

Chemische Kennzahlen.

	Verseifungszahl	Hehnerzahl	Jodzahl	R.-M.-Zahl
Fett	187—192	95,7	37,5—41,9	1,2
Säuren	M. M.-Gew.: 283,4—283,6		38,3—42,1	—

Säurezahlen verschiedener Proben: 11,6 bis 23,3.

Bouandjafett[1].

Stammpflanze und Pflanzenfamilie	Verbreitung	Gehalt (% Öl) im Organ	Farbe bzw. Geruch	Besonderes Merkmal
Allanblackia floribunda Fam.: Guttiferae	Goldküste, Kongo, Kamerun	Samen[2], extrahiert: 46,8%; Kern: 71,8%	Weiß bis dunkelgelb; schwacher Geruch	Hoher Stearinsäuregehalt

Bestandteile: vorwiegend Stearinsäure und Ölsäure; 0,4% Unverseifbares; 9,6% Glycerinausbeute.

Physikalische Kennzahlen.

	Dichte	Schmelzpunkt	Erstarrungspunkt	Brechungs-Index n_D
Fett	d_{15}^{15}: 0,9734 d_{15}^{100}: 0,8563	38,6°	—	1,458 (40°)
Säuren	—	—	57,6—60,8°	—

Chemische Kennzahlen.

	Verseifungszahl	Jodzahl	R.-M.-Zahl	Pol.-Zahl
Fett	190,8	44,2	0,11	0,10

Eine Probe zeigte die Säurezahl 1,0.

[1] S. a. Nachtrag S. 508. [2] „Kisidwe"-Nüsse.

Kagnébutter.

Beurre de kagné ou beurre de bounzi.

Stammpflanze und Pflanzenfamilie	Verbreitung	Gehalt (% Öl) im Organ	Besonderes Merkmal
Allanblackia Sacleuxii Fam.: Guttiferae	Tropisches Afrika	Samen, mit Schwefelkohlenstoff extrahiert: 60%	Hoher Stearinsäuregehalt

Eine Probe enthielt 94,8% Fettsäuren (davon angeblich 81,7% Stearinsäure und 18,3% Ölsäure) und gab 11% Glycerin.

Physikalische Kennzahlen.

	Dichte d_{15}^{15}	Erstarrungspunkt
Fett	0,974	—
Säuren	—	59,3°

Kokumbutter.

Beurre de kokum (brindonier) — Kokum butter, Goa butter — Sego di kokum.

Stammpflanze und Pflanzenfamilie	Verbreitung	Gehalt (% Öl) im Organ	Farbe bzw. Geschmack
Garcinia indica = Garcinia purpurea Roxb. Fam.: Guttiferae	Indien	Samen: 20—25%; getrocknet: ca. 30%	Gelblichweiß bis hellgrau; Geschmack mild; Geruch nicht unangenehm

Fettsäuren: vorwiegend Stearin- und Ölsäure, kleine Mengen flüchtiger Säuren. Hauptbestandteil: Oleodistearin.

Physikalische Kennzahlen.

	Dichte	Schmelzpunkt	Erstarrungspunkt	Brechungs-Index n_D
Fett	d^{40}: 0,8952 d_{15}^{98}: 0,8574	40—45°	27,5—38°	1,4565—1,4574 (40°) 1,4628 (25°)
Säuren	—	60—61°	59,4°	—

Chemische Kennzahlen.

	Verseifungszahl	Hehnerzahl	Jodzahl	R.-M.-Zahl
Fett	186,8—191,5	94,5—95,6	25—34,2	0,1—1,5
Säuren	—	M. M.-Gew.: 282	—	—

Eine Probe enthielt 10,5% freie Fettsäuren; eine andere 7,1%.

Fett aus den Samen von Garcinia Mangostana.

Mangosteen oil.

(Familie: Guttiferae; Verbreitung: tropisches Asien; Ölgehalt: 4,5%). Ein Muster gab 95% Fettsäuren (von festen Säuren vorwiegend Stearinsäure) und 8,5% Glycerin; es enthielt 2% Unverseifbares.

Gurgifett.

Stammpflanze und Pflanzenfamilie	Verbreitung	Gehalt (% Öl) im Organ
Garcinia Morella = Garcinia pictoria Fam.: Guttiferae	Indien, Ceylon, Malayen-staaten	Samen: 29,3%

Fettsäuren: wenig Palmitinsäure, vorwiegend Stearin- und Ölsäure.

Physikalische und chemische Kennzahlen.

	Dichte	Schmelzpunkt	Verseifungszahl	Hehnerzahl	Jodzahl	R.-M.-Zahl
Fett	d_{50}^{50}: 0,902	33,5°	194,7	95,2	55,5	0,6
Säuren	—	55°	—	—	57,8	—

Die untersuchte Probe zeigte die Säurezahl 13,8.

Gambogebutter.

(Murgabutter.)

Stammpflanze und Pflanzenfamilie	Verbreitung	Gehalt (% Öl) im Organ	Geschmack
Garcinia Cambogia Fam.: Guttiferae	Indien	Samen: 31%	Angenehm

Fettsäuren: ca. 30% Stearinsäure; hieraus wurde abgeleitet, daß das Fett hauptsächlich aus Stearo-diolein besteht.

Physikalische und chemische Kennzahlen.

	Dichte	Schmelzpunkt	Verseifungszahl	Hehnerzahl	Jodzahl	R.-M.-Zahl
Fett	d_{50}^{50}: 0,900	37°	198,2	94,9	53,7	0,7
Säuren	—	56°	—	—	56,4	—

Ein Muster zeigte die Säurezahl 3,5.

Cây-doc-Oel.

Huile de Cáy doc — Cáy doc oil.

Stammpflanze und Pflanzenfamilie	Verbreitung	Farbe	Anmerkung
Garcinia Tonkinensis Fam.: Guttiferae	Annam, Tonkin, Réunion, Französisch-Guayana	Braun	Das Rohöl enthält durchschnittlich 4,6% ätherisches Öl und 6—12% Harz

Bestandteile: Myristin-, Palmitin-, Stearinsäure; ca. 44% Ölsäure. 1,2% Unverseifbares.

Physikalische und chemische Kennzahlen.

	Schmelzpunkt	Verseifungszahl	Jodzahl	R.-M.-Zahl
Öl I	—	198,3	67,1	0,5
Öl II	—	191,9	65,2	—
Fettsäuren	7°	—	—	—
feste	55°	—	—	—

Öl II zeigte die Säurezahl 42,6.

Samenöl von Garcinia Balansae.

Stammpflanze und Pflanzenfamilie	Verbreitung	Gehalt (% Öl) im Organ	Farbe
Garcinia Balansae Fam.: Guttiferae	Indien	Samen: 61,8%; Kern: 63,4%	Mit Äther extrahiert: dunkelbraun

Physikalische Kennzahlen.

	Dichte d_{15}^{15}	Schmelzpunkt	Erstarrungspunkt	Brechungs-Index n_D
Öl	0,9127	8,6°	3,2°	1,4682 (40°)
Fettsäuren	—	32,5°	30,3°	1,4564 (60°)

Chemische Kennzahlen.

	Verseifungszahl	Hehnerzahl	Jodzahl
Öl	176,3	93,2	86,2
Fettsäuren	Neutral.-Z.: 161,8	M. M.-Gew.: 341,4	89,1

Eine Probe enthielt 4,2% Unverseifbares und gab 8,6% Glycerin. Die Neutralisationszahl der Fettsäuren erscheint viel zu niedrig.

Kanyabutter.

(Sierra Leone-Butter.)

Beurre de kanya, beurre de tama, beurre de lamy — Lamy butter, Kanja butter, Kanga (Sierra Leone) butter.

Stammpflanze und Pflanzenfamilie	Verbreitung	Gehalt (% Öl) im Organ	Farbe bzw. Geschmack
Pentadesma butyracea Fam.: Guttiferae	Tropisches Westafrika	Samen: 22,6—46,8%; Kern: 56—60%	Hellgelb; Geschmack etwas fade; schwacher, angenehmer Geruch

Physikalische Kennzahlen.

	Dichte	Schmelzpunkt	Erstarrungspunkt	Brechungs-Index n_D
Fett	d^{30}: 0,9165 d_{15}^{100}: 0,858	32—42°	20—38,5°	1,4617 (25°)
Säuren	—	57—60°	54,5—57,4°	1,4429 (60°)

Chemische Kennzahlen.

	Verseifungszahl	Hehnerzahl	Jodzahl	R.-M.-Zahl
Fett	186—197	95,2—96	42—46,5	0,3
Säuren	Neutral.-Z.: 198,0	M. M.-Gew.: 279,7	42,8—47	—

Verschiedene Muster zeigten Säurezahlen von 3,1 bis 26,4 und gaben 8 bis 9,3% Glycerin. Eine Probe enthielt 0,9% Unverseifbares.

Die ältere Angabe, daß die Fettsäuren aus 90% festen (Stearin- und Palmitinsäure) und 10% flüssigen Säuren bestehen, ist mit der Jodzahl nicht in Einklang zu bringen.

Pentadesma-Fett.

Stammpflanze und Pflanzenfamilie	Verbreitung	Gehalt (% Öl) im Organ	Farbe bzw. Geschmack	Reaktionen
Pentadesma Kerstingii Fam.: Guttiferae	Guinea, Togo	Samen: 36—41,5%	Gelb; Geschmack etwas bitter; schwach aromatischer Geruch	BELLIER: blauviolett, bald weinrot. BAUDOUIN, SOLTSIEN, HALPHEN: sämtlich negativ

Bestandteile: von festen Fettsäuren anscheinend nur Stearinsäure. Das Unverseifbare (0,6%) enthält ein Phytosterin vom Schmelzpunkt 145—146° (154—155°).

Physikalische Kennzahlen.

	Schmelzpunkt	Erstarrungspunkt	Lichtbrechung B.-Refr. Sk. T.	Brechungs-Index n_D
Fett	38—39°	29,2°	45—46 (40°)	1,4562 (40°)
Säuren	57,5°	51,5°	24,1 (60°)	—
feste	72°	66°	—	—
flüssige	—	—	38 (40°)	—

Chemische Kennzahlen.

	Verseifungszahl	M. M.-Gew.	Jodzahl	R.-M.-Zahl	Pol.-Zahl
Fett	190,4—192	—	45—52	0,2	0,4
	Neutral.-Z.:				
Säuren	195,4	287,1	46,8 (HÜBL)	—	—
feste	198,5	283,3	Innere Jodzahl:	—	—
flüssige	—	—	87,3 (HÜBL)	—	—

Ein Muster zeigte den Säuregrad 12,4.

Aus den Samen von **Pentadesma leucantha** („piché aboko“ der Elfenbeinküste) sind mit Benzin ca. 50% Fett extrahierbar.

Platoniasamenöl.

Stammpflanze und Pflanzenfamilie	Verbreitung	Gehalt (% Öl) im Organ	Farbe bzw. Geruch
Platonia insignis Fam.: Guttiferae	Südamerika	Kern: 70—75%; berechnet auf Trockensubstanz: 77,5%	Dunkelbraun; aromatischer Geruch

Physikalische Kennzahlen.

	Dichte	Schmelzpunkt	Erstarrungspunkt	Lichtbrechung B.-Refr. Sk. T.	Brechungs-Index n_D
Öle I	—	34,4—51,7°	—	60,0 (40°)	—
Öl II	d_{15}^{100}: 0,8782	31°	—	—	1,469 (40°)
Fettsäuren von Öl II	—	—	50,1°	—	—

Chemische Kennzahlen.

	Verseifungszahl	Jodzahl	R.-M.-Zahl	Pol.-Zahl
Öle I	191,8	63,3	—	—
Öl II	199,5	77,8 (HÜBL)	0,1	0,4

Öle (I): 13—30% freie Fettsäuren; 4,2% Unverseifbares. Öl (II): Säurezahl 46,4. Unverseifbares: 3,6%.

Manifett.

Stammpflanze und Pflanzenfamilie	Verbreitung	Gehalt (% Öl) im Organ	Farbe	Anmerkung
Symphonia globulifera Fam.: Guttiferae	Tropisches Südamerika und Afrika	Samen: 32 bis 38%; Kern: 62—68%	Mit Petroläther extrahiert: dunkelrot	Durch Extraktion mit Schwefelkohlenstoff erhält man ein tiefdunkles Fett, das eine große Menge harzartiger Beimengungen enthält (angeblich 30%)

Bestandteile: vorwiegend Stearinsäure und Ölsäure; auch Palmitinsäure. Im Petroläther-extrahierten Fett: 1,1% Unverseifbares (weißliche, vanilleähnlich riechende, harzartige Substanz).

Physikalische und chemische Kennzahlen.

	Dichte	Schmelzpunkt	Erstarrungspunkt	Verseifungszahl	Hehnerzahl	Jodzahl	R.-M.-Zahl
Fett	d^{99}: 0,8849	35°	—	194,6	94,3	64,2	1,0
Säuren	d^{99}: 0,891	48—50°	46°	—	—	64,8	—

Die untersuchte Probe zeigte die Säurezahl 10,1.

Andere Symphonia-Fette.

Stammpflanze und Pflanzenfamilie	Verbreitung	Gehalt (% Öl) im Organ	Farbe
Symphonia laevis (1) Symphonia Louveli (2) Fam.: Guttiferae	Madagascar	(1) Samen, mit Benzin extr.: 35,2%; (2) Samen, ebenso extrahiert: 40%	Dunkelgelb

Fettsäuren von Fett (1): angeblich 40% gesättigte und 60% ungesättigte; von Fett (2): 35% gesättigte und 65% ungesättigte Säuren.

Physikalische und chemische Kennzahlen.

	Dichte	Schmelzpunkt	Verseifungszahl	Hehnerzahl	Jodzahl	R.-M.-Zahl
Fett (1)	d(°?): 0,872	15—16°	189	94,3	66,7	1,6
Fett (2)	d(°?): 0,879	15—16°	189	94,1	67,6	1,6
Säuren von (1)	—	42,5°	—	—	—	—
(2)	—	43°	—	—	—	—

Eine Probe von Fett (2) zeigte die Säurezahl 8,4.

Hazinafett.

Stammpflanze und Pflanzenfamilie	Verbreitung	Ölgehalt	Bestandteile und Kennzahlen.
Symphonia fasciculata Fam.: Guttiferae	Madagascar	Kern, mit Schwefelkohlenstoff extrah.: 65%	Angeblich ca. 34% Stearin. — Gibt 10,3% Glycerin. — Hehnerzahl: 95; Erstarrungspunkt der Fettsäuren: 49,7°.

Malabartalg.

(Pineytalg.)

Suif de Piney (Malabar) — Malabar tallow, Piney tallow — Sego di Piney.

Stammpflanze und Pflanzenfamilie	Verbreitung	Gehalt (% Öl) im Organ	Farbe
Vateria indica Fam.: Dipterocarpaceae	Indien	Samen, lufttrocken: 49,2%	Grünlich-gelb, wird an der Luft weiß; ohne Geruch und Geschmack

Bestandteile: über 60% feste Säuren, ferner Ölsäure. Handelsöle enthalten ca. 2% flüchtiges Öl von angenehmem Geruch.

Physikalische Kennzahlen.

	Dichte d_{15}^{15}	Schmelzpunkt	Erstarrungspunkt	Lichtbrechung B.-Ref. Sk. T.	Lichtbrechung Brechungs-Index n_D	Zähigkeit (REDWOOD)
Fett	0,910—0,916 d_{100}^{100}: 0,890 bis 0,8907	36,5—42°	30,5°	47,5 (40°)	1,4575 (40°)	101,5—104 Sek. (140°F)
Säuren	—	56,6°	52—54,8°	—	—	—
feste	—	63,8°	—	—	—	—

Chemische Kennzahlen.

	Verseifungszahl	Hehnerzahl	Jodzahl	R.-M.-Zahl
Fett	188,7—192	95,1—95,2	37,8—39,6	0,2—0,4
Säuren	—	—	47,4	—

Säurezahlen zweier Muster: 5,2 bzw. 15,3.

Borneotalg.

(Fette von Shorea-Arten[1].)

Suif de Bornéo — Borneo tallow, Tankawang fat — Sego di Borneo.

Stammpflanzen und Pflanzenfamilie	Verbreitung	Gehalt (% Öl) im Organ	Farbe bzw. Geschmack	Reaktionen. Konsistenz
Shorea aptera, Sh. Gysbertsiana, Sh. robusta, Sh. stenoptera Fam.: Dipterocarpaceae	Malayische Inseln, vorwiegend Borneo	Kern[2], durchschnittlich: 50% (Sh. robusta: Samen 16,4%). Sh. stenoptera: 53,2—61%; (48—50%)*; (68—69%)**	Gelblich oder grünlich bis lichtbraun, an der Luft ausbleichend; Geschmack ähnlich dem der Kakaobutter[3]	BELLIER: blauviolett. BJÖRKLUNDsche Ätherprobe: vollständig klar löslich. FILSINGERsche Probe: in der Kälte löslich; bleibt klar. Konsistenz: ähnlich der der Kakaobutter; manchmal körnig-krystallinisch

Bestandteile: Oleodipalmitin und Oleodistearin. 0,3—0,8% Unverseifbares; in einem Falle 1,9% (Fett von Shorea Gysbertsiana).

Von Shorea stenoptera ist eine sogenannte rote Varietät bekannt; die Angabe über ihren Fettgehalt ist mit * bezeichnet. Fettgehalt und Kennzahlen der sogenannten schwarzen Varietät sind durch ** kenntlich gemacht.

Physikalische Kennzahlen.

	Dichte	Schmelzpunkt	Erstarrungspunkt	Lichtbrechung B.-Refr. Sk. T.	Lichtbrechung Brechungs-Index n_D
Fett	d_{15}^{99}: 0,852—0,858	28—37°, Handelsmuster bis 45°	22—30°	43,8 bis 46,7 (40°)	1,4559 bis 1,4573 (40°)
Säuren	—	52—57°	48,5—54°	—	—

[1] Als Borneotalg werden die Fette sämtlicher Shorea-Arten (synonym: Pentacme-Arten) bezeichnet; für Borneotalg wird auch häufig der Name Tangkawangfett gebraucht, speziell für das Fett von Shorea Gysbertsiana (oder Sh. Ghysbertiana) der Name Enkabangfett.

[2] Im Handel werden die Kerne der verschiedenen Shorea-Arten oft — aber fälschlich — als „Illipénüsse" bezeichnet; s. S. 327. Von den Handelssorten ist „Pontianak" die bessere, „Sarawak" die schlechtere.

[3] Borneotalg, der als Ersatz für Kakaobutter verwendet wird, kommt unter den Namen „Beurre vert" oder „Green butter" in den Handel, ohne daß jedoch diese Produkte grün gefärbt zu sein brauchen; sie können u. U. äußerlich der Kakaobutter täuschend ähnlich sehen. Über die Unterscheidung von Kakaobutter s. S. 292.

Chemische Kennzahlen.

	Verseifungszahl	Hehnerzahl	Jodzahl	Pol.-Zahl
Fett	190,2—196,6 (201,7)**	94,6—96,1	27,4—33,4 (34,1—37,4)**	0,4—0,5
Säuren	Neutral.-Z.: 204,2	M. M.-Gew.: 273,5	31,5 (kein oberer Grenzwert)	—

Säurezahlen zwischen 1 und 35.

Teglamfett.

Beurre de teglam.

Stammpflanze und Pflanzenfamilie	Verbreitung	Farbe bzw. Geschmack
Isoptera Borneensis Fam.: Dipterocarpaceae	Malayische Inseln	Hellgelb bis gelbgrün; schwach süßer Geschmack

Fettsäuren: angeblich 1,1% flüchtige Säuren; 81% feste Säuren; 19% Ölsäure.

Physikalische Kennzahlen.

	Dichte	Schmelzpunkt	Erstarrungspunkt	Lichtbrechung B.-Refr. Sk. T.	Lichtbrechung Brechungs-Index n_D
Fett	$d_{15,5}^{100}$: 0,856	28—31°	—	45,2 (40°)	1,4561 (40°)
Säuren	—	56°	51—52,4°	—	—
feste	—	63°	61°	—	—

Chemische Kennzahlen.

	Verseifungszahl	Hehnerzahl	Jodzahl	R.-M.-Zahl
Fett	190,7—192,1	94,9—95,7	31,5—31,8	0,5
Säuren	—	M. M.-Gew.: 256—277	—	—

Eine Probe zeigte die Säurezahl 8,5, enthielt 0,5% Unverseifbares und gab 11,4% Glycerin.

Samenöl von Cochlospermum Gossypium.

Stammpflanze und Pflanzenfamilie	Verbreitung	Gehalt (% Öl) im Organ	Farbe
Cochlospermum Gossypium Fam.: Cochlospermaceae	Nördliches Indien	Samen: 14—15%	Hellbraun, am Lichte ausbleichend

Physikalische Kennzahlen.

	Dichte d_{15}^{15}	Schmelzpunkt	Erstarrungspunkt
Fett	0,922	—	1°
Säuren	—	35,5°	—

Chemische Kennzahlen.

	Verseifungszahl	Hehnerzahl	Jodzahl	R.-M.-Zahl	Thermo-Zahl (MAUMENÉ)
Fett	186,3	95,2	96	0,2	54,5

Vorbemerkungen zu den Fetten der Chaulmoogragruppe.

Charakteristisch für diese Fette ist die Gegenwart einfach-ungesättigter cyclischer, optisch-aktiver Säuren $C_n H_{2n-4} O_2$ (s. Bd. I, S. 22, 112, 133, 242, 243). Diese Verbindungen (Cyclopentenylfettsäuren) zeigen eine starke physiologische

Wirkung, die von der Gegenwart der Äthylenbindung im Ring abhängig ist; denn die durch Oxydation mit Kaliumpermanganat erhaltenen Oxysäuren sind ungiftig. Durch Hydrieren der Säuren gelangt man zu den entsprechenden Cyclopentylderivaten, die keine asymmetrischen C-Atome enthalten. Beim „Härten" dieser Öle geht folglich die optische Aktivität proportional der Jodzahl zurück und wird zuletzt mit dieser gleich Null.

Die Fette der Chaulmoogragruppe, ihre Fettsäuren, sowie deren Salze und Ester hemmen die Entwicklung verschiedener Mikrobenarten in hohem Maße, insbesondere wirken sie auf die Lepra- und Tuberkulose-Erreger[1].

Bemerkenswert ist auch die Löslichkeit der Hydnocarpus-Fette in Äthylalkohol, Methanol und Amylalkohol. Die Kennzahlen der gepreßten bzw. extrahierten Öle unterscheiden sich im allgemeinen nicht sehr voneinander, nur die Schmelz- und Erstarrungspunkte sind manchmal verschieden. Extrahierte Fette zeigen meist ein stärkeres Drehungsvermögen als gepreßte Fette.

Gorlisamenfett.

Huile d'oncoba — Gorley seed oil.

Stammpflanze und Pflanzenfamilie	Verbreitung	Gehalt (% Öl) im Organ	Farbe bzw. Geruch	Konsistenz
Oncoba echinata Fam.: Flacourtiaceae	Tropisches Afrika	Samen: 46—47%	Weiß; charakteristisch	Hart, kristallinisch

Fettsäuren: angeblich 12% Palmitinsäure, 80% Chaulmoograsäure und 8% Gorlinsäure $C_{18}H_{30}O_2$.

Physikalische Kennzahlen.

	Dichte	Schmelzpunkt	Erstarrungspunkt	Brechungs-Index n_D	Optisches Drehungsvermögen
Fett	d^{32}: 0,9286 $d_{15,5}^{100}$: 0,898	35—45°	—	1,4740 (31°)	$[\alpha]_D = +56°10'$ $[\alpha]_D^{18} = +52,6°$ $[\alpha]_D^{17} = +48,8°$
Säuren	—	—	57,8°	—	$[\alpha]_D^{18} = +52,5°$

Chemische Kennzahlen.

	Verseifungszahl	Hehnerzahl	Jodzahl
Fett	192,4 (184,5?)	96,5	96,8—99,7
Säuren	—	—	105,1

Eine Probe zeigte die Säurezahl 4,5. Unverseifbares: 1,3—1,6%.

Pitjungöl.

(Samenöl des Pangibaumes oder Samaunbaumes.)

Huile de pitjœng — Pitjoeng oil, Samaun oil.

Stammpflanze und Pflanzenfamilie	Verbreitung	Gehalt (% Öl) im Organ	Farbe bzw. Geruch	Anmerkung
Pangium edule (Hydnocarpus edulis) Fam.: Flacourtiaceae	Malayischer Archipel, Sundainseln, Philippinen	Samen, reif, getrocknet: 21,1%; unreif: 24,1%; Kern (?): ca. 50%	Gelb bis braun; fast geruchlos	Enthält manchmal Blausäure

[1] Siehe insbesondere SCHLOSSBERGER, Z. ang. Bd. 37, S. 4. 1924.

Fettsäuren: 65% feste, 35% flüssige Säuren (?). Fett I und II (s. u.): angeblich vorwiegend Ölsäure, weniger Palmitinsäure; vermutlich geringe Mengen Hydnocarpus- und Chaulmoograsäure. Fett III (s. u.) enthält angeblich weder Chaulmoogra- noch Hydnocarpussäure.

Physikalische Kennzahlen.

	Dichte	Schmelzpunkt	Erstarrungspunkt	Lichtbrechung B.-Refr. Sk. T.	Lichtbrechung Brechungs-Index n_D	Optisches Drehungsvermögen (in Chloroform)
Fett I	0,9049 (°?)	—	trübe bei 2°	—	1,4665 (°?)	$[\alpha]_D = +4{,}28°$
Fett II	0,9092 (°?)	—	flüssig bei 8°	—	1,4675 (°?)	$[\alpha]_D = +20{,}65°$
Fett III	d_{30}^{30}: 0,925	—	7°	—	1,472 (30°)	$[\alpha]_D^{30} = +16{,}9°$ (100 mm Rohr)
Andere Fette	d_{15}^{15}: 0,937	28,5—35°	21—29°	70—78 (40°)	—	—
Säuren von Fett I	0,9013 (°?)	—	trübe bei 18°	—	1,4582 (°?)	$[\alpha]_D = +3{,}49°$
Fett II	0,8955 (°?)	—	—	—	1,4595 (°?)	$[\alpha]_D = +4{,}72°$
Fett III	—	—	18°	—	—	$[\alpha]_D^{30} = +17°$
von anderen Fetten	—	44,4°	—	—	—	—

Chemische Kennzahlen.

	Verseifungszahl	Jodzahl
Fett I	190,3	113,1 (HANUS)
Fett II	188,3	109,5 (HANUS)
Fett III	200	78,5 (HANUS)
Andere Fette	178—183	89—94 (WIJS)
Säuren von Fett I	207,8	113,5
von Fett II	205,4	103,0

Fett I aus reifen Samen; Fett II aus unreifen Samen; Fett III enthielt 6,9% freie Fettsäuren und 1,5% Unverseifbares.

Chaulmoograöl[1].

Huile de chaulmougra (chalmougré) — Chaulmoogra oil — Olio di chaulmoogra — Oleum Chaulmoograe.

Stammpflanze und Pflanzenfamilie	Verbreitung	Gehalt (% Öl) im Organ	Farbe bzw. Geruch und Geschmack	Besondere Merkmale
Hydnocarpus Kurzii = Taraktogenos Kurzii Fam.: Flacourtiaceae	Indien, Birma, Assam, Siam	Samen, gepreßt: 30,9%; mit Äther extrahiert: 38%. Kern: 55%	Frisch: gelb, geruchlos; nach längeren Lagern hellbraun, Geruch nach gekochtem Terpentin; geschmacklos, manchmal scharf oder brennend	Stark rechtsdrehend. Teilweise löslich in kaltem Alkohol (in 3 bis 4 Vol. 70%igen Alkohols); vollständig löslich in heißem Alkohol.— 3 g Fett wirken schon stark giftig.

Fettsäuren: Von gesättigten Säuren vorwiegend Palmitinsäure. Von ungesättigten hauptsächlich Chaulmoograsäure und Hydnocarpussäure[2]; ferner Isogadoleinsäure $C_{20}H_{38}O_2$ (Schmelzpunkt 66°), Taraktogensäure $C_{36}H_{60}O_6$ (Schmelzpunkt 113,5°), Arachinsäure und 2 andere feste Säuren.

Glyceride: u. a. Chaulmoogro-dihydnocarpin und Hydnocarpo-dichaulmoogrin zu etwa gleichen Teilen.

[1] Auch für dieses Öl findet man öfters die Bezeichnung Marottyöl, die eigentlich nur dem Fett von Hydnocarpus Wightiana zukommt.

[2] Aus 1000 g Fett lassen sich 100 g Chaulmoograsäure und 50 g Hydnocarpussäure rein gewinnen.

Physikalische Kennzahlen.

	Dichte	Schmelzpunkt	Erstarrungspunkt	Lichtbrechung	Optisches Drehungsvermögen
Fett	d^{15}: 0,957 d^{25}: 0,952 d^{30}: 0,946 bis 0,9510 d^{40}: 0,940 bis 0,942	Gepreßt: 22—26° extrahiert: 33—39°	Gepreßt: 9—14° extrahiert: 18—20°	Brechungs-Index n_D: 1,4751—1,4771 (40°) B. Refr. Sk. T.: 82,0 (25°)	$[\alpha]_D^{30} = +43,5$ bis +51,2° $[\alpha]_D^{15} = +51,3$ bis +56,0°
Säuren	—	44—47,5°	21—41,5°	—	$[\alpha]_D^{30} = +43$ bis +58,0°

Chemische Kennzahlen.

	Verseifungszahl	Hehnerzahl	Jodzahl
Fett	197—215	95,5	95—105
Säuren	Neutral.-Z.: 215	—	90—110,8

Verschiedene Ölproben zeigten Säurezahlen von 6,8 bis 29.

Hydnocarpusöl.

(Moratti-, Maratti- oder Marottyöl.)

Huile de hydnocarpus — Hydnocarpus oil — Olio di hydnocarpus.

Stammpflanze und Pflanzenfamilie	Verbreitung	Gehalt (% Öl) im Organ	Farbe bzw. Geschmack	Reaktion. Merkmale
Hydnocarpus Wightiana[1] Fam.: Flacourtiaceae	Indien, Malakka	Samen, gepreßt: 32,4—35,4%; mit Äther extrahiert: 41,2%	Hellgelb (heiß: goldgelb); charakteristischer Geruch u. Geschmack	Konz. Schwefelsäure: grün. Löslich in Methanol und Amylalkohol. Schwer verseifbar. Gut haltbar

Bestandteile: Von ungesättigten Säuren vorwiegend Hydnocarpus- und Chaulmoograsäure sowie eine homologe Säure $C_{14}H_{24}O_2$; Säuren der Linol- oder Linolensäurereihe. 0,4—1% Unverseifbares (Phytosterin, Schmelzpunkt 136°).

Physikalische Kennzahlen.

	Dichte	Schmelzpunkt	Erstarrungspunkt	Lichtbrechung B.-Refr. Sk. T.	Lichtbrechung Brechungs-Index n_D	Optisches Drehungsvermögen
Fett	$d^{15,5}$: 0,9632 d^{20}: 0,9550 bis 0,9600 d^{25}: 0,958 d^{30}: 0,947 d^{32}: 0,9330	Gepreßt: 22—25° extrahiert: 28—32°	11—18°	70,1—72,6 (40°) 78,6—81,3 (25°)	1,4717—1,4789 (40°) 1,478 (29°)	$[\alpha]_D = +54$ bis +64,5° $[\alpha]_D^{32} = +57,5°$ $[\alpha]_D^{30} = +51,2°$
Säuren	—	41—44°	40—42°	—	—	$[\alpha]_D = +54$ bis +60,4°

[1] Als Synonyma werden Munnicksia Wightiana und auch Hydnocarpus inebrians genannt. Das Öl heißt auf den Malabaren „Kavatel"-Öl; auch andere Hydnocarpusöle werden mit diesem Namen bezeichnet.

Chemische Kennzahlen.

	Verseifungszahl	Hehnerzahl	Acetyl-Zahl	Jodzahl	R.-M.-Zahl
Fett	197—208	95,5	(7,6)	92—102,5	0,9
Säuren	211 Neutral.-Z.: 206—214	M. M.-Gew.: 273	—	102—106,3	—

Säurezahlen zwischen 3,8 und 20,5.

Lukraboöl.

(Krebao- oder Krabaoöl.)

Huile de lukrabo — Lukrabo oil — Olio di lukrabo.

Stammpflanze und Pflanzenfamilie	Verbreitung	Gehalt (% Öl im Organ	Farbe bzw. Geschmack	Reaktion
Hydnocarpus anthelmintica Fam.: Flacourtiaceae	Cochin-China, Siam	Samen, gepreßt: 15—16,3%; mit Äther extrahiert: 17,6—20,4%	Beinahe farblos; charakteristischer Geruch und Geschmack	Lösung des Fettes in Chloroform, mit konzentrierter Schwefelsäure: blau

Bestandteile: 93,2% Fettsäuren; wenig Palmitinsäure, vorwiegend Hydnocarpus- und Chaulmoograsäure; wenig Ölsäure. Kleine Mengen eines Phytosterins vom Schmelzpunkt 132—133°. Eine Probe gab 9,2% Glycerin.

Physikalische Kennzahlen.

	Dichte	Schmelzpunkt	Erstarrungspunkt	Brechungs-Index n_D	Optisches Drehungsvermögen
Fett	d_{15}^{15}: 0,95—0,96 d^{25}: 0,946 bis 0,953 d^{29}: 0,9447 d^{32}: 0,943 d_4^{30}: 0,943—0,95	20—29°, meist 23—25°	16°	1,4725—1,4755 (30°)	$[\alpha]_D = +47$ bis $+58°$; meist $+51$ bis $+54°$
Säuren	—	42—43°	36—41°	—	$[\alpha]_D = +49,5$ bis $+53,6°$

Chemische Kennzahlen.

	Verseifungszahl	Jodzahl
Fett	201—212 (auch 191—226,5)	82,5—90,0 (auch 99,6)
Säuren	Neutral.-Z.: 202,5[1]	88—89[1]

Gehalt an freien Fettsäuren: 0,2—9,8%.

Makuluöl.

Stammpflanze und Pflanzenfamilie	Verbreitung	Gehalt (% Öl) im Organ	Farbe bzw. Geruch
Hydnocarpus venenata Fam.: Flacourtiaceae	Ceylon, Malabaren	Samen: 23,3%; Kern, trocken: 51,2%	Rohfett: gelblichweiß, später grünlich; Geruch ähnlich dem des rohen Chaulmoograöles. Raffiniert: weiß, geruchlos

Enthält Hydnocarpus- und Chaulmoograsäure.

[1] Diese Zahlen stellen nicht die oberen Grenzwerte vor.

Physikalische Kennzahlen.

	Dichte	Schmelzpunkt	Erstarrungspunkt	Lichtbrechung B.-Refr. Sk. T.	Lichtbrechung Brechungs-Index n_D	Optisches Drehungsvermögen
Fett	d^{20}: 0,958 d^{30}: 0,947 bis 0,9475	19—24°	20°	78,6 (25°)	1,4769 bis 1,477 (30°)	$[\alpha]_D^{30} = +46,4$ bis $+52,0°$
Säuren[1]	—	43° (?)	47°	—	—	$[\alpha]_D^{30} = +49°$

Chemische Kennzahlen.

	Verseifungszahl	Jodzahl	R.-M.-Zahl
Fett	200—205 (auch 191)[1]	97—99 (auch 91)[1]	1,2

Fett von Hydnocarpus alpina.

Stammpflanze und Pflanzenfamilie	Verbreitung	Gehalt (% Öl) im Organ	Farbe
Hydnocarpus alpina Fam.: Flacourtiaceae	Indien, Ceylon	Kern, gepreßt: 50%; mit Äther extrahiert: 62,5%	Hell-graugelb; geruchlos

Physikalische Kennzahlen.

	Dichte	Schmelzpunkt	Erstarrungspunkt	Lichtbrechung B.-Refr. Sk. T.	Lichtbrechung Brechungs-Index n_D	Optisches Drehungsvermögen
Fett	d^{32}: 0,9346 d^{100}: 0,898	20,5—26°	22,5°	67,5 (40°) 76,2 (25°)	1,4709 (40°) 1,4764 (29°)	$[\alpha]_D^{20} = +49,0$ bis $+49,5°$ $[\alpha]_D = +57,0°$ (Temperatur?)
Säuren	—	45—47°	—	—	1,460 (40°)	—

Chemische Kennzahlen.

	Verseifungszahl	Hehnerzahl	Jodzahl	R.-M.-Zahl	Pol.-Zahl
Fett	207,5—209,0 (auch 201,0)	87,2	84,4—84,5	1,4	0,6
Säuren	Neutral.-Z.: 216,5	—	87,4	—	—

Die Säurezahl einer Probe betrug 0,4.

Fett von Hydnocarpus Alcalae.

Stammpflanze und Pflanzenfamilie	Verbreitung	Gehalt (% Öl) im Organ	Anmerkung
Hydnocarpus Alcalae Fam.: Flacourtiaceae	Philippinen	Samen: 40,8%; Kern, trocken: 65,5%	Das Fett wird auch „Dudu-dudu"-Öl genannt

Fettsäuren: vorwiegend Chaulmoograsäure (mehr als 90%); wahrscheinlich nur sehr geringe Mengen Hydnocarpussäure und Palmitinsäure; Spuren von Ölsäure.

[1] Fett mit 1,2% freien Fettsäuren.

Physikalische Kennzahlen.

	Dichte d^{30}	Schmelzpunkt	Erstarrungspunkt	Brechungs-Index n_D	Optisches Drehungsvermögen
Fett I	0,9502	32°	—	1,4770 (30°)	$[\alpha]_D = +49{,}6°$ in Chloroform
Fett II	0,948	24°	—	1,4763 (30°)	$[\alpha]_D^{30} = +48{,}3°$ (100 mm Rohr)
Säuren von Fett I	0,9342	59°	—	—	$[\alpha]_D^{30} = +53{,}65°$
„ „ „ II	—	—	55°	—	$[\alpha]_D^{30} = +40°$

Chemische Kennzahlen.

	Verseifungszahl	Jodzahl (Hanus)	R.-M.-Zahl
Fett I	188,9	93,1	4,43
Fett II	202	94,0	—
Säuren von Fett I	193,0	98,6	—

Fett I zeigte die Säurezahl 21,8; Fett II hatte 6,7% freie Fettsäuren.

Fett von Hydnocarpus cauliflora.

(Verbreitung: Philippinen.)

Physikalische und chemische Kennzahlen.

	Dichte	Erstarrungspunkt	Brechungs-Index n_D	Optisches Drehungsvermögen	Verseifungszahl	Jodzahl
Fett	d_{30}^{30}: 0,946	25°	1,4732 (30°)	$[\alpha]_D^{30} = +42°$	201	84 (Hanus)
Säuren	—	42°	—	$[\alpha]_D^{30} = +38°$	—	—

Das untersuchte Muster enthielt 0,8% freie Fettsäuren, als Ölsäure berechnet.

Fett von Hydnocarpus Hutchinsonii.

(Verbreitung: Philippinen.)

Physikalische und chemische Kennzahlen.

	Dichte	Erstarrungspunkt	Brechungs-Index n_D	Optisches Drehungsvermögen	Verseifungszahl	Jodzahl
Fett	d_{30}^{30}: 0,943	23°	1,4743 (30°)	$[\alpha]_D^{30} = +44°$	199	83,5 (Hanus)
Säuren	—	43°	—	$[\alpha]_D^{30} = +50°$	—	—

Die untersuchte Probe enthielt 5,3% freie Fettsäuren, berechnet als Ölsäure.

Fett von Hydnocarpus ilicifolia.

Stammpflanze und Pflanzenfamilie	Verbreitung	Gehalt (% Öl) im Organ	Anmerkung
Hydnocarpus ilicifolia (Taraktogenos subintegra) Fam.: Flacourtiaceae	Siam, Malayen-Staaten	Kern, mit Äther extrahiert: 33,6%; trocken: 36,1%	Das Fett zeigt eine große Ähnlichkeit mit dem von Hydnocarpus anthelmintica. Unterschiede treten in den letzten Fraktionen der Vakuumdestillation der Ester auf

Physikalische Kennzahlen.

	Dichte	Schmelzpunkt	Erstarrungspunkt	Brechungs-Index n_D	Optisches Drehungsvermögen
Fett	d_4^{30}: 0947	23,0—28,2°	—	1,4723 (40°) 1,4763 (30°)	$[\alpha]_D^{30} = +51,2°$
Säuren	—	—	42,5°	—	$[\alpha]_D^{30} = +45,0°$

Chemische Kennzahlen.

	Verseifungszahl	Jodzahl
Fett	213,1	89,7 (WIJS)
Säuren	—	90,1 (WIJS)

Die untersuchte Probe enthielt 0,6% freie Fettsäuren, berechnet als Ölsäure.

Fett von Hydnocarpus ovoidea.

(Verbreitung: Philippinen.)

Physikalische und chemische Kennzahlen.

	Dichte	Erstarrungspunkt	Brechungs-Index n_D	Optisches Drehungsvermögen	Verseifungszahl	Jodzahl
Fett	d_{30}^{30}: 0,915	25°	1,4637 (30°)	$[\alpha]_D^{30} = +1°$	215	47 (HANUS)
Säuren	—	40°	—	$[\alpha]_D^{30} = +0,7°$	—	—

Die untersuchte Probe enthielt 5,8% freie Fettsäuren, berechnet als Ölsäure.

Fett von Hydnocarpus subfalcata.

(Verbreitung: Philippinen.)

Physikalische und chemische Kennzahlen.

	Dichte	Erstarrungspunkt	Brechungs-Index n_D	Optisches Drehungsvermögen	Verseifungszahl	Jodzahl
Fett	d_{30}^{30}:0,951—0,956	15—21°	1,4761—1,4770 (30°)	$[\alpha]_D^{30} = +49,1$ bis $+51,6°$	205—206	89,0—91,5 (HANUS)
Säuren	—	34—41°	—	$[\alpha]_D^{30} = +36$ bis $+55°$	—	—

Die untersuchte Probe enthielt 6,6% freie Fettsäuren, als Ölsäure berechnet.

Fett von Hydnocarpus Woodii.

(Verbreitung: Philippinen.)

Physikalische und chemische Kennzahlen.

	Dichte	Erstarrungspunkt	Brechungs-Index n_D	Optisches Drehungsvermögen	Verseifungszahl	Jodzahl
Fett	d_{30}^{30}: 0,949	18—21°	1,473—1,4755 (30°)	$[\alpha]_D^{30} = +45,9$ bis $+49°$	206 bzw. 192	96 bzw. 68,5 (HANUS)
Säuren	—	43—44°	—	$[\alpha]_D^{30} = +53$ bis $+55°$	—	—

Ein Muster mit Jodzahl 96 und Verseifungszahl 206 enthielt 2,5% freie Fettsäuren (als Ölsäure berechnet).

Fett von Asteriastigma macrocarpa.

Stammpflanze und Pflanzenfamilie	Verbreitung
Asteriastigma (Hydnocarpus) macrocarpa. Fam.: Flacourtiaceae.	Ostindien

Physikalische Kennzahlen.

	Dichte	Schmelzpunkt	Erstarrungspunkt	Brechungs-Index n_D	Optisches Drehungsvermögen
Fett	d_{30}^{30}: 0,936 d^{32}: 0.9217	37,0—39,0°	30°	1,4709 (30°) 1,4725 (25°)	$[\alpha]_D = +44°$ $[\alpha]_D^{30} = +36°$
Säuren	—	—	50°	—	$[\alpha]_D^{30} = +39°$

Chemische Kennzahlen.

	Verseifungszahl	Jodzahl
Fett	189,4—201	87,6 (Hanus)

Eine Probe mit der Verseifungszahl 201 enthielt 8,2% freie Fettsäuren, als Ölsäure berechnet.

Carpotrocheöl.

(Sapocainhaöl.)

Stammpflanze und Pflanzenfamilie	Verbreitung	Gehalt (% Öl) im Organ	Farbe bzw. Geschmack	Anmerkung
Carpotroche brasiliensis Fam.: Flacourtiaceae	Brasilien	Samen: 41,4%; Kern, getrocknet: 69,2%	Gelblich; Geschmack mild, nachher kratzend	Physiologisch wirksam wie die Hydnocarpusöle

Enthält Hydnocarpus- und Chaulmoograsäure.

Physikalische und chemische Kennzahlen.

	Dichte	Schmelzpunkt	Brechungs-Index n_D	Optisches Drehungsvermögen	Verseifungszahl	Jodzahl
„Öl"	0,960 (°?)	—	—	—	235,2—238,0	74,9
„Fett"	d^{32}: 0,9499	21—23°	1,4755 (31°)	$[\alpha]_D = +53°40'$	183,7	—

Vom „Öl" wird angegeben, daß es bei 21° dünnflüssig, bei 15° „noch weich" ist. Die Kennzahlen des flüssigen und die des festen Fettes sind miteinander nicht in Einklang zu bringen; möglicherweise ist eine Angabe über die Stammpflanze unrichtig.

Melonenbaumöl.

Stammpflanze und Pflanzenfamilie	Verbreitung	Gehalt (% Öl) im Organ	Farbe	Konsistenz
Carica papaya Fam.: Caricaceae	Tropisches Südamerika	Samen: 7,4%; Kern: 26,3%	Gelb bis rotbraun	Dickflüssig

Physikalische und chemische Kennzahlen des Öles.

Dichte	Verseifungszahl	Jodzahl
d_{25}^{100}: 0,8815	185,6—187,5	50,7

Reihe: Myrtiflorae.

Paradiesnußöl.

(Sapucajaöl[1].)

Huile de noix de paradis — Paradise nut oil — Olio di noci del paradiso.

Stammpflanze und Pflanzenfamilie	Verbreitung	Gehalt (% Öl) im Organ	Farbe	Anmerkung
Lecythis Zabucajo Fam.: Lecythidaceae	Brasilien, Guayana	Samen („Sapucaia"-Nüsse): 50—51%	Hellgelb	Die Samen von L. Ollaria enthalten ein dem Paradiesnußöl ähnliches Öl

Physikalische Kennzahlen.

	Dichte	Schmelzpunkt	Erstarrungspunkt	Lichtbrechung B.-Refr. Sk. T.	Lichtbrechung Brechungs-Index n_D
Öl	0,895, wahrscheinlich d_{100}^{100}	—	4°	61,3—61,5 (15°)	1,4578 (40°)
Fettsäuren	—	37,6°	28,5°	—	—

Chemische Kennzahlen.

	Verseifungszahl	Acetylzahl	Jodzahl
Öl	173,6[2]	44,1 (?)	71,6
Fettsäuren	—	—	72,3

Säurezahl der untersuchten Ölprobe: 3,2.

Samenöl von Lecythis urnigera.

Stammpflanze und Pflanzenfamilie	Verbreitung	Gehalt (% Öl) im Organ	Farbe	Anmerkung
Lecythis urnigera (Sapucaia castanha) Fam.: Lecythidaceae	Brasilien	Samen, getrocknet: 40,6%	Gelblich	Wird leicht ranzig

Physikalische und chemische Kennzahlen.

	Dichte d_{15}^{15}	Verseifungszahl	Jodzahl
Öl mit S. Z. = 17	0,920	198	83,2

Jequitibaöl.

Stammpflanze und Pflanzenfamilie	Verbreitung	Ölgehalt	Kennzahlen
Couratari rufescens = Lecythopsis ruf. Fam.: Lecythidaceae	Brasilien	Kern: 23,8%	Dichte (24°): 0,938

[1] Die meisten Lecythisarten werden in Brasilien und Guayana mit dem Namen „Sapucaia" bezeichnet.

[2] Die Verseifungszahl bedarf der Überprüfung; s. a. Barringtoniaöl, S. 132.

Paranußöl.

Huile de noix de Brésil — Brazil nut oil — Olio di noce del Brasile.

Stammpflanzen und Pflanzenfamilie	Verbreitung	Gehalt (% Öl) im Organ	Farbe bzw. Geschmack	Reaktionen. Anmerkung
Bertholletia excelsa, B. nobilis Fam.: Lecythidaceae	Tropisches Südamerika	Samen, („Brasilnüsse"), je nach der Gewinnungsart: 50—65%	Gepreßt: hellgelb; angenehmer Geschmack, geruchlos	Elaidinierung: halbfeste Masse. Salpetersäure: gelb. Chlorzink: rosarot. Das Öl gibt beim Stehen eine Abscheidung und wird leicht ranzig

Physikalische Kennzahlen.

	Dichte d_{15}^{15}	Schmelzpunkt	Erstarrungspunkt	Brechungs-Index n_D
Öl	0,917—0,9185	—	0° bis −4°	1,4643 (25°)
Fettsäuren	—	28—30°	31—32,3°	1,4528 (45°)

Chemische Kennzahlen.

	Verseifungszahl	Hehnerzahl	Jodzahl	Thermozahl
Öl	193,4—202	96,8	94—106 extrahiert: 94—95	(Maumené) 50—52
Fettsäuren	Neutral.-Z.: 196,7	—	99—108	—

Öle aus der Kernrinde („Testa") und dem entschälten Kerninneren von „Brasilnüssen".

	Ölgehalt	Verseifungszahl	Jodzahl
Kernrinde	41,5%	189,0	114,3
Kerninneres	67,0%	190,5	104,8

Inoy-Kernöl.

(Pogaöl.)

Huile de Poga oleosa — Inoy kernel oil.

Stammpflanze und Pflanzenfamilie	Verbreitung	Gehalt (% Öl) im Organ	Farbe bzw. Geschmack	Anmerkung
Poga oleosa Fam.: Rhizophoraceae	Westafrika	Kern: 55—62%	Hellgelb; unangenehmer Geschmack (raffiniert: angenehm)	Das Öl gibt beim längeren Stehen eine geringe Abscheidung

Physikalische Kennzahlen.

	Dichte d_{15}^{15}	Schmelzpunkt	Erstarrungspunkt	Brechungs-Index n_D
Öl	0,909—0,9135 0,896 (°?) 0,918 (°?)	−4°	−1 bis −1,5°	1,4695 (22°) 1,4700 (15°)
Fettsäuren	—	28°	22—24,5°	1,4499 (45°)

Chemische Kennzahlen.

	Verseifungszahl	Hehnerzahl	Jodzahl	R.-M.-Zahl
Öl	184—193 (177,5)	94,5—95,8 93 (?)	85,4—93,3	0,7—1,5
Fettsäuren	—	—	93,6	—

Eine Probe enthielt 0,4% Unverseifbares und gab 9,5% Glycerin.

Catappaöl.

Huile de catappa, huile de badamier — Terminalia seed oil.

Stammpflanze und Pflanzenfamilie	Verbreitung	Gehalt (% Öl) im Organ	Farbe bzw. Geschmack	Anmerkung
Terminalia catappa Fam.: Combretaceae	Ostafrika, Ostindien, Neuguinea	Samen: 48—50%	Hellgelb; sehr angenehmer Geschmack, ähnlich dem des Mandelöls	Gut haltbar. Gibt beim längeren Stehen eine Abscheidung

Physikalische und chemische Kennzahlen.

	Dichte d_{15}^{15}	Schmelzpunkt	Erstarrungspunkt	Verseifungszahl	Hehnerzahl	Jodzahl
Öl	0,9206	3,5°	—	203—204 (185,7)	95,2 (94)	81,8 (77)
Fettsäuren	—	48°	42°	Neutral.-Z.: (198,6)	M. M.-Gew. (282,8)	—

Ein Muster, dessen Kennzahlen in der Tabelle eingeklammert sind, enthielt 1,9% Unverseifbares.

Myrobolanöl.

Huile de belleric (badamier sauvage) — Myrobolan seed oil.

Stammpflanze und Pflanzenfamilie	Verbreitung	Gehalt (% Öl) im Organ	Farbe bzw. Geschmack
Terminalia bellerica („Baheda") Fam.: Combretaceae	Indien, Malayenstaaten	Samen: 25%	Gelb; angenehm

Physikalische und chemische Kennzahlen.

	Dichte d_{15}^{15}	Schmelzpunkt	Erstarrungspunkt	Verseifungszahl	Hehnerzahl	Jodzahl	R.-M.-Zahl
Öl	0,9168—0,9193	4—11°	—	205,3—205,8	93,6—94,2	79—85,4	0,8
Fettsäuren	—	38—39°	37—38°	—	—	—	—

Chebuöl.

Huile de chebulier (myrobolan noir de l'Inde.)

Stammpflanze und Pflanzenfamilie	Verbreitung	Gehalt (% Öl) im Organ	Farbe bzw. Geschmack	Anmerkung
Terminalia chebula Fam.: Combretaceae	Indien	Samen: 36—37%	Gelblich bis intensiv gelb; angenehmer Geschmack	Die Stammpflanze wird von den Eingeborenen „huldah" oder „hura" genannt; daher findet man diese Namen öfters auf das Öl angewendet

Chemische Kennzahlen des Öles.

Verseifungszahl	Hehnerzahl	Jodzahl
192,7	96,2	87,5

Chignitebutter.

Weißes, festes, schwach aromatisch riechendes Fett aus den Samen von Combretum butyrosum (Fam.: Combretaceae; Verbreitung: tropisches Afrika).

Strephonema-Samenöl.

Stammpflanze und Pflanzenfamilie	Verbreitung	Gehalt (% Öl) im Organ	Farbe bzw. Geschmack
Strephonema spec.[1] Fam.: Combretaceae	Tropisches Westafrika	Samen: 38,6%	Hellgelb; ohne ausgesprochenen Geruch und Geschmack

Physikalische und chemische Kennzahlen.

	Dichte	Erstarrungspunkt	Verseifungszahl	Jodzahl	R.-M.-Zahl	Pol.-Zahl
Fett	d_{15}^{100}: 0,8596	—	181,1	67	0,9	0,2
Säuren	—	57°	Neutral.-Z.: 183,2	—	—	—

Reihe: Umbelliflorae.

Efeusamenöl.

Stammpflanze und Pflanzenfamilie	Verbreitung	Gehalt (% Öl) im Organ	Farbe bew. Geruch
Hedera helix Fam.: Araliaceae	Europa, Nordafrika, gemäßigte Zone Asiens	Samen: 20,4%; trocken: 30—32%	Gelbgrün, firnisartiger Geruch

Fettsäuren von Öl I: 5,1% gesättigte Säuren (vorwiegend Palmitinsäure); 20% Ölsäure; 62% Petroselinsäure (s. Petersiliensamenöl, S. 137); 13,1% Linolsäure. Berechnet auf das Öl: 4,5% höhere gesättigte Säuren; 17% Ölsäure; 55% Petroselinsäure; 11,7% Linolsäure.

Physikalische Kennzahlen.

	Dichte d_{15}^{15}	Schmelzpunkt	Erstarrungspunkt	Lichtbrechung B.-Refr. Sk. T.	Lichtbrechung Brechungs-Index n_D
Öl I	d_4^{35}: 0,9151	—	13,8°	—	1,4670 (40°)
Öle II	0,918	25,2°	21,4°	59,6 (25°)	1,4620 (40°)
Säuren von Öl I	—	23—24°	19,9°	—	1,4592 (40°)

Chemische Kennzahlen.

	Verseifungszahl	M. M.-Gew.	Jodzahl (WIJS)	R.-M.-Zahl	Rhodan-Zahl
Öl I	181,1	—	102,2	1,0	—
Öle II	189—190,5	—	91,8—103,7	—	—
Säuren von Öl I	Neutral.-Z. 199	281,9	97,2 (zu niedrig)	—	85,4

Öl I zeigte die Säurezahl 11,0; bei der Verseifung gab es ca. 89% Fettsäuren. Unverseifbares: 6,6%. Glycerinrest: 4%. — Öle II: ein Muster zeigte die Säurezahl 57,7. Unverseifbares: 0,3%.

Hartriegelöl.

Huile de cornouiller — Sanguinella oil, Cornel oil, Dogwood oil — Olio di sanguinella.

Stammpflanze und Pflanzenfamilie	Verbreitung	Gehalt (% Öl) im Organ	Farbe bzw. Geruch	Anmerkung
Cornus sanguinea (roter Hartriegel) Fam.: Cornaceae	Europa, Asien, Nordamerika	Mit Petroläther extrahiert: a) Kern: 6,6—12,3%; b) Fruchtfleisch, frisch: 11—13%, trocken: 30,7—35,3%	Sehr dunkel; durch Raffination aufhellbar. Angenehmer Geruch	Kernöl (a) zeigt trocknende Eigenschaften

[1] Unbekannte Species aus dem Belgischen Kongo.

Physikalische und chemische Kennzahlen.

	Lichtbrechung: B.-Refr. Sk. T.	Verseifungszahl	Hydroxylzahl	Jodzahl
Öle a	75,4—75,8 (25°)	193—197	—	143,8—147,8
Öle b	65,8—68,8 (25°)	192—194	7,6	104,2—106,5 (112,2—115,5)

Öle (a) aus den Kernen: Säurezahlen von 2,5 bis 14,3; Unverseifbares: 0,4—1,1%. Öle (b) aus dem Fruchtfleisch: Säurezahlen von 4,2 bis 37,5. Unverseifbares: 1,6—2,9%.

Öle aus ganzen Beeren von Cornus sanguinea (1) und von Cornus stolonifera (2).

Stammpflanzen und Pflanzenfamilie	Verbreitung	Gehalt (% Öl) im Organ	Farbe	Reaktionen
(1) Cornus sanguinea (2) Cornus stolonifera (weißer Hartriegel) Fam.: Cornaceae	Europa, Asien, Nordamerika Nordamerika (Europa)	(1) stark schwankend (2) frisch: 7,1%, getrocknet: 21,2%	(1) Hellgrün bis grünlichgelb (2) Hell	Zur Unterscheidung von Olivenöl erwärmt man 5cc des Öles mit 1 ccm 1 proz. Agarlösung in Salpetersäure (1,4); nach dem Abkühlen ist bei Cornus-Ölen die Ölschicht gelbrot, die Säureschicht strohgelb

Physikalische Kennzahlen.

	Dichte d_{15}^{15}	Schmelzpunkt	Erstarrungspunkt	Lichtbrechung B.-Refr. Sk. T.
Öle (1)	0,921—0,923	—	−12 bis −15°	62—63 (25°)
Öl (2)	—	—	—	68,6 (25°)
Fettsäuren der Öle (1)	—	34—37°	29—31°	—

Chemische Kennzahlen.

	Verseifungszahl	Jodzahl	Thermozahl
Öle (1)	192—192,5	100—101	(MAUMENÉ) 52—54
Öl (2)	197	114,2—114,5	—
Fettsäuren der Öle (1)	Neutral.-Z.: 195,1	102,8	—

Öl (2) enthielt 0,7% Unverseifbares.

Surinfett.

Huile de Surin — Surin fat — Sego di Surin.

Stammpflanze und Pflanzenfamilie	Verbreitung
Payena lancifolia. Fam.: Sapotaceae	Malayenstaaten, insbesondere Borneo

Bestandteile: vorwiegend Stearinsäure und Ölsäure. In einem Falle 4,5% Unverseifbares.

Physikalische und chemische Kennzahlen.

	Dichte	Schmelzpunkt	Erstarrungsbereich	Verseifungszahl	Jodzahl	R.-M.-Zahl
Fett	d_{60}^{60}: 0,9021	56,1°	Beginn bei 49°; fest bei 44°	179,5	42,3	0,6
Säuren	—	—	59,1°	M. M.-Gew.: 284,9	—	—

Die untersuchte Probe enthielt 43,2% freie Fettsäuren (ber. als Ölsäure).

Kansiveöl.

Stammpflanze und Pflanzenfamilie	Verbreitung	Gehalt (% Öl) im Organ	Farbe
Payena oleifera. Fam.: Sapotaceae	Birma	Kern, extrahiert: 56,3%	Rötlichweiß

Fettsäuren: angeblich 35% feste Säuren (weder Stearinsäure noch Arachinsäure nachgewiesen).

Physikalische Kennzahlen.

	Dichte d_{30}^{30}	Schmelzpunkt	Lichtbrechung B.-Refr. Sk. T.
Fett	0,915	—	56,5 (40°)
Säuren	—	38—40°	—

Chemische Kennzahlen.

	Verseifungszahl	Hehnerzahl	Jodzahl	R.-M.-Zahl	Pol.-Zahl
Fett	184—185 (199)	91,6—94,5	58,6—63,4	1,9	0,5
Säuren	Neutral.-Z.: 192,2	M. M.-Gew.: 291,7	59,1 (kein oberer Grenzwert)	—	—

Säurezahlen zweier Muster: 26,2 bzw. 53,9. Eine Probe enthielt ca. 2% Unverseifbares.

Bengkutalg.

Stammpflanze und Pflanzenfamilie	Verbreitung	Farbe bzw. Geschmack
Payena latifolia Fam.: Sapotaceae	Straits Settlements	Hellgelb; angenehmer Geschmack; Geruch nach bitteren Mandeln

Njatuotalg.

Beurre de njatoeh — Njatuo tallow.

Stammpflanze und Pflanzenfamilie	Verbreitung	Gehalt (% Öl) im Organ	Farbe bzw. Geruch
Palaquium oblongifolium Fam.: Sapotaceae	Sunda-Inseln	Samen: 32,5%; Kern: 53%	Weiß bis grünlich; ohne Geschmack; Geruch nach Kakaobutter

Fettsäuren: angeblich 6,5% Palmitinsäure; 57,5% Stearinsäure und 36% Ölsäure.

Physikalische und chemische Kennzahlen.

	Dichte d_{15}^{100}	Schmelzpunkt	Erstarrungspunkt	Verseifungszahl	Hehnerzahl	Jodzahl
Fett	0,855	38—40°	—	190,4—201,5	95,3—95,9	34,3—35,9
Säuren	—	60°	58,5°	Neutral.-Z.: 203	M. M.-Gew.: 276	—

Ein Muster zeigte die Säurezahl 2,1, enthielt 1% Unverseifbares und gab 10,5% Glycerin. Eine andere Probe hatte die Säurezahl 7,0.

Balamtalg.

(Siaktalg.)

Stammpflanze und Pflanzenfamilie	Verbreitung	Gehalt (% Öl) im Organ	Farbe bzw. Geschmack
Palaquium pisang Fam.: Sapotaceae	Sumatra	Samen: ca. 45%	Gelblich; bitter

Pinlebyintalg.

Stammpflanze und Pflanzenfamilie	Verbreitung	Gehalt (% Öl) im Organ	Anmerkung
Palaquium obovatum Fam.: Sapotaceae	Birma	Kern: 54,6%	Farblos; geruchlos

Physikalische und chemische Kennzahlen.

	Dichte	Schmelzpunkt	Erstarrungspunkt	Verseifungszahl	Jodzahl
Fett	d^{50}: 0,908	33—38,5°	30°	178—192,5	47,5—57,2
Säuren	—	55—57°	54,8°	Neutral.-Z.: 181,1—182,8	—

Sunteitalg.

Stammpflanze und Pflanzenfamilie	Verbreitung	Gehalt (% Öl) im Organ	Farbe bzw. Geschmack
Palaquium oleosum Fam.: Sapotaceae	Sumatra	Samen: bis 37%	Weiß; süß

Vorbemerkungen zu den Fetten der Gattung Bassia.

In bezug auf die Benennung der einzelnen Fette dieser Gattung herrscht in der Literatur große Unklarheit und Verwirrung, die wohl hauptsächlich daher rührt, daß im Handel der Name Illipe oft unterschiedslos für Pflanzen verschiedener Art und Gattung, ja selbst Familie benutzt wird. So findet man den Ausdruck Illipebutter für verschiedene Fette der Gattung Bassia, ferner für solche der Gattung Palaquium (Familie der Sapotaceae), schließlich sogar für Fette aus der Familie der Dipterocarpaceae (Gattung Shorea; s. Borneotalg, S. 311) in Verwendung.

Die systematische Botanik verzeichnet nur die Gattungsnamen Illipe und Bassia (indischer Abstammung) als synonym; vom botanischen Standpunkte aus könnte man somit alle indischen Bassiafette als Illipetalg — im weiteren Sinne — bezeichnen, es sind jedoch in den Ursprungsländern bestimmte Namen für gewisse Vertreter dieser Gruppe in Verwendung, die soweit als möglich auseinander gehalten werden sollten. So wird meist nur das Fett von Bassia longifolia in den südlichen Provinzen Indiens, auf Ceylon und den Sunda-Inseln

„Illipe" oder „Illipi" genannt; es soll daher auch im folgenden der Name Illipetalg für das Fett von Bassia longifolia reserviert bleiben. Die Bezeichnung Mowrahbutter (Mahwahbutter oder Mohuaöl) soll für das Fett von Bassia latifolia aus Zentral-Indien, der Name Phulwarabutter für das Fett von Bassia butyracea aus den nördlichen Provinzen Indiens in Anwendung kommen. Der Ausdruck Sheabutter für das Fett von Bassia Parkii (= Butyrospermum Parkii) dürfte heute schon allgemein in Verwendung sein, früher war auch diese Bezeichnung nicht eindeutig[1].

Die Kennzahlen der bekannteren Bassiafette (von Bassia butyracea, Bassia latifolia, Bassia longifolia und Bassia Parkii) unterscheiden sich nicht sehr voneinander; am meisten abseits steht die Phulwarabutter, welche die höchsten Schmelz- und Erstarrungspunkte und die niedrigsten Jodzahlen sowie auch den geringsten Gehalt an Unverseifbarem aufweist. Bei den übrigen Bassiafetten ist der letztere meist sehr hoch; daraus ergeben sich auch oft auffallend niedrige Werte für die Verseifungszahlen.

Charakteristisch sind die Bestandteile des Unverseifbaren. Berg und Angerhausen[2] fanden in einem indischen Bassiafett (Mowrahbutter", s. diese, S. 329) außer geringen Mengen eines Phytosterins: einen Alkohol-löslichen optisch aktiven Körper sowie größere Mengen optisch inaktiver, in Alkohol unlöslicher Bestandteile. Im Unverseifbaren der Sheabutter (s. S. 332) wiesen Berg und Angerhausen neben wenig Phytosterin Bestandteile nach, die ähnliche Eigenschaften zeigten wie die entsprechenden Substanzen der „Mowrahbutter". Von Kobayashi wurden aus einem „Illipefett des Handels" mehrere cyclische Alkohole und ein Kohlenwasserstoff „Illipen" (s. Bd. I, S. 46) isoliert[3]. In einem

[1] In der älteren Literatur findet man häufig den Namen Mowrahbutter in Benützung für das Fett von Bassia longifolia, während das Fett von Bassia latifolia als Illipetalg oder Mahwahbutter bezeichnet wird. Hefter schreibt in seiner „Technologie der Fette und Öle", Bd. 2, S. 688 bzw. 692: „Nicht selten werden auch die Fette von Bassia latifolia (Mahwahbutter) und Bassia longifolia (Mowrahbutter), sowie die anderer Bassiaarten mit Sheabutter verwechselt und umgekehrt dieses Fett für ein anderes Bassiafett gehalten ... Die Verwirrung in der Nomenklatur, welche zwischen Illipe- und Mahwafett einerseits und zwischen diesen beiden Fetten und der Sheabutter andererseits herrscht, hat in den Literaturdaten ein Durcheinander hervorgerufen, das sich nicht so leicht ordnen läßt."

[2] Z. Nahrgsm. Bd. 27, S. 723. 1914; Bd. 28, S. 73. 1914; C. 1914, II, 257 bzw. 844.

[3] J. Ch. Ind. Japan Bd. 25, S. 1188. 1922; J. Soc. Ch. Ind. Bd. 41, S. 987. A. 1922. Ref. Ch. Umschau Bd. 30, S. 59. 1923; siehe auch K. H. Bauer, ebenda S. 97.

Das von Kobayashi untersuchte Fett stammte aus Indien; es bestand wahrscheinlich zum großen Teil aus einem Gemisch der Fette von Bassia latifolia und B. longifolia und hatte folgende Kennzahlen: $d_{40}^{40} = 0{,}9021$; Schmelzpunkt 39—40°; Verseifungszahl 131,0 (?); Jodzahl 54,8; Säurezahl 17,2; Gehalt an Unverseifbarem 8,6%. Das letztere zeigte hellgelbe Farbe und aromatischen Geruch, hatte ein Schmelzintervall von 148—154°; Jodzahl 178,5; etwa 71% ätherunlösliche Bromide (Bromgehalt 67,3%); das Bromprodukt zeigte bei 150° braunschwarze Färbung, bei 165° Schwärzung ohne zu schmelzen. Aus dem Unverseifbaren wurden von Kobayashi die Alkohole $C_{21}H_{38}O$, $C_{21}H_{36}O$, $C_{27}H_{48}O$ und $C_{31}H_{56}O$ (siehe Bd. 1, S. 36f.) und das Illipen, $C_{32}H_{56}$(Schmelzpunkt 64,5°; Jodzahl 382,5; ätherunlösliche Bromide: 312,2%) isoliert. In der oben zitierten Notiz von Bauer findet sich folgende Kritik der Angaben Kobayashis in bezug auf den Kohlenwasserstoff Illipen: Der Formel $C_{32}H_{56}$ (mit 5 Doppelbindungen) entspricht eine Jodzahl von ca. 288; die obige Jodzahl entspräche einem Kohlenwasserstoff, der ein Gemenge von 6- und 7fach ungesättigten Kohlenwasserstoffen darstellen würde. Ferner müßte ein Kohlenwasserstoff von der von Kobayashi angegebenen Formel 282% Dekabromid liefern, während Kobayashi eine viel höhere Zahl fand. Bezüglich der fraglichen Jodzahl von 382,5 meint Bauer, daß ein Druckfehler möglich sei und die Zahl vielleicht richtig 282,5 heiße, was der Theorie für $C_{32}H_{56}$ nahekäme; andererseits entspreche jedoch die Jodzahl 382,5 derjenigen des in Tranen vorkommenden Squalens $C_{31}H_{50}$, ein Umstand, der bei dem von Kobayashi gefundenen hohen Gehalte an Unverseifbarem die Vermutung nahelegt, daß das untersuchte „Illipefett des Handels" mit Haifischtran verunreinigt war.

Sheafett aus Nord-Togo (ca. 45% feste und 35% flüssige Fettsäuren enthaltend) wurden von EHRENSTEIN[1] neben einem Phytosterin vom Schmelzpunkt 149° ein Alkohol-löslicher und ein in Alkohol unlöslicher Bestandteil nachgewiesen; den beiden letzteren kommt die gemeinsame Bruttoformel $C_{14}H_{24}O$ zu. Die Molekulargewichtsbestimmung ergab für den löslichen Anteil die Formel $C_{42}H_{72}O_3$ (Gefriermethode), für den unlöslichen Anteil $C_{84}H_{144}O_6$ (Methode RAST). Die lösliche Substanz geht allmählich — rascher beim Erwärmen — in die unlösliche über; es handelt sich in beiden Fällen um sekundäre Alkohole.

Nach FINCKE enthalten die Fette dieser Gruppe oft Petroläther-unlösliche Anteile[2].

Phulwarabutter.

(Phulwabutter, Fulwatalg.)

Beurre de Fulware — Phulwara butter, Indian butter — Burro di Fulwara.

Stammpflanze und Pflanzenfamilie	Verbreitung	Gehalt (% Öl) im Organ	Farbe bzw. Geschmack	Reaktion. Anmerkungen.
Bassia butyracea = Illipe butyracea Fam.: Sapotaceae	Nördliches Indien; am Südabhang des Himalaya bis ca. 1500 m Höhe	Samen: 49—56%; Kern: 60—67%	Weiß bis grünlichgelb; angenehmer Geruch und Geschmack	BELLIER: negativ. Konsistenz: schmalzartig. Gut haltbar. — Das Fett wird oft mit Kokumbutter oder Mohuaöl verfälscht

Fettsäuren: ca. 54% feste (vorwiegend Palmitinsäure), ca. 46% flüssige (Ölsäure). Unverseifbares: 1,4—2,8% (Jodzahl 77,2).

Physikalische Kennzahlen.

	Dichte d_{15}^{15}	Schmelzpunkt	Erstarrungspunkt	Lichtbrechung B.-Refr. Sk. T.	Lichtbrechung Brechungs-Index n_D
Fett	0,9254 d_{100}^{100}: 0,8924 bis 0,8970 d_{15}^{100}: 0,856 bis 0,867	39—51°	27°	42,5—48,2 (40°)	1,4552—1,4581 (40°)
Säuren	—	58,4°	48—54,5°	47,5 (40°)	—

Chemische Kennzahlen.

	Verseifungszahl	Hehnerzahl	Jodzahl	R.-M.-Zahl
Fett	188,2—200	95—96	38—42,7	0,4—0,9
Säuren	Neutral.-Z.: 195,9	M. M.-Gew.: 281,9	38,4 (Kein oberer Grenzwert) Innere Jodzahl: 92,8	—

Mowrahbutter.

(Mahwahbutter, Mohuaöl.)

Beurre de mowrah — Mowrah seed oil, Mowrah butter, Mahua butter — Burro di Moora.

Stammpflanze und Pflanzenfamilie	Verbreitung	Gehalt (% Öl) im Organ	Farbe bzw. Geruch	Anmerkung
Bassia latifolia = Illipe latifolia Fam.: Sapotaceae	Mittelindien, insbesondere Bengalen	Kern: 50—55%; durch Pressen gew.: 35—40%	Hellgelb bis gelbgrün; an der Luft ausbleichend. Nußähnlicher Geruch	Salbenartige Konsistenz. Wird leicht ranzig.

[1] Z. ang. Bd. 38, S. 827. 1925. [2] Vgl. Ch. Umschau Bd. 36, S. 155. 1929.

Fettsäuren: 34—36,5% Palmitin- und Stearinsäure; 63,5—66% Ölsäure. Nach einer neueren Angabe: 16% Myristinsäure; 26,6% Palmitinsäure; 2% Stearinsäure; 40,2% Ölsäure; 13,3% Linolsäure (Fett mit Säurezahl 14,2; die Kennzahlen dieses Musters sind in der Tabelle eingeklammert oder sie liegen innerhalb der angegebenen Bereiche).

Physikalische Kennzahlen.

	Dichte d_{15}^{15}	Schmelzpunkt	Erstarrungspunkt	Lichtbrechung B.-Refr. Sk. T.	Lichtbrechung Brechungs-Index n_D	Optisches Drehungsvermögen	Zähigkeit
Fett	0,920—0,925 d_{100}^{100}: 0,8943 bis 0,8981 d_{15}^{100}: 0,861 bis 0,870	23—31°	18—25°	48 (45°) 51,8 bis 52,4 (40°)	1,4580 bis 1,461(40°)	$[\alpha]_D = +1{,}12°$	REDWOOD: 90,4—107 Sek. (140° F)
Säuren	—	39—55°	38—52,5°	—	—	—	—

Chemische Kennzahlen.

	Verseifungszahl	Hehnerzahl	Acetylzahl	Jodzahl	R.-M.-Zahl	Pol.-Zahl
Fett	187,4—195,3 (206,5)	94—95	(3,3)	53—68 meist 58—63	0,2—1,7	0,4—0,9
Säuren	Neutral.-Z.: 188—192, auch über 200	M. M.-Gew.: 295	—	47—59 (kein oberer Grenzwert)	—	—

Säurezahlen verschiedener Muster: zwischen 4,8 und 49. Unverseifbares: im Mittel ca. 2% mit einer spezifischen Drehung von +27,1° (daher zeigen auch die ursprünglichen Fette ein deutliches optisches Drehungsvermögen). Neben sehr geringen Mengen eines bei 155—156° schmelzenden Phytosterins (Acetat-Schmelzpunkt 175°) enthält das Unverseifbare einen in Alkohol löslichen Anteil (ca. 1,5%) mit $[\alpha]_D = +34°$ und der Jodzahl 68,3; außerdem einen in Alkohol unlöslichen, optisch-inaktiven Bestandteil (s. a. Sheabutter, S. 332 f.).

Illipetalg.

(Illipebutter.)

Beurre d'Illipé — Illipé butter — Burro di Illipe.

Stammpflanze und Pflanzenfamilie	Verbreitung	Gehalt (% Öl) im Organ	Farbe bzw. Geschmack	Anmerkung
Bassia longifolia = Illipe longifolia oder Illipe malabarica (Illipe Melabrorum) Fam.: Sapotaceae	Südliche Gebiete Indiens, Ceylon, Sundainseln	Kern: 55 bis 57%. Ausbeute im großen: 32—52%	Hellgelb; manchmal etw. bitter, von kakaoähnlichem Geruch	Mit Petroläther extrahiertes Fett ist schmalzartig fest. Dunkel gefärbte Fette bleichen an der Luft bald aus

Fettsäuren: ca. 40% feste (Palmitin- und Stearinsäure); 51% Ölsäure; 9% Linolsäure.

Physikalische Kennzahlen.

	Dichte d_{15}^{15}	Schmelzpunkt[1]	Erstarrungspunkt[1]	Lichtbrechung B.-Refr. Sk. T.	Lichtbrechung Brechungs-Index n_D	Zähigkeit	Krit. Lösungstemperatur
Fett	0,9175 d_{100}^{100}: 0,893 d_{15}^{100}: 0,856 bis 0,864	25—29° Rohfett: 24,5—28,4°; raffin. Fett: 26,4—28,4°	17—22° Rohfett: 16,6—22,2°; raffin. Fett: 18,7—19,6°	51—54 (40°)	1,459 bis 1,4621 (40°)	REDWOOD: 94 Sek. (140° F)	Eisessig (1,0562): 64,5°
Säuren	—	39—45,8°	36—42°	—	—	—	—

[1] Die Schmelz- und Erstarrungspunkte von „Rohfett" und „raffin. Fett" wurden nach dem Verfahren von POLENSKE bestimmt.

Chemische Kennzahlen.

	Verseifungszahl	Hehnerzahl	Jodzahl	R.-M.-Zahl	Pol.-Zahl
Fett	186—203	94—95	50—64	1,4—3,6	0,6
Säuren	Neutral.-Z.: 192,1	M. M.-Gew.: 292	52—56 (Kein oberer Grenzwert) Innere Jodzahl: 87,3	—	—

Säurezahlen verschiedener Muster: zwischen 5 und 58. Unverseifbares: 1,4—2,3%; der stark wechselnde Gehalt an unverseifbaren Bestandteilen bedingt z. T. die Schwankungen der Kennzahlen.

Katiaufett[1].

Beurre de katiau — Katio oil, Kachiau oil, Katiau oil.

Stammpflanze und Pflanzenfamilie	Verbreitung	Gehalt (% Öl) im Organ	Farbe bzw. Geruch
Bassia Mottleyana Fam.: Sapotaceae	Borneo	Samen: 40%; Korn, extrahiert: 47,5—51,3%	Grünlichgelb; angenehmer Geruch

Fettsäuren: ca. 25% Stearinsäure und etwas Palmitinsäure; ca. 75% Ölsäure.

Physikalische Kennzahlen.

	Dichte	Schmelzpunkt	Erstarrungspunkt	Lichtbrechung B.-Refr. Sk. T.
Fett	d_{15}^{15}: 0,917 $d_{15,5}^{100}$: 0,855 bis 0,864	—	—	53,4 (40°)
Säuren	—	37,5°	36—36,4°	—

Chemische Kennzahlen.

	Verseifungszahl	Hehnerzahl	Jodzahl	R.-M.-Zahl
Fett	189,5—191,5	94,6—96	63,2—65	0,6—0,8
Säuren	—	M. M.-Gew.: 285	62,5	—

Öl von Bassia Pasquieri.

Stammpflanze und Pflanzenfamilie	Verbreitung	Gehalt (% Öl) im Organ	Farbe bzw. Geschmack	Konsistenz
Bassia Pasquieri Fam.: Sapotaceae	Tonkin, Annam	Kern, mit Schwefelkohlenstoff extrahiert: 48,8%	Grünlichgelb; ohne ausgesprochenen Geschmack	Dickflüssig

Fettsäuren: Palmitin-, Stearin- und Ölsäure.

[1] Mit dem Ausdruck Katiau, Ketiau oder Ketiauro werden in Banka zwei andere Sapotaceen bezeichnet, nämlich Payena bankensis und Palaquium Verstegei.

Physikalische und chemische Kennzahlen.

	Dichte d_{15}^{15}	Schmelzpunkt	Erstarrungspunkt	Hehnerzahl	Jodzahl	Thermozahl
Öl	0,916	0°—2,5°	—4,5°	96,3	89,4	(MAUMENÉ) 34,1
Fettsäuren	—	—	31°	—	—	—

Die untersuchte Probe enthielt 4,5% Unverseifbares und gab 8,1% Glycerin.

Fett aus den Samen von Omphalocarpum anocentrum (Pierre).

(Familie: Sapotaceae. Verbreitung: Westafrika.) Die Samen enthalten 7,2%, die Früchte 2,8% Fett.

Sheabutter.

(Karitéfett, Caritéfett, Galambutter.)

Beurre de karité, beurre de Galam, beurre de cé, beurre de shea — Shea butter, Karité oil, Galam butter — Burro di Shea (Karité).

Stammpflanze und Pflanzenfamilie	Verbreitung	Gehalt (% Öl) im Organ	Farbe bzw. Geschmack	Reaktionen
Butyrospermum Parkii = Bassia Parkii Fam.: Sapotaceae	Tropisches Westafrika, Sudan	Samen, getrocknet: 24—30%; Kern: 34—57%	Grauweiß bis gelblich; Geschmack des Rohfettes manchmal harzartig aromatisch	BELLIER: negativ. STORCH-MORAWSKI: positiv infolge der harzartigen Bestandteile des Unverseifbaren, die auch den oft kautschukartigen Geruch des Rohfettes verursachen

Bestandteile: 34—45% feste Säuren (vorwiegend Stearinsäure), 50—60% flüssige Säuren (Ölsäure).

Physikalische Kennzahlen.

	Dichte d_{15}^{15}	Schmelzpunkt	Erstarrungspunkt	Lichtbrechung		Opt. Drehungsvermögen
				B.-Refr. Sk. T.	Brechungs-Index n_D	
Fett	0,9175 bis 0,9177 d^{32}: 0,900 bis 0,9120 d_{15}^{100}: 0,8594 bis 0,869	23—32°; nach POLENSKE: 43,4—45,2° (raffiniert)	17—27°; nach POLENSKE: 21,0—25,2° (raffiniert)	Rohfett: 58—61 (40°)	1,4629 bis 1,4663 (40°)	$[\alpha]_D = +3$ bis $+3,2°$
Säuren	—	51—56,5°	47—54°	—	—	—

Differenzzahl nach POLENSKE (s. Bd. I, S. 358): um 20°.

Chemische Kennzahlen.

	Verseifungszahl	Hehnerzahl	Jodzahl	R.-M.-Zahl	Pol.-Zahl
Fett	186—196 (172) *	94—96,5	49—62 (auch 69,6) meist nahe an 60	1,1—3,8 raffiniert: 1,3	0,6
Säuren	190—200	—	53—64 Innere Jodzahl: 90,8	—	—

Säurezahlen: bei Rohfetten über 4 bis 72,6; bei einem raffinierten Fett: 1,7.

Unverseifbares: Gehalt stark wechselnd, zwischen 2 und 10%; das Muster, dessen Verseifungszahl 172 betrug (in der Tabelle mit * bezeichnet), enthielt 9,7%. Bestandteile des Unverseifbaren nach BERG und ANGERHAUSEN (6,3—6,9% aus einem gereinigten Sheafett, einem rohen und einem von den Autoren mittels Äther aus den Samen extrahierten Fett): 0,1—0,12% Phytosterin vom Schmelzpunkt 152—153°. 3,9—4,8% in Alkohol lösliche, optisch aktive Substanzen mit $[\alpha]_D = +38{,}5$ bis $+39{,}5°$ (nach Entfernung des Phytosterins sowie alkoholunlöslicher Begleitstoffe, die in Mengen von ca. 1% bis 2,5% zugegen waren). Der optisch-aktive Bestandteil ist in der Kälte goldgelb, klar, durchsichtig, harzartig-spröde und anscheinend identisch mit der optisch-aktiven Substanz aus dem Unverseifbaren der Mowrahbutter; seine Jodzahl beträgt 66,6.

Arganöl.

(Marokkanisches Olivenöl.)

Huile d'Argan — Argan oil, Maroccan olive oil.

Stammpflanze und Pflanzenfamilie	Verbreitung	Gehalt (% Öl) im Organ	Farbe bzw. Geschmack	Reaktionen
Argania sideroxylon Fam.: Sapotaceae	Südwestliches Küstengebiet von Marokko	Kern: ca. 51,5%. Nach anderen Angaben: 66—77%	Rohöl: ambrabraun; unangenehm scharf. Nach primitiver Raffination: goldgelb; genußfähig, ähnlich dem Erdnußöl	Elaidinierung: weich bleibende Masse. Mit Salpetersäure ($d = 1{,}4$): tiefkarminrote Färbung, die eine Stunde bestehen bleibt. BAUDOUIN: smaragdgrün, Säureschicht farblos

Fettsäuren: 13,7% feste und 86,3% flüssige (Ölsäure, Linol- und Linolensäure?).

Physikalische Kennzahlen.

	Dichte d_{15}^{15}	Schmelzpunkt	Erstarrungspunkt	Brechungs-Index n_D
Öl	0,9188	—	—	—
Öl I	0,917	—	—	1,4722 (15°)
Fettsäuren von Öl I	d^{100}: 0,857	25—26°	22—23°	—

Chemische Kennzahlen.

	Verseifungszahl	Hehnerzahl	Acetylzahl	Jodzahl	R.-M.-Zahl
Öl	192,1	94,3—95,6	—	95,9—100,5	1,8
Öl I	190	95	43	92	—

Öl I von Mogador: tiefgelb; eigentümlicher, angenehmer Geruch, nußähnlicher Geschmack. 6,5% freie Fettsäuren (berechnet als Ölsäure).

Samenöl von Chrysophyllum d'Azopé.

Stammpflanze und Pflanzenfamilie	Gehalt (% Öl) im Organ
Chrysophyllum d'Azope (oder d'Azopé) Fam.: Sapotaceae	Samen: 2,5%; Kern: 10%

Physikalische und chemische Kennzahlen.

	Dichte d_{15}^{15}	Schmelzpunkt	Verseifungszahl	Hehnerzahl	Jodzahl
Öl	0,907	4°	184,4	92,0	88,0
Fettsäuren	—	35°	—	—	—

Sapitiöl von Bumelia obtusifolia.

(Fam.: Sapotaceae; Verbreitung: Küstengebiete Brasiliens). Die frischen entschälten Samen enthalten ca. 17% eines hellen Öles von nußartigem Geschmack.

Njavebutter.

(Adjabfett, Njariöl, Jabifett.)

Beurre de njavé (djavé), Huile d'oréré — Njave oil, Njave butter, Adjab oil — Olio di Njave (djave).

Stammpflanze und Pflanzenfamilie	Verbreitung	Gehalt (% Öl) im Organ	Farbe bzw. Geschmack	Anmerkung
Mimusops Njave (Djave) = Baillonella toxisperma Fam.: Sapotaceae	Tropisches (West-) Afrika	Kern, frisch: 43,3—56,4%; getrocknet: 60—70%	Weiß bis gelblichbraun; Geschmack süßlich, Geruch leicht aromatisch	Das Fett ist oft stark gespalten; dies ist auch die Ursache der Schwankungen der Kennzahlen, insbesondere von Schmelzpunkt und Erstarrungspunkt

Physikalische Kennzahlen.

	Dichte d_{15}^{15}	Schmelzpunkt	Erstarrungspunkt	Lichtbrechung B.-Refr. Sk. T.	Lichtbrechung Brechungs-Index n_D
Fett	0,914—0,917 d^{40}: 0,898 bis 0,899 d^{100}: 0,860	Verschieden je nach dem Säuregehalt des Fettes: 32—44,5°. (Schmelzpunkt nach POLENSKE: Rohfett 42,5°, raffiniert: 26,3°)	28—38,8°. (Erstarrungspunkt nach POLENSKE: Rohfett 39,3°, raffiniert: 20,2°)	51,8—52,4 (46°) 51,3—52,4 (40°) raffiniert: 58,5 (40°)	1,4601—1,4609 (40°)
Säuren	—	43—53°	39—47°	—	—

Chemische Kennzahlen.

	Verseifungszahl	Hehnerzahl	Acetylzahl	Jodzahl	R.-M.-Zahl	Pol.-Zahl	Thermozahl
Fett	180—190 roh: 183 raffiniert: 180	94—96	(13—16)	56—65 roh: 59 raffiniert: 57,6	0,7—2,6 roh: 2,5 raffiniert: 1,1	0,4—0,5	55
Säuren	Neutral.-Z.: 190—201	M. M.-Gew.: 278—294	—	61 (kein oberer Grenzwert)	—	—	—

Säurezahlen zwischen 11,5 und 60. Unverseifbares: 2,2—6,2%. Ein Rohfett zeigte die Säurezahl 129 und enthielt 7,4% Unverseifbares[1]; dasselbe Fett, raffiniert, hatte die Säurezahl 0,5 und enthielt 5,6% Unverseifbares.

Öl von Mimusops elengi.

Stammpflanze und Pflanzenfamilie	Verbreitung	Gehalt (% Öl) im Organ	Farbe	Anmerkung
Mimusops elengi Fam.: Sapotaceae	Indien, Ceylon, Tropisches Afrika, Ägypten	Samen: 6,7%; Kern: 16—18,5%	Gepreßt: gelblichweiß; extrahiert: gelbbraun	Das extrahierte Öl gibt beim Stehen eine Abscheidung

Fettsäuren: Palmitin-, Stearin-, Ölsäure; außerdem noch eine gesättigte Säure von höherem Molekulargewicht.

[1] Erstarrungspunkt dieser Probe: 39,3°.

Physikalische Kennzahlen.

	Dichte	Schmelzpunkt	Lichtbrechung B.-Refr. Sk. T.
Öl	0,912 (°?) d_{15}^{100}: 0,8777	—	67 (40°) 73,5 (25°)
Fettsäuren	—	35°	—

Chemische Kennzahlen.

	Verseifungszahl	Hehnerzahl	Jodzahl	R.-M.-Zahl	Pol.-Zahl
Öl	213,9	91	66,5	10,6	0,7
Fettsäuren (wasserunlöslich)	Neutral.-Z.: 202,1	M. M.-Gew.: 277,6	68,1	—	—

Die durch Pressung gewonnene Probe zeigte die Säurezahl 45,5 und enthielt 1,6% Unverseifbares.

Moabifett[1].

Stammpflanze und Pflanzenfamilie	Verbreitung	Gehalt (% Öl) im Organ	Farbe bzw. Geschmack
Mimusops Pierreana (Baillonella obovata) Fam.: Sapotaceae	Tropisches Westafrika	Samen, getrocknet: 30—35%; Kern, getrocknet: 45—50%	Gelblich; fader Geschmack

Fettsäuren: ca. 50% feste Säuren (Myristin-, Palmitin-, Stearinsäure); ca. 50% flüssige Säuren (Ölsäure).

Physikalische und chemische Kennzahlen.

	Dichte	Schmelzpunkt	Erstarrungspunkt	Lichtbrechung Oleo-Refr. Sk. T.	Verseifungszahl	Hehnerzahl
Fett	d^{30}: 0,894	32—34°	25—26°	+2 (45°)	238	88,2
Säuren	—	45—46°	—	—	—	—
feste	—	62—63°	—	—	—	—

Rayanöl.

Stammpflanze und Pflanzenfamilie	Verbreitung	Gehalt (% Öl) im Organ	Farbe bzw. Geruch	Anmerkung
Mimusops hexandra Fam.: Sapotaceae	Nordindien	Samen, mit Äther extrahiert: 24,6%; Kern: 47,2%	Gelblich, fast farblos; Geruch ähnlich dem des Olivenöles	Das Öl gibt schon bei ca. 30° eine Abscheidung

Bestandteile: 31,8% gesättigte; 68,2% ungesättigte Säuren. Glyceride der Palmitinsäure 18,8%; der Stearinsäure 14,0%; der Lignocerinsäure 1,1%; der Ölsäure 62,5%;

[1] Die Bezeichnung „moabi“ wird im Kongo gebraucht; in Kamerun findet sich der Name „maniki“ für die Stammpflanze des Fettes.

der Linolsäure 2,7%. 1% Unverseifbares; enthält 17,8% Phytosterin vom Schmelzpunkt 157,5—158,5°, wahrscheinlich Ergosterin. Geringe Mengen eines wasserlöslichen Bitterstoffes.

Physikalische Kennzahlen.

	Dichte	Erstarrungspunkt	Brechungs-Index n_D
Fett	d_{15}^{15}: 0,914 d^{40}: 0,905	—	Rohöl: 1,4431 (60°) raffiniertes Öl: 1,4527 (60°)
Säuren	—	38°	—

Chemische Kennzahlen.

	Verseifungszahl	Hehnerzahl	Jodzahl	R.-M.-Zahl
Fett	190—195,4	95—95,3	64,7—72,5	0,2
Säuren	Neutral.-Z.: 200,5	—	Innere Jodzahl: 94,6	—

Säurezahl eines raffinierten Öles: 0,1.

Dumoributter.

Stammpflanze und Pflanzenfamilie	Verbreitung	Gehalt (% Öl) im Organ	Farbe bzw. Geschmack	Konsistenz
Dumoria Heckeli Fam.: Sapotaceae	Westafrika	Samen: 14%; Kern, gepreßt: 40%; extrahiert: 53,3%	Weiß; süßer Geschmack; Geruch schwach aromatisch	Butterartig

Fettsäuren: 67% gesättigte (Palmitin-, Stearin- und Cerotinsäure); 33% ungesättigte Säuren, vorwiegend Ölsäure.

Physikalische Kennzahlen.

	Dichte d_{15}^{15}	Schmelzpunkt	Erstarrungspunkt	Lichtbrechung	
				B.-Refr. Sk. T.	Brechungs-Index n_D
Fett	0,956 0,909 (°?)	34—42°	36,1°	35 (50°) 34 (45°)	1,4606 (30°)
Säuren feste	— —	50,8° (60°) 67—68°	38,2° —	— —	— —

Chemische Kennzahlen.

	Verseifungszahl	Hehnerzahl	Jodzahl	R.-M.-Zahl
Fett	188—192	96,4—96,8	49,8—56,5	0,8—2,3
Säuren	—	—	45,8	—

Ein Muster zeigte die Säurezahl 50.

Reihe: Contortae.

Olivenöl.

Huile d'olive — Olive oil — Olio d'oliva — Oleum Olivarum.

Stammpflanze und Pflanzenfamilie	Verbreitung	Gehalt (% Öl) im Organ	Farbe bzw. Geschmack	Reaktionen[1]
Olea europaea (sativa) Fam.: Oleaceae	Mittelmeerländer. Californien, Mexiko, Südafrika, Chile, Australien	Ganze Frucht: 40 bis 70%. Fruchtfleisch von Oliven aus Tunis: 20 bis 50%; aus Algier: 10—35%; aus Californien: unter 30%, meist bei 20%; aus Corsica: 25—37%; aus Portugal: frisch 22%, trocken 41% (höchster Gehalt zur Jahreswende)	Preßöl hoher Qualität: hellgelb bis goldgelb; wohlschmeckend. Mindere Öle grünlich. Eigenschaften abhängig vom Reifegrad der Früchte und der Art der Gewinnung[2]	Elaidinierung: gelbweiße, harte Masse, schnell enstehend[3]. HEYDENREICH: lebhaft gelb, dann grün[4]; nach dem Rühren: hellbraun bis olivgrün. LIEBERMANN-VOGT: blaugrün bis grün. SISLEY und FREHSE: orange. BELLIER: farblos; tunesische Öle manchmal violett[5]

Bestandteile s. unten. Über die Prüfung auf Verfälschungen s. Fußnote 3 und Bd. I, S. 365.

[1] Keine der angegebenen Reaktionen ist spezifisch für Olivenöl. Zur Reinheitsprüfung verwendet man allgemeine Reaktionen auf Samenöle oder Spezialreaktionen auf einzelne Öle; s. unten Fußnoten 2 bis 4 sowie Bd. I, S. 290.

[2] Preßöl von frischen Früchten hat keinen ausgesprochenen Fruchtgeschmack. Im allgemeinen ist das Öl aus kaum reifen Oliven besser und haltbarer als das von reifen oder überreifen Früchten. Durch höheren Druck und höhere Temperatur bei der Pressung nimmt die Farbtiefe zu und die Feinheit des Geschmackes ab. Schon Öle zweiter Pressung sind grün. Von den Kennzahlen nehmen unter ungünstigen Preßbedingungen Dichte und Säurezahl zu, die Jodzahl dagegen ab. Die Säurezahl ist bei guten Ölen sehr niedrig; sie bleibt es auch durch längere Zeit, wenn die Früchte sogleich nach der Ernte verarbeitet wurden. Aber das Öl kann auch bei gleichbleibender Säurezahl vollständig entfärbt und ranzig werden, z. B. bei Ausbreitung in dünner Schicht an der Luft, am stärksten im Sonnenlicht. Der Brechungs-Index wird durch Ranzigkeit nicht beeinflußt; über Ranzidität im allgemeinen und die Methoden ihrer Prüfung s. Bd. I, S. 335—339.

[3] Gegenwart von Rüböl, Baumwollsamenöl oder anderen Zusätzen ähnlicher Art verlangsamt die Reaktion, wobei auch eine weniger harte Masse entsteht. Eine einfache Prüfung auf Erdnußöl, Baumwollsamenöl, Sesamöl sowie Rüböl in Olivenöl (auch Mohnöl, s. S. 41) ist die folgende: Man kocht 0,6—0,7 ccm Öl mit 5 ccm alkoholischer $n/_2$- Kalilauge während 2 Minuten im graduierten Reagensglas, wobei man den verdampften Alkohol erneuert. Die alkoholische Seifenlösung wird bei Gegenwart erheblicher Mengen der erstgenannten Öle bei Zimmertemperatur breiartig bis gallertig fest; geringere Mengen bis zu 10—12% herab, zeigen sich durch flockige Niederschläge an (besonders Erdnußöl), wobei man für Abkühlung der Seifenlösung Sorge tragen muß (15 Minuten Stehenlassen; bei Ricinusöl Eiskühlung). Die einzelnen Öle werden an ihren charakteristischen Farbenreaktionen erkannt, Rüböl durch die strahlige Struktur der Seifenmasse usw. Fallen diese Reaktionen negativ aus, so ist die feste Ausscheidung in der alkoholischen Seifenlösung auf Erdnußöl zurückzuführen. Es ist zu beachten, daß die Probe nur für reine, vom Unverseifbaren befreite Öle (nicht feste Fette) gilt (HOLDEsche Probe).

[4] Bei Gegenwart von Sesamöl: rot oder rosa.

[5] Die positive Reaktion, die manche Olivenöle mit dem BELLIERschen Reagens geben, beruht wohl auf dem Umstand, daß in den weiter südlich gelegenen Gegenden meist auch die Olivenkerne mitgepreßt werden. — Die algerischen, tunesischen und portugiesischen Öle zeigen manchmal auch eine positive BAUDOUINsche Reaktion (vgl. Bd. I, S. 291); die rote Färbung tritt jedoch nicht auf, wenn die Öle mit Natriumbicarbonatlösung oder ammoniakalischem Alkohol vorbehandelt wurden, dürfte demnach auf der Gegenwart freier Fettsäuren beruhen.

Physikalische Kennzahlen.

	Dichte d_{15}^{15}	Schmelzpunkt	Erstarrungspunkt	Lichtbrechung B.-Refr. Sk. T.	Lichtbrechung Brechungs-Index n_D	Zähigkeit °Engler[1]	Oberflächenspannung	Optisches Drehungsvermögen
Öl	Kalt gepr.: 0,914—0,919 Heiß gepr.: 0,920—0,929 d_{25}^{25}: 0,9094 bis 0,913 d^{30}: 0,9060 d^{35}: 0,9028 d^{50}: 0,8932 d^{100}: 0,862 bis 0,864	—	Bei 2—4° trüb; bei −2 bis −6° Abscheidung; manche Öle auch über 0°	53,0—56,4 (40°) 60,8—65,5 (25°) 61,7—68,0 (20°) 67—69 (15°)	1,4548 (60°) 1,4605 bis 1,4635 (40°) 1,4654 bis 1,4683 (25°) 1,46705 (20°) 1,4698 bis 1,4716 (15°)	E_{15} = 16,3 E_{20} = 11—13 E_{30} = 8,0 E_{50} = 4,0 E_{70} = 2,5 E_{80} = 1,9.	0,0337 g pro cm (18°)	0°13′ Saccharimetergrade: +0,6 (13—15°, 200 mm)
Fettsäuren	d_4^{40}: 0,8782 d_{15}^{99}: 0,8430 d_{100}^{100}: 0,8749	22—28° (31°)	17—26° gepr.: 21—27° extrah.: 17—19°	42,7 (40°)	1,4410 (60°) 1,4523 (40°) flüssige: 1,4543 (40°)	Redwoodgrade: Öl 312,3 (70°F.)		

Löslichkeit: Alkohol. 1 Liter absoluter Alkohol löst bei 13—15°:

	Rohes Öl:	Neutrales Öl:
Olivenöl, frisch, ca. 1,3% freie Säure enthaltend	17,4 g	14,8 g
3 Jahre altes Öl mit 16,8% freier Säure	47,6 g	17,4 g

100 g alkoholische Lösung ($d = 0{,}795$) enthalten bei 14—15°: 2,197—2,302 g säurefreies Öl.

Kritische Lösungstemperatur in Alkohol ($d^{15,5} = 0{,}8195$): 123°.

Eisessig. Die kritischen Lösungstemperaturen sind stark abhängig vom Gehalte der Öle an freien Fettsäuren (vgl. Bd. I, S. 135). Ein Olivenöl mit ca. 24% freien Säuren zeigte die kritische Lösungstemperatur = 42°; ein Öl mit 5,2% bzw. 3,9% freier Säure zeigte 78° bzw. 85°. Andere Angaben (Eisessig, $d = 1{,}0562$): 73,5°, 85°, 111°. Kritische Lösungstemperatur der Olivenöl-Fettsäuren in 81,18 proz. Essigsäure: 93°.

Chemische Kennzahlen.

	Verseifungszahl	Hehner-Zahl	Acetyl-Zahl	Jodzahl	R.-M.-Zahl	Rhodanzahl	Thermozahl
Öl	185—196,3 gepreßte Öle meist 191 bis 195	95—96	Mindere oder ältere Öle: 5—11	75,0—88,3 gute Öle meist: 80—85; tunesische und dalmatinische oft über 90. Jodbromzahl: 80 bis 85	0,1 bis 0,8	76,5 (entspr. Jodzahl 80,8)	Maumené: 35—45[2] Tortelli: 41—48 Brom.-Th.-Z. 13—15 Spezif. Rk.-Temperatur 89—95
Fettsäuren	193—199,5 Neutral.-Z.: 193—197	M. M.-Gew.: 279 bis 286	—	77—90 gepreßt meist: 87—88; extrahiert: 77,5—83,3. Innere Jodzahl: 92—112	—	—	—

[1] Das zur Prüfung verwendete Öl war möglichst entsäuert (S.-Z. 0,3), mit einigen Prozenten Bleicherde verrührt und filtriert.

[2] Ranziges Öl jedoch 67; s. Bd. I, S. 195.

Anforderungen des Deutschen Arzneibuches (6. Ausgabe): $d^{20} = 0{,}911$—$0{,}914$ (kalt gepreßt), $d^{20} = 0{,}916$—$0{,}921$ (heiß gepreßt); Verseifungszahl 187—196; Jodzahl 80—88; Säuregrad nicht über 8; unverseifbare Bestandteile nicht über 1,5%. — Reines Olivenöl trübt sich beim Abkühlen auf ca. 10° und wird bei ca. 0° salbenartig fest.

Über die Grenzwerte der Kennzahlen von Speiseolivenölen s. Bd. I, S. 366. — Beziehungsgleichungen der Kennzahlen nach LUND u. a. ebenda S. 199ff.

Bestandteile. Die Zusammensetzung des Fettsäurengemisches schwankt je nach der Herkunft und der Gewinnungsart der Öle. Oliven aus südlicheren Gegenden liefern Öle, die einen höheren Gehalt an gesättigten Säuren zeigen. Andererseits weisen auch heißgepreßte sowie extrahierte Öle mehr gesättigte Glyceride auf als kaltgepreßte. Bei manchen tunesischen Ölen wurden bis zu 25% gesättigte Bestandteile gefunden. Im allgemeinen gelten folgende Bereiche: 9—18% feste Anteile (10,9—11,4% rhodanometrisch bestimmt); Glyceride der Palmitinsäure: 7—10%; der Stearinsäure: 2—4%; der Arachinsäure: 0,1—0,2%; Myristinsäure in Spuren. Bei einem abnorm hohen Gehalt an Arachinsäure ist in Betracht zu ziehen, daß die betreffende Probe den untersten Partien eines Öles entnommen sein konnte, in denen sich die höherschmelzenden Glyceride angereichert haben. — Flüssige Anteile: 70—87%; Glyceride der Ölsäure: 69—84,4%; der Linolsäure: 4—12% (Rhodanometrisch gefunden: Glyceride der Ölsäure: 84,2%; der Linolsäure: 4,9%). — Mehrsäurige Glyceride: u. a. 1,5% eines bei 30° schmelzenden gemischtsäurigen Glycerides mit $^1/_3$ Ölsäure und $^2/_3$ festen Säuren (vorwiegend Palmitinsäure, daneben Stearinsäure und wenig Arachinsäure); ferner größere Mengen von bei Zimmertemperatur flüssigen, gemischtsäurigen Glyceriden mit $^2/_3$ Ölsäure und $^1/_3$ festen Säuren. — Oxysäuren: in manchen Fällen 2—6%. (In einem Sulfuröl wurden gefunden: Sativinsäure, Schmelzpunkt 173°; Linusinsäure, Schmelzpunkt 203°; Oxystearinsäure, Schmelzpunkt 83°; ein „Wachs“ vom Schmelzintervall 70—75°.) — Unverseifbares: zwischen 0,5 und 1,4%. In einem Falle 0,13% Sterine; 0,09% frei, 0,04% verestert (Schmelzpunkt des Phytosterinacetats: 123—123,5°).

Beispiele für die Zusammensetzung von Olivenölen verschiedener Herkunft.

Italienische Öle: Glyceride der Palmitinsäure: 9,2%; der Stearinsäure: 2,0%; der Arachinsäure: 0,2%; der Ölsäure: 83,1%; der Linolsäure: 3,9%. — Spanische Öle: 5,5—7,6% Palmitinsäure; 2,3—3,4% Stearinsäure; 79,7—83,9% Ölsäure; 0,5—6,7% Linolsäure. — Triolein und α-Palmito-diolein. — Glyceride der Palmitinsäure: 9,4%; der Stearinsäure: 1,4%; der Arachinsäure: 0,2%; der Ölsäure: 80,5%; der Linolsäure: 6,9%; der Myristinsäure: 0,2%. — Tunesische Öle: Glyceride der Myristinsäure: 0,1%; der Palmitinsäure: 14,4%; der Stearinsäure: 2,4%; der Arachinsäure: 0,3%; der Ölsäure: 69,1%; der Linolsäure: 12,0%. — Kalifornische Öle: Glyceride der Palmitinsäure: 6,9%; der Stearinsäure: 2,3%; der Arachinsäure: 0,1%; der Ölsäure: 84,4%; der Linolsäure: 4,6%; der Myristinsäure: Spuren.

Olivenölsorten.

1. Jungfernöl („huile vierge“) ist das feinste Speiseöl aus handgepflückten Früchten, deren Fleisch in der Kälte gelinde ausgepreßt wurde ohne die Kerne zu verletzen. Handelsbezeichnungen: Nizzaöl, Provenceröl, Aixeröl usw.

2. Durch abermalige kalte Pressung wird Speiseöl zweiter Qualität gewonnen.

3. Öl dritter Pressung dient nur technischen Zwecken.

4. Nachmühlenöl gewinnt man aus den Rückständen der Pressung angegorener Oliven; es zeigt unangenehmen Geschmack und enthält oft 60—70% freie Fettsäuren und „Lactone“.

5. Höllenöl („huile d'enfer“) oder Klärgrubenöl ist von ähnlicher Qualität wie das vorhergehende; man erhält es aus den Rückständen oder Waschwässern des Nachmühlenöles.

6. Die Rückstände nach wiederholter Pressung — „Sanza“ — liefern, mit Schwefelkohlenstoff extrahiert, sog. Sulfuröle. Diese sind dunkelgrün gefärbt und enthalten Schwefel sowie organische Schwefelverbindungen; hierauf beruht auch ihr Nachweis, z. B. mittels Alkaliplumbatlösung, die mit dem vom Öl zurückgehaltenen Schwefelkohlenstoff unter Bildung von kolloidem Bleisulfid reagiert. Bei Anwesenheit von Cruciferenölen ist diese Reaktion jedoch nicht eindeutig.

Wird an Stelle von Schwefelkohlenstoff bei der Extraktion von Olivenpreßlingen Trichloräthylen verwendet, so erhält man sog. Triolivenöl; es hat meist eine höhere Verseifungszahl als Sulfuröl, ist beinahe rein grün gefärbt und besitzt den charakteristischen Geruch des reinen Olivenöls. Die extrahierten Olivenöle aus Preßrückständen zeigen hohe Säuregehalte, oft zwischen 60 und 70%; von den Säuren sind 4—21% in Petroläther unlöslich. In diesen Extraktionsölen ist der größte Teil der festen Glyceride des Olivenöls zugegen. Sie enthalten aber auch harzartige Bestandteile, welche die Reaktion nach STORCH-MORAWSKI geben[1].

Olivenölaufstriche.

A. Ohne Zusätze bei Tageslicht auf neutraler Unterlage (Glas): „Anziehen" nach 2 Monaten. „Kleben" nach 4 Monaten. Noch immer klebrige Masse nach 9 Monaten. Kein klebefreies Antrocknen. Vollständige Löslichkeit in warmem Alkohol.

B. Im Quarzlampenlicht: „Kleben" nach 88 Stunden. Nach 187 Stunden (= 7 Tagen und 9 Stunden) Aufstrich nur mehr schwach klebend. Dieser im Quarzlicht vorgetrocknete Film wurde im Tageslicht nach 14 Tagen klebefrei trocken.

C. Auf katalysierenden Unterlagen: a) Bleifolie: nach 40 Tagen kein Trocknen. b) Mennigegrund: nach 20 Tagen klebend; nach 45 Tagen klebefrei trocken.

„Olivenöle sind also zwar keine praktisch normal trocknenden fetten Öle; sie zeigen aber im dünnen Aufstrich schon auf neutralen Unterlagen ein Verhalten, das jenem der typisch trocknenden analog, unter den natürlichen Versuchsbedingungen allerdings nicht bis zum praktischen Endeffekt des klebefreien Antrocknens führt, wohl aber nach Behandlung im Quarzlampenlichte. Sie sind ferner schon im zerstreuten Tageslicht beschleunigenden Einflüssen derart zugänglich, daß sie auf Unterlagen, welche diese ausüben, zum klebefreien Trocknen gelangen und sind ferner analog den übrigen fetten Ölen dem Einflusse katalytisch wirkender Farbstoffe zugänglich und außerdem jenem der in gleicher Richtung wirkenden, nur klebefrei trocknenden Ölfarbenunterlagen in dem Grade, daß bei gleichzeitigem Vorhandensein beider Einflüsse Trockenzeiten auftreten, die sich jenen der Farben aus praktisch trocknenden Ölen stark nähern." (EIBNER, 1926.)

Ozonzahl eines Olivenöles: 16,0.

Über oxydierte Olivenöle s. Bd. I, S. 408.

Olivenkernöl.

Huile de noyaux d'olive — Olive kernel oil — Olio di noccioli d'oliva.

Stammpflanze und Pflanzenfamilie	Verbreitung	Gehalt (% Öl) im Organ	Farbe bzw. Geschmack	Reaktion
Olea europaea Fam.: Oleaceae	Wie bei Olivenöl	Kern: 25—28%	Kalt gepreßt: goldgelb; heiß gepreßt: grünlich; extrahiert: dunkelgrün. Geschmack des gepreßten Öles: süßlich	Elaidinierung: sehr feste Masse

Fettsäuren: 10% Palmitin- und Stearinsäure; viel Ölsäure, sehr wenig Linolsäure.

[1] Hierauf beruht der Nachweis von Extraktionsolivenölen nach FACHINI: 3 ccm des Öles werden in einem Reagensglas mit 3 ccm Essigsäureanhydrid erwärmt, kurz geschüttelt, dann abgekühlt und durch ein kleines mit Essigsäureanhydrid befeuchtetes Filter gegossen. Das Filtrat versetzt man in einer Porzellanschale vorsichtig mit einigen Tropfen konzentrierter Schwefelsäure, worauf eine schöne weinrote Färbung auftritt, die nach Zusatz einiger ccm Wasser in grün umschlägt und nach längerer Zeit verschwindet.

Physikalische und chemische Kennzahlen des Öles.

Dichte d_{15}^{15}	Brechungs-Index n_D	Verseifungszahl	Jodzahl	R.-M.-Zahl
0,9180—0,9202	1,4682—1,4688 (25°)	181,2—188,5	81,8—87,8	1,6—2,4

Samenöl von Olea cuspidata.

Stammpflanze und Pflanzenfamilie	Verbreitung	Gehalt (% Öl) im Organ	Farbe bzw. Geschmack
Olea cuspidata Fam.: Oleaceae	Persien, Afghanistan, nordwestliches Indien	Frucht[1]: 31—32%	Grünlichgelb; ähnlich dem Olivenöl

Physikalische und chemische Kennzahlen.

	Dichte d_{15}^{15}	Verseifungszahl	Hehnerzahl	Jodzahl	R.-M.-Zahl
Öl	0,920	190,9	95,1	93,6	0,6

Samenöl von Olea ilicifolia.

(Fam.: Oleaceae). Ölgehalt: 4—5%. Jodzahl: 90—91.

Tatuöl von Tetrastylidium Engleri.

(Fam.: Oleaceae. Verbreitung: Brasilien). Die Samen enthalten 16% eines hell-bräunlichen, bitteren Öles, das folgende Reaktionen gibt: mit Schwefelsäure dunkelbraun; mit Salpetersäure rotbraun.

Brechnußöl.

(Strychnosöl.)

Huile de noix vomique — Nux vomica fat — Olio di noce vomica.

Stammpflanze und Pflanzenfamilie	Verbreitung	Gehalt (% Öl) im Organ	Farbe bzw. Geschmack	Anmerkung
Strychnos nux vomica Fam.: Loganiaceae	Indien, Ceylon, Nordaustralien	Samen (mit Äther extrahiert): 4—4,2%	Rohöl: tiefgrün (braun mit grüner Fluorescenz); bitter, unangenehmer Geruch. Gereinigt: gelblichbraun, nicht bitter	Die Alkaloide Brucin und Strychnin werden zusammen mit dem Fett extrahiert, von dem man sie mittels verdünnter Säure abtrennt

Bestandteile. Glyceride der Palmitin- und Arachinsäure: 8,6%; der Ölsäure: 74,5%. Glycerinausbeute: 8,8%. Unverseifbares s. unten.

Physikalische Kennzahlen.

	Dichte	Schmelzpunkt	Erstarrungspunkt
Fett	d_4^{20}: 0,8826 $d_{15,5}^{100}$: 0,8638	28—31,2°	—
Fett mit S.-Z. = 33,7	$d_{15,5}^{100}$: 0,892	—	(60°)[2]

[1] Die Früchte besitzen um den Samenkern herum nur eine dünne Fruchtfleischschicht, daher ist das aus den Früchten gewonnene Öl eigentlich ein Samenöl.

[2] Übrige Kennzahlen dieses Fettes (1—2% im Samen): Verseifungszahl 152; Jodzahl nach HÜBL: 54.

Chemische Kennzahlen.

	Verseifungszahl	Hehnerzahl	Acetylzahl	Jodzahl	R.-M.-Zahl	Unverseifbares
Fett I	168,9—170,6	95,2	11,7	73,8—79,3	0,7—1,3	12—12,4%
Fett II	159—160,3[1]	94,8	42,2	64,2[1]	1,7—1,8	16,9%
Fett III (mit S.-Z. = 18,5)	124,4	81 (?)	—	64,5—67,6	3,7	ca. 20%
Säuren	Neutral.-Z.:	M. M.-Gew.:	—	Innere Jodzahl:	—	—
von Fett I	—	281,2		94,0—96,2 [2]		
von Fett II	194,5	288	—	83,8 (Jodzahl des Fettsäurengemisches: 74,3)	—	—

Unverseifbares: (Jodzahl 89,1. Acetylzahl 105,9. Spezifische Drehung = +39°). Es wurden isoliert:

	Schmelzpunkt	Acetat-Schmelzpunkt
Unbenannter Alkohol $C_{32}H_{54}O$	99°	123—124°
„ $C_{35}H_{60}O$	188°	223°
„ ($C_{35}H_{58}O$?)	—	—
„ $C_{38}H_{68}O$	99°	121°
„ $C_{32}H_{54}O_2$	221°	—

Hancorniaöl.

Stammpflanze und Pflanzenfamilie	Verbreitung	Gehalt (% Öl) im Organ	Geschmack	Reaktion. Dichte
Hancornia speciosa Fam.: Apocynaceae	Brasilien	Samen, frisch: 37%; getrocknet: 57%	Mit Äther extrahiert: scharf; mit Petroläther extrahiert: mild	Rauchende Salpetersäure: nach 12 Stunden weiße, dickflüssige Masse. — d^{25}: 0,9099—0,9148

Samenöl von Thevetia neriifolia.

(„Exil"-Öl.)

Stammpflanze und Pflanzenfamilie	Verbreitung	Gehalt (% Öl) im Organ	Farbe bzw. Geschmack
Thevetia neriifolia (gelber Oleander) Fam.: Apocynaceae	Indien (Heimat: tropisches Amerika)	Samen, mit Petroläther extrahiert: 57%; gepreßt: 35—41%	Hellgelb; angenehmer Geschmack, an den des Mandelöls erinnernd

Bestandteile. Glyceride der Palmitinsäure: 17,1%; der Stearinsäure: 11,8%; der Arachinsäure: 0,4%; der Ölsäure: 64,3%; der Linolsäure: 6,3%. — 1,4% Unverseifbares (enthält ein Sitosterin vom Schmelzpunkt 137°; Acetat-Schmelzpunkt 129—130°).

Physikalische und chemische Kennzahlen des Öles.

Dichte	Erstarrungspunkt	Brechungs-Index n_D	Verseifungszahl	Hehnerzahl	Jodzahl	R.-M.-Zahl	Pol.-Zahl
d_{15}^{15}: 0,903 d^{25}: 0,9148	Teigig bei 15°, fest bei 13°	1,4599 (40°)	194,1	95,6	76,0	0,4	0,5

Säurezahl einer Probe: 4,3.

[1] Nach Entfernung des Unverseifbaren fand man für Fett II die Verseifungszahl 166,2 und die Jodzahl 69,4.

[2] Diesen Zahlen entsprechend müßten die flüssigen Fettsäuren außer Ölsäure noch eine andere, höher-ungesättigte Säure enthalten.

Samenöl von Cerbera odollam.

Stammpflanze und Pflanzenfamilie	Verbreitung	Gehalt (% Öl) im Organ	Farbe
Cerbera odollam Fam.: Apocynaceae	Salzsümpfe der Küstengebiete von Indien; Ceylon, Malayenstaaten; Inseln des stillen Ozeans	Samen, mit Petroläther extrahiert: 43,1%	Hellgelb;

Bestandteile. Glyceride der Palmitinsäure: 30%; der Stearinsäure: 9,9%; der Lignocerinsäure: 0,9%; der Ölsäure: 42,4%; der Linolsäure: 16,4%. Myristinsäure (?). 0,8% Unverseifbares (enthält viel Sitosterin).

Physikalische und chemische Kennzahlen des Öles.

Dichte d_{15}^{15}	Brechungs-Index n_D	Verseifungszahl	Hehner-zahl	Jodzahl
0,9144	1,4578 (60°)	191,1	94,8	73,8

Säurezahl der untersuchten Probe: 0,4.

Oleandersamenöl.

Stammpflanze und Pflanzenfamilie	Verbreitung	Gehalt (% Öl) im Organ	Farbe bzw. Geschmack
Nerium Oleander Fam.: Apocynaceae	Mittelmeer-gebiet	Samen, mit Petroläther extrahiert: 17,4%	Samenöl: grün; etwas bitter. Pappusöl: starke, grüne Fluorescenz; stark bitter

Fettsäuren. Die wasserunlöslichen Säuren bestehen aus 12% festen (Palmitin- und Stearinsäure) und 88% flüssigen Säuren (ca. 82% Ölsäure und 18% Linolsäure). Das Unverseifbare enthält ein Sitosterin vom Schmelzpunkt 137,5°; der flüssige Anteil des Unverseifbaren zeigte die Jodzahl 130,6.

Physikalische Kennzahlen.

	Dichte d_{15}^{15}	Brechungs-Index n_D
Samenöl	0,9355	1,4721 (25°) 1,4669 (40°)
Öl des Pappus	0,9253	1,4550 (70°)
Hehnerzahl-Fettsäuren des Samenöles	—	1,4595 (40°)

Chemische Kennzahlen.

	Verseifungszahl	Hehnerzahl	Acetylzahl	Jodzahl	R.-M.-Zahl	Pol.-Zahl
Samenöl	206,8	92,1	12,5	HÜBL, nach 2 St.: 105,2; nach 18 St.: 108,6;	16,3	0,4
Öl des Pappus	182,4	—	—	HÜBL, nach 2 St.: 91,4	—	—

Eine Probe des Samenöles zeigte die Säurezahl 2,5 und enthielt 2,1% Unverseifbares. Das Öl der Flugborsten („Pappus") enthielt 8% Unverseifbares.

Samenöl von Nerium odorum.

(Fam.: Apocynaceae. Verbreitung: Persien bis Zentralindien.) Die Samen enthalten ca. 16% Öl.

Chemische Kennzahlen.

Verseifungszahl	Jodzahl	R.-M.-Zahl
202—203	88	10,3

Eine Probe enthielt angeblich 19,5% Unverseifbares.

Strophanthusöl.

Huile de strophante — Strophanthus seed oil — Olio di strofanto.

Stammpflanzen und Pflanzenfamilie	Verbreitung	Gehalt (% Öl) im Organ	Farbe bzw. Geschmack	Reaktion. Konsistenz
Strophanthus hispidus, Strophanthus Preussii, Strophanthus Kombe[1] Fam.: Apocynaceae	Tropisches und subtropisches Afrika	Samen: 22%; mit Petroläther extrahiert: 31—32%	Bräunlichgrün; stark bitter; narkotischer Geruch	Elaidinierung: positiv. — Dickflüssig bis salbenartig

Bestandteile: 21% gesättigte Säuren (ca. 70% Palmitin-; ca. 30% Stearinsäure; angeblich Ameisensäure in Spuren); 73% ungesättigte Säuren (80% Ölsäure, 20% Linolsäure). 1,1—1,4% Unverseifbares (s. unten).

Physikalische Kennzahlen.

	Dichte d_{15}^{15}	Schmelzpunkt	Erstarrungspunkt	Brechungs-Index n_D
Rohöl I	0,8995	—	11,5—12°	1,4569 (40°)
Öl II	0,9252	—	16—17°	1,4615 (40°)
Öl III	0,915	—	—	—
Verschiedene Öle	0,9249—0,9285	2°	−6° (?)	—
Fettsäuren	—	28—30,2°	—	—

Chemische Kennzahlen.

	Verseifungszahl	Hehnerzahl	Jodzahl	R.-M.-Zahl	Pol.-Zahl	Br.-Th.-Z.
Rohöl I	—	—	83,6	—	—	—
Öl II	190	93,9	95	1,3	0,6	—
Öl III	178,6	90,2	88—92	3,8	0,5	11,1
Verschiedene Öle	187,9—194,6	94,1—95,3	89,3—101,6	0,5—0,9	—	—

Rohöl I (Säurezahl 13,6), Öl II (Säurezahl 17,6), Öl III (Säurezahl 42,3) stammen sämtlich von Strophanthus hispidus. Unverseifbares: bis zu 60% kristallin. Bestandteile, darunter Sitosterin, Schmelzpunkt 137° (gereinigt 140°); Acetat-Schmelzpunkt 127—128° (gereinigt 130°).

Holarrhena-Samenöl.

Stammpflanze und Pflanzenfamilie	Verbreitung	Gehalt (% Öl) im Organ
Holarrhena antidysenterica Fam.: Apocynaceae	Tropen Asiens	Samen, mit Petroläther extrahiert: 19%

Bestandteile. Glyceride der Palmitinsäure: 5,6%; der Stearinsäure: 6,8%; der Lignocerinsäure: 1,9%; der Ölsäure: 21%; der Linolsäure: 54,7%; der Linolensäure: 10%. 3,5% Unverseifbares (enthält ein Phytosterin; Acetat-Schmelzpunkt 119—120°).

Physikalische und chemische Kennzahlen des Öles.

Dichte d_{15}^{15}	Brechungs-Index n_D	Verseifungszahl	Hehnerzahl	Acetylzahl	Jodzahl	R.-M.-Zahl	Pol.-Zahl
0,9354	1,4666 (60°)	180,5	94,3	22,9	149,1	1,7	0,4

Säurezahl der untersuchten Probe: 36,1.

[1] Der in den Samen dieser Varietät enthaltene Giftstoff ist löslich in Wasser, Amyl- und Äthylalkohol und stammt von mehreren Glykosiden.

Akoonsamenöl.

Akoon seed oil.

Stammpflanze und Pflanzenfamilie	Verbreitung	Gehalt (% Öl) im Organ	Farbe
Calotropis gigantea. Fam.: Asclepiadaceae	Indien	Samen, ungeschält: 26,8%	Olivgrün

Physikalische Kennzahlen.

	Schmelzpunkt	Erstarrungspunkt	Lichtbrechung B.-Refr. Sk. T.
Öl	—	—	54,5 (40°) 63,0 (25°)
Fettsäuren	38,8°	31,0°	43,8 (40°)

Chemische Kennzahlen.

	Verseifungszahl	Hehnerzahl	Jodzahl	R.-M.-Zahl	Pol.-Zahl
Öl	196,4	95,6	84,3	0,6	0,4
Fettsäuren	199,6	M. M.-Gew.: 286,6	87,6	—	—

Reihe: Tubiflorae.

Pharbitis-Samenöl.

(Asagaoöl.)

Stammpflanze und Pflanzenfamilie	Verbreitung	Gehalt (% Öl) im Organ	Farbe bzw. Geruch	Anmerkung
Pharbitis Nil = Ipomoea bicolor Fam.: Convolvulaceae	Persien, Turkestan, Indien	Samen (ältere Angabe): 13,5—14,4%; schwarze Samen: 11,9%; weiße Samen: 12,1%	Gelb; unangenehmer Geruch	Nahe verwandt ist das Öl von Pharbitis tribola (Japan)

Fettsäuren: Essigsäure, Palmitinsäure, Stearinsäure; vorwiegend Ölsäure und geringe Mengen einer höher-ungesättigten flüssigen Säure.

Physikalische Kennzahlen.

	Dichte d_{15}^{15}	Schmelzpunkt	Brechungs-Index n_D
Öle I	0,9236—0,9255	—	1,4720—1,4722 (20°)
Öle II	0,9232—0,9247	—	1,4720—1,4721 (20°)
Fettsäuren	—	33—34,5°	—

Chemische Kennzahlen des Öles.

	Verseifungszahl	Hehnerzahl	Jodzahl	R.-M.-Zahl
Ältere Angaben	194,6	95,3	95,6	—
Öle I	189,8—191,9	94,9—95,8	94,8—98,6	0,4—0,6
Öle II	189,9—190,3	95,0—95,7	93,9—97,3	0,4—1,0
Fettsäuren	Neutral.-Z.: 200,6—201,4	M. M.-Gew.: 278,5—280,5	103,6—104,9 (Hübl)	—

Öle I: aus schwarzen Samen; Säurezahlen 5,3 und 7,3. Unverseifbares: 1,7—2,3%.
Öle II: aus weißen Samen; Säurezahlen 2,7 und 4,4. Unverseifbares: 1,7—2,4%.

Aegiphila-Samenöl.

Stammpflanze und Pflanzenfamilie	Verbreitung	Gehalt (% Öl) im Organ	Farbe
Aegiphila obducta. Fam.: Verbenaceae	Brasilien	Samen: 21,6%	Dunkelgelb

Physikalische und chemische Kennzahlen des Öles.

Dichte	Verseifungszahl	Jodzahl
d^{26}: 0,9579	198,8—200	64,1—64,2

Eine Probe zeigte die Säurezahl 72,2.

Bignoniaöl.

Stammpflanze und Pflanzenfamilie	Verbreitung	Farbe bzw. Geruch und Geschmack
Bignonia flava Fam.: Bignoniaceae	Tropisches Amerika	Gelbrot bis rotbraun; eigenartiger Geruch und Geschmack

Chemische Kennzahlen.

	Verseifungszahl	Jodzahl
Öl	185,3—186,1	83,6—93,9

Säurezahlen zweier Proben: 46,2 bzw. 46,4.

Samenöl von Stenolobium stans.

Stammpflanze und Pflanzenfamilie	Verbreitung	Gehalt (% Öl) im Organ[1]	Farbe bzw. Geschmack	Reaktionen
Stenolobium stans Fam.: Bignoniaceae	Amerika	Samen: 21,3%	Hellbräunlich; kratzend, ekelerregend	Schwefelsäure: purpurrot. Rauchende Salpetersäure: braun mit graugrünem Rand; nach 12 Stunden gelbe weiche Masse

Physikalische Kennzahlen: Dichte $d^{27} = 0,9315$.

Kalebassenbaum-Samenöl.

Stammpflanze und Pflanzenfamilie	Verbreitung	Gehalt (% Öl) im Organ	Farbe	Konsistenz
Crescentia Cujete Fam.: Bignoniaceae	Tropisches Amerika (Surinam)	Samen: 22%	Hellgelb	Flüssig; bei 0° noch nicht fest

Chemische Kennzahlen.

	Verseifungszahl	Jodzahl
Öl	190	78

[1] Die Blätter enthalten angeblich 1,2% flüssiges Öl und 1,4% festes Fett.

Die Samen der in Brasilien heimischen Bignoniaceen: **Zeyhera tuberculosa** und **Pithecoctonium echinatum** liefern gelb gefärbte Öle. Vom letzteren wurden nur einige chemische Kennzahlen bestimmt:

Verseifungszahl	Jodzahl	Säurezahl
181,6—184,8	50,7	51,5

Samenöl von Martynia Louisiana.

Unicorn seed oil.

Stammpflanze und Pflanzenfamilie	Verbreitung	Gehalt (% Öl) im Organ	Farbe
Martynia Louisiana. Fam.: Martyniaceae	Amerika	Samen: 24,4%	Gelb

Physikalische und chemische Kennzahlen des Öles.

Dichte d_{15}^{15}	Brechungs-Index n_D	Verseifungszahl	Jodzahl
0,9157	1,4760—1,4767 (15,5°)	197,1—198,6	122,3—122,8

Samenöl von Gilletiella congolana.

Stammpflanze und Pflanzenfamilie	Verbreitung	Gehalt (% Öl) im Organ	Farbe bzw. Geschmack	Anmerkung
Gilletiella congolana, Dur. und De Wild. Fam.: Acanthaceae	Belgisch-Kongo	Samen extrahiert: 28,8%; Kern getrocknet, mit Äther extrahiert: 47,6%	Hell-goldgelb; angenehmer Geschmack; geruchlos	Anfangs klar, nach 24 Stunden (bei 22°) Festwerden unter Abscheidung einer kristallinischen Masse

Bestandteile von Öl II. Säuren: 35% fest, 65% flüssig; je 0,8% wasserlösliche bzw. unlösliche flüchtige Säuren. Unverseifbares: 1,1%.

Physikalische Kennzahlen.

	Dichte	Schmelzpunkt	Brechungs-Index n_D	Kritische Lösungstemperatur in abs. Alkohol
Öl I	—	—	1,4664 (22°)	87,3°
Öl II	d^{16}: 0,9159	—	—	—
Fettsäuren von Öl II	—	29°	—	—

Chemische Kennzahlen.

	Verseifungszahl	Hehnerzahl	Acetylzahl	Jodzahl
Öl I	200,9	95	—	78,9
Öl II	192,5	90	7,0	93,8
Fettsäuren von Öl I	220,9 Neutral.-Z.: 186,4	M. M.-Gew.: 253,9 300,9	—	77,4
Fettsäuren von Öl II	Verseifungszahl: 205,7	272,2	—	—

Öl I hatte die Säurezahl 2,2 und gab ca. 9% Glycerin. Öl II hatte 0,8% freie Säuren (ber. als Ölsäure).

Reihe: Rubiales.

Kaffeebohnenöl.

Huile de café — Coffee berry oil — Olio di caffè.

Stammpflanzen und Pflanzenfamilie	Verbreitung	Gehalt (% Öl) im Organ[1]	Farbe bzw. Geruch	Anmerkung
Coffea arabica u. a. Varietäten, insbesondere Coffea liberica. Fam.: Rubiaceae	C. arabica: Brasilien, Java, Sumatra, Ceylon, Mittelamerika; C. liberica: Tropisches Westafrika	Natürliche Bohnen, mit Äther oder Petroläther extrahiert: 5 bis 15%. Verlust beim Rösten: 10%; beim Glasieren: 20% (der Gesamtmenge)	Aus rohen Bohnen extrahiert: hellgelb; aus gerösteten: grünlich- bis dunkelbraun. Charakteristisches Kaffeearoma	Starke Schwankungen der Eigenschaften und Kennzahlen sind durch den mehr oder minder hohen Gehalt des Öles an Kaffeewachs bedingt. Beim längeren Stehen scheiden sich manchmal aus Kaffeebohnenöl geringe Mengen von Coffeinkrystallen aus

Bestandteile: 0,5% Caprinsäure; 25—28% Palmitinsäure; 1—1,5% Daturinsäure; 10% Carnaubasäure; 2% Ölsäure; 50% Linolsäure. 7—21% Unverseifbares (Wachs, s. S. 561).

Physikalische Kennzahlen.

	Dichte d_{15}^{15}	Schmelzpunkt	Erstarrungspunkt	Lichtbrechung B.-Refr. Sk. T.	Lichtbrechung Brechungs-Index n_D
Öl	0,951—0,953 $d^{24,5}$: 0,942	8—9°	3—11°	76,5—79,3 (25°)	1,4777—1,4778 (25°)
Öl I	—	—	—	63—70 (25°)	1,4678—1,4723 (25°)
Öl II	—	—	—	66—72 (25°)	1,4697—1,4735 (25°)
Fettsäuren	—	37—41°	34—36°	—	—

Chemische Kennzahlen.

	Verseifungszahl	Jodzahl	R.-M.-Zahl	Thermozahl
Öl	170—195	79—91	1,0—1,7	53—55
Öle I	149—160	79—85	—	—
Öle II	158—166	82—87	0,3—0,4	—
Öle III	168—179	76—90	—	—
Fettsäuren	Neutral.-Z.: 172—178	89—91	—	—

Öle I: aus rohen Bohnen; Säurezahlen zwischen 5,2 und 9. Öle II: aus gerösteten Bohnen; Säurezahlen von 7,5 bis 11,5. Öle III: mittels Tetrachlorkohlenstoff extrahiert; Säurezahlen zwischen 8,6 und 15,5.

Samenöl von Ixora coccinea.

Stammpflanze und Pflanzenfamilie	Verbreitung	Gehalt (% Öl) im Organ	Anmerkung
Ixora coccinea. Fam.: Rubiaceae	Surinam	Samen: 18%	Öl bei 0° noch nicht fest

Chemische Kennzahlen.

Verseifungszahl	Jodzahl
194	133

Die Samen von **Randia Formosa** (Familie: Rubiaceae) enthalten 1,5% Fett.

[1] Sehr verschieden je nach der Varietät der Stammpflanze, der Bodenbeschaffenheit (sandig usw.) und der Gewinnungsmethode.

Reihe: Cucurbitales.

Samenöl von Fevillea cordifolia.

(Sequa- oder Secua-Öl, Caccon-Öl, Nhandiroba-Öl.)

Stammpflanze und Pflanzenfamilie	Verbreitung	Gehalt (% Öl) im Organ	Farbe bzw. Geschmack
Fevillea cordifolia. Fam.: Cucurbitaceae	Indien, Tropisches Amerika	Kern: 55—60°	Gelblich-weiß; mild

Physikalische und chemische Kennzahlen des Öles.

Dichte d_{15}^{15}	Schmelzpunkt	Erstarrungs-punkt	Lichtbrechung B.-Refr. Sk. T.	Verseifungszahl	Jodzahl
0,9309	21—34°	19°	77,1 (40°)	192,9	52,4 (WIJS)

Freie Fettsäuren: 0,3% (als Ölsäure berechnet).

Talerkürbisöl.

(Koëmi-Öl, Telfairiaöl.)

Huile de Telfairia, Huile de châtaignes d'Inhambané — Koëme oil, Kilima-Njaro-nut oil — Olio di Telfairia.

Stammpflanze und Pflanzenfamilie	Verbreitung	Gehalt (% Öl) im Organ	Farbe bzw. Geschmack	Reaktion
Telfairia pedata Fam.: Cucurbitaceae	Ostafrika	Samen[1]: 33—36%; Kern, extrahiert: 59—64%; gepreßt: ca. 50%	Hellgelb bis rotgelb. Gepreßtes Öl: angenehmer Geschmack und Geruch	Elaidinierung: positiv

Bestandteile: Palmitinsäure, Stearinsäure, Telfairiasäure $C_{18}H_{32}O_2$ (s. Bd. I, S. 7 und 20). Ungesättigte Oxysäure $C_{24}H_{40}O_3$ (Acetylzahl!). 0,4—0,9% Unverseifbares. Das Öl gibt ca. 10% Glycerin.

Physikalische Kennzahlen.

	Dichte d_{15}^{15}	Schmelzpunkt	Erstarrungs-punkt	Lichtbrechung B.-Refr. Sk. T.	Lichtbrechung Brechungs-Index n_D
Öl	0,918—0,9185	10°	6—8,5°	54,5 (40°) 61—62 (30°) 63—64 (25°)	1,4686 (15°)
Fettsäuren	—	43,5—44°	38,8—42°	—	1,4492 (50°)

Chemische Kennzahlen.

	Verseifungszahl	Hehnerzahl	Acetylzahl	Jodzahl
Öl	186,5—197,5	96,5	26,9	84,2—90,4 (100,7)
Fettsäuren	Neutral.-Z.: 209,1	M. M.-Gew.: 266	—	86,7 (kein oberer Grenzwert)

[1] Auch „Kilimandscharo-Nüsse" oder „Jiconga-Nüsse" genannt.

Samenöl von Telfairia occidentalis.

Stammpflanze und Pflanzenfamilie	Verbreitung	Gehalt (% Öl) im Organ	Farbe
Telfairia occidentalis. Fam.: Cucurbitaceae	Westafrika	Samen: 32,2%; Kern: 48,2%	Extrahiert: dunkelbraun

Physikalische Kennzahlen.

	Dichte d_{15}^{15}	Schmelzpunkt	Erstarrungspunkt	Brechungs-Index n_D
Öl	0,9135	−1°	−2,5°	1,4763 (20°)
Fettsäuren	—	42°	39,5°	1,4613 (50°)

Chemische Kennzahlen.

	Verseifungszahl	Hehnerzahl	Jodzahl (WIJS)
Öl	262,2 (?)	96,6	43,4
Fettsäuren	Neutral.-Z.: 221	M. M.-Gew.: 251,5	45,9

Die untersuchte Probe enthielt 0,4% Unverseifbares und gab ca. 11% Glycerin. Die chemischen Kennzahlen sind miteinander nicht in Einklang zu bringen und bedürfen der Überprüfung.

Momordicafett.

Stammpflanze und Pflanzenfamilie	Verbreitung	Gehalt (% Öl) im Organ	Farbe bzw. Geruch	Besonderes Merkmal
Momordica Cochinchinensis Fam.: Cucurbitaceae	Indien, Formosa, Philippinen	Kern, mit Petroläther extrahiert: 47%; mit Äther nachfolgend noch ca. 1%	Extrahiert: lichtbraun; bei 40° gepreßt: braungrün; beim Stehen an der Luft heller werdend; unangenehmer Geruch	Durch Erhitzen auf 200 bis 240° verliert das Fett die Fähigkeit, beim nachfolgenden Abkühlen zu erstarren; es bleibt auch bei niedriger Temperatur dickflüssig und bildet, in dünner Schicht der Luft ausgesetzt, klebende Filme

Physikalische und chemische Kennzahlen.

	Schmelzpunkt	Erstarrungspunkt	Brechungs-Index n_D	Verseifungszahl	Jodzahl
Fett	28—32°	—	1,496 (40°)	185,2	23,4
Säuren	46—51°	42—44°	—	Neutral.-Z.: 188,3	ca. 40

Die durch Pressung gewonnene Probe hatte die Säurezahl 1,9 und enthielt nur Spuren unverseifbarer Bestandteile.

Samenöl von Luffa acutangula[1].

Stammpflanze und Pflanzenfamilie	Verbreitung	Gehalt (% Öl) im Organ	Farbe
Luffa acutangula Fam.: Cucurbitaceae	Indien und andere tropische Gebiete der Alten Welt	Samen, mit Äther extrahiert: 20%	Extrahiert: hellgrün; gepreßt: hellgelb

[1] S. a. S. 159 und Nachtrag S. 509.

Physikalische Kennzahlen.

	Dichte d_{15}^{15}	Schmelzpunkt	Erstarrungspunkt	Lichtbrechung B.-Refr. Sk. T.
Öl	0,9363 (0,9002)[1]	—	15°	73 (25°)
Fettsäuren	—	44,1°	—	—

Chemische Kennzahlen.

	Verseifungszahl	Hehnerzahl	Jodzahl	R.-M.-Zahl	Pol.-Zahl
Öl	229,2	82,3	40,1	13,1	0,8
Fettsäuren	Neutral.-Z.: 215	M. M.-Gew.: 260,8	—	—	—

Die untersuchte Probe zeigte die Säurezahl 93,7 und enthielt 1,1% Unverseifbares.

Kadamfett.

Beurre de Kadam — Kadam seed fat — Burro di semi di Kadam.

Stammpflanze und Pflanzenfamilie	Verbreitung	Gehalt (% Öl) im Organ	Farbe
Trichosanthes Kadam Fam.: Cucurbitaceae	Sumatra	Kern: 68,7%	Gelb bis braun; geruch- und geschmacklos

Fettsäuren: angeblich 20% Palmitinsäure, 80% Ölsäure.

Physikalische und chemische Kennzahlen.

	Dichte d_{15}^{15}	Schmelzpunkt	Verseifungszahl	Jodzahl
Fett	0,919	21°	197,6	66—69

Fett von Anisosperma passiflora.

Stammpflanze und Pflanzenfamilie	Verbreitung	Gehalt (% Öl) im Organ	Dichte	Konsistenz
Anisosperma passiflora Fam.: Cucurbitaceae	Brasilien	Samen: 20,8%	d^{22}: 0,902	Bei Zimmertemperatur talgartig

Weniger untersuchte Öle zweier brasilianischer Cucurbitaceen.

Stammpflanze	Ölgehalt im Organ	Farbe bzw. Geschmack	Dichte
Sicydium monospermum	Samenkern: 30%	Unangenehmer Geschmack	$d^{22,5}$: 0,927
Cayaponia Cabocla (C. globosa)	Samenkern: 13,7%	Hellgelb, kratzend	d^{21}: 0,9683 (?)

Reihe: Campanulatae.

Öl aus Blättern und Stengeln von Campanula rotundifolia.

(Familie: Campanulaceae.)

Verseifungszahl	Jodzahl	Unverseifbares	Säurezahl
130,6—130,9	88	48,3%	77,6—78,7

[1] Nach LEWKOWITSCH-WARBURTON, Ch. Technology, 6. edition, 1922.

Pflanzenfette unbekannter Abstammung.

„Ceje“-Öl[1].

Verbreitung: Venezuela (Orinokogebiet).

Bestandteile: Palmitinsäure, Stearinsäure; vorwiegend Ölsäure. 0,5% Unverseifbares.

Physikalische Kennzahlen.

	Dichte d_{15}^{15}	Schmelzpunkt	Erstarrungspunkt	Lichtbrechung B.-Refr. Sk. T.
Öl	0,9125	—	−12°	59—60 (25°)
Fettsäuren	—	30,3°	22°	—

Chemische Kennzahlen.

	Verseifungszahl	M. M.-Gew.	Acetylzahl	Jodzahl	R.-M.-Zahl
Öl	200,5	—	—	69,9—71 (Hübl)	0,3
Fettsäuren	Neutral.-Z.: 195,5 (zu niedrig)	283,7	12,1	75,3 (Hübl)	—

Marquaquanußöl[2].

(„M'QuaQua“-Nußöl.)

Verbreitung: Portugiesisch-Ostafrika. Ölgehalt im Samenkern: 20%; im Fruchtfleisch: 45%.

Physikalische und chemische Kennzahlen.

Erstarrungspunkt	Lichtbrechung B.-Refr. Sk. T.	Verseifungszahl	Jodzahl
4°	49,7 (40°)	189,3	70,1

Die untersuchte Probe enthielt 1,3% freie Fettsäuren (als Ölsäure berechnet).

„Andirobinha“-Samenöl[3].

Ölgehalt im Kern: 70,8%.

Physikalische und chemische Kennzahlen des Öles.

Lichtbrechung B.-Refr. Sk. T.	Verseifungszahl	Jodzahl	R.-M.-Zahl	Pol.-Zahl	Kirschnerzahl
51,9 (40°)	236,8	52,7	45,0	0,5	26,7

Verschiedene Proben enthielten 4—16% freie Fettsäuren (berechnet als Ölsäure) und 2—3% Unverseifbares.

---

[1] Nach freundlicher Privatmitteilung des Kolonial-Wirtschaftlichen Komitees, Berlin, vom 9. Januar 1928 konnte die Stammpflanze des Öles bisher nicht festgestellt werden.

[2] Nach freundlicher Privatmitteilung des Imperial Institute, London, vom 20. Januar 1928 konnte die Stammpflanze des Öles bisher nicht festgestellt werden.

[3] Die Kennzahlen dieses Öles zeigen mit denen des „Andiroba“-Öles von Carapa guyanensis (s. S. 264) keine Ähnlichkeit.

2. Hauptabschnitt: Tierfette.

Neueinteilung des Gebietes.

Bisher wurden die tierischen Fette in solche von Landtieren einerseits und solche von Seetieren andererseits eingeteilt. Diese Art der Gliederung trifft insofern nicht das Richtige, als die Fette einiger Klassen von Land- und Süßwassertieren (Amphibien, Reptilien, Süßwasserfische) ihrer Zusammensetzung nach mit den „Seetierölen" verwandt sind.

Bei einer kritischen Betrachtung der Analysenergebnisse sämtlicher bisher untersuchter Tierfette zeigte sich, daß bis auf wenige Ausnahmen, die ihre Erklärung in Anpassungserscheinungen der betreffenden Tierfamilien an die Bedingungen ihrer Umwelt finden, zwei andere Gruppen von Tieren oder, genauer ausgedrückt, von Wirbeltieren, über Körper- und Organfette verfügen, die innerhalb dieser Gruppen weitgehende Analogien, hauptsächlich bezüglich ihres Sättigungsgrades bzw. des Gehaltes an hoch-ungesättigten Säuren aufweisen[1]. Es sind dies die wechselwarmen Tiere oder Poikilothermen[2] einerseits und die gleichwarmen Tiere oder Homoiothermen[3] andererseits. Die Fette der ersten Kategorie zeigen in der überwiegenden Mehrzahl der Fälle hohe Jodzahlen, während die Fette der zweiten Gruppe von Tieren viel niedrigere Jodzahlen haben. Auch die Eieröle der beiden Kategorien unterscheiden sich deutlich in Bezug auf ihren Sättigungsgrad. Die Jodzahlen der Fette von Vogeleiern liegen zwischen 80 und 90, während die der Eier von Amphibien, Reptilien und Fischen über 100, meist zwischen 140 und 170, liegen. Einige Beispiele von Fetten aus verschiedenen Körperteilen von Poikilothermen sind in der folgenden Tabelle angeführt.

Bei den Fetten der „Homoiothermen" zeigen sich höhere Jodzahlen nur dort, wo eine klimatische Anpassung des betreffenden Tieres auch in der Zusammensetzung seines Körperfettes zum Ausdruck kommt, wie beim Eisbär und beim Pinguin, deren Fette Jodzahlen zwischen 127 und 147 zeigen. Zu diesen ökologisch zu den Seetieren zu rechnenden Homoiothermen gehören auch die Flossenraubtiere (Robben usw.) und die Wale.

Was die Fette der niederen (wirbellosen) Tiere aller übrigen Klassen anbetrifft, so ist eine Unterteilung nach chemischen Gesichtspunkten noch nicht möglich; das Tatsachenmaterial ist zu gering. Sie werden einfach nach dem

[1] Halden: Ch. Umschau Bd. 35, S. 55. 1928.

[2] Fische, Amphibien, Reptilien. Die Körpertemperatur dieser Tiere nimmt mit der Temperatur der Umgebung zu und ab (poikilos = wechselnd, poikilotherm = wechselwarm). Bei der Prüfung seiner neuen Methode zum Nachweis von Tranen hat M. Tsujimoto festgestellt, daß die Fette von Reptilien und Amphibien ähnliche Niederschläge geben wie die der Seetiere. Ch. Umschau Bd. 33, S. 269. 1926.

[3] Hierzu gehören die Säugetiere und Vögel; ihre Körpertemperatur ist, unabhängig von der Temperatur der Umgebung, konstant. Die landläufigen Bezeichnungen „Warmblüter" bzw. „Kaltblüter" sind nicht zutreffend, denn letztere können unter Umständen sogar eine höhere Bluttemperatur aufweisen als die sog. Warmblüter. Andererseits sind die Embryonen der „warmblütigen Tiere" poikilotherm, d. h. wechselwarm. Eine interessante Zwischengruppe bilden die „Winterschläfer"; sie sind im Sommer homoiotherm, in der kalten Jahreszeit haben sie jedoch eine Körpertemperatur, die nur wenig oberhalb der ihrer Umgebung liegt, solange diese nicht unter 10° C sinkt; in diesem Falle erfolgt Erwachen und Gegenregulation, sonst der Tod. Die Fette der winterschlafenden Tiere zeigen auch Besonderheiten, die mit der Lebensweise zusammenhängen. So wurden von S. Ueno im Dachsfett erhebliche Mengen von höher-ungesättigten Fettsäuren aufgefunden; siehe Tsujimoto a. a. O.

Jodzahlen von Körper- und Organfetten einiger „Poikilothermen"[1].

Spender[2]	Körperfett	Muskelfett	Leberöl	Eieröl
Regenwurm	120—165	—	—	—
Blutegel	113—139	—	—	—
Hummer	—	152—179	165—180	—
Krebs	—	101—119	116—136	141—153
Seidenraupe	—	—	—	140
Schnecke	—	88	113—135	—
Miesmuschel	132	—	—	—
St.-Jakobs-Pilgermuschel	—	131—152	181—185	113—122
Seeigel	—	—	—	150—163
Hering	—	120—141	113	148—188
Süßwasseraal	—	103	—	—
Karpfen	—	149—156	156—158	159 (Testikeln 192)
Schleie	—	157	160	163
Hecht	—	157—189	142—157	151—170
Frosch	—	114—148	139—156	133—139
Schildkröte	—	120—131	115—120	98—109

zoologischen System der Spender geordnet. Es ergibt sich somit die folgende Gliederung:

I. Poikilothermenfette und Trane (Untergruppe: Fisch-Leberöle).

II. Homoiothermenfette (mit Ausnahme der Trane von meerbewohnenden Homoiothermen).

Unterabteilung: Milchfette.

Anhang: Fette von niederen Tieren (Wirbellosen).

Diese Einteilung hat auch den Vorteil, daß man das Menschenfett ohne Bedenken in die zweite Gruppe einreihen kann, wo es als letztes der „Homoiothermen-Fette" seine systematisch richtige Stelle findet; außerdem ergibt die obige Einteilung eine natürliche Analogie mit der Gruppierung der Pflanzenfette in „trocknende" und „nichttrocknende Öle und Fette".

Die einzelnen tierischen Fette wurden innerhalb der obenerwähnten Abteilungen dem zoologischen System entsprechend angeordnet, wobei als Grundlage das „Lehrbuch der Zoologie" von Claus und Grobben (3. Aufl., Marburg 1917) diente. Für die Klassifizierung der nahezu ausschließlich von japanischen Forschern untersuchten Haifisch- und Rochen-Leberöle wurde zu Rate gezogen: Jordan, Tanaka und Snyder, „A Catalogue of the Fishes of Japan", Tokyo 1913; für die übrigen Fische, deren Öle in letzter Zeit vielfach durch amerikanische Autoren bekannt wurden, leistete als Hilfsmittel bei der Anordnung gute Dienste: Jordan und Evermann, „The Fishes of North and Middle America" 4 Bände, herausgegeben von der Smithsonian Institution, Washington 1896 bis 1900; für die Einteilung der Amphibien- und Reptilienöle, deren Kenntnis man auch vorwiegend japanischen Autoren verdankt, kam schließlich öfters als Nachschlagewerk zur Anwendung: Stejneger, „Herpetology of Japan and adjacent Territory", Washington 1907.

Wir möchten auch an dieser Stelle Herrn Dozent Dr. J. Meixner (Zoolog. Institut der Universität Graz, Direktor Prof. Dr. L. Böhmig) für die freundliche Hilfsbereitschaft bei der Sicherstellung der Familienzugehörigkeit seltener Tierarten unseren besten Dank aussprechen.

[1] Zoologisch nicht näher definierte Arten; zusammengestellt nach Terroine, Bonnet, Kopp und Véchot, Bull. Soc. Chim. Biol. Bd. 9, S. 605. 1927.

[2] Nach dem Lehrbuch der Zoologie von Claus-Grobben systematisch angeordnet.

Poikilothermen-Fette.

Klasse: Cyclostomata (Rundmäuler).

Ordnung: Hyperoartia.

Neunaugen-Öl.

Lamprey oil.

Tierart (Spender) und Tierfamilie	Verbreitung	Farbe bzw. Geruch
Entophenus japonicus, MARTENS Fam.: Petromyzontidae[1]	Gewässer des nördlichen Asiens (Japan)	Orange bis rotbraun; Fischgeruch

Unverseifbares: 0,7—1,1%; enthält erhebliche Mengen einer harzartigen Substanz, die folgende Reaktionen zeigt: tiefe Violettfärbung mit konz. Schwefelsäure in Schwefelkohlenstoff; mit japanischer Fullererde tiefe Blaufärbung.

Physikalische und chemische Kennzahlen.

	Dichte d_4^{15}	Brechungs-Index n_D	Verseifungszahl	Jodzahl (WIJS)	Polybromide[2]
Öl I	0,9285	1,4760 (20°)	187,4	153,3	—
Öl II	0,9263	1,4774 (20°)	192,3	156,0	—
Säuren von Öl I	—	—	—	—	36,1% (Bromgehalt: 69,4%)
von Öl II	—	—	—	—	37,4% (Bromgehalt: 70,8%)

Öl I zeigte die Säurezahl 43,4; Öl II hatte Säurezahl 1,9.

Klasse: Pisces (Fische).

Unterklasse: Elasmobranchii.

Ordnung: Selachii.

Zitterrochenöl.

Huile de torpille — Cramp fish oil — Olio di torpedine.

Tierart (Spender) und Tierfamilie	Verbreitung
Torpedo marmorata. Fam.: Torpedinidae	Atlantischer Ozean, Mittelmeer, Indischer Ozean

Physikalische und chemische Kennzahlen.

	Dichte d_{15}^{15}	Verseifungszahl	Jodzahl
Öl	0,909	148,2	107,3

Die untersuchte Probe zeigte die Säurezahl 0,8 und enthielt 22% Unverseifbares; aus letzterer Zahl erklärt sich der niedrige Wert der Verseifungszahl.

[1] Bei JORDAN, TANAKA und SNYDER „A Catalogue of the Fishes of Japan", Tokyo 1913, finden sich die folgenden Bezeichnungen für die Art, bzw. die Familie: Entosphenus jap. (Fam.: Petromyzonidae).
[2] In Äther unlöslich.

Stechrochenöl.

(Akajeiöl.)

Tierart (Spender) und Tierfamilie	Verbreitung	Ölgehalt	Farbe bzw. Geruch	Anmerkung
Dasyatis akajei Fam.: Dasyatidae	In vielen Meeren verbreitet (die untersuchte Probe stammte aus Japan)	Ganzer Fisch, ausgeschmolzen: $^1/_2$ kg Öl	Gelblichrot; unangenehmer Geruch	Das Öl wird nach einstündigem Abkühlen auf 0° fest

Physikalische Kennzahlen.

	Dichte d_{15}^{15}	Schmelzpunkt	Lichtbrechung B.-Refr. Sk. T.	Lichtbrechung Brechungs-Index n_D
Öl	0,9268	—	80,1 (20°)	1,4784 (20°)
Säuren	—	32,5°	—	—

Chemische Kennzahlen.

	Verseifungszahl	Jodzahl	Ätherunlösliche Polybromide
Öl	187	162	—
Säuren	—	—	37,5% (Bromgehalt: 69,3%)

Die untersuchte Probe zeigte die Säurezahl 1,7.

Unterklasse: Teleostomi.

Ordnung: Chondroganoidea.

Stör-Öl.

Huile d'esturgeon — Sturgeon oil — Olio di storione.

Tierart (Spender) und Tierfamilie	Verbreitung
Acipenser sturio. Fam.: Acipenseridae	Atlantischer Ozean

Physikalische und chemische Kennzahlen.

	Dichte d_{15}^{15}	Verseifungszahl	Jodzahl
Öl	0,9236	186,3	125,3

Die untersuchte Probe zeigte die Säurezahl 0,2 und enthielt 1,8% Unverseifbares.

Ordnung: Teleostei (Knochenfische).

Heringsöl.

Huile de hareng — Herring oil — Olio di aringhe.

Tierart (Spender) und Tierfamilie	Verbreitung	Gehalt (% Öl)[1]	Farbe	Anmerkung
Clupea harengus (Norwegischer Hering) Fam.: Clupeidae	Nord- und Ostsee	Ganzer Fisch: 2—18%	Hellgelb bis dunkelbraun	Bei etwa 8° beginnt das Öl infolge Ausscheidung von „Stearin" dickflüssig zu werden

[1] Der Ölgehalt ist in den Sommermonaten am höchsten, im Winter am niedrigsten.

Fettsäuren: 20—25% gesättigte Säuren; 10—15% flüssige Säuren mit Jodzahlen 289 bis 320. 6% Myristin-, 17% Palmitin-, 2% Stearinsäure; 12% einer Säure $C_{16}H_{30}O_2$; 20% Ölsäure; 10% Gadoleinsäure; eine Säure $C_{22}H_{42}O_2$; hochungesättigte Säuren $C_{20}H_{30}O_2$ und $C_{22}H_{34}O_2$ — von der letzteren über 4%. Mehrere Prozente Oxysäuren.

Unverseifbares[1]: 0,7 bis 2,4%. Das Öl gibt 9,3 bis 9,7% Glycerin.

Physikalische Kennzahlen.

	Dichte d_{15}^{15}	Schmelzpunkt	Erstarrungspunkt	Brechungs-Index n_D
Öl	0,918—0,931 (0,939) d_{25}^{25}: 0,9292	—	—	1,4701—1,4747 (40°) 1,4733 (30°)
Säuren	—	28,5—31,5°	27°	1,4628 (40°)

Chemische Kennzahlen.

	Verseifungszahl	Hehnerzahl	Jodzahl[2]	Polybromide
Öl	179—194 meist 183—190	95—96	108—155; meist 123—146 (WIJS)	—
Säuren	Neutral.-Z.: 189,5	M. M.-Gew.: 306	150,3 Innere Jodzahl: 179,8	13—29% (äther-unlöslich)

Säurezahlen verschiedener Muster: „Der Gehalt des Heringsöles an freier Fettsäure ist nur als eine Qualitätsbezeichnung des Öles und damit des Rohmaterials zu betrachten und hat auf die übrigen Konstanten des Öles nur verhältnismäßig geringen Einfluß. Nach meinen Bestimmungen (400—500; Anm. des Verf.) kann der Prozentsatz für die freie Fettsäure in technisch hergestellten Ölen zwischen 1,2 und 46,3 schwanken, in einem aus gewöhnlich gutem Rohmaterial hergestellten Öl am meisten zwischen 2 und 5". (LEXOW, 1921.)

Japanisches Heringsöl.

Tierart (Spender) und Tierfamilie	Verbreitung
Clupea pallasii, CUVIER u. VALENCIENNES. Fam.: Clupeidae	Japan

Bestandteile eines „O-Nishin"-Öles: u. a. Myristinsäure, viel Palmitinsäure; von Säuren der Ölsäurereihe: $C_{16}H_{30}O_2$ (Zoomarinsäure?), $C_{18}H_{32}O_2$ (wahrscheinlich gewöhnliche Ölsäure), $C_{20}H_{38}O_2$ (Gadoleinsäure?), $C_{22}H_{42}O_2$ (wahrscheinlich Cetoleinsäure). Die Gesamtmenge an gesättigten Säuren betrug ca. 19%; etwa 30—40% der gesamten Fettsäuren waren Säuren der Ölsäurereihe mit 20 bzw. 22 Kohlenstoffatomen.

Physikalische Kennzahlen.

	Dichte d_{15}^{15}	Schmelzpunkt	Brechungs-Index n_D
Öl	0,9178 bis 0,9251	—	1,4731—1,4747 (40°)
Säuren	—	30—31,5°	—

[1] Die Farbe des Unverseifbaren ist hellgelb bis dunkelbraun; der Geruch ist eigenartig, nicht unangenehm.

[2] Im Sommer und Herbst wurden viel höhere Zahlen gefunden als im Winter und im Frühjahr.

Chemische Kennzahlen.

	Verseifungszahl	Hehnerzahl	Jodzahl	R.-M.-Zahl	Polybromide
Öl	185—190,5	95,4	100—136,1	0,7	—
Säuren	—	—	—	—	13—22% (äther-unlöslich)

Eine der untersuchten Proben zeigte die Säurezahl 6,5 und enthielt ca. 1% Unverseifbares. In einem anderen Falle wurde die Säurezahl 41,9 gefunden.

Sprottenöl.

Huile d'esprot, huile de melet harenguet — Sprat oil — Olio di sardin grande.

Tierart (Spender) und Tierfamilie	Verbreitung	Gehalt (% Öl)	Farbe
Clupea sprattus. Fam.: Clupeidae	Nordsee	Ganzer Fisch: 10—18%	Gelb bis braun

Physikalische Kennzahlen.

	Dichte d_{15}^{15}	Schmelzpunkt	Erstarrungspunkt	Lichtbrechung B.-Refr. Sk. T.	Lichtbrechung Brechungs-Index n_D	Zähigkeit °ENGLER
Öl	0,9274	—	—	76 (25°)	1,4795 (22°)	$E_{20} = 8,5$
Säuren	—	27,1°	25,4°	—	—	—

Chemische Kennzahlen.

	Verseifungszahl	Hehnerzahl	Acetylzahl	Jodzahl	R.-M.-Zahl	Thermozahl	Polybromide [1]
Öl	194,2—194,5	95,1	8,8	122,5 bis 142	1,4	96,5	—
Säuren	200,8 Neutral.-Z.: 196,3	M. M.-Gew.: 280	8,4	147,6	—	—	44,7—44,8% (äther-unlöslich)

Eines der untersuchten Muster enthielt 0,3% flüchtige Säuren, 1,4% Unverseifbares und gab 10,5% Glycerin.

Japanisches Sardinenöl.

(„Japantran.")

Tierart (Spender) und Tierfamilie	Verbreitung	Farbe bzw. Geruch	Reaktion. Anmerkung
Clupanodon melanostica Fam.: Clupeidae	Küstengebiete Japans	Rötlich-gelborange; unangenehmer Trangeruch	LIEBERMANN-VOGT: rosa bis rot. — Das Öl gibt bei gewöhnlicher Temperatur eine starke Abscheidung

Bestandteile: u. a. 30—40% hoch-ungesättigte Fettsäuren (mittels der Lithiumacetat-Methode gewonnen; Jodzahlen zwischen 350 und 370); vorwiegend Clupanodonsäure (s. Bd. I, S. 8 und 22), daneben in ansehnlichen Mengen die Säuren $C_{20}H_{32}O_2$ und $C_{20}H_{30}O_2$ sowie in geringer Menge die Säure $C_{18}H_{28}O_2$.

Ein 10 Jahre altes japanisches Sardinenöl (Säurezahl 15,8; Jodzahl 136; Jodzahl der Gesamtfettsäuren 148,5) zeigte folgende Zusammensetzung: ca. 22% feste Fettsäuren und ca. 61% flüssige Säuren; 8,7% Oxysäuren; 0,5% Cholesterin; 4,1% Glycerin-

[1] Durch Bromieren der Fettsäuren aus reinem Sprottenöl, das durch Pressen von frischen, gekochten Fischen bereitet war.

rest. Von den Fettsäuren waren 16,5% Palmitinsäure; 5,5% Stearinsäure; 28,6% Ölsäure; 9,8% α-Linolsäure; 10,1% β-Linolsäure; 12,8% Clupanodonsäure. Unter den Glyceriden der Probe befanden sich Dipalmitostearin, Oleodipalmitin und wahrscheinlich das Triglycerid der Clupanodonsäure.

Unverseifbares: 0,5 bis 1,5%.

Physikalische Kennzahlen.

	Dichte d_{15}^{15}	Schmelzpunkt	Erstarrungspunkt	Lichtbrechung B.-Refr. Sk. T.	Lichtbrechung Brechungs-Index n_D
Öl	0,9316—0,9347 d_4^{15}: 0,927 bis 0,939	—	—	56—61 (40°)	1,4633—1,4665 (40°)[1] 1,479—1,481 (20°) 1,473—1,474 (40°)
Säuren	—	35—36° (32°)[2]	28°	—	—

Chemische Kennzahlen.

	Verseifungszahl	Hehnerzahl	Acetylzahl	Jodzahl[3]	R.-M.-Zahl	Polybromide
Öl	187—197 meist 190	95—96	18—30	154—196; meist 180—190 (WIJS)	unter 1	—
Säuren	Neutral.-Z.: um 195	—	—	175 (oberer Grenzwert nicht bestimmt)	—	44—58,2% (ätherunlöslich)

Die Säurezahlen von 75 Mustern der verschiedenartigsten japanischen Sardinenöle lagen zwischen 3 und 107.

Malabarsardinenöl.

Tierart (Spender) und Tierfamilie	Verbreitung	Gehalt (% Öl)	Farbe bzw. Geruch	Anmerkung
Clupea longiceps Fam.: Clupeidae	Malabarküste	Ganzer Fisch: 8—25%, im Mittel: 16%	Gelb bis tiefbraun; raffiniert: blaßgelb bis goldgelb; schwacher Geruch	Die Kennzahlen der nach verschiedenen Methoden erhaltenen Öle unterscheiden sich nicht erheblich voneinander

Physikalische Kennzahlen.

	Dichte d_{15}^{15}	Erstarrungspunkt	Brechungs-Index n_D
Öl	0,9328—0,9336 d_{40}^{40}: 0,9227	—	1,4633 (60°) 1,4726—1,4736 (40°) 1,475—1,476 (29,5°)[4] 1,474 (29,5°)[5]
Säuren	—	30,6—33,4° „Stearin": 34,2°	—

[1] Handelsware.

[2] Vom Unverseifbaren befreite Fettsäuren.

[3] Proben mit Jodzahlen unter 160 stammen meist nicht von Clupanodon-Arten, oder sie sind als Gemische mit Heringsöl anzusehen.

[4] Kennzahlen von Ölen, die durch Abschöpfen gewonnen wurden; Säurezahlen: 1,7 bzw. 5,6.

[5] Kennzahlen eines Öles, das durch Pressung aus gekochtem Fischfleisch gewonnen war; Säurezahl: 36,1.

Chemische Kennzahlen.

	Verseifungszahl	M. M.-Gew.	Jodzahl	Polybromide
Öl	192,2—196,5	—	154—173 „Stearin“: 125; 173 [1]; 166 [2]	—
Säuren	Neutral.-Z.: 194—195 „Stearin“: 183	287—289 „Stearin“: 300	—	27,2—44,6% (äther-unlöslich)

Säurezahlen. „Prima“: 2,7; „Sekunda“: 8,0—26,0; „Öl mit Stearin“: 0,5—0,6; „Klaröl“: 1,1; „Stearin“: 6,4.

Unverseifbares: ein Muster enthielt 1,8%.

Andere Sardinenöle.

Huiles de sardines — Sardine oils — Olii di sardine.

Tierarten (Spender) und Tierfamilie	Verbreitung	Farbe bzw. Geruch
Clupea sardinus = Clupea pilchardus (1) Sardinea caerulea (2) Fam.: Clupeidae	Küsten Südeuropas Küsten Californiens	Schwach gelbbraun; leichter Fischgeruch

Physikalische Kennzahlen.

	Dichte d_{15}^{15}	Schmelzpunkt	Erstarrungspunkt	Brechungs-Index n_D	Zähigkeit Redwood
Öle (1)	0,928—0,933	—	—	1,4743—1,4751 (40°) 1,4817 (18°)	115—121 Sek. (40°)
Säuren von (1)	—	34,8°	28,2°	—	—

Chemische Kennzahlen.

	Verseifungszahl	Hehnerzahl	Jodzahl	R.-M.-Zahl	Polybromide
Öle (1) Öl (2)	186—193 —	94,5 —	161—193 Mittelwert: 178	0,5—0,6 —	— —
Säuren von (1)	Neutral.-Z.: 187,2—193,7	M. M.-Gew.: 289,5—292,8	178,2—180,3 (Wijs)	—	55,8—56,2% (äther-unlöslich)

Zwei Muster der Öle (1) enthielten 8,2% bzw. 9,3% freie Fettsäuren, berechnet als Ölsäure.

Bei einem Sardinenöl unbekannter Herkunft mit der Jodzahl 183,4 wurde beim Trocknen eine maximale Gewichtszunahme von 19,9% beobachtet.

„Sardellenöl“ von Alausa pilchardus.

Huile de pilchard — Pilcher (sardel) oil — Olio di sardella.

Tierart (Spender) und Tierfamilie	Verbreitung
Alausa pilchardus = Clupea pilchardus Fam.: Clupeidae	Mittelmeer, Südwestküsten Europas

[1] Kennzahlen von Ölen, die durch Abschöpfen gewonnen wurden; Säurezahlen: 1,7 bzw. 5,6.

[2] Kennzahlen eines Öles, das durch Pressung aus gekochtem Fischfleisch gewonnen war; Säurezahl: 36,1.

Physikalische und chemische Kennzahlen.

	Lichtbrechung B.-Refr. Sk. T.	Verseifungszahl	Jodzahl	R.-M.-Zahl
Öl	68,2—70 (40°)	185,3—186,1	150	1,5—1,9

Maifischöl.

(Alsenöl, Elsenöl.)

Tierart (Spender) und Tierfamilie	Verbreitung	Gehalt (% Öl) im Organ	Herkunft und Fangzeit des Untersuchungsmaterials	Eigenschaften einer Probe
Alosa sapidissima (Alosa vulgaris) Fam.: Clupeidae	Mittelmeer, westeuropäische Küsten bis 62° nördl. Breite, Nordsee, westliche Ostsee, atlantische Küste Nordamerikas	Eßbare Teile des Fisches: (I) 14,4% (II) 13,9% (III) 5,9% (IV) 2,9%	Atlantische Küste Nordamerikas 2. 4. 1915 13. 4. 1915 22. 5. 1915 19. 6. 1915	Farbe: hellgelb. Stark ausscheidend. — Geringer Vitamingehalt (Öl V)

Fettsäuren: Durch Fraktionierung der Methylester wurde die Gegenwart von ungesättigten Säuren mit 16, 18, 20 und 22 Kohlenstoffatomen nachgewiesen; angeblich sind auch Säuren zugegen, die stärker ungesättigt sind als „Clupanodonsäure" (mit dieser Bezeichnung dürfte die „alte" Clupanodonsäure $C_{18}H_{28}O_2$ gemeint sein; vgl. Bd. I, S. 22).

Physikalische und chemische Kennzahlen.

	Dichte d_{25}^{25}	Brechungs-Index n_D (30°)	Verseifungszahl	Jodzahl	Säurezahl der Probe
Öl (I)	0,9084	1,4709	191,6	114,8	4,6
Öl (II)	0,9150	1,4710	190,4	114,5	3,5
Öl (III)	0,9124	1,4719	183,7	121,9	6,4
Öl (IV)	0,9276	1,4725	180,6	125,3	20,6
Öl (V)	0,9203	1,4702	188,3	134,4	0,5

Öl (I) stammte von einem männlichen Fisch; die Öle (II) bis (IV) waren aus weiblichen Tieren gewonnen, das letztere aus einem Fisch in „entkräftetem" Zustand. Öl (V) war aus ganzen Fischen durch Kochen mit Wasser und nachheriges Abschöpfen gewonnen.

Menhaden-Öl.

Huile de menhaden; huile d'Alose — Menhaden oil — Olio di menhaden.

Tierart (Spender) und Tierfamilie	Verbreitung	Gehalt (% Öl)	Farbe bzw. Geruch	Reaktion
Alosa (Alausa) menhaden, L. = Brevoortia menhaden, GILL Familie: Clupeidae	Atlantische Küste Nord-Amerikas	Ganzer Fisch: 10—16%	Weingelb bis dunkelbraun; schwacher Fischgeruch	5 ccm Öl mit dem gleichen Volumen Aceton vermischt und mit 1 ccm konz. Salzsäure 1 Minute geschüttelt, 5 ccm Petroläther hinzugefügt und stehen gelassen: bei reinem Menhadenöl untere Schicht lebhaft blaugrün

Fettsäuren: 9,2% Myristinsäure; 22,7% Palmitinsäure; 1,8% Stearinsäure; ca. 25% einer ungesättigten Säure mit 18 Kohlenstoffatomen; ca. 22% ungesättigte Säure mit 20 C-Atomen; ca. 20% ungesättigte Säure mit 22 C-Atomen. (In einem Muster mit der Verseifungszahl 197 wurden u. a. ca. 23% Fettsäuren mit der Jodzahl 342 gefunden).

Unverseifbares: 0,6—1,6%. — Angeblich geringe Mengen (0,02%) Jod.

Physikalische Kennzahlen.

	Dichte d_{15}^{15}	Schmelzpunkt	Erstarrungspunkt	Lichtbrechung B.-Refr. Sk. T.	Lichtbrechung Brechungs-Index n_D	Krit. Lösungstemperatur
Öl	0,926—0,936 meist 0,929—0,931 d^{20}: 0,9237 bis 0,9250	Rohöl: 17°; („Winteröl“: −4°)[1]	Ca. 4°	71,3—72 (40°) 81 (25°)	1,4730—1,4736 (40°) 1,4801 (20°)	In Eisessig (1,0562): 80°(VALENTA); 64° (ALLEN)

Eine Probe zeigte im 200 mm Rohr eine Drehung von −1°; das optische Drehungsvermögen ist dem hohen Cholesteringehalt des Unverseifbaren zuzuschreiben.

Chemische Kennzahlen.

	Verseifungszahl	Jodzahl	R.-M.-Zahl	Polybromide	Thermozahl
Öl	188,7—198 meist 190—195	139—193 meist 160—180	1,1—1,2	—	(MAUMENÉ) 123—128
Säuren	—	—	—	61,8% (ätherunlöslich)	—

Säurezahlen verschiedener Muster: Zwischen 3,5 und 12,0.

Anchovis-Öl.

Huile d'anchois — Anchovy oil — Olio d'acciuga.

Tierart (Spender) und Tierfamilie	Verbreitung
Engraulis encrasicholus (Echte Sardelle) Fam.: Clupeidae (Engraulididae)[2]	Mittelmeer und Westküste Europas

Physikalische und chemische Kennzahlen.

	Lichtbrechung B.-Refr. Sk. T.	Verseifungszahl	Jodzahl	R.-M.-Zahl
Öl	68 (40°)	188,1	152,4—169,3	0,2

Felchenöle.

(Familie: Salmonidae.)

Name	Art	Fettgehalt	Jodzahl
Sandfelchen	Coregonus fera	2,7%	—
Blaufelchen	Coregonus wartmanni	2,5%	143,7
Gangfisch	Coregonus macrophtalmus	4,1%	—
Felchen aus dem Laacher See	Coregonus fera, var. Sancti Benedicti	3,5%	125,0

[1] Winteröle heißen diejenigen Öle, bei denen das nach längerem Stehen in der Kälte ausgeschiedene „Stearin“ entfernt wurde.

[2] Nach JORDAN und EVERMANN, „The Fishes of North and Middle America“, Washington 1896—1900.

Eulachonöl.

Tierart (Spender) und Tierfamilie	Verbreitung	Gehalt (% Öl)
Osmerus spec. Fam.: Salmonidae	Ostküste von Nord-Amerika; auch nordeuropäische Küsten	Eßbarer Teil, mit Äther extrahiert: 9,8—11%

Fettsäuren: 1,5% löslich; 94,5% unlöslich; etwa 20% Palmitinsäure und Stearinsäure, 60% Ölsäure. — Ferner 13% einer wachsartigen Verbindung von flüssiger Konsistenz und einem spezifischen Gewicht von 0,865—0,872.

Physikalische Kennzahlen.

	Dichte	Schmelzbereich	Erstarrungspunkt	Brechungs-Index n_D
Öl	d^{25}: 0,8958	Bei 12° noch fest, bei 25° flüssig	—	1,4695 (25°)
Säuren	—	—	24,5°	—

Chemische Kennzahlen.

	Verseifungszahl	Acetylzahl	Jodzahl	R.-M.-Zahl	Thermozahl	Polybromide
Öl	161,5	9,5	122,2 (HANUS)	1,9	59,1	—
Säuren	—	—	—	—	—	4,8%

Eine Probe zeigte die Säurezahl 0,5 und gab 7% Glycerin.

Rotlachsöle.

Tierarten (Spender) und Tierfamilie	Verbreitung
Oncorhynchus-Arten[1]. Fam.: Salmonidae	Ostasien

Physikalische und chemische Kennzahlen.

	Dichte	Schmelzpunkt	Brechungs-Index n_D	Verseifungszahl	Jodzahl	Polybromide (ätherunlöslich)
Öl	d_4^{15}: 0,9248	—	1,4775 (20°)	186,4	123—166,4	—
Säuren	—	26,2—28,5°	—	—	—	23,8—59,3%

Lachsöl.

Huile de saumon — Salmon oil — Olio di salmone.

Tierart (Spender) und Tierfamilie	Verbreitung	Gehalt (% Öl)	Farbe bzw. Geschmack
Salmo salar Fam.: Salmonidae	Nördliche Teile der gemäßigten Zone	Ganzer Fisch: ca. 20%	Goldgelb bis tiefrot; nicht unangenehmer Geruch und Geschmack

Unverseifbares: bis 4,4%.

Physikalische Kennzahlen.

	Dichte d_{15}^{15}	Erstarrungspunkt	Lichtbrechung B.-Refr. Sk. T.	Lichtbrechung Brechungs-Index n_D
Öl	0,9259—0,9286	— (24,5°)	69,5 (40°) 78 (25°)	1,4713—1,4734 (40°) 1,4788 (25°)
Öl I	d^{25}: 0,9196	—	—	1,475 (20°)
Öl II	d^{25}: 0,918	−3 bis −11°	—	1,4698 (40°)
Säuren von II	—	29,2°	—	—

[1] S. a. Nachtrag S. 515.

Chemische Kennzahlen.

	Verseifungszahl	Hehnerzahl	Jodzahl	R.-M.-Zahl	Polybromide
Öl	182,8—188,5	95	159—165	0,6	—
Öl I	187,7	—	142,2	—	—
Öl II	193,3	—	150,6	—	—
Säuren von II	—	—	Innere Jodzahl: 197,4	—	45% (ätherunlöslich)

Öl I war durch Kochen des ganzen Fisches mit Wasser und nachheriges Abschöpfen gewonnen; der Gehalt an freien Fettsäuren betrug 0,8%. Vitamine konnten nicht nachgewiesen werden. Öl II stammte von einem „Silberlachs" (Silver Salmon).

Forellenöl[1].

Tierart (Spender) und Tierfamilie	Verbreitung	Farbe bzw. Geruch
Salmo fario (Trutta fario) Fam.: Salmonidae	Süßwasser	Hellgelb; „Geruch nach gereinigtem Lebertran" (Öl II)

Fettsäuren: u. a. ca. 7% feste Säuren (Öl I). Unverseifbares: 0,8% (Öl II).

Physikalische Kennzahlen.

	Dichte	Lichtbrechung	
		B.-Refr. Sk. T.	Brechungs-Index n_D
Öl I	$d^{16,5}$: 0,9275	—	1,4801 (°?)
Öl II	—	88 (20°)	—

Chemische Kennzahlen.

	Verseifungszahl	Jodzahl	Ätherunlösliche Polybromide
Öl I	189,4	154,8	—
Öl II	249,4	124,3	—
Säuren von I	—	—	35,1%

Öl II zeigte die Säurezahl 2,9.

Karpfensaugeröl.

Tierarten (Spender) und Tierfamilie	Gehalt (% Öl)	Fangzeit	Herkunft des Untersuchungsmaterials
Carpiodes Thompsonii (1) Carpiodes cyprinus (2) Fam.: Catostomidae	Eßbare Teile des Fisches: (1) 2,1% (2) 4,2%	29. 5. 1915 20. 10. 1915	Atlantische Küste Nordamerikas

Physikalische und chemische Kennzahlen.

	Dichte d_{25}^{25}	Brechungs-Index n_D	Verseifungszahl	Jodzahl	Säurezahl der Probe
Öl (1)	0,9232	1,4704 (30°)	187,9	111,7	7,8
Öl (2)	0,9243	1,4700 (30°)	240,8 (?)	74,1	—

[1] Aus Forelleneiern wurden 9,2% Fett (1,1% Fettsäuren) isoliert; aus der Trockensubstanz konnten 10% an Glyceriden, 8,2% an Phosphatiden und 1,4% Cholesterin extrahiert werden.

Karpfenöl[1].

Huile de carpe — Carp oil — Olio di carpione.

Tierart (Spender) und Tierfamilie	Verbreitung	Farbe bzw. Geruch[2]	Anmerkung
Cyprinus carpio Fam.: Cyprinidae	Süßwasser	Dunkelgelb; Geruch nicht unangenehm	Gewinnung des zur Untersuchung verwendeten Fettes: Ausschmelzen des Fettgewebes im Wasserstoffstrom; der Rückstand mit Äther erschöpfend extrahiert; nach Abdestillieren des Äthers beide Anteile vereinigt und vorsichtig bei 110° getrocknet

Physikalische Kennzahlen.

	Dichte	Schmelzpunkt	Erstarrungspunkt
Öl	$d_{27,2}^{27,2}$: 0,9107	25,6° (nicht scharf)	8,8°
Säuren	—	33,4°	28,0°

Chemische Kennzahlen.

	Verseifungszahl	Acetylzahl	Jodzahl	R.-M.-Zahl
Öl	202,3	12,9	84,3	2,1
Säuren	M. M.-Gew.: 277,7	—	84,2	—

Die untersuchte Probe zeigte die Säurezahl 0,2 und enthielt ca. 0,3% Unverseifbares. Nach einer freundlichen Privatmitteilung von Prof. TSUJIMOTO vom 5. Mai 1928, enthielten die ätherunlöslichen Bromide der Fettsäuren einer Probe japanischen Karpfenöles 63,77% Brom und schmolzen größtenteils bei ungefähr 180° unter Dunkelbraunfärbung; demzufolge — schreibt Prof. TSUJIMOTO — bestand das Bromidgemisch anscheinend hauptsächlich aus dem Hexabromid der Linolensäure und nur geringfügigen Mengen höherer Polybromide.

Weißfischöl.

Huile de cyprin — Whiting oil — Olio di argentina.

Tierart (Spender) und Tierfamilie	Verbreitung
Alburnus lucidus. Fam.: Cyprinidae	Süßwasser

Physikalische und chemische Kennzahlen.

	Dichte d_{15}^{15}	Lichtbrechung B.-Refr. Sk. T.	Lichtbrechung Brechungs-Index n_D	Verseifungszahl	Jodzahl
Öl	0,9268	76,5 (25°)	1,4795 (22°)	201,6	127,4

Die untersuchte Probe zeigte die Säurezahl 4.

[1] Aus Karpfenovarien wurden ca. 20% Fett, davon 17,7% Fettsäuren und 1,3% Cholesterin sowie 0,6—0,9% andere unverseifbare Bestandteile extrahiert. Jodzahl des Extraktes: 64,4. Unter den Fettsäuren konnte Myristinsäure nachgewiesen werden; außerdem sind Ölsäure und höher-ungesättigte Fettsäuren vorhanden.

[2] Durch Fütterung mit Sesam- oder Erdnußmehl wird der Geschmack des Körperfettes der Karpfen derart verändert, daß sie für Genußzwecke unverwendbar werden.

Öl des japanischen Aales.

Huile d'anguille — Eel oil — Olio di anguilla.

Tierart (Spender) und Tierfamilie	Verbreitung	Farbe bzw. Geruch	Anmerkung
Anguilla japonica Fam.: Anguillidae (Muraenidae)	Japan	Hellgelb; kein ausgesprochener Geruch	Gewinnung der untersuchten Probe: Auskochen des ausgeweideten Fisches mit Wasser. Das Öl gibt beim Stehen feste, krystallinische Abscheidungen

Physikalische und chemische Kennzahlen.

	Dichte d_{15}^{15}	Schmelzpunkt	Lichtbrechung B.-Refr. Sk. T.	Lichtbrechung Brechungs-Index n_D	Verseifungszahl	Jodzahl	Ätherunlösliche Polybromide
Öl	0,9218	—	68,3 (20°)	1,4712 (20°)	200,6	107,4	—
Säuren	—	36°	—	—	—	—	14% (Bromgehalt: 67,2%)

Das untersuchte Ölmuster enthielt keine freien Fettsäuren.

Stichlingsöl.

Huile de trois-épines — Stickleback oil — Olio di spinello.

Tierart (Spender) und Tierfamilie	Verbreitung	Gehalt (% Öl)
Gasterosteus trachurus. Fam.: Gasterosteidae	Nördliches Europa	Ganzer Fisch: über 4%

Chemische Kennzahlen.

	Verseifungszahl	Hehnerzahl	Jodzahl
Öl	183,2—190,7	95,8	162

Eine Probe zeigte die Säurezahl 21,6 und enthielt 1,7% Unverseifbares. Der Gehalt an oxydierten Säuren betrug 0,6%; das mittlere Molekulargewicht der unlöslichen Säuren 287,4.

Makrelenhecht-Öl.

Mackerel pike oil.

Tierart (Spender) und Tierfamilie	Verbreitung	Farbe bzw. Geruch	Anmerkung
Cololabis saira (Scombresox saurus) Fam.: Scombresocidae	Stiller Ozean	Bräunlichrot, sehr unangenehmer Geruch	Die zur Untersuchung verwendete Probe stammte von Fischen aus japanischen Gewässern

Physikalische und chemische Kennzahlen.

	Dichte d_{15}^{15}	Lichtbrechung B.-Refr. Sk. T.	Lichtbrechung Brechungs-Index n_D	Verseifungszahl	Jodzahl	Ätherunlösliche Polybromide
Öl	0,9223	76 (20°)	1,4760 (20°)	184,7	139,8	—
Säuren	—	—	—	—	—	27% (Bromgehalt: 70,6%)

Das untersuchte Muster zeigte die Säurezahl 14,5 und enthielt 0,3% Oxysäuren.

Brosmen-Öl.

Tierart (Spender) und Tierfamilie	Verbreitung
Brosmius brosme. Fam.: Gadidae	Nordische Meere

Physikalische und chemische Kennzahlen.

	Dichte d_{15}^{15}	Brechungs-Index n_D	Verseifungszahl	Jodzahl
Öl	0,9222—0,9230	1,4700 (40°)	180,4—183	130,1—138,0

Kohlfisch-Öl.

(„Pollach"—Fischöl).

Saith oil, coal fish (pollock) oil.

Tierart (Spender) und Tierfamilie	Verbreitung
Gadus pollachius (Pollachius pollachius) Fam.: Gadidae	Westliche Küsten Europas, Nordsee, Kattegat

Chemische Kennzahlen.

	Verseifungszahl	Hehnerzahl	Jodzahl
Öl	170	94	136,1

Schellfischöl.

Haddock oil[1].

Tierart (Spender) und Tierfamilie	Verbreitung	Gehalt (% Öl)	Reaktion	Herkunft des Untersuchungsmaterials
Melanogrammus aeglefinus (1) Fam.: Gadidae	Nordische Meere	Eßbare Teile des Fisches: 0,09—0,15%	Reaktion nach LIEBERMANN-VOGT: rotviolett bis bräunlich oder grün; auch blaßblau	Atlantische Küste Nordamerikas (Öl 1)

Physikalische Kennzahlen.

	Dichte d_{15}^{15}	Schmelzpunkt	Erstarrungspunkt	Brechungs-Index n_D
Öl (1)	—	—	—	1,4940 (30°)
				1,4907 (30°)
	(0,934)			(1,4607, bei 40°)
Öle (2), Muster I	0,9238	—	—	1,4632 (40°)
Muster II	0,9266	—	—	1,4747 (40°)
Säuren von (2), M. I	—	26,8°	25,3°	1,4716 (40°)
M. II	—	26,2°	24,8°	1,4732 (40°)

(Kritische Lösungstemperatur nach VALENTA: 73°.)

[1] Die Kennzahlen eines in dieser Weise bezeichneten Öles unbekannter Herkunft sind in der Tabelle eingeklammert; das untersuchte Muster zeigte die Säurezahl 0,6 und enthielt 1,0% Unverseifbares.

Chemische Kennzahlen.

	Verseifungszahl	Hehnerzahl	Jodzahl	Unverseifbares
Öl (1)	—	—	133,4 [1]	—
	—	—	115,1 [2]	—
	(193)		(179)	
Öle (2), Muster I	148,2	96,3	105,4 (WIJS)	29,8% (?)
Muster II	185,0	96,0	143,3 (WIJS)	3,6%
Säuren von (2)	Neutral.-Z.:	M. M.-Gew.:		Wasserunlösliche Säuren:
Muster I	187,5	299,5	138,7 (WIJS)	66%;
Muster II	193,6	290,1	145,8 (WIJS)	92%

Öle (2): Spender (Tierart) und Herkunft der Proben waren unbekannt. Muster I zeigte die Säurezahl 2,2 und gab ca. 8% Glycerin (vgl. den hohen Gehalt an unverseifbaren Bestandteilen sowie die dementsprechend niedrige Verseifungszahl); möglicherweise stammte das Öl aus der Leber eines Haies. Muster II zeigte die Säurezahl 4,8 und gab 10,1% Glycerin.

Silberrotaugenöl.

Tierart (Spender) und Tierfamilie	Verbreitung	Gehalt (% Öl)	Fangzeit	Herkunft des Untersuchungsmaterials
Merluccius bilinearis Fam.: Gadidae	Mittelmeer, Atlantischer Ozean	Eßbare Teile des Fisches: 1,4%	26. 5. 1915	Atlantische Küste Nordamerikas

Physikalische und chemische Kennzahlen.

	Dichte d_{25}^{25}	Brechungs-Index n_D	Verseifungszahl	Jodzahl
Öl	0,9397	1,4797 (30°)	186,5	159,0

Die untersuchte Probe zeigte die Säurezahl 10,1.

Quappenöl.

(Aalraupenöl.)

Huile de bourbotte — Burbot oil — Olio di lota.

Tierart (Spender) und Tierfamilie	Verbreitung
Lota vulgaris (Gadus lota). Fam.: Gadidae	Süßwässer Mittel-Europas

Physikalische und chemische Kennzahlen.

	Dichte d_{15}^{15}	Brechungs-Index n_D	Kritische Lösungstemperatur	Verseifungszahl	Jodzahl
Öl	0,923	1,4691 (40°)	VALENTA: 105°	188	133

Ein Muster zeigte die Säurezahl 1,0.

Seebarschöl.

Tierart (Spender) und Tierfamilie	Verbreitung	Gehalt (% Öl)	Fangzeit	Herkunft des Untersuchungsmaterials
Centropristes striatus (Morone labrax) Fam.: Percidae	Nördliche Meere	Eßbare Teile des Fisches: (I) 1,61% (II) 1,6%	12. 5. 1915 14. 9. 1915	Atlantische Küste Nordamerikas

[1] Fangzeit der zur Untersuchung verwendeten Fische: 2. 4. 1915.
[2] Fangzeit: 31. 8. 1915.

Physikalische und chemische Kennzahlen.

	Dichte d_{25}^{25}	Brechungs-Index n_D	Verseifungszahl	Jodzahl	Säurezahl der Probe
Öl (I)	0,9224	1,4731 (30°)	191,7	132,1	2,2
Öl (II)	—	1,4860 (30°)	—	132,2	—

Streifenbarschöl.

Tierart (Spender) und Tierfamilie	Gehalt (% Öl)	Fangzeit	Herkunft des Untersuchungsmaterials
Roccus lineatus Fam.: Percidae	Eßbare Teile des Fisches: (I) 3,6% (II) ca. 3%	16. 4. 1915 16. 10. 1915	Atlantische Küste Nordamerikas

Physikalische und chemische Kennzahlen.

	Dichte d_{25}^{25}	Brechungs-Index n_D	Verseifungszahl	Jodzahl	Säurezahl der Probe
Öl (I)	0,9278	1,4748 (30°)	196,1	134,4	6,4
Öl (II)	—	1,4895 (30°)	—	89,0 (?)	—

Öl von Centrolophus pompilus.

Tierart (Spender) und Tierfamilie: Centrolophus pompilus, Fam.: Stromateidae.

Physikalische und chemische Kennzahlen.

	Dichte d_{15}^{15}	Verseifungszahl	Jodzahl
Öl	0,9266	203,4	126,9

Die untersuchte Probe enthielt 2% Unverseifbares.

Blaufischöl.

Bluefish oil.

Tierart (Spender) und Tierfamilie	Gehalt (% Öl)	Fangzeit	Herkunft des Untersuchungsmaterials
Pomatomus saltatrix Fam.: Serranidae	Eßbare Teile des Fisches: (I) 1,5% (II) 8,1%	7. 5. 1915 28. 9. 1915	Atlantische Küste Nordamerikas

Physikalische und chemische Kennzahlen.

	Dichte d_{25}^{25}	Brechungs-Index n_D	Verseifungszahl	Jodzahl	Säurezahl der Probe
Öl (I)	0,9353	1,4749 (30°)	185,1	118,9	12,4
Öl (II)	0,9389	1,4760 (30°)	—	106,9	4,5

Krächzeröl.

Tierart (Spender) und Tierfamilie	Gehalt (% Öl)	Fangzeit	Herkunft des Untersuchungsmaterials
Micropogon undulatus Fam.: Sciaenidae	Eßbare Teile des Fisches: (I) 1,3% (II) 3,2%	10. 4. 1915 8. 9. 1915	Atlantische Küste Nordamerikas

Physikalische und chemische Kennzahlen.

	Dichte d_{25}^{25}	Brechungs-Index n_D	Verseifungszahl	Jodzahl
Öl (I)	0,9312	1,4724 (30°)	191,2	115,8
Öl (II)	—	1,4703 (30°)	—	111,5

Weichfisch[1] - Öl.

Tierart (Spender) und Tierfamilie	Gehalt (% Öl)	Fangzeit	Herkunft des Untersuchungsmaterials
Cynoscion regalis Fam.: Sciaenidae	Eßbare Teile des Fisches: (I) 2,3% (II) 0,5%	1. 5. 1915 25. 9. 1915	Atlantische Küste Nordamerikas

Physikalische und chemische Kennzahlen.

	Dichte d_{25}^{25}	Brechungs-Index n_D	Verseifungszahl	Jodzahl	Säurezahl der Probe
Öl (I)	0,9213	1,4717 (30°)	187,0	120,8	12,2
Öl (II)	—	1,4830 (30°)	188,4	104,4	16,2

Goldbrassenöl.

Tierart (Spender) und Tierfamilie	Verbreitung	Gehalt (% Öl)	Fangzeit
Stenotomus chrysops (Chrysophris aurata) Fam.: Sparidae	Atlantischer Ozean, Mittelmeer	Eßbare Teile des Fisches: 2,6%	14. 5. 1915

Physikalische und chemische Kennzahlen.

	Dichte	Brechungs-Index n_D	Verseifungszahl	Jodzahl
Öl	d_{25}^{25}: 0,927	1,4736 (30°)	188,4	136,2

Die untersuchte Probe zeigte die Säurezahl 7,2.

Makrelenöl.

Huile de maquereau — Mackerel oil — Olio di maccarello.

Tierarten (Spender) und Tierfamilie	Verbreitung	Gehalt (% Öl)	Farbe bzw. Geschmack	Anmerkung
Scomber colias (1)	S. Anmerkung	—	Gelbrot	Die zur Untersuchung verwendete Probe stammte von frischen Makrelen aus japanischen Gewässern
Scomberomorus maculatus (2) (Spanische Makrele)	Atlantischer Ozean, Mittelmeer	Eßbare Teile des Fisches: 12,6—16,2%	—	—
Chondrostorma nasus, L. (Nase oder gemeine Makrele) (3) Fam.: Scombridae			Schwach gelblich; „Geschmack nach reinem Lebertran“	—

Unverseifbares von Öl (3): 0,5%.

Physikalische Kennzahlen.

	Dichte d_{15}^{15}	Lichtbrechung: B.-Refr. Sk. T.	Lichtbrechung: Brechungs-Index n_D
Öl (1)	0,9301	84,7 (20°)	1,4811 (20°)
Öle (2)	d_{25}^{25}: 0,9201	—	1,4719—1,4730 (30°)
Öl (3)	—	75 (20°)	—

[1] Die englische Bezeichnung für den Fisch lautet: weakfish.

Chemische Kennzahlen.

	Verseifungszahl	Jodzahl	Ätherunlösliche Polybromide
Öl (1) Öle (2) Öl (3)	191,6 182,5—204,9 236,5 (?)	167,4 115,3—136,7 175,1 (?)	— — —
Säuren	—	—	36,2% (Bromgehalt: 69,6%)

Öl (1): Das untersuchte Muster zeigte die Säurezahl 1,7. Öle (2): Säurezahlen 2,6 bzw. 3,2. Öl (3): Säurezahl 2,1.

Thunfischöl.

Huile de thon — Tunny fish oil — Olio di tonno.

Tierart (Spender) und Tierfamilie	Verbreitung	Farbe bzw. Geruch
Thynnus Schlegeli (Thunnus thynnus) Fam.: Scombridae	Wärmere Meere (die untersuchte Probe stammte aus japanischen Gewässern)	Tief bräunlichrot; unangenehmer Geruch

Physikalische und chemische Kennzahlen.

	Dichte d_{15}^{15}	Schmelzpunkt	Brechungs-Index n_D	Verseifungszahl	Jodzahl	Ätherunlösliche Polybromide
Öl	0,9327	—	1,4837 (20°)	185,3	198,9	—
Säuren	—	31°	—	—	—	51,5% (Bromgehalt: 70,5%)

Die untersuchte Probe zeigte die Säurezahl 20,9 und enthielt 0,6% Oxysäuren.

„Bonito“-Öl.

Huile de bonito — Bonito oil — Olio di bonito.

Tierarten (Spender) und Tierfamilie	Verbreitung	Gehalt (% Öl)	Farbe bzw. Geruch	Anmerkung
Gymnonsarda affinis (1) Sarda sarda (2) Fam.: Scombridae	S. Anm. Atlantischer Ozean, Mittelmeer	— Eßbare Teile des Fisches: 1,5% (Fangzeit: 12. 6. 1915)	Rötlichgelb bis dunkelbraun; sehr übelriechend	Die untersuchten Proben (Öle 1) stammten von Fischen aus japanischen Gewässern. Die Öle (1) gaben beim Stehen geringe Abscheidungen

Physikalische Kennzahlen.

	Dichte d_{15}^{15}	Schmelzpunkt	Lichtbrechung	
			B.-Refr. Sk. T.	Brechungs-Index n_D
Öl (1) Öl (2)	0,9293—0,9339 d_{25}^{25}: 0,9389	— —	86—90,5 (20°) —	1,4820—1,4843 (20°) 1,4755 (30°)
Säuren von (1)	—	32—34,5°	—	—

Chemische Kennzahlen.

	Verseifungszahl	Jodzahl	Ätherunlösliche Polybromide
Öl (I)	182,6—184,7	189,5—208,9	—
Öl (2)	178,7	126,8	—
Säuren von (1)	—	—	51,8—63,9% (Bromgehalt: 69,1—70,6%)

Öle (1): Die beiden untersuchten Proben zeigten die Säurezahlen 4,4 bzw. 15,8 und enthielten 0,5 bzw. 0,6% Oxysäuren.

Öl (2): Das untersuchte Muster zeigte die Säurezahl 28,6.

„Ingwandarame"-Öl.

Tierart (Spender) und Tierfamilie	Verbreitung	Farbe	Anmerkung
Ruvettus Tydemani Fam.: Ruvettidae	Japan, insbes. an den Küsten der Daito-Inseln	Hellgelb	Ziemlich beträchtliche Abscheidung bei 15°

Unverseifbares: 45,1% (enthält u. a. Cetyl- und Oleinalkohol — s. Bd. I, S. 34, 35 — sowie wahrscheinlich auch die Verbindung $C_{16}H_{32}O$, s. ebenda).

Physikalische Kennzahlen.

	Dichte d_{15}^{15}	Schmelzpunkt	Brechungs-Index n_D
Öl	0,8731	—	1,4644 (20°)
Säuren	—	32—35,5°	—

Chemische Kennzahlen.

	Verseifungszahl	Jodzahl	Ätherunlösliche Polybromide
Öl	111,1	84,6 (WIJS)	—
Säuren	Neutral.-Z.: 189,0	100,2	6,3% (Bromgehalt: 69,3%)

Die untersuchte Probe zeigte die Säurezahl 0,6.

Flundernöl.

Huile de limande — Dab oil — Olio di limanda.

Tierarten (Spender) und Tierfamilie	Verbreitung	Gehalt (% Öl)	Farbe	Herkunft des Untersuchungsmaterials
Limanda flesus (1)	Nördliche Gewässer	—	Rötlichgelb	Japan (Nordküste von Houshiu)
Pseudopleuronectes americanus (2)		Eßbare Teile des Fisches: [I] 0,2%, [II] 0,4%	—	Atlantische Küste Nordamerikas (Fangzeit: 19. 4. 1915 [I]; 22. 9. 1915 [II])
Fam.: Pleuronectidae				

Physikalische und chemische Kennzahlen.

	Dichte d_{15}^{15}	Schmelzpunkt	Brechungs-Index n_D	Verseifungszahl	Jodzahl	Ätherunlösliche Polybromide
Öl (1)	0,9240	—	1,4748 (20°)	185,3	118,5 (WIJS)	—
Öl (2) [I]	—	—	1,4935 (30°)	—	130,4	—
[II]	—	—	1,4820 (30°)	197,6	118,9	—
Säuren von (1)	—	29°	—	—	—	18,7%

Öl (1) zeigte die Säurezahl 0,8 und enthielt 0,7% Oxysäuren.

Japanisches Seezungenöl.

„Abura-Garei"-Öl[1].

Tierarten (Spender) und Tierfamilie	Verbreitung	Farbe bzw. Geruch	Anmerkung. Reaktion
Atheresthes Evermanni (1) Cynopsetta dubia (2) Fam.: Pleuronectidae	Japan	Hellgelb; unangenehmer Geruch	Das Öl (1) gibt bei 12° eine geringe Abscheidung. — Mit konzentrierter Schwefelsäure färbt es sich rotviolett

Fettsäuren: 86,6% feste Säuren (Schmelzpunkt 50,5°; Jodzahl 14,3); 13,4% flüssige Säuren (Neutralisationszahl 191,1; Brechungs-Index n_D^{20} 1,4633). Mittels der Lithiumsalz-Aceton-Methode wurden 8,2% hoch-ungesättigte Säuren gefunden (Neutralisationszahl 175,8; Jodzahl 290,5; Brechungs-Index n_D^{20} 1,4860). Identifiziert wurden Palmitinsäure, Ölsäure und Cetoleinsäure; wahrscheinlich ist die Gegenwart von Säuren der Ölsäurereihe mit 16, 18, 20 bzw. 22 Kohlenstoffatomen, ferner die von höher-ungesättigten Säuren mit 20 bzw. 22 Kohlenstoffatomen.

Physikalische Kennzahlen.

	Dichte d_4^{15}	Schmelzpunkt	Brechungs-Index n_D
Öl (1)	0,9162	—	1,4710 (20°)
(2)	0,9181	—	—
Säuren von (1)	—	ca. 27°	—
(2)	—	ca. 19°	—

Chemische Kennzahlen.

	Verseifungszahl	Jodzahl	Ätherunlösliche Polybromide
Öl (1)	183,8	95,9 (Wijs)	—
(2)	182,9	95,8	—
Säuren von (1)	Neutral.-Z.: 193,3	95,7 (Wijs) Innere Jodzahl: 109,7	12,5% (Bromgehalt: 69,9%)

Öl (1) zeigte die Säurezahl 1,2 und enthielt ca. 1% Unverseifbares[2]. Öl (2) hatte die Säurezahl 6,1 und gab 10,9% ätherunlösliche Bromide.

Butterfischöl.

Butterfish oil.

Tierart (Spender) und Tierfamilie	Verbreitung	Gehalt (% Öl)	Fangzeit	Herkunft des Untersuchungsmaterials
Poronotus triacanthus (Centronotus gunellus) Fam.: Blenniidae	Nordische Meere	Eßbare Teile des Fisches: (I) ca. 6% (II) 13,5%	19. 5. 1915 12. 10. 1915	Atlantische Küste Nordamerikas

[1] Abura-Garei ist der japanische Name einer an den Küsten von Hokkaidô sehr häufig vorkommenden Seezungenart. Nach Jordan, Tanaka und Snyder, „A Catalogue of the Fishes of Japan", S. 321, Tokyo 1913, ist die eigentliche Bezeichnung für Atheresthes Evermanni in Japan: „Yagata-garei".

[2] Reaktionen des Unverseifbaren. Schwefelkohlenstofflösung des Öls, mit konzentrierter Schwefelsäure versetzt: violett. Essigsäureanhydrid-Lösung, mit Schwefelsäure versetzt: blau, in dunkelgrün übergehend. Antimontrichlorid in Chloroformlösung: tiefblau. Diese Reaktionen scheinen die Gegenwart von Vitamin A anzuzeigen (Tsujimoto).

Physikalische und chemische Kennzahlen.

	Dichte d_{25}^{25}	Brechungs-Index n_D	Verseifungszahl	Jodzahl	Säurezahl der Probe
Öl (I)	0,9213	1,4732 (30°)	190,5	138,2	3,0
Öl (II)	0,9177	1,4706 (30°)	202,8	90,2	—

Mondfischöl.

(Königsfischöl.)

Huile de mole de Méditerranée — Sun fish oil — Olio di mola.

Tierarten (Spender) und Tierfamilie	Verbreitung	Gehalt (% Öl)
Mola mola, Orthagoriscus mola (1) Menticirrhus americanus (2) Fam.: Molidae	Wärmere Meere	Trockensubstanz von Menticirrhus americanus: 5,2% (Fangzeit: 4. 5. 1915)

Physikalische und chemische Kennzahlen.

	Dichte d_{15}^{15}	Brechungs-Index n_D	Verseifungszahl	Jodzahl
Öl von (1)	0,901	—	147,6	102,7
Öl von (2)	d_{25}^{25}: 0,9146	1,4663 (30°)	195,7	85,4

Öl von (1): Säurezahl 2,2; Gehalt an Unverseifbarem: 24,1%; aus dem hohen Werte des letzteren erklärt sich die niedrige Verseifungszahl. Öl von (2): Säurezahl 3,4.

Weniger untersuchte Fischöle.

Deutsche Bezeichnung	Tierart und Tierfamilie	Herkunft	Fangzeit	Ölgehalt	Kennzahlen
Dorschöl	Gadus callarias; Fam.: Gadidae	Atlantische Küste Nordamerikas	24. 11. 1915	Eßbare Teile des Fisches: ca. 0,1%	Jodzahl: 94,1
Langfischöl	Urophycis spec. Fam.: Gadidae	dgl.	18. 11. 1915	dgl.: 0,12%	Jodzahl: 80,8
Ziegelfischöl	Lopholatilus chamaeleonticeps; Fam.: Pseudochromididae	dgl.	17. 12. 1915	Eßbare Teile des Fisches: 0,5%	Brechungs-Index n_D: 1,4753 (30°) Jodzahl: 118,8
Schwarzfischöl	Tautoga onitis; Fam.: Labridae	dgl.	16. 6. 1915	dgl.: 0,15%	Jodzahl: 127,5

Leberöle[1].

(Klassen der Rundmäuler und der Fische.)

Vorbemerkungen. Die Fisch-Leberöle unterscheiden sich von den übrigen (meist aus dem ganzen Körper stammenden) Fischölen in vielen Fällen durch den außergewöhnlich hohen Gehalt an unverseifbaren Bestandteilen sowie durch ihre hohe Vitaminwirksamkeit. Möglicherweise ist die letztere z. T. durch Carotinoide oder akzessorische Bestandteile derselben bedingt (H. v. EULER, 1928; KARRER: Z. ang. Bd. 41, S. 923. 1929).

Von den unverseifbaren Bestandteilen der Haifisch- und Rochenleberöle ist der hoch-ungesättigte Kohlenwasserstoff Squalen von besonderem Interesse

[1] Vgl. Bd. I, S. 272, 281 und 290.

[2] TSUJIMOTO und KIMURA haben erst kürzlich den endgültigen Beweis erbracht, daß Squalen eine einheitliche Verbindung vorstellt und mit „Spinacen" identisch ist. J. Soc. Ch. Ind., Japan Bd. 30, S. 341. 1927; C. 1927, II, 1042.

(s. a. Bd. I, S. 272)[2]; außer Squalen wurden in wechselnden Mengen ein Isooctadecan („Pristan“) sowie aliphatische Glykole gefunden (Chimyl-, Batyl- und Selachylalkohol; s. Bd. I, S. 36 u. 42).

Einen besonders hohen Gehalt an Unverseifbarem zeigen die Leberöle der Fische aus folgenden Familien der zoologischen Unterklasse der Elasmobranchii: Hexanchidae, Chlamydoselachidae, Scylliorhinidae, Squalidae, Cetorhinidae, Dalatiidae, Somniosidae (sämtlich Haie aus der Ordnung Selachii) und Chimaeridae („Seekatzen“, Ordnung Holocephali). Bei manchen dieser Öle beträgt die Menge des Unverseifbaren über 80% — es handelt sich demnach eigentlich um Kohlenwasserstoffe, die eine mehr oder weniger große Menge fetten Öles gelöst enthalten (TSUJIMOTO).

Klasse: Cyclostomata (Rundmäuler).

Ordnung: Hyperoartia.

Neunaugen-Leberöl.

Lamprey liver oil.

Tierart (Spender) und Tierfamilie	Verbreitung	Farbe
Entophenus japonicus, MARTENS[1] Fam.: Petromyzontidae[1]	Gewässer des nördlichen Asiens (Japan)	Orange

Unverseifbares: 15,1%; Reaktion mit konzentrierter Schwefelsäure in Schwefelkohlenstoff: dunkelviolett mit bläulichem Stich; mit japanischer Fullererde: dunkelblaugrün.

Physikalische und chemische Kennzahlen.

	Dichte d_4^{15}	Brechungs-Index n_D	Verseifungszahl	Jodzahl (WIJS)	Polybromide (ätherunlöslich)
Öl	0,9441	1,4875 (20°)	167,8	174,4	—
Säuren	—	—	—	—	49,2% (Bromgehalt: 70,1%)

Die untersuchte Probe zeigte die Säurezahl 3,1.

Klasse: Pisces (Fische).

Unterklasse: Elasmobranchii.

Ordnung: Selachii[2].

Leberöl von Heptranchias deani.

(„Abura-zamé“-Leberöl.)

Tierart (Spender) und Tierfamilie	Verbreitung	Gehalt (% Öl) im Organ	Farbe	Anmerkung. Reaktion
Heptranchias Deani, JORDAN und STARKS Fam.: Hexanchidae	Südliche Meere Japans	Leber, ausgeschmolzen: 54,1% (Fangzeit: April 1917) — Öl I —. Leber, mit Petroläther extrahiert: 29,4% (Fangzeit: März 1917) — Öl II —	Hellgelb (Öl I); orangegelb (Öl II)	Öl I gibt bei gewöhnlicher Temperatur eine Abscheidung. — Reaktion mit konzentrierter Schwefelsäure: violettrot

Unverseifbares: 9,8—12,7%; enthält Batyl- und Selachylalkohol, kein Squalen.

[1] Bei JORDAN, TANAKA und SNYDER „A Catalogue of the Fishes of Japan“, Tokyo 1913, finden sich die folgenden Bezeichnungen für die Art bzw. die Familie: Entosphenus jap. (Fam.: Petromyzonidae).

[2] Zur Ordnung Selachii gehören die Haie und die Rochen; im folgenden schließen sich an die Haifischleberöle die ihnen auch chemisch nahestehenden Rochenleberöle an. — Von der Haifischart Lepidorhinus kimbei (Familie Squalidae) wurde auch ein Eieröl beschrieben; um den zoologischen Zusammenhang nicht zu stören, befindet sich die Kennzahlentabelle dieses Öles hinter der des entsprechenden Leberöles S. 387.

Physikalische und chemische Kennzahlen.

	Dichte d_4^{15}	Schmelzpunkt	Brechungs-Index n_D	Verseifungszahl	Jodzahl (WIJS)	Polybromide (ätherunlöslich)
Öl I	0,9162	—	1,4734 (20°)	174,9	118,5	—
Öl II	0,9208	—	1,4795 (20°)	165,8	166,3	—
Säuren von Öl II	—	31°	—	—	—	58,2% (Bromgehalt: 71,2%)

Öl I zeigte die Säurezahl 0,4; Öl II hatte die Säurezahl 1,0.

Leberöl von Hexanchus corinus[1].

(„Kagura-zamé"-Leberöl.)

Tierart (Spender) und Tierfamilie	Verbreitung	Gehalt (% Öl) im Organ	Farbe	Anmerkung. Reaktion
Hexanchus corinus, JORDAN u. GILBERT Fam.: Hexanchidae	Pazifische Küste von Nordamerika und Japan	Leber, ausgeschmolzen: 62,7% (Fangzeit des Fisches: April 1918)	Orangegelb bis gelbbraun	Gibt bei gewöhnlicher Temperatur eine Abscheidung. — Reaktion mit konzentrierter Schwefelsäure: hell violettrot

Fettsäuren: von diesen sind ca. 52% an Glycerin gebunden; ca. 30% dürften mit höheren Alkoholen verestert sein.

Unverseifbares: 12,6—15,2%; vorwiegend Selachylalkohol, weniger Batylalkohol, kein Squalen. Cholesteringehalt: 1,5%. Bei der Bromierung entstehen geringe Mengen eines in Äther unlöslichen Bromides.

Physikalische und chemische Kennzahlen.

	Dichte d_4^{15}	Brechungs-Index n_D	Verseifungszahl	Hehnerzahl	Jodzahl (WIJS)	Polybromide (ätherunlöslich)
Öl	0,9146	1,4740 (20°)	163,0—165,7	97,7	124,5	—
Säuren	—	—	Neutral.-Z.: 192,5	—	—	26,3%

Eine Probe zeigte die Säurezahl 0,5 und gab 5,4% Glycerin.

Leberöl von Chlamydoselachus anguineus.

(„Rabuka-zamé"-Leberöl.)

Tierart (Spender) und Tierfamilie	Verbreitung	Gehalt (% Öl) im Organ	Farbe	Anmerkung. Reaktion
Chlamydoselachus anguineus, GARMAN Fam.: Chlamydoselachidae	Japanische Meere, auch vor Madeira und Norwegen	Leber (Fangzeit des Fisches: März 1918): 68%; (Mai 1918): 62%	Hellgelb bis orangegelb	Manche Öle geben bei 0° bis 10° Abscheidungen in wechselnder Menge. — Reaktion mit konzentrierter Schwefelsäure: violettrot

Unverseifbares: 37,1—51,7%; Hauptbestandteil Oleinalkohol, daneben geringe Mengen Cetylalkohol (ca. 1%) sowie etwas Cholesterin; ferner ungefähr 7% Squalen und 0,5% Iso-octadecan („Pristan").

---

[1] Von einem Öl von Hexanchus griseus wurde die Jodzahl 91 angegeben; die Verbrennungswärme des Öles betrug 9491 (cal/g), der Flammpunkt 310°; der Brennpunkt 347°.

Physikalische und chemische Kennzahlen.

	Dichte d_4^{15}	Brechungs-Index n_D	Verseifungszahl	Jodzahl (WIJS)	Polybromide (ätherunlöslich)
Öl	0,8747 bis 0,8885	1,4703 bis 1,4725 (20°)	93,4—116,5	112,1—136,3	—
Säuren	—	—	Neutral.-Z.: 182,8—189,8	77,6—99,7	4,8—5,6% (Bromgehalt: 69,9%)

Verschiedene Proben zeigten Säurezahlen zwischen 0,2 und 0,7.

Katzenhai-Leberöl.

„Cat-shark"-liver oil.

Tierart (Spender) und Tierfamilie	Verbreitung	Gehalt (% Öl) im Organ	Farbe bzw. Geruch	Anmerkung
Heterodontus japonicus, DUMÉRIL, Fam.: Heterodontidae	Japanische Meere	Leber, mit Äther extrahiert: 26% (Febr. 1915)	Orangegelb; unangenehmer Geruch	Das Öl gibt bei 10° eine reichliche Abscheidung

Unverseifbares: 3,9%; kein Squalen.

Physikalische und chemische Kennzahlen.

	Dichte d_4^{15}	Brechungs-Index n_D	Verseifungszahl	Jodzahl (WIJS)
Öl	0,9305	1,4781 (20°)	178,5	138,5

Säurezahl der untersuchten Probe: 1,2.

Leberöl von Cephaloscyllium umbratile.

(„Nanuka-zamé"-Leberöl.)

Tierart (Spender) und Tierfamilie	Verbreitung	Gehalt (% Öl) im Organ	Farbe	Anmerkung. Reaktion
Cephaloscyllium umbratile, JORDAN und FOWLER Fam.: Scylliorhinidae	Japanische Meere	Leber, ausgeschmolzen: 54,5% (Fangzeit des Fisches: Dez. 1917)	Hellgelb	Gibt bei Winterkälte eine reichliche Abscheidung. — Reaktion mit konz. Schwefelsäure: hell violettrot

Unverseifbares: 1,4%; kein Squalen.

Physikalische Kennzahlen.

	Dichte d_4^{15}	Schmelzpunkt	Brechungs-Index n_D
Öl	0,9255	—	1,4780 (20°)
Säuren	—	33—34°	—

Chemische Kennzahlen.

	Verseifungszahl	Jodzahl (WIJS)	Polybromide (ätherunlöslich)
Öl	182,9	143,1	—
Säuren	—	—	49,4% (Bromgehalt: 70,3%)

Das untersuchte Muster zeigte die Säurezahl 0,4.

Tigerhai-Leberöl.

(„Tora-zamé"-Leberöl — „Tiger-shark"-liver oil.)

Tierart (Spender) und Tierfamilie	Verbreitung	Gehalt (% Öl) im Organ	Farbe	Anmerkung. Reaktion
Halaelurus torazame, TANAKA Fam.: Scylliorhinidae	Japanische Meere	Leber, ausgeschmolzen: 26,6% (April 1918)	Gelborange	Gibt eine geringfügige Abscheidung. Reaktion mit konz. Schwefelsäure: schmutzig violettrot

Unverseifbares: 0,9%; kein Squalen.

Physikalische und chemische Kennzahlen.

	Dichte d_4^{15}	Brechungs-Index n_D	Verseifungszahl	Jodzahl (WIJS)
Öl	0,9308	1,4845 (20°)	183,3	197,9

Säurezahl der Probe: 2,6.

Leberöl von Scylliorhinus macrorhynchus.

(„Nagahera-zamé"-Leberöl.)

Tierart (Spender) und Tierfamilie	Verbreitung	Gehalt (% Öl) im Organ	Farbe	Anmerkung. Reaktion
Scylliorhinus macrorhynchus, TANAKA Fam.: Scylliorhinidae	Japanische Meere (Sagamisee)	Leber: 50% (Fangzeit des Fisches: Januar 1918)	Hellgelb bis orange	Das Öl erstarrt bei Winterkälte. — Reaktion mit konzentrierter Schwefelsäure: braun mit violettrotem Stich

Unverseifbares: 1,5%; kein Squalen.

Physikalische und chemische Kennzahlen.

	Dichte d_4^{15}	Schmelzpunkt	Brechungs-Index n_D	Verseifungszahl	Jodzahl (WIJS)	Polybromide (ätherunlöslich)
Öl	0,9161	—	1,4725 (20°)	178,8	103,1	—
Säuren	—	26—27°	—	—	—	17,2%

Die untersuchte Probe zeigte die Säurezahl 0,9.

Leberöl von Stegostoma tigrinum.

(„Torafu-zamé"-Leberöl — Spotted shark liver oil.)

Tierart (Spender) und Tierfamilie	Verbreitung
Stegostoma tigrinum, GMELIN Fam.: Scylliorhinidae	Japanische Meere und weiter südlich bis zum Indischen Ozean

Physikalische und chemische Kennzahlen.

	Dichte d^{40}	Verseifungszahl	Hehnerzahl	Jodzahl	R.-M.-Zahl
Öl	0,9010	185,4	94,2	123,2	0,2
Säuren	—	Neutral.-Z.: 189,9	—	—	—

Die untersuchte Probe zeigte die Säurezahl 1,2.

Leberöl von Pristiurus Eastmani.

(„Gaikotsu-zamé“-Leberöl oder „Gobo-zamé“-Leberöl.)

Tierart (Spender) und Tierfamilie	Verbreitung	Gehalt (% Öl) im Organ	Farbe	Anmerkung. Reaktion
Pristiurus Eastmani, JORDAN und SNYDER Fam.: Scylliorhinidae	Südliche Meere Japans (Sagamisee)	Leber: 34,2% (Fangzeit des Fisches: Januar 1917)	Hellgelb	Das Öl scheidet bei Winterkälte reichliche Mengen von „Stearin“ ab. — Reaktion mit konzentrierter Schwefelsäure: violettrot

Unverseifbares: 2,4%; kein Squalen.

Physikalische und chemische Kennzahlen.

	Dichte d_4^{15}	Brechungs-Index n_D	Verseifungszahl	Jodzahl (WIJS)
Öl	0,9262	1,4772 (20°)	184,5	131,6

Säurezahl des Musters: 2,4.

Leberöl von Pristiurus pilosus.

(„Imori-zamé“-Leberöl.)

Tierart (Spender) und Tierfamilie	Verbreitung	Gehalt (% Öl) im Organ	Farbe	Anmerkung. Reaktion
Pristiurus pilosus, GARMAN Fam.: Scylliorhinidae	Japanische Meere	Leber, ausgekocht: ca. 84% (Fangzeit des Fisches: Januar 1918)	Hellgelb	Das Öl gibt selbst bei Winterkälte keine Abscheidung. Konzentrierte Schwefelsäure: braun mit rötlichviolettem Schimmer.

Unverseifbares: 85,5%; zum größten Teil aus Squalen bestehend (ca. 80% des Öles).

Physikalische und chemische Kennzahlen.

	Dichte d_4^{15}	Brechungs-Index n_D	Verseifungszahl	Jodzahl (WIJS)	Polybromide (ätherunlöslich)
Öl	0,8664	1,4912 (20°)	28,1	309,0	—
Säuren	—	—	—	—	7%

Die untersuchte Probe zeigte die Säurezahl 0,3.

Leberöl von Cynias manazo.

(„Hoshi-zamé“-Leberöl.)

Tierart (Spender) und Tierfamilie	Verbreitung	Gehalt (% Öl) im Organ	Farbe	Anmerkung
Cynias manazo, BLEEKER Fam.: Galeidae	Japanische Meere	Leber, mit Äther extrahiert: 30,6% (Februar 1915)	Intensivgelb	Bei 10° gibt das Öl eine reichliche Abscheidung

Unverseifbares: 2,9%; kein Squalen.

Physikalische und chemische Kennzahlen.

	Dichte d_4^{15}	Schmelzpunkt	Brechungs-Index n_D	Verseifungszahl	Jodzahl (WIJS)	Polybromide (ätherunlöslich)
Öl	0,9267	—	1,4808 (20°)	181,6	183,7	—
Säuren	—	31—32°	—	—	—	65,8% (Bromgehalt: 71,3%)

Das untersuchte Muster zeigte die Säurezahl 0,4.

Leberöl von Triakis scyllium.

(„Dochi-zamé"-Leberöl oder „Yamori-zamé"-Leberöl.)

Tierart (Spender) und Tierfamilie	Verbreitung	Gehalt (% Öl) im Organ	Farbe	Anmerkung. Reaktion
Triakis scyllium, MÜLLER und HENLE Fam.: Galeidae	Südwestliche Meere Japans	Leber, mit Petroläther extrahiert: 16,7% (Fangzeit des Fisches: April 1916)	Gelblich-orange	Gibt beim Stehen eine Abscheidung. Reaktion mit konz. Schwefelsäure: violettrot

Unverseifbares: 6,1%; kein Squalen.

Physikalische und chemische Kennzahlen.

	Dichte d_4^{15}	Brechungs-Index n_D	Verseifungszahl	Jodzahl (WIJS)
Öl	0,9245	1,4778 (20°)	185,7	143,7

Die untersuchte Probe zeigte die Säurezahl 1,7.

Leberöl von Galeus galeus.

Tierart (Spender) und Tierfamilie	Farbe bzw. Geruch
Galeus galeus. Fam.: Galeidae	Hellgelb; starker, nicht unangenehmer Geruch

Unverseifbares: 1,1%.

Physikalische und chemische Kennzahlen.

	Dichte d_4^{15}	Brechungs-Index n_D	Verseifungszahl	Jodzahl (WIJS)	Polybromide (ätherunlöslich)
Öl	0,9249	1,4778 (20°) 1,4803 (15°)	185,1	152,2	—
Säuren	—	—	—	—	42,5%

Leberöl von Galeocerdo tigrinus.

(„Itachi-zamé"-Leberöl.)

Tierart (Spender) und Tierfamilie	Verbreitung
Galeocerdo tigrinus, MÜLLER und HENLE. Fam.: Galeidae	Tropische Meere

Unverseifbares: 11,5%; vorwiegend Batyl- und Selachylalkohol, kein Squalen. Gibt ca. 1% ätherunlösliche Bromide (Bromgehalt: 66,1%).

Physikalische und chemische Kennzahlen.

	Dichte d_4^{15}	Brechungs-Index n_D	Verseifungszahl	Jodzahl
Öl	0,9108	1,4680 (20°)	174,0	75,2

Die untersuchte Probe zeigte die Säurezahl 0,3.

Leberöl von Prionace glaucus.

(„Yoshikiri-zamé“-Leberöl.)

Tierart (Spender) und Tierfamilie	Verbreitung	Gehalt (% Öl) im Organ	Farbe	Anmerkung. Reaktion
Prionace glaucus, LINNÉ Fam.: Galeidae	Japanische Meere	Leber, ausgeschmolzen: 18,8% (Febr. 1917)	Orangegelb	Gibt bei Winterkälte eine Abscheidung. — Reaktion mit konz. Schwefelsäure: tief-violettrot

Unverseifbares: 8,3%; kein Squalen (Öl I). Ein anderes Muster (Öl II) enthielt 4,8% Unverseifbares, das fast ausschließlich aus Cholesterin bestand.

Physikalische Kennzahlen.

	Dichte d_4^{15}	Schmelzpunkt	Brechungs-Index n_D
Öl I	0,9276	—	1,4841 (20°)
Öl II	0,9233	—	1,4771 (20°)
Säuren von Öl I	—	32—33°	—

Chemische Kennzahlen.

	Verseifungszahl	Jodzahl (WIJS)	Polybromide (ätherunlöslich)
Öl I	172,7	160,8	—
Öl II	178,2	132,6	—
Säuren von Öl I	—	—	41,2% (Bromgehalt: 69,9%)

Öl I zeigte die Säurezahl 1,0; Öl II hatte die Säurezahl 0,7.

Leberöl von Carcharhinus japonicus.

(„Mejiro-zamé“-Leberöl — „White-shark“-liver oil.)

Tierart (Spender) und Tierfamilie	Verbreitung	Gehalt (% Öl) im Organ	Farbe	Anmerkung. Reaktion
Carcharhinus japonicus, TEMMINCK und SCHLEGEL Fam.: Galeidae	Südliche Meere Japans	Leber, ausgeschmolzen: 13,7% (Fangzeit des Fisches: April 1917)	Gelb	Das Öl scheidet beim Stehen reichliche Mengen „Stearin“ ab. — Reaktion mit konzentrierter Schwefelsäure: violett

Unverseifbares: 5,0%; kein Squalen.

Physikalische Kennzahlen.

	Dichte d_4^{15}	Schmelzpunkt	Brechungs-Index n_D
Öl	0,9246	—	1,4775 (20°)
Säuren	—	33—33,5°	—

Chemische Kennzahlen.

	Verseifungszahl	Jodzahl (WIJS)	Polybromide (ätherunlöslich)
Öl	182,7	126,5	—
Säuren	—	—	30,4% (Bromgehalt: 70,2%)

Die untersuchte Probe zeigte die Säurezahl 0,3.

Hammerhai-Leberöl.

„Hammer-headed-shark"-liver oil.

Tierart (Spender) und Tierfamilie	Verbreitung	Farbe bzw. Geruch
Sphyrna zygaena, L. Fam.: Galeidae (Fam.: Sphyrnidae)[1]	In vielen Meeren	Rötlichgelb; unangenehmer Geruch

Unverseifbares: 1,7%; kein Squalen.

Physikalische Kennzahlen.

	Dichte d_4^{15}	Schmelzpunkt	Brechungs-Index n_D
Öl I	0,9312	—	1,4849 (20°)
Säuren	—	31°	—

Chemische Kennzahlen.

	Verseifungszahl	Jodzahl (Wijs))	Polybromide (ätherunlöslich)
Öl I	179,8	199,7	—
Öl II	174,1	155,5	—
Säuren von I	—	—	66,7% (Bromgehalt: 70,6%)

Öl I zeigte die Säurezahl 2,4; Öl II hatte die Säurezahl 3,3.

Fuchshai-Leberöl.

(„Onaga-zamé"-Leberöl — „Thresher-shark"-liver oil.)

Tierart (Spender) und Tierfamilie	Verbreitung	Gehalt (% Öl) im Organ	Farbe	Anmerkung. Reaktion
Alopias vulpes, Gmelin Fam.: Lamnidae (Fam.: Alopiidae[1])	Viele Meere (die untersuchte Probe stammte von einem Fisch aus dem Küstengebiet der japanischen Provinz Awa)	Leber, ausgeschmolzen: 6,8% (Fangzeit: Dezember 1917)	Orangegelb	Gibt bei 8° eine reichliche Abscheidung. — Reaktion mit konzentrierter Schwefelsäure: violettrot

Unverseifbares: 2,0%; kein Squalen.

Physikalische und chemische Kennzahlen.

	Dichte d_4^{15}	Brechungs-Index n_D	Verseifungszahl	Jodzahl (Wijs)
Öl	0,9261	1,4786 (20°)	183,9	139,6

Säurezahl der Probe: 1,5.

Blauhai-Leberöl.

(„Ao-zamé"-Leberöl — „Blue-shark"-liver oil.)

Tierart (Spender) und Tierfamilie	Verbreitung	Gehalt (% Öl) im Organ	Farbe	Anmerkung. Reaktion
Isuropsis glauca, Müller und Henle Fam.: Lamnidae	Nördliche Meere	Leber, ausgeschmolzen: 24,4% (Fangzeit des Fisches: April 1915)	Gelb	Das Öl gibt bei gewöhnlicher Temperatur eine starke Abscheidung. — Reaktion mit konzentrierter Schwefelsäure: violettrot

Unverseifbares: 1,7%; kein Squalen.

[1] Nach Jordan, Tanaka und Snyder, „A Catalogue of the Fishes of Japan". Tokyo 1913.

Physikalische und chemische Kennzahlen.

	Dichte d_4^{15}	Schmelzpunkt	Brechungs-Index n_D	Verseifungszahl	Jodzahl (WIJS)	Polybromide (ätherunlöslich)
Öl	0,9178	—	1,4741 (20°)	179,8	109,3	—
Säuren	—	30°	—	—	—	25,7% (Bromgehalt: 70,3%)

Das untersuchte Muster zeigte die Säurezahl 0,5.

Heringshai-Leberöl.

(„Nezumi-zamé"-Leberöl — „Rat-shark"-liver oil oder „Porbeagle oil".)

Tierart (Spender) und Tierfamilie	Verbreitung	Gehalt (% Öl) im Organ	Farbe	Anmerkung. Reaktion
Lamna cornubica, GMELIN Fam.: Lamnidae	Atlantischer Ozean und Küstengebiete des Stillen Ozeans	Leber, ausgeschmolzen: 42% (Fangzeit des Fisches: April 1915)	Orangegelb oder hellgelb	Gibt eine geringe Abscheidung. — Reaktion mit konzentrierter Schwefelsäure: rötlichviolett

Fettsäuren: neben Clupanodonsäure auch schwächer ungesättigte, sowie möglicherweise auch stärker ungesättigte Säuren mit 18, 20 und 22 (24?) Kohlenstoffatomen vorhanden; Jodzahl der hoch-ungesättigten Säuren: 368,3. — Unverseifbares: 2,9—3,6%; kein Squalen (Öle I). Eine Probe (Öl II) enthielt 1,6% Unverseifbares und gab 10,4% Glycerin.

Physikalische Kennzahlen.

	Dichte d_4^{15}	Schmelzpunkt	Erstarrungspunkt	Brechungs-Index n_D
Öle I	0,9286—0,9293	—	—	1,4825—1,4829 (20°)
Öl II	—	—	—	1,4830 (18°)
Säuren von I	—	27—28°	—	—
„ „ II	—	28,2°	22,5°	—

Chemische Kennzahlen.

	Verseifungszahl	Hehnerzahl	Acetylzahl	Jodzahl (WIJS)	Polybromide (ätherunlöslich)	Thermozahl
Öle I	177,0—188,1	—	—	179,9—181,2	—	—
Öl II	180,8	93,4	8,7	152,2	—	107,5
Säuren von I	—	—	—	—	56,8—64,0% (Bromgehalt: 71,3%)	—
„ „ II	195,8 Neutral.-Z.: 168,9	—	—	—	—	—

Öle I. Säurezahlen zweier Proben: 0,3 bzw. 2,8. Öl II zeigte die Säurezahl 1,6.

Riesenhai-Leberöl.

(„Uba-zamé"-Leberöl; „Basking-shark"-liver oil.)

Tierart (Spender) und Tierfamilie	Verbreitung	Gehalt (% Öl) im Organ	Farbe bzw. Geruch
Cetorhinus maximus, GUNNER (Squalus maxim.)[1] Fam.: Lamnidae (Cetorhinidae)[2]	Nördliche Meere, aber auch Süd-Pazifik	Leber (oft 1 Tonne schwer): ca. 50%	Hellgelb bis orangegelb; unangenehmer Fischgeruch

[1] Für Squalus maximus findet sich auch öfters die Bezeichnung Sonnenhaifisch.

[2] Nach JORDAN, TANAKA und SNYDER, „A Catalogue of the Fishes of Japan", Tokyo 1913.

Unverseifbares: 41,9—55,5%; Squalengehalt: 20—26% (Öle I). 20,6—21,6% Gesamtunverseifbares (Öle II). Iso-octadecan in wechselnden Mengen zugegen, in einem Falle ca. 0,4% des Öles; in einem anderen Falle betrug die Menge der gesättigten Kohlenwasserstoffe ca. 10%.

Fettsäuren: 47—52% (Glycerinausbeute: 2,6—4,2%).

Physikalische Kennzahlen.

	Dichte d_4^{15}	Schmelzpunkt	Lichtbrechung B.-Refr. Sk. T.	Lichtbrechung Brechungs-Index n_D	Optisches Drehungsvermögen
Öle I	0,8839—0,8969	—	78,2 (20°)	1,4772—1,4815 (20°)	—
Öle II	0,9094—0,9176	—	—	1,4808—1,4836 (20°)	—
Öle III	0,885—0,886	—	—	1,4828 (19°)	$[\alpha]_D = -1° 11'$
Säuren von I	—	30°	—	—	—
„ III	—	—	—	1,4600—1,4625 (29°)	—

Chemische Kennzahlen.

	Verseifungszahl	M. M.-Gew.	Jodzahl (WIJS)	Polybromide (ätherunlöslich)
Öle I	86,0—109,4	—	161,8—191,8	—
Öle II	145,7—146,0	—	167,3—174,4	—
Öle III	90,4—99,6	—	214—249,1	—
Säuren von I	—	—	—	3,1%
„ „ III	161,3—171,2	326—347	102,5—115,1	—

Öle I zeigten Säurezahlen von 0,9 bis 4,3; Öle II hatten Säurezahlen zwischen 0,3 und 0,6.

Hundshai-Leberöl[1].

(Dornhai-Leberöl.)

Huile de foie de roussette — Dog-fish liver oil.

Tierart (Spender) und Tierfamilie	Verbreitung	Gehalt (% Öl) im Organ	Farbe bzw. Geruch	Anmerkung. Reaktionen
Squalus acanthias, L. oder Acanthias vulgaris, RISSO Fam.: Squalidae	Atlantischer Ozean, Mittelmeer u. a. Meere	Leber: 40—50%	Hellgelb bis bernsteingelb; Geruch charakteristisch, nicht unangenehm, etwas fischartig	Dickflüssig; gibt beim Stehen eine geringe Abscheidung. — Reaktionen: konzentrierte Schwefelsäure färbt in verschiedenen Lösungsmitteln weinrot bis braun. Rauchende Salpetersäure: rot oder violett bis braun.

Fettsäuren: in einem Falle 79,3% (norwegisches Öl, niedrige Verseifungs- bzw. Jodzahl, Säurezahl 0,0). — Unverseifbares: 8,4—12,3%; in einem Falle wurden 32,9% unverseifbare Bestandteile gefunden (Verseifungszahl 161?). Bei Öl I (s. u.) war der Gehalt an Unverseifbarem nur 4%, davon 1,1% Squalen und 2,9% Cholesterin.

[1] Auch als „Hundsfisch"-Leberöl bezeichnet.

Physikalische Kennzahlen.

	Dichte d_{15}^{15}	Schmelzpunkt	Erstarrungspunkt	Lichtbrechung B.-Refr. Sk. T.	Lichtbrechung Brechungs-Index n_D	Optisches Drehungsvermögen
Öl	0,9125 bis 0,9186 d_{25}: 0,9153	—	—	62,5 (40°) 71,2 (25°)	1,4749 bis 1,4762 (20°)	$[\alpha]_D = -1,45°$ $[\alpha]_J = -1,67°$
Öl I	0,9248	—	−3 bis −5°	—	1,4761 (25°)	—
Säuren	—	28—34°	—	—	—	—

Chemische Kennzahlen.

	Verseifungszahl	Hehnerzahl	Acetylzahl	Jodzahl	R.-M.-Zahl	Thermozahl	Polybromide (ätherunlöslich)
Öl	156,4—169,7	—	—	110,1—145,8	—	—	—
Öl I	188	94	20	140	0,6	107	—
Säuren	180,5 Neutral.-Z.: 177,8	M. M. Gew.: 296,1					10,3 21,0%

Säurezahlen bis 4,8. Öl I enthielt 1,7% freie Fettsäuren, berechnet in Prozenten Ölsäure.

Leberöl von Squalus japonicus.

(„Togari-tsuno-zamé“-Leberöl.)

Tierart (Spender) und Tierfamilie	Verbreitung	Gehalt (% Öl) im Organ	Farbe	Anmerkung
Squalus japonicus, ISHIKAWA („spitzer Dornhai“) Fam.: Squalidae	Wärmere Meere, insbesondere Japans	Leber, ausgeschmolzen: 43,7—45%; (Fangzeit des Fisches: Februar 1916)	Öl (1): gelb; Öl (2) hellgelb	Öl (1) gibt bei 10° eine geringe Abscheidung; Öl (2) ist kältebeständig

Unverseifbares: 6,3—18,2%; enthält Batyl-, Chimyl- und Selachylalkohol; kein Squalen.

Physikalische Kennzahlen.

	Dichte d_4^{15}	Schmelzpunkt	Brechungs-Index n_D
Öl (1)	0,9182	—	1,4775 (20°)
Öl (2)	0,9254	—	1,4842 (20°)
Öle (3)	0,9113—0,9208	—	1,4748—1,4777 (20°)
Säuren von Öl 1	—	28—29°	—
„ „ „ 2	—	32—33°	—

Chemische Kennzahlen.

	Verseifungszahl	Jodzahl (WIJS)	Polybromide (ätherunlöslich)
Öl (1)	164,8	141,4	—
Öl (2)	166,5	183,9	—
Öle (3)	156,7—178,3	116,2—142,3	—
Säuren von Öl 1	—	—	38,4% (Bromgehalt: 68,9%)
„ „ „ 2	—	—	62,9% (Bromgehalt: 68,5%)

Öl (1): aus der Leber eines trächtigen Muttertieres; Säurezahl 1,1. Öl (2): aus den Lebern der Foeti dieses Tieres; Säurezahl 0,8. Öle (3): Säurezahlen 0,8—1,2.

Leberöl von Squalus wakiyae.

(„Aburatsuno-zamé"-Leberöl oder „Hokkaido Abura-zamé"-Leberöl.)

Tierart (Spender) und Tierfamilie	Verbreitung	Gehalt (% Öl) im Organ	Farbe bzw. Geruch	Reaktion
Squalus wakiyae, TANAKA („fetter Dornhai") Fam.: Squalidae	Japanische Meere	Leber, ausgeschmolzen: 56—59%	Gelb; eigentümlicher Geruch	Konzentrierte Schwefelsäure: tief violettrot

Fettsäuren: 15% gesättigte Säuren (vorwiegend Palmitinsäure; daneben geringe Mengen Myristin-, Stearin-, Arachin- und Behensäure sowie eine Säure $C_{24}H_{48}O_2$); von ungesättigten Säuren Zoomarin- und Ölsäure, ferner Cetolein- und Selachylsäure und eine Säure $C_{20}H_{38}O_2$; von den höher-ungesättigten Säuren wurden hauptsächlich solche mit 18 (?), 20 und 22 Kohlenstoffatomen gefunden.

Unverseifbares: 12—17%; vorwiegend Chimyl- und Selachylalkohol, wenig Batylalkohol, kein Squalen. Cholesteringehalt: 2,7—4,0%. Bei der Bromierung entstehen kleine Mengen eines in Äther unlöslichen Bromides mit einem Bromgehalt von 66,5%.

Physikalische und chemische Kennzahlen.

	Dichte d_4^{15}	Schmelzpunkt	Brechungs-Index n_D	Verseifungszahl	Jodzahl (WIJS)	Polybromide (ätherunlöslich)
Öl	0,9105 bis 0,9171	—	1,4729 bis 1,4748 (20°)	156,7—165,6	100,5—125,7	—
Säuren	—	29,5—30,5°	—	—	—	23,6% (Bromgehalt: 69,1%)

Säurezahlen von 5 Mustern: zwischen 0,3 und 3,0.

Leberöl von Lepidorhinus foliaceus.

(„Momiji-zamé"-Leberöl.)

Tierart (Spender) und Tierfamilie	Verbreitung	Gehalt (% Öl) im Organ	Farbe bzw. Geruch	Reaktion
Lepidorhinus foliaceus, GÜNTHER Fam.: Squalidae	Japanische Meere (Sagamisee)	Leber, ausgekocht: 69,4% (Fangzeit des Fisches: Januar 1917)	Hellgelb; eigentümlicher Geruch	Konzentrierte Schwefelsäure: braun

Unverseifbares: 62,7%.

Physikalische und chemische Kennzahlen.

	Dichte d_4^{15}	Schmelzpunkt	Brechungs-Index n_D	Verseifungszahl	Jodzahl (WIJS)	Polybromide (ätherunlöslich)
Öl	0,8842	—	1,4850 (20°)	73,5	207,2	—
Säuren	—	31°	—	—	—	14%

Die untersuchte Probe zeigte die Säurezahl 0,4.

Leberöl von Lepidorhinus kimbei.

(„Kimbei-zamé"-Leberöl.)

Tierart (Spender) und Tierfamilie	Verbreitung	Gehalt (% Öl) im Organ	Farbe bzw. Geschmack
Lepidorhinus kimbei, TANAKA Fam.: Squalidae	Japanische Meere (Sagamisee)	Leber (23,8% des Körpergewichtes), ausgeschmolzen: 78,5% (Januar 1918)	Blaßgelb; schwacher Geruch und Geschmack

Unverseifbares: 51,3%; annähernder Squalengehalt: 30,3%, berechnet auf das ursprüngliche Öl. Andere Bestandteile des Unverseifbaren: Batylalkohol, Selachylalkohol und Iso-octadecan.

Physikalische und chemische Kennzahlen.

	Dichte d_4^{15}	Schmelzpunkt	Brechungs-Index n_D	Verseifungszahl	Jodzahl (WIJS)	Polybromide (ätherunlöslich)
Öl	0,8884	—	1,4817 (20°)	92,7	215,1	—
Säuren	—	27—29°	—	—	—	15,4% (Bromgehalt: 70%)

Das untersuchte Muster zeigte die Säurezahl 0,7.

„Eieröl" von Lepidorhinus kimbei.

(„Kimbei-zamé"-Eieröl.)

Tierart (Spender) und Tierfamilie	Verbreitung	Gehalt (% „Öl") im Organ	Farbe
Lepidorhinus kimbei, TANAKA Fam.: Squalidae	Japanische Meere (Sagamisee)	Eier: 17,3% Fettsäuren + Unverseifbares	Hellbraun

Unverseifbares: 33,0%, vorwiegend Squalen.

Physikalische und chemische Kennzahlen.

	Dichte d^{15}	Brechungs-Index n_D	Verseifungszahl	Jodzahl (WIJS)
Fettsäuren + Unverseifbares	0,8997	1,4769 (20°)	107,0	177,6

Die untersuchte Probe zeigte die Säurezahl 91,3.

Leberöl von Deania eglantina.

(„Heratsuno-zamé"-Leberöl.)

Tierart (Spender) und Tierfamilie	Verbreitung	Gehalt (% Öl) im Organ	Farbe bzw. Geruch	Reaktion
Deania eglantina, JORDAN und SNYDER Fam.: Squalidae	Japanische Meere (Totomi-Bay)	Leber, ausgekocht: 80,3% (Fangzeit des Fisches: 29. 11. 1915)	Hellgelb; Geruch ähnlich dem des Ai-zamé-Leberöles	Konzentrierte Schwefelsäure: violettrot

Fettsäuren: 26,6%. — Unverseifbares: 72,9%; zum großen Teil aus Squalen bestehend (58,3% des Öles); daneben ein Kohlenwasserstoff von der vermutlichen Zusammensetzung $C_{20}H_{38}$. Cholesterin: 1,24%, davon gebunden 0,63%; frei 0,61%.

Physikalische Kennzahlen.

	Dichte d_4^{15}	Erstarrungspunkt	Brechungs-Index n_D
Öl	0,8721	−20° (zähe Masse)	1,4850 (20°)

Chemische Kennzahlen.

	Verseifungszahl	Jodzahl (WIJS)	Polybromide (ätherunlöslich)
Öl	52,5	261,7	—
Säuren	Neutral.-Z.: 168,4	73,4	2,3%

Säurezahl der untersuchten Probe: 0,5.

Leberöl von Centroscymnus Owstonii.

(„Yume-zamé“-Leberöl.)

Tierart (Spender) und Tierfamilie	Verbreitung	Gehalt (% Öl) im Organ	Farbe	Reaktion
Centroscymnus Owstonii, GARMAN Fam.: Squalidae	Japanische Meere (Surugasee)	Leber: 78%	Hellgelb	Konzentrierte Schwefelsäure: schmutzig-violettrot

Unverseifbares: 46,3%; annähernder Squalengehalt: 24,3%, bezogen auf das ursprüngliche Öl.

Physikalische und chemische Kennzahlen.

	Dichte d_4^{15}	Brechungs-Index n_D	Verseifungszahl	Jodzahl (WIJS)[1]
Öl	0,8926	1,4790 (20°)	107,2	172,4

Die untersuchte Probe zeigte die Säurezahl 0,4.

Leberöle von Zameus squamulosus.

(„Birodo-zamé“-Leberöl bzw. „Yonaichi-zamé“-Leberöl[2].)

Tierart (Spender) und Tierfamilie	Verbreitung	Gehalt (% Öl) im Organ	Farbe bzw. Geruch	Reaktion
Zameus squamulosus, GÜNTHER Fam.: Squalidae	Japanische Meere (Sagami- und Suruga-See)	Leber, ausgekocht: 76,8—78,7% (Fangzeit der Fische: Mai 1915)	Hellgelb; eigentümlicher, nicht unangenehmer Geruch	Konzentrierte Schwefelsäure: violettrot

Unverseifbares: 43,6—43,7% (Squalengehalt: 19,5—27,6%, bezogen auf das ursprüngliche Öl).

Physikalische und chemische Kennzahlen.

	Dichte d_4^{15}	Schmelzpunkt	Brechungs-Index n_D	Verseifungszahl	Jodzahl (WIJS)	Polybromide (ätherunlöslich)
Öl	0,8925 bis 0,8939	—	1,4762 bis 1,4808 (20°)	106,6	155,7; 205,1	—
Säuren	—	28—29°	—	—	—	7,1% (Bromgehalt: 70%)

Säurezahl zweier Muster: 0,3.

Leberöl von Etmopterus lucifer.

(„Fujikujira“-Leberöl.)

Tierart (Spender) und Tierfamilie	Verbreitung	Gehalt (% Öl) im Organ	Farbe	Anmerkung. Reaktion
Etmopterus lucifer, JORDAN und SNYDER Fam.: Squalidae	Japanische Meere	Leber, extrahiert: 47,6% (Oktober 1916)	Hellgelb	Das Öl gibt bei Winterkälte eine geringe Abscheidung. — Reaktion mit konzentrierter Schwefelsäure: violettrot

Unverseifbares: 23,2%; enthält nur geringe Mengen von Squalen.

[1] Von einem Öl von Centroscymnus coelolepis wurde die Jodzahl 208 angegeben.

[2] Ein „Yonaichi-zamé-Öl“ genanntes Leberöl von Zameus squamulosus, GÜNTHER, enthielt 54,4% Unverseifbares (39,2% Squalen); die Jodzahl betrug 315,4; neben Squalen wurde Selachylalkohol nachgewiesen; möglicherweise war auch Batylalkohol in der Probe zugegen.

Physikalische und chemische Kennzahlen.

	Dichte d_4^{15}	Brechungs-Index n_D	Verseifungszahl	Jodzahl (Wijs)
Öl	0,9079	1,4724 (20°)	147,3	104,7

Säurezahl der untersuchten Probe: 1,1.

Leberöl von Etmopterus frontimaculatus.

(„Karasu-zamé“-Leberöl — „Crow-shark“-liver oil.)

Tierart (Spender) und Tierfamilie	Verbreitung	Gehalt (% Öl) im Organ	Farbe	Anmerkung
Etmopterus frontimaculatus, Pietschmann Fam.: Squalidae	Japanische Meere (Sagamisee)	Leber (in einem Fall 42 g, d. i. ca. 7% des ganzen Fisches): ca. 30% Öl, gewonnen durch Zerkleinern der Leber, Erhitzen auf ungefähr 90° und Extrahieren mit Petroläther	Hell orangegelb	Das Öl gibt bei Winterkälte eine geringe Abscheidung. — Reaktion mit konzentrierter Schwefelsäure: violettrot

Unverseifbares: 24,1%; das Öl enthält weniger als 10% Squalen.

Physikalische und chemische Kennzahlen.

	Dichte d_4^{15}	Schmelzpunkt	Brechungs-Index n_D	Verseifungszahl	Jodzahl (Wijs)	Polybromide (ätherunlöslich)
Öl	0,9079	—	1,4750 (20°)	146,0	116,2	—
Säuren	—	29,3°	—	—	—	20,3% (Bromgehalt: 70,8%)

Das untersuchte Muster zeigte die Säurezahl 0,9.

Das Leberöl von **Etmopterus spinax** (Fam.: Squalidae) enthält ebenfalls Squalen.

Leberöl von Centrophorus acus.

(„Taro-zamé“-Leberöl.)

Tierart (Spender) und Tierfamilie	Verbreitung	Gehalt (% Öl) im Organ	Farbe	Anmerkung. Reaktion
Centrophorus acus, Garman Fam.: Squalidae	Japanische Meere (Sagamisee)	Leber, ausgekocht: 79,2% (Fangzeit des Fisches: Dezember 1917)	Hellgelb	Das Öl gibt bei 3° eine geringe Abscheidung. Konzentrierte Schwefelsäure: blaßviolett

Unverseifbares: 62,9% (über 40% Squalen, bezogen auf das ursprüngliche Öl).

Physikalische und chemische Kennzahlen.

	Dichte d_4^{15}	Schmelzpunkt	Brechungs-Index n_D	Verseifungszahl	Jodzahl (Wijs)	Polybromide (ätherunlöslich)
Öl	0,8866	—	1,4869 (20°)	71,6	233,5	—
Säuren	—	31—33°	—	—	—	29,0% (Bromgehalt: 70,5%)

Die untersuchte Probe zeigte die Säurezahl 1,1.

Leberöl von Centrophorus granulosus[1].

Tierart (Spender) und Tierfamilie	Verbreitung
Centrophorus granulosus. Familie: Squalidae	Atlantischer Ozean

Fettsäuren: 12—14% (Palmitin-, Stearin- und Ölsäure; möglicherweise Selacholeinsäure). Unverseifbares: 83—84%; ungesättigte Kohlenwasserstoffe (Squalen), daneben wahrscheinlich Pristan, ferner höhere Alkohole (Batyl- und Selachylalkohol), sowie Cholesterin.

Physikalische Kennzahlen.

	Dichte d_0^{15}	Brechungs-Index n_D	Optisches Drehungsvermögen	Zähigkeit °ENGLER
Öl	0,8684—0,8702	1,4925—1,4943 (19°)	$[\alpha]_D = -0{,}27'$ bis $-0{,}35'$	unter 4 (bei 56° C)
Säuren	—	1,4600—1,4610 (29°)	—	—

Chemische Kennzahlen.

	Verseifungszahl	M. M.-Gew.	Jodzahl
Öl	28,1—34,6	—	360,1—366,4
Säuren	178,9—180,1	311—313	137,4—138,4

Leberöl von Centrophorus atromarginatus.

(„Tsumaguro-Sagami-zamé"-Leberöl.)

Tierart (Spender) und Tierfamilie	Verbreitung	Gehalt (% Öl) im Organ	Farbe	Anmerkung. Reaktion
Centrophorus atromarginatus, GARMAN Fam.: Squalidae	Japanische Meere (Sagamisee)	Leber: 56,5% (Fangzeit des Fisches: Februar 1918)	Hellgelb	Das Öl gibt bei Winterkälte eine geringe Abscheidung. — Konzentrierte Schwefelsäure: braun mit violettem Schimmer

Unverseifbares: 58,3%.

Physikalische und chemische Kennzahlen.

	Dichte d_4^{15}	Brechungs-Index n_D	Verseifungszahl	Jodzahl (WIJS)
Öl	0,8845	1,4845 (20°)	81,5	236,6

Säurezahl der untersuchten Probe: 0,5.

---

[1] Von den Ölen der folgenden Centrophorus-Arten wurden Verbrennungswärme, Flammpunkt und Brennpunkt bestimmt:

	Verbrennungswärme	Flammpunkt	Brennpunkt
Centrophorus granulosus, M. und H.	10790 cal/g	234°	260°
Centrophorus squamosus, BON	10404 cal/g	237°	273°
Centrophorus calceus, LÖWE	10335 cal/g	220°	257°

„Ai-zamé"-Leberöle.

(„Rothai"-Leberöl = „Aka-aizamé"-Leberöl.)

Tierart (Spender) und Tierfamilie	Verbreitung	Gehalt (% Öl) im Organ	Farbe bzw. Geruch	Reaktion
Centrophorus spec., wahrscheinlich C. lusitanicus, BOCAGE und CAPELLO Fam.: Squalidae	Japanische Meere	Leber, ausgekocht, in einem Fall: ca. 76% (Fangzeit des Fisches: 7. 5. 1915)	Hell orangegelb; eigentümlicher, nicht unangenehmer Geruch	Konzentrierte Schwefelsäure: violett oder gelbbraun

Fettsäuren[1]: 10,6—11,3% („orangegelbe Flüssigkeit, die selbst im Sommer eine erhebliche Menge fester Bestandteile absetzt"); Selachocerinsäure und Selacholeinsäure; in Handelsölen auch Clupanodonsäure. — Unverseifbares: 85,5—90,2%, zum allergrößten Teil aus Squalen bestehend (80—85% des Öles; präparative Ausbeute an sterinfreiem Kohlenwasserstoff: bis ca. 80% des ursprünglichen Öles)[2]. Cholesterin: 0,55%; davon gebunden 0,45%; frei 0,1%. Handelsöle: 50—60% Unverseifbares. Glycerinausbeute: meist 0,5%.

Physikalische Kennzahlen.

	Dichte d_4^{15}	Erstarrungspunkt	Brechungs-Index n_D (20°)
Öle I	0,8638—0,8667	unter −20°	1,4905—1,4930
Öl II	0,8767	—	1,4860
Öl III	0,8865	—	1,4800

Chemische Kennzahlen.

	Verseifungszahl	Jodzahl (WIJS)	Polybromide (ätherunlöslich)
Öle I	23—29,7	310—344,6	—
Öl II	54,0	259,8	—
Öl III	83,5	204,9	—
Säuren von I	Neutral.-Z.: 168,5—179,3	79,6—119,3	16,6%
„ „ III	189,1	80,9	—

Öle I: reine Öle mit den höchsten Squalengehalten; Säurezahlen zwischen 0 und 0,4. Öl III: mit anderen Leberölen verunreinigte Handelsprobe, Säurezahl 0,1.

Leberöl von Centroscyllium Ritteri.

(„Kuroko-zamé"-Leberöl.)

Tierart (Spender) und Tierfamilie	Verbreitung	Gehalt (% Öl) im Organ	Farbe	Reaktion
Centroscyllium Ritteri, JORDAN und FOWLER Fam.: Squalidae	Japanische Meere (Sagamisee)	Leber: 63,6% (Öl II; April 1917)	Hellgelb	Konzentrierte Schwefelsäure: violettrot

Unverseifbares. Öl I: 56,1%. Öl II: 36,9% (annähernder Squalengehalt: 13,5%, bezogen auf das ursprüngliche Öl). Öl III: 53,1% (neben Squalen auch Batyl- und Selachylalkohol).

[1] Zusammensetzung des Fettsäurengemisches eines „Aka-aizamé"-Leberöles: 10% gesättigte Säuren, vorwiegend Palmitinsäure; wenig Selachocerinsäure, Spuren von Stearinsäure; 90% ungesättigte Säuren: Ölsäure, eine Säure $C_{20}H_{38}O_2$ (Gadoleinsäure?), eine Säure $C_{22}H_{42}O_2$ und Selacholeinsäure; wahrscheinlich auch eine Säure $C_{16}H_{30}O_2$; höher-ungesättigte Säuren nur in geringen Mengen vorhanden.

[2] In einem „O-aka-aizamé"-Leberöl (in der Tabelle mit Öl II bezeichnet) wurden 0,35% Iso-octadecan („Pristan") gefunden.

Physikalische Kennzahlen.

	Dichte d_4^{15}	Schmelzpunkt	Erstarrungspunkt	Brechungs-Index n_D
Öl I	0,8806 (15,5°)	—	—	—
Öl II	0,8979	—	−10°.	1,4758 (20°)
Öl III	0,8917	—	—	1,4812 (20°)
Säuren von Öl II	—	29—30°	—	—

Chemische Kennzahlen.

	Verseifungszahl	Jodzahl (WIJS)	Polybromide (ätherunlöslich)
Öl I	66,8	281,5	—
Öl II	120,4	149,0	—
Öl III	92,1	213,7	—
Säuren von Öl II	—	—	17,4% (Bromgehalt: 69,8%)

Öl II zeigte eine Säurezahl von 0,5; Öl III hatte die Säurezahl 5,1.

Leberöl von Cirrhigaleus barbifer.

(„Higezuno-zamé“-Leberöl.)

Tierart (Spender) und Tierfamilie	Verbreitung	Gehalt (% Öl) im Organ	Farbe bzw. Geruch	Reaktion
Cirrhigaleus barbifer, TANAKA Fam.: Squalidae	Japanische Meere	Leber, ausgeschmolzen: 85% (April 1918)	Orangegelb; eigentümlicher Geruch	Konzentrierte Schwefelsäure: hell-violettrot

Unverseifbares: 28,8% (höhere Alkohole — Batyl- und Selachylalkohol — und geringe Mengen Squalen enthaltend).

Physikalische und chemische Kennzahlen.

	Dichte d_4^{15}	Schmelzpunkt	Brechungs-Index n_D	Verseifungszahl	Jodzahl (WIJS)	Polybromide (ätherunlöslich)
Öl	0,9009	—	1,4702 (20°)	131,7	91,3	—
Säuren	—	32—33°	—	—	—	6,8% (Bromgehalt: 68,9%)

Die untersuchte Probe zeigte die Säurezahl 0,4.

„Kuro-zamé“-Leberöl [1].

Tierart (Spender) und Tierfamilie	Verbreitung
Arten der Gattungen Zameus (squamulosus?), Centroscymnus (Owstonii?) und Lepidorhinus spec., vgl. Fußnote [1]. Fam.: Squalidae	Japanische Meere

Unverseifbares: 57,2%; enthält neben ca. 43% Squalen auch Batyl- und Selachylalkohol sowie ca. 0,5% Iso-octadecan.

[1] Über „Kuroko-zamé“-Leberöl s. S. 391. Zur Nomenklatur schreibt TSUJIMOTO, 1916: „Kuroko-zamé“ is probably a kind of ‚Kuro-zamé‘ (Black shark) of the genii Zameus and Lepidorhinus. But neither the exact genus nor species is known.“ Jedenfalls ist „Kuro-zamé“ eine Handelsbezeichnung. TOYAMA äußert sich hierüber folgendermaßen (Ch. Umschau 1922): „Das Öl kommt unter dem Namen ‚Kuro-zamé-Öl‘ auf den Markt. Es wurde hauptsächlich aus Birodozamé, Zameus squamulosus (GÜNTHER) und Yumezamé, Centroscymnus Owstonii (GARMAN), gewonnen, aber es kann noch verschiedene andere Haifisch-Leberöle enthalten.“

Physikalische und chemische Kennzahlen.

	Dichte d_4^{15}	Brechungs-Index n_D	Verseifungszahl	Jodzahl (WIJS)
Öl	0,8816	1,4825 (20°)	70,9	225

Das untersuchte Muster zeigte die Säurezahl 0,9.

Leberöl von Dalatias licha.

(„Kanatsubo-zamé"-Leberöl oder „Yoroi-zamé"-Leberöl.)

Tierart (Spender) und Tierfamilie	Verbreitung	Gehalt (% Öl) im Organ	Farbe	Reaktion
Dalatias licha, BONNATERRE, (Squalus licha) Fam.: Dalatiidae	Japanische Meere (Sagamisee), auch im Mittelmeer	Leber, ausgeschmolzen: 81,5% (Januar 1918)	Blaßgelb	Konzentrierte Schwefelsäure: orangerot

Unverseifbares: 48,5%; annähernder Squalengehalt: 30% (bezogen auf das ursprüngliche Öl); ferner Batylalkohol, Selachylalkohol und ca. 0,5% Iso-octadecan.

Physikalische und chemische Kennzahlen.

	Dichte d_4^{15}	Schmelzpunkt	Brechungs-Index n_D	Verseifungszahl	Jodzahl (WIJS)	Polybromide (ätherunlöslich)
Öl	0,8890	—	1,4791 (20°)	98,1	191,5	—
Säuren	—	25—27°	—	—	—	9,6% (Bromgehalt: 69,8%)

Das untersuchte Muster zeigte die Säurezahl 0,2.

Leberöl von Scymnus licha.

Tierart (Spender) und Tierfamilie	Verbreitung
Scymnus licha (Scymnorhinus Lichia). Fam.: Dalatiidae	Atlantischer Ozean

Fettsäuren: 38—43%. — Unverseifbares: 57—62%; neben zwei ungesättigten Kohlenwasserstoffen (Squalen-Isomere?) wurden ein gesättigter Kohlenwasserstoff (Pristan?) sowie auch Alkohole unbekannter Zusammensetzung gefunden.

Physikalische und chemische Kennzahlen.

	Dichte d_4^{15}	Brechungs-Index n_D	Optisches Drehungsvermögen	Verseifungszahl	M. M.-Gew.	Jodzahl
Öl	0,8815 bis 0,8824	1,4843 bis 1,4848 (19°)	$[\alpha]_D = -2°\,56'$ bis $-3°\,16'$	58,5—71,8	—	267,0—282,0
Säuren	—	1,4600 bis 1,4608 (29°)	—	162,1—174,7	320—345	104—108

Das sog. **Magenöl**[1] von Scymnorhinus (Scymnus) licha, Familie Dalatiidae, besteht zum größten Teil aus Squalen. Außerdem wurden ca. 0,3% Batylalkohol und ca. 1% Selachylalkohol nachgewiesen.

[1] Aus einem ca. 6 kg schweren Fisch wurden ca. 250 ccm klares Öl gewonnen.

Leberöl von Squalus borealis.

Tierart (Spender) und Tierfamilie	Verbreitung	Farbe	Reaktionen
Squalus borealis oder Scymnus borealis Fam.: Dalatiidae	Nördliche Meere	Hellgelb	Konzentrierte Schwefelsäure: hellbraun bis dunkelbraun. Konzentrierte Salpetersäure: rosa, dann braun

Unverseifbares: 10,2—21,8%. In einem Falle (Öl I; s. u.) wurde ein Gehalt von 0,9% an unverseifbaren Bestandteilen festgestellt.

Physikalische Kennzahlen.

	Dichte d_{15}^{15}	Schmelzpunkt	Erstarrungspunkt	Brechungs-Index n_D
Öl	0,9105—0,9177	—	—	—
Öl I	0,9303	—	—	1,4704 (15°)
Säuren von Öl I	—	20,9°	15,2°	—

Chemische Kennzahlen.

	Verseifungszahl	Hehnerzahl	Acetylzahl	Jodzahl	R.-M.-Zahl	Thermozahl
Öl	146,1—163,5	87	17	112—136,5	1,2	—
Öl I	—	84,9	7,7	101,7	—	73
Säuren von Öl I	208,1 Neutral.-Z.: 199,7	—	—	—	—	—

Säurezahlen: zwischen 2,6 und 12,1. Öl I zeigte die Säurezahl 2,6; einige der Kennzahlen dieses Ölmusters waren derartig ungewöhnlich, daß sie in die obige Tabelle nicht aufgenommen wurden (z. B. Verseifungszahl: 225; Reichert-Meißl-Zahl: 39,5; Glycerinausbeute: 12,3%).

Eishai-Leberöl.

„Onden-zamé“-Leberöl (I).

Liver oil of the Greenland shark or „sleeper-shark“ or „nurse“ (II)[1].

Tierarten (Spender) und Tierfamilie	Verbreitung	Gehalt (% Öl) im Organ	Farbe	Reaktion. Anmerkung
Somniosus microcephalus, BLOCH und SCHNEIDER (I); Laemargus microcephalus (II) Fam.: Somniosidae	Nördliche Meere, Küsten von Japan, Oregon, Frankreich	Leber, ausgeschmolzen (Öl I): 60,5% (Fangzeit des Fisches: Februar 1918; Muster aus Japan, Surugasee)	Gelb (I) bzw. hellgelb (II)	Konzentrierte Schwefelsäure: tief violettrot (I). — Das Öl (II) scheidet auch in der Winterkälte kein „Stearin“ aus

Unverseifbares: 13,2—21,8%; ein Muster (Öl I) enthielt kein Squalen, es bestand hauptsächlich aus Batyl- und Selachylalkohol; der Cholesteringehalt war etwas höher als bei anderen Haifisch-Leberölen. Die ätherunlöslichen Bromide des Unverseifbaren zeigten einen Bromgehalt von 67,3%.

Physikalische Kennzahlen.

	Dichte d_{15}^{15}	Schmelzpunkt	Brechungs-Index n_D
Öl (I)	d_4^{15}: 0,9099	—	1,4740 (20°)
Öle (II)	0,9105—0,9186	—	—
Säuren von (II)	—	20—20,9°	—

[1] Nach TSUJIMOTO sind die Gattungen Somniosus und Laemargus wahrscheinlich identisch, somit auch „Onden-zamé“ und „Eishai“-Leberöl.

Chemische Kennzahlen.

	Verseifungszahl	Jodzahl (WIJS)	Polybromide (ätherunlöslich)
Öl (I)	149,2	107,3	—
Öle (II)	146,1—164,7	111,9—131,4	—
Säuren von (I)	—	—	13,6% (Bromgehalt: 69,8%)
„ „ (II)	—	—	14—20%

Öl I zeigte die Säurezahl 0,5.

Sägefisch-Leberöl.

(„Nokogiri-zamé“-Leberöl — „Saw-shark“-liver oil.)

Tierart (Spender) und Tierfamilie	Verbreitung	Gehalt (% Öl) im Organ	Farbe	Anmerkung. Reaktion
Pristiophorus japonicus, GÜNTHER Fam.: Pristiophoridae	Japanische Meere, Atlantischer Ozean, Mittelmeer	Leber, ausgeschmolzen: 27% (April 1915)	Lichtgelb	Das Öl gibt eine geringfügige Abscheidung. — Reaktion mit konzentrierter Schwefelsäure: violettrot

Unverseifbares: 4,1%; kein Squalen.

Physikalische und chemische Kennzahlen.

	Dichte d_4^{15}	Schmelzpunkt	Brechungs-Index n_D	Verseifungszahl	Jodzahl (WIJS)	Polybromide (ätherunlöslich)
Öl	0,9285	—	1,4809 (20°)	182,2	170,5	—
Säuren	—	31—32°	—	—	—	51,5% (Bromgehalt: 70,3%)

Die untersuchte Probe zeigte die Säurezahl 1,3.

Leberöl von Squatina japonica.

(„Kasu-zamé“-Leberöl — „Angel-fish“-liver oil.)

Tierart (Spender) und Tierfamilie	Verbreitung	Gehalt (% Öl) im Organ	Farbe bzw. Geruch	Anmerkung. Reaktion
Squatina japonica, BLEEKER Fam.: Squatinidae	Japanische Meere	Leber, mit Petroläther extrahiert: 17,9—26,7% (April 1917)	Gelborange; unangenehmer Fischgeruch	Das Öl scheidet wechselnde Mengen „Stearin“ ab. — Reaktion mit konzentrierter Schwefelsäure: violettrot

Fettsäuren: 22—34% hoch-ungesättigte Säuren mit Jodzahl 356—382. — Unverseifbares: 1,7—2,5%; kein Squalen.

Physikalische und chemische Kennzahlen.

	Dichte d_4^{15}	Schmelzpunkt	Brechungs-Index n_D	Verseifungszahl	Jodzahl (WIJS)	Polybromide (ätherunlöslich)
Öl	0,9311 bis 0,9333	—	1,4823 bis 1,4843 (20°)	182,4—187,6	191,1—204,6	—
Säuren	—	34—35°	—	Neutral.-Z.: 196	213	68,1—72,3% (Bromgehalt: 71,4%)

Säurezahlen: 0,4 bis 1,0.

Meerengel-Leberöl.

Huile de foie d'angelot — Skate liver oil — Olio di fegato di squadro angelo.
Tierart (Spender) und Tierfamilie: Squatina vulgaris. Fam.: Squatinidae.

Physikalische und chemische Kennzahlen.

	Dichte d_{15}^{15}	Lichtbrechung B.-Refr. Sk. T.	Optisches Drehungsvermögen	Verseifungszahl	Hehnerzahl	Acetylzahl	Jodzahl
Öl	0,9307 bis 0,9298	73,5 (40°) 82,5 (25°)	$[\alpha]_J = -0,2°$	185,4 bis 187,9	94,7	10,6	157,3 bis 191,1

Säurezahl einer Probe: 0,7. Spezifische Reaktionstemperatur: 322.
Unverseifbares: ca. 1%.

Rochen-Leberöle.

Leberöl von Pristis Perrotteti.

Tierart (Spender) und Tierfamilie	Verbreitung
Pristis Perrotteti, VALENCIENNES. Fam.: Pristidae	Tropische Meere

Physikalische und chemische Kennzahlen.

	Dichte	Schmelzpunkt	Verseifungszahl	Hehnerzahl	Jodzahl	R.-M.-Zahl
Öl	d^{40}: 0,900	—	187,1	94,7	92,9	0,3
Säuren	—	39°	Neutral.-Z.: 192,2	—	—	—

Leberöl von Rhinobatus Schlegelii.

(„Sakata-zamé"-Leberöl.)

Tierart (Spender) und Tierfamilie	Verbreitung
Rhinobatus Schlegelii, MÜLLER und HENLE („Guitar"-fish) Fam.: Rhinobatidae	Japanische Meere

Unverseifbares: 3,2%; keine ungesättigten Kohlenwasserstoffe.

Physikalische und chemische Kennzahlen.

	Dichte d_4^{15}	Schmelzpunkt	Lichtbrechung B.-Refr. Sk. T.	Lichtbrechung Brechungs-Index n_D	Verseifungszahl	Jodzahl	Polybromide (ätherunlöslich)
Öl	0,9267	—	87,3 (20°)	1,4825 (20°)	182,8	183,7	—
Säuren	—	34—35°	—	—	—	—	60,2% (Bromgehalt: 70%)

Säurezahl: 2,7.

Leberöl von Ramphobatis ancylostomus.

Tierart (Spender) und Tierfamilie: Ramphobatis ancylostomus oder Rhynchobatus ancylostomus, MÜLLER und HENLE. Fam.: Rhinobatidae.

Physikalische und chemische Kennzahlen.

	Dichte d^{40}	Schmelzpunkt	Verseifungszahl	Hehnerzahl	Jodzahl	R.-M.-Zahl
Öl	0,909	—	187,4	94,6	118,5	0,2
Säuren	—	39°	Neutral.-Z.: 190,4	—	—	—

Säurezahl 1,1.

Großzitterrochen-Leberöl.

(„Yamato-shibireei"-Leberöl.)

Tierart (Spender) und Tierfamilie	Verbreitung	Gehalt (% Öl) im Organ	Farbe
Narcacion tokionis, TANAKA = Tetranarce tokionis, TANAKA. Fam.: Narcobatidae	Japanische Meere (Sagamisee)	Leber: ca. 64%	Hellgelb

Fettsäuren: über 10% gesättigte Säuren, vorwiegend Palmitin- und etwas Stearinsäure; sehr geringe Mengen von Myristin-, Arachin-, Behensäure sowie Selachocerinsäure. Die ungesättigten Säuren gehören hauptsächlich der Ölsäurereihe an; es wurden nachgewiesen: Zoomarin-, Öl-, Cetolein- und Selacholeinsäure sowie eine Säure $C_{20}H_{38}O_2$. Von höher-ungesättigten Säuren finden sich solche mit 18 (?), 20 und 22 Kohlenstoffatomen. Unverseifbares: 27,9%; fast ausschließlich Batyl- und Selachylalkohol, daneben auch Chimylalkohol und geringe Mengen Cholesterin. Kein Squalen. Bei der Bromierung werden geringe Mengen ätherunlöslicher Bromide erhalten.

Physikalische und chemische Kennzahlen.

	Dichte d_4^{15}	Erstarrungspunkt	Brechungs-Index n_D	Verseifungszahl	Jodzahl	Polybromide (ätherunlöslich)
Öl	0,9065	unter 0°	1,4723 (20°)	141,6	105,0	—
Säuren	—	—	—	—	—	20,3%

Die untersuchte Probe zeigte die Säurezahl 0,1.

Leberöl von Discobatus sinensis.

(„Uchiwa-zamé"-Leberöl.)

Tierart (Spender) und Tierfamilie	Verbreitung
Discobatus sinensis, BLOCH und SCHNEIDER Fam.: Rajidae	Küstengebiete Chinas und Japans

Unverseifbares: 2,6%; keine ungesättigten Kohlenwasserstoffe.

Physikalische und chemische Kennzahlen.

	Dichte d_4^{15}	Lichtbrechung		Verseifungszahl	Jodzahl	Polybromide (ätherunlöslich)
		B.-Refr. Sk. T.	Brechungs-Index n_D			
Öl	0,9324	87,5 (20°)	1,4826 (20°)	179,4	192,5	—
Säuren	—	—	—	—	—	63% (Bromgehalt: 70,4%)

Säurezahl: 2,4.

Glattrochen-Leberöl.

Tierart (Spender) und Tierfamilie	Verbreitung
Raja batis, L. Fam.: Rajidae	Atlantischer Ozean, Mittelmeer

Physikalische und chemische Kennzahlen.

	Dichte d_{15}^{15}	Verseifungszahl	Hehnerzahl	Acetylzahl	Jodzahl	R.-M.-Zahl
Öl	0,9307	185,4	94,7	10,6	157,3	ca. 1

Nagelrochen-Leberöl.

Tierart (Spender) und Tierfamilie	Verbreitung	Farbe	Reaktionen
Raja clavata, L. Fam.: Rajidae	Atlantischer Ozean, Mittelmeer	Rötlichbraun	Konzentrierte Schwefelsäure: rot bis tief braun. Konzentrierte Salpetersäure: langsam rot, dann braun. CAILLETET: rötlich, dann bald braun

Unverseifbares: 1,5%.

Physikalische Kennzahlen.

	Dichte d_{15}^{15}	Schmelzpunkt	Erstarrungspunkt	Brechungs-Index n_D
Öl	0,9345 (0,9280)	—	—	1,4860 (15°)
Säuren	—	31°	24,3°	—

Chemische Kennzahlen.

	Verseifungszahl	Hehnerzahl	Acetylzahl	Jodzahl	Thermozahl
Öl	186,1	93,4	11,3	178,5	130,8
Säuren	196,7 Neutral.-Z.: 169,6	—	—	—	—

Eine Probe zeigte die Säurezahl 4,9 und gab 12,3% Glycerin.

Leberöl von Raja kenojei.

Tierart (Spender) und Tierfamilie	Verbreitung
Raja kenojei, MÜLLER und HENLE. Fam.: Rajidae	Japanische Meere

Unverseifbares: 3,1%.

Physikalische Kennzahlen.

	Dichte d_4^{15}	Schmelzpunkt	Lichtbrechung B.-Refr. Sk. T.	Lichtbrechung Brechungs-Index n_D
Öl	0,9329	—	90,4 (20°)	1,4843 (20°)
Säuren	—	28—29°	—	—

Chemische Kennzahlen.

	Verseifungszahl	Jodzahl	Polybromide (ätherunlöslich)
Öl	182,7	200,1	—
Säuren	—	—	65,2% (Bromgehalt: 70%)

Säurezahl: 2.

Leberöl von Tetranarce occidentalis.

Tierart (Spender) und Tierfamilie	Verbreitung
Tetranarce occidentalis. Fam.: Torpedinidae	Wärmere Meere

Chemische Kennzahlen.

	Verseifungszahl	Jodzahl
Öl	164	111

Das untersuchte Muster zeigte die Säurezahl 1.

Leberöl von Trygon microps.

White sting ray liver oil.

Tierart (Spender) und Tierfamilie: Trygon microps. Fam.: Dasyatidae.

Physikalische und chemische Kennzahlen.

	Dichte d^{40}	Schmelzpunkt	Verseifungszahl	Hehnerzahl	Jodzahl	R.-M.-Zahl
Öl	0,9140	—	194,0	93,2	124,7	0,3
Säuren	—	37,5°	Neutral.-Z.: 203,6	—	—	—

Säurezahl: ca. 1.

Stechrochen-Leberöl[1].

Tierart (Spender) und Tierfamilie	Verbreitung	Farbe	Reaktionen
Trygon pastinaca oder Dasyatis pastinaca, L. Fam.: Dasyatidae	In vielen Meeren	Hellgelb	Konzentrierte Schwefelsäure: rot bis rotbraun. Konzentrierte Salpetersäure: langsam rot, dann gelb, schließlich braun. CAILLETET: weinrot bis rotbraun

Unverseifbares: 12,6%; Glycerinausbeute: 6,8%.

Physikalische Kennzahlen.

	Dichte d_{15}^{15}	Schmelzpunkt	Erstarrungspunkt	Brechungs-Index n_D
Öl	0,9161	—	—	1,4752 (15°)
Säuren	—	28,3°	21,7°	—

Chemische Kennzahlen.

	Verseifungszahl	Hehnerzahl	Acetylzahl	Jodzahl	Thermozahl
Öl	160,2	96,0	7,1	105,7	80,4 (TORTELLI)
Säuren	166,2 Neutral.-Z.: 158,1	—	—	—	—

Die untersuchte Probe zeigte die Säurezahl 0,8.

Leberöl von Dasyatis akajei.

Tierart (Spender) und Tierfamilie	Verbreitung
Dasyatis akajei. Fam.: Dasyatidae	In vielen Meeren

Unverseifbares: 2,9%; keine ungesättigten Kohlenwasserstoffe.

Physikalische und chemische Kennzahlen.

	Dichte d_4^{15}	Schmelzpunkt	Lichtbrechung B.-Refr. Sk. T.	Lichtbrechung Brechungs-Index n_D	Verseifungszahl	Jodzahl	Polybromide (ätherunlöslich)
Öl	0,9316	—	87,6 (20°)	1,4827 (20°)	183,1	184,5	—
Säuren	—	34—35°	—	—	—	—	63,1% (Bromgehalt: 70,8%)

Das untersuchte Muster zeigte die Säurezahl 1,2.

[1] Unter der Bezeichnung „Doran-ei"-Leberöl wurde das Öl einer nicht näher definierten Dasyatis-Art beschrieben. Unverseifbares: 4,2%; Hauptbestandteil Cholesterin; kein Squalen.

Leberöl von Pteroplatea japonica.

(„Tsubakuro-ei“-Leberöl.)

Tierart (Spender) und Tierfamilie	Verbreitung
Pteroplatea japonica, TEMMINCK und SCHLEGEL. Fam.: Dasyatidae	Japanische Meere

Fettsäuren: hoch-ungesättigte Säuren mit 20—24 Kohlenstoffatomen (Jodzahl 334,4). Unverseifbares: 1,5%.

Physikalische und chemische Kennzahlen.

	Dichte d^{15}	Brechungs-Index n_D	Verseifungszahl	Jodzahl (WIJS)	Polybromide (ätherunlöslich)
Öl	0,9290	1,4797 (20°)	188,4	160,8	—
Säuren	—	—	—	—	56,2%

Die untersuchte Probe zeigte die Säurezahl 1,1.

Adlerrochen-Leberöle.

Huile de foie d'aigle de mer — Eagle ray liver oil — Olio di fegato di razza aquilina.

Tierarten (Spender) und Tierfamilie	Verbreitung	Farbe	Reaktionen von Öl (3)
Myliobatis aquila, L. (1,3) Myliobatis Tobiei (2) Fam.: Myliobatidae	In vielen Meeren	Gelb	HEYDENREICH: rötlich bis braunrot. Salpetersäure: gelb; beim Erwärmen gelborange. HAUCHECORNE: intensiv rot

Fettsäuren von Öl (3): Palmitin-, Stearinsäure und Ölsäure. — Unverseifbares: 2,7% (Öl 1) bzw. 4,5% (Öl 2). Kein Squalen.

Physikalische Kennzahlen.

	Dichte d_4^{15}	Schmelzpunkt	Erstarrungspunkt	Lichtbrechung B.-Refr. Sk. T.	Lichtbrechung Brechungs-Index n_D
Öl (1)	0,9214	—	—	—	1,4760 (15°)
Öl (2)	0,9203	—	—	78,2 (20°)	1,4773 (20°)
Öl (3)	0,9245	—	—	—	—
Säuren von (1)	—	34,2°	28,8°	—	—
„ „ (2)	—	über 37°	—	—	—

Chemische Kennzahlen.

	Verseifungszahl	Hehnerzahl	Acetylzahl	Jodzahl	R.-M.-Zahl	Thermo-Zahl	Polybromide
Öl (1)	191,8	93,6	1,4	115,3	—	75,5 (TORTELLI)	—
Öl (2)	175,2	—	—	136,1	—	—	—
Öl (3)	193,8	—	—	104,8	2,7	—	—
Säuren von (1)	203,6 Neutral.-Z.: 198,5	—	—	—	—	—	—
„ (2)	—	—	—	—	—	—	33,5% (Bromgehalt: 68,9%)

Öl (1) hatte die Säurezahl 1,8 und gab 10,5% Glycerin; Öl (2) zeigte die Säurezahl 0,8; Öl (3) hatte die Säurezahl 10,2.

Ordnung: Holocephali.

Leberöl von Chimaera phantasma.

(„Gin-zamé"-Leberöl — Rat fish liver oil.)

Tierart (Spender) und Tierfamilie	Verbreitung
Chimaera phantasma, JORDAN und SNYDER. Fam.: Chimaeridae	Wärmere Meere

Unverseifbares: 8,5—11,8%; enthält Batyl-, Chimyl- und Selachylalkohol.

Physikalische Kennzahlen.

	Dichte d_4^{15}	Schmelzpunkt	Brechungs-Index n_D
Öl	0,9161—0,9184	—	1,4728—1,4755 (20°)
Säuren	—	30—31°	—

Chemische Kennzahlen.

	Verseifungszahl	Jodzahl	Polybromide (ätherunlöslich)
Öl	168,9	113,0—128,7	—
Säuren	Neutral.-Z.: 193,9	—	22,4%

Eine Probe zeigte die Säurezahl 1,9.

Leberöl von Chimaera Mitsukurii.

(„Mitsukurigin-zamé"-Leberöl.)

Tierart (Spender) und Tierfamilie	Verbreitung
Chimaera Mitsukurii, DEAN. Fam.: Chimaeridae	Wärmere Meere

Unverseifbares: 20,5—32,2%; vorwiegend Batylalkohol, außerdem Chimyl- und Selachylalkohol; kein Squalen.

Physikalische und chemische Kennzahlen.

	Dichte d_4^{15}	Brechungs-Index n_D	Verseifungszahl	Jodzahl
Öl	0,9025—0,9035	1,4699—1,4705 (20°)	138,0—138,5	87,1—93,0

Säurezahlen zweier Proben: 0,2 bzw. 0,3.

Leberöl von Chimaera Owstonii.

(„Owstongin-zamé"-Leberöl.)

Tierart (Spender) und Tierfamilie	Verbreitung	Farbe	Anmerkung
Chimaera Owstonii, TANAKA Fam.: Chimaeridae	Wärmere Meere	Hellgelb	Das Öl trübt sich bei Eiskühlung

Unverseifbares: 35,5%; Batyl- und Selachylalkohol.

Physikalische und chemische Kennzahlen.

	Dichte d_4^{15}	Schmelzpunkt	Brechungs-Index n_D	Verseifungszahl	Jodzahl	Polybromide (ätherunlöslich)
Öl	0,9054	—	1,4725 (20°)	135,3	108,8	—
Säuren	—	26,5°	—	—	—	21,7% (Bromgehalt: 70,3%)

Die untersuchte Probe zeigte die Säurezahl 2,1.

Leberöl von Chimaera Barbouri.

(„Kokonohoshigin-zamé“-Leberöl.)

Tierart (Spender) und Tierfamilie	Verbreitung
Chimaera Barbouri, GARMAN. Fam.: Chimaeridae	Wärmere Meere

Fettsäuren: über 10% gesättigte Säuren; die ungesättigten Säuren bestehen vorwiegend aus Säuren der Ölsäurereihe; höher-ungesättigte Fettsäuren sind nur in sehr geringen Mengen vorhanden. — Unverseifbares: 33%; Batyl-, Chimyl- und Selachylalkohol.

Chemische Kennzahlen.

	Verseifungszahl	Jodzahl
Öl	131,6	78,9

Leberöl von Centrina Salviani.

Tierart (Spender) und Tierfamilie	Farbe
Centrina Salviani. Fam.: Chimaeridae	Hellgelb

Unverseifbares: 28,3%. Glycerinausbeute: 2,1%.

Physikalische Kennzahlen.

	Dichte d_{15}^{15}	Schmelzpunkt	Erstarrungspunkt	Brechungs-Index n_D
Öl	0,9058	—	—	1,4751 (15°)
Säuren	—	31,2°	24,5°	—

Chemische Kennzahlen.

	Verseifungszahl	Hehnerzahl	Acetylzahl	Jodzahl	Thermozahl
Öl	136,8	99,6	13	97,7	65 (TORTELLI)
Säuren	134,0 Neutral.-Z.: 131,3	—	—	—	—

Das untersuchte Muster zeigte die Säurezahl 0,5.

Leberöl von Centrina vulpecula, HUMANTIN (Familie Chimaeridae). Das Unverseifbare besteht vorwiegend aus höheren Alkoholen. Über die Öle aus Lebern und Ovarien von Centrina vulpecula, ROND., s. Nachtrag, S. 514.

Unterklasse: Teleostomi.

Ordnung: Chondroganoidea (Störe).

Leberöl von Acipenser mikadoi.

Tierart (Spender) und Tierfamilie	Verbreitung	Farbe
Acipenser mikadoi, HILGENDORF. Fam.: Acipenseridae	Ishigari-Fluß (Japan)	Orange

Unverseifbares: 1,7%; Reaktion mit konzentrierter Schwefelsäure in Schwefelkohlenstoff: schmutzig-violett; mit japanischer Fullererde: dunkel-blaugrün.

Physikalische und chemische Kennzahlen.

	Dichte d_4^{15}	Brechungs-Index n_D	Verseifungszahl	Jodzahl (WIJS)	Polybromide (ätherunlöslich)
Öl	0,9268	1,4780 (20°)	188,0	157,7	—
Säuren	—	—	—	—	44,9% (Bromgehalt: 70,5%)

Das untersuchte Muster zeigte die Säurezahl 1,0.

Ordnung: Teleostei (Knochenfische).

Weißfisch-Leberöl.

Huile de foie de cyprin — Whiting liver oil — Olio di fegato di argentina.

Tierart (Spender) und Tierfamilie	Verbreitung
Alburnus lucidus. Fam.: Cyprinidae	Süßwasser

Unverseifbares: 1,1%.

Physikalische und chemische Kennzahlen.

	Dichte d_{15}^{15}	Lichtbrechung B.-Refr. Sk. T.	Opt. Drehungsvermögen	Verseifungszahl	Jodzahl
Öl	0,9290	72 (40°); 81 (25°)	$[\alpha]_J = -0{,}35°$	187,9	184,2

Das untersuchte Muster zeigte die Säurezahl 1,3.

Aal-Leberöl.

Huile de foie d'anguille — Eel liver oil — Olio di fegato di anguilla.

Tierart (Spender) und Tierfamilie	Verbreitung
Anguilla rostrata. Fam.: Anguillidae	In vielen Meeren

Chemische Kennzahlen.

	Verseifungszahl	Jodzahl	Säurezahl der Probe
Öl	191,1	117,4	1,0

Leberöl von Coelorhynchus japonicus.

(„Chô-no-fuye"-Leberöl.)

Tierart (Spender) und Tierfamilie	Verbreitung
Coelorhynchus japonicus, TEMMINCK u. SCHLEGEL. Fam.: Macrouridae	Japanische Meere

Physikalische und chemische Kennzahlen.

	Dichte d_4^{15}	Brechungs-Index n_D	Verseifungszahl	Jodzahl	Säurezahl der Probe
Öl	0,9254	1,4761 (20°)	187,7	120,6	2,1

Dorsch-Leberöl.

(Dorschlebertran, Kabeljauleberöl, Stockfischleberöl[1].)

Huile de foie de morue — Cod liver oil — Olio di fegato di merluzzo — Oleum Jecoris Aselli.

Tierarten (Spender) und Tierfamilie	Verbreitung	Gehalt (% Öl) im Organ[2]	Farbe bzw. Geschmack	Reaktionen[3]
Gadus morrhua, L. (Asellus major, PLIN.), Gadus callarias, L. (Asellus striatus, PLIN.), Gadus macrocephalus u. a. Fam.: Gadidae	Verbreitet in den Meeren zwischen 40. und 65. Grad nödlicher Breite	Lebern, mittels Wasserdampf ausgeschmolzen: 41—64%; im Mittel: 48%	Je nach der Gewinnungsart hell- bis braungelb; Geruch und Geschmack charakteristisch; raffin.: nicht unangenehm	Lösung des Öles in Chloroform mit konzentrierter Schwefelsäure: violettrot, später braun. Antimontrichlorid-Chloroformlösung: blau, violett oder grün. Japanische Kambaraerde (nach UENO): intensiv blaugrün. Über die Farbenreaktionen der Leberöle s. a. Bd. I, S. 281, 289 und 290

Preßöl und „Stearin": Durch kalte Pressung frischer Dorschlebern erhält man hochwertigen „rohen Lebertran" (siehe Fußnote 1); nach Abscheidung von ca. 20% „Lebertranstearin" verbleiben 80% „Preßöl", aus dem durch Filtration Medizinallebertran hergestellt wird.

Physikalische Kennzahlen.

	Dichte d_{15}^{15}	Schmelzpunkt	Erstarrungspunkt	Lichtbrechung B.-Refr. Sk. T.	Lichtbrechung Brechungs-Index n_D	Kritische Lösungstemperatur
Öl	0,922—0,928 d_4^{15}: 0,9261 d^{20}: 0,9202 bis 0,9246 d^{25}: 0,9174 bis 0,9220	—	—	68—71 (40°) 75—78,5 (25°) 77—83,5 (20°) 81—86,7 (15°)	1,4700 bis 1,4730 (40°) 1,4769 bis 1,4825 (20°) 1,4783 bis 1,4852 (15°)	Eisessig (d = 1,0562) ALLEN: 79° GRIMME: 86,5° VALENTA: 101°
Säuren	d_4^{30}: 0,8945	22—26,5°	17,5—24°	—	1,4652 (30°)	—

Chemische Kennzahlen.

	Verseifungszahl	Hehnerzahl	Rhodanzahl	Jodzahl[4]	R.-M.-Zahl	Thermozahl	Polybromide (ätherunlöslich)
Öl	179—193,4	94—96	102,5 (entspr. Jodzahl 163,5)	140—181 meist 160—170 Jodbromzahl 150—160	0,4 bis 0,8	107 bis 116	—
Säuren	194—197 Neutral.-Z.: 190—195 (204—207)	M. M.-Gew.: 287—296	—	157—178	—	—	35,4—47% (Bromgehalt: 70,4 bis 70,9%)

[1] Für medizinisch verwendete Fischleberöle ist hauptsächlich der Vulgärausdruck „Lebertran" in Verwendung.

[2] Im Januar und Februar gefangene Fische liefern Lebern, die meist 2 bis 5% mehr Öl geben als Fischlebern, die gegen Ende der Fangzeit („Saison": Januar bis April) entölt werden.

[3] Mit Bleicherde oder Kohle entfärbte Leberöle geben die Reaktionen nicht.

[4] Der Gehalt der Öle an hoch-ungesättigten Bestandteilen pflegt dann am höchsten zu sein, wenn die Lebern am fettreichsten sind; dies ist im Februar der Fall, deshalb zeigen die in diesem Monate frisch gewonnenen Öle die höchsten Jodzahlen.

Bestandteile: 10—18% gesättigte Fettsäuren (1/4 Myristin-, 3/4 Palmitinsäure). Flüssige Fettsäuren: Zoomarinsäure, Gadoleinsäure, Jecoleinsäure, Jecorinsäure (ca. 17%) und Clupanodonsäure (ca. 10%). Bezüglich der Konstitution der gen. ungesättigten Säuren vgl. Bd. 1, S. 7—10, 17, 18, 22. Glyceride: Di-arachidono-clupanodin, Di-linoleno-clupanodin, Linoleo-di-zoomarin, Linoleno-di-zoomarin, Arachidono-clupanodo-zoomarin, Arachidono-„stearido"-clupanodin, Clupanodo-„stearido"-zoomarin (für die Säure $C_{18}H_{28}O_2$ wird neuerdings die Bezeichnung „Stearidonsäure" vorgeschlagen). Unverseifbares: bei reinen (mittels Wasserdampf ausgeschmolzenen) Ölen zwischen 0,7 und 1,5%; bei Handelsware auch bis zu 3%; vorwiegend Cholesterin[1].

Charakteristisch für die meisten Fischleberöle, insbesondere auch für die Öle aus den Lebern von Gadus-Arten (Dorsch, Kabeljau, Stockfisch, Klippfisch, Seifisch, Schellfisch[2]), ist ihr hoher Gehalt an physiologisch wirksamen Ergänzungsstoffen (Vitamin „A": antixerophthalmisch; gegen Oxydation empfindlich, gegen Hitze und Alkalien beständig. Vitamin „D": antirhachitisch, sehr widerstandsfähig gegen äußere Einflüsse). Die Vitamingehalte können bei den einzelnen Leberölen infolge des verschiedenen physiologischen Zustandes der Fische in verschiedenen Jahreszeiten innerhalb weiter Grenzen schwanken[3]. Die Art der Herstellung der Leberöle hat keinen großen Einfluß auf die Vitaminwirksamkeit; bei Ausschluß oxydativer Einwirkungen kann durch Raffination der Geruch und der Geschmack der Öle verbessert werden ohne daß dabei der Vitamingehalt beeinflußt wird. Zwischen der Vitaminwirksamkeit und den Kennzahlen konnte kein Zusammenhang beobachtet werden.

Säurezahl: Nach neuzeitlichen Verfahren gewonnene Öle zeigen in der Mehrzahl der Fälle Säurezahlen unter 1. Schlechte Handelsöle zeigen mitunter auch Säurezahlen über 40.

Anforderungen des D. A. B. 6 an reinen „Medizinal-Lebertran": Blaßgelb, von eigenartigem Geruch und Geschmack; durch Abkühlen bis unter 0° von den leicht erstarrenden Anteilen getrennt. Obere Grenze für den Säuregrad: 5; für die unverseifbaren Anteile: 2%. Reinheitsproben: „Bringt man in ein Probierrohr 10 ccm Salpetersäure und 2 g Lebertran, gibt in kleinen Anteilen 1 g Natriumnitrit hinzu und läßt an einem kühlen Orte stehen, so darf das Öl innerhalb 10 Stunden keine festen Ausscheidungen zeigen (nicht trocknende Öle). Läßt man Lebertran bei 0° stehen, so dürfen innerhalb 4 Stunden feste Anteile nicht oder nur in geringer Menge auskrystallisieren (fremde Öle, unvorschriftsmäßige Herstellung)."

Brosmen-Leberöl.

Cusk liver oil.

Tierart (Spender) und Tierfamilie	Verbreitung	Reaktion
Brosmius brosme, Günther bzw. Jordan und Gilbert; Brosme brosme, Müller. Fam.: Gadidae	Nordische Meere	Liebermann-Vogt: blau bis grün

Unverseifbares: über 0,7%. Reaktionen des Unverseifbaren: konzentrierte Salpetersäure färbt vorübergehend violett; Chloroform-Schwefelsäure: rötlich, dann intensiv rot.

Physikalische Kennzahlen.

	Dichte d_{15}^{15}	Schmelzpunkt	Lichtbrechung B.-Refr. Sk. T.	Optisches Drehungsvermögen
Öl	0,9222—0,9264	—	66,3 (40°); 75 (25°)	$[\alpha]_D = -0{,}5°$
Säuren	—	25,2°	53,3 (40°)	—

Chemische Kennzahlen.

	Verseifungszahl	Hehnerzahl	Jodzahl	R.-M.-Zahl	Polybromide (ätherunlöslich)
Öl	180,4—187,8	95,1	150,5—162,4	0,3—0,4	—
Säuren	—	—	—	—	40,4%; andere Probe: 35,4% (Bromgehalt: 71,8%)

[1] Gesamtgehalt an Cholesterin in einem Falle: 0,52%; frei 0,27%; gebunden 0,25%.

[2] Vergleichsweise ist die Vitaminwirksamkeit des Leberöles von Gadus virens etwas größer, die von Gadus aeglefinus dagegen viel geringer als die des Leberöles von Gadus morrhua.

[3] Im allgemeinen zeigen Öle von fetten Fischen einen höheren Vitamingehalt als solche von abgemagerten Fischen.

Sei-Leberöl.

(Leberöl des Köhlerfisches oder Pollachfisches.)

Huile de foie de merlan vert — Coal fish liver oil — Olio di fegato di merlango.

Tierarten (Spender) und Tierfamilie	Verbreitung	Farbe	Reaktion
Gadus virens, L. Gadus merlangus, Gadus carbonarius, L. Pollachius virens, L. (Pollack fish, „Green cod"). Fam.: Gadidae	Nördliche Meere, insbesondere Nordatlantik	Gelb	LIEBERMANN-VOGT: violett

Unverseifbares: 0,7—1,1%; Reaktionen: mit konzentrierter Salpetersäure vorübergehend rötlich, mit Chloroform und Schwefelsäure braun, dann rot.

Physikalische Kennzahlen.

	Dichte d^{15}	Schmelzpunkt	Lichtbrechung B.-Refr. Sk. T.	Optisches Drehungsvermögen
Öl	0,9254—0,9268 (0,930)[1]	—	77 (25°)	$[\alpha]_J = -0{,}37°$
Säuren	—	31°	—	—

Chemische Kennzahlen.

	Verseifungszahl	Hehnerzahl	Jodzahl	R.-M.-Zahl	Thermozahl	Polybromide
Öl	177,0—193,0 (170)[2]	94,0 bis (95,7)[2]	162,4—177,9 (180,6)[1] (136,1 bis 154,1)[2]	0,4—0,5	257 (Spezifische Reaktionstemperatur)	—
Säuren	—	—	—	—	—	51% (64%)[1]

Leberöl von Gadus chalcogrannus.

(„Suketo-dara"-Leberöl.)

Tierart (Spender) und Tierfamilie	Verbreitung	Farbe bzw. Geruch	Anmerkung
Gadus chalcogrannus Fam.: Gadidae	Behring-See und nördliche japanische Meere	Gelb; unangenehmer Fischgeruch	Gibt mit Schwefelsäure eine ähnliche Färbung wie Dorschleberöl. — Das Öl ist bei 0° zäh und trüb

Physikalische Kennzahlen.

	Dichte d_{15}^{15}	Schmelzpunkt	Lichtbrechung B.-Refr. Sk. T.	Lichtbrechung Brechungs-Index n_D
Öl	0,9279	—	82,5 (20°)	1,4798 (20°)
Säuren	—	31,3°	—	—

Chemische Kennzahlen.

	Verseifungszahl	Jodzahl	Polybromide (ätherunlöslich)
Öl	187,9	169,6	—
Säuren	—	—	40,1% (Bromgehalt: 71,3%)

Säurezahl: 1,2.

[1] Kennzahlen eines „nicht entstearinierten" Öles.
[2] Kennzahlen der Leberöle von Gadus carbonarius.

Schellfisch-Leberöl.

Huile di foie d'égrefin — Haddock liver oil.

Tierarten (Spender) und Tierfamilie	Verbreitung
Melanogrammus aeglefinus, L. Gadus aeglefinus, L. Merluccius aeglefinus. Fam.: Gadidae	Nördlicher Atlantischer Ozean

Unverseifbares: 0,6—2,4%.

Physikalische Kennzahlen.

	Dichte d_{15}^{15}	Lichtbrechung B.-Refr. Sk. T.	Optisches Drehungsvermögen
Öl	0,929—0,934	72 (40°) 81—84 (25°)	$[\alpha]_D = -0{,}5°$
Säuren	—	60,7 (40°)	—

Kritische Lösungstemperatur in Eisessig (VALENTA): 70°.

Chemische Kennzahlen.

	Verseifungszahl	Hehnerzahl	Jodzahl	R.-M.-Zahl	Spezifische Reaktionstemperatur
Öl	186,3—193	93,3	171—187,7 (154,2)	0,3—0,5	300

Säurezahlen zweier Muster: 0,5 bzw. 2,7.

Seehecht-Leberöl.

(Rotaugen-Leberöl.)

Huile de foie de merlus ordinaire — Hake liver oil — Olio di fegato di luccio marino.

Tierart (Spender) und Tierfamilie	Verbreitung
Merluccius communis (Merluccius vulgaris, FLEMING). Fam.: Gadidae	Mittelmeer

Unverseifbares: 1,4%.

Physikalische und chemische Kennzahlen.

	Dichte d_{15}^{15}	Lichtbrechung B.-Refr. Sk. T.	Verseifungszahl	Jodzahl
Öl	0,9256—0,9270	76 (25°)	190,7	154,0

Die untersuchte Probe zeigte die Säurezahl 2,1.

Leng-Leberöl.

Huile de foie de lingue — Ling liver oil.

Tierart (Spender) und Tierfamilie	Verbreitung
Molva vulgaris, FLEMING (Molva molva, L.). Fam.: Gadidae	Nördliche Meere

Unverseifbares: 1,0—2,2%.

Physikalische Kennzahlen.

	Dichte d_{15}^{15}	Lichtbrechung B.-Refr. Sk. T.	Lichtbrechung Brechungs-Index n_D	Optisches Drehungsvermögen
Öl	0,9200—0,9245	65 (40°); 74 (25°)	1,4784—1,4795 (25°)	$[\alpha]_J = -0{,}26°$
Säuren	—	52,3 (40°)	—	—

Chemische Kennzahlen.

	Verseifungszahl	Jodzahl	Polybromide (ätherunlöslich)
Öl	183,1—188	132,6—151,8	—
Säuren	—	—	30,2%

Säurezahlen verschiedener Proben: zwischen 0,6 und 10,9.

Leberöl von Stereolepis ishinagi.

(„Ishinagi"-Leberöl.)

Tierart (Spender) und Tierfamilie	Verbreitung	Gehalt (% Öl) im Organ	Farbe bzw. Geruch	Reaktion
Stereolepis ishinagi, HILGENDORF (Judenfisch) Fam.: Serranidae	Japanische Meere; andere Arten auch in anderen Meeren sehr verbreitet	Leber: 29—42%; durch Ausschmelzen: ca. 12%	Rötlichgelb; ausgeschmolzenes Öl riecht eigentümlich harzartig, extrahiertes Öl ausgesprochen unangenehm	Konzentrierte Schwefelsäure: tiefviolett; japanische Fullererde: blaugrün. Diese Reaktionen sind viel intensiver als bei Dorschleberöl

Fettsäuren: bei gewöhnlicher Temperatur gelbliche, krystallinische Masse, die keine nennenswerte Farbenreaktion mit Schwefelsäure gibt. — Der Träger der Farbenreaktionen ist das Unverseifbare: 20,3—50,6%; rötlich-orange, zähflüssig bis halbfest, harzartiger Geruch; Jodzahl (WIJS): 278—298. Enthält außer Cholesterin hoch-ungesättigte, höhere Alkohole (Bezeichnung des Unverseifbaren: „Leberharz").

Physikalische und chemische Kennzahlen.

	Dichte d_4^{15}	Schmelzpunkt	Brechungs-Index n_D	Verseifungszahl	Jodzahl (WIJS)	Polybromide (ätherunlöslich)
Öl I	0,9359	—	1,5498 (20°)	108,3	198,5	—
Öl II	0,9338		1,5297 (20°)	127,1	177,8	
Öl III	0,9280	—	1,5030 (20°)	152,3	170,7	—
Säuren von Öl II	—	42—43°	—	Neutral.-Z.: 196,2	86,3	1,4%

Öle I und II waren durch Ausschmelzen gewonnen und zeigten die Säurezahlen 0,6 bzw. 3,2 (Glycerinausbeute von Öl II: 3,2%). Öl III war mit Äther extrahiert und zeigte die Säurezahl 4,3.

Leberöl von Cynoscion regalis.

Tierart (Spender) und Tierfamilie	Verbreitung
Cynoscion regalis oder Otolithus regalis. Fam.: Sciaenidae	Süßwässer von Nordamerika

Chemische Kennzahlen.

	Verseifungszahl	Jodzahl
Öl	196,5	103,9

Die untersuchte Probe zeigte die Säurezahl 7,5.

Leberöl von Stenotomus chrysops.

Scup liver oil.

Tierart (Spender) und Tierfamilie	Verbreitung
Stenotomus chrysops, L. Fam.: Sparidae	Atlantische Küste Nordamerikas

Chemische Kennzahlen.

	Verseifungszahl	Acetylzahl	Jodzahl
Öl	188,9	16,7	117,3

Thunfisch-Leberöl.

Huile di foie de thon — Tunny fish liver oil — Olio di fegato di tonno.

Tierart (Spender) und Tierfamilie	Verbreitung
Thynnus vulgaris (Thunnus thynnus, L.). Fam.: Scombridae	Wärmere Meere

Unverseifbares: 1,0—1,8% (Öl I); Öl II enthielt 8,8% Unverseifbares (davon ca. $^1/_{10}$ Sterine; das Unverseifbare hatte die Jodzahl 271, zeigte harzartiges Verhalten und gab eine starke Schwefelsäure-Reaktion).

Physikalische und chemische Kennzahlen.

	Dichte d_4^{15}	Brechungs-Index n_D	Verseifungszahl	Hehnerzahl	Jodzahl
Öl I	—	—	—	95,8	155,9
Öl II	0,9264	1,4890 (20°)	170,3	—	170,1

Öl I zeigte die Säurezahl 3,4 und enthielt 3,1% Oxysäuren. Öl II (von Thunnus thynnus aus japanischen Meeren) hatte die Säurezahl 7,1.

Schwertfisch-Leberöl.

Huile de foie d'espadon — Swordfish liver oil — Olio di fegato di pesce spada.

Tierart (Spender) und Tierfamilie	Verbreitung
Xiphias gladius, L. Fam.: Scombridae	In vielen Meeren

Unverseifbares: ca. 6%; orangegelb, zähflüssig; harzartiger Geruch beim Verbrennen; Schwefelsäure-Reaktion: violett; Jodzahl (Wijs): 269. 16% des Unverseifbaren bestanden aus Cholesterin. S. a. „Leberharz" im Unverseifbaren des Leberöles von Stereolepis ishinagi, S. 408.

Physikalische und chemische Kennzahlen.

	Dichte d_4^{15}	Brechungs-Index n_D	Verseifungszahl	Jodzahl (Wijs)
Öl	0,9182	1,4798 (20°)	175,0	118,7

Die untersuchte Probe zeigte die Säurezahl 16,9.

Leberöl von Lampris regia.

(„Japanese opah"- oder „Mandai"-liver oil.)

Tierart (Spender) und Tierfamilie	Verbreitung
Lampris regia, Bonnaterre. Fam.: Lampridae[1]	Japanische Meere

[1] Nach Jordan, Tanaka und Snyder, „A Catalogue of the Fishes of Japan", Tokyo 1913.

Unverseifbares: 3,4%; äußere Eigenschaften wie bei Schwertfisch- und „Ishinagi"-Leberöl, s. S. 408 bzw. S. 409; Jodzahl (WIJS): 222 (sterinfrei); 41% des Unverseifbaren bestanden aus Cholesterin.

Physikalische und chemische Kennzahlen.

	Dichte d_4^{15}	Brechungs-Index n_D	Verseifungszahl	Jodzahl (WIJS)
Öl	0,9334	1,4812 (20°)	185,0	162,4

Das untersuchte Muster zeigte die Säurezahl 10,2.

Peterfisch-Leberöl.

Tierart (Spender) und Tierfamilie	Verbreitung	Farbe	Reaktionen
Zeus faber, L. Fam.: Zeidae	In vielen Meeren	Rot	Konzentrierte Schwefelsäure: dunkelfarbig, bald schwarz. Konzentrierte Salpetersäure: braun. CAILLETET: braun, dann schwarz

Chemische Kennzahlen.

	Verseifungszahl	Acetylzahl	Jodzahl
Öl	244,2	26,9	58,0

Die Kennzahlen bedürfen einer gründlichen Überprüfung.

Leberöl von Lophiomus setigerus.

Angler fish liver oil.

Tierart (Spender) und Tierfamilie	Verbreitung
Lophiomus setigerus, VAHL. Fam.: Lophiidae	Chinesische und japanische Meere

Unverseifbares: 1%; kein Squalen.

Physikalische und chemische Kennzahlen.

	Dichte d_4^{15}	Schmelzpunkt	Brechungs-Index n_D	Verseifungszahl	Jodzahl	Polybromide (ätherunlöslich)
Öl	0,9268	—	1,4790 (20°)	188,6	154,1	—
Säuren	—	32,5—34°	—	—	—	44,1% (Bromgehalt: 70,7%)

Säurezahl: 1,1.

Seewolf-Leberöl.

Tierart (Spender) und Tierfamilie	Verbreitung	Gehalt (% Öl) im Organ	Farbe bzw. Geruch
Anarhichas lupus, L. Fam.: Blenniidae (nach JORDAN, TANAKA und SNYDER: Anarhichadidae)	Nördliche Meere	Leber eines männlichen Fisches: 29,6% (Öl I); Leber eines weiblichen Fisches: 34,5% (Öl II)	Goldgelb bis braun; Geruch eigenartig, nicht tranig

Fettsäuren: 92,2 bzw. 92,4%. Unverseifbares: 5,2% (Öl I); 3,9% (Öl II).

Physikalische und chemische Kennzahlen.

	Dichte d_{15}^{15}	Schmelzpunkt	Brechungs-Index n_D	Verseifungszahl	M. M.-Gew.	Jodzahl (WIJS)
Öl I	0,9162	—	1,4733 (25°)	182,8	—	131,2
Öl II	0,9179	—	1,4702 (25°)	185,2	—	118,1
Säuren von I	—	24,5°	—	—	276,8	—
„ „ II	—	24,7°	—	—	279,9	—

Öl I zeigte die Säurezahl 13,1; Öl II hatte die Säurezahl 14,4.

Butterfisch-Leberöl.

Butter fish liver oil.

Tierart (Spender) und Tierfamilie	Verbreitung
Poronotus triacanthus. Fam.: Blenniidae	Nordische Meere

Chemische Kennzahlen.

	Verseifungszahl	Jodzahl	Säurezahl der Probe
Öl	191,4	91,1	62,1

Leberöl von Spheroides porphyreus.

Globe fish liver oil.

Tierart (Spender) und Tierfamilie	Verbreitung
Spheroides porphyreus, TEMMINCK und SCHLEGEL („Namera-fugu“, „Mafugu“) Fam.: Tetraodontidae	Japanische Meere (Sagamisee)

Unverseifbares: 1,5%; kein Squalen.

Physikalische und chemische Kennzahlen.

	Dichte d_4^{15}	Schmelzpunkt	Brechungs-Index n_D	Verseifungszahl	Jodzahl	Polybromide (ätherunlöslich)
Öl	0,925	—	1,4785 (20°)	182,2	159,8	—
Säuren	—	31—32°	—	—	—	46,7% (Bromgehalt: 70,2%)

Das untersuchte Muster zeigte die Säurezahl 0,9.

Leberöl von Spheroides rubripes.

(„Tora-fugu“-Leberöl — Tiger globe fish liver oil.)

Tierart (Spender) und Tierfamilie	Verbreitung	Farbe	Anmerkung
Spheroides rubripes, TEMMINCK und SCHLEGEL Fam.: Tetraodontidae	Japan und China	Gelblich	Gibt eine reichliche Abscheidung

Unverseifbares: 1,6%; Reaktion mit konz. Schwefelsäure in Schwefelkohlenstoff: blaß-rotviolett; Reaktion mit japanischer Fullererde: braun-lila.

Physikalische und chemische Kennzahlen.

	Dichte d_4^{15}	Brechungs-Index n_D	Verseifungszahl	Jodzahl (WIJS)	Polybromide (ätherunlöslich)
Öl	0,9245	1,4767 (20°)	185,0	141,5	—
Säuren	—	—	—	—	35,1% (Bromgehalt: 70,1%)

Die untersuchte Probe zeigte die Säurezahl 0,6.

Mondfisch-Leberöl.

„Sun fish"-liver oil.

Tierart (Spender) und Tierfamilie	Verbreitung
Mola mola. Fam.: Molidae	Wärmere Meere

Fettsäuren: 30,8% hoch-ungesättigte Säuren mit der Jodzahl 338. — Unverseifbares: 3,2%.

Physikalische und chemische Kennzahlen.

	Dichte d_4^{15}	Brechungs-Index n_D	Verseifungszahl	Jodzahl	Polybromide (ätherunlöslich)
Öl	0,9252	1,4786 (20°)	180,2	151,8	—
Säuren	—	—	Neutral.-Z.: 192	164,0	43,5% (Bromgehalt: 69,1%)

Die untersuchte Probe zeigte die Säurezahl 8,2.

Leberöl von Erilepis zonifer[1].

(„Abura-Bodzu"-Leberöl.)

Tierart (Spender) und Tierfamilie	Verbreitung	Gehalt (% Öl) im Organ	Farbe bzw. Geruch	Reaktion
Erilepis zonifer, LOCKINGTON = Ebisus sagamius, JORDAN u. SNYDER Fam.: Anoplomatidae	Japanische Meere (Sagamisee), Californien (Monterey Bay)	Leber: 22%; davon 11,1% durch Ausschmelzen, 10,9% durch Extraktion mit Äther gewonnen	Gelb; eigentümlicher, nicht unangenehmer Geruch	Schwefelkohlenstofflösung des Öles (bzw. des Unverseifbaren), mit Schwefelsäure versetzt: violett. In Essigsäureanhydridlösung ist die Färbung tiefblau

Unverseifbares: 4,2% (darin 45% Cholesterin); orangegelb, zähflüssig bis halbfest, harzartiger Geruch. Jodzahl (WIJS): 201,8; des sterinfreien Unverseifbaren: 248,2.

Physikalische und chemische Kennzahlen.

	Dichte d_4^{15}	Brechungs-Index n_D	Verseifungszahl	Jodzahl (WIJS)
Öl	0,9183	1,4761 (20°)	176,3	111,2

Die durch Ausschmelzen gewonnene Probe zeigte die Säurezahl 7,9. Bei Winterkälte gab das Öl beim Stehen eine geringe Abscheidung.

[1] Aus dem Kopf dieses Fisches wurde ein Öl mit folgenden Kennzahlen gewonnen: Dichte bei 15° = 0,9149; Brechungs-Index bei 20° = 1,4711; Verseifungszahl 183,1; Jodzahl 89,1; die untersuchte Probe zeigte die Säurezahl 1; sie enthielt 1,5% Unverseifbares und gab mit konzentrierter Schwefelsäure keine violette Färbung.

Fette von Amphibien und Reptilien.

Vorbemerkungen.

Die bisher untersuchten Fette dieser Gruppe zeigen eine große Ähnlichkeit mit den Fischölen[1]. Auch für die Fette der Amphibien und Reptilien ist ein gewisser Gehalt an hoch-ungesättigten Fettsäuren charakteristisch, die bei der Bromierung ätherunlösliche Polybromide geben. Der Bromgehalt der letzteren liegt meist unter 68% und erinnert an die analogen Werte bei den Ölen von Süßwasserfischen; nur bei einigen Schildkrötenölen zeigen die Polybromide Bromgehalte um 70% (Bromgehalt von Clupanodonsäure-Dekabromid: 70,76%)[2]. Der Kohlenwasserstoff Squalen konnte in keinem der untersuchten Fette nachgewiesen werden (s. Leberöle, S. 374).

Klasse: Amphibia.

Ordnung: Caudata.

Öl des Riesensalamanders.

Giant salamander oil.

Tierart (Spender) und Tierfamilie	Verbreitung	Gehalt (% Öl)	Farbe bzw. Geruch	Anmerkung
Megalobatrachus japonicus, TEMMINCK Fam.: Cryptobranchidae	In japanischen Strömen	Gesamtkörper (nach Entfernung der inneren Organe): 1,3%	Orangegelb; unangenehmer Geruch	Das Öl erstarrt nicht beim Abkühlen auf 0°

Unverseifbares: ca. 1%.

Physikalische und chemische Kennzahlen.

	Dichte d_4^{15}	Brechungs-Index n_D	Verseifungszahl	Jodzahl (WIJS)	Polybromide (ätherunlöslich)
Öl	0,9244	1,4765 (20°)	191,2	141,4	—
Säuren	—	—	—	—	20,9% (Bromgehalt: 67,9%)

Säurezahl: 1,2%.

Ordnung: Ecaudata.

Öl einer japanischen Kröte[3].

(„Hikigaeru“-Öl — Toad oil.)

Tierart (Spender) und Tierfamilie	Verbreitung	Farbe
Bufo bufo japonicus, SCHLEGEL. Fam.: Bufonidae	Japan	Bräunlichgelb

Unverseifbares: 7,9%.

[1] Die Übereinstimmung äußert sich nicht nur bei den Kennzahlen, sondern auch bei den Reaktionen. So geben die in Äther gelösten Fettsäuren der Öle von Amphibien und Reptilien mit Jodmonochlorid-Eisessiglösung nach längerem Stehen ähnliche Niederschläge wie die Fettsäuren aus Fischölen; s. TSUJIMOTO, Ch. Umschau Bd. 33, S. 269. 1926. — Über die Jodzahlen von Körper- und Organfetten einiger zoologisch nicht näher definierter Amphibien und Reptilien vgl. die Tabelle in der Einleitung zum Hauptabschnitt „Tierfette“, S. 354.

[2] Nach einer freundlichen Privatmitteilung von Prof. TSUJIMOTO, Tokyo, vom 5. Mai 1928, ist das Vorkommen von Clupanodonsäure in den Ölen von Amphibien und Reptilien experimentell noch nicht bewiesen; da jedoch die Fettsäuren dieser Öle ätherunlösliche Bromide liefern, die 66—70% Brom enthalten und über 200° Schwarzfärbung zeigen, ohne zu schmelzen, so sei die Gegenwart hoch-ungesättigter Fettsäuren vom Typus $C_nH_{2n-8}O_2$ bzw. $C_nH_{2n-10}O_2$ sicher.

[3] Das Öl wurde aus den Köpfen von 30 Kröten gewonnen; 2140 g Ausgangsmaterial ergaben bei der Extraktion mit Äther 6 g Öl, was einer Ausbeute von ca. 0,3% entspricht.

Physikalische und chemische Kennzahlen.

	Dichte d_4^{15}	Schmelzpunkt	Brechungs-Index n_D	Verseifungszahl	Jodzahl (WIJS)
Öl	0,9348	31—32°	1,4742 (20°)	181,3	104,4
Säuren	—	—	—	—	—

Die untersuchte Probe zeigte die Säurezahl 8,5 und enthielt 1% ätherunlösliche Polybromide.

Fettgehalt von Fröschen.

(Nicht näher definierte Arten.)

Der Fettgehalt der Poikilothermen zeigt je nach der Jahreszeit mitunter erhebliche Schwankungen (s. insbes. bei Fischölen). In den sog. Fettkörpern[1] von Fröschen fand man im Herbst einen Fettgehalt zwischen 72 und 89% (Mittelwert 85%), im Frühjahr zwischen 36 und 80% (Mittelwert 68%).

„Amphibienlarven"-Öl.

Die Fettsäuren einer Ölprobe unbekannter Herkunft bildeten eine gelbe, krystallinische Masse; mittleres Molekulargewicht: 364; Jodzahl: 104,0—106,4.

Klasse: Reptilia.

Ordnung: Testudinata (Schildkröten).

Öl von Clemmys japonica.

(„Ishigame"-Öl.)

Tierart (Spender) und Tierfamilie	Verbreitung	Farbe	Anmerkung
Clemmys japonica, TEMMINCK und SCHLEGEL Fam.: Testudinidae	Japan	Hellgelb	Gibt beim Stehen eine Abscheidung

Physikalische und chemische Kennzahlen.

	Dichte d_4^{15}	Brechungs-Index n_D	Verseifungszahl	Jodzahl (WIJS)	Polybromide (ätherunlöslich)
Öl	0,9219	1,4723 (20°)	198,2	103,3	—
Säuren	—	—	—	—	4,6% (Bromgehalt: 66,8%)

Säurezahl: 4,1.

Leberöl von Clemmys japonica.

(„Ishigame"-Leberöl.)

Tierart (Spender) und Tierfamilie	Verbreitung	Farbe
Clemmys japonica, TEMMINCK und SCHLEGEL. Fam.: Testudinidae	Japan	Rötlichbraun

Physikalische und chemische Kennzahlen.

	Dichte d_4^{15}	Brechungs-Index n_D	Verseifungszahl	Jodzahl (WIJS)	Polybromide
Öl	0,9210	1,4740 (20°)	191,5	114,9	—
Säuren	—	—	—	—	5,4%

Die Säurezahl des Musters betrug 27,1; der Gehalt an ätherunlöslichen Polybromiden 5,4%.

[1] Der „Fettkörper" des Frosches ist ein anatomisch wohlbegrenztes Organ, in dem das Reservefett aufgespeichert wird.

Von dem Öl einer nicht näher bezeichneten Schildkrötenart aus der Familie Testudinidae wurden folgende Kennzahlen ermittelt: Dichte 0,9192 (25°); Erstarrungspunkt: 18—19°; Brechungs-Index: 1,4665 (50°); Verseifungszahl: 211,3; Jodzahl: 111,0; R.-M.-Zahl: 4,8; Säurezahl: 1,1. Das untersuchte Muster war blaßgelb und zeigte schwachen Fischgeruch.

Öl der Seeschildkröte.

Tierart (Spender) und Tierfamilie	Verbreitung	Farbe bzw. Geruch	Anmerkung
Thalassochelys corticata, ROND. (Caretta caretta, L.) Fam.: Cheloniidae	Warme Meere	Dunkelgelb; unangenehmer Fischgeruch	Gewinnung des zur Untersuchung verwendeten Fettes: Ausschmelzen des Fettgewebes im Wasserstoffstrom; der Rückstand erschöpfend mit Äther extrahiert; nach Abdestillieren des Äthers beide Anteile vereinigt und vorsichtig bei 110° getrocknet. Das Fett ist bei gewöhnlicher Temperatur teils flüssig, teils fest.

Physikalische und chemische Kennzahlen.

	Dichte	Schmelzpunkt	Erstarrungspunkt	Verseifungszahl	Acetylzahl	Jodzahl	R.-M.-Zahl
Öl	$d_{42,5}^{42,5}$: 0,9098	23—27°	10°	209	8,7	112	4,6
Säuren	—	30,2°	28,2°	M. M.-Gew.: 268	—	119	—

Die untersuchte Probe zeigte die Säurezahl 0,6 und enthielt ca. 1% Unverseifbares.

Öl der sogenannten roten Schildkröte.

(„Akaumigame“-Öl — Red turtle oil.)

Tierart (Spender) und Tierfamilie	Farbe	Anmerkung. Reaktion
Caretta olivacea, ESCHHOLTZ Fam.: Cheloniidae	Orange	Gibt beim Stehen eine Abscheidung. Reaktion nach TORTELLI-JAFFE: gelblich-grün

Physikalische und chemische Kennzahlen.

	Dichte d_4^{15}	Brechungs-Index n_D	Verseifungszahl	Jodzahl (WIJS)	Polybromide (ätherunlöslich)
Öl	0,9249	1,4763 (20°)	192,8	141,4	—
Säuren	—	—	—	—	31,0% (Bromgehalt: 70,7%)

Säurezahl: 0,9. Die untersuchte Probe stammte aus Japan.

Öl der Suppenschildkröte.

Tierart (Spender und Tierfamilie)	Verbreitung	Farbe
Chelonia mydas, L. Fam.: Cheloniidae	Ogasawara-Inseln (Japan)	Hellgelb

Physikalische und chemische Kennzahlen.

	Dichte d_{15}^{15}	Schmelzpunkt	Brechungs-Index n_D	Verseifungszahl	Jodzahl
Öl	0,9335	—	1,4769 (20°)	193,8	127,4
Säuren	—	31,5°	—	—	—

Öl der Lederschildkröte.

(„Osagame"-Öl — Leather turtle oil.)

Tierart (Spender) und Tierfamilie	Verbreitung	Farbe	Anmerkung. Reaktion
Dermochelys Schlegelii, GARMAN Fam.: Dermochelyidae	In allen tropischen und warmen Meeren	Lichtgelb	Gibt bei gewöhnlicher Temperatur eine Abscheidung. Reaktion nach TORTELLI-JAFFE: blau-grün

Unverseifbares[1]: 7,9%.

Physikalische und chemische Kennzahlen.

	Dichte d_4^{15}	Brechungs-Index n_D	Verseifungszahl	Jodzahl (WIJS)	Polybromide (ätherunlöslich)
Öl	0,9252	1,4753 (20°)	181,3	128,1	—
Säuren	—	—	—	—	37,8% (Bromgehalt: 70,7%)

Säurezahl: 2,0. Die untersuchte Probe stammte aus Japan.

Leberöl der „Snapping"-Schildkröte.

Tierart (Spender) und Tierfamilie	Verbreitung	Farbe bzw. Geruch	Anmerkung
Trionyx sinensis, WIEGMANN Fam.: Trionychidae	Flüsse Ostasiens	Hellgelb; Geruch nicht unangenehm	Scheidet erhebliche Mengen „Stearin" ab

Physikalische Kennzahlen.

	Dichte d_{15}^{15}	Schmelzpunkt	Lichtbrechung B.-Refr. Sk. T.	Lichtbrechung Brechungs-Index n_D
Öl	0,9229	—	72,2	1,4737 (20°)
Säuren	—	32,8°	—	—

Chemische Kennzahlen.

	Verseifungszahl	Jodzahl	Ätherunlösliche Polybromide[2]
Öl	195,6	121,1	—
Säuren	—	—	3,5% (Bromgehalt: 63,34%)

Die untersuchte Probe war durch Auskochen der Leber mit Wasser gewonnen und zeigte die Säurezahl 0,5.

Ordnung: Emydosauria (Crocodilia).

Alligatoröl.

Tierart (Spender) und Tierfamilie	Verbreitung	Farbe	Dichte
Alligator spec. Fam.: Crocodilidae	Brasilien, Madagascar	Rötlich	0,928 (°?)

Bestandteile: u. a. ca. 60% Olein.

[1] Die Angabe über den verhältnismäßig hohen Gehalt an Unverseifbarem ist nach gefl. Privatmitteilung von Herrn Prof. TSUJIMOTO (Tokyo, den 7. Juli 1929) zweifelhaft geworden.

[2] Entsprechend dem Bromgehalt vorwiegend Hexabromide mit kleinen Beimengungen von Dekabromiden.

Ordnung: Squamata.

Unterordnung: Lacertilia (Eidechsen).

Cabaragoyafett.

Tierart (Spender) und Tierfamilie	Verbreitung
Hydrosaurus salvator, LAUR. Fam.: Iguanidae	Vorwiegend Zentral- und Südamerika

Unverseifbares: 0,8%.

Physikalische und chemische Kennzahlen.

	Dichte d_{15}^{15}	Erstarrungspunkt	B.-Refr. Sk. T.	Verseifungszahl	Jodzahl (WIJS)
Öl	0,9142	30°	49,7 (40°)	196,0	63,4
Säuren	—	38,0°	40,7 (40°)	Neutral.-Z.: 207,9	60,1[1]

Die untersuchte Probe war durch Kochen mit Salzwasser gewonnen und zeigte die Säurezahl 2,2.

Fett einer Rieseneidechse.

(„Oil from a giant lizard“.)

Tierart (Spender) und Tierfamilie	Farbe	Anmerkung
Varanus spec. Fam.: Varanidae	Schmutzig-gelbbraun	Konsistenz: halbfest. Reaktion nach TORTELLI-JAFFE: bräunlich-gelb mit einem Stich ins Grüne

Physikalische und chemische Kennzahlen.

	Dichte	Brechungs-Index n_D	Verseifungszahl	Jodzahl (WIJS)	Ätherunlösliche Polybromide
Öl	d^{40}: 0,9132	1,4647 (40°)	188,8	101,0	—
Säuren	—	—	—	—	9,7% (Bromgehalt: 66,2%)

Das Muster zeigte die Säurezahl 21,0.

Unterordnung: Ophidia (Schlangen).

Öl der Python-Schlange.

Python oil.

Tierart (Spender) und Tierfamilie	Verbreitung	Farbe	Anmerkung. Reaktion
Python reticulatus, SCHN. Fam.: Boidae	Ostasien	Gelb	Gibt beim Stehen eine reichliche Abscheidung. Reaktion nach TORTELLI-JAFFE: orangegelb

Physikalische und chemische Kennzahlen.

	Dichte d_4^{15}	Brechungs-Index n_D	Verseifungszahl	Jodzahl (WIJS)	Polybromide
Öl	0,9165	1,4685 (20°)	194,1	80,3	—
Säuren	—	—	—	—	2,1%

Die untersuchte Probe zeigte die Säurezahl 0,6.

[1] Zu niedrig.

Von dem Fett aus der abgestreiften Haut von Python-Schlangen (sogenanntes **Schlangenhemd**) wurden die folgenden Kennzahlen ermittelt: Verseifungszahl = 104,9; Jodzahl = 20,0; Acetylzahl = 19,3. Die untersuchte Probe zeigte die Säurezahl 19,3 und enthielt 24,9% Unverseifbares (3,1% Cholesterin).

Fett der Boa constrictor.

Tierart (Spender) und Tierfamilie	Verbreitung
Boa constrictor. Fam.: Boidae	Zentral- und Südamerika

Fettsäuren: Palmitinsäure, Stearinsäure, Ölsäure, Linolsäure und eine hoch-ungesättigte Säure, die bei der Bromierung ätherunlösliche Bromide gab.

Physikalische und chemische Kennzahlen.

	Dichte	Schmelzpunkt	Brechungs-Index n_D	Verseifungszahl	Jodzahl (HANUS)
Fett	d^{100}: 0,8629	28,5°	1,4619 (40°)	196,8	79,4
Säuren	—	—	—	—	Innere Jodzahl: 113,2

Gehalt an freien Fettsäuren: 0,2%.

Fett von Elaphe climacophora.

(„Aodaisho"-Öl.)

Tierart (Spender) und Tierfamilie	Verbreitung	Gehalt (% Öl)	Anmerkung. Reaktion
Elaphe climacophora, BOIE Fam.: Natricidae	Japan	Ganzes Tier: ca. 7%	Bei gewöhnlicher Temperatur nahezu fest. — TORTELLI-JAFFE: orangegelb

Unverseifbares: 1,2%.

Physikalische und chemische Kennzahlen.

	Dichte	Schmelzpunkt	Brechungs-Index n_D	Verseifungszahl	Jodzahl (WIJS)	Polybromide (ätherunlöslich)
Fett	d^{20}: 0,9139	37°	1,4697 (20°)	194,5	86,5	—
Säuren	—	—	—	—	—	4,7% (Bromgehalt: 68,5%)

Das untersuchte Muster zeigte die Säurezahl 0,9.

Öl von Natrix tigrina[1].

(„Yamakagashi"-Öl.)

Tierart (Spender) und Tierfamilie	Verbreitung	Geruch	Anmerkung. Reaktion
Natrix tigrina, BOIE Fam.: Natricidae	Japan, Südkorea	Eigenartig unangenehm	Konsistenz: halbfest bei 15° (das Öl scheidet nennenswerte Mengen „Stearin" ab). — TORTELLI-JAFFE: blau-grün

Unverseifbares: 1,0%.

[1] Das Öl wurde aus den Köpfen von 20 Schlangen gewonnen; 1689 g Ausgangsmaterial ergaben 45 g Öl, was einer Ausbeute von ca. 2,7% entspricht.

Physikalische und chemische Kennzahlen.

	Dichte d_4^{15}	Schmelzpunkt	Brechungs-Index n_D	Verseifungs-zahl	Jodzahl	Polybromide (ätherunlöslich)
Öl	0,9194	—	1,4715 (20°)	195,8	102,8	—
Säuren	—	34,5—35,5°	—	—	—	11,2% (Bromgehalt: 68,0%)

Die untersuchte Probe hatte die Säurezahl 1,1.

Klapperschlangen-Fett.

Huile de crotale — Rattlesnake oil — Olio di crotalo.

Tierart (Spender) und Tierfamilie	Verbreitung
Crotalus durissus. Fam.: Viperidae	Amerika

Physikalische und chemische Kennzahlen.

	Dichte d_{15}^{15}	Verseifungszahl	Jodzahl
Fett	0,9217	210,9	105,6

Öl von Agkistrodon Blomhoffii.

(„Mamushi“-Schlangenöl — Viper Oil.)

Tierart (Spender) und Tierfamilie	Verbreitung	Farbe bzw. Geruch	Anmerkung
Agkistrodon Blomhoffii Fam.: Crotalidae[1].	Japan	Gelb; unangenehmer Geruch	Gibt beim Stehen eine reichliche Abscheidung

Unverseifbares: ca. 2%.

Physikalische und chemische Kennzahlen.

	Dichte d_4^{15}	Brechungs-Index n_D	Verseifungszahl	Jodzahl (Wijs)	Polybromide
Öl	0,9192	1,4723 (20°)	187,7	110,8	—
Säuren	—	—	—	—	7,8%

Die Probe zeigte die Säurezahl 0,4.

Öle von meerbewohnenden Homoiothermen („Trane“).

Klasse: Aves (Vögel).

Ordnung: Tubinares.

Körpertran des schwarzen Sturmvogels[2].

Tierart (Spender) und Tierfamilie	Verbreitung	Farbe bzw. Geruch
Aestrelata lessoni Fam.: Procellariidae	Tasmanien, Neuseeland, Antarktis	Braun; starker Fischgeruch

Unverseifbares: bis zu ca. 2%.

[1] „Crotalidae“ als Bezeichnung einer eigenen Familie findet sich in: Stejneger, „Herpetology of Japan and adjacent Territory“, Washington 1907 (Smithsonian Institution; United States National Museum, Bulletin 58). Wahrscheinlich handelt es sich um eine Unterabteilung der Familie Viperidae.

[2] Über die wachsartigen Sekrete aus dem Magen des Sturmvogels siehe unter „Wachse“, S. 579.

Physikalische und chemische Kennzahlen.

	Dichte d_{15}^{15}	Erstarrungspunkt	Brechungs-Index n_D	Verseifungszahl	Jodzahl (WIJS)
Tran	0,9123—0,9175 (0,9351—0,9380?)	29,4°	1,4712 (°?)	196,8—200	73—89,1

Gehalt an freien Fettsäuren: 3,5—4,3% (als Ölsäure berechnet); die Säurezahl eines Musters betrug 3,4.

Ordnung: Impennes.

Pinguintran.

(Pinguinöl.)

Tierarten (Spender) und Tierfamilie	Verbreitung
Aptenodytes patagonica, FORST (Königspinguin)	Antarktische Inseln
Eudyptes chrysocome, FORST	Feuerland, Antarktis
Fam.: Spheniscidae	

Physikalische und chemische Kennzahlen.

	Dichte d_{15}^{15}	Erstarrungspunkt	Verseifungszahl	Jodzahl
Tran	0,932	—	197,5	126,9
Säuren	—	31,4°	—	—

Klasse: Mammalia (Säugetiere).

Ordnung: Carnivora.

Unterordnung: Fissipedia.

Eisbärenfett.

Huile d'ours blanc — Icebear fat — Olio di orso bianco.

Tierart (Spender) und Tierfamilie	Verbreitung
Ursus maritimus, ERXL. Fam.: Ursidae	Polargegenden

Physikalische und chemische Kennzahlen.

	Dichte d_{15}^{15}	Verseifungszahl	Jodzahl
Fett	0,9256	187,9	147,0

Unterordnung: Pinnipedia (Flossenraubtiere).

Robbentrane.

Seelöwentran.

Tierart (Spender) und Tierfamilie	Verbreitung	Farbe bzw. Geruch
Otaria Stelleri, LESS. Fam.: Otariidae	Nord-Pazifischer Ozean	Gelb; fischartiger Geruch

Physikalische Kennzahlen.

	Dichte d_{15}^{15}	Schmelzpunkt	Lichtbrechung B.-Refr. Sk. T.	Lichtbrechung Brechungs-Index n_D
Tran	0,9278	—	80 (20°)	1,4783 (20°)
Säuren	—	29,5°	—	—

Chemische Kennzahlen.

	Verseifungszahl	Jodzahl	Ätherunlösliche Polybromide
Tran	189,8	156,4	—
Säuren	—	—	36% (Bromgehalt: 70,8%)

Die untersuchte Probe zeigte die Säurezahl 0,6.

See-Elefantentran.

Tierart (Spender) und Tierfamilie	Verbreitung	Farbe	Anmerkung
Macrorhinus leoninus, L. Fam.: Phocidae	Südsee, Antarktis	Hellgelb; bei 6—10° weiß; schwacher Geruch, ähnlich dem des Dorschlebertrans	Bei 10—15° beginnt die Abscheidung fester Glyceride; bei 6—10° wird der Tran dickflüssig

Fettsäuren: 95%, davon scheiden sich bei 20° ca. 10% feste Säuren (Palmitinsäure?) ab.

Physikalische und chemische Kennzahlen.

	Dichte d_{15}^{15}	Verseifungszahl	Jodzahl (WIJS)
Tran	0,9215—0,9223	189—190	124—131
Säuren	d^{20}: 0,8981	M. M.-Gew.: 284	132,5

Die untersuchten Proben enthielten 0,8 bis 1,7% freie Säuren, berechnet als Ölsäure.

Seehundstrane (I).

Huiles de phoques — Seal oils — Olii di foca.

Tierarten (Spender) und Tierfamilie	Verbreitung	Gehalt (% Öl) im Organ	Farbe bzw. Geruch	Anmerkung. Reaktion
Phoca-Arten[1] (vorwiegend Ph. groenlandica) Fam.: Phocidae	Kalte Meere, auch Kaspisches Meer	Speckteile: 60—70%	Gelb bis braun; schwacher Trangeruch	Konsistenz: dickflüssig. Das Öl scheidet zwischen −2° und +5° „Stearin" ab. — Reaktion nach HEYDENREICH: orange bis hellrot, später braun

Fettsäuren: 10—17% gesättigte Säuren (hauptsächlich Palmitinsäure, auch Stearinsäure); von ungesättigten Säuren vorwiegend Zoomarinsäure[2], ferner Ölsäure und geringe Mengen Clupanodonsäure; außerdem eine Säure mit 14 Kohlenstoffatomen. — In einem Tran von Phoca caspica wurden 83% flüssige Säuren (darunter angeblich Linolsäure) sowie 0,8% Oxyfettsäuren gefunden. — Unverseifbares: 0,2—1,5%.

Physikalische Kennzahlen.

	Dichte d_{15}^{15}	Schmelzpunkt	Erstarrungspunkt	Lichtbrechung B.-Refr. Sk. T.	Lichtbrechung Brechungs-Index n_D
Tran	0,924—0,931 d^{20}: 0,9227 d^{99}: 0,8733	—	−3 bis +3°	64—65 (40°) 72,7—76,2 (25°)	1,468—1,470 (40°)
Säuren	—	22—23°	15—16°	49,7 (40°)	—

[1] Die Kennzahlen eines sogenannten Seeleoparden-Tranes („sea leopard"; Phoca leptonix = Ogmorhinus leptonix, BLAINV.) stimmen mit denen der Seehundstrane im allgemeinen überein; aus der Reihe fällt nur der mit 3—12° angegebene Erstarrungsbereich des Fettsäurengemisches. Über die Trane von Halicoerus grypus sowie von Phoca foetida siehe die folgenden Tabellen.

[2] Diese Verbindung führt verschiedene Bezeichnungen, so z. B. Palmitoleinsäure, Physetölsäure; nach neueren Feststellungen handelt es sich jedoch um die gleiche Hexadecensäure. Nur die entsprechende Säure aus dem kaspischen Seehundsöl dürfte von den übrigen verschieden sein.

Chemische Kennzahlen.

	Verseifungszahl	Hehnerzahl	Acetylzahl	Jodzahl	R.-M.-Zahl	Thermozahl	Polybromide (ätherunlöslich)
Tran	188—196	94,7—95,5	(12)	122—162,6 meist um 140	bis ca. 0,6	92	27,5—27,9%
Säuren	190,4—196	—	—	Zahlenangaben für spez. Phoca-Arten s. u.	—	—	19—38% (Bromgehalt in einem Falle: 70,2%)

Säurezahlen: Helle Trane bis 3,5; hellbraune Trane: 8—12; dunkelbraune: bis 40.

Tran von Halicoerus grypus.

(Seehundstran II)[1].

Tierart (Spender) und Tierfamilie	Verbreitung
Halicoerus grypus, FABRICIUS (sog. grauer Seehund). Fam.: Phocidae	Nordsee

Unverseifbares: 0,2—0,3%.

Physikalische und chemische Kennzahlen.

	Dichte d_{15}^{15}	Lichtbrechung B.-Refr. Sk. T.	Lichtbrechung Brechungs-Index n_D	Verseifungszahl	Jodzahl	Polybromide (ätherunlöslich)
Tran	0,9248 bis 0,9299	71,8—81,0 (25°)	1,4789 (20°)	189,6 bis 193,9	133,6—181,1	—
Säuren	—	—	—	—	Innere Jodzahl: 162,3—234,6	20,3—44,9%

Die untersuchten Proben zeigten Säurezahlen im Bereiche von 0,7 bis 1,3.

Trane von Phoca foetida.

(Seehundstrane III)[1].

Tierarten (Spender) und Tierfamilie	Verbreitung	Farbe
Phoca foetida, MÜLLER (Vikarseehund)	Ostsee	—
Phoca foetida var. saimensis (Ringelrobbe) Fam.: Phocidae	Im Süßwasser des Saimasees (Finnland)	Schwach gelb

Unverseifbares: 0,1—0,4%.

Physikalische Kennzahlen.

	Dichte d_{15}^{15}	Schmelzpunkt	Erstarrungspunkt	Lichtbrechung B.-Refr. Sk. T.	Lichtbrechung Brechungs-Index n_D
Tran	0,931—0,9344	—	—	75,3 (40°) 75,3—78,4 (35°) 82—85 (25°) 85,9—88 (20°)	1,4729 (20°)
Säuren	0,9156—0,9172	(14°)[2]	13—14°	62,3 (40°) 64,3 (35°) 74,1 (20°)	—

[1] Bei der vergleichenden Untersuchung der Seehundstrane II und III wurde folgendes festgestellt: Das Fett der weiblichen Tiere ist weniger gesättigt als das der männlichen; andererseits ist das Fett der jungen Tiere ungesättigter als das der ausgewachsenen. Auch die Jahreszeit beeinflußt den Sättigungsgrad der Trane.

[2] Kein oberer Grenzwert.

Chemische Kennzahlen.

	Verseifungszahl	Hehnerzahl	Jodzahl	R.-M.-Zahl	Polybromide (ätherunlöslich)
Tran	185,2—191,9	95,6—95,8	184,8—196,7 (215,7)[1]	1—1,7	—
Säuren	196,5—198	—	186,5—201,8 Innere Jodzahl: 222,1—255,3	—	45,4—60,8%

Die untersuchten Muster hatten Säurezahlen im Bereiche von 0,3 bis 2,1.

Ordnung: Cetacea.

Waltrane[2].

Trane von Balaena-Arten.

Huiles de baleine — Whale oils — Olii di balena.

Tierarten (Spender) und Tierfamilie	Verbreitung	Farbe bzw. Geruch	Reaktionen
Balaena mysticetus, L. (Grönlandwal) Balaena australis, DESMOUL (Südwal) u. a. Fam.: Balaenidae	Arktische Meere Süd-Atlantik, Antarktik	Hellgelb bis dunkelbraun; Trangeruch	TORTELLI-JAFFE (s. Bd. I, S. 281): grün. HEYDENREICH: rot über braun nach violett oder schwärzlich. LIEBERMANN-VOGT: rosa. LIEBERMANN-STORCH-MORAWSKI: rötlich bis braun oder violett, später grün. Erhitzen mit Phosphorsäure: braun

Bestandteile. Fettsäuren: 16,7% feste Säuren (u. zw. 13,6% Myristinsäure; 68% Palmitinsäure; 16,8% Stearinsäure; außerdem 1,6% höhere, gesättigte Säuren). Von den flüssigen Säuren sind: 1—1,5% Tetradecensäure; 10,6—17% Hexadecensäure; 27,7 — 36,5% Ölsäure; 16% Gadoleinsäure; 15,5% Jecorinsäure; 4,2—8,4% Clupanodonsäure; außerdem ca. 10% andere ungesättigte Säuren mit 22 Kohlenstoffatomen; 1,5% einer Säure mit 24 Kohlenstoffatomen. Oxysäuren: zwischen 2,5 und 5,7%.

Unverseifbares: 0,7—3,7%; Werte über 1,5 stammen meist von stark verunreinigten Proben. Der Steringehalt schwankt zwischen 0,1 und 0,2%.

Glycerinausbeute: 9,4—11%; bei verunreinigten oder veränderten (stark gespaltenen oder zersetzten) Tranen wurden auch bedeutend niedrigere Werte, wie 2,1; 3,8; 4 bzw. 6% gefunden.

Physikalische Kennzahlen.

	Dichte d^{15}	Schmelzpunkt	Erstarrungspunkt	Lichtbrechung B.-Refr. Sk. T.	Lichtbrechung Brechungs-Index n_D	Kritische Lösungs-Temperatur
Tran	0,9140—0,9307 d^{20}: 0,9187 bis 0,9195 d^{98}: 0,8725	—	—	56—59 (40°) 65—68 (25°)	1,4679 (40°) (Mittelwert). Bereich: 1,4630 bis 1,4710 (40°)	Eisessig (1,0562): 38 (?) bis 86° (ALLEN)
Säuren	(0,901—0,903)[3] d_{100}^{100}: 0,8922	16—30° meist um 25°	22—25°	43,3 (40°)	1,4579 (40°)[3]	—

[1] Von dem Tran eines ausgewachsenen weiblichen Tieres mit sogenanntem Sommerspeck; s. a. Fußnote 1, S. 422.

[2] Unter der Bezeichnung „Waltran“ versteht man im allgemeinen den Tran aus dem Körperspeck der Wal-Arten aus den Familien der Balaenidae bzw. Balaenopteridae. Da früher vornehmlich der Grönlandwal Gegenstand des Walfanges war, so beziehen sich die meisten älteren Literaturangaben über „Walfischtran“ auf Trane von Balaena mysticetus.

[3] Berechnet nach Angaben von LUND.

Chemische Kennzahlen.

	Verseifungszahl[1]	Hehnerzahl	A- und B-Zahl	Jodzahl[2]	R.-M.-Zahl	Thermozahl	Polybromide[3]
Tran	178—202 meist 183—198	93,5—95,6	A-Zahl: 0,45 B-Zahl: 0,49	102—144 meist 112—131	0,7—2,0	75,6 (TORTELLI) 85—92 (MAUMENÉ)	—
Säuren	—	M. M.-Gew.: 277—286	—	130—132 Innere Jodzahl: 147,4	—	—	10—30%

Säurezahlen von Handelsproben: meist über 1 bis 60, aber auch darüber bis 139. Über die Grenzwerte der Kennzahlen von Waltranen für die Speisefett-Industrie s. Bd. I, S. 366. Über die Eigenschaften und Kennzahlen von gehärtetem Waltran s. ebenda, S. 368ff. Über die Kennzahlen „technischer" Fettsäuren aus Waltran s. ebenda, S. 466.

Milchfett eines Bartenwales.

Tierfamilie	Verbreitung	Gehalt (% Fett) in der Milch	Farbe bzw. Geruch
Balaenidae	Arktische Meere	19,4%	Gelb; traniger Geruch

Physikalische und chemische Kennzahlen.

	Schmelzpunkt	Erstarrungspunkt	Verseifungszahl	Jodzahl	R.-M.-Zahl
Fett	32°	21°	195,0	95,9	1,6

Tran des californischen Grauwales.

Tierart (Spender) und Tierfamilie	Verbreitung	Farbe
Rhachianectes[4] glaucus, COPE Fam.: Balaenopteridae (Finnwale?)	Pazifischer Ozean	Orangegelb

Fettsäuren: ca. 10% gesättigte Säuren (in einem Falle 14,2%), darunter Spuren von Säuren mit weniger als 14 Kohlenstoffatomen; geringe Mengen von Myristin-, Stearin- und Arachinsäure; vorwiegend Palmitinsäure. Von ungesättigten Säuren hauptsächlich Zoomarin- und Ölsäure; geringe Mengen von Säuren dieser Reihe mit 14, 20 und 22 Kohlenstoffatomen; der Gehalt der ungesättigten Säuren an Gliedern der Ölsäurereihe übersteigt nicht 60%. Wechselnde Mengen (18,1—34,9%) hoch-ungesättigter Säuren mit Jodzahlen um 325; die Säuren mit 20 und 22 Kohlenstoffatomen wiegen vor. Außerdem die Säuren $C_{16}H_{26}O_2$, $C_{18}H_{30}O_2$, $C_{18}H_{28}O_2$ und vielleicht $C_{16}H_{24}O_2$. — Unverseifbares: 1,6%.

Physikalische und chemische Kennzahlen.

	Dichte	Brechungs-Index n_D	Verseifungszahl	Jodzahl (WIJS)	Polybromide (ätherunlöslich)
Tran	d_4^{15}: 0,9290 $d^{15,5}$: 0,9254	1,4762 bis 1,4788 (20°)	191—193	147—167	—
Säuren	d_4^{99}: 0,8519	1,4696 (20°)	198—199,2 Neutral.-Z.: 196,8	165—173	42,6%

Säurezahl einer Probe: 0,5.

[1] Außerhalb des angegebenen Bereiches liegende Werte, wie 160 bzw. 224, können einerseits von weitgehend veränderten Tranen stammen, andererseits ist zu berücksichtigen, daß unter der Bezeichnung „Trane" Öle verschiedener Herkunft im Handel sind, deren Zusammensetzung in den weitesten Grenzen schwanken kann.

[2] Bei manchen Handels-Tranen wurden auch Werte unter 100 gefunden.

[3] Ätherunlöslich. Die Polybromide zersetzen sich bei 200—250°, ohne zu schmelzen.

[4] Die genannte Art bildet den Übergang von den Glattwalen (Balaenidae) zu den Furchenwalen (Balaenopteridae); von BREHM wird Rhachianectes glaucus zur Familie der „Finnwale" gezählt.

Buckelwaltran.

Tierart (Spender) und Tierfamilie	Verbreitung	Farbe	Anmerkung
Megaptera longimana, RUDOLPHI oder M. nodosa, BONNAT Fam.: Balaenopteridae	Nördlicher Atlantischer Ozean	Orangegelb	Der Tran gibt bei Winterkälte reichliche Abscheidungen

Fettsäuren: über 10% gesättigte (vorwiegend Myristin- und Palmitinsäure, möglicherweise auch etwas Laurinsäure; geringe Mengen von Stearin- und Arachinsäure). Von ungesättigten Säuren Zoomarinsäure, Ölsäure, Spuren einer Säure mit 13 Kohlenstoffatomen (?) und beträchtliche Mengen einer Säure mit 20 Kohlenstoffatomen aus der Ölsäurereihe; ferner die der Erucasäure isomere Cetolein-Säure; schließlich wechselnde Mengen (6,4—15%) hoch-ungesättigter Säuren mit Jodzahlen um 317 und Neutralisationszahlen um 179. — Unverseifbares: 1,1%.

Physikalische und chemische Kennzahlen.

	Dichte d_{15}^{15}	Brechungs-Index n_D	Verseifungszahl	Jodzahl (WIJS)
Tran	0,9212	1,4732 (20°)	187,8	115,4
Säuren	—	—	Neutral.-Z.: 195,8	119,5

Die untersuchte Probe zeigte die Säurezahl 1,9.

Tran des Seiwales.

(„Spitzkopf-Finnfisch"-Tran).

Tierart (Spender) und Tierfamilie	Verbreitung	Farbe	Anmerkung
Balaenoptera borealis, LESS. Fam.: Balaenopteridae	Nördlicher Atlantischer Ozean	Orangegelb	Der Tran gibt bei gewöhnlicher Temperatur eine reichliche Abscheidung

Fettsäuren: über 20% (in einem Falle 26,4%) gesättigte Säuren, darunter geringe Mengen Myristinsäure, hauptsächlich Palmitin-, Stearin- und Arachinsäure sowie Spuren von Säuren mit weniger als 14 Kohlenstoffatomen. Die ungesättigten Säuren (in einem Falle 73,6%) bestehen zu höchstens $^3/_4$ aus Gliedern der Ölsäurereihe mit 14 bis 24 Kohlenstoffatomen: vorwiegend Zoomarinsäure, Ölsäure, eine Säure mit 20 Kohlenstoffatomen und Cetoleinsäure; Spuren von Säuren mit 14 bzw. 24 Kohlenstoffatomen. 8,5—17,4% hoch-ungesättigte Säuren: geringe Mengen von Säuren mit 18 Kohlenstoffatomen, vorwiegend Säuren mit 20 bzw. 22 Kohlenstoffatomen (Clupanodonsäure).
Unverseifbares: 2,3—10%.

Physikalische und chemische Kennzahlen.

	Dichte	Brechungs-Index n_D	Verseifungszahl	Jodzahl (WIJS)	Polybromide (ätherunlöslich)
Tran	d_4^{15}: 0,9203 d_4^{30}: 0,9106	1,4699 (30°) 1,4736 (20°)	168,3	121,3	—
Säuren	d_4^{99}: 0,84	1,4609 (30°)	194—196 Neutral.-Z.: 192,2	111—143	25,6%

Säurezahl einer Probe: ca. 1.

Finnwaltran.

Tierart (Spender) und Tierfamilie	Verbreitung	Farbe	Anmerkung
Balaenoptera physalus, L. Fam.: Balaenopteridae	Nördlicher Atlantischer Ozean	Orangegelb	Gibt bei gewöhnlicher Temperatur eine reichliche Abscheidung

Fettsäuren: ca. 25% gesättigte (vorwiegend Myristin- und Palmitinsäure; Spuren einer Säure mit 12 Kohlenstoffatomen, ferner geringe Mengen von Säuren mit 18, 20 und 22 Kohlenstoffatomen). Von ungesättigten Säuren Zoomarinsäure, Ölsäure, Spuren einer Säure mit 14 Kohlenstoffatomen, größere Mengen einer Säure mit 20 Kohlenstoffatomen, beide aus der Ölsäurereihe, schließlich auch etwas Cetoleinsäure. 8,2—16,6% hoch-ungesättigte Säuren (Jodzahl 306; Neutralisationszahl 177) mit mehr als 4 Doppelbindungen. Außerdem zwei Säuren $C_{18}H_{32}O_2$ und $C_{18}H_{30}O_2$. — Unverseifbares: 1,1%.

Physikalische und chemische Kennzahlen.

	Dichte d_4^{15}	Brechungs-Index n_D	Verseifungszahl	Jodzahl (WIJS)	Polybromide
Tran	0,9231	1,4727 (20°)	196,6	112,0	—
Säuren	—	—	Neutral.-Z.: 204,2	114—117,5	22% (äther-unlöslich)

Säurezahl eines Musters: 2,2.

„Shironagasu“-Waltran.

Über die Fettsäuren eines Tranes, dessen Spender nicht näher charakterisiert wurde, fanden sich unter der obigen Bezeichnung folgende Angaben: Neutralisationszahl = 189; Jodzahl = 106. Hoch-ungesättigte Säuren: 6,9—12,3%.

Trane aus der Familie Physeteridae.

Die Trane dieser Gruppe sind durch ihren hohen Gehalt an unverseifbaren Bestandteilen gekennzeichnet. Sie wurden in der vorliegenden Darstellung nicht, wie üblich, unter die Wachse aufgenommen, da sie erhebliche Mengen von Glyceriden (Glycerinausbeute bis zu 3,5%) enthalten und auch zufolge ihrer Beschaffenheit zu den Tranen gerechnet werden können; s. a. S. 524f. Über Walrat, den festen, auch äußerlich wachsartigen Anteil aus der Kopfhöhle des Spermwales (Physeter macrocephalus) s. unter „Wachse“, S. 580.

Pottwal-(Spermwal-)Kopftran.

(Walratöl, Spermöl, Spermacetiöl[1].)

Huile de spermacéti, huile de cachalot — Sperm oil — Olio di spermaceti.

Tierart (Spender) und Tierfamilie	Verbreitung	Farbe bzw. Geruch	Konsistenz
Physeter macrocephalus, L. Fam.: Physeteridae	Meere der gemäßigten und warmen Zone	Hellgelb bis gelb; traniger Geruch	Dünnflüssig

Bestandteile. Trane I. Gesamtfettsäuren: 60—64%. Unverseifbares: 35—44% (32—42% Wachsalkohole, Kennzahlen s. u.). Die untersuchten Proben gaben 1,4—2,5% Glycerin. — Trane II. Gesamtfettsäuren: 65%, davon 19% fest (Laurin-, Myristin- und Palmitinsäure) und 81% flüssig (geringe Mengen Capryl- oder Caprinsäure; einige Prozente Physetersäure[2], ferner Physetölsäure $C_{16}H_{30}O_2$ und Ölsäure; schließlich etwa 1% hoch-ungesättigte Säuren mit den Eigenschaften der Clupanodonsäure). Unverseifbares: 36—38,6%, bestehend aus einem Gemisch von festen und flüssigen Bestandteilen, vorwiegend Cetyl- und Oleinalkohol in nahezu gleichen Mengen; möglicherweise auch geringe Mengen eines Pentadecylalkohols; ferner 0,2% Cholesterin (ber. auf die Gesamtmenge des Tranes); eine Probe des Unverseifbaren war bei 20° gelblichweiß, krystallinisch,

[1] Das sogenannte Walratöl („Spermacetiöl“) ist der flüssige Anteil des Tran-Wachsgemisches aus der Kopfhöhle des Spermwales. Man gewinnt das Walratöl durch Abpressen von Walrat (siehe unter „Wachse“, S. 580) bei Temperaturen zwischen 4 und 10°.

[2] Bezeichnung der $\Delta^{5,6}$-Tetradecensäure nach TSUJIMOTO.

hatte einen Schmelzbereich von 32—33° und die Jodzahl 51,3. Glycerinausbeute: 3,5%. — Tran III. Gesamtfettsäuren: 62% (3,5% Caprin-; 16% Laurin-; 14% Myristin-; 8% Palmitin- und 2% Stearinsäure. Ungesättigte Säuren: 4% mit 12 Kohlenstoffatomen, 14% mit 14 C-Atomen, 15% mit 16 C-Atomen, 17% mit 18 C-Atomen). Alkohole: 39,3% (60% mit 16 C-Atomen, 35% mit 18 C-Atomen und 5% mit 20 C-Atomen).

Physikalische Kennzahlen.

	Dichte d_{15}^{15}	Schmelzpunkt	Erstarrungspunkt	Lichtbrechung	
				B.-Refr. Sk. T.	Brechungs-Index n_D
Trane I	0,875—0,890 $d_{15,5}^{99}$: 0,833	18°	7—9,5° (15,5°)	49,7—54,8 (25°)	1,4639 bis 1,4655 (20°) 1,4649 bis 1,4669 (15,6°) 1,4683 (11°)
Trane II	d_4^{15}: 0,8808 bis 0,8848	—	—	—	1,4610 bis 1,4633 (20°)
Säuren der Trane I	0,8993 bis 0,8999	19—21,4° (13,3°)	11—16° (6,2°)	—	—

Chemische Kennzahlen.

	Verseifungszahl	M. M.-Gew.	Acetylzahl	Jodzahl	R.-M.-Zahl	Polybromide	Thermozahl
Trane I	120—150	—	—	76—92,8 (62,2)	0,6—1,3	—	45—51
Trane II	147,1—148,5	—	—	71,4—74,2 (WIJS)	2,3	—	—
Säuren der Trane I	Neutral.-Z.: 186—236	238—305	(17,9)	83,2—97,3	—	Äther- unlöslich: 1,4% (Brom- gehalt: 70,7%)	—
„ „ II	223,7	246	—	75,7 (WIJS) Innere Jodzahl: 94,5 (WIJS)	—		—

Trane I, verschiedener Herkunft, zeigten Säurezahlen zwischen 1 und 13. Trane II, in Japan gewonnen; eine Probe (aus dem Kopf eines männlichen Spermwales) wurde durch Abpressen bei 6—7° vom festen Anteil, dem Walrat, getrennt; Ausbeute 74% flüssiger Kopftran („Walratöl") mit der Säurezahl 1. Eine zweite Probe, in gleicher Weise gewonnen, hatte die Säurezahl 21,8.

Kennzahlen der Wachsalkohole des Walratöles.

Dichte	Schmelzpunkt	Erstarrungspunkt	B.-Refr. Sk. T.	Jodzahl	Acetylzahl
d^{40}: 0,8379	20—32,5°	unter 30°	35—39 (40°) 45,7—47 (25°)	63—71	180—200

Über geblasenes Walratöl s. Bd. I, S. 408.

Gewebe- und Muskeltran („Körperöl") des Pottwales.

Eigenschaften: orangegelb; gibt bei Zimmertemperatur eine starke krystallinische Abscheidung.

Bestandteile. Tran I gab 60% Fettsäuren und 1,3% Glycerin und enthielt 40% Unverseifbares; letzteres bestand im wesentlichen aus hochmolekularen, einwertigen Alkoholen; Schmelzbereich zwischen 20 und 22°; Jodzahl 73,7. — Tran II lieferte 76,5% Fettsäuren und 5,5% Glycerin und enthielt 17,5% Unverseifbares (Schmelzbereich 20 bis

22°; Jodzahl 74,0). — Tran III gab 64,1% Fettsäuren, davon ca. 1/10 gesättigte (vorwiegend Palmitinsäure; außerdem Myristin-, Stearin- und geringe Mengen von Arachinsäure sowie von Säuren mit weniger als 14 Kohlenstoffatomen); ferner ca. 90% ungesättigte Säuren (vorwiegend der Ölsäurereihe: Zoomarin- und Ölsäure, eine Säure $C_{20}H_{38}O_2$, Cetoleinsäure sowie geringe Mengen einer Säure $C_{14}H_{26}O_2$); von höher-ungesättigten Säuren Clupanodonsäure und vermutlich auch Verbindungen mit 18 und 20 Kohlenstoffatomen. Das Unverseifbare (36,4%; d_4^{30}: 0,8413; n_D^{30}: 1,4550; Jodzahl 72,2) bestand hauptsächlich aus Oleinalkohol; ferner waren Cetyl- und Octadecylalkohol sowie geringe Mengen von höher-ungesättigten Alkoholen zugegen; der Cholesteringehalt betrug 0,44%. — Tran IV gab 66% Fettsäuren (1% Laurin-; 5% Myristin-; 6,5% Palmitin- und Spuren von Stearinsäure. Ungesättigte Säuren: 4% mit 14 Kohlenstoffatomen; 26,5% mit 16 C-Atomen; 37% mit 18 C-Atomen). Ferner 33,6% Alkohole (20% mit 16 C-Atomen, 70% mit 18 C-Atomen und 10% mit 20 C-Atomen).

Physikalische und chemische Kennzahlen.

	Dichte	Brechungs-Index n_D	Verseifungszahl	Jodzahl	Ätherunlösliche Polybromide
Tran I	d^8: 0,8792	1,4688 (11°)	112	85 (HANUS)	—
„ II	d^8: 0,8947	1,4747 (11°)	163	123 (HANUS)	—
„ III	d_4^{30}: 0,8733	1,4620 (30°)	131,6	82,4[1]	—
			Neutral.-Z.:		
Säuren von Tran I	—	—	192,3	87,2	—
„ „ „ II	—	—	185,6	135,0	—
„ „ „ III	d_4^{20}: 0,8918	1,4602 (20°)	199,2	87,4	5,6%
			Verseif.-Z.:		
			201,8		

Tran I war aus dem Fettgewebe (Speckschichte) gewonnen und zeigte die Säurezahl 5,2. — Tran II stammte aus dem Muskelfleisch und hatte die Säurezahl 8,2. — Tran III war aus dem Körperspeck gewonnen und zeigte die Säurezahl 1,2. — Tran IV war dem Fettgewebe entnommen und hatte die Jodzahl 85,6.

Tran von Mesoplodon bidens.

Tierart (Spender) und Tierfamilie	Anmerkung
Mesoplodon bidens, Sow.[2] Fam.: Physeteridae	Gibt nach längerem Stehen eine reichliche Abscheidung

Fettsäuren: 51%; ca. 1% einer gesättigten Säure (Schmelzpunkt 4°; Mol.-Gew.: 170) $C_9H_{18}O_2$, wahrscheinlich Isopelargonsäure; wenig Palmitin- und Stearinsäure; von ungesättigten Säuren vorwiegend Ölsäure, daneben Gadoleinsäure und eine Säure dieser Reihe mit 22 Kohlenstoffatomen; wahrscheinlich keine Hexadecensäure und weder leicht flüchtige noch stark ungesättigte Säuren.

Physikalische und chemische Kennzahlen.

	Dichte d_{15}^{15}	Brechungs-Index n_D	Verseifungszahl	Jodzahl
Tran	0,8694	1,4650 (15°)	103,4	81,5
Säuren	—	—	184,5	83,5

Unverseifbares: 49% (Schmelzbereich 20—25°, Jodzahl 83,4), bestehend aus Cetylalkohol und 74% Oleinalkohol. Eine Probe ergab 0,7% Glycerin.

[1] Pyridinsulfat-Dibromid-Methode.

[2] Von BREHM wird die genannte Art zu den „Schnabelwalen“ (Unterfamilie Pottwale) gerechnet.

Döglingtran.

(Entenwaltran.)

Huile de rorqual rostré — Arctic sperm oil, Bottlenose oil — Olio di spermaceti artico.

Tierart (Spender) und Tierfamilie	Verbreitung	Farbe	Anmerkung
Hyperoodon rostratus, MÜLLER Fam.: Physeteridae	Nördliche Meere	Hellgelb	Gibt bei Winterkälte eine reichliche Abscheidung („Dögling-Spermaceti“)

Bestandteile. Trane I. Gesamtfettsäuren: 61—65% (davon ein kleiner Teil hochungesättigt[1]). Unverseifbares: 35—39,2% (Wachsalkohole, Kennzahlen siehe unten). Die untersuchten Proben gaben 1,7 bis 2,6% Glycerin. — Tran II. Gesamtfettsäuren: 57,4% (orangegelbe Flüssigkeit bei 20°). Unverseifbares: 43,2% (davon über 70% Oleinalkohol, ferner Cetylalkohol und 0,4% Cholesterin; der Schmelzpunkt des Gemisches lag bei 24 bis 25°, die Jodzahl betrug 72).

Physikalische Kennzahlen.

	Dichte $d^{15,5}$	Schmelzpunkt	Erstarrungspunkt	Lichtbrechung B.-Refr. Sk. T.	Lichtbrechung Brechungs-Index n_D
Trane I	0,876 bis 0,885 98—99 $d^{15,5}$: 0,8274	—	−18°	55,2 bis 55,3 (25°)	—
Tran II	d_4^{15}: 0,8752	—	—	—	1,4645 (20°)
Säuren der Trane I	—	10,3—16,1°	8,3—10,1°	—	—
„ von Tran II	—	5°	—	—	—

Chemische Kennzahlen.

	Verseifungszahl	Jodzahl	R.-M.-Zahl	Polybromide	Thermozahl
Trane I	121,5—135,9	79,7—88,7	1,4	—	41—47
Tran II	114,9	86 (WIJS)	1,1	—	—
	Neutral.-Z.:				
Säuren der Trane I	194,2—196,1	82,2—83,3	—	3%	—
„ von Tran II	195,8	91,1	—	5,3%	—

Trane I, verschiedener Herkunft, zeigten Säurezahlen zwischen 0,4 und 7. — Tran II, in Japan gewonnen, hatte die Säurezahl 1,8.

Kennzahlen der Wachsalkohole („Dögling-Spermaceti“).

Schmelzpunkt	Erstarrungspunkt	B.-Refr. Sk. T.	Jodzahl
23—26,5°	21,7—22°	38,2—38,7 (40°) 46,2—46,7 (25°)	64,8—69,4 72 (WIJS)

Tran von Platanista gangetica.

Tierart (Spender) und Tierfamilie	Verbreitung
Platanista gangetica, LEBECK. Fam.: Platanistidae	In Flüssen Ostindiens

[1] Auch die gesättigten Säuren (Myristin-, Palmitin- und Stearinsäure) sind nur in geringen Mengen zugegen. Von den in größeren Mengen vorhandenen einfach-ungesättigten Säuren konnten solche mit 16, 18, 20 und 22 Kohlenstoffatomen nachgewiesen werden (TOYAMA).

Physikalische und chemische Kennzahlen.

	Dichte	Schmelzpunkt	Verseifungszahl	Hehnerzahl	Jodzahl	R.-M.-Zahl
Tran	d^{50}: 0,921	—	198,8	94	106,9	0,7
Säuren	—	25,5°	Neutral.-Z.: 205	—	116,5	—

Die unterzeichnete Probe zeigte die Säurezahl 21,4.

Tran des Weißwales.

Tierart (Spender) und Tierfamilie	Verbreitung
Delphinapterus leucas, Pall. Fam.: Delphinapteridae	Arktische Meere

Fettsäuren: 11,8% hoch-ungesättigte Säuren. Unverseifbares: 1,8%.

Physikalische und chemische Kennzahlen.

	Dichte d_{15}^{15}	Verseifungszahl	Jodzahl
Tran	0,9268	201,6	127,4

Trane aus der Familie Delphinidae.

Charakteristisch für sämtliche Trane dieser Gruppe ist ihr hoher Gehalt an flüchtigen Fettsäuren; die Verseifungs- und die Reichert-Zahlen sind daher durchwegs auffallend hoch. Im übrigen lassen sich jedoch zum Teil erhebliche Unterschiede zwischen den Kennzahlen der Trane aus den verschiedenen Körperteilen der Delphiniden feststellen; aus diesem Grunde ist die Entnahmestelle der einzelnen Trane im folgenden auch stets besonders hervorgehoben.

Braunfischtran[1].

Huile de marsouin brun — Brown fish oil — Olio di pesce porco.

Tierart (Spender) und Tierfamilie	Verbreitung	Farbe bzw. Geruch	Besonderes Merkmal
Phocaena communis, Less. (Phocaena phocaena, L.) Fam.: Delphinidae	Nördlicher Atlantischer und Pazifischer Ozean	Hellgelb; nicht unangenehmer Geruch	Hoher Gehalt an Valeriansäure (siehe Vorbemerkungen)

Physikalische und chemische Kennzahlen.

	Dichte d_{15}^{15}	Erstarrungspunkt	Lichtbrechung B.-Refr. Sk. T.	Verseifungszahl	Hehnerzahl	Acetylzahl	Jodzahl	R.-M.-Zahl
Tran	0,9334	—	55 (40°) 62,7 (25°)	224,8	85,5	4,6	111,2	42,1
Säuren	0,9121	18°	46,5 (40°) 54,3 (25°)	Neutral.-Z.: 207[2]	—	—	126	—

[1] Die untersuchte Probe stammte aus dem Gesamtkörper des Tieres und zeigte die Säurezahl 1,2.

[2] Die Neutralisationszahl der Fettsäuren erscheint im Vergleich zur Verseifungszahl des Tranes zu niedrig; höchstwahrscheinlich bezieht sich die angegebene Neutralisationszahl auf die wasserunlöslichen Fettsäuren.

Trane des Schwertwales.

Tierart (Spender) und Tierfamilie	Verbreitung
Orca gladiator, BONNAT (Orca orca, L.). Fam.: Delphinidae	In allen Meeren

Chemische Kennzahlen.

	Verseifungszahl	Jodzahl	Reichert-Zahl
Tran I	211,9	86,4	13,8
„ II	208,5	91,7	12,1
„ III	257,8	63,3	43,7

Tran I war aus dem Bauchspeck gewonnen und zeigte die Säurezahl 0,6. — Tran II entstammte dem Rückenspeck und hatte die Säurezahl 0,8. — Tran III stammte aus dem Oberkiefer und zeigte die Säurezahl 0,9.

Meerschweintrane.

Huiles de marsouin — Porpoise oils — Olii di porco marino.

Tierart (Spender) und Tierfamilie	Verbreitung	Farbe	Reaktionen	Anmerkung
Delphinus phocaena, L. Fam.: Delphinidae	Nördliche Teile des Atlantischen Ozeans	Blaßgelb bis braun	Konzentrierte Schwefelsäure in Chloroformlösung: violett bis dunkelrot. KREMEL: hell rosa, dann orange	Es ist zu unterscheiden zwischen „Körpertran" und „Kinnbackentran". Der letztere hat einen höheren Gehalt an flüchtigen Fettsäuren (vgl. die R.-M.-Zahlen und Verseifungszahlen), dementsprechend zeigt er auch eine größere Löslichkeit in Alkohol

Bestandteile. Trane I. Fettsäuren: Valeriansäure (Chevreuls „Phocensäure"), Palmitinsäure, Stearinsäure; von ungesättigten Säuren Ölsäure, vielleicht auch eine Hexadecensäure; ferner 19,5% hoch-ungesättigte Säuren (Neutralisationszahl: 191,4; Jodzahl: 322,5). Unverseifbares: 3,7%. — Trane II. Fettsäuren: 61,4—72,1% wasser-unlösliche Säuren. Unverseifbares: 16,4%.

Physikalische Kennzahlen.

	Dichte d_{15}^{15}	Erstarrungspunkt	Lichtbrechung B.-Refr. Sk. T.	Optisches Drehungsvermögen
Trane I	0,926—0,937 d^{99}: 0,8714	−16°	46,3 (40°); 54,8 (25°)	$[\alpha]_J = +0,8°$
Trane II	0,9258	—	—	—

Chemische Kennzahlen.

	Verseifungszahl	Hehnerzahl	Jodzahl	R.-M.-Zahl	Thermozahl
Trane I	216—222,2 (195)	91,0	119—132,3 (109,3)	11—12 (23,5)	50—61
Trane II	253,7—272,3	68,4—72,1	21,5—49,6	48—66	—
Säuren der Trane I (wasserunlöslich)	Neutral.-Z.: 203,0	—	—	—	—

Trane I aus dem ganzen Körper; bei einer frischen Probe betrug der Gehalt an freien Säuren 1,4%. — Trane II entstammten den Kinnbacken; die zur Untersuchung verwendeten Proben waren filtriert.

Delphin-Trane.

Huiles de dauphin — Dolphin (Blackfish) oils — Olii di delfino.

A. Tran aus dem ganzen Körper („Körpertran“).

Tierarten (Spender) und Tierfamilie	Verbreitung	Gehalt (% Öl) im Organ	Farbe	Anmerkung
Delphinus-Arten Fam.: Delphinidae	In allen Meeren	Gesamtkörper: bis zu 40%[1]	Hellgelb	Reaktion nach LIEBERMANN-VOGT: rosa. — Der Tran gibt zwischen +5° und −3° eine Abscheidung

Bestandteile. Fettsäuren: wechselnde Mengen Valeriansäure; in einem Falle wurden 14,3% flüssige Säuren mit der Neutralisationszahl 313,2 und der Jodzahl 285,5 gefunden. Unverseifbares: ca. 2%.

Physikalische Kennzahlen.

	Dichte d^{15}	Lichtbrechung B.-Refr. Sk. T.	Lichtbrechung Brechungs-Index n_D
Tran I	0,9270	68,5 (20°)	—
„ II	0,9275	69,3 (20°)	—
„ III	0,9286	70,0 (20°)	—
Trane IV	0,9266	63,6 (20°) 67,7 (15°)	1,4682 (20°) 1,4708 (15°)

Chemische Kennzahlen.

	Verseifungszahl	Hehnerzahl	Jodzahl	R.-M.-Zahl
Tran I	200,6	—	89,2	—
„ II	287,8	—	83,7	—
„ III	238,1	—	84,8	—
Trane IV	197,3—203,4	93,1	99,5—126,9	5,6

Tran I war durch kalte Pressung gewonnen und zeigte die Säurezahl 7,8; Tran II, durch Behandlung mit Dampf gewonnen, hatte die Säurezahl 3,8; Tran III wurde über offenem Feuer ausgeschmolzen und zeigte die Säurezahl 25,3; die untersuchten Proben stammten von verschiedenen Delphinus-Arten aus dem Schwarzen, Kaspischen bzw. Weißen Meer. Als Spender der Trane IV wird Globicephalus melas, TRAILL (Delphinus globiceps, CUVIER; auch Delphinus melas oder Phocaena melas) genannt.

B. Delphin-„Kopftran“.

Tierart (Spender) und Tierfamilie	Verbreitung	Farbe	Anmerkung
Delphinus delphis, L. Fam.: Delphinidae	In allen Meeren	Gelb	Gibt eine schwache Abscheidung

Fettsäuren. Wasserlösliche Säuren: 6,8% (ausgedrückt in % Buttersäure) oder 7,9% (ausgedrückt in % Valeriansäure). Unverseifbares: 1,8%.

Physikalische Kennzahlen.

	Dichte d_{15}^{15}	Erstarrungspunkt	Lichtbrechung Oleo-Refr. Sk. T.	Lichtbrechung Brechungs-Index n_D	Optisches Drehungsvermögen	Kritische Lösungstemperatur
Tran	0,9330	−8°	+18,5 (22°)	1,4790 (17°)	$[\alpha]_D = +0,33°$ (200 mm)	Absoluter Alkohol: 59,5°. Alkohol von 90% (Crismer-Zahl): 135°

In kaltem, absolutem Alkohol lösen sich 3,7% des Tranes.

[1] Der Fettreichtum der Delphine ist am größten zur Zeit der Heringszüge, von Januar bis März.

Chemische Kennzahlen.

	Verseifungszahl	Hehnerzahl	Jodzahl (WIJS)	Reichert-Zahl	Pol.-Zahl (?)[1]
Tran	212	86,1	133	39,1	3,4

Die untersuchte Probe wurde den die Hirnschale des Tieres umgebenden Speckpartien entnommen; der Gehalt an freien Fettsäuren betrug 0,1% (ausgedrückt in Prozenten Ölsäure).

C. Delphin-„Nasentran".

Tierart (Spender) und Tierfamilie	Verbreitung	Farbe	Anmerkung
Wie oben	Wie oben	Wie oben	Der Tran ist hell und klar

Fettsäuren. Wasserlösliche Säuren: 16,8% (ausgedrückt in % Buttersäure) oder 19,4% (ausgedrückt in % Valeriansäure). Unverseifbares: 6,1%.

Physikalische Kennzahlen.

	Dichte d_{15}^{15}	Erstarrungspunkt	Lichtbrechung Oleo.-Refr. Sk. T.	Lichtbrechung Brechungs-Index n_D	Optisches Drehungsvermögen	Kritische Lösungstemperatur
Tran	0,9308	−12°	−60 (22°)	1,4640 (17°)	$[\alpha]_D = +0{,}07°$ (200 mm)	Abs. Alkohol: 24,5°. Alkohol von 90% (Crismer-Zahl): 106,5°

In kaltem, absolutem Alkohol lösen sich 28,1% des Tranes.

Chemische Kennzahlen.

	Verseifungszahl	Hehnerzahl	Jodzahl (WIJS)	Reichert-Zahl	Pol.-Zahl (?)[1]
Tran	259	70,8	56	111,3	6,1

Das untersuchte Muster stammte aus der Fettmasse zwischen Oberkiefer und Nasenloch; der Gehalt an freien Fettsäuren betrug ca. 0,1% (ausgedrückt in Prozenten Ölsäure).

D. Delphin-„Kinnbackentran".

Tierarten (Spender) und Tierfamilie	Verbreitung	Farbe	Anmerkung
Delphinus delphis (Tran I)	In allen Meeren	Hellgelb (Tran I)	Sehr hell und klar (Tran I)
Globiceps melas (Tran II)	—	—	—

Fettsäuren. Wasserlösliche Säuren: 22,6% (ausgedrückt in % Buttersäure) oder 26,2% (ausgedrückt in % Valeriansäure). Unverseifbares: 16,3% (Tran I).

Physikalische Kennzahlen.

	Dichte d_{15}^{15}	Erstarrungspunkt	Lichtbrechung Oleo-Refr. Sk. T.	Lichtbrechung Brechungs-Index n_D	Optisches Drehungs-Vermögen	Kritische Lösungs-Temperatur
Tran I	0,9206	−5°	−77 (22°)	1,4548 (17°)	$[\alpha]_D = +0{,}10°$ (200 mm)	Alkohol von 90% (Crismer-Zahl): 88,5°

Mit absolutem Alkohol ist der Tran I (s. u.) auch in der Kälte in allen Verhältnissen mischbar.

[1] „Acides insolubles exprimés en indice de Reichert" (MARCELET).

Chemische Kennzahlen.

	Verseifungszahl	Hehnerzahl	Jodzahl (Wijs)	Reichert-Zahl	Pol.-Zahl (?)[1]
Tran I	267,0	66,4	17	145,3	1,7
„ II	290,0	66,3	32,8	R.-M.-Zahl: 65,9	—

Tran I war aus den am Kiefergelenk befindlichen Drüsen gewonnen; der Gehalt an freien Fettsäuren betrug 0,05% (ausgedrückt in Prozenten Ölsäure).

E. Tran aus der Leber von Delphinus longirostris.

Tierart (Spender) und Tierfamilie	Verbreitung	Farbe bzw. Geruch	Konsistenz
Delphinus longirostris, Gray Fam.: Delphinidae	Vorwiegend Malabarküste; Indien, Japan	Dunkel-bräunlichgelb; unangenehmer Geruch	Dickflüssig

Unverseifbares: 19,8%. Reaktion mit konzentrierter Schwefelsäure in Schwefelkohlenstoff: tiefviolett; mit japanischer Fullererde ebenso.

Physikalische und chemische Kennzahlen.

	Dichte d_4^{15}	Brechungs-Index n_D	Verseifungszahl	Jodzahl (Wijs)	Polybromide[2]
Tran	0,9459	1,4863 (20°)	160,3	156,7	—
Säuren	—	—	—	—	49,8%

Das untersuchte Muster zeigte die Säurezahl 98.

F. Andere Trane von Delphinus longirostris.

(„Ma-iruka"-Tran).

Tierart (Spender) und Tierfamilie	Verbreitung	Farbe bzw. Geruch
Wie oben	Wie oben	Körpertran: rötlich bis bräunlichgelb; Fischgeruch. — Kopftran: hellgelb; nicht unangenehmer Geruch

Bestandteile von Kopftran (V): u. a. erhebliche Mengen flüchtiger Säuren (Valeriansäure); ca. 0,4% Tetradecensäure. 1% Unverseifbares.

Physikalische Kennzahlen.

	Dichte d^{15}	Erstarrungspunkt	Lichtbrechung	
			B.-Refr. Sk. T.	Brechungs-Index n_D
Tran I	0,9286	0°	69 (20°)	1,4717 (20°)
„ II	0,9307	bei 5° trübe	65,5 (20°)	1,4695 (20°)
„ III	0,9249	bei −16° halbfest	40 (20°)	1,4524 (20°)
„ IV	0,9259	bei −15° noch klar	39 (20°)	1,4517 (20°)
„ V	d_4^{15}: 0,9362	—	—	1,4711 (20°)

[1] „Acides insolubles exprimés en indice de Reichert" (Marcelet).
[2] Ätherunlöslich.

Chemische Kennzahlen.

	Verseifungszahl	Jodzahl (WIJS)	R.-M.-Zahl	Ätherunlösliche Polybromide
Tran I	217,2	125,3	30,4	—
„ II	230,4	114,4	44,4	—
„ III	279,8	24,5	112,3	—
„ IV	277,7	25,7	—	—
„ V	237,2	114,9	39,6	—
Säuren von Tran I u. II	—	—	—	24,8%[1]
von Tran III u. IV	—	—	—	Spuren

Tran I: aus dem Körper durch Auskochen gewonnen; Säurezahl: 11,9. — Tran II: durch Rösten des Speckes erhaltener „Körpertran"; Säurezahl: 4. — Tran III: Kopftran, roh; Säurezahl: 2,3. — Tran IV: Kopftran, raffiniert; Säurezahl: 0,3. — Tran V: Probe aus dem Kopfteil mit Säurezahl 2,1.

Ordnung: Sirenia (Seekühe).

Dugong-Tran.

Huile de lamantin, huile du dugong — Dugong oil, manatee oil — Olio di vacca marina.

Tierarten (Spender) und Tierfamilie	Verbreitung	Farbe bzw. Geschmack	Reaktion
Halicore indicus (Halicore dugong, ERXL.) Halicore australis Fam.: Halicoridae	Indischer Ozean Küsten Australiens	Strohgelb; ähnlich wie Olivenöl schmeckend, fast geruchlos (Tran II)	TORTELLI-JAFFE: negativ

Unverseifbares: 0,9 bis 3,7% (Tran I). — Fettsäuren: 25% feste und 65% flüssige Säuren (0,2% Ölsäure; 0,8% Clupanodonsäure). Unverseifbares: 0,6% (Tran II).

Physikalische Kennzahlen.

	Dichte d_{15}^{15}	Schmelzpunkt	Erstarrungspunkt	Lichtbrechung B.-Refr. Sk. T.	Lichtbrechung Brechungs-Index n_D	Optisches Drehungsvermögen
Tran I	0,919—0,9203	—	—	—	1,4661 (25°)	$[\alpha]_D = -0{,}1°$ (200 mm)
„ II	$d^{15,5}$: 0,9161	—	—	52,5 (40°) 60,3 (25°)	1,4628 (30°)	$[\alpha]_D = -0{,}21°$ (200 mm)
Säuren von Tran II	d_{15}^{40}: 0,8811 d_{40}^{40}: 0,8867	35—36°	33°	37,7 (40°)	1,4499 (40°)	—

Chemische Kennzahlen.

	Verseifungszahl		Jodzahl	Reichert-Zahl	Polybromide
Tran I	197,5		66,6	2,5	—
„ II	200,3		64,3	—	—
Säuren von Tran II	Neutral.-Z.: 180,4	M. M.-Gew.: 310,4	66,2 Innere Jodzahl: 92,9	—	0,8% (Ätherunlöslich)

Tran I von Halicore indicus; Säurezahlen zweier Proben: 4,7 bzw. 5,0. — Tran II von Halicore australis; Säurezahl: 0,3.

[1] 71,5% Brom enthaltend. Entsprechend dem angegebenen Bromgehalt der Polybromide könnte in den „Körpertranen" neben Clupanodonsäure auch noch eine hochungesättigte Säure mit 16 Kohlenstoffatomen zugegen sein ($C_{16}H_{24}O_2Br_8$ enthält z. B. 72,02% Brom).

Homoiothermen-Fette[1].

Klasse: Aves (Vögel).

Ordnung: Struthiones.

Straußenfett.

Graisse d'autruche — Ostrich fat — Grasso di Struzzo.

Tierart (Spender) und Tierfamilie	Verbreitung	Farbe bzw. Geschmack	Anmerkung
Struthio camelus, L. Fam.: Struthionidae	Steppen von Afrika und Arabien	Flüssige Schicht („Olein"): gelb; feste Schicht („Stearin"): weiß	Die untersuchte Probe war durch Auskochen von Straußenknochen und Straußenfett mit Wasser gewonnen

Physikalische Kennzahlen.

	Dichte d_{15}^{15}	Schmelzpunkt	Erstarrungspunkt	Lichtbrechung Oleo-Refr. Sk. T.	Kritische Lösungstemperatur
Fett:					Alkohol: 70°
„Olein"	0,9255	8°	2°	23 (°?)	
„Stearin"	—	45°	31°	30 (°?)	
Säuren des „Oleins"	—	49°	35,5°	—	—

Chemische Kennzahlen.

	Verseifungszahl	Hehnerzahl	Jodzahl	R.-M.-Zahl	Thermozahl
Fett: „Olein"	211	90,4	71,1	7,6	48° (MAUMENÉ)

Ordnung: Gallinacei.

Pfauenfett.

Graisse de paon — Peafowl fat — Grasso di pavone.

Tierart (Spender) und Tierfamilie	Verbreitung
Pavo cristatus, L. Fam.: Phasianidae	Indien, Ceylon

Physikalische und chemische Kennzahlen.

	Lichtbrechung: B.-Refr. Sk. T.	Verseifungszahl	Jodzahl (WIJS)
Fett	54,5 (40°)	215,3	66,4

Die untersuchte Probe zeigte die Säurezahl 8,7.

Truthahnfett.

Graisse de dindon — Turkey fat — Grasso di gallo d'India.

Tierart (Spender) und Tierfamilie	Verbreitung	Farbe
Meleagris gallopavo, L. Fam.: Phasianidae	Heimat: Mexiko, Texas. In vielen Ländern domestiziert	Hellgelb

[1] Mit Ausnahme der Öle („Trane") der meerbewohnenden Homoiothermen; vgl. Einleitung zum Hauptabschnitt „Tierfette", S. 354.

Physikalische Kennzahlen.

	Dichte d_{15}^{15}	Schmelz-punkt	Erstar-rungspunkt	Lichtbrechung B.-Refr. Sk. T.	Lichtbrechung Brechungs-Index n_D
Fett I	0,9220	—	—	—	—
„ II	$d^{37,7}$: 0,9090	31—32°	—	46,5 (50°)	—
„ III	—	—	—	—	1,4663 (20°)
Säuren von Fett I	0,9385	38—39°	31—32°	—	—
„ „ „ II	$d^{37,7}$: 0,8990	37—38°	—	32,5 (50°)	—

Chemische Kennzahlen.

	Verseifungszahl	Hehnerzahl	Acetyl-zahl	Jodzahl	R.-M.-Zahl	Pol.-Zahl
Fett I	200,5	—	—	81,2	2,2	—
„ II	191,6	95,1	—	66,4	3,8	1,6
„ III	225,1	90,1	—	65,6 (HÜBL)	—	—
Säuren von Fett I	210,1	M. M.-Gew.:	—	70,7 (?)	—	—
„ „ „ II	195,0	287,0	18,4	70,7	—	—

Fett I hatte die Säurezahl 4. Fett III enthielt 5,5% lösliche Säuren, ferner 0,07% Phosphor und zeigte die Säurezahl 6,8.

Hühnerfett.

Graisse de poulet — Chicken fat — Grasso di pollo.

Tierart (Spender) und Tierfamilie	Verbreitung	Farbe	Anmerkung
Gallus domesticus, L. Fam.: Phasianidae	Als Haustier weit verbreitet	Hell-zitronengelb (Carotinoide)	Im Hühnerfett wurde Vitamin A nachgewiesen[1]

Physikalische Kennzahlen.

	Dichte d_{15}^{15}	Schmelzpunkt	Erstar-rungspunkt	Lichtbrechung B.-Refr. Sk. T.
Fett I	0,9241	33—40°	21—27°	—
„ II	$d^{37,7}$: 0,9065	23—27°	—	47,5 (50°)
Säuren von Fett I	0,9283	38—40°	32—34°	—
„ „ „ II	$d^{37,7}$: 0,8866	27—30°	—	36,5 (50°)

Chemische Kennzahlen.

	Verseifungszahl	Hehnerzahl	Acetylzahl	Jodzahl	REICHERT-Zahl	Pol.-Zahl
Fett I	193,5	—	—	58—77,2	1,0	—
„ II	204,6	94,6	—	71,5	1,8	2,1
Säuren von Fett I	200,8	M. M.-Gew.:	—	64,6	—	—
„ „ „ II	208,3	270	(25,4)	73,6	—	—

Die z. T. erheblichen Abweichungen der Kennzahlen dürften auf Verschiedenheiten der Rasse und Fütterung der Tiere zurückzuführen sein. Bei der Jodzahl der Säuren von Fett I fehlt ein oberer Grenzwert; die Acetylzahl der Säuren von Fett II bedarf der Überprüfung.

[1] Offenbar besteht eine Beziehung zwischen dem Gehalt des Hühnerfettes an Carotinoiden und seiner Vitaminwirksamkeit; s. S. 374 (Leberöle).

Hühner-Eierfett.

(„Eieröl“.)

Huile de jaune d'oeuf — „Egg oil“.

Tierarten (Spender) und Tierfamilie	Gehalt (% Öl) im Organ[1]	Farbe bzw. Geschmack	Reaktion. Anmerkung
Haushuhn-Arten Fam.: Phasianidae	Eidotter: 22—35%; in der Trockensubstanz: 42—68%	Goldgelb bis rötlichgelb; milder Geschmack	Elaidinierung: positiv. — Das Fett verändert sich beim Stehen an der Luft, wobei die Farbe heller wird. Bei gewöhnlicher Temperatur tritt reichliche „Stearin“-Abscheidung ein

Bestandteile. Fettsäuren: in einem Falle 9,6% Palmitinsäure; 0,6% Stearinsäure und 81,8% Ölsäure. In einem anderen Falle 38% Palmitinsäure; 15,2% Stearinsäure und 40% Ölsäure. Außerdem finden sich stark ungesättigte Säuren vor; in einer Probe wurden 6,4% Oxyfettsäuren nachgewiesen. Unverseifbares: 3,4—5,1% (3—4,4% Cholesterin). — Die Angaben über den Lecithingehalt des Eierfettes schwanken innerhalb weiter Grenzen (von 0 bis ca. 8%) entsprechend der Extraktionsmethode, s. Fußnote 1.

Physikalische Kennzahlen.

	Dichte	Schmelzpunkt	Erstarrungspunkt	Lichtbrechung B.-Refr. Sk. T.	Lichtbrechung Brechungs-Index n_D
Fett	d_4^{15}: 0,9144 d^{20}: 0,9156 d_{15}^{100}: 0,881	22—25°	8—10°	50—64,3 (40°) 62,5—71,9 (25°)	1,4658 (40°) 1,4713 (25°)
Säuren	—	35—39°	über 34°	—	—

Gehalt an freien Säuren: 4—11% (berechnet als Ölsäure) bei Fetten aus frischen Eipulvern und flüssigen Eiprodukten. Ein Gehalt von über 18% an freien Säuren deutet auf Verdorbenheit der Ware (Popp).

Chemische Kennzahlen.

	Verseifungszahl	Hehnerzahl	Acetylzahl	Jodzahl	R.-M.-Zahl
Fett	184—198, meist um 190	95,2	(1,2; 3,8)	64—82, meist über 70	0,4—0,7
Säuren	Neutral.-Z.: 194—196	M. M.-Gew.: 285	(11,9)	72—75	—

Auerhahnfett.

Graisse de coq de bruyère — Blackcock fat — Grasso di gallo di montagna.

Tierart (Spender) und Tierfamilie	Verbreitung	Farbe
Tetrao urogallus, L. Fam.: Tetraonidae	Europa, Asien	Hellgelb

[1] Die Abweichungen der Angaben über den „Fett“-Gehalt sind durch die verschieden große Löslichkeit des Lecithins in den einzelnen Extraktionsmitteln bedingt (der Lecithingehalt im Eigelb beträgt ca. 20%). Verfährt man bei der Fettbestimmung in der Weise, daß man zunächst mittels Salzsäure aufschließt und dann mit Trichloräthylen extrahiert (nach Grossfeld, s. Bd. I, S. 72), so wird kein Lecithin mitextrahiert; die erhaltenen Werte gelten dann für reines Fett.

Physikalische und chemische Kennzahlen.

	Dichte d_{15}^{15}	Schmelzpunkt	Erstarrungspunkt	Verseifungszahl	Acetylzahl	Jodzahl	REICHERT-Zahl
Fett	0,9296	—	—	201,6	—	121,1	2,1
Säuren	0,9374 (?)	30—33°	25—28°	199,3	45,3	120,0	—

Ein Muster, das aus dem gesammelten Fett von mehr als 100 Individuen gezogen war, zeigte die Säurezahl 5,9. Die Kennzahlen bedürfen der Überprüfung; die Verseifungszahl und die Jodzahl der Fettsäuren sind im Vergleich zu denen des Fettes zu niedrig, während die Acetylzahl der Säuren unverhältnismäßig hoch erscheint und offenbar auf nachträglichen Veränderungen des Untersuchungsmaterials beruhte.

Ordnung: Columbae.

Taubenfett.

Graisse de pigeon — Pigeon fat — Grasso di colombo.

Tierart (Spender) und Tierfamilie	Verbreitung	Farbe
Columba livia, BRISS. („Felstaube“, Stammform der Haustauben) Fam.: Columbidae	Weit verbreitet in der gemäßigten Zone der Alten Welt	Hellgraugelb

Physikalische und chemische Kennzahlen.

	Schmelzpunkt	Erstarrungspunkt	Jodzahl
Fett	—	—	82,1
Säuren	38—39°	33—34°	—

Fett des Taubeneies.

Der Fettgehalt im eßbaren Teile des Eies beträgt durchschnittlich 5%. Eine Probe des Fettes zeigte die Verseifungszahl 176 und die Jodzahl 70,5.

Ordnung: Grallae.

Wasserhühnerfett.

Graisse de foulque — Coot fat — Grasso di folaga.

Tierart (Spender) und Tierfamilie	Verbreitung	Farbe bzw. Geschmack	Anmerkung
Fulica atra, L. Fam.: Rallidae	Europa, Asien, Nordafrika	Hellgelb; eigentümlicher Geruch und Geschmack	Weiche Masse, die sich nach einiger Zeit in zwei Phasen trennt: eine weiße, feste und eine gelbe, flüssige

Physikalische Kennzahlen[1].

	Dichte d_{15}^{15}	Schmelzpunkt	Erstarrungspunkt	Lichtbrechung: B.-Refr. Sk. T.
Fett	0,9163	—	—	54,8 (40°); 62,9 (25°)
Säuren	0,9151	33,5—34,5°	30,5°	39,9 (45°); 44,7 (35°)

[1] Sämtliche von einem Fett mit der Säurezahl 1,7.

Chemische Kennzahlen.

	Verseifungszahl	Hehnerzahl	Acetylzahl	Jodzahl	R.-M.-Zahl
Fett	192,6—193,8	95,1—95,3	—	87,1 (104,8—105,1)	0,35 (2,4—2,7)
Säuren	—	—	(19,5—20,1)	84,8—96,9[1]	—

Das aus dem Fettgewebe eines finnischen Wasserhuhnes stammende Muster hatte eine Säurezahl von 1,7. Die chemischen Kennzahlen von Proben aus verschiedenen Gegenden stimmten miteinander großenteils überein; abnorm hohe Werte zeigten sich nur bei den Jodzahlen und den REICHERT-MEISSL-Zahlen von Mustern mit hohen Säurezahlen (10,2—10,5); diese Muster enthielten 1,2—1,3% Cholesterin, davon 1,0—1,1% frei und ca. 0,2% in gebundener Form. Ein aus dem Muskelfleische stammendes Fett hatte die Verseifungszahlen 189,5—189,9 und die Jodzahlen 111—114.

Kranichfett.

Graisse de grue — Crane fat — Grasso di gru.

Tierart (Spender) und Tierfamilie	Verbreitung	Farbe
Grus cinerea, L. Fam.: Gruidae	Zugvogel der Alten Welt	Weiß

Physikalische Kennzahlen.

	Dichte d_{15}^{15}	Schmelzpunkt	Erstarrungspunkt	Lichtbrechung: B.-Refr. Sk. T.
Fett	0,9222	—	—	47,6 (45°); 61,5 (20°)
Säuren	0,9005	31°	29,3°	32,8 (45°); 40,8 (30°)

Chemische Kennzahlen.

	Verseifungszahl	Hehnerzahl	Acetylzahl	Jodzahl	R.-M.-Zahl
Fett	191,2	95,7	—	71,3	0,1
Säuren	Neutral.-Z.: 201	—	1,4	73,5	—

Das untersuchte Muster zeigte die Säurezahl 9,3.

Ordnung: Lamellirostres.

Gänsefett.

Graisse d'oie — Goose fat — Grasso d'oca.

Tierart (Spender) und Tierfamilie	Verbreitung	Farbe bzw. Geschmack	Anmerkung
Anser domesticus, L. Fam.: Anatidae	Europa	Blaßgelb; milder Geschmack	Das Fett ist gut haltbar

Bestandteile. Fettsäuren: in einem Falle 21,2% Palmitinsäure; 3,8% Stearinsäure und 72,3% Ölsäure. Glyceride: 85% flüssige; 3—4% α- und β-Stearo-dipalmitin; geringe Mengen β-Palmito-distearin; ca. 1% Oleo-dipalmitin; ca. 30% Palmito-diolein; ca. 5% Stearo-diolein; ca. 45% Triolein. Unverseifbares: 0,76% Gesamt-Cholesterin; davon 0,45% frei und 0,31% verestert.

[1] Zu niedrig im Vergleich zu den Jodzahlen des Fettes.

Physikalische Kennzahlen.

	Dichte d_{15}^{15}	Schmelzpunkt	Erstarrungspunkt	Lichtbrechung B.-Refr. Sk. T.	Lichtbrechung Brechungs-Index n_D	Differenzzahl nach POLENSKE (s. Bd. I, S. 358)
Fett	0,9227—0,9302 d_{38}^{38}: 0,909 d_{15}^{100}: 0,8691	25—37°, meist 32—34°; 32—38° nach POLENSKE	16—22°, meist 18—20°; 17—22° nach POLENSKE	50—55 (40°)	1,4593 bis 1,4620 (40°) 1,4659 (20°)	14—16[1]
Säuren	0,9257	34,5—41° (49,2°)	31—32° (40°)	—	—	—

Chemische Kennzahlen.

	Verseifungszahl	Hehnerzahl	Jodzahl	R.-M.-Zahl
Fett	191—198 (184)	94,5—95,9	59—81, meist 66—73	0,2—1,2
Säuren	202,4	—	65 (kein oberer Grenzwert)	

Die aus verschiedenen Körperpartien gewonnenen Fette zeigen voneinander abweichende Jodzahlen, z. B.: für Brustfett 64,7; für Bauchfett („Abdominalfett") 70,5 bis 73,7; für Intermuskularfett 78,3; für Hautfett 81,3. — Bei einem „Gewebefett" wurde die Verseifungszahl 216,5, ein Phosphorgehalt von 0,16% und die Säurezahl 0,5 gefunden. Die Säurezahlen liegen meist unter 1.

Eierfett der Gans.

Der Fettgehalt im Eidotter betrug in einem Falle 35,7%.

Physikalische und chemische Kennzahlen.

	Brechungs-Index n_D	Verseifungszahl	Hehnerzahl	Jodzahl (HÜBL)
Fett	1,4651 (20°)	199,2	87,1	63,3

Die untersuchte Probe enthielt 2,6% lösliche Fettsäuren und 0,93% Phosphor; die Säurezahl betrug 4,7.

Fett der Wildgans.

Graisse d'oie sauvage — Wild goose fat.

Tierart (Spender) und Tierfamilie	Verbreitung	Farbe
Anser ferus, L. Fam.: Anatidae	Europa, Asien	Zitronengelb bis orange

Physikalische und chemische Kennzahlen.

	Dichte d_{15}^{15}	Schmelzpunkt	Erstarrungspunkt	Verseifungszahl	Acetylzahl	Jodzahl[3]	REICHERT-Zahl
Fett	0,9158	—	18—20°	196,0	—	67—99,6	0,6
Säuren	0,9251	(32—34°)[2]	(34—40°)[2]	196,4	41,6	65,1	—

[1] Höhere Differenzzahlen deuten auf eine Verfälschung mit Schweineschmalz; bei Zusätzen von ca. 20% steigt die Differenzzahl auf über 17.

[2] Die Werte für die Schmelzpunkte bzw. Erstarrungspunkte der Fettsäuren sind offenbar vertauscht.

[3] Der niedrige Wert für die Jodzahl des Fettes (sowie die übrigen Kennzahlen) beziehen sich auf ein Muster, das von einer zwei Jahre in Gefangenschaft gehaltenen Wildgans stammte; der obere Grenzwert des Jodzahlenbereiches betrifft wahrscheinlich eine Fettprobe aus einem frisch erlegten Tier.

Entenfett.

Graisse de canard — Duck fat — Grasso di anatra.

Tierart (Spender) und Tierfamilie	Verbreitung	Farbe
Anas boscas, L. Fam.: Anatidae	Weit verbreitetes Haustier	Hellgelb

Physikalische und chemische Kennzahlen.

	Dichte d_{15}^{15}	Schmelzpunkt	Erstarrungspunkt	Verseifungszahl	Jodzahl
Fett I	—	36—39°	22—24°	—	58,5
„ II	0,912	27—28°	—	193,6	71,7

Eierfett der Ente.

Tierart (Spender) und Tierfamilie	Gehalt (% Öl) im Organ
Anas erythrorhynchos. Fam.: Anatidae	Eidotter: ca. 35%

Unverseifbares: 4,2% (3,8—3,9% Cholesterin).

Physikalische und chemische Kennzahlen.

	Brechungs-Index n_D	Verseifungszahl	Hehnerzahl	Jodzahl (HÜBL)
Fett	1,4674 (20°)	205,1	87,5	70,8

Die untersuchte Probe enthielt 2,7% lösliche Fettsäuren und 0,63% Phosphor; die Säurezahl betrug 4,8.

Fett der Wildente.

Graisse de canard sauvage — Wild duck fat — Grasso di germano reale.

Tierart (Spender) und Tierfamilie	Verbreitung	Farbe
Anas boscas, L. Fam.: Anatidae	Weit verbreitet	Orangegelb

Physikalische und chemische Kennzahlen.

	Schmelzpunkt	Erstarrungspunkt	Lichtbrechung B.-Refr. Sk. T.	Verseifungszahl	Jodzahl	REICHERT-Zahl
Fett	—	15—20°	55,5 (45°)	198,5	84,6	1,3
Säuren	36—40°	30—31°	48,3 (45°)	—	—	—

Ordnung: Passeres.

Starenfett.

Graisse d'étourneau — Starling fat — Grasso di storno.

Tierart (Spender) und Tierfamilie	Verbreitung	Farbe
Sturnus vulgaris, L. Fam.: Sturnidae	Europa, Südwestasien	Bräunlich-gelb

Physikalische und chemische Kennzahlen.

	Schmelzpunkt	Erstarrungspunkt	Verseifungszahl	Jodzahl
Fett	30—35°	15—18°	209,2	83,7
Säuren	38—39°	30—31°	—	79,4 (zu niedrig)

Klasse: Mammalia.

Ordnung: Rodentia (Nagetiere).

Hasenfett.

Graisse de lièvre — Hare fat — Grasso di lepre.

Tierart (Spender) und Tierfamilie	Verbreitung	Farbe bzw. Geruch	Anmerkung
Lepus europaeus, PALL. (Lepus vulgaris oder timidus, SCHREB.) Fam.: Leporidae	Süd- und Mitteleuropa, Westasien	Blaß- oder schmutzig-gelb bis orangegelb; unangenehmer Geruch	Beim längeren Stehen des ursprünglich halbweichen Fettes tritt eine Trennung in zwei Phasen ein: dickes gelbes Öl und weiße krystallinische Abscheidung (vorwiegend Tripalmitin)

Fettsäuren: u. a. Palmitinsäure, Linolsäure; keine Linolensäure.

Physikalische Kennzahlen.

	Dichte d_{15}^{15}	Schmelzpunkt	Erstarrungspunkt	Lichtbrechung: B.-Refr. Sk. T.
Fett	0,9288—0,9397 d^{50}: 0,9134 d^{100}: 0,861	35—46°	17—30°	49 (40°)
Säuren	0,9361	44—50°	36—41°	36 (40°)

Chemische Kennzahlen.

	Verseifungszahl	Hehnerzahl	Acetylzahl	Jodzahl	R.-M.-Zahl
Fett	198,3—205,8	95,2—95,5	—	81,1—119,1; meist 102—107	2,5 Reichert-Zahl: 0,7—2,4
Säuren	209	—	(34,8)	88,4—97,9 (kein oberer Grenzwert)	—

Säurezahlen: 2,7 (dasselbe Fettmuster zeigte nach 6 Monaten die Säurezahl 8) bis 15,3. — Trockenvermögen: Dünne Schichten des Fettes werden nach 8tägiger Lufteinwirkung sehr zähflüssig, nach weiteren 4 Tagen angeblich fest.

Kaninchenfett.

Graisse de lapin — Rabbit fat — Grasso di coniglio.

Tierart (Spender) und Tierfamilie	Verbreitung	Farbe
Lepus cuniculus (Cuniculus cuniculus, L.); domestizierte Form. Fam.: Leporidae	Haustier	Weiß mit schwach rötlichem Stich

Physikalische und chemische Kennzahlen.

	Dichte d_{15}^{15}	Schmelz-punkt	Erstarrungs-punkt	Verseifungs-zahl	Hehner-zahl	Acetyl-zahl	Jodzahl	REICHERT-Zahl
Fett	0,9342	40—42°	22—24°	202,6	95,5	—	67,6—69,6	2,8
Säuren	0,9264	44—46°	37—39°	218,1	—	(31)	64,4 (kein oberer Grenzwert)	—

Das zur Untersuchung verwendete Fett stammte von einem Tier der gewöhnlichen kleinen Rasse; eine Probe zeigte die Säurezahl 6,2.

Fett des wilden Kaninchens.

Graisse de lapin sauvage — Wild rabbit fat.

Tierart (Spender) und Tierfamilie	Verbreitung	Farbe
Lepus cuniculus. Fam.: Leporidae	Südwest-Europa, Nordafrika	Schmutzig-gelb

Physikalische und chemische Kennzahlen.

	Dichte d_{15}^{15}	Schmelz-punkt	Erstarrungs-punkt	Verseifungszahl	Acetyl-zahl	Jodzahl	REICHERT-Zahl
Fett	0,9345—0,9435	35—38°	17—22°	198,3—200,3	—	96,9—102,8	0,7
Säuren	0,9426	39—41°	35—36°	209,5	(41,7)	101,1 (kein oberer Grenzwert)	—

Eine Probe zeigte die Säurezahl 7,2.

Trockenvermögen: „Antrocknen" nach 7 Tagen, „Durchtrocknen" angeblich nach weiteren 6 Tagen.

Murmeltier-Fett.

Huile de marmotte — Marmot oil — Olio di marmotta.

Tierart (Spender) und Tierfamilie	Verbreitung	Farbe	Reaktionen
Arctomys marmotta, L. Fam.: Sciuridae	Alpen, Pyrenäen, Karpathen	Goldgelb (Fett I); bräunlich-gelb mit schwacher Fluorescenz (Fett II)	HALPHEN bzw. BAUDOUIN: negativ. KREIS: negativ. BELLIER: braunrot, bald weinrot. Konzentrierte Salpetersäure: Fettschicht braun, Säureschicht farblos (Fett II)

Bestandteile (Fett II): 95,6% Gesamtfettsäuren; davon 14,6—17,9% feste und 82,1—85,4% flüssige Säuren. Unverseifbares: 0,24—0,36%; Cholesterin: 0,2% (Schmelzpunkt des Cholesterinacetats: 113,1°).

Physikalische Kennzahlen.

	Dichte d_{15}^{15}	Schmelzpunkt	Erstarrungspunkt	Lichtbrechung B.-Refr. Sk. T.
Fett I	0,917—0,9183	—	—	59—59,7 (40°)
Fette II	0,9214—0,9222	—	—	57,0—57,4 (40°)
Säuren von Fett I	—	28,5°	27°	—
„ der Fette II	—	34°	—	42,0—44,0 (40°)

Chemische Kennzahlen.

	Verseifungszahl	Hehnerzahl	Jodzahl	R.-M.-Zahl	Pol.-Zahl
Fett I	195,6—198,7	95,8—96	106,7—111,5	0,6	—
Fette II	194,5—196,6	—	86,2—92,7 (HANUS)	0,7—0,8	0,5—0,6
	Neutral.-Z.:	M. M.-Gew.:			
Säuren von Fett I	209,6	—	105,6	—	—
„ der Fette II	199,7—202,7	277—280	(kein oberer Grenzwert)	—	—

Fette II: Untersucht wurden zwei Handelsmuster und eine im Laboratorium gewonnene Probe. Die Konsistenz war talgig; die Kennzahlen zeigten weitgehende Übereinstimmung. Säurezahlen der drei Proben: 8,2 bzw. 0,7 und 3,7.

Capybarafett.

Tierart (Spender) und Tierfamilie	Verbreitung	Anmerkung
Hydrochoerus capybara, L. (Wasserschwein) Fam.: Caviidae (Subungulata)	Nordöstl. Südamerika	Das Fett enthält angeblich weder Lipochrome, noch Vitamine, noch Cholesterin (?)

Physikalische und chemische Kennzahlen.

	Dichte	Brechungs-Index n_D	Verseifungszahl	Jodzahl
Fett	d_{15}^{15}: 0,9124—0,9164 d^{25}: 0,9112—0,9150	1,4613—1,4633 (40°) 1,4679—1,4699 (25°)	196,9—197,9	98,6—107,9 (HÜBL) 97,2—115,5 (HANUS)

Die Säurezahlen der untersuchten Proben lagen zwischen 1,4 und 3.

Ordnung: Carnivora.

Hundefett.

Graisse de chien — Dog fat — Grasso di cane.

Tierart (Spender) und Tierfamilie	Verbreitung	Farbe	Konsistenz
Canis familiaris, L. Fam.: Canidae	Haustier	Weiß	Körnig

Physikalische Kennzahlen.

	Dichte d_{15}^{15}	Schmelzpunkt	Erstarrungspunkt
Fett	0,9229—0,9230	37—40°	20—25°
Säuren	0,9248—0,9309	39—41°	34—36°

Chemische Kennzahlen.

	Verseifungszahl	Hehnerzahl	Acetylzahl	Jodzahl	REICHERT-Zahl
Fett	194,4—196,4	95,6	—	58,3—82,6 (41—47) [1]	0,5—0,6
Säuren	198—200,3	—	9,5—12,3	(50,1—50,2)	—

Der Sättigungsgrad verschiedener Hundefette zeigt erhebliche Abweichungen je nach der Rasse des Tieres bzw. der Entnahmestelle des Fettes. Hieraus erklären sich die weiten Bereiche für die Jodzahlen (s. o.); für Fette aus verschiedenen Körperpartien wurden in einem Falle folgende Jodzahlen gefunden: für Gekröse- und Herzfett je 79,9, für Nierenfett 81,4 und für Hautfett 82,6.

[1] Dieser Bereich gilt für Hundefette von besonders hohem Sättigungsgrad; die Schmelzpunkte dieser Fette zeigten Werte zwischen 48 und 52°.

Fettgehalt in verschiedenen Körperpartien abgemagerter Hunde (nach SCHULZ).

Körperteil	Gesamtfettgehalt: 5,8%	Gesamtfettgehalt: 1,05%
Fettgewebe	13,4 %	—
Eingeweidefett	45,9 %	—
Muskeln	3,3 %	1,13%
Herz	5,3 %	0,8 %
Lungen	3,02%	1,12%
Leber	5,3 %	2,3 %
Pankreas	4,3 %	2,5 %
Nieren	3,2 %	1,9 %
Milz	3,9 %	1,5 %
Darm	3,1 %	2,6 %
Blut	0,61%	—
Gehirn	10,9 %	3,7 %
Knochen	7,3 %	0,5 %
Fell	4,4 %	0,8 %

Hunde-Leberfett.

Gehalt (% Fett) im Organ	Farbe	Konsistenz	Bestandteile	Anmerkung
Leber, möglichst vollständig entblutet, getrocknet und extrahiert: 19%	Braungelb	Talgartig	10—20% Unverseifbares (Cholesterin bzw. Oxydationsprodukte desselben zu etwa gleichen Mengen)	Das Fett der vollständig entbluteten Leber enthält kein Oxycholesterin

Das untersuchte Muster zeigte die Säurezahl 43,3.

Fuchsfett.

Graisse de renard — Fox fat — Grasso di volpe.

Tierart (Spender) und Tierfamilie	Verbreitung	Farbe
Vulpes vulpes, L. (Canis vulpes) Fam.: Canidae	Europa, Asien, Nordafrika	Weiß, mit rötlichem Stich

Physikalische und chemische Kennzahlen.

	Dichte d_{15}^{15}	Schmelzpunkt	Erstarrungspunkt	Verseifungszahl	Acetylzahl	Jodzahl	REICHERT-Zahl
Fett	0,9412	35—40°	24—26°	191,7	—	75,3—84,0	1,3
Säuren	0,9492[1]	41—43°	36—37°	205,7	43,1	65,4[2]	—

Eine Probe frischen Fettes hatte die Säurezahl 5,9; eine andere, zwei Jahre alte Probe zeigte die Säurezahl 15,9.

Fette des braunen Bären.

Graisses d'ours — Bear fats — Grassi d'orso.

Tierart (Spender) und Tierfamilie	Verbreitung	Farbe	Anmerkung
Ursus arctos, L. Fam.: Ursidae	Europa, Nordasien	Gelblich	Bei Zimmertemperatur ist die Konsistenz des Fettes schmalzartig

[1] Wahrscheinlich zu hoch.
[2] Zu niedrig.

Physikalische Kennzahlen.

	Dichte d_{15}^{15}	Schmelzpunkt	Erstarrungspunkt	Lichtbrechung B.-Refr. Sk. T.
Fett I	0,9209 d^{25}: 0,9104	—	9—15°	53 (40°)
Fett II	0,9211	—	—	—
Fett III	0,9156	—	—	45,5 (50°) 60,8 (20°)
Säuren von Fett III	0,9347[1]	(37,5°)[2]	36,1°	37,6 (50°) 43,0 (40°)

Chemische Kennzahlen.

	Verseifungszahl	Hehnerzahl	Acetylzahl	Jodzahl	R.-M.-Zahl
Fett I	190,4	—	—	98,5	1,7
Fett II	196,0	—	—	107,4	1,1
Fett III	191,0	94,5	—	80,7	0,3
Säuren von Fett III	Neutral.-Z.: 203,0	—	5,7	(76,5)[3]	—

Probe I war aus dem Bauchspeck gewonnen; Probe II entstammte dem Nierenfett; Probe III war durch Ausschmelzen des Schenkelfettes auf dem Ölbade bei 150—170° gewonnen und hatte die Säurezahl 30,6.

Fett des Ceylonbären.

Tierart (Spender) und Tierfamilie	Verbreitung	Farbe	Anmerkung
Melursus ursinus, Shaw = Melursus labiatus, Blainv. („Lippenbär") Fam.: Ursidae	Ostindien, Ceylon	Braun	Beim Stehen scheiden sich ca. 30% „Stearin" ab

Physikalische und chemische Kennzahlen.

	Dichte $d^{15,5}$	Erstarrungspunkt	Lichtbrechung B.-Refr. Sk. T.	Verseifungszahl	Jodzahl (Wijs)
Fett	0,9146	—	46,2 48,2 (40°)	196,7—197,2	56,7—60,7
Säuren	—	37,7°	35,8 (40°)	Neutral.-Z.: 207,4	55,4 (kein oberer Grenzwert)

Ein Muster (gewonnen durch Kochen des fetthaltigen Gewebes in Wasser; Filtrieren und Trocknen bei 105°) enthielt 0,7% Unverseifbares und zeigte die Säurezahl 2,3.

Fett des Himalayabären.

Himalayan bear fat.

Tierart (Spender) und Tierfamilie	Verbreitung
Ursus torquatus, Wagner („Kragenbär"). Fam.: Ursidae	Himalaya, Birma, Indochina

[1] Die Dichte der Fettsäuren ist mit der Dichte des Fettes nicht in Einklang zu bringen; der Wert ist zu hoch.

[2] Schmelzbereiche für die Säuren von Fett I: 32—32,2°; von Fett II: 30,5—31°.

[3] Zu niedrig.

Physikalische und chemische Kennzahlen.

	Dichte d_{15}^{15}	Schmelzpunkt	Verseifungszahl	Hehnerzahl	Jodzahl	R.-M.-Zahl
Fett	0,9010	34,5—37,5°	204,0	95	52,7—62,8	0,9
Säuren	—	40—42°	Neutral.-Z.: 206,5	—	57,3—63	—

Dachsfett.

Graisse de blaireau — Badger fat — Grasso di tasso.

Tierart (Spender) und Tierfamilie	Verbreitung	Farbe
Meles taxus, BODD. Fam.: Mustelidae	Europa, Nordasien	Hell-zitronengelb

Physikalische Kennzahlen.

	Dichte d_{15}^{15}	Schmelzpunkt	Erstarrungspunkt
Fett	0,9226—0,9331	30—38°	16—19°
Säuren	0,9230—0,9457	34—37°	28—31°

Chemische Kennzahlen.

	Verseifungszahl	Hehnerzahl	Jodzahl	REICHERT-Zahl
Fett	193,1—202,3	96	71,3—75,1	0,4—0,8
Säuren	193,7—207,1	—	61,9[1]—73,0	—

Die untersuchten Proben stammten aus dem Speck der Bauchhöhle. Ein Muster hatte die Säurezahl 5,3; ein anderes, 8 bis 10 Jahre altes, die Säurezahl 4,5.

Stinktierfett.

Graisse de moufette — Skunk fat — Grasso di mofetta.

Tierarten (Spender) und Tierfamilie	Verbreitung	Farbe bzw. Geschmack
Mephitis varians: Mephitis mesomelas, LICHT; Mephitis mephitica, SHAW. Fam.: Mustelidae	Nordamerika	Gelblich; milder Geschmack

Physikalische und chemische Kennzahlen.

	Dichte d_{15}^{15}	Verseifungszahl
Fett	0,9120—0,9218	199—207,6

Säurezahlen zwischen 2,5 und 31.

Vielfraßfett.

Graisse de glouton du Nord — Glutton fat — Grasso di galone.

Tierart (Spender) und Tierfamilie	Verbreitung
Gulo borealis, NILS. (Gulo luscus, L.) Fam.: Mustelidae	Arktische Gegenden

[1] Zu niedrig.

Physikalische Kennzahlen.

	Dichte d_{15}^{15}	Schmelzpunkt	Erstarrungspunkt	Lichtbrechung B.-Refr. Sk. T.
Fett I	0,9153	28—30°	22—24°	46,1 (45°) 54,2 (30°)
Fett II	0,9230	—	—	42,7 (50°) 45,2 (45°)
Säuren von Fett I	0,9118	40—41°	37,5°	29,2 (50°) 31,9 (45°)
,, ,, ,, II	—	40—41°	—	29,0 (50°) 31,7 (45°)

Chemische Kennzahlen.

	Verseifungszahl	Hehnerzahl	Acetylzahl	Jodzahl	R.-M.-Zahl.
Fett I	193,3	95,4	—	54,4	0,12
Fett II	193,3	95,8	—	50,8	
Säuren von Fett I	203,4	—	3,0	55,5	—
,, ,, ,, II	203,3	—	—	52,8	—

Fett I entstammte dem Gesamtkörper des Tieres, während Fett II aus dem Nierenbecken entnommen war.

Edelmarderfett.

Graisse de martre — Pine marten fat — Grasso di martora.

Tierart (Spender) und Tierfamilie	Verbreitung	Farbe
Mustela martes, L. Fam.: Mustelidae	Europa, Nordasien	Gelbbraun

Physikalische und chemische Kennzahlen.

	Dichte d_{15}^{15}	Schmelzpunkt	Erstarrungspunkt	Verseifungszahl	Hehnerzahl	Jodzahl	REICHERT-Zahl
Fett	0,9343	33—40°	24—27°	204	93	70,2	1,1
Säuren	—	39—43°	35—37°	—	—	53[1]	—

Verschiedene Muster frischen Fettes, von drei Tieren stammend, zeigten Säurezahlen zwischen 11,9 und 13,4.

Iltisfett.

Graisse de putois — Polecat fat — Grasso di puzzola.

Tierart (Spender) und Tierfamilie	Verbreitung	Farbe
Mustela putorius, L. (Putorius foetidus). Fam.: Mustelidae	Mitteleuropa	Schmutzig-gelb; grünliche Fluorescenz

Physikalische und chemische Kennzahlen.

	Schmelzpunkt	Erstarrungspunkt	Jodzahl
Fett	34—40°	26—27°	62,8
Säuren	—	—	60,8 (zu niedrig)

[1] Zu niedrig.

„Zibetfett".

Aus dem Sekret („Zibet") von Viverra-Arten (Familie Viverridae, Zibetkatzen) wurden durch Verseifung mit alkoholischer Kalilauge 55—70% Fettsäuren vom Erstarrungspunkt 39° gewonnen.

Tigerfett.

Graisse de tigre — Tiger fat — Grasso di tigre.

Tierart (Spender) und Tierfamilie	Verbreitung	Anmerkung
Felis tigris, L. Fam.: Felidae	Südliches Asien	Das Fett besteht angeblich zum größten Teil aus den Glyceriden der Palmitin- und Ölsäure

Physikalische und chemische Kennzahlen.

	Dichte	Schmelzpunkt	Verseifungszahl	Jodzahl
Fett	d^{40}: 0,8912	35°	200,8	57,7

Das untersuchte Muster zeigte die Säurezahl 133.

Leoparden-Fett.

Graisse de léopard — Leopard fat — Grasso di leopardo.

Tierart (Spender) und Tierfamilie	Verbreitung
Felis pardus, L. Fam.: Felidae	Asien, Afrika

Physikalische und chemische Kennzahlen.

	Lichtbrechung: B.-Refr. Sk. T.	Verseifungszahl	Jodzahl (Wijs)
Fett	49,5 (40°)	201,1	62,2

Das untersuchte Muster zeigte die Säurezahl 1,8.

Wildkatzenfett.

Graisse de chat sauvage — Wild cat fat — Grasso di gatto salvatico.

Tierart (Spender) und Tierfamilie	Verbreitung	Farbe
Felis catus, L. Fam.: Felidae	Europa, Westasien	Schmutzig-gelbgrau

Physikalische und chemische Kennzahlen.

	Dichte d_{15}^{15}	Schmelzpunkt	Erstarrungspunkt	Verseifungszahl	Acetylzahl	Jodzahl	Reichert-Zahl
Fett	0,9304	37—38°	26—27°	199,9	—	57,8	2,5
Säuren	0,9366	40—41°	36—37°	203,8	19,5	58,8	—

Das untersuchte Muster zeigte die Säurezahl 9,3.

Fett der Hauskatze.

Graisse de chat domestique — Domestic cat fat — Grasso di gatto domestico.

Tierart (Spender) und Tierfamilie	Verbreitung	Farbe
Felis domestica, Briess. Fam.: Felidae	Haustier	Weiß bis gelblichgrau

Physikalische und chemische Kennzahlen.

	Dichte d_{15}^{15}	Schmelzpunkt	Erstarrungspunkt	Verseifungszahl	Hehnerzahl	Acetylzahl	Jodzahl	REICHERT-Zahl
Fett	0,9304	38—40°	24—26°	190,7	96,0	—	54,5	0,9
Säuren	0,9251	40—41°	35—36°	—	—	10	54,8	—

Luchsfett.

Huile de lynx — Lynx fat — Olio di lince.

Tierart (Spender) und Tierfamilie	Verbreitung	Geruch	Anmerkung
Lynx lynx, L. (Lynx europaeus). Fam.: Felidae	Nordeuropa, mitteleuropäisches Gebirge, Nordasien	Unangenehmer Geruch	Körnige Konsistenz

Physikalische Kennzahlen.

	Dichte d_{15}^{15}	Schmelzpunkt	Erstarrungspunkt	Lichtbrechung: B.-Refr. Sk. T.
Fett	0,9248	—	—	55,5 (45°); 70 (20°)
Säuren	0,9412	35,5°	35°	48,3 (45°); 53,9 (35°)

Chemische Kennzahlen.

	Verseifungszahl	Hehnerzahl	Acetylzahl	Jodzahl	R.-M.-Zahl
Fett	190,2	95,8	—	110,6	0,4
Säuren	202,7	—	7,7	111,8	—

Ordnung: Ungulata (Huftiere).

Pferdefett[1].

Graisse de cheval — Horse fat — Grasso di cavallo.

Tierart (Spender) und Tierfamilie	Verbreitung	Farbe bzw. Geschmack	Reaktionen. Anmerkung
Equus caballus, L. Fam.: Equidae	Haustier	Gelb; angenehmer Geruch und Geschmack	Elaidinierung: stark positiv. BAUDOUIN: braun. Konz. Salpetersäure: dunkelbraun. WELMANS: zeisiggrün, mit Ammoniak schmutzig-weiß. Nach wochenlangem Stehen scheidet sich das Fett in einen festen und einen flüssigen Anteil. Dieselbe Trennung läßt sich durch Filtration des Fettes bei niedriger Temperatur (ca. 10°) bewerkstelligen; der hierbei erhaltene flüssige Anteil wird als „Pferdeöl“ bezeichnet

Bestandteile. Fettsäuren von Fett I: 29,5% Palmitinsäure; 6,8% Stearinsäure; 55,2% Ölsäure; 6,7% Linolsäure; 1,7% Linolensäure. 0,4—0,7% Unverseifbares (vorwiegend Cholesterin).

[1] Unter dieser Bezeichnung versteht man im allgemeinen das Fett aus den Geweben; die Fette von bestimmten Körperpartien zeigen z. T. erheblich voneinander abweichende Kennzahlen, die w. u. einzeln angegeben sind.

Physikalische Kennzahlen.

	Dichte d_{15}^{15}	Schmelzpunkt	Erstarrungspunkt	Lichtbrechung B.-Refr. Sk. T.	Lichtbrechung Brechungs-Index n_D	Kritische Lösungstemperatur
Fett	0,916—0,933 $d_{15}^{98,5}$: 0,861 d_{100}^{100}: 0,798 bis 0,799	29,5—43,2°	22—37°	51,5—55,2 (40°) 59,8—66,7 (25°)	1,4604—1,4647 (40°) 1,4729 (20°)	VALENTA: 48—80,2°
Fett I	0,9224 d^{25}: 0,9135	32,3°	—	—	1,4617 (40°)	
Säuren	—	36—42°	25—38°	—	—	—

Kennzahlen der Fette von verschiedenen

	Farbe	Konsistenz	Dichte d^{15}	Schmelzpunkt	Erstarrungspunkt	Lichtbrechung B.-Refr. Sk. T.	Lichtbrechung Brechungs-Index n_D
Bauch[1]	Orange	Butterartig	—	—	—	59,8 (25°)	1,4604 (40°)
Blut[2]	—	—	—	—	—	—	—
Brust	Hellgelb	—	—	—	—	—	—
Eingeweide	Braungelb	—	—	—	—	—	—
Fuß	—	—	0,9202—0,9270	—	—	—	—
Herz	—	—	$d^{17,5}$: 0,9167	40—41°	32—34°	—	—
Kamm[1]	Hellgelb bis tieforange	Flüssig bis butterartig	0,9211—0,9330	—	—	61,2—66,7 (25°) 52,5—55,2 (40°)	1,4643 (40°)
Mähne	—	—	—	—	—	—	1,4612 (40°)
Mark[1]	Hellgelb	Ölig mit kryst. Abscheidung	0,9204—0,9221; Säuren: 0,9182—0,9289	35—39°	20—24°	—	—
Nieren[1]	Zitronengelb bis goldgelb	Salbenartig	0,9320—0,9330	36—39°	22—30,5°	61,8—66,0 (25°)	1,4643 (40°)
Rücken	—	—	$d^{17,5}$: 0,9159	52—53° (?)	43—45° (?)	—	—
Smegma[3]	Lichtbraun	Salbenartig	—	—	—	—	—

[1] Eine Probe Bauchfett enthielt 8,8% freie Säuren. Der Gehalt an freien Säuren betrug bei Kammfetten 0,5—2,4%; bei Nierenfetten 1,2—1,7%; bei Markfetten unter 1%.

[2] Die angegebenen Zahlen beziehen sich auf das Blutfett gesunder Tiere; die Jodzahlen der Fette kranker Tiere weichen von denen der gesunden z. T. erheblich ab. Meist sind die Jodzahlen der Fette von entkräfteten Tieren viel niedriger; scheinbar werden beim Abbau des Körperfettes zuerst die ungesättigten Bestandteile angegriffen.

[3] Im Smegma, dem Sekret der glandulae praeputiales von Hengst und Wallach, wurden ca. 8,5% Fett gefunden, das in ständiger Zersetzung begriffen ist; eine Probe zeigte die Säurezahl 120,4. Oxysäuren sind in großen Mengen zugegen. Vom Unverseif-

Chemische Kennzahlen.

	Verseifungszahl	Hehnerzahl	Acetylzahl	Jodzahl	R.-M.-Zahl	Pol.-Zahl	Thermo-Zahl
Fett	195—204	95—96	(2—14)	71,4—86,3	0,4—2,1	—	46—54,7
Fett I	203,9	95,5	14	75,2	0,42	0,38	—
Säuren	Neutral.-Z.: um 203	M. M.-Gew.: um 276	(6—14)	72,3—87,1	—	—	—

Fett I war eine Durchschnittsprobe aus den verschiedenen Körperteilen und zeigte die Säurezahl 2,6. In anderen Fällen betrug der Gehalt an freien Fettsäuren 0,5—8,8%. „Pferdeöl“ zeigt ausgesprochenes Trockenvermögen; zwei Proben, in dünner Schicht auf Glas gestrichen, gaben nach zwei Stunden (bei 95—97°) zähe, klebende Filme, die nach weiteren zwei Stunden fest wurden.

Körperpartien des Pferdes.

erseifungszahl	Hehner-zahl	Acetylzahl	Jodzahl	R.-M.-Zahl	Unverseifbares	Fettsäuren Schmelz-punkt	Fettsäuren Erstar-rungspunkt	Fettsäuren Jodzahl
198,4	—	—	85,7 (Wijs)	—	0,5%	—	—	—
—	—	—	72,3—89,2	—	1,0—1,4% (Cholesterin: 0,6—0,8%)	—	—	78,4—102,0
195,1 äuren: 202,7	96,0	12,0	86,1	2,1	—	39,5°	37,3°	83,0
196,8 äuren: 202,6	97,8	14,0	81,3—86,1	1,6	—	37,5°	37,7°	87,1
95,0—196,8	—	—	73,7—90,3	(Thermo-Zahl 46,0—58,6)	—	—	25—33,5°	72,0—78,7
184,7	—	—	77,4	—	—	—	—	78,3
95,6—199,5	95,4	13,7	74,8—94,0	0,2—0,4	0,4—0,7%	41—42°	32—33°	—
—	—	—	87,6	—	—	—	—	—
199,7—200 Säuren: 208,1—217,6	—	34,6—36,8	77,6—80,6	1,0	—	42—44°	34—36°	71,8—75,0 (Zu niedrig)
196,3—198,7	95,5	6,6	81,1—93,1 (110,7)	0,2—0,3	0,5%	36—37°	30—30,5°	83,9—84,0
182,8	—	—	79,9	—	—	—	—	81,4
197,0—197,6	—	—	49,2	1,9	11,7%	—	—	—

Pferde-Knochenfett.

Dichte d^{100}	B.-Refr. Sk. T.	Verseifungszahl	Jodzahl	Säuregrad
0,8652	56,0 (40°)	199,4	89,6 (Hanus)	1,1

Unverseifbares: Ca. 0,4%.

baren sind fast 5% (auf Fett bezogen) Cholesterin, und zwar 1% frei und 3,7% verestert. Ferner wurden 1,6% einer weißlichen, öligen Masse isoliert, die sich zu einer krystallisierenden Säure oxydieren läßt.

Pferde-Muskelfette[1].

	Fette I				Fette II				Fette III			
	Intramuskuläres Fett		Extramuskuläres Fett		Intramuskuläres Fett		Extramuskuläres Fett		Intramuskuläres Fett		Extramuskuläres Fett	
	B.-Refr. Sk. T. (40°)	Jodzahl	B.-Refr. Sk. T. (40°)	Jodzahl	B.-Refr. Sk. T. (40°)	Jodzahl	B.-Refr. Sk. T. (40°)	Jodzahl	B.-Refr. Sk. T. (40°)	Jodzahl	B.-Refr. Sk. T. (40°)	Jodzahl
Kaumuskel	65,7	78,1	68,8	58,2	59,0	78,5	60,9	83,4	64,2	59,8	62,2	66,2
Vorderschenkel	62,4	88,3	66,1	54,3	—	—	—	—	56,8	73,7	54,5	85,6
Rückenmuskel	60,8	78,8	55,8	90,7	—	—	—	—	57,2	63,9	55,0	85,6
Bauchmuskel	63,4	88,3	55,4	87,1	—	—	—	—	57,1	68,0	54,3	85,1
Hinterschenkel	62,9	70,9	56,0	87,4	—	—	—	—	57,6	71,1	54,3	84,5

Fette I stammten von einem mageren, abgetriebenen Pferd; Fette II von zwei mittelfetten Pferden; Fette III von einem vollfleischigen, fetten Pferd.

Schweinefett.

(„Schmalz"[2].)

Saindoux, Graisse de porc — Lard, Hog fat — Strutto — Adeps suillus.

Tierart (Spender) und Tierfamilie	Verbreitung	Gehalt (% Öl) im Organ	Farbe, bzw. Geschmack	Anmerkung
Sus domestica (als Stammformen des Hausschweines werden verschiedene Arten von Sus genannt; z. B. Sus scrofa, L., Sus vittatus, MÜLL. SCHL., u. a.) Fam.: Suidae	Haustier	Bauchspeck: 76,7—88,4%; Rückenspeck: 67—70%; Netzfett: 49,6—56,1%	weiß; schwacher, eigenartiger Geruch; milder Geschmack	Ausführliche Angaben über die Definition verschiedener Schmalzsorten, über den Gang der Untersuchung des Schweinefettes sowie über den Nachweis und die Reaktionen fremder Fette finden sich in Bd. I, S. 355—360; s. a. ebenda S. 289

Physikalische Kennzahlen.

	Dichte	Schmelzpunkt	Erstarrungspunkt	Lichtbrechung: B.-Refr. Sk. T.	Lichtbrechung: Brechungs-Index n_D	Differenzzahl	Kritische Lösungs-Temperatur
Fett	d_{15}^{15}: 0,915 bis 0,923; über die für andere Temperaturen gefundenen Werte s. u.	28—40° (nach POLENSKE: 41—51°) (36—48°)[3] (32—36°)[4]	(22—32°) (nach POLENSKE: 22—31°) (26—30°)[3]	48—52 (40°) 56,8 bis 58,2 (25°) 68,4 (15,5°)	1,4410 (60°) 1,4577 bis 1,4609 (40°) 1,4713 (15°)	18—21,7 (s. a. Bd. I, S. 359)	Eisessig (1,0562): 95—96,5°; Alkohol (0,8195): 122—124° (Crismerzahl)
Säuren flüssige	—	35—47°	34—42°	— 43—45,5 (40°)	1,4395 (60°) 1,454 bis 1,4557 (40°)	—	—

Löslichkeit der Fettsäuren aus Schweinefett in absolutem Alkohol: In einem Liter des letzteren lösen sich bei 0°: 5,6g; bei 10°: 11,2g Säuren.

---

[1] Nach HEFELMANN und MAUZ.

[2] Definition des Deutschen Arzneibuches, 6. Auflage (D. A. B. 6, Berlin 1926): „Das aus dem frischen, ungesalzenen, gewaschenen Zellgewebe des Netzes und der Nierenumhüllung gesunder Schweine ausgeschmolzene und vom Wasser befreite Fett." — „Geschmolzenes Schweineschmalz muß in einer Schicht von etwa 1 cm Dicke farblos und klar sein." — Von den übrigen Anforderungen des D. A. B. 6 sind zu erwähnen: Schmelzbereich 36—42°; Säuregrad nicht über 2.

[3] Angaben aus dem Codex alimentarius Austriacus, II. Auflage, Wien 1927.

[4] Anforderungen des Gesundheitsamtes in Venezuela.

Chemische Kennzahlen.

	Verseifungszahl	Hehnerzahl	Acetylzahl	Jodzahl[5]	R.-M.-Zahl	Rhodan-Zahl	Thermozahl
Fett	193—200[1] (190—197)[2] 193—200[3] 216,6[4]	95—96	Ranzige Proben: 2,6—9,7	46—66 (50—69)[2] 44,8[4] (49—64)[3] Jodbromzahl: 52—64	(0,3 bis 0,9)[3] Pol.-Zahl: 0,3 bis 0,9	44,2	MAUMENÉ: 24—42 TORTELLI: 30—40; Bromthermozahl: 9—11
Säuren	Neutral.-Z.: 202 (Mittelwert)	M. M.-Gew.: 278 (271,5 bis 273,5)	—	52—68 Innere Jodzahl: 88—103	—	—	Bromthermozahl: 10,4—11

Dichte. In der obigen Tabelle wurde für die Dichte bei 15° der Bereich 0,915—0,923 als derjenige angegeben, der für diese Temperatur von einigen Beobachtern gefunden bzw. durch Umrechnung aus den bei anderen Temperaturen bestimmten Werten ermittelt wurde[6]. Der in den meisten Sammelwerken zu findende Bereich $d^{15} = 0,931-0,938$ ist aus weit zurückliegenden Untersuchungen nach der Alkohol-Schwimmethode (HAGER 1879, DIETERICH 1886) übernommen, die insbesondere bei weichen Fetten oft fehlerhafte Resultate liefert (vgl. Bd. I, S. 93). Die von anderen Autoren gefundenen Werte für die Dichte des Schweinefettes bei 15° liegen sämtlich weit unter 0,93, wofür im folgenden einige Beispiele zusammengestellt sind.

Beobachtete Dichte[7]	Beobachter	Auf d_{15}^{15} umgerechneter Wert[8]	Beobachtete Dichte[7]	Beobachter	Auf d_{15}^{15} umgerechneter Wert[8]
d^{14}: 0,916	DUYCK	0,9153	d^{69}: 0,8811	SAUSSURE	0,9189
d_{15}^{15}: 0,9142	LUND	0,9142	d^{94}: 0,8628	SAUSSURE	0,9181
d_{15}^{15}: 0,9155	LEWKOWITSCH	0,9155	d^{98}: 0,861 bis 0,862	WESSOW und NIKOLOW	0,9191 bis 0,9201
$d^{15,5}$: 0,9154	TOLMAN und MUNSON	0,9158	d^{98}: 0,8608	ALLEN	0,9189
$d^{15,5}$: 0,915	ALLEN	0,9154	$d_{15,5}^{99}$: 0,860 bis 0,861	PATTINSON	ca. 0,9188 bis 0,9198
d^{18}: 0,9175	STILLWELL	0,9196	d^{100}: 0,8626	DUYCK	0,9221
d^{18}: 0,9137	LONG	0,9158	d^{100}: 0,861 bis 0,8614	GLADDING	0,9205 bis 0,9209
d^{20}: 0,9122	LONG	0,9157	d^{100}: 0,861	KOENIGS	0,9205
d^{25}: 0,9088	LONG	0,9158	d^{100}: 0,861	WILLIAMS	0,9205
d^{30}: 0,9053	LONG	0,9193	d^{100}: 0,8589 bis 0,8641	DENNSTEDT und VOIGTLÄNDER	0,9184 bis 0,9236
d^{35}: 0,9019	LONG	0,9159	d^{100}: 0,8588 bis 0,8607	SPÄTH	0,9183 bis 0,9202
$d_{37,8}^{37,8}$: 0,905 bis 0,907	ALLEN	0,9155 bis 0,9175	d^{100}: 0,8575 bis 0,8588	ARRAGON	0,9170 bis 0,9183
$d_{15,5}^{40}$: 0,8985	ALLEN	ca. 0,916	d_{15}^{100}: 0,8610	LUND	0,9205
d^{50}: 0,89159 bis 0,90038	FAIRLEY und COOKE	0,91609 bis 0,92488			
d^{50}: 0,890	BOCKAIRY	0,9145			
d^{50}: 0,8818	SAUSSURE	0,9063			

Bestandteile. Fettsäuren: Eine Probe Fett aus dem Bauchspeck von in Deutschland gezüchteten Schweinen enthielt 30,2% feste und 68,3% flüssige Säuren; und zwar

[1] Werte über 200 finden sich bei Fetten, deren Spender mit Palmkernmehl oder Coprah gefüttert wurden; vgl. die weiter unten befindliche Tabelle.

[2] Anforderungen des Gesundheitsamtes in Venezuela.

[3] Angaben aus dem Codex alimentarius Austriacus, II. Auflage, Wien 1927.

[4] Kennzahlen einer Probe des Fettes („Ceylon lard“) von Sus cristatus; Säurezahl 11,1.

[5] Oberhalb der angegebenen Bereiche liegende Werte sind weiter unten besprochen und tabellarisch zusammengestellt.

[6] Vgl. HALDEN u. KUNZE, Ch. Umschau Bd. 36, S. 61. 1929.

[7] Meist auf Wasser von 15° bzw. 15,5° bezogen.

[8] Die Umrechnung erfolgte mittels des für das Temperaturintervall von 15—100° geltenden mittleren Umrechnungsfaktors 0,0007 (vgl. Bd. I, S. 89).

(auf das Fett bezogen) 32,2% Palmitinsäure, 7,8% Stearinsäure und 60% Ölsäure. Das Fettsäurengemisch bestand in einem anderen Falle aus: 24,6% Palmitinsäure; 15% Stearinsäure; 50,4% Ölsäure und 10% Linolsäure. In einem amerikanischen Schweinefett wurden 22,8% feste Säuren gefunden. Ein ranziges Muster enthielt 1,5% Oxysäuren.

Glyceride[1]: ca. 3% β-Palmito-distearin[2]; 2% β-Stearo-dipalmitin; 2% α-Oleo-distearin; 82% α-Palmito-diolein; 11% Palmito-stearo-olein (nach Amberger und Wiesehahn wahrscheinlich α-Palmito-α-stearo-β-olein; in den untersuchten Mustern fand sich kein Triolein).

Unverseifbares: 0,14—0,35%; Gesamt-Cholesteringehalt in einem Falle: 0,074%; davon 0,073% frei und 0,001% verestert.

Gehalt an freien Fettsäuren: bei frischem Schmalz gering; meist 0,1—1% freie Säuren, als Ölsäure berechnet. Bei manchen Proben fand man Erhöhungen der Säurezahl von ca. 1 auf 3—21 im Laufe eines Jahres; auf 10—50 nach Verlauf von 3 Jahren. Die Haltbarkeit von Schweinefett kann durch längeres Erhitzen auf höhere Temperatur (z. B. 180—200°) stark erhöht werden. In einem Falle betrug der Gehalt an freien Säuren bei einem frischen Schmalz 0,4%; nach $3^1/_2$ Monaten war er auf 4,7% gestiegen; in der gleichen Zeit erhöhte sich der Gehalt an freien Fettsäuren bei einem längere Zeit erhitzt gewesenen Fett auf nur 1,1%.

Zur Prüfung des Schweinefettes auf fremde Fette dienen neben der Differenzmethode von Polenske (s. Bd. I, S. 358f.) sowie der Äther-Krystallisationsprobe (s. ebenda, S. 255) insbesondere die Verfahren von Bömer: die Phytosterinacetatprobe zum Nachweis von Pflanzenölen, s. Bd. I, S. 265f. und die Schmelzpunktsdifferenzmethode zum Nachweis von Talg bzw. gehärteten Ölen oder Tranen, s. Bd. I, S. 256 und 359f.

Bezüglich der Auswertung des für das letztgenannte Verfahren charakteristischen Ausdruckes ($S_g + 2\,d$) gilt folgendes:

I. Die Schmelzpunktsdifferenz ist normal (= 71); es handelt sich entweder um reines Schweinefett oder um ein Gemisch mit pflanzlichen Fetten: die Ent-

Vergleichende Angaben über einige charakteristische Kennzahlen verschiedener Schmalzsorten (nach Jesser).

	Bauchfett	Mickerfett[3]	Rückenfett
Schmelzpunkt	46,8—48,6°	47,6—49,6°	41,2—45,8°
Erstarrungspunkt	26,2—29,2°	27,2—28,8°	22,5—25,6°
Differenzzahl (sämtliche nach Polenske)	19,4—21,0°	20,2—20,9°	18,1—21,4°
Schmelzpunkt S_g	64,6—66,0°	64,4—65,8°	64,2—66,4°
Schmelzpunkt S_f	60,1—61,6°	58,9—60,3°	59,2—61,4°
Differenz „d“	4,0—5,1°	4,4—5,6°	4,7—5,1°
$S_g + 2d$ (nach Bömer)	73,3—75,8	73,5—76,8	74,0—76,4
B.-Refr. Sk. T. (40°)	47,3—50,4	47,2—49,7	48,3—51,7

[1] Die Angaben über die Zusammensetzung des Glyceridgemisches beziehen sich nur auf Fette von in Deutschland gezüchteten Schweinen, die vorwiegend mit Kohlehydraten gefüttert werden. Solche Schmalze enthalten keine Linolsäure (innere Jodzahlen unter 90); Schweinefette, deren innere Jodzahlen über 90 liegen, stammen von Tieren, die mit linolsäurehaltigen Ölkuchen oder dgl. gefüttert werden, was insbesondere in Amerika erfolgt. Über die abweichenden Kennzahlen von amerikanischen Schweinefettsorten vgl. die untenstehenden Tabellen.

[2] Siehe auch Bömer in Abderhaldens „Handbuch der biologischen Arbeitsmethoden“, Abt. I, Teil 6, S. 562, Fußnote 4. 1925. (In Band I, S. 48 ist das Glycerid den neueren Befunden von Amberger und Wiesehahn entsprechend als β-Verbindung bezeichnet; auf den Seiten 255, 256 und 357f. des ersten Bandes sind die griechischen Buchstaben bei den isomeren Palmito-distearinen sachgemäß zu vertauschen.)

[3] Mit dem Ausdruck Mickerfett („Nickerfett“ oder „Nickerle“) bezeichnet man das Gekröse- oder Netzfett des Schweines; Geruch und Geschmack des sog. Mickerfettes sind widerlich.

scheidung liefert in den meisten Fällen die Phytosterinacetatprobe, mit der noch 1% Pflanzenfett in tierischem Fett nachweisbar ist.

II. Die Schmelzpunktsdifferenz ist erniedrigt ($S_g + 2d$ kleiner als 71). a) Die Phytosterinacetatprobe ist negativ: es handelt sich um Zusätze von Talg, gehärtetem Tran oder von beiden. b) Die Phytosterinacetatprobe ist positiv: dann liegen drei Möglichkeiten vor: 1. Zusatz von gehärteten Pflanzenölen; 2. Zusatz von Talg und Pflanzenfetten, 3. Zusatz von Talg und gehärteten Pflanzenölen (BÖMER, 1914).

Kennzahlen der Fette von Schweinen verschiedener Zucht und Rasse.

Außer den in der Haupttabelle angeführten, für die Mehrzahl der Körperfette des Schweines giltigen Kennzahlen wurden bei Schmalzen von Tieren besonderer Zucht (Rasse, Fütterung usw.) z. T. stark abweichende Werte gefunden, wofür im folgenden einige Beispiele zusammengestellt sind.

Nr.	Lichtbrechung (40°) a) B.-Refr. Sk. T. b) Brechungs-Index n_D	Verseifungszahl	Jodzahl		
			Fett	Säuren	Flüssige Säuren
I	Fettsäuren: a) 35,5—37,0 Flüssige Säuren: a) 43,0—45,5	191,8—195,1 (Säurezahlen zwischen 0,3 und 1,9)	—	64,5—72,1	101,4—103,4
II	Schmalz: a) 44,0—47,0	204,6—213,7	32,5—42,5	36,2—46,2	—
III	Schmalz: a) 50—57,3 b) 1,4593—1,4642	—	58,0—101,7	—	111,0—138,7
IV	Schmalz: a) 49,7—53,0 Fettsäuren: a) 43,1—44,7	—	59,0—76,9	—	95,2—115,5

Nr.	Fett				Säuren			
	Schmelzpunkt	Brechungs-Index n_D	Verseifungszahl	Jodzahl (HANUS)	Flüssige Säuren (% des Fettes)	Titer	Brechungs-Index n_D bei 60°	Innere Jodzahl (HANUS)
Va	17—21°	1,4540 bis 1,4542 (60°) 1,4620 bis 1,4621 (40°)	190,5 bis 192,5	92,6 bis 95,2	81,5—84,2	21,6 bis 23,8°	1,4448 bis 1,4453	106,8 bis 110,0
Vb	12°	1,4541 (60°) 1,4620 (40°)	189,0	93,9	84,4	21,2°	1,4452	104,5
Vc	13—18°	1,4540 bis 1,4560 (60°) 1,4620 (40°)	189,0 bis 190,5	92,8 bis 95,1	81,1—82,2	19,3 bis 21,8°	1,4450 bis 1,4455	108,3 bis 109,7

Fette Nr. I: von Schweinen aus Bulgarien (Nieren- und Rückenfette). Fette Nr. II: von mit Coprah gefütterten Schweinen von den Philippinen. Fette Nr. III: von Schweinen aus China und Japan. Fette Nr. IV: von Schweinen amerikanischer Zucht. Fette Nr. V: von sog. öligen Schweinen amerikanischer Zucht; a) Flohmenschmalze, b) Rückenfette, c) Schinkenfette.

Kennzahlen der Fette verschiedener Körperpartien von Schweinen europäischer (Eur.) bzw. amerikanischer (Am.) Zucht.

Körperpartie	Dichte d_{15}^{100}	Schmelzpunkt		B.-Refr. Sk. T. (40°)	Jodzahl	
		Fett	Säuren		Fett	Säuren
Bauch (Eur.) (Am.)	— —	— —	— —	50,4 —	60,0 60,4—66,7	— flüssige: 96,9—103,0
Eingeweide (Eur.) (Am.)	— —	— —	— —	49,0 —	53,0 57,3	— —
Fuß (Am.)	0,8589	40°	—	44,8	(HÜBL) 68,8—77,3	—
Hals (Am.)	—	—	—	—	66,2—70,4	flüssige: 97,6—102,4
Kopf (Am.)	0,8631—0,8637	44,8—45°	—	52,0—52,6	65,0—85,0	—
Netz (Eur.)	0,8588	44,5°	42,9°	—	53,1	54,4
Niere (Eur.)	0,8590	43,2°—50°	43,2°	—	52,6—53,4	54,2
Rücken (Eur.) (Am.)	0,8607 0,8611—0,8616	— —	40,0° —	— 51,9—52,4	60,6 61,5—67,9	61,9 flüssige: 101,0—102,8
Schenkel (Am.)	—	—	—	—	69,5—69,6	flüssige: 98,3—98,6
Schinken (Eur.) (Am.)	0,8597 0,8615—0,8641	46° 44,5—45°	— —	49,2 51,9—53,0	55 61,6—69,0	— flüssige: 99,9—103,2
Schulter (Eur.)	—	33,9—42,8°	—	—	—	—
„Speck" (Eur.) (Schmer) (Am.)	— 0,8615—0,8700	33,9—48,9° 28,9—45,0°	— —	 50,2—52,0	51,3 59,0—65,6	— —

Durch Pressung von Schweinefett bei tiefen Temperaturen erhält man zwei Produkte von verschiedener Konsistenz, das sogenannte Schmalzöl und das Schmalzstearin; betreffs der Kennzahlen vgl. die beiden folgenden Tabellen.

Schweineschmalzöl.

(Schmalzöl, Specköl.)

Huile de lard — Lard oil — Olio di lardo.

Tierarten (Spender) und Tierfamilie	Farbe	Reaktion. Anmerkung
Verschiedene Arten des Hausschweines Fam.: Suidae	Farblos bis blaßgelb	Elaidinierung: ähnlich wie bei Olivenöl. Konsistenz: bei Zimmertemperatur flüssig[1]

Bestandteile: u. a. 18,9—26,7% feste Fettsäuren. 0,9% Unverseifbares.

[1] Manche Schmalzöle geben nach längerem Stehen eine Abscheidung, manche erstarren bei 10—12°, andere lassen sich bis auf 0° abkühlen, ohne zu erstarren.

Physikalische Kennzahlen.

	Dichte	Schmelzpunkt	Erstarrungspunkt	Lichtbrechung B.-Refr. Sk. T.	Lichtbrechung Brechungs-Index n_D
Öl	d_{15}^{15}: 0,9155—0,919 d^{18}: 0,9137 d^{20}: 0,9122 d^{25}: 0,9088 d^{30}: 0,9053 d^{35}: 0,9019 d^{100}: 0,8626—0,863	—	—	41—52 (40°)	1,4607 (40°)
Säuren	—	ca. 35°	ca. 31°	43,1—45,0 (40°)	—

Chemische Kennzahlen.

	Verseifungszahl	Jodzahl	R.-M.-Zahl	Thermo-Zahl
Öl	190—196	67—82 (88)	0,2	45—47
Säuren	—	Innere Jodzahl: 94,0—96,8 (104,5—109)[1]	—	—

Schmalzstearin („Solarstearin").

Saindoux pressé (Solar stéarine) — Lard stearine.

Physikalische und chemische Kennzahlen.

	Dichte	Lichtbrechung B.-Refr. Sk. T.	Lichtbrechung Brechungs-Index n_D	Verseifungszahl	Jodzahl
Öl	d^{100}: 0,8575—0,8588	47,5—48,7 (40°)	1,4582 (40°)	194,5—195,5	44,0—54,3

Schweine-Knochenfett.

Dichte d^{100}	B.-Refr. Sk. T.	Verseifungszahl	Jodzahl	Säuregrad
0,8611	52,5 (40°)	196,0	64 (Hanus)	1,3

Unverseifbares: 0,34—0,35%.

Schweine-„Leichenwachs"[2].

Das Fett eines Schweines, das 45 bis 47 Jahre in einem feuchten Boden vergraben war, bestand zum überwiegenden Teil aus freien Fettsäuren (vornehmlich Palmitinsäure, wenig Stearin- und Ölsäure).

Schmelzpunkt	Verseifungszahl	M. M.-Gew.
51,5—51,9°	210,7	266,1

Fett des Wildschweines.

Graisse de sanglier — Wild boar fat — Sego di cinghiale.

Tierart (Spender) und Tierfamilie	Verbreitung	Farbe	Anmerkung
Sus scrofa, L. Fam.: Suidae	Weit verbreitet	Hellgrau-gelb	Das Fett trocknet angeblich nach 14 Tagen

[1] Proben amerikanischen Schmalzöles.

[2] Zur Definition s. „Leichenwachs", S. 477.

Physikalische und chemische Kennzahlen.

	Dichte d_{15}^{15}	Schmelzpunkt	Erstarrungpunkt	Verseifungszahl	Acetylzahl	Jodzahl	REICHERT-Zahl
Fett	0,9424	40—44°	22—23°	195,1	—	76,6	0,7
Säuren	0,9333	—	32,5—33,5°	203,6	(29,3)	81,2	—

Kamelfett (1) und Kamelhöckerfett (2).

Graisses de chameau — Camel fats — Grassi di cammello.

Tierart (Spender) und Tierfamilie	Verbreitung	Gehalt im Organ
Camelus dromedarius, L. Fam.: Camelidae	Westasien, Indien, Nordafrika	In einem Kamelhöcker: 80 Pfund

Bestandteile des Kamelhöckerfettes: von Fettsäuren ca. 37% Palmitinsäure, ca. 16% Stearinsäure und etwa 47% Ölsäure. Unverseifbares: 0,4%.

Physikalische und chemische Kennzahlen.

	Dichte	Schmelzpunkt	Erstarrungspunkt	Verseifungszahl	Hehnerzahl	Jodzahl
Fett (1)	—	—	34,5° (a) 35,0° (b)	—	—	38,7 (a) 36,5 (b)
Fett (2)	d_{15}^{100}: 0,872	35—36°	—	205—206	92,4	37,4
Säuren von (2)	—	45—46°	—	—	—	—

Kamelfett (a) stammte aus dem Hautgewebe, Fett 1b aus dem Netzgewebe (omentum) des Tieres.

Rehfett.

Graisse de chevreuil — Roebuck fat — Grasso di capriolo.

Tierart (Spender) und Tierfamilie	Verbreitung	Farbe
Cervus capreolus, L. Fam.: Cervidae	Europa, Südwestasien	Weiß mit gelblichem Stich

Physikalische Kennzahlen.

	Dichte d_{15}^{15}	Schmelzpunkt	Erstarrungspunkt
Fett	0,9659	52—54°	39—41°
Säuren	0,9622	62—64°	49—53°

Chemische Kennzahlen.

	Verseifungszahl	Hehnerzahl	Acetylzahl	Jodzahl	REICHERT-Zahl
Fett	199,0	95,8	12,0	32,1	1,0
Säuren	200,5	—	—	28,9[1]	—

[1] Zu niedrig.

Hirschtalg.

Suif de cerf — Stag tallow — Sego di cervino — Sebum cervinum.

Tierart (Spender) und Tierfamilie	Verbreitung	Farbe
Cervus elaphus, L. (Edelhirsch). Fam.: Cervidae	Europa, Kleinasien	Weiß

Glyceride: u. a. α-Palmitodistearin.

Physikalische Kennzahlen.

	Dichte d_{15}^{15}	Schmelzpunkt	Erstarrungspunkt	Lichtbrechung B.-Refr. Sk. T.	Differenzzahl
Talg	0,9615—0,967 d^{50}: 0,9066	49—52° 48° (nach POHL)	39—48°	44,5 (40°)	13,6
Säuren	0,9685	49,5—52°	46—48°	—	—

Chemische Kennzahlen.

	Verseifungszahl	Acetylzahl	Jodzahl	REICHERT-Zahl
Talg	196—204	—	19,3—25,7	1,7
Säuren	201,3 (kein oberer Grenzwert)	16,4	23,6—28,2	—

Ein frisches Muster zeigte die Säurezahl 3,5; nach einem Jahr war sie auf 5,9 gestiegen. Eine andere Probe hatte die Säurezahl 20,5.

Damhirschfett.

Graisse de daim — Fallow buck fat — Grasso di daino.

Tierart (Spender) und Tierfamilie	Verbreitung	Farbe
Cervus dama, L. Fam.: Cervidae	Südeuropa, Kleinasien, Nordafrika	Weiß

Physikalische und chemische Kennzahlen.

	Dichte d_{15}^{15}	Schmelzpunkt	Erstarrungspunkt	Verseifungszahl	Acetylzahl	Jodzahl	REICHERT-Zahl
Fett	0,9615	52—53°	40°	195,6	—	26,4	1,7
Säuren	0,9524	50—53°	47—48°	201,4	18,4	28,2	—

Fett des Axishirsches.

Tierart (Spender) und Tierfamilie	Verbreitung
Cervus axis (Indischer gefleckter Hirsch). Fam.: Cervidae	Indien

Physikalische und chemische Kennzahlen.

	Lichtbrechung B.-Refr. Sk. T.	Verseifungszahl	Jodzahl (WIJS)
Fett	44,3 (40°)	212,3	23,8

Das untersuchte Muster zeigte die Säurezahl 5.

Fett des Samberhirsches.

Tierart (Spender) und Tierfamilie	Verbreitung
Cervus unicolor („Sambhur“, Zackenhirsch). Fam.: Cervidae	Orient

Physikalische und chemische Kennzahlen.

	Lichtbrechung B.-Refr. Sk. T.	Verseifungszahl	Jodzahl (WIJS)
Fett	45,7 (40°)	210,6	22,4

Die untersuchte Probe zeigte die Säurezahl 4,4.

Elchfett.

Graisse d'elan — Elk fat — Grasso d'alce.

Tierart (Spender) und Tierfamilie	Verbreitung	Farbe
Cervus alces, L. Fam.: Cervidae	Nordeuropa, Nordasien	Weiß

Physikalische nnd chemische Kennzahlen.

	Dichte d_{15}^{15}	Schmelzpunkt	Erstarrungspunkt	Verseifungszahl	Acetylzahl	Jodzahl	REICHERT-Zahl
Fett	0,9625	49—52°	37—38°	195,1	16,2	35	0,8
Säuren	0,9584	53—55°	48—50°	201,4	—	31,9[1]	—

Renntierfett.

Graisse de renne — Reindeer fat — Grasso di renna.

Tierart (Spender) und Tierfamilie	Verbreitung	Anmerkung
Cervus tarandus, L. (Rangifer tarandus, PALL.) Fam.: Cervidae	Arktisches Europa, Asien, Amerika	Die untersuchte Probe war vermutlich ein Gemisch von Nieren- und Epidermisfett

Fettsäuren: 1,4% Palmitinsäure; 61,1% Stearinsäure; 38,5% Ölsäure. Eine Probe gab 10,4% Glycerin.

Physikalische und chemische Kennzahlen.

	Schmelzpunkt	Erstarrungspunkt	Verseifungszahl	Jodzahl
Fett	47,8°	45,7°	194,7—198,8	31,4—35,8
Säuren	—	—	—	34,5 (kein oberer Grenzwert)

Gemsenfett.

Graisse de chamois — Chamois fat — Grasso di camoscio.

Tierart (Spender) und Tierfamilie	Verbreitung	Farbe bzw. Geruch
Antilope rupicapra, L. (Rupicapra rupicapra, PALL.) Fam.: Bovidae	Alpen, Karpathen, Pyrenäen, Balkan, Kaukasus	Graugelb; scharfer Geruch

[1] Zu niedrig.

Physikalische und chemische Kennzahlen.

	Dichte d_{15}^{15}	Schmelzpunkt	Erstarrungspunkt	Verseifungszahl	Acetylzahl	Jodzahl	REICHERT-Zahl
Fett	0,9697	54—56°	42—43°	203,3	—	25	1,8
Säuren	0,9546	57—58°	51—52°	206,5	7,5	24,4[1]	—

Ziegentalg.

Graisse de chèvre — Goat fat — Grasso di capra.

Tierart (Spender) und Tierfamilie	Verbreitung	Farbe bzw. Geruch
Capra domestica. Fam.: Bovidae	Haustier	Gelblich; charakteristischer „Bocksgeruch"[2]

Physikalische und chemische Kennzahlen.

	Schmelzpunkt	Erstarrungspunkt	Lichtbrechung B.-Refr. Sk. T.	Differenzzahl	Jodzahl
Talg	48,4°	34,5°	46,8	13,9	33,3

Die Angaben über den Schmelzpunkt, den Erstarrungspunkt, sowie über die Differenzzahl (sämtliche nach POLENSKE) beziehen sich auf ein Nierenfett.

Hammeltalg.

(Schaftalg, Schöpsentalg[3].)

Suif de mouton — Sheep's (mutton) tallow — Sego di montone — Sebum ovile.

Tierart (Spender) und Tierfamilie	Verbreitung	Farbe bzw. Geruch	Anmerkung
Ovis aries, L. Fam.: Bovidae	Haustier	Nahezu weiß; schwacher, eigenartiger Geruch[4]	Das Fett enthält Vitamin A. Es ist weniger haltbar als Rindertalg

Fettsäuren: 2—4,6% Myristinsäure; 24,6—27,2% Palmitinsäure; 25—30,5% Stearinsäure; 36—43,1% Ölsäure; 2,7—4,3% Linolsäure. Rhodanometrisch bestimmt: ca 40% Ölsäure und 5% Linolsäure. Glyceride: ca. 3% Tristearin; 4—5% α-Palmito-distearin; 4—5% Stearo-dipalmitin; Oleo-dipalmitin; Stearo-palmito-olein. — Unverseifbares: in einem Falle 0,11% Cholesterin, davon 0,1% frei und 0,01% verestert.

Physikalische Kennzahlen.

	Dichte d_{15}^{15}	Schmelzpunkt	Erstarrungspunkt	Lichtbrechung B.-Refr. Sk. T.	Lichtbrechung Brechungs-Index n_D	Krit. Lösungs-Temperatur	Differenz-Zahl
Talg	0,937—0,961 d_{15}^{100}: 0,858 bis 0,860	44—55° (45—50°)[5]	32—45°	46—49 (40°)	1,4501 (60°) 1,4550 bis 1,4583 (40°)	In Alkohol (0,8195 bei 15,5°): 116°	13—16,9
Säuren	—	41—57°	39—52°	—	1,4374 (60°)	—	—

Löslichkeit der Fettsäuren aus Hammeltalg in absolutem Alkohol: In einem Liter des letzteren lösen sich bei 0°: 2,5 g; bei 10°: 5 g Fettsäuren.

[1] Zu niedrig.

[2] Auf die Gegenwart flüchtiger Fettsäuren zurückzuführen.

[3] Die für manche Kennzahlen sehr weiten Bereiche sind z. T. darauf zurückzuführen, daß diese Kennzahlen für die Fette junger Tiere erheblich von denen abweichen, die für die Fette älterer Tiere gefunden wurden; vgl. auch die untenstehenden Spezial-Tabellen.

[4] Ganz frischer Hammeltalg ist geruchlos; beim Lagern nimmt der Talg nach kurzer Zeit „Hammelgeruch" an; ebenso verschlechtert sich bald der Geschmack.

[5] Anforderungen des Deutschen Arzneibuches, 6. Auflage (D. A. B. 6, Berlin 1926); hiernach soll der Säuregrad nicht über 5 betragen.

Chemische Kennzahlen.

	Verseifungszahl	Hehnerzahl	Jodzahl	Rhodanzahl	R.-M.-Zahl	A- und B-Zahl	Brom-Thermozahl
Talg	192—198	94 bis 95,4	31,0–46,5 (33–42)[1] Jodbromzahl: 39—41	38,5 (von Talg mit Jodzahl 42,8)	0,1 bis 1,2	A-Zahl: 0,7 B-Zahl: 0,6	7,6—8,9
Säuren	195—210	—	31—34,8 (kein oberer Grenzwert). Innere Jodzahl: 92,7	—	—	—	—

Gehalt an freien Fettsäuren: frische Muster bis 2%; ältere Proben bis 10%. Über den Nachweis von Hammeltalg in Schweinefett s. Bd. I, S. 357. Über die Kennzahlen technischer Hammeltalg-Fettsäuren s. ebenda, S. 466.

Kennzahlen der Talge von verschiedenen Körperpartien des Hammels.

	Talg			Säuren	
	Schmelzpunkt	Erstarrungspunkt	Verseifungszahl	Schmelzpunkt	Erstarrungspunkt
Nieren	54—55°	40,7—40,9°	194,8—195,2	56,2—56,5°	51,9°
Netz und Darm	52—52,9°	38,9—39,2°	194,6—194,8	54,9—55,8°	50,4—50,6°
Haut	48,6—49,5°	34,1—34,9°	194,2—194,4	50,7—51,1°	43,7—46,2°

Kennzahlen von Körperfetten eines jungen Schafes.

	Jodzahl	Schmelzpunkt der Säuren	Stearinsäuregehalt
Brustfett	58,2	33,8°	ca. 1%
Halsfett	48,6	42,2°	16,4%
Lendenfett	50,6	48,8°	—
Nierenfett	48,2	45,6°	26,2—27,7%
Rückenfett	61,3	41,4°	24,8%

Hammelklauenöl.

Huile de pieds de mouton — Sheeps foot oil — Olio di piedi di montone.

Das Öl zeigt hellgelbe Farbe und hat einen milden, süßlichen Geschmack. Mit BELLIER's Reagenz gibt es eine rötliche Färbung.

Physikalische Kennzahlen.

	Dichte d_{15}^{15}	Erstarrungspunkt	Lichtbrechung: Oleo-Refr. Sk. T.	Lichtbrechung: Brechungs-Index n_D	Kritische Lösungstemperatur
Öl I	0,9175	0°—1,5°	0	—	Alkohol (0,8195 bei 15°): 102° (Crismerzahl)
Öl II	0,9169	—	—	1,4601 (40°) 1,4675 (22°)	
Säuren	—	20—21°	—	—	—

Chemische Kennzahlen.

	Verseifungszahl	Jodzahl	Thermozahl
Öl I	194,8	74,0—74,4	49,5
Öl II	197,0	74,0—75,3	—

Öl II. Zwei Proben, bei 15° bzw. 45° filtriert, enthielten 0,7% freie Fettsäuren (berechnet in Prozenten Ölsäure).

[1] Anforderungen des Deutschen Arzneibuches, 6. Auflage (D. A. B. 6, Berlin 1926); hiernach soll der Säuregrad nicht über 5 betragen.

Büffelfette.

Graisse de buffle — Buffalo fat — Grasso di bufalo.

Tierart (Spender) und Tierfamilie	Verbreitung
Buffelus bison, L. (Buffelus americanus, GM.). Fam.: Bovidae	Nordamerika

Physikalische und chemische Kennzahlen.

	Dichte d_{15}^{15}	Schmelzpunkt	Erstarrungspunkt	Lichtbrechung B.-Refr. Sk. T.	Verseifungszahl	Jodzahl
Fette I	—	48—51,5°	40—43,5°	47 (40°)	185—190	31—48,2
Fette II	0,9244—0,9364	—	—	—	199—204	29,5—35,2
Säuren von I	—	45,3—54°	40—51°	—	—	—
„ „ II	—	—	47,4—52,2°	—	—	—

Fette I: aus Muskeln und interstitiellem Gewebe; ein Muskelfett zeigte die Säurezahl 19,5; die übrigen Proben hatten Säurezahlen zwischen 1 und 5,6. Fett II: aus verschiedenen Körperpartien (Nierenbecken, Wanst; „Caul fat", „Ruffle fat", „Chip fat"); Gehalt an freien Säuren: 0,9—1,9%, berechnet als Ölsäure.

Rindertalg.

Suif de boeuf — Beef tallow — Sego di bove.

Tierart (Spender) und Tierfamilie	Verbreitung	Gehalt (% Öl) im Organ [1]	Farbe	Anmerkung
Bos taurus Fam.: Bovidae	Haustier	Fettgewebe: 88—94%; Netz und Nieren: 64%	Weiß oder gelblich	Über die Unterscheidung des Rindertalgs vom Schweinefett, sowie über den Nachweis sonstiger fremder Fette vgl. Bd. I, S. 357—362. Über die Definition verschiedener Rindertalgsorten s. ebd., S. 360.

Physikalische Kennzahlen.

	Dichte	Schmelzpunkt	Erstarrungspunkt	Lichtbrechung B.-Refr. Sk. T.	Lichtbrechung Brechungs-Index n_D	Differenzzahl	Zähigkeit [2] (° ENGLER)
Talg	d_{15}^{15}: 0,937 bis 0,953 d_{15}^{100}: 0,860 bis 0,862 d_{15}^{50}: 0,895	40—50° (nach POLENSKE: 43—51°)	30—38° (nach POLENSKE: 28,4—35,4°)	44—49 (40°)	1,4510 bis 1,4539 (60°) 1,4545 bis 1,4587 (40°)	12,8 bis 14,6	$E_{45} = 5,4$ $E_{59} = 3,6$ $E_{79} = 2,4$ $E_{89} = 2,1$
Säuren	d_{100}^{100}: 0,8698 d_4^{40}: 0,8733	41—47°	38—47°	—	1,4375 (60°) 1,4475 bis 1,4478 (40°)	—	—

Kritische Lösungstemperatur des Talges in Eisessig (1,0562): 95—97,5°. Löslichkeit der Fettsäuren aus Rindertalg in absolutem Alkohol: In einem Liter lösen sich bei 0° 2,5 g; bei 10°: 6,1 g Säuren.

[1] Der Fettgehalt der Fettgewebe nimmt in Bezug auf deren Lage im Körper von außen nach innen zu.

[2] Die untersuchten Proben zeigten die Säurezahl 9,5 und waren mit Bleicherde behandelt und filtriert.

Chemische Kennzahlen.

	Verseifungszahl	Hehnerzahl	Acetylzahl	Jodzahl[1]	Rhodanzahl	R.-M.-Zahl	Thermozahl
Talg	190—200	95—96	Ranzige Proben: 2,7—8,6	32—47	39,4 (von Talg mit Jodzahl 42,2)	0,1 bis 0,6	35—43; Brom-Thermozahl: 6,1—7,2
Säuren	197—204	M. M.-Gew.: 270—285	—	(26—43)[2] Innere Jodzahl: 89—92,4	—	—	—

Über die Kennzahlen von technischen Rindertalg-Fettsäuren s. Bd. I, S. 466.

Bestandteile. Fettsäuren: 50—60% feste und 40—50% flüssige Säuren (rhodanometrisch bestimmt: ca. 38% Ölsäure und 4% Linolsäure). Ein südamerikanischer Rindertalg enthielt angeblich 2,5% Myristinsäure; 27,3% Palmitinsäure; 24,4% Stearinsäure; 43,2% Ölsäure und 2,6% Linolsäure. Ein Muster australischen Rindertalges enthielt 2% Myristinsäure; 29% Palmitinsäure; 24,5% Stearinsäure; 44,5% Ölsäure. Neuerdings fand BERTRAM im Fettsäurengemisch eines Premier Jus eine feste $\Delta^{11,12}$-Elaidinsäure („Vaccensäure"; Ausbeute ca. 1%. In geringerer Menge auch in Oleofettsäuren zugegen).

Glyceride: 0,5—1,5% Tristearin; ferner wechselnde Mengen von α-Palmito-distearin, Stearo-dipalmitin, Oleo-dipalmitin und Palmito-stearo-olein.

Unverseifbares: In einem Falle 0,3% Gesamt-Unverseifbares, davon 0,03% Sterine und 0,2% sterinfreie Anteile. Cholesteringehalt in einem anderen Falle: 0,075%; davon 0,072% frei und 0,003% verestert.

Gehalt an freien Fettsäuren: bei frischem Rindertalg sehr niedrig, meist unter 0,5%; in Handelsproben kann dagegen der Gehalt an freien Säuren auf 25% steigen. — Die Bewertung von Rindertalgsorten erfolgt auf Grund ihres Spaltungsgrades; „Premier jus", das bei niedriger Temperatur ausgeschmolzene, gut geklärte und krystallinisch erstarrte Fett aus dem Fettgewebe des Rindes, ist praktisch neutral. Über Oleomargarin und Oleostearin s. unten (vgl. a. Bd. I, S. 360).

Beispiele für Produkte der Pressung von Rindertalg:

Oleomargarin.

Oleo oil.

Physikalische Kennzahlen.

	Dichte d_{15}^{15}	Schmelzpunkt	Erstarrungspunkt	Lichtbrechung B.-Refr. Sk. T.	Lichtbrechung Brechungs-Index n_D	Differenz-Zahl	Krit. Lösungs-Temperatur
Fett	0,924—0,930 d^{100}: 0,859 bis 0,862	28—40° nach POLENSKE	17—27° nach POLENSKE	47,5—49,5 (40°)	1,4577 bis 1,4590 (40°)	11,2—15,5 (nach POLENSKE)	Eisessig (1,0562): 96,5°
Säuren	—	42—45°	41—43°	—	—	—	—

Chemische Kennzahlen.

	Verseifungszahl	Jodzahl	R.-M.-Zahl	Thermo-Zahl
Fett	193—198	40—53	0,1—1,0	29,2—33

Unverseifbares: 0,108% Cholesterin, davon 0,098% frei und 0,01% verestert.
Freie Fettsäuren: 0,3—0,6%, berechnet als Ölsäure.

[1] Im allgemeinen zeigen die Fette der inneren Organe niedrigere Jodzahlen als die der äußeren Fettgewebe; vgl. die Tabelle „Netz- und Nierenfett".

[2] Der angegebene Bereich liegt im Vergleich zu den Jodzahlen des Talges zu niedrig; die den Jodzahlen der Fettsäuren zugrundeliegenden Untersuchungen betrafen höchstwahrscheinlich stark abgepreßte Talgmuster oder solche von inneren Organen; vgl. Fußnote 1.

Preßtalg.

Oleostearine, beef stearine.

Physikalische Kennzahlen.

	Dichte d_{15}^{15}	Schmelzpunkt	Erstarrungspunkt	Lichtbrechung B.-Refr. Sk. T.	Lichtbrechung Brechungs-Index n_D	Differenz-Zahl	Krit. Lösungs-Temperatur
Talg	0,937—0,952	50—56,2°	35—50°	49 (40°)	1,4570 (40°)	12,5—12,7 (nach POLENSKE)	Eisessig (1,0562): 114°
Säuren	—	49—53° (55,8°)	42—52°	—	—	—	—

Chemische Kennzahlen.

	Verseifungszahl	Jodzahl	R.-M.-Zahl
Talg	195—201	14—25	0,1—1,3

In verschiedenen Mustern wurden 4—5% Tristearin nachgewiesen.

Beispiele für Fette von bestimmten Körperpartien:

Rindernetz- und Nierenfett.

Physikalische Kennzahlen.

	Dichte d_{50}^{50}	Schmelzpunkt	Erstarrungspunkt	Lichtbrechung B.-Refr. Sk. T.	Lichtbrechung Brechungs-Index n_D	Zähigkeit	Optisches Drehungs-Vermögen
Fett I	0,8997	51—52°	45,1—45,5° (nach FINKENER)	41,3 (50°) 43,2 (45°)	1,4533 (50°) 1,4547 (45°)	° ENGLER: E_{50} = ca. 5; n. OSTWALD: 41 (50°)	$[\alpha]_D^{20}$ = −0,06°
Fett II	0,9009	51—52°	45,1—45,4°	41,1 (50°) 43,6 (45°) 45,5 (40°)	1,4532 (50°) 1,4549 (45°) 1,4562 (40°)	E_{50} = ca. 5; n. OSTWALD: 43,9 (50°)	
Säuren von I	—	46—47°	45—47°	—	—	—	—
„ II	—	45—46°	44,5—45,5°	—	—	—	—

Chemische Kennzahlen.

	Verseifungszahl	Hehnerzahl	Acetylzahl	Jodzahl (HANUS)	R.-M.-Zahl	Pol.-Zahl
Fett I	196,2	96,1	7,2	31,1	0,6	0,4
Fett II	196,8	95,4	7,3	29,5	0,8	0,5
	Neutral.-Z.:	M. M.-Gew.:				
Säuren von I	198,1	283,2	—	—	—	—
„ „ II	202,9	276,5	—	—	—	—

Fett I, aus dem Netzgewebe eines $3^1/_2$ jährigen Stieres, zeigte die Säurezahl 0,8; Trübungspunkt nach POLENSKE: 40,5° für das Fett, bzw. 42,9° für die Säuren. Fett II, aus dem Nierenbecken desselben Stieres, hatte die Säurezahl 0,6; Trübungspunkt nach POLENSKE: 41,5—42° für das Fett, bzw. 40,7° für die Säuren.

Rinder-Muskelfette.

	Intramuskuläres Fett		Extramuskuläres Fett	
	B.-Refr. Sk. T. (40°)	Jodzahl	B.-Refr. Sk. T. (40°)	Jodzahl
Kaumuskel	54,2	58,5	48,0	43,6
Vorderschenkel	55,0	59,2	51,0	50,1
Rückenmuskel	50,1	45,9	47,2	41,1
Bauchmuskel	49,6	43,7	47,2	36,8
Hinterschenkel	53,0	57,7	49,1	46,8

Die genannten Muskelfette stammten von einem schlachtreifen Rind. Ein Muster Nierenfett desselben Tieres zeigte die B.-Refr.-Zahl 47,2 und die Jodzahl 38,2.

Rinder-Pankreas-Fett[1].

Fettgehalt im Organ	Säurezahl	Neutralisationszahl der Fettsäuren	Unverseifbares
14,1—16,4%	84,6	197,7	4,3%

Im Unverseifbaren: 8—10% „Oxycholesterine" von hohem Wasserbindungsvermögen (vgl. Metacholesterin S. 582).

Klauen-, Mark- und Knochenfette.

Rinderklauenöl.

Huile de pieds de boeuf — Neats foot oil — Olio di piede di bove.

Gewinnung. Besondere Merkmale	Gehalt (% Öl) im Organ	Farbe bzw. Geschmack	Konsistenz
Eigentliche Klauenöle[2] werden aus frischen Klauen-, fleischteilen durch Ausschmelzen gewonnen. Sie zeigen gute Haltbarkeit und Schmierfähigkeit	Rinderklauendrüsen, ausgeschmolzen: 14—15% reinstes „Klauendrüsenöl" (kältebeständig)	Öle I: weißlichgelb bis goldgelb; süßlicher Geschmack, geruchlos. Öle II: gelbgrau bis bräunlich. Öl III: weißlich.	Öle I und II: flüssig, durch Abscheidungen getrübt. Öle III: halbflüssig, körnig

Bestandteile: 17—18% Palmitinsäure; 2—3% Stearinsäure; 74,5—76,5% Ölsäure (Öle I). 0,1—0,6% Unverseifbares, vorwiegend Cholesterin.

Physikalische Kennzahlen.

	Dichte	Erstarrungspunkt	Trübungspunkt nach POLENSKE	Zähigkeit	Optisches Drehungsvermögen	Oberflächenspannung
Öle I	d_{15}^{15}: 0,914 bis 0,919 d_{50}^{50}: 0,9026 bis 0,9049 d^{99}: 0,8619	−4 bis +4°	16—24°	° ENGLER: $E_{50} = 4,1$; nach OSTWALD: 32,8—36,4	$[\alpha]_D^{20} = -0,2$ bis $+0,3°$	26,7 bis 28,7 dyn pro cm (bei 50°)
Öle II	d_{50}^{50}: 0,9038 bis 0,9044	—3 bis +2°	17,5—31°	$E_{50} = 4,1$; nach OSTWALD: 33,8—39,8	$[\alpha]_D^{20} = -0,4$ bis $+0,02°$	28,6 dyn pro cm (bei 50°)

[1] Über Rinder-„Blutfett" und Rinder-„Leberfett" s. „Wachse". S. 583.

[2] Da bei der Gewinnung von Knochenöl (s. u.) oft auch die Klauenteile Verwendung finden, andererseits aber auch umgekehrt bei der Herstellung von Klauenöl die den Fleischteilen benachbarten Knochenpartien mit ausgeschmolzen werden, so handelt es sich bei diesen Ölen meist um Gemische, deren Komponenten jedoch bezüglich ihrer Zusammensetzung und ihrer Eigenschaften weitgehende Analogien zeigen.

Physikalische Kennzahlen (Fortsetzung).

	Dichte	Schmelzpunkt	Erstarrungspunkt	Trübungspunkt nach POLENSKE	Zähigkeit	Optisches Drehungs-Vermögen
Öle III	d_{50}^{50}: 0,9032	32—33°	2—4°	22,5 bis 23,5°	nach OSTWALD: 36,6	$[\alpha]_D^{20} = \pm 0$
Säuren von I	d_{100}^{100}: 0,8713 bis 0,8800	35 bis 36,5°	26 bis 27,5°	24,9—26°	—	—
„ „ II	—	28,5 bis 31°	24—25°	22—26,3°	—	—
„ „ III	—	40,5 bis 41,2°	31,5 bis 32°	30—30,5°	—	—

Lichtbrechung der Öle bei verschiedenen Temperaturen.

	20°		25°		40°		45°		50°	
	B.-Refr. Sk. T.	n_D	B.-Refr. Sk. T.	n_D	B.-Refr. Sk. T.	n_D	B.-Refr. Sk. T.	n_D	B.-Refr. Sk. T.	n_D
I	63,3 bis 66,6	1,4677 bis 1,4687	59,6 bis 60,2	1,4657 bis 1,4660	51,9 bis 52,0	1,4607	49,2 bis 49,95	1,4588 bis 1,4593	46,0 bis 41,1	1,4566 bis 1,4567
II	—	—	60,4	1,4662	52,8	1,4612	50,2	1,4594	46,6	1,4570
III	—	—	58,4	1,4649	50,8	1,4599	48,1	1,4581	44,6	1,4556

Kritische Lösungstemperatur. In Eisessig (1,0562): 102° nach ALLEN; 51—75,5° nach VALENTA. In Alkohol (0,8195): 95° (Crismerzahl, s. Bd. I, S. 139).

Chemische Kennzahlen.

	Verseifungszahl[1]	Hehnerzahl	Acetylzahl	Jodzahl[2] (HANUS)	R.-M.-Zahl	Pol.-Zahl	Thermozahl
Öle I	191,8—194,8	94,4—95,7	8,0—13,3	66,6—68,9	0,1—0,2	0,2—0,4	40,4—58
Öle II	193,3—196,2	96,3—96,6	8,2—10,9	71,2—72,3	0,1—0,3	0,4	—
Öle III	196,1	93,9	7,7	57,4	0,1	0,4	—
	Neutral.-Z.:	M. M.-Gew.:					
Säuren von I	198,4—200,5	280—283	—	68,4—77	—	—	—
„ „ II	195,0—199,3	281,5—288	—	61,9—63,3	—	—	—
„ „ III	201,8	278,1	—	—	—	—	—

Öle I: „Reine Klauenöle"; ein Muster war durch Auskochen frischer Drüsen von Rinderklauen mit Wasser gewonnen und zeigte die Säurezahl 0,5; eine Probe gebleichten Rinderklauenöles hatte die Säurezahl 6,3.

Öle II: „Technische Klauenöle" aus verschiedenen Betrieben, nach dem Verfahren der Dampfentfettung gewonnen; Säurezahlen zwischen 0,1 und 3,5.

Öl III: Aus Rinderklauen-Preßlingen; Säurezahl = 1,7.

Lieferungsbedingungen für Klauenöl (Knochenöl)[3].

a) Für Betriebszwecke: dünnflüssig, rein und frei von fremden Ölen und Mineralsäure, kein Bodensatz. Bei 0° nach 1 Stunde klar und fließend. Organische Säure bis 2,1% (berechnet als Ölsäure) zulässig. d^{15}: 0,914—0,917.

Ein Öltropfen auf einer Glasplatte in dünnster Schicht ausgebreitet, etwa 24 Stunden auf 50° erhitzt, darf erkaltet nicht harzig oder eingetrocknet erscheinen, muß zwischen dem Finger und der Glasplatte leicht beweglich bleiben.

[1] Für „reine" Klauenöle wurden auch Verseifungszahlen über 196, und zwar bis ca. 200 gefunden; Werte unter 190 deuten auf Verfälschungen, insbesondere mit Rüböl.

[2] Innere Jodzahlen nicht über 90.

[3] Aus „Lieferungsbedingungen der Pulverfabrik Spandau für fette Öle" (1911).

b) Für Waffenfettung: gut gereinigt und filtriert, im 15 mm weiten Reagensglas noch hellgelb. Bei reinem Geruch klar durchsichtig, keine fremden Öle, und bei längerem Lagern kein Bodensatz; bei $-10°$ nach 1 Stunde fließend und klar. Organische Säure bis 2,12%, berechnet als Ölsäure, zulässig; d^{15} 0,914—0,917; E_{20} nicht < 12; V.-Z. 190—200; J.-Z. 70—82. Verhalten in dünner Schicht wie bei a).

Rindermarkfett.

Graisse de moëlle de boeuf — Beef marron fat — Grasso di midollo di bove.

Haupttypen von Knochenmark	Gehalt (% Öl) im Organ	Farbe bzw. Geruch	Reaktionen
Mark der Röhrenknochen: blaßgelb, ziemlich konsistent (sog. gelbes Mark). Mark der Zellenräume der spongiösen Knochen: rötlich bis rot, weich (sog. rotes Mark)	Im allgemeinen: 87—96%. Im gelben Mark: bis zu 98%; im roten Mark: bis zu 92%	Fett I: weiß bis gelblich; Fett II: gelb; Fett III: weiß; Fett IV: hellgelb; eigentümlicher, talgähnlicher Geruch	Fett II. Elaidinierung: grünlichblau; nach 16 Std. fest. Rauchende Salpetersäure: grünblau, dann rötlich. Schwefel- und Salpetersäure: grünblau. Fett III. Elaidinierung: grünlichweiß; nach einer Stunde fest. Rauchende Salpetersäure: rötlichbraun. Schwefel- und Salpetersäure: grünbraun, dann violett

Fettsäuren des Fettes aus gelbem Mark: 7,8% Palmitinsäure; 14,2% Stearinsäure; 78% Ölsäure. Säuren aus rotem Mark: 16,3% Palmitinsäure; 36,3% Stearinsäure; 47,4% Ölsäure. Unverseifbares: ca. 0,3% Cholesterin. 0,2% Lecithin.

Physikalische Kennzahlen.

	Dichte d_{15}^{15}	Schmelzpunkt	Erstarrungspunkt[1]	Lichtbrechung B.-Refr. Sk. T.	Lichtbrechung Brechungs-Index n_D	Zähigkeit[2] °ENGLER	Optisches Drehungsvermögen
Fett I	d_{50}^{50}: 0,9050	42,5—43,5°	31,4°	44 (50°) 46,4 (45°) 48,5 (40°) 60 (25°)	1,4552 (50°) 1,4569 (45°) 1,4584 (40°) 1,4659 (25°)	$E_{50} = 4,4$	$[\alpha]_D^{20} = +0,03°$
Fett II	0,9150[3]	22—25°	19°	50,8 bis 53,2 (40°) 59,2 bis 60,2 (25°)	—	—	—
Fett III	0,9200[3]	39—43°	29—30°	47,0 bis 48,5 (40°)	—	—	—
Fett IV	0,931 bis 0,938	37—45°	29—31°	—	—	—	—
Säuren von I	—	43—44°	40,5 bis 41,5°	—	—	—	—
„ „ II	0,9050	33—35°	29—30°	—	—	—	—
„ „ III	0,909 bis 0,910	45—47°	39—40°	—	—	—	—
„ „ IV	0,930 bis 0,940	44—46°	39—40°	—	—	—	—

[1] Zu Fett I: Trübungspunkt nach POLENSKE 34—36° für das Fett; 40,1° für die Fettsäuren. Erstarrungspunkt nach FINKENER 34,2—34,3° für das Fett.

[2] Zu Fett II: Zähigkeit nach OSTWALD 38,1.

[3] Nach der (ungenauen) Alkohol-Schwimmethode in der Ausführungsform von HAGER bestimmt; vgl. hierzu Band I, S. 93.

Chemische Kennzahlen.

	Verseifungszahl	Hehnerzahl	Acetylzahl	Jodzahl	R.-M.-Zahl	Pol.-Zahl
Fett I	198	96,8	13,5	49,2 (HANUS)	0,4	0,4
„ II	189,7—190,4	96,1	—	66,7—66,9	0,6	—
„ III	196—198,7	95,8—96,4	33—36	38,1—42,2	0,6	—
„ IV	195,8—198,1	—	16,7	39,2—50,9	1,1	—
		M. M.-Gew.:				
Säuren von I	201[1]	279,1	—	—	—	—
„ „ II	200,9—203,7	—	—	70,1—70,3	0,36	—
„ „ III	189,0—189,7	—	—	47,7	0,25	—
„ „ IV	204,5	—	—	41,4—44,1	—	—

Fett I: Durch Ausschmelzen des aus den Röhrenknochen herausgeschlagenen Markes bei Wasserbadtemperatur gewonnen; nach längerem Stehen im Luftthermostat bei 50° filtriert; schmalzartige Konsistenz; Säurezahl 0,5. Fett II (aus gelbem Mark): halbflüssig. Fett III (aus rotem Mark): ziemlich konsistent; Säurezahlen zwischen 0,6 und 0,8. Fett IV: ziemlich fest, körnig; Säurezahl des frischen Fettes: 1,5—1,7; Säurezahl einer 8 Monate alten Probe: 1,9.

Rinderknochenfett.

(Knochenfett[2].)

Suif d'os — Bone fat — Grasso d'ossa.

Definition, Gewinnung, besondere Merkmale	Gehalt (% Öl) im Organ (Technische Ausbeuten)	Farbe bzw. Geruch
Man unterscheidet: 1. Sud- oder Naturknochenfette, durch Behandlung von Knochen (meist des Rindes) mittels Wasserdampf gewonnen. 2. Extraktionsknochenfette, aus meist älteren Knochen mit Hilfe von Lösungsmitteln gewonnen. Die Fettausbeute ist im letzteren Falle eine höhere, die Qualität dagegen eine schlechtere. Die dunkelbraunen, aus verdorbenen Knochen extrahierten Fette zeigen eine hohe Acidität und enthalten Kalkseifen, die sich durch die Einwirkung der freien Säuren auf die Knochensubstanz gebildet haben	Gesamtskelett im Mittel: 15%. Markknochen: 15,5—17%; Rippen: 5,3%; Kugelbeine: 8,3%; sog. rote Knochen: 3,8%; vorgekochte Köpfe: 2%. Fuß-, Becken- und Schulterknochen können bis zu 24% Fett enthalten. [Ausbeute beim Dampf-Entfettungsverfahren: 12—14% (1,5—3% Fett in den Rückständen); Ausbeute beim Extraktionsverfahren: 15 bis 17% (0,5—1% Fett in den Rückständen).]	Naturknochenfette: gelb bis gelbbraun, leicht bleichbar, fast geruchlos. Extraktionsknochenfette: dunkelbraun; unangenehmer Geruch

Bestandteile. Von Glyceriden: u. a Tristearin. Von Fettsäuren: 20—21% Palmitinsäure; 19—21% Stearinsäure; 50—55% Ölsäure; 5—10% Linolsäure (rhodanometrisch bestimmt)[3]. 0,5—0,6% Unverseifbares. Mindere Qualitäten zeigen einen relativ hohen Gehalt an Wasser (1—1½%), an unverseifbaren Bestandteilen (bis zu 22%), sowie an Kalkseifen.

[1] Neutralisationszahl.

[2] Unter dieser Bezeichnung werden die Knochenfette verschiedener Haustiere, vorwiegend jedoch die des Rindes, zusammengefaßt. Da sich die Mehrzahl der Untersuchungen auf die letzteren bezieht, so ist man berechtigt, für das Rinderknochenfett als Untertitel die gebräuchlichere Bezeichnung „Knochenfett" zu verwenden. Es wurden infolgedessen in die vorliegenden Tabellen und in die Bibliographie am Ende dieses Bandes auch diejenigen Angaben unter „Rinderknochenfett" aufgenommen, bei denen sich keine ausdrückliche Erwähnung des Spenders vorfindet. Übrigens unterscheiden sich die Kennzahlen der Knochenfette der verschiedenen in Betracht kommenden Säugetiere nicht sehr voneinander. Über einige Kennzahlen von Pferdeknochenfett s. S. 453, über Schweineknochenfett s. S. 459.

Folgende Kennzahlen wurden für ein Gemisch von Fetten aus verschiedenen Knochen ermittelt:

Dichte d^{100}	B.-Refr. Sk. T.	Verseifungszahl	Jodzahl	Säuregrad
0,8597	49,7 (40°)	190,2	52 (HANUS)	9,4

[3] Technische Knochenfette zeigen höhere Linolsäuregehalte als Reinknochenfette (STADLINGER).

Physikalische Kennzahlen.

	Dichte	Schmelzpunkt	Erstarrungspunkt	Lichtbrechung B.-Refr. Sk. T.	Lichtbrechung Brechungs-Index n_D	Optisches Drehungsvermögen	Zähigkeit	Oberflächenspannung
Fette I	d_{50}^{50}: 0,9009 bis 0,9034	44—45°	32,6 bis 33,8°	44,2—44,7 (50°) 47,2—47,8 (45°) 50,0—50,5 (40°) 59,6—60,7 (25°)	1,4553 bis 1,4557 (50°) 1,4574 bis 1,4579 (45°) 1,4593 bis 1,4597 (40°) 1,4657 bis 1,4664 (25°)	$[\alpha]_D^{20}$ = −0,03° bis +0,03°	°ENGLER: E_{50} = 4,3; nach OSTWALD: 39,0 bis 44,5	ca. 28,3 dyn pro cm (bei 50°)
Fette II	$d^{15,5}$: 0,914 bis 0,916	21—22°	15—17°	48,8 (40°)	—	—	—	0,0329 g pro cm
Säuren von I	—	42,5 bis 44°	38 bis 38,5°	—	—	—	—	—
„ II	—	30—44°	28 bis 42,7°	—	—	—	—	—

Trübungspunkte nach POLENSKE: 34—36° (Fette I), bzw. 41,2—41,9° (Säuren der Fette I).

Chemische Kennzahlen.

	Verseifungszahl	Hehnerzahl	Acetylzahl	Jodzahl	R.-M.-Zahl	Pol.-Zahl
Fette I	190,1—195,6	94,1—95,6	12,0—14,8	49,1—52,5 (HANUS)	0,2—1,7	0,3—0,5
Fette II	186,7—198,1	93,0—96,8	11,3—14,0	44,0—62,0	—	—
Säuren	Neutral.-Z.:	M. M.-Gew.:				
der Fette I	197,0—201,3	279—285	—	—	—	—
„ „ II	200,0—208,1	273—294	—	55,7—57,4 (kein oberer Grenzwert)	—	—

Fette I: Durch mehrstündiges Auskochen frischer Rinderknochen mit Wasser gewonnen; Säurezahlen zwischen 0,3 und 0,6. Fette II, verschiedener Herkunft, zeigten Säurezahlen von 0,3 bis 9.

„Knochenöl“.

Definition, Gewinnung, besondere Merkmale	Farbe	Konsistenz, Kältebeständigkeit
Das Knochenöl ist der flüssige Anteil des Knochenfettes. Die Gewinnung erfolgt durch gelindes Auskochen der frischen, sorgfältig gereinigten und zerkleinerten Knochen. — Gründlich entwässertes Knochenöl ist sehr gut haltbar. Kältebeständige Öle erhält man durch Filtrieren des Rohöles bei tiefen Temperaturen. Solche Öle zeigen eine gute Schmierfähigkeit	Schwach gelblich; geruchlos	Dünnsalbig oder flüssig (kältebeständig). Die Kältebeständigkeit sinkt mit steigender Säurezahl. Über den Kältepunkt s. unten

Physikalische Kennzahlen.

	Dichte	Lichtbrechung B.-Refr. Sk. T.	Lichtbrechung Brechungs-Index n_D	Optisches Drehungsvermögen	Zähigkeit	Oberflächenspannung
Öl I	d_{50}^{50}: 0,9050	47,2 (50°) 50,4 (45°) 53,2 (40°) 61,2 (25°)	1,4574 (50°) 1,4596 (45°) 1,4614 (40°) 1,4667 (25°)	$[\alpha]_D^{20}$ = −1,6°	nach OSTWALD: 36,22	29,7 dyn pro cm

Physikalische Kennzahlen (Fortsetzung).

	Dichte	Schmelzpunkt	Erstarrungspunkt	Lichtbrechung B.-Refr. Sk. T.	Lichtbrechung Brechungs-Index n_D	Optisches Drehungsvermögen	Zähigkeit	Oberflächenspannung
Öl II	d_{50}^{50}: 0,9066	—	—	48,8 (50°) 52,1 (45°) 54,9 (40°) 62,6 (25°)	1,4586 (50°) 1,4608 (45°) 1,4626 (40°) 1,4676 (25°)	$[\alpha]_D^{20}$ = −0,1°	36,24 nach OSTWALD	27,9 dyn pro cm (bei 50°)
Säuren von I	—	33—34°	—	—	—	—	—	—
„ II	—	27,5 bis 28,5°	6,5 bis 8,5°	—	—	—	—	—
„ III	—	13—34°	—	—	—	—	—	—

Chemische Kennzahlen.

	Verseifungszahl	Hehnerzahl	Acetylzahl	Jodzahl	R.-M.-Zahl	Pol.-Zahl
Öl I	195,3	93,3	9,8	68,3 (HANUS)	0,2	0,4
Öl II	191,9	95,5	9,7	78,6 (HANUS)	0,5	0,4
Öle III	186,7—196,1	95—95,7	—	67,4—79,8	—	—
	Neutral.-Z.:	M. M.-Gew.:				
Säuren von I	202,0	277,8	—	—	—	—
„ „ II	199,4	281,4	—	—	—	—
„ „ III	—	279—295	—	—	—	—

Öl I: Kältepunkt −6,0 bis −6,5°; Säurezahl 2,2; Trübungspunkt der Fettsäuren: 23,5—24,0° (nach POLENSKE). Öl II: Kältepunkt −11 bis 12°; Säurezahl 1,0; Trübungspunkt der Fettsäuren: 18,6—19,1° (nach POLENSKE). Öle III: Handelsmuster verschiedenen Qualitätsgrades; Säurezahlen zwischen 2,4 und 9.

Ordnung: Primates.

Menschenfett.

Graisse d'homme — Human fat — Grasso d'uomo.

Spender	Gehalt (% Öl) im Organ	Farbe	Konsistenz
Homo sapiens, L.	Gesamtkörper: 9—23% Herz: 12,9—15,8% Leber: 13,3—17% Nieren: 19,2—22,8% Muskulatur: 15,7% und darüber; Milz: 0,7—1,5% Blut: 0,07—0,57%	Hellgelb bis dunkelgelb; bei Säuglingen rein weiß bis blaßgelb	Beim Erwachsenen: butterartig; beim Säugling: fest

Bestandteile: von Glyceriden Tripalmitin und Stearo-diolein. Fette I: 7,8—21,1% Palmitinsäure; 1,9—6,3% Stearinsäure; 65,6—86,7% Ölsäure; Spuren von flüchtigen Säuren; in manchen Fetten auch Arachidonsäure. 0,3—0,4% Unverseifbares; in einem Falle 0,18% Cholesterin, davon 0,16% frei und 0,02% verestert; 0,08% Lecithin. Fette II: 27,8% Palmitinsäure; 3,2% Stearinsäure; 52,7—65,0% Ölsäure[1]; ferner flüchtige Säuren (s. unten).

[1] Der Ölsäuregehalt des Fettes von Neugeborenen ist verhältnismäßig niedrig (in einem Falle 43,3% — aus der Jodzahl berechnet); die Werte nehmen mit dem Wachstum des Säuglings zu und erreichen spätestens beim einjährigen Kinde die untere Grenze des für das Fett Erwachsener geltenden Bereiches. Das Fett von abgemagerten Individuen ist ölsäureärmer als das von gut genährten. Abweichungen des Ölsäuregehaltes wurden auch bei den Fetten verschiedener Körperteile festgestellt: für Brust- und Rückenfett 43,7—44,5%, für Fersenhautfett 66,7—67,3% Ölsäure. Die Menge der flüchtigen Fettsäuren ist bei den Fetten von Neugeborenen verhältnismäßig hoch, nimmt jedoch im Laufe der Entwicklung rasch ab.

Physikalische Kennzahlen.

	Dichte	Schmelzpunkt[1]	Erstarrungspunkt[1]	Lichtbrechung B.-Refr. Sk. T.
Fette I	d^{15}: 0,9179 d^{19}: 0,912 d^{25}: 0,9033	15—22°	12—15°	49,6—53,0 (40°)
Fette II	—	46,5—51°	—	47,0—48,8 (40°)
Säuren von I	—	35,5°	30,5°	—
„ „ II	—	—	—	—

Chemische Kennzahlen.

	Verseifungszahl	Hehnerzahl	Jodzahl	R.-M.-Zahl	Brom-Thermozahl
Fette I	192,1—199,9	93,9—96,0	59,4—73,3	0,3—0,6	11,3
Fette II	204,2—204,4	—	47,3—58,1	1,8—3,4	—
Säuren von I	—	—	64,0 (Innere Jodzahl: 82,8—92,1)	—	—
„ „ II	—	—	41,4—64,5	—	—

Fette I, von Erwachsenen; Säurezahlen meist unter 1. Fette II, von Kindern (3 Tage, bzw. 3 Wochen alten Säuglingen); ein Muster zeigte die Säurezahl 0,7.

Fette von verschiedenen Körperpartien des Menschen.

Körperteil	Geschlecht	Alter	Verseifungszahl	Hehnerzahl	Jodzahl	R.-M.-Zahl	Palmitinsäure %	Stearinsäure %	Ölsäure %
Bauchfell	Mann	40 Jahre	196,3	94,4	66,3	1,9	—	—	—
Brust	Mann	40 Jahre	195,1	96,0	66,3	2,1	—	—	—
Brust	Mann	—	193,6	94,1	64,9	1,6	—	—	—
Nieren	Mann	—	194,4	94,9	57,9	1,1	29,1 bis 29,3	12,3	48,1 bis 49,1
Bauchfell	Frau	33 Jahre	198,1	95,5	63,1	1,4	—	—	—
Bauchfell	Frau	48 Jahre	194,2	95,0	58,5	1,1	26,8 bis 27,1	12,3 bis 12,5	52,9 bis 53,1
Brust	Frau	—	195,0	93,9	57,2	2,1	—	—	—
Nierenkapsel	—	—	—	—	66,6	0,6	—	—	—
Knochen	—	—	—	—	70,3	0,8	—	—	—
Leber	—	—	—	—	78,5	1,4	—	—	—
Darm	—	—	—	—	—	—	—	—	74,4
Lunge (Fettembolie)	—	—	—	—	—	—	—	—	66,7

Kennzahlen normaler und degenerierter Herzfette (nach Lindemann).

	Verseifungszahl	Jodzahl	R.-M.-Zahl	Säurezahl
Normales Herzfett	202,3	61,1	2,0	7,3
Degenerationsfett	257,4	108,6	23,9	18,4
Infiltrationsfett	201,8	70,8	0,9	3,8

Das Fett des Herzmuskels, der Leber und der Niere enthält angeblich neben gesättigten Säuren und Ölsäure auch beträchtliche Mengen von höherungesättigten Säuren, die z. T. in Äther unlösliche Bromide geben. Von den Fettsäuren des Blutfettes ist ungefähr die Hälfte ungesättigt.

[1] Ein Muster Nierenfett zeigte den Schmelzpunkt 25° und den Erstarrungspunkt 17°.

Fette aus dem Unterhautzellgewebe von Menschen verschiedenen Alters und Geschlechtes (nach Jaeckle).

Spender	Alter	Todesursache	Farbe des Fettes	Konsistenz bei 15°	B.-Refr. Sk. T. bei 40°	Verseifungszahl	Jodzahl	R.-M.-Zahl	Säurezahl	Palmitinsäure	Stearinsäure	Ölsäure	Unverseifbares	Cholesterin- bzw. Lecithingehalt
Mann (sehr fettreich)	unbekannt	Unglücksfall	gelb	dickflüssig; kl. Teil: fest	50,6	197,3	63,7	0,25	0,4	18,5%	6,2%	70,9%	0,3%	Cholesterin: 0,24% Lecithin: 0,08% (0,0074% P_2O_5)
Mann (mager)	60 Jahre	schwere Darmentzündung	gelblichweiß	fest	50,2	199,9	62,5	0,55	—	21,1%	4,9%	69,6%	—	—
Mann (sehr fettreich)	47 Jahre	Magenkrebs	dunkelgelb	dickflüssig; halbfest	51,2	194,1	65,1	0,28	—	16,9%	6,3%	72,5%	—	—
Mann (fettreich)	40 Jahre	Hämorr. Syphilis	hellgelb	flüssig (klar)	51,3	195,3	68,9	0,27	1,0	—	—	76,7%	—	—
Mann (fettreich)	66 Jahre	Arteriosklerose	blaßgelb	dickflüssig; kl. Teil: fest	51,2	196,0	67,4	0,50	0,7	—	—	75,0%	—	—
Frau (sehr abgemagert)	70 Jahre	starke Arteriosklerose	orangegelb	fast ganz flüssig	52,3	193,3	73,3	0,27	0,6	—	—	81,6%	—	—
Frau (sehr fettreich)	45 Jahre	Lungenentzündung	orangegelb	dickflüssig; kl. Teil: fest	51,6	195,2	69,0	0,28	0,2	—	—	76,8%	—	Lecithin: 0,07% (0,0064% P_2O_5)

Lipomfette des Menschen (nach Jaeckle).

Spender	Alter	Art des Lipoms	Farbe des Fettes	Konsistenz bei 15°	B.-Refr. Sk. T. bei 40°	Verseifungszahl	Jodzahl	R.-M.-Zahl	Säurezahl	Palmitinsäure	Stearinsäure	Ölsäure	Unverseifbares	Lecithingehalt
Frau	43 Jahre	Schulter	hellgelb	fest	50,1	197,7	59,0	0,33	0,3	24,9%	5,1%	65,7%	—	—
Mann	52 Jahre	Nacken	gelb	zur Hälfte fest	50,9	197,7	64,0	0,35	0,5	—	—	71,2%	0,34%	—
Mann	40 Jahre	Oberarm (sehr groß)	blaßgelb	fest	50,5	195,9	64,1	0,35	0,7	18,5%	5,9%	71,3%	—	Lecithin: 0,015% (0,001% P_2O_5)
Mann	50 Jahre	Unterarm (klein)	gelblichweiß	fest	49,6	196,8	58,9	0,35	0,5	—	—	65,6%	—	—
Frau	48 Jahre	Oberschenkelmitte[1] (sehr groß)	dunkelgelb	flüssig	53,1	198,0	77,6	0,33	0,4	7,8%	1,5%	86,4%	0,18%	Lecithin: 0,03% (0,0025% P_2O_5)

[1] Das Fett war durch eine verkalkte Zone scharf von dem benachbarten Fettgewebe abgegrenzt. Eine Probe aus den zentralen Partien dieses Lipoms war rotbraun, zähflüssig, aber völlig klar; Kennzahlen dieser Probe: B.-Refr. Sk. T. (40°) 61,4; Verseifungszahl 180,7; Jodzahl 61,4; R.-M.-Zahl 1,3; Bestandteile: u. a. 68,3% Ölsäure; 1,7% Unverseifbares; 7,2% Lecithin (0,63% P_2O_5).

Von den Fetten des kindlichen Körpers ist das subcutane am reichsten an Ölsäure, dagegen enthält es weniger flüchtige, in Wasser lösliche Säuren. Im Mesenterialfett fand man weniger Ölsäure, dafür reichlichere Mengen an flüchtigen, wasserlöslichen Fettsäuren; perirenales Fett nimmt in dieser Beziehung eine Mittelstellung ein.

Das Depotfett bei Krebs, Lipom- und Gliomgeschwülsten unterscheidet sich in Bezug auf den Sättigungsgrad nicht von dem der Nicht-Krebskranken. Bei Carcinom und chronischen Infektionskrankheiten, wie Tuberkulose, chronischer Sepsis, bei Stoffwechselkrankheiten, wie Diabetes, sowie bei alten Personen sammeln sich im Depotfett unverseifbare Substanzen an, die zuerst vom Mesenterialfett, später vom Unterhautfett aufgenommen werden.

Das Körperfett von Carcinomatösen zeigt im allgemeinen einen höheren Gehalt an unverseifbaren Bestandteilen als das normaler Individuen (0,6% gegen ca. 0,4%); das Unverseifbare besteht etwa zu einem Drittel aus Cholesterin, zu zwei Drittel aus einer bei 25—32° schmelzenden Substanz (Alkohol oder Ester), geringen Mengen einer bei 62—63° schmelzenden Substanz und gelben Lipochromen.

Menschenhaarfett.

Gehalt (% Öl) im Organ	Farbe bzw. Geruch
Menschenhaar, mit Benzol extrahiert: ca. 2%	Bräunlichgelb; typischer Geruch des Haupthaares

Physikalische und chemische Kennzahlen.

	Dichte d^{16}	Schmelzpunkt	Erstarrungspunkt	Brechungs-Index n_D	Verseifungszahl	Hehner-zahl	Jodzahl	R.-M.-Zahl
Fett	0,9086	27°	—	1,4701 (28°)	194,2—200	93	57,2—67,0	2,3
Säuren	—	35°	23°	1,4646 (35°)	208	—	68	—

Gehalt an Unverseifbarem: ca. 3%, vorwiegend Cholesterin.

Cystenfett.

Farbe: zitronengelb; Geruch der Fettsäuren an den von frischer Wäsche erinnernd. Konsistenz: weich (bei 31—32° flüssig).

Bestandteile. Fettsäuren: u. a. 0,23% wasserlösliche, flüchtige Säuren (als Buttersäure ber.) und 0,31% wasserunlösliche, flüchtige Säuren (als Caprinsäure ber.). Die festen Säuren enthalten eine wachsartige, in kaltem Alkohol schwerlösliche Säure mit mehr als 20 Kohlenstoffatomen.

23,3% Unverseifbares (wenig Cholesterin; vorwiegend — ca. 82% — eine Substanz von vaselinartiger Beschaffenheit, vermutlich ein höherer ungesättigter Kohlenwasserstoff mit folgenden Kennzahlen: Schmelzpunkt 35°; B.-Refr. Sk. T. 67 bei 40°; Jodzahl 211).

Physikalische und chemische Kennzahlen.

	Schmelzpunkt	Lichtbrechung B.-Refr. Sk. T.	Verseifungszahl	M. M.-Gew.	Jodzahl	R.-M.-Zahl	Pol.-Zahl
Fett	—	52,5 (40°)	160,2	—	97,5	ca. 1	0,9
Säuren	34,3°	—	—	266,5	29,6	—	—

Das Fett stammte aus einer „Ölcyste" und hatte einen Säuregrad von 0,4. „Glycerin vorhanden" (Kreis).

Dermoidfett[1].

Farbe bzw. Geruch	Konsistenz	Bestandteile
Hellgelb bis rotbraun; charakteristischer Geruch	Weich	Feste Säuren (Arachinsäure?). 30,6% Unverseifbares, bestehend aus ca. 27% Cholesterin und ca. 73% Nichtsterin mit Jodzahl 212 (höhere Alkohole, sog. Dermoidalkohole; ein unbenannter Alkohol $C_{11}H_{22}O$, vgl. Bd. I, S. 35).

Physikalische und chemische Kennzahlen.

	Schmelzpunkt	Lichtbrechung B.-Refr. Sk. T.	Verseifungszahl	Jodzahl	R.-M.-Zahl	Pol.-Zahl
Fett	34°	53,1 (40°)	146,7	99,5	3,6	1,5
Säuren	77°	—	—	—	—	—

Säuregrad der untersuchten Probe: 0,2. „Glycerin vorhanden" (KREIS).

„Leichenwachs".

Adipocire — Adipocere — Adipocira (cera cadaverica).

Definition	Zusammensetzung	Farbe bzw. Geruch
Mit dem Ausdruck „Leichenwachs" bezeichnet man das Produkt einer allmählich eintretenden Umwandlung von Leichenfett in eine äußerlich wachsartige Masse; anscheinend wird dieser Vorgang durch langes Lagern im Wasser oder in Böden besonderer Beschaffenheit (mangelhafte Durchlüftung, Reichtum an Salzen und Mikroorganismen) begünstigt	Vorwiegend freie Fettsäuren: Palmitinsäure, Stearinsäure und geringe Mengen Ölsäure; ferner deren Calcium-, Magnesium-, Kalium- und Ammoniumsalze. Erhebliche Mengen von unverseifbaren Bestandteilen (in einem Falle 16,7%; wechselnde Mengen Cholesterin)	Grauweiß, (Fette I, II und III a); rötlich (Fett III b); Geruch nicht unangenehm

Physikalische Kennzahlen.

	Schmelzpunkt	Lichtbrechung B.-Refr. Sk. T.
Fett I	—	32,5 (40°)
Fett III a	—	31,7 (40°)
Fett III b	—	31,8 (40°)
Fette IV	62—62,5° (49°)	—

Chemische Kennzahlen.

	Verseifungszahl	Hehnerzahl	Jodzahl	R.-M.-Zahl	Pol.-Zahl
Fett I	225,7	—	56,9	13,6	2,9
Fett II	198,5	—	40,3	1,5	—
Fett III a	231,1	—	57,6	12,4	1,8
Fett III b	229,3	—	58,3	12,8	1,9
Fette IV	198,8—202,3	83—84	7,7—14,2	—	—
		M. M.-Gew.:			
Säuren I	—	246,7	—	—	—
„ II	—	277,0	—	—	—
„ III a	—	230,3	—	—	—
„ III b	—	232,2	—	—	—
„ IV	202,8—203,4	—	—	—	—

[1] Die fettartige Substanz, deren Eigenschaften und Kennzahlen in die Tabelle aufgenommen wurden, stammte aus einer Dermoidgeschwulst, die bei einer Dermoidoperation des Ovariums per rectum entleert worden war.

Fett I stammte aus der fünf Jahre alten Leiche eines Erwachsenen; Säurezahl: 194,9. Fett II, gleichfalls aus der Leiche eines Erwachsenen, hatte die Säurezahl 186,1. Fette III, von der Leiche eines einjährigen Kindes, die nach $1^1/_2$ Jahren exhumiert und untersucht wurde, zeigten die Säurezahlen 163,8 (IIIa) bzw. 163,1 (IIIb). Fette IV, verschiedener Herkunft, weitgehend zersetzt, bestanden zum größten Teil aus freien Fettsäuren (eine Probe zeigte die Esterzahl 0, auch Jodzahl = 0, Säurezahl = 201,2); andere Proben hatten Säurezahlen zwischen 188 und 197.

Unterabteilung: Milchfette (Butterfette).

Vorbemerkungen.

Im folgenden sind die bisher untersuchten Milchdrüsenfette entsprechend der zoologisch-systematischen Reihenfolge ihrer Spender zusammengefaßt. Die Behandlung der Milch- oder Butterfette in einer besonderen Unterabteilung geschah aus zweierlei Gründen: zunächst unterscheiden sich diese Fettarten durch ihre chemische Zusammensetzung meist[1] deutlich von den übrigen Fetten; dann ist aber auch zu berücksichtigen, daß die Milchfette in physiologischer Beziehung eine Sonderstellung einnehmen. In der Einleitung zum zweiten Teil („Wachse") des vorliegenden Bandes ist auf die Tatsache hingewiesen, daß die Mehrzahl der pflanzlichen und tierischen Wachse Ausscheidungsprodukte der peripheren Gewebeschichten und Drüsen sind, während die Fette meist als Reservesubstanzen in den Zellen verbleiben und erst im Bedarfsfalle mobilisiert werden. Die Milchfette sind nun zwar Bestandteile tierischer Sekrete, sie besitzen jedoch eine ganz andere physiologische Funktion als die übrigen, meist wachsartigen Exkrete, die dem Schutze der Epidermis dienen. Im Gegensatz zu den letzteren zeigen die Milchfette eine der Ernährung des jungen Tieres angepaßte chemische Zusammensetzung.

Weniger untersuchte Milchfette einiger Säugetiere (in systematischer Reihenfolge).

Tierart (Spender)	Tierfamilie	Fettgehalt in der Milch	Schmelzpunkt	Erstarrungspunkt	R.-M.-Zahl
Kaninchen	Leporidae	10,5%	—	—	16,1
Maus	Muridae	—	—	—	2,9
Hund	Canidae	—	—	—	1,2
Katze	Felidae	—	—	—	4,4
Esel	Equidae	0,1—1,2%	—	—	13,1
Schwein	Suidae	—	28	12	1,7

Stuten-Butterfett.

Tierart (Spender) und Tierfamilie	Verbreitung	Gehalt (% Fett)
Equus caballus, L. Fam.: Equidae	Haustier	Im Colostrum: 0,4—2%[2]

Fettsäuren: 2,3% Caprylsäure; 2,2% Caprinsäure; 67,8% Ölsäure; der Rest besteht aus Laurin-, Myristin- und Palmitinsäure.

[1] Viele Milchfette zeigen hohe Reichert-Meissl-Zahlen, deren Ursache der Gehalt an flüchtigen Fettsäuren, insbesondere an Buttersäure ist; die Milchfette sind jedoch der Lebensweise ihrer Spender entsprechend verschieden zusammengesetzt: Die der wiederkäuenden Pflanzenfresser (Ziege, Schaf, Büffel, Rind) zeigen hohe Reichert-Meissl-Zahlen, von über 20 bis ca. 40. Nichtwiederkäuende Pflanzenfresser (Kaninchen, Pferd, Esel) haben Milchfette mit niedrigeren Reichert-Meissl-Zahlen, nämlich zwischen 10 und 20. Schließlich zeigen die Milchfette der sog. allesfressenden Tiere (Maus, Hund, Katze, Schwein), ebenso wie das Frauenmilchfett, Reichert-Meissl-Zahlen unter 5.

[2] Änderung des Fettgehaltes im Colostrum einer Stute: am ersten Tag 0,4%; am zweiten Tag 2%; am dritten Tag 1,7%; am vierten Tag 1,3%.

Physikalische und chemische Kennzahlen.

	Schmelzpunkt	Erstarrungspunkt	Verseifungszahl	R.-M.-Zahl	Pol.-Zahl
Fett	8—9°	5—6°	227,8	7,0	6,1

Eine Probe Colostralfett zeigte die R.-M.-Zahl 11,2.

Kamel-Butterfett.

Tierart (Spender) und Tierfamilie	Verbreitung	Gehalt (% Fett) in der Milch	Farbe bzw. Geruch
Camelus dromedarius, L. Fam.: Camelidae	Westasien, Indien, Nordafrika	5,4% (Mittelwert)	Farblos bis grauweiß; eigenartiger Geruch

Fettsäuren: u. a. 88,3% unlösliche Säuren; 8,6% flüchtige Säuren.

Physikalische und chemische Kennzahlen.

	Schmelzpunkt	Verseifungszahl	Jodzahl
Fett	38°	208	55,1
Säuren	47°	—	—

Das Colostrum der Kamelstute enthielt in einem Falle 7,4% Fett.

Renntier-Butterfett.

Tierart (Spender) und Tierfamilie	Verbreitung	Gehalt (% Fett) in der Milch
Cervus tarandus, L. (Rangifer tarandus, PALL.) Fam.: Cervidae	Arktisches Europa, Asien, Amerika	22,4%

Fettsäuren: u. a. 86—89% unlösliche Säuren.

Physikalische und chemische Kennzahlen des Fettes.

Dichte	Schmelzpunkt	Erstarrungspunkt	Brechungs-Index n_D	Verseifungszahl	Hehnerzahl[1]	Jodzahl	R.-M.-Zahl	Pol.-Zahl
d_{15}^{15}: 0,9428 d^{100}: 0,8640	37—42° (46—47°)	34—39° (43—44°)	1,4647 (°?) 1,4395 (46°)	219,2 bis 226,1	86—89	23,3 bis 25,1	31,4 bis 34,6	1,1

Ziegen-Butterfett.

Tierart (Spender) und Tierfamilie	Verbreitung	Gehalt (% Fett)	Farbe
Capra domestica Fam.: Bovidae	Haustier	In der Milch: 2,7—7,6% (Durchschnittswert: 4%); in der Butter: ca. 82,1%	Weiß

Fettsäuren: 86,5—87,3% unlösliche Säuren; wenig Stearinsäure und Palmitinsäure, dagegen viel Laurinsäure.

[1] Ohne Unverseifbares.

Physikalische Kennzahlen.

	Dichte	Schmelzpunkt	Erstarrungspunkt	Lichtbrechung B.-Refr. Sk. T.	Lichtbrechung Brechungs-Index n_D
Fett	d_{15}^{15}: 0,9312 d_{38}^{38}: 0,9169—0,9346 d^{98-100}: 0,8642—0,8669	27—38,5°	24—31°	36,5—44,3 (40°)	1,4541—1,4569 (40°)
Säuren (nicht flüchtige)	—	—	—	28—33 (40°)	—

Chemische Kennzahlen.

	Verseifungszahl	Hehnerzahl	Jodzahl	R.-M.-Zahl	Polenske-Zahl	Kirschner-Zahl
Fett	221,6—242,4	86,5—87,3	21—39	20,3—29,1	3,2—9,8	17—19
Säuren (nicht flüchtige)	—	M.M.-Gew.: 253,6 bis 269,3; nach anderen Angaben: 224,2 bis 233,4	—	—	—	—

Colostralfett. Verseifungszahl: 212,0—221,8; Jodzahl: 35,4—40,2; R.-M.-Zahl: 20,1—24,9; Pol.-Zahl: 4,7—6,2.

Schaf-Butterfett.

Tierart (Spender) und Tierfamilie	Verbreitung	Gehalt (% Fett)	Farbe
Ovis aries, L. Fam.: Bovidae	Haustier	In der Milch: 7,0—9,7%; in der Butter: 82,8—87,2%	Weiß

Fettsäuren[1]: u. a. 88—90% unlösliche Säuren (darunter „Vaccensäure"; s. a. S. 466); 11,4—14,7% flüchtige Säuren, berechnet in Prozenten Buttersäure.

Physikalische Kennzahlen.

	Dichte	Schmelzpunkt	Erstarrungspunkt	Lichtbrechung B.-Refr. Sk. T.	Lichtbrechung Brechungs-Index n_D	Kritische Lösungs-Temperatur
Fett	d^{100}: 0,8690 bis 0,8695	29—30°	12°	42,5—45,0 (40°)	1,4511—1,4532 (? 40°)	Alkohol: 47,1—59,9° (Crismerzahl)

Chemische Kennzahlen.

	Verseifungszahl	Hehnerzahl	Jodzahl	R.-M.-Zahl
Fett	216,3—242,6	88,5	29,7—38,5	23,3—32,9

12 Proben stammten aus bulgarischer Schafbutter; der Gehalt an freier Säure betrug 0,5—3,2, ausgedrückt in Graden Burstyn.

[1] Für einen bestimmten Fall wurde aus der fraktionierten Destillation der Methylester des Säurengemisches auf folgende Zusammensetzung desselben geschlossen: 6,5% Buttersäure; 1,2% Capronsäure; 4,2% Caprylsäure; 4,8% Caprinsäure; 4,7% Laurinsäure; 13,7% Myristinsäure; 13,3% Palmitinsäure; 4,4% Stearinsäure; 40,7% Ölsäure; 0,3% Dioxystearinsäure.

Büffel-Butterfett.

Tierart (Spender) und Tierfamilie	Verbreitung	Gehalt (% Fett)
Buffelus bubalus, L. Fam.: Bovidae	Ostindien, domestiziert auch in Südosteuropa, Ägypten, Westasien	In der Milch: 4,6—11,6%; in der Butter: 81,6% (Durchschnittswert)

Physikalische Kennzahlen.

	Dichte	Schmelzpunkt	Erstarrungspunkt	Lichtbrechung B.-Refr. Sk. T.	Kritische Lösungstemperatur
Fette I	d^{99}_{15}: 0,8631—0,8632	31—38°	24,5—29° (19,8°)	41,4—41,5 (40°)	Eisessig (1,0562): 23,5—24,5° (nach VALENTA)
Fette II	d^{100}: 0,8680—0,8700	—	—	43,8—44,8 (40°)	—

Chemische Kennzahlen.

	Verseifungszahl	Hehnerzahl	Jodzahl	R.-M.-Zahl[1]	Pol.-Zahl
Fette I	222,4—229,1	—	29,6—36,8	26,2—34,2 (meist um 30)	1,6—2,4
Fette II	222,5—234,7	88,2	30,3—45,5	30,9—40,1	—
Fette III	220,4—231,7	86,9—87,5	32—35	32,8—45	—

Fette I, verschiedener Herkunft (darunter auch sog. „Ghee"[2]), hatten 2,6—3,7% freie Säure, berechnet als Ölsäure. Fette II stammten aus 14 Proben bulgarischer Büffelbutter; der Gehalt an freier Säure betrug 3,2—6,1, ausgedrückt in Graden BURSTYN (s. Bd. I, S. 144). Fette III (sog. Gamoosebutter, auch „Samna" genannt) aus der Milch des ägyptischen Büffels; öfters wird aber auch das Fett des Barbaryschafes (Ovis tragelaphus) mit dem Ausdruck Samna bezeichnet; selbstverständlich unterscheidet sich dieser Schaftalg durch seine Kennzahlen, insbesondere durch seine niedrige R.-M.-Zahl (gef. 0,2—0,4) vom eigentlichen „Samna"-Milchfett.

Kuh-Butterfett.

(Butterfett, Butterschmalz.)

Beurre — Butter fat — Burro strutto.

Tierart (Spender) und Tierfamilie	Verbreitung	Gehalt (% Fett[3])	Farbe bzw. Geschmack der Butter	Anmerkung
Milchkuh (Bos taurus, Fam.: Bovidae)	Haustier	In der Milch: 3,4—4,3%; in der Butter: 80—90%	Im Sommer: gelblich bis gelb; im Winter: nahezu weiß. Süßlich-aromatischer Geschmack	Definition u. Grundsätze für die Beurteilung, Untersuchung der Butter und des Butterfettes, Nachweis fremder Fette sowie Auswertung der Analysenergebnisse siehe Bd. I, S. 348—353

Bestandteile s. unten.

[1] Die Reichert-Meissl-Zahlen von Butterfett sind bei Wiesenfütterung der Tiere (Sommermilch) höher als bei Stallfütterung (Wintermilch). Die für eine Probe von Fett II angegebene R.-M.-Zahl 45 wurde bei einem Sommer-Butterfett ermittelt, das auf 0° abgekühlt und von den flüssig bleibenden Anteilen abgepreßt war.

[2] Mit dem Ausdruck „Ghee" bezeichnet man in Indien das geklärte Fett aus der Milch des Büffels, öfters aber auch das Milchfett der gewöhnlichen indischen Kuh, der Ziege oder des Schafes.

[3] Mit zunehmender Milchproduktion der Kuh nimmt der Fettgehalt der Milch ab; daher ist im Sommer bei größerer Milchmenge die Ausbeute an Butter aus der Milch verhältnismäßig geringer als im Winter.

Physikalische Kennzahlen.

	Dichte	Schmelzpunkt	Erstarrungspunkt[1]	Lichtbrechung B.-Refr. Sk. T.	Lichtbrechung Brechungs-Index n_D	Differenzzahl	Zähigkeit[2] °ENGLER
Fett	d_{15}^{15}: 0,936 bis 0,944 $d_{37,8}^{37,8}$: 0,910 bis 0,913 d_{15}^{100}: 0,865 bis 0,870	28—38°; nach POLENSKE 30—41°	15—25°; nach POLENSKE 19—26°	38—45,5 (45°) 39—46,5 (40°) 48,5—56 (25°)	1,445—1,448 (60°) 1,4524—1,4567 (40°) 1,459—1,462 (25°)	11,8—15,9 (nach POLENSKE)	$E_{34,5}$: 5,8 E_{40}: 4,6 E_{50}: 3,4 E_{69}: 2,2 E_{90}: 1,7
Säuren (wasserunlösliche)	d^{20}: 0,9106 bis 0,9242 $d_{15,5}^{37,8}$: 0,908 bis 0,9136	38—45°	33—38°	29—30,2 (40°)	1,437—1,439 (60°)	—	—
wasserlösliche	d^{20}: 0,9475 bis 0,9483	—	—	—	—	—	—

Löslichkeit. Kritische Lösungstemperatur in Eisessig (1,0562): 61,5° (nach ALLEN) bis 68° (Mittelwert nach GRIMME). Alkohol (0,8195 bei 15,5°): 99—101°; nach anderen Angaben beträgt die Crismer-Zahl: 45,8—58°. In 1 Liter absolutem Alkohol lösen sich bei 0°: 10,6 g, bei 10°; 24,8 g Butterfettsäuren.

Chemische Kennzahlen.

	Verseifungszahl[3]	Hehnerzahl	Acetylzahl	Jodzahl[3]	R.-M.-Zahl[3]	Pol.-Zahl[3]	Rhodanzahl
Fett	218—235 meist um 226	87—91	2—9 (ranzige Muster)	25—47	21—36 meist um 27	1,3—3,5	21,7
Säuren (wasserunlösl.)	210—220	M. M.-Gew.: 258,4—266,1	9,6—11,5	28—53	—	—	—
wasserlösliche	—	95—99	—	—	—	—	—

Thermozahl: 6,6—9,5.

Einige andere charakteristische Kennzahlen des Butterfettes.

A-Zahl	B-Zahl	Buttersäurezahl	Differenzzahl nach GROSSFELD	JUCKENACKsche Differenzzahl	Kirschner-Zahl	Kupferzahl
6,7 (Mittelwert)	Über 32, im Mittel 33,4	18,6—24,4 meist um 20	192,4—200	−4 bis +4	20—26, Mittelwert: 23,5	10,9—11,6

A-Zahl bzw. B-Zahl. Definition, Bestimmung und Auswertung s. Bd. I, S. 171ff. Über ein vereinfachtes Verfahren zur Bestimmung dieser beiden Kennzahlen s. KLOSTERMANN und QUAST, Z. Lebensm. Bd. 54, S. 297. 1927.

Buttersäurezahl: Diese von KUHLMANN und GROSSFELD vorgeschlagene Kennzahl gibt an, wieviel lösliche, flüchtige Fettsäuren (und zwar vorwiegend Buttersäure), ausgedrückt in ccm $n/_{10}$-Säure, aus 5 g Fett bei der Destillation unter bestimmten Bedingungen

[1] Der Erstarrungspunkt ist von der Abkühlungsgeschwindigkeit abhängig; vgl. Bd. I, S. 113; s. a. RAHN, Milchwirtsch. Forschungen, Bd. I, S. 15. 1923.

[2] Die untersuchte Probe war filtriert; sie zeigte die Säurezahl 2,1.

[3] Verseifungszahl, R.-M.-Zahl und Pol.-Zahl: Die Werte für diese Kennzahlen nehmen unter günstigen Bedingungen (z. B. warme Witterung, junges Grünfutter) zu, daher sind sie im Sommerhalbjahr am höchsten; ungünstige Bedingungen (rauhe Witterung, spärliche Nahrung) haben den gegenteiligen Einfluß, daher zeigt sich im Winterhalbjahr ein Absinken der Werte für die obengenannten Kennzahlen. Die Werte für die Jodzahl zeigen das umgekehrte Verhalten.

erhalten werden, wenn die vorhandene Caprylsäure durch Natriumsulfat- und Cocosseifenlösung ausgesalzen und durch Filtration abgetrennt wird. Näherungsweise kann man aus der Reichert-Meissl-Zahl durch Multiplikation mit dem Faktor 0,745 die Buttersäurezahl berechnen. Vorschrift für die Bestimmung sowie Tabelle für die Berechnung des Milchfettgehaltes in Mischungen s. unten.

Differenzzahl nach GROSSFELD: Verseifungszahl minus 1,5 × Buttersäurezahl. Diese Differenz liegt fast bei allen Fetten, einschließlich Butterfett, zwischen 195 und 200; bei Palmfetten ist sie jedoch bedeutend höher.

JUCKENACKsche Differenz: Reichert-Meissl-Zahl — (Verseifungszahl —200).

Kirschner-Zahl: Definition, Bestimmung und Auswertung s. Bd. I, S. 170f.; s. auch FINCKE, Z. Lebensm. Bd. 51, S. 357. 1926.

Kupferzahl: Zur Bestimmung verfährt man ähnlich wie bei der Ermittlung der Buttersäurezahl; nur werden die störenden niederen Fettsäuren nicht ausgesalzen, sondern es werden ihre schwerlöslichen Kupfersalze mittels Kupfersulfatlösung ausgefällt; s. MORGENSTERN, Z. Lebensm. Bd. 52, S. 385. 1926.

Bestandteile des Butterfettes.

Fettsäuren: Flüchtige Säuren bis ca. 10%, nichtflüchtige bis ca. 90%[1]. 2,9—4,5% Buttersäure (aus der Buttersäurezahl berechnet: 3,2—4,1%); 1,3—2,3% Capronsäure; 1,0—1,9% Caprylsäure; 1,0—1,5% Caprinsäure; 3,6—6,4% Laurinsäure; 10,4—20,1% Myristinsäure; 11,8—17,5% Palmitinsäure; 1,1—5,9% Stearinsäure; ca. 0,007% ϑ,ι-Decylensäure; 27—47% Ölsäure. Geringe Mengen „Vaccensäure“; mitunter auch Linolsäure. Mittelwerte (nach HILDITCH): 4,3% Buttersäure; 1,6% Capronsäure; 1,2% Caprylsäure; 1,2% Caprinsäure; 5% Laurinsäure; 16,4% Myristinsäure; 14,8% Palmitinsäure; 3,4% Stearinsäure; 44,8% Ölsäure.

Glyceride: ca. 0,01% Tristearin; 0,06—0,09% Palmito-distearin; Stearo-dipalmitin. Durch Untersuchung des hydrierten Fettes nachgewiesen: ca. 2,4% Triolein; Butyro-diolein; Oleo-dipalmitin; Butyro-palmito-olein. Gemischte, vollständig gesättigte Glyceride: ca. 30% (nach der Permanganatmethode bestimmt).

Glycerin: Verschiedene Proben Butterfett gaben 12—13%.

Unverseifbares: 0,3—0,5%, vorwiegend Cholesterin (in einem Falle wurden nur 0,075% nicht verestertes Cholesterin isoliert). Der Gehalt an unverseifbaren Bestandteilen ist zu Beginn der Lactation geringer als gegen Ende dieser Periode.

Vitamin A. Die Vitaminwirksamkeit der Butter guter Milchkühe entspricht ungefähr $^1/_{100}$ der Vitaminwirksamkeit von gutem Lebertran. Colostralfett ist im allgemeinen vitaminreicher als normales Butterfett.

Kennzahlen des flüssigen Anteiles des Butterfettes.

Schmelzpunkt	Erstarrungspunkt	B.-Refr. Sk. T.	Verseifungszahl	Jodzahl	R.-M.-Zahl
11,3°	4,2°	45,3 (40°)	227,4	50	31

Kennzahlen sog. öliger Butter[2].

Dichte d_{15}^{100}	B.-Refr. Sk. T.	Jodzahl	R.-M.-Zahl	Pol.-Zahl	Säuregrad
0,868	40—44 (40°)	46—48	31—34	2,4—2,5	1,8—2,8

[1] Nach dem Kalben der Kühe behält der Gehalt an flüchtigen Fettsäuren des Butterfettes ungefähr 2 Monate lang seinen höchsten Stand, um dann mit dem Vorrücken der Lactationszeit eine allmähliche Abnahme zu erleiden. Der Gehalt an Ölsäure im Butterfett erfährt dagegen im Verlaufe der Lactation eine langsame Steigerung.

[2] Nach KOMNENOS zeigte eine griechische Naturbutter einen Erstarrungspunkt unter 8° (fester Anteil 21,4°; flüssiger Anteil unter 0°). Von den übrigen Kennzahlen ist die Verseifungszahl 212,5 sowie die Polenske-Zahl 5,2 (7,3) auffallend; derartig hohe Polenske-Zahlen sind sonst nur bei Ziegen-Butterfetten beobachtet worden. Der tiefe Erstarrungspunkt ist möglicherweise auf die Fütterung des Spenders mit den Rückständen der Olivenölbereitung zurückzuführen.

Kennzahlen amerikanischer Butterfette.

	Gesamtbereich	Mittelwert	Anzahl der Proben
Dichte $d^{40}_{15,5}$	0,9050—0,9102	0,9073	35
Schmelzpunkt	31,6—34,6°	33,2°	35
Verseifungszahl	224,0—234,9	228,5	40
Acetylzahl	3,5—4,8	4,1	5
Jodzahl	29,4—37,3	33,4	40
R.-M.-Zahl	22,8—32,1	28,3	10
Gesamtfettsäuren (berechnet)	94,7—94,9%	94,8%	40
Wasserunlösliche Säuren	86—88,8%	87,7%	10
Lösliche Säuren (berechnet)	6,5—8,9%	7,2%	10
Glycerin (berechnet)	12,2—12,8%	12,5%	40
Glycerin (gefunden)	12,3—12,7%	12,5%	10
Säurezahl	0,2—0,7	0,5	5
Wasserunlösliche Säuren: Dichte d^{20}	0,9106—0,9242	0,9162	10
Wasserunlösliche Säuren: Schmelzpunkt	40,2—42,7°	41,7°	10
Wasserunlösliche Säuren: Verseifungszahl	212,5—217,0	214,5	10
Wasserunlösliche Säuren: M. M.-Gew.	258,1—263,5	261,0	10
Lösliche Säuren: Dichte d^{20}	0,9475—0,9483	0,9479	2
Lösliche Säuren: Verseifungszahl	563,7—577,3	571,7	15
Lösliche Säuren: M. M.-Gew.	97,2—99,3	98,1	15

Kennzahlen von Buttersorten aus anderen Gegenden.

Gegend	Schmelzbereich	Lichtbrechung: B.-Refr. Sk. T.	Lichtbrechung: Brechungs-Index n_D	Verseifungszahl	Jodzahl	R.-M.-Zahl	Pol.-Zahl
Dänemark	—	48,6 bis 56 (25°)	1,4530 bis 1,4564 (40°)	—	28,7—49	—	—
Holland	—	40 bis 48,4 (40°)	—	—	—	24—29[1]	—
Kärnten	31,4—37°	41,5 bis 46 (40°)	—	200,7 bis 236,9	27,4 bis 46,6	22,7—33,4	1,3 bis 3,9
Mittelwerte	33,5°	43,5 (40°)	—	222,6	36,8	27,4	2,6
Rußland (Sibirien)	—	39,2 bis 46,9 (40°)	1,452 bis 1,4574 (40°)	214,4 bis 235	—	18,2—34,2[2]	—

Einfluß der Fütterungsart der Kühe auf die Kennzahlen des Butterfettes.

Fütterungsart	Verseifungszahl	Jodzahl	R.-M.-Zahl	Pol.-Zahl	Fettsäuren (nichtflüchtige): Schmelzpunkt	Fettsäuren (nichtflüchtige): Erstarrungspunkt
Baumwollsamen-, Erdnuß- und Leinsamenmehl	206,7—213	42—44,4	16,8—19,3	—	39,2—44,2°	27,8—31,4°
Rübenblatt-Fütterung	234,8—252,1	21,2 bis 35,4	29,1—40,3	3,1 bis 6,2	M. M.-Gew.: 243,6—251,7	
Gewöhnliches Futter (nach Beendigung der Rübenblatt-Fütterung)	222,6	34,9	24,4	2,1	M. M.-Gew.: 259,4	

[1] Die Werte betrugen für die Monate April bis Oktober: 27—29; von 132775 Proben zeigten 98,3% R.-M.-Zahlen über 24. Von anderen 81277 Mustern hatten nur einige wenige R.-M.-Zahlen zwischen 20 und 22, nur ein Muster zeigte eine R.-M.-Zahl unter 20.

[2] Mittelwert für reine nordrussische Butter: 26,6; die niedrigsten Werte wurden in den Monaten Januar bis März sowie November und Dezember beobachtet; die höchsten Werte von Juni bis September.

Kennzahlen von Buttersorten aus Tripolis und der Cyrenaika.

Dichte d_{15}^{15}	Schmelzpunkt	Erstarrungspunkt	B.-Refr. Sk. T.	Verseifungszahl	M. M.-Gew.[1]	Jodzahl	R.-M.-Zahl
0,9358 bis 0,9443	29,7 bis 32,5°	19,1—24,5°	37,5 bis 40,6 (40°)	209,3—237,1	245,5 bis 256,4	29,8 bis 37,5	21,6 bis 33,2

Tabelle zur Berechnung des Milchfettgehaltes in Prozenten des Fettes aus Buttersäurezahl und Verseifungszahl[2].

Buttersäurezahl: / Verseifungszahl	200 und darunter	205	210	215	220	225	230	235	240	245	250	255	260 und darüber
0	0	0	0	0	0	0	0	0	0	0	0	0	0
0,1	0,5	1,0	0	0	0	0	0	0	0	0	0	0	0
0,2	1,0	0,6	0,2	0	0	0	0	0	0	0	0	0	0
0,3	1,5	1,1	0,7	0,3	0	0	0	0	0	0	0	0	0
0,4	2,1	1,7	1,3	0,4	0,4	0	0	0	0	0	0	0	0
0,5	2,6	2,2	1,8	1,4	0,9	0,5	0	0	0	0	0	0	0
0,6	3,1	2,7	2,3	1,9	1,4	1,0	0,5	0,1	0	0	0	0	0
0,7	3,6	3,2	2,8	2,4	1,9	1,5	1,0	0,6	0,2	0	0	0	0
0,8	4,1	3,7	3,3	2,9	2,4	2,0	1,5	1,1	0,7	0,3	0	0	0
0,9	4,6	4,2	3,8	3,4	2,9	2,5	2,0	1,6	1,3	0,9	0,3	0	0
1	5,1	4,7	4,3	3,9	3,4	3,0	2,5	2,1	1,7	1,3	0,8	0,4	0
2	10,2	9,8	9,4	9,0	8,5	8,0	7,6	7,2	6,8	6,4	5,9	5,5	5,1
3	15,3	14,9	14,5	14,1	13,6	13,2	12,7	12,3	11,9	11,5	11,0	10,6	10,2
4	20,5	20,1	19,7	19,3	18,8	18,4	17,9	17,5	17,1	16,7	16,2	15,8	15,4
5	25,6	25,2	24,8	24,2	23,9	23,5	23,0	22,6	22,2	21,8	21,3	20,9	20,5
6	30,7	30,3	29,9	29,5	29,0	28,6	28,1	27,7	27,3	26,9	26,4	26,0	25,6
7	35,8	35,4	35,0	34,6	34,1	33,7	33,2	32,8	32,4	32,0	31,5	31,1	30,7
8	40,9	40,5	40,1	39,7	39,2	38,8	38,3	37,9	37,5	37,1	36,6	36,2	35,8
9	46,0	45,6	45,2	44,8	44,5	43,9	43,4	43,0	42,6	42,2	41,7	41,3	40,9
10	51,1	50,7	50,3	49,9	49,4	49,0	48,5	48,1	47,7	47,3	46,8	46,4	46,0
11	56,2	55,8	55,4	55,0	54,5	54,0	53,6	53,2	52,8	52,4	51,9	51,5	51,1
12	61,3	59,9	59,5	60,1	59,6	59,2	58,7	58,3	57,9	57,5	57,0	56,6	56,2
13	66,4	66,0	65,6	65,2	64,7	64,3	63,8	63,4	63,0	62,6	62,1	61,7	61,3
14	71,6	71,2	70,8	70,4	69,9	69,5	69,0	68,6	68,2	67,8	67,3	66,9	66,5
15	76,7	76,3	75,9	75,5	75,0	74,6	74,1	73,7	73,3	72,9	72,4	72,0	71,6
16	81,8	81,4	81,0	80,6	80,1	79,7	79,2	78,8	78,4	78,0	77,5	77,1	76,7
17	86,9	86,5	86,1	85,7	85,2	84,8	84,3	83,9	83,5	83,1	82,6	82,2	81,8
18	92,0	91,6	91,2	90,8	90,3	89,8	89,4	89,0	88,6	88,2	87,7	87,3	86,9
19	97,1	96,7	96,3	95,9	95,4	95,0	94,5	94,1	93,7	93,3	92,8	92,4	92,0
20 und darüber	100	100	100	100	100	100	99,7	99,3	98,9	98,5	98,0	97,6	97,2

[1] Wasserunlösliche, nichtflüchtige Säuren.

[2] Kuhlmann und Grossfeld, Z. Lebensm. Bd. 51, S. 40. 1926. Vorschrift zur Bestimmung der Buttersäurezahl: Man verseift 5 g Fett mit 2 ccm Kalilauge (750 g KOH in 1 Liter Wasser) unter Hinzufügen von 10 ccm Glycerin und Umschwenken über freier Flamme in einem Rundkolben von 300 ccm Inhalt. Die Seifenlösung wird nach kurzem Stehen, aber noch warm, mit 150 ccm gesättigter wässeriger Kaliumsulfatlösung unter Umschütteln versetzt, wobei unter Umständen eine Trübung entsteht, die jedoch zu vernachlässigen ist. Man läßt auf 20° erkalten, fügt zur Abscheidung der Fettsäuren 5 ccm verdünnte Schwefelsäure (1:3) unter Umschütteln hinzu, dann 10 ccm Cocosseifenlösung (gesättigte Caprylsäurelösung) und schließlich ca. 0,1 g gereinigte Kieselgur. Darauf wird durch ein lufttrockenes Faltenfilter aus feinporigem Filtrierpapier filtriert. 125 ccm des völlig klaren Filtrates gießt man in einen 500 ccm fassenden Rundkolben, verdünnt mit 50 ccm Wasser und destilliert nach Zusatz von Bimssteinpulver. 110 ccm des Destillates werden mit $n/_{10}$-Lauge gegen Phenolphthalein titriert. Ein Leerversuch wird in gleicher Weise, aber ohne Fett, durchgeführt. Die Differenz der beiden Werte, mit 1,4 multipliziert, ergibt die Buttersäurezahl. Der Milchfettgehalt (M) in Mischungen läßt sich mit Hilfe der folgenden Beziehung ermitteln:

Nachweis von Talg. Nach AMBERGER (Z. Nahrgsm. Bd. 31, S. 297, und zwar 305. 1916) verfährt man folgendermaßen: „Von dem vollkommen klar geschmolzenen, 40—50° warmen Fett werden 31 g in einen warmen 100 ccm-Rundkolben abgewogen. Dieser wird mit Äther bis zur Marke aufgefüllt und in ein geräumiges Wasserbad bis zur Marke des Kolbenhalses gut verkorkt nach kräftigem Umschütteln eingestellt. Nach Verlauf einer Stunde wird das Kölbchen nochmals kräftig umgeschüttelt und sofort wieder in das Wasserbad gestellt. Nach Ablauf einer zweiten Stunde wird der Kolben aus dem Wasserbad genommen und wieder kräftig umgeschüttelt. Hat sich kein oder ein nicht nennenswerter Niederschlag gebildet, so enthält das betreffende Fett entweder überhaupt keinen Talgzusatz oder nur in geringer Menge, jedenfalls unter 12%. Ist dagegen ein Niederschlag vorhanden, so muß dieser zur Wägung gebracht werden. Zu dem Zwecke wird der Niederschlag auf einer weitlochigen, mit Filtrierpapier bedeckten Filterplatte von 4—5 cm Durchmesser unter sofortiger Anwendung einer Wasserstrahlpumpe von der Ätherlösung kräftig und rasch innerhalb 1 bis 2 Minuten abgesaugt. Die geringen im Kolben zurückbleibenden Teile des Niederschlages werden mit 3—4 ccm Äther, der 20 Volumprozente Alkohol enthält, auf die Filterplatte gebracht und kräftig abgesaugt. Die Glyceride lassen sich dann mittels eines Spatels leicht von der Siebplatte bzw. dem Filter ablösen und auf einem Uhrglase zum Trocknen ausbreiten. Man kann den Niederschlag dann entweder lufttrocken nach einigen Stunden wägen, oder man schmilzt ihn zur völligen Entfernung des Äthers und wägt nach dem Wiedererstarren."

„Ein Butterfett ist dann mit nennenswerten Mengen Talg (15% und mehr) verfälscht, wenn der unter genauer Einhaltung der oben angegebenen Versuchsbedingungen erhaltene Niederschlag 0,4 g oder darüber wiegt."

Nachweis von Talg in Butterfett (nach AMBERGER).

Reichert-Meissl-Zahl	Verseifungszahl	JUCKENACKsche Differenz[1]	Glyceridabscheidung aus reinem Butterfett	Glyceridabscheidung aus mit 15% Talg vermischtem Butterfett in g
23,3	221,6	1,7	0	0,96
24,5	226,1	1,6	Spuren	1,30
25,2	224,1	1,1	0	1,10
26,3	226,2	0,1	0	1,40
26,9	227,4	0,5	0	1,10
27,1	226,5	0,6	0	1,30
27,7	227,1	0,6	0	1,20
28,0	225,1	2,9	0	1,31
29,6	227,4	2,2	Spuren	1,32
30,4	228,1	2,3	0	1,00

Kuh-Colostrumfett.

(Kolostrumfett, Colostralfett[2].)

Gehalt (% Fett) im Colostrum	Farbe bzw. Geschmack
2,4—7,0%	Tiefgoldgelb; widerwärtiger Geruch und Geschmack

$M = 5{,}115\ b - 0{,}085\ v$ (GROSSFELD 1926). Hierbei bedeutet b die Buttersäurezahl; v die Differenz: Verseifungszahl —200 (vgl. Tabelle). Über die Bestimmung des Milchfettgehaltes in ca. 0,5 g Fett („Halbmikro-Buttersäurezahl") s. GROSSFELD und WISSEMANN, Z. Lebensm. Bd. 54, S. 352. 1927.

[1] Siehe oben unter „Kennzahlen" S. 483.

[2] Mit dem Ausdruck Colostrum bezeichnet man das Milchdrüsensekret, das als Vorstufe der Milch kurze Zeit vor dem Geburtsakt und in den ersten Tagen danach abgeschieden wird. Colostralfett der Stute s. S. 479, Colostralfett der Frau s. S. 487, im Anschluß an die entsprechenden Milchfette.

Physikalische und chemische Kennzahlen.

	Dichte	Schmelzpunkt	Verseifungszahl	Jodzahl[1]	R.-M.-Zahl[2]	Pol.-Zahl[3]
Fett	d^{100}: 0,8648 bis 0,8665	35,0—39,5°	203,1—231,4	33,5—43,4	11,5—29,1; auch über 30	0,7—3,8

Säurezahl: oft sehr hoch. Unverseifbares: 0,8% Cholesterin. 0,03% Lecithin.

Frauen-Milchfett.

Gehalt (% Fett) in der Milch	Farbe	Besondere Merkmale
3,3—5%, meist unter 4% (Durchschnittswert nach PIRQUET: 3,7%)	Gelblich	Geringer Gehalt an flüchtigen Fettsäuren. Hochgradige Dispersion des Fettes in der Milch.

Bestandteile. Gesamtfettsäuren: 95,1—95,4%. Feste Säuren: vermutlich Caprin-, Laurin-, Myristinsäure, sowie 25—35% Palmitinsäure. Flüssige Säuren: von ungesättigten 52—53,8% Ölsäure (auf Fett bezogen 50,5—51,5%); von gesättigten (flüchtigen) Säuren vorwiegend Caprylsäure, wenig Capronsäure, sowie vermutlich geringe Mengen Buttersäure. Die Gesamtmenge der flüchtigen Säuren beträgt ca. 1,5% (davon sind 0,4—0,7% wasserlöslich). Unverseifbares: 0,3—0,4%.

Physikalische Kennzahlen.

	Dichte	Schmelzpunkt	Erstarrungspunkt	Lichtbrechung B.-Refr. Sk. T.
Fett	d^{100}: 0,870	30—32°	22,5°	46,5—48,8 (40°)
Säuren	—	37—39°	—	34,6—35,2 (40°)[4]

Chemische Kennzahlen.

	Verseifungszahl	Hehnerzahl	Jodzahl	R.-M.-Zahl	Pol.-Zahl
Fett	205,0—209,3	95,1—95,4	35,9—46,9 (54)[5]	1,4—3,4	1,5—2,2
Säuren	214,5—216,6[4]	M. M.-Gew.[6]: 259—265[4]	47,2—48,4[4]	—	—

Colostralfett. Brechungs-Index: 1,4642—1,469 (60°). Jodzahl: 60 (bei Beginn der Milchsekretion sinkt die Jodzahl des Fettes).

Anhang zum Hauptabschnitt „Tierfette".

(Fette von Avertebraten.)

Vorbemerkungen: Die Fette der niederen Tiere wurden in einem Anhang am Schlusse des Hauptabschnittes „Tierfette" zusammengefaßt, weil sie zufolge ihrer Zusammensetzung eine Übergangsstufe zu den Wachsen bilden. GRÜN[7]

---

[1] Die Jodzahl sinkt in dem Maße, als sich der Übergang von Colostrum in normale Milch vollzieht.

[2] Von den flüchtigen Fettsäuren nehmen insbesondere die wasserlöslichen vom ersten zum zweiten Tag stark zu, später erfolgt die Zunahme allmählich bis zum Erreichen der für Butterfett geltenden Werte.

[3] Die Pol.-Zahlen nehmen allmählich zu und erreichen gegen Ende der ersten Woche der Lactation die Werte für das Milchfett.

[4] Nicht flüchtige Säuren.

[5] Vgl. Colostralfett; s. a. Kuh-Colostrumfett, Fußnote 1.

[6] M. M.-Gew. der flüchtigen wasserlöslichen Säuren: ca. 129; der flüchtigen wasserunlöslichen Säuren: ca. 194.

[7] Ch. Ztg. Bd. 47, S. 857. 1923.

hat auf diese Tatsache schon in seinem Bericht über die Fortschritte der „Fettchemie und Fettindustrie in den Jahren 1919—1922“ hingewiesen: „Auch für die (wenigen) anderen Fette von Tieren niederer Stämme, die bisher untersucht wurden, ist der hohe Gehalt an ‚Unverseifbarem‘, Kohlenwasserstoffen oder Wachsalkoholen charakteristisch. Eine systematische Durchforschung der Fette niederer Tiere und Pflanzen würde sicher Zusammenhänge aufdecken, die biologisch und speziell auch entwicklungstheoretisch interessieren könnten. Bei den niedersten Tieren und Pflanzen, z. B. auch bei den Bakterien, findet man im Gegensatz zu den höher entwickelten weniger Glyceride als Wachsalkohole und Kohlenwasserstoffe (allerdings gibt es auch Wirbeltiere, deren Leberfett bis zu 90% aus Kohlenwasserstoffen besteht, aber bezeichnenderweise sind das Knorpelfische, die den Proselachiern am ähnlichsten geblieben sind).“

Die eigentlichen Wachse der niederen Tiere, d. h. diejenigen lipoiden Substanzen, die den auf S. 523 f. gegebenen Definitionen entsprechen, sind im zweiten Hauptabschnitt des Kapitels Wachse zusammengefaßt.

Protozoa (Urtiere). Klasse: Flagellata.

Ordnung: Cystoflagellata.

Öl von Noctiluca miliaris.

Tierart (Spender)	Verbreitung	Gehalt (% Öl)
Noctiluca miliaris, Surir	In vielen Meeren	Im Gesamtkörper 12% (mit Äther extrahiert)

Die untersuchte Probe enthielt 34,4% Unverseifbares (davon 24,3% Cholesterin) und zeigte die Säurezahl: 75,7.

Chemische Kennzahlen.

	Verseifungszahl	Jodzahl (Hübl)
Öl	262	15—33

Klasse: Sporozoa.

Ordnung: Coccidiomorpha.

Fett von Goussia gadi.

Tierart (Spender)	Verbreitung	Gehalt (% Öl)	Anmerkung
Coccidienart (Unterordnung: Coccidia)	In der erkrankten Schwimmblase von Gadus virens (Schellfischart)	Im Gesamtkörper 3,6%	Reaktion des Unverseifbaren: In Chloroform mit Eisessig und Schwefelsäure rotbraun, allmählich olivgrün, dann smaragdgrün

Bestandteile: u. a. 35,8% Unverseifbares, davon 2,9% freies Cholesterin; 26,3% als Ester gebundenes Cholesterin.

Chemische Kennzahlen.

Fett		Fettsäuren	
Verseifungszahl	Jodzahl	M. M.-Gew.	Jodzahl
145,6	100,5	234,4	116,2

Das Fett ist besonders reich an freien Säuren und an Cholesterin; es ähnelt dem Fett degenerierter menschlicher Organe. Die untersuchte Probe hatte die Säurezahl 35,9.

Metazoa. Klasse: Hydrozoa.

Ordnung: Syphonophora.

Fett einer Qualle.

Tierart (Spender) und Tierfamilie	Verbreitung	Gehalt (% Öl)
Velella spirans, ESCHZ. Fam.: Velellidae	Mittelmeer	Gesamtkörper, getrocknet: 2,8% (mittels Äther extrahiert)

Bestandteile. 59% gesättigte Säuren: Myristin-, Palmitin- und Stearinsäure; 22% ungesättigte Säuren; geringe Mengen wasserlöslicher Säuren (Ameisensäure). 5,3% Unverseifbares (Cholesterin, Cetylalkohol); 5,6% Phosphatide (berechnet als Lecithin aus dem P-Gehalt 0,33%).

Chemische Kennzahlen.

	Verseifungszahl	Hehnerzahl	Jodzahl
Fett	190	91	74,1

Klasse: Scyphozoa.

Ordnung: Lobomedusae (Lappenquallen).

Gonadenfett von Rhizostoma.

Tierart (Spender) und Tierfamilie	Verbreitung	Gehalt (% Öl)	Farbe bzw. Geruch	Konsistenz
Rhizostoma cuvieri, EISENHARDT Fam.: Pilemidae	Mittelmeer	Gonaden: ca. 0,4%	Braun, mit schwacher grüner Fluorescenz; tranartiger Geruch	Zähflüssig; wird bei 7° teigig fest

Bestandteile. Fettsäuren: 36% gesättigte und 64% ungesättigte; keine Stearin- und Ölsäure, dagegen Ameisensäure, Capryl-, Myristin-, Palmitin- und Linolensäure. 2,9% Unverseifbares (Cholesterin, Cetylalkohol). Bei der Bromierung wurden ätherunlösliche Polybromide erhalten.

Physikalische und chemische Kennzahlen.

	Dichte	Verseifungszahl	Hehnerzahl	Jodzahl	R.-M.-Zahl
Fett	$d^{17,5}$: 0,9606	190,7	83,7	110,4	2,6
Säuren	—	—	—	Innere Jodzahl: 177	—

Das untersuchte Muster hatte die Säurezahl 52,2.

Klasse: Aschelminthes.

Ordnung: Nematodes (Fadenwürmer).

Ascaridenfett.

Tierarten (Spender) und Tierfamilie	Vorkommen	Gehalt (% Öl)	Anmerkung
Ascaris lumbricoides; Ascaris megalocephala Fam.: Ascaridae	Weit verbreitet, vgl. Anmerkung	In der Trockensubstanz: 10,9% (mit Äther und Chloroform extrahiert)	Die untersuchten Proben stammten von Pferde- und Schweine-Spulwürmern

Bestandteile. 65% Gesamtfettsäuren. Auf das Gesamtfett bezogen sind ca. 31% gesättigt und ca. 34% ungesättigt; auf die Fettsäuren bezogen sind ca. 31% flüchtig (Ameisensäure, Propionsäure, Buttersäure, Valeriansäure) und ca. 69% nicht flüchtig (wenig Palmitinsäure, größere Mengen Stearin- und Ölsäure). 24,7% Unverseifbares (Ascarylalkohol $C_{32}H_{64}O_4$). 6,6% Lecithin; 1,24% andere Lipoide. Die untersuchte Probe gab 2,4% Glycerin.

Klasse: Chaetopoda.

Ordnung: Oligochaeta.

Öl des Regenwurms.

Tierarten (Spender) und Tierfamilie	Vorkommen	Gehalt (% Öl)	Farbe bzw. Geruch	Anmerkung
Perichaeta communissima, GOTO et HATAI; Lumbricus spenceri Fam.: Lumbricidae	Weit verbreitet; die untersuchte Probe stammte aus Japan	Ganze Tiere, getrocknet[1]: 2,3% (mit Äther extrahiert)	Dunkelbraun; unangenehmer Geruch	Der ätherische Extrakt der Droge (s. Fußnote 1) ist ein mit körniger Substanz durchsetztes dickes Öl mit sehr hohem Gehalt an Unverseifbarem

Bestandteile. Fettsäuren: Palmitin- und Stearinsäure; geringe Mengen stark ungesättigter flüssiger Säuren, die Polybromide mit einem Bromgehalt von 62,7—65,1% liefern. Unverseifbares: 31,2%.

Physikalische und chemische Kennzahlen.

	Dichte d_4^{15}	Verseifungszahl	Hehnerzahl	Jodzahl	R.-M.-Zahl
Öl	0,9717	115,9	68,9	73,6	3,9

Eine Probe zeigte die Säurezahl 98.

Klasse: Branchiata. Unterklasse: Crustacea (Krebse).

Ordnung: Malacostraca.

Leberöl von Birgus latro[2].

Tierart (Spender) und Tierfamilie	Verbreitung	Fettsäuren
Birgus latro, HBST. Fam.: Paguridae (Dekapodien)	Neue Hebriden, Ostindien	Wenig Capron- und Caprylsäure; vorwiegend Laurinsäure. Wenig Palmitin- und Stearinsäure

Klasse: Eutracheata. Unterklasse: Insecta.

Ordnung: Orthoptera.

Fett der Wanderheuschrecke[3].

Tierart (Spender) und Tierfamilie	Verbreitung	Gehalt (% Öl)	Farbe	Konsistenz
Pachytylus migratorius, L. Fam.: Acridiidae	Östliches Europa	Getrocknete Tiere: ca. 8%; frischgelegte Eier: 4—5%	Goldgelb	Bei 2° butterartig

In manchen Heuschreckenarten fand man bis zu 18% Fett.

---

[1] In Japan als Droge verwendet.
[2] Über das Leberöl einer japanischen Krebsart s. Nachtrag S. 512.
[3] Ausführliche Angaben über das Öl einer japanischen Heuschreckenart finden sich auf S. 512 f. des Nachtrages.

Ordnung: Lepidoptera.

Chrysalidenöl.

(Öl des Seidenspinners.)

Tierart (Spender) und Tierfamilie	Verbreitung	Gehalt (% Öl)	Farbe	Konsistenz
Bombyx mori, L. Fam.: Bombycidae	Heimat: China	Puppen, extrahiert: 26,3 bis 27,3%; Cocons: ca. 25%	Gelblichrot bis dunkelbraun	Butterartig

Bestandteile. Gesamtfettsäuren (von Öl III): 96,1%; darunter 23,8% feste und 71,3% flüssige Säuren (davon ca. 30% Ölsäure, 49% Linolsäure, 21% Linolensäure). Glyceride: Palmito-diolein; Dioleo-linolenin; Isolinoleo-dilinolenin; Triolein; Trilinolenin; Palmito-oleo-linolenin. Unverseifbares: 1,6—4,9%; nach anderen Angaben bis 10% (Cholesterin, Bombycesterin und höhere Kohlenwasserstoffe, und zwar ein bei 62,5° schmelzendes Octakosan $C_{28}H_{58}$ und ein bei 41—42° schmelzender, anscheinend ebenfalls gesättigter Kohlenwasserstoff). Eine Probe gab 9,4% Glycerin.

Physikalische Kennzahlen.

	Dichte	Schmelzpunkt	Erstarrungspunkt	Brechungs-Index n_D	Zähigkeit (absolut)
Öle I	$d^{15,5}$: 0,9280	—	0° (7—10°)	1,4757 (20°)	—
Öl II	d_{40}^{40}: 0,9105—0,919	—	—	—	—
Öl III	d_4^{20}: 0,9259	—	—	1,4707 (20°)	η_{20}: 46,05
Säuren von I	$d_{15,5}^{100}$: 0,8513	36,5°	(27—28°)[1]	—	—
„ „ II	—	30°	—	—	—

Chemische Kennzahlen.

	Verseifungszahl	Hehnerzahl	Acetylzahl	Jodzahl	R.-M.-Zahl	Hydrierzahl[2]	Polybromide
Öle I	190,0—194,1	94,5	19,7	116,3—117,8 124,2—131,9 (Wijs)	3,2—3,4	—	—
Öl II	191,0	—	—	105,2	3,2	—	—
Öl III	192,2	—	—	132,5	—	105,2	—
Säuren von I	Neutral-Z.: 199,3	M. M.-Gew.: 281,4—283,0	—	135,8 (Wijs) Innere Jodzahl: 178,7	—	—	12—28%
von III	199	182	—	175,5—176,4	—	—	bis 30% (Bromgehalt: 63,6%)

Öle I von verschiedener Herkunft; zwei Proben hatten Säurezahlen von 18,7 bzw. 62,8. Öl II stammte von abgewickelten Cocons. Öl III zeigte die Säurezahl 8,5.

Fett eines Nachtschmetterlings.

Tierart (Spender) und Tierfamilie	Verbreitung	Gehalt (% Öl)	Farbe	Konsistenz
Myelobia smerintha, Hübn. Fam.: Cossidae	Brasilien	Gesamtkörper: 22% (mit Petroläther extrahiert)	Gelblichweiß	Butterartig

Fettsäuren: 33,6% feste Säuren, darunter Stearinsäure. 56,4% flüssige Säuren, darunter Ölsäure.

[1] Bei Handelsproben bis 34,5°. — Bei weitgehend gespaltenen Proben (Säurezahlen über 90) fand man auch für das Öl Erstarrungspunkte über 20° (und Schmelzpunkte bis ca. 32°).

[2] Grün und Halden, Z. D. Öl- u. Fettind., Bd. 44, S. 2. 1924; siehe Bd. I, S. 188ff.

Physikalische und chemische Kennzahlen.

	Schmelzpunkt	Erstarrungspunkt	Verseifungszahl	Hehnerzahl	Jodzahl	R.-M.-Zahl	Pol.-Zahl
Fett	29°	24°	192,7	96,5	53,7	0,7	0,8
Säuren	46°	42°	194,5	—	—	—	—

Die untersuchte Probe war schwach ranzig und hatte die Säurezahl 51,8.

Ordnung: Diptera.

Mückenfett.

(Chironomusfett.)

Tierarten (Spender) und Tierfamilie	Verbreitung	Fettausbeute	Farbe bzw. Geruch	Jodzahl
Chironomus stereorarius und Ch. plumosus, sowie Trichocera hiemalis Fam.: Chironomidae	Die untersuchte Probe stammte aus Europa	Von 141000 Tieren (etwa 12 g): ca. 1 g durch Extraktion mit Benzol	Braun; unangenehmer Geruch	50,6

Das Fett bildet eine halbfeste Masse, oxydiert sich bei längerem Liegen und wird firnisartig hart. Eine Probe enthielt 10,2% wachsartige unverseifbare Bestandteile.

Ordnung: Coleoptera.

Maikäferöl.

Tierart (Spender) und Tierfamilie	Verbreitung	Gehalt (% Öl)	Farbe bzw. Geruch	Konsistenz
Melolantha vulgaris, F. Fam.: Scarabaeidae	Europa	Ganze Tiere getrocknet: 14,2—16,9% (mit Äther extrahiert)	Rötlichbraun; charakteristischer, nicht unangenehmer Geruch	Dickflüssig

Physikalische und chemische Kennzahlen.

	Dichte d_{15}^{15}	Schmelzpunkt	Erstarrungspunkt	Brechungs-Index n_D	Verseifungszahl	Jodzahl	R.-M.-Zahl
Öl	0,925	—	—	1,4678 (20°)	157,5	73,7	1,8
Säuren	—	31°	27°	—	—	—	—

Das untersuchte Muster hatte die Säurezahl 42,5.

Ordnung: Rhynchota.

Fett der Blutlaus[1].

Tierart (Spender) und Tierfamilie	Verbreitung	Farbe und sonstige Beschaffenheit
Schizoneura lanigera, Hausm. Fam.: Aphidae (Blattläuse)	An Narben und Safttrieben von Apfelbäumen	Rohfett: „harte, fast kreideartige, sich etwas fettig anfühlende Masse“; gereinigt: rein weiß, kreideartig, körnig, nicht fettig; bildet auf Papier keinen Fettfleck.

[1] Das Insekt führt seinen Namen infolge seines Gehaltes an einem intensiv roten Farbstoff. Die Blutlaus scheidet feine, weiße, wollige Fäden von etwa $1/2$ cm Länge aus, die oft ganze Zweige dicht überziehen und aus der oben beschriebenen Fettsubstanz bestehen.

Bestandteile: die Hauptmenge des öfters fälschlich als Wachs bezeichneten Substanzgemisches ist das Glycerid einer gesättigten Säure mit 20—22 Kohlenstoffatomen und wahrscheinlich verzweigter Kette. Die Rohsäure (Jodzahl 19) enthält geringe Mengen ungesättigter Fettsäuren; die Ausbeute betrug im ganzen 76%. Glyceringehalt schätzungsweise 7—10%.

Kennzahlen.

Fett: Schmelzpunkt roh	Fett: Schmelzpunkt rein	Fett: Verseifungszahl	Säuren: Schmelzpunkt roh	Säuren: Schmelzpunkt rein	Säuren: M. M.-Gew.
51—52°	48—49°	204—213	38—39°	36°	327

Cochenille-Fett[1].

Tierart (Spender) und Tierfamilie	Verbreitung	Gehalt (% Öl)	Farbe	Konsistenz
Coccus cacti, L. Fam.: Coccidae	Heimat: Mexiko	Graue Cochenille: 7,7—12,1%; schwarze Cochenille: 14,3%	Rötlich bis tiefrot	Schmalzartig

Bestandteile. Nach älteren Angaben u. a. zwei Säuren, $C_{12}H_{22}O_2$ und $C_{14}H_{26}O_2$, ferner zwei alkoholartige (?) Substanzen von der Zusammensetzung $C_{15}H_{26}O$ bzw. $C_{36}H_{72}O$ (s. Bd. I, S. 35). In neuerer Zeit fand man in einem beinahe vollständig gespaltenen Muster folgende Bestandteile: 89% freie Fettsäuren (57% Myristinsäure, 35% Ölsäure und 8% Linolensäure); 8% Glyceride; 3% Unverseifbares (orangegelbe Substanz mit hoher Jodzahl).

Physikalische und chemische Kennzahlen.

	Schmelzpunkt	Jodzahl
Fett	32°	50,5

Insekten-Larvenöle[2].

Öl I. Farbe: gelb; angenehmer Geruch. Konsistenz: dickflüssig. Öl II. Farbe: tiefbraun; unangenehmer Geruch. Konsistenz: fest.

Bestandteile. Öl I: 15,7% gesättigte Säuren; 61,0% ungesättigte Säuren; 1,3% Unverseifbares. Öl II: 27,6% gesättigte Säuren; 49,4% ungesättigte Säuren; 4,8% Unverseifbares.

Physikalische und chemische Kennzahlen.

	Dichte d_{15}^{15}	Schmelzpunkt	Erstarrungspunkt	Verseifungszahl	Hehnerzahl	Jodzahl
Öl I	0,915	—	−10°	186,1	76,7	83,9
Öl II	0,964	—	+23°	184,8	77,0	86,7
Säuren				Neutral.-Z.:	M. M.-Gew.:	Innere Jodzahl:
von I	—	26°	23,2°	241,0	268,6	95,1
von II	—	33,3°	32,9°	228,7	263,2	139,6

Öl I enthielt 4,2% freie Fettsäuren (Säurezahl 8,5). Öl II, weitgehend verändert, hatte 55,9% freie Fettsäuren (Säurezahl 113,0).

[1] S. a. „Cochenille-Wachs", S. 577.
[2] Ungenannter Herkunft.

Klasse: Conchifera.

Ordnung: Lamellibranchiata (Muscheltiere).

Fettgehalt der Miesmuschel (Mytilus edulis, Fam.: Mytilidae).

Roh	Gedünstet oder gekocht	Geräuchert	Getrocknet und gepulvert
1,3%	2,4%	4,7%	6,9%

Fettgehalt von gesalzener Ware.

Ungewässert	Gewässert	Gedörrt und ungewässert	Gedörrt und gewässert
2,5%	2,1%	6,5%	3,5%

Cholesteringehalt: ca. 2,2%.

Ordnung: Cephalopoda (Kopffüßer).

Tintenfischöle.

Öl von Todarus sagittatus.

Tierart (Spender)	Gehalt (% Öl) im Organ
Todarus sagittatus, Lk.	Extraktion mit Äther: Köpfe und Tentakel 1%, Eingeweidesäcke und Schwimmblasen: 1,25%; Eingeweide und Geschlechtsdrüsen: 10% Fett, bezogen auf Frischgewicht

Unverseifbares: in Ölmustern aus verschiedenen Körperteilen 8,0—25%; ausschließlich Cholesterin. — Fettsäuren: 75—88%.

Physikalische und chemische Kennzahlen[1].

	Dichte d_{15}^{15}	Verseifungszahl	M. M.-Gew.	Acetylzahl	Jodzahl
Öle	Über 0,930	135,7—163,4	—	28,7—94,2	144,5—173,6
Säuren	—	187,5—190,3	294—298	—	175,4—205,2

Öl von Watasenia scintillans.

„Hotaru-ika"-Öl — „Luminous cuttle fish"-oil.

Tierart (Spender)	Farbe bzw. Geruch	Konsistenz
Watasenia scintillans	Rötlich-orange; eigenartiger Geruch	Zähflüssig

Unverseifbares: 9,8% (vorwiegend Cholesterin); Reaktion mit konz. Schwefelsäure in Schwefelkohlenstoff: schmutzig-violett; mit japanischer Fullererde: schmutzig-grün.

Physikalische und chemische Kennzahlen.

	Dichte d_4^{15}	Brechungs-Index n_D	Verseifungszahl	Jodzahl (Wijs)	Polybromide (ätherunlöslich)
Öl	0,9427	1,4845 (20°)	167,4	180,5	—
Säuren	—	—	—	—	69,7% (Bromgehalt: 70,3%)

Das untersuchte Muster zeigte die Säurezahl 18,9.

[1] Die Kennzahlen beziehen sich auf Öle aus verschiedenen Körperteilen.

„Calamary“-Öl[1] von Hokkaido.

Tierart (Spender) und Tierfamilie	Verbreitung	Gehalt (% Öl) im Organ	Farbe bzw. Geruch	Besonderes Merkmal. Reaktionen
Ommastrephes sloani pacificus Fam.: Ommastrephidae	Hokkaido (Japan)	Gesamteingeweide: 20%; Leber allein: 30%	Bräunlich-gelb; Geruch ähnlich dem von Fisch-Leberölen	Hoher Gehalt an Vitamin A, dessen wachstumsfördernde Wirkung die des Dorschleberöles stark übertrifft. Reaktionen. Konz. Schwefelsäure: schwach rötlich-violett. Antimontrichlorid in Chloroform: blaß grünlich-blau

Fettsäuren: 22,6% feste Säuren (u. a. Palmitinsäure); 77,4% flüssige Säuren (wahrscheinlich vorwiegend Ölsäure und möglicherweise Cetoleinsäure; mittels der Lithiumsalz-Aceton-Methode wurden 41,3% hoch-ungesättigte Säuren mit der Jodzahl 372,1 festgestellt).

Unverseifbares: 4,2%, organgegelb, fest; Reaktionen: mit konzentrierter Schwefelsäure in Schwefelkohlenstoff schmutzigviolett; mit konzentrierter Schwefelsäure in Essigsäureanhydrid blau, dann violett, schließlich dunkelgrün; mit japanischer Fullererde in Benzol blaugrün, nach Abdampfen des Lösungsmittels bläulichgrau; mit Antimontrichlorid in Chloroform blaugrün.

Physikalische und chemische Kennzahlen.

	Dichte d_4^{15}	Schmelzbereich	Brechungs-Index n_D	Verseifungszahl	Jodzahl[2]	Polybromide (ätherunlöslich)
Öl	0,9300	—	1,4833 (20°)	176,9	179,5	—
Säuren	—	31—38°	—	Neutral.-Z.: 188,6	185,2 Innere Jodzahl: 241,7	76,3% (Bromgehalt: 71,4%)

Säurezahl: 18,2.

„Calamary“-Öl[3].

Cuttle fish oil.

Tierarten (Spender)	Farbe bzw. Geschmack	Anmerkung
Verschiedene Arten aus der Ordnung Cephalopoda	Bräunlichrot; widerlicher Geruch und Geschmack	Das Öl erstarrt beim Abkühlen mit Eis in 5 Stunden. Reaktion mit konzentrierter Schwefelsäure: tiefbraun, rotstichig

Unverseifbares: 1,1%.

Physikalische und chemische Kennzahlen.

	Dichte d_{15}^{15}	Schmelzpunkt	Brechungs-Index n_D	Verseifungszahl	Jodzahl (Wijs)	Polybromide (ätherunlöslich)
Öl	0,9316	—	1,4806 (20°)	189,6	177,0	—
Säuren	—	35—36°	—	—	—	57,5%

Die untersuchte Probe zeigte die Säurezahl 3,9; sie enthielt 0,7% Oxysäuren und gab 10,2% Glycerin.

[1] Vorwiegend aus der Leber stammend.

[2] Bestimmt nach der Pyridin-dibromid-sulfat-Methode.

[3] Das Öl wird aus den inneren Organen, hauptsächlich aus den Lebern verschiedener Tintenfische gewonnen. In Japan ist es unter dem Namen „Ika-abura“ im Handel.

Klasse: Echinozoa.

Ordnung: Asteroidea.

Seestern-Öl.

Tierart (Spender) und Tierfamilie	Verbreitung	Gehalt (% Öl)	Farbe bzw. Geruch	Anmerkung
Asterias rubens, L. Fam.: Asteriidae	Atlantischer Ozean	Ganze Tiere, trocken gepulvert: 6,8 bis 8,3%	Gelb bis braun; schwacher lebertranartiger Geruch	Die untersuchten Proben stammten von der französischen Küste

Unverseifbares[1]: 38,9%.

Physikalische und chemische Kennzahlen.

	Dichte d_{15}^{15}	Lichtbrechung: B.-Refr. Sk. T.	Crismerzahl	Verseifungszahl	Jodzahl
Öl	0,9372	47 (22°)	48°	159,1	132,7

Nachtrag[2].

(Mitbearbeitet von Dr. Friedl Jele.)

1. Pflanzenfette.

Unterabteilung: Gymnospermae. Klasse: Coniferae.

Chilgozaöl.

(Zu Gerardsfichten-Samenöl, S. 19.)

Stammpflanze und Pflanzenfamilie	Verbreitung	Gehalt (% Öl) im Organ	Farbe
Pinus Gerardiana Fam.: Pinaceae	Himalaya, Afghanistan, Persien	Kern: ca. 50%; durch Pressen: ca. 34%	Hellgelb

Fettsäuren: 4,9% gesättigte und 95,1% ungesättigte (57,2% Ölsäure und 42,8% Linolsäure). 0,5% Unverseifbares mit Jodzahl 68,4.

Physikalische und chemische Kennzahlen.

	Dichte	Schmelzpunkt	Brechungs-Index n_D	Verseifungszahl	Hehnerzahl	Acetylzahl	Jodzahl	R.-M.-Zahl
Öl	d_4^{32}: 0,9144	—	1,4709 (32°)	192,4	95	4,1	121,3	0,3
Fettsäuren	d_4^{30}: 0,8952	—	1,4622 (30°)	Neutral.-Z.: 200,2	M. M.-Gew.: 280,2	—	127,7	—
Gesättigte Säuren	—	53,5°	—	—	—	—	—	—

Die untersuchte Probe hatte die Säurezahl 3,9.

[1] Aus den Körpern und Eiern von Asterias forbesi wurde Asteriasterin vom Schmelzpunkt 70° isoliert (Acetat-Schmelzpunkt 97°; Benzoat-Schmelzpunkt 125°). Reaktion nach Liebermann-Burchard: intensiv purpurblau (nach ca. 5 Minuten tritt Entfärbung ein); nach Salkowski bzw. Rosenheim: undeutlich; nach Whitby (s. Bd. I, S. 260): rotgelb mit grüner Fluorescenz (keine Purpurfärbung in der Chloroformschicht). Asteriasterin gibt mit dem Reagens von Lifschütz (s. ebenda) eine rötlichbraune Färbung. — In anderen Echinodermen, wie Echinarachinus parma und Arbacia punctulata konnte nur Cholesterin nachgewiesen werden.

[2] Die Anordnung der in diesen Nachtrag aufgenommenen Fette erfolgte ausschließlich auf Grund des botanischen bzw. zoologischen Systems.

Unterabteilung: Angiospermae.

Reihe: Principes.

Awarra-Kernfett.

(Zu Jauari-Kernfett, S. 206.)

Stammpflanzen und Pflanzenfamilie	Verbreitung	Farbe
Astrocaryum Jauari, MART. bzw. Astrocaryum segregatum, DRUDE (Awarra-Palme). Fam.: Palmae	Brasilien	Rötlich

Physikalische und chemische Kennzahlen.

	Dichte d_{15}^{100}	Schmelzpunkt	Erstarrungspunkt	Brechungs-Index n_D	Verseifungszahl	Jodzahl (HÜBL)
Fett	0,8660	30,8°	—	1,4505 (40°)	241,9	14.6
Fettsäuren	—	—	27,0°	—	—	—

Die untersuchte Probe zeigte die Säurezahl 0,4 und enthielt 0,5% Unverseifbares.

Awarra-Fruchtfleischöl.

Gehalt (% Öl) im Organ	Farbe bzw. Geruch	Verseifungszahl	Jodzahl
45,5%	Gelbrot; Geruch ähnlich dem des Palmöles	195,8	68

Reihe: Centrospermae.

Yamagobo-Samenöl.

Stammpflanze und Pflanzenfamilie	Verbreitung	Farbe	Anmerkung
Phytolacca acinosa, ROXB. Fam.: Phytolaccaceae	Tropen und Subtropen	Hellorange	Das Öl gibt in der Kälte eine starke Abscheidung

Fettsäuren: 7,7% feste und 92,3% flüssige Säuren, darunter Linolsäure. — 1,7% Unverseifbares.

Physikalische und chemische Kennzahlen.

	Dichte d_4^{15}	Brechungs-Index n_D	Verseifungszahl	Jodzahl
Öl	0,9148	1,4713 (20°)	186,2	104,6
Fettsäuren	—	—	Neutral.-Z.: 198,5	105,7

Reihe: Ranales.

Pfingstrosen-Samenöl.

Stammpflanze und Pflanzenfamilie	Verbreitung	Farbe
Paeonia spec. Fam.: Ranunculaceae	Gemäßigte Zone von Asien und Europa	Öl I, mit Tetrachlorkohlenstoff kalt extrahiert: honiggelbbraun; Öl II, warm extrahiert: dunkelgelbbraun

Physikalische und chemische Kennzahlen.

	Dichte d_{15}^{15}	Verseifungszahl	Hehnerzahl	Acetylzahl	Jodzahl	R.-M.-Zahl	Pol.-Zahl
Öl I	0,9600 (?)	211,3	91,9	ca. 13	187,1	1,5	0,6
Öl II	0,9830 (?)	227	91,9	ca. 13	188,4	3,6	0,5

Öl I hatte die Säurezahl 14; Öl II zeigte die Säurezahl 13,4 und gab 11,7% Glycerin.

„Yabunikukei"-Samenöl.

Stammpflanze und Pflanzenfamilie	Verbreitung
Cinnamomum pedunculatum, NEES. Fam.: Lauraceae	Tropisches Asien, Ostasien, Australien

Bestandteile: Vermutlich über 50% Caprinsäure; außerdem Laurinsäure und etwas Myristinsäure; ferner geringe Mengen Ölsäure. Unverseifbares: 0,4%.

Physikalische und chemische Kennzahlen des Öles.

Dichte d^{100}	Schmelzpunkt	Brechungs-Index n_D	Verseifungszahl	Jodzahl	R.-M.-Zahl
0,8476	32,2°	1,4496 (40°)	276,9	ca. 2	1,1

Die durch Extraktion gewonnene Probe zeigte die Säurezahl 1,6.

Avocado-Fruchtfleischöl.

(Zu Avocatofett, S. 230.)

Stammpflanze und Pflanzenfamilie	Verbreitung	Gehalt (% Öl) im Organ	Farbe bzw. Geschmack und Geruch
Persea gratissima Fam.: Lauraceae	Westindien, tropisches Südamerika	Fruchtfleisch getrocknet: bis 70% (Samen, lufttrocken: ca. 2%)	Mit Äther extrahiert oder gepreßt: im durchfallenden Licht dunkelgrün, im reflektierten Licht rot. Das gepreßte Öl ist lichter gefärbt und besitzt angenehm fruchtartigen Geschmack und schwachen Geruch

Bestandteile. Fettsäuren: 7,2% gesättigte (0,8% Myristin-; 91,9% Palmitin-; 7,3% Stearin-; 0,04% Arachinsäure) und 84,3% ungesättigte (87,8% Ölsäure und 12,2% Linolsäure). Unverseifbares: 1,6%.

Physikalische und chemische Kennzahlen.

	Dichte d_{25}^{25}	Brechungs-Index n_D	Verseifungszahl	Acetylzahl	Jodzahl (HANUS)	R.-M.-Zahl	Pol.-Zahl
Öl	0,9132	1,4700 (20°)	192,6	9,2	94,4	1,7	0,2
Fettsäuren	—	—	—	—	Innere Jodzahl: 101,2	—	—

Die durch Extraktion gewonnene Probe zeigte die Säurezahl 2,8. Bei einjährigem Lagern des gegen Tageslicht nicht geschützten Öles erhöhte sich die Säurezahl einer Probe von 1 auf 3.

Reihe: Rhoeadales.

Samenöl von Brassica elongata.

Stammpflanze und Pflanzenfamilie	Farbe bzw. Geschmack
Brassica elongata (Erucastrum elongatum) Fam.: Cruciferae	Bräunlichgelb; bitter, mit brennendem Beigeschmack

Chemische Kennzahlen des Öles.

Verseifungszahl	Jodzahl (HÜBL)
176	116,3

Die untersuchte Probe zeigte die Säurezahl 4,5.

Samenöl von Sisymbrium.

Stammpflanze und Pflanzenfamilie	Gehalt (% Öl) im Organ	Farbe	Jodzahl
Sisymbrium Loeselii Fam.: Cruciferae	Samen: ca. 30%	Gelblichgrün; ohne Beigeschmack	141,3

Reihe: Rosales.

Adenanthera-Samenöl.

(Zu Korallenbaumöl, S. 246.)

Stammpflanze und Pflanzenfamilie	Verbreitung	Gehalt (% Öl) im Organ	Farbe bzw. Geruch
Adenanthera pavonina (Rotholzbaum) Fam.: Leguminosae (Mimosoideae)	Tropisches Asien; in Afrika und Amerika kultiviert	Samen, mit Petroläther extrahiert: 14%	Extrahiert: schwach rötlich; eigenartiger Geruch

Bestandteile des Rohöles. Fettsäuren: 36% gesättigte (0,4% Myristin-; 9,0% Palmitin-; 1,1% Stearin-; 25,5% Lignocerinsäure) und 64% ungesättigte (49,3% Ölsäure und 14,7% Linolsäure). 1,4% Unverseifbares (Sitosterin mit dem Schmelzpunkt 135°).

Physikalische Kennzahlen.

	Dichte $d^{15,5}$	Erstarrungspunkt	Brechungs-Index n_D	Zähigkeit (REDWOOD)
Öl	0,9168	—	1,4570 (60°)	188 Sek.
Fettsäuren	—	58,4°	1,4541 (60°)	—

Chemische Kennzahlen.

	Verseifungszahl	Hehnerzahl	Acetylzahl	Jodzahl	R.-M.-Zahl	Pol.-Zahl
Öl	181,4	95,5	3,4	87,9	1,2	0 ,2
Fettsäuren	—	M. M.-Gew.: 301 (gesättigte: 328; ungesättigte: 286)	—	Innere Jodzahl: 111	—	—

Die durch Extraktion gewonnene Probe zeigte die Säurezahl 0,6.

Reihe: Geraniales.

Kirondrosamenöl.

Stammpflanze und Pflanzenfamilie	Verbreitung	Gehalt (% Öl) im Organ	Farbe usw.	Anmerkung
Perriera Madagascariensis, COURCHET Fam.: Simarubaceae	Madagascar	Samen: 13,8%	Mit Kohle raffiniert: fluoresziert schwach im Sonnenlicht, intensiv im WOOD-schen Licht. Geruch- und geschmacklos	Das Öl wird bei 12° trüb und bei ca. 5° halbfest. Es enthält Kirondrin ($C_{24}H_{37}O_{10}$), das toxische Eigenschaften besitzt

Fettsäuren: 2,6% wasserlösliche und 0,5% wasserunlösliche flüchtige Säuren; 94,7% nicht flüchtige Säuren, davon 16,5% Palmitinsäure, 58,1% Ölsäure und 18,8% Linolsäure. Die flüssigen Säuren bestanden in einem Falle aus 75,5% Ölsäure und 24,5% Linolsäure (berechnet aus der „Bromzahl" 70,7); aus der inneren Jodzahl berechnet: 63,8% Ölsäure und 26,2% Linolsäure.

Physikalische und chemische Kennzahlen.

	Dichte d_4^{15}	Erstarrungspunkt	Brechungs-Index n_D	Verseifungszahl	Jodzahl
Öl	0,9283	11,5°	1,4733 (15°)	200,4	94,1
Fettsäuren	—	—	—	—	123 (Innere Jodzahl)

Die untersuchte Probe zeigte die Säurezahl 56,5 und enthielt 0,7% unverseifbare Bestandteile (Phytosterine). Eine Probe Fruchthüllenöl zeigte den Brechungsexponenten $n_D^{15} = 1{,}4265$ und enthielt kein Kirondrin.

Samenöl von Euphorbia platyphylla.

Stammpflanze und Pflanzenfamilie	Verbreitung	Gehalt (% Öl) im Organ	Farbe	Reaktionen. Anmerkung
Euphorbia platyphylla, L. Fam.: Euphorbiaceae	Die untersuchte Probe stammte aus Frankreich	Samen: 30,2—34,4%	Kalt gepreßt oder mit Petroläther extrahiert: hellgelb (mit anderen Lösungsmitteln dunkler); ohne charakteristischen Geschmack und Geruch	Elaidinierung: negativ. BELLIER: Ölschicht dunkelviolett, Säureschicht gelb. — Das Öl wirkt purgierend.

Bestandteile. Fettsäuren: 3,6% feste und 96,4% flüssige (0,07% wasserlösliche Säuren, berechnet als Buttersäure). Unverseifbares: 0,7%.

Physikalische Kennzahlen.

	Dichte d_{15}^{15}	Erstarrungspunkt	Brechungs-Index n_D	Optisches Drehungsvermögen	Kritische Lösungstemperatur (Crismerzahl)
Öl I	0,9355	−30°	1,4856 (15°) 1,4830 (22°)	$[\alpha]_D = \pm 0°$	66° (Alkohol, d=0,7967)
andere Öle	0,9355—0,936	—	1,4856 bis 1,4860 (15°)	—	—
Fettsäuren	—	—	1,4735 (22°)	—	—
flüssige	—	—	1,4745 (22°)	—	—

Absorptionsspektrum (5 cm): 3 schmale Banden.

Chemische Kennzahlen.

	Verseifungszahl	Hehnerzahl	Acetylzahl (ANDRÉ)	Jodzahl (WIJS)	R.-M.-Zahl	Pol.-Zahl	Ätherunlösliche Bromide (HEHNER-MITCHELL)
Öl I	191,1	95,6	6,2	211,6	0,3	0,2	68%
andere Öle	—	—	—	206,9—211,6	—	—	—
Fettsäuren flüssige	Neutral.-Z.: 199,1	—	—	220,3	—	—	—
	—	—	—	227,8	—	—	—

Öl I war durch kaltes Pressen gewonnen und zeigte die Säurezahl 1,0. Andere Öle enthielten 0,5—1,5% freie Fettsäuren (als Ölsäure berechnet).

Maximale Gewichtszunahme beim Trocknen (BISHOP): 21,6%.

Samenöl von Euphorbia verrucosa.

Stammpflanze und Pflanzenfamilie	Verbreitung	Gehalt (% Öl) im Organ	Farbe	Reaktionen. Anmerkung
Euphorbia verrucosa, JACQ. Fam.: Euphorbiaceae	Das untersuchte Muster stammte aus Frankreich	Samen: 25,7% (Öl I); 18,8—30,5%	Kalt gepreßt oder mit Petroläther extrahiert: hellgelb (mit anderen Lösungsmitteln: dunkler); ohne charakteristischen Geschmack und Geruch	Elaidinierung: negativ. BELLIER: Öl dunkelviolett, Säureschicht gelb. — Das Öl wirkt purgierend

Bestandteile. Fettsäuren: 2,5% feste und 97,5% flüssige (0,1% wasserlösliche Säuren, berechnet als Buttersäure). Unverseifbares: 1%.

Physikalische Kennzahlen.

	Dichte d_{15}^{15}	Erstarrungspunkt	Brechungs-Index n_D	Optisches Drehungsvermögen	Kritische Lösungstemperatur (Crismerzahl)
Öl I	0,9356	−24°	1,4855 (15°) 1,4829 (22°)	$[\alpha]_D = +10'$	65° (Alkohol, $d = 0{,}7967$)
andere Öle	0,9347 bis 0,9364	—	1,4848 bis 1,4858 (15°)	—	—
Fettsäuren	—	—	1,4740 (22°)	—	—
flüssige	—	—	1,4745 (22°)	—	—

Absorptionsspektrum (5 cm): 3 schmale Banden.

Chemische Kennzahlen.

	Verseifungszahl	Hehnerzahl	Acetylzahl (ANDRÉ)	Jodzahl (WIJS)	R.-M.-Zahl	Pol.-Zahl	Ätherunlösliche Bromide (HEHNER-MITCHELL)
Öl I	190,4	95,6	10,4	209,0	0,2	0,3	60,6%
andere Öle	—	—	—	204,5 bis 213,0	—	—	—
Fettsäuren flüssige	Neutral.-Z.: 197,5	—	—	218,1	—	—	—
	—	—	—	222,3	—	—	—

Öl I war durch Pressen gewonnen und zeigte die Säurezahl 2,4. Andere Öle enthielten 1,1 bis 5,6% freie Fettsäuren (als Ölsäure berechnet).

Maximale Gewichtszunahme beim Trocknen (BISHOP): 21,2%.

Samenöl von Euphorbia paralias.

Stammpflanze und Pflanzenfamilie	Verbreitung	Gehalt (% Öl) im Organ	Farbe bzw. Geschmack	Reaktionen. Anmerkung
Euphorbia paralias, L. Fam.: Euphorbiaceae	Das untersuchte Muster stammte aus Frankreich	Samen: 38,1%	Extrahiert oder kalt gepreßt: goldgelb; milder Geschmack, später brennend, geruchlos	Elaidinierung: negativ. BELLIER: Ölschicht dunkelviolett, Säureschicht gelb. — Das Öl wirkt purgierend

Öl I enthält u. a. 0,6% wasserlösliche Fettsäuren (als Buttersäure berechnet).

Physikalische Kennzahlen.

	Dichte d_{15}^{15}	Erstarrungspunkt	Brechungs-Index n_D	Optisches Drehungsvermögen	Kritische Lösungstemperatur (Crismerzahl)
Öl I	0,9368	−25°	1,4845 (15°) 1,4819 (22°)	$[\alpha]_D = +4° 30'$	62°
Öl II	0,9369	—	1,4842 (15°)	—	59,5° (Alkohol, $d = 0,7967$)
Fettsäuren von Öl I	—	—	1,4727 (22°)	—	—

Absorptionsspektrum (5 cm) von Öl I und II: 1 Band bei $\lambda = 675$; vollständige Absorption: unter 520.

Chemische Kennzahlen.

	Verseifungszahl	Hehnerzahl	Acetylzahl (ANDRÉ)	Jodzahl (WIJS)	R.-M.-Zahl	Pol.-Zahl	Ätherunlösliche Bromide (HEHNER-MITCHELL)
Öl I	194,0	96,2	10,0	196,3	2,5	0,5	43,6%
Öl II	193,5	96,3	—	196,0	2,6	—	—
Fettsäuren von Öl I	Neutral.-Z.: 198,2	—	—	203,8	—	—	—

Öl I, durch Pressen gewonnen, zeigte die Säurezahl 3,4 und enthielt 1,6% Unverseifbares. Öl II wurde durch Extraktion mit Petroläther erhalten; Säurezahl: 3,6. Unverseifbares: 1,7%.

Maximale Gewichtszunahme beim Trocknen (BISHOP): Öl I ca. 19,1%.

Samenöl von Euphorbia esula.

Stammpflanze und Pflanzenfamilie	Verbreitung	Gehalt (% Öl) im Organ	Farbe, bzw. Geschmack	Reaktionen. Anmerkung
Euphorbia esula, L. Fam.: Euphorbiaceae	Die untersuchte Probe stammte aus Frankreich	Samen: ca. 31%	Mit Petroläther extrahiert oder kalt gepreßt: hellgelb; fader Geschmack, später brennend	Elaidinierung: negativ. BELLIER: Ölschicht dunkelviolett, Säureschicht gelb. — Das Öl wirkt purgierend.

Enthält u. a. 1,1% wasserlösliche Fettsäuren (als Buttersäure berechnet).

Physikalische Kennzahlen.

	Dichte d_{15}^{15}	Erstarrungspunkt	Brechungs-Index n_D	Optisches Drehungsvermögen	Kritische Lösungstemperatur (Crismerzahl)
Öl I	0,9385	−30°	1,4855 (15°) 1,4829 (22°)	$[\alpha]_D = +50'$	64°
Öl II	0,938	—	1,4854 (15°)	—	62,5° (Alkohol, $d = 0,7967$)
Fettsäuren von Öl I	—	—	1,4735 (22°)	—	—

Chemische Kennzahlen.

	Verseifungszahl	Hehnerzahl	Acetylzahl (ANDRÉ)	Jodzahl (WIJS)	R.-M.-Zahl	Pol.-Zahl	Ätherunlösliche Bromide (HEHNER-MITCHELL)
Öl I	196,2	95,2	12,5	207,5	3,0	0,5	52,3%
Öl II	196,6	95,1	—	206,8	3,2	—	—
Fettsäuren von Öl I	Neutral.-Z.: 197,7	—	—	217,0	—	—	—

Öl I wurde durch kaltes Pressen erhalten; eine Probe hatte die Säurezahl 4,4 und enthielt 0,9% Unverseifbares. Öl II, durch Extraktion mit Petroläther gewonnen, enthielt 3,2% freie Fettsäuren (als Ölsäure berechnet) und 0,9% Unverseifbares.

Maximale Gewichtszunahme beim Trocknen (BISHOP): 20,7%.

Öl von Joannesia heveoides.

Stammpflanze und Pflanzenfamilie	Verbreitung	Gehalt (% Öl) im Organ	Farbe bzw. Geruch
Joannesia heveoides, DUCKE („Castanha de Arara") Fam.: Euphorbiaceae	Brasilien	Kern, getrocknet, mit Petroläther extrahiert: 61%; Mehl: 0,7%	Blaßgelb; nußartiger Geruch

Physikalische und chemische Kennzahlen des Kernöles.

Dichte d_{15}^{15}	Brechungs-Index n_D	Verseifungszahl	Jodzahl (HÜBL)
0,9239	1,467 (20°)	188,5	129,8

Die untersuchte Probe zeigte die Säurezahl 2,1 und enthielt 0,5% Unverseifbares. Trockenzeit des Musters: ca. 11 Tage.

Reihe: Malvales.

Jutesamenöl.

(Zu S. 124.)

Stammpflanze und Pflanzenfamilie	Verbreitung	Reaktionen. Anmerkung
Corchorus capsularis Fam.: Tiliaceae	Ostindien; in den Tropen kultiviert	HALPHEN: negativ; BAUDOUIN: negativ (Rohöl). Das Öl wird an der Luft leicht ranzig

Bestandteile. Fettsäuren: 0,3% wasserlösliche und 94,1% wasserunlösliche; 1,8% Oxysäuren; 19,6 gesättigte Säuren (Palmitin-, Stearin-, Arachin- und Lignocerinsäure); 80,2% ungesättigte (46,1% Ölsäure und 52,5% Linolsäure). Unverseifbares: 2,3%, davon ca. 0,6% einer Phytosterin-artigen Substanz mit dem Schmelzpunkt 128°. Eine Probe gab 9,2% Glycerin.

Physikalische Kennzahlen.

	Dichte	Schmelzpunkt	Erstarrungspunkt	Brechungs-Index n_D
Öl	d^{28}: 0,923	—	−20°	1,4615 (29,7°)
Fettsäuren	—	31,5—32,7°	29,9°	1,4565 (29,7°)
gesättigte	—	50—52°	—	—

Chemische Kennzahlen.

	Verseifungszahl	M. M.-Gew.	Acetylzahl	Jodzahl	R.-M.-Zahl
Öl	184,6	—	27,3	102,6	0,2
Fettsäuren	200,2	280,2	—	114,5	—
gesättigte	216,7	258,9	—	2,1	—
ungesättigte	196,4	285,6	—	141,5	—

Eine Probe raffinierten Öles zeigte die Säurezahl 1,5.

Samenöl von Glyphaea grewioides.

Stammpflanze und Pflanzenfamilie	Verbreitung	Gehalt (% Öl) im Organ	Farbe bzw. Geschmack	Reaktionen. Anmerkung
Glyphaea grewioides, HOOK. Fam.: Tiliaceae	Tropisches Afrika	Samen, mit Petroläther extrahiert: 13,8%	Hell-gelbgrün; milder Geschmack, geruchlos	Elaidinierung: positiv. HALPHEN: negativ; MILLIAU-BECCHI: positiv. — Das Öl wird nach längerem Stehen teilweise fest

Bestandteile. Fettsäuren: ca. 12% feste und ca. 88% flüssige (ca. 20% Ölsäure und 79,4% Linolsäure). Unverseifbares: 1,8 bis 2,4%. Eine Probe gab 10,6% Glycerin. Das Öl gibt keine Äther-unlöslichen Hexabromide.

Physikalische Kennzahlen.

	Dichte d_{20}^{20}	Schmelzpunkt	Erstarrungspunkt	Brechungs-Index n_D	Kritische Lösungstemperatur (Crismerzahl)
Öl	0,9202 bis 0,9240	—	—	1,4740 (17°) 1,4715 (21°)	39,5—69°
Fettsäuren	—	24—27°	20—22°	—	—
feste	—	50—50,5°	48,4—49,5°	—	—

Chemische Kennzahlen.

	Verseifungszahl	Hehnerzahl	Acetylzahl (ANDRÉ)	Jodzahl (WIJS)
Öl	197—199,5	95	19,4	116,3—120,3
		M. M.-Gew.:		
Fettsäuren	198,9	282	20,6	117,4
flüssige	200,6	279,6	32	162,6 (Innere Jodzahl)

Die untersuchten Proben stammten aus dem Belgischen Kongo und zeigten Säurezahlen von 6 bis 43.

Samenöl von Cephalonema polyandrum.

(„Lotiti"-Öl.)

Stammpflanze und Pflanzenfamilie	Verbreitung	Gehalt (% Öl) im Organ	Farbe bzw. Geschmack	Reaktionen. Anmerkung
Cephalonema polyandrum, K. SCHUM. Fam. Tiliaceae	Tropisches Afrika	Samen, mit Petroläther extrahiert (Öl II): 9,9%	Hellgelb; süßer Geschmack	HALPHEN: negativ; MILLIAU-BECCHI: positiv. — Das Öl wird erst nach längerem Stehen bei 16—20° fest

Das Öl gibt keine Äther-unlöslichen Hexabromide.

Physikalische und chemische Kennzahlen.

	Dichte d_{18}^{18}	Schmelzpunkt	Brechungs-Index n_D	Kritische Lösungstemperatur (Crismerzahl)	Verseifungszahl	Hehnerzahl	Jodzahl (WIJS)
Öl I	—	—	1,4735 (23°)	—	210,9	—	121,1
Öl II	0,9237	—	1,4792 (21°)	65,5°	190,3	94,8	132,9
Fettsäuren von Öl II	—	22,5°	—	—	191,5	—	135,8

Öl I zeigte die Säurezahl 40,3 und enthielt 5,1% Unverseifbares. Öl II zeigte die Säurezahl 6,1 und enthielt 1,9% Unverseifbares.

Samenöl von Honckenya ficifolia.

Stammpflanze und Pflanzenfamilie	Verbreitung	Gehalt (% Öl) im Organ	Farbe bzw. Geschmack	Reaktion
Honckenya ficifolia, WILLD. Fam.: Tiliaceae	Tropisches Afrika	Samen, mit Petroläther extrahiert: 11,1%	Grünlich; milder, angenehmer Geschmack; geruchlos	HALPHEN: negativ

Physikalische und chemische Kennzahlen.

	Brechungs-Index n_D	Verseifungszahl	Jodzahl (WIJS)
Öl	1,4728 (21°)	201,0	115,8

Die durch Extraktion gewonnene Probe zeigte die Säurezahl 58,2 und enthielt ca % Unverseifbares.

Öl von Berria ammonilla.

Stammpflanze und Pflanzenfamilie	Verbreitung	Gehalt (% Öl) im Organ	Reaktion
Berria ammonilla, ROXB. Fam.: Tiliaceae	Britisch-Indien, Ceylon und Sunda-Inseln	Samen: 11,1%; Kern: 21,9%	HALPHEN: negativ (Samenöl)

Eine Probe (Samenöl) war weitgehend gespalten und zeigte die Jodzahl 91,9.

Samenöl von Triumfetta cordifolia.

Stammpflanze und Pflanzenfamilie	Verbreitung	Gehalt (% Öl) im Organ	Farbe, bzw. Geschmack	Reaktion. Anmerkung
Triumfetta cordifolia, var. tomentosa Fam.: Tiliaceae	Tropisches Afrika	Samen: ca. 10%	Nahezu farblos; angenehmer, wenig charakteristischer Geschmack	HALPHEN: negativ. — Das Öl gibt nach kurzem Stehen eine Abscheidung

Physikalische und chemische Kennzahlen

	Brechungs-Index n_D	Verseifungszahl	Jodzahl (WIJS)
Öl	1,4722 (40°)	198,0	113,0

Die untersuchte Probe stammte aus Angola und hatte die Säurezahl 29,1.

Öl von Althaea rosea.

(Zu Pappelrosenöl, S. 124.)

Stammpflanze und Pflanzenfamilie	Herkunft der Probe	Gehalt (% Öl) im Organ	Farbe	Reaktion. Anmerkung
Althaea rosea (Pappelrose, Stockrose) Fam.: Malvaceae	Die untersuchte Probe stammte aus Österreich (Steiermark)	Frucht, getrocknet, mit wasserfreiem Äther extrahiert: 8,3—8,4%	Grünbraun	HALPHEN: positiv. — Das Öl gibt auch bei längerem Stehen keine Abscheidung

Physikalische und chemische Kennzahlen.

	Dichte $d_{21,5}^{21,5}$	Schmelzpunkt	Brechungs-Index n_D	Verseifungszahl	Hehnerzahl	Jodzahl (WIJS)
Öl	0,9293	—	1,4725 (23,5°)	196,9	94,6	124,6
Fettsäuren	—	27—31°	—	205,6	—	—

Das untersuchte Muster war durch Extraktion mit wasserfreiem Äther gewonnen und zeigte die Säurezahl 69,8. — Die Kennzahlen sind im allgemeinen von denen amerikanischer und indischer Muster (s. S. 124) nicht sehr verschieden. Nur die Jodzahlen zeigen erhebliche Unterschiede; die Jodzahl des österreichischen Musters liegt um 32% höher als die einer indischen Probe. Da die Analysen in beiden Fällen in genau gleicher Weise vorgenommen wurden, sind die Abweichungen nur ökologisch bedingt (s. Einleitung, S. 3 und 9). Die Öle von Althaea rosea-Pflanzen aus verschiedenen Gegenden sind auch Beispiele für die von S. IVANOW aufgestellte Regel, wonach die Öle von Pflanzen aus kälteren Gegenden stärker ungesättigt sind als die von gleichartigen Pflanzen aus wärmeren Gebieten.

Samenöl von Hibiscus Manihot.

Stammpflanze und Pflanzenfamilie	Verbreitung	Gehalt (% Öl) im Organ	Farbe bzw. Geschmack	Reaktionen. Anmerkung
Hibiscus Manihot 4Fam.: Malvaceae	China, Japan	Samen, mit Petroläther extrahiert: 13,4%	Farblos; milder, charakteristischer Geschmack; nahezu geruchlos	HALPHEN: orange bis kirschrot; MILLIAU-BECCHI: positiv. — Das Öl bleibt auch bei längerem Stehen flüssig

Physikalische und chemische Kennzahlen.

	Dichte $d_{20,5}^{20,5}$	Schmelzpunkt	Erstarrungspunkt	Brechungs-Index n_D	Kritische Lösungstemperatur (Crismerzahl)	Verseifungszahl	Hehnerzahl	Jodzahl
Öl	0,9194	—	—	1,4695 (23°)	62°	197	95,8	103
Feste Fettsäuren	—	40—42°	32,5 bis 34°	—	—	—	—	—

Die durch Extraktion gewonnene Probe zeigte die Säurezahl 6 und enthielt 0,9% Unverseifbares.

Jodzahlen einiger Malvaceenöle.

Stammpflanze	Jodzahl	Stammpflanze	Jodzahl
Lavatera cashmeriaca (L. cachemiriana)	126	Malva brasiliensis	123,6
Lavatera cretica	128,5	Malva crispa	127,5
Lavatera mauritanica	112,7	Malva oxyloba	120,3
Lavatera plebeja	115,2	Malva rotundifolia[1]	125,7
Lavatera thuringiaca	114	Hibiscus esculentus[2]	126,2
Lavatera trimestris	120,9	Hibiscus ponticus	115
Malva borealis	128	Hibiscus syriacus	115
		Hibiscus trionum	125

Die untersuchten Muster stammten aus Rußland; die Öle der Gattung Lavatera aus Turkestan und Kuban, die der Gattung Malva aus der Gegend von Leningrad.

[1] S. a. S. 130. [2] S. a. S. 125 (Okrasamenöl).

Pachira-Kernöl.

(Zu Öl von Bombax aquaticum, S. 290.)

Huile de Châtaignier de Guyane (Huile de Pachira).

Stammpflanze und Pflanzenfamilie	Verbreitung	Gehalt (% Öl) im Organ	Farbe bzw. Geschmack u. Geruch	Reaktionen. Anmerkung.
Pachira aquatica, AUBL. (Bombax aquaticum) Fam.: Bombacaceae	Tropen (die untersuchten Muster stammten aus dem Belgischen Kongo)	Samen: im Mittel 35,8%; Kern: im Mittel 41,5%	Gelblich; angenehm milder Geschmack; Geruch nicht immer charakteristisch	HALPHEN: karminrot. MILLIAU-BECCHI: positiv. — Frisch gewonnenes Öl ist flüssig; bei 17 bis 20° wird es nach einigen Stunden butterartig. Nach PIERAERTS zeigt es die größte Ähnlichkeit mit dem Fruchtfleischöl der afrikanischen Ölpalme („Palmöl")

Bestandteile. Fettsäuren: ca. 46% feste (Palmitinsäure); ca. 54% flüssige (Ölsäure und Linolsäure). Unverseifbares: 1,3%. Ein Musteu gab ca. 11% Glycerin.

Physikalische Kennzahlen.

	Dichte d_{20}^{20}	Schmelzpunkt	Erstarrungspunkt	Brechungs-Index n_D	Crismerzahl
Öl	0,9184—0,9218	29—29,5°	vgl. Anmerkung	1,4653 bis 1,4658 (20°)	54—64°
Fettsäuren	—	51,5—53°	47,5—49,3°	—	—
feste	—	59,5—61°	57,5—58°	—	—

Chemische Kennzahlen.

	Verseifungszahl	Hehnerzahl	Acetylzahl[1]	Jodzahl	R.-M.-Zahl	Thermo-Zahl
Öl	202,6	96,1—96,2	30,3—30,9 (ANDRÉ)	55,5—58,2	0,8—1,2	59[2] (MAUMENÉ)
	Neutral.-Z.:	M. M.-Gew.:				
Fettsäuren	203,2—203,7	275—276	27—29	54,2—58,0	—	—
feste	214,1—214,4	—	—	3,9—5,1	—	—
flüssige	197,4—198	—	—	105,4—108 (Innere Jodzahl)	—	—

Eine Probe zeigte die Säurezahl 1,7; ein anderes Muster hatte die Säurezahl 14,1 (Verseifungszahl 192).

Samenöl von Bombax angulicarpum.

Stammpflanze und Pflanzenfamilie	Verbreitung	Gehalt (% Öl) im Organ	Farbe
Bombax angulicarpum Fam.: Bombacaceae	Afrika	Samen: 33,8%	Leuchtend goldgelb, mit grünem Stich

Physikalische und chemische Kennzahlen.

	Dichte d_{15}^{15}	Brechungs-Index n_D	Verseifungszahl	Jodzahl
Öl I	0,9185	1,4686 (40°)	203	76
Öl II	0,9227	1,4638 (40°)	195	84

Die untersuchten Proben stammten aus Angola; Öl I zeigte die Säurezahl 40; Öl II hatte die Säurezahl 22,5.

[1] Die verhältnismäßig hohen Werte für die Acetylzahlen sind nach Ansicht von PIERAERTS entweder durch Bestandteile des Unverseifbaren bedingt oder auf Mono- bzw. Diglyceride zurückzuführen.

[2] Dichte der verwendeten Schwefelsäure: 1,8414.

Samenöl von Bombax globosum.

Stammpflanze und Pflanzenfamilie	Verbreitung	Gehalt (% Öl) im Organ	Farbe	Anmerkung
Bombax globosum Fam.: Bombacaceae	Venezuela, Madagascar	Samen: 18,8—20,4%	Goldgelb; ohne ausgesprochenen Geschmack und Geruch	Das Öl beginnt bei 0° C zu erstarren

Physikalische und chemische Kennzahlen.

	Dichte d_{15}^{15}	Schmelzpunkt	Erstarrungspunkt	Verseifungszahl	Hehnerzahl
Öl	0,9215	—	—	193,9	95,2
Fettsäuren	—	34°	30°	—	—

Reihe: Parietales.

Fette von Allanblackia floribunda.

(Zu Bouandjafett, S. 305.)

Stammpflanzen und Pflanzenfamilie	Verbreitung	Gehalt (% Öl) im Organ	Farbe	Reaktionen
Allanblackia floribunda, OLIVER; Allanblackia floribunda, var. Kisonghi Fam.: Guttiferae	Tropisches Afrika	Kern, getrocknet, mit Petroläther extrahiert: 60,0—63,1%	Mit Petroläther extrahiert: weiß; mit Schwefelkohlenstoff extrahiert: gelblich	HALPHEN: negativ. BAUDOUIN: negativ. MILLIAU-BECCHI: positiv

Bestandteile. Fettsäuren: 52—56% feste (vorwiegend Stearinsäure) und 44—48% flüssige. 1,6% Unverseifbares. 9,2—10,2% Glycerinausbeute.

Physikalische Kennzahlen.

	Dichte d_{100}^{100}	Schmelzpunkt	Erstarrungspunkt	Brechungs-Index n_D	Kritische Lösungstemperatur in Alkohol (Crismerzahl)
Fette	0,8917	37,5—40°	35—37,5°	1,4450 bis 1,4471 (65°)	71,5°
Fettsäuren	—	58,5—59,5° (58,5—60°)*	56,5—58° (56,5—59°)*	1,4397 (65°) —	— —
feste	—	67,8—69°	66—68°	—	—

Chemische Kennzahlen.

	Verseifungszahl	Hehnerzahl	Acetylzahl (ANDRÉ)	Jodzahl
Fette	197,2—200,7	95,2—95,8	20	39,2—42,3
Fettsäuren	204,7 (203,4—214,9)* Neutral.-Z.: 201,6	— —	— —	48 (39,5—41,7)*
feste	197,4—198,1	—	—	0,4—5,5
flüssige	197,6—198,1	—	—	89,2—90

Ein Fett von Allanblackia floribunda, var. Kisonghi, zeigte die Säurezahl 22,9. Die Fette von Allanblackia floribunda, OLIVER, hatten Säurezahlen zwischen 20,4 und 45,9.

* Die mit einem Sternchen versehenen Kennzahlen beziehen sich auf Kernfette von Allanblackia floribunda, OLIVER.

Jodzahlen einiger Labiatenöle.

Stammpflanze	Jodzahl	Stammpflanze	Jodzahl
Dracocephalum Moldavica .	172,5	Salvia sclarea[1]	151
Betonica (Stachys) officinalis	152,5	Melissa officinalis	166
Salvia Aethyopis[1]	168—169	Ocimum basilicum	148—163,8
Salvia nemorosa[1]	141		

Jodzahlen einiger Scrophulariaceenöle.

Stammpflanze	Jodzahl
Scrophularia nodosa	145
Alectorolophus major	169
Pedicularis palustris	153,6

Reihe: Cucurbitales.

Samenöl von Luffa acutangula.

(Zu Seite 350.)

Huile des graines de papangaie côtelée.

Stammpflanze und Pflanzenfamilie	Verbreitung	Gehalt (% Öl) im Organ	Farbe bzw. Geschmack	Reaktionen. Anmerkung
Luffa acutangula Fam.: Cucurbitaceae	Tropen (die untersuchten Proben stammten aus dem Belgischen Kongo)	Samen, mit Äther extrahiert: 20%; Kern: 41,6% (in der Trockensubstanz: 48,4%)	Extrahiert: blaßgrün bis grünbraun. Gepreßt: gelblich; milder, angenehmer Geschmack	Elaidinierung: positiv. HALPHEN: negativ. BAUDOUIN: negativ. MILLIAU-BECCHI: positiv. — Extraktionsöl bleibt bei Zimmertemperatur flüssig; Preßöl verfestigt sich allmählich

Fettsäuren: ca. 30% feste (vorwiegend Palmitinsäure neben geringen Mengen von Stearinsäure und wahrscheinlich auch Myristinsäure); ca. 70% flüssige (40,2% Ölsäure und 59,8% Linolsäure). — 1,5% Unverseifbares.

Das Öl gibt keine ätherunlöslichen Hexabromide.

Physikalische Kennzahlen.

	Dichte d_{16}^{16}	Schmelzpunkt	Erstarrungspunkt	Brechungs-Index n_D	Kritische Lösungstemperatur (Crismerzahl)
Öl	0,9164	—	—	1,4705 (20°)	57,5°
Fettsäuren	—	35°	30—33°	1,4529 (50°)	—
feste	—	53,5—54°	51,5—52°	—	—

Chemische Kennzahlen.

	Verseifungszahl	Hehnerzahl	Acetylzahl (ANDRÉ)	Jodzahl[2]	R.-M.-Zahl	Pol.-Zahl	Thermozahl (MAUMENÉ)
Öl	200,9—204,2	93,9	17,1	105,5	0,1	0,8	64°
Fettsäuren	212,9 Neutral.-Z.: 208,7	M. M.-Gew.:	—	108,8	—	—	—
feste	218,8	256,4	—	2—3,4	—	—	—
flüssige	—	—	—	144,7 (Innere Jodzahl)	—	—	—

Säurezahlen zweier Proben: 12,6 bzw. 13.

[1] Die Salviaöle stammten von der Halbinsel Krim. Über das Öl von Salvia sclarea s. a. S.145.

[2] Eine Probe aus Südrußland zeigte die Jodzahl 114,8 und die Säurezahl 7,9.

Samenöle von Luffa cylindrica.

a) Öl der Varietät lissa.

Huile des graines de papangaie lisse.

Stammpflanze und Pflanzenfamilie	Verbreitung	Gehalt (% Öl) im Organ	Farbe bzw. Geschmack	Reaktionen. Anmerkung
Luffa cylindrica (aegyptiaca), var. lissa Fam.: Cucurbitaceae	Tropisches Afrika und Asien (das untersuchte Muster stammte aus dem Belgischen Kongo)	Kern, getrocknet: 45,7%	Braun-grün bis rotbraun; milder und angenehmer Geschmack; geruchlos	HALPHEN: negativ. BAUDOUIN: negativ. MILLIAU-BECCHI: positiv. — Das Öl bleibt im Tropenklima flüssig

Fettsäuren: ca. 20,5% feste und 79,5% flüssige (43,5% Ölsäure und 56,5% Linolsäure). 1,6% Unverseifbares. — Das Öl gibt keine ätherunlöslichen Hexabromide.

Physikalische Kennzahlen.

	Dichte d_{19}^{19}	Schmelzpunkt	Erstarrungspunkt	Brechungs-Index n_D	Kritische Lösungstemperatur (Crismerzahl)
Öl	0,9236	—	—	1,4718 (20°)	64,5°
Fettsäuren	—	33—33,5°	26,5—30°	1,4568 (50°)	—
feste	—	54—55°	51—51,5°	—	—

Chemische Kennzahlen.

	Verseifungszahl	Hehnerzahl	Jodzahl[1]	Pol.-Zahl
Öl	206,9—210,9	95,1	103,2	0,8
Fettsäuren	223	—	105,5	—
feste	Neutral.-Z.: 211	M. M.-Gew.: 265,8	4—4,2	—
flüssige	—	—	141,7 (Innere Jodzahl)	—

Die untersuchten Proben zeigten die Säurezahlen 4 und 4,2.

b) Öl der Varietät macrocarpa.

Huile des graines de courge-éponge.

Stammpflanze und Pflanzenfamilie	Verbreitung	Farbe	Anmerkung
Luffa cylindrica (aegyptiaca), var. macrocarpa Fam.: Cucurbitaceae	Tropisches Afrika und Asien (das untersuchte Muster stammte aus dem Belgischen Kongo)	Grünlich	Das Öl bleibt im tropischen Klima flüssig

Physikalische und chemische Kennzahlen.

	Dichte d_{20}^{20}	Brechungs-Index n_D	Kritische Lösungstemperatur (Crismerzahl)	Verseifungszahl	Hehnerzahl	Jodzahl	R.-M.-Zahl
Öl	0,9220	1,4702 (24°)	55°	206,6—207,3	93,3	119—120	1,2

Zwei Proben zeigten die Säurezahlen 12,3 und 12,5. Der Gehalt an Unverseifbarem betrug 1,3%.

[1] Ein Öl aus Südrußland zeigte die Jodzahl 113,4 und die Säurezahl 7,4.

Einfluß des ökologischen Faktors auf den Sättigungsgrad einiger Pflanzenöle.
(Nach S. Ivanow; zu Einleitung, S. 10.)

Stammpflanze und Pflanzenfamilie	Gegend der Kultur	Grade nördl. Breite	Höhe über dem Meeresspiegel	Jodzahl
Iris ruthenica (Iridaceae)	Schebalino (Altai) Katunfluß Seminskipaß	50—52°	800 m 1200 ,, 1860 ,,	106,2 108,1 117—119
Paeonia anomala (Ranunculaceae)	Schebalino Seminskipaß	50—52°	800 m 1860 ,,	142,2 157
Trollius asiaticus (Ranunculaceae)	Simbirsk Seminskipaß	54° 51°	ca. 50 m 1860 ,,	134,5 149
Glaucium luteum (Papaveraceae)	Tiflis Moskau	41° 40′ 55° 50′	— —	134—138,5 145,9
Roemeria rhoeadiflora (Papaveraceae)	Turkestan Moskau	41° 55° 50′	— —	144,4 157,7
Eruca sativa (Cruciferae)	Taschkent Moskau	41° 55° 50′	— —	96—97 98—99
Brassica campestris (Cruciferae)	Transbaikalien Moskau	— 55° 50′	— —	104,3 104,4
Brassica rugosa (Cruciferae)	Rostow (Don) Buitenzorg	47° 7° südl. Breite	— —	98,1 89,1
Camelina sativa (Cruciferae)	Poltawa Moskau	49° 55° 50′	— —	140,0 154,1
Neslea paniculata (Cruciferae)	Rostow (Don) Bakuriani Moskau	47° 10′ 41° 25′ 55° 50′	ca. 50 m 1670 ,, ca. 190 ,,	130 139,5 141
Thlaspi arvense (Cruciferae)	Rostow (Don) Bakuriani	47° 10′ 41° 25′	ca. 50 m 1670 ,,	110,5 128,9
Linum usitatissimum (Linaceae)	Tiflis Taschkent [1] Bakuriani Moskau [1] Archangelsk	41° 40′ 41° 25′ 41° 45′ 55° 50′ 65°	Ebene — 1670 m — —	154—160 154—164 179,4 176—184 195—200
Ricinus communis (Euphorbiaceae)	Moskau Nordkaukasus Turkestan Persien Java	55° 50′ 45° 41° 35° 7° südl. Breite	— — — — —	87—88 88 86 84—87 85—86
Althaea ficiflora (Malvaceae)	Taschkent Moskau	41° 55° 50′	— —	116,1 119,4
Luffa acutangula (Cucurbitaceae)	Taschkent Buitenzorg	41° 7° südl. Breite	— —	120,3—122 113,3
Ecballium elaterium (Cucurbitaceae)	Taschkent Palermo	41° 38°	— —	144,9 138,2
Cucumis sativus (Cucurbitaceae)	Moskau Buitenzorg	55° 50′ 7° südl. Breite	— —	132,0 115,1
Cucumis citrullus (Cucurbitaceae)	Biisk (Altai) Saratow	52° 51° 40′	— —	127,7 122,4
Helianthus annuus (Compositae)	Ashabad Woronesch Omsk	38° 51° 40′ 55°	— — —	118 126—130 140,4

[1] Moskauer Kultur (Leinöl mit Jodzahl um 180), in Taschkent gereift, ergab dort Öl mit Jodzahl 154. Nach der Verpflanzung der Taschkenter Leinsaat nach Moskau zeigte das Öl aus den Samen neuer Ernte wieder die ursprüngliche Jodzahl 180.

2. Tierfette.

Klasse: Branchiata. Unterklasse: Crustacea (Krebse).

„Tarabakani“-Leberöl.

Crab liver oil.

Tierart (Spender) und Tierfamilie	Verbreitung	Farbe bzw. Geruch	Reaktion
Paralithodes camtschatica, TILESIUS Fam.: Lithodidae	Kamtschatka und Japan	Dunkel-gelbbraun, in dickerer Schicht nahezu schwarz; charakteristischer, unangenehmer Geruch	Konzentrierte Schwefelsäure: schmutzig-braungrün; in Schwefelkohlenstofflösung schmutzig-braun mit bläulichem Stich

Bestandteile: Neben festen Fettsäuren ca. 85,6% flüssige (vorwiegend Säuren mit 18, 20 und 22 Kohlenstoffatomen; 33,6% hoch-ungesättigte Säuren). 4,4—6,4% Unverseifbares (orangegelb, salbenartig-zähe; Jodzahl 126; Brechungs-Index $n_D^{29} = 1,4870$); Cholesteringehalt: 22,7%; Batyl-, Selachyl-, wahrscheinlich auch Chimylalkohol und höher-ungesättigte Alkohole; außerdem ein ungesättigter flüssiger Alkohol $C_{11}H_{22}O_2$ sowie eine dem „Leberharz“ (s. S. 408) ähnliche Substanz. Keine Kohlenwasserstoffe. Reaktionen des Unverseifbaren: Konzentrierte Schwefelsäure in Schwefelkohlenstofflösung: schmutzig-grünlich; Essigsäureanhydrid-Schwefelsäure: violettrot, dann bläulich, schließlich dunkelgrün; keine Farbenreaktion mit Antimontrichlorid in Chloroform.

Physikalische und chemische Kennzahlen.

	Dichte d_4^{15}	Brechungs-Index n_D	Verseifungszahl	Jodzahl (WIJS)	Polybromide (ätherunlöslich)
Öl	0,9456	ca. 1,475 (25°)	155,6	163,6	—
Fettsäuren	—	—	Neutral.-Z. 185,5	183,3	56,7% (Bromgehalt: 71,5%)
hoch-ungesättigte	—	1,4907 (20°)	173,0	320,9	—

Die untersuchte Probe zeigte die Säurezahl 97,9.

Klasse: Eutracheata. Unterklasse: Insecta.

Ordnung: Orthoptera.

Heuschreckenöl.

Locust oil.

Tierart (Spender) und Tierfamilie	Verbreitung	Gehalt (% Öl)	Farbe bzw. Geruch	Konsistenz
Oxya japonica, WILLEMSE Fam.: Acridiidae (Feldheuschrecken)	Japan	Ganze Tiere, getrocknet, mit Äther extrahiert: ca. 3%	Dunkelgrüngelb; unangenehmer, charakteristischer Geruch	Zähflüssig

Bestandteile: 67,3% Fettsäuren, davon ca. $^1/_4$ feste (Palmitin- und Stearinsäure) und ca. $^3/_4$ flüssige (Ölsäure, Linol- und Linolensäure); 15,8% Unverseifbares (orangegelb, sehr zähflüssig, von unangenehmem Geruch; Jodzahl 91,8. Enthält ca. 44,1% Sterin und wahrscheinlich auch Kohlenwasserstoffe). Reaktionen des Unverseifbaren: mit konzentrierter Schwefelsäure in Schwefelkohlenstofflösung: braun; mit Essigsäureanhydrid und Schwefelsäure: rötlich-violett, dann blau, schließlich dunkelgrün; mit Antimontrichlorid in Chloroformlösung: grünlich.

Physikalische und chemische Kennzahlen.

	Dichte d_4^{18}	Verseifungszahl	Hehnerzahl	Jodzahl (WIJS)	Hexabromide (ätherunlöslich)
Öl	0,9688	171,5	83	122,6	—
Fettsäuren flüssige	— —	Neutral.-Z.: 196,0 189,2	— —	150,8 187,7	37,4% (Bromgehalt: 62,4%; Schmelzpunkt: 178°)

Die untersuchte Probe zeigte die Säurezahl 44,3.

Grillenöl.

Cricket-oil.

Tierart (Spender) und Tierfamilie	Verbreitung	Gehalt (% Öl) im Organ	Farbe bzw. Geruch	Konsistenz
Acheta mitrata, BURMEISTER Fam.: Achetidae (Grabheuschrecken)	Die untersuchte Probe stammte aus Japan	Ganze Tiere getrocknet, mit Äther extrahiert: 2,4%	Gelbgrün bis dunkelbraun; unangenehmer, charakteristischer Geruch	Zähflüssig

Bestandteile: 78,7% Fettsäuren (vorwiegend Ölsäure, vermutlich größere Mengen Linolsäure, ferner Linolensäure). 11,3% Unverseifbares (orangegelb, zäh, krystallinisch, schmilzt nicht vollkommen bei 100°. Jodzahl 119,2. Enthält 45,5% Sterin und wahrscheinlich auch Kohlenwasserstoffe). Reaktionen des Unverseifbaren: mit konzentrierter Schwefelsäure in Schwefelkohlenstofflösung: braun; mit Antimontrichlorid in Chloroformlösung: violett.

Physikalische und chemische Kennzahlen.

	Dichte $d_4^{19,5}$	Verseifungszahl	Jodzahl (WIJS)	Hexabromide (ätherunlöslich)
Rohöl	0,9312	181,5	116,0	—
Fettsäuren	—	Neutral.-Z.: 202,4	124,3	6,9% (Bromgehalt: 62,1%; Schmelzpunkt: 177—178°)

Die untersuchte Probe hatte die Säurezahl 58,7.

Ordnung: Coleoptera (Käfer).

Leuchtkäferöl.

Firefly oil.

Tierarten (Spender) und Tierfamilie	Verbreitung	Gehalt (% Öl) im Organ	Farbe	Konsistenz
Luciola vitticollis, KIESENWETTER; Luciola parva, KIESENWETTER; Fam.: Cantharidae (Malacodermata, Weichflügler)	Die untersuchten Muster stammten aus Japan	Öl I (Körper mit Äther extrahiert): 4,8%; Öl II (Kopf und Brustteil mit Äther extrahiert): 1,5% [1]; Öl III (Unterleibsteil, extrahiert): 3,8% [1]	Orangegelb	Zähflüssig

Physikalische Kennzahlen.

	Dichte d_4^{24}	Schmelzpunkt	Brechungs-Index n_D
Öl II Öl III	— 0,9305	— —	1,4770 (28,5°) 1,4732 (29,5°)
Fettsäuren	—	36—38°	—

[1] Bezogen auf das ganze Insekt.

Chemische Kennzahlen.

	Verseifungszahl	Hehnerzahl	Jodzahl (Wijs)	Polybromide (ätherunlöslich)
Öl I	—	85	116	—
Öl II	—	—	115,0	—
Öl III	165,7	—	105,5	—
Fettsäuren von	Neutral.-Z.:			
Öl I	179,2	—	110,7	17,9% (Bromgehalt: 67,7%)
Öl III	199,5	—	100,7	14,9%

Öl I: Das Unverseifbare (13% der Hehnerzahlfettsäuren) ist hellgelb, krystallinisch und enthält neben viel Sterin einen höheren Alkohol, der bei 154—155° schmilzt (erst bei 170° klar). Kohlenwasserstoffe sind nicht zugegen. Öl III: 18,7% Unverseifbares, davon ca. 14% einer in Petroläther schwer löslichen Substanz mit dem Schmelzbereich 145—170°. Eine Probe des Öles zeigte die Säurezahl 23,2.

Ordnung: Rhynchota (Schnabelkerfe).

Fett der Blattlaus.

Tierart (Spender) und Tierfamilie	Verbreitung	Gehalt (% Öl)	Farbe	Anmerkung
Pemphigus utricularius (Pemphigus cornicularius, Pass.) Fam.: Aphidae	Auf dem sogenannten Terpentinbaum	Ganze Tiere zu Gruppen (Gallen) vereinigt: ca. 20% (mit Äther extrahiert)	Hellgelb	Das von wachsartigen Begleitsubstanzen befreite Fett zeigte krystallinische Struktur

Fettsäuren: wasserlösliche, flüchtige Säuren (Buttersäure), unlösliche flüchtige Säuren (Caprylsäure), ferner Laurinsäure und höhere Homologe mindestens bis zur Palmitinsäure.

Physikalische und chemische Kennzahlen:

	Schmelzpunkt	Verseifungszahl	M.M.-Gew.	Jodzahl	R.-M.-Zahl	Pol.-Zahl
Fett	35°	255	—	1,5	9,9	24,7
Säuren (unlösliche)	38,5°	Neutral.-Z.: 256,9	218	—	—	—

Klasse: Pisces (Fische).

Ordnung: Holocephali.

Öle aus Lebern und Ovarien von Centrina vulpecula, Rond[1].

(Fam.: Chimaeridae.)

Die untersuchten Proben waren durch Extraktion gewonnen und zeigten die folgenden

physikalischen und chemischen Kennzahlen:

	Dichte d_{15}^{15}	Brechungs-Index n_D	Verseifungszahl	Jodzahl
Leberöl	0,9002	1,4689 (°?)	132,2	73,4
Öl aus den Ovarien	0,9106	1,4744 (°?)	133,7	113,9

[1] S. a. S. 402.

Ordnung: Teleostei (Knochenfische).

Öl von Dorosoma nasus.

Tierart (Spender) und Tierfamilie	Verbreitung
Dorosoma nasus, BLOCH (= Clupea nasus, BLOCH) Fam.: Dorosomatidae	Ostindien, Nord- und Südjapan

Fettsäuren: Neben Palmitinsäure, Stearinsäure und geringen Mengen einer unbekannten Säure vom Schmelzpunkt 46—47° als Hauptprodukt „Dorosominsäure" $C_{17}H_{34}O_2$ (Schmelzpunkt 55°; möglicherweise mit Daturinsäure identisch).

Öle verschiedener Salmarten[1].

Kopf- und Körperöl von Oncorhynchus keta.

Tierart (Spender) und Tierfamilie	Verbreitung	Farbe	Anmerkung
Oncorhynchus keta, WALBAUM Fam.: Salmonidae	Die untersuchten Muster stammten aus Japan	Gelborange	Das Öl ist bei 20° flüssig

Physikalische und chemische Kennzahlen.

	Dichte d_4^{15}	Brechungs-Index n_D	Verseifungszahl	Jodzahl (WIJS)
Öle I	0,9208—0,9252	1,4750—1,4760 (20°)	187,9—191,4	128,3—144,1
Öl II	0,9243	1,4752 (20°)	190,6	139,5

Öle I, aus dem Kopf des Salms gewonnen, zeigten Säurezahlen von 2,2 bis 4,1 und enthielten 0,8—0,9% Unverseifbares.

Öl II stammte aus dem Bauchspeck. Eine Probe hatte die Säurezahl 1,8 und enthielt 0,9% Unverseifbares.

Öl von Oncorhynchus nerka.

Red Salmon oil.

Tierart (Spender) und Tierfamilie	Verbreitung	Farbe	Anmerkung
Oncorhynchus nerka, WALBAUM Fam.: Salmonidae	Japan	Orangerot	Das Öl ist bis 20° flüssig

Physikalische und chemische Kennzahlen des Öles.

Dichte d_4^{15}	Brechungs-Index n_D	Verseifungszahl	Jodzahl
0,9254	1,4769 (20°)	187,0	150,7

Die untersuchte Probe zeigte die Säurezahl 5,6 und enthielt 1% Unverseifbares.

Kopföl von Oncorhynchus masou.

Trout oil.

Tierart (Spender) und Tierfamilie	Verbreitung	Farbe	Anmerkung
Oncorhynchus masou, BREEVOORT Fam.: Salmonidae	Das untersuchte Muster stammte aus Japan	Gelborange	Das Öl gibt bei 20° eine krystalline Abscheidung

Fettsäuren: 33% gesättigte (Palmitin- und Stearinsäure), 39% ungesättigte, vorwiegend Säuren der Ölsäurereihe (Erucasäure, Ölsäure und eine Säure $C_{16}H_{30}O_2$); ferner 28% höher ungesättigte Säuren, darunter Clupanodonsäure und vermutlich eine Säure $C_{18}H_{28}O_2$. Unverseifbares: ca. 1%.

[1] S. a. S. 363. Die Arbeit von TOYAMA über einige Öle von Fischen aus der Familie Salmonidae ist uns erst im Jahre 1929 nach der freundlichen Übersendung des betreffenden Sonderdruckes durch den Autor bekannt geworden; daher erfolgt die Wiedergabe der Analysenergebnisse dieser schon im Jahre 1923 veröffentlichten Untersuchungen erst im Nachtrag.

Physikalische und chemische Kennzahlen des Öles.

Dichte d_4^{15}	Brechungs-Index n_D	Verseifungszahl	Jodzahl
0,9264	1,4793 (20°)	188,7	165,5

Die untersuchte Probe zeigte die Säurezahl 1,1.

Kopf-, Körper- und Eieröl einer Salmforelle.

Tierart (Spender) und Tierfamilie	Verbreitung	Farbe	Anmerkung
Unbekannte Art Fam.: Salmonidae	Japan	Öl I: gelborange; Öl II und III: dunkelrot	Die Öle geben bei 20° keine Abscheidung

Physikalische und chemische Kennzahlen.

	Dichte d_4^{15}	Brechungs-Index n_D	Verseifungszahl	Jodzahl
Öl I	0,9185	1,4722 (°?)	189,5	110,2
Öl II	0,9193	1,4737 (°?)	188,1	119,0
Öl III	0,9308	1,4823 (°?)	188,5	191,6

Öl I war aus dem Kopf einer Salmforelle gewonnen; Säurezahl 3,8. Unverseifbares: 1,2%. Öl II stammte aus dem Bauchspeck; eine Probe zeigte die Säurezahl 4,7 und enthielt ca. 1% Unverseifbares. Öl III, aus den Eiern desselben Fisches gewonnen, zeigte die Säurezahl 2,3 und enthielt 2,7% Unverseifbares.

Heilbutt-Leberöl.

Halibut liver oil.

Tierart (Spender) und Tierfamilie	Verbreitung	Farbe	Reaktion. Anmerkung
Hippoglossus vulgaris, FLEM. Fam.: Pleuronectidae	Japanische Meere	Dunkelbraun	Konzentrierte Schwefelsäure: dunkelrotviolett (Öl I) bzw. violett (Öl II). — Das Öl gibt eine reichliche Abscheidung

Fettsäuren: ca. 24% feste und ca. 76% flüssige Säuren (davon 27,9% hoch-ungesättigte Säuren). Unverseifbares: 10,5% bzw. 11,1% (bräunlich, krystallinisch; Schmelzpunkt über 100°; enthält 72,1% Cholesterin [7,6% vom ursprünglichen Öl I] mit dem Schmelzpunkt 148,3°; die Farbenreaktionen lassen auf die Gegenwart von Vitamin A schließen).

Physikalische und chemische Kennzahlen.

	Dichte d_4^{15}	Schmelzpunkt	Brechungs-Index n_D	Verseifungszahl	Jodzahl (WIJS)	Polybromide (ätherunlöslich)
Öl I	0,9428	—	—	166,0	163,1	—
Öl II	0,9320	—	1,4780 (20°)	174,9	160,3	—
Fettsäuren	—	33°	—	Neutral.-Z.: 190,5	165,0	46,6% (Bromgehalt: 71,1%)
hoch-ungesättigte	—	—	1,4916 (20°)	164,9	324,2	—

Öl I war durch kurzes Erhitzen der Leber im Autoklaven auf 140° und nachfolgendes Pressen gewonnen; Säurezahl: 96,5. Öl II, mittels Äther extrahiert, zeigte die Säurezahl 100,8.

Plattfisch-Leberöl.

Flat-fish liver oil.

Tierart (Spender) und Tierfamilie	Verbreitung	Gehalt (% Öl) im Organ	Farbe	Anmerkung
Paralichtys olivaceus, TEMMINCK und SCHLEGEL Fam.: Pleuronectidae	Alle Küsten Japans nördlich der Vulkan-Bay	Leber: 15,2%	Orange-gelb	Das Öl gibt eine geringe feste Abscheidung

Fettsäuren: ca. 27% feste und ca. 73% flüssige Säuren (davon 22,5% hoch-ungesättigte Säuren). Unverseifbares: 10,8% (schmutzig-orangegelb, krystallinisch; Schmelzpunkt über 100°; enthält 85,5% Cholesterin [9,2% vom ursprünglichen Öl], vermutlich auch Vitamin A).

Physikalische und chemische Kennzahlen.

	Dichte d_4^{15}	Schmelz-punkt	Brechungs-Index n_D	Verseifungszahl	Jodzahl (WIJS)	Polybromide (ätherunlöslich)
Öl	0,9326	—	1,4800 (20°)	164,7	150,1	—
Fettsäuren	—	30—30,5°	—	Neutral.-Z.: 195,8	155,0	42,5% (Bromgehalt: 70,65%)
hoch-ungesättigte	—	—	1,4930 (20°)	177,3	355,6	—

Die untersuchte Probe stammte aus Tokyo und zeigte die Säurezahl 9,9.

Klasse: Aves (Vögel).

Ordnung: Casuarii.

Nierenfett vom Emu.

Tierart (Spender) und Tierfamilie	Verbreitung	Farbe bzw. Geruch	Konsistenz
Dromaeus novaehollandiae, LATH. Fam.: Dromaeidae	Australien	Gelb; Geruch nach Hammeltalg	Butterartig

Bestandteile. Fettsäuren: 40—44% feste (Palmitin- und Stearinsäure); 54—60% flüssige (81,3% Ölsäure und 18,7% Linolsäure). 0,2% Unverseifbares (enthält Cholesterin).

Physikalische und chemische Kennzahlen.

	Dichte	Schmelz-punkt	Brechungs-Index n_D	Verseifungszahl	M. M.-Gew.	Jodzahl (WIJS)
Öl	d_{30}^{30}: 0,915	30—31°	1,4700 (20°)	195,2	—	95,5
Fettsäuren	d_{15}^{40}: 0,885	41°	1,4530 (40°)	Neutral.-Z.: 202,2	277	97,0
feste	—	57°	—	—	268	124,5
flüssige	d^{15}: 0,914	—	1,4663 (20°)	197,0	285	—

Die untersuchte Probe hatte die Säurezahl 1,7.

Fette von Vögeln

Tierart (Spender) und Tierfamilie	Verbreitung	Farbe des Fettes	Dichte (bei 40°)	Schmelzpunkt	Brechungs-Index n_D (40°)
Sphenurus sieboldii sieboldii, TEMMINCK Fam.: Columbidae	Japan	—	0,8951	bei −10° noch flüssig	1,4720
Sterna longipennis, NORDMANN (Seeschwalbe) Fam.: Laridae	Europa, Asien	Gelb	—	(37,8° bis 40,2°)[3]	1,4700 bis 1,4712
Porzana pusilla pusilla, PALLAS (Zwergsumpfhühnchen) Fam.: Rallidae	Europa, westliches Mittelasien, Nordafrika	—	0,9021 (a) 0,9028 (b)	25,8° bis 28,9° (a) 2,3° bis 4,6° (b)	1,4671 (a) 1,4689 (b)
Gallinula chloropus parvifrons (Rohrhuhn) Fam.: Rallidae	Europa, Asien, Afrika	Schwachgelb	0,90459	23,5° bis 28,1°	1,4666
Gallinago Mibuto, KOYAMA (Sumpfschnepfe) Fam.: Scolopacidae	Asien	Hellbraun	—	38,8° bis 41,9°	1,4640 bis 1,4660
Pluvialis dominicus fulvus, GMELIN (= Charadrius longipes, TEMMINCK) Fam.: Charadriidae	Japan, Indien	—	0,90237	17,6° bis 23,2°	1,4679
Aix galericulata, LINN. (Brautente, Carolinenente) Fam.: Anatidae	Nordamerikanische Küsten des atlantischen und stillen Ozeans, Mittelamerika	—	0,8959	27,2° bis 33,2°	1,4657
Nycticorax nycticorax, LINN. (Nachtreiher) Fam.: Ardeidae	Weit verbreitet	Schwachgelb	0,8009 bis 0,8993	29,8° bis 34,0°	1,4673 bis 1,4678
Nannocnus eurythmus, SWINHOE Fam.: Ardeidae	Ostsibirien bis zu den japanischen Inseln; China, Borneo, Celebes	Schwachgelb	0,8982 bis 0,9009	19° bis 39,6°	1,4670 bis 1,4673
Butastur indicus, GMELIN Fam.: Falconidae	Indien	Gelb	—	29,8° bis 33,5°	1,4688
Pandion haliaëtus haliaëtus, LINN. (Flußadler) Fam.: Pandionidae	Weit verbreitet	—	0,9024	31,0° bis 34,8°	1,4721
Bombycilla japonica, SIEB. (Japanischer Seidenschwanz) Fam.: Ampelidae	Südliches Ostsibirien, China, Japan	Gelb	0,8919	34,2° bis 35,9°	1,4639

[1] Die Jodzahlen der Fette weiblicher Vögel sind höher als diejenigen von Fetten männlicher Vögel.

[2] Die Fette von Vögeln, die vorwiegend animalische (Fisch-) Nahrung zu sich nehmen, liefern ätherunlösliche Bromide; die Fette der pflanzenfressenden Vögel enthalten keine höher-ungesättigten Fettsäuren.

japanischer Herkunft (I).

Verseifungs-zahl	Jodzahl[1]	Polybromide[2] (ätherunlöslich)	Säurezahl	Fettsäuren	Unverseif-bares	Anmerkung
198,3	72,3	—	—	—	4,1%	—
179,3 bis 184,7	(100,4 bis 104,9)[3]	(9,4% bis 13,1%)[3]	1,4—1,8	U. a. Palmitin- und Stearinsäure; ferner hoch-ungesättigte Säuren	2,4% bis 2,6%	—
193,6 (a) 203,9 (b)	ca. 59 (a) 104,8 (b)	0,19% ?	2,1 (a) ca. 3 (b)	U. a. Palmitin-, Stearin- und Ölsäure	0,3% (a) 0,8% (b)	Fette (a) stammten von männlichen, Fette (b) von weiblichen Vögeln
205,3	55,8	0,05%	0,14	—	1,4%	Das untersuchte Muster stammte von männlichen Vögeln
188,2 bis 193,9	61,1 bis 62,9	1,9—2,2%	0,1—0,4	U. a. Palmitin- und Stearinsäure; ferner hoch-ungesättigte Säuren	0,6% bis 0,7%	—
208,7	62,6	—	6,5	—	0,1%	Das Fett stammte von männlichen Tieren
183,9	51,1	—	3,4	U. a. Palmitin-, Stearin- und Ölsäure	12,4%	—
195 bis 196,4	47—48,1	—	2,9—4,6	U. a. höher-ungesättigte Säuren	2,1% bis 2,8%	—
194,2 bis 194,8	48—86,4	—	2,6—3,6	U. a. höher-ungesättigte Säuren	3,7% bis 4,1%	—
194,2 bis 196,4	85,6 bis 89,3	5,7—7,1%	0,08 bis 0,16	U. a. Palmitin- und Stearinsäure; ferner hoch-ungesättigte Säuren	0,5% bis 0,6%	—
189,5	81,3	0,3% (Bromgehalt: 69,63%)	1,3	U. a. Palmitin-, Stearin- und Ölsäure	6,5%	—
193,5	72,7	0%	1,9	—	0,8%	Das untersuchte Muster stammte von männlichen Vögeln

[3] Der hohe Schmelzpunkt ist mit der Jodzahl und mit dem hohen Gehalt an Äther-unlöslichen Bromiden nicht in Einklang zu bringen. — Nach einer freundlichen Mitteilung von R. Koyama (Yokohama, den 9. Sept. 1929) bezieht sich die Angabe über die Äther-unlöslichen Bromide auf die flüssigen Fettsäuren („the percentage of ether insoluble bromide calculated for free liquid fatty acid“).

Fette von Vögeln

Tierart (Spender) und Tierfamilie	Verbreitung	Farbe des Fettes	Dichte (bei 40°)	Schmelzpunkt	Brechungs-Index n_D (40°)
Acrocephalus arundinaceus orientalis, TEMMINCK und SCHLEGEL (Rohrsänger) Fam.: Sylviidae	Europa, Afrika	—	0,9012 (a) 0,9020 (b)	19,0° bis 21,8° (a) 22,5° bis 26,7° (b)	1,4680 (a) 1,4696 (b)
Cinclus pallasi pallasi, TEMMINCK Fam.: Turdidae	Europa, Asien	—	0,88507 (°?)	15,1° bis 19,2°	1,4699
Lanius bucephalus, TEMMINCK und SCHLEGEL Fam.: Laniidae	Europa, Asien	—	0,90849	24,3° bis 27,1°	1,4687
Garrulus glandarius japonicus, SCHLEGEL Fam.: Corvidae	Japan	—	—	22,4° bis 25,0°	1,4715
Sturnia violacea, BODDAERT Fam.: Sturnidae	Japan	Gelb	0,8986	34,2° bis 36,0°	1,4649 bis 1,4654
Spodiopsar cineraceus, TEMMINCK Fam.: Sturnidae	Ostsibirien bis Japan; China, Formosa, Ober-Birma	Schwachgelb	0,8958	30,0° bis 34,2°	1,4641
Passer rutilans rutilans, TEMMINCK Fam.: Fringillidae	Japan	—	0,8938	31,7° bis 36,0°	1,4638
Chloris sinica Kawarahiba, TEMMINCK Fam.: Fringillidae	Östliches Sibirien, China, Japan	—	0,9087	−12,8° bis −14,5°	1,4741
Emberiza rustica, PALLAS (Rohrammer) Fam.: Fringillidae	Europa, Asien (China, Indien, Japan)	—	0,8984	18,0° bis 23,3°	1,4644
Cynchramus yessoënsis yessoënsis, SWINHOE Fam.: Embericidae	Japan	—	0,9073	36,1° bis 39,0°	1,4624
Janthia cyanura, PALLAS Fam.: Luscinidae	Japan	Weiß	0,8900	31,2° bis 33,4°	1,4627
Microscelis amaurotis amaurotis, TEMMINCK Fam.: Pycnolidae	Japan	—	0,8996	17,5° bis 20,6°	1,4643

[1] Die Jodzahlen der Fette weiblicher Vögel sind höher als diejenigen von Fetten männlicher Vögel.

japanischer Herkunft (II).

Verseifungs-zahl	Jodzahl[1]	Polybromide[2] (ätherunlöslich)	Säurezahl	Fettsäuren	Unverseif-bares	Anmerkung
199,3 (a) 211,3 (b)	52,2 (a) 69,3 (b)	Geringe Mengen (a). 0,40% vom Schmelzpunkt 182° bis 183° (b)	5,9 (a) 8,1 (b)	U. a. Palmitin-, Stearin- und Ölsäure	0,4% (a) ca. 2% (b)	Fette (a) stammten von männlichen, Fette (b) von weiblichen Vögeln
ca. 204	100,2	12,02% (Schmelzpunkt: 250°)	—	—	1,6%	Das untersuchte Muster stammte von männlichen Tieren
213,2	78,4	—	—	—	1,9%	Wie oben
—	52,0	—	—	—	—	—
199,1 bis 199,7	37,6—38	—	1,3	U. a. höher ungesättigte Säuren	1,9% bis 2,3%	—
197,3	42,7	0,03%	ca. 12	—	1,6%	Das untersuchte Muster stammte von männlichen Tieren
202,6	53,5	—	2,7	—	0,9%	—
198,4	96,8	—	13,8	—	0,9%	Erstarrungspunkt: −14,2° bis −14,5°
206,7	67,5	—	—	—	1,2%	—
218,9	46,6	—	6,3	—	0,7%	—
176,9	98,9	0%	0,2	—	3,4%	Das untersuchte Muster stammte von männlichen Tieren
ca. 202	64,5	—	—	—	0,6%	—

[2] Die Fette von Vögeln, die vorwiegend animalische (Fisch-) Nahrung zu sich nehmen, liefern ätherunlösliche Bromide; die Fette der pflanzenfressenden Vögel enthalten keine höher-ungesättigten Fettsäuren.

Klasse: Mammalia (Säugetiere).

Ordnung: Cetacea.

Pottwal-Leberöl.

Tierart (Spender) und Tierfamilie	Verbreitung	Gehalt (% Öl) im Organ	Farbe	Konsistenz
Physeter macrocephalus Fam.: Physeteridae	Die untersuchte Probe stammte aus Japan	Leber, mit Äther extrahiert: ca. 6%	Gelb-braun	Zähflüssig bis halbfest

Fettsäuren: ca. 69,3% (24,6% feste und 75,4% flüssige Säuren); 23,4% der Fettsäuren sind hoch-ungesättigt (Neutral.-Z.: 170; Jodzahl: 311). Unverseifbares: ca. 16,4% (davon die Hälfte Cholesterin; der sterinfreie Anteil ähnelt dem „Leberharz" des Ishinagi-Leberöles, s. S. 408); bei der Bromierung erhält man ca. 15% ätherunlösliche Bromide (Bromgehalt: 67,9%). Das Unverseifbare enthält einen hoch-ungesättigten Kohlenwasserstoff (vermutlich $C_{35}H_{60}$)[1] und gibt folgende Reaktionen: mit Schwefelsäure in Schwefelkohlenstofflösung: tiefviolett; mit Schwefelsäure in Essigsäureanhydridlösung: blau bis dunkelgrün; mit Antimontrichlorid in Chloroformlösung: blau.

Physikalische und chemische Kennzahlen.

	Dichte	Schmelzpunkt	Brechungs-Index n_D	Neutralisationszahl	Jodzahl (ROSENMUND und KUHNHENN)	Polybromide (ätherunlöslich)
Fettsäuren	d_4^{40}: 0,8877	32—33,5°	1,4610 (40°)	194,1	141,3	38,5% (Bromgehalt: 70,5%)
feste	—	52—53°	—	209,5	11,8	—
flüssige	—	—	1,4720 (20°)	188,9	175,5	—

[1] Möglicherweise identisch mit dem in der Leber anderer Homoiothermen (Pferd, Schwein, Rind, Schaf und Mensch) nachgewiesenen squalenartigen Kohlenwasserstoff (CHANNON und MARRIAN, 1926).

Zweiter Teil.

Wachse.

(Mitbearbeitet von Dr. ROLAND KUNZE.)

Neueinteilung des Gebietes.

„Die meisten Wachse sind Gemische von Estern hochmolekularer Säuren mit hochmolekularen Alkoholen, freien Säuren, freien Alkoholen und Kohlenwasserstoffen, unter denen die Ester gewöhnlich überwiegen und die typische Beschaffenheit bedingen. Der kennzeichnende Unterschied zwischen Fetten und Wachsen ist der, daß nur die ersteren Glycerin bzw. Glyceride enthalten. Alle anderen Bausteine sind beiden gemeinsam.“ Nach dieser, in Bd. I, S. 3, ausgesprochenen Charakterisierung scheint es, daß niemals ein Zweifel darüber bestehen kann, ob ein Substanzgemisch als Fett oder Wachs zu bezeichnen ist. Es gibt aber doch Fälle dieser Art; man findet Übergangsglieder, die entweder wahre Übergänge von den Fetten zu den Wachsen vorstellen, wie vielleicht Pottwal-Kopftran und Döglingtran oder Gemische von Wachs und Fett, die im Organismus getrennt waren und sich erst bei der Gewinnung aus demselben vermischten.

So können z. B. Wachsbestandteile aus der Samenhaut bei der Extraktion oder Pressung mit in die betreffenden Samenöle übergehen (vgl. Cerylcerotat, das im Sonnenblumenöl gefunden wurde, s. S. 167)[1] oder bei tierischen Fetten Wachsbestandteile aus benachbarten Organen mitgewonnen werden. Für die Einteilung bedeuten diese Fälle keine Schwierigkeit; es unterliegt keinem Zweifel, daß man solche Substanzgemische als Fette ansprechen wird.

Nicht so einfach gestaltet sich die richtige Beurteilung eines Substanzgemisches und damit seine Klassifizierung im umgekehrten Fall, wenn nämlich bei der Isolierung eines Wachses eine Vermengung mit Fett stattgefunden haben kann, wie dies beim Weglösen der auf der Epidermis befindlichen Wachsschicht mit Fettlösungsmitteln möglich ist. Dies kann sowohl bei pflanzlichen als auch bei tierischen Wachsen zutreffen (möglicherweise auch beim menschlichen „Hautfett“, das man deshalb eher zu den Wachsen als zu den Fetten zählen darf).

Die größten Schwierigkeiten bei der Zuteilung verursachen jene Substanzgemische, die nur *sehr* wenig Glyceride enthalten, während die übrigen Bestandteile die der typischen Wachse sind. In solchen Fällen hilft die physiologische Unterscheidung der Wachse und Fette nach ihrer Funktion, die sich wohl meistens schon aus der Lokalisierung ergibt (z. B. Fett *im* Samen, Wachs *auf* dem Samen).

---

[1] Es ist wiederholt darauf hingewiesen worden, daß Analysen von Samenölen schon von der Gewinnung her durch Fehler behaftet sein können (fremde Saaten, ungenügende Extraktion), dazu kommen die Fehler durch Mitgewinnung artfremder Bestandteile aus benachbarten Geweben und Organen. Will man z. B. das reine Fett aus einem Samen mit Wachshülle isolieren, dann muß diese erst mit Solventien vom Samen abgelöst werden.

Während die Fette nach ihrer physiologischen Funktion fast[1] ausschließlich als Reservesubstanzen dienen, die entweder in Zellen kolloid verteilt sind oder Zellräume vollständig ausfüllen, sind die Wachse bis auf wenige Ausnahmen pflanzliche oder tierische Exkrete.

Sowohl die pflanzlichen als auch die tierischen Wachse sind Ausscheidungsprodukte der peripheren Gewebeschichten (Hautgewebe) und Drüsen und dienen meist zum Schutze der Epidermis; bei Bakterien kann die äußere Wachshülle sogar einen Schutzpanzer für den ganzen Organismus bilden. Drüsenexkrete[2] sind zum Beispiel auch die sog. Sturmvogel-Magenöle (von Aestrelata lessoni und von Fulmarus glacialis, s. S. 579f.); sie wurden deshalb unter die „Wachse" aufgenommen.

Die Unterteilung des Gesamtgebietes der Wachse weicht in der vorliegenden Darstellung zum Teil von den bisherigen Gliederungen ab. Die Anordnung nach den Hauptabschnitten der pflanzlichen und tierischen Wachse wurde beibehalten; innerhalb dieser Gruppen wurden jedoch einige Änderungen vorgenommen. So erfolgte eine Teilung des Abschnittes „Pflanzenwachse" in eine Hauptgruppe und einen Anhang; in der ersteren werden die besser untersuchten Wachse und wachshaltigen Substanzgemische der höheren Pflanzen in der Reihenfolge des botanischen Systems besprochen, während in den Anhang die Wachse der niederen Pflanzen sowie diejenigen wachsartigen Substanzen aufgenommen sind, von denen sich in der Literatur kaum mehr als vereinzelte Angaben über das Vorkommen finden.

In den obigen Definitionen ist eine Anzahl von Substanzgemischen pflanzlicher Herkunft nicht mit inbegriffen, die keine echten Wachse (aber auch keine Fette) sind, sondern Gemische von Wachsbestandteilen, die aus den Rinden, den Wurzeln oder aus dem Milchsafte mancher Pflanzen durch Extraktion gewonnen werden. Solche Pflanzenextrakte findet man mitunter in der Literatur als Wachse bezeichnet, und sie sind auch in der vorliegenden Darstellung in diese Kategorie eingereiht; zur Orientierung ist jeweils schon in der Überschrift zum Ausdruck gebracht, ob das betreffende Pflanzenprodukt ein echtes Wachs ist, oder ob es sich bloß um Wachsbestandteile bzw. um ein nur landläufig als „Wachs" angesprochenes Material handelt.

Die Klassifizierung der tierischen Wachse folgt dem zoologischen System, beginnend mit den Wachsen der niedersten Tiere bis hinauf zu den wachsartigen Ausscheidungen des menschlichen Körpers. Diese Anordnung hat hier ihre besondere Berechtigung, da gerade das wichtigste tierische Wachs, das der Biene, von einem wirbellosen Tier stammt und auch andere, mehr oder weniger gründlich untersuchte Wachse von Avertebraten geliefert werden; es wäre daher die Aufnahme der Wachse der niederen Tiere in einen Anhang, in Analogie mit den Fetten der Wirbellosen, nicht angebracht.

Übergänge von Fetten zu Wachsen.

Wie oben angegeben, sind wenigstens zwei lipoide Stoffe bekannt, die als Übergänge von den Fetten zu den Wachsen anzusprechen sind, der Pottwal-

[1] Ausnahmen sind z. B. der Chinesische Talg, der als Fettschicht auf den Samen von Sapium sebiferum (Stillingia sebifera) vorkommt; ein Beispiel aus dem Tierreich ist das Exkret der sog. Blutlaus (Schizoneura lanigera), das zwar äußerlich wachsartig ist, seiner Zusammensetzung nach (als Glycerid einer gesättigten Säure mit 20 oder 22 Kohlenstoffatomen) jedoch zu den Fetten gezählt werden muß. In diesen Fällen wird also die Funktion der Wachse von Glyceriden wachsähnlicher Beschaffenheit übernommen.

[2] Das Exkret stammt aus den Nasendrüsen und fließt von da in den Kropf, wo es sich ansammelt. Es hat eine ähnliche Funktion wie das wachsartige Sekret aus den Bürzeldrüsen anderer Vögel: es dient als Schutz gegen Nässe und Kälte.

Kopftran und der Döglingtran. Wenn durch die weitere Erforschung der Fette und Wachse sich noch mehr solcher Übergangsglieder ergeben, wird man das System dementsprechend ändern müssen, indem die Stoffe dieser Art, in eine eigene Gruppe zusammengefaßt, zwischen die Fette und die Wachse gestellt werden.

Solange diese Erweiterung des Systems nicht durchgeführt ist, muß die Anordnung dieser Übergangsglieder in der Weise erfolgen, daß sie mit den oben erörterten Einteilungsprinzipien am besten übereinstimmt. Deshalb wurde die bisherige Klassifizierung von Pottwal-Kopftran und Döglingtran als „flüssige Wachse" aufgegeben, denn die beiden Transorten weisen einen nicht zu vernachlässigenden Gehalt an Glyceriden auf und sie gehören auch zufolge ihrer Lokalisierung und Funktion im tierischen Organismus nicht zu den Wachsen. Die beiden Substanzgemische sind bei den „Tranen", S. 426 und 429 angeführt, ebenso wie ja auch die Haifisch-Leberöle mit geringstem Glyceridgehalt zu den Fetten gezählt werden[1].

1. Hauptabschnitt: Pflanzenwachse.

Unterabt.: Gymnospermae. Klasse: Coniferae.

Fichtennadelwachs.

Stammpflanze und Pflanzenfamilie	Verbreitung	Gehalt (% Wachs) im Organ	Farbe	Besondere Merkmale
Picea excelsa Fam.: Pinaceae	Europa, Nordamerika	Nadeln: 10% Rohwachs	Rohwachs: dunkelgrün. Gereinigt: weiß	Verseifung erfolgt erst nach längerem Erhitzen mit alkoholischer Kalilauge auf ca. 140° im Einschlußrohr

Mit Wasserdampf behandelte Fichtennadeln wurden mit Äther, Benzol oder Schwefelkohlenstoff extrahiert (Rohwachs) und die harzartigen Anteile mittels Alkohol entfernt. Das durch häufiges Umlösen aus siedendem Alkohol als körnig-krystallinisches Pulver erhaltene Wachs zeigte einen Schmelzpunkt von 64—65°.

Bestandteile des Aceton-unlöslichen, gereinigten Wachses: Ester der im folgenden genannten Alkohole bzw. Säuren, nebst einer geringen Menge freier Säure.

Alkohole: Cetyl-, Ceryl- und Myricylalkohol.

Fettsäuren: Palmitinsäure, Stearinsäure, vorwiegend Oxy-palmitinsäure („Juniperinsäure").

Bestandteile des Aceton-löslichen Anteiles des Fichtennadelextraktes: Stearinsäure, Abietinsäure. In einem Anteil von fettartiger Konsistenz wurden Ölsäure sowie Phytosterin nachgewiesen.

Wachsbestandteile in Fichtenrinden.

Der durch Wasserdampfdestillation und Auslaugen mit heißem Wasser gereinigte alkoholische Extrakt aus Fichtenrinden enthielt von Wachsalkoholen: Cerylalkohol sowie eine Substanz vom Schmelzpunkt 70—71° (vermutlich ein Gemisch von Cerylalkohol mit einem niedriger schmelzenden Alkohol); Sterine konnten nicht nachgewiesen werden. Fettsäuren: vorwiegend Arachinsäure neben geringeren Mengen von Palmitin- und Stearinsäure; ein Teil dieser Säuren scheint in Form von Glyceriden zugegen zu sein.

[1] Zwischen beiden Kategorien besteht die Analogie, daß sie nur ca. 10 bis 20% Glyceride enthalten. So wie Pottwal-Kopftran und Döglingtran, deren Hauptbestandteile Wachsester sind, als Übergänge von den Wachsen zu den Glyceridfetten betrachtet werden können, sind möglicherweise gewisse Haifisch-Leberöle, die vorwiegend Squalen enthalten, auch Übergänge von den Glyceridfetten zu noch nicht bekannten reinen „Kohlenwasserstoff-Fetten", die vielleicht in rezenten Organismen überhaupt nicht mehr vorkommen.

Weniger untersuchte Pinaceenwachse.

Name	Stammpflanze	Verbreitung	Vorkommen	Bestandteile[1]
Tannenwachs	Abies Nordmanniana, SPACH.	Krim, westlicher Kaukasus	Nadeln	0,1% Juniperinsäure
Kiefernwachs	Pinus silvestris	Europa, Asien	Nadeln	Juniperinsäure
Schwarzkiefernwachs	Pinus austriaca, LINC.	Südeuropa bis zum Schwarzen Meer; nordwärts bis zum Wiener Wald	Nadeln	0,03% Sabininsäure und ca. 0,2% Juniperinsäure
Seestrandkiefernwachs	Pinus maritima, LAMK.	Mittelmeergebiet	Nadeln	0,1% Sabininsäure und ca. 0,2% Juniperinsäure
Mammutbaumwachs	Sequoia gigantea	Kalifornien	Blätter	U. a. viel Phytosterin, etwas Carotin
Lebensbaumwachs[2]	Thuja occidentalis	Atlant. Nordamerika bis Virginien	Blätter	Geringe Mengen Sabininsäure; ferner Juniperinsäure und Thapsiasäure
Wacholderwachs	Juniperus communis	Gemäßigte nördliche Zone	Blätter; Reif der Beeren	Juniperinsäure

Sadebaumwachs.

Stammpflanze und Pflanzenfamilie	Verbreitung	Vorkommen	Farbe	Beschaffenheit
Juniperus sabina. Fam.: Pinaceae	Mittel- und Südeuropa, Kaukasus, Nordasien	Blätter	Weiß	Krystallinisch

Schmelzpunkt des Rohwachses: 73—78°. Durch wiederholtes Umkrystallisieren läßt sich das Wachs in mehrere Bestandteile zerlegen, die zwischen 68 und 84° schmelzen.

Verseifungszahl des Gemisches der sauren Bestandteile des Wachses: ca. 230. Nachgewiesen wurden Sabininsäure, Juniperinsäure und Thapsiasäure.

Die oben erwähnten Coniferenwachse (mit Ausnahme des Fichtennadelwachses) wurden durch Auskochen der Blätter (Nadeln) mit 90proz. Alkohol gewonnen und zeigten Säurezahlen zwischen 25 und 54.

Unterabteilung: Angiospermae.

Reihe: Glumiflorae.

Mais-Pollenwachs.

Alkohole: Myricylalkohol in Spuren; ein Alkohol $C_{30}H_{62}O$ mit dem Schmelzpunkt 136°; mehrere Phytosterine mit Schmelzpunkten zwischen 121 und 154° (darunter ein Phytosterin vom Schmelzpunkt 136,5°; Acetat-Schmelzpunkt 101°. Das höchstschmelzende Phyto-

[1] Die genannten Oxysäuren sind in den meisten Coniferenwachsen in Form von Estoliden (vgl. Bd. I, S. 150) zugegen; über das sonstige Vorkommen und den Nachweis der Estolide s. ebenda, S. 251f.

[2] Im Petrolätherauszug der grünen Zweige wurde ein „Rohfett" gefunden (Verseifungszahl 132,3; Säurezahl 94), das u. a. folgende Wachsbestandteile enthielt: ein höheres Homologes des Cerylalkohols vom Schmelzpunkt 78—79° (Acetat-Schmelzpunkt 43—44°); einen Kohlenwasserstoff $C_{26}H_{54}$ oder $C_{28}H_{56}$; eine wachsartige Substanz vom Schmelzpunkt 69—70°, vermutlich ein Gemisch zweier Wachsester; von Fettsäuren Ölsäure sowie eine feste Säure vom Schmelzpunkt 95°, wahrscheinlich Oxypalmitinsäure (= Juniperinsäure, schon von BOUGAULT und BOURDIER im Jahre 1908 identifiziert).

sterin zeigte einen Acetat-Schmelzpunkt von 134°). 4,4% des Ätherextraktes bestand aus einem Phytosterin vom Schmelzpunkt 125—126°.

Wachsester: Phytosterin-palmitat, Schmelzpunkt 88—88,5°; gibt bei der Verseifung neben Palmitinsäure zwei Phytosterine (Schmelzpunkt 136,5 bzw. 122°).

Kohlenwasserstoff: Im Ätherextrakt 14% n-Nonakosan $C_{29}H_{60}$, Schmelzpunkt: 63—64°.

Außer den angegebenen Wachsbestandteilen (25% des alkoholischen Extraktes der Pollen von weißem Flintmais) enthielten die Extrakte ein nicht näher untersuchtes Öl.

Wachsbestandteile aus Maisöl.

Gewinnung: Beim Abkühlen von rohem Maisöl (s. S. 21) im Verlaufe des Raffinationsprozesses scheidet sich eine gelbe pastenartige Masse ab, die mit einer reichlichen Menge Ligroin vermischt und zentrifugiert wurde. Der Niederschlag, aus heißem Ligroin und Amylalkohol umkrystallisiert, bestand aus glänzenden Blättchen vom Schmelzpunkt 81—82,5°.

Ausbeute: 120 g reines Wachs aus 13,5 kg ursprünglichem Rohwachs (pastenartige Masse, s. oben), d. i. ca. 0,9%. Der Wachsgehalt des Öles ist außerordentlich gering.

Bestandteile: Myricylalkohol. Isobehensäure, Schmelzpunkt 76—77°; n-Tetrakosansäure, Schmelzpunkt: 85—86°.

Zuckerrohrwachs.

Stammpflanze und Pflanzenfamilie	Verbreitung	Vorkommen	Farbe	Eigenschaften
Saccharum officinarum Fam.: Gramineae	Heimat: tropisches Asien; in allen Tropenländern kultiviert	An den Stengeln (Halmen) und besonders an den Knoten als Überzug	Rohwachs: blaugrau; gereinigt: weiß	Raffiniertes Wachs: sehr hart, spröde und glänzend

Ausbeute. Durch Extraktion aus feuchten Preßkuchen („Bagasse"): 3—4%; aus getrocknetem Material mittels Benzin, Trichloräthylen, Äther oder Benzol: 10 bis 14%; mit Alkohol: bis ca. 21%.

Bestandteile. Das Rohwachs enthält neben ca. 60% fettartigen Begleitsubstanzen[1] ungefähr 35% Wachs. Im letzteren fand man: vorwiegend Myricylalkohol; daneben die Alkohole $C_{33}H_{68}O$, $C_{31}H_{58}O_2$ und $C_{29}H_{45}O_2$ (?); im ganzen 55—80%. Von Säuren hauptsächlich Cerotinsäure; außerdem eine Substanz mit dem Schmelzbereich 80 bis 90°.

Physikalische und chemische Kennzahlen.

	Dichte d_{15}^{15}	Schmelzpunkt	Erstarrungspunkt	Verseifungszahl	Acetylzahl	Jodzahl
Wachs	0,9612—0,984 d_{15}^{100}: 0,8785	55—76° gereinigt: 82°	gereinigt: 80°	40—57	55—95	12,4—16,2

Die untersuchten Proben zeigten Säurezahlen von 4 bis 12.

Espartogras-Wachs.

„Fibre-Wax".

Stammpflanzen und Pflanzenfamilie	Verbreitung	Gehalt (%) Wachs	Farbe, bzw. Geruch	Anmerkung
Lygeum spartum (Esparto); Stipa tenacissima (Esparto, Halfa). Fam.: Gramineae	Steppen des Mittelmeergebietes; Spanien, Algier, Marokko	25—50% im Staub des in Ballen gepreßten Espartograses	Bräunlichgelb bis schokoladebraun, mit Abstufungen nach grau und grün; geruchlos, beim Erwärmen Geruch nach faulendem Stroh	In Aussehen, Härte und Bruch dem Candelillawachs ähnlich

Bestandteile: 45,9% Gesamtfettsäuren. 50,3% Unverseifbares (nach anderen Angaben: 66—72%).

[1] Kennzahlen und Bestandteile des Fettes von Saccharum offic. s. S. 23.

Physikalische und chemische Kennzahlen.

	Dichte d_{15}^{15}	Schmelzbereich	Erstarrungsbereich	Verseifungszahl	Jodzahl
Wachs	0,965—0,989	61,2—74°	59—70°	61,4—75,7	13,2—15,3 (6,5)

Löslichkeit. In Äther lösen sich 25—42% des Wachses, in 70proz. Alkohol lösen sich 2,5—3,4%.

Die untersuchten Proben zeigten Säurezahlen zwischen 16,5 und 34,4.

Rohrgras-Wachs.

Stammpflanze und Pflanzenfamilie	Verbreitung	Vorkommen — Ausbeute	Beschaffenheit (Bestandteile)
Glyceria Ramigera Fam.: Gramineae	Australien	An den Stengeln. — Ausbeute: 2,2% ätherunlöslicher Anteil (I); 0,4% ätherlöslicher Anteil (II)	In Aussehen und Härte dem Carnaubawachs ähnlich. — Hauptbestandteil vermutlich Cerotinsäure

Physikalische und chemische Kennzahlen.

	Dichte	Schmelzpunkt	Verseifungszahl	Säurezahl
Wachsanteil (I)	d^{19}: 0,9819	83°	89,4	54,3
Wachsanteil (II)	d^{18}: 0,975	73°	—	—

Gerstenspelzen-Wachs.

Stammpflanze und Pflanzenfamilie	Verbreitung	Farbe	Anmerkung
Hordeum sativum, L. Fam.: Gramineae	Weit verbreitet; Heimat: Vorderasien, Nordafrika	In gereinigtem Zustande fast farblos	Bei der Extraktion mit Äther liefern Gerstenspelzen eine dunkelgrüne, pastenartige Substanz vom Schmelzpunkt 45—47°. Daraus erhält man durch Umlösen aus heißem Alkohol das reine Wachs

Physikalische und chemische Kennzahlen.

	Dichte d_{15}^{15}	Schmelzpunkt	Verseifungszahl
Wachs	0,977	68°	79

Die untersuchte Probe zeigte die Säurezahl 21.

„Graswachs“.

Vorkommen: In Futtermittelgemengen (Wiesenheu, Hafer usw.). Ausbeute: 1,5% durch Extraktion mit Chloroform; nach vorhergehender Säurebehandlung: bis 3%.

Bestandteile: Cetylester, Phytosterine und geringe Mengen von Kohlenwasserstoffen (u. a. Ceroten $C_{26}H_{52}$).

Reihe: Principes.

Carnaubawachs.

(Cearawachs, Palmwachs[1].)

Stammpflanzen und Pflanzenfamilie	Verbreitung	Vorkommen	Farbe	Besondere Merkmale
Corypha cerifera, VIREY; Copernicia cerifera, MART. (Carnaubawachspalme) Fam.: Palmae	Tropisches Südamerika, insbesondere Brasilien	Auf den Blättern	Rohwachs: hellgelb, grüngelb, graugrün, auch braunschwarz. Gebleichtes Wachs: nahezu weiß	Das Wachs ist sehr hart und spröde; schon geringe Zusätze davon erhöhen den Schmelzpunkt anderer Wachsmassen

[1] Die Bezeichnung Palmwachs ist im Handel gebräuchlich. Die übrigen Palmenwachse sind in ihrer Beschaffenheit dem Carnaubawachs ähnlich.

Bestandteile: Von Wachsestern wurde Myricylcerotat nachgewiesen. Von Alkoholen: Cerylalkohol $C_{27}H_{56}O$ (Schmelzpunkt 76°) in sehr geringer Menge; Myricylalkohol (= Melissylalkohol $C_{30}H_{62}O$); unbenannter Alkohol (Glycol) $C_{25}H_{52}O_2$; unbenannter Alkohol $C_{15}H_{30}O$ (Formel und Vorkommen nicht sichergestellt), die beiden letzteren in geringen Mengen; ca. 0,5% Phytosterin. — Ein Kohlenwasserstoff vom Schmelzpunkt 59°. Gesamtgehalt an Alkoholen und Kohlenwasserstoffen: 54—55%.

Gesamtfettsäuren: 41—48%, vorwiegend Carnaubasäure[1]; geringe Mengen Cerotinsäure; Myricinsäure (Melissinsäure $C_{30}H_{60}O_2$); unbenannte Oxysäure $C_{21}H_{42}O_3$.

Physikalische Kennzahlen.

	Dichte d_{15}^{15}	Schmelzpunkt[2]	Erstarrungspunkt[3]	Lichtbrechung B.-Refr. Sk. T.	Lichtbrechung Brechungs-Index n_D	Zähigkeit (OSTWALD)	Crismerzahl
Wachs	0,990—0,999 d^{20}: 0,966 bis 0,989 d^{90}: 0,8500 $d_{15,5}^{98}$: 0,8422	80—86°	78—81°	66—69 (40°)	1,472 (40°)	42—43 (bei 100°)	154 bis 154,5°
Säuren	—	71,5 bis 72,8°	70—71,5°	—	—	—	—

Chemische Kennzahlen.

	Verseifungszahl	M. M.-Gew.	Acetylzahl	Jodzahl	Verhältniszahl[4]
Wachs	79—88	—	51—60	8—13,6	7—18 (39)
Säuren	Neutral.-Z.: 157,9—158,2	354,1—355,8	—	8,9—9,5	—

Die untersuchten Proben zeigten Säurezahlen zwischen 0,3 und 10.

Raphia-Wachs.

Stammpflanze und Pflanzenfamilie	Verbreitung	Vorkommen — Ausbeute	Farbe	Beschaffenheit
Raphia ruffia Fam.: Palmae	Ostafrika	Weißliche Schicht an der Unterseite der Blätter. — Ausbeute aus den getrockneten Blättern: ca. 10%	Rohwachs: gelb bis braun; nach Umkrystallisieren aus Alkohol: weiß	Sehr hart und spröde

Bestandteile: u. a. Raphia-Alkohol $C_{20}H_{42}O$.

Physikalische und chemische Kennzahlen.

	Dichte	Schmelzpunkt	Verseifungszahl	Jodzahl
Wachs	d_{15}^{15}: 0,950 $d_{15,5}^{99}$: 0,832—0,836	80—83°	50,3—51,3	7,7—10,7

Die untersuchten Proben zeigten Säurezahlen von 4,9 bzw. 6,5.

[1] Vgl. Bd. I, S. 15.
[2] Meist liegt der Schmelzpunkt bei 80°, ältere Muster zeigen höhere Werte; als obere Grenze wurde in einzelnen Fällen ca. 90° gefunden.
[3] Bei alten Proben fand man Erstarrungspunkte bis zu ca. 87°.
[4] Vgl. Bd. I, S. 547.

Andenpalmen-Wachs.

Stammpflanze und Pflanzenfamilie	Verbreitung	Vorkommen	Farbe	Beschaffenheit. Kennzahlen
Ceroxylon andicola Fam.: Palmae	Südamerika	An Blättern und Stämmen	Weiß bis gelblich	Hart und spröde (angeblich ist das Rohwachs bei Handwärme knetbar, schmilzt jedoch erst über 100°; nach anderen Angaben liegt der Schmelzpunkt bei 72°). Dichte d^{15}: 0,922—0,995

Hauptbestandteile: Cerylcerotat und Melissylpalmitat.

Wachs von Klopstockia cerifera.

(Familie Palmae; Verbreitung: Westindien und Brasilien; Vorkommen an den Blättern und Stämmen). In der Beschaffenheit dem Carnaubawachs ähnlich.

Reihe: Liliiflorae.

Hyacinthenwachs.

Stammpflanze und Pflanzenfamilie	Verbreitung	Vorkommen	Gewinnung
Hyacinthus spec. Fam.: Liliaceae	Afrika, Mittelmeergebiet	Als Belag auf den Blüten	Blüten mittels Petroläther extrahiert; Lösungsmittel abdestilliert; Rückstand mit Alkohol (zur Entfernung der ätherischen Öle) behandelt. Hierbei bleibt das Wachs ungelöst zurück

Bestandteile: 27,7% gesättigte Säuren (vorwiegend Cerotinsäure, vermutlich auch Palmitin- und Stearinsäure); 19,1% ungesättigte Säuren. 25% höhere Alkohole. 25,4% Kohlenwasserstoffe (vorwiegend Hentriakontan; s. diesbzgl. a. S. 554, Fußnote 1).

Physikalische und chemische Kennzahlen.

	Dichte[1]	Schmelzpunkt	Verseifungszahl	Jodzahl
Wachs	d^4: 0,956	48°	104,9	55,8

Das untersuchte Wachs zeigte die Säurezahl 2,2.

Wachsbestandteile einiger Liliaceen.

Stammpflanze	Verbreitung	Vorkommen	Bestandteile
Gloriosa superba	Tropisches Afrika und Asien	Knollen	Palmitinsäure, Ölsäure, Linolsäure. Ein Alkohol vom Schmelzpunkt 77°. Stigmasterin neben einem anderen Sterin. Ein Kohlenwasserstoff mit dem Schmelzpunkt 63—65°
Ornithogalum thyrsoides	Vorderasien, Afrika und Europa	—	U. a. Palmitinsäure. Phytosterin; Ipuranol, $[\alpha]_D = -37{,}2°$; Ipuranol-Tetraacetat, $[\alpha]_D = -25{,}4°$. Ein Pentatriakontan
Smilax ornata	Zentralamerika	Wurzeln	Palmitinsäure, Stearinsäure, Behensäure, Ölsäure, Linolsäure. Stigmasterin, Sitosterin, ferner Glycoside höherer Alkohole

[1] Nach der Schwebemethode bestimmt.

Narzissen-„Wachs“.

Stammpflanze und Pflanzenfamilie	Verbreitung	Gehalt im Organ	Anmerkung (Bestandteile)
Narcissus pseudonarcissus Fam.: Amaryllidaceae	Mittelmeergebiet	Wachshaltiges Substanzgemisch in Stamm und Blättern: 3,1%	In den oberirdischen Teilen der Pflanze (auch in den Blüten) findet sich ein Gemisch von Wachs und gelbbraunem Fett. Isoliert wurden Phytosterin und Carotin

Wachsbestandteile in Buphane disticha.

Stammpflanze und Pflanzenfamilie	Verbreitung	Vorkommen	Bestandteile
Buphane disticha Fam.: Amaryllidaceae	Südafrika	Zwiebel	Ein Phytosterin $C_{27}H_{46}O + H_2O$ (Schmelzpunkt 132°), Ipuranol (Schmelzpunkt 286° unter Zersetzung) und der Kohlenwasserstoff Pentatriakontan

Iridaceen-Wachse.

Stammpflanze	Verbreitung	Vorkommen	Bestandteile
Crocus sativus (Safran)	Mittelmeergebiet	Narben der Blüten	Angeblich Ester der Palmitin- und Stearinsäure mit Phytosterin, ferner ein Kohlenwasserstoff
Iris versicolor	Mittelmeergebiet	Rhizom	Der Alkoholauszug (16,5%), mit Wasserdampf gereinigt und mit Petroläther extrahiert, ergab 3,4% eines wachsartigen Substanzgemisches mit folgenden Bestandteilen: Laurin-, Palmitin-, Stearin- und Cerotinsäure; wenig Ölsäure und Linolsäure. Myricylalkohol; Phytosterin; Ipuranol. Ein Heptakosan. Schließlich geringe Mengen einer krystallisierten Substanz mit dem Schmelzpunkt 77—78°

Reihe: Scitamineae.

Pisangwachs.

(Bananenwachs.)

Stammpflanze und Pflanzenfamilie	Verbreitung	Vorkommen	Farbe	Sonstige Beschaffenheit
Musa sapientum (u. a. Arten) Fam.: Musaceae	Niederländisch-Indien	Als Belag auf den Blättern	Rohwachs: graugrün; gereinigt: weiß	Körnig-krystallinisch

Hauptbestandteil: angeblich Pisangcerylester; bezüglich der „Pisangcerylsäure“ vgl. Bd. I, S. 14.

Physikalische und chemische Kennzahlen.

	Dichte d_{15}^{15}	Schmelzpunkt	Verseifungszahl
Wachs	0,963—0,970	79—81°	109

Löslichkeit: In kochendem starkem Äthylalkohol nur wenig löslich; leicht löslich in siedendem Amylalkohol, Schwefelkohlenstoff oder Terpentinöl. Löslichkeit bei 15°: In Petroläther 0,1%; in Aceton 0,5%; in Äther 0,7%; in Terpentinöl 1%; in Chloroform 1,7%; in Schwefelkohlenstoff 1,8%.

Die untersuchten Proben hatten Säurezahlen zwischen 2 und 3.

Reihe: Microspermae.

Orchideen-„Wachs".

Stammpflanze und Pflanzenfamilie	Verbreitung	Gehalt im Organ	Bestandteile
Orchis mascula Fam.: Orchidaceae	Gemäßigte Zone von Europa und Asien	Getrocknete oberirdische Teile: 1,7%	In dem fetthaltigen Wachs wurde etwas Carotin nachgewiesen

Reihe: Salicales.

Wachsbestandteile in Weidenrinden.

Stammpflanze und Pflanzenfamilie	Verbreitung	Bestandteile
Salix purpurea (Purpurweide) Fam.: Salicaceae	Gemäßigte Zone	Neben vorwiegend festen Fettsäuren (vermutlich Palmitin-, Stearin- und Ölsäure) ein Kohlenwasserstoff mit dem Schmelzpunkt 63° sowie ein Phytosterin vom Schmelzpunkt 134—135° (Acetat-Schmelzpunkt 119°); wahrscheinlich auch Cerylalkohol

Reihe: Juglandales.

Wachsbestandteile in Walnußrinden.

Stammpflanze und Pflanzenfamilie	Verbreitung	Bestandteile
Juglans regia Fam.: Juglandaceae	Süd- und Mitteleuropa bis Ostasien	Neben Palmitin- und Stearinsäure ein gesättigter Kohlenwasserstoff mit dem Schmelzpunkt 63—64° und ein ungesättigter Kohlenwasserstoff $C_{24}H_{42}$ mit dem Schmelzpunkt 191—192°. Eine phytosterinartige Verbindung $C_{20}H_{36}O$ mit dem Schmelzpunkt 171° (Acetat-Schmelzpunkt 150—151°; Benzoat-Schmelzpunkt 142—143°) sowie eine Verbindung $C_{22}H_{38}O$, die bei 220—221° unter Zersetzung schmilzt. Ferner eine Verbindung mit dem Schmelzpunkt 232° und eine Verbindung, die sich bei 278° zersetzt (Acetat-Schmelzpunkt 260—261°)

Reihe: Fagales.

Wachsbestandteile in Weißbuchenrinden.

Stammpflanze und Pflanzenfamilie	Verbreitung	Bestandteile
Carpinus betulus (Hain- oder Weißbuche) Fam.: Betulaceae	Mitteleuropa bis Persien	Cerylalkohol, ein Phytosterin (Acetat-Schmelzpunkt 117°), eine Verbindung $C_{18}H_{34}O_2$ oder $C_{17}H_{32}O_2$ (Schmelzpunkt 249—250°; Acetat-Schmelzpunkt 217°); eine Verbindung $C_{22}H_{38}O_3$ (Schmelzpunkt 276—277°; Acetat-Schmelzpunkt 262°)

Wachsbestandteile in Corylus avellana.

Stammpflanze und Pflanzenfamilie	Verbreitung	Vorkommen	Bestandteile
Corylus avellana (Haselnuß) Fam.: Betulaceae	Europa (bis 63° nördlicher Breite)	Rinde	Aus dem Petrolätherauszug wurden isoliert: Wachsalkohol vom Schmelzpunkt 75° (identisch mit dem Oktadecylalkohol aus der Rinde von Acer campestre?, s. S. 549); cerinartige Substanz „Corylol", Schmelzpunkt 240° unter Zersetzung (deutliche Cholestolreaktion; Acetat-Schmelzpunkt 102°; Schmelzpunkt des Benzoates = 136°); ferner Stearinsäure

Wachsbestandteile in Betula-Arten (Birken).

Stammpflanze und Pflanzenfamilie	Verbreitung	Vorkommen	Bestandteile
Betula verrucosa u. a. Arten Fam.: Betulaceae	Gemäßigte Zone (bis 65° nördlicher Breite)	a) Als weißer Belag auf jungen Trieben und Blättern b) Im weißen Periderm der Rinde: 10—12% reines Betulin	a) Betuloretinsäure (Butylester?) b) Betulin der Birkenrinde (Schmelzpunkt, unkorr.: 251—252°; Bruttoformel: $C_{30}H_{50}O_2$)[1]

Erlenblätterwachs.

Stammpflanzen und Pflanzenfamilie	Verbreitung	Gehalt (% Wachs)	Beschaffenheit (Bestandteile)
Alnus glutinosa (Schwarz-Erle) Fam.: Betulaceae	Europa, Asien, Nordafrika	Auf den Blättern: ca. 0,4%	Bestandteile des harten, dunkel grünlichgrauen „Lackes" (durch rasches Abspülen der frischen Blätter mit lauwarmem Benzol-Toluol gewonnen): zwei gesättigte Alkohole, Glutinol und Glutanol, die keine Cholesterinreaktion zeigen; ferner zwei ungesättigte Harzsäuren, Glutinsäure und Glutinolsäure, die deutliche Sterinreaktionen aufweisen

Wachsbestandteile in Erlenrinden.

Stammpflanzen und Pflanzenfamilie	Bestandteile
Alnus glutinosa (Schwarz-Erle) Fam.: Betulaceae	Fett-Wachs-Gemisch mit 43,1% unverseifbaren Bestandteilen: ein Wachsalkohol $C_{20}H_{42}O$ oder $C_{20}H_{40}O$ vom Schmelzpunkt 83—84° (Acetat-Schmelzpunkt 67—68°); eine Verbindung mit dem Schmelzpunkt 261° („Alnulin", $C_{30}H_{50}O$ oder $C_{28}H_{46}O$); eine Verbindung mit dem Schmelzpunkt 240° („Protalnulin", $C_{32}H_{52}O$); eine Verbindung mit dem Schmelzpunkt 254° (Acetat-Schmelzpunkt 216°); eine Verbindung mit dem Schmelzpunkt 278° ($C_{43}H_{70}O_2$). Von Fettsäuren wurden Palmitin- und Stearinsäure gefunden
Alnus viridis (Grün-Erle) Fam.: Betulaceae	Fett-Wachs-Gemisch, aus dem u. a. folgende Verbindungen isoliert wurden: Cerylalkohol; eine Substanz mit dem Schmelzpunkt 199° (Acetat-Schmelzpunkt 247°?); eine Substanz mit dem Schmelzpunkt 240° („Protalnulin", $C_{32}H_{52}O$); eine Substanz $C_{33}H_{60}O_2$ oder $C_{33}H_{58}O_2$ mit dem Schmelzpunkt 194° und dem Acetat-Schmelzpunkt 144° („Alniviridol"); eine Substanz $C_{24}H_{42}O_2$ mit dem Schmelzpunkt 250° (Acetat-Schmelzpunkt 216°)

[1] Vgl. Bd. I, S. 39 und 44. Das Betulin der Birkenrinde ist nicht zu verwechseln mit der gleichnamigen Substanz aus der Rinde von Betula lenta; dieses „Betulin" (oder Gaultherin) ist ein Glycosid des Salicylsäuremethylesters $C_{14}H_{18}O_8$, H_2O.

Wachsbestandteile in Rotbuchenrinden.

Stammpflanze und Pflanzenfamilie	Verbreitung	Bestandteile
Fagus silvatica (Rotbuche) Fam.: Fagaceae	Westeuropa bis 60° nördlicher Breite	Cerylalkohol (vermutlich mit Arachinsäure verestert); ein Phytosterin $C_{22}H_{44}O + H_2O$ mit dem Schmelzpunkt 135° (Acetat-Schmelzpunkt 118—119°); eine Verbindung $C_{39}H_{68}O_2$ mit dem Schmelzpunkt 205° (Acetat-Schmelzpunkt 116 bis 117°); eine Verbindung mit dem Schmelzpunkt 248° (Acetat-Schmelzpunkt 212°). Ein gesättigter Kohlenwasserstoff vom Schmelzpunkt 65°. Schließlich Stearinsäure und Arachinsäure

„Korkwachs".

Stammpflanze und Pflanzenfamilie	Verbreitung	Vorkommen	Bestandteile
Quercus suber Fam.: Fagaceae	Spanien, Südfrankreich, Algier	In der Rinde	Neben ca. 10% Glyceriden fand man ca. 30% Säuren (Suberinsäure, vgl. Bd. I, S. 25; Phellonsäure und Phloionsäure, vgl. Bd. I, S. 11), teilweise verestert mit „Cerin" (Phellylalkohol, vgl. ebenda S. 39) sowie „Friedelin", vgl. ebenda

Reihe: Urticales.

Wachsbestandteile in Ulmenrinden.

Stammpflanze und Pflanzenfamilie	Bestandteile
Ulmus campestris Fam.: Ulmaceae	Fett-Wachs-Gemisch mit 39,7% unverseifbaren Bestandteilen: ein Phytosterin vom Schmelzpunkt 134°, identisch mit dem aus Calabarbohnen gewonnenen Stigmasterin $C_{30}H_{48}O + H_2O$ (Acetat-Schmelzpunkt 123—124°; Misch-Schmelzpunkt des Tetrabromacetats mit Tetrabrom-Stigmasterin-Acetat keine Depression: 210° korr.); eine Verbindung vom Schmelzpunkt 74—75° sowie eine Verbindung $(C_{11}H_{20}O_2)_n$ mit positiver LIEBERMANNscher Reaktion (schmilzt unter Zersetzung bei ca. 240°)

Moraceen-„Wachse".

Stammpflanze	Verbreitung	Vorkommen	Bestandteile (Beschaffenheit)
Castilloa elastica	Mexiko; in den Tropen kultiviert	Im Milchsaft	Angeblich 73% Unverseifbares (α- und β-Amyrin sowie Lupeol)
„Upasbaumwachs".			
Antiaris toxicaria	Indisch-Malaiische Gebiete	Im Milchsaft	Die wachsartige Substanz besteht vorwiegend aus α-Amyrincinnamat (Schmelzpunkt 176°) und wenig Amyrinstearat
„Kuhbaumwachs".			
Brosimum galactodendron (Milchbaum)	Venezuela	Im Milchsaft	Die beim Kochen des Milchsaftes mit Wasser sich abscheidende gelblichweiße, wachsartige Masse (ca. 30 bis 35%) zeigt das Schmelzintervall 50 bis 52°; nach dem Umkrystallisieren aus Alkohol war der Schmelzpunkt 65°

Gondangwachs.

(Java-Wachs.)

Stammpflanzen	Verbreitung	Vorkommen	Farbe bzw. Geschmack	Sonstige Beschaffenheit
Ficus ceriflua (Ficus gummiflua); Ficus variegata	Java, Sumatra, Ceylon; auch in anderen tropischen Gegenden	Im Milchsaft	Roh: rötlich-grau bis schokoladebraun; rein: weiß. Aromatischer Geschmack	Spröde, leicht zerreibbar; erweicht bei ca. 45° zu einer klebrigen, hochviscosen Masse

Schmelzbereich des Rohwachses: 57—70°. Durch Umkrystallisieren aus siedendem Alkohol erhält man eine krystallinische Masse vom Schmelzbereich 61—64°; durch weiteres Umkrystallisieren erhöht sich der Schmelzpunkt auf 69,5°.

Bestandteile: β-Amyrin, Lupeol; Palmitinsäure (mit β-Amyrin verestert, Schmelzpunkt 77°).

„Wachse" anderer Ficusarten.

Stammpflanze	Verbreitung	Vorkommen	Schmelzbereich bzw. Bestandteile
Ficus alba, REINW.	Niederländ. Indien	Im Milchsaft	Die bei ca. 60° schmelzende Substanz enthält u. a. Stearinsäure, β-Amyrin und Lupeol
Ficus fulva, REINW.	Niederländ. Indien	Im Milchsaft	Schmelzbereich: 52—58°. Bestandteile: u. a. Stearinsäure und ein Phytosterin vom Schmelzbereich 199—203° (?)
Ficus rubiginosa (Australische Feige)	Neusüdwales	Im Milchsaft	Der wachsartige Anteil (ca. 14% des Substanzgemisches) zeigte nach dem Umkrystallisieren aus heißem Alkohol bzw. Äther das Schmelzintervall 118—121° (Erstarrungspunkt 80°). Durch Verseifung wurde ein (aromatischer) Alkohol vom Schmelzpunkt 114° (90°?) gefunden

Hopfenwachs.

Stammpflanze und Pflanzenfamilie	Verbreitung	Vorkommen	Bestandteile
Humulus lupulus Fam.: Moraceae	Nördliche gemäßigte Zone	In den Fruchtständen	Durch fraktionierte Krystallisation: Wenig Cerotinsäurecerylester; Cerylalkohol, ein Phytosterin (Schmelzpunkt 135—136°); schließlich Hentriakontan. Durch Verseifen des Rückstandes konnten Cluytinsäure $C_{21}H_{42}O_2$ (Schmelzpunkt 69°) und Cerotinsäure nachgewiesen werden; außerdem fand man noch Palmitin- und Stearinsäure, eine anscheinend mit Arachinsäure isomere Verbindung vom Schmelzpunkt 62,5—63°, ferner auch Linolsäure

Hanfwachs.

Stammpflanze und Pflanzenfamilie	Verbreitung	Gehalt (% Wachs)	Farbe bzw. Geruch
Cannabis sativa Fam.: Moraceae	Vorwiegend Zentralasien	Hanffaser, mit warmem Benzol extrahiert: 0,5—1,2%	Bräunlich, Hanfgeruch

Physikalische und chemische Kennzahlen.

	Dichte d_{15}^{15}	Schmelzpunkt	Verseifungszahl	Jodzahl
Wachs I	1,019 (?)	73—74°	162,6 (?)	22,2—22,8
Wachs II	0,977	69,1°	101	22,5 (HANUS)

Wachs I: Säurezahlen von 46 bis 47. Wachs II zeigte die Säurezahl 13,6.
Der Gehalt an Unverseifbarem (bräunliche Masse: $d^{15} = 1{,}0022$; Schmelzpunkt 60°) betrug ca. 11%. Sämtliche Zahlenwerte deuten auf starke Verunreinigung der Proben.

Reihe: Santalales.

Wachsbestandteile in Loranthus europaeus.

Stammpflanze und Pflanzenfamilie	Verbreitung	Vorkommen	Bestandteile
Loranthus europaeus (Eichenmistel) Fam.: Loranthaceae	Mittelmeergebiet bis Mitteldeutschland	a) Blätter	Das Unverseifbare (49,4% des Petrolätherauszuges) enthält Loranthylalkohol $C_{24}H_{50}O$ (Schmelzpunkt 71—72°; Acetat-Schmelzpunkt 57—58°; Benzoat-Schmelzpunkt 56—57°) und einen Kohlenwasserstoff mit dem Schmelzpunkt 65°. In der fettartigen Begleitsubstanz fand man Palmitin- und Ölsäure sowie höher-ungesättigte Säuren
		b) Beeren	Der Petrolätherauszug enthält 84,1% Unverseifbares (darin u. a. eine Substanz vom Schmelzpunkt 49°, vermutlich Cetylalkohol)

Wachsbestandteile in Viscum album.

Stammpflanze und Pflanzenfamilie	Verbreitung	Vorkommen	Bestandteile
Viscum album (Mistel). Fam.: Loranthaceae	Schmarotzerpflanze von weiter Verbreitung	a) Vegetative Organe	Der Petrolätherauszug enthält eine wachsartige Substanz vom Schmelzpunkt 55—60°; ferner von Fettsäuren vermutlich Palmitin-, Ölsäure und Linolsäure
		b) Beeren	Neben einem Wachsalkohol vom Schmelzpunkt 71° auch Palmitinsäure

Balanophorenwachs.

Stammpflanzen und Pflanzenfamilie	Verbreitung	Vorkommen	Farbe
Balanophora elongata und Langsdorffia hypogaea. Fam.: Balanophoraceae	Südamerika, Java	Stengelparenchym und Knollen	Gereinigt: weiß

Hauptbestandteil: β-Amyrin-Palmitat vom Schmelzpunkt 77° („Balanophorin“); durch Alkoholextraktion in fast reinem Zustand erhältlich (aus einzelnen Knollen bis zu 77%). Zur Gewinnung im großen eignet sich Petroläther. Verseifungsprodukte des Balanophorins: Palmitinsäure und β-Amyrin (Schmelzpunkt 195°; Acetat-Schmelzpunkt 235°)

Reihe: Aristolochiales.

Wachs von Aristolochia argentea.

(Familie: Aristolochiaceae; Vorkommen des Wachses: in den Wurzeln.)

Bestandteile: Phytosterinpalmitat (Schmelzpunkt 80°). Außer der auch in anderen Aristolochiaarten nachgewiesenen Aristolochiasäure wurden noch einige andere Säuren unbekannter Konstitution isoliert.

Reihe: Polygonales.

Wachsbestandteile in Rumex-Arten.

Stammpflanzen und Pflanzenfamilie	Vorkommen	Bestandteile
Rumex sanguineus, Rumex Ecklonianus Fam.: Polygonaceae	In den Blättern	Im getrockneten Material: ca. 2% eines zum größten Teil aus Wachs, zum geringen Teil aus Carotin bestehenden Gemisches. Zur Gewinnung der einzelnen Wachsbestandteile wurde zunächst der alkoholische Extrakt mit Wasserdampf abgeblasen, der Rückstand in Petroläther aufgenommen und mit wässeriger Ammoniumcarbonatlösung gereinigt. Daraufolgendes Behandeln der Petrolätherlösung mit Kaliumcarbonatlösung lieferte ein vermutlich als saueren Ester vorhandenes Phytosterin ($C_{20}H_{34}O + H_2O$, Schmelzpunkt 134°; wahrscheinlich mit Rhamnol identisch). Mittels Kalilauge wurde der Petrolätherlösung Chrysophansäure entzogen. Der neutrale, harzartige Rückstand ergab nach der Verseifung Cerylalkohol und etwas Ipuranol; ferner Palmitin-, Stearin-, Ölsäure, angeblich auch Linol- und Isolinolensäure

Wachsbestandteile in anderen Polygonaceen.

Stammpflanze	Verbreitung	Vorkommen (Ausbeute)	Bestandteile
Rheum officinale (Rhabarber)	Tibet, Westchina	In den Wurzeln	Neben Fettsäuren und Anthrachinonderivaten ein vermutlich mit Verosterin identisches Phytosterin
Polygonum persicaria	Rußland	Ganze Pflanze, getrocknet: ca. 2% Wachs	Wachs, mit Petroläther extrahiert und mittels Wasserdampf von ätherischem Öl befreit: Ölsäure-Phytosterinester, freies Phytosterin; von Fettsäuren Ölsäure und eine bei 55° schmelzende Säure
Polygonum aviculare	Gemäßigte Zone	Ausbeute: 0,6—0,8%	—
Polygonum cuspidatum	Indien, China, Japan	In der Wurzelrinde	Im alkoholischen Extrakt eine Substanz $C_{18}H_{28}O$, angeblich identisch mit der entsprechenden Verbindung aus Morinda citrifolia, s. S. 561

Reihe: Centrospermae.

Mesembrianthemum-Wachs.

Stammpflanzen und Pflanzenfamile	Verbreitung	Vorkommen	Bestandteile
Mesembrianthemum expansum, M. tortuosum Fam.: Aizoaceae	Südafrika	In den Blättern	75% Unverseifbares: Alkohol Mesembrol $C_{31}H_{64}O$ oder $C_{30}H_{62}O$ (Schmelzpunkt 73 bis 74°); Kohlenwasserstoff Mesembren $C_{28}H_{56}$ (Schmelzpunkt 68—69°)

Reihe: Ranales.

Ranunculaceenwachse.

Stammpflanze	Verbreitung	Vorkommen	Anmerkung (Bestandteile)
Caltha palustris (Dotterblume)	Gemäßigte Zone	a) Blattstengel	Aus getrocknetem Material mittels siedendem Benzol 1,6% eines fetthaltigen Gemisches von wenig Wachs und Carotin
		b) Blüten	2,6% eines carotinhaltigen Wachsgemisches
Clematis vitalba (Waldrebe)	Gemäßigte Zone	Zweige (Blüten)	Der alkoholische Extrakt der blühenden Zweige lieferte ein Harz; aus der warmen ätherischen Lösung des Petrolätherauszuges schied sich beim Erkalten Melissinsäure und Myricylalkohol ab. Beim Verseifen des gelöst gebliebenen Anteils erhielt man Palmitin- und Stearinsäure, sowie eine wahrscheinlich mit Behensäure isomere Verbindung vom Schmelzpunkt 69,5°; ferner Cerotin- und Linolsäure. Von unverseifbaren Bestandteilen wurden Cerylalkohol, geringe Mengen von Sitosterin und Stigmasterin sowie Hentriakontan[1] gefunden.
Adonis vernalis	Europa, Asien	Ganze Pflanze	Als Bestandteile des harzartigen Gemisches (3,4% der getrockneten Pflanze) wurden nachgewiesen: Palmitin- und Linolsäure; ein Phytosterin vom Schmelzpunkt 138—139°. Unsicher ist die Gegenwart von Myricylalkohol und Pentatriakontan. Die Angaben bedürfen der Überprüfung

Caulophyllum-„Wachs“.

Stammpflanze und Pflanzenfamilie	Verbreitung	Vorkommen	Bestandteile
Caulophyllum thalictroides (C. robustum) Fam.: Berberidaceae	Mandschurei	Unterirdische Pflanzenteile	Neben mehreren Fettsäuren (Palmitin-, Stearin-, Cerotin-, Ölsäure und Linolsäure) ein Phytosterin $C_{27}H_{46}O$ (Schmelzpunkt 153°) und „Citrullol“ $C_{23}H_{48}O_5$ (Blättchen aus Alkohol + Pyridin, die bei 275—280° unter Zersetzung schmelzen)

Drimys-„Wachs“.

Stammpflanze und Pflanzenfamilie	Verbreitung	Vorkommen	Hauptbestandteil
Drimys granatensis Fam.: Magnoliaceae	Südamerika	Blätter	Drimol mit dem Schmelzpunkt 73—74° (Acetat-Schmelzpunkt 42—43°)

Anonawachs.

Stammpflanze und Pflanzenfamilie	Verbreitung	Vorkommen	Bestandteile
Anona muricata Fam.: Anonaceae	Tropisches Amerika, Afrika und Asien	In den Blättern	In dem wenig Wachsbestandteile enthaltenden Substanzgemisch fand man Stearinsäure, Ölsäure und Linolsäure; ferner Myricylalkohol und Phytosterin (Schmelzpunkt 133°)

[1] Über das Vorkommen dieses Kohlenwasserstoffes in Naturprodukten vgl. S. 554.

Bicuhybawachs.

Stammpflanze und Pflanzenfamilie	Verbreitung	Vorkommen	Farbe	Anmerkung
Virola (Myristica) Bicuhyba (M. officinalis) Fam.: Myristicaceae	Brasilien	Samenschalen	Gelblichweiß	In den Samenschalen findet sich außerdem ein Fett vom Schmelzpunkt 43—44°; s. S. 225

Physikalische Kennzahlen.

	Schmelzpunkt	Erstarrungspunkt
Wachs	74—75°	71—72°

Reihe: Rhoeadales.

Mohnwachs.

Stammpflanze und Pflanzenfamilie	Verbreitung	Vorkommen	Farbe	Anmerkung
Papaver somniferum Fam.: Papaveraceae	Mittelmeergebiet	Als Überzug auf den Samenkapseln	Braun	Durch Extraktion mit Petroläther erhält man aus offizin. Opium 6 bis 13,6% einer wachsartigen Masse („Opiumwachs“)

Bestandteile: u. a. Palmitinsäurecerylester (Schmelzpunkt 79°); Cerotinsäurecerylester. Unverseifbares: 28,7% mit einer Jodzahl von 138,5.

Löslichkeit: Das sog. Opiumwachs ist nahezu unlöslich in Äthylalkohol, Methanol und Eisessig; sehr wenig löslich in Aceton und Amylalkohol; leichter löslich in Äther-Chloroform, Petroläther und Tetrachlorkohlenstoff; sehr leicht löslich in Benzolkohlen, wasserstoffen sowie Schwefelkohlenstoff.

Chemische Kennzahlen.

	Verseifungszahl	Jodzahl	Reichertzahl
Wachs	114,5	152,5	2,0

Reihe: Rosales.

Hamameliswachs.

Stammpflanze und Pflanzenfamilie	Verbreitung	Vorkommen	Bestandteile
Hamamelis virginica Fam.: Hamamelidaceae	Nordamerika	Zweige	Vorwiegend Fettsäureester des Phytosterins $C_{26}H_{44}O + H_2O$ (Schmp. 137°) neben sehr geringen Mengen von Glyceriden der Palmitin- und Ölsäure

Wachsbestandteile in Platanenrinden.

Stammpflanze und Pflanzenfamilie	Verbreitung	Bestandteile
Platanus orientalis. Fam.: Platanaceae	Östliches Mittelmeergebiet bis Himalaya	Neben Palmitinsäure ein Kohlenwasserstoff $C_{36}H_{74}$ mit dem Schmelzpunkt 68° und ein Kohlenwasserstoff mit dem Schmelzpunkt 63°; ein Phytosterin $C_{26}H_{44}O + H_2O$ mit dem Schmelzpunkt 134°; eine Verbindung $C_{24}H_{42}O_2$, die bei 250° schmilzt und vermutlich mit der bei 254° schmelzenden Verbindung aus Erlenrinden identisch ist (Acetat-Schmelzpunkt 217°). Ferner „Platanolsäure“ $C_{24}H_{40}O_3$ (positive Reaktion nach LIEBERMANN; schmilzt bei 281° unter Zersetzung; Acetat-Schmelzpunkt 277° unter Zersetzung)

Birnenwachs.

Stammpflanze und Pflanzenfamilie	Verbreitung	Vorkommen	Farbe	Sonstige Beschaffenheit
Pirus communis Fam.: Rosaceae	Kulturpflanze; Stammformen: Zentralasien, Syrien, Persien	Fruchtschale	Grünlich	Spröde

Physikalische Kennzahlen.

	Schmelzpunkt	Erstarrungspunkt
Wachs	68°	60°

Apfelschalenwachs.

Stammpflanze und Pflanzenfamilie	Verbreitung	Gehalt (% Wachs) im Organ	Farbe
Pirus malus Fam.: Rosaceae	Kulturpflanze; Stammformen: Kaukasus, Orient, Sibirien	Fruchtschale: ca. 0,4%	Reines Wachs: nahezu weiß

Bestandteile: Hauptmenge Triakontan; außerdem ein Gemisch gesättigter Kohlenwasserstoffe mit dem Schmelzpunkt 30° und dem Siedeintervall 220—280°. Heptakosanol $C_{27}H_{55}OH$ mit dem Schmelzpunkt 81—82° (Dimyristylcarbinol; Acetat-Schmelzpunkt 44—46°). Ferner eine Oxysäure „Malolsäure" (frühere Bezeichnung „Malol", s. Bd. I, S. 39); die Diacetylverbindung dieser Säure hat die Konstitution $CH_3CO_2 \cdot C_{29}H_{46}CO \\ CH_3CO > O$ (Schmelzpunkt 200° unter Zersetzung; zweiter Schmelzpunkt bei 300°).

Physikalische Kennzahlen.

	Schmelzpunkt	Erstarrungspunkt
Wachs	64°	62,5°

Wachsbestandteile in Weißdorn-Rinden.

Stammpflanze und Pflanzenfamilie	Verbreitung	Bestandteile
Crataegus oxyacantha Fam.: Rosaceae	Nördliche Hemisphäre	Neben Myristin-, Palmitin- und Stearinsäure Cerylalkohol, eine Substanz vom Schmelzpunkt 75° sowie eine Verbindung $C_{30}H_{50}O$ (Lupeol?, Schmelzpunkt 212°; Acetat-Schmelzpunkt 216°; Benzoat-Schmelzpunkt 260°)

Rosenwachs.

Stammpflanze und Pflanzenfamilie	Verbreitung	Vorkommen des Wachses	Beschaffenheit	Gewinnung
Rosa centifolia Fam.: Rosaceae	Kulturform	An den Blüten	Olivgrüne, trübe, harte Masse	Blüten mittels Petroläther extrahiert; Lösungsmittel abdestilliert. Rückstand mit Alkohol (zur Entfernung der ätherischen Öle) behandelt. Hierbei bleibt das Wachs ungelöst zurück (Schmelzpunkt des Rohproduktes 56—57°)

Bestandteile. 80,2% Unverseifbares, davon 20,2% Alkohole: angeblich 8% eines gesättigten Alkohols mit sechs Kohlenstoffatomen (Schmelzpunkt 62°; Acetat-Schmelzpunkt 56°); 1,5% eines gesättigten Alkohols mit zehn Kohlenstoffatomen (Schmelzpunkt 49,5°; Acetat-Schmelzpunkt 28°); 1% eines gesättigten Alkohols mit der gleichen Anzahl von Kohlenstoffatomen (Schmelzpunkt 43°; Acetat flüssig; Geruch des Alkohols pfefferminzartig); 3% sog. Pseudocerylalkohol $C_{26}H_{54}O$ (Schmelzpunkt 77°; Acetat-Schmelzpunkt 61,5°); 6% sog. Isocerylalkohol $C_{27}H_{56}O$ (Schmelzpunkt 58,5°; Acetat-Schmelzpunkt 42°); 0,4% eines ungesättigten Alkohols vom Schmelzpunkt 16°. — Ferner 56,5% Kohlenwasserstoffe: 0,5% Hexadecan (Schmelzpunkt 18°; Kp_{24} = 168—170°); 8% Eikosan (Schmelzpunkt 36,5°; Kp_{30} = 220°); 2% Heneikosan (Schmelzpunkt 40,5°; Kp_{24} = 222—223°); 6% Dokosan (Schmelzpunkt 44,5°; Kp_{30} = 245—248°); 6% Trikosan (Schmelzpunkt 48°; Kp_{30} = 254—255°); 8% Hexakosan (Schmelzpunkt 56°; Kp_{30} = 272—275°); 15% Heptakosan (zeigte den gleichen Schmelzpunkt 59,5° wie das auch in anderen Wachsen, z. B. im Bienenwachs, Gheddawachs, Tabakblätterwachs aufgefundene n-Heptakosan; neu angegeben wurde der Kp_{24} zu 280—284°); 6% Triakontan (Schmelzpunkt 65,5—66°; Kp_{30} = 315°).

21,8% Säuren, davon 1,6% wasserlösliche; 10,6% wasserunlösliche, gesättigte; 6,4% wasserunlösliche, ungesättigte Säuren; ferner 3,2% Oxysäuren.

Nach anderen Angaben enthält das Rosenwachs 11,7% höhere Alkohole und 74,2% Kohlenwasserstoffe (vorwiegend Hentriakontan, s. diesbezüglich S. 554, Fußnote 1).

Physikalische und chemische Kennzahlen des Wachses.

Dichte[1]	Schmelzpunkt	Erstarrungspunkt	Verseifungszahl	Hehnerzahl	Acetylzahl	Jodzahl	R. M.-Zahl
d^4:0,929	61° (55—58,5°)[2]	58,5—59,5°	27,4—29,8	97,4(?)	31—32	12,9—13,0	1,4

Die untersuchten Muster hatten Säurezahlen zwischen 3,1 und 3,4.

Pflaumenwachs.

Stammpflanze und Pflanzenfamilie	Verbreitung	Vorkommen	Farbe	Anmerkung
Prunus domestica Fam.: Rosaceae	Kulturform	Als Reif auf den Schalen	Braungelb	Durch Abspülen der Früchte mit Chloroform und Behandeln des eingedunsteten Rückstandes mit Alkohol (zur Entfernung harzartiger Beimengungen) erhält man eine harte Wachsmasse, die vorwiegend aus sterinhaltigen Substanzen besteht

Physikalische Kennzahlen.

	Schmelzpunkt	Erstarrungspunkt
Wachs	64°	54°

Schlehenwachs.

Stammpflanze und Pflanzenfamilie	Verbreitung	Vorkommen	Anmerkung
Prunus spinosa Fam.: Rosaceae	Europa, Vorderasien	Auf den Schalen frischer, reifer Früchte	Zur Untersuchung des Wachses wurden die Schalen mit Chloroform extrahiert; aus dem harzhaltigen Wachsgemisch entfernte man durch Kochen mit Wasser den blauen Farbstoff und löste das Harz mit kaltem Alkohol heraus. Die Bestandteile scheinen denen des Pflaumenwachses sehr ähnlich zu sein

Physikalische Kennzahlen.

	Schmelzpunkt	Erstarrungspunkt
Wachs	67,5°	58°

[1] Nach der Schwebemethode bestimmt.
[2] Im MAQUENNEschen Block bestimmt.

Wachs von Prunus serotina.

Stammpflanze und Pflanzenfamilie	Vorkommen des Wachses	Bestandteile
Prunus serotina Fam.: Rosaceae	Blätter	Säuren: Palmitin-, Stearin-, Linol- und Linolensäure. Alkohole: Cerylalkohol, etwas Ipuranol sowie Prunol, s. Bd. I, S. 39. Kohlenwasserstoffe: Hentriakontan (?) und Pentatriakontan

Mimosenwachs.

Stammpflanze und Pflanzenfamilie	Verbreitung	Vorkommen	Gewinnung
Mimosa spec. Fam.: Leguminosae	Tropen, vorwiegend Südamerika	An den Blättern	Blüten mittels Petroläther extrahiert; Lösungsmittel abdestilliert. Rückstand mit Alkohol (zur Entfernung der ätherischen Öle) behandelt. Hierbei bleibt das Wachs ungelöst zurück

Bestandteile. 14,2% gesättigte Säuren (neben Palmitin- und Stearinsäure vorwiegend Cerotinsäure, angeblich auch Essigsäure); 8% ungesättigte Säuren. 23,9% höhere Alkohole. 51,9% Kohlenwasserstoffe, fast ausschließlich Hentriakontan (s. diesbezügl. S. 554, Fußnote 1).

Physikalische und chemische Kennzahlen.

	Dichte d_4^{15}	Schmelzpunkt	Verseifungszahl	Jodzahl
Wachs	0,960	59°	105,7	54,6

Die untersuchte Probe hatte die Säurezahl 16,4.

Wachsbestandteile in einigen Leguminosen.

Stammpflanze	Verbreitung	Vorkommen	Bestandteile
Erythrophloeum guineense („Gottesurteilbaum")	Tropisches Afrika	Rinde	Im gereinigten Alkoholauszug: Palmitin-, Cerotin-, Ölsäure und Linolsäure; ein Phytosterin mit dem Schmelzpunkt 130—133°; wenig Ipuranol und Luteolin
Cassia acutifolia	Tropisches Afrika	Blätter	Im gereinigten Alkoholextrakt: Palmitin-, Stearinsäure; Myricylalkohol, ein Phytosterin vom Schmelzpunkt 142—143°
Cassia angustifolia	Ostafrika, Arabien; in Ostindien kultiviert	Blätter	Wie oben
Ceratonia siliqua (Johannisbrotbaum)	Arabien, auch Mittelmeergebiet	Rinde	Palmitin- und Stearinsäure neben flüssigen Fettsäuren; im Unverseifbaren ein Substanzgemisch mit dem Schmelzbereich 68—72° (wahrscheinlich Wachsalkohole und Kohlenwasserstoffe); Phytosterin mit dem Schmelzpunkt 135° sowie eine Verbindung mit dem Schmelzbereich 260—262° (violette Cholestolreaktion; Acetat-Schmelzpunkt 164°)
Gleditschia triacanthos	Nordamerika	Früchte	Neben einem fetten Öl (in dem Säuren der Öl- und Linolsäurereihe festgestellt wurden) ein Phytosterin mit dem Schmelzpunkt 152—153°; Acetat-Schmelzpunkt 164°

Wachsbestandteile in einigen Leguminosen (Fortsetzung).

Stammpflanze	Verbreitung	Vorkommen	Bestandteile
Daviesia latifolia	Australien	Blätter und Zweige	Im gereinigten Alkoholauszug: Palmitin-, Stearin- und Linolsäure; Myricylalkohol, ein Phytosterin mit dem Schmelzpunkt 135—136°; ferner Hentriakontan
Lupinus luteus	Mittelmeergebiet	Samenschalen	u. a. Lupeol (Schmelzpunkt 212—213°; Schmelzpunkt des Benzoats: 265—266°)
Lupinus albus		In der Wurzel sowie in etiolierten Keimlingen	Kaulosterin $C_{26}H_{44}O + H_2O$ (Schmelzpunkt 158—159°) Diese Sterine geben eine positive SALKOWSKI-HESSEsche Reaktion
Ononis spinosa (Hauhechel)	Europa, Westasien	Wurzeln	u. a. Onokol $C_{26}H_{44}O_2$ (Schmelzpunkt 232°; Acetat-Schmelzpunkt 224°; Schmelzpunkt des Dibenzoats 175—190°; gibt die gewöhnlichen Sterin-Reaktionen)
Medicago sativa (Luzerne)	Europa, Asien, Westafrika	Blätter	Neben Fettsäuren und neutralen, in kaltem Alkohol löslichen Substanzen wurde Medicagol (s. Bd. I, S. 34 und 40) gefunden. Im getrockneten Kraut fand man ein grünes Wachs, aus dem u. a. die Ketone Myriston $C_{13}H_{27}.CO.C_{13}H_{27}$ (Schmelzpunkt 67,5—77°) und Alfalfon $(C_{10}H_{21})_2CO$ (Schmelzpunkt 88,5 bis 88,8°) isoliert wurden
Trifolium pratense (Rotklee)	Gemäßigte Zone	Blüten	Im gereinigten Alkoholextrakt: Palmitin-, Stearin- und Linolsäure, wenig Ölsäure, angeblich auch Linolen- und Isolinolensäure; Myricylalkohol, Sitosterin sowie Sterin-Glycoside; ferner die Kohlenwasserstoffe Heptakosan und Hentriakontan (bez. des letzteren s. S. 554)
Trifolium incarnatum (Inkarnatklee)	Gemäßigte Zone	Blüten	Im gereinigten Alkoholauszug: Palmitin-, Stearin-, Ölsäure, Linol- und Isolinolsäure; Incarnatylalkohol $C_{34}H_{70}O$ (Schmelzpunkt 72—74°; Schmelzpunkt des Benzoats 58—60°), ein Phytosterin vom Schmelzpunkt 135—136° (Acetat-Schmelzpunkt 124 bis 125°); ferner ein Sterin-Glycosid sowie der Kohlenwasserstoff Hentriakontan
Robinia pseudacacia (Akazie)	Nordamerika bis Mexiko, Europa	Rinde	Fettsäuren: Palmitin-, Stearin- und Ölsäure, vermutlich auch Myristinsäure. Im Unverseifbaren (25% des Petrolätherextraktes) Cerylalkohol, ein anderer Wachsalkohol vom Schmelzpunkt 69—70° und ein Phytosteringemisch mit dem Schmelzpunkt 135° (Acetat-Schmelzpunkt 119°); das Gemisch bestand aus ca. 10% Stigmasterin und 90% Sitosterin
Andira araroba	Südamerika	Blätter	u. a. sehr viel Phytosterin
Cicer arietinum (Kichererbse)	Mittelmeergebiet	Frucht	u. a. 0,3% eines Phytosterins mit dem Schmelzpunkt 136—137° (Acetat-Schmelzpunkt 128°)
Vicia cracca (Vogelwicke)	Gemäßigte Zone	—	In den getrockneten oberirdischen Teilen fand man 1,7% Wachs, das große Mengen Carotin enthielt
Pisum sativum (Erbse)	Gemäßigte Zone	Samenschale	u. a. freies und verestertes Phytosterin

Wachsbestandteile in einigen Leguminosen (Fortsetzung).

Stammpflanze	Verbreitung	Vorkommen	Bestandteile
Glycine soja (Sojabohne)	Ostasien	—	Über die im Samenöl vorkommenden Sterine s. S. 82
Physostigma venenosum	Tropisches Westafrika	—	Über die Sterine des sog. Calabarbohnenöles s. S. 255
Phaseolus vulgaris	Vorwiegend in Europa kultiviert	Samenschale	Von Wachsbestandteilen fand man Paraphytosterin sowie Phasol $C_{30}H_{48}O_2$ (?) mit dem Schmelzpunkt 189—190°
Phaseolus multiflorus (rote Zierbohne)	Südamerika, in Europa kultiviert	Wurzeln	Neben einem Phytosterin vom Schmelzpunkt 130° ein Pentatriakontan mit dem Schmelzpunkt 73—74°
Bowdichia virgiloides („Alcornoque“)	Zentral- und Südamerika	Rinde	Sterinalkohol: Alkornol („Alkornin“)

Reihe: Geraniales.

Sarcocaulonwachs.

Stammpflanzen und Pflanzenfamilie	Verbreitung	Vorkommen	Bestandteile
Sarcocaulon Burmanni; Sarcocaulon Patersoni Fam.: Geraniaceae	Südafrika	Als 1—2 mm starker Überzug auf Ästen und Zweigen	Der nach dem Behandeln mit Petroläther (zur Entfernung der fetten Beimengungen) verbleibende Rückstand wurde in heißem Alkohol gelöst; beim Erkalten krystallisierte eine wachsartige Substanz ($C_{13}H_{24}O_2$?) aus

Flachswachs.

(Leinwachs.)

Stammpflanze und Pflanzenfamilie	Verbreitung	Gehalt (% Wachs) im Organ	Farbe bzw. Geruch	Anmerkung
Linum usitatissimum Fam.: Linaceae	Gemäßigte und subtropische Zone	Bastfaser: 0,5—2,5%; Rinde und Epidermis: 10%	Roh: gelblich bis braun, bzw. dunkelgrün; gereinigt: grünlichweiß; charakteristischer Geruch	Ähnlichkeit mit Bienenwachs, doch härter und spröder; es kann dem bei der Verspinnung abfallenden Staub durch flüchtige Lösungsmittel entzogen werden

Bestandteile: Das Unverseifbare (über 20%) besteht angeblich zu ca. 75% aus Kohlenwasserstoffen; ferner wurden Cerylalkohol sowie Phytosterin nachgewiesen. Von Fettsäuren u. a. Cerotinsäure; die Angaben über das Vorhandensein verschiedener anderer Säuren bedürfen der Überprüfung.

Physikalische und chemische Kennzahlen.

	Dichte d_{15}^{15}	Schmelzpunkt	Lichtbrechung B.-Refr. Sk. T.	Verseifungszahl	Jodzahl
Wachse I	0,9980	68—70°	43—44 (80°)	127[1]	17,0—17,5
Wachse II	0,963—0,985	67,3—69,8°	—	77,5—83,7	21,6—28,8 (Hanus)

Wachse I mit Säurezahlen um 23. Wachse II: Handelsmuster aus Irland, Holland, Rußland und Canada, mit Säurezahlen zwischen 17,5 und 23,8.

[1] Nach $1^1/_2$ Stunden; nach 3 Stunden: 151,2; nach 6 Stunden: 156—163.

„Wachs aus Speise-Leinöl".

Gewinnung aus einem gereinigten Leinöl: bei 12—15° schieden sich kleine Krystalle in einer Ausbeute von 0,01% ab, die in kaltem Äther, in Petroläther und in Aceton unlöslich waren. Bestandteile: 18,7% Stearinsäure; 32,5% Cerotinsäure; 43,1% Cerylalkohol; 7% Kohlenwasserstoffe.

Physikalische und chemische Kennzahlen.

	Dichte	Schmelzpunkt	Brechungsindex n_D	Verseifungszahl	Acetylzahl	Jodzahl	R. M.-Zahl	Pol.-Zahl
Wachs	$d^{14,4}$: 0,977	76,6°	1,4437 (80°)	80,9	6,3	10,6	0,1	0,05

Die untersuchte Probe enthielt keine freien Fettsäuren.

„Cocawachs".

Stammpflanzen und Pflanzenfamilie	Verbreitung	Vorkommen	Farbe	Anmerkung (Bestandteile)
Erythroxylum coca	Peru, Bolivien	Blätter	Weiß	Krystallisierte wachsartige Masse vom Schmelzpunkt 70°
Trujilla coca Fam.: Erythroxylaceae	Peru, Bolivien	Blätter	—	β-Amyrin-palmitat (Schmelzpunkt 75°) neben geringen Mengen β-Cerotinon, $C_{26}H_{53}$. CO . $C_{26}H_{53}$ (Schmelzpunkt 66°)

Das Wachs der sog. breitblättrigen Coca enthält neben β-Amyrinpalmitat etwas größere Mengen β-Cerotinon; im Wachs der sog. Java-Coca fand man außerdem Ester der Myristinsäure und einer Oxycerotinsäure (Schmelzpunkt 82°), sowie einen aromatischen Alkohol („Cerin"; Schmelzpunkt 100°).

Wachsbestandteile einiger Rutaceen.

Stammpflanze und Pflanzenfamilie	Verbreitung	Vorkommen	Bestandteile
Xanthoxylum araliaceum (Casimiroa edulis)	Mexiko	Samen	Sitosterin, Ipuranol sowie „Casimirol"; letzteres ist wahrscheinlich identisch mit dem „Casimirolid" (Schmelzpunkt 207°; angeblich ein Lakton der sog. Casimiroasäure, die auch bei 207° schmilzt)
Xanthoxylum Budrunga (Zanthoxylum Budrunga)	Ostindien	Rinde	0,24% Xanthosterin (vgl. Bd. I, S. 43) mit dem Schmelzpunkt 213—214°; die Substanz zeigt folgende Reaktionen: Mit konzentrierter Schwefelsäure gelb, beim Erwärmen in braun übergehend (schwach grüne Fluorescenz); beim Zutropfen von konzentrierter Schwefelsäure zu einer Lösung von Xanthosterin in Essigsäureanhydrid erhält man eine beständige Rotfärbung
Xanthoxylum macrophyllum	Oberguinea	Rinde	Lupeol (= Xanthosterin?, vgl. Bd. I, S. 43)
Fagara xanthoxyloides	Westafrika	Wurzelrinde	u. a. zwei Phytosterine: Fagarol mit dem Schmelzpunkt 127—128° (SALKOWSKI-HESSEsche Reaktion: purpurrot). Ferner ein Phytosterin $C_{27}H_{44}O$ mit dem Schmelzpunkt 214° (Reaktion nach SALKOWSKI: gelblich, nach einer halben Stunde schwach rötlich; Reaktion nach LIEBERMANN bzw. MACH: beständige Rotfärbung. Acetat-Schmelzpunkt 118°; Benzoat-Schmelzpunkt 265—267°)

Ailanthus-Rindenwachs.

Stammpflanze und Pflanzenfamilie	Verbreitung	Bestandteile
Ailanthus glandulosa (Götterbaum) Fam.: Simarubaceae	China (In Europa kultiviert)	Wachsester: Cerylpalmitat und Cerylstearat (nicht isoliert). Palmitin- und Stearinsäure neben flüssigen Fettsäuren (Ölsäure). Cerylalkohol und vermutlich ein anderer Wachsalkohol mit dem Schmelzpunkt 75—76°; Phytosterin vom Schmelzpunkt 135°. Ein Kohlenwasserstoff mit dem Schmelzpunkt 68°

Wachs von Hyenanche globosa.

Stammpflanze und Pflanzenfamilie	Verbreitung	Vorkommen	Farbe	Bestandteile
Toxicodendron capense, THUN. (Hyenanche globosa, LAMB.) Fam.: Euphorbiaceae	Südafrika	Blätter und Stamm	Dunkelgrün	Ein Alkohol $C_{24}H_{50}O$ (Schmelzpunkt 82—83° korr.; Acetat-Schmelzpunkt 75° korr.), ein Phytosterin $C_{28}H_{46}O$ (Drehung $[\alpha]_D^{15} = -22{,}4°$ in Chloroform; Schmelzpunkt 265° korr.; Acetat-Schmelzpunkt 244° korr.), ferner eine gelbgefärbte krystallinische Substanz, die bei 200° braun wird und zwischen 270 und 280° unter Zersetzung schmilzt (Acetat-Schmelzpunkt 234—236° unter Zersetzung)

Kamalawachs.

Stammpflanze und Pflanzenfamilie	Verbreitung	Vorkommen	Beschaffenheit
Mallotus philippinensis (Rottlera tinctoria). Fam.: Euphorbiaceae	Indisch-Malayische Gebiete	Als Überzug auf reifen Früchten	Farbloses Wachs von der Bruttoformel $C_{28}H_{54}O_2$; Schmelzpunkt 82°

Curcaswachs.

Stammpflanze und Pflanzenfamilie	Verbreitung	Vorkommen	Bestandteile
Jatropha curcas Fam.: Euphorbiaceae	Tropisches Amerika	Auf der Rinde	Angeblich ein Gemisch von Melissinsäure-Myricylester und freiem Myricylalkohol

Cluytiawachs.

Stammpflanze und Pflanzenfamilie	Verbreitung	Vorkommen	Bestandteile
Cluytia similis Fam.: Euphorbiaceae	Afrika	Oberirdische Pflanzenteile	Cluytinsäure-Cluytylester $C_{28}H_{57}O_2 . C_{21}H_{41}$ (Schmelzpunkt 76,5°); durch Verseifen Cluytylalkohol $C_{28}H_{58}O$ (Schmelzpunkt 82,5°; Acetat-Schmelzpunkt 64°) und Cluytinsäure $C_{21}H_{42}O_2$ (Schmelzpunkt 69°). Außerdem wurden gefunden: Palmitin-, Stearin- und Cerotinsäure sowie geringe Mengen ungesättigter Säuren; schließlich Cluytiasterin (s. Bd. I, S. 38) und Triakontan

Wachsbestandteile in Euphorbia pilulifera[1].

Stammpflanze und Pflanzenfamilie	Verbreitung	Vorkommen	Bestandteile
Euphorbia pilulifera Fam.: Euphorbiaceae	Tropen	Im Kraut	„Euphosterol" $C_{25}H_{40}O$ (Acetat-Schmelzpunkt 295—297°?), Cerylalkohol; Triakontan. Von Säuren: Palmitin-, Melissin-, Ölsäure und Linolsäure

Wachsbestandteile in Euphorbia cyparissias.

Stammpflanze und Pflanzenfamilie	Verbreitung	Vorkommen	Bestandteile
Euphorbia cyparissias Fam.: Euphorbiaceae	Gemäßigte Zone	Ganze (blühende) Pflanze, ohne Wurzel	Im Unverseifbaren (41,6% des Petrolätherextraktes) Cerylalkohol sowie eine sterinartige Verbindung mit dem Schmelzpunkt 170°. Fettsäuren: Ölsäure neben festen Säuren

Euphorbiaceen-Wachse aus Madagascar.

Stammpflanzen	Vorkommen der Wachse	Bestandteile
Euphorbia xylophiloides Euphorbia stenoclada	Als Überzüge auf blätterfreien Zweigen	u. a. Cerylalkohol, Melissylalkohol; Hentriakontan (vgl. S. 554); von Säuren Palmitinsäure

Candelillawachs.

(Candelina-, Canutillawachs).

Stammpflanzen und Pflanzenfamilie	Verbreitung	Gehalt (% Wachs)	Farbe bzw. Geruch	Anmerkung
Euphorbia antisyphilitica; Pedilanthus pavonis; Pedilanthus aphyllus Fam.: Euphorbiaceae	Texas, Arizona, Südcalifornien, Mexiko und nördliches Zentralamerika	Überzug auf den Binsenstengeln: 2—6%; durch Ausschmelzen mit Dampf: 1,5 bis 2,5%; durch Extraktion bis zu 6% (Benzin)	Rohwachs: graugelb oder gelbbraun bis schokoladebraun; gereinigt: heller. Geruchlos, beim Erwärmen aromatischer, benzoeähnlicher Geruch	Bei Handelsmustern beträgt der Feuchtigkeitsgehalt zwischen 1,2 und 4%; der Gehalt an Schmutz bis zu 3%. Das Wachs besitzt nur ein geringes Härtungsvermögen

Bestandteile: In Handelsprodukten wurden 18—20% Harz gefunden (dieses bildet jedoch scheinbar keinen integrierenden Bestandteil, sondern dürfte nur durch die Bereitungsweise in das Material gelangen; H. Meyer). Das vom Harz abgetrennte Wachs, das die Liebermann-Storchsche Reaktion gar nicht oder nur spurenweise zeigte, ergab bei der Extraktion mit Äther 74—76% krystallisiertes Produkt vom Schmelzpunkt 69—70°; zwecks Entfernung der letzten Harzreste wurde mit Thionylchlorid gekocht und dann aus Chloroform und Essigester umkrystallisiert: die reine Substanz (Schmelzpunkt 71°; $Kp_{15} = 310°$) erwies sich als n-Dotriakontan $C_{32}H_{66}$; der von anderen Autoren angegebene Kohlenwasserstoff Hentriakontan konnte nicht nachgewiesen werden. — Im Rückstande der Ätherextraktion wurden durch Umkrystallisieren aus Benzol, Essigester und Eisessig 5—6% Oxylakton $C_{30}H_{58}O_3$ vom Schmelzpunkt 88—88,5° erhalten, das vielleicht mit Lanocerinsäurelakton identisch oder isomer ist (H. Meyer).

In denjenigen Fällen, in denen keine Abtrennung der harzartigen Begleitsubstanzen vorgenommen wurde, fand man 65—77% Unverseifbares (49—52% Kohlenwasserstoffe); nach

[1] Über die „Wachse" von Euphorbia resinifera bzw. Manihot Glaziovii s. Bibliographie, S. 749. Da sich die betreffenden Angaben im wesentlichen auf die Harze bzw. Harzbestandteile dieser Pflanzen beziehen, wurden sie in die vorliegenden Tabellen nicht aufgenommen.

anderen Angaben enthält das Wachs ca. 54% Kohlenwasserstoffe, 41% höhere Alkohole und Säuren (4,2—29,4% gesättigte Säuren). Andererseits finden sich auch Werte für das Unverseifbare von 84,2—91,2%.

Physikalische Kennzahlen.

	Dichte[1] d_{15}^{15}	Schmelzpunkt	Erstarrungspunkt	Brechungsindex n_D
Wachs	0,950—0,99 (0,936)	67—71°	64—68°	1,4555 (71,5°) 1,4558 (70°)

Chemische Kennzahlen.

	Verseifungszahl	Acetylzahl	Jodzahl	Buchnerzahl
Wachs	46,8—64,9	9—21 (64)[2]	12,4—21 (HÜBL) (auch 5,2; 35,1; 36,8 und 57,6)[3]	5,5

Die untersuchten Muster zeigten Säurezahlen zwischen 10,4 und 21,1 (eine Probe mit der Säurezahl 9,8 hatte einen Schmelzbereich von 80 bis 88°)[3].

Reihe: Sapindales.

Rauschbeerenwachs.

Stammpflanze und Pflanzenfamilie	Verbreitung	Vorkommen	Hauptbestandteil
Empetrum nigrum Fam.: Empetraceae	Arktische und gemäßigte Zone (Europas)	An den Blättern	Cerotinsäurecerylester

Ilex-„Wachse".

(Fam.: Aquifoliaceae.)

Stammpflanze	Verbreitung	Vorkommen	Bestandteile
Ilex aquifolium (Stechpalme)	Süd- und Westeuropa	Rinde	Fett-Harz-Wachsgemisch („Europäischer Vogelleim"). Das von Harz und fettartigen Begleitsubstanzen befreite „Wachs" besteht vorwiegend aus den Estern des „Ilicylalkohols" (Schmelzpunkt 175°)[4]. Im Rindenwachs der Frühjahrstriebe fand man den Kohlenwasserstoff Ilicen $C_{35}H_{60}$
Ilex integra, THUNB.	Japan	Rinde	Wachshaltiges Substanzgemisch („Japanischer Vogelleim"): Unbenannter Alkohol $C_{22}H_{38}O$ (Schmelzpunkt 172°) und „Mochylalkohol" $C_{26}H_{46}O$ (Schmelzpunkt 234°). Von Fettsäuren vorwiegend Palmitinsäure
Ilex paraguayensis („Maté")	Tropisches und subtropisches Südamerika	Blätter	Das mittels Äther oder Alkoholäther extrahierbare, grüne, nach dem Reinigen weiße Wachs besteht angeblich aus einem Gemenge von festen Säuren und Estern (u. a. „Matésäure" mit dem Schmelzpunkt 105—110°)

[1] Hohe Werte für das spezifische Gewicht (bei 0,99 und darüber) sind bei stark wasserhaltigen Mustern gefunden worden.

[2] Acetylzahl des Unverseifbaren einer Probe, für die eine Jodzahl 57,6 (WIJS) gefunden wurde; die gleiche Probe enthielt 29,4% Fettsäuren.

[3] Die Schwankungen der Jodzahlen, der Säurezahlen sowie der Schmelzpunkte sind durch den wechselnden Harzgehalt der Handelsprodukte bedingt (vgl. Bestandteile).

[4] Vermutlich mit α-Amyrin (Schmelzpunkt 181—181,5°) identisch.

Wachsbestandteile in Evonymus-Rinden.

Stammpflanzen und Pflanzenfamilie	Verbreitung	Bestandteile
Evonymus europaeus (Spindelbaum) Fam.: Celastraceae	Europa bis Japan	Neben Palmitin- und Stearinsäure ein Kohlenwasserstoff (Schmelzpunkt 63—65°), Cerylalkohol und ein Phytosterin (Schmelzpunkt 134—136°; Acetat-Schmelzpunkt 117—119°)
Evonymus atropurpureus Fam.: Celastraceae	Gemäßigte Zone	Neben Fettsäuren (Palmitin-, Cerotin-, Ölsäure und Linolsäure) ein Phytosteringemisch mit dem Schmelzbereich 133—138° („Evonysterin" mit dem Acetat-Schmelzpunkt 116—118°; „Homoevonysterin" mit dem Acetat-Schmelzpunkt 128 bis 130°). „Atropurol" (Schmelzpunkt 283—285°; Acetat-Schmelzpunkt 169—170°). „Citrullol" mit dem Schmelzpunkt 285—290°

Wachsbestandteile in Acer pseudoplatanus.

Stammpflanze und Pflanzenfamilie	Verbreitung	Vorkommen	Bestandteile
Acer pseudoplatanus (Bergahorn). Fam.: Aceraceae	Nördliche Hemisphäre	In der Rinde	Neben Palmitin-, Stearin- und Arachinsäure (?) Cerylalkohol sowie ein Phytosterin mit dem Schmelzpunkt 132° (Acetat-Schmelzpunkt 118°)

Wachsbestandteile in Acer campestre.

Stammpflanze und Pflanzenfamilie	Verbreitung	Vorkommen	Bestandteile
Acer campestre (Feldahorn) Fam.: Aceraceae	Nördliche Hemisphäre	In der Rinde	Cerylalkohol, ein Phytosterin, eine Säure mit mehr als 18 Kohlenstoffatomen (Säurezahl = 180; Jodzahl = 105,6), vermutlich ein Gemisch von Arachin- und Linolsäure. Im Ätherauszug wahrscheinlich ein Isomeres (Schmelzpunkt 75°) des Oktadecylalkohols

Wachsbestandteile in Pavia rubra.

Stammpflanze und Pflanzenfamilie	Verbreitung	Vorkommen	Bestandteile
Aesculus pavia = Paviba rura (Rote Roßkastanie). Fam.: Hippocastanaceae	Alleebaum	In der Rinde	Neben Fettsäuren (vermutlich viel Myristinsäure sowie Ölsäure) ein Kohlenwasserstoff mit dem Schmelzpunkt 74°, Cerylalkohol und ein Phytosterin vom Schmelzpunkt 134° (Acetat-Schmelzpunkt 118°)

Wachsbestandteile aus Impatiens noli tangere.

Stammpflanze und Pflanzenfamilie	Verbreitung	Vorkommen	Bestandteile
Impatiens noli tangere Fam.: Balsaminaceae	Gemäßigte Zone	Ganze Pflanze	Fett-Wachs-Gemisch, das neben Carotin Cerylalkohol und ein vermutlich mit Stigmasterin identisches Phytosterin enthält (Schmelzpunkt 165—166°)

Reihe: Rhamnales.

Wachsbestandteile einiger Rhamnaceen.

Stammpflanze	Verbreitung	Vorkommen	Bestandteile
Ventilago Madraspatana	Indien	Im Wurzelbast	Neben färbenden und harzartigen Bestandteilen ein farbloses „Wachs" von der Bruttoformel $(C_9H_{16}O)_n$ und dem Schmelzpunkt 72°
Rhamnus cathartica (Kreuzdorn)	Europa, Asien	In der Rinde	u. a. Rhamnosterin (s. Bd. I, S. 35 und 42)
Rhamnus Purshiana	Pazifisches Nordamerika	In der Rinde	Arachinsäureester des Sterins Rhamnol $C_{20}H_{34}O$ (Schmelzpunkt 135—136°; Acetat-Schmelzpunkt 117°)

Schneebusch-Wachs.

Stammpflanze und Pflanzenfamilie	Verbreitung	Vorkommen (Ausbeute)	Bestandteile
Ceanothus velutinus Fam.: Rhamnaceae	Amerika	In Blättern und Sprossen: 7,3% (mittels Benzin extrahiert)	Cerylalkohol, Myricylalkohol; Palmitin-, Stearin- und Cerotinsäure; außerdem Kohlenwasserstoffe vom Schmelzbereich 50—57°

Physikalische und chemische Kennzahlen.

	Dichte d^{15}	Schmelzpunkt	Verseifungszahl	Jodzahl	R.-M.-Zahl
Wachs	0,988	78—79°	93,4	19,5	7,5

Die untersuchte Probe enthielt 20,3% freie Säuren.

Weinblätterwachs.

Stammpflanze und Pflanzenfamilie	Verbreitung	Vorkommen (Ausbeute)	Bestandteile
Vitis vinifera Fam.: Vitaceae	Wärmere Gebiete Europas (Mittelmeerländer) bis Zentralasien, auch Californien	Durch Abspülen frischer Blätter mit Schwefelkohlenstoff: 3,7%	Palmitinsäure, ferner mehrere ungesättigte Säuren; diese sind verestert mit Vitoglycol $C_{23}H_{44}O_2$ sowie Viton $C_{17}H_{34}O$ (Schmelzpunkt 74°)

Weintraubenwachs.

(Weinbeerenwachs.)

Stammpflanze und Pflanzenfamilie	Verbreitung	Vorkommen	Bestandteile
Wie oben	Wie oben	Als Reif auf den Beeren[1]	Wachsalkohole (Cerylalkohol, Myricylalkohol?); Vitin im Wachs amerikanischer Reben; der Schmelzbereich liegt nach vorhergehender starker Sinterung und Bräunung der Substanz bei 250—255°; der Schmelzpunkt des Mono-acetylderivates betrug nach Sinterung und Bräunung ca. 239°; Oenocarpol (Schmelzpunkt 304°), s. a. Bd. I, S. 38, 39 und 44. Von Säuren vermutlich Palmitin- und Cerotinsäure

[1] Durch Extraktion von abgepreßten Trauben (deutscher Herkunft) mittels Äther wurden 1,6% grünlich-weißes „Wachs" vom Schmelzpunkt 70—73° erhalten. Bei Trauben amerikanischer Reben erhielt man durch Extraktion mit Chloroform 0,016—0,09 %Wachs. Die außerordentlich großen Unterschiede in den Ausbeuten dürften darauf zurückzuführen sein, daß im ersteren Falle auch Traubenkernöl mitextrahiert wurde.

Reihe: Malvales.

Lindenblütenwachs.

Stammpflanze und Pflanzenfamilie	Verbreitung	Vorkommen	Farbe	Beschaffenheit
Tilia europaea Fam.: Tiliaceae	Vorwiegend Europa	Blüten	Weiß	Strahlig-krystallinisch

Bestandteile: vorwiegend Kohlenwasserstoffe, darunter eine Verbindung $C_{28}H_{50}$ (Schmelzpunkt 60,5°; Erstarrungspunkt 54—56°) sowie ein Phytosterin $C_{27}H_{46}O$ (Schmelzpunkt 126°).

Physikalische und chemische Kennzahlen.

	Dichte d_{15}^{15}	Schmelzpunkt	Erstarrungspunkt	Verseifungszahl
Wachs	0,903	45,5°	42,7°	22,1—28,0

Das untersuchte Muster hatte die Säurezahl 0.

Wachs aus der Rinde von Tilia platyphylla (Sommerlinde).

Wachsbestandteile: Cerylalkohol, ein Phytosterin, eine Verbindung $C_{28}H_{48}O$ (Schmelzpunkt 275°; Acetat-Schmelzpunkt 261°; gibt die LIEBERMANN'sche Reaktion); eine Verbindung $C_{22}H_{38}O_3$ (Schmelzpunkt 285° unter Zersetzung; Acetat-Schmelzpunkt 267°; gibt die LIEBERMANN'sche Reaktion).

Baumwollwachs.

Stammpflanzen und Pflanzenfamilie	Verbreitung	Gehalt (% Wachs)	Farbe	Anmerkung
Gossypium barbadense, G. peruvianum, u. a. Arten Fam.: Malvaceae	Warme Länder	Faser[1], extrahiert: 0,4—0,9%	Rohwachs: schwarzgrün	Die Angaben über die in den Tabellen mit I bzw. II bezeichneten Wachse sind miteinander nicht in Einklang zu bringen und bedürfen der Überprüfung

Bestandteile. Wachse I: 66—68% Unverseifbares (mit Acetylzahlen von 117 bis 123); ein Sterin $C_{34}H_{58}O$ vom Schmelzpunkt 197—199°. In einem Muster der Wachse II (siehe unten) fand man 47,5% Unverseifbares (darin ein Phytosterin mit dem Acetat-Schmelzpunkt 127,2°). Neuere Untersuchungen über das Wachs amerikanischer Baumwolle ergaben: Montanylalkohol $C_{28}H_{58}O$, Gossypylalkohol $C_{30}H_{62}O$, geringe Mengen der Alkohole $C_{32}H_{66}O$ und $C_{34}H_{70}O$, ferner die Glycole $C_{30}H_{62}O_2$ und $C_{28}H_{58}O_2$. Ähnliche Bestandteile fanden sich in dem Wachs ägyptischer Sakellaridis-Baumwolle.

Physikalische und chemische Kennzahlen.

	Dichte d_{15}^{15}	Schmelzpunkt[2]	Verseifungszahl	Acetylzahl	Jodzahl
Wachse I	0,976	76,5—80,5°	57—76	48—84	20—27
Wachse II	—	55—66°	(159—178) (?)	—	22,1—28

Wachse I zeigten Säurezahlen zwischen 21 und 29; Wachse II hatten Säurezahlen von 38 bis 42.

[1] Ausbeute durch Extraktion mit Petroläther: 0,4—0,5%; mit Benzol: 0,5—0,9%; mit Äther: 0,7%; mit abs. Alkohol: 1,2%; bei der Extraktion mit Alkohol scheinen Verunreinigungen mitherausgelöst zu werden.

[2] Bei älteren Mustern wurden Schmelzpunkte bis 86° (Erstarrungspunkte von 81—82°) gefunden; die Fettsäuren zeigten den Schmelzpunkt 85° und den Erstarrungspunkt 77°.

Wachsbestandteile in Baumwoll-Blättern und -Blüten.

Das von den Samenkapseln sorgfältig befreite Material enthielt u. a.: ein Phytosterin $C_{27}H_{46}O + H_2O$ mit dem Schmelzpunkt 135°; Pentatriakontan mit dem Schmelzpunkt 75°. Neben anderen, hauptsächlich flüchtigen Säuren auch Palmitinsäure.

Kapokwachs.

Stammpflanze und Pflanzenfamilie	Verbreitung	Vorkommen	Farbe bzw. Geschmack
Eriodendron anfractuosum (Gemeiner Wollbaum) Fam.: Bombacaceae	Tropen	Kapokfaser mit Benzin extrahiert: 0,8%; mittels Alkohol und Benzol: bis ca. 5%	Braunrot; milder Geschmack und eigenartiger Geruch

Bestandteile: 28% Unverseifbares (Melissylalkohol, Phytosterine; 0,6% eines Kohlenwasserstoffes $C_{20}H_{42}$). Von Fettsäuren 15% Palmitinsäure; von den flüssigen Säuren des Fettsäurengemisches waren ca. 61% Ölsäure, 38% Linolsäure und 1% Linolensäure.

Physikalische und chemische Kennzahlen.

	Schmelzpunkt	Brechungs-Index n_D	Verseifungszahl	Jodzahl	R.-M.-Zahl	Pol.-Zahl
Wachs	24°	1,4618 (40°)	170,1	69,4	ca. 2	ca. 1

Die untersuchte Probe war frei von Glycerin und zeigte die Säurezahl 59,8.

Wachs vom malabarischen Wollbaum.

Stammpflanze und Pflanzenfamilie	Verbreitung	Vorkommen	Farbe bzw. Geschmack
Bombax malabaricum. Fam.: Bombacaceae	Tropisches Amerika, Asien, Australien	Faser („Akon") mit Benzin extrahiert: 0,6%; mittels Alkohol und Benzol: bis 4,6%	Grünlich-gelb; milder Geschmack und eigenartiger Geruch

Bestandteile: 31% Unverseifbares, darunter Phytosterin (Schmelzpunkt 136°) und Stigmasterin (Schmelzpunkt 170°). Von Fettsäuren 20% feste (Palmitinsäure) und 80% flüssige.

Physikalische und chemische Kennzahlen.

	Schmelzpunkt	Brechungs-Index n_D	Verseifungs-zahl	Jodzahl	R.-M.-Zahl	Polenskezahl
Wachs	30,5°	1,4682 (40°)	171,5	70,5	1,8	ca. 1

Das untersuchte Muster enthielt kein Glycerin und zeigte die Säurezahl 65,1.

Reihe: Parietales.

Wachsbestandteile in Hypericum perforatum.

Stammpflanze und Pflanzenfamilie	Verbreitung	Vorkommen	Bestandteile
Hypericum perforatum Fam.: Guttiferae	Europa, Nordamerika, nördliches Asien	a) Stengel und Blätter	Fett-Wachs-Gemisch: Myristin-, Palmitin- und Stearinsäure; Cerylalkohol; ein Phytosterin und zwei gesättigte Kohlenwasserstoffe mit den Schmelzpunkten 63° bzw. 68°
		b) Blüten	Wie oben
		c) Früchte	Unverseifbare Bestandteile wie oben. Fettsäuren jedoch vorwiegend ungesättigt (Jodzahl 139), vermutlich ein Gemisch von Ölsäure und Linolsäure

Wachs von Dipterocarpus Hasseltii.

Familie: Dipterocarpaceae; Verbreitung: Niederländisch Indien. Das Wachs enthält u. a. ein Phytosterin „Dipterocarpol“ $C_{27}H_{46}O_2$ mit dem Schmelzpunkt 134—135°.

Veilchenwachs.

Stammpflanze und Pflanzenfamilie	Verbreitung	Vorkommen	Gewinnung
Viola spec. Fam.: Violaceae	Gemäßigte Zone	Blüten	Blüten mittels Petroläther extrahiert; Lösungsmittel abdestilliert. Rückstand mit Alkohol (zur Entfernung der ätherischen Öle) behandelt, wobei das Wachs ungelöst zurückbleibt

Bestandteile: 34,9% gesättigte Säuren, vorwiegend Cerotinsäure (angeblich auch Essigsäure); 5,8% ungesättigte Säuren. 10,3% höhere Alkohole; ca. 47% Kohlenwasserstoffe, hauptsächlich Hentriakontan (s. diesbezgl. S. 554, Fußnote 1).

Physikalische und chemische Kennzahlen.

	Dichte d_4^{15}	Schmelzpunkt	Verseifungszahl	Jodzahl
Wachs	0,963	58°	65,7	17,3

Die untersuchte Probe zeigte die Säurezahl 12.

Reihe: Myrtiflorae.

Lasiosiphon-„Wachs“.

Stammpflanze und Pflanzenfamilie	Verbreitung	Vorkommen	Bestandteile
Lasiosiphon Meissnerianus. Fam.: Thymelaeaceae	Südafrika	In den Wurzeln	Neben Palmitinsäure und Ölsäure ein Phytosterin vom Schmelzpunkt 132 bis 133° (Acetat-Schmelzpunkt 110°)

Wachsbestandteile in Chamaenerium angustifolium.

Stammpflanze und Pflanzenfamilie	Verbreitung	Vorkommen	Bestandteile
Chamaenerium angustifolium = Epilobium angustifolium Fam.: Oenotheraceae (Onagraceae)	Gemäßigte Zone	a) Blätter	Das Unverseifbare (30,2% des Petrolätherauszuges) enthält einen Wachsalkohol $C_{22}H_{46}O$ mit dem Schmelzpunkt 76°; Acetat-Schmelzpunkt 58°. Die fettartige Begleitsubstanz enthielt Fettsäuren (Palmitin- und Stearinsäure?) vom Schmelzpunkt 50°; Säurezahl = 202,6
		b) Blüten	Das Unverseifbare des Petrolätherauszuges enthielt zwei Kohlenwasserstoffe mit den Schmelzpunkten 63° bzw. 68°. Außerdem ein Gemisch fester Fettsäuren vom Schmelzpunkt 52°; Neutralisationszahl 206 (Palmitin- und Stearinsäure?)

Wachsbestandteile in Oenothera biennis.

Stammpflanze und Pflanzenfamilie	Verbreitung	Vorkommen	Bestandteile
Oenothera biennis (Nachtkerze). Fam.: Oenotheraceae (Onagraceae)	Nordamerika, Europa	a) Blätter	Ein Phytosterin $C_{26}H_{44}O + H_2O$ mit dem Schmelzpunkt 133° (Acetat-Schmelzpunkt 117°); vermutlich auch Cerylalkohol und ein Grenzkohlenwasserstoff
		b) Blüten	Phytosterin wie oben; ferner ein Kohlenwasserstoff $C_{31}H_{64}$ oder $C_{32}H_{66}$ (Schmelzpunkt 63°)

Reihe: Umbelliflorae.

Polyscias-Wachs.

Stammpflanze und Pflanzenfamilie	Verbreitung	Vorkommen	Hauptbestandteile
Polyscias nodosa Fam.: Araliaceae	Malayenstaaten	Blätter	Ester des Myricylalkohols

Wachsbestandteile in Oenanthe crocata.

Stammpflanze und Pflanzenfamilie	Verbreitung	Vorkommen	Bestandteile
Oenanthe crocata Fam.: Umbelliferae	Nördliche Hemisphäre	In der ganzen Pflanze	Palmitin- und Linolsäure. Ein Phytosterin vom Schmelzpunkt 135°; Ipuranol; Triakontan (Schmelzpunkt 65°); Hentriakontan (?)[1]

Wachsbestandteile in Daucus carota.

Stammpflanze und Pflanzenfamilie	Verbreitung	Vorkommen	Bestandteile
Daucus carota Fam.: Umbelliferae[2]	Europa	In der Wurzel	Neben Carotin (s. Bd. I, S. 62) ein früher als Hydrocarotin bezeichnetes Gemisch zweier Sterine; dieses Gemisch besteht zu 90% aus Sitosterin vom Schmelzpunkt 136—137° und ca. 10% Stigmasterin vom Schmelzpunkt 170° (ersteres ist identisch mit dem in Weizenkeimlingen, Calabarbohnen sowie im Leinöl aufgefundenen Sitosterin; letzteres mit dem ebenfalls aus Calabarbohnen isolierten Stigmasterin). Außerdem Daucosterin $C_{26}H_{42}O_4$ (Schmelzpunkt 283°; zeigt deutlich die Reaktion von SALKOWSKI-HESSE)

Wachsbestandteile in Hartriegelrinden.

Stammpflanze und Pflanzenfamilie	Verbreitung	Bestandteile
Cornus sanguinea Fam.: Cornaceae	Nördliche Hemisphäre	Wachsartige Substanzen mit Schmelzpunkten von 71 bzw. 82° (ein Kohlenwasserstoff bzw. ein höherer Alkohol); ein Phytosterin $C_{26}H_{44}O + H_2O$ mit dem Schmelzpunkt 132°. Eine Substanz (vielleicht $C_{30}H_{52}O$) mit dem Schmelzpunkt 251° (Acetat-Schmelzpunkt 237°). Eine Säure vom Schmelzpunkt 75° sowie eine Oxysäure $C_{24}H_{40}O_3$ mit dem Zersetzungspunkt 280° (Acetat-Schmelzpunkt 266°), wahrscheinlich identisch mit „Platanolsäure“ aus Platanenrinden, s. S. 539

[1] Nach HANS MEYER und SOYKA (Monatsh. Bd. 34, S. 1165. 1913) bedürfen sämtliche Angaben über das Vorkommen von Hentriakontan in Naturprodukten der Überprüfung.

[2] Aus den Wurzeln der zu dieser Familie gehörenden Ferula Sumbul wurde ein sterinhaltiges Gemisch von Harz und Fett extrahiert; dieses, gelegentlich auch als Ferulawachs bezeichnete Substanzgemisch, wurde in die vorliegenden Tabellen nicht aufgenommen, da die in ihm enthaltenen Wachsbestandteile gegenüber den Begleitsubstanzen völlig zurücktreten.

Reihe: Ericales.

Heidelbeerenwachs.

Stammpflanze und Pflanzenfamilie	Verbreitung	Vorkommen	Beschaffenheit
Vaccinium myrtillus (Myrtillus niger, GILL.) Fam.: Ericaceae	Nördliche Hemisphäre	Auf der Schale der Beeren	Durch Extraktion mit Chloroform erhält man ein Wachsgemisch, aus dem sich mittels kaltem Alkohol eine Vitin-ähnliche Substanz herauslösen läßt. Das zurückbleibende weiße Wachs zeigte den Schmelzpunkt 71° und den Erstarrungspunkt 66°

Reihe: Contortae.

Olivenblätterwachs[1].

Stammpflanze und Pflanzenfamilie	Verbreitung	Vorkommen	Bestandteile
Olea europaea Fam.: Oleaceae	Mittelmeergebiet	In den Blättern	Im Alkoholextrakt: neben geringen Mengen hochmolekularer Säuren die Alkohole Oleanol (s. Bd. I, S. 39 und 44), Oleasterol (Schmelzpunkt 174°), Olestranol (Schmelzpunkt 217—218°) und Homoolestranol (Schmelzpunkt 210°). Möglicherweise ist Oleanol identisch mit dem in unreifen Oliven vorkommenden Alkohol $C_{18}H_{36}O$

Wachsbestandteile in Ligustrumrinden.

Stammpflanze und Pflanzenfamilie	Verbreitung	Bestandteile
Ligustrum vulgare (Rainweide) Fam.: Oleaceae	Südeuropa	Cerylalkohol (möglicherweise in Form des Palmitats zugegen); ein Phytosterin $C_{26}H_{44}O + H_2O$ mit dem Schmelzpunkt 134—135° (Acetat-Schmelzpunkt 117°). Palmitinsäure und vermutlich auch „Platanolsäure", s. S. 539

Jasminblütenwachs.

Stammpflanze und Pflanzenfamilie	Verbreitung	Vorkommen	Farbe	Gewinnung
Jasminum grandiflorum Fam.: Oleaceae	Warme Gegenden	Blüten	Gelblichbraun	Blüten mittels Petroläther extrahiert; Lösungsmittel abdestilliert. Rückstand mit Alkohol (zur Entfernung der ätherischen Öle) behandelt, wobei das Wachs ungelöst zurückbleibt

Bestandteile: 21,3% gesättigte, 14,5% ungesättigte Säuren; 14,4% höhere Alkohole; 49,9% Kohlenwasserstoffe (angeblich zum größten Teil Hentriakontan).

[1] In Olivenrinden wurde der unbenannte Alkohol $C_{35}H_{68}O$ (Schmelzpunkt 70°) sowie Ipuranol nachgewiesen.

Physikalische und chemische Kennzahlen.

	Dichte d_{15}^{15}	Schmelzpunkt	Erstarrungspunkt	Lichtbrechung B.-Refr. Sk. T.	Verseifungszahl	M. M.-Gew.	Jodzahl
Wachs	0,932	60°	56—57°	30,0 (84°) 36,0 (70°) 40,0 (62°) 44,0 (56°)	60,9—65,8	—	40,3—53,0 (WIJS)
Säuren	—	57—65°	—	—	—	398	39

Die untersuchten Muster hatten Säurezahlen zwischen 2,8 und 5,4.

Wachsbestandteile in Gelsemium sempervirens.

Stammpflanze und Pflanzenfamilie	Verbreitung	Vorkommen	Bestandteile
Gelsemium sempervirens Fam.: Loganiaceae	Atlantisches Nordamerika	In der Wurzel	Wachsbestandteile (neben etwas Fett und Emodinmonomethyläther): ein Phytosterin (Schmelzpunkt 136°; Acetat-Schmelzpunkt 125—127°), Pentatriakontan und wenig Ipuranol

Fagraeawachs.

Stammpflanze und Pflanzenfamilie	Verbreitung	Vorkommen	Bestandteile
Fagraea spec. Fam.: Loganiaceae	Indisch-Malayisches Gebiet	Weiße klebrige Schicht unter der Fruchtwand	Krystallisiertes Substanzgemisch vom Schmelzpunkt 79°, enthaltend: Lupeolpalmitat und Phytosterin; aus dem Wachsester durch Verseifen Lupeol (Schmelzpunkt 211°; Acetat-Schmelzpunkt 213°; Benzoat-Schmelzpunkt 265°) und Palmitinsäure

Bitterkleewachs.

Stammpflanze und Pflanzenfamilie	Verbreitung	Ausbeute	Bestandteile
Menyanthes trifoliata Fam.: Gentianaceae	Nördliche Hemisphäre	Getrocknete Blätter: 1,5%	Viel Carotin, wenig Phytosterin (Schmelzpunkt 162°); ferner Cerylalkohol. Von Fettsäuren wurde Palmitinsäure gefunden

Apocynum-„Wachs“.

Stammpflanze und Pflanzenfamilie	Verbreitung	Vorkommen	Bestandteile
Apocynum androsaemifolium Fam.: Apocynaceae	Nordamerika	In der Wurzel	Im harzartigen Substanzgemisch fanden sich neben freien und veresterten Säuren (Palmitin-, Stearin-, Arachin-, Ölsäure und Linolsäure) geringe Mengen Ipuranol, Androsterin $C_{30}H_{50}O$ (Schmelzpunkt 208—210°; Acetat-Schmelzpunkt 212—214°) und Homoandrosterin $C_{27}H_{44}O$ (Schmelzpunkt 192°; Acetat-Schmelzpunkt 234—236°?); die beiden letztgenannten Sterine geben bei der LIEBERMANNschen Reaktion fuchsinrote Lösungen

Calotropis-„Wachs".

Stammpflanze und Pflanzenfamilie	Verbreitung	Vorkommen	Bestandteile
Calotropis gigantea Fam.: Asclepiadaceae	Indien, Südchina	Im Milchsaft bzw. in der Wurzelrinde	Weiße, feste Substanz („Madaralban") aus dem Alkoholextrakt der Wurzelrinde, durch fraktionierte Krystallisation in zwei Isovaleriansäure-Ester zerlegbar: 1. Mudaryl-Isovaleriansäure-Ester $C_{30}H_{47}O . COO . C_4H_9$, Schmelzpunkt 140° (liefert beim Verseifen Mudarin $C_{30}H_{48}O_2$, Schmelzpunkt 176°; Acetat-Schmelzpunkt 195—196°). 2. Akundaryl-Isovaleriansäure-Ester $C_{38}H_{61}O . COO . C_4H_9$, Schmelzpunkt 210° (gibt beim Verseifen Akundarin $C_{38}H_{62}O_2$, Schmelzpunkt 215°; Acetat-Schmelzpunkt 222°); die beiden genannten Alkohole geben die Phytosterinreaktionen. Die Ester sind jedoch, wie die meisten ähnlichen Substanzen aus dem Milchsaft gewisser Pflanzen eher als Harzester zu bezeichnen; man findet auch öfters für das Substanzgemisch den Namen „Madar-Guttapercha"

„Wachs" von Asclepias Cornuti.

Stammpflanze und Pflanzenfamilie	Verbreitung	Vorkommen (Ausbeute)	Beschaffenheit (Bestandteile)
Asclepias Cornuti = Asclepias Syriaca Fam.: Asclepiadaceae	Die Stammpflanze ist unter dem Namen „syrische Seidenpflanze" bekannt; als Heimat wird das südliche Nordamerika angegeben	Im Milchsaft angeblich 50% Wachs; frische Pflanze: ca. 3%	In Aussehen und Konsistenz dem Bienenwachs ähnlich, aber höherer Schmelzbereich: 70—80°. Aus dem Milchsaft wurde eine Substanz mit dem Schmelzpunkt 239—240° (β-Amyrinacetat) isoliert

„Wachs" von Cynanchum acutum.

Stammpflanze und Pflanzenfamilie	Verbreitung	Bestandteile
Cynanchum acutum Fam.: Asclepiadaceae	Europa	Aus dem alkalischen Extrakt wurde „Cynanchol" isoliert, das sich in zwei Isomere, Cynanchocerin und Cynanchin zerlegen ließ

Wachs von Cynanchum messeri.

Stammpflanze und Pflanzenfamilie	Verbreitung	Vorkommen	Bestandteile
Cynanchum messeri Fam.: Asclepiadaceae	Madagascar	Als Überzug auf blätterfreien Zweigen	u. a. Cerylalkohol, Melissylalkohol; Hentriakontan (vgl. S. 554); von Säuren Palmitinsäure

Reihe: Tubiflorae.

Convolvulaceen-„Wachse"[1].

Stammpflanze	Verbreitung	Vorkommen	Bestandteile
Convolvulus scammonia	Kleinasien	Wurzel	In der Droge „Scammonium" fand man u. a. ein Phytosterin $C_{27}H_{46}O + H_2O$ (Schmelzpunkt 135—136°; Acetat-Schmelzpunkt 122—123°); ferner Ipuranol und andere Glycoside
Exogonium purga[2] (Ipomoea purga)	Mexiko	Wurzel („Jalapen"-Wurzel, offic.)	Wachsbestandteile im Jalapenharz („Resina Jalapae", offic.) neben Palmitin- und Stearinsäure Cetylalkohol, ein Phytosterin vom Schmelzpunkt 134—135°, eine Verbindung $C_{18}H_{36}O$ vom Schmelzpunkt 56—57°, sowie Ipurganol (Phytosteringlycosid vom Schmelzpunkt 222—225°; Acetat-Schmelzpunkt 166—167°)
Ipomoea purpurea („I-Jalapa")	Brasilien, Südafrika	Stengel	Aus der ursprünglichen Harzmasse gewann man durch Extraktion mit Petroläther 8% (ca. 0,4% des Ausgangsmaterials) weiches Wachs, das neben mehreren Fettsäuren ein Phytosterin $C_{27}H_{46}O + H_2O$ (Schmelzpunkt 132—133°), Ipuranol (Acetat-Schmelzpunkt 160°) sowie einen Kohlenwasserstoff, wahrscheinlich Pentatriakontan, enthielt
Ipomoea orizabensis	Brasilien,	Wurzelknollen	Im sog. Jalapin fand man neben freien und veresterten Fettsäuren (Palmitin-, Stearin-, Ölsäure und Linolsäure) Cetylalkohol, ein Phytosterin $C_{27}H_{46}O + H_2O$ (Schmelzpunkt 135—136°), Ipuranol und einen Kohlenwasserstoff (nach Hans Meyer handelt es sich nicht um Hentriakontan, s. S. 554)
Ipomoea Horsfalliae	Ostindien	Knollen	u. a. ein Phytosterin vom Schmelzpunkt 132—133°

Ocotillawachs.

Stammpflanze und Pflanzenfamilie	Verbreitung	Vorkommen (Ausbeute)	Farbe	Bestandteile und Kennzahlen
Fouquiera splendens Fam.: Fouquieraceae	Westliches Nordamerika (Mexiko)	Gepulverte Rinde, extrahiert: 9%	Gelblichgrün	Myricylalkohol, Cerotinsäure (?). Dichte d^{15}: 0,984; Schmelzpunkt: 84—85°

Eriodictyonwachs.

Stammpflanze und Pflanzenfamilie	Verbreitung	Vorkommen	Bestandteile
Eriodictyon californicum Fam.: Hydrophyllaceae	Californien	Blätter	Neben Cerotinsäure und anderen Säuren ein Phytosterin vom Schmelzpunkt 136—137°, ferner Triakontan (Schmelzpunkt 62°) und Pentatriakontan (Schmelzpunkt 74,5—75°)

[1] Bei den bisher untersuchten Substanzgemischen aus den unterirdischen Organen von Pflanzen aus der Familie Convolvulaceae handelt es sich in der Hauptsache um Harzgemische; da sich in diesen jedoch auch typische Wachsbestandteile (z. B. Cetylalkohol, höhere Kohlenwasserstoffe usw.) vorfinden, konnte von ihrer Erwähnung in der vorliegenden Darstellung nicht abgesehen werden.

[2] Diese Bezeichnung der Stammpflanze findet sich bei Engler: „Syllabus der Pflanzenfamilien" von Engler und Gilg, 9. und 10. Aufl., S. 334. Berlin 1924.

Wachsbestandteile in Pulmonaria officinalis.

Stammpflanze und Pflanzenfamilie	Verbreitung	Vorkommen	Bestandteile
Pulmonaria officinalis Fam.: Borraginaceae	Europa	In der ganzen Pflanze	Fett-Wachs-Gemisch mit 37,4% Unverseifbarem, darunter Cerylalkohol vom Schmelzpunkt 79° (Acetat-Schmelzpunkt 65°; Benzoat-Schmelzpunkt 76—77°), vielleicht auch eine isomere Verbindung $C_{26}H_{54}O$ (Schmelzpunkt 72—73°; Acetat-Schmelzpunkt 59°), ferner ein Phytosterin $C_{26}H_{44}O$ mit dem Schmelzpunkt 133°. Von Fettsäuren wurden gefunden: Myristin-, Palmitin-, Stearinsäure

Lippiawachs.

Stammpflanze und Pflanzenfamilie	Verbreitung	Vorkommen	Bestandteile
Lippia scaberrima Fam.: Verbenaceae	Amerika (Orange River Kolonie)	Blätter und Stengel	Neben mehreren Fettsäuren ein flüssiges Gemisch von ungesättigten Alkoholen sowie ein Phytosterin $C_{27}H_{46}O + H_2O$ (Schmelzpunkt 134°); ferner Heptakosan und zwei Kohlenwasserstoffe vom Schmelzpunkt 68° bzw. 80°

Wachsbestandteile in Galeopsis ochroleuca.

Stammpflanze und Pflanzenfamilie	Verbreitung	Vorkommen	Bestandteile
Galeopsis ochroleuca (Hohlzahn) Fam.: Labiatae	Europa, Asien	In der ganzen Pflanze	Neben Stearin- und Ölsäure ein Phytosterin $C_{26}H_{44}O$ sowie ein gesättigter Kohlenwasserstoff vom Schmelzpunkt 69°

Withania-„Wachs“.

Stammpflanze und Pflanzenfamilie	Verbreitung	Vorkommen	Bestandteile
Withania somnifera Fam.: Solanaceae	Tropen	Wurzel	Von Fettsäuren Palmitin-, Stearin-, Cerotin-, Ölsäure und Linolsäure; ferner ein Alkohol Withaniol $C_{25}H_{34}O_5$ (?), der bei 285° sintert und sich bei 305° zersetzt (das Acetat sintert bei 280° und zersetzt sich bei 300°), sowie ein Phytosterin vom Schmelzpunkt 135—136°, außerdem Ipuranol. Schließlich ein Kohlenwasserstoff (Schmelzpunkt 67—68°, angeblich Hentriakontan; s. diesbezüglich S. 554, Fußnote 1)

Tabakblätter-Wachs.

Stammpflanze und Pflanzenfamilie	Verbreitung	Vorkommen (Ausbeute)	Bestandteile (Beschaffenheit)
Nicotiana tabacum Fam.: Solanaceae	Südamerika	Blätter (mit Petroläther extrahiert: 0,2—0,4%)	Gereinigt: weiße, glänzende Krystallmasse vom Schmelzpunkt 63° (Melissinsäure-Melissylester oder ein Gemisch von Heptakosan und Hentriakontan?), von der geringe Mengen einer bei 51° schmelzenden Substanz abgetrennt werden konnten

„Wachs" von Solanum angustifolium.

Stammpflanze und Pflanzenfamilie	Verbreitung	Vorkommen	Bestandteile
Solanum angustifolium Fam.: Solanaceae	Mexiko	Blätter, Zweige und Blüten	Durch Extraktion mit Alkohol erhält man ein Substanzgemisch, das u. a. auch fett- und wachsartige Bestandteile enthält; von den letzteren sind zu nennen: ein Phytosterin $C_{27}H_{46}O + H_2O$ (Schmelzpunkt 134°; Acetat-Schmelzpunkt 121°), ein Phytosterolin $C_{33}H_{56}O_6$ (Schmelzpunkt 300°; Acetat-Schmelzpunkt 168 bis 169°) und Triakontan. Fettsäuren: Palmitin-, Stearin-, Cerotin-, Linol- und Linolensäure; ferner Melissinsäure (oder ein niederes Homologes) und Cluytinsäure

Wollkraut-„Wachs".

Stammpflanze und Pflanzenfamilie	Verbreitung	Vorkommen	Bestandteile
Verbascum Thapsus Fam.: Scrophulariaceae	Europa, Mittelmeergebiet	In den Blüten	u. a. Verbasterol (s. Bd. I, S. 36 und 42), das wahrscheinlich ein Gemisch von cyclischen Alkoholen ist; bei der Acetylierung liefert es nämlich ein in Alkohol schwerer lösliches Acetat (Schmelzpunkt 169—171°) und eine in Alkohol leichter lösliche Acetylverbindung vom Schmelzpunkt 108—110°

Linaria-„Wachs".

Stammpflanze und Pflanzenfamilie	Verbreitung	Vorkommen	Bestandteile
Linaria vulgaris Fam.: Scrophulariaceae	Europa, Sibirien	Kraut (ganze Pflanze)	u. a. ein Phytosterin $C_{26}H_{44}O$ (Schmelzpunkt 138°; Acetat zeigt Dimorphie: Blättchen vom Schmelzpunkt 117°, bzw. kurze Prismen vom Schmelzpunkt 130°); ferner ein Kohlenwasserstoffgemisch vom Schmelzpunkt 57° (Triakontan?)

„Wachs" von Veronica virginica.

Stammpflanze und Pflanzenfamilie	Verbreitung	Vorkommen	Bestandteile
Veronica virginica. Fam.: Scrophulariaceae	Nördliche Hemisphäre	Wurzel (getrocknet: „Leptandra")	Neben Palmitin-, Stearin-, Ölsäure und Linolsäure ein Phytosterin: „Verosterin" $C_{27}H_{46}O + H_2O$ (Schmelzpunkt 135—136°; Acetat-Schmelzpunkt 119—120°)

Reihe: Rubiales.

Oldenlandia-„Wachs".

Stammpflanze und Pflanzenfamilie	Verbreitung	Vorkommen	Beschaffenheit
Oldenlandia umbellata Fam.: Rubiaceae	Tropen	Wurzel	Aus siedendem Alkohol krystallisiert ein „Wachs" von der Zusammensetzung $(C_{18}H_{28}O)_n$ und dem Schmelzbereich 80—87°

Cinchona-„Wachs".

Stammpflanze und Pflanzenfamilie	Verbreitung	Vorkommen	Beschaffenheit und Bestandteile
Cinchona calisaya Fam.: Rubiaceae	Tropisches Amerika, Java, Ostindien	In der Rinde („Chinarinde")	Wachsartige Masse mit dem Schmelzpunkt 150° („Cinchoretin", angeblich bei 130° schmelzend, neben einer amorphen Substanz). Möglicherweise ist Cinchoretin identisch mit dem LIEBERMANNschen Cholestol bzw. dem HESSEschen Cinchol („Cholestol": Schmelzpunkt 137—139°; Acetat-Schmelzpunkt 124—126°. „Cinchol": Schmelzpunkt 139°; Acetat-Schmelzpunkt 124°). Außerdem wurden geringe Mengen der Isomeren Cupreol und Quebrachol nachgewiesen (s. a. Bd. I, S. 36)

Kaffeebohnenwachs.

Stammpflanze und Pflanzenfamilie	Verbreitung	Vorkommen	Farbe	Geruch
Coffea arabica Fam.: Rubiaceae	Tropen	Dünner Überzug an der Oberfläche der Samen (Bohnen)	Lichtbraun; geschmolzen: schwarz	Rohwachs: Geruch nach Caprinsäure. Gereinigtes Wachs: geruch- und geschmacklos

Reinigung: Petroläther entzieht dem gepulverten Rohwachs ca. 54% fettes Öl. Durch Wasserdampfdestillation und Behandeln mit Eisessig wird das beigemengte Coffein entfernt.

Löslichkeit: Das reine (amorphe) Wachs ist leicht löslich in heißem Alkohol, in Benzol, Chloroform, Aceton und Essigsäure, etwas schwerer in Äther, sehr wenig in Ligroin.

Reaktionen: Wässerige Laugen greifen das Wachs nur wenig an; es läßt sich nur durch Erhitzen mit alkoholischer Lauge unter Druck verseifen. Mineralsäuren wirken verkohlend. Das Wachs zeigt außer den Phytosterinreaktionen eine violettrote Färbung beim Erwärmen mit alkoholischer Salzsäure.

Bestandteile: Nahezu 50% Carnaubasäure und ein Harzalkohol (Tannol); das Wachs ist die esterartige Verbindung (Tannolresin) dieser beiden Bestandteile.

Morinda-„Wachse".

(Familie: Rubiaceae.)

Stammpflanzen	Verbreitung	Vorkommen	Bestandteile der Droge
Morinda citrifolia	Ostindien	Im Holz	Heißer Alkohol entzieht dem Holz ein Substanzgemisch, das neben „Morindin" eine Wachsmasse enthält; diese schmilzt nach dem Reinigen und Umkrystallisieren aus Methanol bei 124,5° und hat die Zusammensetzung $C_{18}H_{28}O$
Morinda umbellata	Java	Im Wurzelbast	Der als Farbendroge verwendete Wurzelbast enthält neben „Morindin", „Morindon" und anderen färbenden Bestandteilen auch die obengenannte Verbindung mit dem Schmelzpunkt 124—125°

Wachsbestandteile in Holunder-Rinden.

Stammpflanze und Pflanzenfamilie	Verbreitung	Bestandteile
Sambucus nigra (Schwarzer Holunder) Fam.: Caprifoliaceae	Europa, Kaukasus	Ein Phytosterin vom Schmelzpunkt 134° (Acetat-Schmelzpunkt 118°); eine Verbindung $C_{23}H_{40}O_2$ mit dem Schmelzpunkt 216°; eine Verbindung $C_{27}H_{48}O$ mit dem Schmelzpunkt 179° (Acetat-Schmelzpunkt 216°)

Wachsbestandteile in Viburnum opulus.

Stammpflanze und Pflanzenfamilie	Verbreitung	Vorkommen	Bestandteile
Viburnum opulus. Fam.: Caprifoliaceae	Europa, Asien, Nordamerika	Rinde	Fettsäuren: Palmitin-, Cerotin-, Ölsäure und Linolsäure. Unverseifbares: Myricylalkohol, ein Phytosterin $C_{27}H_{46}O + H_2O$ vom Schmelzpunkt 138° (Acetat-Schmelzpunkt 121—123°), ein Phytosterolin $C_{33}H_{56}O_6$ mit dem Schmelzbereich 265—275° (Acetat-Schmelzpunkt 167—168°); schließlich Spuren von Kohlenwasserstoffen (Schmelzbereich: 65—70°)

Wachsbestandteile in Knautia silvatica.

Stammpflanze und Pflanzenfamilie	Verbreitung	Vorkommen	Bestandteile
Knautia silvatica. Fam.: Dipsacaceae	Europa (Mittelmeergebiet)	a) Blätter b) Blüten	u. a. Myricylalkohol Neben zwei unverseifbaren Substanzen (davon eine vom Schmelzpunkt 64°) fand man im Petrolätherauszug Fettsäuren vom Schmelzpunkt 55°

Reihe: Cucurbitales.

Zaunrüben-„Wachs".

Stammpflanze und Pflanzenfamilie	Verbreitung	Vorkommen	Bestandteile
Bryonia dioica Fam.: Cucurbitaceae	Europa, Westasien	a) Blätter b) Wurzeln	a) Vorwiegend „Bryonan" (n-Eikosan), s. Bd. I, S. 45 b) Neben freien und veresterten Säuren (Palmitin-, Stearin-, Ölsäure und Linolsäure) ein Phytosterin $C_{27}H_{46}O$ (Schmelzpunkt 137°; Acetat-Schmelzpunkt 155—157°), sowie „Bryonol" $C_{32}H_{54}O_6$ (Schmelzpunkt 210—212° unter Zersetzung; Acetat-Schmelzpunkt 152°)

„Elateriumwachs".

Stammpflanze und Pflanzenfamilie	Verbreitung	Vorkommen	Bestandteile der Droge
Ecballium elaterium Fam.: Cucurbitaceae	Mittelmeergebiet	In der Frucht	Neben Palmitin-, Stearin-, Linol- und Linolensäure (?) ein Phytosterin $C_{27}H_{46}O + H_2O$ (Schmelzpunkt 148°; Acetat-Schmelzpunkt 155—157°) sowie geringe Mengen einer dem Ipuranol verwandten Substanz; über das Vorkommen von Hentriakontan s. S. 554

Reihe: Campanulatae.

Tarchonanthuswachs.

Stammpflanze und Pflanzenfamilie	Verbreitung	Vorkommen	Hauptbestandteil
Tarchonanthus camphoratus Fam.: Compositae	Afrika	Blätter	Weiße, wachsartige Substanz vom Schmelzpunkt 82° (Tarchonylalkohol $C_{50}H_{102}O$?)

Antennaria-„Wachs".

Stammpflanze und Pflanzenfamilie	Verbreitung	Vorkommen	Bestandteile
Antennaria dioica (Katzenpfötchen) Fam.: Compositae	Gemäßigte und arktische Zone	Blüten	u. a. ein Kohlenwasserstoff $C_{28}H_{58}$ mit dem Schmelzpunkt 64—66°.

Parthenium-Sterin.

Stammpflanze und Pflanzenfamilie	Verbreitung	Charakterisierung des Sterins
Parthenium argentatum Fam.: Compositae	Mexikanisches Hochland	Phytosterin $C_{27}H_{46}O$ mit dem Schmelzpunkt 137° und dem Acetat-Schmelzpunkt 196°; verschieden von Sitosterin, dessen Acetat bei 127° schmilzt

Anthemiswachs.

Stammpflanze und Pflanzenfamilie	Verbreitung	Vorkommen	Bestandteile
Anthemis nobilis („Römische Kamille") Fam.: Compositae	Westeuropa	Blüten	Nachgewiesen wurde ein Kohlenwasserstoff „Anthemen" $C_{30}H_{62}$ mit dem Schmelzpunkt 64° (= Triakontan); angeblich ist noch ein zweiter Kohlenwasserstoff vorhanden. Von Alkoholen fand man Anthesterin $C_{31}H_{52}O + 3\,H_2O$ (Schmelzpunkt 195°), das sich in drei Isomere zerlegen ließ: 1. α-Anthesterin (Schmelzpunkt 221—223°; nach 6 Jahren: 150—160°; Acetat-Schmelzpunkt 240° bis 245°). 2. β-Anthesterin (Schmelzpunkt 160—164°; beim Weitererhitzen erstarrt die Substanz und zeigt einen zweiten Schmelzbereich zwischen 190 und 195°; Acetat-Schmelzpunkt 225—230°). 3. γ-Anthesterin (Schmelzpunkt 158—160°; zeigt ebenfalls die Erscheinung des doppelten Schmelzens; der zweite Schmelzpunkt liegt bei 185—190°; Acetat-Schmelzpunkt 185—195°). Das α- und β-Isomere verwandelt sich mit der Zeit in eine vierte Modifikation, δ-Anthesterin (Schmelzpunkt 150—160°), das seinerseits durch Umkrystallisieren aus Alkohol wieder in das β-Isomere übergeht. Farbenreaktion des α-Anthesterins: in Chloroformlösung mit Essigsäure-Anhydrid und Schwefelsäure Rosafärbung, die nach 24 Stunden in Violett übergeht. Nach anderen Angaben handelt es sich bei der alkoholischen Komponente des Substanzgemisches um „Taraxasterin" $C_{29}H_{48}O + 2^1/_2\,H_2O$ (Schmelzpunkt 217° bis 219°; Acetat-Schmelzpunkt 248—250°) bzw. Lupeol. Außerdem fand man neben einigen Fettsäuren (u. a. auch Cerotinsäure) ein Gemenge von viel Sitosterin- und wenig Stigmasteringlykosid

„Wachs“ von Rudbeckia angustifolia.

Stammpflanze und Pflanzenfamilie	Verbreitung	Vorkommen	Bestandteile
Rudbeckia angustifolia Fam.: Compositae	Nordamerika	Wurzel	In dem durch Alkohol-Extraktion erhaltenen harzartigen Substanzgemisch fand man neben Fettsäuren (Palmitin-, Cerotin-, Ölsäure und Linolsäure) zwei Phytosterine von der Zusammensetzung $C_{27}H_{46}O$; das eine zeigte den Schmelzpunkt 154,5—156,5° (Acetat-Schmelzpunkt 131,5—132°), das andere schmolz bei 136—137° (Acetat-Schmelzpunkt 118—120°). Ferner ein Phytosterolin $C_{33}H_{56}O_6$ (Schmelzbereich 280—290° unter Zersetzung; Acetat-Schmelzpunkt 163—164°)

Kamillenblütenwachs.

Stammpflanze und Pflanzenfamilie	Verbreitung	Vorkommen	Bestandteile
Matricaria chamomilla Fam.: Compositae	Europa	Blüten	Zwei Kohlenwasserstoffe: $C_{29}H_{60}$ (Schmelzpunkt 52—54°; Erstarrungspunkt 57,5°) sowie Triakontan. Ferner ein Phytosterin $C_{27}H_{46}O + H_2O$ (Schmelzpunkt 132—134°; Acetat-Schmelzpunkt 122—123°) und ein Phytosteringlykosid (Schmelzpunkt 285° unter Zersetzung) neben mehreren Fettsäuren (darunter auch Cerotinsäure)

Wachsbestandteile in Chrysanthemum-Blüten.

Stammpflanze und Pflanzenfamilie	Verbreitung	Bestandteile
Chrysanthemum cinerariifolium Fam.: Compositae	Dalmatien	Ein Phytosterin $C_{28}H_{48}O$ (Schmelzpunkt 183°; Acetat-Schmelzpunkt 223°) und ein Kohlenwasserstoff $C_{32}H_{66}$ (Schmelzpunkt 55—58°; Erstarrungspunkt 61°)

Wachsbestandteile in Tussilago farfara.

Stammpflanze und Pflanzenfamilie	Verbreitung	Vorkommen	Bestandteile
Tussilago farfara (Huflattich) Fam.: Compositae	Nördliche Hemisphäre	Blüten	Ein Phytosterin $C_{28}H_{48}O + H_2O$ (Schmelzpunkt 127—129°; Acetat-Schmelzpunkt 117 bis 119°); ein Phytosteringlykol „Faradiol“ (Schmelzpunkt 209—211°, nach der Krystallwasserabgabe 238°; Acetat-Schmelzpunkt 140—145°; Farbenreaktion mit nitrithaltiger Schwefelsäure: olivgrün; nach HESSE-SALKOWSKI: rosa mit gelber Fluorescenz: nach LIEBERMANN: weinrot oder johannisbeerrot mit grüner Fluorescenz). Außerdem ein Kohlenwasserstoff Heptakosan $C_{27}H_{56}$ mit dem Schmelzpunkt 57 bis 59° (Erstarrungspunkt 60°)
		Blätter	Phytosteringemisch vom Schmelzpunkt 132°; zerlegbar in Stigmasterin und Sitosterin mit dem Schmelzpunkt 137° (Acetat-Schmelzpunkt 126—127°; Benzoat-Schmelzpunkt 142—143°). Ferner zwei Kohlenwasserstoffe mit Schmelzpunkt 63° bzw. 68°

Wachsbestandteile in Arnicablüten.

Stammpflanze und Pflanzenfamilie	Verbreitung	Bestandteile
Arnica montana Fam.: Compositae	Europa	Ein Phytosteringlykol „Arnidiol“ $C_{28}H_{46}O + C_2H_6O$ (Krystall-Alkohol-Abgabe bei 115—120°; Schmelzpunkt des Glykols 249—250°; bei höherer Temperatur sublimiert die Substanz ohne sich zu zersetzen. Schmelzpunkt des Diacetats 181—183°). Außerdem ein Kohlenwasserstoffgemisch vom Schmelzbereich 61—64° (darunter Triakontan mit dem Schmelzpunkt 62°)

Wachsbestandteile der Klettenwurzel.

Stammpflanze und Pflanzenfamilie	Verbreitung	Bestandteile
Arctium majus Fam.: Compositae	Gemäßigte Zone	Ein Kohlenwasserstoff vom Schmelzpunkt 64° und ein Phytosterin mit dem Schmelzpunkt 132° (Acetat-Schmelzpunkt 118—119°); ferner Palmitin- und Stearinsäure

Wachsbestandteile im Milchsafte einiger Compositen.

Stammpflanze	Verbreitung	Bestandteile[1]
Cichorium intybus (Zichorie)	Europa, Asien (Gemäßigte Zone)	Neben Stearinsäure α-Lactucerol mit dem Schmelzpunkt 206° (Acetat-Schmelzpunkt 220°) und β-Lactucerol mit dem Schmelzpunkt 152° (Acetat-Schmelzpunkt 282°)
Cichorium endivia (Endivie)	Mittelmeergebiet	Neben Cerylalkohol α-Lactucerol mit dem Schmelzpunkt 199° und β-Lactucerol vom Schmelzpunkt 155°
Taraxacum officinale (Löwenzahn)	Nördliche Hemisphäre	α-Lactucerol mit dem Schmelzpunkt 217° (Acetat-Schmelzpunkt 250°; Benzoat-Schmelzpunkt 257° unter Zersetzung) und β-Lactucerol vom Schmelzpunkt 155° (Acetat-Schmelzpunkt 210°). Über die Wachsbestandteile aus ganzen Pflanzen (Wurzeln) s. Fußnote 2
Lactuca sativa (Lattich)	Nördliche Hemisphäre	Gemisch der beiden isomeren Lactucerole (vorwiegend β-Lactucerol mit dem Schmelzpunkt 150°)

[1] Die Lactucerole verschiedener Provenienz zeigen abweichende Schmelzpunkte; dies hängt damit zusammen, daß die Trennung der beiden Isomeren (α, β) niemals vollständig, sondern nur bis zu verschieden hohen Reinheitsgraden durchgeführt wurde. Die einzelnen Präparate waren also Gemische, bei denen das Mengenverhältnis der Komponenten wechselte. Die reinsten Substanzen (aus Taraxacum offic., vgl. die nächste Fußnote) wiesen folgende Schmelzpunkte auf: α-Lactucerol 221—222° (Acetat-Schmelzpunkt 251—252°); β-Lactucerol 163—164° (Acetat-Schmelzpunkt bei 285°).

[2] Wachsbestandteile in ganzen Pflanzen (Wurzeln): Neben Fettsäuren (Palmitin-, Stearin-, Cerotin-, Melissin-, Ölsäure und Linolsäure) Cerylalkohol und die beiden isomeren Lactucerole, die α-Verbindung („Taraxasterin“ $C_{29}H_{48}O + 2^1/_2\ H_2O$ [?], Schmelzpunkt 221—222°; Acetat-Schmelzpunkt 251—252°) und die β-Verbindung („Homotaraxasterin“ $C_{25}H_{40}O$; Schmelzpunkt 163—164°; Acetat-Schmelzpunkt 219—220°).

Wachsbestandteile im Milchsafte einiger Compositen (Fortsetzung).

Stammpflanze	Verbreitung	Bestandteile [1]
Lactuca virosa (der getrocknete Milchsaft wird Lactucarium genannt)	Europa	α-Lactucerol $C_{36}H_{58}(OH)_2$? (Schmelzbereich 166—181°; die aus Alkohol krystallisierte Substanz enthält zwei Moleküle Krystallwasser, die beim Schmelzen allmählich entweichen. Monoacetat-Schmelzpunkt 202—207°; Schmelzpunkt des Diacetats 196—200°). β-Lactucerol (Schmelzpunkt des Diacetats 230°). Nach anderen Angaben ist der Hauptbestandteil des Wachses das „Lactucon" $C_{23}H_{36}O_2$ (Schmelzpunkt 184—185°), das Acetat des „Lactucols" $C_{21}H_{34}O$ (Schmelzpunkt 154,5°)
Sonchus asper	Gemäßigte Zone	Neben Cerylalkohol α-Lactucerol mit dem Schmelzpunkt 197° (Acetat-Schmelzpunkt 220°) und β-Lactucerol vom Schmelzpunkt 150°. Außerdem feste Fettsäuren; über die Wachsbestandteile aus ganzen Pflanzen von Sonchus arvensis s. Fußnote 2
Tragopogon pratense	Europa, Asien, Afrika	Neben Cerylalkohol α-Lactucerol mit dem Schmelzpunkt 197° (Acetat-Schmelzpunkt 220°) und β-Lactucerol vom Schmelzpunkt 150° (Acetat-Schmelzpunkt 285°)
Scorzonera hispanica (Schwarzwurzel)	Mittel- und Südeuropa bis Kaukasus	Gemisch der beiden isomeren Lactucerole (β-Lactucerol mit dem Schmelzpunkt 154°)

Dicoma-Wachs.

Stammpflanze und Pflanzenfamilie	Verbreitung	Vorkommen (Ausbeute)	Bestandteile
Dicoma anomala Fam.: Compositae	Südafrika	Lufttrockenes Kraut, mit Alkohol extrahiert: 4,3%	Myricylalkohol, ein Phytosterin $C_{28}H_{46}O$ (Schmelzpunkt 159°; Acetat-Schmelzpunkt 133°), ein Phytosterolin (Schmelzbereich 260—270° unter Zersetzung; Acetat-Schmelzpunkt 150°), ferner Hentriakontan (s. S. 554). Von Säuren wurden Palmitin-, Stearin-, Arachin-, Cerotin-, Melissinsäure und eine ungesättigte Säure $C_{16}H_{30}O_2$ nachgewiesen

Grindelia-Wachs.

Stammpflanzen und Pflanzenfamilie	Verbreitung	Vorkommen	Bestandteile
Grindelia robusta Grindelia squarrosa Fam.: Compositae	Californien Westküste Nordamerikas	Blätter und Blütenköpfe	Aus dem Alkoholextrakt der Droge „Grindelia" wurden neben mehreren Fettsäuren (darunter auch Cerotinsäure) und anderen Begleitsubstanzen erhalten: ein Phytosterin $C_{26}H_{44}O + H_2O$, ein Phytosterolin „Grindelol" $C_{33}H_{56}O_6$ (Schmelzpunkt 256—257°; Schmelzpunkt des Tetraacetats 161°); ferner Hentriakontan (s. S. 554)

[1] Siehe S. 565, Fußnote 1.
[2] Nahezu die gleichen Wachsbestandteile wurden in ganzen Pflanzen von Sonchus arvensis gefunden: neben Palmitin- und Stearinsäure Cerylalkohol sowie die beiden isomeren Lactucerole mit den Schmelzpunkten 193—194° bzw. 152—153°.

Anhang zum Hauptabschnitt „Pflanzenwachse".

A. Vereinzelte Angaben über das Vorkommen von wachsartigen Substanzen in höheren Pflanzen.

Pflanzenfamilie	Stammpflanze	Verbreitung	Vorkommen (Ausbeute)	Anmerkung (Bestandteile)
Juncaceae	Juncus effusus	Nördliche Hemisphäre	Grüne Stengel	Geringe Mengen unverseifbarer Bestandteile (Wachsalkohole, Sterine)
Amaryllidaceae	Agave americana	Tropen und Subtropen Südamerikas	Blätter, getrocknet: ca. 1 %	Wachsartige Masse, angeblich kein Phytosterin
Resedaceae	Reseda odorata	Europa, Nordafrika	Blüten	Feste, spröde Masse von grüner Farbe (Sterinester neben Kohlenwasserstoffen)
Platanaceae	Plantanus acerifolia	Amerika	Rinde	Gelblichweiße, wachsartige Masse vom Schmelzp. 180°
Connaraceae	Connarus Uleanus	Brasilien	Blätter: 0,5%; Blüten: 1,5%	—
Leguminosae	Alhagi camelorum (IndischerKameldorn)	Südrußland bis nordwestl. Indien	Wurzel	Wachs-Harz-Gemenge
Leguminosae	Myrospermum toluiferum	Zentralamerika	Rinde	—
Meliaceae	Cedrela (Tona) spec.	Tropisches Amerika	Blüten	—
Euphorbiaceae	Euphorbia gregaria	Deutsch-Südwestafrika	Stengel: 2,4%	Wachsartiger Überzug
Anacardiaceae	Rhus venenata	Atlantisches Nordamerika	Blätter und Blattstiele	Weiße, wachsähnliche Substanz
Celastraceae	Catha edulis	Arabien, Abessinien, Ostafrika	Blätter und Zweige	Wachshaltiges Substanzgemisch, u. a. auch ätherisches Öl enthaltend
Malvaceae	Alcea (Althaea) rosea	Mexiko	Zweige	Wachs-Fett-Harz-Gemisch („Obreguin"), durch den Stich von Insekten hervorgerufen
Bixaceae	Bixa orellana	Brasilien	Blätter	Fetthaltiges Wachsgemisch
Lythraceae	Lythrum salicaria	Mitteleuropa	Stengel samt Blättern und Blüten	Wachsartige Substanz (ein Carotin, ein Wachsalkohol, Phytosterin?)
Araliaceae	Trevesia sundaica	Java	Blätter	—
Ericaceae	Rhododendron hirsutum (Alpenrose)	Alpen	Junge Stämme und Blätter	Im unverseifbaren Anteil des Petrolätherextraktes ein Kohlenwasserstoff vom Schmelzpunkt 65°
Ericaceae	Vaccinium vitis idaea (Preißelbeere)	Nördliche Hemisphäre	Blätter	Fetthaltiges Wachsgemisch

Vorkommen von wachsartigen Substanzen in höheren Pflanzen (Fortsetzung).

Pflanzenfamilie	Stammpflanze	Verbreitung	Vorkommen (Ausbeute)	Anmerkung (Bestandteile)
Primulaceae	Primula vulgaris	Europa	Blätter, mit Benzol extrahiert: 2,6%; Blüten: 1,7%	Die wachsartige Masse der Blüten enthält Carotin und etwas Harz
Styracaceae	Styrax benzoin	Sundainseln, Hinter- und Vorderindien	Rinde	—
Oleaceae	Fraxinus excelsior (Esche)	Europa	Fruchthülse, mit Petroläther extrahiert: 0,9%	Graugrünes Wachs (50% Unverseifbares)
Oleaceae	Syringa vulgaris (Flieder)	Südosteuropa, Orient; sonst kultiviert	Blätter	—
Oleaceae	Ligustrum vulgare	Europa, Asien, Australien	Unreife Früchte	u. a. ein aliphatischer Alkohol „Ligustrol“
Asclepiadaceae	Gomphocarpus brasiliensis	Brasilien	Unreife Samenkapseln: ca. 0,2%	Wachs neben viel Harz und Fett
Verbenaceae	Lippia microcephala	Amerika	Lufttrockene Blätter: ca. 0,9%	—
Verbenaceae	Duranta Plumieri	In warmen Ländern Amerikas	Fruchtfleisch: ca. 0,4%	—
Labiatae	Melissa officinalis	Mittelmeergebiet	Blühendes Kraut	—
Solanaceae	Cestrum Parqui	Südamerika (Chile)	—	u. a. eine phytosterinartige Substanz
Bignoniaceae	Zeyheria montana	Brasilien	Samenkapseln: ca. 0,8%; Blätter, lufttrocken: ca. 0,8%	Die Blätter enthalten neben dem Wachs außer Harz auch etwas Fett
Acanthaceae	Ruellia tormentosa	Brasilien	Wurzeln: 0,05% „Wachs“; frische Blätter: 0,7%	Das harzartige Substanzgemisch enthält auch etwas Fett
Compositae	Artemisia Afra	Nördliche Hemisphäre	Blütenköpfe	Wachsester (Cerylcerotat?), Triakontan

„Rhimba-Wachs“.

Dunkelgrau, im durchfallenden Licht gelb. Schmelzpunkt ca. 60°. Enthält einen Wachsester vom Schmelzpunkt 72°.

B. Wachse und wachsartige Substanzgemische in niederen Pflanzen.

Abt. Schizophyta.

Klasse: Schizomycetes. Reihe: Eubacteria.

Tuberkelbacillen-Wachs.

Spender (Familie)	Verbreitung	Ausbeute
Bacterium tuberculosis Fam.: Bacteriaceae (Stäbchenbakterien)	Die untersuchten Proben stammten meist von Bakterien vom Typus „humanum“	Mit Chloroform extrahiert: bis 40% [1]

Bestandteile: Die Alkohole $C_{15}H_{28}O$ (Schmelzpunkt 51°), $C_{19}H_{36}O$ (Schmelzpunkt 37°) und $C_{29}H_{56}O$ („Mykol“, Schmelzpunkt 66°); angeblich auch noch ein anderer Alkohol mit der letztgenannten Bruttoformel, aber bedeutend höherem Schmelzpunkt (230°?). Möglicherweise sind auch noch andere Alkohole neben Kohlenwasserstoffen zugegen, „wobei die Art der Nährböden, das Alter der Kulturen oder die Rasse der Bacillenstämme vielleicht entscheidend sind für das quantitative Überwiegen dieses oder jenes Körpers“ (BÜRGER 1917). Von Fettsäuren wurden nachgewiesen: Laurin-, Myristin-, Isocetin- (?), Palmitin- und Arachinsäure; ein Teil dieser Säuren sowie die ebenfalls aufgefundene Ölsäure dürfte zu den fettartigen Komponenten des Substanzgemisches gehören. Nach neueren Angaben soll das schon oben erwähnte Mykol teils frei, teils in Form des Laurats, Palmitats und Stearats zugegen sein, ferner ein bei 100° schmelzender Alkohol und etwas Phosphatid.

Physikalische und chemische Kennzahlen.

	Schmelzpunkt	Erstarrungspunkt	Verseifungszahl	Jodzahl	R. M.-Zahl
Wachs	44,4—53,5°	Unter 52°	49,4—60,7	9,4—9,9	2,0

In einem Falle betrug der Gehalt an Fettsäureestern 77,3% (davon ungefähr die Hälfte Wachsalkohole vom Schmelzpunkt 43,5°), an freien Fettsäuren 14,4%, an Phosphatiden ca. 0,2%; eine andere Probe zeigte die Säurezahl 40,8.

Wachsartige Bakterienextrakte.

Spender (Fam.: Bacteriaceae)	Extraktionsmittel	Bestandteile
Streptothrix leproides	Äther	Durch Reinigung mit Alkohol: eine krystallisierte Substanz „Nastin“ mit dem Schmelzpunkt 47—49°
Mycobacterium lacticola perrugosum	Äther	Neben geringen Mengen von Fettsäuren und Kohlenwasserstoffen der Alkohol $C_{29}H_{56}O$ („Mykol“; Schmelzpunkt nach dem Reinigen mit Alkohol und Benzol: 66°; gibt keine Sterinreaktionen; bei der Einwirkung von Brom verhält es sich ähnlich wie Cholestol bzw. Lupeol)
Staphylococcus albus	Alkohol	Durch Verseifung des mit Äther umgelösten butterartigen Extraktes erhielt man Ergosterin

Abt. Myxomycetes (Schleimpilze).

Lohblüten-„Wachs“.

Spender (Familie)	Vorkommen	Bestandteile
Fuligo septica (Aethalium septicum) Fam.: Physaraceae	Auf Lohe (auch auf Moos und Baumstümpfen)	u. a. ein Steringemisch $C_{26}H_{44}O$ ($C_{26}H_{46}O$?) mit dem Schmelzpunkt 134—134,5° (Blättchen aus Alkohol), vermutlich ein Gemisch von viel Fungisterin und wenig Ergosterin

[1] Der Wachsgehalt der Bakterien schwankt je nach den Entwicklungsbedingungen; im allgemeinen ist er um so höher, je geringer die Virulenz der Bakterien ist.

Abt. Bacillariophyta (Diatomeen).

Diatomeen-Wachs.

(Bacillariaceen-Wachs.)

Spender (Familie)	Vorkommen	Ausbeute	Farbe und sonstige Beschaffenheit
Kieselalgen Fam.: Bacillariaceae	Seeschlick (Faulschlamm, Sapropel)	Getrockneter Seeschlick, mit Toluol extrahiert: ca. 3,6%	Schwarzbraun, fettglänzend, asphaltartiger Bruch; Schmelzbereich des Rohwachses zwischen 50 und 70°

Einwirkung rauchender Salpetersäure: in der Kälte wird das Rohwachs nicht angegriffen; in der Siedehitze werden ca. 38% herausgelöst. Die ungelöst gebliebenen wachsartigen Anteile schmelzen bei 79°.

Einwirkung von Alkohol: 1. In der Kälte löslicher, wachsartiger Anteil; 2. in der Hitze löslicher Anteil (hellbraunes Pulver, bei 75° schmelzend; nach mehrmaligem Umlösen stieg der Schmelzpunkt auf 79°); 3. unlöslicher, schwarzer, bituminöser Rückstand.

Bestandteile: 16,1% Wachsalkohole (gereinigt: weiß, bei ca. 76° schmelzend). 81,7% hochmolekulare Säuren (im Säurengemisch befand sich auch ein über 80° schmelzender Anteil, möglicherweise Geocerinsäure $C_{28}H_{56}O_2$, Schmelzpunkt 83—84°).

Abt. Phaeophyceae.

Wachsbestandteile aus Braunalgen.

Spender	Extraktionsmittel	Bestandteile
Verschiedene Algen, insbesondere Fucus crispus (Fam.: Fucaceae)	Siedender Alkohol	u. a. Ester eines Sterins, das mit dem aus Mutterkorn isolierten Ergosterin identisch ist; ferner vermutlich auch Fungisterin

Abt. Eumycetes. Nebenklasse: Lichenes.

Flechten-„Wachs“.

Stammpflanze und Pflanzenfamilie	Verbreitung	Ausbeute	Eigenschaften (Bestandteile)
Parmelia saxatilis Fam.: Parmeliaceae	An Bäumen und auf Steinen	Trockene Flechte, mit Benzol extrahiert: 0,8%	Weißes, wachsartiges, ergosterinhaltiges Substanzgemisch

Abt. Embryophyta asiphonogama.

Klasse: Musci (Laubmoose).

Bärenmoos-„Wachs“.

Stammpflanze und Pflanzenfamilie	Verbreitung	Ausbeute	Eigenschaften (Bestandteile)
Polytrichum commune Fam.: Polytrichaceae	Wälder, Heiden, Torfmoore	Getrocknetes Moos, mit Petroläther extrahiert: 1,1%	Unverseifbare, wachsartige Masse, die angeblich nur wenig Carotin und kein Phytosterin enthält

2. Hauptabschnitt: Tierische Wachse.

Klasse: Spongiae.

Ordnung: Tetraxonia.

„Schwammwachs".

(Spongienwachs.)

Tierart (Spender) und Tierfamilie	Verbreitung	Vorkommen und Gewinnung der Wachsbestandteile
Suberites domuncula, OLIVI. Fam.: Suberitidae	Mittelmeer	In den Stoffwechselprodukten. Zur Isolierung der unten angeführten Bestandteile wurden lufttrockene Schwämme mit Äther und absolutem Alkohol extrahiert

Bestandteile (Reaktionen). Vorwiegend Spongosterin $C_{27}H_{48}O$ (?) mit dem Schmelzpunkt 123—124° (Acetat-Schmelzpunkt 124,5°; Benzoat-Schmelzpunkt 128°; optisches Drehungsvermögen des Spongosterins: $[\alpha]_D^{25} = -19{,}59°$; Reaktion nach LIEBERMANN-BURCHARDT: positiv; nach SALKOWSKI: rötlich). Das Spongosterin ist angeblich großenteils an Ölsäure gebunden. Von Fettsäuren wurde außerdem eine gesättigte Säure mit dem Schmelzpunkt 110° gefunden.

Klasse: Echinozoa (Cladus Echinoderma).

Ordnung: Asteroidea (Seesterne).

„Echinodermenwachs".

Tierart (Spender) und Tierfamilie	Verbreitung	Vorkommen der Wachsbestandteile
Astropecten aurantiacus, L. Fam.: Astropectinidae	Mittelmeer	In den Testikeln: Stellasterin mit dem Schmelzpunkt 149—150° (Reaktion nach LIEBERMANN-BURCHARDT: positiv; nach SALKOWSKI: gelbrot. Acetat-Schmelzpunkt 176—177°). Im Blinddarmgewebe: Astrol mit dem Schmelzpunkt 71° (Reaktion nach LIEBERMANN bzw. SALKOWSKI: negativ)[1]

Klasse: Eutracheata. Unterklasse: Insecta.

Ordnung: Hymenoptera (Hautflügler).

Hummelwachs.

Cire de bourdon — Bumble bee wax — Cera di calabrone.

Tierarten (Spender) und Tierfamilie	Verbreitung	Farbe bzw. Geruch	Konsistenz
Bombus lapidarius, FABR.; Bombus terrestris L.; u. a. Fam.: Apidae	Die untersuchte Probe stammte aus Deutschland	Braungelb; angenehmer, honigartiger Geruch	Wachsartig (klebrig)

Bestandteile: u. a. Hummelalkohol $C_{34}H_{70}O$ (s. Bd. I, S. 34 und 41); 25,1% Kohlenwasserstoffe.

Physikalische und chemische Kennzahlen.

	Dichte d_{15}^{15}	Schmelzpunkt	Verseifungszahl	Esterzahl	Verhältniszahl
Wachs	0,973	74—75°	48,3	40,5	5,2

Eine Probe hatte die Säurezahl 7,8.

[1] S. a. „Asteriasterin", S. 496, Fußnote 1.

Bienenwachs.

Cire d'abeilles — Bees wax — Cera d'api — Cera flava (Cera alba).

Tierart (Spender) und Tierfamilie	Verbreitung	Farbe bzw. Geruch und Geschmack	Anmerkung (Konsistenz)
Apis mellifica (Honigbiene) Fam.: Apidae	Allgemein kultiviert und über die ganze Erde von 60° nördl. Breite bis Neu-Seeland verbreitet	Je nach Herkunft und Sorgfalt des Ausschmelzens: hellgelb bis braunrot; angenehm blumiger, im geschmolzenen Zustand schwach honigartiger, bisweilen aber auch muffiger Geruch; schwach aromatischer Geschmack	Bei normaler Temperatur hart und zähe, in der Kälte spröde; bei Handwärme knetbar. Feinkörnige Masse, beim Kauen nicht an den Zähnen haftend. Bruch: splittrig-grobmuschelig

Bestandteile siehe unten. Über die Reinheitsprüfung von Bienenwachs (Löslichkeit; Bestimmung und Auswertung der Kennzahlen; Nachweis einzelner Bestandteile und Zusätze) s. Bd. I, S. 546—550.

Physikalische Kennzahlen.

	Dichte[1]	Schmelzpunkt[1]	Erstarrungspunkt	Lichtbrechung: B.-Refr. Sk. T.	Lichtbrechung: Brechungs-Index n_D	Zähigkeit (OSTWALD)
Wachs	d_{15}^{15}: 0,962—0,973 (0,956—0,961; 0,948—0,958)[2] d^{30}: 0,9478 d^{80}: 0,8356 d^{98}: 0,8221 d^{98-99}: 0,818 bis 0,827 d_{15}^{100}: 8126 bis 0,8191 d_{4}^{100}: 0,8090 bis 0,8358	61—70°, meist 63—66° (62—66,5°)[2]	60—63°, Trübungspunkt: 59—63,4°	27—30 (70°) 42—46 (40°)	1,4398 bis 1,4451 (75°) 1,4577 bis 1,4588 (40°)	15,2—17,5 (bei 100°)

Bienenwachse von

	Dichte d_{15}^{15}	Schmelzpunkt	Erstarrungspunkt	B.-Refr. Sk. Teile (40°)
Europa	0,941—0,970 d_{15}^{100}: 0,812—0,8191	60—66,5°	61—63,4° Trübungspunkt 60°	42—45,6
Asien (ohne Ost-Indien)	—	64,5—65,5°	Trübungspunkt 60°	43,9—44,6
Amerika	0,960—0,9677	63,5—66,5°	Trübungspunkt 60°	42,9—45,1
Afrika	0,958—0,972 d_{15}^{100}: 0,8126—0,8191	61—65,5°	61,9—64° Trübungspunkt 59,5—61°	43,9—45,7
Australien	0,9648	64,0—64,5°	—	43,9—44,3

[1] Die niedrigeren Werte wurden für „gelbes Wachs", die höheren Werte für „weißes Wachs" gefunden.

[2] Nach den Angaben des D.A.B. 6 für gebleichtes Bienenwachs (Cera alba), sowie für gelbes Bienenwachs (Cera flava), das „durch sorgfältiges Ausschmelzen der entleerten Waben der Honigbiene sowie deren Rassen und Spielarten gewonnen wird".

Kritische Lösungstemperatur in Alkohol ($d = 0{,}8195$ bei 15,5°): 125—126° für gebleichtes Wachs; 129—131,5° für ungebleichtes Wachs.

Optisches Drehungsvermögen: eine 5 prozentige Lösung in Chloroform (200 mm-Rohr) zeigte $[\alpha]_D = +0{,}15°$.

Flammpunkt: 242—252°.

Verbrennungswärme: 10312 cal (Mittelwert).

Chemische Kennzahlen.

	Verseifungszahl	Esterzahl	Acetylzahl	Jodzahl	R. M.-Zahl	Verhältniszahl	Buchnerzahl
Wachs	88—103 (Mittelwert: 93)[1]	65,9—86,3, meist über 70 (65,9-82,1)[1]	15	7—14, meist um 10	0,3—0,5	2,8—4,7 (3,0—4,3)[1]	1,1—6,2

Säurezahlen zwischen 16 und 24 (bzw. 16,8 und 22,1)[1].

Die oben angeführten Kennzahlen gelten für ausgeschmolzene Proben. Die Kennzahlen von „Extraktionswachsen", d. h. Produkten, die aus den Preßrückständen der Waben durch Extraktion erhalten wurden, zeigen von den angegebenen zum Teil abweichende Werte; insbesondere wurden für Extraktionswachse bedeutend höhere Jodzahlen, aber auch höhere Buchnerzahlen und Säurezahlen, dagegen niedrigere Dichtewerte gefunden. Gebleichte Wachse zeigen meist höhere Dichtewerte, Verseifungszahlen und Säurezahlen als die natürlichen Wachse.

Bestandteile: Von Wachsestern wurde Melissylpalmitat („Myricin") nachgewiesen, außerdem 0,2—0,6% Cholesterinester. Gesamt-Unverseifbares 48—55%, davon

38—40% Alkohole: Neocerylalkohol $C_{25}H_{52}O$, Cerylalkohol, Montanylalkohol, vorwiegend Melissylalkohol (Myricylalkohol $C_{31}H_{64}O$); 11—14,5% Kohlenwasserstoffe (Jodzahl 20—22): Pentakosan, n-Heptakosan, Nonakosan, n-Hentriakontan.

Fettsäuren: Palmitinsäure; Neocerotinsäure $C_{25}H_{50}O_2$; Cerotinsäure $C_{26}H_{52}O_2$ ($C_{27}H_{54}O_2$ „Cerin"); Montansäure $C_{29}H_{58}O_2$ (?); Melissinsäure $C_{31}H_{62}O_2$; letztere bildet neben Neocerotinsäure den Hauptanteil des Fettsäurengemisches; die Cerotinsäure (14—15%) ist zum größten Teil in freier Form zugegen.

Löslichkeit in kaltem Äther: Hauptmenge der Cerotinsäure, Kohlenwasserstoffe; kleiner Teil der Wachsester; ungelöst bleibt ein kleiner Teil der Cerotinsäure und die Hauptmenge der Wachsester. Löslichkeit in Petroläther: nur ca. $^1/_3$ des Wachses (nach D.A.B. 6; s. a. Bd. I, S. 207).

verschiedenen Erdteilen[2].

Verseifungszahl	Jodzahl	Verhältniszahl	Buchner-Zahl	Säurezahl	Kohlenwasserstoffe	Unverseifbares
88,6—102,6	5,8—15, meist um 10	2,8—4,4	1,2—6,2	16,7—23,6	12,5—17,3%	ca. 50%
93,1—103,7	7,4—10,8	3,6—3,9	3,1—3,8	18,8—21,7	—	—
89,5—100,8	6,8—11,0	3,0—4,2	2,0—4,6	17,6—21,6	14,3—15,1%	49,8—51,9%
88,5—108	6,7—13,3	3,4—4,8	1,1—7,4	16,7—22,5	14,1%	50,7%
94,6—99,4	9,2—9,7	4,0—4,2	2,0—2,2	18,2—19,2	—	—

[1] Siehe S. 572, Fußnote 2.

[2] Über die Kennzahlen und Bestandteile von Bienenwachsen aus einzelnen Ländern bzw. territorial begrenzten Gebieten siehe die ausführliche Zusammenstellung bei Berg, „Handbuch der Chemie und Technologie der Öle und Fette" von Ubbelohde, Goldschmidt und Hartmann, IV. Bd., S. 576—587. Leipzig 1926.

Gheddawachs.

(Ostindisches Bienenwachs[1].)

Tierarten (Spender) und Tierfamilie	Verbreitung	Farbe	Konsistenz
Apis dorsata (ind. Riesenbiene); Apis florea (ind. Zwergbiene); Apis indica; Apis zonata Fam.: Apidae	Süd- und Ostasien	Bräunlichgelb bis graubraun	Hohe Zähigkeit und Plastizität; bei niederer Temperatur ziemlich spröde, von kleinkörnigem Bruch

Bestandteile: 46—48% Cerylalkohol; 5% Heptakosan, 2% Hentriakontan; der Gehalt an unverseifbaren Substanzen schwankt zwischen 51,6 und 58,6% (davon 3—8% Kohlenwasserstoffe). 8—9% Palmitinsäure, 1% Cerotinsäure, 2% „Ghedda"-Säure $C_{34}H_{68}O_2$ (Schmelzpunkt 94,5—95°), 9—10% Margarinsäure[2], 24—25% Oxymargarinsäure[2] (Schmelzpunkt 55—56°), 1,5% isomere Oxymargarinsäure (Schmelzpunkt 71—72°). „Ghedda"- und Cerotinsäure sind in freiem Zustande, die anderen als Cerylester vorhanden.

Physikalische Kennzahlen.

	Dichte d_{15}^{15}	Schmelzpunkt	Erstarrungspunkt	Lichtbrechung B.-Refr. Sk. T.	Lichtbrechung Brechungs-Index n_D
Wachs	0,953—0,967 d_4^{100}: 0,8090 bis 0,8358	58,5—69° (Trübungspunkt: 56—60°)	58—59°	44—48,6 (40°)	1,4577 bis 1,4584 (40°)

Chemische Kennzahlen.

	Verseifungszahl	Esterzahl	Jodzahl	Verhältniszahl	Buchnerzahl
Wachs	82—110	89,4—95,6	4,8—11,4 meist unter 9	7,4—18,8	1,5—2,8

Die untersuchten Proben zeigten Säurezahlen zwischen 5,3 und 12,2.

Propolis.

(„Bienenharz"[3].)

Tierart (Spender) und Tierfamilie	Verbreitung	Farbe bzw. Geschmack und Geruch	Konsistenz
Apis mellifica Fam.: Apidae	Auf der ganzen Erde (s. oben)	Rohwachs: grünlichgelb bis leberbraun; bitterer Geschmack, stark aromatischer Geruch. Reinwachs: dunkelgelb, wachsartiger Geruch	Rohwachs: weich und klebrig; Reinwachs: vgl. „Bienenwachs"

Zusammensetzung: 12—30% Reinwachs, 43 bis ca. 70% Harz, 3—8% Harzbalsam, einige Prozente flüchtiger Substanzen, meist auch größere Mengen von Verunreinigungen.

Physikalische und chemische Kennzahlen.

	Schmelzpunkt	Verseifungszahl	Esterzahl	Säurezahl
Rohwachs	61—62,5°	97,2—97,6	68,6—68,8	28,4—29,0
Reinwachs	—	91,2—92,1	72,8—73,6	18,4—18,5

[1] Als Gheddawachs bezeichnet man meist das Wachs verschiedener Arten „wilder" Bienen (vgl. Rubrik „Spender"), das vorwiegend in Ostindien gewonnen wird. Die Spender des Gheddawachses kommen aber auch im übrigen Ostasien (China, Japan, Korea, den Philippinen) vor; deshalb sind die Kennzahlen der Wachse dieser Gegenden auch in die vorliegenden Tabellen aufgenommen. Das sog. Chinawachs (aus Shanghai, Annam und Cochinchina) ist dem Gheddawachs auch ähnlich, doch liegt die Verseifungszahl des ersteren meist höher; es wurden Werte bis über 120 gefunden.

[2] Vgl. Bd. I, S. 9 bzw. 10.

[3] Als Propolis (Vorwachs, Bienenkitt, Klebwachs, Stopfwachs, Kittwachs) bezeichnet man das von den Bienen produzierte und von ihnen zur Abdichtung der Stöcke sowie zur Verkittung der Waben verwendete Harz-Wachs-Gemisch.

Trigonawachs.

(Meliponenwachs.)

Tierart (Spender) und Tierfamilie	Verbreitung	Farbe bzw. Geruch	Anmerkung (Konsistenz)
Trigona spec. (Melipona Ill.) Fam.: Apidae	Indien[1]	Dunkel; durchdringender, typischer Geruch	Nach Aussehen und Konsistenz ähnlicher dem „Bienenharz" (Propolis) als echtem Bienenwachs

Physikalische und chemische Kennzahlen.

	Schmelzpunkt	Verseifungszahl	Esterzahl	Jodzahl	Verhältniszahl
Wachs	66—76°	73,7—150,0	55,2—128,3	30,2—49,6	4,3

Das als „Dammar"- oder „Kota"-Wachs bezeichnete Produkt hatte Säurezahlen zwischen 16,1 und 22.9.

Haarbienenwachs.

Tierart (Spender) und Tierfamilie	Verbreitung	Farbe bzw. Geruch	Konsistenz
Melipona spec. Fam.: Apidae	Südbrasilien (Blumenau)	Braun; eigenartiger, angenehm süßlicher Geruch	Bienenwachs-ähnlich, aber klebrig

Bestandteile: 7% Cerylalkohol, 28% Melissylalkohol, 13% eines doppelt-ungesättigten Alkohols mit 26 bis 30 Kohlenstoffatomen, 10% eines Glycols $C_{30}H_{62}O_2$ (?); 3% eines gesättigten Kohlenwasserstoffes. Höhere Fettsäuren, flüchtige Säuren, sowie eine Oxysäure $C_{20}H_{33}O_3$ ($[\alpha]_D = -37,5°$).

Physikalische und chemische Kennzahlen.

	Dichte d_{15}^{15}	Schmelzpunkt	Esterzahl	Buchner-Zahl
Wachs	0,9898	66°	57,3—59,3 (59,3—62,1)[2]	5,5

Eine Probe zeigt die Säurezahl 26,5.

Ordnung: Rhynchota (Schnabelkerfe).

Cicadenwachs.

Cire de cicade — Cicade wax — Cera di cicale.

Tierart (Spender) und Tierfamilie	Verbreitung
Cicada plebeja, Scop. Fam.: Cicadidae (Stridulantia)	Südeuropa

Bestandteile: u. a. 8,2—10,6% Kohlenwasserstoffe.

Physikalische und chemische Kennzahlen.

	Dichte d_{15}^{15}	Verseifungszahl	Verhältniszahl
Wachs	0,965	95,9—98,0	11,3—12,4

Die untersuchten Proben hatten Säurezahlen von 7,3 bis 7,8.

[1] Von dem Wachs einer Meliponenart aus Südamerika („Andaquies"-Wachs) wird der Schmelzpunkt mit 77° angegeben.

[2] Nach Berg-Bohrisch.

Psyllawachs.

Tierart (Spender) und Tierfamilie	Verbreitung	Gewinnung
Psylla alni, L. Fam.: Psyllidae	Europa (auf Alnus incana)	Aus den getrockneten und durch siedenden Äther entfetteten Tieren wurde mit siedendem Chloroform das etwas klebrige Wachs vom Schmelzpunkt 96° extrahiert

Bestandteile. Wahrscheinlich ein Gemisch mehrerer hochmolekularer Ester, darunter Psyllostearyl-psyllostearat ($C_{33}H_{67}O \cdot COC_{32}H_{65}$), das bei der Verseifung Psyllostearylalkohol (vgl. Bd. I, S. 34 und 41) und Psyllostearylsäure (vgl. Bd. I, S. 9 und 15) liefert.

Löslichkeit: schwer löslich in absolutem Alkohol sowie in kaltem Chloroform; leicht löslich in siedendem Chloroform, Eisessig und Benzol; in kaltem Aceton lösen sich ca. 0,2%.

„Kermeswachs".

Tierart (Spender) und Tierfamilie	Verbreitung	Farbe	Hauptbestandteil
Kermes ilicis, L. (Kermes-Schildlaus) Fam.: Coccidae	Südeuropa (auf Quercus coccifera)	Weiß	Cerotinsäurecerylester, Schmelzpunkt 81°

Schellackwachs.

(Stocklackwachs.)

Tierarten (Spender) und Tierfamilie	Verbreitung	Gehalt (% Wachs) im Organ	Farbe	Sonstige Eigenschaften
Tachardia (Carteria) lacca, KERR.; Coccus lacca, KERR. (Lackschildlaus). Fam.: Coccidae	Vorwiegend Ostindien; auch Sumatra und Westindien	Schellack (Stocklack): 4—6%	Rohwachs: rötlich-braun bis dunkelbraun; gereinigt: gelblichgrau, gelb oder weiß	Hart und spröde, splittriger Bruch. Schwer verseifbar; mit Seifenlösungen und Kalilauge leicht emulgierbar

Bestandteile: A) In Alkohol löslicher Anteil (ca. 85%) enthält einen Wachsester (vom Schmelzpunkt 82°), der beim Verseifen „Tachardiacerol" $C_{24}H_{50}O$ oder $C_{25}H_{52}O$ (Schmelzpunkt 81—82°) und „Tachardiacerinsäure" $C_{26}H_{52}O_2$ (Schmelzpunkt 78°) gibt (TSCHIRCH 1926); B) in Alkohol unlöslicher Anteil (ca. 15%) enthält Lacceryl-laccerat $C_{32}H_{65}O \cdot CO \cdot C_{31}H_{63}$ (Schmelzpunkt 94°)[1] und ca. 2% „Tachardiacerin" $C_{25}H_{52}$ (Schmelzpunkt 54—55°). Außerdem werden als Wachsbestandteile genannt: wenig Cerylalkohol, erhebliche Mengen (ca. 50% des Wachses) von Myricylalkohol sowie etwas Cholesterin (im ganzen 70—74° Unverseifbares); ferner Palmitin-, Stearin-, Cerotin-, Melissin- und Ölsäure.

Physikalische und chemische Kennzahlen.

	Dichte d_{15}^{15}	Schmelzpunkt	Verseifungszahl	Jodzahl	Verhältniszahl
Wachs	0,971—0,980	72—78°	79—85 (120—126)[2]	8,8 (28—36)[2]	7—8,6

Säurezahlen zwischen 12,5 und 24,3.

[1] Bei der Verseifung erhält man Laccerol (s. Bd. I, S. 34 und 41) sowie Laccersäure (s. ebenda S. 9 und 15).

[2] Diese Angaben bedürfen der Überprüfung.

Cochenille-Wachs[1].

Tierart (Spender) und Tierfamilie	Verbreitung	Gehalt (% Wachs) im Organ	Gewinnung
Coccus cacti, L. (Cochenille- oder Nopal-Schildlaus) Fam.: Coccidae	Mexiko (auf Cactus opuntia u. a.)	Cochenille-Droge, mit Aether extrahiert: 0,5—4,2%	Cochenille-Droge getrocknet und gepulvert, mittels Äther extrahiert, durch Umlösen aus Benzol vom Fett befreit: Rohwachs („Coccerin"), erweicht bei 101°

Das wiederholt aus Benzol oder Eisessig umkrystallisierte Cochenille-Wachs zeigt den Schmelzpunkt 106° und besteht fast ausschließlich aus Cocceryl-coccerylat $C_{30}H_{60}(OCO \cdot C_{30}H_{60}OH)_2$; durch Verseifung erhält man Coccerylalkohol (s. Bd. I, S. 35 und 42) sowie Coccerinsäure (s. ebenda S. 11, 24 und 112).

Wachs der Feigen-Cochenille.

Tierart (Spender) und Tierfamilie	Verbreitung	Gehalt (% Wachs)	Anmerkung (Bestandteile)
Coccus cariae, FABR. (Columnea testudiformis, T. Tozz.) Fam.: Coccidae	Mittelmeergebiet (auf der europäischen Feige)	Ganze Insekten, mittels Äther extrahiert: ca. 65%	Der Ätherextrakt besteht aus einem Fett-Wachs-Gemisch vom Schmelzpunkt 51—52°, in dem sich das Wachs (Schmelzpunkt 62—63°; 35,2% „Myricin"; 51% „Cerolein"; 12,7% freie Cerotinsäure) befindet

Wachs der Traubenschildlaus.

Tierart (Spender) und Tierfamilie	Vorkommen	Farbe bzw. Geruch	Anmerkung
Gueriniella serratulae, FABR. Fam.: Coccidae	Aus mikroskopisch dünnen Fäden bestehender Wachsüberzug auf Weintrauben	Rohwachs: rötlichgelb; unangenehmer Geruch	Aus dem ursprünglichen Fett-Wachs-Gemisch („Rohwachs", Kennzahlen siehe unten) erhielt man durch Umkrystallisieren aus Benzol eine wachsartige Substanz mit 48,3% Unverseifbarem

Hauptbestandteile: Myricylalkohol und Myricinsäure.

Physikalische und chemische Kennzahlen.

	Dichte d_{15}^{15}	Schmelzpunkt	Lichtbrechung B.-Refr. Sk. T.	Verseifungszahl
Wachs	0,985	88—89°	48,7 (40°)	69

Kennzahlen des „Rohwachses": Dichte 0,874; Schmelzpunkt 54—56°; Erstarrungspunkt 49—51°; B.-Refr. Sk. Teile 75 bei 40°; Verseifungszahl 179—180; Jodzahl 41,7 (HÜBL); Säurezahl 52,8.

[1] Über das Cochenille-Fett s. S. 493.

Chinesisches Insektenwachs.

(„Chinesisches Wachs"; „Insektenwachs".)[1]

Cire d'insectes — Insect wax, Chinese wax — Cera d'insetti.

Tierarten (Spender) und Tierfamilie	Verbreitung	Ausbeute	Farbe bzw. Geschmack	Konsistenz
Coccus ceriferus, FABR.; Coccus pela, WESTW. (Ericerus Pela) Fam.: Coccidae	China (vorwiegend im Tale Chien-Chang)	Ca. 1—2 g Wachs von etwa 1500 Tieren	Gelblichweiß; ohne ausgesprochenen Geruch oder Geschmack	Sehr hart und spröde (faserig-krystallinisch; durchscheinend)

Bestandteile: neben Wachsestern von ungesättigten Alkoholen vorwiegend Cerylcerotat; dieses gibt bei der Verseifung Cerotinsäure $C_{27}H_{54}O_2$ (s. Bd. I. S. 15) sowie n-Cerylalkohol $C_{27}H_{56}O$ (s. Bd. I, S. 41). Der Gehalt an Säuren beträgt ca. 51,5%.

Physikalische Kennzahlen.

	Dichte d_{15}^{15}	Schmelzpunkt	Erstarrungspunkt	Lichtbrechung B.-Refr. Sk. T.	Lichtbrechung Brechungs-Index n_D
Wachs	0,970 (0,926—0,932) d_{15}^{99}: 0,810	81—83°	80,5—81°	46 (40°)	1,4566 (40°)
Säuren	—	92,2°	—	—	—

Löslichkeit: Das Wachs ist wenig löslich in Äther, Petroläther, Alkohol, Tetrachlorkohlenstoff und kaltem Chloroform; leicht löslich in heißem Chloroform, sowie in Benzol.

Chemische Kennzahlen.

	Verseifungszahl	Jodzahl
Wachs	78—93 (63)	1,4—2,2

Die untersuchten Proben zeigten Säurezahlen zwischen 0,2 und 1,5.

Ceratoplastes-Wachs.

(Wachs der ostafrikanischen Schildlaus.)

Tierarten (Spender) und Tierfamilie	Verbreitung	Farbe bzw. Geruch	Sonstige Eigenschaften
Ceratoplastes ceriferus; Ceratoplastes rubens („Wachslaus") Fam.: Coccidae (?)	Ostafrika (auf den Zweigen von Acacia Lebbek; Ceratoplastes ceriferus insbesonders auf Acocanthera abessinica)	Rohwachs: gelb bis braun; eigenartiger, nicht unangenehmer Geruch. Gereinigt: hellgelb	Weicher als Bienenwachs (Schmelzbereich 55—60°); wird beim Kneten sehr weich und klebrig

Axinwachs (Agewachs).

Tierart (Spender) und Tierfamilie	Verbreitung	Farbe, Konsistenz (Schmelzpunkt)	Anmerkung
Coccus Axin, LE LLAVE (Llavela axinus) Fam.: Coccidae	Südamerika, insbesondere Venezuela	Gelblich; butterweich (Schmelzpunkt 35—38°)	Das Handelsprodukt ist anscheinend ein Gemisch von Wachs mit Glyceriden (der Laurinsäure?)

[1] Ähnliche Eigenschaften wie das Chinesische Insektenwachs zeigt das Wachs („Ibotawachs") einer Coccusart, die auf dem in Amerika verbreiteten Ligustrum Ibota vorkommt.

Guascardiawachs.
(Gummilackwachs.)

Tierart (Spender) und Tierfamilie	Verbreitung	Farbe	Anmerkung
Guascardia madagascariensis, T. Tozz.[1] Fam.: Coccidae	Madagascar	Rohprodukt: graugelb	Das Handelsprodukt („Gummilack") besteht ungefähr zur Hälfte aus Wachs

Klasse: Aves (Vögel).

Ordnung: Lamellirostres.

Wachs aus dem Sekret der Bürzeldrüse (Bürzeldrüsen-Wachs).

Cire des glandes anales des oiseaux — Rump gland wax — Cera di codrione degli uccelli.

Tierarten (Spender) und Tierfamilie	Gehalt (% Wachs) im Sekret	Farbe	Anmerkung
1. Anser anser, L. (Gans) 2. Anas boscas, L. (Wildente) Fam.: Anatidae	In Äther löslich: 18,7% (1); 24,7% (2)	Bernsteingelb	Das Fett-Wachs-Gemisch des Sekretes gleicht dem Aussehen und der Funktion nach dem „Hautfett" der Säugetiere. Der in Äther und Chloroform lösliche Anteil (gelbes neutrales Öl) gibt beim Stehen eine Abscheidung[2]

Bestandteile: Vorwiegend Octadecylalkohol (ca. 40—45% des Ätherextraktes), zum größten Teil mit Ölsäure verestert; von Säuren außerdem Palmitin- und Stearinsäure (daneben geringe Mengen von niederen Homologen). Aus dem Gehalte von 2,4—5,1% Glycerin im Ätherextrakt berechnet sich ein erheblicher Gehalt an Glyceriden (bis zu 33%); zufolge ihrer Funktion und Lokalisierung ist jedoch die lipoide Substanz aus den Bürzeldrüsen unter die Wachse einzureihen; s. Einleitung zu diesem Kapitel, S. 523f.

Bei der Verabreichung von Sesamöl geht der Farbträger der BAUDOUINschen Reaktion in das Bürzeldrüsenwachs über.

Chemische Kennzahlen.

	Verseifungszahl	Jodzahl
Wachs	136—175	15,5—26,5

Die untersuchten Proben zeigten Säurezahlen zwischen 0,7 und 3,4; ein Muster mit der Säurezahl 12,4 stammte offenbar aus einem bereits zersetzten Sekret.

Ordnung: Tubinares.

Sturmvogel-Wachse[3].

A. „Magenöl" des schwarzen Sturmvogels.

Tierart (Spender) und Tierfamilie	Verbreitung	Farbe bzw. Geruch	Anmerkungen
Aestrelata lessoni Fam.: Procellariidae	Tasmanien Neuseeland, Antarktis	Gelb; fischartiger Geruch	Enthält nach DRUMMOND und WATSON Vitamin A etwa in gleicher Menge wie Dorschleberöl, s. S. 405; ferner ungefähr $^1/_5$ des in Dorschleberöl enthaltenen Vitamin D. Verdickt sich beim Stehen an der Luft. Beim Behandeln mit Chlorschwefel entsteht eine elastische, feste Masse

[1] Der rosa gefärbte „Gummilack" von Guascardia Perrieri, T. Tozz. (Madagascar) besteht angeblich ebenfalls zu ungefähr 50% aus Wachs.

[2] Aus dem Alkohol-Äther-Extrakt von Hühner- und Gänsefedern ließ sich eine weiße krystallinische Masse (Schmelzbereich 65—77°) isolieren, die anscheinend Wachsbestandteile aus dem Sekret der Bürzeldrüse enthielt.

[3] Über die Lokalisierung und Funktion der sogenannten Magenöle der Sturmvögel s. Einleitung zu „Wachse", S. 524.

Bestandteile: 25% Cetyloleat; außerdem Ölsäureoleinester. 61,4% Fettsäuren; vorwiegend Ölsäure, ferner Linolsäure und höher ungesättigte Säuren (angeblich 12% einer Säure $C_{22}H_{36}O_2$). Bis zu 38,4% Unverseifbares (Cetyl- und Oleinalkohol; Cholesterin).

Physikalische und chemische Kennzahlen.

	Dichte d_{15}^{15}	Brechungs-Index n_D (20°)	Verseifungs-zahl	Jodzahl	Polybromide (Äther-unlöslich)
Wachs	0,8819—0,8858 (0,9179)	1,4712 (1,4713)	125,9 (200,0)	132 (99,5)	— —
Säuren	—	—	—	—	10,4%

Die Kennzahlen des festen und die des flüssigen Anteiles wurden getrennt untersucht (die in der Tabelle eingeklammerten Werte beziehen sich auf den festen Anteil). Flüssiger Anteil von hellbrauner Farbe; 31,1% Unverseifbares; Säurezahl = 5,7. Fester Anteil, gelblich; ca. 1% Unverseifbares; Säurezahl = 6,8.

B. „Magenöl" des Eissturmvogels.

Tierart (Spender) und Tierfamilie	Verbreitung	Farbe	Anmerkung
Fulmarus glacialis, L. Fam.: Procellariidae	Nördliches Eismeer	Rötlich-gelb	Hoher Gehalt an Vitamin A und D

Bestandteile: Von Fettsäuren u. a. Clupanodonsäure. Unverseifbares: 37,7% höhere Alkohole (Schmelzpunkt 31,5—32,5°); 2,4% Cholesterin.

Physikalische und chemische Kennzahlen.

	Dichte d_{15}^{15}	Erstarrungs-punkt[1]	Zähigkeit (absolut)	Verseifungszahl	Jodzahl
Wachs	0,884	8—9°	0,216 (bei 36°)	122	118
Säuren	—	—	—	M. M.-Gew.: 292	156

Klasse: Mammalia (Säugetiere).

Ordnung: Cetacea.

Walrat.

Blanc de baleine (Cétine), Ambre blanc — Spermaceti (Cetin) — Spermaceto — Sperma Ceti (Cetaceum), Album Ceti, Ambra alba.

Tierarten (Spender) und Tierfamilie	Definition	Äußere Beschaffenheit
Physeter macrocephalus, L.; ferner auch Hyperoodon rostratus, MÜLL. u. a. Wal-Arten Fam.: Physeteridae	Als Walrat bezeichnet man das vorwiegend in den Kopfhöhlen von Physeteriden vorkommende wachsartige Produkt, das bei tiefen Temperaturen von den flüssigen Anteilen des ursprünglichen Tran-Wachs-Gemisches (s. S. 426) abgepreßt wurde	Rohprodukt: gelblich, durchscheinend, traniger Geruch. Gereinigt: fast farblos, durchscheinend bis durchsichtig, von grobkrystallinischem Gefüge (glänzende Krystallblätter); brüchig und spröde; schwacher Geruch, fader Geschmack

Bestandteile: Vorwiegend Cetylpalmitat neben Cetylstearat. Alkohole (Schmelzbereich 45—47°; Acetylzahl 226; mittleres Mol.-Gew. 265): 47—54,3%, vorwiegend Cetylalkohol, daneben geringe Mengen von Tetradecyl- und Octadecylalkohol. Gesamtfett-

[1] Die Substanz ist bei 5° wachsartig, bei 0° durchscheinend fest.

säuren (Schmelzpunkt 45—46°; Neutralisationszahl 210; M. M.-Gew. 266): 49—53,5%; Laurin-, Myristin-, Palmitin- und Stearinsäure. Meist werden auch geringe Mengen von Glycerin (entsprechend einem Glyceridgehalt bis zu ca. 7%) gefunden. Jedenfalls geben auch Proben von reinem Walrat im geschmolzenen Zustande auf Papier einen durchscheinenden Fleck („Fettfleck“).

Physikalische Kennzahlen.

	Dichte[1]	Schmelzpunkt	Erstarrungspunkt	Zähigkeit (OSTWALD)	Kritische Lösungstemperatur
Wachs	d_{15}^{15}: 0,895—0,92 (0,940—0,945)[2] $d_{15,5}^{60}$: 0,836 $d_{15,5}^{98-99}$: 0,8082—0,816 d_{15}^{98-100}: 0,8331—0,842	42—52,5° (45—54°)[2] (45—46°)[3]	41—48°	6,7—7,4 (bei 100°)	Alkohol ($d = 0{,}8195$ bei 15,5°): 117°
Säuren	—	32—40°	—	—	—

Chemische Kennzahlen.

	Verseifungszahl	Acetylzahl	Jodzahl
Wachs	118—135 130[2]	(2,6)	3—8

Reine Proben zeigten Säurezahlen von 0,1 bis 0,5; bei Handelsmustern wurden Säurezahlen bis zu 6 gefunden. Nach dem D. A. B. 6 soll die Säurezahl nicht über 2,3 betragen.

Ordnung: Ungulata (Huftiere).

Wollwachs.

(„Wollfett“.)

Cire de suint — Wool wax, Wool grease — Cera di lana — Adeps lanae.

Tierart (Spender) und Tierfamilie	Gehalt (%) Wachs in der Wolle	Farbe bzw. Geruch	Besondere Merkmale
Ovis aries, L. und andere Arten (Hausschafe) Fam.: Bovidae	5—16% (grobwollige Schafe); bei feinwolligen Schafen auch über 20% (Merinowolle z. B. 27%)	Roh: grünlich-gelbbraun bis dunkelbraun; unangenehmer Geruch. Gereinigt: hellgelb; nahezu geruchlos	Hoher Gehalt an Cholesterinen, vgl. „Bestandteile“; Reaktionen (Isocholesterin, Oxycholesterin) s. u. „Nachweis.“ — Hohes Wasserbindungsvermögen s. u. — Konsistenz: salbenartig-zähe

Bezeichnungen: Unter Wollfett versteht man das durch Extraktion mit Fettlösungsmitteln oder durch Emulgieren mit Seifenlösungen aus der Wolle gewonnene Gemisch[4] der Hautdrüsen-Exkrete des Schafes. Infolge seines Aussehens, insbesondere der Konsistenz, kann man dieses Produkt als „Fett“ bezeichnen; seiner Zusammensetzung (Mangel an Glyceriden), Funktion und Lokalisierung entsprechend gehört es jedoch zu den Wachsen, s. Einleitung zu diesem Kapitel, S. 523.

[1] Für die Dichte des Walrates bei der Temperatur von 15° finden sich in der Literatur Werte bis zu 0,97. Die Bestimmung des spezifischen Gewichtes von Walrat im festen Zustande ist jedoch sehr unsicher. Deshalb sind nur die bei höheren Temperaturen gefundenen Werte zuverlässig. Bei der Umrechnung dieser Werte auf die Dichte bei 15° gelangt man zu Zahlen, die auch mit denjenigen übereinstimmen, die manche Autoren für diese Temperatur auf Grund zahlreicher, nach verschiedenen Methoden vorgenommener Bestimmungen fanden und deren Mittelwert bei ca. 0,9 gelegen ist.

[2] Anforderungen des D. A. B. 6.

[3] Schmelzpunkt reinen Materials für „Walratkerzen“, s. Bd. I, S. 475.

[4] Die in warmem Wasser löslichen Bestandteile dieses Gemisches bezeichnet man als „Wollschweiß“. Die durch Extraktion gewonnenen rohen Wollfette enthalten durchschnittlich 12% freie Fettsäuren, die durch Emulgieren erhaltenen bis zu 40% freie Säuren; von den letzteren stammen bis zu 28% aus den beim „Waschen“ der Wolle verwendeten Seifen.

Durch Reinigen (Entfernung der aus den Waschwässern stammenden Seifen, Neutralisation der freien Säuren und Trocknen) erhält man das eigentliche Wollwachs. Dieses ist somit der wasserfreie, neutrale Anteil des „Wollfettes“.

Adeps lanae anhydricus (Lanolinum anhydricum): „Das gereinigte wasserfreie Fett (gemeint ist Wachs) der Schafwolle“ (D. A. B. 6).

Lanolin (Lanolinum): Gereinigtes Wollwachs, dem wechselnde Mengen Wasser (bis zu 300%) zugesetzt sind.

Wasserbindungsvermögen: Charakteristisch für das Wollwachs ist seine Fähigkeit, mit größeren Mengen von Wasser eine haltbare Emulsion („Lanolin“) zu bilden. Dies beruht auf dem hohen Gehalte des Wollwachses an Cholesterinen, von denen insbesondere das „Metacholesterin“ stark hydrophil ist: es vermag in 2proz. Mischung mit Vaseline über 500% Wasser aufzunehmen; Cholesterin bindet unter gleichen Bedingungen 50—150% Wasser.

Bestandteile[1]: Alkohole (44—55%) teils frei, teils verestert: Cerylalkohol $C_{27}H_{56}O$, Carnaubylalkohol $C_{24}H_{50}O$, ungesättigte Alkohole mit den Bruttoformeln $C_{10}H_{20}O$, $C_{11}H_{22}O$ und $C_{12}H_{24}O$ („Lanolinalkohol“, s. Bd. I, S. 36 und 42). Von Sterinen (im gereinigten Wollwachs meist 3—4% frei, 16—18% gebunden) Cholesterin in geringen Mengen; größere Mengen von Isocholesterin und Oxycholesterin; ferner sog. Metacholesterin, ebenfalls ein Oxydationsprodukt des Cholesterins (Lifschütz 1921).

Säuren: Geringe Mengen flüchtiger Säuren; Myristinsäure, Palmitin- und Stearinsäure (?), Carnaubasäure, wenig Cerotinsäure; einige höhere ungesättigte Säuren (?) sowie Oxysäuren (Lanopalminsäure, Lanocerinsäure; s. Bd. I, S. 10, 11, 23 und 24). Zu der Gruppe der im Wollwachs enthaltenen Oxysäuren gehört auch die sog. ölige Säure (Lifschütz 1920). Ferner enthält das Wollwachs Lanocerinsäure-Anhydrid $C_{30}H_{58}O_3$ vom Schmelzpunkt 103°.

Die freien Fettsäuren (Palmitin-, Stearin-, Ölsäure) des rohen Wollwachses stammen meist aus den Seifen der Waschwässer.

Physikalische Kennzahlen.

	Dichte d_{15}^{15}	Schmelzpunkt	Erstarrungspunkt	Lichtbrechung B.-Refr. Sk. T.	Lichtbrechung Brechungs-Index n_D	Optisches Drehungsvermögen
Wachs	0,94—0,97 d^{17}: 0,9413 bis 0,9449 $d^{98,5}$: 0,9017 (d^{100}: 0,8900)[2]	31—43° (nicht über 40°)[2]	30—40°	76 (50°)	1,4781 bis 1,4822 (40°)	$[\alpha]_D^{35} = +6,7°$ (1 = 100 mm); nach anderen Angaben: +8,6° (in Chloroform) bzw. +10,2 bis +11,2 (Saccharimeter°)
Säuren	—	41—42°	meist um 40°	45 (50°)	—	—
Alkohole	—	44—49° (33,5°)	— (28°)	—	—	—

Chemische Kennzahlen.

	Verseifungszahl[3]	M. M.-Gew.	Acetylzahl	Jodzahl	R.-M.-Zahl
Wachs	77—130	—	—	15—29	4,7—12,3
Säuren (roh)	Neutral.-Z.: ca. 200 (dickfüssiger Anteil)[4]	ca. 327 (fester Anteil)[4]	—	14—18 (dickflüssiger Anteil)[4]	—
Alkohole	—	239	143,8	26—36	—

[1] Auch die Zusammensetzung des Wollwachses ist von der Rasse des Spenders und von ökologischen Faktoren (z. B. Futterbeschaffenheit und Klima) abhängig; vgl. Einleitung S. 3.

[2] Anforderungen des D. A. B. 6.

[3] Die starken Schwankungen der Verseifungszahlen beruhen auf dem verschieden hohen Gehalt der Muster an freien Fettsäuren. Die „neutralen“ Handelswollfette zeigen Werte unter 100; höhere Verseifungszahlen wurden in stark sauren Produkten gefunden.

[4] Das Säuregemisch läßt sich mittels Amylalkohol oder Ätheralkohol in einen festen, wachsartigen Anteil (ca. 10%) und einen dickflüssigen Anteil (ca. 90% „Weichfett“, die sogenannte ölige Säure enthaltend) zerlegen.

Säurezahlen. Gereinigtes Wollwachs (Adeps lanae): unter 1. — Technische „Wollfette" können Säurezahlen bis 140 aufweisen.

Nachweis: Mittels der Reaktion von LIFSCHÜTZ auf Oxycholesterin (s. Bd. I, S. 260); auch der Gehalt des Wollwachses an Isocholesterin kann zum Nachweis herangezogen werden. Bei der LIEBERMANNschen Reaktion (Probe in etwas Chloroform und Essigsäure-Anhydrid gelöst, filtriert und nach dem Erkalten mit konzentrierter Schwefelsäure tropfenweise versetzt) zeigt nämlich rohes Wollwachs ebenso wie reines Isocholesterin ein anderes Verhalten als reines Cholesterin: die Lösung färbt sich zunächst grünlich-gelb und wird bald darauf intensiv blutrot mit stark grüngelber Fluorescenz. Spektralanalytisch zeigt sich ein dunkles Band im grünen Teil nahe dem Gelb; bei starker Verdünnung erscheint ein Absorptionsstreifen im Blau (die Empfindlichkeit dieser Reaktion beträgt 1:125000 und wird von Cholesterin nicht beeinflußt).

Über den Nachweis von Wollwachs in Degras s. Bd. I, S. 416.

Produkte der Wollfettdestillation: Über die Zusammensetzung und Untersuchung von Wollfettelainen s. Bd. I, S. 467f.; über die Untersuchung von Wollfettstearinen s. ebenda S. 469 (Fußnote 1) und S. 470; über die Identifizierung von Wollfettpech und seine Unterscheidung von anderen Fettpechen s. ebenda S. 472; einige Analysenergebnisse von Wollfettpechen finden sich ebenda S. 474.

Blutwachs.

(„Blutfett").

Gewinnung und Ausbeute	Farbe bzw. Geruch	Konsistenz	Anmerkung (Reaktionen)
Eingetrocknetes tierisches Blut, staubfein gemahlen, mit Fettlösungsmitteln extrahiert: ca. 2%	Rot bis schwarzbraun; Geruch ähnlich dem des Wollwachses	Dickflüssig bis talgig-fest, zähe oder klebrig	Charakteristisch ist das starke Wasserbindungsvermögen („Hydrophilie", vgl. Wollwachs, S. 582). Gibt die Reaktionen des Cholesterins und Oxycholesterins

Bestandteile: 30—55% Unverseifbares (vorwiegend Metacholesterin; weniger Cholesterin, Oxycholesterin und andere Oxydationsprodukte). Die Cholesterine sind großenteils wachsartig verestert, zum kleinen Teil frei (bis zu 8%). Fettsäuren: Palmitin-, Stearin- und Ölsäure sowie ein Oxydationsprodukt der letzteren; diese Säuren sind bis zu ca. 90% mit den genannten Alkoholen verestert; der Rest (8—9%) der Säuren ist teils in freiem Zustande vorhanden, teils an Glycerin gebunden.

Beispiele für die Zusammensetzung zweier Rinder-„Blutfette".

Unverseifbares in % des „Blutfettes"	Krystallinisches Cholesterin in % des Unverseifbaren	Amorphe Cholesterin-Oxydationsprodukte in % des Unverseifbaren	Cholesterin-Ester in % des „Blutfettes"	Glyceride in % des „Blutfettes"
48—50	58—60	40—42	90,9	9,1
30—35	88	12	63,6	36,4

Das Verhältnis der wachsartigen und der fettartigen Anteile schwankt je nach dem physiologischen Zustande des Spenders bzw. seines Blutes.

Rinder-„Leberfett".

Fettgehalt im Organ	Eigenschaften	Neutralisationszahl der Fettsäuren	Unverseifbares
ca. 20%	Tief dunkelbraun, sehr zähe, stark klebrig	196	28,3% (hellgelb; vorwiegend Cholesterin)

Möglicherweise handelt es sich bei diesem „Leberfett" um Blutwachs, das von der Leber zurückgehalten wurde (LIFSCHÜTZ).

Ordnung: Primates.

Wachsartige Substanzen aus peripheren menschlichen Organen.

(„Hautwachse“ oder „Hautfette“.)

Entnahmestelle	Farbe	Konsistenz	Schmelzpunkt	Neutralisationszahl der Fettsäuren
Oberhaut	bräunlich	wachsartig	48—49°	181,5
Hornschicht	gelblich	wachsartig	51°	172
Nagel	gelb-braun	wachsartig	38°	—
Vernix caseosa[1]	weiß	weich	38—39°	188
Talgdrüsen[2]	gelblichweiß	talgig	53°	202
Knäueldrüsen der Fußsohle[3]	braun	weich	36,5°	188
Knäueldrüsen der Hohlhand	braun-gelb	wachsartig	46,5°	192
Cerumen (Ohrenschmalz)[4]	gelb-braun	weich	39°	196

Zusammensetzung des Fett-Wachs-Gemisches in %			Cholesteringehalt in %					Gehalt an Oxycholesterin[5]
			gesamt		frei		verestert	
neutraler Anteil	Wasserunlösliche Fettsäuren	Unverseifbares	im Unverseifbaren	im Fett-Wachs-Gemisch	im neutralen Anteil	im Fett-Wachs-Gemisch	im Fett-Wachs-Gemisch	
88,4	54,8	32,2	50,0	16,1	15,9	14,0	2,1	—
83,7	52,2	36,4	54,0	19,6	12,8	10,7	8,9	—
—	50,2	41,6	43,8	18,2	—	—	—	hoch
92,6	60,0	36,0	45,0	16,2	8,4	7,8	8,4	—
—	44,9	30,5	9,2	2,8	—	—	—	sehr hoch
62,3	59,7	22,3	18,7	4,2	4,1	2,6	1,6	hoch
71,4	55,4	28,4	5,4	1,4	0,9	0,6	0,8	niedrig
94,2	53,7	20,4	17,2	8,5	3,1	2,9	0,6	—

[1] Fettiger Belag auf der Haut von Neugeborenen („Fruchtschmiere“).

[2] Die zur Untersuchung verwendete lipoide Substanz der Talgdrüsen wurde durch Ausdrücken von Comedonen („Mitessern“) gewonnen. Andere Kennzahlen von „Hauttalgen“: Verseifungszahl 117—140; Jodzahl 54—67; Säurezahl 3,4—7,9.

[3] Das wachsartige Sekret der Fußknäueldrüsen zeigt meist einen hohen Grad von Zersetzung; in einem Falle betrug die Säurezahl 137.

[4] Nach Lamois und Martz enthielt eine Probe Ohrenschmalz 40% Neutralfett, 18,3% freie Säuren und 40% Cholesterin.

[5] Die menschlichen „Hautfette“ enthalten kein Isocholesterin; sie unterscheiden sich auch hierdurch wesentlich vom Wollwachs.

3. Hauptabschnitt: Fossile Wachse.

Montanwachs.

Cire de lignite — Montan Wax.

Vorkommen und Gewinnung	Gehalt (% Wachs) in Braunkohle[1]	Farbe	Anmerkung (Reaktion)
Aus bituminösen Braunkohlen durch Destillation mit überhitztem Wasserdampf oder durch Extraktion mit Lösungsmitteln, wie Benzin, Benzol, Toluol oder Pyridin (insbesondere bei Anwendung hoher Drucke)	Trockene Schwelkohle[2]: bis 20%; mitteldeutsche Braunkohle meist 12 bis 18%; Kohle aus dem Rheinland oder aus Böhmen: 5—8%	Roh: braunschwarz. Raffiniert: gelblichweiß	Rohwachs: amorph, muscheliger oder splittriger, mattglänzender Bruch. Reinwachs: hart, krystallin. LIEBERMANNsche Cholestolreaktion: positiv

Roh-Montanwachs.

(Braunkohlen-Bitumen.)

Bestandteile: Neben schwefelhaltigen u. a. Begleitsubstanzen hauptsächlich freie Carbocerinsäure und Montansäure (vgl. Bd. I, S. 7 und 15) sowie deren Abkömmlinge, insbesondere Montanon. Oxysäuren und als Ester vorhandene Alkohole (in einem Fall 5% Tetrakosanol $C_{24}H_{50}O$ vom Schmelzpunkt 83°, ferner 30% Cerylalkohol und 30% Myricylalkohol im Alkoholgemisch); im ganzen ca. 28—36% Unverseifbares (s. a. unten). Der Gehalt an „Montanharz" schwankt zwischen 10 und 40%.

Physikalische und chemische Kennzahlen.

	Dichte	Schmelzpunkt	Verseifungszahl[3]	M. M.-Gew.	Jodzahl
Wachs	d^{11}: ca. 1 d^{100}: 0,890 d^{200}: 0,812	78—90°	60—105	—	10—19
Säuren	—	73—77°	122 Neutral.-Z. 84	460	6,7

Optisches Drehungsvermögen des aus Alkohol krystallisierbaren Rohwachsanteiles: $[\alpha]_D^{50} = +10°$. Säurezahlen zwischen 20 und 40.

[1] Die Menge des extrahierbaren Montanwachses steigt, wenn man die Braunkohle vor der Extraktion mit Mineralsäure (Schwefelsäure, Fluorwasserstoffsäure u. a.) behandelt; in einem Falle konnte eine Ausbeute-Erhöhung von 9,6 auf 13,3% erzielt werden (GRÜN und ULBRICH). Auch durch Anwendung hoher Drucke kann die Ausbeute erheblich gesteigert werden; so gewann man aus sächsisch-thüringischer Kohle bei gewöhnlicher Temperatur 11% Bitumen, bei 260° unter 60 Atmosphären Druck dagegen 25% (FRANZ FISCHER und SCHNEIDER).

[2] Schwelkohle unterscheidet sich von der zur Feuerung dienenden Braunkohle durch ihren größeren Gehalt an Bitumen und die hiermit zusammenhängende Eigenschaft, beim Erhitzen in Retorten („Schwelen") Teer in erheblicher Menge abzugeben (GRAEFE). — Pyropissit nannte man die Schwelkohle aus dem Hallisch-Zeitz-Weißenfelser Braunkohlenbecken; der eigentliche Pyropissit, aus dem man bis zu 70% Bitumen gewann, ist seit längerer Zeit abgebaut.

[3] Die Verseifungszahlen schwanken je nach dem Lösungsmittel, das zur Extraktion der Probe verwendet wurde. So erhält man z. B. bei Anwendung von Benzol und Alkohol als Lösungsmittel Verseifungszahlen, die um ca. 17 Einheiten höher liegen als diejenigen der Proben, die mit Alkohol allein extrahiert wurden.

Entharztes Montanwachs und „Montanharz".

Aus rohem Montanwachs wurde mittels 96%igem Alkohol sog. Montanharz (21,6%) extrahiert; es enthielt 48,8% Unverseifbares und zeigte Säurezahlen zwischen 42 und 43. Das entharzte Montanwachs enthielt 61,8% wasserunlösliche Fettsäuren und 36,4% Unverseifbares; Säurezahlen von 18,4 bis 25. Das „Montanharz" kann auch durch Behandeln mit aromatischen Kohlenwasserstoffen oder mit flüssigem Schwefeldioxyd vom „Wachs" abgetrennt werden.

Physikalische und chemische Kennzahlen.

	Dichte d_{15}^{15}	Schmelzpunkt	Verseifungszahl	Jodzahl
„Entharztes Wachs"	—	86—88°	78—85,2	14,3—17,6
„Montanharz"	über 1,00	72—75° (Tropfpunkt 67°)	72,4—73,2	22,2—22,9

Raffiniertes (destilliertes) Montanwachs[1].

	Schmelzpunkt	Verseifungszahl	M. M.-Gew.	Acetylzahl	Jodzahl
Wachs	73—80°	62—102	—	11,2	9,8—12
Säuren	66—71°	145 Neutral.-Z.: 123	387	—	15,7

Säurezahlen zwischen 42 und 123 (Gesamtsäuregehalt: 32—77%). Gehalt an unverseifbaren Bestandteilen: 23—68%.

Kennzahlen und Bestandteile des Unverseifbaren.

Dichte	Schmelzpunkt	Brechungs-Index n_D	Jodzahl	Acetylzahl (HOLDE)
über 1	68—71°	1,476 (bei 100°)	22	bis 7

Unter den Bestandteilen vorwiegend Montansäureketon (Montanon) vom Schmelzpunkt 59—60° und ein ungesättigter Kohlenwasserstoff (Schmelzpunkt 28—32°; Jodzahl 58,5—59,3). Geringe Mengen von Sterinen (Reaktion nach LIEBERMANN). Die in Benzol löslichen, harzartigen Anteile zeigen $[\alpha]_D = +56{,}5°$.

Ozokerit.

(„Erdwachs" — „Bergwachs".)

Ozokerit ist ein Produkt der Petroleumindustrie; seine Besprechung liegt infolgedessen nicht im Rahmen des vorliegenden Buches. Wenn es trotzdem hier kurz erwähnt wird, so geschieht dies wegen seiner wachsartigen Eigenschaften, die ihm auch den Namen Erdwachs eingetragen haben. Es besteht großenteils aus Paraffin-Kohlenwasserstoffen mit verzweigter Kette. Das raffinierte Erdwachs wird Ceresin genannt[2].

[1] Das nach vorheriger Destillation gereinigte Wachs ist optisch inaktiv und gibt keine Cholestolreaktion.

[2] Über die Entstehung, den chemischen Charakter und die technologische Untersuchung des Ozokerits s. HOLDE: „Kohlenwasserstofföle und Fette", 6. Aufl., S. 355—360. Berlin 1924.

Verbreitung und Gewinnung	Gehalt (% „Erdwachs“)	Farbe bzw. Geruch	Andere Eigenschaften
Vorwiegend Ostgalizien (Boryslaw, Starunia, Dzwiniacz); ferner Rumänien und Texas. Gewinnung hauptsächlich durch Bergbau; auch unmittelbar aus Rohpetroleum durch Abkühlen	In der Scheitelzone mancher ostgalizischer Petroleumgebiete: bis ca. 90%. In amerikanischem Rohpetroleum (Texas): 54—77%	Roh: dunkelbraun bis grünlich-schwarz; erdölartiger Geruch. Gereinigt: gelblich bis weiß (Ceresin)	Wachsartig; zuweilen in blättrigen Stücken („Aderwachs“); feinkörniger bis schuppiger, matter Bruch

Physikalische Kennzahlen.

	Dichte d_{15}^{15}	Schmelzpunkt[1]	Erstarrungspunkt	Brechungs-Index n_D
Roh-Wachs	0,920—0,940	ca. 60—85°	—	1,441—1,442 (90°)[2]
Ceresin	0,912—0,943		56—84°	—

Torfwachs.

Ausbeute an Torfwachs bei der Extraktion	Farbe bzw. Geruch	Anmerkung
Im allgemeinen bis ca. 8%; aus finnischem Torf: bis 13% (Benzol); in Torfproben von den Chathaminseln (Neu-Seeland): 25% (Benzin)	Gelb bis braun; ein Teil des Wachses dunkelgrün; angenehm wachsartiger Geruch	Beschaffenheit ähnlich der des Montanwachses. Nähere Angaben über das dem Torfwachs nahestehende Diatomeenwachs s. S. 570

Bestandteile: ca. 30% freie Fettsäuren (u. a. Lignocerinäure und eine ungesättigte Säure vom Schmelzpunkt 72—73°), Ester eines Alkohols vom Schmelzbereich 124—130°; eine Oxysäure vom Schmelzpunkt 184° u. a.; ferner Kohlenwasserstoffe, darunter Hentriakontan. Schließlich wurde durch Extraktion mit 95proz. Alkohol ein Sterin („Agrosterin“) $C_{26}H_{44}O$ vom Schmelzpunkt 237° nachgewiesen, das die LIEBERMANNsche Reaktion deutlich zeigte.

Kennzahlen.

Schmelzpunkt	Verseifungszahl	Säurezahl
80—96°	116	51

[1] Die Schmelzpunkte der raffinierten Produkte liegen meist einige Grade höher als die der Ausgangsmaterialien; die höchsten Schmelzpunkte (angeblich bis 100°) zeigen die sog. Marmorwachse.

[2] Näheres über Refraktometerzahlen s. HOLDE a. a. O.

Dritter Teil.

Bibliographie.

(Bearbeitet mit Unterstützung von Dr. A. HAUSER, Dr. R. KUNZE und Dr. H. WIRNITZER.)

A. Sammelliteratur.

BENEDIKT-ULZER: Analyse der Fette und Wachsarten. 5. Auflage. Berlin 1908. — BERG, in UBBELOHDE-GOLDSCHMIDT-HARTMANN: Handbuch der Chemie und Technologie der Öle und Fette, Bd. IV, S. 441—639 u. 691—755. Leipzig 1926. — BÖMER: In Abderhaldens Handbuch der biologischen Arbeitsmethoden Abt. I, Teil 6, S. 301—568. Berlin und Wien 1925. — BOLTON: Oils, Fats and Fatty Foods. London 1928. — Codex Alimentarius Austriacus. 2. Auflage. Wien 1927. — Deutsches Arzneibuch, 6. Ausgabe. Berlin 1926 (D. A. B. 6); sowie dessen Kommentar. — EIBNER: Über fette Öle, Leinölersatzmittel und Ölfarben. München 1922. — Einheitliche Untersuchungsmethoden für die Fettindustrie, 1. Teil. Stuttgart 1927. — ELSDON: Edible Oils and Fats. London 1926. — FAHRION: Die Chemie der trocknenden Öle. Berlin 1911. — GRÜN, in Biochemisches Handlexikon, herausgeg. von ABDERHALDEN, Bd. VIII (1. Ergänzungsband), S. 367—460. Berlin 1914. — HARTMANN, in UBBELOHDE-GOLDSCHMIDT-HARTMANN: Handbuch der Chemie und Technologie der Öle und Fette, Bd. IV, S. 369—399. Leipzig 1926. — HEFTER: Technologie der Fette und Öle, Bd. II. Berlin 1908. — HERBIG, in UBBELOHDE-GOLDSCHMIDT-HARTMANN: Handbuch der Chemie und Technologie der Öle und Fette, Bd. IV, S. 639—691. Leipzig 1926. — HILDITCH: The Industrial Chemistry of the Fats and Waxes. New York 1927. — HOLDE: Kohlenwasserstofföle und Fette. 6. Auflage. Berlin 1924. — IVANOW, SERGIUS: Die Lehre von den Pflanzenölen. Moskau 1924. — JUMELLE: Les Huiles végétales. Paris 1921. — KÖNIG: Chemie der menschlichen Nahrungs- und Genußmittel, 4. Aufl., Bd. III, 2. Teil, S. 344—485 (bearbeitet von A. BÖMER). Berlin 1914; Nachtrag B zu Bd. I, S. 88—180 (bearbeitet von J. GROSSFELD). Berlin 1923. — LEWKOWITSCH: Chemical Technology and Analysis of Oils, Fats and Waxes. 6. edition (herausgegeben von GEORGE H. WARBURTON), Bd. II. London 1922. — LÜDECKE: Die Wachse und Wachskörper. Stuttgart 1926. — MYDDLETON und BARRY: Fats: Natural and Synthetic. London 1924. — UBBELOHDE-GOLDSCHMIDT: Handbuch der Chemie und Technologie der Öle und Fette, Bd. II (1. Auflage). Leipzig 1920. — WOLFF, SCHLICK und WAGNER: Taschenbuch für die Farben- und Lackindustrie, 5. Aufl. Stuttgart 1929.

B. Originalliteratur.

Trocknende Pflanzenöle.

Abt.: Embryophyta siphonogama. Unterabt.: Gymnospermae.

Klasse: Coniferae.

Taxaceae.

Kayaöl: TSUJIMOTO: „On a few japanese vegetable oils", Tokyo 1907. Journ. Coll. Eng. Tokyo 1908, S. 83. — KAMETAKA, s. TSUJIMOTO: a. a. O. (Gesamtanalysen). — UENO: Ch. Revue, Bd. 20, S. 208. 1913 (Zusammensetzung und Kennzahlen der Fettsäuren). — SPANN: Tropenpflanzer, Bd. 25, S. 167. 1921 (Ölgehalt).

Inukayaöl: TSUJIMOTO: „On a few japanese vegetable oils", Tokyo 1907. Journ. Coll. Eng. Tokyo 1908, S. 83; s. a. Ch. Revue, Bd. 15, S. 168. 1908. — SPANN: Tropenpflanzen, Bd. 25, S. 167. 1921.

Pinaceae.

Fett aus den Samen von Araucaria Bidwilli Hooker („Bunya-Bunya"): MORRISON: J. Proc. Roy. Soc. New South Wales, Bd. 58, S. 234. 1924; C. 1926, I, 3554 (2,6% hellbraunes Fett; keine näheren Angaben).

Edeltannensamenöl: DE NEGRI und FABRIS: Z. anal. Ch. Bd. 33, S. 564. 1894. — GRIMME: Ch.-Ztg. Bd. 35, S. 925. 1911 (Analyse eines Öles mit der Säurezahl 5,2). — VON TUBEUF: Naturwiss. Z. f. Forst- u. Landwirtsch. Bd. 15, H. 7/9. 1917; nach EIBNER: „Über fette Öle", S. 258. München 1922 (Eigenschaften). — ROHDICH, Ch.-Ztg. Bd. 41, S. 776. 1917 (Ölgehalt 31,2%).

Öl von Abies Webbiana: S. IVANOW: Beih. z. Botan. Centralbl. Bd. 32, Abt. I, S. 66. 1915 (Jodzahl 205).

Öl von Picea orientalis: S. IVANOW: Beih. z. Botan. Centralbl. Bd. 32, Abt. I, S. 66. 1915 (Jodzahl 161,9).

Öl von Pinus strobus: S. IVANOW: Beih. z. Botan. Centralbl. Bd. 32, Abt. I, S. 66. 1915 (Jodzahlen 151—152).

Fichtensamenöl: SCHÄDLER: Technologie der Öle und Fette. Berlin 1883. — DE NEGRI und FABRIS: Z. anal. Ch. Bd. 33, S. 564. 1894 (Jodzahlen 119—120). — VON TUBEUF: Naturwiss. Z. f. Forst- u. Landwirtsch. Bd. 15, H. 7/9. 1917. — GRIMME: Ch.-Ztg. Bd. 35, S. 925. 1911 (Jodzahl 120,5). — S. IVANOW: Beih. z. Botan. Centralbl. Bd. 32, Abt. I, S. 66. 1915 (Kennzahlen russischer Öle). — Kais. Ges.-Amt: Naturw. Z. f. Forst- u. Landwirtsch. 1917, S. 248 (Jodzahl 165,3). — PAUL: ebenda (Jodzahl 173,0). Vers.-Anst. f. Maltechnik, Techn. Hochschule München, ebenda S. 252. — PRESCHER: Pharm. Centralh. Bd. 58, S. 533. 1917; C. 1918, I, 29 (Jodzahl 155,8). — Kriegsausschuß f. Öle und Fette: Z. ang. Bd. 30, S. 221. 1917 (Jodzahl 191,0). — N. und H.: ebenda S. 221 (Öl mit Säurezahl 5,0). — VON FRIEDRICHS: Svensk Farm. Tidskr. Bd. 23, S. 445, 461. 1919; Ch. Techn. Übers. (Ch.-Ztg.) Bd. 44, S. 67. 1920 (Gesamtanalyse ätherextrahierten Öles; Jodzahl 154,0). — BRUST: Inaug.-Dissert. München 1922 (Jodzahlen 164—167,5). S. insbes. EIBNER: „Über fette Öle, Leinölersatzmittel und Ölfarben", S. 257. München 1922; REITTER: Inaug.-Dissert. München 1926; EIBNER und REITTER: Ch. Umschau Bd. 33, S. 115. 1926 (Bestandteile, Trockenvorgang, Öle III).

Zirbelnußöl: KRYLOFF: J. Russ. Phys. Ch. Ges. Bd. 30, S. 924. 1898; Bd. 31, S. 103. 1899; J. Soc. Ch. Ind. Bd. 18, S. 501. 1899. — SCHULZE und RONGER: Landw. Vers.-Stat. Bd. 51, S. 196. 1899. — VON SCHMÖLLING: Ch.-Ztg. Bd. 24, S. 815. 1900. — GRIMME: ebenda Bd. 35, S. 925. 1911 (Untersuchung eines Öles mit Säurezahl 0,3). — N. und H.: Z. ang. Bd. 30, S. 221. 1917 (Analyse eines Öls mit Säurezahl 2,5). — RUTSCHKIN: Öl-Fett-Ind. [russ. Masloboino-Shirowoje Djelo] 1926, S. 13; C. 1927, I, 2783 (Kennzahlen des fälschlich als Cedernöl bezeichneten Öles von Pinus cembra).

„Piniennußöl": BLASDALE: J. Soc. Ch. Ind. Bd. 15, S. 205. 1896 (Kennzahlen des Öls). — ADAMS und HOLMES: Eng. Bd. 5, S. 285. 1913; C. 1913, I, 1929 (Fettsäuren).

Kiefernsamenöl: DE FONTENELLE: Z. anal. Ch. Bd. 33, S. 364. 1894. — GRIMME: Ch.-Ztg. Bd. 35, S. 925. 1911 (Jodzahl 147,1). — S. IVANOW: Beih.

z. Botan. Centralbl. Bd. 32, Abt. I, S. 66. 1915 (Jodzahlen russischer Öle 160—171, Verseifungszahlen 182—187). — ROHDICH: Ch.-Ztg. Bd. 41, S. 776. 1917 (Ölgehalt). — N. und H.: Z. ang. Bd. 30, S. 221. 1917 (Analyse eines Öles mit Säurezahl 14,4). — VON FRIEDRICHS: Svensk Farm. Tidskr. Bd. 23, S. 445, 461. 1919; Ch. Techn. Übers. (Ch.-Ztg.) Bd. 44, S. 67. 1920 (Gesamtanalyse ätherextrahierten Öles). — Analyse und Trockenvorgang gepreßter und extrahierter Öle (I—IV) s. REITTER: Inaug.-Dissert. München 1926; sowie EIBNER und REITTER: Ch. Umschau Bd. 33, S. 115, 125. 1926.

Piniensamenöl: GRIMME: Ch.-Ztg. Bd. 35, S. 925. 1911 (Untersuchung eines Öls mit Säurezahl 4,2). — MATTHES und ROSSIÉ: Arch. Pharm. Bd. 256, S. 289. 1918; C. 1918, II, 1041 (Bestandteile; Öl mit Säurezahl 3,3). — MARANIS: Arch. Pharm. u. Ber. Pharm. Ges. Bd. 266, S. 121. 1928; C. 1928, I, 1536 (Ölgehalt 51,5%; Jodzahl 119; Säuregrad 4,2).

Gérardsfichten-Samenöl: GRIMME: Ch.-Ztg. Bd. 35, S. 925. 1911. — HARDIKAR: J. Indian Ch. Soc. Bd. 5, S. 63. 1928; C. 1928, I, 2414 („Chilgoza"-Öl; s. Nachtrag S. 496).

Lärchensamenöl: N. und H.: Z. ang. Bd. 30, S. 221. 1917.

Lebensbaumsamenöl: GRIMME: Ch.-Ztg. Bd. 35, S. 925. 1911.

Zwergkiefernsamenöl: GRIMME: a. a. O. (Analyse eines Öles mit der Säurezahl 0,8).

Zypressensamenöl: GRIMME: a. a. O.

Unterabt.: Angiospermae. Klasse: Monocotyledoneae.

Reihe: Glumiflorae.

Gramineae.

Fett aus den Samen von Euchlaena mexicana: PIERAERTS: Bull. de l'Assoc. des Chim. de Sucr. et Dist., Bd. 31, S. 655; C. 1914, I, 1840 (Fettgehalt der Samenkörner 3,4%, des Samenmehles 4,2%).

Maisöl: SMITH: J. Soc. Ch. Ind. Bd. 11, S. 505. 1892. — HART: Ch.-Ztg. Bd. 17, S. 1522. 1893. — ROKITANSKY: Ch.-Ztg. Bd. 18, S. 804. 1894. — SPÜLLER: Dinglers Polyt. J. Bd. 264, S. 626. — DE NEGRI und FABRIS: Z. anal. Ch. Bd. 33, S. 565. 1894. — DULIÈRE: Corps gras Bd. 24, S. 255. 1897. — HOPKINS: J. Am. Ch. Soc. Bd. 20, S. 948. 1898 (Fettsäuren). — ARCHBUTT: J. Soc. Ch. Ind. Bd. 18, S. 346. 1899. — WINFIELD: Dissert. New York 1899 (Oxydation). — VULTÉ und GIBSON: J. Am. Ch. Soc. Bd. 22, S. 453. 1900; Bd. 23, S. 1. 1901. — GILL und TUFTS: J. Am. Ch. Soc. Bd. 25, S. 251. 1903. — FENAROLI: Ch.-Ztg. Bd. 30, S. 450. 1906 (Referat; Ozonzahl). — KÖNIG und SCHLUCKEBIER: Z. Nahrgsm. Bd. 15, S. 652. 1908. — OLIG und BRUST: Ch. Revue Bd. 16, S. 172. 1909. — WAGNER: J. Soc. Ch. Ind. Bd. 28, S. 342. 1909 (Ölgehalt). — TORTELLI: Ch. Ztg. Bd. 33, S. 125. 1909. — KLIMONT: Z. ang. Bd. 24, S. 254. 1911. — LACH: Sfsz. Bd. 40, S. 472 u. 506. 1913 (Extraktion aus Schlempe). — STADLINGER: Sffbr. Bd. 34, S. 720. 1914; C. 1915, I, 402 (Unverseifbares: 1,7—2,7%). — MARBACH: Öst. Ch.-Ztg. Bd. 18, S. 96. 1915 (Nebenprodukt bei der Entkeimung). — BACKER: Ch. Weekblad Bd. 12, S. 1034. 1915; C. 1916, I, 395 (Molekulargewichtsbestimmung). — KNORR: Sfsz. Bd. 44, S. 234. 1917 (Glyceringehalt). — WEIS: Sfsz. Bd. 44, S. 415. 1917 (Ölgehalt der Keime). — — KLIMONT: Pharm. Post Bd. 51, S. 561. 1918; C. 1918, II, 735 (Kennzahlen eines Öles mit der Säurezahl 29,0). — GRIMME: Sfsz. Bd. 45, S. 596. 1918 (Übersicht). — HERBIG: Sffbr. Bd. 38, S. 497. 1918 (Fettsäuren, mittl. Mol.-Gew.). — THURSTON: Midl. Drugg. and Pharm. Rev. Bd. 52, S. 155. 1918; C. 1919, IV, 325 (Dichte und

Brechungsindex). — BAUGHMAN und JAMIESON: Ch. Umschau Bd. 29, S. 147. 1922 (Bestandteile). — GALLE: Z. ang. Bd. 36, S. 17. 1923 (Ölgehalt der Schlempe). — SIEVERS und INTYRE: Cotton Oil Press Bd. 5, Nr. 11, S. 31. 1922; C. 1924, I, 2933 (Einfluß freier Fettsäuren auf die Farbe). — JAMIESON und BAUGHMAN: Cotton Oil Press Bd. 7, S. 34. 1924; C. 1924, II, 1643 (Öl aus Maiskeimen). — TAYLOR: Ann. Physique Bd. 1, S. 134. 1924; C. 1924, II, 286 (Bau und Zerfall des Maisölhäutchens). — ANDERSON: J. Am. Ch. Soc. Bd. 46, S. 1450. 1924; C. 1924, II, 992; s. a. ANDERSON und NABENHAUER: J. Am. Ch. Soc. Bd. 46, S. 2113. 1924; C. 1924, II, 2339 (Phytosterine). — POUND: J. Phys. Ch. Bd. 30, S. 791. 1926; C. 1926, II, 995 (Grenzflächenspannung). — KAUFMANN: Ber. Bd. 59, S. 1390. 1926 (Rhodanzahl). — ANDERSON und SHRINER: J. Am. Ch. Soc. Bd. 48, S. 2976. 1926; C. 1927, I, 615 (Phytosterine). — KAUFMANN: Z. ang. Bd. 41, S. 1046. 1928 (10,7% gesättigte Anteile, rhodanometrisch bestimmt).

Mohrhirseöl: ANDREJEW: Westnik shirow. weschtsch. Bd. 4, S. 186. 1903; Ch.-Ztg. Rep. Bd. 27, S. 263. 1903; Ch. Revue Bd. 10, S. 283. 1903 (Kennzahlen und Zusammensetzung des Fettsäurengemisches).

Kaffernkornöl: BAIRD und FRANCIS: Eng. Bd. 2, S. 531. 1910; C. 1911, I, 1144 (Öl mit 27% freien Fettsäuren).

Besenhirseöl: WEISER und ZAITSCHIK: Ch. Revue Bd. 11, S. 106. 1904 (Öl mit 13,3% freien Fettsäuren). — FRANCIS und FRIEDEMANN: Bull. Agric. Exper. Stat. Oklahoma Bd. 117, S. 1. 1917; C. 1922, I, 697 (Ölgehalt und Fettsäuren der Sorten Kafir, Foeterita und Milo).

Zuckerrohrfett: WIJNBERG: Dissert. Amsterdam 1909; Sucr. indig. Bd. 74, S. 51. 1909; s. UBBELOHDE-GOLDSCHMIDT-HARTMANN: Handbuch der Chemie und Technologie der Öle und Fette, Bd. IV, S. 545. 1926.

Hirseöl: BALLAND: Compt. rend. Bd. 136, S. 239. 1898. — ANDREJEW: Westnik shirow. weschtsch. Bd. 6, S. 155. 1905. — FABRIS und SETTIMJ: Atti del 6. Congresso intern. chim. appl. Rom 1907, S. 754. — GERST: Westnik shirow. prom. Bd. 8, S. 63. 1907; Ch.-Ztg. Rep. Bd. 31, S. 387. 1907 (Kennzahlen eines Öles mit Säurezahl 9,3: „Mogaröl"). — HONCAMP, GÖTTSCH, GSCHWENDNER, ZAGORODSKY und ZIMMERMANN: Landw. Vers.-Stat. Bd. 77, S. 305. 1912; C. 1912, II, 1233 (Ölgehalt der Schamahirse). — GRIMME: Sfsz. Bd. 45, S. 637. 1918; C. 1919, II, 773 (Eigenschaften und Kennzahlen eines Öls mit 2,3% freien Fettsäuren; mittl. Mol.-Gew. der Gesamtfettsäuren 310). — DUNBAR und BINNEWIES: J. Am. Ch. Soc. Bd. 42, S. 658. 1920; C. 1920, III, 96 (Prosol).

Reisöl: BROWNE: J. Soc. Ch. Ind. Bd. 12, S. 848. 1893. — FABRIS und SETTIMJ, s. LEWKOWITSCH: Ch. Technol. 4. ed., Bd. II, S. 261. — BROWNE: J. Soc. Ch. Ind. Bd. 22, S. 1137. 1903; Ch. Revue Bd. 12, S. 224. 1905.. — BROWNE: J. Am. Ch. Soc. Bd. 25, S. 948. 1903; C. 1903, II, 1292 (Öl aus Reiskleie, Säurezahl 166,2). — TWITCHELL, s. LEWKOWITSCH: Ch. Technol. 4. ed., Bd. II, S. 261. — TSUJIMOTO: Ch. Revue Bd. 18, S. 111. 1911 (Bestandteile). — DAVIDSOHN, Sffbr. Bd. 34, S. 178. 1914; C. 1914, I, 1788 (Festes Fett aus Reisöl). — WEINHAGEN: Z. physiol. Ch. Bd. 100, S. 159. 1917; Bd. 101, S. 84. 1918; C. 1918, I, 117 bzw. C. 1919, I, 234 (Zusammensetzung eines stark gespaltenen Fettes aus Reiskleie). — GARELLI: Ann. di Chim. appl. Bd. 8, S. 109. 1917; C. 1918, II, 232 (Fett aus Reisspreu; Öle I, II und IV). — GRIMME: Sfsz. Bd. 45, S. 637. 1918. — TAKAHASHI: Ref. Ch. Umschau Bd. 26, S. 188. 1919 (Kennzahlen von Ölen mit Säurezahl 11,9; 14,4 usw.; Arachin-, Behensäure). — HIRAI: Acta scholae med. Kioto Bd. 7, S. 515. 1925; C. 1926, II, 597 (Öl des Reiskeimes). — NABENHAUER und ANDERSON: J. Am. Ch. Soc. Bd. 48, S. 2972. 1926; C. 1927, I, 617 (Phytosterine des Reiskleienöles). — ANDERSON, NABENHAUER und

SHRINER: J. Biol. Ch. Bd. 71, S. 389. 1927; C. 1927, I, 1600; s. auch C. 1927, II, 838 (Phytosterine).

Kanariensaatöl: N. und H.: Z. ang. Bd. 29, S. 338. 1916 (Analyse eines Öles mit der Säurezahl 20,8). — GRIMME: Sfsz. Bd. 45, S. 637. 1918 (Kennzahlen eines Öles mit der Säurezahl 10,3).

Digitariasamenöl: DYBOWSKI: Compt. rend. Bd. 126, S. 771. 1898.

Haferöl: KÖNIG: Landw. Vers.-Stat. Bd. 13, S. 241. 1871; Bd. 17, S. 1. 1874 (Bestandteile; 60% Ölsäure). — STELLWAAG: ebenda Bd. 37, S. 135. 1890 (Kennzahlen). — MOLJAWKO-WYSSOTZKY: Ch.-Ztg. Bd. 18, S. 804. 1894 (Erucasäure). — DUBOVITZ: Ch. Ztg. Bd. 42, S. 13. 1918 (Öl mit Säurezahl 62,1). — PAUL: Analyst Bd. 46, S. 238. 1921; C. 1921, IV, 664 (Lecithingehalt; Trockenvermögen; Säurezahl des Öls 68,9). — VAN KAMPEN: Olien en Vetten, Bd. 3, S. 203. 1919; Bull. Agr. Intellig. Bd. 10, S. 341; Ref. Z. D. Öl- u. Fettind. Bd. 40, S. 680. 1920 (Fettgehalt bis 7%). — AMBERGER und WHEELER-HILL: Z. Lebensm. Bd. 54, S. 417. 1927 (Kennzahlen, Bestandteile; Öl I, Fett I).

Roggenöl: MOLJAWKO-WYSSOTZKY: Ch.-Ztg. Bd. 17, S. 712. 1893. — MEYER: Ch.-Ztg. Bd. 27, S. 958. 1903. — BÖHMER: Kraftfuttermittel, Berlin 1903, S. 276. — KÖNIG: Ch. Nahrgsm. 4. Aufl., Bd. II, S. 830. 1904. — HERBIG: Sffbr. Bd. 38, S. 497. 1918; C. 1919, II, 607 (Oxysäuren). — GRIMME: Sfsz. Bd. 45, S. 704. 1918 (Kennzahlen; Säurezahl 5,2). — MAROTTA und KAMINKA: Atti I. Congr. naz. Chim. pur. ed appl. 1923, S. 355; C. 1924, I, 2029. — ANDERSON und MOORE: New York State Agric. Exper. Stat. Bd. 95, S. 3. 1923; C. 1924, II, 2666 (Phytosterine). — ANDERSON, NABENHAUER und SHRINER: Proc. Soc. experim. Biol. and Med. Bd. 24, S. 63. 1926; C. 1927, II, 838 (Dihydrositosterin).

Weizenkeimöl: DE NEGRI und FABRIS: Analyst Bd. 21, S. 234. 1896. — DE NEGRI: Ch.-Ztg. Bd. 22, S. 976. 1898. — FRANKFORTER und HARDING: J. Am. Ch. Soc. Bd. 21, S. 758. 1899. — KÖNIG: Ch. Nahrgsm. 4. Aufl., Bd. II, S. 830. 1904. — POWER und SALWAY: Pharm. J. Bd. 37, S. 117. 1913; C. 1913, II, 1232 (Fettsäuren; Sitosterin, Schmp. 138°, $[\alpha]_D = -32{,}2°$). — ELLIS: Bioch. J. Bd. 12, S. 160. 1918; C. 1918, II, 960 (Alkohol $C_{20}H_{42}O$). — GRIMME: Sfsz. Bd. 45, S. 704. 1918. — BAUGHMAN und JAMIESON: J. Am. Ch. Soc. Bd. 43, S. 2698. 1922; C. 1922, III, 382 (Bestandteile). — MAROTTA und KAMINKA: Atti I. Congr. naz. Chim. pur. ed appl. 1923, S. 355; C. 1924, I, 2029. — ANDERSON und MOORE: New York State Agric. Exper. Stat. Bd. 95, S. 3. 1923; C. 1924, II, 2666; J. Am. Ch. Soc. Bd. 45, S. 1944. 1923; C. 1924, I, 562 (Phytosterine). — BALL: Cereal Ch. Bd. 3, S. 19. 1926; C. 1926, II, 1755 (Vergleich von Weizenkeimöl mit Weizenmehlöl). — ANDERSON, SHRINER und BURR: J. Am. Ch. Soc. Bd. 48, S. 2987. 1926; C. 1927, I, 617 (Phytosterine). — ANDERSON, NABENHAUER und SHRINER: J. Biol. Ch. Bd. 71, S. 389. 1927; C. 1927, I, 1600; s. auch C. 1927, II, 838 (Phytosterine).

Weizenmehlöl: CERKES: Z. ang. Bd. 22, S. 663. 1895. — SPAETH: Z. Nahrgsm. Bd. 3, S. 171. 1896. — WEINWURM, nach KÖNIG: Ch. Nahrgsm., 4. Aufl., Bd. II, S. 830. 1904. — PFLÜCKER: Z. Nahrgsm. Bd. 14, S. 751. 1907. — ROSS und GORTNER: J. Am. Ch. Soc. Bd. 30, S. 617. 1908. — LINDNER: Wochenschr. f. Brauerei Bd. 35, S. 237, 245, 251, 257. 1918; C. 1918, II, 959 (Zellen der Aleuronschicht mit 30—40% Ölgehalt, auf die Trockensubstanz der Inhaltsmasse abgeschätzt). — BALL: Cereal Ch. Bd. 3, S. 19. 1926; C. 1926, II, 1755 (Vergleich von Weizenkeim- und Weizenmehlöl).

Gerstenöl: KÖNIG: Landw. Vers.-Stat. Bd. 13, S. 241. 1871. — STELLWAAG: ebenda Bd. 37, S. 135. 1890. — WALLERSTEIN, Forschungsber. Lebensm. Bd. 3, S. 372. 1896. — MEYER: Ch.-Ztg. Bd. 27, S. 958. 1903; Apoth.-Ztg. Bd. 18, S. 684.

1903 (Kennzahlen eines Öles mit der Säurezahl 25). — GRIMME: Sfsz. Bd. 45, S. 705. 1918 (Öl mit Säurezahl 5,8). — SEDLMEYER: Z. f. ges. Brauwesen 1921, S. 191; C. 1922, II, 446 (Untersuchung fränkischer Bauerngerste).

Reihe: Liliiflorae.

Liliaceae.

Öl aus den Blättern von Zygadenus intermedius: HEYL und HEPNER: J. Am. Ch. Soc. Bd. 35, S. 803. 1913; C. 1913, II, 1156.

Herbstzeitlosensamenöl: FLÜCKINGER: Pharmakognosie, 3. Aufl., S. 1003. — ROSENWASSER: „Dragendorffs Jahresber.“ 1877, S. 53. — GRIMME: Pharm. Centralh. Bd. 61, S. 523. 1920; C. 1921, I, 177 (Gesamtanalyse).

Spargelsamenöl: PETERS: Arch. Pharm. Bd. 240, S. 53. 1902. — N. und H.: Z. ang. Bd. 29, S. 337. 1916 (Öl mit Säurezahl 6,5).

Samenöl von Samuela carnerosana: BLACK und KELLY: Am. J. Pharm. Bd. 94, S. 477. 1922; C. 1923, III, 497.

Klasse: Dicotyledoneae.

Reihe: Piperales.

Piperaceae.

Pfeffersamenöl: COMANDUCCI und TOMMASINI: Boll. Chim. Farm. Bd. 61, S. 199. 1922; C. 1922, II, 166.

Reihe: Juglandales.

Juglandaceae.

Walnußöl: HAZURA und FRIEDREICH: Monatsh. Bd. 8, S. 156. 1887. — HAZURA und GRÜSSNER: ebenda Bd. 9, S. 198. 1888; s. auch BAUER und HAZURA: ebenda S. 459. — CROSSLEY und LE SUEUR: J. Soc. Ch. Ind. Bd. 17, S. 989. 1898. — KEBLER: Am. J. Pharm. Bd. 73, S. 173. 1901. — PETKOFF: Z. Nahrgsm. Bd. 4, S. 826. 1901. — SHUKOFF: Ch. Revue Bd. 8, S. 250. 1901. — BLASDALE: J. Soc. Ch. Ind. Bd. 25, S. 206. 1906. — DE NEGRI und FABRIS: Gli Olii, T. II, S. 127 (Reaktionen). — BELLIER: Ann. Chim. anal. Bd. 10, S. 52. 1905 (Prüfung auf Verfälschungen). — BALAVOINE: Schweiz. Wochenschr. Chem. Pharm. Bd. 44, S. 224. 1906 (ebenso). — HALPHEN: Bull. Soc. Chim. (3), Bd. 33, S. 571. 1905 (Nachweis von Leinöl). — TÄUBER: Ch.-Ztg. Bd. 33, S. 85. 1909 (Trockeneigenschaften). — SPRINKMEYER und DIEDRICHS: Z. Nahrgsm. Bd. 23, S. 679. 1912 (Hexabromidzahl). — GRUNMACH und BEIN: Wissensch. Abh. Normaleich.-Komm. 9. Heft, S. 1. 1918; C. 1918, I, 875 (Oberflächenspannung). — KLIMONT: Pharm. Post Bd. 51, S. 561. 1918; C. 1918, II, 735 (einige Kennzahlen). — MATTHES und ROSSIÉ: Arch. Pharm. Bd. 256, S. 302. 1918 (Bestandteile, Öl mit der Säurezahl 9,9). — WICK: Inaug.-Dissert. München 1922 (vollständige Analyse kalt gepreßter Öle; Bestandteile). — EIBNER: „Über fette Öle, Leinölersatzmittel und Ölfarben“, S. 252ff., München 1922 (Zusammenfassung, insbesondere Trockenvorgang). — WINKLER: Pharm. Centralh. Bd. 65, S. 385. 1924 (Jodbromzahl). — EIBNER und SCHMIDINGER: Ch. Umschau Bd. 30, S. 295. 1923 (Bestimmung der Hexabromidzahl). — EIBNER und WIBELITZ: ebenda Bd. 31, S. 109. 1924 (Mohnölartige Öle). — JAMIESON und MCKINNEY: J. Oil Fat Ind. Bd. 6, S. 21. 1929; C. 1929, I, 1762 (Californisches Walnußöl mit folgender Zusammensetzung des Fettsäurengemisches: 4,4% Palmitinsäure; 0,9% Stearinsäure; Spuren von Myristin- und Arachinsäure; 16,9% Ölsäure; 69,8% Linolsäure; 3,1% Linolensäure).

Amerikanisches Nußöl: BARTHE und BOUTINEAU: J. Pharm. Chim. 1887, IV, S. 268. — KEBLER: J. Franklin Inst. Bd. 157, S. 304. 1901; J. Am. Ch. Soc. Bd. 23, S. 173. 1901. — DUPERTHUIS: Mitt. Lebensm.-Unters. u. Hygiene Bd. 2, S. 65. 1911 (Kritische Lösungstemperatur). — McCLENAHAN: J. Am. Ch. Soc. Bd. 35, S. 480. 1913; C. 1913, I, 2047 (Änderung des Ölgehaltes während der Entwicklungsperiode).

Öl einer Kreuzung zwischen Juglans nigra und J. cinerea: FOUCHET: Bull. Sciences Pharm. Bd. 18, S. 529. 1911; C. 1912, I, 1321.

Japanisches Nußöl: UENO: Ch. Revue Bd. 20, S. 220. 1913. — MATSUMOTO und UYEDA: J. Chim. Ind. Jap. Bd. 25, S. 1438. 1922; J. Soc. Ch. Ind. Bd. 42, S. 276 A. 1923.

Russische Juglandaceenöle: S. IVANOW: Beih. z. Botan. Centralbl. Bd. 32, Abt. I, S. 66. 1915 (Öl von Juglans cinerea, Jodzahl 154; Öl von Juglans nigra, Jodzahl 140—144; Öl von Juglans Sieboldiana, Jodzahl 142—144).

Carya-Öle (Hickorynußöl, Pekannußöl): DEILER und FRAPS: Am. Ch. J. Bd. 43, S. 90. 1910; C. 1910, I, 1033 (Pekanöl von C. olivaeformis). — PETERSON und BAILEY: Eng. Bd. 5, S. 739. 1913; C. 1913, II, 1506 (Eigenschaften und Kennzahlen der Öle von C. amara und C. ovata). — BOONE: Eng. Bd. 16, S. 54. 1924; C. 1924, II, 1879 (Kennzahlen und Bestandteile eines Hickorynußöles mit der Säurezahl 0,8).

Öl von Carya tonkinensis: CLOT: Chimie et Ind. Bd. 8, S. 1122. 1922; C. 1923, I, 1372.

Reihe: Fagales.

Fagaceae.

Bucheckernöl: KÖNIG: Ch. Nahrgsm. Bd. 1, S. 612. 1903. — HEFTER: Ch. Revue Bd. 12, S. 11 u. 30. 1905. — ENGELS: Landw. Vers.-Stat. Bd. 82, S. 93. 1913; C. 1914, I, 730 (Ölgehalt in Kern und Schale). — HEIDUSCHKA: Z. ang. Bd. 30, S. 260. 1917 (Ölgehalt). — SCHELENZ: Pharm. Ztg. Bd. 64, S. 5. 1919. — VAUBEL: Z. öff. Ch. Bd. 25, S. 155. 1919; Die Seife Bd. 4, S. 94. 1919; C. 1919, IV, 752 u. 927 (Kennzahlen eines kalt gepreßten Öles). — WANGER: Seife Bd. 5, S. 269. 1920; C. 1920, II, 765. — HEIDUSCHKA und ROSER: J. pr. Bd. 104, S. 137. 1922; C. 1923, I, 1283 (Analyse eines warm gepreßten Öles).

Edelkastaniensamenöl: TOMAI: Staz. sperim. agrar. ital. Bd. 37, S. 185. 1904. — COMTE: J. Pharm. Chim. Bd. 22, S. 200. 1905. — KOSSOWICZ: Österr. Ch.-Ztg. Bd. 19, S. 109. 1916 (Ölgehalt).

Eichelöl: METZGER: Dissert. München 1896 (Eichenholzöl). — BLASDALE: J. Am. Ch. Soc. Bd. 17, S. 935. 1895; J. Soc. Ch. Ind. Bd. 15, S. 205. 1896. — ENGELS: Landw. Vers.-Stat. Bd. 82, S. 93. 1913; C. 1914, I, 730 (Ölgehalt der Kerne und Schalen). — BAKER und HULTON: Analyst Bd. 42, S. 351. 1917; C. 1918, II, 194 (Ölgehalt 5,0%).

Reihe: Urticales.

Moraceae.

Maulbeersamenöl: PRUSSIA: Ch. Revue Bd. 17, S. 219. 1910; Z. Nahrgsm. Bd. 23, S. 623. 1912.

Maclurasamenöl: M'HARGUE: Eng. Bd. 7, S. 612. 1915.

Vall-del-Öl: Trop. Agric. Ceylon, J. Soc. Ch. Ind. Bd. 20, S. 641. 1901.

Hopfensamenöl: BRIANT und HARMAN: Journ. of the Inst. of Brewing 1910, S. 5; nach LEWKOWITSCH-WARBURTON: Ch. Technol. 6. ed., Bd. II, S. 155. 1922.

Hanföl: BOUSSINGAULT: Landw. in ihrer Beziehung z. Chemie, Bd. III, S. 202. — SCHAEDLER: Technologie der Fette, S. 537, Berlin 1883. — DIETERICH: Z. anal. Ch. Bd. 25, S. 434. 1886. — BAUER und HAZURA: Monatsh. Bd. 7, S. 216. 1886. — HAZURA: ebenda Bd. 8, S. 147. 1887. — LENZ: Z. anal. Ch. Bd. 27, S. 527. 1888. — HAZURA und GRÜSSNER: Monatsh. Bd. 9, S. 204. 1888 (Untersuchung der flüssigen Fettsäuren). — BAUER und HAZURA: ebenda Bd. 9, S. 459. 1888. — DE NEGRI und FABRIS: Z. anal. Ch. Bd. 33, S. 566. 1894 (Zusammensetzung, Eigenschaften, Reaktionen). — LIDOW: Ch. Revue Bd. 7, S. 120. 1900. — SHUKOW, nach BENEDIKT-ULZER: Analyse der Fette und Wachsarten, 4. Aufl., S. 607. — SCHESTAKOFF: Ch. Revue Bd. 9, S. 204. 1902. — TALANZEFF: ebenda S. 162. — SPRINKMEYER und DIEDRICHS: Z. Nahrgsm. Bd. 23, S. 679. 1912 (Bromabsorption). — S. IVANOW: Beih. z. Botan. Centralbl. Bd. 32, Abt. I, S. 66. 1915 (Kennzahlen der Öle von Cannabis gigantea und Cannabis pyramidalis). — GRUNMACH und BEIN: Wissensch. Abhandl. Normaleichungskomm. 9. H., S. 1. 1917; C. 1918, I, 875 (Oberflächenspannung). — SCHESTAKOFF und KUPTSCHINSKY Z. D. Öl- u. Fettind. Bd. 42, S. 741, 757, 774. 1922 (Bestandteile). — TANAKA: Ch.-Ztg. Bd. 48, S. 25. 1924 (Hydrierung, Jodzahl). — EIBNER: „Über fette Öle usw.“, S. 267. München 1922 (Trockeneigenschaften). — EIBNER und WIBELITZ: Ch. Umschau Bd. 31, S. 109. 1924 (Verhalten der Filme). — WINKLER: Pharm. Centralh. Bd. 65, S. 385; C. 1924, II, 1529 (Jodbromzahl). — FOFONOW: Ber. Saratower Naturforscherges. Bd. 1, Nr. 4, S. 33. 1925; C. 1927, I, 466 (Kennzahlen eines Öles von wildem Hanf).

Reihe: Santalales.

Conejoöl: s. S. 649.

Reihe: Polygonales.

Polygonaceae.

Sauerampfer-Samenöl (von Rumex acetosa): STOCKERT: Öl- u. Fettind. Wien Bd. 2, S. 63. 1920 (ca. 5% Ölgehalt).

Buchweizenöl: SOXHLET bzw. STELLWAAG, zit. in HEFTER: Technologie der Fette und Öle, Bd. II, S. 302. 1908.

Reihe: Centrospermae.

Amarantaceae.

Celosiaöl: DE NEGRI und FABRIS: Pharm. Post Bd. 29, S. 189. 1896; Ch. Ztg. Rep. Bd. 20, S. 161. 1896.

Fuchsschwanz-Samenöl (von Amarantus viridis): STOCKERT: Öl- u. Fettind. Wien Bd. 2, S. 63. 1920 (ca. 8% Ölgehalt).

Phytolaccaceae.

Yamagobo-Samenöl: OGURA: J. Soc. Ch. Ind. Japan, Bd. 31, S. 60. 1928; C. 1928, I, 1820 (s. Nachtrag S. 497).

Reihe: Ranales.

Ranunculaceae.

Pfingstrosen-Samenöl: BUREŠ und ŠUSTEROVÁ: Časopis Československ. Lékarn. Bd. 8, S. 185. 1928; C. 1929, I, 2434 (s. Nachtrag S. 497).

Schwarzkümmelöl: Crossley und le Sueur: J. Soc. Ch. Ind. Bd. 17, S. 992. 1898. — Suzzi: I semi oleosi e gli olii. Milano 1906. — Bureš und Mládková: Časopis Českoslov. Lékarn. Bd. 8, S. 186. 1928; C. 1929, I, 2434 (Verseifungszahl 201,6; Hehnerzahl 89,2; Acetylzahl 23,9; Jodzahl 110,9; R.M.-Zahl 3,4; Pol.-Zahl 0,5).

Rittersspornöl: Graham: Am. J. Pharm. Bd. 75, S. 70. 1904. — Fokin: Ch. Revue Bd. 11, S. 70. 1904. — Markwood: J. Am. Pharm. Assoc. Bd. 13, S. 696. 1924; C. 1924, II, 2854 (Öl von Delphinium consolida).

Öle der Gattungen Trollius, Aquilegia, Delphinium, Aconitum und Thalictrum: S. Ivanow: Bayer. Ind. u. Gewerbebl. Jg. 115, S. 60. 1929 (Jodzahlen).

Öle aus der Gattung Ranunculus: Lidow: Sfsz. Bd. 40, S. 720. 1913 (Öle von R. auriconus und R. ceratocephalus). — Stockert: Öl- u. Fettind. Wien Bd. 2, S. 63. 1920 (Trocknendes Öl des „scharfen Hahnenfußes", Ranunculus acer).

Berberidaceae.

Berberitzensamenöl: Grimme: Sfsz. Bd. 44, S. 898. 1917.

Mahonienbeerenöl: Nötzel: Pharm. Centralh. Bd. 65, S. 262. 1924 (Aussehen, Löslichkeit, Schmelzpunkt, Verseifungszahl). — Hartmann, in Ubbelohde-Goldschmidt-Hartmann: Handbuch der Chemie und Technologie der Öle und Fette, Bd. IV, S. 388. Leipzig 1926 (Öl mit der Säurezahl 5,2).

Reihe: Rhoeadales.

Papaveraceae.

Schöllkrautöl: Fokin: Ch. Revue Bd. 9, S. 204. 1902. — Grimme: Sfsz. Bd. 46, S. 31. 1919.

Argemoneöl: Crossley und le Sueur: J. Soc. Ch. Ind. Bd. 17, S. 992. 1898. — Bloemendal: Pharm. Weekblad Bd. 43, S. 342. 1906; C. 1906, I, 1556. — Hooper: Agricult. Ledger Nr. 5, S. 35. 1908. — Bhaduri: Am. J. Pharm. Bd. 86, S. 49. 1914; C. 1914, I, 993 (Kennzahlen und Bestandteile). — Imperial Institute, Bull. Imp. Inst. Bd. 20, S. 292. 1922; C. 1923, II, 199 (Eigenschaften und Kennzahlen eines Öles mit der Säurezahl 21,6).

Mohnöl: Wolff: Fütterungslehre, S. 462. Berlin 1885. — Hazura und Friedreich: Monatsh. Bd. 8, S. 156. 1887. — Hazura und Grüssner: ebenda Bd. 9, S. 198. 1888 (Zusammensetzung); Z. ang. Bd. 1, S. 313. 1888. — Bauer und Hazura: Monatsh. Bd. 9, S. 459. 1888. — Nördlinger: Z. anal. Ch. Bd. 28, S. 183. 1889; Bd. 29, S. 6. 1890 (Säurezahl). — Pott: Landw. Futtermittel, S. 480. Berlin 1889. — Thörner: Ch.-Ztg. Bd. 18, S. 1154. 1894. — Beckurts und Heiler: Arch. Pharm. Bd. 233, S. 423. 1895. — Crossley und le Sueur: J. Soc. Ch. Ind. Bd. 17, S. 989. 1898. — Weger: Ch. Revue Bd. 5, S. 243. 1898 („Sauerstoffzahl"). — Tortelli und Ruggeri: Ann. Lab. Gabelle 1900 (Innere Jodzahl). — Mach: Landw. Vers.-Stat. Bd. 57, S. 429. 1902. — Tolman und Munson: J. Am. Ch. Soc. Bd. 25, S. 690. 1903 (Bestandteile). — Andés: Ch. Revue Bd. 10, S. 199. 1903. — Utz: Ch.-Ztg. Bd. 27, S. 1176. 1903. — Sherman und Falk: J. Am. Ch. Soc. Bd. 25, S. 711. 1903. — Utz: Ch.-Ztg. Bd. 28, S. 257. 1904 (Grenzwerte der Jodzahl); Apotheker-Ztg. Bd. 19, S. 444. 1904 (Nachweis von Verfälschungen); Ch. Revue Bd. 11, S. 179. 1904. — Bellier: Ann. Chim. anal. Bd. 10, S. 52. 1905 (Feste Fettsäuren). — Rakusin: Ch.-Ztg. Bd. 29, S. 690. 1905 (Flammpunkt, Drehungsvermögen). — Petroff: Sfsz. Bd. 33, S. 922. 1906 (Versuche mit Firnissen). — Thomson und Dunlop: Analyst Bd. 31, S. 283. 1906.

— RICHTER: Z. ang. Bd. 20, S. 1605. 1907 (Thermozahl eines Öles mit der Säurezahl 2,9). — GÜTH: Pharm. Centralh. Bd. 49, S. 999. 1908 (Verfälschungen). — BENETTI: Chemist and Druggist 1908, S. 89. — OLIG und BRUST: Z. Nahrgsm. Bd. 17, S. 561. 1909 (Refraktion). — THOMS: Z. ang. Bd. 21, S. 2208. 1908 (Anbau). — VUAFLART: Ann. Falsif. Bd. 2, S. 276. 1909; C. 1909, II, 2029; Ann. Falsif. Bd. 4, S. 330. 1911; C. 1911, II, S. 632 (Einige Kennzahlen von europäischen und außereuropäischen Mohnölen; Vergleich mit Nigeröl). — DEGEN: Z. Nahrgsm. Bd. 19, S. 1705. 1910 (Verunreinigungen der Samen). — ROYER: Ann. Falsif. Bd. 3, S. 380. 1910 (Nachweis von Sesamöl). — WINKLER: Ch. Revue Bd. 18, S. 142. 1911; Z. ang. Bd. 24, S. 636. 1911 (Verseifungszahl). — WILSON: J. Soc. Ch. Ind. Bd. 31, S. 565. 1912; C. 1912, II, 758 (Absorption von Sauerstoff). — MÖLLER: Z. allg. österr. Apotheker-Ver. Bd. 50, S. 22. 1912. — UTZ: Ch. Revue Bd. 20, S. 5. 1913. — KLOSTERMANN und OPITZ: Z. Nahrgsm. Bd. 28, S. 138. 1914 (Steringehalt). — WILLSTÄTTER und SONNENFELD: Ber. Bd. 47, S. 2801, und zwar S. 2805. 1914 (Phosphoratbildung). — STADLINGER: Sffbr. Bd. 34, S. 719. 1914; C. 1915, I, 402 (Kennzahlen). — S. IVANOW: Beih. z. Botan. Centralbl. Bd. 32, Abt. I, S. 66. 1915 (Jodzahl eines russischen Mohnöls 157, Verseifungszahl 185). — MANNICH und THIELE: Ber. Pharm. Ges. Bd. 26, S. 36. 1916 (Härtung, Kennzahlen). — NIEGEMANN: Z. ang. Bd. 30, S. 207. 1917 (Trennung der festen und flüssigen Fettsäuren). — WILKIE: Analyst Bd. 42, S. 200. 1917; C. 1917, II, 780 (0,4—0,6% Unverseifbares). — KLIMONT: Pharm. Post Bd. 51, S. 561. 1918; C. 1918, II, 735 (Kennzahlen). — TWISS: J. Soc. Ch. Ind. Bd. 37, S. 179. 1918; C. 1919, II, 671 (Vergilben). — ROSENTHALER: Schweiz. Apotheker-Ztg. Bd. 58, S. 545, 562, 578. 1920; C. 1921, II, 915 (Mikrochemischer Nachweis). — EIBNER: „Über fette Öle usw.", München 1922. — WIBELITZ: Inaug.-Dissert. München 1924. — EIBNER und WIBELITZ: Ch. Umschau Bd. 31, S. 109, 121. 1924 (Vollständige quantitative Analyse; maltechnische Unterschiede gegenüber Leinöl). — WINKLER: Pharm. Centralh. Bd. 65, S. 385. 1924 (Jod-Bromzahl). — STUTZ: J. Franklin Inst. Bd. 200, S. 87. 1925; C. 1925, II, 1896 (Absorptionskoeffizient im Ultraviolett). — SEIFRIZ: J. Phys. Ch. Bd. 29, S. 834. 1925; C. 1925, II, 1512 (Emulsion mit Caseinlösung). — ANNEIT und BOSE: Mem. Dep. Agric. India Chem. Soc. 1925, Bd. 39; Ref. Ch. Umschau Bd. 33, S. 95. 1926 (Ölgehalt). — KAUFMANN: Z. Nahrgsm. Bd. 51, S. 15. 1926; Ber. Bd. 59, S. 1390. 1926 (Rhodanzahl). — MARGOSCHES und FUCHS: Ber. Bd. 59, S. 375. 1926 (Überjod- und Differenzjodzahl). — MARCUSSON: Z. ang. Bd. 39, S. 476. 1926 (Bestandteile der Filme). — LAURIE: J. Oil Fat Ind. Bd. 3, S. 229. 1926 (Vergilben). — SCHEIBER: Farbe und Lack, Bd. 32, S. 75. 1927; C. 1927, I, 2489 (Trockenvorgang). — KAUFMANN: Z. ang. Bd. 41, S. 1046. 1928 (8,9% gesättigte Anteile, rhodanometrisch bestimmt).

Öle anderer Papaver-Arten: S. IVANOW: Beih. z. Botan. Centralbl. Bd. 32, Abt. I, S. 66. 1915.

Cruciferae.

Jambaöl: DE NEGRI und FABRIS: Ann. Lab. Gabelle 1891/92, S. 137. — CROSSLEY und LE SUEUR: J. Soc. Ch. Ind. Bd. 17, S. 989. 1898. — THOMSON und DUNLOP: Analyst Bd. 31, S. 282. 1906. — HALS und GRAM: Landw. Vers.-Stat. Bd. 70, S. 307. 1909. — GRIMME: Pharm. Ztg. Bd. 57, S. 520. 1912 (Analyse eines Öles mit der Säurezahl 3,0; „Raukenöl"). — Imperial Institute, Bull. Imp. Inst. Bd. 11, S. 559. 1913. — SUDBOROUGH, WATSON und AYYAR: J. Indian Inst. Science Bd. 9, S. 25. 1926; C. 1926, II, 2730 (Kennzahlen und Bestandteile eines Öles mit der Säurezahl 5,0).

Samenöl von Sisymbrium Loeselii: S. Ivanow und Troitzki: Masloboino Shirowoje Djelo No. 1, 1928; C. 1929, I, 319 (s. Nachtrag S. 499).

Rüböl: Städeler: Ann. Bd. 87, S. 133. 1853 (Identifizierung der Erucasäure). — Websky: J. pr. Bd. 58, S. 449. 1853 (Bestandteile). — Archbutt: J. Soc. Ch. Ind. Bd. 5, S. 310. 1886. — Reimer und Will: Ber. Bd. 19, S. 3320. 1886; Bd. 20, S. 2385. 1887 (Bestandteile). — Ponzio: J. pr. Bd. 48, S. 487. 1893; Gazz. chim. Bd. 24, S. 595. 1894; J. Soc. Ch. Ind. Bd. 13, S. 257. 1894 (Identifizierung der Fettsäuren). — Palas: J. Soc. Ch. Ind. Bd. 16, S. 361. 1897 (Nachweis in Olivenöl). — Crossley und le Sueur: J. Soc. Ch. Ind. Bd. 17, S. 992. 1898. — Archbutt: J. Soc. Ch. Ind. Bd. 17, S. 1099. 1898 (Fettsäuren). — Gripper: J. Soc. Ch. Ind. Bd. 18, S. 342. 1899 (Kennzahlen alten Rüböles). — Siegfeld: Z. Nahrgsm. Bd. 17, S. 581. 1904 (Brassicasterin). — Thomson und Dunlop: Analyst Bd. 31, S. 366. 1906. — Richter: Z. ang. Bd. 20, S. 1605. 1907. — Olig und Brust: Z. Nahrgsm. Bd. 17, S. 561. 1909. — Windaus und Welsch: Ber. Bd. 42, S. 612. 1909 (Sterine). — Klimont: Z. ang. Bd. 24, S. 256. 1911. — Smith: Eng. Bd. 4, S. 36. 1912; C. 1912. I, 1393 (Brechungsindex der Fettsäuren). — Grimme: Pharm. Centralh. Bd. 53, S. 737. 1912 (Kennzahlen der Öle verschiedener Brassicaarten). — Sprinkmeyer und Diedrichs: Z. Nahrgsm. Bd. 23, S. 679. 1912 (Hexabromidzahl). — Eibner und Muggentaler: Farbenztg. Bd. 18, S. 131. 1912 (Hexabromide, Nachweis in Leinöl). — Kreis und Roth: Ch.-Ztg. Bd. 37, S. 58. 1913 (Abscheidung der Fettsäuren); Z. Nahrgsm. Bd. 26, S. 38. 1913 (Öl mit der Säurezahl 2,8; Nachweis in Olivenöl). — Kreis: Mitt. Lebensmittelunters. u. Hyg. Bd. 4, S. 217. 1913; C. 1913, II, 1338 (Nachweis des Öles). — Stadlinger: Sffbr. Bd. 34, S. 779. 1914; C. 1915, I, 402 (Kennzahlen). — Marcusson und Meyerheim: Z. ang. Bd. 27, S. 201. 1914 (Unverseifbares). — Meerburg: Pharm. Weekblad Bd. 51, S. 1572. 1914; C. 1915, I, 768 (Kritischer Meng- und Entmischungspunkt von Rüböl — Anilin). — Davidsohn und Wrage: Ch. Revue Bd. 22, S. 11. 1915 (Löslichkeit in Alkohol). — Kreis und Roth: Mitt. Lebensmittelunters. u. Hyg. Bd. 6, S. 38. 1915; C. 1915, I, 768 (Nachweis). — Backer: Ch. Weekblad Bd. 12, S. 1034. 1915; C. 1916, I, 395 (Molekulargewicht). — Kronstein: Ber. Bd. 49, S. 722. 1916 („Destillationszahl"). — Beneschowsky: Z. landw. Versuchswesen Österr. Bd. 19, S. 103. 1916; C. 1916, I, 1274 (Säurezahl). — Biazzo und Vigdorcik: Ann. di Chim. appl. Bd. 6, S. 185. 1916; C. 1917, II, 652 (Nachweis in Olivenöl). — Margosches: Sfsz. Bd. 44, S. 991. 1917; Bd. 45, S. 69. 1918; C. 1918, I, 776; 1918, II, 478 (Nachweis durch katalytische Hydrierung). — Herbig: Sffbr. Bd. 38, S. 497. 1918; C. 1919, II, 607 (Oxyfettsäuren). — Grün: Ch. Umschau Bd. 26, S. 101. 1919 (Unterscheidung gehärteter Trane von gehärtetem Rüböl). — Grimme: Sfsz. Bd. 46, S. 183. 1919; Bd. 48, S. 4. 1921; C. 1921, II, 909 (Öl aus beschädigter Saat). — Amberger: Z. Nahrgsm. Bd. 40, S. 192. 1920 (Bestandteile). — Rosenthaler: Schweiz. Apotheker-Ztg. Bd. 58, S. 545, 562, 578. 1920; C. 1921, II, 915 (Mikrochemischer Nachweis). — Vichoever: Olien en Vetten, Ref. Ch. Umschau Bd. 28, S. 153. 1921 (Chinesische Rapssaat). — Anon: Bull. Imp. Inst. Bd. 19, S. 75. 1921; Z. D. Öl- u. Fettind. Bd. 42, S. 143. 1922 (Öl aus chinesischem Rübsamen). — Raymond: Bull. Soc. Chim. Bd. 31, S. 414. 1922; C. 1923, I, 102 (Hindostanisches Rüböl). — Thomas und Chai-Lan Yu: J. Am. Ch. Soc. Bd. 45, S. 129. 1922; C. 1923, II, 639 (Qualitativer Nachweis). — Toyama: J. Soc. Ch. Ind. Japan Bd. 25, S. 1044. 1922; J. Soc. Ch. Ind. Bd. 41, S. 988. 1922; Ch. Umschau Bd. 30, S. 88. 1923. — Stocks: Analyst Bd. 48, S. 590. 1923; C. 1924, I, 1120 (Unterscheidung von Ricinusöl). — Meigen und Ramge: Ch. Umschau Bd. 31, S. 3. 1924 (Hydroxylzahlen). — WINKLER: Pharm. Centralh. Bd. 65, S. 385. 1924 (Jodbromzahl). — RECK: Pharm. Centralh. Bd. 66, S. 163. 1925 (Vergleich zwischen Speiserüböl und raffiniertem Brennöl). — MARGOSCHES, FRIEDMANN, SCHEINOST und TSCHÖRNER: Ber. Bd. 58, S. 1064. 1925 (Überjodzahl). — KAUFMANN: Arch. Pharm. u. Ber. Pharm. Ges. Bd. 263, S. 675. 1925; Ber. Bd. 59, S. 1390. 1926 (Rhodanzahl). — THOMAS und MATTIKOW: J. Am. Ch. Soc. Bd. 48, S. 968. 1926; C. 1926, I, 3440 (Erkennung durch den Nachweis von Erucasäure). — MARGOSCHES und FUCHS: Ber. Bd. 59, S. 375. 1926 (Differenzjodzahl). — GROSSFELD: Z. Lebensm. Bd. 51, S. 210. 1926 (Buttersäurezahl = —0,11). — SUDBOROUGH, WATSON und AYYAR: J. Indian Inst. Science Bd. 9, S. 25. 1926; C. 1926, II, 2729 (Analyse). — L. SCHMID und WASCHKAU: Monatsh. Bd. 48, S. 139. 1927 (Phytosterine). — BERTRAM: Z. D. Öl- u. Fettind. Bd. 45, S. 733. 1925; Ch. Weekblad Bd. 24, S. 226. 1927; C. 1927, II, 762 (Gehalt an wasserunlöslichen, gesättigten Fettsäuren 8,7%). — HILDITCH, RILEY und VIDYARTHI: J. Soc. Ch. Ind. Bd. 46, S. 457 T. 1927; Ch. Umschau Bd. 35, S. 56. 1928 (Bestandteile eines englischen Rüböles); J. Soc. Ch. Ind. Bd. 46, S. 462 T. 1927; C. 1928, I, 707 (1—2% „Isoölsäure der Cruciferen"). — TÄUFEL und BAUSCHINGER: Z. Lebensm. Bd. 56, S. 253. 1928; C. 1929, I, 1762 (Zusammensetzung eines Rüböles deutscher Herkunft: 37,8% Ölsäure, 43,5% Erucasäure, 10,6% Linolsäure, 3,5% Linolensäure, 0,8% gesättigte Säuren, 1% Unverseifbares, 3,8% Glycerinrest); Z. Lebensm. Bd. 56, S. 265. 1928; C. 1929, I, 1761 (Glyceride: Oleo-linoleno-erucin, Oleodierucin und Trierucin).

Samenöl von Brassica elongata: BELJAJEW: Masloboino Shirowoje Djelo No. 8, S. 26. 1928; C. 1929, I, 167 (s. Nachtrag S. 499).

Ravisonöl: ARCHBUTT und DEELEY: Lubricants and Lubrication, S. 106. — HILDITCH, RILEY und VIDYARTHI: J. Soc. Ch. Ind. Bd. 46, S. 457 T. 1927; Ch. Umschau Bd. 35, S. 57. 1928 (Bestandteile eines Öles aus Donausaat).

Kohlsaatöle: GRIMME: Pharm. Centralh. Bd. 53, S. 733. 1912 (Kennzahlen der Öle von 10 Kohlarten).

Rapsöle: WILKIE: Analyst Bd. 42, S. 200. 1917; C. 1917, II, 780 (0,8 bis 1,2% Unverseifbares). — GRIMME: Pharm. Centralh. Bd. 53, S. 733. 1912; C. 1912, II, 614 (Öle von fünf Brassica-napus-Arten).

Rübsenöle: GRIMME: a. a. O. (Kennzahlen der Öle von vier Rübsenarten). — EIBNER und MUGGENTHALER: Ch. Revue Bd. 20, S. 34. 1913 (6,3% ätherunlösliche Hexabromide).

Schwarzsenföl: GOLDSCHMIDT: Sitzungsber. Wiener Akad. Bd. 70, S. 451 1870. — REIMER und WILL: Ber. Bd. 20, S. 854. 1887. — BLASDALE: J. Soc. Ch. Ind. Bd. 15, S. 206. 1896. — ARCHBUTT: J. Soc. Ch. Ind. Bd. 17, S. 1099. 1898. — CROSSLEY und LE SUEUR: ebenda S. 991. — GRIMME: Pharm. Ztg. Bd. 57, S. 520. 1912 (Kennzahlen eines Öles mit der Säurezahl 2,6). — SPRINKMEYER und DIEDRICHS: Z. Nahrgsm. Bd. 23, S. 679. 1912; C. 1912, II, 738 (Bromzahl). — FARCY: Ann. Falsif. Bd. 5, S. 528. 1912; C. 1913, I, 186 (Kennzahlen und Reaktionen). — BACKER: Ch. Weekblad Bd. 12, S. 1034. 1915; C. 1916, I, 395 (Molekulargewicht). — HUBER und VAN DE WIELEN: Pharm. Weekblad Bd. 52, S. 39. 1915 (Vergleich von Ölen verschiedener Herkunft). — RAYNES: Analyst Bd. 43, S. 216. 1918; C. 1919, I, 1037 (Jodzahl). — GAUDA: Staz. sperim. agrar. ital. Bd. 52, S. 122. 1919; C. 1919, III, 342 (Ölgehalt). — GRIMME: Sfsz. Bd. 46, S. 183. 1919. — HILDITCH und VIDYARTHI: J. Soc. Ch. Ind. Bd. 46, S. 457 T. 1927; Ch. Umschau Bd. 35, S. 57. 1928 (Bestandteile eines Öles aus englischem schwarzen Senf). — HILDITCH, RILEY und VIDYARTHI: J. Soc. Ch. Ind. Bd. 46, S. 462 T. 1927; C. 1928, I, 707 (1—2% „Isoölsäure der Cruciferen").

Weißsenföl: Crossley und le Sueur: J. Soc. Ch. Ind. Bd. 17, S. 991. 1898. — Archbutt: ebenda S. 1009. — Grimme: Pharm. Ztg. Bd. 57, S. 520. 1912; C. 1912, II, 613 (Kennzahlen eines Öles mit der Säurezahl 2,6). — Knorr: Sfsz. Bd. 44, S. 234. 1917 (Öl mit der Säurezahl 8,5). — Raynes: Analyst Bd. 43, S. 216. 1918; C. 1919, I, 1037 (Jodzahl eines extrahierten Öles). — Hilditch, Riley und Vidyarthi: J. Soc. Ch. Ind. Bd. 46, S. 457 T. 1927; Ch. Umschau Bd. 35, S. 57. 1928 (Bestandteile eines Öles aus englischem weißen Senf); Hilditch, Riley und Vidyarthi, J. Soc. Ch. Ind. Bd. 46, S. 462 T. 1927; C. 1928, I, 707 (1—2% „Isoölsäure der Cruciferen").

Ackersenföl: Grimme: Pharm. Ztg. Bd. 57, S. 520. 1912; C. 1912, II, 613 (Öl mit der Säurezahl 8,6). — Bailey und Burnett: Eng. Bd. 8, S. 429. 1916; C. 1920, IV, 228 (Analysen von gepreßten und extrahierten Ölen einer Sorte aus den Ver. St. von Amerika).

Chinesisches Senföl: Grimme: Pharm. Ztg. Bd. 57, S. 520. 1912; C. 1912, II, 613 (Öl mit Säurezahl 3,2).

Schlitzblättriges Senföl: Grimme: a. a. O. (Öl mit Säurezahl 2,5).

Indisches (-Sarepta-) Senföl: Crossley und le Sueur: J. Soc. Ch. Ind. Bd. 17, S. 991. 1898. — Grimme: a. a. O. (Öl mit Säurezahl 2,2). — Farcy: Ann. Falsif. Bd. 5, S. 528. 1912; Bd. 6, S. 282. 1913; C. 1913, II, 291 (Bestandteile). — Sudborough, Watson und Ayyar: J. Indian Inst. Science Bd. 9, S. 25. 1926; C. 1926, II, 2730 (Analyse).

Samenöl von Diplotaxis Griffithii: Jumelle, „Les Huiles végétales", S. 287. Paris 1921 („Chanaka"-Samen aus dem Pendschab enthalten ca. 30% Öl).

Färberwaidöl: Grimme: Ch. Revue Bd. 19, S. 105. 1912.

Löffelkrautöl: Grimme: a. a. O. S. 104.

Meerkohlsamenöl: Grimme: a. a. O. S. 103.

Hederichöl: Valenta: Dinglers polyt. J. Bd. 247, S. 37. 1883. — Holdefleiss: Frühlings Landw. Z. 1890, S. 793; Jahresber. f. Agrikulturchemie 1890, S. 444. — Klimont: Z. ang. Bd. 24, S. 254. 1911. — Grimme: Ch. Revue Bd. 19, S. 104. 1912 (Kennzahlen eines Öles mit der Säurezahl 16,0). — Knorr: Sfsz. Bd. 44, S. 234. 1917; C. 1917, I, 1164 (Untersuchung zweier Ölmuster).

Rettichöle: Schädler: Technologie der Fette, S. 422. 1883. — de Negri und Fabris: Z. anal. Ch. Bd. 33, S. 555. 1894. — Crossley und le Sueur: J. Soc. Ch. Ind. Bd. 17, S. 991. 1898. — Wijs: Z. Nahrgsm. Bd. 6, S. 492. 1903 (Kennzahlen von Schwarzrettichöl). — Ch. Revue Bd. 12, S. 223. 1905; kein Autor angegeben (Bestandteile). — Grimme: Pharm. Centralh. Bd. 53, S. 733. 1912 (Kennzahlen von Weißrettichöl, Schwarzrettichöl, Radieschen- und Ölrettichsamenöl).

Brunnenkressenöl: Grimme: Ch. Revue Bd. 19, S. 102. 1912 (Analyse eines Öles mit der Säurezahl 2,2).

Winterkressenöl: Grimme: a. a. O.

Gartenkressenöl: de Negri und Fabris: Ann. Lab. Gabelle 1893. — Crossley und le Sueur: J. Soc. Ch. Ind. Bd. 17, S. 992. 1898. — Wijs: Z. Nahrgsm. Bd. 6, S. 492. 1903. — Grimme: a. a. O. (Kennzahlen eines Öles mit der Säurezahl 8,3).

Leindotteröl: Landw. Futtermittel, S. 446. Berlin 1889 (Ölgehalt). — de Negri und Fabris: Z. anal. Ch. Bd. 33, S. 55. 1894 (Kennzahlen). — Schestakoff: Ch. Revue Bd. 9, S. 204. 1902. — Grimme: Ch. Revue Bd. 19, S. 102. 1912 (Kennzahlen eines Öles mit der Säurezahl 13,2). — Knorr: Sfsz. Bd. 44, S. 234. 1917 (Öl mit Säurezahl 7,7).

Goldlacksamenöl: MATTHES und BOLTZE: Arch. Pharm. Bd. 250, S. 211. 1912 (Eigenschaften und Kennzahlen dreier Ölmuster). — GRIMME: Sfsz. Bd. 46, S. 31. 1919. — HILDITCH und JONES: J. Soc. Ch. Ind. Bd. 46, S. 467 T. 1927; Ch. Umschau Bd. 35, S. 58. 1928 (Kennzahlen und Bestandteile von Öl IV; Cheiranthussäure existiert nicht).

Nachtviolen- oder Rotrepsöl: DE NEGRI und FABRIS: Ann. Lab. Gabelle 1891—1892, S. 151; Z. anal. Ch. Bd. 33, S. 556. 1894.

Täschelkrautsamenöl: UBBELOHDE-GOLDSCHMIDT: Handbuch der Chemie und Technologie der Öle und Fette, Bd. II, S. 156. 1920. — S. IVANOW: Bayer. Ind. u. Gewerbebl. Jg. 115, S. 60. 1929 (Jodzahlen).

Resedaceae.

Resedasamenöl: SCHÜBLER: Landw. Samenkunde, S. 998. Berlin 1885.

Reihe: Rosales.

Saxifragaceae.

Johannisbeersamenöl: KOCHS: Jahresber. Vers. Stat. Kgl. Gärtnerlehranst. Dahlem 1906/07 (Butterrefraktometerzahl). — KRZIZAN: Ch. Revue Bd. 16, S. 1. 1909 (Analysen italienischer und böhmischer Öle). — ALPERS: Z. Nahrgsm. Bd. 32, S. 499. 1916 (Kennzahlen). — ROTHÉA: Bull. Sciences Pharm. Bd. 26, S. 105. 1919; C. 1919, IV, 325 (Gesamtanalyse). — HARTMANN, in UBBELOHDE-GOLDSCHMIDT-HARTMANN: Handbuch der Chemie und Technologie der Öle und Fette, Bd. IV, S. 369ff. Leipzig 1926. — STOCKERT: Öl- u. Fettind. Wien, Bd. 2, S. 61. 1920 (Ölgehalt).

Samenöle der weißen bzw. schwarzen Johannisbeere: GRIMME: Sfsz. Bd. 45, S. 20. 1918.

Stachelbeersamenöl: GRIMME: a. a. O.

Rosaceae.

Vogelbeersamenöl: VAN ITALLIE und NIEUWLAND: Arch. Pharm. Bd. 244, S. 164. 1906.

Himbeerkernöl: KRZIZAN: Z. öff. Ch. Bd. 13, S. 263. 1907. — KOCHS: Jahresber. Vers.-Stat. Kgl. Gärtnerlehranstalt, Dahlem 1906/07. — KLIMONT: Pharm. Post Bd. 51, S. 561. 1918; C. 1918, II, 735 (Kennzahlen). — STOCKERT: Öl- u. Fettind. Wien Bd. 2, S. 61. 1920 (Ölgehalt 22—24,4%).

Brombeerkernöl: KRZIZAN: Ch. Revue Bd. 15, S. 7, 29. 1908.

Erdbeersamenöl: APARIN: J. Russ. Phys. Ch. Ges. Bd. 35, S. 213. 1903; Bd. 36, S. 581. 1904 (Gesamtanalyse). — KOCHS: a. a. O. — STOCKERT: a. a. O. (Ölgehalt 14%).

Hagebuttensamenöl: KOCHS: a. a. O. — N. und H.: Z. ang. Bd. 30, S. 16. 1917 (Öl mit Säurezahl 1,8). — VASTERLING: Arch. Pharm. Bd. 260, S. 33. 1922 (Untersuchung eines Öles mit der Säurezahl 3,7).

Öl von Parinarium anamense: DAGAND und HEIM DE BALSAC: Bull. de l'Agence gén. des Colonies Bd. 18, S. 694. 1925 (Chemische Kennzahlen und Eigenschaften eines Öles mit der Säurezahl 18,6).

Po-Yoaköl: BRAY und ISLIP: Analyst Bd. 46, S. 325. 1921; C. 1921, III, 1289. — Imperial Institute, Bull. Imp. Inst. Bd. 20, S. 1. 1922; C. 1922, III, 558.

Öl von Parinarium senegalense: HECKEL: „Graines grasses nouv. ou peu connues des Colonies françaises“; s. auch Ann. Inst. Col. Marseille Bd. 5, S. 131. 1898 (Ölgehalt).

Oiticicasamen (Oticia-)Öl: Bolton und Revis: Analyst Bd. 43, S. 251; C. 1919, I, 1037 (Öl Nr. 1). — Grimme: Ch. Revue Bd. 17, S. 157. 1910; Bd. 26, S. 89. 1919; s. auch ebenda S. 75, 228 (Öle Nr. 2 bis 3a). — Lewkowitsch-Warburton: Ch. Technol., 6. ed., Bd. II, S. 150. 1922 — Imperial Institute, Bull. Imp. Inst. Bd. 21, S. 641. 1923; C. 1924, II, 126 (Öl Nr. 4).

Loganbeerenöl: Daugthers: Eng. Bd. 9, S. 1043. 1917; vgl. Lewkowitsch-Warburton: Ch. Technol., 6. ed., Bd. II, S. 152. 1922.

Leguminosae.

Unterfamilie: Caesalpinioideae.

Afzelia Brieyi-Öl: Pierarts: „Congo", Jg. 4, Bd. 1, S. 197. 1923 (Sep. d. Verf.). — Pieraerts und L'Heureuse: Mat. grasses Bd. 15, S. 6374. 1923; Ch. Umschau Bd. 30, S. 100. 1923.

Samenöl von Gymnocladus (Kentucky-Kaffeebaumöl): Barkenbus und Zimmermann: J. Am. Ch. Soc. Bd. 49, S. 2061. 1927; C. 1927, II, 1710.

Unterfamilie: Papilionatae.

Goldregensamenöl: Diedrichs: Ch. Revue Bd. 19, S. 239. 1912.

Besenginsteröl: N. und H.: Z. ang. Bd. 30, S. 221. 1917 (Ölgehalt).

Ginstersamenöl: Raffo: Ann. di Chim. appl. Bd. 7, S. 157. 1917; C. 1918, I, 1168.

Lupinensamenöle: Grimme: Ch. Revue Bd. 18, S. 54 bzw. 77. 1911 (Öle I von Lupinus luteus, L. albus, L. angustifolius). — Braun: Ch. Umschau Bd. 25, S. 18. 1918 (Ölgehalt, Entbitterung). — Weiss: Sfsz. Bd. 47, S. 481. 1920; C. 1920, IV, 441 (Gehalt an Bitterstoffen). — Brahm: Z. ang. Bd. 35, S. 45. 1922 (Entbitterung). — Guillaume: Compt. rend. Soc. Biol. Bd. 89, S. 887. 1923 (Öle II von Lupinus luteus, L. albus, L. varius, L. Cruckshanksii, L. polyphyllus).

Trigonellasamenöl: Grimme: Ch. Revue Bd. 18, S. 81. 1911 (Kennzahlen von Öl I mit der Säurezahl 20,6). — Wunschendorff: J. Pharm. Chim. Bd. 19, S. 397. 1919.

Luzernensamenöl (Alfalfasamenöl): Grimme: a. a. O. S. 79 (Kennzahlen von Öl I mit der Säurezahl 14,7). — Jacobson und Holmes: J. Am. Ch. Soc. Bd. 38, S. 480. 1916; C. 1916, I, 943 (Öl II mit der Säurezahl 2,8).

Samenöl des weißen Steinklees: Grimme: a. a. O. S. 78 (Kennzahlen von Öl I mit der Säurezahl 15,5). — Dunbar und Wells: J. Oil Fat Ind. Bd. 3, S. 382. 1926 (Vorkommen, Wachstumsbedingungen; Eigenschaften und Kennzahlen von Öl II). — Stockert: Öl- u. Fettind. Wien Bd. 2, S. 61. 1920.

Feldsteinkleeöl: Grimme: a. a. O. S. 79.

Rotkleeöl und Weißkleeöl: Jones: Mitt. Technol. Gewerbe-Museum, Wien, Bd. 13, S. 223. 1903 (Öle I mit hohen Jodzahlen). — Grimme: a. a. O. S. 80 (Öle II).

Andere Kleesaatöle: Grimme: Ch. Revue Bd. 18, S. 78. 1911.

Samenöl von Amorpha fruiticosa: Nakatogawa: J. Ch. Ind. Tokyo 1918, S. 781.

Gelbakazienöl: Jones: Mitt. Techn. Gew.-Mus. Wien Bd. 10, S. 223. 1903.

Weißakazienöl: Jones: a. a. O.; Ch. Revue Bd. 10, S. 285. 1903.

„Akazienöl": N. und H.: Z. ang. Bd. 30, S. 222. 1917 (Kennzahlen eines mit Benzol extrahierten Öles).

Wicken-, Erbsen- u. a. Öle: Jacobson: Z. physiol. Ch. Bd. 13, S. 33. 1889 (Fett aus Wicken, S. 50; aus Erbsen, S. 52; aus Lupinen, S. 59. Tabellarische Zusammenstellung der Bestandteile, S. 64). — Grimme: Pharm. Centralh. Bd. 52,

S. 1141. 1911 (Analyse der Öle von Wicken-, Erbsen- und Linsensamen); Ch. Revue Bd. 18, S. 82. 1911 (Kennzahlen von Geißkleeöl); ebenda S. 53 (Serradella- und Esparsetteöl).

Bohnenöle: JACOBSON: Z. physiol. Ch. Bd. 13, S. 32, und zwar S. 34. 1889 (Fett aus Saubohnen, Bestandteile). — KOSUTÁNY: Landw. Vers.-Stat. Bd. 54, S. 463. 1900 (Ölgehalt und Kennzahlen, in die Tabelle nicht aufgenommen). — MEYER: Ch.-Ztg. Bd. 27, S. 958. 1903 (Kennzahlen eines Öls „aus Bohnen", Säurezahl 115, in die Tabellen nicht aufgenommen). — WIEDERT: Sffbr. Bd. 24, S. 1045. 1904 („Chinesisches Bohnenöl"). — KORENTSCHEWSKI und ZIMMERMANN: Ch.-Ztg. Bd. 29, S. 777. 1905 („Chinesisches" Bohnenöl; die Kennzahlen liegen innerhalb der für Sojaöle geltenden Bereiche, s. unten). — GRIMME: Pharm. Centralh. Bd. 52, S. 1141. 1911 (Vollständige Analysen sämtlicher übrigen Bohnenöle). — BRAUN: Der Pflanzer Bd. 7, S. 642. 1912; C. 1912, I, 423 (Ölgehalt der Vignabohne). — HONCAMP, GÖTTSCH, GSCHWENDNER, ZAGORODSKY und ZIMMERMANN: Landw. Vers.-Stat. Bd. 77, S. 305. 1912; C. 1912, II, 1232 (Ölgehalt verschiedener Bohnensorten aus Deutsch-Ostafrika). — WITKE: Ch.-Ztg. Bd. 40, S. 147. 1916 (Ölgehalt und Kennzahlen von Phaseolus-vulgaris-Öl, in die Tabellen nicht aufgenommen). — JURITZ: Ch. News Bd. 126, S. 67 u. 86. 1923; C. 1923, I, 1603 (Mafeurabohnenöl).

Sojabohnenöl: HARZ: Landw. Samenkunde, S. 690. Berlin 1885. — SEMLER: Trop. Agricultur Wismar, Bd. 4, S. 476. 1892. — DE NEGRI und FABRIS: Z. anal. Ch. Bd. 33, S. 568. 1894. — HOSIE: „Manchuria", London, Methuen & Co. 1901. — POZZI-ESCOT: Rev. génér. de chim. pure et appl. S. 64. 1902 (Verbreitung). — KORENTSCHEWSKI und ZIMMERMANN: Ch.-Ztg. Bd. 29, S. 777. 1905. — KLOBB und BLOCH: Bull. Soc. Chim. Bd. 1, S. 422. 1907 (Steringehalt). — MORAWSKI und STINGL in BENEDIKT-ULZER: „Analyse", 5. Aufl., S. 712. 1908. — SHUKOFF in LEWKOWITSCH: Ch. Technol. 4. Aufl., S. 122. 1909. — MEISTER: Farbenztg. Bd. 15, S. 1486. 1910. — RIEGEL: Pharm. Ztg. Bd. 55, S. 428. 1910. — MATTHES und DAHLE: Arch. Pharm. Bd. 249, S. 424 u. 436. 1911 (Bestandteile). — ÖTTINGER und BUCHTA: Z. ang. Bd. 24, S. 828. 1911. — SETTIMJ: Ann. Lab. Gabelle 1912, S. 6; Ch. Revue Bd. 20, S. 61. 1913 (Farbenreaktion). — INGLE: J. Soc. Ch. Ind. Bd. 30, S. 344. 1911. — KEIMATSU: Ch.-Ztg. Bd. 35, S. 839. 1911. — UTZ: Ch. Revue Bd. 19, S. 130. 1912 (Farbenreaktionen). — LIVERSEEGE und ELSDON: J. Soc. Ch. Ind. Bd. 31, S. 207. 1912; C. 1912, I, 1592 (Gehalt an flüchtigen Fettsäuren; Jodzahl). — TOCH: J. Soc. Ch. Ind. Bd. 31, S. 572. 1912; C. 1912, II, 770 (Bestandteile, Trockenfähigkeit, Eignung zu Malzwecken). — REDMAN, WEITH und BROCK: Eng. Bd. 5, S. 630. 1913; C. 1913, II, 1433 (Trockenvermögen). — EIBNER und MUGGENTHALER: Ch. Revue Bd. 20, S. 34. 1913 (Hexabromidzahl). — MARCUSSON und MEYERHEIM: Z. ang. Bd. 27, S. 201. 1914 (Gehalt an Unverseifbarem). — STADLINGER: Sffbr. Bd. 34, S. 720. 1914; C. 1915, I, 402 (Mittelwerte der Kennzahlen). — MELLANA: Ann. di Chim. appl. Bd. 1, S. 381. 1914; C. 1917, III, 436 (Verseifungs- und Jodzahl eines Öles mit Säurezahl 1,1). — TSUJIMOTO und UENO: J. Soc. Ch. Ind. Bd. 34, S. 1259. 1915 („Soy-Öl", eine Mischung von Soja- und Weizenöl). — TAVERNE: Z. ang. Bd. 28, S. 249. 1915 (Oxydation, Polymerisation). — BACKER: Ch. Weekblad Bd. 12, S. 1034. 1915; C. 1916, I, 395 (Molekulargewicht des Öles). — KNORR: Sfsz. Bd. 44, S. 234. 1917 (Kennzahlen). — THURSTON: Middl. Drugg and Pharm. Rev. Bd. 52, S. 202. 1918; C. 1919, IV, 324 (Dichte und Brechungsindex). — VIVIÉS: Rev. produits chim. Bd. 22, S. 42. 1919; C. 1919, II, 774 (Trockenfähigkeit). — BRIGHTMAN: J. Soc. Ch. Ind. Bd. 38, S. 120. 1919; C. 1919, IV, 627 (Abscheidung aus einem mit Schwefelsäure raffinierten Öl). — WHITE: Ref. Mat. grasses Bd. 11,

S. 5209. 1919; Ch. Umschau Bd. 26, S. 187. 1919 (Kein Einfluß der Züchtung auf die Zusammensetzung des Öles). — NORD: Z. ang. Bd. 32, S. 305. 1919 (Jodzahl des ursprünglichen und des hydrierten Fettes). — GRIMME: Ch.-Ztg. Bd. 44, S. 194. 1920 (Kennzahlen der Öle von vier Bohnenarten aus Kamerun). — Low: Eng. Bd. 12, S. 572. 1920; C. 1920, III, 387 (Bestandteile und Kennzahlen). — DALL'ACQUA: Giorn. chim. appl. Bd. 1, S. 48. 1920; C. 1920, IV, 193 (Unterscheidung von Maisöl bzw. Traubenkernöl). — NEWHALL: Eng. Bd. 12, S. 1174. 1920; Bd. 13, S. 574. 1921; C. 1921, II, 517 (Nachweis mit Urannitrat). — FELLERS: Eng. Bd. 13, S. 689. 1921; C. 1921, III, 1168 (Kennzahlen und Bestandteile amerikanischer Öle; Veränderung beim Erhitzen). — BONNEY und WHITESCARVER: Eng. Bd. 13, S. 574. 1921; C. 1921, IV, 756 (Urannitrat-Reaktion nicht eindeutig). — TREVITHICK: Cotton Oil Press Bd. 5, S. 53. 1921; C. 1924, I, 2031 (Vergleichende Bestimmung der Farbtiefe raffinierter Öle). — TSCHUDY: Eng. Bd. 13, S. 941. 1921; C. 1922, II, 46 (Nachweis des Öles in Leinölgemischen mittels Jod- und Hexabromidzahl der Fettsäuren). — SMITH: Eng. Bd. 14, S. 530. 1922; C. 1922, III, 728 (Bestandteile); s. auch Analyst Bd. 47, S. 400. 1922. — GARDNER: Mat. grasses Bd. 14, S. 6149. 1922 (Anforderungen der Anstrichtechnik). — UTZ: Ch. Umschau Bd. 29, S. 29. 1922 (Nähere Untersuchung der Farbenreaktion mit Urannitrat). — NEMZEK: Oil, Paint, Drug Reporter Bd. 102, S. 33 u. 50. 1922; C. 1923, II, 691 (Standardwerte). — SATOW: Techn. Reports Tôhoku Imp. Univ. Bd. 2, S. 1. 1922; C. 1922, II, 648 (Monographie über die Sojabohne und ihr Öl). — BAUGHMAN und JAMIESON: J. Am. Ch. Soc. Bd. 44, S. 2947. 1922; C. 1923, IV, 214 (Bestandteile). — PFAHLER: Inaug.-Dissert. München 1923. — MURAMATSU: J. Ch. Soc. Japan Bd. 44, S. 1035. 1923; Ch. Umschau Bd. 32, S. 21. 1925 (Natürliche Seifen in Sojabohnen). — TREVITHICK: Cotton Oil Press Bd. 7, S. 33. 1923; C. 1923, IV, 1013 (Farbtiefe, vgl. oben). — H. WOLFF: Ch. Umschau Bd. 30, S. 253. 1923 (Beziehungen der Kennzahlen). — MYDDLETON und BARRY: „Fats: Natural and Synthetic", S. 109. London 1924 (Bestandteile). — LUSH: Ch. Trade J. Bd. 74, S. 187. 1924; C. 1924, I, 2315 (Kennzahlen eines Öles mit der Säurezahl 0,4). — KODAMA: Eng. Bd. 16, S. 523. 1924; Ch. Umschau Bd. 31, S. 217. 1924 (Kennzahlen von Soja-„Miso"-Öl: Dichte 0,9466—0,9471; Verseifungszahl 211—235; Jodzahl 117—132; Hehner-Zahl 93,5—98; Säurezahlen zwischen 22,5 und 77,7; Reichert-Meissl-Zahl 3,6—7,5). — WALLIS und BURROWS: J. Am. Ch. Soc. Bd. 46, S. 1949. 1924; C. 1924, II, 1867 (Zusammensetzung). — EIBNER und WIBELITZ: Ch. Umschau Bd. 31, S. 109 u. 121. 1924 (Maltechnisch mohnölartiges Verhalten des Öles). — ANDRÉ: Bull. Soc. Chim. Bd. 37, S. 335. 1925; C. 1925, I, 2197 (Acetylzahl). — STUTZ: J. Franklin Inst. Bd. 200, S. 87. 1925; C. 1925, II, 1896 (Spektrophotometrische Messungen im ultravioletten Licht). — WACHWITZ: Farbe u. Lack Bd. 30, S. 210. 1925. — VORLÄNDER und WALTER: Z. physik. Ch. Bd. 118, S. 1. 1925; C. 1926, I, 1112 (Zähigkeit, Doppelbrechung). — MARGOSCHES und FUCHS: Ber. Bd. 59, S. 375. 1926 (Differenz- und Überjodzahl). — PFAHLER: Ch. Umschau Bd. 33, S. 65 u. 173. 1926 (Analyse, Bestandteile; Soja-Dicköl). — VENTURI: Boll. Chim. Farm. Bd. 65, S. 481. 1926; C. 1926, II, 2506 (Bestandteile der Samen, Kennzahlen des Öles). — EIBNER: Farbe u. Lack Bd. 31, S. 463 u. 472. 1926 (Bestandteile; Einteilung der trocknenden Öle nach ihrer Verwendbarkeit). — KAUFMANN: Ber. Bd. 59, S. 1390. 1926 (Rhodanzahl). — TOCH: J. Oil Fat Ind. Bd. 3, S. 52. 1926; C. 1926, I, 3105 (Dispersion). — CARRIÈRE: Ch. Umschau Bd. 34, S. 113. 1927 (Nachweis von Leinöl in Sojabohnenöl; technische Methode zur Bestimmung der Hexabromidzahl). — KREIS und O. WOLFF: Mitt. Lebensmittelunters. u. Hygiene Bd. 18, S. 245. 1927; C. 1927, II, 2129 (Nachweis). — COLE, LIND-

STROM und WOODWORTH: J. Agricult. Res. Bd. 35, S. 75. 1927; C. 1927, II, 2022 (Zuchtversuche mit Sojabohnen zur Erzielung eines Öles von großer Trockengeschwindigkeit). — BERTRAM: Z. D. Öl- u. Fettind. Bd. 45, S. 733. 1925; Ch. Weekblad Bd. 24, S. 226. 1927; C. 1927, II, 762 (Gehalt an wasserunlöslichen, gesättigten Fettsäuren 14,8—15%). — HASHI: J. Soc. Ch. Ind. Japan, Suppl.-Bd. 30, S. 221, 222, B. 1927; Ch. Umschau Bd. 35, S. 58. 1928 (Bestandteile, Oleodipalmitin). — ZIMMERMANN: Tropenpflanzer Bd. 31, S. 353. 1927; Ch. Umschau Bd. 35, S. 105. 1928 (Botanische, chemische und technische Studie). — SUZUKI und YOKOYAMA: Proceed. Imp. Acad. Tokyo Bd. 3, S. 529. 1927; C. 1928, I, 605 (Gemischtsäurige Glyceride). — HASHI: J. Soc. Ch. Ind. Japan, Suppl.-Bd. 31, S. 34. 1928; C. 1928, I, 2319; Bd. 31, S. 117. 1928; Ch. Umschau Bd. 35, S. 322. 1928 (Gemischtsäurige Glyceride). — CARRIÈRE: Ch. Weekblad Bd. 25, S. 630. 1928; C. 1929, I, 322 (Blaue Fluorescenz sowie über 0,7% Unverseifbares in mandschurischem Sojaöl). — HOLTZ: Sfsz. Bd. 56, S. 103ff. 1929; C. 1929, I, 2713 (Isolierung des Sterins).

Sojabohnenblätteröl: NELSON: Eng. Bd. 12, S. 49. 1920; C. 1920, II, 765.

Erderbsenöl: GRIMME: Pharm. Centralh. Bd. 52, S. 1141 und zw. S. 1149. 1911 (Analyse von Öl I). — MARGAILLAN und GONTARD: Ann. Musée Colonial Marseille Jg. 33 (4), Bd. 3, S. 19. 1925; Sep. d. Verf. (Öl II).

Reihe: Geraniales.

Linaceae.

Leinöl: Über die Leinöl-Literatur bis Ende 1910 s. FAHRION: „Die Chemie der trocknenden Öle.“ Berlin: Julius Springer 1911.

Nach 1910: KLIMONT: Z. ang. Bd. 24, S. 254. 1911 (Molekularrefraktion). — JENSEN: Pharm. Journ. (4) Bd. 32, S. 839. 1911; C. 1911, II, 797 (Harzreaktion). — ERDMANN: Z. physiol. Ch. Bd. 74, S. 179. 1911 (Bestandteile). — ANDÈS: Farbenztg. Bd. 16, S. 1937. 1911 (Entflockung). — SABIN: Eng. Bd. 3, S. 84. 1911 (Trockenvorgang). — WALKER und BOUGHTON: ebenda S. 816. (Fluorescenz). — SHEPPARD: ebenda Bd. 4, S. 14. 1912; C. 1912, I, 1405 (Verunreinigungen). — UTZ: Ch. Revue Bd. 19, S. 130. 1912 (SERGERsche Reaktion). — NIEGEMANN: Farbenztg. Bd. 17, S. 789. 1912 (Jodzahlen). — H. WOLFF: ebenda S. 850 (Jodzahlen). — GRIMME: Ch. Revue Bd. 19, S. 180. 1912 (Chinesische Leinsaaten). — NIEGEMANN und KAYSER: Farbenztg. Bd. 17, S. 2165. 1912 (Brechungsindices). — HALPHEN: „Huiles et graisses végétales“, S. 98. Paris 1912 (Spektroskopische Bestimmung). — WILSON und HEAVEN: J. Soc. Ch. Ind. Bd. 31, S. 565. 1912; C. 1912, II, S. 757 (Sauerstoffabsorption). — H. WOLFF: Farbenztg. Bd. 17, S. 1884. 1912 (Säurebildung beim Erhitzen). — HOLDE und MEYERHEIM: Ch.-Ztg. Bd. 36, S. 1076. 1912 (Kennzahlen reiner Leinöle). — EIBNER und MUGGENTHALER: Farbenztg. Bd. 18, S. 131, 175, 235, 356, 411, 466, 523, 582, 641. 1912; C. 1913, I, 567 (Hexabromidzahl). — MANNHARDT: Eng. Bd. 5, S. 129. 1913; C. 1913, I, 1366 (Sauerstoffabsorption). — BOUGHTON: Eng. Bd. 5, S. 282, 1913; C. 1913, I, 1900 (Mangangehalt von rohem Leinöl). — REDMAN, WEITH und BROCK: Eng. Bd. 5, S. 630. 1913; C. 1913, II, 1433. — MORRELL: J. Soc. Ch. Ind. Bd. 32, S. 1091. 1913; C. 1914, I, 556 (Gesättigte Säuren). — ZIPSER: Farbenztg. Bd. 19, S. 1300. 1914 (Analyse, Prüfung des Trockenvermögens roher Öle). — Georg Schicht A.-G. (AD. GRÜN): Sffbr. Bd. 34, S. 673, 717. 1914 (Gemischtsäurige Glyceride). — Amer. Soc. Testing Mat.; Year Book 1914, S. 335; s. LEWKOWITSCH-WARBURTON: Ch. Technol., 6. ed., Bd. II, S. 65. 1922 (Lieferungsbedingungen für Leinöl, Ver. St. Amerika). — DAVIDSOHN und WRAGE:

Ch. Revue Bd. 22, S. 11. 1915 (Löslichkeit in Alkohol). — EYRE und FISHER: Journ. Agric. Science 1915, S. 120; s. LEWKOWITSCH-WARBURTON: Ch. Technol., 6. ed., Bd. II, S. 56. 1922 (Ölgehalt von Saaten verschiedenen Reifestadiums). — S. IVANOW: Beih. z. Botan. Centralbl. Bd. 32, Abt. I, S. 66. 1915 (Jodzahl 175,3). — BACKER: Ch. Weekblad Bd. 12, S. 1034. 1915; C. 1916, I, 395 (Molekulargewichte). — MANNICH und THIELE: Ber. Pharm. Ges. Bd. 26, S. 36. 1916; C. 1916, I, 812 (Hydrierung). — H. WOLFF: Farbenztg. Bd. 21, S. 1302. 1916 (Lichtbrechung). — VAN LEENT: Ch. Weekblad Bd. 13, S. 712. 1916; C. 1916, II, 526 (Analysen gehärteter Öle). — SACHER: Farbenztg. Bd. 21, S. 1012. 1916 (Reaktionen auf Erdölprodukte). — WEISS: Sffbr. Bd. 36, S. 601, 617. 1916 (Raffination). — SEATON und SAWYER: Eng. Bd. 8, S. 490. 1916; C. 1918, I, 576 (Molekulargewichte). — MARDEN und DOVER: Eng. Bd. 8, S. 121. 1916; Bd. 9, S. 858. 1917; C. 1918, I, 1193 (Thermozahlen). — FRIEND: J. Ch. Soc. Bd. 111, S. 162. 1917; C. 1917, II, 504. — FRIEND: „The Chemistry of Linseed Oil". London 1917. — NIEGEMANN: Z. ang. Bd. 30, S. 205. 1917 (Feste Fettsäuren). — H. WOLFF: Farbenztg. Bd. 23, S. 307. 1918 (Nachweis in Cumaronharz). — GILL: Eng. Bd. 9, S. 136. 1917; C. 1920, IV, 395 (Gelatinierungsprobe). — WILKIE: Analyst Bd. 42, S. 200. 1917; C. 1917, II, 780 (1—1,5% Unverseifbares). — HOLDEN und RATCLIFFE: Journ. Soc. Dyers Colourists Bd. 34, S. 138. 1918; C. 1919, II, 366 (Oxydation). — UBBELOHDE und SVANOE: Z. ang. Bd. 32, S. 257. 1919 (Hydrierung). — INGLE und WOODMANSEY: J. Soc. Ch. Ind. Bd. 38, S. 101 T. 1919; C. 1919, IV, 505 (Oxydation, Polymerisation). — GRIMME: Sfsz. Bd. 46, S. 816. 1919 (Leinsaaten des Handels). — FILTER: Landw. Vers.-Stat. Bd. 93, S. 221. 1919; C. 1919, III, 654 (Ölgehalte von Samen verschiedener Herkunft). — SHEPPARD: Eng. Bd. 11, S. 637. 1919; C. 1920, II, 765 (Änderung der Kennzahlen beim Trockenvorgang). — MARCUSSON: Z. ang. Bd. 33, S. 231. 1920 (Polymerisation). — HOLDE und TACKE: Ber. Bd. 53, S. 1898. 1920 (Anhydride). — HOLDE und SINGALOWSKI: Z. ang. Bd. 33, S. 267. 1920 (Oberflächenspannung). — NORMANN: Ch. Umschau Bd. 27, S. 216. 1920 (Viscositäten). — FAHRION: Ch. Umschau Bd. 27, S. 38, 49, 73, 85. 1920 (Allgemeines). — LIPPERT: Farbenztg. Bd. 26, S. 1507. 1921 (Reines, nichttrocknendes Leinöl). — EIBNER: ebenda S. 1314 (Nachweis von Tran). — COFFEY: J. Ch. Soc. Bd. 119, S. 1152, 1306, 1408. 1921; C. 1921, III, 1472 (Zusammensetzung und Oxydationsmechanismus). — EIBNER: Farbenztg. Bd. 26, S. 823, 881. 1921 (Trockenvorgang, Vergleich mit Mohnöl). — H. WOLFF: ebenda S. 1129; Ch. Umschau Bd. 28, S. 60. 1921 (Nichttrocknendes Leinöl). — EIBNER: Farbenztg. Bd. 26, S. 2397. 1921 (Methoden für die Untersuchung trocknender Öle). — H. WOLFF: ebenda S. 2851 (Trockenvorgang). — DAVIDSON: Eng. Bd. 13, S. 801. 1921; C. 1921, IV, 1042 (Ölbromide). — H. WOLFF: Ch.-Ztg. Bd. 45, S. 1086. 1921 (Leinölschleim, Nachweis von Stearinsäure). — SLANSKY: Z. ang. Bd. 34, S. 533. 1921; Bd. 35, S. 389. 1922 (Trockenvorgang). — H. WOLFF und DORN: Farbenztg. Bd. 26, S. 736. 1921; Ch. Umschau Bd. 28, S. 265. 1921 (Entschleimen, Firnistrübungen). — SCHMIDINGER: Inaug.-Dissert. München 1922 (Vollständige Analysen). — EIBNER: „Über fette Öle, Leinölersatzmittel und Ölfarben." München 1922 (Zusammenfassung, Beurteilung trocknender Öle vom anstrichtechnischen Standpunkt). — H. WOLFF: Ch.-Ztg. Bd. 47, S. 142. 1923 („Normale Kennzahlen", „Verteilungskurven", Jodzahlengleichung). — PALLADIN: Bioch. Z. Bd. 136, S. 346. 1923; C. 1923, III, 797 (Vitamingehalt). — TOMPKINS: Cotton Oil Press Bd. 5, Nr. 2. 1923; C. 1923, IV, 738 (Fluorescenz). — ANDERSON und MOORE: J. Am. Ch. Soc. Bd. 45, S. 1944. 1923; C. 1924, I, 562 (Phytosterine). — EIBNER und SCHMIDINGER: Ch. Umschau Bd. 30, S. 293. 1923 (Quantitative Analyse eines Leinöls; Bestandteile). — H. WOLFF: ebenda S. 253 (Hexabromidzahl). — GARDNER und PARKS: Farbenztg. Bd. 28, S. 233. 1923; Ch. Umschau Bd. 31, S. 29. 1924 (Einfluß verschiedener Lichtsorten auf das Trocknen). — COFFEY: Journ. of the Oil Chem. Assoc. 1923; C. 1924, II, 1530 (Zusammensetzung, Trockenkurven); vgl. Ch. Umschau Bd. 31, S. 172. 1924 („Wahre" Sauerstoffzahl). — TORTELLI: Boll. Chim. Farm. Bd. 62, S. 323. 1923; C. 1924, II, 2712 (Nachweis von Verfälschungen mittels Farbenreaktionen). — JAKOBSEN: Cotton Oil Press Bd. 6, S. 43. 1922; C. 1924, I, 1119 (Wachs im Speiseleinöl, s. auch S. 545). — RHODES und WIRT: Eng. Bd. 15, S. 115. 1923; C. 1924, I, 1119 (Einfluß von Farbstoffen auf die Oxydation). — WIRT und RHODES: Eng. Bd. 15, S. 1135. 1923; C. 1924, I, 1119 (Wirkung von Farbstoffen; Verzögerung der Oxydation). — WINKLER: Pharm. Centralh. Bd. 65, S. 385. 1924 (Jodbromzahlen). — TOMS: Analyst Bd. 49, S. 77. 1924; C. 1924, I, 2550 (Krystallinische Bromide). — STEELE: Eng. Bd. 16, S. 957. 1924; C. 1924, II, 2709 (Wirkung von Metallseifen auf das Trocknen rohen Leinöls). — MEIGEN und RAMGE: Ch. Umschau Bd. 31, S. 4. 1924 (Hydroxylzahl). — FRIEND und ALCOCK: Oil and Col. Chem. Assoc.; J. Soc. Ch. Ind. Bd. 43, S. 525. 1924; Ch. Umschau Bd. 31, S. 199. 1924 (Polymerisation). — SLANSKY: Ch. Umschau Bd. 31, S. 277 u. 281. 1924 (Katalyse der Leinöloxydation). — WITTKA: Z. D. Öl- u. Fettind. Bd. 44, S. 375. 1924 (Molekulargewichte). — MARCUSSON: Z. ang. Bd. 38, S. 148. 1925 (Polymerisation). — BELL und POYNTON: Philos. Magazine (6) Bd. 49, S. 1065. 1925; C. 1925, II, 708 (Dielektrizitätskonstante). — SEIFRIZ: J. Phys. Ch. Bd. 29, S. 834. 1925; C. 1925, II, 1512 (Emulsionen mit Caseinlösungen). — BACHMANN und BRIEGER: Kolloid-Z. Bd. 36, Erg.-Bd. S. 142. 1925; C. 1925, I, 2543 (Benetzungswärme). — VOLLMANN: Farbenztg. Bd. 30, S. 1742. 1925 (Katalyse der Leinöltrocknung). — EIBNER: Ch. Umschau Bd. 32, S. 81 u. 97. 1925 (Trockenvorgang). — ANDRÉ: Bull. Soc. Chim. (4) Bd. 37, S. 335. 1925; C. 1925, I, 2197 (Erhöhung des Molekulargewichtes beim Kochen). — DE CONNO, GOFFREDI und DRAGONI: Ann. di Chim. appl. Bd. 15, S. 475. 1925; C. 1926, I, 2059 (Wirkung von Phenolen u. dgl.). — PICKARD: J. Oil Fat Ind. Bd. 2, S. 57. 1925; C. 1926, I, 3291 (Vorteile der HANUSmethode; die Werte sind durchschnittlich um $4^1/_2$% niedriger als die nach WIJS erhaltenen). — STUTZ: J. Franklin Inst. Bd. 200, S. 87. 1925; C. 1925, II, 1896 (Spektrophotometrische Messungen im Ultraviolett). — VOLLMANN: Z. ang. Bd. 38, S. 337. 1925 (Kolloidchemie). — MARGOSCHES, FRIEDMANN, WALTER und TSCHÖRNER: Ber. Bd. 58, S. 794. 1925 (Perjodzahl). — VORLÄNDER und WALTER: Z. physik. Ch. Bd. 118, S. 1. 1925; C. 1926, I, 1112 (Mechanisch erzwungene Doppelbrechung). — BOEDTKER: J. Pharm. Chim. (8) Bd. 2, S. 107. 1925; C. 1926, I, 267 (Verfahren zur Bestimmung des Lecithins im Leinöl). — ELLIS: J. Soc. Ch. Ind. Bd. 44, S. 401. 1925; C. 1926, II, 125 (Trockenvorgang). — RHODES und COUPER: Eng. Bd. 17, S. 1255. 1925; C. 1926, I, 1486 (Einfluß der Eisenoxydfarben auf die Oxydation). — EIBNER: Z. ang. Bd. 39, S. 38. 1926 (Trockenverlauf). — KAUFMANN: Ber. Bd. 59, S. 1390. 1926 (Rhodanometrische Jodzahl). — RHODES und MATTHES: Eng. Bd. 18, S. 30. 1926; C. 1926, I, 2411 (Einfluß von Zinkoxyd auf den Oxydationsverlauf). — MARGOSCHES und FUCHS: Ber. Bd. 59, S. 375. 1926 (Über- und Differenzjodzahl). — GROSSFELD: Z. Lebensm. Bd. 51, S. 210. 1926 (Buttersäurezahl = —0,53). — H. WOLFF: Farbenztg. Bd. 31, S. 1239. 1926 (Trockenvorgang). — S. IVANOW: Ber. Botan. Ges. Bd. 44, S. 31. 1926 (Klimaeinfluß auf den Linolensäuregehalt); s. auch „Die Lehre von den Pflanzenölen" (russisch), Moskau 1924, besonders die Kapitel IV—VI. — JAMIESON und BOUGHMAN: J. Oil Fat Ind. Bd. 3, S. 307. 1926; C. 1926, II, 3124 (Quantitative Bestimmung des „Schleims"). — TOCH: J. Oil Fat Ind. Bd. 3, S. 52. 1926; C. 1926,

I, 3105 (Dispersion). — H. Wolff und Teeldte: Farbe u. Lack Bd. 31, S. 509. 1926 (Wirkung ultravioletter Strahlen). — Petroff und Dimakoff: Z. D. Öl- u. Fettind. Bd. 46, S. 417. 1926 (Polymerisation). — Pfahler: Ch. Umschau Bd. 33, S. 173. 1926 (Kennzahlen und Zusammensetzung von Leinölstandöl; Ölsäuregehalt des ursprünglichen Öls *22,5%*). — Toms: Analyst Bd. 51, S. 387. 1926; C. 1926, II, 2507 (Krystallinische Bromide). — Laurie: Proc. Royal Soc. London, Serie A, Bd. 112, S. 176. 1926; C. 1926, II, 1704 (Änderung des Brechungsindex beim Trocknen). — Bills: J. Biol. Ch. Bd. 67, S. 279. 1926; C. 1926, II, 125 (Löslichkeit des Öles). — Rhodes und Goldsmith: Eng. Bd. 18, S. 566. 1926; Ch. Umschau Bd. 34, S. 8. 1926 (Wirkung von Kohlenfarbstoffen auf die Oxydationsgeschwindigkeit). — Carrière: Ch. Weekblad Bd. 23, S. 274. 1926; Ch. Umschau Bd. 33, S. 256. 1926 (Nachweis im Sojabohnenöl). — Eibner: Farbenztg. Bd. 31, S. 1398. 1926 (Trockenvorgang). — Marcusson: Z. ang. Bd. 39, S. 476. 1926 (Polymerisation, Bestandteile des Films). — de Waele: Kolloid-Z. Bd. 38, S. 257. 1926; C. 1926, I, 3131 (Plastometrische Untersuchung eines Standöls). — Laurie: Chem. Age, nach J. Oil Fat Ind. Bd. 3, S. 229. 1926 (Vergilben der Farben); s. auch C. 1926, II, 1704. — Whitby und Chataway: J. Soc. Ch. Ind. Bd. 45, S. 115. 1926; C. 1926, II, 952 (Einwirkung von Schwefel auf die Gerinnung). — British Eng. Standard Ass.: Farbe u. Lack 1926, S. 414 (Normen für Leinöl). — Luttringer: Caoutchouc et Guttapercha Bd. 23, S. 13, 172. 1926 (Analyse, Prüfung auf Verfälschungen). — Chatterji und Finch: J. Soc. Ch. Ind. Bd. 45 T., S. 333. 1926; Ch. Umschau Bd. 34, S. 25. 1927 (Oxydation; maximale Gewichtszunahme 11,4%). — H. Wolff: Ch. Umschau Bd. 34, S. 17. 1927 (Leinöl mit positiver Storch-Morawsky-Reaktion). — Rogers und Taylor: J. Phys. Ch. Bd. 30, S. 1334. 1926; Ch. Umschau Bd. 34, S. 108. 1927 (Oxydationsgeschwindigkeit). — Carrière: ebenda S. 113 (Nachweis von Leinöl in Sojaöl; technische Methode zur Bestimmung der Hexabromidzahl). — Long und Wentz: Eng. Bd. 17, S. 905. 1925; C. 1926, I, 790 (Molekulargewichtsvergrößerung beim Kochen); Eng. Bd. 18, S. 1245. 1926; C. 1927, I, 2490. — Long und Arner: Eng. Bd. 18, S. 1252. 1926 (Molekulargewichtszunahme beim Kochen). — Fritz: Ch. Umschau Bd. 34, S. 217. 1927 (Trocknen). — Reichsausschuß für Lieferbedingungen: Ch. Umschau Bd. 34, S. 225. 1927 (Lieferbedingungen für Leinöl und Leinölfirnis). — Scheiber: Farbe u. Lack Bd. 32, S. 75, 125 u. 135. 1927; C. 1927, I, 2489 (Trockenvorgang). — H. Wolff: Farbe u. Lack Bd. 32, S. 134. 1927; C. 1927, I, 2490 (Trocknen). — Holden: J. Soc. Dyers Colourists Bd. 34, S. 157. 1927; C. 1927, II, 347 (Chemismus der Oxydation). — Eastman und Taylor: Eng. Bd. 19, S. 896. 1927; C. 1927, II, 2023 (Einfluß von Verunreinigungen auf die Trockenfähigkeit und Viscosität). — Marling: Canadian Ch. Metallurg. Bd. 11, S. 63. 1927; C. 1927, II, 1631 (Beschleuniger und Verzögerer der Leinöltrocknung). — Jägerhorn: Pharmacia 1926, Nr. 5, S. 6; C. 1927, II, 1521 (Nachweis der Zersetzungsprodukte mittels der Diphenylcarbazidreaktion nach Stamm und der fuchsinschwefligen Säurereaktion nach Fellenberg; Reaktion nach Stamm s. Pharmacia Nr. 5, S. 4; C. 1927, II, 1521 — H. Wolff: Ch. Umschau Bd. 34, S. 205. 1927 (Trocknen des Leinöls im Kohlendioxydstrom; nicht beliebig reproduzierbar). — Evans, Marling und Lower: Eng. Bd. 18, S. 1229. 1926; Bd. 19, S. 640. 1927; C. 1927, II, 1218 (Mechanismus des Leinöltrocknens). — Scheiber: Z. ang. Bd. 40, S. 1279. 1927; s. auch Ch. Umschau Bd. 24, S. 6. 1927 (Ablehnung der rein kolloidchemischen Auffassung für die Eindickung fetter Öle). — Lewkowitsch: J. Soc. Ch. Ind. Bd. 46, S. 195 T. 1927; C. 1927, II, 1218 (Absorptionsspektren im Ultraviolett). — Bertram: Z. D. Öl- u. Fettind. Bd. 45, S. 733. 1925; Ch. Weekblad Bd. 24, S. 226. 1927; C. 1927, II, 762 (Gehalt an wasserunlöslichen, gesättigten Fettsäuren 11,1—11,4%). — EIBNER, WIDENMAYER und SCHILD: Ch. Umschau Bd. 34, S. 319. 1927 (Isolierung von Dilinolenmonoölsäureglycerid; wechselnde Mengen von Dilinolenmonolinolsäureglycerid). — BROSEL: Inaug.-Dissert. München 1927 (Leinöle der Weltproduktion). — D'ANS: Ch. Umschau Bd. 34, S. 283. 1927 (Sauerstoffbilanz beim Trocknen von Leinölfirnis). — ALLAN und MOORE: J. Soc. Ch. Ind. Bd. 46, S. 433 T. 1927; Ch. Umschau Bd. 35, S. 19. 1928 (Phytosterin). — SUZUKI und YOKOYAMA: Proceed. Imp. Acad. Tokyo Bd. 3, S. 526. 1927; C. 1928, I, 605 (Gemischtsäurige Glyceride). — EIBNER und HELD: Ch. Umschau Bd. 35, S. 65. 1928 (Trockenvorgang). — EIBNER und BROSEL: Ch. Umschau Bd. 35, S. 157. 1928; C. 1928, II, 829 (Zusammensetzung eines Kalkutta-Leinöles). — FRITZ: Farbenztg. Bd. 34, S. 24. 1928; s. auch Farbe u. Lack 1928, S. 474 (Spezifisches Gewicht); s. auch ALBRECHT: Farbenztg. Bd. 34, S. 206. 1928; C. 1929, I, 320. — CHATAWAY: J. Soc. Ch. Ind. Bd. 47, S. 167 T. 1928; C. 1928, II, 1044 (Oxydation). — H. WOLFF: Ch. Umschau Bd. 35, S. 313. 1928; C. 1929, I, 815 (Einfluß verschiedener Sikkative auf den Trockenvorgang). — KAUFMANN: Z. ang. Bd. 42, S. 20 u. 73. 1929; C. 1929, I, 1166 (Ermittlung der Zusammensetzung mit Hilfe der Rhodanzahl). — STOCK: Farbenztg. Bd. 34, S. 1847. 1929 (Kennzahlen chinesischer Muster).

Öle verschiedener Linum-Arten: S. IVANOW: Beih. z. Botan. Centralbl. Bd. 32, Abt. I, S. 66. 1915.

Rutaceae.

Samenöl der Kapkastanie: Imperial Institute, Bull. Imp. Inst. Bd. 20, S. 5. 1922.

Samenöl von Chloroxylon swietenia: RAU und SIMONSEN: Indian Forest Records Bd. 9, III. 1922; Ch. Umschau Bd. 30, S. 25. 1923.

Öl von Limonia Warneckei: WAGNER und LAMPART: Z. Nahrgsm. Bd. 30, S. 221. 1915; C. 1915, II, 1147.

Öle von Citrus decumana: WILLIMOTT und WOKES: Pharm. J. Bd. 118, S. 770. 1927; C. 1927, II, 1356 (Gehalt an Vitamin A).

Zitronenkernöl: PETERS und FRERICHS: Arch. Pharm. Bd. 240, S. 659. 1902 (Acetylzahl). — DIEDRICHS: Z. Nahrgsm. Bd. 27, S. 132. 1914; C. 1914, I, 1439 (Analyse). — MACH und LEDERLE: Ch.-Ztg. Bd. 41, S. 830. 1917 (Ölgehalt der Kerne und Samenschalen). — BERTOLO: Ann. di Chim. appl. 1920, S. 54; C. 1920, III, 96 (Kennzahlen; 2,8% freie Säuren). — BENNETT: Perf. Essent. Oil Rec. Bd. 13, S. 260. 1922; C. 1922, IV, 768 (Kennzahlen kalt gepreßten Öles; 11,6% freie Säuren). — Imperial Institute, Bull. Imp. Inst. Bd. 20, S. 465. 1922; C. 1923, IV, 257 (Indisches Zitronenkernöl). — DUBOSC: La Parfumerie moderne Bd. 18, S. 55. 1925; C. 1925, I, 2477 (Kennzahlen chinesischen Zitronenkernöles). — MARSHALL und SALAMON: Analyst Bd. 51, S. 237. 1926; C. 1926, II, 771 (Beschreibung rohen und raffinierten Öles). — COLLENS: Analyst Bd. 51, S. 510. 1926; C. 1927, I, 201 (Öl mit Säurezahl 11,2). — WILLIMOTT und WOKES: Pharm. J. Bd. 118, S. 770, 1927; C. 1927, II, 1356 (Gehalt an Vitamin A). — OCCHIPINTI: Atti II. Congresso Nazionale Chim. pura ed applicata, S. 945. Palermo 1926; C. 1928, I, 2884 (Öl mit Säurezahl 21,1; ca. 25% feste Säuren: 30% Stearin-, 70% Palmitinsäure).

Orangensamenöl: MEYER: Ch.-Ztg. Bd. 27, S. 958. 1903 (Kennzahlen in die Tabellen nicht aufgenommen). — KÖNIG: Ch. Nahrgsm., 4. Aufl., Bd. II, S. 958. 1904. — DIEDRICHS: Z. Nahrgsm. Bd. 27, S. 132. 1914; C. 1914, I, 1439 (Vollständige Analyse). — MACH und LEDERLE: Ch.-Ztg. Bd. 41, S. 830. 1917 (Ölgehalt der Kerne und Samenschalen). — HEWER: Analyst Bd. 42, S. 271. 1917;

C. 1917, II, 752 (Beschreibung des Öles aus Kernen der sog. „bitteren“ Orangen). — SEBGER: Ch.-Ztg. Bd. 41, S. 517. 1917 (Kennzahlen ätherextrahierten Öles). — ROTHÉA: Bull. Sciences Pharm. Bd. 26, S. 105. 1919; C. 1919, IV, 325 (Ölgehalt). — KOBAYASHI: J. Soc. Ch. Ind. Bd. 38, S. 294 A. 1919 (Kennzahlen chinesischer Öle). — WILLIMOTT und WOKES: Pharm. J. Bd. 118, S. 770, 1927; C. 1927, II, 1356 (Gehalt an Vitamin A). — MARION BROOKS MATLACK: J. Amer. Pharm. Assoc. Bd. 18, S. 24. 1929; C. 1929, I, 1703 (Phytosterine; angeblich auch Glyceride in Orangenschalen).

Öle von Citrus-Arten aus Surinam: Olien en Vetten Bd. 4, S. 387. 1919; Öl- u. Fettind. Wien Bd. 2, S. 186. 1920 (Öle von Citrus Aurantium, C. Limetta, C. nobilis, C. decumana, C. vulgaris).

Meliaceae.

Mahagonisamenöl: Imperial Institute, Miscellan. Colon. Reports Nr. 88, S. 468. 1914.

Amooraöl: CROSSLEY und LE SUEUR: J. Soc. Ch. Ind. Bd. 17, S. 989, 991. 1898. — Imperial Institute: Bull. Imp. Inst. Bd. 11, S. 1559. 1913 (Analysen bengalischer Öle). — WEITZ und LECOQ: Bull. Sciences Pharm. Bd. 22, S. 75. 1915; C. 1916, I, 848 (Ölgehalt 42,5—43,5%). — LECOQ: Bull. Sciences Pharm. Bd. 25, S. 107. 1918; C. 1918, II, 67 (Ölgehalt). — JUMELLE: „Les Huiles végétales“, S. 308. Paris 1921 (Analyse eines Öles von Madagascar).

Meliaöl: FENDLER: Apoth.-Ztg. Bd. 19, S. 521. 1904; Ch.-Ztg. Rep. Bd. 28, S. 209. 1904 (Ölgehalt, Kennzahlen).

Euphorbiaceae.

Öl von Croton Elliotianus: Imperial Institute: Bull. Imp. Inst. Bd. 5, S. 237. 1907.

Crotonöl: GEUTHER und FRÖHLICH: Jahrb. d. Ch. 1870, S. 672. — SCHMIDT und BERENDES: Ann. Chim. Pharm. Bd. 191, S. 94. 1878. — KOBERT: Ch.-Ztg. Bd. 11, S. 416. 1887. — DUNSTAN und BOLE: Pharm. J. Bd. 55, S. 5. 1895. — MAUPIJ: J. Pharm. Chim. Bd. 29, S. 362. 1894. — JAVILLIER: ebenda (nächste Serie) Bd. 7, S. 524. 1898. — DULIÈRE: ebenda Bd. 10, S. 305. 1899. — LEWKOWITSCH: Analyst Bd. 14, S. 319. 1899. — SCHÄDLER: Technologie, 2. Aufl., S. 545. — RAKUSIN: J. Russ. Phys. Ch. Ges. Bd. 37, S. 85. 1905; Ch.-Ztg. Bd. 30, S. 143. 1906 (Optisches Drehungsvermögen). — SCURTI und PARROZANI: Gazz. chim. Bd. 37, I, S. 476. 1907; Z. Nahrgsm. Bd. 18, S. 491. 1909. — FOKIN: J. Russ. Phys. Ch. Ges. Bd. 39, S. 607. 1907. — COMTE: J. Pharm. Chim. (7) Bd. 14, S. 38. 1916; C. 1916, II, 510 (Spezifische Reaktion). — BOCHUM: Arch. Pharm. Bd. 253, S. 574. 1916 (Crotonharz).

Öle von Croton polyandrus, Croton pavana und Croton oblongifolius: SCHÄDLER: Technologie, 2. Aufl., S. 547.

Candlenuß- (Bankulnuß-, Lumbang-) Öl: DE NEGRI: Öst. Ch.-Ztg. Bd. 1, S. 202. 1898 (Analyse, Reaktionen). — LEWKOWITSCH: Ch. Revue: Bd. 8, S. 156. 1901 (Ölgehalt, Kennzahlen). — WALKER und WARBURTON: Analyst Bd. 27, S. 237. 1902; C. 1902, II, 826 (Hexabromide). — KASSLER: Sfsz. Bd. 29, S. 689. 1902. — FENDLER: Z. Nahrgsm. Bd. 6, S. 1025. 1903 (Kamerunsaat). — SPRINKMEYER und DIEDRICHS: ebenda Bd. 17, S. 561. 1908. — Imperial Institute: Bull. Imp. Inst. Bd. 5, S. 136. 1907; Bd. 10, S. 44. 1912 (Ölgehalt, Kennzahlen). — AGUILAR: Philippine J. of Science: Bd. 12, S. 235. 1917 (Kennzahlen; Trockenversuche mit 2 Lumbangölen); Bd. 14, S. 275. 1919; C. 1922, IV, 1197 (Änderung des Ölgehalts beim Aufbewahren). — LESPINASSE: Ann. Falsif. Bd. 12, S. 152.

1919; C. 1921, III, 551 (Kennzahlen). — ANON: Bull. Imp. Inst. Bd. 18, S. 25. 1920; Z. D. Öl- u. Fettind. Bd. 41, S. 83. 1921 (Kennzahlen von Ölen der Cook-Inseln); C. 1921, I, 738; Ref. Z. D. Öl- u. Fettind. Bd. 42, S. 680. 1922 (Keine Autorenangabe; Kennzahlen von 3 Ölen). — WEST und MONTES: Philippine J. of Science Bd. 18, S. 619. 1921; C. 1922, III, S. 1354 (Bestandteile, Oxydation). — WEST und DE LEON: Philippine J. of Science Bd. 24, S. 123; C. 1924, I, 2315 (Oxydation). — GEORGI: Malayan Agric. J. Bd. 14, S. 290. 1926; Ch. Umschau Bd. 34, S. 69. 1927 (Öl von Aleurites trisperma, Säurezahl 2,2). — SANTIAGO und WEST: Philippine J. of Science Bd. 32, S. 41. 1927; C. 1927, I, 2657 (Bromierung).

„Kekuna“-Öl (von Aleurites triloba): Apoth.-Ztg. Bd. 16, S. 598. 1901. — J. Soc. Ch. Ind. Bd. 20, S. 642. 1901. — Imperial Institute: Bull. Imp. Inst. Bd. 5, S. 136. 1907. — UBBELOHDE (U. und GOLDSCHMIDT: Handbuch, Bd. II, S. 360. 1920) bemerkt, daß nach SEMLER: „Tropische Agrikultur“, 2. Aufl., Bd. II, S. 515, Aleurites triloba nicht mehr als besondere Art unterschieden wird, daher „Kekuna“-Öl mit Candlenußöl identisch ist.

Chinesisches Holzöl: Über die Holzöl-Literatur bis zum Ende des Jahres 1910 s. FAHRION: „Die Chemie der trocknenden Öle.“ Berlin: Julius Springer 1911. Besonders hervorzuheben sind die Arbeiten zweier Autoren, die bedeutend höhere Jodzahlen angeben (bis 210 für das Öl), als im allgemeinen gefunden wurden: BOUGHTON: Sfsz. Bd. 36, S. 1031. 1909, und KREIKENBAUM: Eng. Bd. 2, S. 205. 1910.

Nach 1910: FAHRION: Farbenztg. Bd. 17, S. 2530, 2635, 2689. 1912 (Bestandteile, Gerinnung, Trockenvorgang). — WISE: Eng. Bd. 4, S. 497. 1912; C. 1912, II, 1947 (Lichtbrechung). — MAC ILHINEY: Eng. Bd. 4, S. 496. 1912; C. 1912, II, 1947 (Bestimmungsmethode). — H. WOLFF: Farbenztg. Bd. 18, S. 1171. 1912 (Gelatinieren). — Vernisol-Gesellsch.: D.R.P. Nr. 253845 v. 28. 4. 1912; C. 1913, I, 88 (Verhindern des Gelatinierens beim Erhitzen). — MORRELL: J. Ch. Soc. Bd. 101, S. 2082. 1912; C. 1913, I, 604 (Derivate der Eläostearinsäure). — HOEPFNER und BURMEISTER: Ch.-Ztg. Bd. 37, S. 18, 39. 1913 (Jodzahl, Brechungsindex). — FOKIN: J. Russ. Phys. Ch. Ges. Bd. 45, S. 283; C. 1913, I, 2023 (Konstitution). — CHAPMAN: Analyst Bd. 37, S. 543. 1912; C. 1913, I, 468 (Kennzahlen und Reaktionen von chinesischen und japanischen Holzölen). — BERINGER: D.R.P. Nr. 261403 v. 27. 9. 1912; C. 1913, II, 327 (Verhütung des Gerinnens). — FRITZ: Ch. Revue Bd. 20, S. 182. 1913 (Naphthensäuren). — FAHRION: Farbenztg. Bd. 18, S. 2418. 1913 (Polymerisation). — REDMANN, WEITH und BROCK: Eng. Bd. 5, S. 630. 1913; C. 1913, II, 1433 (Trockenzeit). — UTZ: Farbenztg. Bd. 18, S. 2531. 1913 (Nachweis von Gurjunbalsam und Sesamöl). — REISERT: D.R.P. Nr. 274971 v. 19. 10. 1913; C. 1914, II, 185 (Verhütung des Gerinnens). — WARE und SCHUMANN: Eng. Bd. 6, S. 806. 1914; C. 1915, I, 919 (Bestimmung der Menge fester Polymerisationsprodukte, die infolge Bestrahlung usw. ausfallen); Eng. Bd. 7, S. 571. 1915; C. 1915, II, 636 (Harzzusätze). — KRONSTEIN: Ber. Bd. 49, S. 722. 1916 (Destillation); s. dagegen FAHRION: ebenda S. 1194. — BRIER: Eng. Bd. 7, S. 953. 1915; C. 1916, I, 180 (Dispersionsspektrum). — SCHUMANN: Eng. Bd. 8, S. 5. 1916; C. 1916, I, 642 (Polymerisation). — WARE: Eng. Bd. 8, S. 126. 1916; C. 1916, II, 202 (Dispersionsänderung durch Verfälschungen). — KRUMBHAAR: Ch.-Ztg. Bd. 40, S. 937 1916 (Polymerisiertes Lein- und Holzöl) — SEATON und SAWYER: Eng. Bd. 8, S. 490. 1916; C. 1918, I, 576 (Molekulargewicht). — BÜRSTENBINDER: Farbenztg. Bd. 23, S. 243. 1917 (Gerinnung verzögernde Zusätze). — MORRELL: J. Soc. Ch. Ind. Bd. 37, S. 181 T. 1918; C. 1919, III, 157 (Isomerisation der α-Eläostearinsäure durch Destillation).

— Schlick: Farbenztg. Bd. 25, S. 2025. 1920; C. 1920, IV, 442 (Trocknen). — Marcusson: Z. ang. Bd. 33, S. 231. 1920 (Gewöhnliche und intramolekulare Polymerisation). — H. Wolff: Kolloid-Z. Bd. 27, S. 183 (Polymerisation); Farbenztg. Bd. 26, S. 358. 1920; C. 1921, II, 571 (Kochen). — Jameson: Analyst Bd. 45, S. 328. 1920; C. 1921, II, 754 (Verfeinerung der Reaktion von Browne). — Amerikanische Anforderungen (Standardkennzahlen und Gerinnungsprobe) siehe Ch. Umschau Bd. 28, S. 78. 1921. — H. Wolff: Farbenztg. Bd. 28, S. 337. 1922 („Hankow"- und „Hongkongholzöl"). — K. H. Bauer: Ch. Umschau Bd. 29, S. 1. 1922 (Polymerisation). — K. H. Bauer und Herberts: ebenda Bd. 29, S. 229. 1922 (Eläostearinsäure). — H. Wolff: Farbenztg. Bd. 27, S. 929. 1922 (Gerinnungsprobe unzuverlässig). — Eibner: „Über fette Öle", S. 271 ff. München 1922 (Theorie und Verwendungseigenschaften). — Marcusson: Z. ang. Bd. 35, S. 543. 1922; Z. D. Öl- u. Fettind. Bd. 43, S. 162. 1923 (Gelatinierung). — Mabery: Eng. Bd. 15, S. 365. 1923; C. 1923, IV, 122 (Polymerisation). — Rhodes und Goldsmith: Eng. Bd. 15, S. 786. 1923; C. 1923, IV, 928 (Änderung des Brechungsindex mit der Temperatur). — Rhodes und Potts: Chem. Metallurg. Engineering Bd. 29, S. 533. 1923; C. 1924, I, 1290 (Verhinderung des Gerinnens). — Rhodes und Ling: Eng. Bd. 16, S. 1051. 1924; C. 1924, II, 2712 (Allgemeines). — Eibner, Merz und Munzert: Ch. Umschau Bd. 31, S. 69. 1924 (Konstitution, Trockenvorgang); s. auch H. Wolff: ebenda S. 98. — Parker, Rau, Robertson und Simonsen: Indian Forest Records Bd. 10, II, S. 1. 1923; C. 1924, II, 57 (Kennzahlen eines Öls von Aleurites montana). — H. Wolff: Farbenztg. Bd. 29, S. 1105. 1924 (Trockenvorgang); s. a. Schmidt, ebenda. S. 1261. — H. Wolff, Z. ang. Bd. 37, S. 729. 1924. — Klauenfeld: Farbe u. Lack Bd. 29, S. 97, 107. 1924 (Verwendung). — H. Wolff: Farbenztg. Bd. 30, S. 21, 1383. 1924 („Hankow"- und „Cantonholzöl"); s. auch Stock: ebenda S. 2480. — Fritz: Farbenztg. Bd. 30, S. 399. 1924 (Verwendung). — K. H. Bauer und Hugel: Ch. Umschau Bd. 32, S. 15. 1925 (Polymerisation). — Heller: Farbe u. Lack Bd. 30, S. 76. 1925 (Unterschiede zwischen chinesischem und japanischem Holzöl). — Marcusson: Z. ang. Bd. 38, S. 148, 780. 1925 (Polymerisation). — Gardner und Van: U. S. Paint Manufact. Assoc. Circ. S. 224, Januar 1925; J. Soc. Ch. Ind. Bd. 44, S. 179. 1925; Ch. Umschau Bd. 32, S. 121. 1925 (Gurjunbalsam, sog. malayisches Holzöl). — Stutz: J. Franklin Inst. Bd. 200, S. 87; C. 1925, II, 1896 (Absorptionskoeffizient im Ultraviolett). — Contin: Akt.-Ges. f. Chemie, DRP. Nr. 409.419 v. 17. 3. 1923 (Bleichung). — Rhodes und Ling: Eng. Bd. 17, S. 508. 1925; C. 1925, II, 699 (Oxydation). — Rasser: Kunststoffe, Bd. 15, S. 111. 1925; C. 1925, II, 1497 (Verwendung). — Böeseken und Ravenswaay: Rec. trav. chim. Bd. 44, S. 241. 1925; C. 1926, I, 132 (Brechungsindex, Hydrierung der Eläostearinsäuren: 3 Doppelbindungen). — Ludwig: Eng. Bd. 17, S. 1160. 1925; C. 1926, I, 1324 (Blei- und Mangantrockner). — Ling: Kunststoffe, Bd. 15, S. 157. 1925 (Oxydation). — Nagel und Grüss: Z. ang. Bd. 39, S. 10, 591. 1926 (Ansichten über den Gelatinierungsprozeß); s. dagegen Grün: ebenda S. 381 u. 591. — Grün und Manca: ebenda S. 592 (Hydrierzahl). — Toch: J. Oil and Fat Ind. Bd. 3, S. 52. 1926; C. 1926, I, 3105 (Änderung von $d^{15,5}$, $n_D^{21,5}$ und Dispersion beim Vermischen mit 12 verschiedenen Ölarten; Erhitzungs- und Gelatinierungsprobe); s. auch C. 1926, I, 1324. — Kaufmann: Ber. Bd. 59, S. 1390. 1926 (Ermittlung der Zusammensetzung mittels der Rhodanzahl; bromometrische Jodzahl). — Fonrobert und Pallauf: Ch. Umschau Bd. 33, S. 41. 1926; Bd. 34, S. 1. 1927 (Chemismus des Gelatinierens und der „Holzölerscheinung"). — K. H. Bauer: Ch. Umschau Bd. 33, S. 53. 1926 (Polymerisation; Eläostearinsäure). — H. Wolff: ebenda S. 70 (Verdickung durch Salzsäure;

Viscositäten). — EIBNER und SCHWAIGER: ebenda S. 77 (Eigenschaften, Bromierung, sog. „Holzölerscheinung"). — MARCUSSON: Z. ang. Bd. 39, S. 476. 1926 (Polymerisation, Nachweis und annähernd quantitative Bestimmung). — BOLTON und WILLIAMS: Analyst Bd. 51, S. 335. 1926; Ch. Umschau Bd. 33, S. 270. 1926 (Prüfung). — MERZ: Ch. Umschau Bd. 34, S. 45. 1927; s. auch Farbe u. Lack Bd. 31, Nr. 27. 1926 (Trübes Trocknen). — RHODES und WELZ: Eng. Bd. 19, S. 68. 1927 (Chemismus des Gelatinierens). — MANECKE und VOLBERT: Farbenztg. Bd. 32, S. 2829 u. 2887. 1927 (Spektroskopische Konstitutionsbestimmung der Holzölfettsäuren). — SCHEIBER: Farbe u. Lack Bd. 32, S. 75, 125 u. 135. 1927; C. 1927, I, 2489 (Trockenvorgang). — H. WOLFF: Farbe u. Lack Bd. 32, S. 134. 1927; C. 1927, I, 2490 (Trocknen). — SCHEIBER und HILDEBRANDT: Z. ang. Bd. 40, S. 1279. 1927; C. 1928, I, 435 (Trockenvorgang); s. auch SCHEIBER: Farbe u. Lack 1928, S. 274 u. 286; C. 1928, II, 609 (Bestimmung; Polymerisation mittels Zinntetrachlorid). — WIERNIK: Farbenztg. Bd. 33, S. 1973. 1928; C. 1928, II, 505 (Höhere Jodzahlwerte nach der Methode von HANUS). — HOLDE, BLEYBERG und ABDUL AZIZ: Farbenztg. Bd. 33, S. 2480. 1928; C. 1928, II, 831 (Jodzahlen nach HANUS 220—242). — KISSELEW und KOSIN: Masloboino-Shirowoje Djelo 1928, Nr. 5, S. 24; C. 1928, II, 1729 (Kaukasisches Holzöl von Aleurites cordata). — KITTLER und LÖWA: Farbe u. Lack 1928, S. 486; C. 1928, II. 2418 (Amerikanisches Holzöl). — HOLDE, BLEYBERG und ABDUL AZIZ: Farbenztg. Bd. 33, S. 3141. 1928; C. 1928, II, 2607 (Ermittlung von Substitution bei der Jodzahlbestimmung). — EIBNER und ROSSMANN: Ch. Umschau Bd. 35, S. 197. 1928 (Konstitution der Eläostearinsäuren); ebenda S. 241 (Trockenvorgang); s. auch ebenda S. 281. — H. WOLFF: Ch. Umschau Bd. 35, S. 313. 1928 (Trockenvorgang; Einfluß von Sikkativen). — STEGER und VAN LOON: J. Soc. Ch. Ind. Bd. 47, S. 361 T. 1928; C. 1929, I, 1063 (Kennzahlen und Bestandteile). — EIBNER: Farbe u. Lack 1929, S. 115; C. 1929, I, 2001 (Trockenvorgang). — STEGER: Farbe u. Lack 1929, S. 113; C. 1929, I, 2001 (Jodzahlbestimmung); s. auch Bericht über die IV. Farbentagung in München am 18. und 19. Februar 1929; Farbenztg. Bd. 34, S. 1303. 1929. — MARCUSSON: Ch. Umschau Bd. 36, S. 53. 1929; C. 1929, I, 2253 (Polymerisation unter dem Einfluß von Aluminiumchlorid oder Zinntetrachlorid). — KAUFMANN: Ber. Bd. 62, S. 392. 1929; C. 1929, I, 2489 (Jodzahlbestimmung; stufenweise Halogenanlagerung).

Japanisches Holzöl: KAMETAKA: Journ. Coll. Science Imp. Univ. Tokyo 1908 (Verbreitung). — CHAPMAN: Analyst Bd. 37, S. 549. 1912; C. 1913, I, 468 (Öl von dem irrtümlich als Paulownia Imperialis bezeichneten japanischen Holzölbaum). — LEWKOWITSCH: unveröffentlichte Versuche über das Verhalten beim Erhitzen von chinesischem und japanischem Holzöl, erwähnt in Ch. Technol., 6. ed., Bd. II, S. 85. 1922. — GARDNER und REILLY: J. Soc. Ch. Ind. Bd. 41, S. 904 A. 1922; Ch. Umschau Bd. 30, S. 38. 1923 (Kennzahlen, Trockenvorgang). — RHODES und LING: Eng. Bd. 16, S. 1051. 1924; Z. D. Öl- u. Fettind. Bd. 44, S. 645. 1924 (Kennzahlen). — HELLER: Farbe u. Lack Bd. 30, S. 76. 1925; C. 1925, I, 1922 (Unterschied von chinesischem und japanischem Holzöl). — K. H. BAUER: Ch. Umschau Bd. 32, S. 3. 1925 (Untersuchung).

Öle von Mercurialis-Arten (Bingelkrautöle): GILLOT: Compt. rend. Bd. 180, S. 1285. 1925; C. 1925, II, 1283; „Recherches Chimiques et Biologiques sur le Genre Mercurialis", S. 43, 55, 60. Nancy 1925 (Kennzahlen der Öle von Mercurialis annua, M. perennis, M. tomentosa); Ann. Sciences agronom. Franc. Bd. 43, S. 389. 1927; C. 1927, I, 3010; s. auch FRITZ: Farbe u. Lack 1927, S. 455 (Hinweis auf die hohe Trockenkraft von Bingelkrautölen).

Camulöl: SCHAEDLER: Technologie der Öle und Fette, 2. Aufl., S. 669.

Kautschukbaumsamenöl: Imperial Institute London, Bull. Imp. Inst. Bd. 1, S. 156. 1903 (Ölgehalt, Kennzahlen). — SCHRÖDER: Arch. Pharm. Bd. 243, S. 628. 1905 (Kennzahlen, Glyceringehalt). — DUNSTAN: Proc. Ch. Soc. London Bd. 23, S. 168. 1907 (Bestandteile des Samens). — PICKLES und HAYWORTH: Analyst Bd. 36, S. 491. 1911; C. 1911, II, 1649 (Kennzahlen, Bestandteile, Trockenvorgang). — FRITZ: Ch. Revue Bd. 20, S. 295. 1913; C. 1914, I, 1031 (Eigenschaften, Trockenvorgang). — UCHIDA: J. Soc. Ch. Ind. Bd. 35, S. 1089. 1916; C. 1917, I, 414 (Kennzahlen). — SPRING und DAY: Agric. Bull. Fed. Malay-States 1918, S. 231. — EATON: ebenda 1919, S. 73; s. auch LEWKOWITSCH-WARBURTON: Ch. Technol., 6. ed., Bd. II, S. 132. 1922. — Imperial Institute London: Bull. Imp. Inst. Bd. 17, S. 543. 1919; C. 1920, IV, 298 (Ölgehalt, Wert, Ölkuchen). — DUBOSC: Caoutchouc et Guttapercha, Bd. 16, S. 9785. 1919; Mat. grasses Bd. 11, S. 5115. 1919; C. 1919, III, 436 (Kennzahlen); s. auch Z. D. Öl- u. Fettind. Bd. 42, S. 680. 1922. — TREVITHICK und LAURO: Cotton Oil Press Bd. 5, S. 33. 1922; C. 1924, I, 2933 (Kennzahlen und Eigenschaften des „Gummisaatöles" aus den Samen des brasilianischen Paragummibaumes).

Curcasöl: HORN: Z. anal. Ch. Bd. 27, S. 163. 1888. — DE NEGRI und FABRIS: Ann. Lab. Gabelle 1891, S. 220. — ARNAUDON und UBALDINI: ebenda 1893, S. 934. — KLEIN: Z. ang. Bd. 11, S. 1012. 1898. — LEWKOWITSCH: Ch. Revue Bd. 5, S. 211. 1898. — NIEDERSTADT: Ber. Pharm. Ges. Bd. 12, S. 144. 1902. — PECKOLT: ebenda Bd. 16, S. 176. 1906. — FELKE: Landw. Vers.-Stat. Bd. 82, S. 427. 1913; C. 1914, I, 1958 (Giftwirkung). — GRIMME: Z. D. Öl- u. Fettind. Bd. 41, S. 513. 1921 (Kennzahlen kalt gepreßten, heiß gepreßten und extrahierten Öles). — Imperial Institute: Bull. Imp. Inst. Bd. 19, S. 288. 1921; C. 1922, I, 758 (Öl mit Säurezahl 4,5); Analyst Bd. 47, S. 125. 1922 (Trockenfähigkeit).

Öl von Jatropha glandulifera: KESAVA-MENON: J. Soc. Ch. Ind. Bd. 29, S. 1430. 1910; C. 1911, I, 503.

Öl von Jatropha mahafalensis: BIMAR: Bull. Soc. Chim. (4) Bd. 11, S. 914. 1912; C. 1912, II, 1939. — ANON: Bull. Imp. Inst. Bd. 18, S. 132. 1920 („Betrata-" Öl: Säurezahl 4; Verseifungszahl 188,4; Jodzahl 107,4).

Öl von Jatropha multifida: HEFTER: Technologie, Bd. II, S. 323. 1908.

Öl von Jatropha oligranda: BENEDIKT-ULZER: „Analyse der Fette", 5. Aufl., 1908, S. 769.

Plukenetia-(N'gart-)Öl: BRIEGER und KRAUSE: Z. ang. Bd. 22, S. 1373. 1909. — KRAUSE: Tropenpflanzer Bd. 13, S. 281. 1909 (Kennzahlen; niedrige Jodzahlen). — HOLDE und MEYERHEIM: ebenda Bd. 16, S. 265. 1912; Ch. Revue Bd. 19, S. 138. 1912; Ch.-Ztg. Bd. 36, S. 1075. 1912 (Gesamtanalyse von kalt gepreßtem und ätherextrahiertem Öl; Trockenvorgang). — MÜHLE und HÄMMELMANN: Farbenztg. Bd. 18, S. 2175. 1911/12; C. 1913, III, 587 (Ölgehalt und Kennzahlen). — EIBNER: „Über fette Öle", S. 266, München 1922 (Trockeneigenschaften).

Essang-(Nsa-sana-)Öl: HECKEL: „Les graines grasses nouvelles", S. 40. Paris 1902 (Verbreitung, Ölgehalt). — Imperial Institute, Bull. Imp. Inst. Bd. 5, S. 369. 1907; Bd. 7, S. 368. 1909. — KRAUSE: Tropenpflanzer Bd. 13, S. 281. 1909 (Einige Kennzahlen eines mit „Ojok" bezeichneten Öles aus Kamerun). — HÉBERT: Bull. Soc. Chim. (4), Bd. 9, S. 662. 1911; Mat. grasses Bd. 3, S. 2158. 1911 (Bestandteile; Jodzahl 87,6?). — KRAUSE: Ch.-Ztg. Bd. 37, S. 1254. 1913 (Kennzahlen). — PIERAERTS: Ann. Musée colonial de Marseille 1917, S. 27 (Ölgehalt; Behandlung mit Brom und Jod). — JUMELLE: „Les Huiles végétales", S. 249. Paris 1921 (Zusammenfassung).

Mankettinußöl: GRIMME: Ch. Revue Bd. 20, S. 1. 1913; C. 1913, I, 635 (Ölgehalt, Kennzahlen). — THOMS: Arb. a. d. Pharm. Inst. d. Univers. Berlin Bd. 9, S. 225. 1913; C. 1913, II, S. 1823 (Kennzahlen). — SPRINKMEYER und DIEDRICHS: Z. Nahrgsm. Bd. 27, S. 113. 1914; C. 1914, I, 1442 (Gesamtanalyse). — Imperial Institute: Bull. Imp. Inst. Bd. 15, S. 35. 1917 (Kennzahlen).

Manihotöl: FENDLER und KUHN: Ber. Pharm. Ges. Bd. 15, S. 426. 1905; Ch. Revue Bd. 13, S. 34. 1906; Z. Nahrgsm. Bd. 11, S. 632. 1906. — RIDEAL und ACLAND: Analyst Bd. 38, S. 261. 1913; C. 1913, II, 387 (Kennzahlen und Eigenschaften; Vergleich mit Leinöl). — SPRINKMEYER und DIEDRICHS: Z. Nahrgsm. Bd. 27, S. 122. 1914; C. 1914, I, 1443 (Gesamtanalysen von Ölen sämtlicher Varietäten). — GRIMME: Ch.-Ztg. Bd. 43, S. 505. 1919 (Gesamtanalysen, auch von M. dichotoma und M. piauhyensis).

Öl von Manihot utilissima: PECKOLT: Ber. Pharm. Ges. Bd. 16, S. 25, und zwar S. 28. 1906.

Mabeaöl: PECKOLT: Ber. Pharm. Ges. Bd. 16, S. 185. 1906.

Stillingiaöl: DE NEGRI und FABRIS: Ch.-Ztg. Bd. 18, S. 32. 1894. — HOBEIN: Forschungsber. über Lebensm. Bd. 2, S. 237. 1895 (Kennzahlen). — DE NEGRI und SBURLATTI: Ch.-Ztg. Bd. 22, S. 5. 1898. — TORTELLI und RUGGERI: L'Orosi Bd. 23, S. 289. 1900 (Gesamtanalyse). — NASH: Analyst Bd. 29, S. 110. 1904; Ch. Revue Bd. 11, S. 128. 1904 (Kennzahlen). — LEWKOWITSCH: Analyst Bd. 29, S. 112. 1904 (Hexabromide). — DIEDRICHS: Z. Nahrgsm. Bd. 27, S. 132. 1914; C. 1914, I, 1440 (Stillingiatalg und -öl). — BAILEY: Cotton Oil Press Bd. 4, S. 50. 1920; Ref. Z. D. Öl- u. Fettind. Bd. 41, S. 260. 1921 (Kennzahlen talgfreien, kalt gepreßten Öles). — TOCH: J. Oil Fat Ind. Bd. 3, S. 52. 1926; C. 1926, I, 3105 (Dispersion).

Öl von Sapium Indicum: JUMELLE: „Les Huiles végétales", S. 267. Paris 1921.

Öl von Euphorbia gregaria: LENZ: Arbeiten a. d. Pharm. Inst. Univ. Berlin Bd. 9, S. 227. 1913; C. 1913, I, 1885.

„Purgierkernöl" von Euphorbia lathyris: HEFTER: Technologie, Bd. II, S. 323. 1908. — JUMELLE: a. a. O.

Jy-chee-Öl: UBBELOHDE-GOLDSCHMIDT: Handbuch der Chemie und Technologie der Öle und Fette, Bd. II, S. 367. 1920.

Samenöl von Euphorbia platyphylla: GILLOT: Mat. grasses Bd. 20, S. 8110. 1928 (s. Nachtrag S. 500).

Samenöl von Euphorbia verrucosa: GILLOT: a. a. O. S. 8166 (s. Nachtrag S. 501).

Samenöl von Euphorbia paralias: GILLOT: a. a. O. S. 8307 (s. Nachtrag S. 502).

Samenöl von Euphorbia esula: GILLOT: Mat. grasses Bd. 21, S. 8390. 1929 (s. Nachtrag S. 502).

Andere Euphorbiaceenöle: GILLOT: Compt. rend. Bd. 180, S. 1285. 1925 (Kennzahlen der Öle von Euphorbia exigua, E. peplus, E. stricta, E. verrucosa; Jodzahlen der Öle von 10 anderen Euphorbiaarten); Bull. Sciences Pharm. Bd. 33, S. 193. 1926; C. 1926, II, 44; Mat. grasses Bd. 18, Mai 1926; Sep. d. Vf. (Öl von Euphorbia helioscopia); Bull. Sciences Pharm. Bd. 34, S. 139. 1927 (Öl von Euphorbia amygdaloides); ebenda S. 429 (Öl von Euphorbia cyparissias); s. auch FRITZ: Farbe u. Lack 1927, S. 455 (Hinweis auf die hohe Trockenkraft der Wolfsmilchöle).

Johannesiaöl: NIEDERSTADT und PECKOLT: Ber. Pharm. Ges. Bd. 15, S. 225. 1905. — OLIVEIRA, s. ANON: Monit. Pharm. 1881, S. 156 (Johannisin). — ETZEL und KING: J. Am. Ch. Soc. Bd. 48, S. 1369. 1926; C. 1926, II, 596 (Untersuchung eines Öles mit der Säurezahl 5,4).

Öl von Joannesia heveoides: Imperial Institute, Bull. Imp. Inst. Bd. 26. S. 416. 1928; C. 1929, I, 1629 (s. Nachtrag S. 503).

Tacaysamenöl: JUMELLE: „Les Huiles végétales", S. 267 u. 268. Paris 1921. — BACHARACH: Analyst Bd. 43, S. 289. 1928.

Öl von Chrozophora verbascifolia: HOOPER: Ann. Report Indian Museum 1907—1908, S. 13.

Öl von Putranjiva Roxburghii: JUMELLE: „Les Huiles végétales", S. 268. Paris 1921.

Omphaleaöle: Imperial Institute, Miscel. Colon. Rep. Nr. 88, S. 472. 1914 (Öl von Omphalea megacarpa). — BOLTON und HEWER: Analyst Bd. 42, S. 35. 1917; C. 1917, II, 1108 („Cayeté"öl von O. megacarpa). — Mat. grasses Bd. 17. 1925; Tropenpflanzer Bd. 29, S. 249. 1926 (Öle von Omphalea oleifera, O. diandra und O. megacarpa).

Cassosamenöl: HECKEL: Mat. grasses Bd. 3, S. 2155. 1911.

Sandbüchsensamenöl: HEFTER: Technologie, Bd. II, S. 323. 1908.

M'Fucuta-Samenöle: Imperial Institute: Miscel. Colon. Rep. Nr. 88, S. 469. 1914.

Téné-Fi-Öl: UBBELOHDE-GOLDSCHMIDT: Handbuch der Chemie und Technologie der Öle und Fette, Bd. II, S. 367. 1920.

Reihe: Sapindales.

Staphyleaceae.

Pimpernußöl: FERENCZ: Pharm. Post Bd. 51, S. 761. 1918; C. 1919, I, 235 (Analyse, Säurezahl 2,0). — FERENCZ und CSERESZNYÉS: Ber. Ungar. Pharm. Ges. Bd. 4, S. 24. 1928; C. 1928, I, 1595 (Bestandteile).

Balsaminaceae.

Öle aus den Samen von Impatiens-Arten: HARMS, s. UBBELOHDE und GOLDSCHMIDT: Handbuch der Chemie und Technologie der Öle und Fette, Bd. II, S. 63. 1920 (Öl von Imp. racemosa). — JUMELLE: „Les Huiles végétales", S. 385. Paris 1921 (Öl von Imp. balsamina).

Reihe: Rhamnales.

Rhamnaceae.

Kreuzbeerenöl (Kreuzdornöl): KRASSOWSKI: J. Russ. Phys. Ch. Ges. Bd. 38, S. 144. 1905; C. 1906, II, 348.

Vitaceae.

Traubenkernöl: VOHL: Wagners Jahresber. 1871, S. 675. — FITZ: Ber. Bd. 4, S. 444. 1871. — HORN: Mitt. Gew.-Mus. Wien 1891, S. 185 (Acetylzahl 144,5, Jodzahl 94, Dichte 0,956). — DE NEGRI und FABRIS: Ann. Lab. Gabelle 1893, S. 225; Z. anal. Ch. Bd. 33, S. 566. 1894. — HEFTER: Ch. Revue Bd. 10, S. 219. 1903. — ULZER und ZUMPFE: Österr. Ch.-Ztg. Bd. 8, S. 121. 1905 (Acetylzahl 43,7). — FABRIS und SETTIMJ: Atti del VI. Congresso Internaz. Rom 1907, S. 762 (Acetylzahl 30,9; Jodzahl 130,3). — TORTELLI: Ch.-Ztg. Bd. 33, S. 125. 1909. — MARRE: Rev. gén. chim. pur. et appl. Bd. 14, S. 186. 1911; Ch. Revue Bd. 18, S. 281. 1911. — FUCHS: Ch.-Ztg. Bd. 35, S. 30. 1911. — PARIS: Staz. sperim.

agrar. ital. Bd. 44, S. 669. 1911; C. 1912, I, 40 (Acetylzahl 143,1; Jodzahl 96; Säurezahl 16,8; Phytosterin). — DELL'AQUA: Ann. di Chim. appl. Bd. 2, S. 295. 1914; C. 1917, I, 878 (Acetylzahl 17,8; Jodzahl 140,3; Reaktionen). — N. und H.: Z. ang. Bd. 29, S. 337. 1916 (Ölgehalt). — KOCHS: Landw. Jahresber. Bd. 52, Erg.-Bd. 1, S. 106. 1916/17 (Öl aus den Samen des Zierweines). — UFLERBÄUMER: Ch. Umschau Bd. 23, S. 20. 1916 (Gewinnung und Verwendung). — ROTHÉA: Bull. Sciences Pharm. Bd. 26, S. 105. 1919; C. 1919, IV, 325 (Beschreibung eines Öles mit der Säurezahl 13,9). — KLINGER: Farbenztg. Bd. 26, S. 6. 1920 (Trockenvermögen, Sauerstoffaufnahme). — FACHINI: Giorn. chim. ind. Bd. 2, S. 246. 1920; C. 1920, IV, 192 (Ölgewinnung, Verwendbarkeit). — ANDRÉ: Compt. rend. Bd. 172, S. 1296 u. 1413. 1921; C. 1921, III, 1034 (Acetylzahlen 13,3—49,3; Bestandteile). — RABAK: Eng. Bd. 13, S. 919. 1921; C. 1922, II, 45 (Ölgehalt, Kennzahlen, Bestandteile von „Concord-grape"-Öl). — ANDRÉ: Compt. rend. Bd. 175, S. 107. 1922; C. 1922, III, 1354 (Bestandteile); Compt. rend. Bd. 176, S. 843. 1923; C. 1923, I, 1543 (Isolierung von Oxysäuren). — BENNET: Rev. chim. ind. Bd. 33, S. 97. 1923; C. 1924, II, 1414 (Gewinnung und Verwendung). — GARDNER: U. S. Paint. Manuf. Assoc., J. Soc. Ch. Ind. Bd. 42, S. 1138 A. 1923; Ch. Umschau Bd. 31, S. 47. 1924 (Kalifornisches Rosinensamenöl, Säurezahl 12,6; Trockenvorgang). — ROLET: Rev. gén. Sciences pur. et appl. Bd. 36, S. 79. 1925; C. 1925, I, 1923 (Eigenschaften gepreßten und extrahierten Öles). — MARGOSCHES, FRIEDMANN, SCHEINOST und TSCHÖRNER: Ber. Bd. 58, S. 1064. 1925 (Überjodzahl). — SINAY: Notiziario chim. ind. Bd. 1, S. 118. 1926; C. 1926, II, 2024 (Technische Angaben über die Gewinnung). — CARRIÈRE und CAMPREDON: Chim. et Ind. Bd. 17, S. 723. 1927; C. 1927, II, 763 (Ölgewinnung, Kennzahlen). — MARGAILLAN: Compt. rend. Bd. 185, S. 306. 1927; C. 1927, II, 2128 (Acetylzahlen zwischen 23 und 50). — FRITZ: Sfsz. Bd. 54, S. 704. 1927 (Kennzahlen und Eigenschaften). — ANDRÉ und CANAL: Bull. Soc. Encour. Bd. 126, S. 542. 1927; Mat. grasses Bd. 20, S. 8118. 1928 (Kennzahlen von 46 Ölen, die im Laboratorium mittels Petroläther extrahiert waren, sowie 6 technischen Proben); s. auch Bull. Mat. grasses 1928, S. 131; C. 1928, II, 1505. — MARGAILLAN: Bull. Soc. Encour. Bd. 126, S. 560. 1927; Ch. Umschau Bd. 35, S. 48. 1928 (Das Öl hat eine niedrige Acetylzahl, falls es nicht aus irgendwie beschädigten Kernen stammt; zwischen der Zunahme der Acetylzahl und der der Säurezahl besteht keine Beziehung. Bezüglich der oft hohen Werte für die Acetylzahl wird auf Rüböl hingewiesen, das in einem Falle nach 9stündigem Blasen eine Acetylzahl von 94,5 zeigte, während ein Traubenkernöl nach 12stündigem Blasen nur eine Acetylzahl von 57 aufwies). — CARRIÈRE und BRUNET: Compt. rend. Bd. 185, S. 1516. 1927; Ch. Umschau Bd. 35, S. 78. 1928 (Fettsäuren in einem französischen Handelsöl). — KOSIN: Masloboino-Shirowoje Djelo 1928, S. 24; C. 1929, I, 167 (Jodzahl 94—142,8; Verseifungszahl 178,4 bis 192,6).

Öle des wilden Weines: BEAL und BEEBE: Eng. Bd. 7, S. 1054. 1915; C. 1916, I, 477 (Samenöl von Vitis riparia). — FACHINI und DORTA: Ann. di Chim. appl. Bd. 5, S. 301. 1916; C. 1917, II, 394 (Samen- und Fruchtfleischöl der kanadischen Rebe). — BEAL und GLENZ: Eng. Bd. 11, S. 959. 1919; C. 1920, III, 847 (Öl von Ampelopsis quinquefolia).

Reihe: Malvales.

Vorbemerkungen. Hierzu s. insbesondere PIERAERTS: Mat. grasses Bd. 18, S. 7640, 7667. 1926; Bd. 19, S. 7724, 7752, 7778, 7808, 7834, 7862, 7890. 1927. — S. IVANOW: Ber. d. Dtsch. Botan. Ges. Bd. 45, S. 588. 1927.

Tiliaceae.

Lindensamenöl: FOKIN: Ch. Revue Bd. 11, S. 70. 1904. — Westnik shirow Bd. 6, S. 155. 1905; Ch. Revue Bd. 13, S. 87. 1906 (Kein Autor angegeben). — Kriegsausschuß für Öle und Fette: Sfsz. Bd. 43, S. 690. 1916; Z. ang. Bd. 29, S. 363. 1916. — RHODICH: Ch.-Ztg. Bd. 41, S. 776. 1917 (Ölgehalt). — N. und H.: Z. ang. Bd. 29, S. 337. 1916; Bd. 30, S. 16 u. 221. 1917 (Ölgehalt, Kennzahlen). — KÜHL: Sfsz. Bd. 45, S. 115. 1918; C. 1919, II, 365. — PIERAERTS: Mat. grasses Bd. 18, S. 7668. 1926 (Samenöl von Tilia grandifolia; 7,6% Ausbeute).

Öle von Tilia-Arten russischer Herkunft: S. IVANOW: Beih. z. Botan. Centralbl. Bd. 32, Abt. I, S. 66. 1915.

Lindenholz- und Rindenöl: WIECHMANN: Am. Ch. J. Bd. 17, S. 305. 1895; Ch. Revue Bd. 21, S. 5. 1895 (Kennzahlen amerikanischen Öles). — NIKLEWSKY: Beih. z. Botan. Centralbl. Bd. 19, Abt. I, S. 68. 1906 (Ölgehalt des Holzes 6,4 bis 9,2%, der Rinde 7,9—10,3%). — THOMS und MICHAELIS: Ber. Pharm. Ges. Bd. 26, S. 185. 1916 (Ölgehalt von Rinde und Holz: 2,3 bzw. 1,5%; Kennzahlen des Holzöles, Säurezahl 12,2). — ENGEL: „Planta", Bd. IV, S. 389. 1927 (Ölgehalt der Rinde 15,1%); s. auch PIERAERTS: Mat. grasses Bd. 18, S. 7669. 1926.

Verschiedene Tiliaceenöle: PIERAERTS: Mat. grasses Bd. 18, S. 7668. 1926 (Öl von Corchorus capsularis und C. olitorius); Bd. 18, S. 7669 (Öl von Tilia grandifolia und Grewia populifolia); Bd. 19, S. 7724. 1927 (Öl von Triumfetta rhomboidea). — PIERAERTS: Mat. grasses Bd. 20, S. 8226. 1928 (Öl von Corchorus olitorius mit der Säurezahl 38,4).

Jutesamenöl: PIERAERTS: Mat. grasses Bd. 18, S. 7668. 1926 (Kennzahlen eines indischen Musters mit der Säurezahl 20,4). — SEN: Quarterly J. Indian Ch. Soc. Bd. 4, S. 205. 1927; C. 1927, II, 1710 (Probe mit Säurezahl 24,1). — SEN: J. Indian Ch. Soc. Bd. 5, S. 759. 1928; C. 1929, I, 1704 (s. Nachtrag S. 503).

Öl von Berria ammonilla: PIERAERTS: Mat. grasses Bd. 20, S. 8225. 1928 (s. Nachtrag S. 505).

Samenöl von Cephalonema polyandrum („Lotiti"-Öl): PIERAERTS: Mat. grasses, Bd. 20, S. 8197. 1928 (s. Nachtrag S. 504).

Samenöl von Glyphaea grewioides: PIERAERTS: Mat. grasses Bd. 20, S. 8194. 1928 (s. Nachtrag S. 504).

Samenöl von Honckenya ficifolia: PIERAERTS: Mat. grasses Bd. 20, S. 8224. 1928 (s. Nachtrag S. 505).

Samenöl von Triumfetta cordifolia: PIERAERTS: Mat. grasses Bd. 20, S. 8226. 1928 (s. Nachtrag S. 505).

Malvaceae.

Öle einiger Lavatera-Arten: S. IVANOW: Bayer. Ind. u. Gewerbebl. 115. Jahrg. S. 62. 1929 (s. Nachtrag S. 506).

Öle von Abutilon indicum und A. graveolens: PIERAERTS: Mat. grasses Bd. 19, S. 7778 u. 7779. 1927.

Pappelrosenöl: HILTNER und FELDSTEIN: Eng. Bd. 13, S. 635. 1921; C. 1921 III, 1036 (Öl aus amerikanischer Saat). — PIERAERTS: Mat. grasses Bd. 19, S. 7779. 1927 (Öl aus indischer Saat); ebenda Bd. 20, S. 8363. 1928 (Ölmuster aus der Steiermark).

Öle von Malva rotundifolia und M. parviflora: PIERAERTS: a. a. O., und zwar S. 7753 u. 7754.

Öle anderer Malva-Arten: S. IVANOW: Bayer. Ind. u. Gewerbebl. 115. Jahrg. S. 61. 1929 (s. Nachtrag S. 506).

Öle von Sida cordifolia, S. carpinifolia, S. rhombifolia: PIERAERTS: a. a. O., und zwar S. 7752.

Öl von Urena lobata: PIERAERTS: a. a. O., und zwar S. 7809.

Ambarihanföl: SCHÄDLER: Technologie, 2. Aufl., S. 577. — DECKER: Pharm. Weekblad Bd. 59, S. 1296. 1922; C. 1923, I, 351 (Kennzahlen, Öl I). — PIERAERTS: Mat. grasses Bd. 19, S. 7725. 1927 (Öl mit der Säurezahl 14,3).

Öl von Hibiscus Abelmoschus: PIERAERTS: a. a. O., und zwar S. 7726.

Okrasamenöl: JAMIESON und BAUGHMAN: J. Am. Ch. Soc. Bd. 42, S. 166. 1920; C. 1920, III, 256 (Gesamtanalyse). — HALVERSON und NAIMAN: J. Oil Fat Ind. Bd. 3, S. 386. 1926 (Saatanalyse). — PIERAERTS: Mat. grasses Bd. 19, S. 7727. 1927 (Kennzahlen).

Öl von Hibiscus Manihot: PIERAERTS: Mat. grasses Bd. 20, S. 8138. 1928 (s. Nachtrag S. 506).

Thespesiaöl: KESAVA-MENON: J. Soc. Ch. Ind. Bd. 29, S. 1431. 1910; C. 1911, I. 503. — PIERAERTS: Mat. grasses Bd. 19, S. 7728. 1927 (Öl mit der Säurezahl 50,4).

Öle anderer Hibiscus-Arten: S. IVANOW: Bayer. Ind. u. Gewerbebl. 115. Jahrg., S. 61. 1929 (s. Nachtrag S. 506).

Baumwollsamenöl: HAZURA und GRÜSSNER: Monatsh. Bd. 9, S. 204. 1888; s. auch BAUER und HAZURA: ebenda S. 459. — MILLIAU: Compt. rend. Bd. 106, S. 550. 1888. — HELMER: Analyst Bd. 13, S. 165. 1888. — TOLMAN und MUNSON: Ch. Bull. Bd. 77, S. 45. — WILEY: Lard and Lard Adulterations, S. 467. Washington 1889. — WILSON: Ch. News Bd. 59, S. 99. 1891. — HOLDE: J. Soc. Ch. Ind. Bd. 11, S. 637. 1892. — FAHRION: Z. ang. Bd. 5, S. 173. 1892. — DUPONT: Bull. Soc. Chim. Bd. 3, S. 696. 1895. — SOLTSIEN: Z. öff. Ch. Bd. 5, S. 306. 1899. — LEWKOWITSCH: Analyst Bd. 24, S. 319. 1899. — OILAR: Am. Ch. J. Bd. 24, S. 355. — SIEGFELD: Z. Nahrgsm. Bd. 7, S. 581. 1904 (Phytosterine). — MEYER: Ch.-Ztg. Bd. 31, S. 793. 1907. — WAGNER und CLEMENT: Z. Nahrgsm. Bd. 16, S. 147. 1908. — KÖNIG und SCHLUCKEBIER: Z. Nahrgsm. Bd. 25, S. 653. 1908 (Phytosterin). — HEIDUSCHKA und GLOTH: Pharm. Centralh. Bd. 49, S. 863. 1908. — OLIG und BRUST: Ch. Revue Bd. 16, S. 171. 1909. — MATTHES und HEINTZ: Arch. Pharm. Bd. 247, S. 161. 1909. — HERTY, STEM und ORR: Eng. Bd. 1, S. 76. 1909. — KLIMONT: Z. ang. Bd. 24, S. 254. 1911. — GASTALDI: Giorn. Farm. Chim. Bd. 61, S. 289. 1912; C. 1912, II, 758 (HALPHENsche Reaktion). — WILSON und HEAVEN: J. Soc. Ch. Ind. Bd. 31, S. 565. 1912; C. 1912, II, 757 (Sauerstoffaufnahme). — WENN: Sfsz. Bd. 40, S. 238. 1913 (Oxydiertes Öl). — SMALLEY: Eng. Bd. 5, S. 402. 1913; C. 1913, II, 89 (Bestimmung der Fettsäuren in Baumwollsaatöl-Rückständen). — MARCUSSON und MEYERHEIM: Z. ang. Bd. 27, S. 201. 1914 (Unverseifbares). — STADLINGER: Sffbr. Bd. 34, S. 721. 1914; C. 1915, I, 402 (Analyse). — CONDELLI: Staz. sperim. agrar. ital. Bd. 47, S. 368. 1914; C. 1914, II, 87 (Ausführung der HALPHENschen Reaktion). — THOMS: Arch. Hyg. Bd. 84, S. 54. 1914; C. 1915, I, 1274 (Kennzahlen natürlichen und gehärteten Öles). — GASTALDI: Ann. di Chim. appl. Bd. 2, S. 203. 1914; C. 1917, I, 918 (Abänderung der HALPHENschen Reaktion). — WELLS und SMITH: Eng. Bd. 7, S. 217. 1915; C. 1915, I, 1212 (Fettgehalt kurzstapeliger Uplandsaat). — DAVIDSOHN und WRAGE: Ch. Revue Bd. 22, S. 11. 1915 (Löslichkeit in Alkohol). — SCHANZ: Sfsz. Bd. 42, S. 931, 971, 995 u. 1038. 1915 (Gewinnung und Verwendung). — BACKER: Ch. Weekblad Bd. 12, S. 1034. 1915; C. 1916, I, 395 (Molekulargewicht des Öles). — KNIGGE: Sffbr. Bd. 35, S. 657. 1915. — BENESCHOWSKY: Z. landw. Vers.-Wesen Österr. Bd. 19, S. 103. 1916; C. 1916, I, 1274 (Minimum und Maximum der Säurezahl).

FISCHER und HOOKER: Kolloid-Z. Bd. 18, S. 129. 1916; C. 1916, II, 47 (Bildung von Emulsionen). — KEUTGEN: Ch. Umschau Bd. 23, S. 73 u. 85. 1916 (Zusammensetzung und Verwendung der Raffinationsrückstände). — RATHER: Eng. Bd. 8, S. 604. 1916; C. 1920, IV, 228 (Veränderung der Samen beim Lagern und Erhitzen). — WROTH und REID: J. Am. Ch. Soc. Bd. 38, S. 2316. 1916; C. 1917, I, 626 (Löslichkeit niederer Alkohole in Baumwollsamenöl). — KERR: Eng. Bd. 10, S. 471. 1918; Ch. Umschau Bd. 26, S. 40. 1919 (Reaktion von KREIS). — NORD: Z. ang. Bd. 32, S. 305. 1919 (Jodzahl des natürlichen und hydrierten Fettes). — GRIMME: Ch. Umschau Bd. 26, S. 104. 1919 (Kritische Lösungstemperatur). — JAMIESON und BAUGHMAN: J. Am. Ch. Soc. Bd. 42, S. 1197. 1920; Cotton Oil Press Bd. 4, S. 85. 1920; C. 1920, III, 746 (Quantitative Analyse). — ARNY, KISH und NEWMARK: Am. Perfumer Bd. 15, S. 73. 1920; C. 1920, IV, 229; Eng. Bd. 11, S. 950. 1919; C. 1920, IV, 688 (Farbenstandard für Baumwollsamenöl). — SMITH: Eng. Bd. 12, S. 764. 1920; C. 1920, IV, 627 (KREISsche Reaktion). — FAHRION: Ch. Umschau Bd. 27, S. 158 u. 202. 1920 (Oxyfettsäuren). — FASH: Cotton Oil Press Bd. 5, S. 31 u. 33. 1921; C. 1923, IV, 257 (Fluorescenzerscheinung). — REED: Cotton Oil Press Bd. 5 S. 34. 1921; C. 1924, I, 2934 (Feststellung des Ölgehaltes durch Ermittlung des spezifischen Gewichtes der Samen). — FISCHER: Cotton Oil Press Bd. 5, S. 36. 1921; C. 1924, I, 2933 (Fluorescenz). — TOMPKINS (CURTIS und TOMPKINS, San Franzisko): Cotton Oil Press Bd. 5, S. 123. 1921; C. 1923, IV, 738 (Fluorescenz des chinesischen Baumwollsamenöls). — DICKHART: Cotton Oil Press Bd. 6, S. 11 u. 32. 1922; C. 1923, IV, 504 (Einwirkung von Kupferacetat). — ANDERSON: Cotton Oil Press Bd. 6, S. 32. 1922; C. 1924, I, 2752 (Gewinnung gelben „Winteröles“). — WESSON: Cotton Oil Press Bd. 6, S. 33. 1922 (Neutralfettbestimmung). — PUTLAND: ebenda S. 41 u. 50; C. 1924, I, 1120 (HALPHENsche Reaktion). — SIEVERS und INTYRE: Cotton Oil Press Bd. 6, S. 28. 1921; C. 1923, IV, 214 (Änderung der Kennzahlen bei andauernder Pressung). — PUTLAND: Cotton Oil Press Bd. 6, S. 42. 1922; C. 1923, IV, 298 (Verunreinigung durch Mineralöle). — HOLDE: Ch.-Ztg. Bd. 46, S. 3. 1922 (Oberflächenspannung gegen Luft). — STOCKS: Analyst Bd. 48, S. 590. 1923; C. 1924, I, 1121 (Dissoziation der verdünnten Seifenlösung). — JAMIESON und BAUGHMAN: Cotton Oil Press Bd. 7, S. 35. 1923; C. 1923, IV, 214 (Jodzahl und Zusammensetzung der freien Fettsäuren). — ANDERSON und MOORE: J. Am. Ch. Soc. Bd. 45, S. 1944. 1923; C. 1924, I, 562 (Phytosterine). — JAMIESON und BAUGHMAN: Cotton Oil Press Bd. 7, S. 29. 1923; C. 1924, I, 2752 (Nichtglyceride im Öl). — SCHWARTZE und ALSBERG: J. Agricult. Research Bd. 25, S. 285. 1923; C. 1924, II, 2405 (Gehalt an Gossypol). — ANDERSON und MOORE: New York State Agricult. Exper. Stat. Bd. 95, S. 3. 1923; C. 1924, II, 2666 (Phytosterine). — WINKLER: Pharm. Centralh. Bd. 65, S. 385. 1924; C. 1925, II, 1529 (Jodbromzahl). — HOLDE, SELIM und BLEYBERG: Z. D. Öl- u. Fettind. Bd. 44, S. 298. 1924 (Bestandteile). — JAMIESON und BAUGHMAN: J. Oil Fat Ind. Bd. 1, S. 30. 1924; C. 1926, II, 2243 (Phosphatidgehalt); J. Oil Fat Ind. Bd. 1, S. 101. 1924 (Bestandteile). — HELLER: Farbenztg. Bd. 29, S. 1842. 1924 (Reaktion von DICKHART). — SONOL: Anal. de la Assoc. Quim. Argent. Bd. 12, S. 280. 1925; C. 1925, I, 2474 (Wert der Farbenreaktionen, insbesondere der HALPHENschen). — BANKSTON und VILBRANDT: Eng. Bd. 6, S. 707. 1924; C. 1925, I, 180 (Einfluß des Lösungsmittels auf die Jodzahl nach HANUS). — GILMOUR: Analyst Bd. 50, S. 119. 1925; C. 1925, I, 2478 (Schmelzpunkt der unlöslichen, flüchtigen Fettsäuren). — KYSER und VILBRANDT: J. Am. Pharm. Assoc. Bd. 14, S. 392. 1925; C. 1925, II, 642 (Kritische Emulgierungspunkte in Öl-Seifenemulsionen). — MARGOSCHES, FRIEDMANN,

SCHEINOST und TSCHÖRNER: Ber. Bd. 58, S. 1064. 1925 (Per- und Differenzjodzahl). — HOLDE und GORGAS: Ch. Umschau Bd. 32, S. 314. 1925 (Nachweis von Squalen und Spinacen im Baumwollsamenöl). — BROWNE: J. Oil Fat Ind. Bd. 2, S. 87. 1925; C. 1926, I, 132 (Zusammensetzung; photochemische Wirkung). — VORLÄNDER und WALTER: Z. physik. Ch. Bd. 118, S. 1. 1925; C. 1926, I, 1112 (Zähigkeit; spezifische Doppelbrechung). — JAMIESON und BAUGHMAN: J. Oil Fat Ind. Bd. 3, S. 75. 1926; C. 1926, I, 3440 (Haltbarkeit des rohen Öles). — MORRISON und BOSART: J. Oil Fat Ind. Bd. 3, S. 130. 1926; C. 1926, II, 126 (Abhängigkeit der Kennzahlen des Öles von der Herkunft der Saat). — POUND: J. phys. Ch. Bd. 30, S. 791. 1926; C. 1926, II, 995 (Grenzflächenspannung). — PRESCHER: Z. Nahrgsm. Bd. 51, S. 234. 1926 (Mikrochemischer Nachweis). — JAMIESON: J. Oil Fat Ind. Bd. 3, S. 153. 1926 (Dipalmitin im alkohollöslichen Anteil des „Satzes“). — RICHARDSON: ebenda S. 189; C. 1926, II, 2025 (Farbbestimmung mit dem Apparat von LOVIBOND). — MARGOSCHES und FUCHS: Ber. Bd. 59, S. 375. 1926 (Per- und Differenzjodzahl). — WESSON: J. Oil Fat Ind. Bd. 3, S. 297. 1926; C. 1926, II, 3124 (Raffinationsausbeute). — SIEVERS und LOWMAN: J. Oil Fat Ind. Bd. 3, S. 191. 1926; C. 1926, II, 2025 (Schwankungen im Öl- und Ammoniakgehalt verschiedener Saaten). — CHATTERJI und FINCH: J. Soc. Ch. Ind. Bd. 45, S. 333 T. 1926; Ch. Umschau Bd. 34, S. 26. 1927 (Oxydation). — KARDASCHEW: Öl- u. Fettind. (russ. Masloboino-Shirowoje-Djelo) 1926, S. 23; C. 1927, I, 821. — JAMIESON und BAUGHMAN: J. Oil Fat Ind. Bd. 3, S. 347. 1926; C. 1927, II, 1632 (Zusammensetzung von rohem Baumwollsamenöl; langstapelige Saat); J. Oil Fat Ind. Bd. 4, S. 131. 1927; C. 1927, II, 185 (Bestandteile von kurzstapeliger „Upland“saat). — PIERAERTS: Mat. grasses Bd. 19, S. 7808. 1927 (Kennzahlen zweier Muster aus Samarkand; Refraktion bei 40°). — BERTRAM: Z. D. Öl- u. Fettind. Bd. 45, S. 733. 1925; Ch. Weekblad Bd. 24, S. 226. 1927; C. 1927, II, 762 (Gehalt an wasserunlöslichen, gesättigten Fettsäuren 25,5%). — ALLAN und MOORE: J. Soc. Ch. Ind. Bd. 46, S. 433 T. 1927; Ch. Umschau Bd. 35, S. 19. 1928 (Phytosterin). — S. IVANOW, Ber. D. Botan. Ges. Bd. 45, S. 588. 1927; C. 1928, I, 2140 (HALPHENsche Reaktion). — HILDITCH und LEA: J. Ch. Soc. Bd. 128, S. 3106. 1927; C. 1928, I, 1339 (Gesättigte Glyceride).

Baumwollstearin: OLIG und BRUST: Ch. Revue Bd. 16, S. 170. 1909.

Reihe: Parietales.

Bixaceae.

Orleansbaumsamenöl (Bixaöl): AYYAR: J. Am. Pharm. Assoc. Bd. 11, S. 999. 1922; C. 1923, III, 251 (Kennzahlen von rohem und destilliertem Öl I). — HARRIS: Bull. Univ. Wisconsin 1927, Dissert.; Ch. Umschau Bd. 35, S. 114. 1928 (Kennzahlen und Bestandteile von Öl II).

Flacourtiaceae.

Öl von Oncoba spinosa: GOULDING und ACKERS: Proc. Ch. Soc. Bd. 29, S. 197. 1913; Bull. Imp. Inst. Bd. 11, S. 439. 1913. — KLAUENFELD: Bull. Imp. Inst. Bd. 21, S. 585. 1923; C. 1924, II, 125 (Kennzahlen der Öle von Oncoba spinosa und Oncoba echinata).

Gynocardiaöl: LEMARIE: „Oils, Colours etc.“, S. 6. 1904 (Schmelz- und Erstarrungspunkt). — SCHINDELMEISER: Ber. Pharm. Ges. Bd. 14, S. 164. 1904 (Gynocardiasäure). — POWER und BARROWCLIFF: J. Ch. Soc. Bd. 87, S. 896. 1905; Proc. Ch. Soc. Bd. 21, S. 176. 1905 (Eigenschaften). — GRIMME: Ch. Revue

Bd. 18, S. 104. 1911; s. ebenda Bd. 19, S. 180. 1912. — LIFSCHÜTZ: Ch.-Ztg. Bd. 45, S. 1264. 1921 (Spezialreaktion).

Samenöl von Flacourtia cataphracta: JUMELLE: „Les Huiles végétales", S. 275. Paris 1921 (Die Kerne des in vielen tropischen Ländern kultivierten Baumes, des „Prunier d'Inde", liefern mittels Äther 44% eines nahezu farb- und geschmacklosen Öles von schwacher Trockenfähigkeit).

Reihe: Opuntiales.

Cactaceae.

Feigendistel- oder Opuntiaöl: LOMANITZ: Eng. Bd. 12, S. 1175. 1920; C. 1921, I, 455 (Die englische Bezeichnung „prickly pear seed oil" wurde irrtümlich mit Stachelbeersamenöl übersetzt).

Reihe: Myrtiflorae.

Thymelaeaceae.

Daphneöl (Seidelbastöl): PETERS: Arch. Pharm. Bd. 240, S. 56. 1902.

Lythraceae.

Lawsoniaöl: HOOPER: Pharm. J. Bd. 26, S. 781. 1908.

Lecythidaceae.

Barringtoniaöl: V. D. DRIESSEN-MAREEUW: Pharm. Weekblad Bd. 40, S. 729. 1903; Ch.-Ztg. Rep. Bd. 27, S. 254. 1903.

Myrtaceae.

Psidium guajava-Öle: ALTAN: Pharm. Post Bd. 37, S. 713. 1904. — AZADIAN: Ann. Falsif. Bd. 15, S. 405. 1922; Ch. Umschau Bd. 30, S. 101. 1923.

Myrtensamenöl: SCURTI und PERCIABOSCO: Gazz. chim. Bd. 37, S. 483. 1907.

Pimentöl (Nelkenpfefferöl): EBERT und BAILEY: Cotton Oil Press Bd. 7, S. 35. 1924; C. 1924, II, 1642 (Kennzahlen).

Samenöl von Eugenia Jambolana: POWER und CALLAN: Pharm. J. (4) Bd. 34, S. 414. 1912; C. 1912, I, 1577 (Fettgehalt 1—2%). — HART und HEYL: J. Am. Ch. Soc. Bd. 38, S. 2805. 1916; C. 1917, I, 779 (Bestandteile, insbesondere Sterine).

Oenotheraceae.

Nachtkerzenöl: UNGER: Apoth.-Ztg. Bd. 32, S. 351. 1917 (Kurzer Hinweis auf Oenothera als Ölquelle). — HEIDUSCHKA und LÜFT: Arch. Pharm. Bd. 257, S. 33. 1919; C. 1919, I, 746 (Eingehende Beschreibung eines Öles mit der Säurezahl 0,0). — SCHILD: Inaug.-Dissert. München 1926. — EIBNER und SCHILD: Ch. Umschau Bd. 34, S. 314, 339. 1927 (Kennzahlen, Bestandteile, Trockenvermögen; Charakterisierung der sog. γ-Linolensäure).

Reihe: Umbelliflorae.

Umbelliferae.

Gartenkerbelöl: GRIMME: Pharm. Centralh. Bd. 52, S. 661. 1911.

Ajovanöl: GRIMME: a. a. O.

Koriandersamenöl: MEYER: Ch.-Ztg. Bd. 27, S. 958. 1903 (Kennzahlen; in die Tabelle nicht aufgenommen). — GRIMME: Pharm. Centralh. Bd. 52, S. 661.

1911. — RAKUSIN und STAROBINA: Landw. Vers.-Stat. Bd. 103, S. 103. 1924; C. 1925, I, 237 (Fettgehalt 20,7%).

Kreuzkümmelöl: GRIMME: Pharm. Centralh. Bd. 52, S. 661. 1911.

Sellerieöl: GRIMME: a. a. O.

Petersiliensamenöl: MATTHES und HEINTZ: Ber. Pharm. Ges. Bd. 19, S. 325. 1909 (Petrosilan). — VONGERICHTEN und KÖHLER: Ber. Bd. 42, S. 1638. 1909. — GRIMME: Pharm. Centralh. Bd. 52, S. 661. 1911. — WIDENMAYER: Inaug.-Dissert. München 1925. — HILDITCH und JONES: J. Soc. Ch. Ind. Bd. 46, S. 174 T. 1927; C. 1927, II, 238 (Bestandteile eines englischen Petersiliensamenöles). — VAN LOON: Rec. trav. chim. Bd. 46, S. 492. 1927; C. 1927, II, 1355 (Kennzahlen und Bestandteile von Öl II; Charakterisierung der Petroselinsäure). — EIBNER, WIDENMAYER und SCHILD: Ch. Umschau Bd. 34, S. 313. 1927 (Kalt gepreßtes Öl; Konstitution der Petroselinsäure). — STEGER und VAN LOON: Rec. trav. chim. Bd. 47, S. 471. 1928; C. 1928, I, 2099, und Z. Lebensm. Bd. 56, S. 365. 1928; C. 1929, I, 1704 (Rhodanometrische Untersuchung).

Kümmelöl: Sffbr. Bd. 23, S. 579. 1903. — GRIMME: Pharm. Centralh. Bd. 52, S. 661. 1911. — RAKUSIN und STAROBINA: a. a. O. — KOPP: Sfsz. Bd. 55, S. 69. 1928; C. 1928, I, 1919 (Bezeichnung als „schwachtrocknendes“ Öl).

Anissamenöl: DEWJANOW und ZYPLJANKOW: J. Russ. Phys. Chem. Ges. Bd. 37, S. 624. 1905; Ch. Revue Bd. 13, S. 13. 1906. — GRIMME: Pharm. Centralh. Bd. 52, S. 661. 1911. — RAKUSIN und STAROBINA: Landw. Vers.-Stat. Bd. 103, S. 103. 1924; C. 1925, I, 237.

Fenchelöl: GRIMME: a. a. O. — RAKUSIN und STAROBINA: a. a. O.

Dillöl: GRIMME: a. a. O. — RAKUSIN und STAROBINA: a. a. O.

Möhrenöl: GRIMME: a. a. O.

Reihe: Ericales.

Ericaceae.

Sandbeerensamenöl: SANI: R. Accad. Linc. (5) Bd. 14, II, S. 619. 1905; C. 1906, I, 373; R. Accad. Linc. (5) Bd. 29, I, S. 59. 1920; C. 1921, I, 814 (Bestandteile des Unverseifbaren: „Arbusterin“ $C_{28}H_{44}O + H_2O$; Schmelzpunkt 129°; Acetat-Schmelzpunkt 110°; Benzoat-Schmelzpunkt 137°. Daneben ein Kohlenwasserstoff und eine andere Substanz von angenehmem Geruch).

Heidelbeersamenöl: DIEDRICHS: Z. Nahrgsm. Bd. 24, S. 575. 1912; Ch. Revue Bd. 19, S. 304. 1912.

Preißelbeersamenöl: DIEDRICHS: a. a. O.

Reihe: Ebenales.

Ebenaceae.

Persimmonöl: LANE: J. Soc. Ch. Ind. Bd. 24, S. 390. 1905; Ch. Revue Bd. 12, S. 137. 1905.

Styracaceae.

Styraxöl: ASAHINA: Arch. Pharm. Bd. 245, S. 325. 1907 (Kennzahlen eines Öles mit der Säurezahl 9,0). — UCHIDA: J. Soc. Ch. Ind. Bd. 35, S. 1089. 1916; C. 1917, I, 414 (Öl mit Säurezahl 1,7).

Reihe: Contortae.

Oleaceae.

Eschensamenöl: BACH: Ch.-Ztg. Bd. 35, S. 478. 1911. — N. und H.: Z. ang. Bd. 30, S. 221. 1917 (Analyse).

Isanosamenöl: Hébert: Bull. Soc. Chim. (3) Bd. 21, S. 15 u. 935. 1896; Ch.-Ztg. Bd. 25, S. 282. 1901.

Apocynaceae.

Funtumiaöl (Kickxiaöl): Hébert: Le Caoutchouc et la Guttapercha 1912, S. 6232; Bull. Soc. Chim. (4) Bd. 11, S. 612. 1912; C. 1912, II, 444. — Rideal und Acland: Analyst Bd. 38, S. 259. 1913; C. 1913, II, 387 (Ölgehalt, Kennzahlen). — Sprinkmeyer und Diedrichs: Z. Nahrgsm. Bd. 27, S. 121. 1914; C. 1914, I, 1443 (Untersuchung von Samenölen und Kernöl).

Reihe: Tubiflorae.

Borraginaceae.

Öl von Cordia atrofusca: Peckolt: Ber. Pharm. Ges. Bd. 12, S. 136. 1902.

Öl von Trichodesma Zeylanicum: Imperial Institute: Bull. Imp. Inst. Bd. 24, S 443. 1926; C. 1927, I, 464.

Labiatae.

Lallemantiaöl: Hanausek: Z. Österr. Apoth.-Ver. Bd. 23, S. 30. 1887. — Richter: Landw. Vers.-Stat. Bd. 33, S. 455, und Bd. 34, S. 383. 1887 (Kennzahlen, Reaktionen).

Öl von Dracocephalum Moldavica und Betonica officinalis: S. Ivanow: Bayer. Ind. u. Gewerbebl. 115. Jahrg. S. 63. 1929 (s. Nachtrag S. 509).

Salvia plebeja-Öl: Rau und Simonsen: Indian Forest Records Bd. 10, II, S. 13. 1923; C. 1924, II, 58.

Salvia hispanica-Öl: Gardner und Holdt: Paint Manuf. Assoc., U.S.A. Circ. 1920, S. 105. — Jumelle: „Les Huiles végétales“, S. 435. Paris 1921 (Eigenschaften).

Salbeiöle (Abessinische): Suzzi: Atti del VI. Congr. internazion. di Chim. appl. Roma 1906 (Eigenschaften).

Salvia sclarea-Öl: Berlingozzi und Badolato: Boll. Chim. Farm Bd. 63, S. 721. 1924 (Eigenschaften und Kennzahlen eines Öles mit der Säurezahl 1,2).

Salvia spinosa-Öl: Berlingozzi und di Mase: Rendic. Accad. Reale delle Scienze Fis. e Mat. Bd. 31, S. 156. 1925; Sep. d. Verf. (Eigenschaften und Kennzahlen eines Öles mit der Säurezahl 1,7).

Öle einiger Salvia-Arten (Halbinsel Krim): S. Ivanow: Bayer. Ind. u. Gewerbebl. 115. Jahrg. S. 62. 1929 (s. Nachtrag S. 509).

Öl von Melissa officinalis: S. Ivanow: Bayer. Ind. u. Gewerbebl. 115. Jahrg. S. 63. 1929 (s. Nachtrag S. 509).

Perillaöl: Hosie: „Manchuria“. Methuen and Co. 1901 (Verbreitung). — Wijs: Z. Nahrgsm. Bd. 6, S. 492. 1903; Ch. Revue Bd. 18, S. 179. 1903 (Kennzahlen). — Kimura und Kametaka: J. Tokyo Ch. Soc. 1906 (Zusammensetzung). — Meister: Farbenztg. Bd. 16, S. 266. 1910 (Kennzahlen, Trockenvermögen, Bleichung). — Fahrion: „Die Chemie der trocknenden Öle“, S. 287. Berlin: Julius Springer 1911 (Allgemeines). — Niegemann: Farbenztg. Bd. 17, S. 297. 1911 (Untersuchung eines Öles mit der Säurezahl 14,7). — Rosenthal: ebenda S. 739 (Sauerstoffzahl). — Eibner und Muggenthaler: ebenda Bd. 18, S. 131. 1912 (Hexabromidzahl). — Fox: Eng. Bd. 4. S. 229. 1912; C. 1912. I, 2039 (Ölgehalt). — Gardner: Oil, Paint and Drug Rep. 1917, S. 55; s. auch Ref. Mat. grasses Bd. 14, S. 6149. 1922; Z. D. Öl- u. Fettind. Bd. 42, S. 531. 1922 (Anforderungen). — Stock: Sfsz. Bd. 47, S. 346. 1920 (Analyse eines 10 Jahre alten Öles). — Spann: Tropenpflanzer Bd. 25, S. 161. 1921 (Anbau, Ölgehalt). —

K. H. Bauer und Hardegg: Ch. Umschau Bd. 29, S. 203 u. 301. 1922 (Untersuchung der Fettsäuren). — K. H. Bauer: ebenda Bd. 30, S. 9. 1923; Bd. 31, S. 33. 1924 (Analyse, Bestandteile); Bd. 32, S. 13. 1925 (Polymerisiertes Öl). — Schönemann: Inaug.-Dissert. München, erwähnt, bei Eibner: Farbe u. Lack Bd. 31, S. 464. 1926 (Bestandteile). — Imperial Institute: Bull. Imp. Inst. Bd. 24, S. 205. 1926; Mat. grasses Bd. 19, S. 7869. 1927 (Kennzahlen chinesischer, indischer und südafrikanischer Öle). — Toch: J. Oil Fat Ind. Bd. 3, S. 52. 1926 (Dispersion). — Ljubarski: Öl- u. Fettind. (russ. Masloboino-Shirowoje Djelo) 1926, S. 10; C. 1927, I, 2615 (Sibirisches Öl); s. auch Masloboino-Shirowoje Djelo 1927, Nr. 9/10, S. 26; C. 1929, I, 2599. — Toch und Ling: Eng. Bd. 18, S. 1285. 1926; C. 1927, II, 652 (Polymerisation).

Öl von Perilla citriodora: Yamaguchi und Ito: J. Pharm. Soc. Japan 1924, Nr. 511, S. 2; C. 1927, I, 1843.

Schwarzsesamöl (Benefingöl): Office Coloniale: Bull. de l'Office Coloniale 1918, S. 345; Ch. Umschau Bd. 26, S. 10. 1919 (Kennzahlen). — Jumelle: „Les Huiles végétales", S. 433. Paris 1921 (Ölgehalt, Eigenschaften, Trocknen).

Orlyan-Samenöl: Jumelle: „Les Huiles végétales", S. 435. Paris 1921.

Galeopsis-Öl: Stockert: Öl- u. Fettind. Wien Bd. 2, S. 63. 1920 (Ölgehalt).

Öl von Ocimum basilicum: S. Ivanow: Bayer. Ind. u. Gewerbebl. 115. Jahrg. S. 63. 1929 (s. Nachtrag S. 509).

Solanaceae.

Tollkirschenöl: Ferencz: Pharm. Post Bd. 51, S. 762. 1918; C. 1918, I, 235 (Kennzahlen eines Öles mit der Säurezahl 0,7).

Bilsenkrautsamenöl: Mjöen: Arch. Pharm. Bd. 232, S. 130. 1894; Bd. 234, S. 286. 1896; J. Soc. Ch. Ind. Bd. 16, S. 340. 1897. — Utz: Ch. Revue Bd. 19, S. 130. 1912; Bd. 20, S. 5. 1913 (Kennzahlen rohen und gebleichten Öles). — Bureš und Kracik: Časopis Českoslov. Lékárn. Bd. 8, S. 183. 1928; C. 1929, I, 2434 (Kennzahlen petrolätherextrahierter Öle).

Paprikasamenöl: Strohmer: C. 1884, S. 577 (Ätherextrahiertes Öl; Verseifungszahl 201,9). — von Bitto: Mathem.-naturw. Ber. Ungarn Bd. 12, II, S. 299. 1895; C. 1895, II, 932. — Szigeti: Z. landw. Versuchsw. Österr. Bd. 5, S. 1208. 1902. — Meyer: Ch.-Ztg. Bd. 27, S. 958. 1903. — Ebert und Bailey: Cotton Oil Press Bd. 7, Nr. 12, S. 35. 1924; C. 1924, II, 1642 (vgl. Pimentöl, S. 622). — Mitchell und Alfend: Journ. Assoc. offic. Agricult. Chem. Bd. 11, S. 523. 1928; C. 1929, I, 546 (Jodzahlen von spanischem Paprikaöl).

Öl von Solanum melongena: Olien en Vetten Bd. 4, S. 417. 1919; Öl- u. Fettind. Wien Bd. 2, S. 185. 1920.

Tomatensamenöl: Battaglia: Les corps gras 1901, S. 135 (Französisches Ölmuster). — Kochs: Jahresber. Kgl. Gärtnerlehranstalt Dahlem 1906/07, S. 193 (Deutsches Ölmuster). — Grimme: Sfsz. Bd. 45, S 353. 1918 (Kennzahlen). — Rabak: Ch. News Bd. 117, S. 100. 1918; C. 1918, II, 135 (Kennzahlen von amerikanischem und italienischem Öl). — Rothéa: Bull. Sciences Pharmacol. Bd. 26, S. 105. 1919; C. 1919, IV, 325 (Kennzahlen gepreßten und extrahierten Öles). — Jamieson und Bailey: Eng. Bd. 11, S. 850. 1919; C. 1920, IV, 512 (Kennzahlen von neun amerikanischen Ölmustern).

Öle von Solanum mammosum und S. surinamense: Olien en Vetten, Bd. 4, S. 417. 1919; Öl- u. Fettind. Wien, Bd. 2, S. 185. 1920.

Stechapfelsamenöl (Daturaöl): Cloëz: Ann. Chim. Phys. Bd. 27, S. 551. 1892 (Dichte). — Holde: Mitt. Techn. Vers.-Anst. Berlin Bd. 20, S. 66. 1902; Bd. 21, S. 59. 1903; Ch. Revue Bd. 10, S. 81. 1903; Ber. Bd. 38, S. 1247, und zwar

S. 1252. 1905. — HANS MEYER und BEER: Monatsh. Bd. 31, S. 1239. 1910; Bd. 33, S. 311. 1912; C. 1912, II, 362 (Bestandteile, Daturinsäure; Kennzahlen eines Öles mit der Säurezahl 8,1).

Datura-metel-Öl: SUZZI: I semi oleosi e gli olii. Mailand 1906.

Samenöl von Datura alba Nees: DIETERLE: Arch. Pharm. u. Ber. Pharm. Ges. Bd. 264, S. 140. 1926; C. 1926, I, 2803 (Bestandteile).

Tabaksamenöl: AMPOLA und SCURTI: Gazz. chim. Bd. 34, II, S. 315. 1904; C. 1905, I, 35 (Kennzahlen eines Öles mit der Säurezahl 3,5); Ch. Revue Bd. 12, S. 53. 1905. — DUBOVITZ: Sffbr. Bd. 37, S. 310. 1917; C. 1917, II, 814 (Ölgehalt und Kennzahlen; Säurezahl 67,4). — KLIMONT: Pharm. Post Bd. 51, S. 561. 1918; C. 1918, II, 735 (Kennzahlen). — PREISSECKER und BREZINA: Fachl. Mittlg. d. österr. Tabakregie, Wien 1917, S. 97; C. 1918, II, 1042 (Zusammenstellung der von verschiedenen Autoren erhaltenen Kennzahlen). — Tropenpflanzer Bd. 27, S. 100. 1924 (Spezialbericht). — VOERMAN: Ch. Weekblad Bd. 22, S. 61. 1925; C. 1925, I, 1466 (Kennzahlen eines Öles mit der Säurezahl 0,3; Reaktionen, Trockenzeit).

Öl von Brunfelsia ramosissima: PECKOLT: Ber. Pharm. Ges. Bd. 19, S. 314. 1909.

Scrophulariaceae.

Leinkrautöl: FOKIN: Ch. Revue Bd. 13, S. 130. 1906.

Wasserpfeffersamenöl: MICHALEWITSCH: Masloboino-Shirowoje Djelo 1913, S. 76; Sfsz. Bd. 41, S. 84. 1914. — JUMELLE: „Les Huiles végétales", S. 463. Paris 1921 (Ölgehalt 35%; dickflüssiges, kältebeständiges Öl, dessen Kennzahlen denen des Ricinusöles ähneln).

Öl von Scrophularia nodosa, Alectorolophus major und Pedicularis palustris: S. IVANOW: Bayer. Ind. u. Gewerbebl. 115. Jahrg. S. 63. 1929 (s. Nachtrag S. 509).

Pedaliaceae.

Sesamöl: HAZURA und GRÜSSNER: Monatsh. Bd. 10, S. 242. 1889. — VILLAVECCHIA und FABRIS: Ann. Lab. Gabelle Bd. 3, S. 13. 1893; Z. ang. Bd. 6, S. 17. 1893 (BAUDOUINsche Reaktion). — FARNSTEINER: Ch.-Ztg. Bd. 20, S. 213. 1896. — HEBEBRAND: Landw. Vers.-Stat. Bd. 51, S. 53. 1898. — BÖHMER: Z. Nahrgsm. Bd. 2, S. 705. 1899. — UTZ: Pharm. Ztg. Bd. 45, S. 490. 1900; Ch.-Ztg. Bd. 24, S. 200. 1900 (Drehungsvermögen). — LANE: J. Soc. Ch. Ind. Bd. 20, S. 1083. 1901. — WIJS: Z. Nahrgsm. Bd. 5, S. 1150. 1902; Ch. Revue Bd. 10, S. 104. 1903. — SIEGFELD: Z. Nahrgsm. Bd. 8, S. 585. 1904 (Phytosterin). — SPRINKMEYER und WAGNER: Z. Nahrgsm. Bd. 10, S. 347. 1905; Ch. Revue Bd. 12, S. 246. 1905 (Drehungsvermögen, Ölgehalte). — TSUJIMOTO: J. Coll. Eng. Tokyo Bd. 4, S. 181. 1908; Ch. Revue Bd. 16, S. 85. 1909. — OLIG und BRUST: Ch. Revue Bd. 16, S. 170. 1909. — KLIMONT: Z. ang. Bd. 24, S. 256. 1911. — UTZ: Ch. Revue Bd. 18, S. 292. 1911. — SERGER: Ch-Ztg. Bd. 35, S. 581. 1911. — HEIDUSCHKA und DENNELER: Ch.-Ztg. Bd. 36, S. 1272. 1912. — WILSON und HEAVEN: J. Soc. Ch. Ind. Bd. 31, S. 565. 1912; C. 1912, II, 758 (Sauerstoffaufnahme). — SPRINKMEYER und DIEDRICHS: Z. Nahrgsm. Bd. 23, S. 679. 1912; C. 1912, II, 738 (Hexabromidzahl 0,06—0,16). — BOSCH: Pharm. Weekblad Bd. 50, S. 526. 1913; C. 1913, I, 2184 (Nachweis mit Schwefelsäure und Wasserstoffsuperoxyd). — UTZ: Farbenztg. Bd. 18, S. 2531. 1913 (Nachweis im Holzöl). — HEIDUSCHKA und DENNELER: Orig. Commun. 8. Int. Congress of appl. Ch. Bd. 11, S. 13. 1913; C. 1913, II, 531 (Sesamin $C_{20}H_{19}O_6$). — MARCUSSON und MEYERHEIM: Z. ang. Bd. 27, S. 201. 1914 (Unverseifbares). — STADLINGER: Sffbr. Bd. 34, S. 779. 1914; C. 1915, I, 402 (Gehalt an Unverseifbarem). —

THOMS: Arch. Hyg. Bd. 84, S. 54. 1914; C. 1915, I, 1274 (Kennzahlen natürlichen und gehärteten Öles). — BACKER: Ch. Weekblad Bd. 12, S. 1034. 1915; C. 1916, I, 395 (Molekulargewicht des Öles). — BENESCHOWSKY: Z. landw. Vers.-Wesen Österr. Bd. 19, S. 103. 1916 (Säurezahlen). — RUITER: Eng. Bd. 8, S. 1020. 1916; C. 1918, I, 667 (Lipoidgehalt). — KNORR: Sfsz. Bd. 44, S. 234. 1917. — GRUNMACH und BEIN: Wiss. Abh. Normal-Eich.-Komm. Heft 9, S. 1. 1917; C. 1918, I, 875 (Oberflächenspannung). — NIEGEMANN: Z. ang. Bd. 30, S. 205. 1917 (Feste Fettsäuren). — WEEHUIZEN: Pharm. Weekblad Bd. 55, S. 77. 1918; C. 1918, I, 876 (Nachweis mit Fructose). — THURSTON: Midl. Drugg. Pharm. Rev. Bd. 52, S. 254. 1918; C. 1919, IV, 325 (Brechungsindex). — GRIMME: Ch. Umschau Bd. 26, S. 104. 1919 (Kritische Lösungstemperatur). — PRAX: Ann. Falsif. Bd. 14, S. 270. 1921; Bd. 15, S. 159. 1922; C. 1922, IV, 509 (Reaktion von VILLAVECCHIA). — HACK: Ch.-Ztg. Bd. 46, S. 18. 1922 (Ölgehalt, Eigenschaften, Gewinnung). — STEINER: Z. Nahrgsm. Bd. 45, S. 154. 1923; C. 1923, IV, 161 (Reaktion von BELLIER). — HOYT: Cotton Oil Press Bd. 7, Nr. 7, S. 37. 1923; C. 1924, I, 2753 (Reaktion ranzigen Öles). — JAMIESON und BAUGHMAN: J. Am. Ch. Soc. Bd. 46, S. 775. 1924, C. 1924, I, 2549 (Analyse eines kalt gepreßten, chinesischen Öles mit der Säurezahl 1,4). — WINKLER: Pharm. Centralh. Bd. 65, S. 385. 1924; C. 1924, II, 1529 (Jodbromzahl). — VAN ECK: Pharm. Weekblad Bd. 62, S. 365. 1925; C. 1925, II, 76 (Mikroreaktion). — MARGOSCHES, FRIEDMANN, SCHEINOST und TSCHÖRNER: Ber. Bd. 58, S. 1064. 1925 (Perjodzahl). — VORLÄNDER und WALTER: Z. physik. Ch. Bd. 118, S. 1. 1925 (Zähigkeit; spezifische Doppelbrechung). — KAUFMANN: Arch. Pharm. u. Ber. Pharm. Ges. Bd. 263, S. 675, und zwar S. 712 und 720. 1925; C. 1926, I, 2021 (Rhodanometrische Jodzahl). — BECKER: Münch. med. Wochenschr. Bd. 73, S. 99. 1926; C. 1926, I, 1899 (Fluorescenz bei Quarzlichteinwirkung). — HONIG: Ch. Weekblad Bd. 22, S. 509. 1925; C. 1926, I, 531 (Einfluß von Adsorbentien auf die Reaktionen des Öles). — MARGOSCHES und FUCHS: Ber. Bd. 59, S. 375. 1926 (Per- und Differenzjodzahl). — KAUFMANN: Ber. Bd. 59, S. 1392. 1926 (Rhodanzahl); Z. Nahrgsm. Bd. 51, S. 15. 1926 (Rhodanometrische Bestimmung der ungesättigten Bestandteile; Analyse von Mischungen mit Cocosnußöl und Kakaobutter bzw. Ricinusöl). — BERTRAM: Ch. Weekblad Bd. 24, S. 226. 1927; C. 1927, II, 762 (Gehalt an wasserunlöslichen, höheren Fettsäuren 16,1%). — KAUFMANN: Sfsz. Bd. 55, S. 297. 1928; C. 1928, II, 1633 (Rhodanometrische Untersuchung; 11,6% wasserunlösliche, gesättigte Fettsäuren). — KREIS: Mitt. Lebensm.-Unters. u. Hygiene Bd. 19, S. 385. 1928; C. 1929, I, 457 (Reaktionen des Sesamins). — ADRIANI: Z. Lebensm. Bd. 56, S. 187. 1928; C. 1929, I, 1012 (Sesamin und Sesamolin).

Samenöl von Ceratotheca Sesamoides: BOLTON: Analyst Bd. 44, S. 233. 1919; C. 1919, III, 957.

Reihe: Plantaginales.

Plantaginaceae.

Wegerichsamenöl: ZIZKA: Zeitschr. allg. österr. Apoth.-Ver. 1916, Nr. 45; s. Sfsz. Bd. 44, S. 34. 1917 (Kennzahlen). — STOCKERT: Öl- u. Fettind. Wien Bd. 2, S. 62. 1920 (Ölgehalt).

Spitzwegerichsamenöl: KÖNIG: Chemie der menschlichen Nahrungs- und Genußmittel, Bd. I, S. 618. Berlin: Julius Springer 1913 (Ölgehalt).

Reihe: Rubiales.

Caprifoliaceae.

Holunderbeerenöle: STICKEL: Arch. Pharm. Bd. 157, S. 40. 1861 (Eigenschaften „leinölähnlich“). — ZELLNER: Sitzungsber. Wiener Akademie Bd. 101,

S. 61 u. 757. 1902; Monatsh. Bd. 23, S. 937. 1902 (Fruchtfleischöl). — BYERS und HOPKINS: J. Am. Ch. Soc. Bd. 24, S. 771. 1902 (Kennzahlen amerikanischen Öles). — NORMANN: Z. ang. Bd. 29, S. 338. 1916 (Ölgewinnung). — PRASCH: „Obstkernöle“, S. 85 (Gewinnung). — MACH: Badische Landwirtsch. Wochenschr. 1916 (Fruchtfleischöl und Kernöl verschieden). — ZELLNER: Monatsh. Bd. 39, S. 87. 1918; C. 1918, II, 375 (Fruchtfleischöl und Samenöl verschieden, letzteres Jodzahl 162). — MATTHES und ROSSIÉ: Arch. Pharm. Bd. 256, S. 284. 1918; C. 1918, II, 1040 (Kalt gepreßtes Samenöl, Jodzahl 117). — THOMS: Ber. Pharm. Ges. Bd. 29, S. 598. 1919; C. 1920, I, 338 (Chemische und physiologische Untersuchungen von Samen- und Fruchtfleischölen). — EIBNER: „Über fette Öle“, S. 261. München 1922 (Trockenvorgang). — GISELA NOWAK und ZELLNER: Monatsh. Bd. 42, S. 293, und zwar S. 302. 1921; C. 1922, III, 730, und zwar S. 732 (Ölgehalt des Samens 27%; Hinweise auf ältere Literatur).

Zwergholunderbeerenöl: RADULESCU: Buletinul soc. di scient. fin. Bukarest 1893, Nr. 5—6, durch BECKURTS: Jahresber. Pharm. 1893, S. 329.

Samenöl von Sambucus nigra: NORMANN: Z. ang. Bd. 30, S. 16. 1917 (Ölgehalt der Beeren 6,1%). — MUTH: Jahresber. Vereinig. f. angew. Botanik 1917, S. 14 u. 36 (Ölgehalt der Beeren 18,7%). — GISELA NOWAK und ZELLNER: Monatsh. Bd. 42, S. 283, und zwar S. 301. 1921 (Ölgehalt der ganzen Früchte 13%; Kennzahlen usw.).

Samenöl von Viburnum lantana: NOWAK und ZELLNER: a. a. O. S. 299.

Samenöl von Viburnum opulus: NOWAK und ZELLNER: a. a. O. S. 298.

Schneeballöl: HEYL und BARKENBUS: J. Am. Ch. Soc. Bd. 42, S. 1744. 1920; C. 1920, III, 847.

Samenöl von Symphoricarpus racemosa: NOWAK und ZELLNER: Monatsh. Bd. 42, S. 304. 1921.

Samenöl von Lonicera xylosteum: NOWAK und ZELLNER: a. a. O. S. 293.

Samenöl von Lonicera nigra: NOWAK und ZELLNER: a. a. O. S. 296.

Reihe: Cucurbitales.

Cucurbitaceae.

Naras-Samenöl: MARLOCH: Engl. Bot. Jahrb. 1888, S. 173. — DINTER: Tropenpflanzer Bd. 5, S. 474. 1901.

Schwammkürbiskernöl (Luffaöl): CROSSLEY und LE SUEUR: J. Soc. Ch. Ind. Bd. 17, S. 994. 1898. — KESAVA-MENON: ebenda Bd. 29, S. 1430. 1910.

Zaunrübenöl: DIEDRICHS: Ch. Revue Bd. 19, S. 238. 1912; C. 1912, II, 1668.

Wassermelonenöl (Öle von Citrullusarten): WOJNAROWSKAJA und NAUMOVA: J. Russ. Phys. Ch. Ges. Bd. 34, S. 695. 1902; Z. Nahrgsm. Bd. 8, S. 250. 1904. — WIJS: Z. Nahrgsm. Bd. 6, S. 495. 1903. — Imperial Institute: Bull. Imp. Inst. Bd. 5, S. 132. 1907; Bd. 6, S. 356. 1908 (Ikpansamenöl). — GRIMME: Ch. Revue Bd. 17, S. 182, 268. 1910 (Öl von Citrullus Naudinianus). — POWER und SALWAY: J. Am. Ch. Soc. Bd. 32, S. 361. 1910. — GRIMME: Arb. d. Deutsch. Landw. Ges. 1911, H. 197, S. 1; C. 1911, II, 1743 (Öle von Citrullus vulgaris aus Deutsch-Südwestafrika). — ADLUNG: Tropenpflanzer Bd. 17, S. 171. 1913 („Dschammaöl“). — PIERAERTS: Bull. Sciences Pharm. Bd. 24, S. 204. 1917 (Séléöl); S. 272 (Cocoricoöl); „Quelques Graines Oléagineuses Africaines“, S. 1 u. 9; Bull. agric. Congo belge Bd. 8, S. 320. 1917 (Sélé- und Cocoricoöl); Olien en Vetten Bd. 4, S. 417. 1919; Öl- u. Fettind. Bd. 2, S. 185. 1920 (Öl aus Surinam, Jodzahl 126). — BAUGHMAN, JAMIESON und BRAUNS: J. Am. Ch. Soc. Bd. 42, S. 2398. 1920; C. 1921, I, 371 (Bestandteile; Säurezahl 0,4). — JURITZ: Ch. News Bd. 126,

S. 356. 1923; C. 1923, III, 1028 („Kaffernmelonenöl"). — TIMOFUFF: Bull. Imp. Inst. Bd. 23, S. 149. 1925; C. 1925, II, 926 (Öle von Citrullus vulgaris aus Westafrika).

Koloquintensamenöl: HOOPER: Ann. Report Indian Museum 1907/08, S. 13 (Belutschistansaatöl mit Säurezahl 5,9). — GRIMALDI und PRUSSIA: Ch.-Ztg. Bd. 33, S. 1239. 1909 (Algerisches Öl mit Säurezahl 2,7). — POWER und MOORE: J. Ch. Soc. Bd. 97, S. 108. 1910 (Phytosterin; Kennzahlen eines Öles von Citrullus Colocynthis Schweder). — NIEGEMANN: Farbenztg. Bd. 17, S. 346. 1911; C. 1912, I, 153 („Handalsamenöl").

Melonensamenöl (Öle von Cucumisarten): FENDLER: Z. Nahrgsm. Bd. 6, S. 1025. 1903. — LIDOW: Westnik shirow. weschtsch. Bd. 6, S. 55. 1905; Ch. Revue Bd. 12, S. 273. 1905. — ROTHÉA: Bull. Sciences Pharm. Bd. 26, S. 105. 1919; C. 1919, IV, 325 (Ölgehalt).

Gurkensamenöle: WIESNER: „Rohstoffe des Pflanzenreiches", 2. Aufl., Bd. I, S. 484. — HOOPER: Annual Rep. Indian Mus. 1907/08, S. 13 (Gurkensamenöl). — GRIMME: Ch. Revue Bd. 17, S. 268. 1910 („Straußengurkensamenöl").

Samenöl der wilden Gurke: DAUGHTERS: Eng. Bd. 10, S. 126. 1918; C. 1918, II, 634 (Kennzahlen extrahierten und gepreßten Öles).

Kürbiskernöl: SCHATTENFROH: Z. Nahrgsm.-Unters., Hygiene u. Warenk. Bd. 8, S. 202. 1894; Bd. 9, S. 181. 1895. — PODA: Z. Nahrgsm. Bd. 1, S. 625. 1898. — GRAHAM: Am. J. Pharm. Bd. 73, S. 352. 1901; Apoth.-Ztg. Bd. 16, S. 517. 1901. — SCHUMOW: Westnik shirow. weschtsch. Bd. 4, S. 29. 1903; Ch.-Ztg. Rep. Bd. 27, S. 132. 1903. — STRAUSS: Ch.-Ztg. Bd. 27, S. 527. 1903. — POWER und SALWAY: J. Am. Ch. Soc. Bd. 32, S. 348. 1910. — ALBRECHT: Z. ang. Bd. 31, S. 132. 1918 (Gewinnung). — KLIMONT: Pharm. Post Bd. 51, S. 561. 1918; C. 1918, II, 735 (Öl mit Säurezahl 69,5). — BAUGHMAN und JAMIESON: J. Am. Ch. Soc. Bd. 42, S. 152. 1920; C. 1920, II, 765 (Analyse eines Öles von Cucurbita maxima; Säurezahl 0,5) — Olien en Vetten Bd. 4, S. 417. 1919; Öl- u. Fettind. Bd. 2, S. 186. 1920 (Öl aus Surinam; Verseifungszahl 190, Jodzahl 97). — WINKLER: Pharm. Centralh. Bd. 65, S. 385. 1924; C. 1924, II, 1529 (Jod-Bromzahl).

Öl von Ampelosicyos scandens: JUMELLE: „Les Huiles végétales", S. 444. Paris 1921.

Reihe: Campanulatae.

Compositae.

Vapachiöl: KESAVA-MENON: J. Soc. Ch. Ind. Bd. 29, S. 1431. 1910; C. 1911, I, 503.

Öl der Früchte von Eupatorium urticaefolium: BUKEY: J. Am. Pharm. Assoc. Bd. 14, S. 595. 1925; C. 1925, II, 1768.

Kernöl von Xanthium echinatum: RHODES: J. Am. Ch. Soc. Bd. 42, S. 1507. 1920; C. 1920, III, 554.

Sonnenblumenöl: HAZURA: Monatsh. Bd. 10, S. 190. 1889 (Ölsäure und Linolsäure). — HOLDE: Mitt. Techn. Vers.-Anst. Berlin Bd. 12, S. 36. 1894 (Viscositäten). — THÖRNER: Ch.-Ztg. Bd. 28, S. 1154. 1894. — BECKURTS und HEILER: Arch. Pharm. Bd. 233, S. 423. 1895. — JEAN: Ann. di Chim. appl. Bd. 6, S. 165. 1901; Ch.-Ztg. Rep. Bd. 25, S. 209. 1901 (Unverseifbares). — SHUKOFF: Ch. Revue Bd. 8, S. 250. 1901. — SCHESTAKOFF: Ch. Revue Bd. 9, S. 204. 1902. — WINDISCH: Landw. Vers.-Stat. Bd. 57, S. 305. 1902 (Ölgehalt). — TOLMAN und MUNSON: J. Am. Ch. Soc. Bd. 25, S. 954. 1903 (Kennzahlen des Öles und der Fettsäuren). — LEWKOWITSCH: Ch. Technol. Bd. II, S. 64. 1905. — PETROFF: Sfsz. Bd. 33, S. 922. 1906 (Russisches Öl). — PETKOFF: Z. öff. Ch. Bd. 13, S. 21. 1907; Ch. Revue

Bd. 14, S. 59. 1907. — TORTELLI: Ch.-Ztg. Bd. 33, S. 125. 1909 (Thermozahl). — GARDNER: J. Franklin Inst. Bd. 171, S. 55. 1911. — UTZ: Ch. Revue Bd. 18, S. 166. 1911. — SISLEY und FREHSE: Ann Falsif. Bd. 7, S. 130. 1914; C. 1914, I, 1609 (Reaktion mit Nitrobenzoldiazoniumchlorid). — STADLINGER: Sffbr. Bd. 34, S. 720. 1915; C. 1915, I, 402 (Öl mit Säurezahl 4,8). — BENESCHOWSKY: Landw. Vers.-Wesen Österr. Bd. 19, S. 103. 1916; C. 1916, I, S. 1274 (Säurezahl). — BOCK: Farbenztg. Bd. 21, S. 831. 1916; C. 1916, II, S. 420. — KNORR: Sfsz. Bd. 44, S. 234. 1917; C. 1917, I, 1165 (Kennzahlen eines Öles mit der Säurezahl 14,7). — KLIMONT: Pharm. Post Bd. 51, S. 561. 1918; C. 1918, II, 735. — KLEBERGER: Centralbl. f. Agrikulturch. Bd. 48, S. 307. 1919; Ch. Umschau Bd. 27, S. 65. 1920. — BARENSFELD: Dissert. München 1922; s. auch EIBNER: „Über fette Öle usw.", S. 268. München 1922 (Zusammenfassung). — SCHESTAKOFF und KUPTSCHINSKY: Z. D. Öl- u. Fettind. Bd. 42, S. 741. 1923 (Hydrierungsgeschwindigkeit). — BAREUTHER: Ch. Umschau Bd. 30, S. 117. 1923 (Gehalt an Cerylcerotat). — JAMIESON und BAUGHMAN: J. Am. Ch. Soc. Bd. 44, S. 2952. 1922; C. 1923, IV, 214 (Zusammensetzung; Reichert-Meissl- und Polenske-Zahl von Öl mit Säurezahl 2,3). — WINKLER: Pharm. Centralh. Bd. 65, S. 385. 1924; C. 1924, II, 1529 (Jod-Bromzahl). — EIBNER und WIBELITZ: Ch. Umschau Bd. 31, S. 117, 123. 1924 (Elaidinreaktion und Verhalten der Filme). — STADNIKOW, GENEROSOW und IVANOVSKY: Z. ang. Bd. 38, S. 71. 1925 (Polymerisation). — STUTZ: J. Franklin Inst. Bd. 200, S. 87. 1925; C. 1925, II, 1896 (Absorptionskoeffizient im Ultraviolett). — VIZERN und GUILLOT: Ann. Falsif. Bd. 18, S. 284. 1925; C. 1925, II, 1768 (Unterscheidung von Öl von Carthamus tinctorius). — PIERAERTS: Bull. agric. Congo belge Bd. 16, S. 240, 393. 1925; Mat. grasses Bd. 17, S. 7280, 7340. 1925; Bd. 18, S. 7391. 1926 (Vollständige Analyse, Bestandteile; Öl mit Säurezahl 5,2; Ölkuchen usw.). — KAUFMANN: Ber. Bd. 59, S. 1390. 1926 (Rhodanzahl). — MARGOSCHES und FUCHS: ebenda Bd. 59, S. 375. 1926 (Per- und Differenzjodzahl); s. auch EIBNER: Farbe u. Lack Bd. 31, S. 463, 472. 1926 (Bestandteile). — ALLAN und MOORE: J. Soc. Ch. Ind. Bd. 46, S. 433. 1927; C. 1928, I, 435 (Phytosterin und Phytosterinacetatprobe). — NEMIROWSKI: Masloboino-Shirowoje Djelo 1928, Nr. 4, S. 23; C. 1928, II, 717 (Oxydation; Einfluß von Katalysatoren). — KAUFMANN: Sfsz. Bd. 55, S. 297. 1928; C. 1928, II, 1633 (Rhodanometrie); Z. ang. Bd. 41, S. 1046. 1928 (7,9% gesättigte Anteile, rhodanometrisch bestimmt).

Nigeröl: WALLENSTEIN und FINK: Ch.-Ztg. Bd. 18, S. 1190. 1894. — CROSSLEY und LE SUEUR: J. Soc. Ch. Ind. Bd. 17, S. 989. 1898. — SCHINDLER und WASCHATA: Ch. Revue Bd. 12, S. 223. 1905 (Ölgehalt). — TORTELLI: Ch.-Ztg. Bd. 33, S. 125. 1909 (Thermozahl). — MEISTER: Farbenztg. Bd. 16, S. 20. 1910. — UTZ: Ch. Revue Bd. 18, S. 106. 1911 (Kennzahlen). — VUAFLART: Ann. Falsif. Bd. 4, S. 330. 1911; C. 1911, II, 632 (Vergleich mit Mohnöl). — STEIN und ULZER: Wissensch. Mitt. Österr. Heilmittelstelle 1928, VIII; C. 1928, II, 1337 (Glyceride).

Madiaöl: DE NEGRI und FABRIS: Ann. Lab. Gabelle, Rom 1891 u. 1893; Z. anal. Ch. Bd. 33, S. 547, und zwar S. 564. 1894. — DIETRICH und KÖNIG: Zusammensetzung und Verdaulichkeit der Futtermittel, S. 575. 1891. — SCHÄDLER: Technologie, 2. Aufl., S. 715.

Echinopsöl: GRESHOFF: Verslagen d. Kon. Akademie van Wetenschap. Bd. 8, S. 699. 1899/1900. — WIJS: Z. Nahrgsm. Bd. 6, S. 492. 1903; Ch. Revue Bd. 10, S. 179. 1903 (Kennzahlen des Öles und der Fettsäuren).

Klettensamenöl: LIDOW: Westnik. shirow. weschtsch. Bd. 5, S. 79. 1904; Ch.-Ztg. Rep. Bd. 28, S. 161. 1904 (Kennzahlen; Vergleich mit Leinöl). — IWANOW: Farbenztg. Bd. 18, S. 2334. 1912.

Distelsamenöle: BORNEMANN: „Die fetten Öle des Pflanzen- und Tierreiches", S. 276. 1889 (Frauendistel- oder Krebsdistelöl). — FERENCZ: Arch. Pharm. Bd. 257, S. 180. 1919; C. 1919, III, 616 (Cnicus-benedictus-Öl); s. auch Seife Bd. 7, S. 286, 452. 1921. — REWALD: Ch.-Ztg. Bd. 45, S. 805. 1921 („Argentinische" Distel, Carduus nutans). — RAKUSIN: ebenda Bd. 46, S. 281. 1922 (Hinweis auf ältere Literatur).

Über ***Safrandistelöl*** s. RABAK: Paint, Oil and Chem. Review Bd. 83, Nr. 3. 1926; Ref. Farbenztg. Bd. 32, S. 1316. 1927 (Verwendung, Ertrag; identisch mit Safloröl, s. unten).

Castilladistelöle: LAVALLE: Ann. Soc. Quim. Argentina Bd. 71, S. 225. 1911; C. 1912, I, 269 (Samenöl mit Säurezahl 3,8; Fett aus den Blüten). — DUCLOUX: Anal. Soc. Quim. Argentina Bd. 8, S. 410. 1920 (Öl I; Erstarrungspunkt 29°).

Safloröl: CROSSLEY und LE SUEUR: J. Soc. Ch. Ind. Bd. 17, S. 989. 1898 (Untersuchung von 11 indischen Ölen, Jodzahlen 130—150). — JONES: Ch.-Ztg. Bd. 24, S. 272. 1900 (Jodzahlen 143—144,5). — LE SUEUR: J. Soc. Ch. Ind. Bd. 19, S. 104. 1900 (Zusammensetzung der flüssigen Fettsäuren). — TYLAIKOW: Ch.-Ztg. Rep. Bd. 26, S. 86. 1902 (Ätherextrahiertes und Preßöl). — FENDLER: Ch. Revue Bd. 9, S. 204. 1902 (Aus geschälten Früchten extrahiertes Öl). — WALKER und WARBURTON: Analyst Bd. 27, S. 237. 1902 (Hexabromierte Säuren). — FENDLER: Ch.-Ztg. Bd. 28, S. 867. 1904 (Kennzahlen des Öles und der Fettsäuren). — FABRIS und SETTIMI: Atti del VI. Congr. internaz. di chim. appl. Rom Bd. 5, S. 750. 1906 (Kennzahlen). — BARNES und SINGH: Analyst Bd. 41, S. 72. 1916; C. 1916, I, 1179 („Poli"öl von Carthamus oxyacantha: Verseifungszahl 174,2, Acetylzahl 60,5, Jodzahl 167,4, Brechungsindex 1,4755 [40°] bzw. 1,4818 [28°]; die Säurezahl des Öles war 5,9). — FERENCZ: Pharm. Post Bd. 51, S. 761. 1918; C. 1919, I, 235 (Kennzahlen). — MANN und KANITKAR: J. Soc. Ch. Ind. Bd. 38, S. 36. 1919; C. 1919, IV, 290 (Kennzahlen verschiedener Öle, Säurezahlen 0,6—2,6). — HOWARD und REMINGTON: Bull. Agric. Res. Inst. Bd. 124, S. 14. 1921; durch J. Soc. Ch. Ind. Bd. 41, S. 109 A. 1922 (Öl mit Säurezahl 9,8). — VIZERN und GUILLOT: Ann. Falsif. Bd. 18, S. 284. 1925; C. 1925, II, 1768 (Unterscheidung von Sonnenblumenöl). — Über „Safrandistelöl" siehe RABAK: Paint, Oil and Ch. Review Bd. 83, Nr. 3. 1926; Farbenztg. Bd. 32, S. 1316. 1927 (Verwendung, Ertrag). — S. IVANOW: Masloboino-Shirowoje Djelo 1928, Nr. 6, S. 26; C. 1928, II, 1504 (Zusammensetzung).

„Carthamusöl": JUMELLE: Mat. grasses Bd. 14, S. 6172. 1922; Ch. Umschau Bd. 29, S. 265. 1922.

Lattichsamenöl: GRIFFITH-JONES: Reports and Notes Public Health Lab. Cairo 1918, S. 1; Analyst Bd. 44, S. 170. 1919; C. 1919, IV, 505 (Kennzahlen eines ägyptischen Lattichöls). — Imperial Institute: Bull. Imp. Inst. Bd. 17, S. 37. 1919 (Kennzahlen eines Lattichöls aus dem Sudan).

Samenöl von Cosmos bipinnatus: BERLINGOZZI und BADOLATO: Boll. Chim. Farm. Bd. 63, S. 721. 1924; C. 1925, I, 2233 (Eigenschaften und Kennzahlen eines Öles mit der Säurezahl 4,4).

Anhang zur Hauptgruppe „Trocknende Öle".

Abt.: Phaeophyceae (Braunalgen).

Fette von Laminaria und Sargassum: TSUJIMOTO: Ch. Umschau Bd. 32, S. 125. 1925.

Abt.: Rhodophyceae (Rotalgen).

Fette von Grateloupia, Chondrus, Acanthopeltis, Undaria und Eisenia: TSUJIMOTO: Ch. Umschau Bd. 32, S. 125. 1925.

Fett aus Algen-Schlamm: MARCUSSON: Ch.-Ztg. Bd. 49, S. 455. 1925. — Allgemeines über die Chemie der Meeresalgen: LEROUX: Rev. gén. des sciences pures et appl. Bd. 37, S. 471. 1926; C. 1926, II, 2318.

Zwischengruppe: Ricinusöl.

(Fam.: Euphorbiaceae).

FINKENER: Mitt. Techn. Vers.-Anst. Berlin Bd. 4, S. 141. 1886. — KLIE: Pharm. Umschau Bd. 6, S. 159. 1888. — KRAFFT: Ber. Bd. 21, S. 2730. 1888. — HAZURA und GRÜSSNER: Monatsh. Bd. 9, S. 476. 1888. — ITALLIE: Ch.-Ztg. Rep. Bd. 14, S. 367. 1890. — SCHEURER und KESTNER: Compt. rend. Bd. 113, S. 201. 1891. — MORPURGO: Ch.-Ztg. Rep. Bd. 18, S. 227. 1894. — DEERING und REDWOOD: J. Soc. Ch. Ind. Bd. 13, S. 959. 1894. — JUILLARD: Bull. Soc. Chim. Bd. 13, S. 238. 1895. — MEYER, Arch. Pharm. Bd. 235, S. 184. 1897. — REID: J. Soc. Ch. Ind. Bd. 18, S. 972. 1899. — SEMLER: Trop. Agricultur, 2. Aufl. 1900, Bd. 2, S. 486. — THOMSON und BALLANTYNE: Arch. Pharm. Bd. 239, S. 1. 1901. — LIDOW: Ch. Revue Bd. 8, S. 50. 1901. — BLÖMENDAL: Pharm. Weekblad Bd. 42, S. 701. 1905 (Ricinus-Zanzibariensis-Öl). — RAKUSIN: Ch.-Ztg. Bd. 30, S. 143. 1906. — PECKOLT: Ber. Pharm. Ges. Bd. 16, S. 22. 1906. — HALENKA und KLING: Futterm. d. Handels, S. 1105. Berlin 1906. — HALLER: Ch.-Ztg. Bd. 31, S. 359. 1907. — LANE: J. Soc. Ch. Ind. Bd. 26, S. 597. 1907. — NORMANN: Ch.-Ztg. Bd. 31, S. 211. 1907. — GRÜN: Habilitationsschrift Zürich 1908. — CHONOWSKY: Ber. Bd. 42, S. 3341. 1909. — PAAL und ROTH: ebenda S. 1541. — WINKLER: Z. ang. Bd. 24, S. 637. 1911. — SCHELENZ: Pharm. Ztg. Bd. 57, S. 473. 1912 (Lösung von Schwefel in Ricinusöl). — NORMANN: Ch. Revue Bd. 19, S. 205. 1912 (Hydroxylzahl). — GRÜN: DRP. Nr. 272337, K. 120, vom 26. VII. 1912 (27. III. 1914); C. 1914, I, 1469 (Verfahren zur Darstellung von Glycerinhalogenhydrinen und Polyoxyfettsäureestern). — JOOSS: Monit. scient. Bd. 3, II, S. 677. 1913; C. 1914, I, 1037 (Löslichkeit von aromatischen Nitroverbindungen und Vaseline in Ricinusöl). — MARCUSSON und MEYERHEIM: Z. ang. Bd. 27, S. 201. 1914 (Unverseifbares). — STADLINGER: Sffbr. Bd. 34, S. 890. 1914. — JÜRGENS und MEIGEN: Ch. Umschau Bd. 23, S. 99 u. 116. 1916 (Hydrierung). — BACKER: Ch. Weekblad Bd. 12, S. 1034. 1916; C. 1916, I, 395 (Molekulargewicht des Öles). — FAHRION: Ch. Umschau Bd. 23, S. 60. 1916 (Bestandteile). — KNORR: Sfsz. Bd. 44, S. 234. 1917. — WILKIE: Analyst Bd. 42, S. 200. 1917; C. 1917, II, 780 (0,4—0,7% Unverseifbares). — JONES: J. Soc. Ch. Ind. Bd. 36, S. 359. 1917 (Spaltung nach TWITCHELL). — LANGMUIR, J. Am. Ch. Soc. Bd. 39, S. 1848. 1917; C. 1918, I, 985 (Molekulargröße, Oberflächenspannung). — ZOLLINGER-JENNY: DRP. Nr. 333155, K. 120, v. 5. I. 1918, ausg. 21. II. 1921; Schweiz. Prior. v. 8. I. und 24. II. 1917; C. 1921, II, 736 (Darstellung von Polyfettsäureestern; Triglycerid und Alkylester von Tetraricinolsäure aus Triricinolsäure und Ricinolsäure bzw. Ricinolsäurealkylestern). — GRUNMACH und BEIN: Wissensch. Abh. Normal-Eichungskommission Heft 9, S. 1. 1917 (Oberflächenspannung). — BRIGHTMAN: J. Soc. Ch. Ind. Bd. 36, S. 984. 1917; C. 1918, I, 890 (Nitrierung). — ISSOGLIO: Giorn. Farm. Chim. Bd. 66, S. 245. 1917; C. 1918, I, 574 (Oxydationszahl). — FRABOT: Ann. Chim. anal. Bd. 22, S. 217. 1917; Bd. 23, S. 7 u. 120. 1918; C. 1918, I, 876 u. 1078; C. 1919, IV, 167 (Nachweis fremder Öle im Ricinusöl). — CHERCHEFFSKY: Ann. Chim. anal. Bd. 23, S. 75. 1918; C. 1918, II, 314 (Kritische Lösungstemperatur in Alkohol). — FERENCZ: Pharm. Post Bd. 51, S. 761. 1918; C. 1919, I, 235 (Kennzahlen, Säurezahl 3,8). — SCHUCK: Ch. Trade J. Bd. 63, S. 139. 1918; C. 1919, II, 188 (Desodorieren).

— UBBELOHDE und ROEDERER: Sffbr. Bd. 38, S. 425. 1918 (Fettspaltung mit den Naphthalinsulfoverbindungen des Ricinusöles, dessen Fettsäuren, des gehärteten Ricinusöles und dessen Fettsäuren [„Pfeilringspalter"]; Vergleich mit dem Twitchellreaktiv); Bd. 39, S. 7. 1919 (Lieferungsbedingungen). — W. B. und J. K. HARDY: Philos. Magazine Bd. 38, S. 32. 1919; C. 1919, III, 740 (Reibungvermindernde Eigenschaft). — ATKINS: Analyst Bd. 44, S. 287. 1919; C. 1919, III, 958 (Öl mit außergewöhnlich niedriger Viscosität). — NOORDUYN: Rec. trav. chim. Bd. 38, S. 317. 1919; C. 1920, I, 731 (Lage der Doppelbindung in der Ricinolsäure und im Ricinusöl). — NORD: Z. ang. Bd. 32, S. 305. 1919 (Kennzahlen des natürlichen und des hydrierten Öles). — FRITZ: Ch. Umschau Bd. 27, S. 62. 1920 (Herstellung eines trocknenden Öles durch Abdestillieren von ca. 10% Öl; s. auch Ch. Fabrik Nördlinger, DRP. Nr. 104499 v. J. 1898; Zusatzpat. Nr. 131964 v. J. 1901). — SHRADER und GOETZ: Ch. Metallurg. Eng. Bd. 22, S. 833. 1920; C. 1921, II, 136 (Flammpunkt). — WIK: Öl- u. Fettind., Wien, Bd. 2, S. 436. 1920; Ch. Umschau Bd. 28, S. 11. 1921 (Gehärtetes Ricinusöl). — ROSENTHALER: Schweiz. Apoth.-Ztg. Bd. 58, S. 545, 562 u. 578. 1920; C. 1921, II, 915 (Mikrochemischer Nachweis). — ZOLLINGER-JENNY: Dän. P. Nr. 31636 v. 22. I. 1920, ausg. 30. IV. 1923; Schweiz. Prior. v. 8. I. 1917, E. Prior. v. 8. I. 1918; C. 1923, IV, 957; Ö. P. Nr. 94942 v. 31. I. 1920, ausg. 26. XI. 1923; Schweiz. Prior. v. 8. I. 1917; C. 1924, I, 1884 (Polyoxyfettsäureester). — ALPERS: Pharm. Ztg. Bd. 66, S. 243. 1921; C. 1921, II, 886 (Löslichkeit in Alkohol). — PIUTTI und CURZIO: Giorn. Chim. Ind. appl. Bd. 3, S. 242. 1921; Ch. Umschau Bd. 28, S. 186. 1921 (Nachweis durch Chloraddition). — TREVITHICK und LAURO: Cotton Oil Press Bd. 6, Nr. 7, S. 32. 1922; C. 1924, I, 1881 (Löslichkeitsprüfungen). — POUND: J. Ch. Soc. Bd. 123, S. 578. 1923; C. 1923, III, 97 (Grenzflächenspannung). — MAILHE: Compt. rend. Bd. 176, S. 37; Ch. Umschau Bd. 30, S. 123. 1923 (Katalytischer Abbau). — RAKUSIN: Petroleum Bd. 19, S. 454. 1923; C. 1923, IV, 1034 (Verlauf der Viscositätskurve). — POLICARD und MAGENOT: Compt. rend. Bd. 176, S. 1841; C. 1923, III, 630 (Zustand des Öles im reifen Samen). — STOCKS: Analyst Bd. 48, S. 590. 1923; C. 1924, I, 1120 (Erkennung durch die geringe Dissoziation seiner verdünnten Seifenlösungen). — MEIGEN und RAMGE: Ch. Umschau Bd. 31, S. 3. 1924 (Hydroxylzahlen). — ROSENTHALER: Arch. Pharm. Bd. 262, S. 26. 1924; C. 1924, II, 718 (Ölgehalt). — MÜNZING: Dissert. München 1924 (Ungesättigte Oxyglyceride). — TANZOW: J. Russ. Phys.-Chem. Ges. Bd. 48, S. 257. 1924; C. 1924, II, 51 (Ricinuslipase). — KRÜGER: Z. physik. Ch. Bd. 109, S. 438. 1924 (Doppelbrechung). — JOSHI: Kolloid-Z. Bd. 34, S. 197 u. 280. 1924 (Oberflächenspannungen von Emulsionen). — BRUNO: L'Industria degli olii e dei grassi Bd. 4, S. 51. 1924 (Anbau und Ölgehalt zweier italienischer Varietäten). — WINKLER: Pharm. Centralh. Bd. 65, S. 385. 1924; C. 1924, II, 1529 (Jodbromzahl). — BARTSCH: Kolloidchem. Beihefte Bd. 20, S. 1. 1924 (Schaumbildung). — MARGOSCHES, HINNER und FRIEDMANN: Ber. Bd. 57, S. 996. 1924 (Einwirkung alkoholischer Jodlösungen). — FRITZ: Farbenztg. Bd. 29, S. 1210. 1924 (Firnis aus Ricinusöl). — VORLÄNDER und WALTER: Z. physik. Ch. Bd. 118, S. 1. 1925 (Mechanisch erzwungene Doppelbrechung). — FRÖHLICH: Z. f. Physik Bd. 35, S. 193. 1925 (Polarisation). — COOLIDGE: Science Bd. 62, S. 441. 1925; C. 1926, I, 1763 (Einwirkung von Hochspannungskathodenstrahlen). — KAUFMANN: Arch. Pharm. Bd. 263, S. 675, und zwar S. 711 u. 719. 1925 (Rhodanometrische Jodzahl). — EIBNER und MÜNZING: Ch. Umschau Bd. 32, S. 159 u. 166. 1925 (Bestandteile). — STUTZ: J. Franklin Inst. Bd. 200, S. 87. 1925 (Spektrophotometrische Messung im Ultraviolett). — BELL und POYNTON: Philos. Magazine (6) Bd. 49, S. 1065. 1925 (Dielektrizitätskonstante). — SEIFRIZ: J. Phys. Ch. Bd. 29, S. 834. 1925; C. 1925, II, 1512 (Emulsionen in wässerigen Caseinlösungen). — BACHMANN und BRIEGER: Kolloid-Z. Bd. 36, Erg.-Bd., S. 142. 1925 (Benetzungswärme, Schmierergiebigkeit). — MARGOSCHES und FUCHS: Ber. Bd. 59, S. 375. 1926 (Per- und Differenzjodzahl). — KAUFMANN: ebenda S. 1390 (Rhodanzahl). — VIZERN und GUILLOT: Ann. Chim. anal. (2) Bd. 9, S. 1. 1927; C. 1927, I, 1908 (Erkennung in Fettgemischen mittels der Octylalkoholreaktion). — HARRIS: J. Oil Fat Ind. Bd. 4, S. 11, 37. 1927; C. 1927, II, 1631 (Konstitution und Schmierfähigkeit). — SSLASCHTSCHEW: Maslobojno-Shirowoje Djelo 1928, Nr. 3, S. 9; Nr. 7, S. 15; C. 1928, II, 2520 (Löslichkeit in siedendem Benzin).

Nichttrocknende Pflanzenöle und Fette.

Abt.: Myxomycetes (Schleimpilze). Klasse: Myxogasteres.

Reihe: Endosporeae.

Trichiaceae.

Plasmodiumöl von Lycogala epidendrum: KIESEL: Z. physiol. Ch. Bd. 164, S. 103. 1927; C. 1927, I, 2658.

Reticulariaceae.

Plasmodiumöl von Reticularia lycoperdon: KIESEL: Z. physiol. Ch. Bd. 150, S. 149. 1925; C. 1926, I, 1423.

Abt.: Eumycetes (Fungi, Pilze). Klasse: Ascomycetes.

Elaphomycetaceae.

Fett von Elaphomyces hirtus: ISSOGLIO: Gazz. chim. Bd. 47, S. 31. 1917; C. 1918, II, 38 („Mycosterin“ $C_{30}H_{54}O_3$).

Hypocreaceae.

Mutterkornöl: BECKURTS: Z. österr. Apoth.-Verein 1869, Nr. 1. — LUDWIG: Jahresber. Pharm. 1869, S. 25. — HERMANN: ebenda 1869. — GAUSER: ebenda 1871, S. 13. — MJÖEN: Arch. Pharm. Bd. 234, S. 278. 1896. — PALLADINO: Atti Soc. ligustica di Scienze natur. fasc. 2. 1895. — FABRIS und SETTIMJ: Atti del VI. Congresso intern. di Chimica Rom Bd. 5, S. 761. 1906. — RATHJEN: Arch. Pharm. Bd. 246, S. 696. 1908; Schweiz. Wochenschr. Pharm. u. Ch. Bd. 48, S. 43. 1910. — HARTWICH: ebenda Bd. 50, S. 281. 1912; C. 1912, II, 378 (Fettgehalt). — DAHLIN: Apoth.-Ztg. Bd. 27, S. 1006. 1912; C. 1913, I, 561 (Ölgehalt 18—23%, Säurezahlen 3—6,3). — ZELLNER: Öl- u. Fettind., Wien Bd. 2, S. 300. 1920; C. 1921, I, 839 (Bestandteile). — GANDER und ZELLNER: Seife Bd. 6, S. 411. 1921; C. 1921, I, 1021 (Verseifungs-, Neutralisations- und Acetylzahl). — TANRET: Bull. Sciences Pharmacol. Bd. 29, S. 169. 1922; C. 1922, III, 1229 (Ergosteringemisch aus dem Mutterkorn von Ampelodesmos tenax bzw. Arundo festucoides). — SNYDER: J. Am. Pharm. Ass. Bd. 12, S. 246. 1923; C. 1923, IV, 130 (Ölgehalt 18—28%). — DIETERLE, DIESTER und THIMANN: Arch. Pharm. u. Ber. Pharm. Ges. Bd. 265, S. 171. 1927; C. 1927, I, 3008 (Reaktionen, Kennzahlen und Bestandteile eines Preßöles der Fa. Merck). — MATTHES und SCHÜTZ: Arch. Pharm. u. Ber. Pharm. Ges. Bd. 265, S. 541. 1927; C. 1927, II, 2317 (Isolierung einer Oxyölsäure; Polarisation). — BAUGHMAN und JAMIESON: J. Oil Fat Ind. Bd. 5, S. 85. 1928; C. 1928, II, 199 (Öl mit Acetylzahl 7,3).

Fett von Gärungs-Pilzen (Fam.: Saccharomycetaceae, Endomycetaceae).

NÄGELI und LOEW: Ann. Bd. 193, S. 322. 1878 (Fettgehalt 2—3%; Nachweis von Ölsäure). — HINSBERG und ROOS: Z. physiol. Ch. Bd. 38, S. 1. 1903 (Bestandteile). — NEVILLE: Bioch. J. Bd. 7, S. 341. 1913; C. 1914, I, 565 (Nachprüfung; Arachinsäure). — BOKORNY: Allgem. Brauer- u. Hopfen-Ztg. Bd. 55, S. 1803. 1915; Bd. 56, S. 603, 1479. 1916; C. 1916, I, 377 bzw. C. 1916, II, 409 bzw. C. 1917, I, 667. — BOKORNY: Bioch. Z. Bd. 75, S. 346. 1916; C. 1916, II, 585 (Fettbildung). — P. LINDNER: Deutsche Parfümerieztg. Bd. 2, S. 171. 1916; C. 1916, II, 613 (Fettgewinnung). — LINDNER: Wochenschr. f. Brauerei Bd. 33, S. 193. 1916 (Zellen von Endomyces vernalis über 50% Fett). — ZIKES: Centralbl. Bakteriol. II. Abt. Bd. 49, S. 353. 1919; C. 1920, I, 39 (Fettbildung). — P. LINDNER und UNGER: Zeitschr. f. techn. Biologie Bd. 7, S. 68. 1919; C. 1920, I, 430; DRP. Nr. 332411 u. 320560; Öst. Pat. Nr. 88816 (Fettbildung auf festen Nährböden; Einwirkung von Alkoholdämpfen). — SMEDLEY-MAC LEAN und THOMAS: Bioch. J. Bd. 14, S. 483. 1920; C. 1920, III, 554 (Bestandteile). — MARCUSSON: Z. ang. Bd. 33, S. 234. 1920; C. 1920, IV, 688 (Kennzahlen). — HINSBERG und ROOS: Z. physiol. Ch. Bd. 111, S. 304. 1920; C. 1921, I, 738 (Berichtigung einiger Angaben von SMEDLEY-MAC LEAN und THOMAS). — VÖLTZ, DIETRICH und DEUTSCHLAND: Bioch. Z. Bd. 114, S. 111. 1921; C. 1921, I, 873 (Fettgehalt 28%; Verdaulichkeit). — HAEHN: Zeitschr. f. techn. Biol. Bd. 9, S. 217. 1921; C. 1922, I, 506 (Keine avitale Fettsynthese durch Hefeenzyme). — P. LINDNER: Zeitschr. f. techn. Biologie Bd. 9, S. 100. 1921; C. 1921, III, 961, sowie Z. ang. Bd. 35, S. 110. 1922; C. 1922, I, 1113 (Einfluß von Alkohol und Sauerstoff auf die Fettbildung). — SMEDLEY-MAC LEAN: Bioch. J. Bd. 16, S. 370. 1922; C. 1922, III, 630 (Physiologie der Fettbildung; Gewinnung aus der Zelle). — WARDEN: Am. J. Physiol. Bd. 57, S. 454. 1921; C. 1923, I, 108 (Zwei ungesättigte Säuren mit 18 Kohlenstoffatomen). — WINDAUS und GROSSKOPF: Z. physiol. Ch. Bd. 124, S. 8. 1922; C. 1923, I, 543 (Ergosterin). — NADSON und KONOKOTINA: Wochenschr. f. Brauerei Bd. 41, S. 249. 1924; C. 1925, I, 779 (Bedingungen der Fettbildung). — BOKORNY: Allgem. Brauer- und Hopfen-Ztg. Bd. 65, S. 140. 1925; C. 1925, I, 1617 (Züchtungsversuche). — REINDEL, WALTER und RAUCH: Ann. Bd. 452, S. 34. 1927; C. 1927, I, 1483 (Ergosterin, Schmp. 160—161°; drei isomere Acetate). — DAUBNEY und SMEDLEY-MAC LEAN: Bioch. J. Bd. 21, S. 373. 1927; s. dagegen S. 869; C. 1927, II, 1713 bzw. C. 1928, II, 583 (Bestandteile). — WATANABE: Japan. J. Dermatol. Bd. 27, Nr. 9. 1927; C. 1928, II, 1452 (Bestandteile). — REINDEL und WALTER: Ann. Bd. 460, S. 212. 1928; C. 1928, I, 1777 (Gewinnung des Ergosterins und Darstellung einiger Derivate). — SMEDLEY-MAC LEAN: Bioch. J. Bd. 22, S. 22. 1928; C. 1928, I, 2728 (Vorkommen zweier Sterine im Hefefett). — HUME, SMITH und SMEDLEY-MAC LEAN: Bioch. J. Bd. 22, S. 27. 1928; C. 1928, I, 2730 (Einfluß der Bestrahlung auf die Vitaminwirksamkeit des Hefefettes). — KULIKOW: Masloboino-Shirowoje Djelo 1928, Nr. 4, S. 21; C. 1928, II, 822 (Ausbeute bis zu 30% des Trockengewichtes).

Pilzfette aus der Klasse Basidiomycetes.

(Mitbearbeitet von Dr. FRIEDL JELE.)

Allgemeines: TANRET: Compt. rend. Bd. 147, S. 75. 1908 (Ergosterin). — HERRMANN: Pharm. Centralh. Bd. 58, S. 437. 1917; C. 1917, II, 682 (Fettgehalt). — IKEGUCHI: J. Biol. Ch. Bd. 40, S. 175. 1919; C. 1920, III, 669 (Mycosterin). — WINDAUS und GROSSKOPF: Z. physiol. Ch. Bd. 124, S. 8. 1922; C. 1923, I, 543 (Reaktionen der Pilzsterine).

Reihe: Ustilaginales (Brandpilze).

Ustilaginaceae.

Ustilago Zeae: RADEMAKER und FISCHER: National Druggist. Pharm. Journ. Trans.; Zeitschr. d. allg. österr. Apoth.-Ver. Bd. 41, S. 419. 1887; C. 1887, S. 1257. — ZELLNER: Monatsh. Bd. 31, S. 617. 1910; C. 1910, II, 893 (Kennzahlen und Bestandteile).

Tilletiaceae.

Tilletia tritici: ZELLNER: Monatsh. Bd. 32, S. 1065. 1911; C. 1912, I, 733.
Tilletia laevis: ZELLNER: a. a. O.

Reihe: Protobasidiomycetes.

Tremellaceae.

Exidia auricula: ZELLNER: Monatsh. Bd. 38, S. 319. 1917; C. 1918, I, 1043.

Reihe: Autobasidiomycetes.

Exobasidiaceae.

Exobasidium Vaccinii: ROCHLEDER und SCHWARZ: Sitzungsber. Wiener Akad. Bd. 9, S. 298. 1852. — ZELLNER: Monatsh. Bd. 34, S. 311. 1913; C. 1913, I, 1610.

Clavariaceae.

Clavaria flava: ZELLNER: Monatsh. Bd. 27, S. 295. 1906; C. 1906, II, 530.

Hydnaceae.

Hydnum repandum: ZELLNER: Monatsh. Bd. 27, S. 295. 1906; C. 1906, II, 530.

Hydnum imbricatum: ZELLNER: Monatsh. Bd. 36, S. 612. 1915; C. 1915, II, 1109.

Hydnum asparatum: IKEGUCHI: J. Biol. Ch. Bd. 40, S. 175. 1919; C. 1920, III, 668.

Hydnum ferrugineum: ZELLNER: Monatsh. Bd. 36, S. 612. 1915; C. 1915, II, 1109.

Polyporaceae.

Polyporus betulinus: ZELLNER: Monatsh. Bd. 34, S. 331. 1913; C. 1913, I, 1611 (Kennzahlen). — MARY TAYLOR ELLIS: Bioch. J. Bd. 12, S. 173. 1918; C. 1918, II, 960 (Phytosterin).

Polyporus officinalis: SCHMIEDER: Arch. Pharm. Bd. 24, S. 641. 1886; C. 1886, 774.

Polyporus ignarius: ZELLNER: Monatsh. Bd. 29, S. 1171. 1908; C. 1909, I, 559.

Polyporus applanatus: ZELLNER: Monatsh. Bd. 36, S. 611. 1915; C. 1915, II, 1109.

Polyporus confluens: ZELLNER: Monatsh. Bd. 27, S. 295. 1906; C. 1906, II, 530.

Polyporus hispidus: ZELLNER: Monatsh. Bd. 41, S. 449. 1921; C. 1921, III, 669.

Polyporus nigricans: MARY TAYLOR ELLIS: Bioch. J. Bd. 12, S. 173. 1918; C. 1918, II, 960.

Trametes suaveolens: ZELLNER: Monatsh. Bd. 29, S. 45. 1908; C. 1908, I, 1471.

Lenzites sepiaria: ZELLNER: Monatsh. Bd. 38, S. 319. 1917; C. 1918, I, 1043.

Boletus edulis: WINTERSTEIN und REUTER: Centralbl. Bakteriol. u. Parasitenkunde Bd. 34, II, S. 566. 1912. — Dieselben und KOROLEW: Landw. Vers.-Stat. Bd. 79/80, S. 541. 1913; C. 1912, II, 935 bzw. C. 1913, I, 1989.

Boletus luridus: BÖHM: Arch. f. experim. Pathol. Pharmak. Bd. 19, S. 60. 1885; C. 1885, 249 (Sterin). — OPITZ: Arch. Pharm. Bd. 229, S. 290. 1891; C. 1891, II, 256 (Freie Fettsäuren).

Boletus elegans: ZELLNER: Monatsh. Bd. 27, S. 295. 1906; C. 1906, II, 530.

Agaricaceae.

Cantharellus cibarius: ZELLNER: Monatsh. Bd. 27, S. 295. 1906; C. 1906, II, 530.

Lactaria deliciosa: BOUGAULT und CHARAUX: J. Pharm. Chim. (7) Bd. 5, S. 65. 1912; C. 1912, I, 732.

Lactaria rufa: ZELLNER: Monatsh. Bd. 41, S. 446. 1921; C. 1921, III, 669.

Lactaria torminosa: BOUGAULT und CHARAUX: J. Pharm. Chim. (7) Bd. 5, S. 65. 1912; C. 1912, I, 732.

Lactaria vellerea: GÉRARD: J. Pharm. Chim. (5) Bd. 21, S. 408. 1890; C. 1891, I, 364 (Bestandteile). — ZELLNER: Monatsh. Bd. 27, S. 295. 1906; C. 1906, II, 530 (Kennzahlen). — BOUGAULT und CHARAUX: a. a. O. (Stearinsäure); s. auch ZELLNER: Z. physiol. Ch. Bd. 111, S. 293. 1920; C. 1921, I, 632.

Lactaria piperata: BISSINGER: Dissert. Erlangen 1883 (Lactarsäure). — CHODAT und CHUIT: C. 1889, II, 144 (Lactarsäure). — GÉRARD: J. Pharm. Chim. (5) Bd. 21, S. 408. 1890; C. 1891, I, 363 (Bestandteile). — BOUGAULT und CHARAUX J. Pharm. Chim. (7) Bd. 5, S. 65. 1912; C. 1912, I, 732 (Lactarsäure = Stearinsäure). — ZELLNER: Monatsh. Bd. 34, S. 321. 1913; C. 1913, I, 1611.

Lactaria pallida: ZELLNER: Monatsh. Bd. 41, S. 446. 1921; C. 1921, III, 669.

Lactaria scrobiculata: ZELLNER: Monatsh. Bd. 36, S. 611. 1915; C. 1915, II, 1109.

Lactaria uvida: BOUGAULT und CHARAUX: J. Pharm. Chim. (7) Bd. 5, S. 65. 1912; C. 1912, I, 732.

Lactaria theiogala: BOUGAULT und CHARAUX: a. a. O.

Lactaria lilacina: BOUGAULT und CHARAUX: a. a. O.

Lactaria subdulcis: BOUGAULT und CHARAUX: a. a. O. — M. TAYLOR ELLIS: Bioch. J. Bd. 12, S. 173. 1918; C. 1918, II, 960 (Phytosterin).

Lactaria plumbea: BOUGAULT und CHARAUX: a. a. O.

Lactaria pyrogala: BOUGAULT und CHARAUX: a. a. O.

Lactaria azonites: BOUGAULT und CHARAUX: a. a. O.

Lactaria controversa: BOUGAULT und CHARAUX: a. a. O.

Russula delica: BOUGAULT und CHARAUX: a. a. O.

Russula Queletii: BOUGAULT und CHARAUX: a. a. O.

Panus stypticus: ZELLNER: Monatsh. Bd. 38, S. 319. 1917; C. 1918, I, 1043.

Psalliota campestris: GORIS und MASCRÉ: Compt. rend. Bd. 153, S. 1082. 1911; C. 1912, I, 503.

Hypholoma fasciculare: ZELLNER: Monatsh. Bd. 32, S. 1057. 1911; C. 1912, I, 733.

Pholiota squarrosa: ZELLNER: Monatsh. Bd. 34, S. 321. 1913; C. 1913, I, 1611.

Paxillus atrotomentosus: ZELLNER: Monatsh. Bd. 27, S. 295. 1906; C. 1906, II, 530.

Hebeloma firmum: Goris und Mascré: Compt. rend. Bd. 153, S. 1082. 1911; C. 1912, I, 503.

Amanita muscaria: Heinisch und Zellner: Monatsh. Bd. 25, S. 537. 1904; C. 1904, II, 909 (Kennzahlen). — Zellner: Monatsh. Bd. 26, S. 727. 1905; C. 1905, II, 409 (Sterine). Bd. 32, S. 133. 1911; C. 1911, I, 1303 (Ergosterin).

Lepiota procera: Zellner: Monatsh. Bd. 27, S. 295. 1906; C. 1906, II, 530.

Tricholoma Georgii: Goris und Mascré: Compt. rend. Bd. 153, S. 1082. 1911; C. 1912, I, 530.

Armillaria mellea: Zellner: Monatsh. Bd. 34, S. 321. 1913; C. 1913, I, 1611.

Armillaria edodes: Ikeguchi: J. Biol. Ch. Bd. 40, S. 175. 1919; C. 1920, III, 668.

Collybia maculata: Goris und Mascré: Compt. rend. Bd. 153, S. 1082. 1911; C. 1912, I, 530.

Collybia shitake: Ikeguchi: J. Biol. Ch. Bd. 40, S. 175. 1919; C. 1920, III, 668.

Sclerodermataceae.

Scleroderma vulgare: Zellner: Monatsh. Bd. 39, S. 603. 1918; C. 1919, I, 863.

Polysaccum crassipes: Zellner: Monatsh. Bd. 39, S. 603. 1918; C. 1919, I, 863.

Lycoperdaceae.

Lycoperdon gemmatum: Goris und Mascré: Compt. rend. Bd. 153, S. 1082. 1911; C. 1912, I, 503 (Gemisch von Ergosterin und Fungisterin). — Ikeguchi: Z. physiol. Ch. Bd. 92, S. 257. 1914; C. 1914, II, 1277 (Substanz vom Schmp. 283—284°); J. Biol. Ch. Bd. 40, S. 175. 1919; C. 1920, III, 668 („Mycosterin").

Lycoperdon bovista: Bamberger und Landsiedl: Monatsh. Bd. 26, S. 1109. 1905 (Schmelzpunkte). — Goris und Mascré: a. a. O. (Ergosterin und Fungisterin).

Abt.: Embryophyta asiphonogama. Klasse: Filicales.

Polypodiaceae.

Wurmfarnöl: Luck: Jahrb. f. prakt. Pharm. Bd. 22, S. 153. 1851. — Katz: Arch. Pharm. Bd. 236, S. 655. 1893. — Kiesel: Z. physiol. Ch. Bd. 149, S. 231. 1925; C. 1926, I, 1215 (Öl der Sporen).

Wurzelöl von Aspidium spinulosum: Forup: Arch. Pharm. Bd. 242, S. 17. 1904; Ch. Revue Bd. 11, S. 107. 1904.

Wurzelöl von Aspidium athamanticum: Altan: J. Pharm. Chim. (6) Bd. 18, S. 497. 1903.

Klasse: Lycopodiales.

Lycopodiaceae.

Bärlappöl: Langer: Arch. Pharm. Bd. 227, S. 626. 1889. — Schädler: Technologie, 2. Aufl., S. 657. 1892. — Rathje: Inaug.-Dissert. Straßburg 1908; Arch. Pharm. Bd. 246, S. 699. 1908; Ch. Revue Bd. 16, S. 9. 1909.

Abt.: Embryophyta siphonogama. Unterabt.: Angiospermae.

Klasse: Monocotyledoneae.

Reihe: Glumiflorae.

Cyperaceae.

Erdmandelöl: Hell und Twerdomedoff: Ber. Bd. 22, S. 1742. 1889. — Niederstadt: Ber. Pharm. Ges. Bd. 12, S. 144. 1902. — Baughman und JAMIESON: J. agric. Research Bd. 26, S. 77. 1925; C. 1925, I, 392 („Chufa"-Öl).

Öl von Cladium mariscus: FERENCZ: Pharm. Post Bd. 51, S. 762. 1918; C. 1919, I, 235.

Reihe: Principes.

Palmae.

Dattelsamenöl: DIEDRICHS: Z. Nahrgsm. Bd. 27, S. 132. 1914; C. 1914, I, 1439 (Kennzahlen, Säurezahl 3,4). — RUBNER: Arch. Anat. Phys., Physiol. Abt. 1915, S. 240; C. 1916, II, 939 (Ölgehalt der Kerne 7,9%).

Coperniciafett: GRIMME: Pharm. Centralh. Bd. 62, S. 253. 1921.

Fett von Hyphaene Schatan: CLOT: Mat. grasses Bd. 12, S. 5661. 1920; Chem. Abstracts Bd. 15, S. 184. 1921; Z. D. Öl- u. Fettind. Bd. 41, S. 196. 1921. — JUMELLE: „Les Huiles végétales", S. 158. Paris 1921.

Fett von Borassus madagascariensis: CLOT: a. a. O. — JUMELLE: a. a. O.

„Uruahy"-Kernöl: GRIMME und KAYSER: Z. D. Öl- u. Fettind. Bd. 42, S. 615. 1922.

Muritifett: SCHÄDLER: Technologie, 2. Aufl., S. 844. — FENDLER: Z. Nahrgsm. Bd. 6, S. 1025. 1903; Ch. Revue Bd. 11, S. 52. 1904 (Fett von Mauritia vinifera); Olien en Vetten Bd. 4, S. 371. 1919; Öl- u. Fettind. Wien Bd. II, S. 134. 1920 (Fett von Mauritia flexuosa).

Raphia-Fruchtfleischöl: LEWKOWITSCH: unveröffentlichte Beobachtung, s. LEWKOWITSCH-WARBURTON: Ch. Technol., 6. ed., Bd. 2, S. 562. 1922.

Fett von Oreodoxa regia: Olien en Vetten Bd. 4, S. 371. 1919; Öl- u. Fettind. Wien Bd. 2, S. 135. 1920.

Parapalmöl: BASSIÈRE: J. Pharm. Chim. (6) Bd. 18, S. 323. 1903. — JUMELLE: „Les Huiles végétales", S. 150, 151. Paris 1921. — LEWKOWITSCH-WARBURTON: Ch. Technol., 6. ed., Bd. 2, S. 246. 1922 (Niedrige Verseifungszahl, hohe Jodzahl, hohe Säurezahlen); Olien en Vetten Bd. 4, S. 371. 1919; Öl- u. Fettind. Wien Bd. 2, S. 135. 1920 (Kennzahlen eines Öles aus Surinam).

Comuöle: BASSIÈRE: a. a. O. — GRIMME: Ch. Revue Bd. 17, S. 233. 1910 (Kennzahlen des Öles und der Fettsäuren). — BOLTON und JESSON: Analyst Bd. 40, S. 3. 1915; C. 1915, I, 550 (Fett mit 65,9% freien Säuren). — JUMELLE: a. a. O. S. 148, 149; Olien en Vetten, a. a. O.; Öl- u. Fettind. Wien, a. a. O. (Kennzahlen eines Öles von Oenocarpus Batava aus Surinam).

Arecanußfett: RATHJE: Arch. Pharm. Bd. 246, S. 702. 1908.

Palmkernöl: SCHÄDLER: Technologie, 2. Aufl., S. 829. — DIETRICH: Anz. landw. Centralvers. Reg.-Bez. Cassel 1870, S. 11. — OUDEMANS: J. pr. Bd. 2, S. 393. 1870. — VALENTA: ebenda Bd. 2, S. 335. 1889. — NÖRDLINGER: Z. ang. Bd. 8, S. 19. 1895. — EMMERLING: Landw. Vers.-Stat. Bd. 50, S. 51. 1898. — FENDLER: Ber. Pharm. Ges. Bd. 13, S. 115. 1903. — OLIG und BRUST: Ch. Revue Bd. 16, S. 170. 1909. — STIEPEL: Sfsz. Bd. 35, S. 1272, 1359, 1387. 1908; C. 1909, I, 955. — BURNETT und REVIS: Analyst Bd. 38, S. 255. 1913; C. 1913, II, 386 (Nachweis in Fettgemischen durch Bestimmung des Trübungspunktes der Barytsalze der „Polenskesäuren"). — ELSDON: Analyst Bd. 39, S. 78. 1914; C. 1914, I, 1009 (Zusammensetzung). — HEIDUSCHKA und BURGER: Z. öff. Ch. Bd. 20, S. 361. 1914; C. 1914, II, 1461 (Gehalt an flüchtigen und nichtflüchtigen Fettsäuren). — STADLINGER: Sffbr. Bd. 34, S. 1138. 1914; C. 1915, I, 402 (Freie Fettsäuren). — HEIDUSCHKA: Z. ang. Bd. 28, S. 304. 1915 (Kritik der Arbeit von ELSDON 1914). — HERING: Arb. Pharm. Inst. Univ. Berlin Bd. 11, S. 162. 1914; C. 1915, II, 1197 (Ölgehalt der Samenschale 3,9%, der entschälten Kerne

49,5%). — VAN KREGTEN: Ch. Weekblad Bd. 12, S. 788. 1915; C. 1915, II, 1031 (Kennzahlen, charakteristische Merkmale der „Polenskesäuren" von Palmkernöl bzw. Cocosfett; Kennzahlen von Mischungen dieser beiden Fette). — BACKER: Ch. Weekblad Bd. 12, S. 1034. 1915; C. 1916, I, 395 (Mittleres Molekulargewicht des Fettes). — WEIS: Sffbr. Bd. 36, S. 357. 1916; C. 1916, II, 580 (Ölgehalt). — JACOBSEN: Folia Microbiologica, Nederlandsch Tijdschrift voor Mikrobiol. Bd. 5, T. 2, S. 9. 1918; C. 1919, II, 604 (Ranzigwerden durch Licht und Mikroben). — SALWAY: J. Ch. Soc. Bd. 111, S. 407. 1917; C. 1918, I, 77 (Methylnonylketon im Wasserdampfdestillat). — ELSDON: Analyst Bd. 42, S. 298. 1917; C. 1918, I, 144 (Bestimmung in Cocosfettgemischen). — PIERAERTS: Bull. Sciences Pharm. Bd. 26, S. 110. 1918; C. 1919, III, 275 (Kennzahlen von Ölen aus verschiedenen Partien der Palmfrucht; Varietäten aus Belgisch-Kongo). — ELLIS und HULL: Ch. Umschau Bd. 26, S. 177. 1919 (Jodzahlen gepreßter und extrahierter Öle). — FRYER: J. Soc. Ch. Ind. Bd. 37 T, S. 262. 1918; C. 1919, IV, 293 (Gehalt an unlöslichen, flüchtigen Fettsäuren). — VIZERN und GUILLOT: Ann. Chim. anal. (2) Bd. 1, S. 116. 1919; C. 1919, IV, 328 (Berechnung des Gehaltes an freier Säure). — Imperial Institute, Bull. Imp. Inst. Bd. 17, S. 186. 1919; C. 1920, I, 713 (Kennzahlen). — ELLIS und HULL: J. Soc. Ch. Ind. Bd. 38 T, S. 128. 1919; C. 1919, IV, 627 (Jodzahl); Ref. Ausl.-Ber. R. A., Ch. Umschau Bd. 26, S. 188. 1919 (Kennzahlen der Fettsäuren). — KNORR: Sfsz. Bd. 46, S. 54. 1919; C. 1919, IV, 545 (Kennzahlen von 60 Palmkernölen). — BLICHFELDT: J. Soc. Ch. Ind. Bd. 38 T, S. 150. 1919; C. 1919, IV, 756 (Flüchtige lösliche und unlösliche Säuren). — VAN KREGTEN: Olien en Vetten Bd. 4, S. 185. 1919; C. 1920, II, 203; C. 1921, IV, 665 (Vergleichende Bestimmungen über den Einfluß des Wassergehaltes des Lösungsmittels und des Fettsäuregehaltes auf die Entmischungstemperaturen von Gemischen in Alkohol und Essigsäure). — TRIM: J. Soc. Ch. Ind. Bd. 39 T, S. 307. 1920; C. 1921, II, 459 (Graphische Methode zur refraktometrischen Bestimmung in Mischungen mit Erdnußöl oder Cocosfett). — STOKOE: J. Soc. Ch. Ind. Bd. 40 T, S. 57. 1921; C. 1921, IV, 59 (Annähernde Bestimmung von Palmkernöl und Cocosfett in Mischungen mittels des Erstarrungspunktes der „Polenskesäuren"). — BÖMER: Ch. Umschau Bd. 30, S. 202. 1923; C. 1923, IV, 738 (Glyceride). — BÖMER und SCHNEIDER: Z. Nahrgsm. Bd. 47, S. 61. 1924; C. 1924, I, 2882 (Kennzahlen, Bestandteile). — TREVITHICK und LAURO: Cotton Oil Press Bd. 7, Nr. 12, S. 35. 1924; C. 1924, II, 1642 (Einfluß des Bleichens auf die Kennzahlen des Öles). — ALLAN und MOORE: J. Soc. Ch. Ind. Bd. 44 T, S. 61. 1925; C. 1925, II, 105 (Öl aus der Rinde und dem Kerninnern; die Verseifungszahlen für die beiden Ölarten sind im Referat vertauscht). — ARMSTRONG, ALLAN und MOORE: J. Soc. Ch. Ind. Bd. 44 T, S. 143. 1925; C. 1925, II, 435 (Kennzahlen und Zusammensetzung). — HELLER: Allg. Öl- u. Fett-Ztg. Bd. 22, S. 417. 1925; C. 1925, II, 1399 (Mittleres Molekulargewicht der Fettsäuren). — WITTKA: Z. D. Öl- u. Fettind. Bd. 45, S. 417. 1925; C. 1925, II, 1639 (Untersuchung des aus dem Kerninnern gewonnenen Öles und des Kernschalenöles). — VAN GILMOUR: Analyst Bd. 50, S. 119. 1925; C. 1925, I, 2478 (Schmelzpunkte der „Polenskesäuren" und ihre analytische Auswertung). — BAUGHMAN: J. Assoc. Offic. Agricult. Ch. Bd. 8, S. 703. 1925; C. 1926, I, 1320 (Nachweis in Kakaobutter). — ELSDON und SMITH: Analyst Bd. 51, S. 72. 1926; C. 1926, I, 2636 (Bestimmung in Margarine). — MARGOSCHES und FUCHS: Ber. Bd. 59, S. 375. 1926 (Per- und Differenzjodzahl). — LE COINTE: Mat. grasses Bd. 7, S. 7100. 1925; Ch. Umschau Bd. 33, S. 6. 1926 (Kennzahlen der Öle von Elaeis guineensis und E. melanococca). — KAUFMANN: Ber. Bd. 59, S. 1390. 1926 (Rhodanzahl). — ALLAN und MOORE: J. Soc. Ch. Ind. Bd. 46 T, S. 433.

1927; Ch. Umschau Bd. 35, S. 19. 1928 (Phytosterin). — COLLIN und HILDITCH: J. Soc. Ch. Ind. Bd. 47, S. 261 T. 1928; C. 1928, II, 2607 (Gemischtsäurige Glyceride). — KAUFMANN: Z. ang. Bd. 41, S. 1046. 1928 (85% gesättigte Anteile, rhodanometrisch bestimmt). — GROSSFELD: Z. Lebensm. Bd. 55, S. 354. 1928; C. 1928, II, 1728 (Bestimmung des Gehaltes an Caprylsäure; „Caprylsäurezahl" von Palmkernfett 9,9); ebenda S. 529; C. 1928, II, 2305 (Bestimmung des Laurinsäuregehaltes); s. auch GROSSFELD und MIERMEISTER: ebenda Bd. 56, S. 423. 1928; C. 1929, I, 2001.

Palmöl: BENEDIKT und HAZURA: Monatsh. Bd. 10, S. 353. 1889. — NÖRDLINGER: Z. ang. Bd. 8, S. 19. 1895. — PREUSS und STRUNK: Tropenpflanzer Bd. 6, S. 465. 1902. — GRUNER: ebenda Bd. 8, S. 289. 1904. — FENDLER: Ber. Pharm. Ges. Bd. 13, S. 115. 1903. — CRAMPTON und SIMONS: Ch. Revue Bd. 12, S. 111. 1905. — SOLTSIEN: ebenda Bd. 15, S. 28. 1908; C. 1908, I, 770. — TORTELLI: Ch.-Ztg. Bd. 33, S. 171. 1909. — HÉBERT: Bull. Soc. Chim. Bd. 9, S. 1083. 1911. — SUCK: Sfsz. Bd. 39, S. 982. 1912; C. 1912, II, 1753 (Kennzahlen des Palmöldestillates). — GOLDSCHMIDT: Sfsz. Bd. 40, S. 724. 1913. — DUBOWITZ: ebenda S. 749. — L. K.: ebenda S. 687; C. 1913, II, 549 (Einige Kennzahlen gebleichten Öles). — STADLINGER: Sffbr. Bd. 34, S. 891. 1914; C. 1915, I, 402 (Gehalt an freien Fettsäuren und Nichtfetten). — HERING: Arb. Pharm. Inst. Univ. Berlin Bd. 11, S. 162. 1914; C. 1915, II, 1197 (Ölgehalt). — WILKIE: Analyst Bd. 42, S. 200. 1917; C. 1917, II, 780 (0,5% Unverseifbares). — PIERAERTS Bull. Sciences Pharm. Bd. 26, S. 110. 1919; C. 1919, III, 275 (Kennzahlen der Öle von Varietäten aus Belgisch-Kongo). — EISENSTEIN: Öl- u. Fettind. Wien Bd. 1, S. 24. 1919; C. 1919, IV, 292 (Kennzahlen von 11 sauren und neutralen Ölen; Abhängigkeit der Kennzahlen vom Säuregehalt). — VIZERN und GUILLOT: Anal. Chim. anal. (2) Bd. 1, S. 116. 1919; C. 1919, IV, 328 (Berechnung des Fettsäuregehaltes auf Grund der Neutralisationszahlen der unlöslichen Fettsäuren). — Imperial Institute, Bull. Imp. Inst. Bd. 17, S. 186. 1919; C. 1920, I, 712 (Kennzahlen des Fruchtfleisch- und Kernöles von Elaeis melanococca und E. guineensis); Bull. Imp. Inst. Bd. 20, S. 152. 1922; C. 1922, IV, 1091 (Öle aus Angola). — WOLFF: Ref. Z. D. Öl- u. Fettind. Bd. 42, S. 833. 1922; Ch. Umschau Bd. 29, S. 14. 1922 (Änderung der Kennzahlen beim Lagern). — STIELTJES: La Parfumerie moderne Bd. 14, S. 249. 1921; C. 1922, II, 281 (Rasche Bestimmung der Säurezahl). — FICKENDEY: Kolloid-Z. Bd. 33, S. 107. 1923; C. 1923, III, 1029 (Pflanzengummi im Fruchtfleisch der Ölpalme). — LAURO und DICKHART: Am. J. Pharm. Bd. 94, S. 245. 1922; C. 1923, IV, 296 (Raffination und Bleichung). — TREVITHICK und LAURO: Cotton Oil Press Bd. 7, Nr. 11, S. 32. 1924; C. 1924, I, 2933 (Erhöhung des Titers und Erniedrigung der Jodzahl durch den Bleichprozeß). — DYKE und JAMES: Bull. Agricole Congo-Belge Bd. 16, September 1925; Bull. Mat. grasses 1926, S. 147; C. 1926, II, 2242 (Rasche Ermittlung des Ölgehaltes durch Bestimmung des Wassergehaltes). — LE COINTE: Mat. grasses Bd. 17, S. 7100. 1925; Ch. Umschau Bd. 33, S. 6. 1926 (Kennzahlen der Öle von Elaeis guineensis und E. melanococca). — BRASH: J. Soc. Ch. Ind. Bd. 45 T, S. 438. 1926; C. 1927, I, 821 (Bestandteile); s. auch J. Soc. Ch. Ind. Bd. 46 T, S. 160. 1927. — RAYNER: J. Soc. Ch. Ind. Bd. 46 T, S. 160. 1927; C. 1927, II, 760 (Bestandteile; bis 20% Stearin- und ca. 15% Linolsäure). — BERTRAM: Ch. Weekblad Bd. 24, S. 226. 1927; C. 1927, II, 762 (Gehalt an wasserunlöslichen höheren Fettsäuren 47,5%). — ALLAN und MOORE: J. Soc. Ch. Ind. Bd. 46 T, S. 433. 1927; Ch. Umschau Bd. 35, S. 19. 1928 (Phytosterin). — RAYNER und CAMPBELL: J. Soc. Ch. Ind. Bd. 47, S. 149 T. 1928; (C. 1928, II, 301); Ch. Umschau Bd. 35, S. 177. 1928 (Zusammensetzung).

Cayaué-Öl: BOLTON und HEWER: Analyst Bd. 42, S. 35. 1917; C. 1917, I, 1108 (Öle von Manáos und Amazonas; Fruchtfleischöle mit 20,5 bzw. 29,8% freien Säuren, Kernöle mit 0,3 bzw. 0,6% freien Säuren). — Imperial Institute, Bull. Imp. Inst. Bd. 17, S. 186. 1919; C. 1920, I, 712 (Kennzahlen des Fruchtfleisch- und Kernöles). — GRIMME und KAYSER: Z. D. Öl- u. Fettind. Bd. 42, S. 614. 1922 (Kennzahlen des Kernöles). — LE COINTE: Mat. grasses Bd. 7, S. 7100. 1925; Ch. Umschau Bd. 33, S. 6. 1926 (Kennzahlen).

Cohunekernöl: Imperial Institute, Bull. Imp. Inst. Bd. 11, S. 25. 1913; Ch. Revue Bd. 20, S. 194. 1913 (Kennzahlen). — SACK: Inspectie van den Landbouw in Westindie, Bull. Nr. 5, 1906. — BRAY und ELLIOTT: Analyst Bd. 41, S. 298. 1916; C. 1917, I, 112 (Kennzahlen von 5 Kernölproben); s. auch CLAYTON: „Margarine". London 1920; Olien en Vetten Bd. 4, S. 371. 1919; Öl- u. Fettind. Wien Bd. 2, S. 135. 1920 (Fett aus Surinam: R.-M.-Zahl 5,8; Jodzahl 16). — HILDITCH und VIDYARTHI: J. Soc. Ch. Ind. Bd. 47 T, S. 35. 1928; C. 1928, II, 503 (Ölgehalt im Kern 48—55%; Zusammensetzung des Fettsäurengemisches).

Cohunefruchtfleischöl: Imperial Institute, Bull. Imp. Inst. Bd. 11, S. 25. 1913; Ch. Revue, Bd. 20, S. 194. 1913.

Maripafett: VAN DER DRIESSEN-MAREEUW: Nederl. Tijdschr. Pharm. Bd. 12, S. 245. 1899; Les corps gras ind. Bd. 30, Nr. 1 u. 2; Ch. Revue Bd. 10, S. 236. 1903. — BASSIÈRE: J. Pharm. Chim. Bd. 18, S. 323. 1903; J. Soc. Ch. Ind. Bd. 22, S. 1137. 1903.

Urukurinußfett: FRANK und GNÄDINGER: Gummiztg. Bd. 24, S. 1328. 1910; C. 1911, I, 401. — WITTKA: Z. D. Öl- u. Fettind. Bd. 45, S. 417. 1925 (Verseifungs- und Jodzahl des Kernfettes [Säurezahl 1,9] bzw. des Rindenfettes [Säurezahl 8,4]). — ALLAN und MOORE: J. Soc. Ch. Ind. Bd. 44 T, S. 61. 1925; C. 1925, II, 105 (Ölgehalt; Verseifungszahl und Jodzahl des Fettes aus der Rinde und dem Kerninnern; die Verseifungszahlen von Kernölen und Rindenölen sind im Referat vertauscht). — JUMELLE: Mat. grasses Bd. 19, S. 7972. 1927 (Systematische Studie).

Curuafett: GRIMME: Ch. Revue Bd. 17, S. 234. 1910 (Fett I mit Säurezahl 8,1). — Imperial Institute, Bull. Imp. Inst. Bd. 18, S. 172. 1920; C. 1920, I. 372 (Kennzahlen von Fett II mit Säurezahl 1,2).

Babassufett: BRAY und ELLIOTT: Analyst Bd. 41, S. 298. 1916; C. 1917, I, 112 (Kennzahlen). — BOLTON und HEWER: Analyst Bd. 42, S. 35. 1917; C. 1917, I, 1108 (Kennzahlen). — Ausl.-Ber. Reichsaussch.: Z. D. Öl- u. Fettind. Bd. 39, S. 700. 1919 (Vergleich mit anderen Palmölen). — GILG: Angew. Botanik Bd. 2, S. 134. 1920; C. 1920, III, 517 (Kennzahlen). — DIEDRICHS und KNÖRR: Z. Nahrgsm. Bd. 40, S. 153. 1920; C. 1921, I, 220 (Untersuchung). — GARDNER: Circ. 181, U. S. Paint Manuf. Assoc. Juni 1923; J. Soc. Ch. Ind. Bd. 42, S. 728 A. 1923; Ch. Umschau Bd. 30, S. 227. 1923 (Ölgehalt; Verseifungszahl 261); Olien en Vetten; Ref. Ch. Umschau Bd. 31, S. 106. 1924. — WITTKA: Z. D. Öl- u. Fettind. Bd. 45, S. 417. 1925 (Fettgehalt; Kennzahlen des Fettes aus dem Kerninnern und der Kernrinde). — ALLAN und MOORE: J. Soc. Ch. Ind. Bd. 44 T, S. 61. 1925; C. 1925, II, 105 (Fettgehalt; Verseifungs- und Jodzahl des Rindenfettes und des Fettes aus dem Kerninnern; die Verseifungszahlen von Kernölen und Rindenölen sind im Referat vertauscht). — MARGAILLAN und MOITESSIER: Ann. Musée Colonial Marseille Jg. 33 [4], Bd. 3, S. 8. 1925; Sep. d. Verf. („Babassu"-Fett, s. „Orbigniafette"). — KAUFMANN: Z. ang. Bd. 41, S. 1046. 1928 (Rhodanzahl). — GROSSFELD: Z. Lebensm. Bd. 55, S. 354. 1928; C. 1928, II, 1728 (Bestimmung des Gehaltes an Caprylsäure; „Caprylsäurezahl" von Babassufett 17,4); ebenda S. 529; C. 1928, II, 2305 (Bestimmung des Laurinsäuregehaltes); s. auch

GROSSFELD und MIERMEISTER: Z. Lebensm. Bd. 56, S. 423. 1928; C. 1929, I, 2001.

Babassufruchtfleischöl: Imperial Institute: Bull. Imp. Inst. Bd. 16, S. 35. 1918.

„Corozo"-Palmkernöle: Imperial Institute: Bull. Imp. Inst. Bd. 15, S. 479. 1917 (Kennzahlen des Corozofettes); Bd. 20, S. 147. 1922; C. 1922, IV, 1090 (Mamarrónfett).

Cocosfett: LÜHRIG: Z. Nahrgsm. Bd. 2, S. 622. 1899. — ULZER: Ch. Revue Bd. 6, S. 203. 1899. — LANE: J. Soc. Ch. Ind. Bd. 23, S. 1019. 1904. — SIEGFELD: Z. Nahrgsm. Bd. 7, S. 581. 1904. — LA HACHE: Rev. Chim. pur. et appl. Bd. 9, S. 309. 1905. — MILLIAU: Compt. rend. Bd. 140, S. 1702. 1905. — FENDLER: Ch. Revue Bd. 13, S. 272. 1906. — HÉBERT und WALKER: Philippine J. Science Bd. 1, S. 117. 1906; Ch.-Ztg. Rep. Bd. 30, S. 132. 1906. — REIJST: Pharm. Weekblad Bd. 43, S. 117. 1906. — PAULMEYER: Ch. Revue Bd. 14, S. 199. 1907. — WALKER: Sfsz. Bd. 36, S. 183. 1909. — OLIG und BRUST: Ch. Revue Bd. 16, S. 170. 1909. — MÜNTZ, PAULMEYER und REVALS: Les corps gras Bd. 35, Nr. 12 u. 13; Ch. Revue Bd. 16, S. 87. 1909. — HALLER und LASSIEUR: Compt. rend. Bd. 150, S. 1013. 1910; Ch. Revue Bd. 17, S. 219. 1910 (Methylketone und -carbinole). — SERGER: Ch.-Ztg. Bd. 35, S. 581. 1911. — VAUBEL: Eng. Bd. 3, S. 574. 1911; Ch.-Ztg. Rep. Bd. 35, S. 519. 1911; Ch. Revue Bd. 18, S. 282. 1911; Bd. 19, S. 10. 1912. — RICHARDSON: Eng. Bd. 3, S. 574. 1911; C. 1911, II, 893 (Öl aus der Rinde; Jodzahl 40). — HÖPFNER und BURMEISTER: Ch.-Ztg. Bd. 36, S. 333. 1912. — ELSDON: Analyst Bd. 37, S. 442. 1912; Ch. Revue Bd. 20, S. 60. 1913. — VAUBEL: Z. öff. Ch. Bd. 18, S. 46. 1912; Sfsz. Bd. 39, S. 161. 1912; C. 1912, I, 1133 (Cocosfette mit hoher Jodzahl). — POLENSKE: Arb. Ges.-Amt Bd. 38, S. 402. 1911; C. 1912, I, 290 (Nachweis in Butter und Schweineschmalz). — SHREWSBURY und KNAPP: Analyst Bd. 37, S. 3. 1912; C. 1912, I, 755 (Nachweis). — ARNAUD und HAWLEY: Analyst Bd. 37, S. 122. 1912; C. 1912, I, 1737 (Nachweis in Margarine). — VANDEVELDE und VANDERSTRICHT: Ann. Falsif. Bd. 5, S. 417. 1912; C. 1912, II, 1572 (Änderung der Kennzahlen durch teilweise Verseifung). — KEDROWITSCH: Z. Nahrgsm. Bd. 24, S. 334. 1912; C. 1912, II, 1390 (Rohphytosterine; Phytosterinacetatprobe zum Nachweis im Butterfett). — ELSDON: Analyst Bd. 38, S. 8. 1913; C. 1913, I, 713 (Bestandteile). — LEYS: Chim. anal. appl. Bd. 18, S. 140. 1913; C. 1913, I, 2183 (Nachweis durch Wasserdampfdestillation des Fettsäurengemisches). — SUNDBERG: Z. Nahrgsm. Bd. 26, S. 422. 1913; C. 1913, II, 2008 (Bestimmung in Butter mittels der Polenskezahl). — BURNETT und REVIS: Analyst Bd. 38, S. 255. 1913; C. 1913, II, 386 (Nachweis in Fettgemischen durch Bestimmung des Trübungspunktes der Barytsalze der „Polenskesäuren"). — BÖMER und KRÖNIG: Z. Nahrgsm. Bd. 27, S. 153. 1914; C. 1914, I, 1463 (Nachweis von Schweinefett und Talg). — BARTHEL und SONDÉN: Z. Nahrgsm. Bd. 27, S. 439. 1914; C. 1914, I, 1709 (Nachweis im Butterfett mittels der Destillationsmethode von POLENSKE und der Phytosterinprobe von BÖMER). — STOECKLIN: Ann. Falsif. Bd. 7, S. 223. 1914; C. 1914, II, 269 (Nachweis des Cocosfettes nach der Methode CESAROS). — KNIGGE: Sffbr. Bd. 34, S. 1250. 1914; C. 1915, I, 514 (Bereiche der Säurezahlen; Verseifungszahlen des Fettes und der Fettsäuren). — STADLINGER: Sffbr. Bd. 34, S. 1139. 1914 (Rindenöl mit hoher Jodzahl); ebenda S. 1160 (Cocosölfettsäuren). — HEIDUSCHKA: Z. ang. Bd. 28, S. 304. 1915; C. 1915, II, 414 (Kritik der Arbeit von ELSDON 1913). — VAN KREGTEN: Ch. Weekblad Bd. 12, S. 788. 1915; C. 1915, II, 1031 (Kennzahlen, charakteristische Merkmale der „Polenskesäuren" von Palmkernöl bzw. Cocosfett; Kennzahlen von Mischungen dieser beiden Fette). — BACKER: Ch.

Weekblad Bd. 12, S. 1034. 1915; C. 1916, I, 395 (Molekulargewicht des Öles). — Beneschowsky: Z. landw. Vers.-Wesen Österr. Bd. 19, S. 103. 1916; C. 1916, I, 1274 (Säurezahlen). — Elsdon und Bagshawe: Analyst Bd. 42, S. 72. 1917; C. 1917, II, 249 (Verfahren von Shrewsbury und Knapp). — Elsdon: Analyst Bd. 42, S. 298. 1917; C. 1918, I, 144 (Nachweis in Palmkernfett). — Marden und Dover: Eng. Bd. 9, S. 858. 1917; C. 1918, I, 1193 (Thermozahl). — Jacobsen: Folia Microbiologica, Nederlandsche Tijdschrift voor Mikrobiol. Bd. 5, T. 2. 1918; C. 1919, II, 604 (Verhütung des Ranzigwerdens). — Barthel und Sondén: Moniteur scient. (5) Bd. 8, S. 268. 1918; C. 1919, II, 943 (Nachweis in Butter). — Fryer: J. Soc. Ch. Ind. Bd. 37 T, S. 262. 1918; C. 1919, IV, 293 (Gehalt an „Polenskesäuren"). — Grimme: Ch. Umschau Bd. 26, S. 104. 1919 (Kritische Lösungstemperatur). — Vizern und Guillot: Ann. Chim. anal. (2) Bd. 1, S. 116. 1919; C. 1919, IV, 328 (Berechnung des Gehaltes an freier Säure). — Blichfeldt: J. Soc. Ch. Ind. Bd. 38 T, S. 150. 1919; C. 1919, IV, 756 (Gehalt an flüchtigen löslichen und unlöslichen Fettsäuren). — van Kregten: Olien en Vetten Bd. 4, S. 185. 1919; C. 1920, II, 203 und C. 1921, IV, 665 (Kritische Lösungstemperaturen in Alkohol und Essigsäure). — Eisenstein: Öl- u. Fettind. Wien Bd. 1, S. 499, 527, 548, 573. 1919; C. 1920, II, 811 (Schmelzkurve von Mischungen Cocosfett-Borneotalg). — Richmond: Analyst Bd. 44, S. 166. 1919; C. 1919, IV, 503 (Beziehung zwischen Kirschnerzahl, Reichert-Meißlzahl und Polenskezahl). — Richmond und Hall: J. Soc. Ch. Ind. Bd. 39, S. 80. 1920; Ch. Umschau Bd. 27, S. 148. 1920 (Bestimmung der Reichert-Meißl- und Polenskezahl). — Normann: Ch. Umschau Bd. 27, S. 216. 1920 (Viscositäten). — Bömer und Baumann: Z. Nahrgsm. Bd. 40, S. 97. 1920; C. 1921, I, 219 (Kennzahlen des „Cochin"-Cocosfettes, Zusammensetzung der Glyceride). — Trim: J. Soc. Ch. Ind. Bd. 39 T, S. 307. 1920; C. 1921, II, 459 (Graphische Darstellung der Beziehung zwischen: Brechungsindex und Mischungsverhältnis für Gemische aus Erdnuß-, Palmkern- und Cocosfett). — Jungkunz: Sfsz. Bd. 47, S. 927. 1920; C. 1921, II, 418 (Nachweis in Seifen). — Arnold: Sfsz. Bd. 47, S. 571. 1920; C. 1921, II, 816 (Nachweis in Seifen). — Stokoe: J. Soc. Ch. Ind. Bd. 40 T, S. 75; C. 1921, IV, 282 (Sog. Parfümranzigkeit von Cocos- und Palmkernfett). — Meurice: Ann. Chim. Anal. (2) Bd. 3, S. 143. 1921; C. 1921, IV, 366 (Nachweis im Butterfett durch Bestimmung der Verseifungs- und Reichert-Meißl-Zahl oder der festen unlöslichen Fettsäuren). — Stokoe: J. Soc. Ch. Ind. Bd. 40 T, S. 57. 1921; C. 1921, IV, 59 (Bestimmung des Verhältnisses von Cocosfett und Palmkernöl in Mischungen durch Ermittlung der Krystallisationstemperatur der „Polenskesäuren"). — Muttelet: Compt. rend. Bd. 174, S. 220. 1922; C. 1922, II, 647 (Nachweis im Butterfett mittels der Schmelzpunkte der Sterine). — Wittka: Z. D. Öl- u. Fettind. Bd. 42, S. 377. 1922; C. 1922, IV, 597 (Säurezahl und Jodzahl des Rindenöles und ihre Bedeutung für die Abfallfettsäuren). — Brill, Parker und Yates: Philippine J. Science Bd. 12 A, S. 55. 1917; C. 1923, II, 146 (Verlust an Fett durch Einwirkung von Schimmelpilzen und Oxydationsvorgänge während des Lagerns). — Brill und Parker: Philippine J. Science Bd. 12 A, S. 95. 1917; C. 1923, II, 147 (Nachweis der Ranzigkeit). — Walker: J. Ch. Soc. Trans. Bd. 123, S. 2837. 1923; Ch. Umschau Bd. 31, S. 83. 1924 (Trennung der Octyl- und Decylsäure durch Destillation der Fettsäuren unter vermindertem Druck). — Perkins: Philippine J. Science Bd. 15, S. 463. 1920; C. 1923, IV, 503 (Ranzigwerden durch die Wirkung öllöslicher, hydrolisierender Enzyme). — Bömer: Ch. Umschau Bd. 30, S. 202. 1923 (Hauptbestandteil Caprylolauromyristin). — Tompkins: Cotton Oil Press Bd. 5, Nr. 2, S. 122. 1921; C. 1924, I, 2031 (Farbe des Öles). — Boedtker: J. Pharm. et Chim. (7) Bd. 29, S. 181.

1924; C. 1924, I, 2752 (Ranzigwerden). — WALKER: J. Ch. Soc. Bd. 123, S. 2837. 1923; C. 1924, I, 1388 (Gehalt an Capryl- und Caprinsäure). — BÖMER und SCHNEIDER: Z. Nahrgsm. Bd. 47, S. 61. 1924; C. 1924, I, 2883 (Vorkommen eines niedrig schmelzenden, ölsäurehaltigen, gemischten Glycerides). — VAUBEL: Z. ang. Bd. 37, S. 222. 1924; C. 1924, I, 2908 (Änderung des Schmelzpunktes der Kakaobutter durch Zusatz von Cocosfett). — LEOPOLD und MOOY: Rec. trav. chim. Bd. 43, S. 103. 1924; C. 1924, I, 2550 (Bestimmung in Fettgemischen). — TOMPKINS: Cotton Oil Press Bd. 6, Nr. 7, S. 30. 1922; C. 1924, I, 1880 (Farbenbestimmung mit dem Lovibondcolorimeter). — TOMPKINS und LATHRAP: Cotton Oil Press Bd. 7, Nr. 11, S. 33. 1924; C. 1924, I, 2935 (Nachweis des Mineralölgehaltes aus der Ölfarbe nach dem Bleichen). — EDELER: Cotton Oil Press Bd. 5, Nr. 12, S. 35. 1922; C. 1924, I, 2935 (Bestimmung der flüchtigen Substanzen im Cocosöl). — ELSDON: Analyst Bd. 49, S. 274. 1924; C. 1924, II, 1643 (Gehalt an Caprinsäure nicht über 1—2%). — ARMSTRONG und ALLAN: J. Soc. Ch. Ind. Bd. 43 T, S. 207. 1924; C. 1924, II, 1527 (Verseifungs- und Jodzahlen von Ölen verschiedener Herkunft). — WINKLER: Pharm. Centralh. Bd. 65, S. 385. 1924; C. 1924, II, 1529 (Jodbromzahl). — LUKAS: Chemické Listy Bd. 17, S. 11. 1923; C. 1924, II, 770 (Nachweis in Butter mit Hilfe der Äthylesterzahl). — HÄRTEL und MARANIS: Z. Nahrgsm. Bd. 47, S. 205. 1924; C. 1924, II, 1139 (Nachweis in Schokoladen). — STÄRKLE: Biochem. Z. Bd. 151, S. 371. 1924; C. 1924, II, 2707 (Methylketone als Aromastoffe ranziger Fette). — STOKOE: Analyst Bd. 49, S. 577. 1924; C. 1925, I, 1466 (Zusammensetzung englischen und holländischen Öles). — ALLAN: Analyst Bd. 50, S. 16. 1925; C. 1925, I, 2196 (Kritik der Arbeit von ELSDON 1924). — MARGAILLAN und CORRIERAS: Ann. Musée Colonial Marseille Jg. 33 [4], Bd. 3, S. 5, 1925; Sep. d. Verf. (Fette aus Indochina). — ALLAN und MOORE: J. Soc. Ch. Ind. Bd. 44 T, S. 61. 1925; C. 1925, II, 105 (Ölgehalt, Verseifungs- und Jodzahl des Fettes aus dem weißen Fleisch und der braunen Testa; die Verseifungszahlen von Kernölen und Rindenölen sind im Referat vertauscht). — ARMSTRONG, ALLAN und MOORE: J. Soc. Ch. Ind. Bd. 44 T, S. 63. 1925; C. 1925, II, 106 (Bestandteile der Fette aus dem weißen Fleisch und der Rinde; die Verseifungszahlen von Kernölen und Rindenölen sind im Referat vertauscht). — BANKSTON JR. und VILBRANDT: Eng. Bd. 16, S. 707. 1924; C. 1925, I, 180 (Einfluß des Lösungsmittels auf die Jodzahl nach HANUS). — BERTRAM, Bos und VERHAGEN: Ch. Weekblad Bd. 20, S. 610. 1923; Z. D. Öl- u. Fettind. Bd. 44, S. 445. 1924; Ch. Umschau Bd. 31, S. 184. 1925 (A- und B-Zahl). — GROSSFELD: Z. Nahrgsm. Bd. 48, S. 411. 1924; S. 1925, I, 1923 (Nachweis in Seifen). — ELSDON und SMITH: Analyst Bd. 50, S. 53. 1925; C. 1925, I, 2265 (Nachweis in Margarine). — VAN GILMOUR: Analyst Bd. 50, S. 119. 1925; C. 1925, I, 2478 (Schmelzpunkte der „Polenskesäuren" und ihre analytische Auswertung). — HANUS und KOMOROUSOVÁ: Chemické Listy Bd. 19, Nr. 10. 1925; Ch. Umschau Bd. 33, S. 146. 1926 (Nachweis in Kakaobutter). — LUKAS: Chem. Listy Bd. 19, S. 307. 1925; Ch. Umschau Bd. 33, S. 132. 1926 (Bestimmung mittels der Äthylesterzahl). — BROOKE: Philippine J. Science Bd. 30, S. 201. 1926; C. 1926, II, 1801 (Methylnonylketon). — WATERMAN und RIJKS: Z. D. Öl- u. Fettind. Bd. 46, S. 177. 1926; C. 1926, II, 1801 (Vakuumdestillation des Cocosfettes); s. auch Bd. I, S. 229. — BILLS: J. Biol. Ch. Bd. 67, S. 279. 1926; C. 1926, II, 125 (Tabellarische Übersicht der Löslichkeit). — KUHLMANN und GROSSFELD: Z. Nahrgsm. Bd. 50, S. 329. 1925; C. 1926, I, 1898 (Bestimmung in Fettgemischen); Z. ang. Bd. 39, S. 24. 1926; C. 1926, I, 1900 (Nachweis in Kakaofett). — BAUGHMAN: J. Assoc. Offic. Agric. Chem. Bd. 8, S. 703. 1925; C. 1926, I, 1320 (Nachweis in Kakaobutter). — RUFFY: Mitt. Lebensmittelunters. u. Hyg. Bd. 17, S. 15. 1926; C. 1926, I, 3366 (Nachweis in Kakaobutter). — BAUMANN, KUHLMANN und GROSSFELD: Z. Lebensm. Bd. 51, S. 27. 1926; C. 1926, I, 3291 (Nachweis in Milchfett). — KAUFMANN, Z. Lebensm. Bd. 51, S. 15. 1926; C. 1926, II, 1350 (Rhodanometrische Jodzahl zur Bestimmung in Fettgemischen); Ber. Bd. 59, S. 1390. 1926 (Rhodanzahl). — MARGOSCHES und FUCHS: Ber. Bd. 59, S. 375. 1926 (Per- und Differenzjodzahl). — BERTRAM, VAN DER STEUR und VERHAGEN: Ch. Weekblad Bd. 22, S. 549. 1925; C. 1926, I, 1325 (Genauigkeit der A- und B-Zahl-Bestimmung). — TOMPKINS: J. Oil Fat Ind. Bd. 4, S. 90. 1927; C. 1927, I, 3157 (Farbe und Fluorescenz von „Manila"-Cocosöl). — GROSSFELD und WISSEMANN: Z. Lebensm. Bd. 53, S. 244. 1927; C. 1927, II, 763 (Nachweis). — BLOCK: Pharm. Tijdschr. Nederl.-Indie Bd. 4, S. 242. 1927; C. 1927, II, 2129 (Nachweis von Erdnuß- und Kapoköl). — WATERMAN und NYHOLT: Ch. Weekblad Bd. 24, S. 268. 1927; C. 1927, II, 346 (Verfeinerung der Destillationsmethode von WATERMAN und RIJKS). — KLOSTERMANN und QUAST: Z. Lebensm. Bd. 54, S. 297. 1927 (Abänderung der Vorschriften zur Bestimmung der A-, B-, Reichert-Meißl- und Polenskezahl). — TAYLOR und CLARKE: J. Am. Ch. Soc. Bd. 49, S. 2829. 1927; C. 1928, I, 707 (Bestandteile). — GROSSFELD: Z. Lebensm. Bd. 55, S. 354. 1928; C. 1928, II, 1728 (Bestimmung des Gehaltes an Caprylsäure; „Caprylsäurezahl" von Cocosfett: 19); ebenda S. 529; C. 1928, II, 2305 (Bestimmung des Laurinsäuregehaltes); s. auch GROSSFELD und MIERMEISTER: Z. Lebensm. Bd. 56, S. 423. 1928; C. 1929, I, 2001. — COLLIN und HILDITCH: J. Soc. Ch. Ind. Bd. 47, S. 261 T. 1928; C. 1928, II, 2607 (Gemischtsäurige Glyceride). — KAUFMANN: Z. ang. Bd. 41, S. 1046. 1928 (ca. 90,5% gesättigte Anteile, rhodanometrisch bestimmt).

Fett von Cocos acrocomioides: NIEDERSTADT: Ber. Pharm. Ges. Bd. 12, S. 144. 1902.

Piririmafett: BOLTON und HEWER: Analyst Bd. 42, S. 35. 1917; C. 1917, I, 1108.

Öl von Jubaea chinensis: LATHRAP: Cotton Oil Press Bd. 6, Nr. 8, S. 32. 1922; C. 1924, I, 921.

Aouara-Kernfett: BRAY und ELLIOTT: Analyst Bd. 41, S. 298. 1917; C. 1917, I, 112 (Kennzahlen). — BOLTON und HEWER: Analyst Bd. 42, S. 35. 1917; C. 1917, II, 1108 (Kennzahlen von „Tucum-Aouara-Palm"-Fett).

Aouarafett: WIESNER: „Die Rohstoffe des Pflanzenreiches", Bd. II, S. 488. 1900 (Eigenschaften, insbesondere Farbe). — BONTOUX, in LEWKOWITSCH: „Technologie et analyse chimique des huiles, graisses et cires", Bd. II, S. 1043. Paris 1909 (Fette II aus Französisch-Guayana). — BOLTON und HEWER: Analyst Bd. 42, S. 35. 1917; C. 1917, II, 1108 (Fett I aus Brasilien).

Murumurufett: BOLTON und HEWER: a. a. O. (Fette I). — GRIMME und KAYSER: Z. D. Öl- u. Fettind. Bd. 42, S. 614. 1922 (Fett II mit niedriger Jodzahl). — ANDRÉ und GUICHARD: Compt. rend. Bd. 181, S. 228. 1925; C. 1925, II, 2214 (Ölgehalt, Kennzahlen, Fettsäuren).

Jauarikernfett: GRIMME und KAYSER: Z. D. Öl- u. Fettind. Bd. 42, S. 614. 1922. — Imperial Institute, Bull. Imp. Inst. Bd. 26, S. 411. 1928; C. 1929, I, 1629 (Awarra-Kernfett und -Fruchtfleischöl; s. Nachtrag S. 497).

Fett der Paramacapalme: Olien en Vetten Bd. 4, S. 371. 1919; Öl- u. Fettind. Wien Bd. 2, S. 134. 1920.

Fett von Astrocaryum segregatum: ebenda.

Tucuma-Kernfett: Imperial Institute: Bull. Imp. Inst. Bd. 19, S. 293. 1921; C. 1922, I, 758 (Fette I). — GRIMME und KAYSER: Z. D. Öl- u. Fettind. Bd. 42, S. 614. 1922 (Fett II; Jodzahl des Fettes 8,4; Jodzahl der Säuren 5,8).

Tucuma-Fruchtfleischöl: GRIMME und KAYSER: a. a. O.

Fett von Bactris speciosa: JUMELLE: „Les Huiles végétales", S. 157. Paris 1921.

Affendornfett: SACK: Inspectie van den Landbouw in West-Indie, Bull. Nr. 5; C. 1906, I, 1106.

Fett von Bactris minax und Bactris acanthocarpa: Olien en Vetten Bd. 4, S. 371. 1919; Öl- u. Fettind. Wien Bd. 2, S. 135. 1920.

Öl von Jessenia polycarpa: BACHARACH: Analyst Bd. 43, S. 289. 1918; C. 1919, I, 1038.

Cokerite-Kernfett: BRAY und ELLIOTT: Analyst Bd. 41, S. 298. 1916; C. 1917, I, 112 (Kennzahlen eines Fettes [I] aus Britisch-Guayana; Säurezahl 3,1). — BOLTON und HEWER, Analyst Bd. 42, S. 35. 1917; C. 1917, II, 1108 (Kennzahlen eines Fettes I; 0,3% freie Fettsäuren). — GRIMME und KAYSER: Z. D. Öl- u. Fettind. Bd. 42, S. 614. 1922 (Fett II; Verseifungszahl 227,8; Hehnerzahl 94,9). — Imperial Institute, Bull. Imp. Inst. Bd. 25, S. 1. 1927; C. 1927, II, 342 (Kennzahlen eines Fettes I aus Britisch-Guayana; Säurezahl 2,6).

Cokerite-Fruchtfleischöl: Imperial Institute: a. a. O.

Fett von Maximiliana maripa: Olien en Vetten, Bd. 4, S. 371. 1919; Öl- u. Fettind. Wien Bd. 2, S. 135. 1920.

Orbigniafette: GRIMME und KAYSER: Z. D. Öl- u. Fettind. Bd. 42, S. 614. 1922 (Kennzahlen des Kernfettes von O. martiana). — BENGTSSON: Z. Nahrgsm. Bd. 44, S. 336. 1922; C. 1923, IV, 63 (Über die Änderung der Kennzahlen von Butterfett und Schweineschmalz nach Verfütterung von sog. Babassufett). — MARGAILLAN und MOITESSIER: Ann. Musée Colonial Marseille Jg. 33 [4], Bd. 3, S. 8. 1925; Sep. d. Verf. (Kennzahlen eines Fettes von Orbignia speciosa).

Mocayafett: WIESNER „Die Rohstoffe des Pflanzenreiches", 2. Aufl., Bd. 1, S. 468. — DE NEGRI und FABRIS: Giorn. Farm. 1896, Nr. 12; Ch. Revue Bd. 4, S. 82. 1897. — SACK: Inspectie van den Landbouw in West-Indie, Bull. Nr. 5, Jänner; C. 1906, I, 1106. — KNAPP: J. Soc. Ch. Ind. Bd. 33, S. 9. 1914; C. 1914, I, 803 (Kennzahlen und Bestandteile des „Gru-Gru"-Kernfettes). — BRAY und ELLIOTT: Analyst Bd. 41, S. 298. 1916; C. 1917, I, 112 (Kennzahlen eines Fettes mit der Säurezahl 1,4). — BOLTON und HEWER: Analyst Bd. 42, S. 35. 1917; C. 1917, II, 1108 (Kennzahlen des Kern- und Fruchtfleischfettes). — Olien en Vetten Bd. 4, S. 371. 1919; Öl- u. Fettind. Wien Bd. 2, S. 135. 1920 (Zusammensetzung eines Fettes aus Surinam).

Paraguaynußfett: GRIMME: Ch. Revue Bd. 17, S. 156. 1910 (Angaben über ein Öl von Acrocomia Totai; in die Tabelle nicht aufgenommen). — BRAY und ELLIOTT: Analyst Bd. 41, S. 298. 1916; C. 1917, I, 112 (Fett mit Säure zahl 26,1).

Andere Palmfette: JUMELLE: „Les Huiles végétales", S. 157 f. Paris 1921 (Fett von Raphia ruffia, R. Sese, R. Laurentii, R. Hookeri). Olien en Vetten Bd. 4, S. 371. 1919; Ref. Öl- u. Fettind. Wien Bd. 2, S. 134. 1920 (Fette von Mauritia flexuosa, Manicaria saccifera u. a.).

Reihe: Spathiflorae.

Araceae.

Öl aus einer Droge (Chines. „Pwan-hia") aus den Wurzelknöllchen von Pinellia tuberifera: NAKAYAMA: J. Pharm. Soc. Japan 1924, Nr. 509, S. 5; C. 1925, I, 1751.

Reihe: Liliiflorae.

Liliaceae.

Sabadillöl: DE NEGRI und FABRIS: Pharm. Post Bd. 29, S. 177. 1896.
Einbeeröl: KROMER: Arch. Pharm. Bd. 239, S. 393. 1901.

Iridaceae.

Schwertliliensamenöl: BAUMANN und GROSSFELD: Z. ang. Bd. 30, S. 260. 1917; C. 1918, I, 117 (Zusammensetzung der Samen).

Reihe: Scitamineae.

Zingiberaceae.

Cardamomfett: AUG. LUHN & Co.: Sfsz. Bd. 37, S. 1460. 1910; C. 1911, I, 504 (Kennzahlen eines Öles von Cardamomum minus und dessen Fettsäuren); Bd. 38, S. 51. 1911; C. 1911, I, 676 (Giftigkeit). — LITTERSCHEID: Ch.-Ztg. Bd. 35, S. 9. 1911 (Raffiniertes Öl). — KOCH und LENDRICH: Z. Nahrgsm. Bd. 22, S. 441. 1911 (Ursache der Verwechslung mit Marottyöl bildet die große Ähnlichkeit der Samen). — BERINGER: Midl. Drug. Pharm. Revue Bd. 46, S. 6. 1912; C. 1912, I, 922 (Löslichkeit in Alkohol, optisches Drehungsvermögen).

Öl von Renealmia exaltata: Olien en Vetten Bd. 4, S. 371. 1919; Öl- u. Fettind. Wien Bd. 2, S. 135. 1920.

Klasse: Dicotyledoneae.

Reihe: Myricales.

Myricaceae.

Myricafett: CHITTENDEN und SMITH: Am. Ch. J. Bd. 6, S. 217. 1884; Bull. Imp. Inst. Bd. 4, S. 301 u. 365. 1906 (Hauptbestandteil Palmitinsäure). — WIESNER: „Rohstoffe des Pflanzenreiches", 2. Aufl., Bd. 1, S. 536. 1900. — SMITH und WADE: J. Am. Ch. Soc. Bd. 25, S. 629. 1903; Ch. Revue Bd. 10, S. 210. 1903 (Fett von Myrica cerifera). — Imperial Institute: Oil and Colourm. J. 1907, S. 1573; Ch.-Ztg. Rep. Bd. 31, S. 387. 1907 („Kapbeerenwachs"). — COCKING: Chemist and Druggist 1908, S. 74.

Reihe: Fagales.

Betulaceae.

Haselnußöl: DE NEGRI und FABRIS: Gli Olii II, S. 73. — GIRARD: Monit. scient. Bd. 3, S. 1181. 1889. — FILSINGER: Ch.-Ztg. Bd. 16, S. 792. 1892. — SOLTSIEN: Ch.-Ztg. Rep. Bd. 17, S. 222. 1893; Pharm. Ztg. Bd. 38, S. 480. 1893. — SCHÖTTLER: Apoth.-Ztg. Bd. 11, S. 533. 1896. — HANUS: Z. Nahrgsm. Bd. 2, S. 617. 1899. — KÖNIG und KRAUCH, in KÖNIG: Ch. Nahrgsm., 4. Aufl., Bd. 1, S. 611. 1903. — KNORR: Sfsz. Bd. 39, S. 523. 1912. — PRITZKER und JUNGKUNZ: Z. Nahrgsm. Bd. 42, S. 232. 1921; C. 1922, II, 590 (Kennzahlen, Reaktionen, Prüfung auf Arachinsäure).

Birkensamenöl: LIDOFF: Z. ang. Bd. 13, S. 133. 1899 (Niedrige Ölgehalte). — NIKLEWSKI: Beih. z. Botan. Centralbl. Abt. I, Bd. 19, S. 68. 1906 (Hohe Ölgehalte).

Birkenholz- bzw. Birkenrindenfett: NIKLEWSKI: Beih. z. Botan. Centralbl., Abt. I, Bd. 19, S. 68. 1906.

Reihe: Urticales.

Ulmaceae.

Ulmensamenöl: PAWLENKO: Ch. Revue Bd. 19, S. 43. 1912; C. 1912, I, 1124 (Kennzahlen des Samenöles, Säurezahl 5,6; Samenschalenfett). — S. IVANOW: Beih. z. Botan. Centralbl., Abt. I, Bd. 32, S. 66. 1915 (Öl von Ulmus pedunculata, Jodzahl 22,4). — N. und H.: Z. ang. Bd. 29, S. 338. 1916 (10% Unverseifbares in dem aus Kern und Schale gemeinsam extrahierten Öl). — BEYTHIEN, HEMPEL, PANNWITZ und SPRECKELS: Z. Nahrgsm. Bd. 32, S. 316. 1916; C. 1916, II, 1057 (Kennzahlen; Jodzahl 18,4); Bd. 33, S. 241. 1917; C. 1917, I, 1008. — N. und H.: Z. ang. Bd. 30, S. 221. 1917 (Kennzahlen; Unverseifbares des Schalenfettes). — KREIS: Seife Bd. 3, S. 330. 1918; Schweiz. Apoth.-Ztg. Bd. 56, S. 483. 1918; C. 1919, I, 375 (Kennzahlen, Reaktionen). — KARDASCHEW: Masloboino-Shirowoje Djelo 1926, Nr. 2—3, S. 78; C. 1927, I, 2615 (Öle von Ulmus effusa und U. scabra).

Moraceae.

Treculiasamenöl („Katoka"-öl): MARCAILLAN und MOITESSIER: Ann. Musée Colonial Marseille, Jg. 33 [4], Bd. 3, S. 17. 1925; Sep. d. Verf.

Reihe: Proteales.

Proteaceae.

Macadamianußöl: MORRISON: J. Sidney Tech. Coll. Ch. Soc.; J. Soc. Ch. Ind. Bd. 43, S. 915. 1924; Ch. Umschau Bd. 32, S. 19. 1925 (Öl II; Kernöl?). — LATHROP: J. Oil Fat Ind. Bd. 2, S. 44. 1925; C. 1926, I, 3290 (Fruchtfleischöl I).

Samenöl von Dilobeia Thouarsi: JUMELLE: „Les Huiles végétales", S. 164. Paris 1921.

Reihe: Santalales.

Olacaceae.

Elozyöl: HECKEL: „Les graines grasses nouvelles ou peu connues des colonies françaises." Paris 1902. — SUZZI, nach LEWKOWITSCH-BONTOUX: „Technologie et analyse chimiques des huiles, graisses et cires", Bd. II, S. 861. Paris 1909 (Öl aus Erythraea; Thermozahl 69). — GRIMME: Ch. Revue Bd. 17, S. 157. 1910. — SCHRÖDER: Arb. Ges.-Amt Bd. 43, S. 455. 1911 (Kennzahlen des Öles und der Fettsäuren; Reaktionen). — PIERAERTS: „Quelques graines oléagineuses africaines", S. 15. Marseille, Musée Colonial 1917; Bull. Sciences Pharm. Bd. 24, S. 210. 1917 (Untersuchung eines Öles aus Britisch-Südafrika; Säurezahl 1).

Öl von Ximenia Gabonensis: WARBURG: Ber. Pharm. Ges. Bd. 7, S. 216. 1897. — HECKEL: „Les graines grasses nouvelles". Paris 1902.

Conejoöl[1]: Imperial Institute: Bull. Imp. Inst. Bd. 20, S. 150. 1922 (Kennzahlen, Eigenschaften; Säurezahl 4,2).

Fett aus den Samen von Heisteria Trillesiana: JUMELLE: „Les Huiles végétales", S. 368. Paris 1921.

Coulanußöl: MÖLLER: Dingl. Polyt. J. Bd. 238, S. 430. 1880. — SCHÄDLER: Technologie, 2. Aufl., S. 662. — HÉBERT: „Sur les graines des Coulas du Congo

[1] Die Zugehörigkeit dieses Öles zur Familie der Olacaceen ist nicht mit Sicherheit festgestellt (vgl. die hierauf bezügliche Anmerkung in der Tabelle S. 37), daher wurde dem Literatur-Zitat keine besondere Stelle unter den „trocknenden Ölen" zugewiesen, sondern es wurde vorläufig hier untergebracht.

français.“ — HECKEL: „Les graines grasses nouvelles“. Paris 1902. — WAGNER und LAMPART: Z. Nahrgsm. Bd. 30, S. 221. 1915; C. 1915, II, 1147 (Kennzahlen, Reaktionen).

Reihe: Aristolochiales.

Aristolochiaceae.

Fett aus den Wurzeln von Aristolochia sipho: CASTILLE: J. Pharm. Belgique Bd. 4, S. 125 u. 141. 1922; C. 1922, III, 272.

Reihe: Centrospermae.

Chenopodiaceae.

Zuckerrübensamenöl: STROHMER und FALLADA: Öst.-Ung. Zeitschr. f. Zuckerind. u. Landw. Bd. 35, S. 12. 1906; Ch. techn. Mitt. Vers.-Anst. Staatsgewerbeschule Wien Bd. 41, S. 384. 1912.

Zuckerrübenfett: NEVILLE: J. Ch. Soc. Bd. 101, S. 1101. 1912; C. 1912, II, 843.

Kumtaröl: ELAKOW: Masloboino-Shirowoje Djelo 1927, H. 2, S. 45; Ref. Ch. Umschau Bd. 34, S. 196. 1927.

Caryophyllaceae[1].

Sternkrautöl (von der Sternmiere, Stellaria): STOCKERT: Öl- u. Fettind. Wien Bd. 2, S. 63. 1920 (Ölgehalt ca. 5%).

Kornradenöl (von Agrostemma githago): STOCKERT: ebenda S. 62 (Ölgehalt im Samen ca. 5%).

Leimkrautsamenöl (von Silene sp.): STOCKERT: ebenda S. 63 (Ölgehalt ca. 9%).

Reihe: Ranales.

Ranunculaceae[1].

Samenöl von Delphinium staphisagria: MARKWOOD: J. Amer. Pharm. Assoc. Bd. 16, S. 928. 1927; C. 1928, I, 213 (Petrolätherextrahiertes Öl mit folgenden Kennzahlen: Dichte 0,891, Brechungsindex 1,462 [20°], Verseifungszahl 190, Jodzahl 80,2 [HANUS], Acetylzahl 12,8; Säurezahl 92,8; Gehalt an Unverseifbarem 2,9%).

Lardizabalaceae.

Öl von Akebia quinata: UCHIDA: J. Soc. Ch. Ind. Bd. 35, S. 1089. 1916; C. 1917, I, 414.

Menispermaceae.

Fett aus den Samen von Anamirta paniculatus: JUMELLE: „Les Huiles végétales“, S. 384. Paris 1921.

Rindenöl von Tiliacora acuminata: VAN ITALLIE und STEENHAUER: Pharm. Weekblad Bd. 59, S. 1381. 1922; C. 1923, I, 548.

Magnoliaceae.

Sternanisöl: BULIR: Z. Nahrgsm. Bd. 24, S. 309. 1912; C. 1912, II, 1374.

Samenöl von Illicium religiosum: BULIR: a. a. O.

Micheliafett: PECKOLT: Ber. Pharm. Ges. Bd. 6, S. 159. 1896. — NIEDERSTADT: ebenda Bd. 12, S. 144. 1902. — SACK: Pharm. Weekblad 1903, S. 103; Ch. Revue Bd. 10, S. 83. 1903.

---

[1] In die Tabellen nicht aufgenommen.

Öle von Magnolia hypoleuca: Uchida: J. Soc. Ch. Ind. Bd. 35, S. 1089. 1916; C. 1917, I, 414 (Kennzahlen der Öle aus dem Fruchtfleisch, dem Kern und der ganzen Frucht).

Anonaceae.

Öl von Rollinia exalbida: Peckolt: Ber. Pharm. Ges. Bd. 7, S. 462. 1897 (Keine näheren Angaben).

Mohambaöl: Hébert: Bull. Soc. Chim. (3) Bd. 15, S. 935. 1896. — Heckel: „Les graines grasses nouvelles ou peu connues des colonies françaises." Paris 1902.

Sirikayaöl: van den Driessen-Mareeuw: Nederl. Tijdschrift voor Pharm., Chem. and Toxikol. 1901, S. 214 (Öl I). — Ghanekar und Ayyar: J. Indian Inst. Sciences Bd. 10 A, S. 28. 1927; C. 1927, II, 1355 (Kennzahlen und Bestandteile von Öl II). Olien en Vetten, Bd. 4, S. 387. 1920; Öl- u. Fettind. Wien, Bd. 2, S. 185. 1920 (Öl III).

Fett von Monodora myristica: Thoms: Ber. Pharm. Ges. Bd. 14, S. 24. 1904.

Öl von Anona Cherimolia: Cutolo: Staz. sperim. agrar. ital. Bd. 48, S. 889. 1915; C. 1916, I, 567 (Ölgehalt des Fruchtfleisches und der Schale).

Öle von anderen Anona-Arten: Peckolt: Ber. Pharm. Ges. Bd. 7, S. 454. 1897 (Öle von A. palustris, A. obtusiflora, A. reticulata). Olien en Vetten Bd. 4, S. 387. 1920; Öl- u. Fettind. Wien Bd. 2, S. 185. 1920 (Öl von A. muricata).

Myristicaceae.

Muskatnußbutter: König: Ch. Nahrgsm. Bd. I, S. 965. 1903. — Utz: Ch. Revue Bd. 10, S. 11. 1903. — Fabris und Settimj: Atti del VI. Congresso chim. appl. Roma 1907, S. 756. — Power und Salway: Proc. Ch. Soc. Bd. 24, S. 197. 1908; Sfsz. Bd. 36, S. 5. 1909. — Bömer und Ebach: Z. Lebensm. Bd. 55, S. 501. 1928; C. 1928, II, 2304 (Bestandteile).

Muskatblütenfett: Späth: Forschungsber. Lebensm. Bd. 2, S. 148. 1895.

Fett von Myristica malabarica: Spaeth: a. a. O. — Hooper: Agricultural Ledger 1907, Nr. 3.

Fett von Myristica canarica: Hooper: ebenda Nr. 2.

Fett von Myristica platysperma: Jesson: Bull. Miscel. Inform. Roy. Botan. Gard. Kew 1914, Nr. 9, S. 333 (Kennzahlen). — Bolton und Hewer: Analyst Bd. 42, S. 35. 1917; C. 1917, I, 1108.

Fett von Virola sebifera: Lewkowitsch-Warburton: Ch. Technol., 6. ed., Bd. II, S. 584. 1922; s. auch Sfsz. Bd. 52, S. 891. 1925; Ch. Umschau Bd. 33, S. 6. 1926.

Ocubafett: Bonastre: Ann. Chim. Phys. Bd. 7, S. 49. 1843; s. auch Ch. Revue Bd. 8, S. 213. 1901. — Jumelle: „Les Huiles végétales", S. 173. Paris 1921. — Lewkowitsch-Warburton: Ch. Technol., 6. ed., Bd. II, S. 584. 1922.

Ucuhubafett: Nördlinger: Ber. Bd. 18, S. 2617. 1885. — Valenta: Z. ang. Bd. 2, S. 1. 1889. — Bolton und Hewer: Analyst Bd. 42, S. 35. 1917; C. 1917, I, 1108 (Fett mit 17,5% freien Fettsäuren). — J. Wolff: Z. D. Öl- u. Fettind. Bd. 41, S. 449, 468. 1921; C. 1921, IV, 1185 (Analyse zweier Proben mit Säurezahl 30,7 bzw. 29,7). — Holde und Bleymann: Z. D. Öl- u. Fettind. Bd. 41, S. 401, 419. 1921; C. 1921, IV, 529 (Untersuchung eines Handelsproduktes und eines im Laboratorium extrahierten Fettes). — Fricke: Z. D. Öl- u. Fettind. Bd. 42, S. 297. 1922; C. 1922, IV, 266 (Technische Ucuhubafettsäure).

Otobabutter: Schädler: Technologie, 2. Aufl., S. 812. — Wiesner: „Rohstoffe des Pflanzenreiches", 2. Aufl., Bd. 1, S. 493. — Uricoechea: Ann. Bd. 91, S. 369. 1854. — Imperial Institute: Bull. Imp. Inst. Bd. 18, S. 168. 1920; C. 1921,

I, 373 (Kennzahlen der Fette I). — BAUGHMAN, JAMIESON und BRAUNS: J. Am. Ch. Soc. Bd. 43, S. 199. 1921; C. 1921, I, 630 (Bestandteile, Fett II).

Fett von Virola surinamensis: REIMER und WILL: Ber. Bd. 18, S. 2011. 1885 (73% Fett mittels Äther extrahiert). — PASTROVICH: Öl- u. Fettind. Wien Bd. 2, S. 39. 1920; C. 1920, IV, 297 (Kennzahlen und Eigenschaften gepreßten und extrahierten Fettes). — SMIT ADDENS: Olien en Vetten Bd. 5, S. 133. 1920; Z. D. Öl- u. Fettind. Bd. 41, S. 66. 1921.

Fett von Virola guatemalensis: GRIMME: Ch. Revue Bd. 17, S. 235, 263. 1910.

Fett von Virola venezuelensis: THOMS und MANNICH: Ber. Pharm. Ges. Bd. 11, S. 263. 1901; Apoth.-Ztg. Bd. 16, S. 411. 1901. — GRIMME: a. a. O. S. 234.

Ochocofett: MÖLLER: Dingl. Polyt. J. Bd. 238, S. 432. 1880. — PIERRE: Bull. Soc. linéenne 1898, Nr. 5; Séance du premier mai 1896. — WARBURG: Monographie der Myristicaceen, Acta Leopoldina. Halle 1897. — HECKEL: „Les Graines grasses nouvelles“, S. 55. Paris 1902. — LEWKOWITSCH: Analyst Bd. 33, S. 313. 1908; Ch. Revue Bd. 16, S. 129. 1909.

Kombofett: SCHÄDLER: Technologie, 2. Aufl., S. 814. — HECKEL: „Les Graines grasses nouvelles“, S. 100. Paris 1902. — DRABBLE: Quart. J. Inst. of Comm. Research in the Tropics Bd. 2, Nr. 5, S. 132. 1907. — Imperial Institute: Bull. Imp. Inst. Bd. 6, S. 378. 1908.

Samenöl von Pycnanthus Schweinfurthii: Imperial Institute, durch JUMELLE: „Les Huiles végétales“, S. 176. Paris 1921.

Kalifornisches Muskatöl: BLASDALE: J. Am. Ch. Soc. Bd. 17, S. 935. 1895.

Andere Myristicaceenfette: HECKEL: „Les Graines grasses nouvelles“, S. 111. Paris 1902 (Staudtiabutter; Fett von Coelocaryum cuneatum). — JUMELLE: „Les Huiles végétales“, S. 171. Paris 1921 (Fett von Myristica argentea); S. 174 (Fett von M. Micheli); S. 177 (Fett von Staudtia Kamerunensis); S. 178 (Fett von Coelocaryum cuneatum); S. 179 (Fett von Brochoneura Vouri); S. 180 (Fett von Brochoneura Freneei).

Lauraceae.

Kusufett: TSUJIMOTO: J. Coll. Engin. Tokyo, Imp. Univ. Japan 1908, S. 86; Ch. Revue Bd. 15, S. 168. 1908.

Inukusu-Öl: TSUJIMOTO: J. Coll. Engin. Tokyo, Imp. Univ. Japan 1908, S. 87; Ch. Revue Bd. 15, S. 170. 1908.

„Yabunikukei“-Samenöl: IWAMOTO und YAMADA: J. Soc. Ch. Ind. Japan, Suppl.-Bd. 31, S. 229 B. 1928; C. 1929, I, 92 (s. Nachtrag S. 498).

Avocatofett: NIEDERSTADT: Ber. Pharm. Ges. Bd. 8, S. 170. 1898; Bd. 12, S. 144. 1902. — SEMLER: Trop. Agricultur Bd. II, S. 522. — PAIRAULT: Bull. de l'Assoc. des Chim. de Sucr. et Dist. Bd. 25, S. 778. 1908; C. 1908, I, 1641. — POZZI-ESCOT: Bull. Soc. Chim. (4) Bd. 13, S. 400. 1913; C. 1913, II, 57 (Fruchtfleisch von Lanus Persea: 10,8% Fett). — Olien en Vetten Bd. 4, S. 387. 1919; Öl- u. Fettind. Wien Bd. 2, S. 186. 1920 (Fettgehalt des Fruchtfleisches, Verseifungs- und Jodzahl). — Bull. Dept. Agr. Trinidad and Tabago Bd. 18, S. 113. 1919; Imperial Institute, Bull. Imp. Inst. Bd. 18, S. 129. 1920; Z. D. Öl- u. Fettind. Bd. 41, S. 260. 1921 (Ölgehalt kalifornischer Früchte 46%, solcher von Trinidad 23,7%). — STONEBACK und CALVERT: Am. J. Pharm. Bd. 95, S. 598. 1923; C. 1923, IV, 775 (Fettgehalt, Refraktion). — JAMIESON, BAUGHMAN und HANN: J. Oil Fat Ind. Bd. 5, S. 202. 1928; C. 1928, II, 1159 („Avocado“-Fruchtfleischöl s. Nachtrag S. 498).

Samenfett von Nectandra: Olien en Vetten, a. a. O.

Fett von Litsea polyantha: HOOPER: Pharm. J. (4) Bd. 37, S. 369. 1913; C. 1913, II, 1313.

Andere Litsea-Fette: JUMELLE: „Les Huiles végétales", S. 182. Paris 1921 (Fette von Litsea zeylanica, L. Stocksii, L. sebifera, L. Tetranthera).

„Tsuzu"-Samenöl: TSUJIMOTO: J. Soc. Ch. Ind. Japan Bd. 29, S. 105. 1926; Ch. Umschau Bd. 34, S. 9. 1927 (Kennzahlen); Bd. 35, S. 225. 1928 („Tsuzusäure").

Lindera-Samenöle: UCHIDA: J. Soc. Ch. Ind. Bd. 35, S. 1089. 1916; C. 1917, I, 414 (Öle von Lindera praecox, L. sericea, L. triloba). — TSUJIMOTO: ebenda Bd. 29, S. 105. 1926; Ch. Umschau Bd. 34, S. 9. 1927 (Kennzahlen des Kuromojisamenöles von Lindera hypoglauca). — IWAMOTO: J. Ch. Ind. Tokyo Bd. 24, S. 1143. 1921 (Öl von Lindera obtusiloba).

Gewürzbusch-Samenfett: CASPARI: Am. Ch. J. Bd. 27, S. 291. 1902; Oil, Paint and Drug Rep. 1902; Ch. Revue Bd. 9, S. 211. 1902.

Lorbeerfett: SCHÄDLER: Z. anal. Ch. Bd. 33, S. 5. 1894. — ULZER und KLIMONT: Allgem. u. physiol. Ch. d. Fette, S. 289. — LEMARIÉ: Bull. Imp. Inst. Bd. 1, S. 212. 1903; Oils, Colours and Drysalteries 1904, S. 6; Ch. Revue Bd. 11, S. 127. 1904 („Labreu"-Talg). — MORPURGO: Giorn. di Farm. 1905, S. 353. — RAKUSIN: Ch.-Ztg. Bd. 30, S. 143. 1906. — FABRIS und SETTIMJ: Atti del VI. Congresso internaz. di Chim. appl., Rom 1907, S. 763 (Analyse des bei 0° in Alkohol löslichen Anteiles). — MATTHES und SANDER: Ch. Revue Bd. 15, S. 144. 1908. — FACHINI: Giorn. Chim. ind. ed appl. Bd. 2, S. 163. 1920; C. 1920, IV, 326 (Kennzahlen von Fruchtfleischöl, Kernöl und Öl aus ganzen Früchten, das durch Auskochen gewonnen wurde). — STÄRKLE: Bioch. Z. Bd. 151, S. 371, und zwar S. 409. 1924; C. 1924, II, 2707 (Biochemischer Ketonabbau). — MARGAILLAN und BLAQUIER: Ann. Musée Colonial Marseille Jg. 33 (4), Bd. 3, S. 14. 1925 (Kennzahlen der Öle aus ganzen Früchten, aus dem Fruchtfleisch und den Kernen). — BÖMER und EBACH: Z. Lebensm. Bd. 55, S. 501. 1928; C. 1928, II, 2304 (ca. 30% Trilaurin; kein Trimyristin).

Indisches Lorbeeröl: DE NEGRI und FABRIS: Pharm. Post Bd. 29, S. 189. 1896; Ch.-Ztg. Rep. Bd. 20, S. 161. 1896.

Tangkallakfett: GORKOM: Nat. Tijdschr. v. Neederl.-Ind. 1858, S. 410. — OUDEMANS: Z. f. Ch. 1867, S. 256. — GRESHOFF: Teysmannia Bd. 1, S. 127. 1890. — LEMARIÉ: Bull. Imp. Inst. Bd. 1, S. 212. 1903. — SACK: Pharm. Weekblad Bd. 40, S. 4. 1903. — SCHRÖDER: Arch. Pharm. Bd. 243, S. 628. 1905; Ch. Revue Bd. 13, S. 11. 1906.

Mahubasamenfett: ANDRÉ: Compt. rend. Bd. 184, S. 227. 1927; C. 1927, I, 1488.

Hernandiaceae.

Hernandia-Öl: UCHIDA: J. Soc. Ch. Ind. Bd. 35, S. 1089. 1916; C. 1917, I, 414.

Reihe: Rhoeadales.

Capparidaceae.

Pillenbaumöl: SCHÄDLER, Technologie, 2. Aufl., S. 586. — PECKOLT: Ber. Pharm. Ges. Bd. 8, S. 42. 1898 (Cleomeöl). — JUMELLE: „Les Huiles végétales", S. 384. Paris 1921 (Öl von Polanisia viscosa).

Öl aus den Samen von Gynandropsis pentaphylla: HOOPER: Ann. Rep. Indian Museum 1908—1909, S. 10; s. auch JUMELLE: a. a. O. S. 385.

Moringaceae.

Behenöl: LEWKOWITSCH: Analyst Bd. 28, S. 343. 1903; Ch. Revue Bd. 11, S. 52. 1904. — Imperial Institute of Nord Nigeria: The Oil and Colourmen's J. S. 299. 1904; Ch. Revue Bd. 11, S. 183. 1904. — VAN ITALLIE und NIEUWLAND: Arch. Pharm. Bd. 244, S. 159. 1906; Ch. Revue Bd. 13, S. 139. 1906.

Reihe: Rosales.

Pittosporaceae.

Öl von Pittosporum coriaceum: PECKOLT: Ber. Pharm. Ges. Bd. 11, S. 99. 1901.

Rosaceae.

Vorbemerkungen. Von neuerer Literatur über dieses Gebiet s. besonders die zusammenfassende Darstellung „über Obstkernöle usw." von M. HARTMANN, in UBBELOHDE-GOLDSCHMIDT-HARTMANN: Handbuch der Chemie und Technologie der Fette, Bd. IV, S. 369ff. Leipzig 1926. — Reaktionen im allgemeinen: PRITZKER und JUNGKUNZ: Z. Lebensm. Bd. 54, S. 233. 1927 (Mandel-, Aprikosenkern- und Pfirsichkernöl); s. auch SONOL: Anal. Assoc. Quim. Argent. Bd. 12, S. 280; C. 1925, I, 2474.

Quittensamenöl: HERRMANN: Arch. Pharm. Bd. 237, S. 358. 1899. — FABRIS und SETTIMJ: VI. Internat. Kongr. ang. Ch. Rom Bd. 5, S. 751. 1906. — BUREŠ und ŠÁTEK: Časopis Českoslov. Lékárn. Bd. 8, S. 187. 1928; C. 1929, I, 2434 (Kennzahlen zweier Öle mit Säurezahlen 7,8 bzw. 11,2).

Scharlachquittensamenöl: HARTMANN, in UBBELOHDE-GOLDSCHMIDT und HARTMANN: Handb. d. Chemie u. Technol. d. Öle u. Fette, S. 387. Leipzig 1926.

Birnensamenöl: SCHÄDLER: Technologie, 2. Aufl., S. 539. — MEYER: Ch.-Ztg. Bd. 27, S. 958. 1903 (Kennzahlen eines Öles mit Säurezahl 38,5). — HUBER: Landw. Vers.-Stat. Bd. 75, S. 443. 1912. — NORMANN und HUGEL: Z. ang. Bd. 29, S. 338. 1916 (Analyse eines Öles mit Säurezahl 2,3).

Apfelsamenöl: MEYER: Ch.-Ztg. Bd. 27, S. 958. 1903 (Kennzahlen eines Öles mit Säurezahl 57). — HUBER: Landw. Vers.-Stat. Bd. 75, S. 443. 1912. — NORMANN und HUGEL: Z. ang. Bd. 29, S. 338. 1916 (Analyse eines Öles mit Säurezahl 2,9).

Fett der Japanischen Mispel: MADERNA: Boll. Chim. Farm. Bd. 49, S. 713. 1910; C. 1911, I, 25.

Aprikosenkernöl: NICKLÉS: Ref. Wagners Jahresber. Bd. 12, S. 495. 1866. — GIRARD: Monit. scient. (4) Bd. 3, S. 1185. 1889. — DE NEGRI und FABRIS: Gli Olii Bd. II, S. 63; Ann. Lab. Gabelle 1891, S. 173. — MICKO: Sffbr. Bd. 16, S. 246. 1896. — CROSSLEY und LE SUEUR: J. Soc. Ch. Ind. Bd. 17, S. 992. 1898. — LEWKOWITSCH: Analyst Bd. 29, S. 105. 1904; s. auch Ch. Revue Bd. 13, S. 111. 1906. — ROSENTHALER und SCHAEFFER: Pharm. Centralh. Bd. 52, S. 506. 1911 (Reaktion nach BELLIER). — UENO: J. Ch. Ind. Tokyo Bd. 16, Nr. 185; Ch. Revue Bd. 20, S. 220. 1913. — ALPERS: Z. Nahrgsm. Bd. 34, S. 433. 1917; C. 1918, I, 355 (Ölgehalt 51,4%). — ROTHÉA und DE BON: Bull. Sciences Pharm. Bd. 26, S. 505. 1909; C. 1920, II, 458 (Kennzahlen gepreßten Öles mit 0,5% freien Fettsäuren). — JURITZ: Ch. News Bd. 123, S. 162. 1921; C. 1922, II, 45 (Südafrikanisches Öl, Säurezahl 1,8). — WINKLER: Pharm. Centralh. Bd. 65, S. 385. 1924; C. 1924, II, 1529 (Jod-Bromzahl). — ELSDON und SMITH: Analyst Bd. 49, S. 180. 1924; C. 1924, II, 561 (R.-M.-Zahl). — TEMNOW: Öl-Fett-Ind. (russisch: Masloboino-Shirowoje-Djelo) 1926, Nr. 10 u. 11, S. 67; C. 1927, I, 3155 (Kennzahlen, Säurezahl 3,1). — MIRCESCU: Bull. Soc. Chim. Romania Bd. 8, S. 28. 1927; C. 1927,

II, 346 (Analyse eines Öles rumänischer Herkunft mit der Säurezahl 0,6). — PRITZKER und JUNGKUNZ: Z. Lebensm. Bd. 54, S. 233. 1927 (Eigenschaften und Reaktionen); s. a. ebenda Bd. 57, S. 85. 1929.

Pflaumenkernöl: SCHÄDLER: Technologie, 2. Aufl., S. 538. — DE NEGRI und FABRIS: Gli Olii, Bd. II, S. 67. Rom 1893; Z. anal. Ch. Bd. 33, S. 588. 1894. — MICKO: Z. österr. Apoth.-Ver. Bd. 31, S. 175. 1893; Ch.-Ztg. Bd. 17, S. 78. 1893. — KÖNIG: Ch. Nahrgsm. S. 618, 1903 (Ölgehalt 42,3%). — FABRIS und SETTIMJ: VI. Internat. Kongr. ang. Ch. Rom Bd. 5, S. 759. 1906. — KASSNER und ECKELMANN: Arch. Pharm. Bd. 252, S. 402. 1914 (Ölgehalt 43%; Kennzahlen). — DAMMER: Ch. Umschau Bd. 22, S. 84. 1915 (Ölgehalt). — DARVAS: Z. Allg. österr. Apoth.-Ver. Bd. 54, S. 419. 1916; C. 1917, I, 516 (Ölgehalt, Kennzahlen, Farbenreaktionen). — ALPERS: Z. Nahrgsm. Bd. 34, S. 433. 1917; C. 1918, I, 355 (Ölgehalt verschiedener Obstsamen; Kennzahlen; Gehalt an Blausäure). — KASSNER: Arch. Pharm. Bd. 256, S. 106. 1918; C. 1918, II, 209 (Ölausbeute bei der Pressung ca. 25%). — UTZ: Ch. Umschau Bd. 26, S. 49. 1919 (Farbenreaktionen). — ROSENTHALER: Ber. Pharm. Ges. Bd. 33, S. 159. 1923; C. 1923, III, 374 (Ölgehalt 35—61%; 70 Bestimmungen). — WINKLER: Pharm. Centralh. Bd. 65, S. 385. 1924; C. 1924, II, 1529 (Jod-Bromzahl).

Mandelöl: KREMEL: Z. anal. Ch. Bd. 23, S. 568. 1884. — BIEBER: Pharm. Centralh. Bd. 18, S. 315. 1877. — VULPIUS: ebenda Bd. 26, S. 120. 1885. — HAZURA und GRÜSSNER: Monatsh. Bd. 10, S. 242. 1889. — DE NEGRI und FABRIS: Gli Olii Bd. II, S. 57. Rom 1893. — HEHNER und MITCHELL: Analyst Bd. 21, S. 328. 1896. — KÖNIG: Ch. Nahrgsm., 4. Aufl., Bd. 1, S. 612. Berlin 1903. — VISSER: Z. Nahrgsm. Bd. 8, S. 419. 1904. — DIETERICH: Helfenberger Ann. 1903, S. 16; 1905, S. 18 u. 71. — LEWKOWITSCH: Analyst Bd. 29, S. 105. 1904. — THOMSON und DUNLOP: Analyst Bd. 31, S. 366. 1906. — ROSENTHALER und SCHAEFFER: Pharm. Centralh. Bd. 52, S. 507. 1911 (Negative Reaktion nach BELLIER). — ROSS und RACE: Analyst Bd. 36, S. 263. 1911; C. 1911, II, 383. — MANNICH und THIELE: Ber. Pharm. Ges. Bd. 26, S. 36. 1916; C. 1916, I, 812 (Kennzahlen natürlichen und hydrierten Öles). — GRUNMACH und BEIN: Wiss. Abh. Normal-Eich.-Komm. Heft 9, S. 1. 1917; C. 1918, I, 875 (Oberflächenspannung). — ROSENTHALER: Ber. Pharm. Ges. Bd. 32, S. 237. 1922; C. 1923, II, 208 (Abhängigkeit des Ölgehaltes von der Mandelgröße). — WINKLER: Pharm. Centralh. Bd. 65, S. 385. 1924; C. 1924, II, 1529 (Jod-Bromzahl). — ELSDON und SMITH: Analyst Bd. 49, S. 180. 1924; C. 1924, II, 561 (R.-M.-Zahl). — ANDRÉ und FRANÇOIS: Bull. Soc. Chim. (4) Bd. 37, S. 167. 1925; C. 1925, I, 1587 (Katalyse des Kupfers bei der Jodaddition). — MARGOSCHES, FRIEDMANN, SCHEINOST und TSCHÖRNER: Ber. Bd. 58, S. 1064. 1925 (Perjodzahl). — KAUFMANN: Arch. Pharm. Bd. 263, S. 675, und zwar S. 712 u. 719. 1925; C. 1926, I, 2021 (Rhodanometrische Jodzahl; Bestandteile). — GROSSFELD: Z. Lebensm. Bd. 51, S. 210. 1926 (Buttersäurezahl = —0,35). — MARGOSCHES und FUCHS: Ber. Bd. 59, S. 375. 1926 (Per- und Differenzjodzahl). — KAUFMANN: Ber. Bd. 59, S. 1390. 1926 (Rhodanzahl). — BUTTENBERG: Z. Lebensm. Bd. 52, S. 160. 1926; Bd. 54, S. 86. 1927 (Reaktionen nach KREIS und nach BELLIER). — PRITZKER und JUNGKUNZ: Z. Lebensm. Bd. 54, S. 233. 1927 (Eigenschaften und Reaktionen). — BERTRAM: Z. D. Öl- u. Fettind. Bd. 45, S. 733. 1925; Ch. Weekblad Bd. 24, S. 226. 1927; C. 1927, II, 762 (Gehalt an wasserunlöslichen, gesättigten Fettsäuren 10,4%). — KAUFMANN: Z. ang. Bd. 41, S. 1046. 1928 (5,4% gesättigte Anteile, rhodanometrisch bestimmt). — PRITZKER und JUNGKUNZ, Z. Lebensm. Bd. 57, S. 85. 1929 (Positive Reaktionen nach KREIS und nach BELLIER).

Pfirsichkernöl: SCHÄDLER: Technologie, 2. Aufl., S. 536. — BORNEMANN: „Die fetten Öle“, S. 243. — DE NEGRI und FABRIS: Gli Olii, Bd. II, S. 64. Rom 1893. — MICKO: Ch.-Ztg. Rep. Bd. 17, S. 78. 1893. — DIETERICH: Pharm. Centralh. Bd. 37, S. 761. 1896. — CHWOLLES: Pharm. Rundschau Bd. 41, S. 221. 1903; Ch. Revue Bd. 10, S. 257. 1903. — LEWKOWITSCH: Analyst Bd. 29, S. 106. 1904. — FABRIS und SETTIMJ: VI. Internat. Kongr. ang. Ch. Rom Bd. 5, S. 757. 1906. — BENNETT: Chemist and Druggist Bd. 89, S. 981. 1908. — ROSS und RACE: Analyst Bd. 36, S. 263. 1911; C. 1911, II, 383. — KLAMROTH: Inaug.-Dissert. München 1911. — GRUNMACH und BEIN: Wiss. Abh. Normal-Eich.-Komm. Heft 9, S. 1. 1917; C. 1918, I, 875 (Oberflächenspannung). — ALPERS: Z. Nahrgsm. Bd. 34, S. 433. 1917; C. 1918, I, 355 (Ölgehalt 45,5%). — ELSDON und SMITH: Analyst Bd. 49, S. 180. 1924; C. 1924, II, 561 (R.-M.-Zahl und Pol.-Zahl). — PRITZKER und JUNGKUNZ: Z. Lebensm. Bd. 54, S. 233. 1927 (Eigenschaften und Reaktionen).

Kirschkernöl: SCHÄDLER: Technologie, 2. Aufl., S. 539. — MICKO: Z. allg. österr. Apoth.-Ver. Bd. 31, S. 175. 1893; Ch.-Ztg. Rep. Bd. 17, S. 78. 1893. — DE NEGRI und FABRIS: Z. anal. Ch. Bd. 33, S. 558. 1894 (Allgemeines: Westnik shirow Bd. 7, S. 15. 1906; Ch.-Ztg. Rep. Bd. 30, S. 114. 1906). — RABAK: U. S. Dept. of Agric. Bull. Nr. 350. 1916 (Öle amerikanischer Herkunft). — ALPERS: Z. Nahrgsm. Bd. 34, S. 433. 1917; C. 1918, I, 355 (Ölgehalt verschiedener Obstsamen, Kennzahlen, Gehalt an Blausäure). — MAXWELL: Ch. News Bd. 117, S. 122. 1918; C. 1918, II, 194 (Dichte und Verseifungszahl des bei $-5°$ noch flüssigen Ölanteils).

Kirschlorbeersamenöl: DE NEGRI und FABRIS: Ann. Lab. Gabelle 1891/92, S. 173 (Allgemeines: Westnik shirow Bd. 7, S. 15. 1906; Ch.-Ztg. Rep. Bd. 30, S. 114. 1906).

Icacopflaumenöl: SCHÄDLER: Technologie, 2. Aufl., S. 539.

Öle von Parinarium-Arten aus Südamerika: BRAY und ISLIP: Analyst Bd. 46, S. 325. 1921; C. 1921, III, 1289. — Imperial Institute: Bull. Imp. Inst. Bd. 20, S. 3. 1922; C. 1922, III, 558 (P. mobola und P. mabosa).

Parinariumsamenfett (Jabotyöl): BOLTON und HEWER: Analyst Bd. 47, S. 282. 1922; C. 1922, III, 963 (Ölgehalt, Kennzahlen; Jodzahl 5—9).

Pajurakernöl: BOLTON und HEWER: a. a. O.

Öl von Moquilea tomentosa: GRIMME: Ch. Revue Bd. 17, S. 157. 1910.

Leguminosae.

Unterfamilie: Mimosoideae.

Ingaöl: SCHÄDLER: Technologie der Fette, 2. Aufl., S. 511. — KESAVA-MENON: J. Soc. Ch. Ind. Bd. 29, S. 1428. 1910; C. 1911, I, 503.

Öl von Pithecolobium Saman: Olien en Vetten Bd. 4, S. 387. 1919; Öl- u. Fettind. Wien Bd. 2, S. 185. 1920.

Öle von Prosopis stephaniana: Imperial Institute: Bull. Imp. Inst. Bd. 18, S. 478. 1920; C. 1921, III, 178.

Korallenbaumöl (Condoribaumfett): SCHÄDLER: Technologie der Fette, 2. Aufl., S. 511. — DIEDRICHS und KNÖRR: Z. Nahrgsm. Bd. 40, S. 153. 1920; C. 1921, I, 221 (Kennzahlen des Öles und der Fettsäuren). — MUDBIDRI, AYYAR und WATSON: J. Indian Inst. Science Serie A, Bd. 11, S. 173. 1928; C. 1929, I, 1358 (s. Nachtrag S. 499).

Meerbohnenöl: SCHÄDLER: a. a. O. — JUMELLE: „Les Huiles végétales“, S. 357. Paris 1921 (Verschiedene Ölgehalte).

Parkiaöle: FINKE: Z. Nahrgsm. Bd. 14, S. 512. 1907 (Öl von Parkia africana).

— GORIS und CRÉTÉ: Compt. rend. Bd. 146, S. 187. 1908; JUMELLE: „Les Huiles végétales", S. 357. Paris 1921 (Öl von Parkia biglandulosa).

Xyliaöl: JUMELLE: a. a. O.

Owalaöl: WEDEMEYER: Ch. Revue Bd. 13, S. 210. 1906; Oil and Colours Trades J. Bd. 31, S. 447. 1907; Ch. Revue Bd. 14, S. 221. 1907. — KOCH: Sfsz. Bd. 36, S. 97. 1909. — GRIMME: Ch. Revue Bd. 17, S. 157. 1910. — WAGNER und MUESMANN: Z. Nahrgsm. Bd. 27, S. 124. 1914; C. 1914, I, 1441 (Kennzahlen rohen und gereinigten Öles). — BOLTON und HEWER: Analyst Bd. 42, S. 35. 1917; C. 1917, I, 1108 (Öl mit dem Schmelzpunkt 18,4°). — MARGAILLAN, DUPUIS und ROSELLO: Ann. Musée Colon. Marseille (4) Bd. 3, S. 26. 1925; C. 1928, I, 435 (Öle mit den Säurezahlen 3,7 bzw. 24,7).

Paroacaxyöl: BOLTON und HEWER: Analyst Bd. 42, S. 35. 1917; C. 1917, II, 1108 (Öl mit 0,2% freien Fettsäuren; Kennzahlen). — MARGAILLAN, DUPUIS und ROSELLO: Ann. Musée Colon. Marseille (4) Bd. 3, S. 23. 1925; C. 1928, I, 435 (Eigenschaften und Kennzahlen eines Öles mit Säurezahl 3,6 bzw. eines mit Säurezahl 60,5; Bestandteile).

Unterfamilie: Caesalpinioideae.

Kopalöl: PIERAERTS: Mat. grasses Bd. 14, S. 6094. 1922; Z. D. Öl- u. Fettind. Bd. 42, S. 363. 1922.

Samenöl von Hymenaea Courbaril: Olien en Vetten Bd. 4, S. 387. 1919; Öl- u. Fettind. Wien Bd. 2, S. 185. 1920 (Verseifungs-, Jod- und R.-M.-Zahl). — BRAY und ISLIP: Analyst Bd. 46, S. 325. 1921; C. 1921, III, 1289 (Ölgehalt). — Imperial Institute: Bull. Imp. Inst. Bd. 20, S. 2. 1922.

Samenöl von Afzelia africana: DIEDRICHS und SCHMITTMANN: Z. Nahrgsm. Bd. 44, S. 215. 1922; C. 1923, I, 609.

Tamarindenöl: SCHÄDLER: Technologie der Fette, 2. Aufl., S. 525. — HOOPER: Agricultural Ledger 1907, Nr. 2, S. 13. Olien en Vetten Bd. 4, S. 387. 1919; Öl- u. Fettind. Wien Bd. 2, S. 185. 1920 (Jodzahl 104). — JUMELLE: „Les Huiles végétales", S. 358. Paris 1921.

Gemsbockbohnenöl (Ozombanuiöl): ADLUNG: Tropenpflanzer Bd. 17, S. 171. 1913. — BRAY: Analyst Bd. 46, S. 401. 1921; s. auch Bull. Imp. Inst. Bd. 19, S. 146. 1921; C. 1922, I, 142 (Polenskezahl).

Bauhiniaöle: SCHÄDLER: Technologie der Fette, 2. Aufl., S. 524; s. auch JUMELLE: „Les Huiles végétales", S. 358. Paris 1921.

Bonducnußöl: SCHÄDLER: a. a. O. — NIEDERSTADT: Ber. Pharm. Ges. Bd. 12, S. 144. 1902.

Unterfamilie: Papilionatae.

Öl von Mora excelsa: Olien en Vetten Bd. 4, S. 387. 1919; Öl- u. Fettind. Wien Bd. 2, S. 185. 1920 (Ölgehalt der Samen 0,5%; in die Tabellen nicht aufgenommen).

Bawchansaatöl: KESAVA-MENON: J. Soc. Ch. Ind. Bd. 29, S. 1431. 1910.

Erdnußöl: GÖSSMANN und SCHEVEN: Ann. Bd. 94, S. 230. 1855. — CALDWELL: ebenda Bd. 101, S. 97. 1857. — SCHRÖDER: ebenda Bd. 143, S. 22. 1867. — RENARD: Compt. rend. Bd. 73, S. 1330. 1871. — SCHÖN: Ann. Bd. 244. S. 253. 1887. — KREILING: Ber. Bd. 21, S. 880. 1888. — HAZURA und GRÜSSNER: Monatsh. Bd. 10, S. 242. 1889. — DE NEGRI und FABRIS: Z. anal. Ch. Bd. 33, S. 552. 1894. — HELMER und MITCHELL: Analyst Bd. 21, S. 328. 1896. — CROSSLEY und LE SUEUR: J. Soc. Ch. Ind. Bd. 17, S. 992. 1898. — TORTELLI und RUGGERI: Ch.-Ztg. Bd. 22, S. 600. 1898. — BELLIER: Ann. Chim. anal. (4) Bd. 4, S. 4. 1899; C. 1899, I, 454 (Nachweis von Arachinsäure). — ARCHBUTT: J. Soc. Ch. Ind.

Bd. 17, S. 1124. 1898. — SCHNELL: Z. Nahrgsm. Bd. 5, S. 961. 1902. — WIJS: ebenda Bd. 6, S. 692. 1903. — LEWKOWITSCH: J. Soc. Ch. Ind. Bd. 22, S. 592. 1903. — SCHINDLER und WASCHATA: Landw. Vers.-Stat. Bd. 7, S. 643. 1904. — TORTELLI: Ch.-Ztg. Bd. 33, S. 125. 1909. — OLIG und BRUST: Ch. Revue Bd. 16, S. 172. 1909. — FRANZ: Dissert. München 1910 (Nachweis in Olivenöl). — SERGER: Ch.-Ztg. Bd. 35, S. 581. 1911. — DUPERTHUIS: Mitt. Lebensmittelunters. u. Hyg. Bd. 2, S. 65. 1911. — RIEDEL A. G.: Riedels Ber. 1912, S. 36. — ADLER: Z. Nahrgsm. Bd. 23, S. 676. 1912; C. 1912, II, 757 (Nachweis in Olivenöl). EVERS: Analyst Bd. 37, S. 487. 1912; C. 1913, I, 332 (Bestimmung der Arachinsäure). — LÜERS: Z. Nahrgsm. Bd. 24, S. 683. 1912; C. 1913, I, 332 (Modifikation der Methode von FRANZ-ADLER). — KREIS und ROTH: Ch.-Ztg. Bd. 37, S. 58. 1913 (Nachweis des Öles durch Abscheidung der Arachinsäure). — MEYER und BEER: Monatsh. Bd. 34, S. 1195. 1913 (Bestandteile). — LUKAS: Eng. Bd. 5, S. 576. 1913; C. 1913, II, 1084 (Bestimmung von Nitrobenzol im Öl). — RIDEAL und ACLAND: Analyst Bd. 38, S. 260. 1913; C. 1913, II, 387 (Isolierung der Arachinsäure). — FACHINI und DORTA: ebenda Bd. 39, S. 122. 1914; C. 1914, I, 574 (Isolierung der Arachinsäure). — MARCUSSON und MEYERHEIM: Z. ang. Bd. 27, S. 201. 1914 (Unverseifbares). — STADLINGER: Sffbr. Bd. 34, S. 780. 1914; C. 1915, I, 402 (Durchschnittswerte der Dichte, Refraktion, Verseifungs- und Jodzahl). — THOMS: Arch. Hyg. Bd. 84, S. 54. 1914; C. 1915, I, 1274 (Kennzahlen natürlichen und gehärteten Öles). — BACKER: Ch. Weekblad Bd. 12, S. 1034. 1915; C. 1916, I, 395 (Molekulargewicht des Öles). — MANNICH und THIELE: Ber. Pharm. Ges. Bd. 26, S. 36. 1916; C. 1916, I, 812 (Jod-, Verseifungszahl und Refraktion natürlichen und hydrierten Öles). — BENESCHOWSKY: Z. landw. Vers.-Wesen Österr. Bd. 19, S. 103. 1916; C. 1916, I, 1274 (Säurezahlenbereiche). — BIAZZO und VIGDORCIK: Ann. di Chim. appl. Bd. 6, S. 179. 1916; C. 1917, II, 652 (Nachweis in Olivenöl). — KERR: Eng. Bd. 8, S. 904. 1916; C. 1918, I, 661 (Nachweis). — GRUNMACH und BEIN: Wiss. Abh. Normal-Eich.-Komm. Heft 9, S. 1. 1917; C. 1918, I, 875 (Oberflächenspannung). — PIERAERTS Bull. agric. Congo belge Bd. 8, S. 291. 1917 (Anbau in Spanien, Ölgehalt). — DE JONG: Pharm. Weekblad Bd. 54, S. 1390. 1917; C. 1918, I, 777 (Verbesserung der Methode von FRANZ-ADLER). — NIEGEMANN: Z. ang. Bd. 30, S. 205. 1917 (Kennzahlen der festen Fettsäuren). — SCHLUE und MAXWELL: Ch. News Bd. 119, S. 185. 1919; C. 1920, I, 224 (Ölgehalt, Jod- und Verseifungszahl). — HEIDUSCHKA und FELSER: Z. Nahrgsm. Bd. 38, S. 241. 1919; C. 1920, I, 654 (Kennzahlen, Bestandteile). — NORD: Z. ang. Bd. 32, S. 305. 1919 (Jodzahlen natürlichen und gehärteten Öles). — TRIM: J. Soc. Ch. Ind. Bd. 39 T, S. 307. 1920; C. 1921, II, 459 (Bestimmung in Gemischen). — JAMIESON, BAUGHMAN und BRAUNS: J. Am. Ch. Soc. Bd. 43, S. 1372. 1921; C. 1921, III, 1168 (Bestandteile nordamerikanischen Öles). — PRITZKER und JUNGKUNZ: Z. Nahrgsm. Bd. 42, S. 232. 1921; C. 1922, II, 590 (Isolierung der Arachinsäure). — HOLDE: Ch.-Ztg. Bd. 46, S. 3. 1922 (Oberflächenspannung). — HEIDUSCHKA und FELSER: Z. Nahrgsm. Bd. 43, S. 381. 1922; C. 1923, I, 102 (Zusammensetzung). — DICKHART: Cotton Oil Press Bd. 6, S. 11. 1923; C. 1923, IV, 504 (Nachweis im Baumwollsamenöl mit Kupferacetat). — EHRENSTEIN und STUEWER: J. pr. (2) Bd. 105, S. 199; C. 1923, III, 366 (Untersuchung der Arachinsäure aus Erdnußöl). — THOMAS und YU: J. Am. Ch. Soc. Bd. 45, S. 113. 1923; Ch. Umschau Bd. 33, S. 75. 1923; s. auch C. 1923, II, 638 (Quantitative Bestimmung, beruhend auf der Trennung der Magnesiumseifen mittels 90% Alkohol). — MYDDLETON und BARRY: „Natural and Synthetic Fats", S. 107. London 1924 (Bestandteile). — ROSENTHALER: Arch. Pharm. Bd. 262, S. 26. 1924; C. 1924, II, 718 (Ölgehalt). — WINKLER:

Pharm. Centralh. Bd. 65, S. 385. 1924; C. 1924, II, 1529 (Jod-Bromzahl). — HEIDUSCHKA und PYRIKI: Pharm. Centralh. Bd. 66, S. 1. 1925; C. 1925, I, 974 (Isolierung der Lignocerinsäure, Schmelzpunkt 77,5°). — Imperial Institute: Bull. Imp. Inst. Bd. 23, S. 291. 1925 (Anbau, Ölgehalt, Kennzahlen). — SHELLEY: Analyst Bd. 50, S. 182. 1925; C. 1925, II, 992 (Abgeänderte BELLIERsche und RENARDsche Probe). — COHEN: Koninkl. Akad. van Wetensch. Bd. 34, S. 462. 1925; C. 1926, I, 132 (Trennung der Fettsäuren durch Vakuumdestillation). — RICHMOND, POWELL und CAULKIN: Analyst Bd. 50, S. 285. 1925; C. 1925, II, 1500 (BELLIERsche und RENARDsche Probe). — VORLÄNDER und WALTER: Z. physik. Ch. Bd. 118, S. 1. 1925; C. 1926, I, 1112 (Spezifische Doppelbrechung). — KAUFMANN: Arch. Pharm. u. Ber. Pharm. Ges. Bd. 263, S. 675, und zwar 711, 718. 1925; C. 1926, I, 2021 (Rhodanometrische Jodzahl). — HOLDE und GODBOLE: Ber. Bd. 59, S. 36. 1926 (Lignocerinsäure, Hexakosansäure). — MORGAN und HOLMES: Nature Bd. 117, S. 624. 1926; C. 1926, II, 183 (Nachweis einer C_{26}-Säure durch Röntgenstrahlenuntersuchung). — POWELL: Analyst Bd. 50, S. 395. 1925; C. 1926, I, 266 (Nachweis im Olivenöl). — SHELLEY: Analyst Bd. 50, S. 498. 1926; C. 1926, I, 2636 (Nachweis in Olivenöl). — MARGOSCHES und FUCHS: Ber. Bd. 59, S. 375. 1926 (Per- und Differenzjodzahl). — GROSSFELD: Z. Lebensm. Bd. 51, S. 210. 1926 (Buttersäurezahl = —0,5). — KAUFMANN: Ber. Bd. 59, S. 1392. 1926 (Rhodanzahl); Z. Nahrgsm. Bd. 51, S. 15. 1926 (Rhodanometrische Bestimmung der ungesättigten Bestandteile; Analyse von Mischungen mit Mohnöl und Cocosnußöl). — BAUGHMAN und JAMIESON: J. Oil Fat Ind. Bd. 3, S. 431. 1927; C. 1927, II, 346 (Haltbarkeit). — BERTRAM: Z. D. Öl- u. Fettind. Bd. 45, S. 733. 1925; Ch. Weekblad Bd. 24, S. 226. 1927; C. 1927, II, 762 (Gehalt an wasserunlöslichen, gesättigten Fettsäuren 19,6—20,4%). — ALLAN und MOORE: J. Soc. Ch. Ind. Bd. 46 T, S. 433. 1927; Ch. Umschau Bd. 35, S. 19. 1928 (Phytosterin). — FACHINI und DORTA: Atti II. Congr. Nazion. Chim. pura appl. Palermo 1926, S. 941; C. 1928, I, 2884 (Nachweis in Olivenöl). — JAFFE: Ann. Chim. appl. Bd. 18, S. 368. 1928; Ch. Umschau Bd. 36, S. 21. 1929 (Nachweis in Olivenöl). — KAUFMANN: Z. ang. Bd. 41, S. 1046. 1928 (16,2% gesättigte Anteile, rhodanometrisch bestimmt).

Tonkabohnenfett: HOOPER: Agricultural Ledger Nr. 1. 1908, — DUYK: Ann. di Chim. appl. 1908, S. 13; Ch. Revue Bd. 16, S. 12. 1909.

Dadapsamenfett: COHEN: Ch. Weekblad Bd. 6, S. 777. 1909.

Mucunaöl: VAN DEN DRIESSEN-MAREEUW: Pharm. Weekblad Bd. 43, S. 202. 1906 (Öl mit Säurezahl 6,7). — HONCAMP, GÖTTSCH, GSCHWENDNER, ZAGORODSKY und ZIMMERMANN: Landw. Vers.-Stat. Bd. 77, S. 305. 1912; C. 1912, II, 1232 (Ölgehalt).

Kinobaumöl: LÉPINE: J. Pharm. Chim. Bd. 4; s. JUMELLE: „Les Huiles végétales", S. 354. Paris 1921.

Calabarbohnenfett: HESSE: Ann. Bd. 192, S. 175. 1878 (Phytosterine). — WINDAUS und HAUTH: Ber. Bd. 39, S. 4378. 1906 (Stigmasterin). — SALWAY: J. Ch. Soc. Bd. 99, S. 2148. 1911; C. 1912, I, 503 (Bestandteile).

Pongamöl: LEWKOWITSCH: Analyst Bd. 28, S. 342. 1903. — LÉPINE: Pharm. J. Bd. 11, S. 16; s. auch WATTS: Dictionary of Economic Products of India Bd. 6, S. 322. — GRIMME: Ch. Revue Bd. 17, S. 236. 1910. — KNORR: Sfsz. Bd. 44, S. 234. 1917; C. 1917, I, 1164 (Kennzahlen eines Öles mit der Säurezahl 29,8). — DESAI, SUDBOROUGH und WATSON: J. Indian Inst. Science Bd. 6, S. 93. 1923; C. 1923, III, 1576 (Bestandteile). — BEAL und KATTI: J. Am. Pharm. Assoc. Bd. 14, S. 1086. 1926; C. 1926, II, 596 (Analyse eines Öles mit 8,4% freien Säuren).

Samenöl von Psophocarpus tetragonolobus: JUMELLE: „Les Huiles végétales", S. 355. Paris 1921.

Reihe: Pandales.

Pandaceae.

Samenöl von Panda oleosa: JUMELLE: „Les Huiles végétales", S. 338. Paris 1921.

Reihe: Geraniales.

Oxalidaceae.

Fette von Averrhoa Carambola und A. Bilimbi: Olien en Vetten Bd. 4, S. 387. 1919; Öl- u. Fettind. Wien Bd. 2, S. 186. 1920.

Tropaeolaceae.

Kapuzinerkressenöl: GADAMER: Arch. Pharm. Bd. 237, S. 471. 1899. — GRIMME: Sfsz. Bd. 46, S. 31. 1919 (Öl mit Säurezahl 14,5). — SUDBOROUGH, WATSON und AYYAR: J. Indian Inst. Science Bd. 9 A, S. 25. 1926; C. 1926, II, 2730 (Analyse des ursprünglichen, des nitrierten und des hydrierten Öles).

Humiriaceae.

Samenöl von Saccoglottis gabonensis: HÉBERT: Bull. Soc. Chim. (4) Bd. 9, S. 662. 1911.

Zygophyllaceae.

Zachun- oder Mkongaöl: SCHÄDLER: Technologie, 2. Aufl., S. 662. — MILLIAU: Agricult. prat. pays chauds 1904, Nr. 16. — SUZZI: I semi oleosi e gli olii 1906. Gordon Memorial College 1908, S. 412 („Heglig"öl vom ägyptischen Sudan). Imperial Institute, Bull. Imp. Inst. Bd. 6, S. 365. 1908 (Öl von Nigersaat). — MORSTATT: Der Pflanzer, S. 121. 1910. — ARNOLD: Z. Nahrgsm. Bd. 23, S. 391. 1912; C. 1912, I, 1920 („Mkongaöl"). Imperial Institute, Bull. Imp. Inst. Bd. 18, S. 132. 1920 („Sump"-oil).

Öl von Balanites Maughamii: BOLTON und JESSON: Analyst Bd. 40, S. 3. 1915; C. 1915, I, 550. — MELLO DE GERALDES, s. JUMELLE: „Les Huiles végétales", S. 319. Paris 1921.

Öl von Balanites Tieghemi: HÉBERT: Bull. Soc. Chim. Bd. 9, S. 662. 1911; C. 1911, II, 477.

Simarubaceae.

Quassiafett: JUMELLE: „Les Huiles végétales", S. 316. Paris 1921.

Fett von Samadera indica: JUMELLE: a. a. O. S. 320.

Öl von Simaba cedron: PECKOLT: Ber. Pharm. Ges. Bd. 8, S. 430. 1898.

Ko-Sam-öl: POWER und LEES: Pharm. J. Bd. 17, S. 183. 1903.

Öl von Brucea antidysenterica: POWER und SALWAY: Pharm. J. Bd. 25, S. 126. 1907.

Dikafett: OUDEMANS: J. pr. Bd. 81, S. 356. 1860. — HECKEL: Mémoire des Annales du Musée et de l'Institut Colonial de Marseille; Z. anal. Ch. Bd. 3, S. 233. 1864. — DIETERICH: Helfenberger Ann. 1897, S. 228 (Hohe Jodzahl, niedriger Schmelzpunkt). — WIESNER: Rohstoffe des Pflanzenreiches, 2. Aufl., Bd. 1, S. 500. — SCHÄDLER: Technologie, 2. Aufl., S. 777. — LEWKOWITSCH: Analyst Bd. 30, S. 394. 1905 (Fett von Irvingia Barteri). — MILLIAU: „Le Beurre de Dika", Marseille 1906. — Imperial Institute, Bull. Imp. Inst. Bd. 7, S. 373. 1909. — GRIMME: Ch. Revue Bd. 17, S. 236. 1910. — SPRINKMEYER und DIEDRICHS:

Z. Nahrgsm. Bd. 23, S. 93. 1912; C. 1912, II, 374 (Polenskezahl 5,5). — PIERAERTS: Bull. agricole Congo Belge Bd. 13, S. 68. 1922 (Eigenschaften und Kennzahlen von Fetten der var. Irvingia gabonensis mangifera).

Cay-Cay-Fett: VIGNOLI: École supérieure de pharm. de l'académie de Montpellier, Thèse 1886. — SEMLER: Trop. Agricultur, 2. Aufl., Bd. II, S. 542. — LEMARIÉ: Oils, Colours and Drysalteries, 1904, S. 6; Ch. Revue Bd. 11, S. 126. 1904. — BONTOUX: Bull. Soc. Pharm. 1910, S. 78 (Kennzahlen extrahierten und nach primitiven Methoden gewonnenen Öles; Bestandteile). — PIERAERTS: Bull. agricole Congo Belge Bd. 13, S. 68. 1922 (Ölgehalt, Eigenschaften). — BLIN: Mat. grasses Bd. 17, S. 7098. 1925; Z. D. Öl. und Fettind. Bd. 45, S. 484. 1925.

Fett von Irvingia Smithii: PIERAERTS: Bull. agricole Congo Belge Bd. 13, S. 460. 1922 (Vollständige Untersuchung).

„Bopayo"-Fett: BAUDON: Bull. Mat. grasses 1926, S. 38 (Irvingia spec.).

Fett von Picramnia Lindeniana: GRIMME: Ch. Revue Bd. 19, S. 51, 1912.

Fett von Picramnia Carpinterae: GRIMME: Ch. Revue Bd. 17, S. 158. 1910.

Taririfett: ARNAUD: Bull. Soc. Chim. (3) Bd. 7, S. 233. 1892; Compt. rend. Bd. 114, S. 79. 1892 (Taririnsäure). — GRÜTZNER. Ch.-Ztg. Bd. 17, S. 1851. 1893. — PECKOLT: Ber. Pharm. Ges. Bd. 8, S. 432. 1898

Fett von Picramnia Camboita: HEFTER: Technologie, Bd. II, S. 705.

Samenöl von Eurycoma longifolia: BAKKER: Pharm. Weekblad Bd. 49, S. 1050. 1912; C. 1913, I, 31.

Kirondrosamenöl: VOLMAR und SAMDAHL: Compt. rend. Bd. 184, S. 393. 1927; C. 1927, I, 2205 (Kirondrin); J. Pharm. Chim. (8) Bd. 6, S. 295 und 346. 1927; C. 1928, I, 1295 (Kennzahlen und Bestandteile); J. Pharm. Chim. (8) Bd. 7, S. 106. 1928; C 1928, I, 1920 (Bestimmung von Öl- und Linolsäure mittels der Bromzahl (s. Nachtrag S. 500).

Burseraceae.

Öl von Protium heptaphyllum: PECKOLT: Ber. Pharm. Ges. Bd. 8, S. 439. 1898.

Öle verschiedener Canariumarten: OUDEMANS: J. pr. Bd. 99, S. 409. 1866 (Öl von Canarium commune). — SCHÄDLER: Technologie, 2. Aufl., S. 779. — WIESNER: „Rohstoffe des Pflanzenreiches", 2. Aufl., I, S. 474 (Öl von Canarium Schweinfurthii und Canarium decumanum). — SEMLER: Trop. Agrikultur, 2. Aufl. 1900, II, S. 528. — GRESHOFF: Ch.-Ztg. Bd. 27, S. 499. 1903 (Ölgehalt der Samen von Canarium moluccanum). — PASTROVICH: Ch.-Ztg. Bd. 31, S. 781. 1907 (Öl von Canarium commune). — WEDEMEYER: Sfsz. Bd. 34, S. 26. 1907; C. 1907, I, 743 („Canariöl" von Canarium commune). — GRIMME: Ch. Revue Bd. 17, S. 178. 1910 (Öl von Canarium oleosum). — KRAUSE: Tropfenpflanzer Bd. 17, S. 147. 1913 (Kennzahlen des Öles von Canarium polyphyllum). — WAGNER und LAMPART: Z. Nahrgsm. Bd. 29, S. 105. 1915; C. 1915, I, 682 (Öl von Canarium polyphyllum, Säurezahl 1,5). — BOLTON und JESSON: Analyst Bd. 40, S. 3. 1915; C. 1915, I, 550 (Öl von Canarium luzonicum). — BRILL und AGCAOILI: Philippine J. Science Bd. 10, S. 105. 1915; C. 1916, I, 216 (Öl von Canarium pachyphyllum). — KNORR: Sfsz. Bd. 44, S. 234. 1917; C. 1917, I, 1164 (Javamandelöl). Imperial Institute, nach JUMELLE: „Les Huiles végétales", S. 331. 1921 (Öle von Canarium Colophania, C. moluccanum, C. rufum). — WEST und BALCE: Philippine J. Science Bd. 23, S. 269. 1923; C. 1923, IV, 1012 (Kennzahlen des Öles von Canarium ovatum, Säurezahl 1,4).

Öl von Commiphora Zanzibarica: Imperial Institute, Bull. Imp. Inst. Bd. 24, S. 443. 1926; C. 1927, I, 464.

Meliaceae.

Carapafett (Tulucunafett): CHATEAU: „Les corps gras industriels", S. 293. Paris 1863 (Öl nicht identisch mit dem von Carapa guyanensis). — HECKEL: „Les Graines grasses nouvelles", S. 141. Paris 1902. — SPRINKMEYER und DIEDRICHS: Z. Nahrgsm. Bd. 23, S. 591. 1912; C. 1912, II, 374.

Öl von Carapa guyanensis: MARX: Pharm. Ztg. Bd. 45, S. 300. 1900. — HECKEL: „Les Graines grasses nouvelles", S. 145. 1902. — SCHÄDLER: Technologie, 2. Aufl., S. 788. — SEMLER: Trop. Agricultur, 2. Aufl., Bd. II, S. 530. — LEWKOWITSCH: Analyst Bd. 34, S. 10. 1909. — BOLTON und HEWER: Analyst Bd. 42, S. 35. 1917; C. 1917, II, 1108 (Öl mit Jodzahl 62,2; 18,6% freie Säuren). Imperial Institute, Bull. Imp. Inst. Bd. 26, S. 416. 1929; C. 1929, I, 1628 (Öl mit Säurezahl 75,8).

Andere Carapasamenöle: SCHÄDLER: Technologie, 2. Aufl., S. 788. — HECKEL: a. a. O. — LEWKOWITSCH: Analyst Bd. 33, S. 184. 1908 (Öl von Carapa grandiflora). — GRIMME: Ch. Revue Bd. 17, S. 1. 1910 (Carapa procera, Öl mit Säurezahl 5,3). — HÉBERT: Bull. Soc. Chim. (4) Bd. 9, S. 662. 1911; C. 1911, II, 477 (Öl von Carapa microcarpa). — LECOQ, nach JUMELLE: „Les huiles végétales", S. 307. 1921 (Öl von C. moluccensis).

Champacafett: SACK: Ind. Mercur 1903, S. 28.

Margosafett: LEWKOWITSCH: Analyst Bd. 28, S. 342. 1903. — BOLTON und JESSON: ebenda Bd. 40, S. 3. 1915; C. 1915, I, 550 (Fett mit 3,2% freien Säuren). LECOQ: Bull. Sciences Pharm. Bd. 25, S. 107. 1918; C. 1918, II, 67 (Ölgehalt). — CHATTERJI und SEN: Indian J. of medical Research Bd. 8, S. 356. 1920; Z. ang. Bd. 37, S. 6. 1924 (Kennzahlen der Margosasäure). — CHATTERJI: Lancet Bd. 209, S. 1063. 1925; C. 1926, II, 1772 (Fettsäuren enthalten 23% Margosasäure).

Mafuratalg: SCHÄDLER: Technologie, 2. Aufl., S. 790. — SEMLER: Trop. Agricultur, 2. Aufl., Bd. II, S. 556. — DE NEGRI und FABRIS: Ann. Lab. Gabelle 1891/92, S. 271; Z. anal. Ch. Bd. 33, S. 571. 1894. — Imperial Institute, Bull. Imp. Inst. Bd. 1, S. 27. 1903 (Verseifungszahlen von Fett aus ganzen Samen 240; aus Kernen 241). — DANIEL und MCCRAE: Analyst Bd. 33, S. 276. 1908 („Mafura-Öl" durch Auskochen, „Mafuratalg" durch Pressen der Samen gewonnen). — SUZZI: I semi oleosi e gli olii 1906, S. 36 (Kennzahlen kalt gepreßten Schalenfettes und eines Kernfettes, das bei 60° ausgepreßt wurde). — J. WOLFF: Z. D. Öl- u. Fettind. Bd. 41, S. 449, 468. 1921 (Fett aus ganzen Samen; chemische Kennzahlen, Titer der Fettsäuren).

Msukuliosamenfett: ÖSTLING: Ber. Pharm. Ges. Bd. 23, S. 667. 1913; C. 1914, I, 993.

Öl einer Trichilia unbekannter Art: GRIMME: Ch. Revue Bd. 17, S. 179. 1910.

Catosamenöl: BRILL und AGCAOILI: Philippine J. Science Bd. 10, S. 105. 1915; C. 1916, I, 216.

Öl von Guarea tricholoides: PECKOLT: Ber. Pharm. Ges. Bd. 11, S. 320. 1901.

Vochysiaceae.

Jabotykernöl: MARGAILLAN: Ann. Musée Colon. Marseille (4) Bd. 3, S. 37. 1925; C. 1928, I, 435 (Harzhaltiges Fett, Jodzahl 23,1). — JUMELLE: Mat. grasses Bd. 18, S. 7639. 1926 (Nachweis der botanischen Zugehörigkeit).

Polygalaceae.

Senegawurzelöl: SCHRÖDER: Arch. Pharm. Bd. 243, S. 638. 1905; Ch. Revue Bd. 13, S. 12. 1906.

Malukangbutter: HECKEL: „Les Graines grasses nouvelles." Paris 1902 (Bestandteile 6,2% Myristin, 57,5% Palmitin, 31,5% Olein). — SPRINKMEYER und DIEDRICHS: Z. Nahrgsm. Bd. 23, S. 594. 1912; C. 1912, II, 374 (Ölgehalt 41—45%; R.-M.-Zahl, Säuregrad 11,4). — Imperial Institute, Bull. Imp. Inst. Bd. 11, S. 62. 1913; Imp. Inst. Misc. Col. Rep. 1914, S. 572 (Hehnerzahl, Säurezahl 1,2).

Sioerfett: GRIMME: Ch. Revue Bd. 17, S. 156. 1910 (Verseifungszahl 169,5; Glyceringehalt 6,41%; in die Tabelle nicht aufgenommen). — GORTER: Arch. Pharm. Bd. 249, S. 481. 1911; C. 1911, II, 1738 (Fett aus Sumatra mit Säurezahl 12,2).

Dichapetalaceae.

Öl von Chailletia toxicaria: POWER und TUTIN: J. Am. Ch. Soc. Bd. 28, S. 1170. 1906.

Euphorbiaceae.

Chinesischer Pflanzentalg (Stillingiatalg): HOBEIN: Forschungsber. Lebensm. Bd. 2, S. 232. 1895. — DE NEGRI und SBURLATTI: Ch.-Ztg. Bd. 21, S. 5. 1897 (Säurezahl 2,2). — SEMLER: Trop. Agricultur, 2. Aufl., Bd. 11, S. 547. — JEAN: Z. ang. Bd. 11, S. 249. 1898. — TORTELLI und RUGGERI: L'Orosi Bd. 23, S. 289. 1900; C. 1900, II, 1295. — ZAY und MUSCIACCO: Staz. sperim. agrar. ital. Bd. 36, S. 169. 1903 (Säurezahl 22,5). — BECKURTS: Jahresber. Pharm. Bd. 38, S. 523. 1903. — KLIMONT: Monatsh. Bd. 24, S. 408. 1903; Bd. 26, S. 567. 1905. — NASH: Analyst Bd. 29, S. 111. 1904. — DIETERICH: Helfenberger Ann. 1904, S. 66; Ch. Revue Bd. 12, S. 220. 1905. — HOFFMANN: Sfsz. Bd. 35, S. 332. 1908. — SPRINKMEYER und DIEDRICHS: Z. Nahrgsm. Bd. 23, S. 588. 1912; C. 1912, II, 374 (Kennzahlen roher und raffinierter Öle). — SEIFERT: Sfsz. Bd. 40, S. 418. 1913; C. 1913, I, 2189 (Kennzahlen verschiedener Handelsmuster). — WAGNER und LAMPART: Z. Nahrgsm. Bd. 27, S. 731. 1914; C. 1914, II, 243 (Kennzahlen eines „Pflanzentalges" aus Ostindien; Stammpflanze unbekannt); s. auch DIEDRICHS: Z. Nahrgsm. Bd. 28, S. 222. 1914; C. 1914, II, 1164 (vorhergehende Arbeit kann sich nur auf Stillingia-, nicht aber auf Malabartalg beziehen). — STADLINGER: Sffbr. Bd. 34, S. 891. 1914; C. 1915, I, 402 (Kennzahlen). — NAKAMORI: Olien en Vetten Bd. 5, S. 111. 1920; Öl- u. Fettind. Wien Bd. 2, S. 394. 1920. — DSCHU: Arch. Pharm. Bd. 263, S. 186. 1925; s. auch Z. Lebensm. Bd. 54, S. 505. 1927 (Kennzahlen).

Reihe: Sapindales.

Anacardiaceae.

Chironji-Fett: SCHÄDLER: Technologie, 2. Aufl., S. 668. — CROSSLEY und LE SUEUR, s. LEWKOWITSCH: Ch. Technol., 6. ed., Bd. II, Tabelle S. 678. 1922 (Fett I). — BOLTON und JESSON: Analyst Bd. 40, S. 3. 1915; C. 1915, I, 550 (Fett II mit 4,5% freien Säuren).

Mangosamenfett: PECKOLT: Ber. Pharm. Ges. Bd. 8, S. 167. 1898 (Ölgehalt der Samen). — SACK, durch JUMELLE: „Les Huiles végétales", S. 328. Paris 1921.

Acajouöl: SCHÄDLER: Technologie, 2. Aufl., S. 541. — NIEDERSTADT: Ber. Pharm. Ges. Bd. 12, S. 144. 1902. — THEOPOLD: Pharm. Centralh. Bd. 49, S. 157. 1908. — SCHENK und DUPERTHUIS: Schweiz. Wochenschr. Ch. u. Pharm. Bd. 48, S. 709. 1910; C. 1911, I, 48. — HÖPFNER und BURMEISTER: Z. öff. Ch. Bd. 19, S. 185. 1913; C. 1913, II, 291 (Refraktion, Verseifungszahl, Jodzahl, Unterscheidung von Mandelöl und Erdnußöl). — KRATZMANN: Pharm. Post Bd. 47, S. 375. 1914; C. 1914, II, 244 (Ölgehalt 40—50%). — BOLTON und JESSON: Analyst Bd. 40, S. 3. 1914; C. 1915, I, 550 (Kennzahlen). — JOSEPH und SUD-

BOROUGH: J. Indian Inst. Science Bd. 5, S. 133. 1923; C. 1923, II, 1194 (Schalenöl). — PATEL, SUDBOROUGH und WATSON: J. Indian Inst. Science Bd. 6, S. 111. 1923; C. 1923, III, 1577 (Kennzahlen und Bestandteile eines „Cashew-Kernöles"). — WEST und CRUZ: Philippine J. Science Bd. 23, S. 337. 1923; C. 1924, I, 2881 (Analyse eines Cashew-Nußöles mit der Säurezahl 1,5).

Anacardienöl: HEFTER: Technologie, Bd. II, S. 470. 1908.

Sorindeiaöl: HÉBERT: Mat. grasses Bd. 5, S. 2814. 1912; Z. ang. Bd. 26, S. 452. 1913.

Pistazienöle: SCHÄDLER: Technologie, 2. Aufl., S. 541. — DE NEGRI und FABRIS: Gli Olii Bd. II, S. 118; Z. anal. Ch. Bd. 33, S. 565. 1894. — FABRIS und SETTIMJ: VI. Congr. Internat. Chim. pura ed appl. Rom Bd. 5, S. 758. 1906. — TIMOSUFF: Ch. Umschau Bd. 32, S. 162. 1925 (Öl von Pistacia Terebinthus). — MONTALTO: Riv. It. delle essenze e profumi Bd. 7, S. 3. 1925; C. 1925, I, 2012 (Öl von Pistacia vera; Ölgehalt der Früchte 45,7%). — BRAVO: Boll. R. Staz. Ind. Pelli Bd. 5, S. 204. 1927; C. 1927, II, 1356 (Öl von Pistacia atlantica). — JAFFE: Ann. Chim. appl. Bd. 18, S. 368. 1928; C. 1928, II, 2688 (Gehalt an Arachinsäure, Lignocerinsäure und einer Säure $C_{26}H_{52}O_2$).

„Lentiscusöl": DE NEGRI und FABRIS: Giornale di Farmacia Trieste 1896, S. 103. — CONTINO: Staz. sperim. agrar. ital. Bd. 44, S. 950. 1911; C. 1912, I, 502 (Bestandteile, Reaktionen). — SERNAGIOTTO und VITA: Ann. Chim. anal. Bd. 4, S. 92. 1915; C. 1917, II, 230 (Öl mit Säurezahl 15,9).

Japantalg: ROUBER: J. Pharm. (4) Bd. 16, S. 20. 1872 (Doppelter Schmelzpunkt). — EBERHARDT: Inaug.-Dissert. 1888 (Isobuttersäure?). — KLEINSTÜCK: Ch.-Ztg. Bd. 14, S. 1304. 1890 (Dichte, Ausdehnungskoeffizient). — LAWALL: Am. J. Pharm. Bd. 68, S. 1. 1896. — STOHMANN: Muspratts Chemie, 4. Aufl., Bd. III, S. 571. — GEITEL und VAN DER WANDT: J. pr. Bd. 61, S. 151. 1900 (Lösliche Säuren). — SCHAAL: Ber. Bd. 40, S. 4784. 1907 (Niedere Homologe der Japansäure). — MATTHES und HEINTZ: Arch. Pharm. Bd. 247, S. 650. 1909; Ch. Revue Bd. 17, S. 56. 1910 (Unverseifbares). — TASSILLY: Bull. Soc. chim. (4) Bd. 9, S. 608. 1911; C. 1911, II, 289 (Isobuttersäure?; Säure vom Schmelzpunkt 87°). — FABRIS: Staz. sperim. agrar. Bd. 48, S. 595. 1915; C. 1915, II, 1317 (Zähigkeit). — FELS: Sffbr. Bd. 36, S. 141. 1916; s. HOLDE: Untersuchung der Kohlenwasserstofföle und Fette, 5. Aufl., S. 601. Berlin 1924 (Acetylzahlen). — BLIN: Mat. grasses Bd. 13, S. 5970. 1921; Bd. 17, S. 7098. 1925; Z. D. Öl- u. Fettind. Bd. 45, S. 484. 1925 (Ausbeuten, Handelsqualitäten).

Fett von Rhus diversiloba: MCNAIR: Bot. Gaz. Bd. 64, S. 330. 1917; J. Soc. Ch. Ind. Bd. 37, S. 430 A. 1918 (Die ebenfalls erwähnten Kennzahlen eines Fettes von Rhus laurina wurden in die Tabellen nicht aufgenommen: $d^{18,5} = 0,8987$; Schmelzpunkt 74°; Verseifungszahl 157,1; Jodzahl 11,4).

Sumachöl (von Rhus glabra): FRANKFORTER und MARTIN: Am. J. Pharm. Bd. 76, S. 151. 1904. — BRUBAKER: Eng. Bd. 11, S. 950. 1919; C. 1920, IV, 688 (Eigenschaften und Kennzahlen eines Öles mit Säurezahl 0,9).

Öl der „Tintennuß": NAIDU: J. Indian Inst. Science Bd. 8, S. 129. 1925; C. 1926, I, 1423.

Öl der Gonyo-Nuß: PIERAERTS und IPATIEFF: „Congo" (Revue générale de la Colonie belge, 8. année), II, Nr. 1 (Juni), S. 15. 1927 (Sep. d. Verf.); Mat. grasses Bd. 19, S. 7943, 7974 u. 7999. 1927.

Öl der „Maroolanuß": Imperial Institute, Bull. Imp. Inst. Bd. 18, S. 481. 1920; C. 1921, III, 176 (Stammpflanze Sclerocarya Caffra; s. auch „Sakoaöl").

Sakoaöl: MARGAILLAN und MOITESSIER: Ann. Musée Colonial Marseille

Jg. 33 (4), Bd. 3, S. 12. 1925 (Sep. d. Verf.; Fett von Sclerocarya Caffra? s. auch Öl der „Maroolanuß").

Heeriabeerenöl: JURITZ: Ch. News Bd. 120, S. 277. 1920; C. 1920, III, 554 (Ölgehalt, Dichte, Verseifungszahl). — Imperial Institute, Bull. Imp. Inst. Bd. 19, S. 24. 1921; C. 1921, IV, 1185 (Ölgehalt).

Celastraceae.

Spindelbaumöl: SCHÄDLER: Technologie, 2. Aufl., S. 542. — KOCHS: Jahresber. d. Kgl. Gärtnerlehranstalt Dahlem 1906/07. — FERENCZ: Pharm. Post Bd. 49, S. 989, 1005. 1916; C. 1917, I, 516 (Kennzahlen, Fettsäuren, Unverseifbares).

Samenöl von Evonymus verrucosus: FOKIN: Ch. Revue Bd. 11, S. 70. 1904.

Celasteröl: SUZZI: I semi oleosi e gli olii, Mailand 1906.

Samenöl von Celastrus paniculatus (Ducuduöl): SCHÄDLER: Technologie, 2. Aufl., S. 543.

Hippocrataeaceae.

Samenöl von Salacia fluminensis: PECKOLT: Ber. Pharm. Ges. Bd. 12, S. 196. 1902.

Salvadoraceae.

Khakanfett: HOOPER: Agricultural Ledger 1908, Nr. 1, S. 461 (Fett IV). — PATEL, IYER, SUDBOROUGH und WATSON: J. Indian Inst. Science A, Bd. 9, S. 117. 1926; C. 1927, I, 465 (Fette I, II, III).

Fett von Salvadora persica: JUMELLE: „Les Huiles végétales", S. 430. Paris 1921.

Aceraceae.

Ahornöle: N. und H.: Z. ang. Bd. 29, S. 338. 1916 (Kennzahlen des Samenöles von Acer platanoides und A. pseudoplatanus). — ANDERSON: J. Biol. Ch. Bd. 34, S. 509. 1918; C. 1919, I, 376 (Ölgehalt der Samen von Acer saccharinum). — Kennzahlen und Bestandteile eines Rindenöles von Acer pseudoplatanus: ZELLNER und KNIE: Monatsh. Bd. 47, S. 681. 1927; C. 1927, I, 2324.

Hippocastanaceae.

Roßkastanienöl: LAVES: Verh. d. Versamml. deutsch. Naturf. u. Ärzte 1902, II, 2. Hälfte. — GORIS und CRETÉ: Bull. Scienc. Pharm. Bd. 14, S. 68. 1907 (Ölgehalt, Kennzahlen). — STILLESEN: Ch.-Ztg. Bd. 33, S. 497. 1909 (Ölgehalt 1,3%, Verseifungszahl 194,5); vgl. auch ROUSSET: Mat. grasses Bd. 5, S. 2980. 1913. — AULD: J. Soc. Ch. Ind. Bd. 32, S. 173. 1913. — N. und H.: Z. ang. Bd. 29, S. 337 u. 363. 1916 (Ölgehalt). — LÖFFL: Sfsz. Bd. 43, S. 897. 1916; C. 1919, II, 23 (Ölgehalt des Mehles; Glyceringehalt). — N. und H.: Z. ang. Bd. 30, S. 221. 1917 (Ölgehalt der Früchte weiß- und rotblühender Bäume). — BAKER und HULTON: Analyst Bd. 42, S. 351. 1917; C. 1918, II, 194 (Ölgehalt). — HEIDUSCHKA und ZEILEIS: Z. Nahrgsm. Bd. 33, S. 446. 1917; C. 1917, II, 167 (Kennzahlen von Öl mit Säurezahl 11,7). — Gesundh.-Amt, s. Ch. Umschau Bd. 24, S. 9. 1917 (Ölgehalt; Kennzahlen ähnlich Rüböl).

Fett der Ölkastanie: CLOT: Chimie et Ind., Bd. 8, S. 1122. 1922; C. 1923, I, 1372 (Ölgehalt; Jodzahl 64,2). — JUMELLE: Mat. grasses Bd. 14, S. 6200. 1922; Ch. Umschau Bd. 30, S. 6. 1923 (Eigenschaften und Kennzahlen des Öles).

Sapindaceae.

Öl von Paullinia trigona: PECKOLT: Ber. Pharm. Ges. Bd. 11, S. 444. 1901. — NIEDERSTADT: ebenda Bd. 12, S. 145. 1902.

Fett von Allophylus racemosus: GRIMME: Ch. Revue Bd. 17, S. 263. 1910.

Seifenbaumöl: MAY: Arch. Pharm. Bd. 244, S. 25. 1906 (Öl von Sapindus rarak). — KESAVA-MENON: J. Soc. Ch. Ind. Bd. 29, S. 1431. 1910; C. 1911, I, 513.

Öl von Sapindus Mukorossi: JUMELLE: „Les Huiles végétales", S. 333. Paris 1921.

Öl von Sapindus saponaria: JUMELLE: a. a. O.

Makassaröl: VAN ITALLIE: Pharm. Z. Bd. 34, S. 382. 1889. — POLECK: Pharm. Centralh. Bd. 32, S. 396. 1891. — THÜMMEL und KWASNIK: Arch. Pharm. Bd. 229, S. 182. 1891 (Bestandteile). — GLENK: Am. J. Pharm. Bd. 65, S. 529. 1893; Ch.-Ztg. Rep. Bd. 18, S. 9. 1894. — ROELOFSEN: Am. Ch. J. Bd. 16, S. 467. 1894. — WIJS: Z. physik. Ch. Bd. 31, S. 255. 1899 (45% feste Fettsäuren; Neutralisationszahl der Fettsäuren 191,2—192). — LEWKOWITSCH: Ch. Revue Bd. 13, S. 174. 1906. — BOLTON und HEWER: Analyst Bd. 40, S. 3. 1915; C. 1915, I, 550 (Kennzahlen).

Rambutantalg: BACZEWSKI: Monatsh. Bd. 16, S. 866. 1895; J. Soc. Ch. Ind. Bd. 14, S. 1049. 1895. — HOOPER: Pharm. J. (4) Bd. 37, S. 369. 1913; C. 1913, II, 1313 (Fett von Nephelium longana). — MORGAN und HOLMES: J. Soc. Ch. Ind. Bd. 44 T, S. 219. 1925; C. 1925, II, 407 (20,6—23% „n-Eikosansäure").

Paranephelium-Fett: CLOT: Chimie et Ind. Bd. 8, S. 1122. 1922; C. 1923, I, 1372 (Fett einer unbekannten Nepheliumart; im Referat ist die Hehnerzahl 64,5 angegeben).

Akeeöl: GARSED: Pharm. J. Bd. 11, S. 691. 1900. — HOLMES und GARSED: Chem. and Druggist 1901; Apoth.-Ztg. Bd. 16, S. 59. 1901.

Ungnadiaöl: SCHÄDLER: Pharm. Ztg. Bd. 34, S. 340. 1889. — CHEEL und PENFOLD: J. Soc. Ch. Ind. Bd. 38 T, S. 74. 1919; C. 1919, IV, 926 (Öl I; Verseifungszahl 203).

Samenöl von Pappea capensis: Imperial Institute, Bull. Imp. Inst. Bd. 17, S. 488. 1919; C. 1920, IV, 298 (Ölgehalt, Kennzahlen).

Mataybaöl: PECKOLT: Ber. Pharm. Ges. Bd. 12, S. 111. 1902 (Einzige Angabe lautet: „Der ölreiche weiße Samenkern wird als Abführmittel verwendet").

Reihe: Malvales.

Tiliaceae.

Apeibaöl: PECKOLT: Ber. Pharm. Ges. Bd. 8, S. 283. 1898. — LEWKOWITSCH: Compt. rend. Assoc. Franc. Avancem. des Sciences 1909, S. 356; Sfsz. Bd. 37, S. 1325. 1910.

Bombacaceae.

Kapoköle: HENRIQUES: Ch.-Ztg. Bd. 17, S. 1283. 1893. — HEFTER: Ch. Revue Bd. 9, S. 274. 1902. — PHILIPPE: Monit. scient. (4) Bd. 16, S. 728. 1902 (Bestandteile). — DURAND und BAUD: Ann. Chim. anal. Bd. 8, S. 328. 1903 (Erstarrungspunkt 29,6°?). — DE WILDEMAN: „Notices sur les plantes utiles ou intéressantes de la flore du Congo." Brüssel 1903. — MÜCKE: „Der Pflanzer", S. 290 u. 305. 1908. — „Kapok and its Cultivation", Bull. Imp. Inst. Bd. 9, S. 121. 1911. — MATTHES und HOLTZ: Arch. Pharm. Bd. 251, S. 376. 1913 (Kennzahlen, Phytosterine, Reaktionen). — SPRINKMEYER und DIEDRICHS: Z. Nahrgsm. Bd. 26, S. 86. 1913; C. 1913, II, 892 (Kennzahlen und Reaktionen von Ölen verschiedener Herkunft, s. auch Bombax-malabaricum-Öl); S. 450 (Öl von Mexiko-Kapoksaat, Säurezahl 12,6). — BESSON: Mitt. Lebensmittelunters. u. Hyg. Bd. 5, S. 303. 1914; C. 1914, II, 954 (Kennzahlen). — MELLANA: Ann. di Chim. appl. Bd. 1, S. 381. 1914; C. 1917, II, 436 (Kennzahlen natürlichen und gehärteten Öles). —

Trevithick und Dickhart: Cotton Oil Press Bd. 5, S. 34. 1921; C. 1923, IV, 503 (Analyse). — Dickhart und Trevithick: Am. J. Pharm. Bd. 94, S. 34. 1922; C. 1922, IV, 329 (Kennzahlen; 12,1% freie Fettsäuren; keine Angabe der Stammpflanze). — Georgii: Malay. Agric. J. Bd. 10, S. 284. 1922; Ch. Umschau Bd. 30, S. 209. 1923. — Dickhart: Cotton Oil Press Bd. 6, S. 32. 1923; C. 1923, IV, 504 (Nachweis im Baumwollsaatöl mit Kupferacetat). — Pieraerts: Mat. grasses Bd. 19, S. 7811. 1927 (Kritische Studie; Ölgehalt, Kennzahlen, Halphenreaktion).

„Pochoteöl": Lomanitz: Eng. Bd. 4, S. 625. 1912.

Kapoköl von Bombax malabaricum: Sprinkmeyer und Diedrichs: Z. Nahrgsm. Bd. 26, S. 86. 1913; C. 1913, II, 892. — Imperial Institute, Bull. Imp. Inst. Bd. 18, S. 335. 1920; C. 1921, I, 1021 (Öl mit der Säurezahl 9,3). — Pieraerts: Mat. grasses Bd. 19, S. 7810. 1927 (Kritische Studie; Ölgehalt, Kennzahlen, Halphenreaktion); s. auch Bd. 20, S. 8336. 1928.

Baobaböl (Öl von Adansonia Grandidieri): Milliau: Compt. rend. Bd. 134, S. 808. 1904. — „Agriculture pratique des pays chauds", S. 658. 1904. — Suzzi: „I semi oleosi e gli olii." Mailand 1906. — Thomas und Boiry: Bull. Soc. Chim. Bd. 13, S. 827. 1913; C. 1913, II, 1593 (Analyse). — Balland: J. Pharm. Chim. (6) Bd. 20, S. 529. 1914 (Ölgehalt).

Baobaböl (Öl von Adansonia digitata): Pelly: J. Soc. Ch. Ind. Bd. 32, S. 778. 1913; C. 1913, II, 1064 (Analyse der Früchte und Samen). — Pieraerts: Mat. grasses Bd. 19, S. 7810. 1927 (Eigenschaften des Öles).

Andere Bombacaceenöle: Peckolt: Ber. Pharm. Ges. Bd. 10, S. 156. 1900 (Öl von Bombax cyathophorum, B. aquaticum, B. crenulatum, Chorisia speciosa). — Niederstadt: ebenda, Bd. 12, S. 144. 1902 (Öl von B. crenulatum und Chorisia Peckoltiana). — Ref. Ch. Umschau Bd. 28, S. 218. 1921 (Öl von Adansonia rainiala).

Pachira-Kernöl: Pieraerts: Mat. grassses Bd. 19, S. 8000. 1927; Bd. 20, S. 8056, 8113, 8252, 8279. 1928 (s. Nachtrag S. 507).

Samenöl von Bombax angulicarpum: De Mello Geraldès: Revue de botan. appl et d'agric. colon. Bd. 6, Nr. 54, Febr. 1926; s. Pieraerts: Mat. grasses Bd. 20, S. 8335. 1928 (s. Nachtrag S. 507).

Samenöl von Bombax globosum: s. Pieraerts: Mat. grasses Bd. 20, S. 8335. 1928 (s. Nachtrag S. 508).

Sterculiaceae.

Kakaobutter: Björklund: Z. anal. Ch. Bd. 3, S. 233. 1864 (Ätherprobe). — Kingzett: J. Ch. Soc. Transact. Bd. 33, S. 38. 1878. — Traub: Wagners Jahresber. Bd. 29, S. 1159. 1888. — Graf: Arch. Pharm. Bd. 226, S. 830. 1888. — Benedikt und Hazura: Monatsh. Bd. 10, S. 353. 1889 (Gehalt an Linolsäure). — Hehner und Mitchell: Analyst Bd. 21, S. 328. 1896. — Dieterich: Pharm. Ztg. Bd. 41, S. 772. 1896; Helfenberger Ann. 1897, S. 79. — White: Pharm. J. 1898, S. 69; Z. Nahrgsm. Bd. 1, S. 424. 1898 (Zunahme der Dichte beim Erkalten). — Lewkowitsch: J. Soc. Ch. Ind. Bd. 8, S. 557. 1899. — Welmans: Pharm. Ztg. Bd. 45, S. 959. 1900; Z. öff. Ch. Bd. 6, S. 86. 304. 1900; Bd. 9, S. 206. 1903; Ref. Z. Nahrgsm. Bd. 4, S. 396. 1901 (Bestimmung). — Filsinger: Z. öff. Ch. Bd. 6, S. 226. 1900. — Klimont: Ber. Bd. 34, S. 2636. 1901. — Wauters: Bull. Assoc. Belge des Chim. Bd. 15, Nr. 3. 1901 (Nachweis von Verfälschungen). — Fritzweiler: Arb. Ges.-Amt Bd. 18, S. 371. 1902. — Polenske: Z. Nahrgsm. Bd. 7, S. 273. 1904. — Genin: Revue générale chim. pure et appl. Bd. 10, S. 303. 1907 (Ölausbeute bei Petrolätherextraktion). — Cohn: Ch.-Ztg. Bd. 31, S. 855. 1907; Z. öff. Ch. Bd. 13, S. 308. 1907 (Nachweis von Cocosfett auf Grund der schwierigen Aussalzbarkeit der Cocosfettseifen);

s. auch Strube: Z. öff. Ch. Bd. 15, S. 67. 1908. — Matthes und Rohdich: Ber. Bd. 41, S. 1591. 1908 (Unverseifbares). — Halphen: J. Pharm. Chim. (6) Bd. 28, S. 345; C. 1908, II, 1748 (Behandlung mit Brom in Tetrachlorkohlenstoff zur Unterscheidung von Verfälschungen). — Heiduschka und Herb: Pharm. Centralh. Bd. 49, S. 375. 1908 (Fett der gerösteten Bohnen). — Sachs: Ch. Revue Bd. 15, S. 33. 1908. — Cohn: Z. öff. Ch. Bd. 13, S. 308. 1909. — Procknow: Inaug.-Dissert. Würzburg 1909 (Jodzahlen der Fette gerösteter Schalen). — Bordas und Touplain: Ann. Falsif. Bd. 1, S. 12; C. 1909, II, 755 (Bestimmung in Kakao). — Röhrig: Pharm. Centralh. Bd. 51, S. 2. 1910 (Untersuchung des flüssigen Anteiles). — Richter: Z. Nahrgsm. Bd. 24, S. 312. 1912; C. 1912, II, 1401 (Brechungsindex; rasche Fettbestimmung im Kakao mittels des Refraktometers). — Smith: Eng. Bd. 4, S. 36. 1912; C. 1912, I, 1393 (Brechungsindex der Fettsäuren 1,4220 [60 °] nicht korrekt; Abhängigkeit vom Brechungsindex des Fettes). — Revis und Bolton: Analyst Bd. 38, S. 201. 1913; C. 1913, II, 178 (Abänderung der Halphenschen Probe zur Erkennung von Kakaobutter; Nachweis des Fettes der Guttanuß in Kakaobutter). — Pozzi-Escot: Ann. Chim. anal. Bd. 18, S. 403. 1913; C. 1913, II, 2155 (Fett einer Kakaomasse). — Bohrisch und Kürschner: Pharm. Centralh. Bd. 55, S. 191. 1914; C. 1914, I, 1224 (Beiträge zur Bestimmung; kritische Besprechung verschiedener zum Nachweis dienender Proben). — Lange: Arb. Ges.-Amt Bd. 50, S. 149; C. 1915, II, 1089 (Fettbestimmung mit Petroläther; Amtl. Deutsche Methode). — Grimme: Pharm. Centralh. Bd. 55, S. 285. 1914; C. 1914, I, 1608 (Nachweis von Verfälschungen durch Bestimmung der kritischen Lösungstemperatur in Eisessig). — Kooper: Z. Nahrgsm. Bd. 30, S. 453, 461. 1915; Ch. Umschau Bd. 23, S. 23. 1916 (Fettbestimmung in Kakao und Kakaoprodukten). — Bohrisch und Kürschner: Pharm. Z. Bd. 60, S. 361. 1915; C. 1915, II, 495 (Bestimmung des Erstarrungspunktes; Bedeutung bei der Ermittlung von Verfälschungen). — Lange: Arb. Ges.-Amt Bd. 50, S. 149. 1915; C. 1915, II, 1089 (Rasche Bestimmung). — Scheringa: Pharm. Weekblad Bd. 52, S. 1732. 1915; C. 1916, I, 440 (Fettbestimmung). — Keller: Apoth.-Ztg. Bd. 31, S. 330. 1916; C. 1916, II, 429 (Schätzung des Fettgehaltes von Kakaopulvern; vergleichende Fettbestimmung nach verschiedenen Methoden). — Kreis: Schweiz. Apoth.-Ztg. Bd. 54, S. 333. 1916; C. 1916, II, 429 (Bestimmung im Kakao). — Mannich und Thiele: Ber. Pharm. Ges. Bd. 26, S. 36. 1916; C. 1916, I, 812 (Änderung von Schmelzpunkt, Refraktion, Verseifungszahl, Jodzahl bei der Hydrierung). — Prescher: Z. Nahrgsm. Bd. 32, S. 316. 1916; C. 1916, II, 1058 (Kritische Betrachtung der gebräuchlichen Untersuchungsverfahren). — Herzog: Apoth.-Ztg. Bd. 32, S. 190. 1917; Ber. Pharm. Ges. Bd. 31, S. 377. 1921 (Schmelzpunktbestimmung soll mit ungeschmolzenem Fett durchgeführt werden). — Tate und Pooley: Analyst Bd. 46, S. 229. 1921; C. 1921, IV, 665 (Vergleich der Kennzahlen mit jenen des Borneotalges; Nachweis und Bestimmung des letzteren im Kakaofett mit Hilfe der Faktoren aus d_{60}, dem Schmelzpunkt des Fettes, dem der Fettsäuren und dem reziproken Werte der Jodzahl). — Kingzett: Ch. Trade J. Bd. 71, S. 699. 1922; C. 1923, I, 459 (Keine „Theobromasäure"). — Brill: Philippine J. Science Bd. 12 A, S. 1. 1917; C. 1923, II, 50 (Kakaobohnen der Philippinen). — Knapp: Ch. Trade J. Bd. 72, S. 133. 1923; C. 1923, II, 762 (Zusammensetzung bei verschiedenen Kakaobuttersorten des Handels ziemlich gleich). — Grossfeld: Z. D. Öl- u. Fettind. Bd. 43, S. 150. 1923; Z. Nahrgsm. Bd. 44, S. 193; Bd. 45, S. 147; C. 1923, IV, 258 (Einfache Fettbestimmung mittels Trichloräthylen; s. Bd. 1, S. 72). — Hasse und Bake: Ch.-Ztg. Bd. 47, S. 557. 1923 (Refraktometrische Fettbestimmung). — Rosenthaler: Ber. Pharm.

Ges. Bd. 33, S. 158. 1923; C. 1923, IV, 374 (Fettgehalt verschiedener Sorten; Variationsstatistik). — HASSE: Ch.-Ztg. Bd. 47, S. 766. 1923 (Fettbestimmung; s. Bd. 1, S. 71, Fußnote 6). — SAVINI: Ann. di Chim. appl. Bd. 7, S. 209. 1923; C. 1923, IV, 804 (Fettgehalt gerösteter entschälter Samen). — DUBOSC: Rev. des produits chim. Bd. 26, S. 325, 439. 1923; C. 1923, IV, 956 (Kennzahlen und Eigenschaften; Referat unvollständig). — KNAPP: Ch. Trade J. 1923, S. 133; J. Soc. Ch. Ind. Bd. 42, S. 508 A. 1923; Ch. Umschau Bd. 30, S. 208. 1923 (Kennzahlen; als Bestandteile des Fettsäuregemisches werden genannt: 40% Stearinsäure, 31% Ölsäure, geringe Mengen von Laurin-, Myristin- und Linolsäure; ferner Spuren von Ameisensäure, Essigsäure, Buttersäure, Capron- und Caprinsäure). — PICHARD: Ann. Falsif. Bd. 16, S. 197. 1923; C. 1923, IV, 776; Ann. Chim. anal. (2) Bd. 5, S. 267. 1923; C. 1924, I, 521 (Nachweis von Verfälschungen durch graphische Darstellung der Änderung der Temperatur geschmolzenen Fettes). — BOHRISCH: Schweiz. Apoth.-Ztg. Bd. 62, S. 133, 154, 164, 196, 205. 1924; C. 1924, II, 122 (Bestandteile der Kakaobohnen). — FELDSTEIN: J. Assoc. Offic. Agric. Ch. Bd. 8, S. 75. 1924; C. 1924, II, 2561 (Fettbestimmung in Kakaoerzeugnissen). — VAUBEL: Z. ang. Bd. 37, S. 222. 1924 (Änderung der Kennzahlen des Fettes beim Rösten der Bohnen; Schmelzpunkte und Brechungsindices von Mischungen mit Cocosfett). — COHN: Z. ang. Bd. 37, S. 304. 1924 (Hinweis auf frühere Arbeiten: Nachweis von Cocosfett). — ZIPPERER: „Die Schokoladefabrikation", 4. Aufl., S. 53. Berlin 1924 (Richtige Kennzahlenbereiche). — MARANGE: Compt. rend. Bd. 117, S. 191. 1923; C. 1924, I, 2024; Ann. Chim. anal. (2) Bd. 6, S. 164. 1924; C. 1924, II, 1865 (Nachweis von Verfälschungen durch Bestimmung der Mischbarkeitskurve nach LOUISE; s. Bd. 1, S. 140). — KOEHLER: Compt. rend. Bd. 178, S. 940. 1924; C. 1924, I, 2481; Ann. Falsif. Bd. 17, S. 133. 1924; C. 1924, II, 559 (Nachweis von Verfälschungen durch Bestimmung der zur Trübung einer Probe nötigen Acetessigestermenge). — WINKLER: Pharm. Centralh. Bd. 65, S. 385. 1924; C. 1924, II, 1529 (Jod-Bromzahl). — PICHARD: Chim. et Ind. 1924, S. 507; C. 1924, II, 1865 (Charakteristische Kurven der Abkühlungsgeschwindigkeiten für Kakaobutter und ihre Mischungen mit anderen Fetten). — BÉARD: CLEMENCET: Ann. Falsif. Bd. 17, S. 146. 1924; Ch. Umschau Bd. 31, S. 199. 1924 (BELLIERS Reaktion zum Nachweis von Verfälschungen). — KNAPP: Ann. Falsif. Bd. 17, S. 227. 1924; C. 1924, II, 1292 (Erkennung von Cocos- und Palmfett, Illipé- und Sheabutter in Kakaobutter). — MOSS: Ann. Falsif. Bd. 17, S. 231. 1924; C. 1924, II, 1292 (Abänderung des Verfahrens von SHREWSBURY und KNAPP). — HÄRTEL und MARANIS: Z. Nahrgsm. Bd. 47, S. 205. 1924 (Bestimmung der flüchtigen Säuren des Cocosfettes). — HÄRTEL: ebenda S. 264 (Keimfett). — GALANOS: Z. Nahrgsm. Bd. 48, S. 207. 1924; C. 1925, I, 313 (Fettgehalt; Refraktometerzahlen von Fetten aus Rohbohnen, gerösteten Bohnen und Schalen; Säuregrade); Z. Nahrgsm. Bd. 48, S. 212. 1924 (Kennzahlen eines Schalenfettes vom Säuregrad 69,0). — FINCKE: Z. Nahrgsm. Bd. 48, S. 293. 1924 (Untersuchung der Bohnen; Fettgehalt). — AMBERGER und BAUCH: ebenda S. 371 (Bestandteile: Ermittlung der Prozentgehalte durch fraktionierte Krystallisation). — MORGAN und BOWEN: J. Soc. Ch. Ind. Bd. 43 T, S. 346. 1924; C. 1925, I, 482 (Keine höhere gesättigte Fettsäure als Stearinsäure in Kakaobutter). — WHYMPER und BRADLEY: J. Soc. Ch. Ind. Bd. 44 T, S. 77. 1925; C. 1925, II, 100 (Hochschmelzende und niedrigschmelzende Fraktionen; Beschlagbildung). — TABER und OFFUTT: J. Assoc. Agric. Ch. Bd. 7, S. 147. 1923; C. 1925, I, 445 (Fettgehalt der Bohnen ca. 54%, der Schalen ca. 5,8%). — STURM: Ch. Weekblad Bd. 22, S. 167. 1925; C. 1925, I, 2476 (Fettbestimmung mit Trichloräthylen nach GROSSFELD empfohlen). —

LEPPER und WATERMANN: J. Assoc. Offic. Agricult. Ch. Bd. 8, S. 705. 1925; C. 1926, I, 1319 (Fettbestimmung mit Petroläther). — LÜHRS: Z. ang. Bd. 38, S. 30. 1925 (Zur Reinheitsprüfung sind Erstarrungspunkt und Krystallstruktur der Fettsäuren geeignet). — FINCKE: ebenda S. 572 (Schmelzpunktsbestimmung; reine Kakaobutter 32—34°); S. 699 (Kennzahlen unabhängig von der Behandlung der Bohnen sowie der Art der Gewinnung des Fettes; „höckeriges" Erstarren nicht charakteristisch). — SABALITSCHKA: ebenda S. 1013 (Hinweis auf die Zweckmäßigkeit der Schmelzpunktsbestimmung nach WELMANS, HERZOG und FINCKE); s. auch BEYTHIEN in KÖNIG: Untersuchung von Nahrungs-, Genußmitteln und Gebrauchsgeg., Bd. III, Tl. 3, S. 275. Berlin 1918 (Schmelzpunktsbestimmung erst nach 8 Tagen Lagerns durchzuführen). — FINCKE: Z. Nahrgsm. Bd. 50, S. 205. 1925 (Fettgehalt der Schalen und Keime; Kennzahlen des Schalen- und Keimfettes); Bd. 52, S. 360. 1926 (Gehalt der Schalen an Eigenfett höchstens 2%). — RUFFY: Mitt. Lebensmittelunters. u. Hyg. Bd. 17, S. 15. 1926; C. 1926, I, 3366 (Nachweis von Cocosfett durch Bestimmung der Übergangszahl nach HÄRTEL und MARANIS); Mitt. Lebensmittelunters. u. Hyg. Bd. 17, S. 75. 1926; C. 1926, II, 503 (Fettbestimmung nach dem GERBERschen Verfahren). — KUHLMANN und GROSSFELD: Z. ang. Bd. 39, S. 24. 1926 (Nachweis von Milch- und Cocosfett; A-Zahl für Kakaobutter 0,05—0,12). — KAUFMANN: Z. Lebensm. Bd. 51, S. 15. 1926 (Rhodanometrische Jodzahl und ihre Anwendung in der Analyse von Fettgemischen). — BAUMANN, KUHLMANN und GROSSFELD: ebenda S. 27 (Nachweis von Milch- und Cocosfett durch Bestimmung der A- und B-Zahl). — KAUFMANN: Ber. Bd. 59, S. 1392. 1926 (Rhodanzahl). — BAUDON: Bull. Mat. grasses 1926, S. 38; C. 1926, II, 952 (Ersatzmittel: Mowrahbutter, Dikafett, „Bopayofett" einer Irvingia-Art). — KLOSTERMANN und QUAST: Z. Lebensm. Bd. 54, S. 297. 1927 (Verfeinerung der A-Zahl-Methode). — THIBAUD: Compt. rend. Bd. 184, S. 24. 1927; C. 1927, I, 2389 (Röntgenspektrum der Fettsäuren der Kakaobutter). — HILDEBRANDT: J. Assoc. Offic. Agricult. Ch. Bd. 10, S. 42. 1927; C. 1927, II, 1412 (Fettbestimmung in Kakaoprodukten). — WILL: Apoth.-Ztg. Bd. 42, S. 982. 1927; C. 1927, II, 1874 (Fehlerquelle der BJÖRKLUNDschen Ätherprobe). — HILDITCH und LEA: J. Ch. Soc. Bd. 128, S. 3106. 1927; C. 1928, I, 1339 (Gesättigte Glyceride; Permanganatoxydation in Aceton). — HÄRTEL: Pharm. Centralh. Bd. 69, S. 37. 1928; C. 1928, I, 1339 (Nachweis von Cocosfett). — KAUFMANN: Vortr. Naturf.-Tagg. Hamburg; ref. Z. ang. Bd. 41, S. 1123. 1928 (Nachweis von Fremdfetten und von extrahierter Kakaobutter in Kakaopreßbutter mit Hilfe des PULFRICHschen Stufenphotometers). — HAITINGER, JÖRG und REICH: Z. ang. Bd. 41, S. 815. 1928; C. 1928, II, 1159 (Fluorescenzerscheinungen im ultravioletten Licht). — SPROESSER: „Probleme der Fälschung von Kakaobutter." Dissert. Leipzig 1928; s. auch Ch. Umschau Bd. 35, S. 325. 1928; C. 1929, I, 952 (Anwendung des PULFRICHschen Stufenphotometers zur quantitativen Bestimmung der Fluorescenz); s. auch KAUFMANN: Ch. Umschau Bd. 36, S 34. 1929. — LEA: J. Soc. Ch. Ind. Bd. 48, S. 41 T. 1929; C. 1929, I, 2000 (Ermittlung der Zusammensetzung des Glyceridgemisches auf Grund der Oxydation mit Permanganat in Acetonlösung). — FINCKE: Z. Lebensm. Bd. 56, S. 326. 1928 (Abnorme Eigenschaften einer Kakaobutter aus Akkra-Kakaobohnen). — KAUFMANN: Z. ang. Bd. 42, S. 402. 1929 („Quantitative Bestimmung der ungesättigten Fettsäuren der Kakaopreßbutter").

„Cupu"-Samenfett: BRAY und ISLIP: Analyst Bd. 46, S. 325. 1921; C. 1921, III, 1289. — Imperial Institute, Bull. Imp. Inst. Bd. 20, S. 1. 1922; C. 1923, III, 558 (Fett I, Säurezahl 44). — BOLTON und HEWER: Analyst Bd. 47, S. 282. 1922; C. 1922, III, 963 (Fett II mit 22% freier Säure).

„Lupu"-Samenfett: BOLTON und HEWER: a. a. O.

Javaoliven- oder „Sterculiaöl": WEDEMEYER: Z. Nahrgsm. Bd. 12, S. 210. 1906. — GRESHOFF: Ch.-Ztg. Bd. 30, S. 856. 1906. — HOOPER: Annual Report Indian Museum 1907/08, S. 13. — Imperial Institute, Misc. Col. Rep. Imp. Inst. 1914, Nr. 88, S. 495. — BOLTON und JESSON: Analyst Bd. 40, S. 3. 1915; C. 1915, I, 550 („Belighosamenöl"). — BRILL und AGCAOILI: Philippine J. Science Bd. 10, S. 105. 1915; C. 1916, I, 216 (Kennzahlen, Öl I). — GEORGI: Malay. Agric. J. Bd. 10, S. 259. 1922; Ch. Umschau Bd. 30, S. 209. 1923 (Öle mit 10,6 bzw. 74,2% freien Fettsäuren).

Andere Sterculiaceenöle: PECKOLT: Ber. Pharm. Ges. Bd. 10, S. 53. 1900 (Öl von Sterculia Chicha); S. 57 (Basiloxylonöl). — NIEDERSTADT: ebenda Bd. 12, S. 144. 1902 (Öl von Sterculia Chicha und Basiloxylonöl). — GRIMME: Ch. Revue Bd. 17, S. 180. 1910 (Öl von Sterculia appendiculata). — UBBELOHDE-GOLDSCHMIDT: Handbuch Bd. II, S. 55f. 1920 (Öle von Sterculia acuminata, excelsa, stricta, pruriens und triphacea). — PIERAERTS: Mat. grasses Bd. 19, S. 7835. 1927 (Öl von Sterculia tragacantha); S. 7836 (Öl von Sterculia urens); S. 7862 (Öl von Cola Ballayi Cornu, von „Petit Cola du Dahomey" und von Cola acuminata), S. 7891 (Öl von Pterospermum acerifolium und von Tarretia Cochinchinensis); S. 7892 (Öl von Helicteres isora). — MORRISON: J. Proceed. Roy. Soc. Bd. 59, S. 267. 1926; C. 1927, II, 760 (Öl von Sterculia diversifolia; „Kurrajong"öl).

Heritiera-Samenöl: SCHÄDLER: Technologie, 2. Aufl., S. 578. — PIERAERTS: Bull. Sciences Pharm. Bd. 27, S. 15. 1920; „Congo", S. 1, Januar 1922; Mat. grasses Bd. 19, S. 7862, 7890. 1927 (Ölgehalt, Kennzahlen, Reaktion nach HALPHEN).

Reihe: Parietales.

Ochnaceae.

Niamfett: HECKEL: „Les Graines grasses nouvelles", S. 161. Paris 1902. — LEWKOWITSCH: J. Soc. Ch. Ind. Bd. 26, S. 1265. 1907; Ch.-Ztg. Bd. 31, S. 1273. 1907. — EDIE: Quart. J. Inst. Comm. Research in Tropics (Liverpool University) Bd. 2, S. 124. 1907. — Imperial Institute, Bull. Imp. Inst. Bd. 6, S. 244. 1908; Bd. 10, S. 226. 1912 (Verseifungszahlen 180,7—183,3; „Titer Test" 47,5 bis 49,0°). — PICKLES und HAYWORTH: Analyst Bd. 36, S. 493. 1911; C. 1911, II, 1649 (Bestandteile). — HERING: Arb. Pharm. Inst. Univ. Berlin Bd. 11, S. 164. 1914; C. 1915, II, 1196 (Fett mit Säurezahl 2,6: „Sagdobaumöl").

Fett von Lophira procera: JUMELLE: „Les Huiles végétales", S. 235. Paris 1921.

Batiputafett: DE NEGRI und FABRIS: Pharm. Post Bd. 29, S. 178. 1896.

Caryocaraceae.

Sawarrifett: LEWKOWITSCH: Proc. Ch. Soc. Bd. 5, S. 69. 1889; J. Soc. Ch. Ind. Bd. 9, S. 844. 1890; Ch.-Ztg. Bd. 13, S. 592. 1889. — SCHÄDLER: Technologie, 2. Aufl., S. 783. — SEMLER: Tropische Agrikultur, 2. Aufl., Bd. II, S. 519. 1900. — BOLTON und HEWER: Analyst Bd. 42, S. 35. 1916; C. 1917, I, 1108 (Kennzahlen des Fettes der Suari- oder „Pekeanüsse" einer Caryocarart aus Peru).

Butterbaumsamenöle: HEFTER: Technologie, Bd. II, S. 666. 1908 (Fette von Caryocar brasiliensis und Rhizobolus butyrosa). — PECKOLT: Ber. Pharm. Ges. Bd. 21, S. 363. 1911 (Samenöl von Pequia amarella). — JUMELLE: „Les Huiles végétales", S. 215. Paris 1921 (Fette von Caryocar butyrosum und C. glabrum).

Theaceae.

Teesamenöl: SCHÄDLER: Technologie, 2. Aufl., S. 579. — ITALLIE: J. Soc. Ch. Ind. Bd. 13, S. 79. 1894. — DAVIES und HOLMES: Ch. Revue Bd. 2, S. 6. 1895. — WIJS: Z. Nahrgsm. Bd. 5, S. 492. 1903 (Schmelzpunkt der Fettsäuren 10—11°). — TSUJIMOTO: Ch. Revue Bd. 15, S. 224. 1908. — MENON: Year Book of Indian Guild of Science and Technol. 1912, S. 144 (Assamöl, innere Jodzahl 117,8). — PRESCHER: Z. Nahrgsm. Bd. 32, S. 553, und zwar S. 559. 1916; C. 1917, I, 537 (Öl mit dem Säuregrad 13,3). — UCHIDA: J. Soc. Ch. Ind. Bd. 35, S. 1093. 1916; C. 1917, I, 413 (Kennzahlen). — KOBERT: Ch.-Ztg. Bd. 41, S. 754. 1917 (Ölgehalt, Verwendbarkeit klaren Öles als Speiseöl). — COFMAN-NICORESTI: Pharm. Journ. Bd. 104, S. 139. 1920; C. 1920, II, 611; s. auch DYBOWSKY und MILLIA: Analyst Bd. 46, S. 458. 1921; sowie BLIN: Mat. grasses Bd. 13, S. 5993. 1921 (Nachweis im Olivenöl). — Olien en Vetten, Ref. Ch. Umschau Bd. 29, S. 106. 1922 (Ölgehalt). — LEWKOWITSCH: J. Soc. Ch. Ind. Bd. 46 T, S. 195. 1927; C. 1927, II, 1218 (Absorptionsspektren im Ultraviolett).

Tsubaki- oder Cameliensamenöl: SIEBOLD und ZUCCARINI: Flor. Japon. 1835, S. 155. — TSUJIMOTO: Ch. Revue Bd. 15, S. 140. 1908; J. Coll. Engin. Imp. Univ. Tokyo Bd. 4, S. 75. 1908. — PRESCHER: Z. Nahrgsm. Bd. 32, S. 553, und zwar S. 559. 1916; C. 1917, I, 537 (Kennzahlen). — NAKATOGAWA und KOBAYASHI: J. Ch. Ind. Japan Bd. 22, S. 435. 1919 (Kennzahlen).

Sasanquaöl: TSUJIMOTO: J. Coll. Engin. Imp. Univ. Tokyo Bd. 4, S. 80. 1908. — Imperial Institute, Bull. Imp. Inst. Bd. 10, S. 234. 1912 (Öl mit Jodzahl 87,5). — PRESCHER: Z. Nahrgsm. Bd. 32, S. 553, u. zw. 559. 1916; C. 1917, I, 537 (Kennzahlen).

Caydeau-So-Öl: UBBELOHDE und GOLDSCHMIDT: Handbuch der Chemie und Technologie, Bd. II, S. 60. 1920.

Guttiferae.

Fett aus den Samen von Ochrocarpus africanus (Mammea africana): HÉBERT, durch JUMELLE: „Les Huiles végétales", S. 229. Paris 1921 (4% Fettsubstanz aus Samen von Sierra Leone und der Elfenbeinküste).

Samenöl von Mesua ferrea: HOOPER: Annual Report Indian Museum 1907/08, S. 13; Ch. Revue Bd. 15, S. 288. 1908. — GRIMME: Ch. Revue Bd. 17, S. 180. 1910. — Imperial Institute, Bull. Imp. Inst. Bd. 11, S. 559. 1913.

Dombaöl: HECKEL und SCHLAGDENHAUFFEN: J. Pharm. Bd. 24, S. 396. 1876. — van ITALLIE: Pharm. Ztg. 1888, S. 454. — HOOPER: P. Tr. (3) Bd. (?) 967, S. 525. 1889; C. 1889, I, 156. — SCHÄDLER: Technologie, 2. Aufl., S. 806. — WIESNER: „Rohstoffe des Pflanzenreiches", 2. Aufl., I, S. 479. — SEMLER: Trop. Agricultur, 2. Aufl., Bd. II, S. 527. — FENDLER: Apoth.-Ztg. Bd. 20, S. 6. 1905. — HARTWICH: „Die neuen Arzneidrogen", S. 180. — GRIMME: Ch. Revue Bd. 17, S. 264. 1910. — BOLTON und JESSON: Analyst Bd. 40, S. 3. 1915; C. 1915, I, 550 (Kennzahlen eines Öles mit 26,2% freien Fettsäuren). — UCHIDA: J. Soc. Ch. Ind. Bd. 35, S. 1089. 1916; C. 1917, I, 414 (Kennzahlen des Öles und der Fettsäuren). — RAU und SIMONSEN: Indian Forest Records Bd. 9, III. 1922; Ch. Umschau Bd. 30, S. 25. 1923 (Ölgehalt, Bestandteile: u. a. Linolsäure). — MARGAILLAN: Ann. Musée Colonial Marseille Jg. 33 (4), Bd. 3, S. 11. 1925 (Sep. d. Verf.; „Tamanou"-Öl aus Neukaledonien).

Calabafett: SCHÄDLER: Technologie, 2. Aufl., S. 806. — JACKSON: Chemist and Druggist; Pharm. Ztg. Bd. 34, S. 257. 1889.

Fett von Calophyllum brasiliense: PECKOLT: Ber. Pharm. Ges. Bd. 7, S. 238. 1897.

Öl von Calophyllum tomentosum: BOLTON und JESSON: Analyst. Bd. 40, S. 3. 1915; C. 1915, I, 550.

Punnaöl: Imperial Institute, Misc. Col. Rep. 1914, Nr. 88, S. 494 (Kennzahlen; Säurezahl 13). — JOSEPH und SUDBOROUGH: J. Indian Inst. Science Bd. 5, S. 133. 1923; C. 1923, II, 1194 (Eigenschaften und Kennzahlen eines Öles mit der Säurezahl 18).

Mkányifett: HEISE: Arb. Ges.-Amt Bd. 12, S. 540. 1896; Ch. Revue Bd. 6, S. 91. 1899. Tropenpflanzer, Bd. 1, S. 10. 1897; Bd. 3, S. 203. 1899 (Oleodistearin). — HENRIQUES und KÜNNE: Ch. Revue Bd. 6, S. 45. 1899; Ber. Bd. 32, S. 387. 1899. — SEMLER: Trop. Agricultur, 2. Aufl., Bd. II, S. 551. — KRAUSE und DIESSELHORST: Tropenpflanzer, Bd. 13, S. 282. 1909; C. 1909, II, 1477 (Kennzahlen).

Bouandjafett: HECKEL: Compt. rend. Bd. 128, S. 460. 1899; „Les Graines grasses nouvelles", S. 73. Paris 1902. — Imperial Institute, Bull. Imp. Inst. Bd. 20, S. 463. 1922; C. 1923, IV, 256 (Fett mit Säurezahl 1,0; Früchte werden Kisidwenüsse genannt).

Fett von Allanblackia floribunda, Oliver: PIERAERTS und ADRIAENS: Mat. grasses Bd. 21, S. 8539. 1929 (s. Nachtrag S. 508; vgl. Bouandjafett S. 305).

Fett von Allanblackia floribunda, var. Kisonghi: PIERAERTS und ADRIAENS: a. a. O. (s. Nachtrag S. 508).

Kagnébutter: JUMELLE: „Les Huiles végétales", S. 228. Paris 1921.

Kokumbutter: SCHÄDLER: Technologie, 2. Aufl., S. 802. — BOUIS und D'OLIVEIRA PIMENTEL: Compt. rend. Bd. 44, S. 1355. 1857. — FLÜCKIGER und HANBURY: „Pharmakographia", 2. Aufl., S. 86. 1879. — HARTWICH: Ch.-Ztg. Bd. 17, S. 1031. 1892. — HEISE: Arb. Ges.-Amt Bd. 13, S. 302. 1897 (Oleodistearin). — CROSSLEY und LE SUEUR: J. Soc. Ch. Ind. Bd. 16, S. 991. 1898. — HOOPER: J. Proc. Asiatic. Soc. of Bengal Bd. 3, S. 257. 1907.

Fett aus den Samen von Garcinia Mangostana: HECKEL: „Les Graines grasses nouvelles" durch JUMELLE: „Les Huiles végétales" S. 218. Paris 1921.

Gurgifett: SCHÄDLER: Technologie, 2. Aufl. S. 804. — HOOPER: J. Proc. Asiatic. Soc. of Bengal Bd. 3, S. 258. 1907.

Gambogebutter (Murgabutter): HOOPER: a. a. O. (Kennzahlen). — RAU und SIMONSEN: Indian Forest Records Bd. 9, III. 1922; J. Soc. Ch. Ind. Bd. 41 A, S. 902. 1922; Ch. Umschau Bd. 30, S. 25. 1923 (Ölgehalt).

Cây-doc-Öl: HEIM: Moniteur officiel du Comm. 1901. Les corps gras ind. Bd. 29. 1903; Ch. Revue Bd. 10, S. 83. 1903. — HEIM: Bull. économ. de l'Indo-Chine Bd. 123 S. 20. 1917. — KNORR: Sfsz. Bd. 44, S. 234. 1917 (Öl mit Säurezahl 42,6).

Samenöl von Garcinia Balansae: GRIMME: Ch. Revue Bd. 17, S. 264. 1910.

„Madolöl" (von Garcinia echinocarpa): Imperial Institute, Bull. Imp. Inst. Juni 1901; s. LEWKOWITSCH: Ch. Technol., 6. ed. Bd. II, S. 611. 1922 (Herkunft des Öles: Indien; Konsistenz: dickflüssig. Keine näheren Angaben).

Kanyabutter: SEMLER: Trop. Agricultur, 2. Aufl., Bd. II, S. 541. 1900. — HECKEL: „Les Graines grasses nouvelles", S. 185. Paris 1902. — GRIMME: Ch. Revue Bd. 17, S. 263. 1910. — HÉBERT: Bull. Soc. Chim. Bd. 9, S. 662. 1911; C. 1911, II, 477.

Pentadesma-Fett: Notizblatt d. Kgl. botan. Gartens u. Museums Berlin-Dahlem Bd. 5, S. 102. 1909. — WAGNER, MUESMANN und LAMPART: Z. Nahrgsm. Bd. 28, S. 244. 1914; C. 1914, II, 1458 (Eigenschaften und Kennzahlen). — Imperial Institute, Bull. Imp. Inst. Bd. 16, S. 35. 1918.

Fett aus den Samen von Pentadesma leucantha: JUMELLE: „Les Huiles végétales" S. 227. Paris 1921.

Platoniasamenöl: Bray und Islip: Analyst Bd. 46, S. 325. 1921; C. 1921, III, 1289. — Imperial Institute, Bull. Imp. Inst. Bd. 20, S. 3. 1922 (Öl mit Säurezahl 46,4). — Bolton und Hewer: Analyst Bd. 47, S. 282. 1922; C. 1922, III, 963 (Öle mit 13—30% freien Säuren; „Bakuryöl").

„Pacoryöl" (von Platonia insignis): Peckolt: Ber. Pharm. Ges. Bd. 7, S. 243. 1897 (Herkunft des Öles: Brasilien; Ölgehalt der getrockneten Samen 6,7%. Keine näheren Angaben).

Manifett: Peckolt: Ber. Pharm. Ges. Bd. 7, S. 244. 1897. — Southcombe: J. Soc. Ch. Ind. Bd. 28, S. 499. 1909.

Fette von Symphonia laevis und S. Louveli: Hébert: Bull. Soc. Chim. (4) Bd. 13, S. 1039. 1913; C. 1914, I, 40.

Hazinafett: Heckel: Mat. grasses Bd. 1, Nr. 9. 1909; Ref. Ch. Revue Bd. 16, S. 52. 1909.

Dipterocarpaceae.

Malabartalg: dal Sie: R. Accad. Linc.; Ber. Bd. 10, S. 1381. 1877; Gazz. chim.; Ber. Bd. 11, S. 1249. 1878. — Schädler: Technologie, 2. Aufl., S. 791. Wagners Jahresber. 1884, S. 1186. — Höhnel und Wolfbauer: Pharm. Centralh. Bd. 26, S. 357. 1885. — Semler: Trop. Agrikultur, 2. Aufl., Bd. II, S. 552. — Crossley und le Sueur: J. Soc. Ch. Ind. Bd. 17, S. 994. 1898. — Lemarié: Ref. Ch. Umschau Bd. 11, S. 127. 1904.

Borneotalg: Semler: Trop. Agrikultur, 2. Aufl., Bd. II, S. 552. — Geitel: J. pr. Bd. 36, S. 515. 1888; J. Soc. Ch. Ind. Bd. 7, S. 391. 1888. — Heim: Les Corps gras Bd. 29, Nr. 4. 1902; Ch. Revue Bd. 9, S. 235. 1902 (Fett von Shorea aptera). — Farnsteiner: 5. Bericht über d. Nahrgsm.-Kontr., Hamburg 1903/4, S. 57. — Klimont: Monatsh. Bd. 25, S. 929. 1904; Bd. 26, S. 563. 1905. — Sachs: Ch. Revue Bd. 14, S. 277. 1907; Bd. 15, S. 10 u. 33. 1908. — Beadle und Stevens: Ch. News Bd. 100, S. 173. 1909; Ch.-Ztg. Bd. 33, Rep. S. 669. 1909. — Brooks: Analyst Bd. 34, S. 205. 1909; C. 1909, II, 46 („Enkabangfett"). — Sprinkmeyer und Diedrichs: Z. Nahrgsm. Bd. 23, S. 589. 1912; C. 1912, II, 375 (Kennzahlen des Fettes von Shorea Gysbertiana). — Imperial Institute, Bull. Imp. Inst. Bd. 13, S. 335. 1915 (Ölgehalt der Kerne; Kennzahlen der Fette von Shorea stenoptera: rote bzw. schwarze Varietät). — Eisenstein: Öl- u. Fettind. Wien Bd. 1, S. 549. 1919; C. 1920, II, 811 (Schmelzkurven der Mischungen des Talges mit Cocosfett). — Tate und Pooley: Analyst Bd. 46, S. 229. 1921; C. 1921, IV, 665 (Vergleich der Kennzahlen mit jenen der Kakaobutter). — Imperial Institute, Bull. Imp. Inst. Bd. 19, S. 140. 1921; C. 1922, I, 206 (Ölgehalt; Kennzahlen von Shorea-stenoptera-Öl, das hier als „Illipekernöl" bezeichnet wird). — Rau und Simonsen: Indian Forest Records Bd. 9, III, 1922; J. Soc. Ch. Ind. Bd. 41 A, S. 902. 1922; Ch. Umschau Bd. 30, S. 25. 1923 (Fettgehalt in den Samen von Shorea robusta 16,4%). — Knapp, Moss und Melley: Analyst Bd. 52, S. 452. 1927; C. 1927, II, 2129 (Borneotalg, meist unter dem Namen „Illipebutter" im Handel, als Ersatz für Kakaobutter; Nachweis hauptsächlich durch Bestimmung des Titers möglich, der bei Borneotalg zwischen 54 und 55°, für Kakaobutter meist nicht über 50° liegt).

Teglamfett: Heim: Les corps gras Bd. 29, Nr. 4. 1902; Ch. Revue Bd. 9, S. 235. 1902. — Sachs: Ch. Revue Bd. 15, S. 33. 1908. — Brooks: Analyst Bd. 34, S. 205. 1909; C. 1909, II, 46.

Cochlospermaceae.

Samenöl von Cochlospermum Gossypium: s. Jumelle: „Les Huiles végétales", S. 274. Paris 1921.

Violaceae.

Ackerstiefmütterchen-Samenöl (von Viola tricolor): STOCKERT: Öl- u. Fettind. Wien Bd. 2, S. 62. 1920 (Ölgehalt ca. 16%).

Flacourtiaceae.

Gorlisamenfett: GOULDING und AKERS: Proc. Ch. Soc. Bd. 29, S. 197. 1913; Bull. Imp. Inst. Bd. 11, S. 439. 1913; Ch.-Ztg. Bd. 37, S. 1274. 1913. — KLAUENFELD: Bull. Imp. Inst. Bd. 21, S. 585. 1923; C. 1924, II, 125 (Fett mit Säurezahl 4,5). — ANDRÉ: Compt. rend. Bd. 181, S. 1089. 1925; C. 1926, I, 2592 (Verseifungszahl 184,5). — ANDRÉ und JOUATTE: Bull. Soc. Chim. (4) Bd. 43, S. 347. 1928; C. 1928, I, 2413 („Gorlinsäure" mit folgenden Kennzahlen: $d^{18} = 0{,}9364$, $n_D = 1{,}4783$, $[\alpha]_D = +50°18'$, Neutralisationszahl 199,5, Jodzahl 170).

Pitjungöl: SEMLER: Trop. Agrikultur, 2. Aufl., Bd. II, S. 527. — WIJS: Vetten, Olien en Wassen, S. 50; s. Grimme: Ch. Revue Bd. 18, S. 158. 1911. — BRILL: Philippine J. Science Bd. 12 A, S. 37. 1917; C. 1923, I, 104 (Kennzahlen und Bestandteile der Fette I und II). — PERKINS und CRUZ: Philippine J. Science Bd. 23, S. 543. 1923; C. 1924, I, 2549 (Fett III).

Literatur zu Hydnocarpusfetten (bis zum Jahre 1912): Apoth.-Ztg. 1901, S. 598 (Makuluöl). — HECKEL: „Les Graines grasses nouvelles", S. 122. 1902. — POWER und GORNALL: Proc. Ch. Soc. Bd. 20, S. 135. 1904; J. Ch. Soc. Bd. 85, S. 835 u. 851. 1904; C. 1904, II, 349, 603 (Konstitution der Chaulmoograsäure). — POWER und BARROWCLIFF: J. Ch. Soc. Bd. 87, S. 349 u. 884. 1905; C. 1905, II, 338 (Fett von Hydnocarpus Wightiana und H. anthelmintica). — LEWKOWITSCH: J. Ch. Soc. Bd. 87, S. 884. 1905. — BARROWCLIFF und POWER: ebenda Bd. 91, S. 557. 1907; C. 1907, II, 71 (Konstitution der Chaulmoogra- und Hydnocarpussäure). — GRIMME: Ch. Revue Bd. 18, S. 133. 1911 (Fett von Hydnocarpus Kurzii, H. Wightiana, H. anthelmintica, H. venenata, H. alpina). — PLÜCKER: Z. Nahrgsm. Bd. 21, S. 257. 1911 (Marattiöl). — THOMS und MÜLLER: ebenda Bd. 22, S. 226. 1911 (Marattiöl, angeblich von Taraktogenos Kurzii). — LENDRICH, KOCH und SCHWARZ: ebenda S. 441 (Marattiöl, vermutlich von Hydnocarpus Wightiana; außerdem Fett von H. alpina). — Jahresber. d. Ver. f. ang. Botanik Bd. 8. 1911. — LITTERSCHEID: Ch.-Ztg. Bd. 35, S. 9. 1911. — REINSCH: ebenda S. 77 (Marattiöl). — COLLIN: Ann. Falsif. Bd. 4, S. 76. 1911; C. 1911, I, 1312. — KNORR: Österr. Ch.-Ztg. Bd. 15, S. 103. 1912; C. 1912, I, 1799 (Marattiöl). — EISENSTEIN: Österr. Ch.-Ztg. Bd. 15, S. 131. 1912; Sfsz. Bd. 39, S. 500. 1912. — DE WOLFF und KOLDEWIJN: Pharm. Weekblad 1912, S. 1049; C. 1913, I, 31 (Fett von Hydnocarpus alpina, Säurezahl 0,4).

Chaulmoograöl: PABISCH: Pharm. Post Bd. 46, S. 889. 1913; C. 1913, II, 1818 (Herkunft, Hinweis auf ältere Arbeiten, Verfälschungen). — FRANCIS: J. Pharm. Chim. (7) Bd. 9, S. 388. 1914; C. 1914, I, 1957 (Stammpflanze). — VALENTI: Arch. Pharmacol. sperim. Bd. 24, S. 23, 33, 65. 1917; C. 1918, II, 203 (Physiologische Wirkung). — DEAN und WRENSHALL: J. Am. Ch. Soc. Bd. 42, S. 2626. 1920; C. 1921, I, 575 (Gewinnung reiner Hydnocarpus- und Chaulmoograsäure). — BRILL und WILLIAMS: Philippine J. Science Bd. 12, S. 207. 1917; C. 1923, I, 546 (Kennzahlen eines Fettes mit Säurezahl 6,8). — READ: Pharm. J. Bd. 111, S. 412. 1923; C. 1924, I, 1413 (Kennzahlen verschiedener Hydnocarpusöle). — PERKINS und CRUZ: Philippine J. Science Bd. 23, S. 543. 1923; C. 1924, I, 2549 (Fett mit 3,4% freien Fettsäuren). — SCHLOSSBERGER: Z. ang. Bd. 37, S. 4. 1924 (Entwicklungshemmende Wirkung der Öle der Chaulmoogragruppe gegenüber Tuberkel- und Leprabacillen). — ANDRÉ: Compt. rend. Bd. 181, S. 1089. 1925; C. 1926, I, 2592 (Kennzahlen extrahierten Öles). — HASHIMOTO:

J. Am. Ch. Soc. Bd. 47, S. 2325. 1925; C. 1926, II, 41 (Destillation der Fettsäureester bei 0,01—0,05 mm Druck; Auffindung zweier neuer Säuren in den letzten Fraktionen). — HASHIMOTO: J. Am. Ch. Soc. Bd. 49, S. 1119. 1927; C. 1927, II, 95 (Richtigstellung der Jodzahlen von Taraktogen- bzw. Isogadoleinsäure). — BÖMER und ENGEL: Z. Lebensm. Bd. 57, S. 113. 1929 (Gemischtsäurige Glyceride).

Hydnocarpusöl: PABISCH: Pharm. Post Bd. 46, S. 889. 1913; C. 1913, II, 1818 (Eigenschaften; Hinweis auf ältere Arbeiten). — JOSEPH und SUDBOROUGH: J. Indian Inst. Science Bd. 5, S. 133. 1923; C. 1923, II, 1194 (Kennzahlen; Säurezahl 8,7). — READ: Pharm. J. Bd. 111, S. 412. 1923; C. 1924, I, 1413 (Kennzahlen). — PERKINS und CRUZ: Philippine J. Science Bd. 23, S. 543. 1923; C. 1924, I, 2549 (Fett mit 6,7% freien Säuren). — ANDRÉ: Compt. rend. Bd. 181, S. 1089. 1925; C. 1926, I, 2592 (Extrahiertes Fett).

Lukraboöl: PABISCH: Pharm. Post Bd. 46, S. 889. 1913; C. 1913, II, 1818 (Hinweis auf ältere Arbeiten, Vorkommen, Eigenschaften). — KETMATSU: s. Ref. Mat. grasses Bd. 13, S. 5754. 1921; Ch. Umschau Bd. 28, S. 71. 1921 (Bestandteile). — READ: Pharm. J. Bd. 111, S. 412. 1923; C. 1924, I, 1413 (Kennzahlen „chinesischer" und indischer Öle). — PERKINS und CRUZ: Philippine J. Science Bd. 23, S. 543. 1923; C. 1924, I, 2549 (Fett mit 3,6% freien Säuren). — ANDRÉ: Compt. rend. Bd. 181, S. 1089. 1925; C. 1926, I, 2592 („Krabaoöl"). — MARCAN: J. Soc. Ch. Ind. Bd. 45 T, S. 305. 1926; C. 1926, II, 2201 (Vergleich mit dem Fett von Hydnocarpus ilicifolia; Grenzwerte der Kennzahlen von 23 Ölproben).

Makuluöl: PABISCH: Pharm. Post Bd. 46, S. 889. 1913; C. 1913, II, 1818 (Kennzahlen des „Morattifettes", fälschlich als „Cardamomfett" bezeichnet). — BRILL: Philippine J. Science Bd. 11 A, S. 75. 1915; C. 1917, I, 415 (Kennzahlen). — PERKINS und CRUZ: Philippine J. Science Bd. 23, S. 543. 1923; C. 1924, I, 2549 (Fett mit 1,2% freien Fettsäuren).

Fett von Hydnocarpus alpina: ANDRÉ: Compt. rend. Bd. 181, S. 1089. 1925; C. 1926, I, 2592 ($[\alpha]_D = +57,0°$; Verseifungszahl 201).

Fett von Hydnocarpus Alcalae: BRILL: Philippine J. Science Bd. 12 A, S. 37. 1917; C. 1923, I, 105 (Kennzahlen und Bestandteile von Fett I). — PERKINS und CRUZ: Philippine J. Science Bd. 23, S. 543. 1923; C. 1924, I, 2549 (Fett mit 6,7% freien Fettsäuren).

Fett von Hydnocarpus cauliflora: PERKINS, CRUZ und REYES: Eng. Bd. 19, S. 939. 1927; C. 1927, II, 2069.

Fett von Hydnocarpus Hutchinsonii: PERKINS und CRUZ: a. a. O.

Fett von Hydnocarpus ilicifolia: MARCAN: J. Soc. Ch. Ind. Bd. 45 T, S. 305. 1926; C. 1926, II, 2201.

Fett von Hydnocarpus ovoidea: PERKINS, CRUZ und REYES: a. a. O.

Fett von Hydnocarpus subfalcata: PERKINS und CRUZ: a. a. O.

Fett von Hydnocarpus Woodii: PERKINS und CRUZ: a. a. O. (Fett mit 5,9% freien Säuren; Jodzahl 68,5). — PERKINS, CRUZ und REYES: a. a. O. (Jodzahl 96, Verseifungszahl 206).

Fett von Asteriastigma macrocarpa: ANDRÉ: Compt. rend. Bd. 181, S. 1089. 1925; C. 1926, I, 2592 (Verseifungszahl 189,4; $[\alpha]_D = +44°$). — PERKINS, CRUZ und REYES: a. a. O. (Verseifungszahl 201).

Carpotrocheöl: PECKOLT: Ber. Pharm. Ges. Bd. 9, S. 163. 1899. — NIEDERSTADT: ebenda Bd. 12, S. 144. 1902. — VALVERDE: Brazil. med. Bd. 11, S. 353. 1922; Z. ang. Bd. 37, S. 6. 1924. — ANDRÉ: Compt. rend. Bd. 181, S. 1089. 1925; C. 1926, I, 2592 (Kennzahlen).

Caricaceae.

Melonenbaumöl: NIEDERSTADT: Ber. Pharm. Ges. Bd. 12, S. 144. 1902. — PECKOLT: ebenda Bd. 13, S. 366. 1903. — HOOPER: Pharm. J. (4) Bd. 37, S. 369. 1913; C. 1913, II, 1313 (Ölgehalt).

Reihe: Myrtiflorae.

Punicaceae.

Granatapfelsamenöl (von Punica granatum): BORNTRÄGER und PARIS: Z. Nahrgsm. Bd. 1, S. 159. 1898 (Verbreitung der Stammpflanze: Tropen und Subtropen; Ölgehalt der Samen 6,8%. Keine näheren Angaben).

Lecythidaceae.

Paradiesnußöl: DE NEGRI: J. Soc. Ch. Ind. Bd. 17, S. 1156. 1898; Ch.-Ztg. Bd. 22, S. 961. 1898.

Samenöl von Lecythis urnigera: NIEDERSTADT: Ber. Pharm. Ges. Bd. 12, S. 144. 1902.

Jequitibaöl: PECKOLT: Ber. Pharm. Ges. Bd. 12, S. 401. 1902.

Paranußöl (Brasilnußöl): DE NEGRI und FABRIS: Ch.-Ztg. Bd. 22, S. 961. 1898. — KÖNIG: Ch. d. Nahrgsm., 4. Aufl., Bd. I, S. 616. 1903. — NIEDERSTADT: Ber. Pharm. Ges. Bd. 12, S. 144. 1902. — LEWKOWITSCH: Ch. Technologie Bd. II, S. 123. 1905 (Titer Test). — GRESHOFF: Ch.-Ztg. Bd. 30, S. 856. 1906 (Ölgehalt). — GRIMME: Ch. Revue Bd. 17, S. 265. 1910 (Kennzahlen; Verseifungszahl 202). — ALLAN und MOORE: J. Soc. Ch. Ind. Bd. 44 T, S. 61. 1925; C. 1925, II, 105 (Ölgehalt; Verseifungs- und Jodzahl des Rindenöles und des Öles aus dem Kerninnern; die Verseifungszahlen von Kernölen und Rindenölen sind im Referat vertauscht).

Rhizophoraceae.

Inoy-Kernöl (Pogaöl): PIERRE: Bull. Soc. Linn. Paris 1896, II, S. 1254. Imperial Institute, Bull. Imp. Inst. Bd. 4, S. 201. 1906; Bd. 6, S. 358. 1908. — EDIE: Oil and Colour Bd. 31, S. 431. 1907; Ch. Revue Bd. 14, S. 58 u. 170. 1907; Quart. J. Inst. of Comm. Research in the Tropics 1907, S. 14. — DRABBLE: ebenda 1908, S. 20. — BRIEGER und KRAUSE: Tropenpflanzer Bd. 12, S. 83. 1908; Sffbr. Bd. 29, S. 765. 1909. — GRIMME: Ch. Revue Bd. 17, S. 266. 1910.

Combretaceae.

Catappaöl: RANGOON: Gazette d. Oil, Paint and Drug Rep. 1906, S. 70, Nr. 8; Ch. Revue Bd. 13, S. 283. 1906. — HOOPER: Annual Report, Indian Museum 1907/08, S. 13.

Myrobolanöl: HOOPER: a. a. O.

Chebuöl: HOOPER: a. a. O.

Chignitebutter: SEMLER: Trop. Agrikultur, 2. Aufl., Bd. II, S. 546. — WIESNER: „Rohstoffe des Pflanzenreiches", 2. Aufl., Bd. I, S. 481.

Strephonema-Samenöl: Imperial Institute, durch JUMELLE: „Les Huiles végétales", S. 376. Paris 1921.

Reihe: Umbelliflorae.

Araliaceae.

Efeusamenöl: PALAZZO und TAMBURELLO: R. Accad. Linc. (5), Bd. 23, II, S. 352. 1914 (Kennzahlen; Petroselinsäure). — N. und H.: Z. ang. Bd. 30, S. 221.

1917 (Ölgehalt, Kennzahlen). — STEGER und VAN LOON: Rec. trav. chim. Bd. 47, S. 471. 1928; C. 1928, I, 2098 (Kennzahlen und Bestandteile von Öl I).

Cornaceae.

Hartriegelöle: DE NEGRI und FABRIS: Ann. Lab. Gabelle 1891/92, S. 181. — GRIMALDI: Staz. sperim. agrar. ital. Bd. 44, S. 291. 1911; C. 1911, II, 397 (Unterscheidung von Olivenöl). — SHEETS: Ch. News Bd. 103, S. 172. 1911. — NORMANN: Ch. Umschau Bd. 25, S. 49. 1918 (Kennzahlen der Öle von rotem und weißem Hartriegel).

Sapotaceae.

Surinfett: LEWKOWITSCH: Analyst Bd. 31, S. 2. 1906; Ch. Revue Bd. 13. S. 34. 1906.

Kansiveöl: KESAVA-MENON: J. Soc. Ch. Ind. Bd. 29, S. 1428. 1910. — HOOPER: Priv. Mitteilung, s. LEWKOWITSCH: Ch. Technol., 6. ed., Bd. II, S. 527. 1922.

Bengkutalg: ABDERHALDEN: Biochem. Handlexikon, Bd. III, S. 129. Berlin 1911.

Njatuotalg: DE JONG und TROMP DE HAAS: Ch.-Ztg. Bd. 28, S. 780. 1904; Ch. Revue Bd. 11, S. 205. 1904.

Balamtalg: LEWKOWITSCH: Analyst Bd. 31, S. 2. 1906.

Pinlebyintalg: s. JUMELLE: „Les Huiles végétales", S. 405. 1921.

Sunteitalg: LEWKOWITSCH: a. a. O.

Literatur zu Bassiafetten: (bis zum Jahre 1912): WIESNER: Rohstoffe des Pflanzenreiches, 2. Aufl., Bd. I, S. 499. — SEMLER: Trop. Agrikultur, 2. Aufl., Bd. II, S. 537. — VALENTA: Dingl. Polyt. J. Bd. 251, S. 461. 1884. — DE NEGRI und FABRIS: Z. anal. Ch. Bd. 33, S. 572. 1894. — BECKER: Z. öff. Ch. Bd. 3, S. 545. 1897. — CROSSLEY und LE SUEUR: J. Soc. Ch. Ind. Bd. 17, S. 993. 1898. — SACHS: Ch. Revue Bd. 15, S. 30. 1903. — BALLAND: J. Pharm. Chim. Bd. 20, S. 529. 1904; Sfsz. Bd. 43, Nr. 3. 1905; Ch. Revue Bd. 12, S. 53. 1905; Bd. 13, S. 221. 1906. — JEAN: Ann. Chim. anal. Bd. 11, S. 201. 1906; C. 1906, II, 696. — KESAVA-MENON: J. Soc. Ch. Ind. Bd. 29, S. 1428. 1910; C. 1911, I, 503 (Fett von Bassia butyracea, B. latifolia, B. longifolia, B. malabarica). — HÉBERT: Bull. Soc. Chim. Bd. 9, S. 959. 1911; C. 1912, I, 44 („Karitéfett"). — REINSCH: Ch.-Ztg. Bd. 35, S. 77. 1911; C. 1911, I, 749. — PELLY: J. Soc. Ch. Ind. Bd. 31, S. 98. 1912; C. 1912, I, 1730 (Bestandteile der Fette von Bassia butyracea B. longifolia und B. latifolia). — SPRINKMEYER und DIEDRICHS: Z. Nahrgsm. Bd. 23, S. 581. 1912; C. 1912, II, 375 (Fett von Bassia longifolia).

Phulwarabutter: KESAVA-MENON: Pharm. Centralh. Bd. 54, S. 159. 1913. — BOLTON und REVIS: Analyst Bd. 40, S. 494. 1915; C. 1916, I, 432; s. ELSDON: „Edible Oils and Fats", S. 281. New York 1926.

Mowrahbutter: DIEDRICHS: Z. Nahrgsm. Bd. 27, S. 135. 1914; C. 1914, I, 1439 (Kennzahlen extrahierten und gepreßten Fettes). — KNIGGE: Sffbr. Bd. 34, S. 465. 1914; C. 1914, II, 93 (Eigenschaften, Verwendbarkeit). — BERG und ANGERHAUSEN: Z. Nahrgsm. Bd. 27, S. 723. 1914; C. 1914, II, 257 (Nachweis in tierischen und pflanzlichen Speisefetten durch Isolierung eines optisch aktiven Körpers aus dem Unverseifbaren). — BERG und ANGERHAUSEN: Z. Nahrgsm. Bd. 28, S. 73. 1914; C. 1914, II, 844 (Vergleich des Unverseifbaren mit dem des Sheafettes). — STADLINGER: Sffbr. Bd. 34, S. 892. 1914; C. 1915, I, 402 (Säurezahl, Verseifungszahl, Unverseifbares). — KNORR: Sfsz. Bd. 44, S. 234. 1917; C. 1917, I, 1165 (Einige Kennzahlen). — SUDBOROUGH, WATSON und CHANDORKAR: J. Indian Inst. Science Bd. 6, S. 1. 1923; C. 1923, IV, 257 (Eigenschaften, Verwendung); s. auch J. Soc. Ch. Ind. Bd. 42 A, S. 562. 1923 („Mohua"öl, Reinigung, Härtung, Bestandteile). — GILL and SHAH: J. Oil Fat Ind. Bd. 2, S. 46. 1925 (Bestandteile eines Fettes mit Verseifungszahl 206,5).

Illipetalg (Illipebutter): SEIFERT: Sfsz. Bd. 42, S. 497. 1915; C. 1915, II, 767. — WINTERSTEIN: Z. physiol. Ch. Bd. 105, S. 31. 1919; C. 1919, III, 436 (Fett des Preßrückstandes). — KOBAYASHI: J. Ch. Ind. Japan Bd. 25, S. 1188; J. Soc. Ch. Ind. Bd. 41, S. 947. 1922 (Bestandteile des Unverseifbaren). — GEORGI: Malay. Agricult. J. Bd. 12, S. 77. 1924; J. Soc. Ch. Ind. Bd. 43, S. 525. 1924; Ch. Umschau Bd. 31, S. 218. 1924. — BYWATERS, MAGGS und POOL: Analyst Bd. 52, S. 324. 1927; C. 1927, II, 1216 (Nachweis von „Illipetalg" in Schokolade).

Katiaufett: CLARKE: Pharm. Centralh. Bd. 54, S. 564. 1913; Ch. Revue Bd. 20, S. 58. 1913.

Öl von Bassia Pasquieri: s. JUMELLE: „Les Huiles végétales", S. 394. 1921.

Fett von Omphalocarpum anocentrum: HÉBERT: Bull. Soc. Chim. Bd. 9, S. 662. 1911; C. 1911, II, 476.

Sheabutter: WIESNER: „Rohstoffe des Pflanzenreiches", 2. Aufl., Bd. I, S. 498. — SEMLER: Trop. Agrikultur 2. Aufl. Bd. II, S. 543. — Muspratts Chemie 4. Aufl., Bd. 3, S. 574. — DE NEGRI und FABRIS: Z. anal. Ch. Bd. 33, S. 572. 1894. — KAPLER: Sfsz. Bd. 29, S. 312 u. 349. 1902. — Graf ZECH: Tropenpflanzer Bd. 7, S. 414. 1903. — SCHINDLER und WASCHATA: Landw. Vers.-Stat. Bd. 7, S. 643. 1904; Ch. Revue Bd. 12, S. 221. 1905. — SOUTHCOMBE: J. Soc. Ch. Ind. Bd. 28, S. 499. 1909; Ch. Revue Bd. 16, S. 168. 1909. — SPRINKMEYER und DIEDRICHS: Z. Nahrgsm. Bd. 23, S. 584. 1912; C. 1912, II, 375 (Kennzahlen rohen und raffinierten Fettes). — HÉBERT: Bull. Soc. Chim. (4) Bd. 9, S. 959. 1911; C. 1912, I, 44 (Kennzahlen). — BERG und ANGERHAUSEN: Z. Nahrgsm. Bd. 28, S. 73. 1914; C. 1914, II, 844 (Unverseifbares 6,3—6,9%). — SEIFERT: Sfsz. Bd. 42, S. 497. 1915; C. 1915, II, 767 (Verwendung in der Seifenindustrie). — KNORR: Sfsz. Bd. 44, S. 234. 1917; C. 1917, I, 1165 (Jod- und Verseifungszahl einer Probe mit Säurezahl 11,4). — WOLFF: Z. D. Öl- u. Fettind. Bd. 41, S. 468. 1921; C. 1921, IV, 1185 (Unverseifbares; Kennzahlen der vom Unverseifbaren befreiten Fettsäuren). — EHRENSTEIN: Z. ang. Bd. 38, S. 827. 1925 (Bestandteile; Unverseifbares: Phytosterin, Schmelzpunkt 149°; alkohollöslicher und -unlöslicher Anteil). — BELSUME: Bull. Mat. grasses 1926, S. 55; C. 1926, II, 1801 (Fett mit 23,7% freien Fettsäuren und 36,3% Unverseifbarem).

Arganöl: SASSERATH: Z. Nahrgsm. Bd. 20, S. 749. 1910; C. 1911, I, 583. — MOREAU und LEULIER: Bull. Sciences Pharm. Bd. 25, S. 81. 1918; C. 1918, II, 37 (Kennzahlen einer Ölprobe aus Mogador).

Samenöl von Chrysophyllum d'Azopé: HÉBERT: Bull. Soc. Chim. (4) Bd. 9, S. 662. 1911; C. 1911, II, 477.

Sapitiöl: PECKOLT: Ber. Pharm. Ges. Bd. 14, S. 33. 1904.

Njavebutter: WEDEMEYER: Ch. Revue Bd. 14, S. 35. 1907. — FREUNDLICH: ebenda Bd. 15, S. 106. 1908. — KRAUSE: Tropenpflanzer Bd. 13, S. 283. 1909; Bd. 14, S. 29. 1910. — FICKENDEY: Ch. Revue Bd. 17, S. 78. 1910. — WAGNER und OESTERMANN: Z. Nahrgsm. Bd. 24, S. 327. 1912. — SPRINKMEYER und DIEDRICHS: ebenda Bd. 23, S. 586. 1912; C. 1912, II, 375 (Kennzahlen rohen und raffinierten Fettes). — PERROT: Bull. Sciences Pharm. Bd. 21, S. 173. 1914; C. 1914, I, 1676 (Kennzahlen eines Fettes mit Säurezahl 53,3; Samen werden „Djave" genannt). — BOLTON und HEWER: Analyst Bd. 47, S. 282. 1922; C. 1922, III, 963 (Fett von Mimusops djave mit 9,3% freien Säuren; Fett von „Bey Beans" von Baillonella spec., wahrscheinlich B. djave, mit 30% freien Säuren). — MAR-

GAILLAN und MARTIN: Ann. Musée Colonial Marseille Jg. 33 (4), Bd. 3, S. 10. 1925; Sep. d. Verf. (Kennzahlen; Säurezahl 11,5).

Öl von Mimusops elengi: KESAVA-MENON: J. Soc. Ch. Ind. Bd. 29, S. 1430. 1910; C. 1911, I, 503. — RAU und SIMONSEN: Indian Forest Records Bd. 9, III. 1922; J. Soc. Ch. Ind. Bd. 41 A, S. 902. 1922; Ch. Umschau Bd. 30, S. 25. 1923 (Ölgehalt 16%; Bestandteile).

Moabifett: LECOMTE und HÉBERT: Compt. rend. Bd. 120, S. 374. 1895.

Rayanöl: PATEL: J. Indian Inst. Science Bd. 7, S. 71. 1924; C. 1924, II, 1528; s. auch Ch. Umschau Bd. 32, S. 7. 1925 (Bestandteile). — JUMELLE: „Les Huiles végétales", S. 404. Paris 1921 (Dichte, Verseifungszahl).

Dumoributter: HÉBERT: Bull. Soc. Chim. Bd. 9, S. 622. 1911; C. 1911, II, 476. — PERROT: Bull. Sciences Pharm. Bd. 21, S. 173. 1914; C. 1914, I, 1676 (Fett mit Säurezahl 50; Dichte 0,909).

Reihe: Contortae.

Oleaceae.

Olivenöl: HÜBL: Dinglers Polyt. J. Bd. 253, S. 281. 1884. — ARCHBUTT: J Soc. Ch. Ind. Bd. 5, S. 308. 1886. — HAZURA und GRÜSSNER: Monatsh. Bd. 9, S. 944. 1888; Bd. 10, S. 190, 242. 1889. — JEAN: J. Pharm. Chim. Bd. 20, S. 337. 1889. — PAPARELLI: J. Soc. Ch. Ind. Bd. 11, S. 848. 1892. — TOLMEI: R. Accad. Linc. 1896. — HEHNER und MITCHELL: Analyst Bd. 21, S. 328. 1896. — BLASDALE: J. Soc. Ch. Ind. Bd. 15, S. 206. 1896. — ARCHBUTT: ebenda Bd. 16, S. 311. 1897. — GOLDBERG: ebenda S. 447. — JEAN: Ann. Chim. anal. Bd. 3, S. 218. 1898. — FARNSTEINER: Z. Nahrgsm. Bd. 2, S. 8. 1899. — HOLDE und STANGE: Mitt. Techn. Vers.-Anst. Berlin Bd. 19, S. 110. 1901; Bd. 20, S. 62. 1902; Ber. Bd. 34, S. 2402. 1901; Bd. 35, S. 4306. 1902 (Gemischtsäurige Glyceride). — SOLTSIEN: Z. öff. Ch. Bd. 7, S. 184. 1901. — SANI: Staz. sperim. agrar. ital. Bd. 35, S. 701. 1902. — TOLMAN und MUNSON: J. Am. Ch. Soc. Bd. 25, S. 965. 1903. — MILLIAU, BERTAINCHAUD und MALET: Bull. De la Direct. de l'Agric., du Comm. et de la Colonis. Tunis Bd. 8, S. 167. 1903. — GYLL und TUFTS: J. Am. Ch. Soc. Bd. 25, S. 498. 1903. — HUWART: Les Corps gras ind. Bd. 30, S. 194. 1904. — TORTELLI: Gazz. chim. Bd. 34, II, S. 185. 1904; Ch.-Ztg. Bd. 29, S. 530. 1905. — LEWKOWITSCH: Jahrb. d. Ch. Bd. 14, S. 438. 1904. — PROCTER und HOLMES: J. Soc. Ch. Ind. Bd. 24, S. 1287. 1905. — HALPHEN: J. Pharm. Chim. Bd. 21, S. 54. 1905. — THOMSON und DUNLOP: Analyst Bd. 31, S. 281. 1906; Ch. Revue Bd. 13, S. 280. 1906. — POLLATSCHEK: Ch. Revue Bd. 14, S. 4. 1907. — MARCILLE: Bull. de la Direct. de l'Agric. du Comm. et de la Colonis. Tunis 1907, S. 531; Ann. di Chim. appl. Bd. 12, S. 188. 1907. — PAAL und ROTH: Ber. Bd. 41, S. 2283. 1908; Bd. 42, S. 1547. 1909. — OLIG und BRUST: Z. Nahrgsm. Bd. 17, S. 563. 1909. — SASSERATH: ebenda Bd. 20, S. 750. 1910. — BULL und SAETHER: Ch.-Ztg. Bd. 34, S. 732. 1910. — WINKLER: Z. ang. Bd. 24, S. 636. 1911. — KLIMONT: ebenda S. 256. — KLEIN: J. Landw. Bd. 60, S. 31. 1912; C. 1912, I, 1665 (Ölgewinnung, Änderung der Kennzahlen mit dem Preßdruck und der Preßtemperatur; Ölgehalt, Kennzahlen portugiesischer Olivenöle und des Olivenkernöles). — MARCELET: Ann. Falsif. Bd. 5, S. 82. 1912; C. 1912, I, 1133 (Kennzahlen von Nizzaolivenöl). — WALKER und BOUGHTON: Eng. Bd. 3, S. 816. 1911; C. 1912, I, 1151 (Fluorescenz zum Nachweis nicht geeignet). — BUBANOVIC: Z. Ch. Ind. Kolloide Bd. 10, S. 178. 1912; C. 1912, I, 1921 (Einfluß fettlöslicher Stoffe auf die Viscosität des Öles). — RIPPETOE und SMITH: Am. J. Pharm. Bd. 84, S. 158. 1912; C. 1912, I, 1921 (Kennzahlen; Jodzahl als Reinheitsprobe). — SANI:

R. Accad. Linc. (5) Bd. 21, I, S. 364. 1912; C. 1912, I, 1393 (Abhängigkeit der Säurezahl von der Lagerzeit der Früchte). — KRÖBER: Apoth.-Ztg. Bd. 27, S. 278. 1912; C. 1912, I, 1732 (Abhängigkeit des Säuregrades vom Klima). — SMITH: Eng. Bd. 4, S. 36. 1912; C. 1912, I, 1393 (Berechnung des Brechungsindex der Fettsäuren aus dem des Öles). — MARCILLE: Ann. Falsif. Bd. 5, S. 190. 1912 (Kritik der Arbeit von MARCELET: ebenda S. 82); C. 1912, II, 53. — RANSOME: J. Soc. Ch. Ind. Bd. 31, S. 672. 1912; C. 1912, II, 859 (Änderung des spezifischen Gewichtes durch den Gehalt an freien Fettsäuren). — ADLER: Z. Nahrgsm. Bd. 23, S. 676. 1912; C. 1912, II, 757 (Nachweis des Erdnußöles im Olivenöl). — MALACARNE: Giorn. Farm. Chim. Bd. 62, S. 153. 1913; C. 1913 I 2184 (BELLIERsche Probe zum Nachweis fremder Öle im Olivenöl). — KALLIR: Z. öff. Ch. Bd. 19, S. 37. 1913; C. 1913, I, 965 (Nachweis des Erdnußöles im Olivenöl). — LÜERS: Z. Nahrgsm. Bd. 24, S. 683. 1912; C. 1913, I, 332 (Methode FRANZ-ADLER zum Nachweis des Erdnußöles im Olivenöl). — KREIS und ROTH: Z. Nahrgsm. Bd. 26, S. 38. 1913; C. 1913, II, 819 (Nachweis des Rüböles durch den Schmelzpunkt der Fettsäuren). — KREIS: Mitt. Lebensm.-Unters. u. Hyg. Bd. 4, S. 201. 1913; C. 1913 II, 1338 (Nachweis des Rüböles im Olivenöl durch Abscheidung der Erucasäure). — POCKELS: Physik. Z. Bd. 15, S. 39. 1914; C. 1914, I, 514 (Ausbreitung des Öles auf Kohle, Glas, Kupfer, Eisen, Platin und Zink). — CANZONERI und BIANCHINI: Ann. di Chim. appl. Bd. 1, S. 24. 1914; C. 1914, I, 1336 (Ranzigwerden des Öles). — FACHINI und DORTA: Ch.-Ztg. Bd. 38, S. 18. 1914, (Abscheidung der Arachinsäure). — STADLINGER: Sffbr. Bd. 34, S. 809 u. 837. 1914; C. 1915, I, 402 (Analyse). — SISLEY und FREHSE: Ann. Falsif. Bd. 7, S. 130. 1914; Ch. Umschau Bd. 27, S. 111. 1920 (Nachweis von Verfälschungen mit p-Nitrobenzoldiazochlorid). — DAVIDSOHN: Ch. Revue Bd. 22, S. 11. 1915 (Löslichkeit in Alkohol). — ANDERSON und BOWEN: Philos. Magazine (6) Bd. 31, S. 143. 1916; C. 1916, I, 868 (Oberflächenspannung). — BACKER: Ch. Weekblad Bd. 12, S. 1034. 1915; C. 1915, I, 395 (Molekulargewicht des Öles). — POCKELS: Physik. Z. Bd. 17, S. 142. 1916; C. 1916, I, 1234 (Ausbreitung auf Wasser). — MANNICH und THIELE: Ber. Pharm. Ges. Bd. 26, S. 36. 1916; C. 1916, I, 812 (Kennzahlen natürlichen und hydrierten Öles). — SCHIDLOF und TARGONSKI: Compt. rend. Bd. 162, S. 788. 1916; C. 1916, II, 368 (BROWNsche Bewegung von Olivenöltröpfchen in Luft). — MCMACKEY und INGLE: J. Soc. Ch. Ind. Bd. 35, S. 454. 1916; C. 1916, II, 357 (Wirkungen von Trocknern auf Olivenöl). — CUTOLO: Staz. sperim. agrar. ital. Bd. 49, S. 377. 1916; C. 1916, II, 1076 (Veränderung des Brechungsindex durch Erhöhung des Säuregrades und durch Ranzidität). — KNORR: Sfsz. Bd. 44, S. 234. 1917 (Sulfurölanalysen). — ANDÈS: Farbenztg. Bd. 22, S. 388; Ch. Umschau Bd. 24, S. 27. 1917 (Trockenzeiten von Leinölfirnis in Mischung mit Olivenöl u. dgl.). — FAHRION: Ch. Umschau Bd. 24, S. 59. 1917 (Bestimmung der Verseifungszahl). — LACKEY und SAYRE: Ref. Sfsz. S. 651; Ch. Umschau Bd. 24, S. 118. 1917 (Vergleich der Kennzahlen des Mais- und Olivenöles). — CANZONERI und BIANCHINI: Ann. di Chim. appl. Bd. 2, S. 1. 1914; C. 1917, I, 799 (Schwefelhaltiges Olivenöl; Kennzahlen gepreßter und extrahierter Öle). — BIAZZO und VIGDORCIK: Ann. di Chim. appl. Bd. 6, S. 185. 1916; C. 1917, II, 652 (Nachweis von Rüböl im Olivenöl). — GRUNMACH und BEIN: Wiss. Abh. Normal-Eich.-Komm. Heft 9, S. 1. 1917; C. 1917, I, 875 (Oberflächenspannung). — WILKIE: Analyst Bd. 42, S. 200. 1917; C. 1917, II, 780 (0,7—1,5% Unverseifbares). — CRUESS und CHRISTIE: Eng. Bd. 9, S. 45. 1917; C. 1918, I, 313 (Ölgehalt der Trester). — LE NAVUR: J. Pharm. Chim. (7) Bd. 16, S. 243. 1917; C. 1918, I, 582 (Neutralisation des Öles). — HERBIG: Sffbr. Bd. 38, S. 497. 1918; C. 1919, II, 606 (Oxyfettsäuren). — DE JONG: Pharm.

Weekblad Bd. 54, S. 1390. 1917; C. 1918, I, 777 (Nachweis des Erdnußöles nach FRANZ-ADLER). — GRIMME: Sfsz. Bd. 46, S. 358, 379; Ch. Umschau Bd. 26, S. 104. 1919 (Kritische Lösungstemperatur). — NORMANN: Ch. Umschau Bd. 28, S. 216. 1920 (Viscosität bei verschiedenen Temperaturen). — COFMAN-NICORESTI: Pharm. J. Bd. 104, S. 139. 1920; C. 1920, II, 611 (Nachweis des Teesaatöles im Olivenöl). — MANZILLA: L'Ind. Saponiera Bd. 19, S. 83. 1920; C. 1920, IV, 193 (Grenzwerte für Verseifungszahl, Säurezahl, Wassergehalt und Gehalt an Oxysäuren). — RECTOR: Eng. Bd. 12, S. 156. 1920; C. 1920, III, 97 (Enzyme im rohen Öl). — FERNANDEZ und BUSTAMENTE: Ref. Olien en Vetten S. 204; Ch. Umschau Bd. 27, S. 125. 1920 (Kennzahlen spanischer Öle). — MATHIEU: Ann. Falsif. Bd. 14, S. 408. 1921; C. 1922, II, 824 (Hoher Gehalt an Arachinsäure, vorgetäuscht durch Analyse der festen Phase des Öles). — KUCKHOFF: Sfsz. Bd. 48, S. 310. 1921 („Triolivenöl"). — GÜMBEL: Forschungsarb. Gebiet Ingenieurwesen 1920, Nr. 224, S. 3; C. 1922, II, 489 (Schmierfähigkeit). — PRAX: Ann. Falsif. Bd. 14, S. 270. 1921; C. 1922, II, 46 (Reaktion nach VILLAVECCHIA). — PRAX: Ann. Falsif. Bd. 15, S. 159. 1922; C. 1922, IV, 509 (Nachweis des Sesamöles in Olivenöl). — POUND: J. Ch. Soc. Bd. 123, S. 578. 1923; C. 1923, III, 98 (Grenzflächenspannung). — SAGE: Pharm. J. Bd. 110, S. 515. 1923; C. 1923, IV, 837 (Grenzwerte der Säurezahlen und Jodzahlen reinen Öles); s. dagegen „Die Reinheit des Olivenöles", Pharm. J. Bd. 110, S. 556. 1923; C. 1923, IV, 837 (Kritik der Arbeit von SAGE). — BAILEY: Cotton Oil Press Bd. 5, Nr. 10, S. 26. 1922; C. 1923, IV, 257 (Kein Zusammenhang zwischen Ranzidität und Säurezahl). — HELLER, Farbenztg. Bd. 28, S. 631. 1923; C. 1923, I, 586 (Ursache der grünen Farbe des Rohöles). — WOLFF: Ch. Umschau Bd. 30, S. 253. 1923 (Beziehung zwischen Brechungsindex, Dichte, Säurezahl und Jodzahl). — DICKHART: Cotton Oil Press Bd. 7, Nr. 6, S. 34. 1923; C. 1924, I, 836 (Nachweis des Olivenöles in gereinigten Pflanzenölen). — SEIFRIZ: Am. J. Physiol. Bd. 66, S. 124. 1923; C. 1924, I, 207 (Emulsionen des Öles). — WILLSTÄTTER und MEMMEN: Z. physiol. Ch. Bd. 133, S. 229. 1924 (Enzymatische Spaltung). — CRISPOLTI: Staz. sperim. agrar. ital. Bd. 57, S. 194. 1924; C. 1924, II, 1808 (Erhöhung des Ölgehaltes durch Ausreifenlassen). — MICHAELIS: Sfsz. Bd. 50, S. 124. 1923; C. 1924, II, 771 (Extraktion mit „Tri"). — WINKLER: Pharm. Centralh. Bd. 65, S. 385. 1924; C. 1924, II, 1529 (Jod-Bromzahl). — SAJOUS: Ann. Falsif. Bd. 17, S. 404. 1924; C. 1925, I, 237 (Ölgehalt korsischer Oliven). — CERDEIRAS: Bull. Soc. Chim. (4) Bd. 35, S. 902; C. 1924, II, 1868 (Einwirkung von Halogen). — MARGOSCHES und HINNER: Z. ang. Bd. 37, S. 202. 1924 (Reaktionsfähigkeit gegen Jod). — FACHINI und SOMAZZI: Atti Congr. Naz. Ind. 1924, S. 397; C. 1925, I, 2420 (Extraktion der freien Fettsäuren mit Alkohol). — SONOL: Anal. Asoc. Quim. Argent. Bd. 12, S. 280. 1924; C. 1925, I, 2741 (Kennzahlen reiner Öle, Nachweis von Verfälschungen). — BELL und POYNTON: Philos. Magazine (6) Bd. 49, S. 1065. 1925; C. 1925, II, 708 (Dielektrizitätskonstante). — SEIFRIZ: J. Physic. Ch. Bd. 29, S. 587. 1925; C. 1925, II, 642. J. Phys. Ch. Bd. 29, S. 738, 834. 1925; C. 1925, II, 1511 (Emulsionen mit Casein usw.). — AZADIAN: Ann. Falsif. Bd. 18, S. 343. 1925; C. 1925, II, 1905 (Ranzigkeit und Säurezahl; Reaktionen auf Ranzigkeit). — ANDRÉ und FRANÇOIS: Bull. Soc. Chim. (4) Bd. 37, S. 167. 1925; C. 1925, I, 1587 (Beschleunigung der Jodaddition durch die Gegenwart von Kupfer). — SONOL: Anal. Asoc. Quim. Argent. Bd. 12, S. 80. 1924; C. 1925, I, 762 (Nachweis von Verfälschungen). — MARGOSCHES, FRIEDMANN und TSCHÖRNER: Ber. Bd. 58, S. 794. 1925 (Überjodzahl). — FREHSE: Ann. Falsif. Bd. 18, S. 204. 1925; C. 1925, II, 992 (Fluorescenz raffinierter und natürlicher Öle im Woodlicht). — MARGOSCHES, FRIEDMANN, SCHEINOST und

Tschörner: Ber. Bd. 58, S. 1064. 1925 (Überjodzahl). — Täufel und Sarria: An. Soc. espanola Fis. Quim. Bd. 24, S. 25. 1926; C. 1926, I, 3105 (Analyse eines spanischen Öles). — Baughman und Jamieson: J. Oil Fat Ind. Bd. 2, S. 110. 1925; C. 1926, I, 3289 (Bestandteile italienischen Bitonto-Olivenöles). — Saccardi: Giorn. Chim. Ind. Appl. Bd. 8, S. 11. 1926; Ch. Umschau Bd. 33, S. 255. 1926 (Reaktion auf Sulfurolivenöl). — Ceriotti und Sanguinelli: Rev. Fac. Cien. Quim. Bd. 3, S. 65. 1925; Ch. Umschau Bd. 33, S. 282. 1926 (Säurezahlen). — Jamieson und Baughman: J. Oil Fat Ind. Bd. 2, S. 40. 1925; C. 1926, I, 3289 (Zusammensetzung kalifornischen Öles). — Becker: Münch. med. Wochenschr. Bd. 73, S. 99. 1926; C. 1926, I, 1899 (Fluorescenz durch Quarzlichtbestrahlung). — Williams: J. Oil Fat Ind. Bd. 2, S. 112. 1925; C. 1926, I, 3290 (Abhängigkeit der Ölfarbe vom Reifegrad, der Gewinnungs- und Aufbewahrungsart). — Bills: J. Biol. Ch. Bd. 67, S. 279. 1926; C. 1926, II, 125 (Löslichkeit). — Woog: Compt. rend. Bd. 181, S. 772. 1925; C. 1926, I, 1127 (Ausbreitung eines Ölhäutchens auf Metallen). — Harkins und Zollmann: J. Am. Ch. Soc. Bd. 48, S. 69. 1926; C. 1926, I, 2656 (Grenzflächenspannung). — de Conno, Goffredi und Dragoni: Ann. di Chim. appl. Bd. 15, S. 475. 1925; C. 1926, I, 2059 (Hilfsmittel zur Erhöhung der Haltbarkeit). — Eibner und Rasquin: Ch. Umschau Bd. 33, S. 29. 1926 (Vollständige Analyse eines andalusischen Öles, Trockenfähigkeit; das Zitat bei Olivenöl, S. 340, findet sich auf S. 37 der Eibnerschen Abhandlung). — Bonnet: Bull. Mat. grasses 1926, S. 84; C. 1926, II, 1801 (Geschmack). — Fachini: Giorn. Chim. Ind. Appl. Bd. 8, S. 178. 1926; C. 1926, II, 672 (Identifizierung von Sulfurölen). — Traetta: Ann. di Chim. appl. Bd. 16, S. 169. 1926; C. 1926, II, 1107 (Kennzahlen der Öle von frischen, vergorenen und durch Insektenfraß zerstörten Oliven). — Margosches und Fuchs: Ber. Bd. 59, S. 375. 1926 (Differenzjodzahl). — Grossfeld: Z. Lebensm. Bd. 51, S. 210. 1926 (Buttersäurezahl = —0,4). — Kaufmann: Ber. Bd. 59, S. 1390. 1926 (Rhodanzahl); Arch. Pharm. und Ber. Pharm. Ges. Bd. 263, S. 675. 1925; C. 1926, I, 2021 (Rhodanometrische Jodzahl; Bestandteile). — Powell: Analyst Bd. 50, S. 395. 1925; C. 1926, I, 266 (Nachweis von Erdnußöl). — Shelley: Analyst Bd. 50, S. 498. 1926; C. 1926, I, 2636 (Nachweis von Erdnußöl). — Fachini und Dorta: L'industria degli olii e dei grassi Bd. 6, S. 9. 1926 (Nachweis von Erdnußöl); ebenda S. 11; Ch. Umschau Bd. 34, S. 135. 1927 (Identifizierung extrahierten Öles); L'industria degli olii e dei grassi Bd. 7, März 1927; Ch. Umschau Bd. 34, S. 240. 1927 (Analyse nach den Bestimmungen des deutsch-italienischen Handelsvertrages). — Jansen und Schut: Ch. Weekblad Bd. 23, S. 498. 1926; C. 1927, I, 1081 (Entmischungstemperatur der Gemische Öl-Anilin und Öl-Aceton). — Lauro: J. Oil Fat Ind. Bd. 4, S. 75. 1927; C. 1927, I, 2491 (Vorkommen von Kalkseifen im Olivenölsatz). — Volmar: J. Pharm. Chim. (8) Bd. 5, S. 435; C. 1927, II, 182 (Identifizierung des Öles durch seine grüngelbe Fluorescenz im Licht der Georgeslampe, $\lambda = 365\,\mu\mu$). — Vaubel: Z. Lebensm. Bd. 53, S. 151. 1927; C. 1927, II, 184 (Sekundäre und tertiäre Brom-Jodzahl). — Brooks: J. Oil Fat Ind. Bd. 4, S. 139. 1927; C. 1927, II, 185 (Änderung der Kennzahlen eines kalifornischen Öles durch 20jähriges Lagern). — Finch und Karin: J. Soc. Ch. Ind. Bd. 45 T, S. 469. 1926; C. 1927, II, 652 (Ermittlung günstiger Verseifungsbedingungen). — Bertram: Ch. Weekblad Bd. 24, S. 226. 1927; C. 1927, II, 762 (Gehalt an wasserunlöslichen gesättigten Fettsäuren: 16,8%). — Martinoli: Pharm. Acta Helv. Bd. 2, S. 15, 30, 54. 1927; C. 1927, II, 1219 (Analyse einer Mischung von Olivenöl und Erdnußöl). — Caulkin: Pharm. J. Bd. 118, S. 769. 1927; C. 1927, II, 1520 (Vergleich einiger Eigenschaften mit denen des Teesamenöles). — Jamieson: J. Oil Fat Ind. Bd. 4, S. 426. 1927; C. 1928, I, 1728 (Kennzahlen und Bestandteile spanischer Öle). — ALLAN und MOORE: J. Soc. Ch. Ind. Bd. 46 T, S. 433. 1927; C. 1928, I, 435 (Phytosterin). — MILANI: Ann. di Chim. appl. Bd. 17, S. 389 u. 589. 1927; C. 1927, II, 2727 bzw. C. 1928, I, 986 (Reinheitsprüfung mittels Eosin-Acetonlösung); s. dagegen CUCCURULLO: Ann. di Chim. appl. Bd. 19, S. 297. 1928; C. 1928, II, 1730. — BAUD und COURTOIS: Ann. Falsif. Bd. 20, S. 574. 1927; C. 1928, I, 1471 (Unterschied der Färbung von raffiniertem Öl und Jungfernöl im ultravioletten Licht). — FACHINI: Atti II. Congresso Nazionale Chim. pura ed appl. Palermo 1926, S. 936 (Nachweis von Sulfurolivenölen). — FACHINI und DORTA: ebenda S. 941 (Nachweis von Erdnußöl); C. 1928, I, 2884f. — Olivenölkommission der Amerikan. Ölchemikergesellschaft: J. Oil Fat Ind. Bd. 5, S. 206. 1928; C. 1928, II, 1160 („Benzoatprobe“ zum Nachweis von Sulfurolivenöl). — FALCONE: Ann. di Chim. appl. Bd. 18, S. 273. 1928; C. 1928, II, 1402 (Reinheitsbestimmung mittels der Kennzahlen). — STRATTA und MANGINI: Giorn. Chim. Ind. Appl. Bd. 10, S. 205. 1928; C. 1928, II, 1402 (Fluorescenz im WOODschen Licht: Jungfernöle gelblich bis bräunlich, raffinierte Öle graublau, extrahierte Öle himmelblau bis violett); s. dagegen Bureau of Standards: J. Franklin Inst. Bd. 204, S. 805. 1927; C. 1928, I, 1340 (Fluorescenzerscheinungen kalifornischer Öle von hohem Chlorophyllgehalt); s. auch MUSHER: J. Oil Fat Ind. Bd. 5, S. 356. 1928; C. 1929, I, 1064. — JAFFE: Ann. di Chim. appl. Bd. 18, S. 368. 1928; C. 1928, II, 2688 (Nachweis und Bestimmung von Pistaziennußöl durch Abscheidung der hochmolekularen Fettsäuren des letzteren in Form ihrer Lithiumsalze). — K. H. BAUER und MITSOTAKIS: Ch. Umschau Bd. 35, S. 275. 1928; C. 1929, I, 320 (Untersuchung von 5 Olivenölsorten; Nachweis von Lignocerinsäure in einem mittels Schwefelkohlenstoff extrahierten Öl, während die untersuchten Preßöle keine Lignocerinsäure enthielten). — KAUFMANN: Z. ang. Bd. 41, S. 1048. 1928 (11,4% gesättigte Anteile, rhodanometrisch bestimmt). — MUSHER: J. Oil Fat Ind. Bd. 6, S. 25. 1929; C. 1929, I, 1629 (Definition von „Jungfernöl“). — HELLER und VON RIEGEN: Allg. Öl- u. Fett-Ztg. Bd. 26, S. 99. 1929; C. 1929, I, 2121 (Unbrauchbarkeit der Farbreaktion nach MILANI: C. 1927, II, 2727). — KALOYEREAS, CRUESS und LESLEY: J. Pharm. Chim. (8) Bd. 8, S. 407. 1928; C. 1929, I, 2002 (Bestimmung des Ölgehaltes in den Oliven). — NASINI und DE CORI: Ann. di Chim. appl. Bd. 19, S. 46. 1929; C. 1929, I, 2490 (Fluorescenzerscheinungen im ultravioletten Licht); s. auch BAUD und COURTOIS: Chemist and Druggist Bd. 110, S. 325. 1929; C. 1929, I, 2491.

Olivenkernöl: KLEIN: Z. ang. Bd. 11, S. 847. 1898; J. Soc. Ch. Ind. Bd. 17, S. 1055. 1898; J. Landw. Bd. 60, S. 31. 1912; C. 1912, I, 1665 (Portugiesisches Olivenkernöl).

Samenöl von Olea cuspidata: CROSSLEY und LE SUEUR, durch JUMELLE: „Les Huiles végétales“, S. 429. Paris 1921.

Samenöl von Olea ilicifolia: S. IVANOW: Beih. z. Botan. Centralbl. Abt. I, Bd. 32, S. 66, und zwar S. 72. 1915.

Tatuöl: PECKOLT: Ber. Pharm. Ges. Bd. 31, S. 46. 1901.

Loganiaceae.

Öle von Gelsemium nitidum, INGHAM: Ann. J. Pharm. 1897, S. 235 (Verbreitung der Stammpflanze: Florida, Virginien, Mexiko; Ölgehalt in der Wurzel: 5,6—7,4%; im Stamm: 3,2%. Keine näheren Angaben).

Brechnußöl (Strychnosöl): HARVEY und WILKIE: J. Soc. Ch. Ind. Bd. 24, S. 718. 1905; Ch. Revue Bd. 12, S. 189. 1905. — SCHRÖDER: Arch. Pharm. Bd. 243, S. 628. 1905; Ch. Revue Bd. 13, S. 12. 1906. — HEIDUSCHKA und WALLENREUTER: Arch. Pharm. Bd. 250, S. 398. 1912; C. 1912, II, 1667 (Öl mit

Säurezahl 18,5; Unverseifbares); Bd. 253, S. 202. 1915 (Phytosterine). — WATT und ANGUS: J. Soc. Ch. Ind. Bd. 35, S. 201. 1916; C. 1916, I, 1153 (Festes Fett der Samen).

Gentianaceae.

Enzianöl (von Gentiana lutea): HARTWICH und UHLMANN: Arch. Pharm. Bd. 240, S. 474. 1902 (Verbreitung der Stammpflanze: Gebirge der gemäßigten Zone; die Wurzeln liefern bei der Extraktion ein scharfschmeckendes Öl. Keine näheren Angaben).

Apocynaceae.

Hancorniaöl: VRYJ: Pharm. Centralh. Bd. 23, S. 25. 1882. — PECKOLT: Ber. Pharm. Ges. Bd. 19, S. 539. 1909.

„Divikaduroöl" von Tabernaemontana dichotoma: Tropical Agriculturist 1900 (Verbreitung der Stammpflanze: Ceylon).

Samenöl von Thevetia neriifolia: UBBELOHDE und GOLDSCHMIDT: Handbuch Bd. II, S. 8. 1920 (Exilöl). — DE VRIJS (Ölgehalt); OUDEMANS (Bestandteile); erwähnt bei JUMELLE: „Les Huiles végétales", S. 415. Paris 1921. — BHATTACHARYA und AYYAR: J. Indian Inst. Sciences Bd. 10 A, S. 15. 1927; C. 1927, II, 1354 (Kennzahlen und Bestandteile eines Öles mit der Säurezahl 4,3).

Samenöl von Cerbera odollam: GHANEKAR und AYYAR: J. Indian Inst. Sciences Bd. 10 A, S. 20. 1927; C. 1927, II, 1354.

Oleandersamenöl: MATTHES und SCHÜTZ: Festschrift für AL. TSCHIRCH, S. 162, Königsberg 1926; C. 1927, I, 2753.

Samenöl von Nerium odorum: CAMO, durch JUMELLE: „Les Huiles végétales", S. 415. Paris 1921.

Funtumiaöl: s. unter „trocknende Öle".

Strophanthusöl: HOFMANN: Festnummer d. Ber. Niederl. Pharm. Ges. 1892, S. 38; Pharm. Centralh. Bd. 33, S. 595; C. 1892, II, 1033. — MJOËN: Arch. Pharm. Bd. 234, S. 293. 1896. — BJALOBRZEWSKI: Pharm. J. Bd. 40, S. 199. 1901; J. Soc. Ch. Ind. Bd. 20, S. 817. 1901. — RIEDEL A.-G.: Riedels Ber. 1913, S. 33 (Ölgehalt der Samen: 31,4—32,3%). — MATTHES und RATH: Arch. Pharm. Bd. 252, S. 683. 1914; C. 1915, I, 211 (Kennzahlen rohen und gereinigten Öles, Bestandteile); Arch. Pharm. Bd. 252, S. 694. 1914; C. 1914, I, 223 (Abscheidung und Reaktionen der Sterine). — HEIDUSCHKA und WALLENREUTER: Arch. Pharm. Bd. 252, S. 704. 1914; C. 1915, I, 211 (Kennzahlen eines Öles mit der Säurezahl 42,3; Phytosteringehalt, Reaktionen des Phytosterins). — SAMAAN: Pharm. J. (4) Bd. 49, S. 66. 1919; C. 1919, IV, 947 (Ölgehalt der Samen von Strophanthus Kombe; Öl physiologisch indifferent); Bd. 109, S. 83. 1922; C. 1922, III, 792 (Ölgehalt der Samen von Strophanthus Preussii 29%; Giftstoff der Samen).

Öl von Wrightia antidysenterica: UBBELOHDE und GOLDSCHMIDT: Handbuch der Technologie der Fette und Öle, Bd. II, S. 8. 1920 (Keine näheren Angaben).

Holarrhena-Samenöl: GHANEKAR und AYYAR: J. Indian Inst. Science Bd. 10 A, S. 24. 1927; C. 1927, II, 1355.

Asclepiadaceae.

Akoon-Samenöl: DIEDRICHS: Z. Nahrgsm. Bd. 27, S. 140. 1914; C. 1914, I, 1439.

Reihe: Tubiflorae.

Convolvulaceae.

Pharbitis-Samenöl: KROMER: Arch. Pharm. Bd. 234, S. 459. 1896. — MATSUMOTO: J. Soc. Ch. Ind. Japan, Suppl.-Bd. 30, S. 57. 1927; Ch. Umschau Bd. 34, S. 305. 1927 (Öle aus schwarzen und weißen Samen).

Verbenaceae.

Aegiphila-Samenöl: Niederstadt: Ber. Pharm. Ges. Bd. 12, S. 136. 1902. — Peckolt: ebenda Bd. 13, S. 21. 1903.

Bignoniaceae.

Bignoniaöl: Niederstadt: Ber. Pharm. Ges. Bd. 12, S. 144. 1902.

Samenöl von Stenolobium stans: Peckolt: Ber. Pharm. Ges. Bd. 22, S. 31. 1912; C. 1912, I, 832.

Kalebassenbaum-Samenöl: Olien en Vetten Bd. 4, S. 417. 1919; Öl- u. Fettind. Wien Bd. 2, S. 185. 1920.

Öl von Zeyhera tuberculosa: Peckolt: Ber. Pharm. Ges. Bd. 22, S. 45. 1912; C. 1912, I, 832.

Öl von Pithecoctonium echinatum: Niederstadt: Ber. Pharm. Ges. Bd. 12, S. 144. 1902.

Martyniaceae.

Samenöl von Martynia Louisiana: Bailey und Long: Eng. Bd. 7, S. 867. 1915; C. 1915, II, 1256.

Acanthaceae.

Samenöl von Gilletiella congolana: Pieraerts: Bull. Sciences Pharm. Bd. 27, S. 517. 1920 (Öl mit Säurezahl 2,2). — Boulay: ebenda S. 626; C. 1921, I, 576 (Öl II mit Jodzahl 93,8); s. auch André: Bull. Sciences Pharm. Bd. 28, S. 14. 1921; C. 1921, I, 793.

Reihe: Rubiales.

Rubiaceae.

Kaffeebohnenöl: Robiquet und Bontron: Ann. Bd. 23, S. 93. 1837 (Auffindung von fettem Öl und vegetabilischem Wachs). — Rochleder: ebenda Bd. 50, S. 224. 1844 (Gehalt an Palmitin und Olein). — de Negri und Fabris: Ann. Lab. Gabelle 1893, S. 253; Z. anal. Ch. Bd. 33, S. 569. 1894 (Kennzahlen). — Hilger: Forschungsber. Lebensm. Bd. 1, S. 42. 1894. — Spaeth: ebenda Bd. 2, S. 223. 1895. — Juckenack und Hilger: ebenda Bd. 4, S. 119. 1897 (Veränderungen des Kaffeebohnenöles beim Rösten der Kaffeesamen: Kennzahlen von Ölen aus Java, Guatemala, Neugranada; auffallend sind die niedrigen Verseifungszahlen, die für Öle aus gerösteten Bohnen eine Zunahme zeigen). — Herfeldt und Stutzer: Z. ang. Bd. 8, S. 469. 1895. — Hans Meyer und Eckert: Monatsh. Bd. 31, S. 1227. 1910; C. 1911, I, 742 (Bestandteile). — Olien en Vetten Bd. 4, S. 417. 1919; Öl- u. Fettind. Wien Bd. 2, S. 185. 1920 (Öl von Coffea arabica, C. liberica, C. robusta, C. Arnoldiana, C. Ugandea, C. stenophylla u. a.).

Samenöle von Ixora coccinea und Randia Formosa: Olien en Vetten Bd. 4, S. 417. 1919; Öl- u. Fettind. Wien Bd. 2, S. 185. 1920.

Reihe: Cucurbitales.

Cucurbitaceae.

Samenöl von Fevillea cordifolia: Peckolt: Arch. Pharm. Bd. 159, S. 219. 1862. — Hanausek: Z. österr. Apoth.-Ver. Bd. 15, S. 279. 1879 (Secua- oder Nhandirobaöl). — Bolton und Jesson: Analyst Bd. 40, S. 3. 1915; C. 1915, I, 550.

Talerkürbisöl: Gilbert: Jahrb. Hamburger wissensch. Anst. 1891, S. 113. — Thoms: Arch. Pharm. Bd. 238, S. 48. 1900. — Koch: Sffbr. Bd. 27, S. 753. 1907. — Grimme: Ch. Revue Bd. 17, S. 266. 1910. — Bolton und Jesson: Analyst Bd. 40, S. 3. 1915; C. 1915, I, 550 (Kennzahlen eines Öles mit 0,3% freien Fettsäuren).

Samenöl von Telfairia occidentalis: Grimme: Ch. Revue Bd. 17, S. 267. 1910.

Momordicafett: Corfield und Caird: Pharm. J. Bd. 104, S. 43. 1920; C. 1920, I, 470.

Samenöl von Luffa acutangula: Menon, durch Jumelle: „Les Huiles végétales", S. 450. Paris 1921; s. auch Lewkowitsch-Warburton: Ch. Technol. 6. ed., Bd. II, S. 678. 1922 (Dichte bei 15° = 0,9002). — Pieraerts und de Winter: Annales Musée Colonial Marseille, 36. Jahrg. (4) Bd. 6, S. 5. 1928 (Eigenschaften, Kennzahlen und Bestandteile zweier Proben aus dem Belgischen Kongo; Separatum d. Verf.). — S. Ivanow und Troitzki: Masloboino-Shirowoje Djelo, Nr. 1. 1928; C. 1929, I, 319 (Jodzahl und Säurezahl einer Probe aus Südrußland). — Die in den beiden letztgenannten Arbeiten enthaltenen Angaben sind im Nachtrag, S. 509, zusammengestellt.

Samenöle von Luffa cylindrica: Pieraerts und de Winter: a. a. O. (Öle der Varietäten „lissa" und „macrocarpa"; s. Nachtrag S. 510). — S. Ivanow und Troitzki, a. a. O. (Jodzahl und Säurezahl einer Probe aus Südrußland; s. Nachtrag S. 510).

Kadamfett: Semler: Trop. Agrikultur, 2. Aufl., Bd. II, S. 526. 1900. — Sack: Pharm. Weekblad Bd. 40, S. 313. 1903.

Fett von Anisosperma passiflora: Abderhalden: Biochem. Handlexikon, Bd. III, S. 138. Berlin 1911.

Öl von Sicydium monospermum: Peckolt: Ber. Pharm. Ges. Bd. 14, S. 330. 1904.

Öl von Cayaponia Cabocla: Peckolt: ebenda S. 315.

Reihe: Campanulatae.

Campanulaceae.

Öl aus Blättern und Stengeln von Campanula rotundifolia: Springer: Monatsh. Bd. 43, S. 13. 1922; C. 1922, III, 1056 („Rohfett").

Pflanzenfette unbekannter Abstammung.

„Ceje"-Öl: Thoms und Herrmann: Arb. Pharm. Inst. Univ. Berlin Bd. 10, S. 173. 1912.

„Marquaquanußöl": Bolton und Jesson: Analyst Bd. 40, S. 3. 1915; C. 1915, I, 551.

„Andirobinha"-Samenöl: Bolton und Hewer: Analyst Bd. 47, S. 282. 1922; C. 1922, III, 963.

Poikilothermen-Fette.

Klasse: Cyclostomata (Rundmäuler).

Ordnung: Hyperoartia.

Petromyzontidae.

Neunaugenöl: Tsujimoto: J. Soc. Ch. Ind. Japan Bd. 29, S. 71. 1926.

Klasse: Pisces (Fische).

Unterklasse: Elasmobranchii.

Ordnung: Selachii.

Torpedinidae.

Zitterrochenöl: Bull und Lillejord: Ch.-Ztg. Bd. 23, S. 1043. 1899.

Dasyatidae.

Stechrochenöl (Akajei-Öl): Tsujimoto: Ch. Revue Bd. 20, S. 72. 1913.

Unterklasse: Teleostomi.

Ordnung: Chondroganoidea.

Acipenseridae.

Stör-Öl: Bull und Lillejord: Ch.-Ztg. Bd. 23, S. 1043. 1899.

Ordnung: Teleostei (Knochenfische).

Dorosomatidae[1].

Öl von Dorosoma nasus: Marcelet: Compt. rend. Bd. 187, S. 145. 1928; C. 1928, II, 1110 (s. Nachtrag S. 515).

Clupeidae.

Heringsöl: Fahrion: Ch.-Ztg. Bd. 23, S. 161 u. 1048. 1899. — Bull und Lillejord: ebenda S. 1043 (Flüssige Fettsäuren). — Procter und Holmes: J. Soc. Ch. Ind. Bd. 24, S. 1287. 1905 (Geblasene Öle). — Lusskin: 8. Intern. Congress Appl. Chem. XII, S. 155. 1912 (Trockenfähigkeit). — Grimme: Ch. Revue Bd. 20, S. 156. 1913. — Kunze: Sfsz. Bd. 40, S. 474. 1913. — Lund: ebenda Bd. 41, S. 414 u. 443. 1914; C. 1914, I, 2019. — Svendsen: Apoth.-Ztg. Bd. 31, S. 473. 1916; Ch. Umschau Bd. 24, S. 35. 1917 (Bestandteile). — Knorr: Sfsz. Bd. 45, S. 83. 1918 (Kennzahlen von Heringsölen verschiedenen Reinheitsgrades). — Fahrion: Ch. Umschau Bd. 24, S. 4. 1917 (8,4% „Jecorinsäure" $C_{18}H_{30}O_2$; 4,3% Clupanodonsäure). — Clark und Almy: J. Biol. Ch. Bd. 33, S. 483. 1918; C. 1919, II, 104 (Öl mit Säurezahl 13,5). — Tsujimoto: J. Ch. Ind. Tokyo Bd. 23, Nr. 272. 1920; Z. D. Öl- u. Fettind. Bd. 40, S. 796. 1920 (Abscheidung der hoch-ungesättigten Fettsäuren). — Lissmann, s. Lewkowitsch: Ch. Technol., 6. ed., Bd. II, S. 433 (Tabelle). 1922 (Dichte, Jodzahl). — Schlosz-stein: J. Am. Leather Ch. Assoc. 1919, S. 41; Ch. Umschau Bd. 27, S. 44. 1920 (Jodzahl 130—155). — Grimme: ebenda Bd. 28, S. 17. 1921 (Kennzahlen, Reaktionen, Fettsäuren). — Lexow: ebenda S. 85 u. 110 (Untersuchung von über 400 Mustern: Ölgehalt, Säurezahl, Verseifungszahl, Jodzahl, Unverseifbares).

Japanisches Heringsöl: Tsujimoto: J. Tokyo Imp. Univ. 1906 (Öl von Clupea pallasii); J. Soc. Ch. Ind. Bd. 34, S. 1259. 1915 (Kennzahlen von Fettsäuredestillationsprodukten); J. Soc. Ch. Ind. Japan Bd. 29, S. 195. 1926; Ch. Umschau Bd. 33, S. 282. 1926 (Kennzahlen und Bestandteile eines Öles von „O-Nishin", dem großen Hering); s. auch Ch. News Bd. 134, S. 38. 1927; C. 1927, I, 1605.

---

[1] Systematische Anordnung nach Jordan, Tanaka und Snyder.

Sprottenöl: HENSEVAL und DENY: Ch. Revue Bd. 10, S. 204. 1903. — BULL und SAETHER: Ch.-Ztg. Bd. 34, S. 733. 1910 (Ölgehalt; Jodzahl „meist über 150"; Polybromide). — KNORR: Sfsz. Bd. 45, S. 84. 1918 (Holländisches Sprottenöl mit Säurezahl 45,8).

Japanisches Sardinenöl: FAHRION: Ch.-Ztg. Bd. 17, S. 521. 1893. — BULL: ebenda Bd. 23, S. 966. 1899. — WALKER und WARBURTON: Analyst Bd. 27, S. 237. 1902; C. 1902, II, 826 (Polybromide). — TSUJIMOTO: J. College Eng. Tokyo Bd. 4, Nr. 1. 1906; Ch. Revue Bd. 13, S. 278. 1906 (Clupanodonsäure). — MAJIMA und OKADA: J. Tokyo Ch. Soc. 1914, S. 13 (Isolierung einer Säure $C_{22}H_{34}O_2$, Jodzahl 389). — J. D. RIEDEL A.-G.: Riedels Ber. 1914, S. 23; C. 1914, I, 1882 (12,7% Clupanodonsäure, Jodzahl 365—370). — MARCUSSON und BÖTTGER: Ch. Revue Bd. 21, S. 180. 1914; C. 1914, II, 845 (Kennzahlen und Bestandteile, insbesondere Clupanodonsäure). — SVENDSEN: Apoth.-Ztg. Bd. 31, S. 473. 1916 (Vakuumdestillation der Methylester). — KNORR: Sfsz. Bd. 45, S. 83. 1918 (Einige Kennzahlen). — FAHRION: Ch. Umschau Bd. 23, S. 60. 1916; Bd. 24, S. 4. 1917 (18,5% hoch-ungesättigte Fettsäuren, durch Bromierung bestimmt). — TSUJIMOTO. J. Ch. Ind. Tokyo Bd. 23, Nr. 272. 1920; Z. D. Öl- u. Fettind. Bd. 40, S. 797. 1920 (Polybromide); Ch. Umschau Bd. 29, S. 261. 1922 (Anwendung der Lithiumsalz-Acetonmethode sowie der Fraktionierung der Methylester zur Isolierung der Clupanodonsäure; diese Säure ist charakteristisch für die meisten Poikilothermenöle; in japanischem Sardinenöl mehr als 20% vorhanden). — TANAKA: Ch.-Ztg. Bd. 48, S. 25. 1924; C. 1924, I, 1878 (Hydrierung). — EIBNER und SEMMELBAUER: Ch. Umschau Bd. 31, S. 189. 1924 (Kennzahlen alter Öle; Eigenschaften der Clupanodonsäure, insbesondere Trockenfähigkeit); ebenda S. 201 (Bestandteile); s. auch EIBNER: Farbe u. Lack 1926, S. 472. — TSUJIMOTO: Ch. Umschau Bd. 33, S. 285. 1926 (Charakterisierung der neuen Clupanodonsäure). — UENO und YASUHARA: J. Soc. Ch. Ind. Japan Bd. 30, S. 348. 1927; C. 1927, II, 2363 (Bereiche der Kennzahlen von 75 verschiedenen Mustern).

Malabarsardinenöl: MENON: Mat. grasses Bd. 12, S. 5568. 1920; Ch. Umschau Bd. 27, S. 178. 1920 (Kennzahlen von ausgekochtem und gepreßtem Öl). — SUDBOROUGH, WATSON und KURUP: J. Indian Inst. Science Bd. 6, S. 19. 1923; C. 1923, IV, 257.

Andere Sardinenöle: CLIGNY: Ann. Falsif. Bd. 6, S. 27. 1913; C. 1913, I, 951 (Unterschied zwischen englischen und norwegischen Sardinen). — MARCUSSON und BÖTTGER: Ch. Revue Bd. 21, S. 180. 1914; C. 1914, II, 845 (Kennzahlen und Bestandteile, insbesondere Clupanodonsäure). — SCHLOSZSTEIN: J. Am. Leather Ch. Assoc. 1919, S. 41; Ch. Umschau Bd. 27, S. 44. 1920 (Bereiche der Jodzahlen). — DILL: J. Biol. Ch. Bd. 48, S. 93. 1921; C. 1922, I, 366 (Fettgehalt von Sardinea caerulea). — LANGTON: J. Soc. Ch. Ind. Bd. 42 T, S. 47. 1923; C. 1923, II, 1093 (Öle von Clupea pilchardus). — DUNN und HOLLOMBE: Eng. Bd. 19, S. 633. 1927; C. 1927, II, 1218 (Kalifornisches Sardinenöl, Jodzahl nach HANUS, HÜBL und WIJS; Vergleich mit anderen Sardinenölen).

„Sardellenöl" von Alausa pilchardus: BUTTENBERG und STÜBER: Z. Nahrgsm. Bd. 12, S. 341. 1906.

Maifischöl (Alsen- oder Elsenöl): CLARK und ALMY: J. Biol. Ch. Bd. 33, S. 483. 1918; C. 1919, II, 104 (Kennzahlen von vier Ölmustern). — BROWN und BEAL: J. Am. Ch. Soc. Bd. 45, S. 1289. 1923; C. 1923, III, 632 (Fettsäuren). — HOLMES: Boston med. surg. Journ. Bd. 192, S. 300. 1925; Ber. ges. Physiol. Bd. 35, S. 459; C. 1926, II, 1963 (Kennzahlen eines Öles mit Säurezahl 0,5; geringer Vitamingehalt).

Menhadenöl: Hoppenstedt: J. Am. Leather Ch. Assoc. 1910, Dezember; C. 1911, I, 1890 (Reaktion). — Ingle: J. Soc. Ch. Ind. Bd. 30, S. 344. 1911; C. 1911, I, 1449. — Toch: Eng. Bd. 3, S. 627. 1911; C. 1912, I, 692 (Dichte d^{20} = 0,9237—0,925; Jodzahl 150,4—154,5). — Ransome: J. Soc. Ch. Ind. Bd. 31, S. 671. 1912; C. 1912, II, 859 (Abnahme des spezifischen Gewichtes bei Zunahme des Gehaltes an freien Fettsäuren). — Grimme: Ch. Revue Bd. 20, S. 129. 1913 (Hydrierung). — Lusskin: Sfsz., durch Ch. Revue Bd. 20, S. 25. 1913 (Trockenfähigkeit). — Lund: Sfsz. Bd. 41, S. 414 u. 443. 1914; C. 1914, I, 2019 (Kennzahlen). — Knorr: Sfsz. Bd. 45, S. 83. 1918 (Jodzahlen 163 bzw. 165). — Twitchell: Eng. Bd. 9, S. 581. 1917; Ch. Umschau Bd. 25, S. 90. 1918; C. 1918, I, 839 (Bestandteile). — Schloszstein: J. Am. Leather Ch. Assoc. 1919, S. 41; Ch. Umschau Bd. 27, S. 44. 1920 (Bereiche der Jodzahlen). — Mc. Gregor und Beal: J. Am. Ch. Soc. Bd. 48, S. 3150. 1926; C. 1927, I, 1331 (Grad der Ungesättigtheit der Fettsäuren).

Anchovisöl: Buttenberg und Stüber: Z. Nahrgsm. Bd. 12, S. 341. 1906.

Salmonidae.

Felchenöle: König, Thienemann und Limprich: Z. Nahrgsm. Bd. 23, S. 177. 1912; C. 1912, I, 1481.

Eulachonöl: Abderhalden: Bioch. Handlexikon Bd. III, S. 158. 1911 (Bestandteile). — Daughters: J. Biol. Ch. Bd. 35, S. 297. 1918; C. 1919, II, 363 (Ölgehalt, Kennzahlen).

Rotlachsöle: Nakatogawa: J. Soc. Ch. Ind. Tokyo Bd. 21, S. 411. 1918; s. auch Lewkowitsch-Warburton: Ch. Technol., 6. ed., Bd. II, S. 435 (Polybromide). — Bailey und Johnson: Eng. Bd. 10, S. 999. 1918; C. 1919, II, 688 (Jodzahlen und Gehalte an Polybromiden von Ölen aus frischen bzw. eingemachten Lachsen; in die Tabellen nicht aufgenommen). — Pentegow, Georgiewski und Mentow: Russ. Original; Ref. C. 1927, II, 2020 (Öl aus frischem „Lachssalm", Jodzahl 123).

Öle verschiedener Salmarten (Gattung Oncorhynchus): Toyama, J. Soc. Ch. Ind. Japan, Bd. 26, Nr. 5. 1923; Sep. d. Verf. (s. Nachtrag S. 515).

Lachsöl: de Greif: Ch. Revue Bd. 10, S. 223. 1903. — Schloszstein: J. Am. Leather Ch. Assoc. 1919, S. 41; C. 1919, IV, 53 (Bereiche der Jodzahl). — Gardner: Paint Manuf. Assoc. of U. S. Circ. Bd. 92, S. 2. 1920; Ch. Abstr. Bd. 14, S. 2092. 1920; Z. D. Öl- u. Fettind. Bd. 40, S. 681. 1920 (Öl des „Königssalms", Jodzahl 159). — Benson: Ch. Metallurg. Eng. Bd. 31, S. 627. 1924; C. 1925, I, 179 (Reinigung). — Holmes und Pigott: Boston med. surg. Journ. Bd. 193, S. 726. 1925; C. 1926, II, 1963 (Kennzahlen eines Öles mit 0,8% freien Fettsäuren).

Forellenöl: Tolman: Eng. Bd. 1, S. 340. 1909 (Öl I). — Pfrenger: Sfsz. Bd. 44, S. 975. 1917 (Öl II). — Fauré-Frémiet und Garrault: Compt. rend. Bd. 174, S. 1375. 1922; C. 1923, I, 694 (Fettgehalt der Eier).

Catostomidae.

Karpfensaugeröl: Clark und Almy: J. Biol. Ch. Bd. 33, S. 483. 1918; C. 1919, II, 104.

Cyprinidae.

Karpfenöl: Zdarek: Z. physiol. Ch. Bd. 37, S. 462. 1903 (Kennzahlen). — König, Thienemann und Limprich: Z. Nahrgsm. Bd. 23, S. 177. 1912; C. 1912, I, 1481 (Einfluß des Futterfettes auf das Körperfett). — Fauré-Frémiet und

GARRAULT: Bull. Soc. Chim. Biol. Bd. 4, S. 429. 1922; C. 1923, II, 318 (Fett der Ovarien).

Weißfischöl: BULL und LILLEJORD: Ch.-Ztg. Bd. 23, S. 1043. 1899.

Anguillidae.

Öl des japanischen Aales: TSUJIMOTO: Ch. Revue Bd. 20, S. 72. 1913.

Gasterosteidae.

Stichlingsöl: FAHRION: Ch.-Ztg. Bd. 23, S. 162. 1899.

Scombresocidae.

Makrelenhecht-Öl: TSUJIMOTO: Ch. Revue Bd. 20, S. 71. 1913.

Gadidae.

Brosmenöl: LIVERSEEGE: Analyst Bd. 29, S. 211. 1904.

Kohlfischöl (Pollach-Fischöl): LEWKOWITSCH-WARBURTON: Ch. Technol., 6. ed., Bd. II, S. 435 (Tabelle). 1922.

Schellfischöl: CLARK und ALMY: J. Biol. Ch. Bd. 33, S. 483. 1918; C. 1919, II, 104 (Öl 1). — GRIMME: Ch. Umschau Bd. 27, S. 121. 1920 (Zwei Öle unbekannter Herkunft: Reaktionen, Kennzahlen).

Silberrotaugenöl: CLARK und ALMY: a. a. O.

Quappenöl (Aalraupenöl): LIVERSEEGE: Analyst Bd. 29, S. 211. 1904.

Dorschöl: CLARK und ALMY: a. a. O.

Langfischöl: CLARK und ALMY: a. a. O.

Percidae.

Seebarschöl: CLARK und ALMY: a. a. O.

Streifenbarschöl: CLARK und ALMY: a. a. O.

Stromateidae.

Öl von Centrolophus pompilus: BULL und LILLEJORD: Ch.-Ztg. Bd. 23, S. 1043. 1899.

Serranidae.

Blaufischöl: CLARK und ALMY: a. a. O.

Sciaenidae.

Krächzeröl: CLARK und ALMY: a. a. O.

Weichfischöl: CLARK und ALMY: a. a. O.

Sparidae.

Goldbrassenöl: CLARK und ALMY: a. a. O.

Pseudochromididae.

Ziegelfischöl: CLARK und ALMY: a. a. O.

Labridae.

Schwarzfischöl: CLARK und ALMY: a. a. O.

Scombridae.

Makrelenöl: TSUJIMOTO: Ch. Revue Bd. 20, S. 71. 1913 (Öl I). — PFRENGER: Sfsz. Bd. 44, S. 976. 1917 (Öl III). — CLARK und ALMY: a. a. O. (Öl der spanischen Makrele).

Thunfischöl: Tsujimoto: a. a. O.

„Bonito“öl: Tsujimoto: a. a. O. (Öle I). — Clark und Almy: a. a. O. (Öl von Sarda sarda).

Ruvettidae.

„Ingwandarame“öl: Kimura: J. Soc. Ch. Ind. Japan Bd. 29, Nr. 11. 1926; Ch. Umschau Bd. 34, S. 154. 1927.

Pleuronectidae.

Flundernöl: Tsujimoto: J. Coll. Eng. Tokyo Imp. Univ. Bd. 4, S. 177. 1908 (Limandaöl I). — Clark und Almy: J. Biol. Ch. Bd. 33, S. 483. 1918; C. 1919, II, 104 (Öle II).

Japanisches Seezungenöl: Nakatogawa: J. Soc. Ch. Ind. Tokyo Bd. 21, S. 411. 1918; durch Lewkowitsch-Warburton: Ch. Technol., 6. ed., Bd. II, S. 435 (Tabelle). 1922 (Öl II). — Tsujimoto: J. Soc. Ch. Ind. Japan, Suppl.-Bd. 30, S. 110. 1927; Ch. Umschau Bd. 34, S. 306. 1927 (Kennzahlen und Eigenschaften von Öl I).

Blenniidae.

Butterfischöl: Clark und Almy: J. Biol. Ch. Bd. 33, S. 483. 1918; C. 1919, II, 104.

Molidae.

Mondfischöl (Königsfischöl): Bull und Lillejord: Ch.-Ztg. Bd. 23, S. 1043. 1899.

Leberöle.

Klasse: Cyclostomata (Rundmäuler).

Ordnung: Hyperoartia.

Petromyzontidae.

Neunaugen-Leberöl: Tsujimoto: J. Soc. Ch. Ind. Japan Bd. 29, S. 71. 1926.

Klasse: Pisces (Fische).

Unterklasse: Elasmobranchii.

Ordnung: Selachii.

Hexanchidae.

Leberöl von Heptranchias Deani: Tsujimoto: Eng. Bd. 12, S. 63. 1920 (Ölgehalt und Kennzahlen zweier Proben; Unverseifbares, kein Squalen). — Toyama: Ch. Umschau Bd. 29, S. 245, 246. 1922 (Batyl- und Selachylalkohol).

Leberöl von Hexanchus corinus: Tsujimoto: Eng. Bd. 12, S. 63. 1920 (Kennzahlen; kein Squalen). — Tsujimoto und Toyama: Ch. Umschau Bd. 29, S. 27, 35. 1922 (Cholesteringehalt; Batyl- und Selachylalkohol). — Toyama: ebenda Bd. 32, S. 115. 1925 (Ätherunlösliche Bromide des Unverseifbaren).

Chlamydoselachidae.

Leberöl von Chlamydoselachus anguineus: Tsujimoto: Eng. Bd. 12, S. 63. 1920 (Ölgehalt, Kennzahlen, Squalen); Ch. Umschau Bd. 29, S. 43. 1922 (Kein Batylalkohol). — Toyama: ebenda S. 237 (Oleinalkohol, wenig Cetylalkohol); Bd. 30, S. 182. 1923 (Isooctadecan); s. auch die Berichtigung Bd. 31, S. 17. 1924; ferner ebenda S. 13 (Charakterisierung des Oleinalkohols).

Heterodontidae.

Katzenhai-Leberöl: TSUJIMOTO: Eng. Bd. 12, S. 63. 1920.

Scylliorhinidae.

Leberöl von Cephaloscyllium umbratile: TSUJIMOTO: a. a. O.
Tigerhai-Leberöl: TSUJIMOTO: a. a. O.
Leberöl von Scylliorhinus macrorhynchus: TSUJIMOTO: a. a. O.
Leberöl von Stegostoma tigrinum: HOOPER: Annual Rep. Indian Museum 1908—1909, S. 10. Memoirs of the Indian Museum Bd. II, S. 59. 1909.
Leberöl von Pristiurus Eastmani: TSUJIMOTO: Eng. Bd. 12, S. 63. 1920.
Leberöl von Pristiurus pilosus: TSUJIMOTO: a. a. O.

Galeidae.

Leberöl von Cynias manazo: TSUJIMOTO: a. a. O.
Leberöl von Triakis scyllium: TSUJIMOTO: a. a. O.
Leberöl von Galeus galeus: CHAPMAN: Analyst Bd. 47, S. 203. 1922; C. 1922, IV, 641.
Leberöl (?) von Mustelus vulgaris[1]: MARCELET: Chim. et Ind. Bd. 19, Nr. 531; C. 1928, II, 1729 (Flammpunkt 312°; Zähigkeit unter 4° Engler bei 56° C. Keine näheren Angaben).
Leberöl von Galeocerdo tigrinus: TOYAMA: Ch. Umschau Bd. 29, S. 245, 246. 1922 (Kennzahlen; Batyl- und Selachylalkohol); Bd. 32, S. 115. 1925 (Ätherunlösliches Bromid aus dem Unverseifbaren).
Leberöl von Prionace glaucus: TSUJIMOTO: Eng. Bd. 12, S. 63. 1920 (Ölgehalt, Kennzahlen, Öl I). — TOYAMA: Ch. Umschau Bd. 31, S. 153, 155. 1924 (Öl II; Cholesterin).
Leberöl von Carcharhinus japonicus: TSUJIMOTO: Eng. Bd. 12, S. 63. 1920.

Sphyrnidae[2] (Galeidae).

Hammerhai-Leberöl: WHITE: Eng. Bd. 4, S. 106. 1912 (Öl II). — TSUJIMOTO: Eng. Bd. 12, S. 63. 1920 (Öl I).

Alopiidae[2] (Lamnidae).

Fuchshai-Leberöl: TSUJIMOTO: a. a. O.

Lamnidae.

Blauhai-Leberöl: TSUJIMOTO: a. a. O.
Heringshai-Leberöl: HENSEVAL und HUWART: Ch. Revue Bd. 14, S. 197. 1907; C. 1907, II, 833 (Öl II). — TSUJIMOTO: Eng. Bd. 12, S. 63. 1920 (Ölgehalt, Kennzahlen). — TOYAMA und TSUCHIYA: J. Soc. Ch. Ind., Japan Bd. 28, Nr. 9. 1925; Ch. Umschau Bd. 34, S. 163. 1927 (Kennzahlen des Öles und der hochungesättigten Fettsäuren; Bestandteile).

Cetorhinidae[2] (Lamnidae).

Riesenhai-Leberöl: MASTBAUM: Ch.-Ztg. Bd. 39, S. 889. 1915; C. 1916, I, 339 (80—90% Unverseifbares in Leberölen von Seefischen „Barroso“ bzw. „Carocho“). — TSUJIMOTO: Eng. Bd. 9, S. 1098. 1917 (Kennzahlen; 10% ge-

---

[1] Synonym: Mustelus (Galeus) mustelus, RISSO; Verbreitung: Atlantischer Ozean, Mittelmeer.
[2] Nach JORDAN, TANAKA und SNYDER: „A Catalogue of the Fishes of Japan“, Tokyo 1913.

sättigte Kohlenwasserstoffe); Bd. 12, S. 63. 1920 (Öle I). — TOYAMA: Ch. Umschau Bd. 30, S. 182 u. 183. 1923 (Öle II; ca. 0,4% Isooctadecan). — ANDRÉ und CANAL: Compt. rend. Bd. 181, S. 612. 1925; C. 1926, I, 1827 (Zwei ungesättigte Kohlenwasserstoffe). — TSUJIMOTO und KIMURA: J. Soc. Ch. Ind. Japan, Suppl.-Bd. 30, S. 96 B. 1927; Ch. Umschau Bd. 34, S. 305. 1927; J. Soc. Ch. Ind. Japan Bd. 30, S. 341. 1927; C. 1927, II, 1042 (Squalen einheitlich und mit „Spinacen" identisch). — ANDRÉ und CANAL: Ann. Chim. (10) Bd. 7, S. 69. 1927; C. 1927, I, 3013 (Öle III).

Squalidae.

Hundshai-Leberöl: THOMSON und DUNLOP, nach LEWKOWITSCH-WARBURTON: Ch. Technol., 6. ed., Bd. II, S. 459 (Tabelle). 1922 (Refr.-Sk.-Teile). — WHITE: Eng. Bd. 4, S. 106. 1912 (Jodzahl 142,7). — CHAPMAN: Analyst Bd. 43, S. 156. 1918; C. 1919, I, 1040 (Ölgehalt; Unverseifbares 32,9% ? Polybromide). — LEXOW: Ch. Umschau Bd. 29, S. 59. 1922 (Kennzahlen eines norwegischen Öles; Fettsäurengehalt). — BERLINGOZZI und TOMASINI: Ann. di Chim. appl. Bd. 7, S. 29. 1923 (Separatum d. Verf.); C. 1923, IV, 697 (Öl I von einem Fisch aus marokkanischen Gewässern). — HOLMES und PIGOTT: Eng. Bd. 17, S. 310. 1925; C. 1925, II, 1185 (Jodzahl 145,8).

Leberöl von Squalus japonicus: TSUJIMOTO: Eng. Bd. 12, S. 63. 1920 (Kennzahlen und Eigenschaften der Öle I und II). — TOYAMA: Ch. Umschau Bd. 31, S. 153, 154. 1924 (Bestandteile des Unverseifbaren; Öle III).

Leberöl von Squalus wakiyae: TSUJIMOTO: Eng. Bd. 12, S. 63. 1920 (Ölgehalt, Kennzahlen; kein Squalen). — TOYAMA: Ch. Umschau Bd. 31, S. 154. 1924 (Batyl-, Chimyl- und Selachylalkohol; Cholesteringehalt); Bd. 32, S. 114. 1925 (Kennzahlen; ätherunlösliches Bromid im Unverseifbaren). — TOYAMA und TSUCHIJA: J. Soc. Ch. Ind. Japan Bd. 30, S. 207. 1927; Ch. Umschau Bd. 34, S. 342. 1927; J. Soc. Ch. Ind. Japan, Suppl.-Bd. 30, S. 58 B. 1927; Ch. Umschau Bd. 35, S. 35. 1928 (Bestandteile, insbesondere Fettsäuren).

Leberöl von Lepidorhinus foliaceus: TSUJIMOTO: Eng. Bd. 12, S. 63. 1920.

Leberöl von Lepidorhinus kimbei: TSUJIMOTO: Eng. Bd. 12, S. 63. 1920 (Ölgehalt, Kennzahlen, Squalen). — TSUJIMOTO und TOYAMA: Ch. Umschau Bd. 29, S. 37. 1922 (Batyl- und Selachylalkohol). — TOYAMA: ebenda Bd. 30, S. 185. 1923 (Iso-octadecan).

„Eieröl" von Lepidorhinus kimbei[1]***:*** TSUJIMOTO: Eng. Bd. 12, S. 73. 1920.

Leberöl von Deania eglantina: TSUJIMOTO: Eng. Bd. 8, S. 889. 1916; Bd. 12, S. 63. 1920.

Leberöl von Centroscymnus Owstonii: TSUJIMOTO: Eng. Bd. 12, S. 63. 1920.

Leberöl von Centroscymnus coelolepis: MARCELET: Chim. et Ind. Bd. 6, S. 765. 1921; C. 1922, II, 955.

Leberöle von Zameus squamulosus: TSUJIMOTO: Eng. Bd. 12, S. 63. 1920 („Birodo-zamé"-Leberöl). — TSUJIMOTO und TOYAMA: Ch. Umschau Bd. 29, S. 37, 43. 1922 (Batyl- und Selachylalkohol in „Yonaichi-zamé"-Leberöl).

Leberöl von Etmopterus lucifer: TSUJIMOTO: Eng. Bd. 12, S. 63. 1920.

Leberöl von Etmopterus frontimaculatus: TSUJIMOTO: a. a. O.

Leberöl von Etmopterus spinax: HEILBRON, KAMM und OWENS: J. Ch. Soc. Bd. 120, S. 1630. 1926; C. 1926, II, 1537 (Squalen mit „Spinacen" identisch).

Leberöl von Centrophorus acus: TSUJIMOTO: Eng. Bd. 12, S. 63. 1920.

---

[1] Siehe S. 375, Fußnote 2.

Leberöl von Centrophorus granulosus: Chapman: J. Ch. Soc. Bd. 111, S. 56. 1917; C. 1917, II, 153 („Spinacen"). — André und Canal: Ann. Chim. (10) Bd. 7, S. 69. 1927; C. 1927, I, 3013 (Kennzahlen). — Marcelet: Compt. rend. Bd. 184, S. 604. 1927; C. 1927, II, 1415 (Verbrennungswärme, Flammpunkt und Brennpunkt einiger Centrophorusöle); s. auch Chim. et Ind. Bd. 19, Nr. 531; C. 1928, II, 1729. — Chapman: Analyst Bd. 52, S. 622. 1927; C. 1929, I, 252 (Palmitin-, Stearin-, Ölsäure und Selacholeinsäure; Batyl- und Selachylalkohol).

Leberöl von Centrophorus atromarginatus: Tsujimoto: Eng. Bd. 12, S. 63. 1920.

„Ai-zamé"-Leberöle: Tsujimoto: Eng. Bd. 8, S. 889. 1916; Bd. 12, S. 63. 1920 (Ölgehalt, Kennzahlen; Squalen, Cholesterin; Öle I). — Chapman: Analyst Bd. 42, S. 161. 1917; C. 1917, II, 572 (Beschreibung eines „Fischleberöles" mit ca. 90% „Spinacen"; wahrscheinlich von Centrophorus sp. stammend; die Kennzahlen wurden in die Tabellen nicht aufgenommen). — Toyama: Ch. Umschau Bd. 29, S. 246. 1922 (Selachyl- und Batylalkohol); Bd. 30, S. 185. 1923 (Iso-octadecan; Öl II und III). — Tsujimoto: J. Soc. Ch. Ind. Japan Bd. 28, S. 599, 835. 1925; Bd. 29, S. 67. 1926; Bd. 30, S. 229 B. 1927; Z. D. Öl- u. Fettind. Bd. 46, S. 385. 1926; Ch. Umschau Bd. 34, S. 25. 1927 (Selachocerinsäure und Selacholeinsäure; „Aka"- und „O-aka-aizamé"-Leberöl).

Leberöl von Centroscyllium Ritteri: Tsujimoto: J. Ch. Ind. Tokyo 1906, S. 953; s. Eng. Bd. 8, S. 889. 1916 (Öl I); Bd. 12, S. 63. 1920 (Öl II). — Toyama: Ch. Umschau Bd. 29, S. 245. 1922 (Öl III; Batyl- und Selachylalkohol).

Leberöl von Cirrhigaleus barbifer: Tsujimoto: Eng. Bd. 12, S. 63. 1920 (Eigenschaften und Kennzahlen). — Tsujimoto und Toyama: Ch. Umschau Bd. 29, S. 36. 1922 (Batyl- und Selachylalkohol).

„Kuro-zamé"-Leberöl: Toyama: Ch. Umschau Bd. 29, S. 247. 1922 (Kennzahlen; Batyl- und Selachylalkohol); Bd. 30, S. 185. 1923 (Iso-octadecan).

Dalatiidae.

Leberöl von Dalatias licha: Tsujimoto: Eng. Bd. 12, S. 63. 1920 (Ölgehalt, Kennzahlen, Squalen). — Toyama: Ch. Umschau Bd. 29, S. 245. 1922 (Batyl- und Selachylalkohol); Bd. 30, S. 184. 1923 (Iso-octadecan).

Leberöl von Scymnus licha: Chapman: J. Ch. Soc. Bd. 111, S. 56. 1917; C. 1917, II, 153 („Spinacen"). — André und Canal: Compt. rend. Bd. 181, S. 612. 1925; C. 1926, I, 1827; Ann. Chim. (10) Bd. 7, S. 69. 1927; C. 1927, I, 3013 (Kennzahlen). — Hilditch und Houlbrooke: Analyst Bd. 53, S. 246. 1928; C. 1928, II, 503 (im Fettsäurengemisch u. a. 29,1% Ölsäure, 10,6% Gadoleinsäure und 25,9% Cetoleinsäure).

„Magenöl" von Scymnorhinus Lichia: Kamm: Bioch. J. Bd. 22, S. 77. 1928; C. 1928, II, 62.

Leberöl von Squalus borealis: Henseval und Huwart: Ch. Revue Bd. 14, S. 197. 1907; C. 1907, II, 833 (Öl I). — Titarowski: Ch. Revue Bd. 17, S. 182. 1910 (Kennzahlen). — Lidow: ebenda Bd. 17, S. 262. 1910; C. 1910, II, 1713 (Kennzahlen). — Eitner, Bull und Lillejord, nach Ubbelohde: Ch. Technol., Bd. II, S. 656. 1920. — Lewkowitsch, s. Lewkowitsch-Warburton: Ch. Technol., 6. ed., Bd. II, S. 456 (Tabelle). 1922.

Somniosidae.

Eishai-Leberöl: Mann, Bull und Lillejord, nach Ubbelohde-Goldschmidt: Ch. Technol., Bd. II, S. 656. 1920 (Eishai-Leberöl; Öle II). — Tsujimoto: Eng. Bd. 12, S. 63. 1920 (Eigenschaften und Kennzahlen von Öl I). —

Tsujimoto und Toyama: Ch. Umschau Bd. 29, S. 36. 1922 (Batyl- und Selachylalkohol). — Toyama: ebenda Bd. 32, S. 115. 1925 (Ätherunlösliche Bromide des Unverseifbaren). — Weidemann: Bioch. J. Bd. 20, S. 685. 1927; C. 1927, I, 470 (Batyl- und Selachylalkohol).

Pristiophoridae.

Sägefisch-Leberöl: Tsujimoto: Eng. Bd. 12, S. 63. 1920.

Squatinidae.

Leberöl von Squatina japonica: Tsujimoto: Eng. Bd. 12, S. 63. 1920 (Ölgehalt, Kennzahlen). — Toyama und Tsuchiya: Ch. Umschau Bd. 32, S. 204. 1925 (Hoch-ungesättigte Fettsäuren). — Toyama und Tsuchiya: J. Soc. Ch. Ind., Japan, 1925, Nr. 9; Ch. Umschau Bd. 34, S. 163. 1927 (Kennzahlen der Fettsäuren).

Meerengel-Leberöl: Lewkowitsch, Thomson und Dunlop, s. Lewkowitsch-Warburton: Ch. Technol., 6. ed., Bd. II, S. 459 (Tabelle). 1922.

Rochen-Leberöle.

Pristidae.

Leberöl von Pristis Perrotteti: Hooper: Annual Rep. Indian Museum 1908—1909, S. 10; s. Lewkowitsch-Warburton: Ch. Technol., 6. ed., Bd. II, S. 459 (Tabelle). 1922.

Rhinobatidae.

Leberöl von Rhinobatus Schlegelii: Tsujimoto: J. Soc. Ch. Ind. Tokyo Bd. 19, S. 833. 1916.

Leberöl von Ramphobatis ancylostomus: Hooper, s. Lewkowitsch-Warburton: Ch. Technol., 6. ed., Bd. II, S. 459 (Tabelle). 1922.

Narcobatidae.

Großzitterrochen-Leberöl: Tsujimoto und Toyama: Ch. Umschau Bd. 29, S. 43. 1922 (Ölgehalt, Kennzahlen; Unverseifbares, Batyl- und Selachylalkohol, kein Squalen). — Toyama: ebenda Bd. 31, S. 64. 1924 (Chimylalkohol, Cholesterin); Bd. 32, S. 115. 1925 (Ätherunlösliche Bromide aus dem Unverseifbaren); J. Soc. Ch. Ind. Japan, Suppl.-Bd. 1927, S. 19; Ch. Umschau Bd. 34, S. 305. 1927 (Fettsäuren).

Rajidae.

Leberöl von Discobatus sinensis: Tsujimoto: J. Soc. Ch. Ind. Tokyo Bd. 19, S. 833. 1916.

Glattrochen-Leberöl: Lewkowitsch, s. Lewkowitsch-Warburton: Ch. Technol., 6. ed., Bd. II, S. 459. 1922.

Nagelrochen-Leberöl: Henseval und Huwart: Ch. Revue Bd. 14, S. 196. 1907; C. 1907, II, 833.

Leberöl von Raja kenojei: Tsujimoto: J. Soc. Ch. Ind. Tokyo Bd. 19, S. 833. 1916.

Torpedinidae.

Leberöl von Tetranarce occidentalis: White: Eng. Bd. 4, S. 106. 1912.

Dasyatidae.

Leberöl von Trygon microps: Hooper: Annual Rep. Indian Museum 1908—1909, S. 10.

Stechrochen-Leberöl: Henseval und Huwart: Ch. Revue Bd. 14, S. 197. 1907; C. 1907, II, 833 (Öl von Trygon pastinaca). — Tsujimoto und Toyama: Ch. Umschau Bd. 29, S. 44. 1922 („Doran-ei“-Leberöl).

Leberöl von Dasyatis akajei: Tsujimoto: J. Soc. Ch. Ind. Tokyo Bd. 19, S. 833. 1916.

Leberöl von Pteroplatea japonica: Toyama und Tsuchiya: J. Soc. Ch. Ind. Japan 1925, Nr. 9; Ch. Umschau Bd. 34, S. 163. 1927.

Myliobatidae.

Adlerrochen-Leberöle: Huwart: Travaux de la Stat. marit. d'Ostende; s. Lewkowitsch-Warburton: Ch. Technol., 6. ed., Bd. II, S. 459 (Tabelle). 1922 (Öl 1 von Myliobatis aquila). — Tsujimoto: J. Soc. Ch. Ind. Tokyo Bd. 19, S. 833. 1916 (Öl 2 von Myliobatis Tobiei). — Paladino: Bioch. Z. Bd. 69, S. 192. 1915; C. 1915, II, 157 (Öl 3 von Myliobatis aquila).

Ordnung: Holocephali.

Chimaeridae.

Leberöl von Chimaera phantasma: Tsujimoto: J. Soc. Ch. Ind. Tokyo Bd. 19, S. 723. 1916 (Kennzahlen des Öles und der Säuren). — Toyama: Ch. Umschau Bd. 31, S. 153, 154. 1924 (Kennzahlen; Unverseifbares).

Leberöl von Chimaera Mitsukurii: Tsujimoto und Toyama: Ch. Umschau Bd. 29, S. 44. 1922 (Kein Squalen; Batyl- und Selachylalkohol). — Toyama: ebenda Bd. 31, S. 153. 1924 (Kennzahlen; Batyl-, Chimyl- und Selachylalkohol).

Leberöl von Chimaera Owstonii: Tsujimoto und Toyama: Ch. Umschau Bd. 29, S. 44. 1922.

Leberöl von Chimaera Barbouri: Toyama: Ch. Umschau Bd. 31, S. 62. 1924 (Verseifungszahl, Jodzahl; Unverseifbares, Chimyl-, Batyl- und Selachylalkohol). — Toyama und Tsuchiya: J. Soc. Ch. Ind. Japan, Suppl.-Bd. 1927, S. 36; Ch. Umschau Bd. 34, S. 305. 1927 (Fettsäuren).

Leberöl von Centrina Salviani: Huwart, s. Lewkowitsch-Warburton: Ch. Technol., 6. ed., Bd. II, S. 459 (Tabelle). 1922.

Leberöl von Centrina vulpecula: Kollmann, van Gaver und Timon-David: Compt. rend. Soc. Biol. Bd. 97, S. 173. 1927; C. 1927, II, 1218.

Leberöl und Öl aus den Ovarien von Centrina vulpecula Rond.: Kollmann, van Gaver und Timon-David: Compt. rend. Soc. Biol. Bd. 98, S. 776. 1928; C. 1928, I, 2624 (s. Nachtrag S. 514).

Unterklasse: Teleostomi.

Ordnung: Chondroganoidea (Störe).

Acipenseridae.

Leberöl von Acipenser mikadoi: Tsujimoto: J. Soc. Ch. Ind. Japan Bd. 29, S. 71. 1926.

Ordnung: Teleostei.

Cyprinidae.

Weißfisch-Leberöl: Thomson und Dunlop, s. Lewkowitsch-Warburton: Ch. Technol., 6. ed., Bd. II, S. 459 (Tabelle). 1922.

Anguillidae.

Aal-Leberöl: White, s. Lewkowitsch-Warburton: Ch. Technol., 6. ed., Bd. II, S. 459 (Tabelle). 1922.

Macrouridae.

Leberöl von Coelorhynchus japonicus: Nakatogawa: J. Soc. Ch. Ind. Tokyo Bd. 21, S. 411. 1918.

Gadidae.

Dorsch-Leberöl („Lebertran“): Salkowski: Z. anal. Ch. Bd. 26, S. 569. 1887. — Gautier und Mourgues: Compt. rend. Bd. 107, S. 254, 626, 740. 1888. — Bull: Ber. Bd. 39, S. 3570. 1906 (Gadoleinsäure, Erucasäure?). — Elmer: Dissertation Freiburg 1909; s. auch Meigen und Ellmer: Ch. Umschau Bd. 24, S. 34. 1917 (Fettsäuren). — Heiduschka und Rheinberger: Pharm. Centralh. Bd. 51, S. 203. 1910; Bd. 52, S. 837. 1911. — Williams: Pharm. J. (4) Bd. 35, S. 806. 1912; C. 1913, I, 646 (Molekulargewicht der Fettsäuren umgekehrt pro portional der Jodzahl des Öles). — Tsujimoto: Ch. Revue Bd. 20, S. 70. 1913 (Kennzahlen). — Lund: Sfsz. Bd. 41, S. 414, 443. 1914; C. 1914, I, 2019 (Dichte, Verseifungs- und Jodzahl zweier Proben; Säurezahl 0,5). Marcusson und Böttger: Ch. Revue Bd. 21, S. 180. 1914 (Clupanodonsäure). — Klostermann und Opitz: Z. Nahrgsm. Bd. 27, S. 713. 1914 (Steringehalt). — Meigen und Camineci: Ch. Umschau Bd. 24, S. 35. 1917 (Fettsäuren); s. auch Camineci: Inaug.-Dissert. Freiburg 1914. — Ueno: Eng. Bd. 7, S. 596. 1915; C. 1915, II, 636 (Farbenreaktion mit japanischer Kambaraerde). — Fahrion: Ch. Umschau Bd. 24, S. 4. 1917 (Gehalt an Clupanodon- und Jecorinsäure). — Wilkie: Analyst Bd. 42, S. 200. 1917; C. 1917, II, 780 (0,8—1,4% Unverseifbares). — Knorr: Sfsz. Bd. 45, S. 83. 1918 (Kennzahlen). — Bohrisch: Apoth.-Ztg. Bd. 33, S. 515, 519, 523, 531. 1918; C. 1919, II, 209 (Anforderungen an Medizinal-„Lebertran“). — Schloszstein: J. Am. Leather Ch. Assoc. 1919, S. 41; Ch. Umschau Bd. 27, S. 44. 1920 (Jodzahlenbereiche). — Fahrion: Ch. Umschau Bd. 27, S. 110. 1920 (Gewinnung und Vitamingehalt); ebenda S. 201 („Sauerstoffzahl“). — Tsujimoto: J. Soc. Ch. Ind. Tokyo Bd. 23, Nr. 272. 1920; Ch. Umschau Bd. 27, S. 230. 1920 (Fettsäuren). — de Kadt: Pharm. Weekblad Bd. 57, S. 756. 1920; C. 1920, IV, 299 (Schwefelsäurereaktion). — Lexow: Ch. Umschau Bd. 28, S. 118. 1921 (Ölgehalt, Jodzahl, Verseifungszahl). — Lang: Schweiz. Apoth.-Ztg. Bd. 59, S. 501. 1921; C. 1921, IV, 1239 (Einfluß der Behandlung auf den Vitamingehalt). — Zilva und Drummond: Lancet Bd. 201, S. 753. 1921; C. 1922, I, 588 (Vergleich der Vitaminwirksamkeit der Leberöle von Gadus morrhua, Gadus virens, Gadus aeglefinus). — Drummond und Watson: Analyst Bd. 47, S. 341. 1922; C. 1922, IV, 994 (Schwefelsäurereaktion). — Schmidt-Nielsen: Ch. Umschau Bd. 29, S. 54. 1922 (Zoomarinsäure). — Drummond, Zilva und Coward: Bioch. J. Bd. 16, S. 518. 1922; Ch. Umschau Bd. 30, S. 25. 1923 (Vitamin A). — Holmes: J. Metabol. Res. Bd. 2, S. 113. 1922; C. 1923, I, 1137 (Darstellung reinen Lebertrans); J. Metabol. Res. Bd. 3, S. 393. 1923; C. 1924, I, 1224 („Frühjahrs“-Lebertran); J. Metabol. Res. Bd. 3, S. 583. 1923; C. 1924, I, 1429 (Verschieden hoher Vitamingehalt; Ermittlung von Vergleichswerten); Eng. Bd. 16, S. 295. 1924; C. 1924, II, 1599 (Einfluß des Lagerns der Lebern auf die Eigenschaften der Öle). — Richmond und England: Analyst Bd. 47, S. 431. 1923; Ch. Umschau Bd. 30, S. 100. 1923 (Schwefelsäurereaktion). — Hatton und Obata: J. Pharm. Soc. Japan 1923, S. 41; Ch. Umschau Bd. 30, S. 289. 1923 (Vitaminwirkung des Unverseifbaren). — Winkler: Pharm. Centralh. Bd. 65, S. 385. 1924; C. 1924, II, 1529 (Jodbromzahl). — Holmes: Eng. Bd. 16, S. 379. 1924; Z. D.

Öl- u. Fettind. Bd. 44, S. 269. 1924 (Leberöl eines sog. Hechtdorsches; außerhalb der in den Tabellen angegebenen Bereiche liegende Kennzahlen: n_D^{20} 1,4757, Jodzahl 134,1, Trübungspunkt 25°). — DRUMMOND: Chemistry and Ind. Bd. 43, S. 928. 1924; C. 1924, II, 2805 (Therapeutische Wirksamkeit). — KUGELMASS und Mc QUARRIE: Science Bd. 60, S. 272. 1924; C. 1925, I, 539 (Photoaktivität); s. dagegen HOLMES: Eng. Bd. 16, S. 1181. 1924; C. 1925, II, 942 (Kein Zusammenhang zwischen Vitaminwirksamkeit und Kennzahlen). — JONES, STEENBOCK und NELSON: J. metabol. Res. Bd. 6, S. 169. 1924; C. 1927, I, 2210 (Relativer Gehalt an Vitamin „A“ bzw. „D“). — TOYAMA und TSUCHIYA: Ch. Umschau Bd. 32, S. 204. 1925 (Hoch-ungesättigte Fettsäuren). — DRUMMOND und WEBSTER: Nature Bd. 115, S. 837. 1925; C. 1925, II, 1186 (Ultraviolette Strahlung nicht nachweisbar). — WEST und BISHOP: Science Bd. 62, S. 86. 1925; C. 1925, II, 1770 (Fehlerhafte Versuchsordnung als Ursache der Vortäuschung ultravioletter Strahlen). — SEIFRIZ: J. Phys. Ch. Bd. 29, S. 834. 1925; C. 1925, II, 1512 (Verhalten der mit Casein stabilisierten Emulsionen). — HOLMES: J. Am. Pharm. Assoc. Bd. 13, S. 1112. 1924; C. 1925, I, 1144 (Einfluß der Behandlung des Öles auf den Vitamingehalt), J. Am. Pharm. Assoc. Bd. 13, S. 532. 1925; C. 1925, II, 1399 (Farbenreaktionen wenig zuverlässig). — LANG: Schweiz. Apoth.-Ztg. Bd. 63, S. 473, 517, 535, 545. 1925; C. 1926, I, 433 (Gewinnung, Vitamingehalt). — SOUTHGATE: Bioch. J. Bd. 19, S. 733. 1925; C. 1926, I, 1440 (Zerstörung der Vitamine beim Erhitzen auf höhere Temperaturen). — WILLIMOTT und WOKES: Pharm. J. Bd. 115, S. 718. 1925; C. 1926, I, 2945 (Gehalt an Vitamin A). — FEARON: Bioch. J. Bd. 19, S. 888. 1925; C. 1926, I, 2718 (Schwefelsäurereaktion). — MARGOSCHES und FUCHS: Ber. Bd. 59, S. 375. 1926; C. 1926, I, 2751 (Perjodzahl). — HAXTHAUSEN: Hospitalstidende Bd. 68, S. 585. 1925; Ber. ges. Physiol. Bd. 34, S. 126. 1926; C. 1926, I, 3485 (Wirkung auf die photographische Platte; Aufhebung durch Erhitzen auf 100°). — SCHLUTZ und MORSE: Proc. Soc. exp. Biol. a. Med. Bd. 22, S. 555. 1925; Ber. ges. Physiol. Bd. 34, S. 760. 1926; C. 1926, II, 608 (Ablehnung der Behauptung, daß Lebertran nach Sauerstoffbehandlung ultraviolette Strahlen aussende). — PEACOCK und WRIGHT: J. Physiol. Bd. 61, XXXVI—XXXVII; C. 1926, II, 1973. — PEACOCK: Lancet Bd. 211, S. 328. 1926; C. 1926, II, 2078 (Fluorescenz im ultravioletten Licht). — VOLLMER: Bioch. Z. Bd. 172, S. 467; Bd. 173, S. 389. 1926. — VOLLMER und LEE: ebenda S. 467 („Photoaktivitätsstudien“). — TOYAMA: J. Soc. Ch. Ind. Japan Bd. 29, S. 172 B. 1926; Sep. d. Verf. (Kennzahlen und Bestandteile eines Leberöles von Gadus macrocephalus; von ungesättigten Säuren Zoomarin- und Ölsäure, eine Säure $C_{20}H_{38}O_2$ und Cetoleinsäure; ferner die Verbindungen $C_{18}H_{28}O_2$, $C_{18}H_{30}O_2$, $C_{20}H_{32}O_2$ und $C_{22}H_{34}O_2$). — LESNÉ und SIMON: Compt. rend. Bd. 182, S. 1424. 1926; C. 1926, II, 2193 (Therapeutischer Wert verschiedener Lebertransorten). — VON EULER, MYRBÄCK und KARLSSON: Z. physiol. Ch. Bd. 157, S. 263. 1926; C. 1926, II, 2323 (Colorimetrische Untersuchung). — BILLS: J. Biol. Ch. Bd. 67, S. 279. 1926; C. 1926, II, 125 (Löslichkeit). — KAUFMANN: Ber. Bd. 59, S. 1390. 1926; C. 1926, II, 1105 (Rhodanzahl). — GROSSFELD: Z. Lebensm. Bd. 51, S. 210. 1926 (Buttersäurezahl = —0,8). — COCKING und PRICE: Pharm. J. Bd. 117, S. 175. 1926; C. 1926, II, 1558 (Antimontrichloridreaktion). — ADAM: Klin. Wochenschr. Bd. 5, S. 1648. 1926; C. 1926, II, 2078 (Inaktivierung des Vitamins durch Bestrahlung). — MEYER: Apoth.-Ztg. Bd. 41, S. 174. 1926; C. 1926, I, 2412 (Kennzahlen von „weißen“ Lebertranen). — NIEDERHOFF: Bioch. Z. Bd. 176, S. 478. 1926; C. 1927, I, 912 (Angebliche Photoaktivität beruht auf chemischer Wirkung). — BECK: Monatsschr. Kinderheilk. Bd. 33, S. 320. 1926; Ber. ges. Physiol. Bd. 38, S. 488. 1926; C. 1927, I, 2396 (Vorübergehende Erniedrigung der Jodzahl durch

Bestrahlung). — WILLIMOTT, MOORE und WOKES: Bioch. J. Bd. 20, S. 1292. 1926; C. 1927, I, 2211 (Farbenreaktionen). — HAFFNER und PULEWKA: Klin. Wochenschr. Bd. 5, S. 2119. 1926; C. 1927, I, 3204 („Photoaktivierung"). — SCHIMKUS: Arch. exp. Pathol. Pharmakol. Bd. 121, S. 230. 1927; C. 1927, II, 219 (Katalytische Wirksamkeit belichteten Lebertrans). — DICKHART: J. Oil Fat Ind. Bd. 4, S. 326. 1927; C. 1927, II, 2787 (Farbreaktion mit Urannitrat und Pyrogallussäure). — MARCELET: Chim. et Ind. Bd. 19, Nr. 531; C. 1928, II, 1729 (Flammpunkt 175°, Brennpunkt 225°; Zähigkeit unter 4° Engler bei 56° C). — HOLMES und CLOUGH: J. Oil Fat Ind. Bd. 4, S. 403. 1927; C. 1928, II, 1953 (Kennzahlen von Proben von der Ostküste Nordamerikas). — DICKHART: J. Oil Fat Ind. Bd. 5, S. 82. 1928; C. 1928, II, 201 (Normierung von Dorschlebertran mittels der Urannitratfarbreaktion). — SUZUKI und MASUDA: Proceed. Imp. Acad. Tokyo Bd. 3, S. 531. 1927; C. 1928, I, 605 (Gemischtsäurige Glyceride: Dizoomarino-olein; Diarachidono-olein; Diclupanodono-olein; Arachidono-clupanodono-olein in „Fischtran"). — SUZUKI und MASUDA: Proceed. Imp. Acad. Tokyo Bd. 4, S. 165. 1928; C. 1928, II, 1401 (Gemischtsäurige Glyceride; „Stearidonsäure").

Brosmen-Leberöl: LIVERSEEGE: Analyst Bd. 29, S. 211. 1904. — KREIS: Ch. Revue Bd. 14, S. 14. 1907. — MANN, s. LEWKOWITSCH-WARBURTON: Ch. Technol., 6. ed., Bd. II, S. 459 (Tabelle). 1922.

Sei-Leberöl: KREIS: Ch. Revue Bd. 14, S. 14. 1907; Schweiz. Wochenschr. Ch. Pharm. Bd. 44, S. 721. 1906; C. 1907, I, 306. — HENSEVAL und HUWART: Ch. Revue Bd. 14, S. 198. 1907 (Leberöl von Gadus carbonarius). — THOMSON und DUNLOP, s. LEWKOWITSCH-WARBURTON: Ch. Technol., 6. ed., Bd. II, S. 459 (Tabelle). 1922. — LEWKOWITSCH: s. ebenda (Leberöl von Pollachius virens).

Leberöl von Gadus chalcogrannus: TSUJIMOTO: Ch. Revue Bd. 20, S. 72. 1913.

Schellfisch-Leberöl: LIVERSEEGE: Analyst Bd. 29, S. 211. 1904. — KREIS: Ch. Revue Bd. 14, S. 14. 1907. — LEWKOWITSCH, THOMSON und DUNLOP, s. LEWKOWITSCH-WARBURTON: Ch. Technol., 6. ed., Bd. II, S. 459 (Tabelle). 1922.

Seehecht-Leberöl: THOMSON und DUNLOP, s. LEWKOWITSCH-WARBURTON: Ch. Technol., 6. ed., Bd. II, S. 459 (Tabelle). 1922.

Leng-Leberöl: LIVERSEEGE: Analyst Bd. 29, S. 211. 1904. — TOLMAN: Eng. Bd. 1, S. 346. 1909. — BULL, THOMSON und DUNLOP, s. LEWKOWITSCH-WARBURTON: Ch. Technol., 6. ed., Bd. II, S. 459 (Tabelle). 1922.

Serranidae.

Leberöl von Stereolepis ishinagi: TSUJIMOTO: Ch. Umschau Bd. 29, S. 385. 1922; J. Soc. Ch. Ind. Japan Bd. 26, S. 482. 1923; Ref. J. Ch. Soc. Bd. 126, S. 239. 1924. — UENO, HAMASHITA und OTA: J. Soc. Ch. Ind. Japan, Suppl.-Bd. 31, S. 281 B. 1928; C. 1929, I, 1834 (Vitamingehalt).

Sciaenidae.

Leberöl von Cynoscion regalis: WHITE: Eng. Bd. 4, S. 106. 1912.

Sparidae.

Leberöl von Stenotomus chrysops: WHITE, s. LEWKOWITSCH-WARBURTON: Ch. Technol., 6. ed., Bd. II, S. 459 (Tabelle). 1922.

Scombridae.

Thunfisch-Leberöl: FAHRION, s. LEWKOWITSCH-WARBURTON: Ch. Technol., 6. ed., Bd. II, S. 459 (Tabelle). 1922 (Öl I). — TSUJIMOTO: J. Soc. Ch. Ind. Japan Bd. 26, S. 605. 1923; Sep. d. Verf. (Öl II).

Schwertfisch-Leberöl: TSUJIMOTO: J. Soc. Ch. Ind. Japan Bd. 26, S. 605. 1923 (Sep. d. Verf.).

Lampridae.

Leberöl von Lampris regia: TSUJIMOTO: a. a. O.

Zeidae.

Peterfisch-Leberöl: HENSEVAL und HUWART: Ch. Revue Bd. 14, S. 198. 1907; C. 1907, II, 833.

Pleuronectidae.

Heilbutt-Leberöl: TSUJIMOTO: J. Soc. Ch. Ind. Japan Bd. 31, S. 38 B. 1928; C. 1928, I, 2320 (s. Nachtrag S. 516).

Plattfisch-Leberöl: TSUJIMOTO: a. a. O. (s. Nachtrag S. 517).

Lophiidae.

Leberöl von Lophiomus setigerus: TSUJIMOTO: J. Soc. Ch. Ind. Tokyo Bd. 20, S. 709. 1917.

Blenniidae.

Seewolf-Leberöl: LEXOW: Ch. Umschau Bd. 28, S. 213. 1921.

Butterfisch-Leberöl: s. LEWKOWITSCH-WARBURTON: Ch. Technol., 6. ed., Bd. II, S. 459 (Tabelle). 1922.

Tetraodontidae.

Leberöl von Spheroides porphyreus: TSUJIMOTO: J. Soc. Ch. Ind. Tokyo Bd. 20, S. 709. 1917.

Leberöl von Spheroides rubripes: TSUJIMOTO: ebenda Bd. 29, S. 71. 1926.

Molidae.

Mondfisch-Leberöl: TSUJIMOTO: J. Soc. Ch. Ind. Tokyo Bd. 19, S. 723. 1916 (Kennzahlen des Öles); Bd. 23, S. 272. 1920; Ch. Umschau Bd. 27, S. 230. 1920 (Kennzahlen der Säuren).

Anoplomatidae.

Leberöl (bzw. Kopföl) von Erilepis zonifer: TSUJIMOTO: Ch. Umschau Bd. 29, S. 385. 1922; J. Soc. Ch. Ind. Japan Bd. 26, S. 482. 1923; Ref. J. Ch. Soc. Bd. 126, S. 239. 1924.

Klasse: Amphibia.

Ordnung: Caudata (Schwanzlurche).

Cryptobranchidae.

Öl des Riesensalamanders: TSUJIMOTO: J. Soc. Ch. Ind. Japan Bd. 23, S. 41. 1920 (Sep. d. Verf.).

Ordnung: Ecaudata (Frösche).

Bufonidae.

Öl einer japanischen Kröte: TSUJIMOTO: a. a. O.

Fettgehalt von Fröschen: VICTOROFF: Pflügers Arch. Bd. 125, S. 230. 1908; C. 1908, II, 1943.

„Amphibienlarven"-Öl: PARNAS und KRASINSKA: Bioch. Z. Bd. 116, S. 108. 1921; C. 1921, III, 1096.

Klasse: Reptilia.

Ordnung: Testudinata (Schildkröten).

Testudinidae.

Öl von Clemmys japonica: TSUJIMOTO: J. Soc. Ch. Ind. Japan Bd. 23, S. 41. 1920 (Sep. d. Verf.).

Leberöl von Clemmys japonica: TSUJIMOTO: a. a. O.

Öl einer nicht näher bezeichneten Schildkrötenart: SAGE: Chemist and Druggist 1906, S. 691; s. LEWKOWITSCH-WARBURTON: Ch. Technol., 6. ed., Bd. II, S. 475. 1922.

Öl der Seeschildkröte: ZDAREK: Z. physiol. Ch. Bd. 37, S. 461. 1903.

Cheloniidae.

Öl der sog. roten Schildkröte: TSUJIMOTO: J. Soc. Ch. Ind. Japan Bd. 23, S. 41. 1920 (Sep. d. Verf.).

Öl der Suppenschildkröte: TSUJIMOTO: J. Coll. Eng. Imp. Univ. Tokyo Bd. 5, S. 177. 1908; C. 1909, I, 1491.

Dermochelyidae.

Öl der Lederschildkröte: TSUJIMOTO: J. Soc. Ch. Ind. Japan Bd. 23, S. 41. 1920 (Sep. d. Verf.).

Trionychidae.

Leberöl der „Snapping"-Schildkröte: TSUJIMOTO: Ch. Revue Bd. 20, S. 73. 1913.

Ordnung: Emydosauria (Crocodilia).

Crocodilidae.

Alligatoröl: Oil and Colourm. J. Bd. 29, S. 385. 1906.

Ordnung: Squamata.

Unterordnung: Lacertilia (Eidechsen).

Iguanidae.

Cabaragoyafett: RAE: Analyst Bd. 47, S. 510. 1922; C. 1923, I, 1133.

Varanidae.

Fett einer Rieseneidechse: TSUJIMOTO: J. Soc. Ch. Ind. Japan Bd. 23, S. 1099. 1920 (Sep. d. Verf.).

Unterordnung: Ophidia (Schlangen).

Boidae.

Öl der Pythonschlange: TSUJIMOTO: a. a. O.

Fett des sog. Schlangenhemdes: OIKAWA: J. Bioch. Bd. 5, S. 57. 1925; C. 1925, II, 1537.

Fett der Boa constrictor: KERR: J. Am. Ch. Soc. Bd. 49, S. 2046. 1927; C. 1927, II, 1855.

Natricidae.

Fett von Elaphe climacophora: TSUJIMOTO: J. Soc. Ch. Ind. Japan Bd. 23, S. 1099. 1920 (Sep. d. Verf.).

Öl von Natrix tigrina: TSUJIMOTO: a. a. O.

Viperidae.

Klapperschlangenfett: KEBLER und PANCOAST: Pharm. J. Bd. 2, S. 305. 1903.

Crotalidae[1].

Öl von Agkistrodon Blomhoffii: TSUJIMOTO: J. Soc. Ch. Ind. Japan Bd. 23, S. 1099. 1920 (Sep. d. Verf.).

Öle von meerbewohnenden Homoiothermen („Trane“).

Klasse: Aves (Vögel).

Ordnung: Tubinares.

Procellariidae.

Körpertran des schwarzen Sturmvogels: SMITH: J. Soc. Ch. Ind. Bd. 30, S. 405. 1911; C. 1911, I, 1703 (Gehalt an freien Fettsäuren; ca. 2% Unverseifbares; hohe Werte für Dichte, Jodzahl und Erstarrungspunkt). — CARTER: J. Soc. Ch. Ind. Bd. 47, S. 26 T. 1928; Ch. Umschau Bd. 35, S. 114. 1928 (Übrige Kennzahlen; angeblich kein Unverseifbares).

Ordnung: Impennes (Sphenisciformes).

Spheniscidae.

Pinguinöl: Imperial Institute, Bull. Imp. Inst. London Bd. 16, S. 140. 1918; C. 1919, I, 1041.

Klasse: Mammalia (Säugetiere).

Ordnung: Carnivora.

Unterordnung: Fissipedia.

Ursidae.

Eisbärenfett: BULL, s. LEWKOWITSCH: Ch. Technol., 4. ed., Bd. II, S. 545.

Unterordnung: Pinnipedia.

Robbentrane.

Otariidae.

Seelöwentran: TSUJIMOTO: Ch. Revue Bd. 20, S. 71. 1913.

Phocidae.

See-Elefantentran: LUND: Sfsz. Bd. 38, S. 1392. 1911; C. 1912, I, 451; Sfsz. Bd. 41, S. 414. 1914; C. 1914, I, 2019. — MARCELET: Chim. et Ind. Bd. 19, Nr. 531; C. 1928, II, 1729 (Brennpunkt 352°; Zähigkeit unter 4° Engler bei 56° C).

Seehundstrane (I): THOMSON und BALLANTYNE: J. Soc. Ch. Ind. Bd. 10, S. 236. 1891. — KURBATOW: J. Russ. Phys. Chem. Ges. Bd. 1, S. 26. 1892; Ber. Bd. 25, Ref. S. 506. 1892 (Linolsäure im Tran von Phoca caspica). — CHAPMAN und ROLFE: J. Soc. Ch. Ind. Bd. 13, S. 843. 1894 (Kennzahlen von Tranen der Species Phoca groenlandica). — LJUBARSKY: J. pr. Bd. 57, S. 26. 1898 (Fettsäuren eines Tranes von Phoca caspica). — FAHRION: Ch.-Ztg. Bd. 23, S. 161, 1048.

---

[1] Bezüglich dieses Namens siehe Fußnote 1, S. 419.

1899. — LIVERSEEGE: Analyst Bd. 29, S. 211. 1904. — PROCTER und HOLMES: J. Soc. Ch. Ind. Bd. 24, S. 1287. 1905. — LEWKOWITSCH: Jahrb. d. Ch. Bd. 15, S. 420. 1905. — THOMSON und DUNLOP: Ch. Revue Bd. 13, S. 111. 1906. — TOLMAN: Eng. Bd. 1, S. 340. 1909 (Brechungsindex). — TORTELLI: Ch.-Ztg. Bd. 33, S. 125. 1909; C. 1909, I, 947 (Thermozahl eines Tranes von Phoca vitulina). — LIDOW: Ch. Revue Bd. 17, S. 263. 1910. — TOCH: Eng. Bd. 3, S. 627. 1911; C. 1912, I, 692 (Dichte und Jodzahl). — LUND: Sfsz. Bd. 41, S. 414, 443. 1914; C. 1914, I, 2019 (Kennzahlen). — TSUJIMOTO: J. Soc. Ch. Ind. Tokyo Bd. 19, S. 715. 1916 (Bromierung eines Seehundtranes von Sachalin: 38% Polybromide mit einem Bromgehalt von 70,2%). — Imperial Institute, Bull. Imp. Inst. Bd. 16, S. 140. 1918; C. 1919, I, 1041 (Einige Kennzahlen der Trane von Leptonychotes Weddelli und Stenorhynchus leptonix). — SCHLOSZSTEIN: J. Am. Leather Ch. Assoc. 1919, S. 41; Ch. Umschau Bd. 27, S. 44. 1920 (Bereiche der Jodzahlen). — Angaben von BULL bzw. KREMEL, s. LEWKOWITSCH-WARBURTON: Ch. Technol., 6. ed., Bd. II, S. 460ff. 1922. — BAUER und NETH: Ch. Umschau Bd. 31, S. 5. 1924 (Kennzahlen und Bestandteile).

„Seeleoparden"-Tran: Imperial Institute, Bull. Imp. Inst. Bd. 16, S. 140. 1918; C. 1919, I, 1041.

Tran von Halicoerus grypus: WINGARD: Farm. Revue 1918; Sffbr. Bd. 39, S. 508. 1919; C. 1919, III, 1069 (Untersuchung von vier Tranen männlicher bzw. weiblicher Tiere in verschiedenen Entwicklungsstadien).

Trane von Phoca foetida: SCHNEIDER und BLUMENFELD: Ch. Revue Bd. 13, S. 56. 1906. — WINGARD: a. a. O. (Vergleichende Analysen von fünf Tranen).

Ordnung: Cetacea.

Waltrane.

Unterordnung: Mystacoceti (Bartenwale).

Balaenidae.

Trane von Balaena-Arten: BULL: Ch.-Ztg. Bd. 23, S. 1043. 1899 (Hochungesättigte Fettsäuren mit Jodzahlen von 251—315,6); s. BENEDIKT-ULZER: „Analyse der Fette", 5. Aufl., S. 919. — Arbeiten von ARCHBUTT, CLAPHAM, STADLER, SCHWEITZER und LUNGWITZ, THOMSON und BALLANTYNE, s. LEWKOWITSCH-WARBURTON: Ch. Technol., 6. ed., Bd. II, S. 672 u. 673. — LIVERSEEGE: Analyst Bd. 29, S. 211. 1904. — VAN ITALLIE: Pharm. Weekblad Bd. 43, S. 1281. 1906; C. 1907, I, 192 (Nachweis in Seife durch Bromierung der Fettsäuren). — MILRATH: Z. öff. Ch. Bd. 13, S. 371. 1907; C. 1907, II, 1760 (Nachweis im Rüböl). — LUND: Sfsz. Bd. 38, S. 203, 252, 306, 367. 1911; C. 1911, I, 1459 (Tranindustrie; Kennzahlen von Handelstranen). — MARCUSSON und HUBER: Sfsz. Bd. 38, S. 249. 1911; C. 1911, I, 1448 (Nachweis durch Bromierung). — TOCH: Eng. Bd. 3, S. 627. 1911; C. 1912, I, 692 (Dichte und Jodzahl). — WHITE: Eng. Bd. 4, S. 106. 1912; C. 1912, I, 1853 (Zähigkeit). — NORMANN: Ch. Revue Bd. 19, S. 205. 1912 (Hydroxylzahl). — TSUJIMOTO: ebenda Bd. 20, S. 8. 1913 (Clupanodonsäure; Desodorieren durch Destillation). — GRIMME: ebenda Bd. 20, S. 155. 1913 (Farbenreaktionen gehärteter Waltrane). — LUND: Sfsz. Bd. 41, S. 414, 443. 1914; C. 1914, I, 2019 (Kennzahlenbereiche). — MARCUSSON und MEYERHEIM: Z. ang. Bd. 27, S. 201. 1914 (Unverseifbares). — STADLINGER: Sffbr. Bd. 34, S. 1248. 1914; C. 1915, I, 402. — TORTELLI und JAFFE: Ch.-Ztg. Bd. 39, S. 14. 1915; Ann. di Chim. appl. Bd. 2, S. 20. 1914 (Nachweisreaktion); s. auch GRÜN und JANKO: Sffbr. Bd. 35, S. 253, 603. 1915; ferner DAVIDSOHN: Sfsz. Bd. 42, S. 657,

678. 1914; C. 1915, II, 810. — MARCUSSON und HUBER: Ch.-Ztg. Bd. 40, S. 249. 1916; C. 1916, I, 1273 (Nachweis von geruchlos gemachten Tranen und deren Fettsäuren). — PRESCHER: Z. Nahrgsm. Bd. 30, S. 357. 1915; C. 1916, I, 312 (Reaktionen gehärteter Trane). — NORMANN und HUGEL: Ch. Umschau Bd. 23, S. 131. 1916 (Nachweis gehärteter Trane). — VAN LEENT: Ch. Weekblad Bd. 13, S. 712. 1916; Pharm. Weekblad Bd. 53, S. 725. 1916; C. 1916, II, 526 (Kennzahlen natürlicher und gehärteter Trane). — MARCUSSON und HUBER: Mitt. Mat.-Prüf. Bd. 34, S. 56, Abt. 6. 1917; C. 1917, I, 137 (Nachweis desodorierter sowie gehärteter Trane). — WILKIE: Analyst Bd. 42, S. 200. 1917; C. 1917, II, 780 (0,8—1,4% Unverseifbares). — FAHRION: Ch. Umschau Bd. 24, S. 4. 1917 (Gehalt an Clupanodon- und Jecocerinsäure). — KNORR: Sfsz. Bd. 45, S. 83. 1918 (Gewinnung, Kennzahlen und Verwertung). — HERBIG: Sffbr. Bd. 38, S. 497, 523, 571, 593. 1918; C. 1919, II, 607 (Oxyfettsäuren). — BONNEVIE-SVENDSEN: Tidskrift f. Kemi, Farm. og Terapi Bd. 13, S. 286. 1916; Ch. Abstracts Bd. 11, S. 711. 1917 (Fettsäuren aus gehärtetem Waltran). — UBBELOHDE und SVANOE: Z. ang. Bd. 32, S. 257, 269, 276. 1919 (Bromgehalt der unlöslichen Bromide gehärteter Tranfettsäuren: 70%). — GRÜN: Ch. Umschau Bd. 26, S. 101. 1919 (Unterscheidung gehärteter Trane von gehärtetem Rüböl). — SCHLOSZSTEIN: J. Am. Leather Ch. Assoc. 1919, S. 41; Ch. Umschau Bd. 27, S. 44. 1920 (Jodzahlenbereiche). — GRÜN: Ch.-Ztg. Bd. 43, S. 759. 1919 (Oleinalkohol $C_{18}H_{35}OH$ im Unverseifbaren von „rohem Tran"). — TSUJIMOTO: J. Ch. Ind. Tokyo Bd. 23, Nr. 272. 1920; Ch. Umschau Bd. 27, S. 230. 1920 (Verseifungs- und Jodzahl der Fettsäuren; hoch-ungesättigte Säuren). — STEINER: Z. D. Öl- u. Fettind. Bd. 40, S. 809. 1920; C. 1921, II, 665 (Trane mit abnorm hohem Gehalt an Unverseifbarem). — EVERS und FOSTER: Analyst Bd. 48, S. 58. 1923; Ch. Umschau Bd. 30, S. 124. 1923 (Empfindlichkeit der Schwefelsäurereaktion). — GRÜN: Z. D. Öl- u. Fettind. Bd. 43, S. 729. 1923; s. auch AUERBACH: ebenda Bd. 44, S. 37. 1924 (TORTELLI-JAFFEsche Reaktion). — MILLIGAN, KNUTH und RICHARDSON: J. Am. Ch. Soc. Bd. 46, S. 157. 1924; C. 1924, I, 1216 (Zusammensetzung des Fettsäuregemisches). — BÖHM: Sfsz. Bd. 51, S. 72. 1924; C. 1924, II, 407 (Unverseifbares). Z. D. Öl- u. Fettind. Bd. 44, S. 566. 1924 (Tranausbeute). — ARMSTRONG und HILDITCH: J. Soc. Ch. Ind. Bd. 44, T, S. 180. 1925; C. 1925, II, 575 (Bestandteile eines Waltrans aus Südgeorgien; ca. 1% Tetradecensäure; 12—15% Hexadecensäure). — TOYAMA und TSUCHIYA: Ch. Umschau Bd. 32, S. 204. 1925 (Fettsäuren). — GREITEMANN: Z. ang. Bd. 38, S. 830. 1925 (Referat eines Vortrages über die Glyceride des gehärteten Waltranes). — MARGOSCHES und FUCHS: Ber. Bd. 59, S. 375. 1926 (Per- und Differenzjodzahl). — AUERBACH: Ch. Umschau Bd. 33, S. 163. 1926 (Unzulänglichkeit der TORTELLI-JAFFEschen Reaktion). — ULEX: Z. D. Öl- u. Fettind. Bd. 46, S. 721. 1926 (Zunahme der freien Fettsäuren). — LEWKOWITSCH: J. Soc. Ch. Ind. Bd. 46, T, S. 195. 1927; C. 1927, II, 1218 (Absorptionsspektrum im Ultraviolett).

Milchfett eines Bartenwales: SCHEIBE: Münch. med. Wochenschr. Bd. 55, S. 795. 1908; C. 1908, I, 1788 (Zusammensetzung der Milch; Kennzahlen des Fettes).

Balaenopteridae.

Tran des californischen Grauwales: TSUJIMOTO: J. Ch. Ind. Japan Bd. 23, S. 1007. 1920 (Hoch-ungesättigte Fettsäuren). — TOYAMA und TSUCHIYA: Ch. Umschau Bd. 32, S. 205. 1925 (Jod- und Neutralisationszahl der Fettsäuren; hoch-ungesättigte Fettsäuren). — TOYAMA: Ch. Umschau Bd. 34, S. 19. 1927 (Kennzahlen, Bestandteile).

Buckelwaltran: TSUJIMOTO: J. Ch. Ind. Japan Bd. 23, S. 1007. 1920 (Hoch-ungesättigte Fettsäuren). — TOYAMA: Ch. Umschau Bd. 31, S. 223. 1924 (Kennzahlen; Fettsäuren). — TOYAMA und TSUCHIYA: Ch. Umschau Bd. 32, S. 205. 1925 (Hoch-ungesättigte Fettsäuren).

Tran des Seiwales („Spitzkopf-Finnfisch"-Tran): TOYAMA und TSUCHIYA: Ch. Umschau Bd. 32, S. 205. 1925 (Fettsäuren). — TOYAMA: Ch. Umschau Bd. 33, S. 293. 1926 (Kennzahlen, Bestandteile); s. auch J. Soc. Ch. Ind. Japan, Suppl.-Bd. 1927, S. 154 B; Ch. Umschau Bd. 35, S. 20. 1928 (Cetoleinsäure; Zoomarinsäure = Palmitoleinsäure).

Finnwaltran: TSUJIMOTO: J. Ch. Ind. Japan Bd. 23, S. 1007. 1920 (16,6% hoch-ungesättigte Fettsäuren). — TOYAMA: Ch. Umschau Bd. 31, S. 222 u. 242. 1924 (Kennzahlen; Fettsäuren). — TOYAMA und TSUCHIYA: Ch. Umschau Bd. 32, S. 205. 1925 (Jod- und Neutralisationszahl der Fettsäuren; hoch-ungesättigte Fettsäuren).

„Shironagasu"-Waltran: TOYAMA und TSUCHIYA: Ch. Umschau Bd. 32, S. 205. 1925.

Unterordnung: Odontoceti (Zahnwale).

Physeteridae.

Kopftran des Pottwales („Spermöl"): HOFSTÄDTER: Ann. Bd. 91, S. 177. 1854 (Physetölsäure). — ALLEN: Commercial Analysis 1886. — LEWKOWITSCH: J. Soc. Ch. Ind. Bd. 11, S. 134. 1892; Ch.-Ztg. Bd. 17, S. 1453. 1893. — WALKER und WARBURTON: Analyst Bd. 26, S. 237. 1902. — FENDLER: Ch.-Ztg. Bd. 29, S. 555. 1905. — DUNLOP: J. Soc. Ch. Ind. Bd. 27, S. 63. 1908; Ch. Revue Bd. 15, S. 55. 1908. — WILKIE: Analyst Bd. 42, S. 200. 1917; C. 1917, II, 780 (34,3 bis 43,6% Unverseifbares). — BLAKELEY und REILLY: Eng. Bd. 9, S. 1099. 1917; C. 1918, I, 1217 (Kennzahlen; Tran I). — GRÜN: Ch.-Ztg. Bd. 43, S. 759. 1919 (Nachweis von Oleinalkohol). — TSUJIMOTO: J. Soc. Ch. Ind. Japan Bd. 24, S. 41 Nr. 275. 1921; Sep. d. Verf. (Kennzahlen, Fettsäuren, Cetyl- und Oleinalkohol, Cholesterin; Tran II); Ch. Umschau Bd. 30, S. 33. 1923 (Kennzahlen, Isolierung der Tetradecensäure, Nachweis von Laurinsäure; Tran II); Bd. 32, S. 202. 1925 (Konstitution der Tetradecensäure). — GRÜN: „Analyse der Fette und Wachse", Bd. I, S. 35 u. 41 (Unbenannter Alkohol $C_{16}H_{32}O$). — ANDRÉ und FRANÇOIS: Compt. rend. Bd. 182, S. 497 bzw. Bd. 183, S. 663. 1926; C. 1926, I, 2714 bzw. II, 3061 (Gehalt an Glycerin und hochmolekularen einwertigen Alkoholen; Tran I); Bull. Soc. Chim. Biol. Bd. 9, S. 117. 1927; C. 1927, I, 2661 (Kennzahlen und Bestandteile von Tran I); s. auch Compt. rend. Bd. 185, S. 279. 1927; C. 1927, II, 1855 (Oleinalkohol). — HILDITCH und LOVERN: J. Soc. Ch. Ind. Bd. 47, S. 105 T. 1928; Ch. Umschau Bd. 35, S. 154. 1928 (Zusammensetzung von TranIII). — TSUJIMOTO: Ch. Umschau Bd. 35, S. 227 1928 („Physetersäure").

Gewebe- und Muskeltran des Pottwales: ANDRÉ und FRANÇOIS: Compt. rend. Bd. 182, S. 497. 1926; C. 1926, I, 2714 (Hochmolekulare Alkohole und Glycerin); Bull. Soc. Chim. Biol. Bd. 9, S. 117. 1927; C. 1927, I, 2661 (Kennzahlen und Bestandteile der Trane I und II). — TOYAMA: J. Soc. Ch. Ind. Japan, Suppl.-Bd. 30, S. 137 B. 1927; C. 1928, I, 2416 u. 2417 (Bestandteile und Kennzahlen von Tran III). — HILDITCH und LOVERN: J. Soc. Ch. Ind. Bd. 47, S. 105 T. 1928; Ch. Umschau Bd. 35, S. 154. 1928 (Zusammensetzung von Tran IV).

Pottwal-Leberöl: TSUJIMOTO und KIMURA: Ch. Umschau Bd. 35, S. 317. 1928 (s. Nachtrag S. 522).

Tran von Mesoplodon bidens: ANDRÉ und CANAL: Compt. rend. Bd. 183, S. 1063. 1926; C. 1927, I, 910.

Dögling-Tran: SCHARLING: J. pr. Bd. 43, S. 257. 1848 („Döglingsäure"). — GULDBERG: Pharm. Z. Bd. 35, S. 476. 1890; Ch.-Ztg. Rep. Bd. 14, S. 295. 1890. — ALLEN: Pharm. Jahresber. Bd. 50, S. 279. 1890. — BULL: Ch.-Ztg. Bd. 24, S. 846. 1900. — WINNEM: Ch. Revue Bd. 7, S. 199. 1901. — DUNLOP: J. Soc. Ch. Ind. Bd. 27, S. 63. 1908 (Bestandteile). — LUND: Sfsz. Bd. 37, S. 194. 1910. — FAHRION: Ch. Umschau Bd. 27, S. 133, 146. 1920 (Unverseifbares). — STEINER: Z. D. Öl- u. Fettind. Bd. 40, S. 809. 1920 (35% Unverseifbares); Sfsz. Bd. 51, S. 609. 1924; C. 1924, II, 2805 (Kennzahlen eines Handelstranes). — TSUJIMOTO: Ch. Umschau Bd. 32, S. 127. 1925 (Kennzahlen und Bestandteile von Tran II). — TOYAMA: Report Tokyo Imperial Ind. Lab. Bd. 20, Nr. 2. 1925; Sep. d. Verf. (Zusammensetzung des Fettsäurengemisches).

Platanistidae.

Tran von Platanista gangetica: HOOPER: Annual Report Indian Museum 1908—1911; s. LEWKOWITSCH-WARBURTON: Ch. Technol., 6. ed., Bd. II, S. 479. 1922.

Delphinapteridae.

Tran des Weißwales: s. UBBELOHDE-GOLDSCHMIDT: Handbuch der Chemie und Technologie der Öle und Fette, Bd. II, S. 672 u. 678. 1920.

Delphinidae.

Braunfisch-Tran: SCHNEIDER und BLUMENFELD: Ch.-Ztg. Bd. 30, S. 53. 1906; C. 1906, I 571.

Trane des Schwertwales: BULL und SÖRVIG, s. UBBELOHDE und GOLDSCHMIDT: Handbuch S. 679. 1920.

Meerschwein-Trane: CHEVREUL: „Recherches chimiques sur les corps gras d'origine animale." Paris 1813—1815 („Phocensäure": Dichte 0,937; Erstarrungspunkt —16°). — BULL, ferner THOMSON und DUNLOP, s. LEWKOWITSCH-WARBURTON: Ch. Technol., 6. ed., Bd. II, S. 482. 1922. — MOORE: J. Soc. Ch. Ind. Bd. 9, S. 331. 1890 (Kinnbackentran). — STEENBUCH: Z. ang. Bd. 12, S. 64. 1899 (Körpertran). — HART: Ch.-Ztg. Bd. 32, S. 819. 1908 (Kennzahlen und Reaktionen eines Körpertranes). — TOCH: Eng. Bd. 3, S. 627. 1911; C. 1912, I, 692 (Dichte, Jodzahl).

Delphin-Trane.

A. Tran aus dem ganzen Körper („Körpertran"): BULL: Ch.-Ztg. Bd. 23, S. 1044. 1899. — ARCHBUTT und DEELEY: „Lubrication und Lubricants", S. 115. — ULIC: Bul. Soc. Chim. Romania Bd. 2, S. 77. 1920; C. 1921, II, 1028 (Dichte 0,935). — IVANOW: Masloboino-Schirowoje Djelo 1927, Nr. 3/4; Sfsz. Bd. 54, S. 706. 1927 (Kennzahlen der Transorten I, II und III).

B. „Kopftran": MARCELET: Compt. rend. Bd. 182, S. 1416. 1926; Bull. Soc. Chim. (4) Bd. 39, S. 1265. 1926; Ch. Umschau Bd. 33, S. 256. 1926; s. auch VON NABELL: ebenda Bd. 34, S. 218. 1927. — MARCELET: Chimie et Ind. Bd. 17, Sonder-Nr. 463. 1927 (Photokopie vom Verlag: Kennzahlen).

C. „Nasentran": MARCELET: Chimie et Ind. Bd. 17, Sonder-Nr. 463. 1927.

D. „Kinnbackentran": MOORE: J. Soc. Ch. Ind. Bd. 9, S. 331. 1890 (Tran II). — MARCELET: Chimie et Ind. Bd. 17, Sonder-Nr. 463. 1927 (Tran I).

E. Tran aus der Leber von Delphinus longirostris: TSUJIMOTO: J. Soc. Ch. Ind. Japan Bd. 29, S. 71. 1926 (Sep. d. Verf.).

F. Andere Trane von Delphinus longirostris („Ma-iruka"-Tran): TSUJIMOTO: Ch. Revue Bd. 20, S. 70. 1913 (Kennzahlen verschiedener „Körpertrane" und „Kopftrane“, I—IV); Ch. Umschau Bd. 30, S. 35. 1923 (Kopftran V; Tetradecensäure); s. auch Bd. 32, S. 202. 1925 und Bd. 34, S. 9. 1927 (Konstitution der Tetradecensäure).

Ordnung: Sirenia (Seekühe).

Halicoridae.

Dugong-Tran: MANN: Pharm. J. (4) Bd. 17, S. 840. 1903; J. Soc. Ch. Ind. Bd. 22, S. 1357. 1903; C. 1904, I, 307 (Tran I mit Säurezahl 4,7). — LIVERSEEGE: Analyst Bd. 29, S. 211. 1904 (Tran I mit Säurezahl 5). — CHALLINOR und PENFOLD: J. Soc. Ch. Ind. Bd. 36, S. 192. 1917; C. 1917, I, 1109 (Tran II); s. auch Sffbr. Bd. 39, S. 14. 1919.

Homoiothermen-Fette.

(Mit Ausnahme der Trane von meerbewohnenden Homoiothermen.)

Klasse: Aves (Vögel).

Ordnung: Struthiones.

Struthionidae.

Straußenfett: VAMVAKAS: Ann. Chim. anal. Bd. 15, S. 64. 1910; C. 1910, I, 1365.

Ordnung: Casuarii.

Dromaeidae.

Nierenfett vom Emu: MORRISON: Journ. Proceed. Royal Soc. New-South Wales, Bd. 60, S. 113. 1926; C. 1928, I, 2510 (s. Nachtrag S. 517).

Ordnung: Gallinacei.

Phasianidae.

Pfauenfett: RAE: Analyst Bd. 49, S. 83. 1924; C. 1924, I, 2436.

Truthahnfett: AMTHOR und ZINK: Z. anal. Ch. Bd. 36, S. 11. 1897 (Fett I). — ROSS und RACE: Analyst Bd. 36, S. 213. 1911; C. 1911, II, 97 (Fett II). — HEPBURN und KATZ: J. Franklin Inst. Bd. 203, S. 835. 1927; Ch. Umschau Bd. 34, S. 344. 1927 (Fett III).

Hühnerfett: AMTHOR und ZINK: Z. anal. Ch. Bd. 36, S. 11. 1897 (Fett I). — ZAITSCHEK: Pflügers Arch. Bd. 98, S. 614; C. 1903, II, 1077 (Einfluß der Fütterung auf die Zusammensetzung des Körperfettes). — ROSS und RACE: Analyst Bd. 36, S. 213. 1911; C. 1911, II, 97 (Fett II). — PALMER und KEMPSTER: J. Biol. Ch. Bd. 39, S. 331. 1919; C. 1920, III, 676 (Einfluß spezifischer Ernährung auf die Farbe des Körperfettes). — HOOGLAND und LEE: J. Agric. Research Bd. 33, S. 29. 1926; C. 1926, II, 1973 (Gehalt an Vitamin A).

Hühner-Eierfett: NEUMEISTER: Physiol. Ch. S. 123. Jena 1893; Pflügers Arch. Bd. 43, S. 71. — PALLADINO und TOSO: J. Pharm. et Chim. 1896, S. 247. — KITT: Ch.-Ztg. Bd. 21, S. 303. 1897 (9,6% Palmitin-; 0,6% Stearin-; 81,8% Ölsäure). — JEAN: Ann. Chim. anal. Bd. 8, S. 51. 1903; Z. Nahrgsm. Bd. 7, S. 232. 1904. — GOBLEY, s. KÖNIG: Ch. Nahrgsm. Bd. II, S. 575. — LAVES: Pharm. Ztg. 1903, S. 815. — VIGNON und MEUNIER: Collegium 1904, S. 128 (Jodzahl 52, Unverseifbares 0,2%). — BERG und ANGERHAUSEN: Z. Nahrgsm. Bd. 29, S. 9. 1915 (Cholesterinbestimmung mittels des Digitoninverfahrens). — VAN MEURS: Rec. trav. chim. Bd. 42, S. 800. 1923 (Fettgehalt); s. dagegen GROSSFELD: ebenda

Bd. 43, S. 463. 1924; Z. Nahrgsm. Bd. 48, S. 457. 1924 (Fettbestimmung). — Sudendorf: Pharm. Centralh. Bd. 64, S. 467. 1923; Z. Nahrgsm. Bd. 47, S. 463. 1924 (Fettbestimmung). — Kühl: Collegium 1923, S. 56; C. 1923, IV, 65 (Fettbestimmung). — Popp: Z. Nahrgsm. Bd. 50, S. 135. 1925 (Abhängigkeit der Ausbeute an Fett bzw. Lecithin von der Extraktionsmethode; Gehalt an freien Fettsäuren).

Tetraonidae.

Auerhahnfett: Amthor und Zink: Z. anal. Ch. Bd. 36, S. 11. 1897.

Ordnung: Columbae.

Columbidae.

Taubenfett: Amthor und Zink: a. a. O. — Clure und Carr: Amer. J. Physiol. Bd. 74, S. 70. 1925; C. 1926, I, 432 (Fett des Taubeneies).

Fett von Sphenurus sieboldii sieboldii: Koyama: J. Soc. Ch. Ind. Japan, Suppl.-Bd. 31, S. 298. 1928; Ch. Umschau Bd. 36, S. 173. 1929 (s. Nachtrag S. 518).

Ordnung: Lari.

Laridae.

Fett von Sterna longipennis: Koyama: J. Soc. Ch. Ind. Japan, Suppl.-Bd. 31, S. 72. 1928; Ch. Umschau Bd. 35, S. 177. 1928 (s. Nachtrag S. 518).

Ordnung: Grallae.

Rallidae.

Fett von Porzana pusilla pusilla: Koyama: J. Soc. Ch. Ind. Japan, Suppl.-Bd. 31, S. 238. 1928; Ch. Umschau Bd. 35, S. 329. 1928 (s. Nachtrag S. 518).

Fett von Gallinula chloropus parvifrons: Koyama: J. Soc. Ch. Ind. Japan, Suppl.-Bd. 31, S. 211. 1928; Ch. Umschau a. a. O. (s. Nachtrag S. 518).

Wasserhühnerfett: Schneider und Blumenfeld: Ch.-Ztg. Bd. 30, S. 54. 1906 (Fett eines finnischen Tieres mit Säurezahl 1,7). — Blaha: Z. physiol. Ch. Bd. 89, S. 456. 1914; C. 1914, I, 1678 (Gewebefette mit Säurezahlen von 10,2 bis 10,5; Muskelfett, Cholesteringehalt).

Scolopacidae.

Fett von Gallinago Mibuto: Koyama: J. Soc. Ch. Ind. Japan, Suppl.-Bd. 31, S. 72. 1928; Ch. Umschau Bd. 35, S. 177. 1928 (s. Nachtrag S. 518).

Charadriidae.

Fett von Pluvialis dominicus fulvus: Koyama: J. Soc. Ch. Ind. Japan, Suppl.-Bd. 31, S. 259. 1928; Ch. Umschau Bd. 36, S. 22. 1929 (s. Nachtrag S. 518).

Gruidae.

Kranichfett: Schneider und Blumenfeld: Ch.-Ztg. Bd. 30, S. 54. 1906.

Ordnung: Lamellirostres.

Anatidae.

Gänsefett: Lebedeff: Z. physiol. Ch. Bd. 6, S. 142. 1882 (Bestandteile). — Rözsényi: Ch.-Ztg. Bd. 20, S. 218. 1896. — Amthor und Zink: Z. anal. Ch. Bd. 36, S. 9. 1897. — Henriques und Hansen: Skand. Arch. f. Physiol. 1900,

S. 11; Ch.-Ztg. Rep. Bd. 24, S. 210. 1900 (Jodzahlen des Haut-, Intermuskular- und Abdominalfettes). — WEISER und ZAITSCHEK: Ch. Revue Bd. 11, S. 106. 1904. — KLIMONT und MEISELS: ebenda Bd. 16, S. 232. 1909. — MAYER: Pharm. J. Bd. 31, S. 94. 1910. — BEHRE: Ber. Chem. Unters.-Amt, Chemnitz 1912; C. 1913, II, 169 (Bereiche der Schmelzpunkte, der Jodzahlen und der Refraktion). — BÖMER und MERTEN: Z. Nahrgsm. Bd. 27, S. 153. 1914 (Schmelzpunktsdifferenzen bei reinen Gänsefetten und Gemischen mit Schweinefett nicht sehr verschieden). — KLOSTERMANN und OPITZ: Z. Nahrgsm. Bd. 27, S. 713. 1914 (Gesamtcholesteringehalt 0,04%). — KLIMONT und MAYER: Monatsh. Bd. 36, S. 281. 1915; C. 1915, II, 87 („Margarinsäure"). — AMBERGER und BROMIG: Pharm. Centralh. Bd. 62, S. 547. 1921; C. 1921, IV, 1239, s. auch Z. Nahrgsm. Bd. 42, S. 193. 1921 (Glyceride, Cholesteringehalt). — BÖMER und MERTEN: Z. Nahrgsm. Bd. 43, S. 101. 1922 (Gehalt an Fettsäuren bzw. Glyceriden). — HEPBURN und KATZ: J. Franklin Inst. Bd. 203, S. 835. 1927; Ch. Umschau Bd. 34, S. 344. 1927 (Kennzahlen des Gewebefettes; Verseifungszahl 216,5).

Eierfett der Gans: HEPBURN und KATZ: J. Franklin Inst. Bd. 203, S. 835. 1927; Ch. Umschau Bd. 34, S. 344. 1927.

Fett der Wildgans: AMTHOR und ZINK: Z. anal. Ch Bd. 36, S. 10. 1897.

Entenfett: AMTHOR und ZINK: a. a. O. (Fett I). — KLIMONT und MEISELS: Ch. Revue Bd. 16, S. 232. 1909 (Fett II).

Eierfett der Ente: BERG und ANGERHAUSEN: Z. Nahrgsm. Bd. 29, S. 9. 1915 (Cholesteringehalt). — HEPBURN und KATZ: J. Franklin Inst. Bd. 203, S. 835. 1927; Ch. Umschau Bd. 34, S. 344. 1927 (Kennzahlen).

Fett der Wildente: AMTHOR und ZINK: Z. anal. Ch. Bd. 36, S. 10. 1897.

Fett von Aix galericulata: KOYAMA: J. Soc. Ch. Ind. Japan, Suppl.-Bd. 31, S. 238. 1928; Ch. Umschau Bd. 35, S. 329. 1928 (s. Nachtrag S. 518).

Ordnung: Ciconiae.

Ardeidae.

Fett von Nycticorax nycticorax: KOYAMA: J. Soc. Ch. Ind. Japan, Suppl.-Bd. 31, S. 140. 1928; Ch. Umschau Bd. 35, S. 259. 1928 (s. Nachtrag S. 518).

Fett von Nannocnus eurythmus: KOYAMA: a. a. O. (s. Nachtrag S. 518).

Ordnung: Accipitres.

Falconidae.

Fett von Butastur indicus: KOYAMA: J. Soc. Ch. Ind. Japan, Suppl.-Bd. 31, S. 72. 1928; Ch. Umschau Bd. 35, S. 177. 1928 (s. Nachtrag S. 518).

Pandionidae.

Fett von Pandion haliaëtus haliaëtus: KOYAMA: J. Soc. Ch. Ind. Japan, Suppl.-Bd. 31, S. 238; Ch. Umschau Bd. 35, S. 329. 1928 (s. Nachtrag S. 518).

Ordnung: Passeres.

Ampelidae.

Fett von Bombycilla japonica: KOYAMA: J. Soc. Ch. Ind. Japan, Suppl.-Bd. 31, S. 211. 1928; Ch. Umschau Bd. 35, S. 329. 1928 (s. Nachtrag S. 518).

Sylviidae.

Fett von Acrocephalus arundinaceus orientalis: KOYAMA: J. Soc. Ch. Ind. Japan, Suppl.-Bd. 31, S. 238. 1928; Ch. Umschau Bd. 35, S. 329. 1928 (s. Nachtrag S. 520).

Turdidae.

Fett von Cinclus pallasi pallasi: KOYAMA: J. Soc. Ch. Ind. Japan, Suppl.-Bd. 31, S. 259. 1928; Ch. Umschau Bd. 36, S. 22. 1929 (s. Nachtrag S. 520).

Laniidae.

Fett von Lanius bucephalus: KOYAMA: a. a. O. (s. Nachtrag S. 520).

Corvidae.

Fett von Garrulus glandarius japonicus: KOYAMA: J. Soc. Ch. Ind. Japan, Suppl.-Bd. 31, S. 298. 1928; Ch. Umschau Bd. 36, S. 173. 1929 (s. Nachtrag S. 520).

Sturnidae.

Starenfett: AMTHOR und ZINK: Z. anal. Ch. Bd. 36, S. 10. 1897.

Fett von Sturnia violacea: KOYAMA: J. Soc. Ch. Ind. Japan, Suppl.-Bd. 31, S. 140. 1928; Ch. Umschau Bd. 35, S. 259. 1928 (s. Nachtrag S. 520).

Fett von Spodiopsar cineraceus: KOYAMA: J. Soc. Ch. Ind. Japan, Suppl.-Bd. 31, S. 211. 1928; Ch. Umschau Bd. 35, S. 329. 1928 (s. Nachtrag S. 520).

Fringillidae.

Fett von Passer rutilans rutilans: KOYAMA: J. Soc. Ch. Ind. Japan, Suppl.-Bd. 31, S. 298. 1928; Ch. Umschau Bd. 36, S. 173. 1929 (s. Nachtrag S. 520).

Fett von Chloris sinica Kawarahiba: KOYAMA: a. a. O. (s. Nachtrag S. 520).

Fett von Emberiza rustica: KOYAMA: a. a. O. (s. Nachtrag S. 520).

Embericidae.

Fett von Cynchramus yessoënsis yessoënsis: KOYAMA: a. a. O. (s. Nachtrag S. 520).

Luscinidae.

Fett von Janthia cyanura: KOYAMA: J. Soc. Ch. Ind. Japan, Suppl.-Bd. 31, S. 211. 1928; Ch. Umschau Bd. 35, S. 329. 1928 (s. Nachtrag S. 520).

Pycnolidae.

Fett von Microscelis amaurotis amaurotis: KOYAMA: J. Soc. Ch. Ind. Japan, Suppl.-Bd. 31, S. 298. 1928; Ch. Umschau Bd. 36, S. 173. 1929 (s. Nachtrag S. 520).

Klasse: Mammalia.

Ordnung: Rodentia (Nagetiere).

Leporidae.

Hasenfett: AMTHOR und ZINK: Z. anal. Ch. Bd. 36, S. 6. 1897. — DRUMEL: Bull. de l'assoc. Belg. Chim. 1896, S. 10; Ch. Revue Bd. 3, S. 91. 1896. — KLIMONT: Monatsh. Bd. 33, S. 441. 1912 (Kennzahlen eines Fettes mit der Säurezahl 15,3).

Kaninchenfett: AMTHOR und ZINK: Z. anal. Ch. Bd. 36, S. 6. 1897.

Fett des wilden Kaninchens: AMTHOR und ZINK: a. a. O.

Sciuridae.

Murmeltierfett: GRÜBLER: Z. österr. Apoth.-Ver. Bd. 45, S. 745. 1907 (Fett I). — PRITZKER und JUNGKUNZ: Pharm. Acta Helvetiae Bd. 2, S. 5. 1927; C. 1927, I, 1906 (Fett II).

Caviidae.

Capybara-Fett: DA SILVA: Rev. Brasil. med. pharm. Bd. 2, S. 313 u. 493. 1926; Ch. Umschau Bd. 35, S. 49. 1928.

Ordnung: Carnivora.

Canidae.

Hundefett: AMTHOR und ZINK: Z. anal. Ch. Bd. 36, S. 5. 1897. — SCHULZ: Pflügers Arch. Bd. 66, S. 145. 1897; C. 1897, I, 478 (Fettgehalt in verschiedenen Körperpartien abgemagerter Hunde). — HENRIQUES und HANSEN: Skand. Arch. f. Physiol. Bd. 11, S. 160. 1900 (Jodzahlen von Fetten aus verschiedenen Körperpartien). — ROSENFELD, nach BENEDIKT-ULZER: „Analyse der Fette", 5. Aufl., S. 1034. 1908 (Fette von hohem Sättigungsgrad). — LIFSCHÜTZ: Bioch. Z. Bd. 52, S. 206, und zwar S. 209. 1913; C. 1913, II, 599 (Leberfett).

Fuchsfett: AMTHOR und ZINK: Z. anal. Ch. Bd. 36, S. 6. 1897.

Ursidae.

Fette des braunen Bären: RAIKOW: Ch.-Ztg. Bd. 28, S. 272. 1904 (Bauchfett und Nierenfett). — KEBLER und PANCOAST: Pharm. J. Bd. 2, S. 304. 1903 (Fett mit Dichte 0,913, Verseifungszahl 203,4, Jodzahl 80,4). — SCHNEIDER und BLUMENFELD: Ch.-Ztg. Bd. 30, S. 54. 1906 (Schenkelfett).

Fett des Ceylonbären: RAE: Analyst Bd. 47, S. 510. 1922; C. 1923, I, 1133.

Fett des Himalayabären: HOOPER, s. LEWKOWITSCH-WARBURTON: Ch. Technol., 6. ed., Bd. II, S. 872 (Tabelle). 1922.

Mustelidae.

Dachsfett: AMTHOR und ZINK: Z. anal. Ch. Bd. 36, S. 6. 1897.

Stinktierfett: KEBLER und PANCOAST: Pharm. J. Bd. 2, S. 305. 1903.

Vielfraßfett: SCHNEIDER und BLUMENFELD: Ch.-Ztg. Bd. 30, S. 53. 1906.

Edelmarderfett: AMTHOR und ZINK: Z. anal. Ch. Bd. 36, S. 8. 1897.

Iltisfett: AMTHOR und ZINK: a. a. O.

Viverridae.

„Zibet-Fett": BURGESS: Analyst Bd. 28, S. 101. 1903.

Felidae.

Tigerfett: HOOPER: Pharm. J. Bd. 89, S. 519. 1912; Ch. Revue Bd. 20, S. 221. 1913.

Leopardenfett: RAE: Analyst Bd. 49, S. 83. 1924; C. 1924, I, 2436.

Wildkatzenfett: AMTHOR und ZINK: Z. anal. Ch. Bd. 36, S. 7. 1897.

Fett der Hauskatze: AMTHOR und ZINK: a. a. O.

Luchsfett: SCHNEIDER und BLUMENFELD: Ch.-Ztg. Bd. 30, S. 53. 1906.

Ordnung: Ungulata (Huftiere).

Equidae.

Pferdefett: LENZ: Z. anal. Ch. Bd. 28, S. 441. 1889. — LEWY: ebenda. — AMTHOR und ZINK: ebenda Bd. 31, S. 381. 1892; C. 1892, II, 683 (Körperfett, Nierenfett). — FILSINGER: Ch.-Ztg. Bd. 16, S. 792. 1892. — KALMANN: ebenda S. 922 (Eingeweide- und Brustfett). — ZINK: Forschungsber. Lebensm. 1896, S. 441 (Markfett). — NUSSBERGER: Z. anal. Ch. Bd. 36, S. 269. 1897. — HENRIQUES und Hansen: Skand. Arch. Physiol. Bd. 11, S. 160. 1900; Ch.-Ztg. Rep. Bd. 24, S. 210. 1900 (Fette aus verschiedenen Körperpartien). — Hefelmann und Mauz: Z. öff. Ch. Bd. 12, S. 63. 1906; C. 1906, I, 1292 (Intramuskuläres bzw. extramuskuläres Fett aus verschiedenen Körperteilen). — Dunlop: Analyst Bd. 32, S. 317. 1907; C. 1907, II, 1260 (Fette aus verschiedenen Körperpartien). — Zaribnicky: Z. Physiol. Ch. Bd. 80, S. 232. 1912; C. 1912, II, 1928 (Smegmafett). — Klimont und Meisl: Monatsh. Bd. 35, S. 1115. 1914; C. 1915, I, 212 (Kennzahlen, Bestandteile, „Margarinsäure"). — Rudolf: Z. physiol. Ch. Bd. 101, S. 99. 1918 (Fett des Blutes von gesunden und kranken Pferden). — Jean bzw. Lewkowitsch, s. Lewkowitsch-Warburton: Ch. Technol., 6. ed., Bd. II, S. 495. 1922 (Fußöl). — Heiduschka und Steinruck: J. pr. (2) Bd. 102, S. 241. 1921; C. 1921, III, 1133 (Fett I). — Channon und Marrian: Bioch. J. Bd. 20, S. 409. 1926; C. 1926, II, 242 (Hoch-ungesättigter Kohlenwasserstoff in der Leber; liefert ein Äther-unlösliches Bromid mit 68% Brom und ein Hydrochlorid vom Schmelzpunkt 128°).

Pferdeknochenfett: Schenk: Mitt. Lebensm. Unters. Hyg. Bd. 9, S. 215. 1918; C. 1918, II, 688. — Meyer: Die Seife 1919, S. 459; s. Ch. Umschau Bd. 26, S. 41. 1919 (Unverseifbares).

Suidae.

Schweinefett: Stillwell: C. 1873, S. 799 (Dichte bei 18°: 0,9175). — Husson: J. Pharm. Chim. Bd. 27, S. 100. 1878 (Unterschiede in der Krystallform bei der Krystallisation von Schweinefett bzw. Talg aus der ätherischen Fettlösung). — Fleischmann: Ber. d. milchw. Vers.-Stat. Baden 1883; C. 1884, S. 875 (Einige Kennzahlen). — Belfield: Boston med. surgic. Journ. Bd. 19, S. 7. 1884; C. 1884, S. 73 (Mikroskopische Unterscheidung von Talg). — Isbert und Venator: Z. ang. Bd. 88, S. 316. 1888; C. 1888, S. 1046 (Stearingehalt einiger Handelsproben). — Allen: Analyst Bd. 13, S. 189. 1888; C. 1888, S. 1562 (Nachweis von Cocosfett). — Fairbanks und Webster: Z. Nahrgsm. Hyg. Warenk. Bd. 2, S. 116. 1888; C. 1888, S. 1216. — Allen: Analyst Bd. 13, S. 161. 1888; C. 1888, S. 1395. — Hehner: Analyst Bd. 13, S. 165. 1888; C. 1888, S. 1395. — Williams: Analyst Bd. 13, S. 165. 1888; C. 1888, S. 1396. — Conroy: Brit. Pharm. Conf.; P. Tr. 950, 186; C. 1888, S. 1396 (Die letztgenannten fünf Arbeiten beziehen sich auf verschiedene Methoden zum Nachweis von Verfälschungen mit Baumwollsamenöl). — Langfurth: Ch.-Ztg. Bd. 12, S. 1660. 1888; C. 1889, I, 116 (Erstarrungseigenschaften reinen Schmalzes). — Pattinson: J. Soc. Ch. Ind. Bd. 8, S. 30. 1889; C. 1889, I, 400 (Unterscheidung von Rindertalg auf mikroskopischem Wege; Nachweis anderer Verfälschungen). — Wilson: Ch. News Bd. 59, S. 99. 1889; C. 1889, I, 445 (Nachweis von Rindertalg und Baumwollsamenöl). — Finkener: Mitt. Techn. Vers.-Anst. Berlin Bd. 89, S. 7; C. 1889, I, 854 (Erstarrungspunktbestimmung). — Gladding: Analyst Bd. 14, S. 32. 1889; s. auch Wiley: ebenda S. 73; C. 1889, I, 398 bzw. 709 (Nachweis von Verfälschungen). — Bujard und Waldbauer: Z. ang. Bd. 89, S. 119. 1889; C. 1889, I, 640 (Nachweis von Baumwollsamenöl). — Bockairy: Z. Bakt. Par. (3), Bd. 2, S. 310. 1889; C. 1889, II, 820 (Nachweis von Baumwollsamenöl). — Muter und de Koningk: Analyst Bd. 15, S. 48. 1890; C. 1890, I, 744 (Analyse; Verfälschung mit Baumwollsamenöl und Talg). — Taylor: Chem. Soc. Washington, Analyst Bd. 15, S. 96. 1890; C. 1890, I, 1033. — Perkins: Analyst Bd. 15, S. 51. 1890; C. 1890, I, 841. — L. de Koningk: Ned. Ph. 1890, 22; Apoth.-Ztg. Bd. 5, S. 28; C. 1890, I, 448. — von Asbóth: Ch.-Ztg. Bd. 14, S. 93. 1890; C. 1890, I, 450 (Die letztgenannten Arbeiten behandeln Methoden zur Prüfung auf Baumwollsamenöl; über die Methode von

MUTER und DE KONINGK s. C. 1889, II, 384). — MANSFELD: Revue intern. Falsif. Bd. 3, S. 202, Wien; C. 1890, II, 358. — JÜRGENS: Revue intern. Falsif. Bd. 4, S. 41, Kopenhagen; C. 1890, II, 890. — AMBÜHL: Revue intern. Falsif. Bd. 4, S. 58, St. Gallen; C. 1890, II, 1015. — COSTER, HOORN und MAZURE: Revue intern. Falsif. Bd. 4, S. 21, Amsterdam; C. 1890, II, 829 (Die letzten vier Abhandlungen sind Berichte über Verfälschungen). — JOLLES und WALLENSTEIN: Z. Zuckerind. u. Landwirtsch., Wien 1890; C. 1891, I, 173; Z. Nahrgsm. Hyg. Warenk. Bd. 5, S. 134ff.; C. 1891, II, 686 (Bleichversuche). — FISCHER, SARTORI und RUNDSCHKE: Revue intern. Falsif. Bd. 4, S. 93, Breslau; C. 1891, I, 340. CASSEL: Revue intern. Falsif. Bd. 4, S. 149, Amsterdam; C. 1891, I, 935. HEFELMANN: Revue intern. Falsif. Bd. 4, S. 166; C. 1891, I, 1083 (Alle drei Arbeiten behandeln Verfälschungen, die letzte ein mit Baumwollsamenöl verfälschtes amerikanisches Schmalz). — HAINES: ref. in C. 1891, II, 506 (Abweichende Jodzahlen, besonders der mit Baumwollsamenöl verfälschten amerikanischen Schmalze). — ENGLER und RUPP: Z. ang. Bd. 4, S. 389. 1891; C. 1891, II, 394 (Amerikanische Schmalze; Verfälschungen mit Talg und Pflanzenölen). — WIMMER: Z. ang. Bd. 4, S. 518. 1891; C. 1891, II, 779 (Verfälschungen mit Baumwollsamenöl). — PROSKAUER: C. 1891, II, 287; Ref. aus Z. Nahrgsm. Hyg. Warenk. Bd. 5, S. 109. 1891 (Nachweis von Pferdefett). — WELMANS: Pharm. Ztg. Bd. 36, S. 798. 1891; C. 1892, I, 417, sowie Pharm. Ztg. Bd. 37, S. 7. 1892; C. 1892, I, 343; WIMMER: ebenda, vgl. C. 1892, I, 346 (Untersuchungsmethode zum Nachweis von Pflanzenölen). — KLINGER und BUJARD: Z. ang. Bd. 5, S. 69. 1892; C. 1892, I, 453 (Zusätze von Ätznatron und Borsäure). — STOEDER: Ned. Ph. 1892; C. 1892, II, 560 (Quantitative Bestimmung des Unverseifbaren). — DIETERICH: Dingl. Polyt. J. Bd. 284, S. 262. 1892; C. 1892, II, 274 (Reinheitsprüfung). — GOSKE: Ch.-Ztg. Bd. 16, S. 1560ff. 1892; C. 1892, II, 945 (Analyse von „Dampfschmalz“; Erstarrungspunkt; Krystallformen bei Gegenwart von Rinds- und Hammeltalg). — AMTHOR und ZINK: Z. anal. Ch. Bd. 31, S. 534. 1892; C. 1892, II, 1050 (Schwankungen der Kennzahlen nach Jahreszeit und Alter des Fettspenders; Charakteristik der Jodzahlen von Fett und Fettsäuren). — MARIANI: Staz. sperim. agrar. ital. Bd. 29, S. 355. 1892; C. 1893, I, 370 (Reduzierende Wirkung ranzigen Schmalzes auf Silbernitrat). — SPÄTH: Z. ang. Bd. 6, S. 133. 1893; C. 1893, I, 707 (Kennzahlen von Schmalzen aus verschiedenen Körperteilen; Abweichungen der Werte, die durch die Jahreszeit der Entnahme oder das Alter des Spenders bedingt sind). — GANTTER: Z. anal. Ch. Bd. 32, S. 303. 1893; C. 1893, II, 170 (Verbesserung der FLÜCKIGERschen Schwefelsäureprobe zum Nachweis von Baumwollsamenöl). — NEUFELD: Arch. Hyg. Bd. 17, S. 452. 1893; C. 1893, II, 778 (Prüfung und Zusammenfassung der gebräuchlichsten Methoden zum Nachweis von Verfälschungen). — FAHRION: Ch.-Ztg. Bd. 17, S. 610. 1893. — BEVAN: Analyst Bd. 18, S. 286. 1893; C. 1894, I, 200 (Glyceride mit doppeltem Schmelzpunkt). — KEATING STOCK: Analyst Bd. 19, S. 2. 1894; C. 1894, I, 357 (Nachweis von Rindertalg). — SAMELSON: Z. anal. Ch. Bd. 33, S. 189. 1894; C. 1894, I, 1101 (Unverläßlichkeit der gebräuchlichen Methoden zum Nachweis von Pflanzenölen). — SPÄTH: Forschungsber. Lebensm. Bd. 1, S. 345. 1894; C. 1894, II, 497 (Erhöhung des Brechungsexponenten durch Oxydation des Fettes). — HEFELMANN: Pharm. Centralh. Bd. 35, S. 497. 1894; C. 1894, II, 670 (Polizeiliche Kontrollmethoden für den Handel mit Schweineschmalz). — HALPHEN: J. Pharm. Chim. (5) Bd. 30, S. 241. 1894; C. 1894, II, 716 (Kennzahlen; Prüfung auf Verfälschungen). — WALLENSTEIN und FINK: Ch.-Ztg. Bd. 18, S. 1189. 1894 (Innere Jodzahl). — UTESCHER: Apoth.-Ztg. Bd. 10, S. 9. 1895; C. 1895, I, 448 (Erstarrungserscheinungen). — TENVILLE: J. Am. Ch. Soc. Bd. 17, S. 33. 1894;

C. 1895, I, 511 (Reaktionen). — SCHWEITZER und LUNGWITZ: Monit. scient. (4) Bd. 8, S. 850. 1894; C. 1895, I, 177 (Reinheitsprüfungen). — JEAN: Revue intern. Falsif. Bd. 8, S. 132. 1895; C. 1895, I, 1044 (Prüfung auf Pflanzenöle). — GOSKE: Ch.-Ztg. Bd. 19, S. 1043. 1895; C. 1895, II, 258 (Nachweis von Verfälschungen). — VAN ITALLIE: Nederl. Tijdschr. Bd. 7, S. 294. 1895; C. 1895, II, 1094 (Kein Einfluß der Jahreszeit auf die Höhe der Jodzahl). — SPÄTH: Forschungsber. Lebensm. Bd. 2, S. 226. 1895; C. 1895, II, 623 (Acetylzahlen). — MANSFELD: Z. Nahrgsm. Hyg. Warenk. Bd. 9, S. 200. 1895; C. 1895, II, 423 (Untersuchung). — JEAN: Bull. Soc. Chim. (3) Bd. 13, S. 780. 1895; C. 1895, II, 621 (Analyse reiner und verfälschter Schmalzsorten). — WESSON: J. Am. Ch. Soc. Bd. 17, S. 123. 1895; C. 1895, II, 845 (Prüfung auf Beimengungen). — VOGEL: Apoth.-Ztg. Bd. 10, S. 633. 1895; C. 1895, II, 845 (Prüfung auf Baumwollsamenöl und Rindertalg). — DE SCHWEINITZ und EMERY: J. Am. Ch. Soc. Bd. 18, S. 174. 1896; C. 1896, I, 727 (Colorimetrischer Nachweis von Verfälschungen). — UTESCHER: Apoth.-Ztg. Bd. 11, S. 117. 1896; C. 1896, I, 823 (Abweichende Kennzahlen fast aller amerikanischen Schmalzsorten). — FRESENIUS: Ch.-Ztg. Bd. 20, S. 129. 1896; C. 1896, I, 828 („Thermotabelle" zur Beurteilung amerikanischen Schmalzes). — MARX: Pharm. Ztg. Bd. 41, S. 201. 1896; C. 1896, I, 1079; sowie UTESCHER: Apoth.-Ztg. Bd. 11, S. 213. 1896; C. 1896, I, 1079 (Anwendbarkeit der Methode von SOLTSIEN zur Prüfung amerikanischer Schmalze). — PROSKAUER: Arb. Ges.-Amt Bd. 12, S. 551. 1896; C. 1896, II, 186 (Gesetzliche Regelung des Handels mit Schmalz; Nachweis fremder tierischer und pflanzlicher Fette). — WINDISCH: Arb. Ges.-Amt Bd. 12, S. 621. 1896. — HEHNER und MITCHELL: Analyst Bd. 21, S. 316. 1896; C. 1897, I, 339 (Bestimmung der Stearinsäure; BELFIELDsche Probe zum Nachweis von Rindertalg). — VON RAUMER: Z. ang. Bd. 10, S. 210 u. 247. 1897 (Farbenreaktionen; Beurteilung amerikanischer Fette). — MEYER: Z. öff. Ch. Bd. 3, S. 134. 1897; C. 1897, I, 1261 (Jodzahlen 46—65,5). — DENNSTEDT und VOIGTLÄNDER: Ch.-Ztg. Bd. 21, S. 323. 1897 (Kennzahlen und Eigenschaften amerikanischer Schmalze). — BALLO: Z. Nahrgsm. Hyg. Warenk. Bd. 11, S. 193. 1897; C. 1897, II, 392 (Nachweis von Talg). — COCHRAN: J. Am. Ch. Soc. Bd. 19, S. 796. 1897; C. 1897, II, 1161 (Nachweis von Verfälschungen). — SCHLEGEL: Forschungsber. Lebensm. Hyg. Bd. 4, S. 350. 1897; C. 1898, I, 275 (Jodzahlen amerikanischer Schmalze). — FERNAU: Z. Nahrgsm. Hyg. Warenk. Bd. 12, S. 69. 1898; C. 1898, I, 1005 (Abnorme Jodzahlen amerikanischer Fette). — BÖMER: Z. Nahrgsm. Bd. 1, S. 21, 81 u. 532. 1898; Bd. 2, S. 46. 1899 (Phytosterinprobe). — VOIGTLÄNDER: Z. ang. Bd. 11, S. 857. 1898 (Beurteilung amerikanischer Schmalzsorten). — WELMANS: Z. öff. Ch. Bd. 4, S. 852. 1898; C. 1899, I, 385 (Phosphormolybdänsäure-Reaktion). — PRAGER: Z. öff. Ch. Bd. 5, S. 416. 1899; C. 1899, II, 971 (Reaktionen auf Pflanzenöle). — HENRIQUES und HANSEN: Skand. Arch. Physiol. Bd. 11, S. 160. 1900; Centr.-Bl. Physiol. Bd. 14, S. 313. 1900; C. 1900, II, 1084 (Fettresorption). — PETKOW: Z. Nahrgsm. Bd. 4, S. 826. 1901; C. 1901, II, 898 (Kennzahlen bulgarischen Schmalzes; Jodzahl 65,4). — BÖMER und WINTER: Z. Nahrgsm. Bd. 4, S. 865. 1901; C. 1901, II, 1043. — BÖMER: Z. Nahrgsm. Bd. 4, S. 1070. 1901; C. 1902, I, 225 (Phytosterinacetatprobe). — LANGFURTH: Z. ang. Bd. 15, S. 685. 1901. — FULMER: J. Am. Ch. Soc. Bd. 24, S. 1148. 1902; C. 1903, I, 363; J. Am. Ch. Soc. Bd. 26, S. 837. 1904; C. 1904, II, 918 (Übergang des Nahrungsfettes in das Körperfett). — MANSFELD: Rev. intern. Falsif. Bd. 15, S. 1. 1902; C. 1902, I, 73 (Fälschungen). — HEHNER: Analyst Bd. 27, S. 247. 1902; C. 1902, II, 827 (Unzuverlässigkeit der BELFIELDschen Probe zum Nachweis von „Rinderstearin"). — PARTHEIL und FERIÉ: Arch. Pharm. Bd. 241, S. 545. 1903; C. 1904, I, 220

(Schmalzanalysen nach der Lithium-Methode). — KAYSER: Z. öff. Ch. Bd. 8, S. 415. 1902; C. 1903, I, 60 (Im Hinblick auf die oft abnorm hohen Jodzahlen amerikanischer Schmalze soll von einem oberen Grenzwert für diese Kennzahl abgesehen werden). — WIJS: Z. Nahrgsm. Bd. 6, S. 692. 1903; C. 1903, II, 744 (Jodzahl 54,5—59,9). — SHERMAN und FALK: J. Am. Ch. Soc. Bd. 25, S. 711. 1903; C. 1903, II, 688 (Einfluß von Oxydation auf die Kennzahlen des Schmalzes). — TOLMAN und MUNSON: J. Am. Ch. Soc. Bd. 25, S. 954. 1903; C. 1903, II, 1288 (Kennzahlen amerikanischen Schmalzes; $d^{15,5}$: 0,9154; Jodzahl 72,8; 0,5% freie Fettsäuren). — MECKE: Z. öff. Ch. Bd. 10, S. 8. 1904; C. 1904, I, 758; sowie MORRSCHÖCK: Z. Nahrgsm. Bd. 7, S. 590. 1904; C. 1904, II, 159 (Nachweis von Cocosfett). — POLENSKE: Arb. Ges.-Amt Bd. 20, S. 545. 1904; C. 1904, I, 905 (Nachweis von Cocosfett mittels der R.-M.-Z.). — KREIS und HAFNER: Z. Nahrgsm. Bd. 7, S. 641. 1904; C. 1904, II, 413 (α-Palmito-distearin). — WESSON und LANE: J. Soc. Ch. Ind. Bd. 24, S. 714. 1905; C. 1905, II, 714 (Prüfung auf Verfälschung mit Rindertalg und Baumwollsamenöl). — POLENSKE: Arb. Ges.-Amt Bd. 22, 557 u. 576. 1905; C. 1905, II, 1130ff. (Verfälschungen; HALPHENsche Reaktion, Phytosterin- und Phytosterinacetatprobe). — SOLTSIEN: Sfsz. Bd. 32, S. 702. 1905; C. 1905, II, 1133 (Unverläßlichkeit der HALPHENschen Reaktion zum Nachweis des Baumwollsamenöles). — HOTON: Revue intern. Falsif. Bd. 18, S. 85. 1905; C. 1905, II, 1195 (Verfahren zum Nachweis von Cocosfett). — FARNSTEINER, LENDRICH und BUTTENBERG: Z. Nahrgsm. Bd. 11, S. 1. 1906; C. 1906, I, 604 (Zuverlässigkeit der Phytosterinacetatprobe). — DUNLOP: J. Soc. Ch. Ind. Bd. 25, S. 458. 1906; C. 1906, II, 461 (Nachweis von Rinderfett). — SOLTSIEN: Ch. Revue Bd. 13, S. 240. 1906; C. 1906, II, 1462 (Rohe mikroskopische Prüfung). — ROBIN: Ann. Chim. anal. Bd. 12, S. 87. 1907; C. 1907, I, 1513 (Nachweis von Cocosfett). — POLENSKE: Arb. Ges.-Amt Bd. 25, S. 505. 1907; C. 1907, II, 172 (Verfahren zur Bestimmung des Wassergehaltes). — LEYS: Compt. rend. Bd. 145, S. 199. 1907; C. 1907, II, 851 (Nachweis von Verfälschungen auf Grund der Schmelzpunkte der festen Glyceride); s. auch LEYS: J. Pharm. Chim. (6) Bd. 26, S. 289. 1907; C. 1907, II, 1760. — MCPHERSON und RUTH: J. Am. Ch. Soc. Bd. 29, S. 921. 1907; C. 1907, II, 852 (Nachweis von Maisöl mittels eines der BÖMERschen Phytosterinacetatprobe nachgebildeten Verfahrens). — HALFPAAP: Z. Nahrgsm. Bd. 15, S. 65. 1908; C. 1908, I, 772 (Beziehung zwischen Jodzahl und Refraktion). — MATTHES und STREITBERGER: Pharm. Centralh. Bd. 49, S. 119. 1908; C. 1908, I, 1199 (Differenz der Refraktionen des Fettes und der der nichtflüchtigen Fettsäuren). — STRUNK: Veröff. aus d. Geb. d. Milit.-San.-Wes. Bd. 38, S. 53. 1908; C. 1908, I, 1847 (Einfluß der Ausschmelzdauer auf die Haltbarkeit). — SEITTER: Z. Nahrgsm. Bd. 15, S. 485. 1908; C. 1908, I, 1944 (Unterscheidung von Schmalz und Talg auf mikroskopischem Wege). — THÖRNER: Z. f. chem. Apparatenkunde Bd. 3, S. 165. 1908; C. 1908, I, 2002 (Ausdehnungsvermögen zwischen 0 und 100°). — SOLTSIEN: Ch. Revue Bd. 15, S. 103. 1908; C. 1908, I, 1907 (Erscheinungen beim Erstarren; vgl. Bd. I, S. 356). — FENDLER: Arb. aus d. Pharm. Inst. d. Univ. Berlin 1908; C. 1908, II, 911 (Nachweis von Cocosfett mittels der „Alkohollöslichkeitszahl" und der „Destillatzahl"). — KÖNIG und SCHLUCKEBIER: Z. Nahrgsm. Bd. 15, S. 641. 1908; C. 1908, II, 437 (Zuverlässigkeit der Phytosterinacetatprobe). — FISCHER und SCHELLENS: Z. Nahrgsm. Bd. 16, S. 161. 1908; C. 1908, II, 987 (Nachprüfung des Verfahrens von POLENSKE zur Bestimmung des Wassergehaltes). — RICHARDSON und FAREY: J. Am. Ch. Soc. Bd. 30, S. 1191. 1908; C. 1908, II, 1054 (Schmalze „öliger" Schweine mit abnorm hohen Jodzahlen und Refraktionen), vgl. J. Am. Ch. Soc. Bd. 26, S. 372. 1904; C. 1904, I, 1535. — EMERY: Landwirtsch.-Min. d. Ver. St.

Amerika, Rundschreiben; C. 1908, II, 1066 (Nachweis von Talg auf Grund der vom Verf. abgeänderten Methode von LEYS). — POLENSKE: Arb. Ges.-Amt Bd. 29, S. 272. 1908; C. 1908, II, 1472 (Differenzzahl). — K. FISCHER und ALPERS: Z. Nahrgsm. Bd. 17, S. 181. 1909 (Anwendbarkeit der Differenzmethode von POLENSKE, s. Arb. Ges.-Amt Bd. 26, S. 444. 1907; Z. Nahrgsm. Bd. 14, S. 758. 1907). — LIFSCHÜTZ: Z. physiol. Ch. Bd. 63, S. 222. 1909 (Pankreasfett). — SCALA: Staz. sperim. agrar. ital. Bd. 42, S. 179. 1909; C. 1909, I, 1782 (Mikroskopischer Nachweis von Talg). — TORTELLI: Ch.-Ztg. Bd. 33, S. 125ff. 1909; C. 1909, I, 946 (Thermozahl). — LABAND: Z. Nahrgsm. Bd. 18, S. 289. 1909; C. 1909, II, 1384 (Nachweis von Talg mittels der POLENSKEschen Differenzzahl). — DUNLOP: Analyst Bd. 34, S. 524. 1909; C. 1910, I, 690 (Paraffinnachweis). — REICHARD: Pharm. Centralh. Bd. 51, S. 107. 1910; C. 1910, I, 1061 (Farbenreaktion zur Unterscheidung von Butterfett). — DURIER: Ann. Falsif. Bd. 2, S. 489. 1909; C. 1910, I, 1375 (Abweichungen in der Zusammensetzung verschiedener Schmalze). — THOMPSON und HURST: Ch. News Bd. 102, S. 109. 1910; C. 1910, I, 1389 (Nachweis von Paraffin). — EWERS: Milchwirtsch. Centralbl. Bd. 6, S. 154. 1910; Z. öff. Ch. Bd. 16, S. 131ff. 1910; C. 1910, I, 1811 (Nachweis von 5% Palmfett mittels der „Petroläther-Magnesiumzahl"). — GIBBS und AGCAOILI: Philippine J. Science Bd. 5, Section A, S. 33. 1910; C. 1910, II, 492 (Kennzahlen der Fette von mit Coprah gefütterten Schweinen). — FENDLER: Z. öff. Ch. Bd. 16, S. 152. 1910; vgl. C. 1908, II, 911 (Nachweis von Cocosfett). — HANUS und THIAN: Z. Nahrsgm. Bd. 20, S. 745. 1910; C. 1911, I, 591 (Bestimmung von Palmfetten mittels der Aethylesterzahl). — NIEMCZYCKI: Arch. Chem. u. Mikrosk. Bd. 4, Sonderabdruck 1911; Z. Nahrgsm. Bd. 28, S. 110. 1914 (Mikroskopischer Nachweis von Talg). — GRÉLOT: Bull. Sciences Pharmacol. Bd. 18, S. 201. 1912; C. 1912, I, 278 (Kennzahlen sog. reinen Schweineschmers; Crismerzahl 121,6). — VITOUX: Ann. Falsif. Bd. 5, S. 31. 1912; C. 1912, I, 744 (Zunahme des Gehaltes an freien Fettsäuren; Erhöhung der Haltbarkeit des Fettes durch Erhitzen). — POLENSKE: Arb. Ges.-Amt. Bd. 38, S. 402. 1911; C. 1912, I, 290 (Nachweis von Cocosfett). — MEZGER, JESSER und HEPP: Pharm. Centralh. Bd. 53, S. 99 u. 127. 1912; C. 1912, I, 755 (Nachweis von Talg; ausführliche Literatur-Zusammenstellung über das Krystallisationsverfahren). — DELLUČ: Bull. Soc. Pharm. Bordeaux Bd. 52, S. 198. 1912 (Verfälschung mit Olivenöl in Algier). — WITTE: Z. öff. Ch. Bd. 18, S. 309. 1912; C. 1912, II, 1240 (Nachweis von Talg nach POLENSKE). — HELCH: Pharm. Post Bd. 46, S. 41. 1913; C. 1913, I, 964 (Nachweis von Verfälschungen). — HARE: Eng. Bd. 5, S. 410. 1913; Z. Nahrgsm. Bd. 32, S. 467. 1916 (Einfluß der Futtermittel). — BÖMER: Z. Nahrgsm. Bd. 25, S. 321. 1913; C. 1913, I, 1620 (Glyceride; α-Palmitodistearin). — BÖMER und LIMPRICH: Z. Nahrgsm. Bd. 25, S. 354. 1913 (Bezeichnung und synthetische Darstellung der gemischten Glyceride des Schweinefettes und des Rindertalges); ebenda S. 367; C. 1913, I, 1622 (Über die Anwendbarkeit der POLENSKEschen Differenzzahl). — BÖMER, LIMPRICH, KRÖNIG und KUHLMANN: Z. Nahrgsm. Bd. 26, S. 559. 1913; C. 1914, I, 299 (Schmelzpunktsdifferenz-Verfahren zum Nachweis von Talg in Schweinefett). — BÖMER und KRÖNIG: Z. Nahrgsm. Bd. 27, S. 153. 1914; C. 1914, I, 1462 (Nachweis von Talg in Gemischen mit Pflanzenfetten; Nachweis gehärteter Öle). — K. FISCHER und WEWERINKE: Z. Nahrgsm. Bd. 27, S. 361. 1914; C. 1914, I, 1707 (Kritik der Verfahren von POLENSKE bzw. BÖMER; letzteres vorzuziehen, da empfindlicher und einfacher). — SPRINKMEYER und DIEDRICHS: Z. Nahrgsm. Bd. 27, S. 571. 1914; C. 1914, I, 2206 (Nach der Methode von BÖMER lassen sich noch 5% Talg im Schweinefett nachweisen). — KLOSTERMANN und OPITZ: Z. Nahrgsm. Bd. 27,

S. 713. 1914 (Cholesteringehalt). — Shrewsbury: Analyst Bd. 39, S. 296. 1914; C. 1914, II, 511; vgl. Analyst Bd. 34, S. 348. 1909; C. 1909, II, 1083 (Nachweis von Paraffin). — Stadlinger: Sffbr. Bd. 34, S. 721. 1914; C. 1915, I, 402 (Kennzahlen). — Prescher: Z. Nahrgsm. Bd. 29, S. 433. 1915; C. 1915, II, 245 (Vorzüge der Bömerschen Methode). — Rühle, Bengen und Wewerinke: Z. Nahrgsm. Bd. 30, S. 59. 1915; C. 1915, II, 762 (Nachweis von Talg und gehärteten Fetten). — Wessow und Nikolow: Z. Nahrgsm. Bd. 30, S. 362. 1915 (Kennzahlen bulgarischen Schmalzes). — Mannich und Thiele: Ber. Pharm. Ges. Bd. 26, S. 36. 1916; C. 1916, I, 812 (Hydrierung). — Arnold: Z. Nahrgsm. Bd. 31, S. 377. 1916; C. 1916, II, 431 (Bömersche Methode; Werte für Sg + 2 *d* in 45 Fällen zwischen 73,15 und 76,2). — Rievel: Z. Nahrgsm. Bd. 32, S. 178. 1916; C. 1916, II, 835 (Abnorme Kennzahlen und Eigenschaften des Fettes eines Schweines, das mit verdorbenem Maisschrot gefüttert wurde). — Prescher: Z. Nahrgsm. Bd. 32, S. 318. 1916 (Berechnung des Talggehaltes in Fettgemischen). — Valentin: Z. physiol. Ch. Bd. 98, S. 73. 1917; C. 1917, I, 598 (Lipase im nekrotischen Schweinefett). — Wilkie: Analyst Bd. 42, S. 200. 1917; C. 1917, II, 780 (0,2—0,4% Unverseifbares). — de Jong: Pharm. Weekblad Bd. 54, S. 1390. 1917; C. 1918, I, 777; vgl. auch Ch. Umschau Bd. 25, S. 90. 1918 (Nachweis von Erdnußöl nach der Methode Adler, s. Z. Nahrgsm. Bd. 23, S. 676. 1912). — Herbig: Sffbr. Bd. 38, S. 497ff. 1918; C. 1919, II, 607 (Oxyfettsäuren). — Drummond, Golding, Zilva und Coward: Bioch. J. Bd. 14, S. 742. 1920; C. 1921, I, 460 (Vitamin A). — Vitoux und Muttelet: Ann. Falsif. Bd. 13, S. 593. 1920; C. 1921, II, 666 (Vorschlag einer Abänderung der Bömerschen Differenzformel). — Drummond: J. Soc. Ch. Ind. Bd. 40 T, S. 81. 1921; C. 1921, III, 237 (Vitamin A). — Vitoux und Muttelet: Ann. Falsif. Bd. 14, S. 86. 1921; C. 1921, IV, 664; s. auch Kerr: J. Soc. Ch. Ind. Bd. 40 A, S. 159. 1921 (Anwendbarkeit der Bömerschen Methode). — Bömer: Z. Nahrgsm. Bd. 43, S. 87. 1922; C. 1922, IV, 266 (Begutachtung). — Krause: Ind. u. Technik Bd. 3, S. 163. 1922; C. 1922, IV, 900 (Haltbarkeit). — Lund: Z. Nahrgsm. Bd. 44, S. 133. 1922 (Dichte 0,9142 bei 15°). — Müller: Mitt. Lebensm.-Unters. Hyg. Bd. 13, S. 208. 1922; C. 1922, IV, 994 (Nachweis gehärteten Pflanzenfettes). — Bengtsson: Z. Nahrgsm. Bd. 44, S. 336. 1922; C. 1923, IV, 63 (Unwesentlicher Einfluß der Fütterung von Schweinen mit Babassukuchen auf die Kennzahlen des Fettes). — Martin: Analyst Bd. 48, S. 387. 1923 (Die Fütterung von Schweinen mit 11—14% Fischmehl beeinflußt angeblich den Geruch des Schmalzes nicht und alteriert auch nicht dessen Kennzahlen). — Amberger und Wiesehahn: Z. Nahrgsm. Bd. 46, S. 276. 1923 (Zusammensetzung); S. 291 (Synthese der gemischtsäurigen Glyceride; β-Palmito-α, α-distearin, das in Äther am schwersten lösliche Glycerid des Schweinefettes). — Rae: Analyst Bd. 49, S. 83. 1924; C. 1924, I, 2436 (Kennzahlen des Fettes von Sus cristatus). — Myddleton und Barry: „Fats: Natural and Synthetic", S. 111. London 1924 (Gehalt an Palmitinsäure, Stearinsäure, Ölsäure, Linolsäure). — Winkler: Pharm. Centralh. Bd. 65, S. 385. 1924; C. 1924, II, 1529 (Jodbromzahl). — Willcox und Cranfield: Analyst Bd. 50, S. 323. 1925; C. 1925, II, 1818 (Unwesentlicher Einfluß der Fütterung von Schweinen mit Palmkernmehl auf die Kennzahlen des Fettes). — Channon und Marrian: Bioch. J. Bd. 20, S. 409. 1926; C. 1926, II, 242 (Hoch-ungesättigter Kohlenwasserstoff in der Leber; liefert ein Äther-unlösliches Bromid mit 68% Brom und ein Hydrochlorid vom Schmelzpunkt 128°). — Muschter und Visser: Ch. Weekblad Bd. 23, S. 250. 1926; C. 1926, II, 300 (Verfeinerter mikroskopischer Nachweis von α-Palmito-distearin neben dem β-Isomeren). — Popp: Z. Lebensm. Bd. 52, S. 165. 1926 (Untersuchungen mit der Analysenquarzlampe). — Muschter und SMIT: Ch. Weekblad Bd. 23, S. 284. 1926; C. 1926, II, 2025 (Vor Anstellung der BÖMERschen Differenzmethode ist Neutralisation des Fettes erforderlich). — ELLIS und ISBELL: J. Biol. Ch. Bd. 69, S. 219ff. 1926; C. 1927, I, 663 (Einfluß der Fütterung von Schweinen auf die Eigenschaften ihres Körperfettes). — JESSER: Z. ang. Bd. 39, S. 1551. 1926; C. 1927, I, 1081 (Charakteristische Kennzahlen verschiedener Schmalzsorten, insbesondere des sog. Mickerfettes). — W. HUSA und LYDIA HUSA: J. Am. Pharm. Assoc. Bd. 15, S. 1071. 1926; C. 1927, I, 1906 (Zusatz von Benzoe- bzw. Zimtsäure verhindert nicht das Ranzigwerden). — BERTRAM: Ch. Weekblad Bd. 24, S. 226. 1927; C. 1927, II, 726 (Gehalt an wasserunlöslichen, gesättigten Fettsäuren 42,8%). — GRONOVER und BLECHSCHMIDT: Z. Lebensm. Bd. 53, S. 250. 1927; C. 1927, II, 762 (Nachweis von gehärtetem Tran mittels der BÖMERschen Methode). — FEDER und RATH: Z. Lebensm. Bd. 54, S. 321. 1927 (Nachweis von Paraffin mittels der Analysenquarzlampe); s. dagegen VAN RAALTE: Ch. Weekblad Bd. 25, S. 544; C. 1928, II, 1953. — HAITINGER, JÖRG und REICH: Z. ang. Bd. 41, S. 815. 1928; C. 1928, II, 1159 (Fluorescenz im ultravioletten Licht). — KAUFMANN: Z. ang. Bd. 41, S. 1048. 1928 (48,8% gesättigte Anteile, rhodanometrisch bestimmt). — WEISS: Z. Lebensm. Bd. 56, S. 341. 1928; C. 1929, I, 1763 (Fluorescenz).

Schweineschmalzöl: HAINES: Ch. News Bd. 65(?), S. 39; C. 1892, I, 343 (Jodzahlen). — SCHWEITZER und LUNGWITZ: J. Soc. Ch. Ind. Bd. 14, S. 1030. 1895. — VOIGTLÄNDER: Z. ang. Bd. 11, S. 857. 1898 (Jodzahlen). — DUYK: Bull. Assoc. Belge Chim. 1901, S. 590 (Kennzahlen). — TOLMAN und MUNSON: J. Am. Ch. Soc. Bd. 25, S. 954. 1903; C. 1903, II, 1288 (Jodzahl). — ALLEN, DUPONT, LONG sowie LEWKOWITSCH, s. LEWKOWITSCH-WARBURTON: Ch. Technol., 6. ed., Bd. II, S. 753. 1922 (Kennzahlen).

Schmalzstearin: ARRAGON: Ch.-Ztg. Bd. 32, S. 1227. 1908; C. 1909, I, 222 (Kennzahlen eines holländischen „Lardstearins“).

Schweine-Knochenfett: SCHENK: Mitt. Lebensm.-Unters. Hygiene Bd. 9, S. 215. 1918; C. 1918, II, 688. — MEYER: Die Seife 1919, S. 459; s. Ch. Umschau Bd. 26, S. 41. 1919 (Unverseifbares).

Schweine-„Leichenwachs“: RUTTAN und MARSHALL: J. Biol. Ch. Bd. 29, S. 319. 1917; C. 1917, II, 758.

Fett des Wildschweines: AMTHOR und ZINK: Z. anal. Ch. Bd. 36, S. 5. 1897.

Camelidae.

Kamelfett: HENRIQUES und HANSEN: Skand. Arch. Physiol. Bd. 11, S. 160. 1900; Ch.-Ztg. Rep. Bd. 24, S. 210. 1900.

Kamelhöckerfett: MCCLELLAND: J. Soc. Ch. Ind. Bd. 43 T, S. 164. 1924; C. 1924, II, 2489.

Cervidae.

Rehfett: AMTHOR und ZINK: Z. anal. Ch. Bd. 36, S. 4. 1897.

Hirschtalg: BECKURTS und ÖLZE: Arch. Pharm. Bd. 225, S. 429. 1895. — AMTHOR und ZINK: Z. anal. Ch. Bd. 36, S. 3. 1897. — K. FISCHER und ALPERS: Z. Nahrgsm. Bd. 17, S. 181. 1909 (Differenzzahl nach POLENSKE). — KLIMONT und MEISL: Monatsh. Bd. 34, S. 1489. 1913; C. 1914, I, 276 (Bestandteile; Talg mit Säurezahl 20,5).

Damhirschfett: AMTHOR und ZINK: Z. anal. Ch. Bd. 36, S. 4. 1897.

Fett des Axishirsches: RAE: Analyst Bd. 49, S. 83. 1924; C. 1924, I, 2436.

Fett des Samberhirsches: RAE: ebenda.

Elchfett: AMTHOR und ZINK: Z. anal. Ch. Bd. 36, S. 4. 1897.

Renntierfett: Karasseff: Ch.-Ztg. Bd. 23, S. 659. 1899 (90% Fettsäuren, 10,4% Glycerin). — Tischtschenko: J. kais. russ. techn. Ges. Bd. 34, S. 63. 1900. Z. ang. Bd. 13, S. 167. 1900.

Bovidae.

Gemsenfett: Amthor und Zink: Z. anal. Ch. Bd. 36, S. 4. 1897.

Ziegentalg: Hefter: Technologie der Fette und Öle, Bd. II, S. 807. 1908. — K. Fischer und Alpers: Z. Nahrgsm. Bd. 17, S. 181. 1909 (Schmelzpunkt, Erstarrungspunkt und Differenzzahl nach Polenske). — Kappeler und Gottfried: Ber. Nahrgsm.-Unters.-Amt Magdeburg 1919, S. 11; Ref. Ch. Umschau Bd. 27, S. 136. 1920 sowie Z. Nahrgsm. Bd. 41, S. 84. 1921 (Refraktion und Jodzahl).

Hammeltalg: Duffy: Quart. Journ. Chem. Soc. Bd. 5, S. 197; J. pr. (1) Bd. 57, S. 335. 1852. — Heintz: ebenda Bd. 66, S. 1. 1855. — Rüdorff: Pogg. Ann. Bd. 145, S. 279; C. 1872, S. 223 (Schmelzbereich 46,5—47,4°; Erstarrungsbereich 32—36°). — Moser von Moosbruch: Ber. d. chem. Vers.-Anstalt Wien 1882 (Kennzahlen der Talge von verschiedenen Körperpartien des Hammels). — Beckurts und Oelze: Arch. Pharm. Bd. 233, S. 429. 1895 (Schmelzpunkt, Erstarrungspunkt, Refraktion, Jodzahl). — Hehner und Mitchell: Analyst Bd. 21, S. 327. 1896 (Kennzahlen von Körperfetten eines jungen Schafes). — Hansen: Arch. f. Hyg. Bd. 42, S. 1. 1902; C. 1902, I, 1115 (Gemischtsäurige Glyceride; Möglichkeit von Umesterungen). — Kreis und Hafner: Ber. Bd. 36, S. 1123. 1903; C. 1903, I, 1312 sowie Z. Nahrgsm. Bd. 7, S. 641. 1904; C. 1904, II, 413 (Isolierung von Palmito-distearin). — Segin: Arch. Pharm. Bd. 242, S. 441. 1904; C. 1904, II, 795 (Bestimmung der wasserlöslichen und wasserunlöslichen Fettsäuren). — Lidow: Ch.-Ztg. Rep. Bd. 29, S. 319. 1905. — Bömer, Schemm und Heimsoth: Z. Nahrgsm. Bd. 14, S. 90. 1907; C. 1907, II, 1096 (Gehalt an Tristearin). — Thörner: Z. f. chem. Apparatenkunde Bd. 3, S. 165. 1908; C. 1908, I, 2002 (Ausdehnungsvermögen zwischen 0 und 100°). — Bömer und Heimsoth: Z. Nahrgsm. Bd. 17, S. 353. 1909; C. 1909, I, 1598 (Methode zur Darstellung reiner Glyceride; Palmito-distearin und Stearo-dipalmitin). — Mezger, Jesser und Hepp: Pharm. Centralh. Bd. 53, S. 99 u. 127. 1912; C. 1912, I, 755 (Nachweis in Schweineschmalz). — Bömer: Z. Nahrgsm. Bd. 25, S. 321. 1913 (Glyceride, Palmito-distearin). — Bömer und Limprich: Z. Nahrgsm. Bd. 25, S. 354 (Glyceride) und S. 367 (Differenzzahl nach Polenske). 1913; C. 1913, I, 1622. — Klostermann und Opitz: Z. Nahrgsm. Bd. 27, S. 713. 1914 (Steringehalt). — Meldrum: Ch. News Bd. 109, S. 49. 1913; C. 1914, I, 1377; Ch. News Bd. 111, S. 98. 1915; C. 1915, II, 620 (Schwankungen des Erstarrungspunktes). — Myddleton und Barry: „Fats: Natural and Synthetic", S. 111. London 1924 (Gehalt an Palmitinsäure, Stearinsäure, Ölsäure, Linolsäure und Myristinsäure). — Winkler: Pharm. Centralh. Bd. 65, S. 385. 1924; C. 1924, II, 1529 (Jod-Bromzahl). — Channon und Marrian: Bioch. J. Bd. 20, S. 409. 1926; C. 1926, II, 242 (Hoch-ungesättigter Kohlenwasserstoff in der Leber; liefert ein Äther-unlösliches Bromid mit 68% Brom und ein Hydrochlorid vom Schmelzpunkt 128°). — Hilditch und Lea: J. Ch. Soc. Bd. 128, S. 3106. 1927; C. 1928, I, 1339 (Gesättigte Glyceride). — Wright und Thompson: J. Soc. Ch. Ind. Bd. 47, S. 13 T. 1928; C. 1928, I, 2472 (Variation des Titers von neuseeländischen Hammeltalgen nach Breitengrad, Rasse, Alter, Geschlecht und Jahreszeit). — Kaufmann: Z. ang. Bd. 41, S. 22. 1928 (Rhodanometrische Untersuchung). — Collin, Hilditch und Lea: J. Soc. Ch. Ind. Bd. 48, S. 46 T. 1929; C. 1929, I, 2000 (Zusammensetzung; 26% gesättigte Glyceride).

Hammelklauenöl: CHATEAU: Monit. scient. Bd. 10, S. 803. — HEFTER: Sfsz. Bd. 27, S. 367. 1900. — JEAN, LEWKOWITSCH, SCHAEDLER, s. LEWKOWITSCH-WARBURTON: Ch. Technol., 6. ed., Bd. II, S. 493. 1922 (Klauenöl I). — BRUNO: Ann. Falsif. Bd. 14, S. 137. 1921; C. 1921, IV, 822 (Klauenöl II).

Büffelfette: PUNTIGAM: Tierärztl. Centralbl. Bd. 33, S. 11; C. 1910, II, 588 (Fette I). — SCHMIDT: Eng. Bd. 4, S. 592. 1912; C. 1913, I, 314 (Fette II).

Rindertalg: DUFFY: Quart. Journ. Ch. Soc. Bd. 5, S. 197; J. pr. (1) Bd. 57, S. 335. 1852. — HEINTZ: ebenda Bd. 66, S. 1. 1855. — RÜDORFF: Pogg. Ann. Bd. 145, S. 279; C. 1872, S. 223 (Schmelzbereich 43,5—45,0°; Erstarrungsbereich 27—35°). — HUSSON: J. Pharm. Chim. Bd. 27, S. 100. 1878 (Unterscheidung vom Schweinefett durch die Krystallform bei der Krystallisation aus ätherischer Fettlösung). — MAYER: Wagners Jahresber. 1880, S. 884 (Kennzahlen der Fette von verschiedenen Körperpartien eines dreijährigen Ochsen). — BELFIELD: Boston med. and surgic. Journ. Bd. 19, S. 7. 1884; C. 1884, S. 73 (Mikroskopische Unterscheidung vom Schweinefett). — FAIRBANKS und WEBSTER: Z. Nahrgsm. Hyg. Warenk. Bd. 2, S. 116. 1888; C. 1888, S. 1216 (Verfälschungen mit „Stearin" und Baumwollsamenöl). — PATTINSON: J. Soc. Ch. Ind. Bd. 8, S. 30. 1889; C. 1889, I, 400 (Unterscheidung von Schweinefett). — FINKENER: Mitt. Techn. Vers.-Anst. Berlin Bd. 89, S. 7; C. 1889, I, 854 (Erstarrungspunkt-Bestimmung). — CRAMPTON: Am. Ch. J. Bd. 11, S. 232. 1889; C. 1889, II, 119 (Dichte). — MANSFELD: Revue intern. Falsif. Bd. 4, S. 40. Wien 1890; C. 1890, II, 889 (Verfälschungen). — JOLLES und WALLENSTEIN: Z. Zuckerind. u. Landwirtsch., Wien 1890; C. 1891, I, 173; sowie Z. Nahrgsm. Hyg. Warenk. Bd. 5, S. 134 u. 161. 1891; C. 1891, II, 686 (Bleichversuche). — KEATING STOCK: Analyst Bd. 19, S. 2. 1893; C. 1894, I, 357 (Bestimmung in Schmalz). — BECKURTS und OELZE: Arch. Pharm. Bd. 233, S. 429. 1895 (Schmelzpunkt, Erstarrungspunkt, Refraktion, Jodzahl). — GLADDING: J. Am. Ch. Soc. Bd. 18, S. 189. 1896; C. 1896, I, 771 (Mikroskopischer Nachweis in Schweineschmalz). — BALLO: Z. Nahrgsm. Hyg. Warenk. Bd. 11, S. 193. 1897; C. 1897, II, 392 (Nachweis im Schweinefett). — SMETHAM: J. Soc. Ch. Ind. Bd. 18, S. 330. 1899; C. 1899, II, 150 (Jodzahlen von Handelstalgen; Durchschnittswert aus 592 Proben: 42,8). — HEHNER und MITCHELL: Analyst Bd. 21, S. 316. 1896; C. 1897, I, 339 (Stearinsäure). — HANSEN: Arch. f. Hyg. Bd. 42, S. 1. 1902; C. 1902, I, 1115 (Gemischtsäurige Glyceride). — HEHNER: Analyst Bd. 27, S. 247. 1902; C. 1902, II, 827 (Unzuverlässigkeit der BELFIELDschen Probe zum Nachweis von Rinderstearin in Schweineschmalz). — GILL und ROWE: J. Am. Ch. Soc. Bd. 24, S. 466. 1902; C. 1902, I, 1425 (Abnorme Kennzahlen: Dichte bei 100°: 0,794; „Valenta-Probe": 71—75,7; Jodzahl 55,8—56,7; Jodzahl der Fettsäuren 54,6—57). — KREIS und HAFNER: Ber. Bd. 36, S. 1123. 1903; C. 1903, I, 1312 sowie Z. Nahrgsm. Bd. 7, S. 641. 1904; C. 1904, II, 413 (Isolierung von Palmitodistearin). — DUNLOP: J. Soc. Ch. Ind. Bd. 25, S. 458. 1906; C. 1906, II, 461 (Nachweis in Schweineschmalz). — HEFELMANN und MAUZ: Z. öff. Ch. Bd. 12, S. 63. 1906; C. 1906, I, 1292 (Intramuskuläres bzw. extramuskuläres Fett aus verschiedenen Körperteilen). — SOLTSIEN: Ch. Revue Bd. 13, S. 240. 1906; C. 1906, II, 1462 (Nachweis neben Schmalz). — BÖMER, SCHEMM und HEIMSOTH: Z. Nahrgsm. Bd. 14, S. 90. 1907; C. 1907, II, 1096 (Gehalt an Tristearin). — STRUNK: Veröffentl. aus d. Gebiet d. Milit.-Sanitätswesens Bd. 38, S. 53. 1908; C. 1908, I, 1847 (Veränderungen beim Ausschmelzen). — SOLTSIEN: Ch. Revue, Bd. 15, S. 103. 1908; C. 1908, I, 1907 (Erscheinungen beim Erstarren; vgl. Bd. I, S. 356). — EMERY: Landw. Min. d. Ver. St. Amerika, Rundschreiben; C. 1908, II, 1066 (Verfahren zum Nachweis von Rindertalg in Schweinefett). — THÖRNER: Z. f. chem. Apparatenkunde, Bd. 3, S. 165. 1908; C. 1908, I, 2002 (Ausdehnungsvermögen zwischen 0 und 100°). — TORTELLI: Ch. Ztg. Bd. 33, S. 125ff. 1909; C. 1909, I, 947 (Thermozahl). — EISENSTEIN und ROSAUER: Sfsz. Bd. 36, S. 151 u. 180. 1909; C. 1909, I, 1051 (Probenahme). — SCALA: Staz. sperim. agrar. ital. Bd. 42, S. 179; C. 1909, I, 1782. — LABAND: Z. Nahrgsm. Bd. 18, S. 289. 1909; C. 1909, II, 1384 (Nachweis im Schweinefett mittels der POLENSKEschen Methode). — OSTROGOVICH und PETRISOR: Bulet. Societ. de Stiinte din Bucuresci Bd. 18, S. 127. 1909; C. 1909, II, 1170 (Verfahren zum Nachweis in Bienenwachs). — MOULTON und TROWBRIDGE: Eng. Bd. 1, S. 761. 1909 (Kennzahlen von Talgen aus verschiedenen Körperpartien). — STÖBER: Ch.-Ztg. Bd. 33, S. 1275. 1909; C. 1910, I, 481 (Flammpunkt 316° bei 753 mm). — RAFFO und FORESTI: Ch. Revue, Bd. 17, S. 80. 1910 (Kennzahlen der Fette eines 5 Jahre alten Ochsen bzw. eines 40 Tage alten Kalbes). — NIEMCZYCKI: Arch. Chem. u. Mikrosk. Bd. 4. 1911; s. Z. Nahrgsm. Bd. 28, S. 110. 1914 (Zum mikroskopischen Nachweis von Talg). — METZGER, JESSER und HEPP: Pharm. Centralh. Bd. 53, S. 99 u. 127. 1912; C. 1912, I, 755 (Nachweis in Schweinefett). — BÖMER und LIMPRICH: Z. Nahrgsm. Bd. 25, S. 354. 1913 (Gemischtsäurige Glyceride); ebenda, S. 367 (Kritik der POLENSKEschen Differenzzahl-Methode). — BÖMER, LIMPRICH, KRÖNIG und KUHLMANN: Z. Nahrgsm. Bd. 26, S. 559. 1913; C. 1914, I, 299 (Schmelzpunktsdifferenzverfahren zum Nachweis von Talg in Schweinefett). — BÖMER und KRÖNIG: Z. Nahrgsm. Bd. 27, S. 153. 1914; C. 1914, I, 1462 (Nachweis von Talg in Gemischen mit Pflanzenfetten; Nachweis gehärteter Öle). — FISCHER und WEWERINKE: Z. Nahrgsm. Bd. 27, S. 361. 1914; C. 1914, I, 1707 (Nachweis in Schweineschmalz nach den Verfahren von POLENSKE und BÖMER). — SPRINKMEYER und DIEDRICHS: Z. Nahrgsm. Bd. 27, S. 571. 1914; C. 1914, I, 2206 (Vorteile der BÖMERschen Methode). — MARCUSSON und MEYERHEIM: Z. ang. Bd. 27, S. 201. 1914; C. 1914, I, 2210 (Unverseifbares). — KLOSTERMANN und OPITZ: Z. Nahrgsm. Bd. 27, S. 713. 1914 (Steringehalt). — MANNICH und THIELE: Ber. D. Pharm. Ges. Bd. 26, S. 36. 1916; C. 1916, I, 812 (Hydrierung). — PRESCHER: Z. Nahrgsm. Bd. 32, S. 318. 1916 (Berechnung des Talggehaltes in Fettgemischen). — NORMANN: Ch. Umschau, Bd. 27, S. 216. 1920 (Zähigkeiten). — VITOUX und MUTTELET: Ann. Falsif. Bd. 14, S. 86. 1921; C. 1921, IV, 664; vgl. a. Ch. Umschau Bd. 28, S. 151. 1921 (Überprüfung der BÖMERschen Methode zum Nachweis von Talg in Schweineschmalz). — DEKKER: Pharm. Weekblad Bd. 59, S. 305. 1922; C. 1922, I, 1148 (Glyceride). — MYDDLETON und BARRY: „Fats: Natural and Synthetic", S. 111. London 1924 (Fettsäuren in australischem bzw. südamerikanischem Talg). — BERTRAM: Ch. Weekblad Bd. 24, S. 226. 1927; C. 1927, II, 762 (Gehalt an wasserunlöslichen, gesättigten Fettsäuren: 54,4%). — KAUFMANN: Z. ang. Bd. 41, S. 22. 1928 (Rhodanzahl); ebenda S. 1048 (54,4% gesättigte Anteile, rhodanometrisch bestimmt). — BERTRAM: Bioch. Z. Bd. 197, S. 433. 1928; C. 1928, II, 1782 („Vaccensäure": Schmelzpunkt 39°; $d^{70} = 0,85601$; $n_D^{70} = 1,44071$).

Oleomargarin: K. FISCHER und ALPERS: Z. Nahrgsm. Bd. 17, S. 181. 1909 (Differenzzahlen nach POLENSKE). — KLOSTERMANN und OPITZ: Z. Nahrgsm. Bd. 27, S. 713. 1914 (Cholesteringehalt). — Codex Alimentarius Austriacus (Das österreichische Lebensmittelbuch), 2. Aufl., Heft 11, S. 19. Wien 1927. — BERTRAM: Ch. Weekblad, Bd. 24, S. 226, 1927; C. 1927, II, 762 (Gehalt an wasserunlöslichen, gesättigten Fettsäuren: 46,7%).

Preßtalg: BÖMER und LIMPRICH: Z. Nahrgsm. Bd. 25, S. 367. 1913 (Kennzahlen; 4—5% Tristearin). — Codex Alimentarius Austriacus, a. a. O.

Rindernetz- und Nierenfett: ECKART: Z. Nahrgsm. Bd. 44, S. 1. 1922; s. a. Ch. Umschau, Bd. 30, S. 53. 1923.

Rindermuskelfette: HEFELMANN und MAUZ: Z. öff. Ch. Bd. 12, S. 63. 1906; C. 1906, I, 1292.

Rinderpankreasfett: LIFSCHÜTZ: Z. physiol. Ch. Bd. 63, S. 222. 1909.

Rinderklauenöl: COSTE und PARRY: J. Soc. Ch. Ind. Bd. 17, S. 4. 1898; C. 1898, I, 786 (Kennzahlen; Zähigkeit). — HOLDE und STANGE: Mitt. Techn. Vers.-Anst. Berlin, Bd. 18, S. 255. 1900; C. 1901, I, 918 (Definition; Prüfung auf Verfälschungen; Cholesteringehalt). — GILL und ROWE: J. Am. Ch. Soc. Bd. 24, S. 466. 1902; C. 1902, I, 1425 (Kennzahlen; Jodzahlen der Säuren: 63,6—69,5). — COSTE und SHELBOURN: J. Soc. Ch. Ind. Bd. 22, S. 775. 1903; C. 1903, II, 587 (Kennzahlen; Bestandteile). — LYTHGOE: J. Am. Ch. Soc. Bd. 27, S. 887. 1905; C. 1905, II, 654 (Kennzahlen; optische Eigenschaften). — BECKER: Collegium 1907, S. 393; C. 1908, I, 66 (Verfahren zur Prüfung der Kältebeständigkeit). — TORTELLI: Ch.-Ztg. Bd. 33, S. 125ff. 1909; C. 1909, I, 947 (Thermozahl). — KLIMONT: Z. ang. Bd. 24, S. 254. 1911; C. 1911, I, 898 (Mittlere Molekularrefraktion: ca. 0,5). — FAHRION: Collegium 1911, S. 209; s. auch Z. ang. Bd. 24, S. 209. 1911; C. 1911, II, 397 (Kennzahlen von 11 Handelsproben; Jodzahlenbereich: 65—78). — STADLINGER: Sffbr. Bd. 34, S. 1248. 1914; C. 1915, I, 402 (Kennzahlen). — WILKIE: Analyst Bd. 42, S. 200. 1917; C. 1917, II, 780 (0,5—1,2% Unverseifbares). — BRUNO: Ann. Falsif. Bd. 14, S. 137. 1921; C. 1921, IV, 822 (Kennzahlen einer Probe mit 0,3% freien Säuren, berechnet als Ölsäure; Jodzahl: 82—84). — JEAN, LEWKOWITSCH, PEARMAIN, STILURELL, s. LEWKOWITSCH-WARBURTON: Ch. Technol. 6. ed., Bd. II, S. 497. 1922 (Kennzahlen). — ECKART: Z. Nahrgsm. Bd. 44, S. 1. 1922; s. auch Ch. Umschau Bd. 30, S. 53. 1923 (Kennzahlen eines frischen „Rinderklauendrüsenöles", eines gebleichten Klauenöles, zweier technischer Klauenöle sowie eines Öles aus „Rinderklauenpreßlingen"). — LAUFFMANN: Ledertechn. Rundschau, Bd. 18, S. 191 u. 207. 1927; C. 1927, I, 2702 (Oxydationsfähigkeit, Bestimmung der Oxyfettsäuren). — CUYPERS: Sfsz. Bd. 54, S. 936, 954. 1927; C. 1928, II, 199 (Kennzeichnung von „Klauenöl").

Rindermarkfett: MOHR: Z. physiol. Ch. Bd. 14, S. 390 (Zusammensetzung des Fettsäurengemisches: 22% Palmitinsäure, 10% Stearinsäure, 63% Ölsäure). — ZINK: Forschungsber. Lebensm. Bd. 3, S. 441. 1897; C. 1897, I, 296 (Fett IV). — NERKING: Bioch. Z. Bd. 10, S. 167. 1908; C. 1908, II, 82 (Fette II und III). — ECKART: Z. Nahrgsm. Bd. 44, S. 1. 1922; s. auch Ch. Umschau, Bd. 30, S. 53. 1923 (Fett I).

Rinderknochenfett: SHUKOFF und SCHESTAKOFF: Ch. Revue, Bd. 5, S. 5 u. 21. 1898; C. 1898, I, 864 (Technische Analyse; Unverseifbares: 0,5—1,8%; Titer: 39,1—42,5). — AMBÜHL: Rev. intern. Falsif. Bd. 11, S. 155. 1898; C. 1898, II, 1063 (Verfälschung durch Mineralöl). — MENNICKE: Ch.-Ztg. Bd. 24, S. 917 u. 923. 1900; C. 1900, II, 1166 (Gewinnung; technische Analyse; Jodzahlen für reines Knochenfett: 44—62). — HOLDE und STANGE: Mitt. Techn. Vers.-Anst. Berlin Bd. 18, S. 255. 1900; C. 1901, I, 918 (Definition, Cholesteringehalt). — SCHESTAKOFF: Ch. Revue Bd. 9, S. 180. 1902; C. 1902, II, 670 (Gehalt an freien Fettsäuren oft über 50%). — GERRARD: Sfsz. Bd. 32, S. 586. 1905; C. 1905, II, 658 (Gehalt an Unverseifbarem: 0,4—2,4%). — SCHICHT und HALPERN: Ch. Revue, Bd. 15, S. 112. 1908; C. 1908, I, 1908 (Verfahren zur Bestimmung des Unverseifbaren). — EISENSTEIN und ROSAUER: Mitt. Technol. Gew. Museum Wien, (2) Bd. 18, S. 45. 1908; C. 1908, II, 110; s. auch Sfsz. Bd. 36, S. 151 u. 180. 1909; C. 1909, I, 1051 (Probenahme; Kennzahlen von sechs „Benzinknochenfetten"). — LUKSCH: Sfsz. Bd. 36, S. 984. 1909; C. 1909, II, 1013 (Bewertung). — FAHRION: Collegium 1911, S. 209; C. 1911, II, 397 (Kennzahlen von fünf Handelsproben mit teilweise sehr abweichenden Werten, wie: Jodzahl 79,8; Säurezahl

9,0 und Schmelzpunkt der Fettsäuren 13°). — HAJEK: Sfsz. Bd. 39, S. 955ff. 1912; C. 1912, II, 2155 (Darstellung sog. Naturknochenfette, Beurteilung und Verwendung). — SUCK: Sfsz. Bd. 39, S. 982. 1912; C. 1912, II, 1753 (Kennzahlen einiger Fettsäuredestillate). — SEIFERT: Sfsz. Bd. 40, S. 6ff. 1913; C. 1913, I, 1550 (Charakteristik und Beurteilung). — KNORR: Sfsz. Bd. 41, S. 339 u. 385. 1914; C. 1914, I, 1714 (Kennzahlen verdorbener amerikanischer Knochenfette). — STADLINGER: Sffbr. Bd. 34, S. 1184. 1914; C. 1915, I, 402 (Kennzahlen). — SEIFERT: Sfsz. Bd. 42, S. 454ff. 1915; C. 1915, II, 767 (Untersuchung, Kennzahlen, Unverseifbares). — KNIGGE: Sffbr. Bd. 35, S. 694. 1915; C. 1915, II, 988 (Gewinnung, Untersuchung, Raffination). — ROSAUER: Sffbr. Bd. 35, S. 815 u. 829. 1915; C. 1916, I, 445 (Verwendung in der Seifenindustrie). — VOHSEN: Pharm. Ztg. Bd. 61, S. 752. 1916; C. 1917, I, 347 (Unterschied in der Fettausbeute entsprechend der Gewinnungsart: 5,4—16,6%). — SALMONY: ebenda; Pharm. Ztg. a. a. O. S. 776 (Ausbeute an Speisefett 25%). — SCHENK: Mitt. Lebensm. Unters. Hyg. Bd. 9, S. 215. 1918; C. 1918, II, 688 (Kennzahlen; Säuregrad: 2,2). — HOLDEFLEISS: s. Referat Ch. Umschau Bd. 25, S. 31. 1918 (Fettgehalt). — MEYER: Die Seife, 1919, S. 459; s. Ch. Umschau Bd. 26, S. 41. 1919 (Unverseifbares: 0,5—0,6%; im gereinigten Knochenfett: 0,3—0,4%). — HERBIG: Z. D. Öl- u. Fettind. Bd. 39, S. 174, 1919; s. Ch. Umschau Bd. 26, S. 69. 1919 (Unverseifbares 22,6%; Fettsäuren+Oxysäuren: 72,5% in einem stark verunreinigten Handelsmuster). — HOLDE: Z. ang. Bd. 33, S. 290. 1920; C. 1921, II, 322 (Verwendung, Oberflächenspannung). — J. WOLFF: Z. D. Öl- u. Fettind. Bd. 41, S. 227. 1921; C. 1921, IV, 756 (Klärung mittels Aluminiumsulfat). — VON DALLWITZ-WEGNER: Z. ang. Bd. 34, S. 433. 1921; C. 1921, IV, 917 (Oberflächenspannung). — ALLEN, HÜBL, SCHAEDLER, VALENTA u. a., s. LEWKOWITSCH-WARBURTON: Ch. Technol., 6. ed., Bd. II, S. 760. 1922 (Kennzahlen der Fette II). — ECKART: Z. Nahrgsm. Bd. 44, S. 1. 1922; s. Ch. Umschau Bd. 30, S. 53. 1923 (Kennzahlen und Zusammensetzung der Fette I). — FRICKE: Z. D. Öl- u. Fettind. Bd. 43, S. 401. 1923; C. 1923, IV, 339 (Zusammensetzung deutscher Knochenfette). — STADLINGER: Ch.-Ztg. Bd. 51, S. 667, 686, 706. 1927 (Linolsäuregehalt).

Knochenfett (Gemisch): SCHENK: Mitt. Lebensm. Unters. Hygiene Bd. 9, S. 215. 1918; C. 1918, II, 688.

Knochenöl: FAHRION: Collegium 1911, S. 209; C. 1911, II, 397 (Analyse von fünf Knochenölen des Handels: Öle III). — ECKART: Z. Nahrgsm. Bd. 44, S. 1. 1922; s. Ch. Umschau Bd. 30, S. 53. 1923 (Öle I und II).

Ordnung: Primates.

Menschenfett: CHEVREUL: „Recherches chimiques sur les corps gras d'origine animale". Paris 1813—1815. — HEINTZ: Pogg. Ann. Bd. 84 u. 87 (Bestandteile). — LERCH: Ann. Bd. 59, S. 57 (Flüchtige Säuren). — HOFMANN: Hirschs Jahresber. X, Bd. 1, S. 182. 1875 (Gehalt an freien Säuren: 0,003%, als Schwefelsäure berechnet). — LANGER: Monatsh. Bd. 2, S. 382. 1881; C. 1881, S. 651 (Kennzahlen und Bestandteile). — LEBEDEFF: Z. physiol. Ch. Bd. 6, S. 144. 1882 (Kennzahlen von Fetten aus verschiedenen Körperteilen). — MITCHELL: Analyst Bd. 21, S. 171. 1896; C. 1896, II, 498 (Kennzahlen und Bestandteile des Körperfettes Erwachsener). — KNÖPFELMACHER: Jahrb. f. Kinderheilk. Bd. 45, S. 177. 1897; Centrabl. f. Physiol. Bd. 11, S. 764. 1898; C. 1898, I, 788 (Fett im Säuglingsalter). — THIEMICH: Z. physiol. Ch. Bd. 26, S. 189. 1898; C. 1899, I, 209 (Ölsäuregehalt im Fett von Säuglingen; Jodzahlen der Fettsäuren von Unterhautfett und Leberfett bei verschiedener Ernährung). — KNÖPFELMACHER: Österr. Ch.-Ztg. Bd. 2, S. 122. 1899; C. 1899, I, 860 (Methoden zur quantitativen Fettbestimmung in Organen). — LINDEMANN: Z. Biolog. Bd. 38, S. 405. 1899; C. 1899, II, 884 (Kennzahlen des normalen und des entarteten Herzmuskelfettes). — ROSENFELD: Ch.-Ztg. Bd. 26, S. 1110. 1902 (Zehenfett eines Eskimokindes: Jodzahl 79). — JAECKLE: Z. physiol. Ch. Bd. 36, S. 53. 1902; C. 1902, II, 846 (Kennzahlen und Bestandteile von Unterhaut- und Lipomfetten). — RUMPF: Virchows Arch. Bd. 174, S. 163. 1903; C. 1903, II, 1253 (Fettgehalt des Blutes und einiger Organe). — PARTHEIL und FERIÉ: Arch. Pharm. Bd. 241, S. 545. 1903; C. 1904, I, 222 (Kennzahlen und Bestandteile von Fetten aus verschiedenen Körperteilen einiger dem Alter und Geschlecht nach unterschiedener Spender). — MEYER: Z. österr. Apoth.-Ver. Bd. 43, S. 978. 1905; C. 1905, II, 1368 (Kennzahlen und Bestandteile des Haarfettes). — GOLODETZ: Ch. Revue Bd. 16, S. 238. 1909; C. 1909, II, 1674 (Sekret- und Zellenfette). — UNNA und GOLODETZ: Bioch. Z. Bd. 20, S. 469. 1909; C. 1909, II, 1674 (Charakteristik der Sekret- und Zellenfette). — GREY: Bioch. J. Bd. 7, S. 148. 1912; C. 1913, II, 1811 (Fettsäuren des menschlichen Gehirns). — WACKER: Z. physiol. Ch. Bd. 78, S. 349. 1912; C. 1912, II, 543 (Vergleich von Fetten Krebskranker mit denen Nichtcarcinomatöser). — KLOSTERMANN und OPITZ: Z. Nahrgsm. Bd. 27, S. 713. 1914 (Cholesteringehalt). — BRAUN: Sffbr. Bd. 35, S. 522. 1915; C. 1915, II, 906 (Auf- und Abbau des Fettes im Organismus). — SCHMINCKE: Münch. med. Wochenschr. Bd. 62, S. 941. 1915; C. 1915, II, 415 (Fettgehalt der Milz). — BLOOR: J. Biol. Ch. Bd. 24, S. 447; Bd. 25, S. 577; Ch. Umschau Bd. 25, S. 65. 1918 (Fettgehalt des Blutes ca. 0,4%). — CSONKA: J. Biol. Ch. Bd. 33, S. 401. 1918; C. 1919, I, 56 (Gehalt an ungesättigten Säuren im normalen Blut ca. 48% der Gesamtfettsäuren). — BARDISIAN: Pediatria, Milano Bd. 29, S. 156. 1921; C. 1922, I, 508 (Zusammensetzung von Fetten aus verschiedenen Körperteilen des Kindes). — ECKSTEIN: J. Biol. Ch. Bd. 64, S. 797. 1925; C. 1926, I, 706 (Gehalt an Fettsäuren im subcutanen Fett; Unverseifbares). — CHANNON und MARRIAN: Bioch. J. Bd. 20, S. 409. 1926; C. 1926, II, 242 (Hoch-ungesättigter Kohlenwasserstoff in der Leber; liefert ein Äther-unlösliches Bromid mit 68% Brom und ein Hydrochlorid vom Schmelzpunkt 128°). — WAGNER: Bioch. Z. Bd. 174, S. 412. 1926; C. 1926, II, 1962 (Innere Jodzahlen zwischen 94,4 und 105,8). — ECKSTEIN: J. Biol. Ch. Bd. 73, S. 363. 1927; C. 1927, II, 1855 (Cholesteringehalt von Unterhautfettgewebe bzw. Haarfett; Vergleich mit den entsprechenden Tierfetten). — HEIDUSCHKA und HANDRITSCHK: Bioch. Z. Bd. 197, S. 404. 1928; C. 1928, II, 1343 (Arachidonsäure in manchen Menschenfetten; 0,2—0,5% Cholesterin; 0,07—0,08% Lecithin).

Menschenhaarfett: ECKSTEIN: J. Biol. Ch. Bd. 73, S. 363. 1927; C. 1927, II, 1855.

Cystenfett: KREIS: Schweiz. Apoth.-Ztg. Bd. 56, S. 81. 1918; C. 1918, II, 197.

Dermoidfett: LUDWIG: Z. physiol. Ch. Bd. 23, S. 38. 1897 (Alkohole). — VON ZEYNEK: ebenda S. 40 (Fettsäuren; Kennzahlen des Fettes: Verseifungszahl 158; Jodzahl 71,2 bzw. 74,9; Reichert-Meißl-Zahl 2,9. Glycerin vorhanden). — AMESEDER: ebenda Bd. 52, S. 121. 1907 (Arachylalkohol vom Schmelzpunkt 70°; Acetat-Schmp. 44°). — KREIS: Schweiz. Apoth.-Ztg. Bd. 59, S. 629. 1921; C. 1922, I, 702 (Kennzahlen und Bestandteile). — MUCK: Z. physiol. Ch. Bd. 122, S. 125. 1922; C. 1922, III, 1357 („Dermoidalkohole"; kein Iso- und Oxycholesterin).

„Leichenwachs": KRATTER: Z. Biol. Bd. 16, S. 455. 1880 (Beobachtungen über den zeitlichen Verlauf der „Fettwachsbildung"). — ERMAN: Vierteljahrsschr. f. gerichtl. Med. Bd. 37, S. 51. 1882 und ZILLNER: ebenda Bd. 42, S. 1. 1885; Med. Centr.-Bl. Bd. 23, S. 250; C. 1885, S. 441 (Keine Fettbildung in den Muskeln bei der Umwandlung; das Fett wird eingeschwemmt). — KRAUS: Arch. f. exp. Pathol. u. Pharmakol. Bd. 22, S. 174. 1887 (Aufbewahrung bakterienfreier Organe; nach vier Wochen nahezu unveränderter Fettgehalt). — LEHMANN: Sitzungsber. d. physikal.-med. Ges. Würzburg 1888 (Zunahme der Fettsäuren auf Grund von Bakterienwirkung). — VOIT: Sitzungsber. d. Ges. f. Morphol. u. Physiol. München, Bd. 4, S. 50. 1888 (Beginn der „Wachsbildung" erst nach vier Monaten). — SALKOWSKI: Festschrift f. Virchows Jubiläum 1891, S. 23 (Umwandlung der Ölsäure in feste Säuren ohne unbedingte Bakterienmitwirkung). — RUBNER: Arch. Hyg. Bd. 38, S. 67. 1900; C. 1900, II, 735 (Voraussetzungen für die Umwandlung von Leichenfett). — TARUGI: Gazz. chim. Bd. 34, S. 469. 1905; C. 1905, I, 683 (Hauptbestandteil: Palmitinsäure). — SCHÜTZE: Arch. Hyg. Bd. 76, S. 116. 1913; C. 1913, I, 457 (Verseifung des Körperfettes). — MÜLLER: Arch. Hyg. Bd. 83, S. 285. 1914; C. 1915, I, 554 (Geringe Gasdurchlässigkeit des Bodens als Ursache für die Bildung von Leichenwachs). — MÜLLER: Vierteljahrsschr. f. gerichtl. Med. (3) Bd. 50, S. 251. 1915; C. 1915, II, 1259 (Reichliche Fettansammlungen begünstigen die Umwandlung). — ISSOGLIO: Giorn. Farm. Chim. Bd. 65, S. 361. 1916; C. 1917, II, 473 (31,8% freie Stearinsäure; die Bildung fester Fettsäuren als letztes Stadium der Zersetzung von fettigen und eiweißhaltigen Verbindungen). — VAN ITALLIE und STEENHAUER: Pharm. Weekbl. Bd. 54, S. 121. 1917; C. 1917, II, 234 (Schmelzpunkt 49°; Esterzahl und Jodzahl 0). — GOY und WENDE: Bioch. Z. Bd. 131, S. 8. 1922; C. 1923, I, 1051 (Untersuchungen einer Mannes- und einer Kinderleiche; Fette I und III). — BIANCHINI: Biochim. e terap. sperim. Bd. 12, S. 16. 1925; C. 1925, II, 1456. — TSCHIRCH und GFELLER: Schweiz. Apoth.-Ztg. Bd. 63, S. 273. 1925; C. 1925, II, 1055 (Schmelzpunkt 62°; Jodzahlen 7,7—10,8; Säurezahlen 188 bzw. 197). — STRASSMANN und FANTL: Zeitschr. ges. gerichtl. Med. Bd. 6, S. 168. 1925; C. 1926, I, 143 (Gemenge hochmolekularer freier Fettsäuren neben geringen Mengen Neutralfett und Cholesterin). — REMY: Arch. Hyg. Bd. 96, S. 311. 1926; C. 1926, II, 52 (Zusammensetzung; Entstehung; Bezeichnung). — GOY: Bioch. Z. Bd. 187, S. 470. 1927; C. 1927, II, 1973 (Vergleich der Kennzahlen von Leichenfett mit denen von Leichenwachsen; neue Kennzahlen: Fett II).

Milchfette (Butterfette).

Weniger untersuchte Milchfette (Kaninchen, Maus, Hund, Katze, Schwein): PIZZI: Staz. sperim. agrar. ital. Bd. 26, S. 615. 1894; C. 1894, II, 848.

Stuten-Butterfett: PIZZI: Staz. sperim. agrar. ital. Bd. 26, S. 615. 1894; C. 1894, II, 848 (Reichert-Meißl-Zahl). — CAMERER und SÖLDNER: Z. Biol. Bd. 33, S. 535. 1896; C. 1897, I, 65 (Fettgehalt des Colostrums). — ENGEL und DENNEMARK: Z. physiol. Ch. Bd. 76, S. 148. 1912; C. 1912, I, 839 (Fettgehalt des Colostrums in den ersten vier Tagen). — LAXA: Ann. Falsif. Bd. 20, S. 462 1927; Ch. Umschau Bd. 35, S. 88. 1928 (Kennzahlen und Bestandteile).

Eselin-Butterfett: PIZZI: Staz. sperim. agrar. ital. Bd. 26, S. 615. 1894; C. 1894, II, 848 (Reichert-Meißl-Zahl). — SCHLOSSMANN: Z. physiol. Ch. Bd. 23, S. 258. 1897; C. 1897, II, 366 (Fettgehalt der Eselinmilch 0,1—1,2%; Zusammensetzung; Unterscheidung von Frauenmilch). — ELLENBERGER: Arch. Anat. Phys., Physiol. Abt. 1899, S. 33; C. 1899, I, 752 (Schwankungen des Fettgehaltes der Eselinmilch). — ELLENBERGER und KLIMMER: Arch. Anat. Phys.. Physiol. Abt. 1902, S. 313; C. 1903, I, 180 (Unterschied gegenüber Frauenmilchfett). — WAGNER: Z. Nahrgsm. Bd. 12, S. 658. 1906; C. 1907, I, 420 (Fettgehalt der Eselinmilch: 0,13% als Mittelwert von 392 Proben).

Kamel-Butterfett: Barthe: J. Pharm. Chim. (6) Bd. 21, S. 386. 1905; C. 1905, I, 1665 (Zusammensetzung der Kamelstutenmilch; Gehalt an „Butter" 53,8% in sieben Proben). — Vamvakas: Ann. Chim. anal. Bd. 10, S. 350; C. 1905, II, 1130 (Kennzahlen und Eigenschaften). — Fales: J. Biol. Ch. Bd. 53, S. 339. 1923; C. 1923, I, 992 (Colostralfett).

Renntier-Butterfett: Solberg: Tidskrift for det norske Landbrug 1895, S. 330; Biedermanns Centralbl. Agrik. Ch. Bd. 25, S. 15. 1896; C. 1896, I, 661 (Kennzahlen; hohe Schmelz- und Erstarrungspunkte). — Barthel und Bergmann: Z. Nahrgsm. Bd. 26, S. 238. 1913; C. 1913, II, 1606 (Fettgehalt; Eigenschaften).

Ziegen-Butterfett: Schmitt: D. Amer. Apoth.-Ztg. Bd. 5, S. 630; C. 1885, S. 144 (Zusammensetzung der Ziegenbutter; unlösliche Fettsäuren nach Hehner: 84,4%). — Pizzi: Staz. sperim. agrar. ital. Bd. 26, S. 615. 1894; C. 1894, II, 848 (Kennzahlen; Fettgehalt: 5,4%). — Solberg: Tidskrift for det norske Landbrug 1895, S. 330; Biedermanns Centralbl. Agrik. Ch. Bd. 25, S. 15. 1896; C. 1896, I, 661 (Hohe Schmelz- und Erstarrungspunkte; niedrige Verseifungszahl). — Buttenberg und Tetzner: Z. Nahrgsm. Bd. 7, S. 270. 1904; C. 1904, I, 1165 (Schwankungen des Fettgehaltes bei Morgen- und Abendmilch). — Ujhelyi: Milch-Ztg. Bd. 34, S. 403. 1905; C. 1905, II, 910 (Fettgehalt: 3,8—4,6%; bei altmelkenden Ziegen: 5,4—6,5%). — Siegfeld: Milchw. Centralbl. Bd. 2, S. 368. 1906; C. 1906, II, 1014 (Fett des Colostrums; Polenske-Zahl höher als bei gewöhnlichem Milchfett). — Burr: Milch-Ztg. Bd. 36, S. 219ff. 1907; C. 1907, II, 261 (Eigenschaften). — Sprinkmeyer und Fürstenberg: Z. Nahrgsm. Bd. 14, S. 388. 1907; C. 1907, II, 1543; Z. Nahrgsm. Bd. 15, S. 412. 1908; C. 1908, I, 1732 (Kennzahlen; Reichert-Meißl-Zahl: 20,3—29,1; Polenske-Zahl: 3,2—8,0; Milchfettgehalt von zehn im Beginn der Lactationsperiode stehenden Ziegen: 2,7—6,5%). — Fischer: Z. Nahrgsm. Bd. 15, S. 1. 1908; C. 1908, I, 753 (Kennzahlen; mittleres Molekulargewicht der nichtflüchtigen Säuren: 253,6—269,3). — Dons: Z. Nahrgsm. Bd. 15, S. 72. 1908; C. 1908, I, 753 (Hohe Polenske- und Caprylsäurezahlen). — Siegfeld: Milchw. Centralbl. Bd. 5, S. 13. 1909; C. 1909, I, 569 (Mittleres Molekulargewicht der nichtflüchtigen Säuren: 224,2—233,4). — Engel und Bode: Z. physiol. Ch. Bd. 74, S. 169. 1911; C. 1911, II, 1604 (Kennzahlen des Colostralfettes). — Schultz und Chandler: J. Biol. Ch. Bd. 46, S. 133. 1921; C. 1921, III, 384 (Eigenschaften). — Knowles und Urquhart: Analyst. Bd. 49, S. 509. 1924; C. 1925, I, 784 (Reichert-Wollnysche Zahl 24,5 bis 27,8; Jodzahl 24,7—36,9).

Schaf-Butterfett: Schmitt: D. Amer. Apoth.-Ztg. Bd. 5, S. 630. 1885; C 1885, S. 144 (Zusammensetzung; unlösliche Fettsäuren nach Hehner: 85,3%). — Besana: Ch.-Ztg. Bd. 16, S. 1519. 1892; C. 1892, II, 876, sowie Staz. sperim. agrar. ital. Bd. 23, S. 572. 1892; C. 1893, I, 621 (Zusammensetzung der Schafmilch; Fettgehalt: 2,5—5,9%). — Schepperd: Biedermanns Centralbl. Agrik. Ch. Bd. 22, S. 464. 1893; C. 1893, II, 386 (Fettgehalt der Schafmilch: 5,2 bis 6,2%). — Pizzi: Staz. sperim. agrar. ital. Bd. 26, S. 615. 1894; C. 1894, II, 848 (Schmelzpunkt: 29°; Erstarrungspunkt: 12°; Reichert-Meißl-Zahl: 32,9; Fettgehalt 9,7%). — Petkow: Z. Nahrgsm. Bd. 4, S. 826. 1901; C. 1901, II, 898 (Kennzahlen und Zusammensetzung bulgarischen Schafbutterfettes). — Hucho: Landw. Jahrb. Bd. 26, S. 497. 1897; C. 1897, II, 626 (Fettgehalt ostfriesischer Schafmilch 3,0—4,5%). — Trillat und Forestier: Compt. rend. Bd. 134, S. 1517. 1902; C. 1902, II, 388 (Fettgehalt 6,9—7,4%). — Dons: Z. Nahrgsm. Bd. 15, S. 72. 1908; C. 1908, I, 753 (Hohe Polenske- und Caprylsäurezahlen). — Martin: Ann. Falsif. Bd. 6, S. 662. 1913; C. 1914, I, 489 (Gehalt an flüchtigen

Säuren; Kennzahlen). — CROWTHER und HYND: Bioch. J. Bd. 11, S. 139. 1917; C. 1917, II, 820 (Zusammensetzung des Fettsäurengemisches). — BERTRAM: Bioch. Z. Bd. 197, S. 433. 1928; C. 1928, II, 1782 („Vaccensäure").

Büffel-Butterfett: DROOP RICHMOND: Analyst Bd. 17, S. 5 u. 46. 1891; C. 1892, I, 343 bzw. 558 (Kennzahlen, insbesondere Reichert-Meißl-Zahlen ägyptischer Büffelkuhbutter). — PIZZI: Staz. sperim. agrar. ital. Bd. 26, S. 615. 1894; C. 1894, II, 848 (Reichert-Meißl-Zahl). — PETKOW: Z. Nahrgsm. Bd. 4, S. 826. 1901; C. 1901, II, 898 (Kennzahlen und Zusammensetzung von 14 Proben bulgarischer Büffelbutter). — UJHELYI: Milchztg. Bd. 32, S. 529. 1903; C. 1903, II, 765 (Fettgehalt der Büffelmilch im Durchschnitt 6,5—8,5%). — WINDISCH: Z. Nahrgsm. Bd. 8, S. 273. 1904; C. 1904, II, 1064 (Fettgehalt und Zusammensetzung von Büffelmilch). — BOLTON und REVIS: Analyst Bd. 35, S. 343. 1910; C. 1910, II, 824 sowie Analyst Bd. 36, S. 392. 1911; C. 1911, II, 979 (Kennzahlen von „Ghee"; 2,6—3,7% freie Säuren, berechnet als Ölsäure). — KESAVA-MENON: J. Soc. Ch. Ind. Bd. 29, S. 1428. 1910; C. 1911, I, 502 (Abnorme Kennzahlen, wie Reichert-Meißl-Zahl 18,2; Verseifungszahl 206,8). — TRIMEN: Analyst Bd. 38, S. 242. 1913 sowie RICHMOND: ebenda S. 252; C. 1913, II, 373 (Zusammensetzung, Eigenschaften, Verfälschungen und Nachweis von „Samna"; Reichert-Meißl-Zahl 32,8—36,2).

Kuh-Butterfett („Butterfett"): SCHEELE: Crells Chem. Journ. Bd. 4, S. 190. 1783 (Fettsäuren). — CHEVREUL: „Recherches chimiques sur les corps gras d'origine animale". Paris 1823 (Buttersäure, Capronsäure, Caprinsäure). — HEHNER: Z. anal. Ch. Bd. 16, S. 145. 1877 („Die Analyse des Butterfettes, mit besonderer Rücksicht auf die Entdeckung und Bestimmung von fremden Fetten"). — BACHMEYER: Dingl. Polyt. J. Bd. 226, S. 103; C. 1878, S. 175 (Nachprüfung der Methode von HEHNER). — REICHARDT: Arch. Pharm. (3) Bd. 12, S. 128; C. 1878, S. 234 (Prüfung auf fremde Fette). — REICHERT: Z. anal. Ch. Bd. 18, S. 68. 1879 („Vereinfachte Butterprüfung nach HEHNERS Prinzip"). — MEISSL: Dingl. Polyt. J. Bd. 233, S. 229; C. 1879, S. 586 („Untersuchungen über die Verfälschungen des käuflichen Butterschmalzes"). — AMBÜHL: Arch. Pharm. (3) Bd. 18, S. 293. 1881; C. 1881, S. 475 (Dichte bei 100°: 0,867—0,868, Reichert-Zahl 14,7). — CASAMAJOR: Ch. News Bd. 44, S. 309. 1881; C. 1882, S. 252 (Nachweis von Oleomargarin auf Grund des spezifischen Gewichtes). — MUNIER: Z. anal. Ch. Bd. 21, S. 394. 1882; C. 1882, S. 730 (Schwankungen der Reichert-Zahl entsprechend der Lactationsperiode). — HANSSEN: Pharm. Centralh. Bd. 24, S. 98. 1883; C. 1883, S. 250 (Verseifungszahl 227, Reichert-Meißl-Zahl 28,8; bis zu 90% unlösliche Fettsäuren). — FLEISCHMANN: Ber. Milchwirtsch. Vers.-Stat. Baden, 1883; C. 1883, S. 875 (Schmelzpunkt 30,5—31,0°; Schmelzpunkt der unlöslichen Fettsäuren 38,2—38,5°; Dichte bei 100°: 0,8658). — SCHMITT: D. Amer. Apoth.-Ztg. Bd. 5, S. 630. 1885; C. 1885, S. 144 (Zusammensetzung). — HAGER: Pharm. Centralh. Bd. 27, S. 61. 1886; C. 1886, S. 495 (Reichert-Meißl-Zahl 26—31). — SELL: Arb. Ges. Amt. Bd. 1, S. 529. 1886; C. 1886, S. 748 (Dichte bei 100°: 0,866—0,868; Reichert-Meißl-Zahl 29,7). — DUCLAUX: Compt. rend. Bd. 104, S. 1727. 1887; C. 1887, S. 881 (Gehalt an Buttersäure und Capronsäure). — NILSON: Meddelanden Fran Kongl. Landtbruks-Akad. Biedermanns Centralbl. Bd. 17, S. 171. 1887; C. 1888, S. 641 (Verschiedener Fettgehalt in Morgen- und Abendmilch). — AD. MAYER: Landw. Vers. Stat. Bd. 35, S. 261. 1888; C. 1888, S. 1471 („Über Schmelzpunkt und chemische Zusammensetzung der Butter bei verschiedener Ernährungsweise der Milchkühe"). NILSON: Z. anal. Ch. Bd. 28, S. 175. 1889; C. 1889, I, 654 (Gehalt an flüchtigen Fettsäuren während verschiedener Lactationsperioden). — BLYTH und ROBERT-

SON: Ch.-Ztg. Bd. 13, S. 162. 1889 (Oleo-butyro-palmitin). — SALVATORI: Staz. sperim. agrar. ital. Bd. 16, S. 410. 1889; C. 1889, II, 387 (Analyse von 12 Proben italienischer Butter; lösliche Säuren 5,3—7%; unlösliche Säuren 85,8—87,7% mit dem mittleren Molekulargewicht 255,3—273,3; Jodzahlen nach HÜBL 34,9 bis 40,7; Reichert-Meißl-Zahlen 27,7—29,7). — WILLIAMS: Analyst Bd. 14, S. 103. 1889; C. 1889, II, 205 (Jodzahl 32,4—40,4). — THÖRNER: Z. anal. Ch. Bd. 28, S. 309. 1889; C. 1889, II, 205 (Brechungsindex bei 60°: 1,4477). — GROSSIER: Apoth.-Ztg. Bd. 4, S. 870. 1889; C. 1889, II, 520 (d_{15}^{100}: 0,865—0,868 für das Fett, 0,8633—0,8638 für die flüchtigen Säuren). — VIETH: Milch-Ztg. Bd. 18, S. 541. 1889; C. 1889, II, 303 (Einfluß der Fütterung der Kühe auf die flüchtigen Fettsäuren des Butterfettes). — VIETH: Analyst Bd. 15, S. 44. 1890; C. 1890, I, 722 (Analyse von 104 Butterproben). — VIETH: Analyst Bd. 15, S. 172. 1890; C. 1890, II, 678 (Reichert-Meißl-Zahlen von Butterfetten verschiedener Herkunft). — MUTER: Analyst Bd. 16, S. 88. 1891; C. 1891, I, 1012 (Nachweis von Cocosfett mittels Refraktion und Reichert-Meißl-Zahl). — FIRTSCH: Dingl. Polyt. J. Bd. 278, S. 422. 1891; C. 1891, I, 283 (Prüfung auf Verfälschungen mittels der Baryumsalzmethode). — SCHRODT und HENZOLD: Landw. Vers.-Stat. Bd. 38, S. 349. 1891; C. 1891, I, 716 (Grenzwerte einiger Kennzahlen). — LUPTON: Analyst Bd. 16, S. 145. 1891; C. 1891, II, 493 (Einfluß der Fütterung der Kühe mit Baumwollsamenmehl auf den Schmelzpunkt und die Reichert-Meißl-Zahl des Butterfettes). — KÖNIG und HART: Z. anal. Ch. Bd. 30, S. 292. 1891; C. 1891, II, 235 („Barytzahl"). — ELLINGER: Ch.-Ztg. Rep. Bd. 15, S. 165. 1891; C. 1891, II, 284 (Oleo-Refr. Sk.-Teile: 27—33; Zunahme der Werte im Herbst). — JEAN: Revue intern. Falsif. Bd. 5, S. 133. 1892; C. 1892, I, 681 (Oleo-Refr. Sk.-Teile 29—31 für reine Butter). — SCHRODT und HENZOLD: Landw. Vers.-Stat. Bd. 40, S. 299. 1892; C. 1892, I, 912 (Gehalt an flüchtigen Fettsäuren von der Lactation abhängig und nicht von der Fütterung). — VIETH: Milch-Ztg. Bd. 21, S. 173. 1892; C. 1892, I, 903 (Fettgehalt in der Butter 83,8—88,9%). — HEHNER: Analyst Bd. 17, S. 102. 1892; C. 1892, II, 133 (Fettgehalt der Kuhmilch 1,8—3,9%). — VIETH: Milch-Ztg. Bd. 21, S. 330 u. 352. 1892; C. 1892, II, 101 (Fettgehalt von Handelsbutter verschiedener Herkunft ca. 80—90%). — BOUCHERIE und LECONTE: Revue intern. Falsif. Bd. 65, S. 176 u. 192. 1892; C. 1892, II, 369 (Verfälschung durch Margarine). — ERDÉLYI: Z. anal. Ch. Bd. 31, S. 407. 1892; C. 1892, II, 761 (Nachweis fremder Fette mittels der Reichert-Meißl-Zahl). — MAYER: Landw. Vers.-Stat. 1892, S. 15; C. 1892, II, 882 (Einfluß der Fütterung auf die Zusammensetzung). — PARTHEIL: Apoth.-Ztg. Bd. 7, S. 435. 1892; C. 1892, II, 635 (Bestimmung der flüchtigen Fettsäuren). — KREIS: Schweiz. Wochenschr. f. Pharm. Bd. 30, S. 449. 1893; C. 1893, I, 138 (Schwankungen der Reichert-Meißl-Zahl entspr. der Jahreszeit: 22,7—30,3; Fettgehalt 83,9—91,7%). — HOUZEAU: Compt. rend. Bd. 116, S. 952 u. 1100. 1893; C. 1893, I, 1094, bzw. II, 160 („Trübungspunkte"). — LAVES: Arch. Pharm. Bd. 231, S. 356. 1893; C. 1893, II, 298 (Barytzahl 149—252, Reichert-Meißl-Zahl 21,1—29,1). — MORSE: Biedermanns Centralbl. Agrik.-Ch. Bd. 22, S. 465. 1893; C. 1893, II, 386 (Einfluß des Futters auf die Zusammensetzung des Butterfettes). — WRAMPELMEYER: Landw. Vers.-Stat. Bd. 42, S. 437. 1893; C. 1893, II, 663 (Lecithingehalt 0,017%). — HAIRS: J. Pharm. Chim. (5) Bd. 27, S. 582. 1893; C. 1893, II, 161 (Maumené-Probe 24—28,7°). — CHATTAWAY, PEARMAIN und MOOR: Analyst Bd. 19, S. 147. 1894; C. 1894, II, 457 (Kritische Lösungstemperatur nach VALENTA). — WOLTERING: Nederl. Tijdschr. Pharm. Bd. 7, S. 106. 1895; C. 1895, I, 1160 (Refraktometerzahlen). — HALENKE: Forschungsber. Lebensm. Bd. 1, S. 467. 1895; C. 1895, I, 238 (Refraktometerzahlen). — KILLING: Z. ang. Bd. 7,

S. 739. 1894; Bd. 8, S. 102. 1895; C. 1895, I, 303 bzw. 665 (Viscosimetrische Untersuchung). — Richmond: Analyst Bd. 20, S. 54. 1895; C. 1895, I, 796 (Fettgehalt, Vers.-Zahl, Reichert-Meißl-Zahl, Jodzahl). — Polenske: Arb. Ges.-Amt Bd. 11, S. 523. 1895; C. 1895, II, 618 (Refraktometerzahlen, Trübungstemperaturen nach Valenta sowie Reichert-Meißl-Zahlen von „Sommerbutter" und „Winterbutter"). — Gutzeit: Landw. Jahrb. Bd. 24, Heft 5; Milch-Ztg. Bd. 24, S. 763. 1896; C. 1896, I, 454 (Vergleich der Kennzahlen von „Rahmfett", „Magermilchfett" und „Milchfett altmelkender Kühe"). — Stein: Revue intern. Falsif. Bd. 9, S. 7. 1896; C. 1896, I, 456 (Nachweis von Sesam- und Baumwollölkuchen-Fütterung). — Polenske: Arb. Ges.-Amt Bd. 12, S. 546. 1896; C. 1896, I, 514 (Viscosimetrische Untersuchungen). — Solberg: Tidskrift for det norske Landburg 1895, S. 330; Biedermanns Centralbl. Agrik.-Ch. Bd. 25, S. 15. 1896; C. 1896, I, 661 (Kennzahlen). — de Schweinitz und Emery: J. Am. Ch. Soc. Bd. 18, S. 174. 1896; C. 1896, I, 727 (Calorimetrischer Nachweis von Verfälschungen; Verbrennungswärme 9192 cal nach der Chloratmethode, 9231 cal nach dem Sauerstoffverfahren). — Stohmann: Milch-Ztg. Bd. 25, Nr. 3. 1896; C. 1896, I, 579 (Nachweis von Verfälschungen, Vorschlag zur Erweiterung der Kennzahlenbereiche). — Spampani und Daddi: Staz. sperim. agrar. ital. Bd. 29, S. 373. 1896; C. 1896, II, 446 (Übergang des Nahrungsfettes in das Milchfett). — Camerer und Söldner: Z. Biol. Bd. 33, S. 535. 1896; C. 1897, I, 65 (Fettgehalt der Kuhmilch 3,4%). — von Asbóth: Ch.-Ztg. Bd. 21, S. 312. 1897; C. 1897, I, 1131 (Ölsäuregehalt 33,7—37,4%). — Böggild und Stein: Tidskrift for Landökonomie 1897, S. 163; Biedermanns Centralbl. Agrik.-Ch. Bd. 26, S. 311. 1897; sowie Friis, Lunde, Holm, Petersen u. a., ebenda S. 316. 1897; C. 1897, II, 432 (Einfluß der Jahreszeit und des Futters auf die Beschaffenheit des Butterfettes). — Bürki: Landw. Jahrb. Schweiz. Bd. 10, S. 21. 1897; Viertelj. Fortschr. Ch. Nahrgsm. Bd. 12, S. 7. 1897; C. 1897, II, 500 (Einfluß der Fütterung auf die Beschaffenheit und Menge der Fettkügelchen). — Cochran: J. Am. Ch. Soc. Bd. 19, S. 796. 1897; C. 1897, II, 1161 (Nachweis fremder Fette). — Soltsien: Pharm.-Ztg. Bd. 42, S. 846. 1897; C. 1898, I, 224 (Nachweis von Sesamöl). — Bömer: Z. Nahrgsm. Bd. 1, S. 81, 1898; C. 1898, I, 638 (Gehalt an Unverseifbarem in 7 Butterproben 0,3—0,4%). — Clayton: Analyst Bd. 23, S. 36. 1897; C. 1898, I, 802 (Kennzahlen einer 18 Jahre alten Butter). — Lézé: Ann. Chim. anal. Bd. 3, S. 181. 1898; C. 1898, II, 391 (Fettbestimmung in Butter). — Spaeth: Z. Nahrgsm. Bd. 1, S. 377. 1898; C. 1898, II, 391 (Einfluß des Erhitzens des Butterfettes auf seine Kennzahlen). — Farnsteiner: Ch. Revue Bd. 5, S. 195. 1898; C. 1898, II, 993 (Reichert-Meißl-Zahl 26,8—27,6; freie flüchtige Säuren 5,5%; deren mittlere Molekulargewichte 97,6—100,5). — Henriques: Ch. Revue Bd. 5, S. 169. 1898; C. 1898, II, 797 (Gehalt an flüchtigen, löslichen Säuren mit dem Molekulargewicht 93,3—99,8). — Cochran: J. Franklin Inst. Bd. 147, S. 85. 1898; C. 1899, I, 709 (Verfälschungen). — Browne jr.: J. Am. Ch. Soc. Bd. 21, S. 612 u. 807. 1899; C. 1899, II, 444 u. 883 (Kennzahlen und Zusammensetzung von Butterproben aus den Ver. Staaten von Amerika). — Ruffin: Ann. Chim. anal. Bd. 4, S. 383. 1899; C. 1900, I, 69 (Veränderungen der Zusammensetzung des Milchfettes unter dem Einfluß der Fütterung). — Vieth: Milch-Ztg. Bd. 28, S. 785. 1899; C. 1900, I, 233 (Gehalt an flüchtigen Fettsäuren; Reichert-Meißl-Zahlen 22,8—31,3). — Timpe: Ch.-Ztg. Bd. 23, S. 1040. 1899; C. 1900, I, 229 (Fettgehalt der Kuhmilch 1—6,4%). — Faber: Analyst Bd. 25, S. 199. 1900; C. 1900, II, 746 (Zusammensetzung dänischer Butter; Reichert-Meißl-Zahl 24,3—25,6). — Hanus und Stoky: Z. Nahrgsm. Bd. 3, S. 606. 1900; C. 1900, II, 922 (Einfluß von Schimmelpilzen auf die Zusammensetzung der Butter). —

HOLM, KRARUP und PETERSEN: Biedermanns Centralbl. Agrik.-Ch. Bd. 30, S. 48. 1900; C. 1901, I, 336 (Untersuchung von 7834 Proben dänischer Butter). — VIETH: Milch-Ztg. Bd. 30, S. 177. 1901; C. 1901, I, 964 (Gehalt an flüchtigen Fettsäuren; Reichert-Meißl-Zahl 22,4—31,0; Sinken der Reichert-Meißl-Zahl mit fortschreitender Lactationsperiode). — VON KLENZE: Z. landw. Vers. Wesen Bregenz Bd. 4, S. 77. 1901; C. 1901, I, 479 (Untersuchung von Marktbutterfett). — REICHER: Z. ang. Bd. 14, S. 125. 1901; C. 1901, I, 541 (Gehalt niederländ. Buttersorten an flüchtigen Fettsäuren; Reichert-Meißl-Zahl 20,2—21,8). — JEAN: Ann. Chim. anal. Bd. 6, S. 81. 1901; C. 1901, I, 966 (Butterfälschung, belgisches Gesetz für normale Butter, Mindestfettgehalt 82%). — SIEGFELD: Z. Nahrgsm. Bd. 4, S. 433. 1901; C. 1901, II, 61 (Beurteilung der Butter auf Grund der Reichert-Meißl-Zahl). — RACINE: Z. ang. Bd. 14, S. 568. 1901; C. 1901, II, 61 (Einfluß des Futters auf den Gehalt an flüchtigen Fettsäuren). — VAN RYN: Landw. Vers.-Stat. Bd. 55, S. 347. 1901; C. 1901, II, 438 (Wechselnde Zusammensetzung der Butter, bedingt durch Jahreszeit und Futter). — PARTHEIL und PESCHGES: Arch. Pharm. Bd. 239, S. 358. 1901; C. 1901, II, 504 (Kryoskopische Unterscheidung von Margarine; mittleres Molekulargewicht 640). — HARDY: Bull. Assoc. belge des chimistes Bd. 15, S. 228. 1901; C. 1901, II, 645 (Fettgehalt der Kuhmilch 2,2—5,1%). — RANWEZ: Revue intern. Falsif. Bd. 14, S. 89. 1901; C. 1901, II, 835 (Nachweis von Cocosfett). — ANNATÒ: Pharm.-Ztg. Bd. 46, S. 693 u. 772. 1901; C. 1901, II, 836 bzw. 1095 (Übergang des Farbträgers der Sesamölreaktion in das Butterfett); s. auch BREMER: Pharm. Ztg. Bd. 46, S. 818. 1901; C. 1901, II, 1096 und REINSCH: Milch-Ztg. Bd. 30, S. 643. 1901; C. 1901, II, 1096. — BEHREND und WOLF: Z. Nahrgsm. Bd. 5, S. 689. 1902; C. 1902, II, 770 (Einfluß von Rasse, Fütterung und anderen Faktoren auf die Zusammensetzung). — KLEIN und KIRSTEN: Milch-Ztg. Bd. 31, S. 577ff. 1902; C. 1902, II, 1061 (Schwankungen der Kennzahlen bei wechselnder Fütterung). — KIRSTEN: Z. Nahrgsm. Bd. 5, S. 833. 1902; C. 1902, II, 1157 (Zu Beginn der Lactation geringerer Gehalt an Unverseifbarem als gegen Ende; bei 19 Proben 0,35—0,51%). — BÖMER: Z. Nahrgsm. Bd. 5, S. 1018. 1902; C. 1903, I, 59 (Nachweis von Pflanzenfett mittels der Phytosterinacetatprobe). — SWAVING: Z. Nahrgsm. Bd. 6, S. 97. 1903; C. 1903, I, 732 (Reaktionen nach HALPHEN bzw. BAUDOUIN). — KLEIN und KIRSTEN: Z. Nahrgsm. Bd. 6, S. 145. 1903; C. 1903, I, 931 (Berechnung der Zusammensetzung des Butterfettes aus den Kennzahlen). — VIETH: Milch-Ztg. Bd. 32, S. 209 u. 226. 1903; C. 1903, I, 1159 (Schwankungen des Gehaltes an flüchtigen Fettsäuren). — BONN: Revue intern. Falsif. Bd. 16, S. 129. 1903; C. 1903, II, 1461 (Grenzwerte für Marktbutter, Verseifungszahl 218, Hehner-Zahl 88). — PARTHEIL und FERIÉ: Arch. Pharm. Bd. 241, S. 545. 1903; C. 1904, I, 220 (Butteranalysen nach der Lithium-Methode). — LEMMERMANN und MOSZEIK: Landw. Jahrb. Bd. 32, S. 626. 1904; C. 1904, I, 311 (Einfluß der Fütterung; Übergang des Nahrungsfettes in das Milchfett). — POLENSKE: Arb. Ges. Amt Bd. 20, S. 545. 1904; C. 1904, I, 905 (Nachweis von Cocosfett mittels der „neuen Butterzahl“ oder Polenske-Zahl). — JUCKENACK und PASTERNAK: Z. Nahrgsm. Bd. 7, S. 193. 1904; C. 1904, I, 1025 (Nachweis von fremden Fetten durch Ermittlung des mittleren Molekulargewichtes der nichtflüchtigen Fettsäuren). — THORPE: Proc. Ch. Soc. Bd. 20, S. 12; J. Ch. Soc. Bd. 85, S. 248, 1904; C. 1904, I, 1035 (Untersuchung von 357 Butterproben bekannter Herkunft). — SIEGFELD: Z. Nahrgsm. Bd. 7, S. 577. 1904; C. 1904, II, 159 (Nachprüfung des BÖMERschen Verfahrens). — SEGIN: Arch. Pharm. Bd. 242, S. 441. 1904; C. 1904, II, 795 (Nachweis von Cocosfett). — MUNTZ und COUDON: Les Corps gras industriels Bd. 30, S. 307ff. u. Bd. 31, S. 2ff.; C. 1904, II, 1345 (Nachweis von Cocosfett). — FARNSTEINER: Z. Nahrgsm. Bd. 8, S. 129. 1904; C. 1904, II, 738 (Nachprüfung der Lithiummethode). — REINSCH: Z. Nahrgsm. Bd. 8, S. 505. 1904; C. 1904, II, 1579 („Anormale" Butter). — GROSSMANN und MEINHARD: Z. Nahrgsm. Bd. 8, S. 237. 1904; C. 1904, II, 913 (Holländische Butter). — OLIG und TILLMANS: Z. Nahrgsm. Bd. 8, S. 728. 1904; C. 1905, I, 396 (Mittleres Molekulargewicht der nichtflüchtigen Fettsäuren). — KIRSCHNER: Z. Nahrgsm. Bd. 9, S. 65. 1905; C. 1905, I, 696 (Bestimmung neben Cocosfett in Margarine). — HESSE: Milchw. Centralbl. Bd. 1, S. 13. 1905; C. 1905, I, 566 (Nachprüfung der Methode von POLENSKE). — SIEGFELD: Milchw. Centralbl. Bd. 1, S. 155. 1905; C. 1905, I, 1436 (Vorschlag zur Bezeichnung „Polenske-Zahl"). — SOLTSIEN: Ch. Revue Bd. 12, S. 177. 1905; C. 1905, II, 713 (Nachweis von ranziger Butter). — FISCHER: Z. Nahrgsm. Bd. 10, S. 335. 1905; C. 1905, II, 1291 (Abnormale Kennzahlen). — SIEGFELD: Milchw. Centralbl. Bd. 2, S. 289. 1906; C. 1906, II, 540 (Einfluß der Fütterung mit Cocoskuchen auf die Zusammensetzung). — LUDWIG und HAUPT: Z. Nahrgsm. Bd. 12, S. 521. 1906; C. 1906, II, 1878 (Refraktion der nichtflüchtigen Fettsäuren 29—30,2). — BELLIER: Ann. Chim. anal. Bd. 11, S. 412. 1906; C. 1907, I, 134 (Nachweis von Zusätzen). — LÜHRIG: Z. Nahrgsm. Bd. 12, S. 588. 1906; C. 1907, I, 136 (Ablehnung der „Silberzahl"-Methode). — HOTON: Revue intern. Falsif. Bd. 19, S. 115. 1906; C. 1907, I, 579 (Kennzahlen). — HANUS: Z. Nahrgsm. Bd. 13, S. 18. 1907; C. 1907, I, 845 (Nachweis von Cocosfett). — DONS: Z. Nahrgsm. Bd. 13, S. 257. 1907; C. 1907, I, 1212 (Refraktion von Fett und Fettsäuren). — SIEGFELD: Ch.-Ztg. Bd. 31, S. 511. 1907; C. 1907, II, 87 (Bestimmung der Polenske-Zahl). — SIEGFELD: Z. Nahrgsm. Bd. 13, S. 513. 1907; C. 1907, II, 86 (Einfluß des Futters auf die charakteristischen Kennzahlen). — AMBERGER: Z. Nahrgsm. Bd. 13, S. 614. 1907; C. 1907, II, 624 (Einfluß der Fütterung auf die Zusammensetzung); s. auch KNIERIEM und BUSCHMANN: Landw. Jahrb. Bd. 36, S. 185 u. 241. 1907; C. 1907, II, 835. — LUDWIG und HAUPT: Z. Nahrgsm. Bd. 13, S. 605. 1907; C. 1907, II, 187 (Farbenreaktion mit Furfuramid zum Nachweis von Cocosfett). — HINKS: Analyst Bd. 32, S. 160. 1907; C. 1907, II, 188 (Nachweis von Cocosfett). — SIEGFELD: Milchw. Centralbl. Bd. 3, S. 288. 1907; C. 1907, II, 621 (Untersuchung der Fettsäuren). — POLENSKE: Arb. Ges.-Amt Bd. 26, S. 444. 1907; C. 1907, II, 1120 (Differenzzahl). — SPRINKMEYER und FÜRSTENBERG: Z. Nahrgsm. Bd. 14, S. 213. 1907; C. 1907, II, 1259 (Refraktion der nichtflüchtigen Fettsäuren). — LUDWIG: Z. Nahrgsm. Bd. 14, S. 208. 1907; C. 1907, II, 1259; s. dagegen SUDENDORF: Z. Nahrgsm. Bd. 14, S. 216. 1907; C. 1907, II, 1260 (Refraktion der nichtflüchtigen Fettsäuren). — DONS: Z. Nahrgsm. Bd. 14, S. 333. 1907; C. 1907, II, 1452 („Caprylsäurezahl"). — AVÉ-LALLEMANT: Z. Nahrgsm. Bd. 14, S. 317. 1907; C. 1907, II, 1453 („Barytwert"). — LÜHRIG und HEPNER: Pharm. Centralh. Bd. 48, S. 1049 u. 1067. 1907; C. 1908, I, 415 (Untersuchung des Butterfettes nach verschiedenen Methoden). — KADEN: Milch-Ztg. Bd. 37, S. 28. 1908; C. 1908, I, 753 (Art und Häufigkeit des Melkens sowie Lactationsperiode als Ursache schwankenden Fettgehaltes). — MATTHES und STREITBERGER: Pharm. Centralh. Bd. 49, S. 119. 1908; C. 1908, I, 1199 (Refraktion). — FRITZSCHE: Z. Nahrgsm. Bd. 15, S. 193. 1908; C. 1908, I, 1334 (Grenzwert der Polenske-Zahl). — SIEGFELD: Milchw. Centralbl. Bd. 4, S. 250. 1908; C. 1908, II, 259 (Gehalt an Ölsäure). — POLENSKE: Arb. Ges.-Amt Bd. 29, S. 272. 1908; C. 1908, II, 1472 (Nachweis von Schweineschmalz mittels der Differenzzahl). — THÖRNER: Ztschr. Ch. Apparatenkunde Bd. 3, S. 165. 1908; C. 1908, I, 2002 (Ausdehnung zwischen 0—100°). — FINCKE: Z. Nahrgsm. Bd. 16, S. 666. 1908; C. 1909, I, 221 (Nachweis von Triacetin). — DONS: Z. Nahrgsm. Bd. 16, S. 705.

1908; C. 1909, I, 470 (Bestimmung von Capryl-, Caprin-, Laurin- und Myristinsäure). — PAAL und AMBERGER: Z. Nahrgsm. Bd. 17, S. 1. 1909; C. 1909, I, 587 (Salze der wasserlöslichen Säuren). — TORTELLI: Ch.-Ztg. Bd. 33, S. 125ff. 1909; C. 1909, I, 946 (Thermozahl). — SIEGFELD: Z. Nahrgsm. Bd. 17, S. 177. 1909; C. 1909, I, 1181 (Einfluß der Fütterung mit Rübenblättern auf die charakteristischen Kennzahlen). — FISCHER und ALPERS: Z. Nahrgsm. Bd. 17, S. 181. 1909; C. 1909, I, 1200 (Differenzzahlen von holländischen Butterfetten 12,9 bis 16,4). — PAAL und GERUM: Ber. Bd. 42, S. 1553. 1909; C. 1909, I, 1802 (Hydrierung). — LÜHRIG, HEPNER und BLAU: Pharm. Centralh. Bd. 50, S. 275. 1909; C. 1909, I, 1900 (Einfluß der Rübenblattfütterung auf die Kennzahlen). — CALDWELL und HURTLEY: J. Ch. Soc. Bd. 95, S. 835. 1909; C. 1909, II, 229 (Destillation). — SMETHAM: Analyst Bd. 34, S. 304. 1909; C. 1909, II, 643 (Reichert-Meißl-Zahl 18,8; Jodzahl 44,6). — ROGERS und GRAY: Bull. U. S. Dep. Agric. Bureau Anim. Ind. Bd. 114; C. 1909, II, 734 (Einfluß des Säuregrades auf Geruch und Geschmack). — HOTON: Ann. Falsif. Bd. 2, S. 8. 1909; C. 1909, II, 937 (Reichert-Meißl-Zahl 26—31; Refr. Sk.-Teile 42—45 bei 40°). — LABAND: Z. Nahrgsm. Bd. 18, S. 289. 1909; C. 1909, II, 1384 (Anwendbarkeit der Differenzzahlmethode von POLENSKE zum Nachweis fremder Fette). — RAFFO und FORESTI: Gazz. chim. Bd. 39, II, S. 441. 1909; C. 1910, I, 690 (Viscosimetrische Verfahren zum Nachweis von Verfälschungen). — REICHARD: Pharm. Centralh. Bd. 51, S. 107. 1910; C. 1910, I, 1061 (Farbenreaktion). — SIEGFELD: Milchw. Centralbl. Bd. 6, S. 122. 1910; C. 1910, I, 1374 (Kennzahlen des in Alkohol löslichen bzw. unlöslichen Anteiles nahezu gleich, daher gemischte Glyceride vorhanden). — HOTON: Ann. Falsif. Bd. 2, S. 535. 1909; Bd. 3, S. 28. 1910; C. 1910, I, 1388 (Kritische Lösungstemperatur). — FENDLER, FRANK und STÜBER: Z. Nahrgsm. Bd. 19, S. 369. 1910; C. 1910, I, 1808 (Kennzahlen des flüssigen Anteiles). — EWERS: Milchw. Centralbl. Bd. 6, S. 154. 1910; C. 1910, I, 1811 (Nachweis von Palmfetten sowie von Schweineschmalz mittels der Magnesiumzahl). — DUMITRESCU und POPESCU: Ann. Falsif. Bd. 3, S. 149. 1910; C. 1910, II, 102 (Refraktion der nichtflüchtigen Säuren). — SHREWSBURY und KNAPP: Analyst Bd. 35, S. 385. 1910; C. 1910, II, 1168; s. auch CASSAL und GERRANS: Ch. News Bd. 102, S. 190. 1910; C. 1910, II, 1506 (Nachweis von Cocosfett). — FRITZSCHE: Z. Nahrgsm. Bd. 20, S. 409. 1910; C. 1910, II, 1678 (Zusammensetzung holländischer und nordrussischer Butter). — MAGNUS-LEVY und KLEIN: Bioch. Z. Bd. 29, S. 465. 1910; C. 1911, I, 408 (Cholesteringehalt 0,2—0,4%). — NESTRELJAEW: Milchw. Centralbl. Bd. 7, S. 214. 1910; C. 1911, II, 45 (Kennzahlen russischer Buttersorten). — AMBERGER: Z. Nahrgsm. Bd. 21, S. 598. 1911; C. 1911, II, 395 (Nachprüfung des Verfahrens von EWERS); s. auch NOCKMANN: Z. Nahrgsm. Bd. 21, S. 754. 1911; C. 1911, II, 727. — HEPNER: Z. Nahrgsm. Bd. 21, S. 758. 1911; C. 1911, II, 727 (Ablehnung des Verfahrens von FENDLER zum Nachweis von Cocosfett, s. Z. Nahrgsm. Bd. 19, S. 544. 1910; C. 1910, II, 248). — REVIS und BOLTON: Analyst Bd. 36, S. 333. 1911; C. 1911, II, 728 (Nachprüfung einiger Verfahren zum Nachweis von Cocosfett). — CRANFIELD: Analyst Bd. 36, S. 445. 1911; C. 1911, II, 1370 (Einfluß der Fütterung der Kühe auf einige Kennzahlen des Butterfettes). — JÖRGENSEN: Ann. Falsif. Bd. 4, S. 513. 1911; C. 1911, II, 1878 (Kennzahlen dänischer bzw. sibirischer Butter). — POLENSKE: Arb. Ges.-Amt Bd. 38, S. 402. 1911; C. 1912, I, 290 (Nachprüfung der Verfahren von EWERS bzw. FENDLER, Brauchbarkeit der Polenskezahl-Bestimmung). — BONN: Ann. Falsif. Bd. 5, S. 57. 1912; C. 1912, I, 133 (Reichert-Meißl-Zahlen von 132775 Proben holländischer Butter; in 98,3% der Fälle betrug die Reichert-Meißl-Zahl über 24). — K. FISCHER und GRUENERT: Z. Nahrgsm.

Bd. 22, S. 553. 1911; C. 1912, I, 366 (Einfluß einiger Konservierungsmittel auf die Haltbarkeit und Zusammensetzung). — VAN RAALTE und LICHTENBELT: Z. Nahrgsm. Bd. 23, S. 81. 1912; C. 1912, I, 1327 (Refraktion der nichtflüchtigen Fettsäuren, abschließende Untersuchung). — IMBERT: DURAND und GERMAIN, Ann. Falsif. Bd. 5, S. 176. 1912; C. 1912, II, 53 (Kennzahlen einiger Butterproben von Kühen in verschiedenen physiologischen Zuständen). — ROBIN: Ann. Falsif. Bd. 5, S. 180. 1912; C. 1912, II, 63 (Nachweis von Verfälschungen); s. auch MARION: Ann. Chim. anal. Bd. 17, S. 256. 1912; C. 1912, II, 757. — SVOBODA: Milchw. Centralbl. Bd. 41, S. 513. 1912; C. 1912, II, 1303 (Kennzahlen von Kärntner Butter in den Jahren 1906—1907). — SIEGFELD: Z. Nahrgsm. Bd. 24, S. 453. 1912; C. 1912, II, 1745 (Fettsäuren des Butterfettes). — VAMVAKAS: Ann. Chim. anal. Bd. 17, S. 332. 1912; C. 1913, II, 1784 (Grenzwerte der Kennzahlen von Gemischen mit Ziegen- und Schafbutter). — BRIOUX: Ann. Falsif. Bd. 5, S. 449. 1912; C. 1913, I, 47 (Kennzahlen). — CARLINFANTI: Boll. Chim. Farm. Bd. 52, S. 431. 1913; C. 1913, II, 544 (Nachweis von Verfälschungen, beruhend auf der Krystallisationstemperatur der Fettsäuren). — SIEGFELD: Z. Nahrgsm. Bd. 25, S. 689. 1913; C. 1913, II, 608 (Schwankungen der Kennzahlen ostfriesischer Butter im Wechsel der Jahreszeiten). — SALOMONE: Boll. Chim. Farm. Bd. 52, S. 466. 1913; C. 1913, II, 708 (Analyse einiger Butterproben aus Tripolis und der Cyrenaika). — ROGERS, BERG, POTTEIGER und DAVIS: Bull. U. S. Dep. of Agric., Bureau Anim. Ind. Bd. 162, S. 1. 1913; C. 1913, II, 800 (Einfluß des Lagerns auf den Geschmack). — AMBERGER: Z. Nahrgsm. Bd. 26, S. 65. 1913; C. 1913, II, 891 (Isolierung von Glyceriden). — WHITE und TWINING: Eng. Bd. 5, S. 568. 1913; C. 1913, II, 1071 (Zähigkeit). — BEERBOHM: Milchw. Centralbl. Bd. 42, S. 257ff. 1913; C. 1913, II, 1320 (Schwankungen im Gehalt des Butterfettes an flüchtigen Säuren während der Lactation). — ARNOLD: Z. Nahrgsm. Bd. 26, S. 654. 1913; C. 1914, I, 498 (Normale Butter von bröckliger Beschaffenheit mit Jodzahl 21,6). — LEDENT: Bull. Soc. Chim. Belg. Bd. 27, S. 325. 1913; C. 1914, I, 694 (Kennzahlen einiger Butterproben von mit Cocoskuchen gefütterten Kühen). — ARNOLD: Z. Nahrgsm. Bd. 27, S. 379. 1914; C. 1914, I, 1708 (Nachweis von Palmfetten). — BARTHEL und SONDÉN: Z. Nahrgsm. Bd. 27, S. 439. 1914; C. 1914, I, 1709 (Nachweis von Cocosfett). — BONN, DUBERNARD und PAGÈS: Ann. Falsif. Bd. 7, S. 231. 1914; C. 1914, II, 255 (Mittelwert der Reichert-Meißl-Zahlen: 28). — KLOSTERMANN und OPITZ: Z. Nahrgsm. Bd. 27, S. 713. 1914; C. 1914, II, 256 (Cholesteringehalt). — SCHEBALIN: Milchw. Centralbl. Bd. 43, S. 357. 1914; C. 1914, II, 501 (Untersuchung von 61 sibirischen Butterproben); s. auch BERG: Z. Nahrgsm. Bd. 27, S. 881. 1914; C. 1914, II, 501 (Sibirische Butter). — CRANFIELD und TAYLOR: Analyst Bd. 40, S. 433. 1915; C. 1916, I, 76 (Einfluß der Fütterung mit Leinkuchen und Hanfkuchen auf die Zusammensetzung). — CRANFIELD: Analyst Bd. 40, S. 439. 1915; C. 1916, I, 77 (Beziehung zwischen den Zahlen von REICHERT-MEISSL, KIRSCHNER und POLENSKE; s. auch BOLTON, RICHMOND und REVIS: Analyst Bd. 37, S. 183. 1912; C. 1912, II, 64). — HOLLAND, REED und BUCKLEY: J. Agric. Res. Bd. 6, S. 101. 1916; C. 1916, II, 350 (Stearinsäuregehalt). — AMBERGER: Z. Nahrgsm. Bd. 31, S. 297. 1916; C. 1916, II, 351 (Nachweis von Talg und gehärteten Fetten). — CRANFIELD und TAYLOR: Analyst Bd. 41, S. 240. 1916; CRANFIELD: ebenda S. 336; C. 1917, I, 334 (Einfluß der Fütterung mit Baumwollsaatkuchen usw. auf die charakteristischen Kennzahlen). — JÖRGENSEN: Ann. Falsif. Bd. 9, S. 262. 1916; C. 1917, I, 453 (Bestimmung des Butterfettes in Margarine mittels der Silberzahl). — SMITH, WELLS und EMMY: Georgia Experim. Stat. Bull. Bd. I, S. 22. 1916; Ch. Umschau Bd. 32, S. 34. 1925 (Veränderungen in der Zusammensetzung von Butterfett bei Fütterung der Kühe mit Baumwollsamenöl). — KREIS: Ch. Umschau Bd. 24, S. 65. 1917; ebenda Bd. 25, S. 41. 1918 (sog. „ölige Butter"). — CROWTHER und HYND: Bioch. J. Bd. 11, S. 139. 1917; C. 1917, II, 820 (Zusammensetzung des Fettsäuregemisches). — VUAFLART: Ann. Falsif. Bd. 11, S. 36. 1918; C. 1918, II, 299 (Reichert-Meißl-Zahl 44,3; Polenske-Zahl 5,2; Verseifungszahl 244). — AMBERGER: Z. Nahrgsm. Bd. 35, S. 313—381. 1918; C. 1918, II, 464 (2,4% Triolein; gemischtsäurige Glyceride). — SEIDENBERG: J. Soc. Ch. Ind. Bd. 36, S. 1138. 1917; Bd. 37, S. 633 A. 1918 (Fraktionierung der Glyceride durch Anwendung verschiedener Lösungsmittel). — STEENBOCK: BOUTWELL und KENT: J. Biol. Ch. Bd. 35, S. 517. 1918; C. 1919, I, 393 (Vitamingehalt). — BARTHEL und SONDÉN: Monit. scient. (5) Bd. 8, II, S. 268. 1918; C. 1919, II, 943 (Nachweis von Cocosfett nach den Verfahren von POLENSKE und BÖMER). — RICHMOND: Analyst Bd. 44, S. 166. 1919; C. 1919, IV, 503 (Beziehung zwischen den Zahlen von KIRSCHNER, REICHERT-MEISSL und POLENSKE). — BLICHFELDT: J. Soc. Ch. Ind. Bd. 38, S. 150. T. 1919; C. 1919, IV, 756 (Bestimmung in Gemischen mit Cocos- und Palmkernfett). — NORMANN: Ch. Umschau Bd. 27, S. 216. 1920 (Zähigkeiten). — DRUMMOND und COWARD: Bioch. J. Bd. 14, S. 734. 1920; C. 1921, I, 459 (Vitamin A). — MEURICE: Ann. Chim. anal. (2) Bd. 3, S. 143. 1921; C. 1921, IV, 366 (Nachweis von Cocosfett). — UTZ: Ch. Umschau Bd. 28, S. 167. 1921 (Unzuverlässigkeit der BAUDOUINschen Reaktion zum Nachweis von Margarine in Butterfett). — DRUMMOND, COWARD und WATSON: Bioch. J. Bd. 15, S. 540. 1921; C. 1921, IV, 1148 (Vitamin A). — FROG und SCHMIDT-NIELSEN, Bioch. Z. Bd. 127, S. 168. 1922; C. 1922, I, 1147 (Kennzahlen; Zusammensetzung des Fettsäuregemisches). — MUTTELET: Compt. rend. Bd. 174, S. 220. 1922; C. 1922, II, 647 (Nachweis von Cocosfett mittels der Phytosterinacetatprobe). — GRÜN und WIRTH: Ber. Bd. 55, S. 2197. 1922; C. 1922, III, 822 (Isolierung der ϑ, ι-Decylensäure). — VAN DER LAAN: Rec. trav. chim. Bd. 41, S. 724. 1922; C. 1923, II, 268 (Bestimmung des Gehaltes an Palmfetten mittels graphischer Methoden aus den gebräuchlichen Kennzahlen; „neue Kirschner-Zahl"). — KOMNENOS: Ch. Umschau Bd. 30, S. 17. 1923; C. 1923, II, 1063 (Griechische Butter mit abnormalen Kennzahlen und Eigenschaften); s. auch Ch. Umschau Bd. 30, S. 98. 1923 (Abnorme Kennzahlen von Butterproben). — BENGTSSON: Z. Nahrgsm. Bd. 44, S. 336. 1922; C. 1923, IV, 63 (Einfluß der Fütterung mit Babassukuchen auf die Kennzahlen). — LEOPOLD und DE MOOY: Rec. trav. chim. Bd. 43, S. 103. 1924; C. 1924; I, 2550 (Nachweis von Palmfetten). — BERTRAM, Bos und VERHAGEN: Ch. Weekblad Bd. 20, S. 610. 1923; Z. D. Öl- und Fettind. Bd. 44, S. 445 und 459; 1924; C. 1924, II, 562 (A-Zahl und B-Zahl). — KIEFERLE: Milchw. Forsch. Bd. 1, S. 2. 1923; Z. Nahrgsm. Bd. 47, S. 365. 1924 („Einfluß der Verfütterung von Gärfutter auf die Zusammensetzung des Milchfettes"). — RAHN: Milchw. Forsch. Bd. 1, S. 15. 1923; Z. Nahrgsm. Bd. 47, S. 366. 1924 (Abhängigkeit des Erstarrungspunktes von der Zimmertemperatur). — MOHR: Milchw. Forsch. Bd. 2, S. 24. 1924 (Bestimmung des Erstarrungspunktes). — CHANNON: DRUMMOND und GOLDING: Analyst Bd. 49, S. 311. 1924; C. 1924, II, 1864 (Einfluß von Ölfütterung auf die Kennzahlen und Eigenschaften des Butterfettes). — SPITZER und EPPLE: Eng. Bd. 16, S. 828. 1924; C. 1924, II, 1866 (Nachweis von Verfälschungen auf Grund des Verhältnisses zwischen Reichert-Meißl-Zahl und Verseifungszahl). — MITCHELL: Analyst Bd. 49. S. 515. 1924; C. 1925, I, 784 (Stearinsäuregehalt bis 22%?). — LITTERSCHEID: Z. ang. Bd. 38, S. 135. 1925; C. 1925, I, 1823 (Nachweis von Verfälschungen mittels des Polarisationsmikroskops). — ELSDON und SMITH: Analyst Bd. 50, S. 53. 1925; C. 1925, I, 2264 (Besprechung der Methoden zum Nachweis von Cocosfett und Butterfett in Margarine). — LAVENIR: Le Lait Bd. 6, S. 117. 1925; C. 1925, I, 2476 (Schwankungen der REICHERT-WOLLNYschen Zahl in den Butterproben der argentinischen Republik). — HOLMES: Eng. Bd. 17, S. 75. 1925; C. 1925, II, 942 (Vitaminwirksamkeit). — KUHLMANN und GROSSFELD: Z. Nahrgsm. Bd. 50, S. 329. 1925 (Vereinfachung der Verfahren zur Bestimmung der A-Zahl und der B-Zahl; praktischer Prüfungsgang zur Bestimmung von Butterfett); s. auch BAUMANN, KUHLMANN und GROSSFELD: Z. Lebensm. Bd. 51, S. 27. 1926 (Nachprüfung der Methode von BERTRAM, Bos und VERHAGEN). — VAN GILMOUR: Analyst Bd. 50, S. 272 u. 276. 1925; C. 1925, II, 1496 (Verfahren zur Bestimmung von Butterfett: „neue Destillationszahl"). — PORCHER: Le Lait Bd. 5, S. 1ff. 1925; C. 1926, I, 1317 (Schwankungen des Fettgehaltes der Milch unter dem Einfluß verschiedener Faktoren). — BERTRAM, VAN DER STEUR und VERHAGEN: Ch. Weekblad Bd. 22, S. 549. 1925; C. 1925, I, 1325 (Genauigkeit der A- und B-Zahlbestimmung). — STREMLER: Le Lait Bd. 5, S. 353. 1925; C. 1926, I, 2156 (Fettgehalt der Milch zu verschiedenen Jahreszeiten; bei Zunahme der Milchmenge Abnahme des Fettgehaltes). — KUHLMANN und GROSSFELD: Z. Lebensm. Bd. 51, S. 31. 1926; C. 1926, I, 3288 (Buttersäurezahl). — VERNON STEINLE und KAHLENBERG: J. Biol. Ch. Bd. 67, S. 425. 1926; C. 1926, I, 3417 (Reaktion mit Antimonpentachlorid). — GEISSLER: J. Oil Fat Ind. Bd. 3, S. 115. 1926; C. 1926, II, 122 (Einfluß von Baumwollsaatfütterung auf den Schmelzpunkt des Butterfettes). — VAN RAALTE: Ch. Weekblad Bd. 23, S. 222. 1926; C. 1926, II, 123 (Xylolzahl). — GROSSFELD: Z. Lebensm. Bd. 51, S. 203. 1926; C. 1926, II, 503 (Buttersäurezahlen). — SCHEUNERT: Milchw. Forsch. Bd. 3, S. 117; Ber. ges. Physiol. Bd. 36, S. 282. 1926; C. 1926, II, 2126 (Vitamin A). — SCHNECK: Milchwirtsch. Centralbl. Bd. 55, S. 113. 1926; C. 1926, II, 3011 (Abhängigkeit der spezifischen Refraktion von der Lactationsperiode). — FINCKE: Z. Lebensm. Bd. 51, S. 357. 1926; C. 1927, I, 534 (Bestimmung des Milchfettgehaltes in Fettgemischen; modifizierte Kirschnerzahl). — LÜHRIG: Pharm. Centralh. Bd. 68, S. 49 u. 65. 1927; C. 1927, I, 1536 (Milchfettbestimmung in Nahrungsmitteln). — GROSSFELD: Z. Lebensm. Bd. 52, S. 381. 1927; C. 1927, II, 1217 („Vereinfachte Vorschrift zur Bestimmung der Buttersäurezahl"). — VON MORGENSTERN: Z. Lebensm. Bd. 52, S. 385. 1926; C. 1927, I, 1766 (Kupferzahl). — TH. MEYER: Z. Lebensm. Bd. 52, S. 461. 1926 (Erstarrungspunkte nach MOHR 15—20°). — MANLEY: Analyst Bd. 52, S. 63. 1927; C. 1927, I, 2024 (Schnellmethode zur Unterscheidung von Butter und Margarine). — ELSDON und SMITH: Analyst Bd. 52, S. 63. 1927; C. 1927, I, 2035 (Bestimmung von Butterfett in Margarine). — VOLMAR: J. Pharm. Chim. (8) Bd. 5, S. 435. 1927; C. 1927, II, 182 (Fluorescenz). — VAUBEL: Z. Lebensm. Bd. 53, S. 151. 1927; C. 1927, II, 184 (Bromjodzahl). — SCHELLBACH: Z. Lebensm. Bd. 53, S. 267. 1927; C. 1927, II, 757 (Kennzahlen von Bauernbuttern). — GROSSFELD und WISSEMANN: Z. Lebensm. Bd. 53, S. 244. 1927; C. 1927, II, 763 (Differenz: Verseifungszahl — 1,5 × Buttersäurezahl für alle Fette mit Ausnahme der Palmfette ziemlich konstant). — GRONOVER: Privatmitteilung an J. GROSSFELD: Z. Lebensm. Bd. 53, S. 246, Fußnote. 1927 (GROSSFELDsche Differenzzahl einer Landbutter 200,2). — BERTRAM: Ch. Weekblad Bd. 24, S. 226. 1927; C. 1927, II, 762 (Bestimmung der wasserunlöslichen Fettsäuren). — ELSDON und SMITH: Analyst Bd. 52. S. 317. 1927; C. 1927, II, 1217 (Verfahren zur Bestimmung von Butterfett in Fettgemischen). — SCHNECK: Milchw. Centralbl. Bd. 56, S. 181. 1927; C. 1927, II, 2481 (Anlagerung von Brom). — PARASCHTSCHUK: Milchw. Centralbl. Bd. 54, S. 161. 1925; Z. Lebensm. Bd. 53, S. 292. 1927 (Einfluß der Cocoskuchenfütterung auf die Polenske-Zahl). — WAUTERS: Bull. Soc. chim. Belg. Bd. 36 S. 271. 1927; C. 1927, II, 2523; s. auch Bull. Soc. chim. Belg. Bd. 15, S. 131.

1901; C. 1901, I, 1346 (Kritische Lösungstemperatur). — KLOSTERMANN und QUAST: Z. Lebensm. Bd. 54, S. 297. 1927; C. 1928, I, 437 (Vereinfachtes Verfahren zur Bestimmung der A- und B-Zahl; „abgeänderte" Polenske-Zahl und Reichert-Meißl-Zahl). — GROSSFELD und WISSEMANN: Z. Lebensm. Bd. 54, S. 352. 1927 („Milchfettbestimmung in kleinen Fettmengen"). — SUNDBERG: Svensk Kem. Tidskr. Bd. 40, S. 9. 1928; C. 1928, I, 1726 (Annähernde Bestimmung mittels der Reichert-Meißl-Zahl und der Polenske-Zahl). — WILDI: Mitt. Lebensm. Unters. u. Hygiene Bd. 19, S. 102. 1928; C. 1928, II, 201 (Nachprüfung verschiedener Methoden zur Butterfettbestimmung in butterhaltigen Kochfetten). — HAITINGER, JÖRG und REICH: Z. ang. Bd. 41, S. 815. 1928; C. 1928, II, 1159 (Fluorescenz in ultraviolettem Licht). — KAUFMANN: Z. ang. Bd. 41, S. 1048. 1928 (74,9% gesättigte Anteile, rhodanometrisch bestimmt). — LAXA: Ann. Falsif. Bd. 21, S. 97. 1928; Ch. Umschau Bd. 35, S. 170. 1928 (Beziehungen zwischen Reichert-Meißl-Zahl, Polenske-Zahl, Jodzahl und Brechungsindex). — STADLER: Z. Lebensm. Bd. 55, S. 404. 1928; C. 1928, II, 1730 (Nachweis von Margarine in Butter mittels des Taschen-Polarisationsmikroskops von LITTERSCHEID). — BERTRAM: Bioch. Z. Bd. 197, S. 433. 1928; C. 1928, II, 1782 („Vaccensaure"). — GROSSFELD: Z. Lebensm. Bd. 55, S. 529. 1928; C. 1928, II, 2305 (Laurinsäuregehalt). — KNETEMANN: Rec. trav. chim. Bd. 47, S. 950. 1928; C. 1929, I, 322 (Bestimmung von Butterfett in Margarine). — HOTON: Ann. Falsif. Bd. 21, S. 534. 1928; C. 1929, I, 1064 (Bestimmung von Cocosfett in Butterfett). — ATKINSON: Analyst Bd. 53, S. 520. 1928; Ch. Umschau Bd. 36, S. 20, 1929 (Kennzahlen verschiedener, insbesondere auch ägyptischer Butterfette). — HILDITCH und JONES: Analyst Bd. 54, S. 75. 1929; Ch. Umschau Bd. 36, S. 223. 1929 (Völlig gesättigte Glyceride. Zusammensetzung neuseeländischer Butterfette: u. a. 28% Palmitinsäure, 9% Stearinsäure und 4—5% Linolsäure).

Kuh-Colostrumfett: NILSON: Studier ofver Komjolkensfett. Stockholm 1886. — HOUDET: Ann. de l'Inst. Pasteur Bd. 8, 1894. — EICHLOFF: Milch-Ztg. Bd. 26, S. 66. 1897; C. 1897, I, 480 (Dichte; Schmelzpunkt). — SUTHERST: Ch. News Bd. 86, S. 1. 1902; C. 1902, II, 388 (Fettgehalt 2,0—4,5%). — WEBER: Milchw. Centralbl. Bd. 6, S. 433ff. 1910; C. 1911, I, 250 (Fettgehalt niedriger als bei normaler Milch). — ENGEL und BODE: Z. physiol. Ch. Bd. 74, S. 169. 1911; C. 1911, II, 1604 (Jodzahlen; Reichert-Meißl-Zahlen 23,4—33,9; Polenske-Zahlen 0,7—2,9). — BURR, BERBERICH und BERG: Ch.-Ztg. Bd. 37, S. 69ff. 1913; C. 1913, I, 1049 (0,03% Lecithin; 0,8% Cholesterin; Reichert-Meißl-Zahl 11,5 bis 29,1; Polenske-Zahl 1,4—3,8; Verseifungszahl). — OTT DE VRIES: Jahresber. Vers.-Milchw. Hoorn 1920, S. 24; C. 1921, I, 299 (Vergleich mit Butterfett). — KUROCHKIN: Jaroslav. Zootechn. Exp. Stat. 1927, S. 142; Ch. Umschau Bd. 35, S. 170. 1928 (Schmelzbereich zwischen 28 und 38°).

Frauen-Milchfett: LAVES: Z. physiol. Ch. Bd. 19, S. 369. 1894; C. 1894, II, 247 (Gesamtfettsäuren 95,1%; von den flüchtigen Fettsäuren 50,2% löslich, 49,8% unlöslich). — PIZZI: Staz. sperim. agrar. ital. Bd. 26, S. 615. 1894; C. 1894, II, 848 (Schmelzpunkt 32°, Erstarrungspunkt 22,5°, Reichert-Meißl-Zahl 1,4). — IRTL: Arch. f. Gynäkologie Bd. 50, S. 368. 1896 (Fettgehalt der normalen Milch 3,7%; am Schluß der Lactation 5,1%). — SÖLDNER und CAMERER: Z. Biol. Bd. 33, S. 43. 1896; C. 1896, I, 863 (Fettgehalt 3,3% als Mittelwert). — CAMERER und SÖLDNER: Z. Biol. Bd. 33, S. 535. 1896; C. 1897, I, 65 (Fettgehalt 1,3—5,3%). — LAVES: Z. Nahrgsm. Hyg. Warenk. Bd. 11, S. 27. 1897; C. 1897, I, 557 (Verseifungszahl 213; Reichert-Meißl-Zahl 2,5; Jodzahl 44,5). — LAJOUX: J. Pharm. Chim. (6) Bd. 14, S. 145. 1901; C. 1901, II, 726 (Brechungsindex des Colostralfettes). — SAUVAITRE: Ann. Chim. anal. 1902, S. 143 (Dichte; die übrigen

Kennzahlen wurden in die Tabelle nicht aufgenommen). — GOGITIDSE: Z. Biol. Bd. 46, S. 403, 1905; C. 1905, I, 1036 (Übergang des Nahrungsfettes in die Milch). — REYHER: Jahrb. d. Kinderheilk. Bd. 61, S. 601. 1905 (Fettgehalt ca. 5—6%). — ENGEL: Z. physiol. Ch. Bd. 44, S. 353. 1905; C. 1905, I, 1724 (Jodzahl 41,3 bis 46,9; gesetzmäßige tägliche Schwankung z. B. 43,3—54,0). — ENGEL: Z. ang. Bd. 19, S. 283. 1906; C. 1906, I, 876; s. auch C. 1905, I, 1437 (BAUDOUINsche Reaktion). — PRIMAVERA: Bioch. Z. Bd. 3, S. 508. 1907; C. 1907, I, 1357 (Quantitative Bestimmung). — EICHELBERG: Arch. f. Kinderheilk. Bd. 43, S. 200. 1907 (Jodzahl des Colostralfettes). — ARNOLD: Z. Nahrgsm. Bd. 23, S. 433. 1912; C. 1912, I, 2042 (Kennzahlen, Bestandteile). — MERKEL: Pharm. Centralh. Bd. 53, S. 495. 1912; C. 1912, II, 45 (Kennzahlen; Jodzahl 46,8; Polenske-Zahl 2,2). — GUTZEIT: Kühn Archiv Bd. 5, S. 127. 1914; Z. Nahrgsm. Bd. 32, S. 466. 1916 (Zusammenhang zwischen dem Futter der Milchkühe und der Reichert-Meißl-Zahl des Milchfettes). — BARDISIAN: Pediatria, Arch. Bd. 2, S. 189. 1926; C. 1927, II, 343 (Charakteristik, Fehlen der niederen Fettsäuren). — ELSDON: Analyst Bd. 53, S. 78. 1928; C. 1928, I, 1884 (Untersuchung von 529 Proben; Kirschnerzahlen um 2,0; niedrigste Jodzahl 35,9).

Anhang zum Hauptabschnitt „Tierfette“.

Protozoa (Urtiere). Klasse: Flagellata.

Ordnung: Cystoflagellata.

Öl von Noctiluca miliaris: PRATJE: Biol. Centralbl. Bd. 41, S. 433. 1921; C. 1922, I, 702.

Klasse: Sporozoa.

Ordnung: Coccidiomorpha.

Fett von Goussia gadi: PANZER: Z. physiol. Ch. Bd. 73, S. 109. 1911; C. 1911, II, 883; sowie Z. physiol. Ch. Bd. 86, S. 33. 1913; C. 1913, II, 597.

Metazoa. Klasse: Hydrozoa.

Ordnung: Syphonophora.

Velellidae.

Fett einer Qualle: HAUROWITZ und WAELSCH: Z. physiol. Ch. Bd. 161, S. 300. 1926; C. 1927, I, 908.

Klasse: Scyphozoa.

Ordnung: Lobomedusae (Lappenquallen).

Pilemidae.

Gonadenfett von Rhizostoma: HAUROWITZ: Z. physiol. Ch. Bd. 112, S. 28. 1920; C. 1921, I, 776.

Klasse: Aschelminthes.

Ordnung: Nematodes (Fadenwürmer).

Ascaridae.

Ascariden-Fett: FLURY: Arch. f. experim. Pathol. u. Pharmakol. Bd. 67, S. 275. 1912; C. 1912, I, 1922.

Klasse: Chaetopoda.

Ordnung: Oligochaeta.

Lumbricidae.

Öl des Regenwurms: MURAYAMA und AOYAMA: J. Pharm. Soc. Japan No. 469; nach Sep. d. Verf. (Deutsche Auszüge) ref. C. 1921, III, 184.

Klasse: Branchiata. Unterklasse: Crustacea (Krebse).

Ordnung: Malacostraca.

Paguridae.

Leberöl von Birgus latro: GERARD: J. Pharm. Chim. (5) Bd. 28, S. 443. 1893 (Fettsäuren). — JUNGKUNZ: s. Ch. Umschau Bd. 27, S. 89. 1920 (Hohe Reichert-Meißl-Zahl).

Lithodidae.

Tarabakani-Leberöl: TSUJIMOTO: J. Soc. Ch. Ind., Japan, Bd. 31, S. 279B. 1028 (Sep. d. Verf.); C. 1929, I, 547 (s. Nachtrag S. 512).

Klasse: Eutracheata. Unterklasse: Insecta.

Ordnung: Orthoptera.

Acridiidae.

Fett der Wanderheuschrecke: DUBOIS: „Science, Arts, Nature"; Ch. Revue Bd. 11, S. 54. 1904 (Fett aus ganzen Tieren); s. auch ABDERHALDEN: „Biochemisches Handlexikon", Bd. III, S. 174 (Eieröl). — LINDNER: Z. techn. Biol. Bd. 7, S. 213. 1919; C. 1920, II, 503 (Fettgewinnung aus Kleintieren; Fettgehalt von Heuschrecken zwischen 16 und 18%).

Heuschreckenöl (von Oxya japonica): TSUJIMOTO: J. Soc. Ch. Ind., Japan, Bd. 32, S. 52B. 1929 (Sep. d. Verf.); C. 1929, I, 2255 (s. Nachtrag S. 512).

Achetidae.

Grillenöl: TSUJIMOTO: a. a. O. (s. Nachtrag S. 513).

Ordnung: Lepidoptera.

Bombycidae.

Chrysalidenöl: LEWKOWITSCH: Z. Nahrgsm. Bd. 12, S. 659. 1906; C. 1907, I, 430 (Kennzahlen; Säurezahl 62,8). — LEWKOWITSCH: Z. Nahrgsm. Bd. 13, S. 552. 1907; C. 1907, II, 106 (Unverseifbares). — TSUJIMOTO: Ch. Revue Bd. 15, S. 171. 1908; C. 1908, I, 1954 (Jodzahl 131,9; Säurezahl 18,7; Bestandteile). — MENOZZI und MORESCHI: R. Accad. Linc. (5) Bd. 17, S. 95. 1908; Bd. 19, S. 126. 1910; C. 1908, I, 1377; bzw. C. 1910, I, 1494 (Gehalt an Unverseifbarem im rohen Öl 10%); — TSUJIMOTO: Eng. Bd. 8, S. 802. 1916; C. 1917, I, 146 (Bestandteile, Härtung). — KOBAYASHI: J. Soc. Ch. Ind. Japan Bd. 21, S. 321. 1918 (Jodzahl 124,2; 28% Polybromide). — ZELLNER: Öl- u. Fettind. Wien Bd. 1, S. 8. 1919; Ch. Umschau Bd. 26, S. 42. 1919 (Proben mit Säurezahlen von 90 bzw. 133). — Ch. Umschau Bd. 26, S. 164. 1919 (Fettgehalt der Cocons: 35—42%). — JELAKOW: Masloboino-Shirowoje Djelo Nr. 10—11, S. 35. 1926; C. 1927, I, 3155 (Kennzahlen von Öl II). — KIMURA: J. Soc. Ch. Ind. Japan, Bd. 30, S. 223B. 1927; Sep. von Prof. TSUJIMOTO (Öl III). — SUZUKI und YOKOYAMA: Proc. Imp. Acad. Tokyo Bd. 4, S. 161. 1928; C. 1928, II, 1400 (Gemischtsäurige Glyceride).

Cossidae.

Fett eines Nachtschmetterlings: THOMS: Arb. Pharm. Inst. Univ. Berlin Bd. 10, S. 180. 1913; C. 1913, II, 2052.

Ordnung: Diptera.

Chironomidae.

Mückenfett: NORMANN: Ch. Revue Bd. 20, S. 187. 1913; C. 1913, II, 790.

Ordnung: Coleoptera (Käfer).

Cantharidae.

Leuchtkäferöl: TSUJIMOTO: J. Soc. Ch. Ind., Japan, Bd. 32, S. 49 B. 1929 (Sep. d. Verf.); C. 1929, I, 2255 (s. Nachtrag S. 513).

Scarabaeidae.

Maikäferöl: RABOW: Ch.-Ztg. Bd. 40, S. 401. 1916; C. 1916, II, 285 (Ölgehalt 2%). — KOPP: Sfsz. Bd. 53, S. 800. 1926; C. 1927, I, 470 (Kennzahlen; Ölgehalt getrockneter Käfer 14—17%).

Ordnung: Rhynchota.

Aphidae.

Fett der Blutlaus: SCHULZ: Bioch. Z. Bd. 127, S. 112. 1922; C. 1922, I, 1148.

Fett der Blattlaus: TIMON-DAVID: Compt. rend. Bd. 186, S. 104. 1928; C. 1928, I, 1198 (s. Nachtrag S. 514).

Coccidae.

Cochenillefett: LIEBERMANN: Ber. Bd. 18, S. 1975. 1885 (Myristinsäure). — RAIMANN: Monatsh. Bd. 6, S. 891. 1885 (Niedrigmolekulare Säuren; Substanzen von Alkoholcharakter). — HUERZE: J. Pharm. Chim. (7) Bd. 4, S. 56. 1911; C. 1911, II, 890 (Stark gespaltenes Muster).

Insektenlarvenöle: DESVERGNES: Ann. Chim. anal. (2) Bd. 2, S. 80. 1920; C. 1920, III, 202 (Kennzahlen zweier Proben).

Klasse: Conchifera.

Ordnung: Lamellibranchiata (Muscheltiere).

Mytilidae.

Fett der Miesmuschel: BUTTENBERG und v. NOEL: Z. Nahrgsm. Bd. 36, S. 1. 1918; C. 1918, II, 1064 (Fettgehalt, Refraktion). — DANIEL und DORAN: Bioch. J. Bd. 20, S. 676. 1927; C. 1927, I, 472 (Bestandteile, Cholesteringehalt 2,2%).

Ordnung: Cephalopoda (Kopffüßer).

Tintenfischöle (Fam.: Ommastrephidae).

Öl von Todarus sagittatus: ANDRÉ und CANAL: Compt. rend. Bd. 183, S. 152. 1926; C. 1926. II, 1758.

Öl von Watasenia scintillans: TSUJIMOTO: J. Soc. Ch. Ind., Japan, Bd. 29, S. 71. 1926.

„Calamary"-Öl von Hokkaido: TSUJIMOTO und KIMURA: J. Soc. Ch. Ind. Japan, Bd. 30 (Suppl.-Band, Heft Nr. 12), S. 227 B. 1927 (Sep. d. Verf.); C. 1928, I, 1471.

„Calamary"-Öl: TSUJIMOTO: Eng. Bd. 8, S. 801. 1916; C. 1917, I, 146.

Klasse: Echinozoa.

Ordnung: Asteroidea.

Asteriidae.

Seestern-Öl: DORÉE: Bioch. J. Bd. 4, S. 86. 1909 („Cholesterine"). — HINARD und FILLON: Compt. rend. Bd. 173, S. 935. 1921; C. 1922, II, 823 (Kennzahlen). — PAGE: J. Biol. Ch. Bd. 57, S. 471. 1923; C. 1923, III, 1627 („Asteriasterin" aus Körpern und Eiern von Asterias forbesi; Sterine anderer Echinodermen). — PAGE: Biol. Bull. Bd. 52, S. 164. 1927; C. 1928, II, 2373 (Eieröl mit Jodzahl 110—115).

Ordnung: Echinoidea.

Arbaciidae.

Eieröl des Seeigels (Arbacia punctulata): PAGE: Biol. Bull. Bd. 52, S. 164. 1927; C. 1928, II, 2373 (Öl mit Jodzahl 146—148).

Pflanzenwachse.

Abt.: Embryophyta siphonogama. Unterabt.: Gymnospermae.

Klasse: Coniferae.

Pinaceae.

Fichtennadelwachs: KAWALIER: J. pr. (1) Bd. 60, S. 321. 1853; Bd. 63, S. 16. 1855. — BOUGAULT und BOURDIER: Compt. rend. Bd. 147, S. 1311. 1908; C. 1909, I, 450 (Estolide der Juniperinsäure). — KAUFMANN und FRIEDEBACH: Ber. Bd. 55, S. 1508. 1922 (Reinigung, Eigenschaften, Bestandteile).

Wachsbestandteile in Fichtenrinden: ZELLNER und RICHLING: Monatsh. Bd. 46, S. 659 u. zw. 675. 1926; C. 1927, I, 2325.

Tannenwachs: BOUGAULT und CATTELAIN: Compt. rend. Bd. 186, S. 1746. 1928; C. 1928, II, 673.

Kiefernwachs: BOUGAULT und BOURDIER: Compt. rend. Bd. 147, S. 1311. 1908; C. 1909, I, 450.

Schwarzkiefernwachs: BOUGAULT und CATTELAIN: Compt. rend. Bd. 186, S. 1746. 1928; C. 1928, II, 673.

Seestrandkiefernwachs: BOUGAULT und CATTELAIN: a. a. O.

Mammutbaumwachs: KEEGAN: Ch. News Bd. 112, S. 295. 1915; C. 1916, II, 497.

Lebensbaumwachs: BOUGAULT und BOURDIER: Compt. rend. Bd. 147, S. 1311. 1908; C. 1909, I, 450 (Juniperinsäure). — BOUGAULT: J. Pharm. Chim. (7) Bd. 3, S. 101. 1911; C. 1911, I, 820 (Thapsiasäure). — HEDWIG RAMER und ZELLNER: Arch. Pharm. Bd. 262, S. 381. 1924; C. 1924, II, 1930 (Bestandteile des „Rohfettes").

Wacholderwachs: STEER: Sitzungsber. Wiener Akad. Bd. 21, S. 383. 1856 (Juniperin). — BOUGAULT und BOURDIER: Compt. rend. Bd. 147, S. 1311. 1908; C. 1909, I, 450.

Sadebaumwachs: BOUGAULT und BOURDIER: a. a. O. — BOUGAULT: J. Pharm. Chim. (7) Bd. 3, S. 101. 1911; C. 1911, I, 820.

Unterabt.: Angiospermae. Klasse: Monocotyledoneae.

Reihe: Glumiflorae.

Gramineae.

Mais-Pollenwachs: ANDERSON und KULP: J. Biol. Ch. Bd. 50, S. 433. 1922; C. 1922, I, 1079 (Spuren von Myricylalkohol). — ANDERSON: J. Biol. Ch. Bd. 55, S. 611. 1923; C. 1923, III, 159 (Übrige Bestandteile).

Wachsbestandteile aus Maisöl: SHRINER, NABENHAUER und ANDERSON: J. Am. Ch. Soc. Bd. 49, S. 1290. 1927; C. 1927, II, 266.

Zuckerrohrwachs: AVEQUIN: Ann. Bd. 37, S. 170. 1841 (Gereinigtes Wachs, Schmelzpunkt 82°). — WIJNBERG: Dissert. Amsterdam 1909; Sucr. indig. Bd. 74, S. 51. 1909 (Kennzahlen ostindischen Wachses). — NEVILLE: J. Ch. Soc. Bd. 101, S. 1101. 1912; C. 1912, II, 843 (Unbenannte Alkohole $C_{31}H_{58}O_2$ und $C_{29}H_{45}O_2$). — BOSZ: Arch. Suikerind. Nederland. Indie 1920, S. 969; C. 1920, III, 637 (Unreines Wachs mit Verseifungszahl 177). — LÜDECKE: Sfsz. Bd. 53, S. 316. 1926; C. 1926, II, 127 (Eigenschaften und Verwendung). — BARDORF: Canadian Chem. Metallurg. Bd. 11, S. 231. 1927; C. 1927, II, 2726 (Technische Untersuchung).

Espartogras-Wachs („Fibre-Wax"): BUDDE: J. Soc. Ch. Ind. Bd. 35, S. 401. 1916; C. 1916, II, 268 (Schmelzpunkt 74°; Jodzahl 6,5; Unverseifbares 50,3%; Fettsäuren). — LÜDECKE: Sfsz. Bd. 27, S. 517. 1927; C. 1927, II, 1415 (Kennzahlen, Unverseifbares 66—72%).

Rohrgras-Wachs: SMITH: J. Soc. Ch. Ind. Bd. 41, S. 372 T. 1922; C. 1923, I, 1191.

Gerstenspelzen-Wachs: GEYS: Z. Brauwesen Bd. 33, S. 347. 1910.

„Graswachs": KÖNIG: Ber. Bd. 3, S. 566. 1870. — KÖNIG und KIESOW: ebenda Bd. 6, S. 500. 1873. — FRAPS und RATHER (Texas) Ch.-Ztg. Bd. 36, S. 1079. 1912 (Im Ätherextrakt 58% Unverseifbares, vorwiegend Wachsalkohole).

Reihe: Principes.

Palmae.

Carnaubawachs: MASKELYNE: Ch. News Bd. 19, S. 145. 1869. — HÜBL: Dingl. Polyt. J. Bd. 249, S. 338. 1883. — VALENTA und WAWROSCH: Pharm. Centralh. Bd. 24, S. 416. 1883; Sffbr. Bd. 3, S. 438. 1883; Z. anal. Ch. Bd. 23, S. 257. 1884. — STÜRCKE: Ann. Bd. 223, S. 283. 1884. — SCHWALB: Ann. Bd. 235, S. 106. 1885. — LIEBERMANN: Ber. Bd. 18, S. 1979. 1885. — TERREIL: Rev. intern. Falsif. Heft 4, 1890. — BUCHNER: Ch.-Ztg. Bd. 19, S. 1422. 1895. — CRISMER: Bull. Soc. chim. Belg. 1895, S. 145; 1896, S. 359; 1897, S. 312. — DIETRICH: Ch.-Ztg. Bd. 22, S. 730. 1898. — LEWKOWITSCH: Analyst Bd. 24, S. 321. 1899. — EICHHORN: Z. anal. Ch. Bd. 39, S. 640. 1900. — BERG: Ch.-Ztg. Bd. 27, S. 755. 1903. — RADCLIFFE: J. Soc. Ch. Ind. Bd. 25, S. 158. 1906. — ENGLER: Ch.-Ztg. Bd. 30, S. 711. 1906. — BERG: ebenda Bd. 33, S. 885. 1909. — LEYS: J. Pharm. Chim. (7) Bd. 5, S. 577. 1912; C. 1912, II, 456 (Methode zur Bestimmung der Wachsalkohole und Kohlenwasserstoffe). — SEIFERT: Sfsz. Bd. 40, S. 1029. 1913; C. 1913, II, 1993 (Kennzahlen). — LÜDECKE: Sfsz. Bd. 40, S. 1237ff. 1913; C. 1914, I, 1031 (Kennzahlen, Schmelzpunkt alten Wachses nicht über 90°, Verseifungszahl 70—86). — FABRIS: Staz. sperim. agrar. ital. Bd. 48, S. 595. 1915; C. 1915, II, 1317 (Zähigkeit). — HEIDUSCHKA und GAREIS: J. pr. (2) Bd. 99, S. 293. 1919. — GRIMME: Pharm. Centralh. Bd. 62, S. 249. 1921; C. 1921, IV, 917 (Kennzahlen des Wachses und der vom Unverseifbaren befreiten

Säuren; Dichte 0,966—0,989 bei 20°; Brechungsindex 1,3928—1,3985 bei 85° sowie 1,4092—1,4149 bei 40°; Verseifungszahl bis 94; 4,6—4,7% Glycerin?). — LUDMAR: Farbe und Lack, 1922, S. 267 (Gewinnung und Eigenschaften). — GOTTFRIED und ULZER: Ch. Umschau, Bd. 33, S. 141. 1926; C. 1926, II, 555 (45% Myricylalkohol aus dem Rohwachs). — COOLIDGE und MOORE: J. Franklin Inst. Bd. 202, S. 722. 1926; C. 1927, I, 1658 (Elektrische Beladung). — CHARLIERS: Chim. Ind. Brüssel Bd. 17, Sonder-Nr. 699, 1927; C. 1927, II, 1416 (Bestimmung in Nahrungsfetten).

Raphiawachs: JUMELLE: Compt. rend. Bd. 141, S. 1251. 1905. — HALLER: ebenda Bd. 144, S. 594. 1907 (Raphia-Alkohol).

Andenpalmen-Wachs: BONASTRE: J. Pharm. Bd. 14, S. 349. — BOUSSINGAULT: Ann. Chim. Phys. Bd. 29, S. 333. 1903.

Wachs von Klopstockia cerifera: BOUSSINGAULT: a. a. O.

Reihe: Liliiflorae.

Liliaceae.

Wachsbestandteile in Gloriosa superba: CLEWER, GREEN und TUTIN: J. Ch. Soc. Bd. 107, S. 835. 1915; C. 1915, II, 545.

Wachsbestandteile in Ornithogalum thyrsoides: POWER und ROGERSON: Pharm. J. Bd. 30, S. 326. 1910.

Hyacinthenwachs: STRAMANN: Pharm. Weekblad Bd. 64, S. 52. 1927; Ch. Umschau Bd. 34, S. 154. 1927.

Wachsbestandteile in Smilax ornata: POWER und SALWAY: J. Ch. Soc. Bd. 105, S. 201. 1914; C. 1914, I, 994.

Amaryllidaceae.

Narzissen-„Wachs“: KEEGAN: Ch. News Bd. 114, S. 75. 1916; C. 1916, II, 1166.

Wachsbestandteile in Buphane disticha: TUTIN: J. Ch. Soc. Bd. 99, S. 1240. 1911.

Iridaceae.

Safranwachs: HILGER und SCHÜLER: Z. Nahrgsm. Bd. 2, S. 796. 1899.

Wachs von Iris versicolor: POWER and SALWAY: Amer. J. Pharm. Bd. 83, S. 1. 1911.

Reihe: Scitamineae.

Musaceae.

Pisangwachs: GRESHOFF und SACK: Rec. trav. chim. Bd. 10, S. 65. 1901; C. 1901, I, 1264.

Reihe: Microspermae.

Orchidaceae.

Orchideen-„Wachs“: KEEGAN: Ch. News Bd. 112, S. 295, 1915; C. 1916, II, 497.

Klasse: Dicotyledoneae.

Reihe: Salicales.

Salicaceae.

Wachsbestandteile in Weidenrinden: ZELLNER und SCHERZER: Monatsh. Bd. 48, S. 479. 1927; C. 1927, II, 2682.

Reihe: Juglandales.

Juglandaceae.

Wachsbestandteile in Walnußrinden: ZELLNER und TREISTER-STEINIG: Monatsh. Bd. 46, S. 309 u. zw. 320. 1925; C. 1926, I, 2368.

Reihe: Fagales.

Betulaceae.

Wachsbestandteile in Weißbuchenrinden: ZELLNER und BREYER: Monatsh. Bd. 46, S. 611. 1925; C. 1926, II, 600.

Wachsbestandteile in Corylus avellana: FEINBERG: HERRMANN, RÖGLSPERGER und ZELLNER: Monatsh. Bd. 44, S. 266. 1923; C. 1924, II, 678.

Wachsbestandteile in Betula-Arten (Birken): KOSMANN: J. pharm. Bd. 26, S. 107. 1854. — HAUSMANN: Ann. Bd. 182, S. 368. 1876. — PATERNÒ und SPECIA: J. Pharm. Chim. 1878, S. 155. — LOWITZ: Crells Ann. 1878 (?), I, 313. — GRASSER: Collegium 1911, S. 393, 405, 413, 421; 1916, S. 445 (Butylester der Betuloretinsäure). Über neuere Betulinliteratur s. Bd. I, S. 44.

Erlenblätterwachs: HANS und ASRTID EULER: Ber. Bd. 40, S. 4760. 1907.

Wachsbestandteile in Erlenrinden: ZELLNER und WEISS: Monatsh. Bd. 46, S. 309, u. zw. 312. 1925; C. 1926, I, 2368 (Schwarzerle). — ZELLNER und GINSBURG-GETZOW: Monatsh. Bd. 47, S. 151 u. zw. 170. 1926; C. 1926, II, 2925 (Grünerle).

Fagaceae.

Wachsbestandteile in Rotbuchenrinden: ZELLNER und GÄRTNER: Monatsh. Bd. 47, S. 151, u. zw. 157. 1926; C. 1926, II, 2924.

„Korkwachs“: DOEPPING: Ann. Bd. 45, S. 286. 1843. — SIEWERT: Z. f. Ch. Bd. 4, S. 383. 1868. — KÜGLER: Arch. Pharm. Bd. 22, S. 217. 1884. (Phellonsäure). — THOMS und KENNERT: Pharm. Centralh. Bd. 39, S. 699. 1898. — ISTRATI und OSTROGOWICH: Compt. rend. Bd. 128, S. 1581. 1899 (Friedelin). — M. v. SCHMIDT: Monatsh. Bd. 25, S. 277, 302. 1904; sowie Bd. 31, S. 347. 1910 (10% Glyceride, 30% Fettsäuren). — SCURTI und TOMMASI: Gazz. chim. Bd. 46, II, S. 159. 1916; C. 1916, II, 1117 (Fettsäuren).

Reihe: Urticales.

Ulmaceae.

Wachsbestandteile in Ulmenrinden: ZELLNER und ENGELBERG: Monatsh. Bd. 46, S. 309. 1925; C. 1926, I, 2368. — SCHMID und STÖHR: Ber. Bd. 59, S. 1407. 1926; C. 1926, II, 1288 (Untersuchung des Phytosterins).

Moraceae.

„Wachs“ von Castilloa elastica: ULTÉE: Ch. Weekblad, Bd. 9, S. 773. 1912; C. 1912, II, 1469. — DEKKER: Gummi-Ztg. Bd. 31, S. 824. 1917 (73% Unverseifbares).

„Upasbaumwachs“: WINDAUS und WELSCH: Arch. Pharm. Bd. 246, S. 504. 1908.

„Kuhbaumwachs“: HEINTZ: Pogg. Ann. Bd. 65, S. 240. 1845.

Gondangwachs: KESSEL: Ber. Bd. 11, S. 2112. 1878. — GRESHOFF und SACK: Rec. trav. chim. Bd. 20, S. 65. 1901; C. 1901, I, 1264. — ULTÉE: Pharm. Weekblad, Bd. 52, S. 1079, 1915; C. 1915, II, 794 (β-Amyrin); Pharm. Weekblad Bd. 61, S. 1118. 1924; C. 1925, I, 180 (Palmitinsäure).

„Wachs" von Ficus alba: ULTÉE: Bull. Jardin Botan. Buitenzorg (3) Bd. 5, S. 241. 1922; C. 1923, I, 1191.

„Wachs" von Ficus fulva: ULTÉE: Bull. Jardin Botan. Buitenzorg (3) Bd. 5, S. 105. 1922; C. 1922, III, 1055.

„Wachs" von Ficus rubiginosa: WARREN DE LA RUE und MÜLLER: Phil. Transact. 1860; Jahresber. Bd. 14, S. 638. 1861. — REMUE und GOYDER: J. Soc. Ch. Ind. Bd. 61, S. 918. 1862.

Hopfenwachs: POWER, TUTIN und ROGERSON: J. Ch. Soc. Bd. 103, S. 1267. 1913; C. 1913, II, 1414.

Hanfwachs: BIANCHI und MALATESTA: Ann. di Chim. appl. Bd. 1, S. 297. 1914; C. 1917, II, 103 (Wachs I; Unverseifbares). — HONNEYMAN: Pharm. J. Bd. 117, S. 157. 1926; Ch. Umschau Bd. 34, S. 12. 1927 (Wachs II).

Reihe: Santalales.

Loranthaceae.

Wachsbestandteile in Loranthus europaeus: EINLEGER, FISCHER und ZELLNER: Monatsh. Bd. 44, S. 277, u. zw. 286. 1923; C. 1924, II, 678.

Wachsbestandteile in Viscum album: EINLEGER, FISCHER und ZELLNER: Monatsh. Bd. 44, S. 277, u. zw. 280. 1923; C. 1924, II, 678.

Balanophoraceae.

Balanophorenwachs: POLECK: Ann. Bd. 67, S. 179. 1848. — SIMON: Ch. Ztg. Bd. 34, S. 1213. 1910; sowie Monatsh. Bd. 32, S. 89. 1911; C. 1911, I, 1300 (Kennzahlen des rohen Balanophorins: Dichte 0,995 bei 15°; Schmelzpunkt 56—57°). — ULTÉE: Bull. Jardin Botan. Buitenzorg (3) Bd. 8, Nr. 1. 1926; C. 1927, II, 95 (β-Amyrin-palmitat).

Reihe: Aristolochiales.

Aristolochiaceae.

Wachs von Aristolochia argentea: POHL: Ber. Bd. 25. Ref. S. 635. 1892. — HESSE: Arch. Pharm. Bd. 233, S. 684. 1895.

Reihe: Polygonales.

Polygonaceae.

Wachsbestandteile in folgenden Arten:

Rumex sanguineus: KEEGAN: Ch. News Bd. 114, S. 74. 1916; C. 1916, II, 1166.

Rumex Ecklonianus: TUTIN und CLEWER: J. Ch. Soc. Bd. 97, S. 1. 1910; sowie Ch. News Bd. 101, S. 10. 1910; C. 1910, I, 935.

Rheum officinale: TUTIN und CLEWER: J. Ch. Soc. Bd. 99, S. 946. 1911; C. 1911, II, 220.

Polygonum persicaria: HORST: Ch.-Ztg. Bd. 25, S. 1055. 1901.

Polygonum aviculare: LEBBIN: Med. Woch. Bd. 4, S. 235, 384. 1903.

Polygonum cuspidatum: PERKIN SEN.: Ch. News, Bd. 72, S. 278. 1895; C. 1896, I, 208.

Reihe: Centrospermae.

Aizoaceae.

Mesembrianthemum-Wachs: HARTWIG und ZWICKY: Apoth.-Ztg. Bd. 29, S. 937f. 1914.

Reihe: Ranales.

Ranunculaceae.

Dotterblumenwachs: KEEGAN: Ch. News Bd. 112, S. 295. 1915; C. 1916, II, 497.

Waldrebenwachs: TUTIN und CLEWER: J. Ch. Soc. Bd. 105, S. 1845. 1914; C. 1914, II, 1111.

Adoniswachs: HEYL, HART und SCHMIDT: J. Am. Ch. Soc. Bd. 40, S. 436. 1918; C. 1918, II, 39.

Berberidaceae.

Caulophyllum-„Wachs“: POWER und SALWAY: J. Ch. Soc. Bd. 103, S. 191. 1913; C. 1913, I, 1700.

Magnoliaceae.

Drimys-„Wachs“: HESSE: Ann. Bd. 286, S. 373. 1895.

Anonaceae.

Anonawachs: CALLAN und TUTIN: Pharm. J. Bd. 33, S. 743. 1912; C. 1912, I, 268. — POWER und SALWAY: J. Ch. Soc. Bd. 103, S. 399. 1913; C. 1913, I, 2036 (Bestandteile, Ipuranol).

Myristicaceae.

Bicuhybawachs: NÖRDLINGER: Ber. Bd. 18, S. 2617. 1885 — PECKOLT: Ber. Pharm. Ges. Bd. 9, S. 73. 1899. — HOLDE und BLEYMAN: Z. D. Öl- u. Fettind. Bd. 41, S. 401, 419. 1921.

Reihe: Rhoeadales.

Papaveraceae.

Mohnwachs: HESSE: Ber. Bd. 3, S. 637. 1870. — RAKSHIT: Analyst Bd. 43, S. 321. 1918; C. 1919, I, 958 (Bestandteile); Analyst Bd. 51, S. 491. 1926; C. 1927, I, 328 (Wachsgehalt).

Reihe: Rosales.

Hamamelidaceae.

Hamameliswachs: GRÜTTNER: Arch. Pharm. Bd. 236, S. 284. 1898 (Bestandteile). — SCOVILLA: Ch.-Ztg. Bd. 31, S. 1136. 1907 (Untersuchung der Destillationsprodukte von Hamamelis-Zweigen).

Platanaceae.

Wachsbestandteile in Platanenrinden: ZELLNER und ZIFFER: Monatsh. Bd. 46, S. 309, u. zw. 325. 1925; C. 1926, I, 2368.

Rosaceae.

Birnenwachs: SEIFERT: Landw.-Vers. Stat. Bd. 45, S. 29. 1894.

Apfelschalenwachs: SEIFERT, a. a. O. — POWER und CHESNUT: J. Am. Ch. Soc. Bd. 42, S. 1509. 1920 (Triakontan). — SANDO: J. Biol. Ch. Bd. 56, S. 457; C. 1923, III, 1283 („Malol“, Dimyristylcarbinol). — RIVIÈRE und PICHARD: Compt. rend. Bd. 179, S. 775. 1924; C. 1925, I, 98 (Malolsäure).

Wachsbestandteile in Weißdorn-Rinden: ZELLNER und ROSENBLÜH: Monatsh. Bd. 47, S. 659, u. zw. 665. 1926; C. 1927, I, 2324.

Rosenwachs: PROPHÈTE: Compt. rend. Bd. 182, S. 1559. 1926; C. 1926, II, 1051; Compt. rend. Bd. 183, S. 609. 1926; C. 1926, II, 3059 (Kennzahlen und

Bestandteile). — STRAMAN: Pharm. Weekblad Bd. 64, S. 52. 1927; Ch. Umschau Bd. 34, S. 154. 1927 (Kennzahlen; 11,7% Alkohole; 74,2% Kohlenwasserstoffe).

Pflaumenwachs: SEIFERT, Landw. Vers.-Stat. Bd. 45, S. 29. 1894.

Schlehenwachs: SEIFERT: a. a. O.

Wachs von Prunus serotina: POWER und MOORE: J. Ch. Soc. Bd. 97, S. 1099. 1910.

Leguminosae.

Mimosenwachs: STRAMAN: Pharm. Weekblad Bd. 64, S. 52. 1927; Ch. Umschau Bd. 34, S. 154. 1927.

Wachsbestandteile in folgenden Leguminosen:

Erythrophloeum guineense: POWER und SALWAY: Am. J. Pharm. Bd. 84. S. 337. 1912; C. 1912, II, 1736.

Cassia acutifolia: FRANK und TUTIN: J. Ch. Soc. Bd. 103, S. 2006. 1913.

Cassia angustifolia: FRANK und TUTIN: a. a. O.

Ceratonia siliqua: ZELLNER und SCHERZER: Monatsh. Bd. 48, S. 479, u. zw. 483. 1927; C. 1927, II, 2682.

Gleditschia triacanthos: Aszkenazy, Monatsh. Bd. 44, S. 1. 1923; C. 1923, III, 679.

Daviesia latifolia: POWER und SALWAY: J. Ch. Soc. Bd. 105, S. 767. 1914; C. 1914, I, 1891.

Lupinus luteus bzw. Lupinus albus: SCHULZE und BARBIERI: J. pr. Bd. 25, S. 165. 1882. — LIKIERNIK: Z. physiol. Ch. Bd. 15, S. 415. 1892. — CASTORO: ebenda Bd. 41, S. 474. 1904.

Ononis spinosa: HLASIWETZ: J. pr. Bd. 65, S. 419. 1855; sowie Sitzungsber. Wiener Akad. Bd. 15, S. 162. 1857 (Ononin, Ononid, „Onocerin"). — THOMS: Ber. Bd. 29, S. 2985. 1896 (Onokol). — HEMMELMAYR: Monatsh. Bd. 27, S. 181. 1906; Bd. 28, S. 1385. 1907 (Oxydation des Onokols).

Medicago sativa: ETARD: Compt. rend. Bd. 114, S. 364 u. 372. 1892. — MAYER: Ch.-Ztg. Bd. 35, S. 1343. 1911. — JACOBSON: J. Am. Ch. Soc. Bd. 33, S. 2048. 1911; Bd. 34, S. 300. 1912.

Trifolium pratense: POWER und SALWAY: J. Ch. Soc. Bd. 97, S. 231. 1910; Ch. News Bd. 101, S. 78. 1910 und J. Ch. Soc. Bd. 103, S. 399. 1913; C. 1913, I, 2036.

Trifolium incarnatum: ROGERSON: J. Ch. Soc. Bd. 97, S. 1004. 1910.

Robinia pseudacacia: ZELLNER und SCHERZER: Monatsh. Bd. 48, S. 479, u. zw. 481. 1927; C. 1927, II, 2682.

Andira araroba: TUNMANN: Apoth.-Ztg. Bd. 30, S. 517. 1915; C. 1915, II, 1196.

Cicer arietinum: ZLATAROW: Z. Nahrgsm. Bd. 31, S. 180. 1916; C. 1916, I, 1154.

Vicia cracca: KEEGAN: Ch. News Bd. 113, S. 85. 1916; C. 1916, I, 1251.

Pisum sativum: HESSE,: Ann. Bd. 211, S. 283, 1881; sowie Bd. 228, S. 296. 1886. — JACOBSON: Z. physiol. Ch. Bd. 13, S. 64. 1889.

Glycine soja: KLOBB und BLOCH: Bull. Soc. Chim. Bd. 1, S. 422. 1907. — MATTHES und DAHLE: Arch. Pharm. Bd. 249. S. 436. 1911.

Physostigma venenosum: WINDAUS und HAUTH: Ber. Bd. 39, S. 4378. 1906; s. auch Ber. Bd. 40, S. 3681. 1907. — SALWAY: J. Ch. Soc. Bd. 99, S. 2148. 1911.

Phaseolus vulgaris: LIKIERNIK: Z. physiol. Ch. Bd. 15, S. 430. 1892. — WITKE: Ch.-Ztg. Bd. 40, S. 147. 1916; C. 1916, I, 759.

Phaseolus multiflorus: POWER und SALWAY: Pharm. J. Bd. 36, S. 550. 1913; C. 1913, I, 1931.

Bowdichia virgiloides: BILTZ: Arch. Pharm. Bd. 12, S. 46 („Alkornin"). — FRENZEL: ebenda (2) Bd. 23, S. 173. — HARTWICH und DÜNNEBERGER: ebenda Bd. 238, S. 341. 1900 (Alkornol).

Reihe: Geraniales.

Geraniaceae.

Sarcocaulonwachs: TSCHIRCH und SCHULZ: in „Harze und Harzbehälter", 2. Aufl., S. 1095.

Linaceae.

Flachswachs: CROSS und BEVAN: J. Ch. Soc. Bd. 84, S. 196. 1890; Ber. Bd. 23. Ref., S. 457. 1890. — HOFFMEISTER: Ber. Bd. 36, S. 1047. 1903 (Kennzahlen und Bestandteile; in die Tabelle nicht aufgenommen). — BIANCHI und MALATESTA: Ann. di Chim. appl. Bd. 1, S. 297. 1914; C. 1917, II, 103 (Kennzahlen von Wachs I). — HONNEYMAN: Pharm. J. Bd. 117, S. 157. 1926; C. 1926, II, 1535 (Kennzahlen verschiedener Handelsmuster: Wachs II). — HOFFMEISTER: Sfsz. Bd. 22, S. 414. 1927 (Hinweis auf ältere Arbeiten).

Wachs aus Speise-Leinöl: JAKOBSEN: Cotton Oil Press, Bd. 6, S. 43. 1922; C. 1924, I, 1119.

Erythroxylaceae.

„Cocawachs": NIEMANN: Vierteljahrsschr. f. prakt. Ch. Bd. 9, S. 489. — HESSE: Ann. Bd. 271, S. 222. 1892.

Rutaceae.

Wachsbestandteile in folgenden Arten:

Xanthoxylum araliaceum: SANCHEZ: Diss. Mexiko 1893. — MERCKS Berichte 1901, S. 186. — BICKERN: Arch. Pharm. Bd. 241, S. 166. 1903 („Casimirol"). — POWER und CALLAN: Pharm. J. Bd. 33, S. 623. 1911 („Casimirolid", Sitosterin und Ipuranol).

Xanthoxylum Budrunga: DIETERLE: Arch. Pharm. Bd. 257, S. 260. 1919; C. 1920, I, 83.

Xanthoxylum macrophyllum: GOODSON: Bioch. J. Bd. 15, S. 123. 1921; C. 1921, III, 232 („Lupeol").

Fagara xanthoxyloides: PRIESS: Ber. Pharm. Ges. Bd. 21, S. 227. 1911. — OESTLING: ebenda Bd. 24, S. 308. 1914; C. 1914, II, 941 (Phytosterin mit Schmelzpunkt 214°).

Simarubaceae.

Ailanthus-Rindenwachs: ZELLNER und BOMBERG: Monatsh. Bd. 48, S. 479, u. zw. 487. 1927; C. 1927, II, 2682.

Euphorbiaceae.

Wachs von Hyenanche globosa: HENRY: J. Ch. Soc. Bd. 117, S. 1619. 1920; C. 1921, I, 630.

Kamalawachs: ANDERSON: Jahresber. f. Ch. 1855, S. 669. — OETTINGER: Inaug.-Diss. Petersburg 1862. — LAUBE: Beilsteins Handb. 1. Aufl. 1876. — PERKIN, SEN.: Ber. Bd. 19, S. 3109. 1886. — JAWEIN: ebenda Bd. 20, S. 182. 1887. — PERKIN SEN.: J. Soc. Ch. Ind. Bd. 12, S. 975. 1893.

Curcaswachs: SACK: Inspectie v. d. Landbouw. West-Indie Bull. Bd. 5, S. 8.

Cluytiawachs: Tutin und Clewer: J. Ch. Soc. Bd. 101, S. 2221. 1912; C. 1913, I, 635. — Power und Salway: ebenda Bd. 103, S. 399. 1913; C. 1914, I, 189.

„Wachs“ von Manihot Glaziovii: Cohen: Arch. Pharm. Bd. 246, S. 520. 1908. — Hillen: ebenda Bd. 251, S. 94. 1913; C. 1913, I, 1286.

„Wachs“ von Euphorbia resinifera: Tschirch und Paul: Arch. Pharm. Bd. 243, S. 249. 1905. — Emmering: Ber. Bd. 41, S. 1373. 1908.

Wachsbestandteile in Euphorbia pilulifera: Power und H. Browning jun.: Pharm. J. Bd. 36, S. 506. 1913; C. 1913, I, 1824.

Wachsbestandteile in Euphorbia cyparissias: Huppert, Swiatkowski und Zellner: Monatsh. Bd. 48, S. 491. 1927; C. 1927, II, 2683.

Wachs von Euphorbia xylophiloides: Hébert und Heim: Ref. Ch. Umschau Bd. 28, S. 189. 1921; s. auch Z. D. Öl- u. Fettind. Bd. 22, S. 714. 1922 bzw. Bd. 44, S. 88. 1924.

Wachs von Euphorbia stenoclada: Hébert und Heim: a. a. O.

Candelillawachs: Olsson-Seffer: s. Ch.-Ztg. Bd. 34, S. 567. 1910. — Hare und Bjerregaard: Eng. Bd. 2, S. 203. 1910; C. 1910, II, 1170 (Alkohol, Ester, freie Fettsäure; 84,2—91,2% Unverseifbares). — Fraps und Rather: Eng. Bd. 2, S. 454. 1910; C. 1911, I, 764 („Hentriakontan“, Schmelzpunkt 68°, ein zweiter Kohlenwasserstoff vom Schmelzpunkte 85°). — MacConnel-Sanders: Proc. Ch. Soc. Bd. 27, S. 250. 1911; Ch.-Ztg. Bd. 35, S. 1346. 1911 („Hentriakontan“ sowie „Myricylalkohol“). — Niederstadt: Ch.-Ztg. Bd. 35, S. 1190. 1911 (Schmelzpunkt, Säurezahl, Verseifungszahl). — Lüdecke: Sfsz. Bd. 39, S. 793, 829. 1912 (Kennzahlen und Bestandteile, Stammpflanze: Pedilanthus pavonis). — Hans Meyer und Soyka: Monatsh. Bd. 34, S. 1159. 1913; C. 1913, II, 1462 (Dotriakontan; Oxylakton, 18—20% Harz). — Berg: Ch.-Ztg. Bd. 38, S. 1162. 1914; C. 1914, II, 1462 (Kennzahlen; 29,4% Fettsäuren). — Buchner: Ch.-Ztg. Bd. 42, S. 373 u. 380. 1918; C. 1919, IV, 291 (Mittelwerte: Säurezahlen 16,9; Verseifungszahlen 50,8; Kohlenwasserstoffe 50—52%). — Farcy: Ann. Falsif. Bd. 13, S. 97. 1920; C. 1920, III, 353 (Wachs von Pedilanthus aphyllus). — Le Roi Thurmond: Ch. Metallurg. Engin. Bd. 31, S. 782. 1924; C. 1925, I, 1466 (Dampfausschmelzung: 1,5—2,5% Ausbeute). — Leys: J. Pharm. Chim. (8) Bd. 1, S. 417. 1925; C. 1925, II, 1110 (Kennzahlen und Bestandteile: 54,2% Kohlenwasserstoffe; 41% höhere Alkohole und Säuren; 4,2% gesättigte Säuren).

Reihe: Sapindales.

Empetraceae.

Rauschbeerenwachs: Van Itallie: Pharm. Weekblad Bd. 55, S. 709. 1918; C. 1918, II, 636.

Aquifoliaceae.

Stechpalmen-„Wachs“: Personne: Bull. Soc. Chim. Bd. 42, S. 150. 1884. — Schneegans und Bronnert: Arch. Pharm. Bd. 231, S. 582. 1894; Bd. 232, S. 532. 1895 (Ilicen). — Jungfleisch und Leroux: Compt. rend. Bd. 147, S. 862. 1908 (α-Amyrin).

„Wachs“ von Ilex integra: Diwers und Kawakita: J. Ch. Soc. Bd. 53, S. 676. 1888; C. 1888, S. 368 (Mochylalkohol vom Schmelzpunkt 234°). — Yanagisawa: J. Pharm. Soc. Japan 1921, Nr. 470; C. 1921, III, 550 (Alkohol $C_{26}H_{46}O$, Schmelzpunkt 222°, Acetat-Schmelzpunkt 203°; anscheinend identisch mit „Mochylalkohol“).

„Matéwachs“: Arata: Gazz. chim. Bd. 8, S. 366. 1878; J. Soc. Ch. Ind. Bd. 33, S. 324. 1878.

Celastraceae.

Wachsbestandteile in Evonymus-Rinden: ZELLNER und ROMANOFSKY: Monatsh. Bd. 48, S. 479. 1927; C. 1927, II, 2682 (Evonymus europaea). — ROGERSON: J. Ch. Soc. Bd. 101, S. 1040. 1912; C. 1912, II, 1036 (Evon. atropurpurea).

Aceraceae.

Wachsbestandteile in Acer pseudoplatanus: ZELLNER und KNIE: Monatsh. Bd. 47, S. 659. 1926; C. 1927, I, 2324.

Wachsbestandteile in Acer campestre: FEINBERG, HERRMANN, RÖGLSPERGER und ZELLNER, Monatsh. Bd. 44, S. 261. 1923; C. 1924, II, 677.

Hippocastanaceae.

Wachsbestandteile in Pavia rubra: ZELLNER und STEIN: Monatsh. Bd. 47, S. 659. 1926; C. 1927, I, 2325.

Balsaminaceae.

Wachsbestandteile aus Impatiens noli tangere: ZELLNER und SPITZER: Arch. Pharm. Bd. 265, S. 27. 1927; C. 1927, I, 1489.

Reihe: Rhamnales.

Rhamnaceae.

Wachsbestandteile in Ventilago Madraspatana: PERKIN und HUMMEL: J. Ch. Soc. Bd. 65, S. 623. 1894.

Wachsbestandteile in Rhamnus cathartica: TSCHIRCH und BROMBERGER: Arch. Pharm. Bd. 249, S. 218. 1911.

Wachsbestandteile in Rhamnus Purshiana: POWER und LEES: Pharm. J. Bd. 17, (4), S. 183. 1903; C. 1903, II, 893. — TUTIN und CLEWER: J. Ch. Soc. Bd. 97, S. 1. 1910; C. 1910, I, 935.

Schneebusch-Wachs: SCALIONE und BLAKEMORE: Eng. Bd. 8, S. 411. 1916; C. 1920, III, 354.

Vitaceae.

Weinblätterwachs: ETARD: Compt. rend. Bd. 114, S. 364. 1892.

Weintraubenwachs: ETARD: ebenda Bd. 114, S. 232. 1892 (Oenokarpol). — SEIFERT: Monatsh. Bd. 14, S. 719. 1893 (Wachs aus amerikanischen Reben, Vitin). — BLÜMEL: Z. Nahrgsm. Hyg. Warenkunde Bd. 12, S. 139. 1898 (Fett-Wachs-Gemisch aus abgepreßten Trauben).

Reihe: Malvales.

Tiliaceae.

Lindenblütenwachs: DIETERICH: Helfenberger Ann. I. Dezenn. S. 228. — KLOBB, GARNICH und EHRWEIN: Bull. Soc. Chim. Bd. 7, S. 940. 1910. — KLOBB: Ann. Chim. Phys. Bd. 24, S. 410. 1911.

Wachs aus der Rinde von Tilia platyphylla: ZELLNER und PELIKANT: Monatsh. Bd. 46, S. 611 u. zw. 616. 1925; C. 1926, II, 600.

Malvaceae.

Baumwollwachs: KNECHT und ALLAN: J. Soc. Dyers and Colour. Bd. 27, S. 142. 1911; Ch.-Ztg. Bd. 35, S. 556. 1911 (Aus roher ägyptischer Baumwolle 70% in Alkohol leicht-lösliches Wachs mit Schmelzpunkt 66—67°; 30% in Alkohol schwerer lösliches Wachs mit Schmelzpunkt 68°). — PIEST: Z. ang. Bd. 25, S. 396. 1912; C. 1912, I, 1643 (Wachsgehalt, Kennzahlen). — CLIFFORD und PROBERT:

J. Soc. Ch. Ind. Bd. 43, S. 795. 1924; Ch. Umschau Bd. 32, S. 8. 1925 (Wachs I). — FARGHER und HIGGINBOTHAM: J. Textile Inst. Bd. 15, S. 419 T. 1924; C. 1926, I, 1736 (Bestandteile im Wachs ägyptischer Sakellaridis-Baumwolle). — FARGHER und PROBERT: J. Soc. Ch. Ind. Bd. 43, S. 640. 1924; C. 1926, II, 41 (Alkohole im Wachs amerikanischer Baumwolle).

Wachsbestandteile in Baumwoll-Blättern und -Blüten: POWER und CHESNUT: J. Am. Ch. Soc. Bd. 48, S. 2721. 1926; C. 1926, II, 2922.

Bombacaceae.

Kapokwachs: MATTHES und STREICHER: Arch. Pharm. Bd. 251, S. 438. 1913; C. 1913, II, 1930.

Wachs vom malabarischen Wollbaum: MATTHES und STREICHER: a. a. O.

Reihe: Parietales.

Guttiferae.

Wachsbestandteile in Hypericum perforatum: ZELLNER und PORODKO: Arch. Pharm. Bd. 263, S. 161. 1925; C. 1925, II, 574.

Dipterocarpaceae.

Wachs von Dipterocarpus Hasseltii: VAN ITALLIE: Pharm. Weekblad Bd. 49, S. 314. 1912; C. 1912, I, 1666.

Violaceae.

Veilchenwachs: STRAMAN: Pharm. Weekblad Bd. 64, S. 52. 1927; Ch. Umschau Bd. 34, S. 154. 1927.

Reihe: Myrtiflorae.

Thymelaeaceae.

Lasiosiphon-„Wachs“: ROGERSON: Amer. J. Pharm. Bd. 83, S. 49. 1911.

Oenotheraceae.

Wachsbestandteile in Chamaenerium angustifolium: PÜRINGER: Monatsh. Bd. 44, S. 255. 1923; C. 1924, II, 677.

Wachsbestandteile in Oenothera biennis: KLAPHOLZ und ZELLNER: Monatsh. Bd. 47, S. 179. 1926; C. 1927, I, 466.

Reihe: Umbelliflorae.

Araliaceae.

Polyscias-Wachs: VAN DER HAAR: Pharm. Weekblad Bd. 50, S. 1350ff. 1913; Arch. Pharm. Bd. 251, S. 632ff. 1914; C. 1914, II, 334.

Umbelliferae.

Wachsbestandteile in Oenanthe crocata: TUTIN: Pharm. J. Bd. 33, S. 296. 1911; C. 1911, II, 1042.

„Wachs“ von Ferula Sumbul: HEYL und HART: J. Am. Ch. Soc. Bd. 38, S. 432. 1916; C. 1916, I, 943.

Wachsbestandteile in Daucus carota: ARNAUD: Compt. rend. Bd. 102, S. 1110 u. 1319. 1886. — REINITZER: Monatsh. Bd. 7, S. 597. 1887. — WILL-

STÄTTER und MIEG: Ann. Bd. 355, S. 1. 1907. — EULER und NORDENSON: Z. physiol. Ch. Bd. 56, S. 223. 1908. — BESCHKE: Ber. Bd. 47, S. 1853. 1914; C. 1914, II, 328 („Hydrocarotin" = 90% Sitosterin + 10% Stigmasterin).

Cornaceae.

Wachsbestandteile in Hartriegelrinden: ZELLNER und FAJNER: Monatsh. Bd. 46, S. 611. 1925; C. 1926, II, 599.

Reihe: Ericales.

Ericaceae.

Heidelbeerenwachs: SEIFERT: Landw. Vers.-Stat. Bd. 45, S. 29. 1894.

Reihe: Contortae.

Oleaceae.

Olivenblätterwachs: POWER und TUTIN: J. Ch. Soc. Bd. 93, S. 891 u. 904 (T.) 1908. — SCURTI und TOMMASI: Ch.-Ztg. Bd. 36, S. 393. 1912.

Wachsbestandteile in Ligustrumrinden: ZELLNER und WERNER: Monatsh. Bd. 47, S. 151. 1926: C. 1926, II, 2923.

Loganiaceae.

Jasminblütenwachs: RADCLIFFE und ALLAN: J. Soc. Ch. Ind. Bd. 28, S. 227. 1909; Ch. Revue Bd. 16, S. 140. 1909 (Kennzahlen, Schmelzpunkt des Unverseifbaren 64°). — STRAMAN: Pharm. Weekblad Bd. 64, S. 52. 1927; Ch. Umschau Bd. 34, S. 154. 1927 (Kennzahlen und Bestandteile).

Wachsbestandteile in Gelsemium sempervirens: MOORE: J. Ch. Soc. Bd. 97, S. 2223. 1910.

Fagraeawachs: ULTÉE: Bull. Jardin Botan. Buitenzorg (3) Bd. 6, S. 1. 1924; C. 1924, I, 2882.

Gentianaceae.

Bitterkleewachs: KEEGAN: Ch. News Bd. 113, S. 85. 1916; C. 1916, I, 1251 (Viel Carotin, wenig Phytosterin). — ZELLNER und CHAJES: Arch. Pharm. Bd. 263, S. 161. 1925; C. 1925, II, 574 (Cerylalkohol, Palmitinsäure).

Apocynaceae.

Apocynum-„Wachs": MOORE: J. Ch. Soc. Bd. 95, S. 734. 1909.

Asclepiadaceae.

Calotropis-„Wachs": WARDEN, nach TSCHIRCH: „Harze und Harzbehälter", 2. Aufl., S. 952 (Alban, Fluavil). — HILL und SIRKAR: J. Ch. Soc. Bd. 107, S. 1473. 1915; C. 1916, I, 109 (Bestandteile).

„Wachs" von Asclepias Cornuti: KASSNER: Landw. Vers.-Stat. Bd. 33, S. 241. 1886 (Gewinnung, Ausbeute). — MAREK: J. pr. Bd. 68, S. 449. 1903 („Asclepion", Schmelzpunkt 239—240°). — COHEN: Arch. Pharm. Bd. 245, S. 236. 1907 (β-Amyrinacetat); s. auch SCHMID und STÖHR: Monatsh. Bd. 47, S. 433. 1926, sowie SCHMID und LUDWIG, ebenda, Bd. 48, S. 577. 1927.

„Wachs" von Cynanchum acutum: BUTLEROW: Ann. Bd. 180, S. 349. 1875 („Cynanchol"). — HESSE: ebenda Bd. 182. 1878 („Cynanchocerin" und „Cynanchin").

Wachs von Cynanchum messeri: Hébert und Heim: Ref. Ch. Umschau Bd. 28, S. 189. 1921; s. auch Z. D. Öl- u. Fettind. Bd. 22, S. 714. 1922 bzw. Bd. 44, S. 88. 1924.

Reihe: Tubiflorae.

Convolvulaceae.

„Wachs" von Convolvulus scammonia: Power und Rogerson: Amer. J. Pharm. Bd. 80, S. 251. 1908; Bd. 82, S. 355. 1910.

„Wachs" von Exogonium purga: Power und Rogerson: Pharm. J. Bd. 29, S. 7. 1909.

„Wachs" von Ipomoea purpurea: Power und Rogerson: Amer. J. Pharm. Bd. 80, S. 251. 1908. — Power und Salway: J. Ch. Soc. Bd. 103, S. 399, 1913; C. 1913, I, 2036 (Ipuranol).

„Wachs" von Ipomoea orizabensis: Power und Rogerson: Amer. J. Pharm. Bd. 80, S. 251. 1908; Bd. 82, S. 355. 1910 (Hentriakontan).

„Wachs" von Ipomoea Horsfalliae: Power und Rogerson: a. a. O.

Fouquieraceae.

Ocotillawachs: Schaer: Arch. Pharm. Bd. 236, S. 1. 1898.

Hydrophyllaceae.

Eriodictyonwachs: Power und Tutin: 54. Jahresversammlung Amer. Pharm. Assoc. 1906; C. 1907, II, 916.

Borraginaceae.

Wachsbestandteile in Pulmonaria officinalis: Zellner und Getzow: Arch. Pharm. Bd. 263, S. 161. 1925; C. 1925, II, 573.

Verbenaceae.

Lippiawachs: Power und Tutin: Arch. Pharm. Bd. 245, S. 337. 1907 (Bestandteile). — Jäger: ebenda, S. 342; Ber. Bd. 42, S. 612. 1909 (Sitosterin).

Labiatae.

Wachsbestandteile in Galeopsis ochroleuca: Zellner und Falkowsky: Arch. Pharm. Bd. 265, S. 27. 1927; C. 1927, I, 1489.

Solanaceae.

Withania-„Wachs": Power und Salway: J. Ch. Soc. Bd. 99, S. 490. 1911.

Tabakblätter-Wachs: Kissling: Ber. Bd. 16, S. 2432, 1883 (Gewinnung). Ch.-Ztg. Bd. 24, S. 499. 1900; C. 1900, II, 127 (Wachsgehalt). — Thorpe und Holmes: Proc. Ch. Soc. Bd. 17, S. 170. 1901; C. 1901, II, 395 (Heptakosan und Hentriakontan). — Kissling: Ch.-Ztg. Bd. 25, S. 684. 1901; C. 1901, II, 679 (Hochmolekulare Ester); ebenda Bd. 26, S. 672. 1902; C. 1902, II, 652 (Abnahme des Wachsgehaltes im Laufe der Entwicklung); ebenda Bd. 28, S. 775. 1904; C. 1904, II, 860 (Reinigung).

„Wachs" von Solanum angustifolium: Tutin und Clewer: J. Ch. Soc. Bd. 105, S. 559. 1914; C. 1914, I, 1675.

Scrophulariaceae.

Wollkraut-„Wachs": Klobb: Ann. Chim. Phys. Bd. 24, S. 410. 1911.

Linaria-„Wachs": Klobb und Fandre: Bull. Soc. Chim. (3) Bd. 35, S. 1210 1907; Bull. Sciences pharmacol. Bd. 13, S. 531. 1907 (Gewinnung.) — Klobb,

GARNIER und EHRWEIN: Bull. Soc. Chim. (4) Bd. 7, S. 940, 1910 (Triakontan). — KLOBB: Ann. Chim. Phys. Bd. 24, S. 410. 1911 (Dimorphes Acetat).

„Wachs" von Veronica virginica: POWER und ROGERSON: J. Ch. Soc. Bd. 97, S. 1944, 1910.

Reihe: Rubiales.

Rubiaceae.

Oldenlandia-„Wachs": PERKIN SEN. und HUMMEL: J. Ch. Soc. Bd. 63. I, S. 1160. 1893; Bd. 67, I, S. 817. 1895.

Cinchona-„Wachs": HELMS: Arch. Pharm. Bd. 221, S. 279. 1883 (Isolierung einer krystallisierten und einer amorphen Substanz). — LIEBERMANN: Ber. Bd. 18, S. 1803. 1885 („Cholestol"). — HESSE: Ann. Bd. 228, S. 288. 1885 (Cinchol, Quebrachol, Cupreol).

Kaffeebohnenwachs: HANS MEYER und ECKERT: Monatsh. Bd. 31, S. 1227. 1910; C. 1911, I, 742.

„Wachs" von Morinda citrifolia: OESTERLE und TISZA: Arch. Pharm. Bd. 246, S. 150. 1908; C. 1908, I, 1844 (Bestandteile). — SIMONSEN: J. Ch. Soc. Bd. 113, S. 766. 1918; C. 1919, I, 855 (Morindon).

„Wachs" von Morinda umbellata: PERKIN SEN. und HUMMEL: J. Ch. Soc. Bd. 65, I, S. 851. 1894.

Caprifoliaceae.

Wachsbestandteile in Holunder-Rinden: ZELLNER und LUWISCH: Monatsh. Bd. 47, S. 151, u. zw. 165. 1926; C. 1926, II, 2924.

Wachsbestandteile in Viburnum opulus: HEYL: J. Am. Pharm. Assoc. Bd. 11, S. 329. 1922; C. 1923, I, 1515.

Dipsacaceae.

Wachsbestandteile in Knautia silvatica: ZELLNER: Monatsh. Bd. 44, S. 247. 1923; C. 1924, II, 676.

Reihe: Cucurbitales.

Cucurbitaceae.

Zaunrüben-„Wachs": ETARD: Compt. rend. Bd. 114, S. 364. 1892 (Bryonan). — POWER und MOORE: J. Ch. Soc. Bd. 99, S. 937. 1911 (Freie und veresterte Fettsäuren; Phytosterin, Bryonol). — POWER und SALWAY: ebenda Bd. 103, S. 399. 1913; C. 1913, I, 2036 (Bryonol-Phytosteringlycosid). — ZELLNER und TASCHNER: Arch. Pharm. Bd. 265, S. 27. 1927; C. 1927, I, 1490 (Cerylalkohol, Phytosterine u. a. Verbindungen).

„Elateriumwachs": POWER und MOORE: J. Ch. Soc. Bd. 95, S. 1985. 1909.

Reihe: Campanulatae.

Compositae.

Tarchonanthuswachs: CANZONERI und SPICA: Gazz. chim. Bd. 12, S. 227. 1882; Ber. Bd. 15, S. 1760. 1885.

Antennaria-„Wachs": KLOBB, GARNIER und EHRWEIN: Bull. Soc. Chim. (4) Bd. 7, S. 940. 1910.

Parthenium-Sterin: SCHMID und STÖHR: Ber. Bd. 59, S. 1408. 1926; C. 1926, II, 1289.

„Wachs" von Rudbeckia angustifolia: HEYL und HART: J. Am. Ch. Soc. Bd. 37, S. 1769. 1915; C. 1915, II, 666.

Anthemiswachs: KLOBB: Bull. Soc. Chim. (3) Bd. 27, S. 1229. 1903;

Compt. rend. Bd. 148, S. 1272. 1909; Ann. Chim. Phys. (8) Bd. 18, S. 135. 1909 (Gemisch von Kohlenwasserstoffen und Sterin). — COHEN: Arch. Pharm. Bd. 246, S. 520. 1908 (Lupeol). — KLOBB, GARNIER und EHRWEIN: Bull. Soc. Chim. (4) Bd. 7, S. 940. 1910 („Anthemen"). — KLOBB: Compt. rend. Bd. 152, S. 327. 1911; Ann. Chim. Phys. (8) Bd. 24, S. 134. 1911 (Anthesterol). — POWER und BROWNING JUN.: J. Ch. Soc. Bd. 105, S. 1829. 1914; C. 1914, II, 1110 (Taraxasterin, Triakontan, Fettsäuren, Gemisch von Sitosterin und Stigmasterin).

Kamillenblütenwachs: DIETERICH: Helfenberger Ann. I. Dezenn., S. 228 (Gewinnung). — KLOBB: Compt. rend. Bd. 149, S. 999. 1909. — KLOBB, GARNIER und EHRWEIN: Bull. Soc. Chim. (4) Bd. 7, S. 940. 1910 (Kohlenwasserstoff $C_{29}H_{60}$). — KLOBB: Ann. Chim. Phys. (8) Bd. 24, S. 410. 1911 (Phytosteringemisch). — POWER und BROWNING JUN.: J. Ch. Soc. Bd. 105, S. 2280. 1914; C. 1914, II, 1365 (Triakontan, Phytosterin, Fettsäuren; Phytosteringlycosid).

Wachsbestandteile in Chrysanthemum-Blüten: ZUCO: Gazz. chim. Bd. 19, S. 209. 1889 (Ester des „Homocholesterins"). — COHEN: Arch. Pharm. Bd. 246, S. 520. 1908 („Homocholesterin"). — KLOBB, GARNIER und EHRWEIN: Bull. Soc. Chim. (4) Bd. 7, S. 940. 1910 (Kohlenwasserstoff).

Wachsbestandteile in Tussilago farfara: KLOBB: Compt. rend. Bd. 149, S. 999. 1909; Ann. Chim. Phys. (8) Bd. 22, S. 5. 1911 (Phytosterin „Faradiol"). — KLOBB, GARNIER und EHRWEIN: Bull. Soc. Chim. (4) Bd. 7, S. 940. 1910 (Heptakosan). — HARTENSTEIN und ZELLNER: Arch. Pharm. Bd. 262, S. 381. 1924; C. 1924, II, 1930 (Wachsbestandteile der Blätter). — SCHMID: Monatsh. Bd. 48, S. 189. 1927; C. 1927, II, 1851 (Sterine).

Wachsbestandteile in Arnicablüten: BÖRNER: Inaug.-Diss. Erlangen 1892 (Paraffingemenge). — KLOBB: Compt. rend. Bd. 138, S. 763. 1904; Bd. 140, S. 1700. 1905 (Arnidiol). — KLOBB, GARNIER und EHRWEIN: Bull. Soc. Chim. (4) Bd. 7, S. 940. 1910 (Triakontan).

Wachsbestandteile der Klettenwurzel: SCHERR und ZELLNER: Arch. Pharm. Bd. 262, S. 381. 1924; C. 1924, II, 1930.

Wachsbestandteile in Cichorium intybus: ZELLNER und RICHLING: Monatsh. Bd. 47, S. 681, u. zw. 695. 1926; C. 1927, I, 2327.

Wachsbestandteile in Cichorium endivia: ZELLNER und SPITZER, Monatsh. Bd. 47, S. 681, u. zw. 694. 1926; C. 1927, I, 2327.

Wachsbestandteile in Taraxacum officinale: POWER und BROWNING JUN.: J. Ch. Soc. Bd. 101, S. 2411. 1912; C. 1913, I, 1288 („Taraxasterin" und „Homotaraxasterin"). — ZELLNER und HUPPERT: Monatsh. Bd. 47, S. 681. 1926; C. 1927, I, 2326 (Lactucerole im Milchsaft).

Wachsbestandteile in Lactuca sativa: ZELLNER und KLAPHOLZ: Monatsh. Bd. 47, S. 681, u. zw. 687. 1926; C. 1927, I, 2326.

Wachsbestandteile in Lactuca virosa: HESSE: Ann. Bd. 234, S. 245. 1886; Bd. 244, S. 268. 1888 (Lactucerole). — POMERANZ und SPERLING: Monatsh. Bd. 25, S. 785. 1904 (Lactucon und Lactucol); vgl. SPERLING: Z. Österr. Apoth.-Verein Bd. 42, S. 273. 1904.

Wachsbestandteile in Sonchus asper: ZELLNER und KNIE: Monatsh. Bd. 47, S. 681, u. zw. 689. 1926; C. 1927, I, 2326.

Wachsbestandteile in Sonchus arvensis: STERN und ZELLNER: Monatsh. Bd. 46, S. 459. 1925; C. 1926, I, 2804.

Wachsbestandteile in Tragopogon pratense: ZELLNER und POLLATSCHEK: Monatsh. Bd. 47, S. 681, u. zw. 691, 1926; C. 1927, I, 2326.

Wachsbestandteile in Scorzonera hispanica: ZELLNER und STEIN: Monatsh. Bd. 47, S. 681, u. zw. 701. 1926; C. 1927, I, 2327.

Dicoma-Wachs: Tutin und Naunton: Pharm. J. (4) Bd. 36, S. 694. 1913; C. 1913, II, 57.

Grindelia-Wachs: Power und Tutin: Abhandlung aus dem Wellcome Ch. Research Lab. Nr. 57, S. 1. 1905; C. 1906, II, 1623; Nr. 75, S. 1. 1907; C. 1908, I, 1401 (Bestandteile). — Power und Salway: J. Ch. Soc. Bd. 103, S. 399. 1913; C. 1913, I, 2036 (Grindelol).

Anhang zum Hauptabschnitt „Pflanzenwachse".

A. Wachsartige Substanzen in folgenden Angiospermen:

Juncus effusus (Juncaceae): Zellner: Monatsh. Bd. 43, S. 121. 1922; C. 1922, III, 1228.

Agave americana (Amaryllidaceae): Zellner: Z. physiol. Ch. Bd. 104, S. 2. 1918; C. 1919, I, 863.

Reseda odorata (Resedaceae): Buchner, s. Ubbelohde, Goldschmidt und Hartmann: Handbuch der Chemie und Technologie der Öle und Fette Bd. IV, S. 533. 1926.

Platanus acerifolia (Platanaceae): Stähelin und Hofstetter: Ann. Bd. 57, S. 74. 1844.

Connarus Uleanus (Connaraceae): Peckolt: Ber. Pharm. Ges. Bd. 16, S. 443. 1906.

Alhagi camelorum (Leguminosae): Hooper: Pharm. J. (4) Bd. 35, S. 391. 1912; C. 1912, II, 1686.

Myrospermum toluiferum (Leguminosae): Tschirch und Oberländer: Arch. Pharm. Bd. 232, S. 559. 1894.

Cedrela spec. (Meliaceae): Perkin: J. Ch. Soc. Bd. 101, S. 1538. 1912; C. 1912, II, 2103.

Euphorbia gregaria (Euphorbiaceae): Lenz: Arbeiten a. d. Pharm. Inst. Univ. Berlin, Bd. 9, S. 228. 1913; C. 1913, I, 1885.

Rhus venenata (Anacardiaceae): Youngken und Slothower: Am. J. Pharm. Bd. 92, S. 695. 1920; C. 1921, I, 577.

Catha edulis (Celastraceae): Stockmann: Pharm. J. (4) Bd. 35. S. 676. 1912; C. 1913, I, 178.

Alcea rosea (Malvaceae): Danzats, s. Ubbelohde, Goldschmidt und Hartmann: Handbuch Bd. IV, S. 461. 1926.

Bixa orellana (Bixaceae): Peckolt: Ber. Pharm. Ges. Bd. 9, S. 73. 1899.

Lythrum salicaria (Lythraceae): Zellner: Monatsh. Bd. 42, S. 453, 1921; C. 1922, III, 729.

Trevesia sundaica (Araliaceae): Flieringa: Pharm. Weekblad Bd. 48, S. 433. 1911.

Rhododendron hirsutum (Ericaceae): Feyertag und Zellner: Monatsh. Bd. 47, S. 601. 1926; C. 1928, II, 1104.

Vaccinium vitis idaea (Ericaceae): Karger: Inaug.-Diss. Dorpat 1902; Ch.-Ztg. Rep. Bd. 26, S. 314. 1902.

Primula vulgaris (Primulaceae): Keegan: Ch. News Bd. 114, S. 74. 1916; C. 1916, II, 1166.

Styrax benzoin (Styracaceae): Tschirch und Lüdy: Arch. Pharm. Bd. 43, S. 416 u. 500. 1893.

Fraxinus excelsior (Oleaceae): N. und H.: Z. ang. Bd. 30, S. 221. 1917; C. 1919, II, 22.

Syringa vulgaris (Oleaceae): MULDER, nach HUSEMANN: „Die Pflanzenstoffe", S. 1135.

Ligustrum vulgare (Oleaceae): SCURTI und TOMMASI: Ch.-Ztg. Bd. 36, S. 393. 1912.

Gomphocarpus brasiliensis (Asclepiadaceae): PECKOLT: Ber. Pharm. Ges. Bd. 20, S. 142. 1910.

Lippia microcephala (Verbenaceae): PECKOLT: ebenda Bd. 14, S. 465. 1904.

Duranta Plumieri (Verbenaceae): PECKOLT: ebenda Bd. 14, S. 465. 1904.

Melissa officinalis (Labiatae): DIETERICH: Helfenberger Annalen I. Dezenn. S. 228.

Cestrum Parqui (Solanaceae): MERCIER und CHEVALIER: Bull. Sciences Pharm. Bd. 20, S. 584. 1913; C. 1913, II, 2142.

Zeyheria montana (Bignoniaceae): PECKOLT: Ber. Pharm. Ges. Bd. 22, S. 24. 1912; C. 1912, I, 832.

Ruellia tormentosa (Acanthaceae): PECKOLT: Ber. Pharm. Ges. Bd. 22, S. 388. 1912; C. 1913, I, 32.

Artemisia Afra (Compositae): GOODSON: Bioch. J. Bd. 16, S. 489. 1922; C. 1922, III, 926.

„Rhimba-Wachs": UBBELOHDE, GOLDSCHMIDT und HARTMANN: Handbuch der Chemie und Technologie der Öle und Fette Bd. IV, S. 464. 1926.

B. Wachse und wachsartige Substanzgemische in niederen Pflanzen.

Abt.: Schizophyta. Klasse: Schizomycetes.

Reihe: Eubacteria.

Bacteriaceae (Stäbchenbakterien).

Tuberkelbacillen-Wachs: DE SCHWEINITZ und DORSET: Centralbl. Bakteriol. Bd. 19, S. 707. 1896 (Laurin-, Palmitin- und Arachinsäure); J. Am. Ch. Soc. Bd. 25, S. 354. 1903 (Abhängigkeit der Wachsbildung von den Lebensbedingungen des Spenders). — KRESLING: Arch. sciences biol. St. Petersburg Bd. 9, S. 359. 1903; C. 1903, I, 1153 (Kennzahlen und Zusammensetzung). — FONTES: Centralbl. Bakteriol. I. Abt. Bd. 47, S. 317. 1909; C. 1909, II, 1763 (Verschieden hoch schmelzende Wachsbestandteile). — ARONSON: Berliner Klin. Wochenschr. Bd. 47, Nr. 35, S. 13. 1910; C. 1910, II, 1491 (Säurezahl 40,8). — PANZER: Z. physiol. Ch. Bd. 78, S. 414. 1912 (Kein Sterin). — BÜRGER: Bioch. Z. Bd. 78, S. 155. 1917; C. 1917, I, 522 (Alkohole). — FROUIN: Compt. rend. Bd. 170, S. 1471. 1920; C. 1920, III, 803 (Einfluß des Nährbodens auf die Wachsbildung). — GORIS: Ann. Inst. Pasteur Bd. 34, S. 497. 1920; C. 1921, I, 580 (Freies und verestertes Mykol, Fettsäuren). — P. LINDNER: Zeitschr. f. techn. Biologie Bd. 9, S. 100. 1921; C. 1021, III, 961 (Einfluß von Alkohol auf die Fettbildung). — KULIKOW: Maslobojno-Shirowoje-Djelo 1928, S. 21; C. 1928, II, 822 (36% Ausbeute; Schmelzpunkt des Wachses: ca. 70°).

Wachsartige Extrakte aus:

Streptothrix leproides: DEYCKE PASCHA und RESCHAD BEY: D. med. Wochenschr. Bd. 33, S. 89. 1907 („Nastin"); vgl. auch FUCHS: Ch. Ind. Bd. 32, S. 6. 1909.

Mycobacterium lacticola perrugosum: SAEKAE TAMURA: Z. physiol. Ch. Bd. 87, S. 85. 1913; C. 1913, II, 1504.

Staphylococcus albus: GÉRARD: Compt. rend. Bd. 126, S. 909. 1898.

Abt.: Myxomycetes (Schleimpilze).

Physaraceae.

Lohblüten-„Wachs": REINKE und RODEWALD: Ann. Bd. 207, S. 229. 1881.

Abt.: Bacillariophyta (Diatomeen).

Bacillariaceae.

Diatomeen-Wachs: KRAEMER und SPILKER: Ber. Bd. 32, S. 2942. 1899; Bd. 35, S. 1212. 1902 (Eigenschaften und Bestandteile). — KRAEMER und WEGER: Ch.-Ztg. Bd. 31, S. 675. 1907 (Erdölbildung); s. auch Ch. Umschau Bd. 26, S. 226. 1919. — ANDÈS: Ch. Techn. Ind. Heft 35, S. 1. 1918; C. 1919, I, 241.

Abt.: Phaeophyceae.

Fucaceae.

Wachsbestandteile aus Braunalgen: GÉRARD: Compt. rend. Bd. 126, S. 909. 1898 (Ergosterin). — TANRET: Compt. rend. Bd. 147, S. 75. 1908 (Fungisterin).

Abt.: Eumycetes. Nebenklasse: Lichenes.

Parmeliaceae.

Flechten-„Wachs": KEEGAN: Ch. News, Bd. 114, S. 74. 1916; C. 1916, II, 1166.

Abt.: Embryophyta asiphonogama.

Klasse: Musci (Laubmoose).

Polytrichaceae.

Bärenmoos-„Wachs": KEEGAN: Ch. News, Bd. 112, S. 295. 1915; C. 1916, II, 497.

Tierische Wachse.

Klasse: Spongiae.

Ordnung: Tetraxonia.

Suberitidae.

„Schwammwachs": KRUCKENBERG: Centralbl. d. med. Wiss. Bd. 17, S. 705. 1879; Jahresber. über d. Fortschr. d. Tierchemie Bd. 9, S. 268. 1879 (Hauptsächlich „Cholesterin"; sehr wenig Glyceride). — HENZE: Z. physiol. Ch. Bd. 41, S. 109. 1904; Bd. 55, S. 427. 1908 (Spongosterin).

Klasse: Echinozoa (Cladus Echinoderma).

Ordnung: Asteroidea (Seesterne).

Astropectinidae.

„Echinodermenwachs": KOSSEL und EDLBACHER: Z. physiol. Ch. Bd. 94, S. 264. 1915; C. 1915, II, 1199.

Klasse: Eutracheata. Unterklasse: Insecta.

Ordnung: Hymenoptera (Hautflügler).

Apidae.

Hummelwachs: SUNDWIK: Z. physiol. Ch. Bd. 26, S. 56. 1898 (Hummelalkohol). — AHRENS und HETT: Z. ang. Bd. 13, S. 153. 1900 (Kennzahlen, Kohlenwasserstoffe). — SUNDWIK: Z. physiol. Ch. Bd. 53, S. 365. 1907; C. 1907, II, 1853; Z. physiol. Ch. Bd. 72, S. 455. 1911; C. 1911, II, 769 (Hummelalkohol). — FISCHER: Z. öff. Ch. Bd. 20, S. 315. 1914; C. 1914, II, 1055 (Gegenüberstellung von Meliponen- und Hummelwachs); s. auch ELLGAS, ebenda.

Bienenwachs: ETTLING: Ann. Bd. 2, S. 225. 1832. — POLEK: ebenda Bd. 67, S. 174. 1848. — BRODIE: ebenda Bd. 67, S. 180. 1848; Bd. 71, S. 144. 1849 (Myricylpalmitat, Cerylpalmitat und Cerotinsäure). — ROBINEAUD: Dingl. Polyt. J. 1862, S. 60 (Ätherlöslichkeit). — WAGNER: Z. anal. Ch. Bd. 5, S. 280. 1866 (Tabellarische Zusammenstellung der Dichtewerte bei Mischungen mit Paraffin). — SCHALFEJEFF: Ber. Bd. 9, S. 278. 1872. — BECKER: Z. anal. Ch. Bd. 19, S. 241. 1880 (Verseifung). — HEHNER: Analyst Bd. 8, S. 16. 1883 (Cerotinsäure: 12,2—15,7%, Myricinsäure: 85,1—96%). — DIETERICH: Wagners Jahresber. 1882, S. 1028 (Tabellarische Zusammenstellung der Dichtewerte bei Mischungen mit Ceresin). — HÜBL: Dingl. Polyt. J. 1883, S. 338. — NAFZGER: Ann. Bd. 224, S. 225. 1884. — LONG: Ch.-Ztg. Bd. 9, S. 1504. 1885 (Nachweis von Beimengungen). — SCHWALB: Ann. Bd. 235, S. 126. 1886. — HENRIQUES: Ber. Bd. 30, S. 1418. 1887. — H. und P. BUISINE: Monit. scient. (4) Bd. 4, S. 1134. 1890 (Gehalt an Kohlenwasserstoffen). — BENEDIKT und MANGOLD: Ch.-Ztg. Bd. 15, S. 15. 1891. — MANGOLD: J. Soc. Ch. Ind. Bd. 10, S. 861, 1891; Ch.-Ztg. Bd. 15, S. 797. 1891 (ca. 12—13% Kohlenwasserstoffe). — GASCARD: J. Soc. Ch. Ind. Bd. 12, S. 955. 1893 (Myricylalkohol $C_{31}H_{64}O$ identisch mit dem aus Carnaubawachs). — BUCHNER: Ch.-Ztg. Bd. 19, S. 1422. 1895 (Säurezahlen 3,6—4,1). — MARIE: J. Soc. Ch. Ind. Bd. 13, S. 207. 1894; Bd. 14, S. 599. 1895; sowie Bd. 15, S. 362. 1896 (Zusammensetzung; Cerotinsäure, Ceryl- und Myricylalkohol). — LUGOWSKI: Pharm. Z. f. Rußland Bd. 35, S. 839. 1896; C. 1897, I, 338 (Nachweis von Talg und „Japanwachs"). — HENRIQUES: Z. öff. Ch. Bd. 3, S. 66. 1897; C. 1897, I, 523 („Kalte Verseifung"). — WOY: Z. öff. Ch. Bd. 3, S. 15. 1897; C. 1897, I, 565 (Untersuchung). — WEINWURM: Ch.-Ztg. Bd. 21, S. 519. 1897; C. 1897, II, 392 (Nachweis von Paraffin- und Ceresinzusätzen). — HENRIQUES: Z. öff. Ch. Bd. 3, S. 274. 1897; C. 1897, II, 647 (Modifikation des WEINWURMschen Prüfungsverfahrens). — BUCHNER: Z. öff. Ch. Bd. 3, S. 570. 1897; C. 1898, I, 151 (Indisches „Ghedda"-Wachs, sowie chinesisches Wachs als echtes, doch von dem der Hausbiene verschiedenes Wachs erkannt). — NIEDERSTADT: Z. österr. Apoth.-Ver. Bd. 35, S. 719. 1897; C. 1898, I, 147 (Prüfung). — WERDER: Ch.-Ztg. Bd. 22, S. 38. 1898; C. 1898, I, 477 u. 531 (Refraktometerprüfung). — DIETZE: Pharm. Centralh. Bd. 39, S. 37. 1898; C. 1898, I, 535 (Abweichende Zusammensetzung der meist aus Tropenländern stammenden Sorten durch verschiedene Flora bedingt). — GUYER: Rev. intern. Falsif. Bd. 11, S. 19. 1898; C. 1898, I, 639 (Jodzahl von 11 Proben 7,9—8,9). — DIETERICH: Ch.-Ztg. Bd. 22, S. 730. 1898; C. 1898, II, 830 (Jodzahlen 8,6—10,6; Löslichkeit in Chloroform). — BERTAINCHAUD: Bull. Direction Agricult. et Commerce, Tunis; vgl. Ch.-Ztg. Rep. Bd. 22, S. 235. 1898 (Kennzahlen tunesischer Sorten). — AHRENS und HETT: Z. öff. Ch. Bd. 5, S. 91. 1899; C. 1899, I, 952 (Wechselnder Gehalt an Kohlenwasserstoffen 12,7—17,5%). — KAYSER: Z. öff. Ch. Bd. 4, S. 833. 1898; C. 1899, I, 234 (Kennzahlen marokkanischer Sorten ähnlich denen europäischer Sorten). — FUNARO: L'Orosi Bd. 22, S. 109, 1899; C. 1899, II, 404 (Nachweis von Verfälschungen; Kennzahlen für reines italienisches Wachs). — WERDER: Ch.-Ztg. Bd. 24, S. 967. 1900; C. 1900, II, 1216 (Gehalt an ätherlöslichen Substanzen: 48,6—53,0% bei 21 reinen Wachsmustern). — GRESHOFF und SACK: Rec. trav. chim. Bd. 20, S. 65. 1900; C. 1901, I, 1265 (Destillationsprodukte). — BUCHNER: Ch.-Ztg. Bd. 25, S. 21 u. 37. 1901; C. 1901, I, 426 (Untersuchung und Beurteilung).

— Berg: Ch.-Ztg. Bd. 26, S. 310. 1902; C. 1902, I, 1248 (Ungewöhnliche Fälschung). — Berg: Ch.-Ztg. Bd. 26, S. 605. 1902; C. 1902, II, 407 (Bleichversuche mit sieben Wachsproben; tabellarische Zusammenstellung der Kennzahlen). — Medicus und Wallenstein: Z. Nahrgsm. Bd. 5, S. 1092. 1902; C. 1903, I, 187 (Veränderungen durch Bleichen mit Kaliumbichromat und Schwefelsäure). — Fendler und Thaysen: Apoth.-Ztg. Bd. 18, S. 370. 1903; C. 1903, II, 133 (Kennzahlen zweier Proben aus Deutsch-Ostafrika). — Andès: Sfsz. Bd. 30, S. 405f. 1903; C. 1903, II, 265 (Reinigen und Bleichen). — Mastbaum: Z. ang. Bd. 16, S. 647. 1903; C. 1903, II, 470 (Analyse von 17 Proben aus Portugal). — Berg: Ch.-Ztg. Bd. 27, S. 752. 1903; C. 1903, II, 604 (Analysenübersicht von fast 3000 Proben; Untersuchungsmethoden). — Dieterich: Ch.-Ztg. Bd. 27, S. 808. 1903; C. 1903, II, 744 (Ergänzende Bemerkung). — Ulzer: Ch. Revue Bd. 10, S. 277. 1903; C. 1904, I, 111 (Kennzahlen einer verfälschten Probe). — Hirschel: Ch.-Ztg. Bd. 28, S. 212. 1904; C. 1904, I, 1179 (Kennzahlen von 3 Proben rohen Extraktionsbienenwachses). — Kühl: Pharm. Z. Bd. 49, S. 492. 1904; C. 1904, II, 263 (Verseifungszahlen reiner Wachse: 92—97). — Visser: Z. Nahrgsm. Bd. 8, S. 419. 1904; C. 1904, II, 1523 (Jodzahl 13,8). — Hooper: Agric. Ledger, Calcutta Bd. 7, S. 73. 1904 (Kennzahlen indischer Proben). — Lemaitre: Bull. Soc. Philos. Bordeaux 1904, S. 182; C. 1904, II, 1768 (Prüfung auf künstliche Färbung). v. Hübl: Z. öff. Ch. Bd. 11, S. 302. 1905 (Verhältniszahl). — Cohn: Z. öff. Ch. Bd. 10. S. 404 u. 415. 1904; C. 1905, I, 302 (Analyse). — Buchner: Ch.-Ztg. Bd. 29, S. 332. 1905; C. 1905, I, 567 (Untersuchung und Beurteilung). — Schwarz: Z. öff. Ch. Bd. 11, S. 6. 1905; C. 1905, I, 567 (Einfluß der Kochdauer auf die Verseifungszahl). — Cohn: Z. öff. Ch. Bd. 11, S. 58. 1905; C. 1905, I, 1054 (Verseifung); s. dagegen Schwarz: Z. öff. Ch. Bd. 11, S. 301. 1905; C. 1905, II, 1133. — Dieterich: Ch. Revue, Bd. 12, S. 79. 1905; C. 1905, I, 1340 (Einfluß der Kochdauer auf die Verseifungszahl). — Sokolow: J. Russ. Phys. Ch. Ges. Bd. 37, S. 818. 1905; C. 1906, I, 394 (Verbrennungswärme). — Bohrisch und Richter: Pharm. Centralh. Bd. 47, S. 201ff. 1906; C. 1906, I, 1717 (Untersuchung von gelbem Wachs). — Buchner: Ch.-Ztg. Bd. 30, S. 528. 1906; C. 1906, II, 259 (Kennzahlen indischen Gheddawachses). — Engler: Ch.-Ztg. Bd. 30, S. 711. 1906 (Optische Drehung). — Bellier: Ann. Chim. anal. Bd. 11, S. 366. 1906; C. 1906, II, 1860 (Zusammensetzung eines gelben Wachses aus Annam). — Berg: Ch.-Ztg. Bd. 31, S. 537. 1907; C. 1907, II, 189 (Verseifungsdauer). — Buchner: Ch.-Ztg. Bd. 31, S. 570. 1907; C. 1907, II, 362 (Teilweise Löslichkeit in Äther). — Buchner: Ch.-Ztg. Bd. 31, S. 631. 1907; sowie Berg: ebenda S. 705; C. 1907, II, 946 (Verseifbarkeit); s. auch Buchner: Ch.-Ztg. Bd. 31, S. 1085. 1907; C. 1907, II, 1990. — Dieterich: Ch.-Ztg. Bd. 31, S. 987. 1907; C. 1907, II, 1428 (Analyse von Wachsen in verschiedenen Entstehungsstadien). — Berg: Ch.-Ztg. Bd. 32, S. 777. 1908; C. 1908, II, 898 (ca. 0,6% Cholesterinester; 0,3% Cholesterinalkohole). — Vosseler: Der Pflanzer Bd. 4, S. 113. 1908; C. 1908, II, 971 (Verunreinigungen und Verfälschungen). — Stöber: Ch.-Ztg. Bd. 33, S. 1275. 1909 (Flammpunkt). — Ostrogovich und Petrisor: Bulet. Societ. de Stiinte din Bucuresci Bd. 18, S. 127. 1909; C. 1909, II, 1170 (Verfahren zum Nachweis von Talg). — Gabrilowitsch: Sfsz. Bd. 36, S. 1131 u. 1179. 1909; C. 1909. II, 1599 (Extraktionswachs, russisches Wachs). — Le Naour: Ann. Chim. anal. Bd. 14, S. 369. 1909; C. 1909, II, 2042 (Prüfung). — Stöber: Ch.-Ztg. Bd. 33, S. 1275. 1909 (Flammpunkt 242—252°). — Jacobsen: Apoth.-Ztg. Bd. 25, S. 113. 1910; C. 1910, I, 1296 (Handelsmuster). — Buchner: Z. öff. Ch. Bd. 16, S. 128. 1910; C. 1910, I, 1846 (Hauptbestandteile: Palmitinsäuremelissylester, Cerotinsäure und feste gesättigte Kohlenwasserstoffe; Kennzahlen zweier abnormaler Wachse aus

Ostafrika). — Ekecrantz und Lundström: Arch. Pharm. Bd. 248, S. 500. 1910; C. 1910, II, 1669 (Wachsöl durch Destillation gewonnen). — Wagenaar: Pharm. Weekblad Bd. 48, S. 479. 1911; C. 1911, I, 1765 (Nachweis von Fetten). — Buchner: Z. öff. Ch. Bd. 17, S. 225. 1911; C. 1911, II, 729 (Handelsanalyse). — Buchner: Z. öff. Ch. Bd. 18, S. 90. 1912; C. 1912, I, 1387 (Abnormales Wachs: hoher Gehalt an Kohlenwasserstoffen). — Lipp und Kuhn: J. pr. (2) Bd. 86, S. 184. 1912; C. 1912, II, 722 (Kennzahlen und Bestandteile von Ghedda- oder ostindischem Wachs). — Wolfbauer: Z. landw. Vers. Wesen Österr. Bd. 15, S. 767. 1912; C. 1912, II, 758 (Technische Prüfung). — Linke: Apoth.-Ztg. Bd. 27, S. 701. 1912; C. 1912, II, 1403 (Untersuchungen nach den Prüfungsvorschriften des Deutschen Arzneibuches). — Feldstein: Eng. Bd. 4, S. 498. 1912; C. 1912, II, 1947 (Refraktion). — Buchner und Fischer: Z. öff. Ch. Bd. 19, S. 147, 170, 188. 1913; C. 1913, II, 292 (Vergleich von „Chinawachs" mit Gheddawachs; Kennzahlen). — Emmanuel: Ber. Pharm. Ges. Bd. 23, S. 395. 1913; C. 1913, II, 1249 (Kennzahlen griechischer Sorten). — Fischer: Z. öff. Ch. Bd. 19, S. 354. 1913; C. 1913, II, 1695 (Analyse von 24 Proben reinen und 50 Proben mit Paraffin verfälschten ostindischen Bienenwachses). — Seifert: Sfsz. Bd. 40, S. 1029. 1913; C. 1913, II, 1993 (Kennzahlen von 23 Sorten europäischer, afrikanischer und asiatischer Herkunft). — Ryan: Proc. Roy. Soc. Bd. 12, S. 210. 1909; C. 1913, II, 2049 („Kompositionswachse"). — Sebelien: Z. ang. Bd. 26, S. 689. 1913; C. 1914, I, 44 (Kennzahlen eines reinen Bienenwachses aus der Wikingerzeit). — Buchner und Deckert: Z. öff. Ch. Bd. 19, S. 447. 1913; C. 1914, I, 430 (Verfahren von Leys zur Bestimmung der Alkohole und Kohlenwasserstoffe). — Fischer: Z. öff. Ch. Bd. 19, S. 473. 1913; C. 1914, I, 694 (Indisches, japanisches und chinesisches Wachs). — Fischer: Z. öff. Ch. Bd. 20, S. 318. 1914; C. 1914, II, 1055 (Kritik der Analysen ausländischer Wachse; Kennzahlen-Bereiche sollen enger sein). — Buchner: Z. öff. Ch. Bd. 20, S. 369; C. 1914, II, 1462 (Analyse). — Fischer: Z. öff. Ch. Bd. 20, S. 409. 1914; C. 1915, I, 223 (Anforderungen an reines Bienenwachs, Verseifungszahl nicht unter 90); s. auch Buchner: Z. öff. Ch. Bd. 20, S. 435. 1914; C. 1915, I, 275. — Fischer: Z. öff. Ch. Bd. 21, S. 20. 1915; C. 1915, I, 640 (Polemik). — Fischer: Z. öff. Ch. Bd. 21, S. 53. 1915; C. 1915, I, 808 (Stearinsäure nur in verfälschten Mustern). — Fischer: Z. öff. Ch. Bd. 21, S. 145. 1915; C. 1915, II, 101 (Handelsanalyse). — Salamon und Seaber: J. Soc. Ch. Ind. Bd. 34, S. 461. 1915; C. 1915, II, 205 (Nachweis von Paraffin: Trübungspunkt der alkoholischen Seifenlösung wird erhöht). — Fischer: Z. öff. Ch. Bd. 21, S. 177. 1915; C. 1915, II, 423 (Zusammensetzung und Kennzahlen durch die Art des Schmelzens beeinflußt). — Fischer: Z. ang. Bd. 28, S. 303. 1915; C. 1915, II, 444 (Gewinnung von Gheddawachs; Gelbfärbung durch Curcuma). — Ueno: Analyst Bd. 40, S. 343. 1915; C. 1915, II, 799 (Koreanisches Bienenwachs). — Shibasaki: Analyst Bd. 40, S. 549. 1915 (Kennzahlen japanischer Muster). — Fabris: Staz. sperim. agrar. ital. Bd. 48, S. 595. 1915; C. 1915, II, 1317 (Viscosität). — Salamon: J. Soc. Ch. Ind. Bd. 35, S. 8. 1916; C. 1916, I, 951 (Probenahme, Kennzahlen von 465 Handelsproben). — Richardson und Bracewell: J. Soc. Ch. Ind. Bd. 35, S. 160. 1916; C. 1916, I, 1199 (Kennzahlen, Nachweis fremder Bestandteile). — Berg: Z. öff. Ch. Bd. 22, S. 100. 1916; C. 1916, I, 1276 (Beurteilung); s. auch Fischer: Z. öff. Ch. Bd. 22, S. 130. 1916; C. 1916, II, 77. — Ryan und Dillon: Proc. Roy. Soc. Bd. 15, S. 107. 1916, sowie J. Ch. Soc. Bd. 110, I, S. 706. 1916; Z. ang. Bd. 30, II, S. 181. 1917 (Sekundäre und tertiäre Alkohole). — Brill und Agcaoili: Philippin. J. Science Bd. 11, A. S. 15. 1916; C. 1916, II, 928; Z. öff. Ch. Bd. 22, S. 336. 1916; C. 1917, I, 251 (Kennzahlen Philippinischen Wachses). — Wilkie: Analyst

Bd. 42, S. 200. 1917; C. 1917, II, 780 (Unverseifbares). — BUCHNER: Ch.-Ztg. Bd. 42, S. 373. 1918; C. 1919, IV, 291 (Einfluß des Extraktionsmittels auf die Zusammensetzung; Bienenwachsbildung). — BOHRISCH: Pharm. Centralh. Bd. 60, S. 455. 1919; C. 1920, I, 43 (Begründung der schweren Verseifbarkeit: Nachweis von Cholesterinestern). — LIPP und KOVACS: J. pr. (2) Bd. 99, S. 243. 1919; C. 1920, I, 223; sowie LIPP und CASIMIR: J. pr. (2) Bd. 99, S. 256. 1919; C. 1920, I, 224 (Ostindisches Wachs: Säuren und Kohlenwasserstoffe). — JOLLES: Z. D. Oel- u. Fettind. Bd. 2, S. 207. 1920; C. 1921, II, 862 (Nachweis geringer Mengen Bienenwachs in Gemischen von Mineralöl und Kolophonium). — FUNCKE: Arch. Pharm. Bd. 259, S. 93. 1921; C. 1921, III, 997 (Trockene Destillation: Kohlenwasserstoffe; „Melen" $C_{30}H_{60}$ keine einheitliche Substanz). — ROBERTS und ISLIP: Analyst Bd. 47, S. 246. 1922; C. 1922, III, 927 (Kennzahlen von 23 Proben indischen Bienenwachses). — GARDNER: Pharm. J. Bd. 109 (4) S. 55. 1922; C. 1922, IV, 597 (Indisches Bienenwachs: bei WEINWURMscher Probe starke Trübung). — Imperial Institute, Bull. Imp. Inst. Bd. 20, S. 155. 1922; C. 1922, IV, 1091 (23 Proben indischen Bienenwachses; 6,9—15,7% Kohlenwasserstoffe). — GASCARD und DAMOY: Compt. rend. Bd. 177, S. 1222. 1923; C. 1924, I, 1397 (Neocerotinsäure $C_{25}H_{50}O_2$, Schmelzpunkt 77,8°; Montansäure $C_{29}H_{58}O_2$, Schmelzpunkt 86,8°). — GASCARD und DAMOY: Compt. rend. Bd. 177, S. 1442. 1923; C. 1924, I, 1815 (Alkohole und Kohlenwasserstoffe). — BOURCET: Bull. Soc. Chim. (4) Bd. 35, S. 421. 1924; C. 1924, I, 2725 (Nachweis von Glyceriden). — DAMOY: J. Pharm. Chim. Bd. 29, S. 148 u. 225. 1924; Ch. Umschau, Bd. 31, S. 249. 1924 (Zusammensetzung). — MAILHE: Compt. rend. Bd. 179, S. 184. 1924; C. 1924, II, 1598 (Fraktionierte Destillation). — KABLUKOW und HIRSCHBERG: Bull. Acad. St. Petersbourg (6) 1918, S. 771; C. 1925, II, 577 (Margarinsäure?). — WEIR: Analyst Bd. 50, S. 445. 1925; C. 1926, I, 533; s. auch Ch. Umschau Bd. 33, S. 135. 1926 (Viktoria-Bienenwachs). — WEIR: Analyst Bd. 51, S. 181. 1926; C. 1926, I, 3440 (Grenzwerte der Kennzahlen reiner Bienenwachse). — ZONEFF: Z. Lebensm. Bd. 53, S. 353. 1927; C. 1927, II, 1214 (136 Proben bulgarischer Wachse). — CHARLIERS: Chim. Ind. Bd. 17, Sonder-Nr. 699 Brüssel; C. 1927, II, 1416 (Bestimmung in Nahrungsfetten). — ELSER: Technik Ind. Schweiz. Chem. Ztg. 1928, S. 27 und 40; C. 1928, I, 2552 („Thermische Wachsanalyse"; fraktionierte Krystallisation). — BUCHNER: Ch.-Ztg. Bd. 52, S. 319. 1928; C. 1928, I, 2675 (Löslichkeit in Trichloräthylen, Nachweis fremder Beimengungen). — JAUBERT: Compt. rend. Bd. 185, S. 405. 1927; C. 1928, II, 62 (Ursprung der gelben Farbe des Wachses). — CORTESE: Atti II. Congresso Nazion. Chim. pura ed applicata, Palermo 1926, S. 1347; C. 1928, II, 678 (Kennzahlen von 24 Proben aus verschiedenen Gegenden Italiens).

Propolis („Bienenharz"): VAUQUELIN in VAN TRIFT: Scheikundig Woordenboek 1865 (57% Harz, 14% Bienenwachs). — GRESHOFF und SACK: Rec. trav. chim. Bd. 22, S. 139. 1903; C. 1903, II, 124 (84% Harz, 12% Wachs; Eigenschaften). — DIETERICH: Z. ang. Bd. 20, S. 1688. 1907; s. auch Ch.-Ztg. Bd. 31, S. 987. 1907; C. 1907, II, 1428 (65—70% Harz, 15—16% Wachs). — BOHRISCH: Pharm. Centralh. Bd. 48, S. 929. 1907 (43,6% Harz; 27,9% Wachs; Kennzahlen). — DIETERICH: Ch.-Ztg. Bd. 34, S. 1006. 1910; Bd. 35, S. 1104. 1911 (Zusammensetzung). — KÜSTENMACHER: Ber. Pharm. Ges. Bd. 21, S. 65. 1911; C. 1911, I, 992 (Herkunft). — HEIDUSCHKA und VOGEL: Pharm. Centralh. Bd. 53, S. 1087. 1912; C. 1912, II, 1573 (70,7% Harz; 14,8% Wachs; Kennzahlen). — CAILLAS: Compt. rend. Bd. 177, S. 1145. 1923; C. 1924, I, 565 (Zusammensetzung, 30% Wachs).

Trigonawachs: LEWY: Dingl Polyt. J. 1845, S. 36 („Andaquies"-Wachs). — BERG: Ch.-Ztg. Bd. 27, S. 755. 1903 (Kennzahlen eines ursprünglich als Hummelwachs beschriebenen, später als Meliponenwachs erkannten Produktes). — Hooper: Pharm. J. 1904, S. 505; s. auch Pharm. Centralh. Bd. 45, S. 939. 1904 (Dammar- oder Kotawachs). — Fischer: Z. öff. Ch. Bd. 20, S. 315. 1914; C. 1914, II, 1055 (Unterscheidung von Hummelwachs und Meliponenwachs); s. auch Ellgas: ebenda.

Haarbienenwachs: Gadamer und Hinderer: Arch. Pharm. Bd. 255, S. 425. 1917; C. 1918, I, 208.

Ordnung: Rhynchota (Schnabelkerfe).

Cicadidae.

Cicadenwachs: Ahrens und Hett: s. Lewkowitsch-Warburton: Ch. Technol. 6. ed. Bd. II, S. 946 (Tabelle). 1922.

Psyllidae.

Psyllawachs: Sundwik: Z. physiol. Ch. Bd. 17, S. 425. 1893; Bd. 25, S. 116. 1898 (Psyllostearylalkohol); Bd. 32, S. 355. 1901 (Schmelzpunkt; „Psyllasäure"; „Psylla-Alkohol"); Bd. 54, S. 255. 1908 (Psyllostearylpsyllostearat); Bd. 72, S. 455. 1911; C. 1911, II, 769 (Psyllostearylalkohol mit Hummelalkohol nicht identisch).

Coccidae.

„Kermeswachs": Sherndal: Ann. Bd. 399, S. 43. 1913; C. 1913, II, 874.

Schellackwachs: Kaufmann: Inaug.-Dissert. Bern 1887 (Alkohole $C_{28}H_{58}O$, $C_{30}H_{62}O$; Melissinsäure; Substanz $C_{28}H_{54}O_2$). — Benedikt und Ulzer: Monatsh. Bd. 6, S. 579, 1888 (Verseifungszahl 57,6; Acetylzahl 57,4; Bestandteile). — Gascard: J. Chim. Phys. Bd. 1, S. 365. 1893 (Isolierung des Wachses). — Tschirch und Farner: Arch. Pharm. Bd. 237, S. 35. 1899; Farbenztg. Bd. 12, Nr. 13. 1906; Ch. Revue Bd. 14, S. 39. 1907 (Gewinnung und Eigenschaften). — Puran Singh: J. Soc. Ch. Ind. Bd. 29, S. 1453. 1910; C. 1911, I, 517 (Kennzahlen, z. B. Verseifungszahl 79,2—85, Jodzahl 8,8). — Ljubowski: Sfsz. Bd. 40, S. 127. 1913; C. 1913, I, 1551 (Vorkommen, Schmelzbereich 75—78°). — Gascard: Compt. rend. Bd. 159, S. 258. 1914; C. 1914, II, 889 (Lacceryl-laccerat, sowie dessen Verseifungsprodukte). — Tschirch und Lüdy: Helv. Bd. 6, S. 994. 1923; C, 1924, I, 767 (Wachsester vom Schmelzpunkt 82°). — Tschirch und Schäfer: Pharm. Acta Helvetiae Bd. 1, S. 9. 1926; C. 1926, I, 2151 („Tachardiacerol", „Tachardiacerinsäure", „Tachardiacerin"). — Lüdecke: „Die Wachse und Wachskörper", Stuttgart 1926, S. 32 (Kennzahlen).

Cochenillewachs: Liebermann: Ber. Bd. 18, S. 1975. 1885.

Wachs der Feigen-Cochenille: Targioni und Sestini: Bull. Soc. Chim. Paris 1867, S. 614; Jahrb. d. Pharm. 1867, S. 482.

Wachs der Traubenschildlaus: Prandi: Staz. sperim. agrar. ital. Bd. 53, S. 309. 1920; C. 1921, I, 225.

Chinesisches Insektenwachs: Hosie: Sffbr. Bd. 11, S. 349. 1891 (Herkunft). — Marie: Ann. Chim. Phys. Bd. 29, VII, S. 145 (Zusammensetzung). — Herbig: Dingl. Polyt. J. Bd. 301, S. 114. 1896; C. 1896, II, 936 (Schmelzpunkt 81°, Verseifungszahl 77,9—78,7); s. auch Z. anal. Ch. Bd. 34, S. 765. 1895 (Dichte d^{15}: 0,926; Schmelzpunkt 82—83°). — Henriques: Ber. Bd. 30, S. 1415. 1897 (Cerotinsäurecerylester). — Sasaki: Sfsz. Bd. 35, S. 1049. 1908 (Herkunft und Gewinnung). — Gascard: Compt. rend. Bd. 170, S. 1326. 1920; C. 1920, III, 420 (Cerylalkohol und Cerotinsäure mit 27 Kohlenstoffatomen). — Allen bzw.

Lewkowitsch s. Lewkowitsch-Warburton: Ch. Technol. 6. ed. Bd. II, S. 944. 1922 (Kennzahlen und Zusammensetzung).

„Ibotawachs“: Amer. Druggist Bd. 21, S. 97. 1892.

Ceratoplastes-Wachs: Lindinger: Der Pflanzer Bd. 3, S. 353. 1907 (Vorkommen auf Acocanthera abessinica). — Koch: Sffbr. Bd. 28, S. 1141. 1908 (Vorkommen an den Zweigen von Acacia Lebbek).

Axinwachs: Hoppe: Jahresber. d. Ch. Bd. 13, S. 324. 1860 (Glyceride). — Bocquillon: J. Pharm. Chim (7) Bd. 2, S. 406. 1910 (Schmelzpunkt).

Wachs von Guascardia madagascariensis: Gascard (1893), Rodais (1897), Newstead (1908), insbesondere Berg s. Ubbelohde-Goldschmidt-Hartmann „Handbuch der Chemie und Technologie der Öle, Fette und Wachse“ Bd. IV, S. 617. 1926 (Vorkommen und Eigenschaften).

Wachs von Guascardia Perrieri: de Cordernay: Le Caoutchouc et la Gutta Percha Bd. 3, S. 545. 1906; Ch.-Ztg. Rep. Bd. 30, S. 297. 1906.

Klasse: Aves (Vögel).

Ordnung: Lamellirostres.

Anatidae.

Bürzeldrüsen-Wachs: de Jonge: Z. physiol. Ch. Bd. 3, S. 225. 1879 (Ausbeute an Sekret bzw. Wachs). — Röhmann: Beitr. z. chem. Physiol. und Pathol. Bd. 5, S. 110. 1904 (Kennzahlen und Bestandteile). — Cerny: Z. physiol. Ch. Bd. 62, S. 296. 1909 (Wachsbestandteile aus dem Extrakt von Hühnerfedern).

Ordnung: Tubinares.

Procellariidae.

Sturmvogel-Wachse: Smith: J. Soc. Ch. Ind. Bd. 30, S. 405. 1911 („Magenöl“ des schwarzen Sturmvogels). — Evers und Foster: Pharm. J. Bd. 105, S. 100. 1920; C. 1921, II, 78 (Kennzahlen des festen und des flüssigen Anteiles des „Magenöles“ von Aestrelata lessoni). — Rosenheim und Webster: Bioch. J. Bd. 21, S. 111; C. 1927, I, 2916 („Magenöl“ des Eissturmvogels). — Carter, J. Soc. Ch. Ind. Bd. 47, S. 26 T. 1928; Ch. Umschau Bd. 35, S. 114. 1928 (Bestandteile des „Magenöles“ von Aestrelata lessoni). — Leigh-Clare: Bioch. J. Bd. 21, S. 725. 1927; C. 1928, I, 216 (Gehalt an Vitamin D).

Klasse: Mammalia (Säugetiere).

Ordnung: Cetacea.

Physeteridae.

Walrat: Heintz: Ann. Bd. 92, S. 291. 1854. — Allen: Commercial org. Anal. 1886. — Jean: J. Pharm. Chim. Bd. 20, S. 337. 1889. — Bussy und Lecanne: s. Sffbr. Bd. 13, S. 594. 1893. — Evers: Pharm. Ztg. Bd. 41, S. 737. 1896. — Lymann und Kebler: Amer. J. Pharm. Bd. 68, S. 7. 1896; Ch. Ztg. Rep. Bd. 20, S. 88. 1896. — Hirschsohn: Pharm. Ztschr. f. Rußland 1897, S. 161; Pharm. Centralh. Bd. 38, S. 283. 1897. — Lewkowitsch: Analyst Bd. 24, S. 321. 1899 (Acetylzahl eines Handelsmusters). — Dieterich: Helfenberger Ann. 1901, S. 76; 1902, S. 59; 1903, S. 52. — Visser: Z. Nahrgsm. Bd. 8, S. 419. 1904; C. 1904, II, 1523 (Jodzahl 5,9). — Fendler: Ch.-Ztg. Bd. 29, S. 555. 1905 (Schmelzpunkt). — Rakusin: Ch.-Ztg. Bd. 30, S. 1248. 1906. — Dunlop: J. Soc. Ch.

Ind. Bd. 27, S. 63. 1908. — BRANDENHORST: Pharm. Weekblad Bd. 46, S. 1043. 1909 (Jodzahl 6,7). — LUCAS: Apoth.-Ztg. Bd. 28, S. 750. 1913; C. 1913, II, 1163 (Dichte bei 15° im Mittel 0,895). — MELDRUM: Ch. News Bd. 111, S. 1915; C. 1915, I, 1388 (Schmelz- und Erstarrungspunkt). — FABRIS: Staz. sperim. agrar. Bd. 48, S. 595. 1915; C. 1915, II, 1317 (Viscosität). — WILKIE: Analyst Bd. 42, S. 200. 1917; C. 1917, II, 780 (51—52,2% Unverseifbares). — BOHRISCH und KÜRSCHNER: Pharm. Centralh. Bd. 61, S. 703ff. 1920; C. 1921, II, 458 (Reinheitsprüfung, Nachweis von Paraffin). — YOUTZ: J. Am. Ch. Soc. Bd. 47, S. 2252. 1925; C. 1925, II, 1949 (Gewinnung und Reinigung des Cetylalkohols). — ANDRÉ und FRANÇOIS: Compt. rend. Bd. 182, S. 497. 1926; C. 1926, I, 2714 (Im Walrat des Handels ca. 0,7% Glycerin, entsprechend 7—8% Glyceriden). — WHITBY: J. Ch. Soc. 1926, S. 1458; C. 1926, II, 1843 (Stearinsäurecetylester). — ANDRÉ und FRANÇOIS: Compt. rend. Bd. 183, S. 663. 1926; C. 1926, II, 3061 (Alkohole); Bull. Soc. Chim. Biol. Bd. 9, S. 117. 1927; C. 1927, I, 2661 (Kennzahlen).

Ordnung: Ungulata (Huftiere).

Bovidae.

Wollwachs: CHEVREUL: Compt. rend. Bd. 14, S. 783 (Zusammensetzung: „Stearin" Schmelzpunkt 60°; „Elain" Schmelzpunkt 15°). — ULBRICHT und REICH: Preuß. Ann. d. Landw. Monatsbl. Bd. 42, S. 122 (18—46% verseifbare Anteile); s. auch WILDE: Landw. Centralbl. 1867, S. 434. — HEIDEN: Wagners Jahresber. 1867, S. 555 (Wachsgehalt einer Merinowolle: 27%). — HARTMANN: Dissert. Göttingen 1868 (Cholesterin und Isocholesterin, Abwesenheit von Glycerin). — SCHULZE und MÄRKER: J. pr. Bd. 108, S. 193. 1869 (Abhängigkeit der Zusammensetzung des Wollwachses von verschiedenen Faktoren). — SCHULZE: Zeitschr. f. Ch. Bd. 13, S. 453. 1870 (Cholesterin); Ber. Bd. 5, S. 1075. 1872; ebenda Bd. 6, S. 251. 1873 (Isocholesterin). — SCHULZE und URICH: Ber. Bd. 7, S. 570. 1874 (Alkohole). — SCHULZE und BARBIERI: J. f. Landw. 1879, S. 125 (Fettgehalt verschiedener Wollen: 7,2—34,2%). — HURST: J. Soc. Ch. Ind. Bd. 8, S. 90. 1889 (72,1—88,6% freie Fettsäuren in destilliertem „Wollfett"). — VULPIUS: Z. anal. Ch. Bd. 28, S. 256. 1889 (Farbenreaktion). — LEWKOWITSCH: J. Soc. Ch. Ind. Bd. 11, S. 135. 1892 (Analyse). — KREMEL: Z. anal. Ch. Bd. 32, S. 363. 1893 (Nachweis fremder Fette). — SIMAND: Der Gerber 1893, S. 278 (Nachweis von Wollfett im Degras). — v. COCHENHAUSEN: Dingl. Polyt. J. Bd. 292, S. 114. 1894 (Säurezahlen). — HERBIG: Dingl. Polyt. J. Bd. 292, S. 42, 66 und 91. 1894; C. 1894, I, 1014 (Gewinnung, Ausbeute). — G. DE SANCTIS: Gazz. chim. Bd. 24, S. 14. 1894; Ch.-Ztg. Bd. 19, S. 651. 1895 (Palmitin-, Stearin-, Cerotin- und Ölsäure). — MARCHETTI: R. Accad. Linc. (5) Bd. 3, II, S. 352. 1895; C. 1895 I, 423 (Cerylalkohol; „Lanolinalkohol"). — SCHMITZ-DUMONT: Dingl. Polyt. J. Bd. 296, S. 219. 1895 (Säurezahlen, Nachweis von Wollfett in Degras). — HENRIQUES: Z. ang. Bd. 8, S. 722. 1895 (Verseifungszahlen). — HERBIG: Dingl. Polyt. J. Bd. 294, S. 46. 1895 (Nachweis fremder Fette). — HERBIG: ebenda Bd. 297, S. 135. 1895 (Bestimmung des Unverseifbaren). — HERBIG: ebenda Bd. 297, S. 160. 1895 (Zusammensetzung). — v. COCHENHAUSEN und HERBIG: ebenda Bd. 298, S. 138. 1895 (Kennzahlen verschiedener Wollfettpräparate). — DARMSTÄDTER und LIFSCHÜTZ: Ber. Bd. 28, S. 3133. 1895; C. 1896, I, 400; Ber. Bd. 29, S. 618 u. 1474. 1896; C. 1896, II, 219 (Zusammensetzung, Lanocerinsäure). — v. COCHENHAUSEN: Dingl. Polyt. J. Bd. 299, S. 233 u. 256. 1896 (Säurezahlen 0,7—10,3). — LEWKOWITSCH: J. Soc. Ch. Ind. Bd. 15, S. 31. 1896; s. auch Ch. Revue Bd. 3, S. 82. 1896 (51,8% Alkohole; Fettsäuren). —

Ulzer und Seidel: Z. ang. Bd. 9, S. 49. 1896 (2—3% flüchtige Säuren). — Herbig: Dingl. Polyt. J. Bd. 302, S. 17. 1896; C. 1896, II, 936 (Auswertung der Jodzahl); s. dagg. Henriques: Ch. Revue Bd. 3, S. 245. 1896; C. 1897, I, 267. — Herbig: Dingl. Polyt. J. Bd. 303, S. 187. 1897; C. 1897, I, 621 (Entgegnung). — Darmstädter und Lifschütz: Ber. Bd. 29, S. 2890. 1896; C. 1897, I, 297 (Zusammensetzung). — Darmstädter und Lifschütz: Ber. Bd. 30, S. 2898. 1897 (Myristinsäure, Carnaubasäure, Lanopalminsäure, Lanocerinsäure). — v. Cochenhausen: Dingl. Polyt. J. Bd. 303. S. 283. 1897; C. 1897, I, 1037 (Trennung der gesättigten von den ungesättigten Alkoholen). — Lifschütz: Dingl. Polyt. J. Bd. 304, S. 72. 1897; C. 1897, I, 1038 (Entgegnung). — Darmstädter und Lifschütz: Ber. Bd. 31, S. 97. 1898; C. 1898, I, 602 (Zusammensetzung). — Lifschütz: Pharm. Ztg. Bd. 43, S. 230. 1898; C. 1898, I, 1002 (Prüfung). — Darmstädter und Lifschütz: Ber. Bd. 31, S. 1122. 1898; C. 1898, II, 12 (Alkohole). — Schulze: Ber. Bd. 31, S. 1200. 1898; C. 1898, II, 12 (Abweichungen in der Zusammensetzung). — Darmstädter und Lifschütz: J. Russ. Phys. Chem. Ges. Bd. 30, S. 401. 1898; C. 1898, II, 754 (Kein Stickstoffgehalt). — Herbig: Z. öff. Ch. Bd. 4, S. 227 u. 257. 1898 (Unverseifbares). — Fahrion: Z. ang. Bd. 11, S. 271. 1898 (Gesamtsäurezahl). — Rosauer: Therap. Monatsh. Bd. 12, S. 437. 1898 (Dichte von Lanolinum anhydricum und Adeps lanae). — Ullmann, ebenda S. 439; C. 1898, II, 875 (Dichte). — Lewkowitsch: Analyst Bd. 24, S. 321. 1899 (Acetylzahl 23,3). — Bornträger: Z. anal. Ch. Bd. 39, S. 505. 1900; C. 1900, II, 881 (Analyse). — Holde und Marcusson: Ber. Bd. 33, S. 3171. 1900 („Wollpeche"). Mitt. techn. Vers. Anst. Berlin Bd. 43, S. 212. 1900; Ch. Revue Bd. 7, S. 76. 1900 (Nachweis von Mineralöl). — Keutmann: Pharm. Ztg. Bd. 46, S. 155, 1901; C. 1901, I, 755 (Weißes Lanolin). — Jean: Ann. Chim. anal. Bd. 6, S. 447. 1901; C. 1902, I, 336 (Abnormes, dem Bienenwachs ähnliches Muster: Schmelzpunkt 58°; 47% freie Fettsäuren, 50% Unverseifbares). — Herbig: Ch. Revue Bd. 9, S. 275. 1902; Bd. 10, S. 6. 1903 (Nachweis von Glycerin). — Marcusson: Mitt. techn. Vers. Anst. Berlin Bd. 21, S. 48. 1903; C. 1903, II, 151 (Untersuchung von Wollfettoleinen). — Marcusson: Mitt. techn. Vers. Anst. Berlin Bd. 22, S. 96. 1904; C. 1904, II, 962 (Unverseifbares im Wollfettolein; Nachweis von Harz- und Mineralölen). — Visser: Z. Nahrgsm. Bd. 8, S. 419. 1904; C. 1904, II, 1523 (Jodzahl 35,3). — Dieterich: Ch. Revue Bd. 11, S. 233. 1904 (Kennzahlen). — Gill und Stephen: Ch. Revue Bd. 11, S. 181. 1904 (Vergleich der Kohlenwasserstoffe aus destilliertem „Wollöl" und aus Mineralöl). — Utz: Ch. Revue Bd. 13, S. 249. 1906; C. 1906, II, 1782 (Kennzahlen roher und gereinigter Muster). — Rakusin: Ch.-Ztg. Bd. 30, S. 1247. 1906; C. 1907, I, 284 (Optisches Drehungsvermögen + 10,2 bis + 11,2°). — Walden: Ch.-Ztg. Bd. 30, S. 391. 1906; C. 1906, II, 155 (Optische Drehung geschmolzenen Lanolins). — Herbig: Ch. Revue Bd. 13, S. 303. 1906; C. 1907, I, 517 (Bestimmung der Verseifungszahl). — Lifschütz: Monatsh. prakt. Dermatol. 1907, S. 235 (Oxycholesterin frei und verestert). — Unna: Ch.-Ztg. Rep. Bd. 32, S. 48. 1908. — Lifschütz: ebenda S. 72 (Wasseraufnahmevermögen). — Golodetz: Ch.-Ztg. Bd. 32, S. 160. 1908 (Farbenreaktionen). — Wright: J. Soc. Ch. Ind. Bd. 28, S. 1020. 1909; C. 1910, I, 779 (Rohwolle bis 17% „Wollfett", bis 13% „Wollschweiß"). — Gill und Forest: J. Am. Ch. Soc. Bd. 32, S. 1071. 1910; C. 1910, II, 1201 (Kohlenwasserstoffe aus Wollfettolein). — Marcusson: Mitt. Mat. Prüf. Bd. 28, S. 469. 1910; sowie Winterfeld und Mecklenburg: ebenda S. 471; C. 1910, II, 1953 (Nachweis von Harz- und Mineralöl in Wollfettoleinen). — Wagenaar: Pharm. Weekblad Bd. 48, S. 479. 1911; C. 1911, I, 1765 (Glycerinnachweis). — Wolfbauer: Z. landw. Vers. Wesen Österr. Bd. 15, S. 767. 1912;

C. 1912, II, 758 (Technische Untersuchung). — MARCUSSON und v. SKOPNIK: Z. ang. Bd. 25, S. 1297 u. 2577. 1912; C. 1913, I, 472; s. auch Mitt. Mat. Prüf. Bd. 31, S. 165; C. 1913, I, 1002 (Destillate; „Wollfettolein" und „Wollfettstearin"). PROKTER: Collegium 1912, S. 686; C. 1913, I, 473 („Cockle-Wollfett"). — TELLERA: Boll. Chim. Farm. Bd. 52, S. 1. 1913; C. 1913, II, 818 (Nachweis von Vaseline). — BANCROFT: J. Physical Ch. Bd. 17, S. 501. 1913; C. 1913, II, 840 (Lanolin eine Emulsion von „Wollfett" mit Wasser als disperser Phase). — LIFSCHÜTZ: Bioch. Z. Bd. 48, S. 373. 1913; C. 1913, I. 1233 (Nachweis von Oxycholesterin); Bioch. Z. Bd. 54, S. 212, u. zw. 234. 1913 (Gesamtcholesteringehalt 21%, freies Cholesterin 3,5%); s. auch C. 1913, II, 997. — SALOMON: Ber. Bd. 24, S. 189. 1914; C. 1914, I, 1854 (51,6% Unverseifbares im „Wollfett"; 48% im Lanolin). — MARCUSSON: Sffbr. Bd. 35, S. 693 u. 714. 1915; C. 1915, II, 988 (Veredelung; „Wollfettolein"; „Wollfettstearin"). — RICHARDSON und BRACEWELL: J. Soc. Ch. Ind. Bd. 35, S. 160. 1916; Ch. Umschau Bd. 23, S. 62. 1916 (Kennzahlen der Säuren und des Unverseifbaren: Neutralisationszahl 136—150; Brechungsindex bzw. Jodzahl des Unverseifbaren: 1,489—1,495 bzw. 40—50). — RÖHMANN: Bioch. Z. Bd. 77, S. 298. 1916; C. 1917, I, 98 (Zusammensetzung). — WILKIE: Analyst Bd. 42, S. 200. 1917; C. 1917, II, 780 (41—51,8% Unverseifbares). — ROHMANN: Physikal. Ztschr. Bd. 20, S. 256. 1919; C. 1919, III, 364 (Doppelbrechung). — MARGOSCHES: Z. D. Öl- u. Fettind. Bd. 1, S. 470. 1919; C. 1920, II, 252 (Jodzahl). — LIFSCHÜTZ: Z. physiol. Ch. Bd. 110, S. 29. 1920; C. 1920, III, 557 (Die sog. ölige Säure des Wollfettes keine Oleinsäure). — LIFSCHÜTZ: Z. physiol. Ch. Bd. 114, S. 108. 1921; C. 1921, IV, 1152 (Metacholesterin die Ursache der Wasseraufnahmefähigkeit). — ROHMANN: Physikal. Ztschr. Bd. 23, S. 39. 1921; C. 1922, I, 727 (Doppelbrechung). — LIFSCHÜTZ: Bioch. Z. Bd. 129, S. 115. 1922; C. 1922, I, 726 (Metacholesterin). — EHMANN: J. Am. Pharm. Assoc. Bd. 11, S. 188. 1922; C. 1923, IV, 122 (Wasserfreies und wasserhaltiges „Wollfett"). — LIFSCHÜTZ: Pharm. Centralh. Bd. 64, S. 305. 1923; C. 1923, IV, 434 (Lanolin-Eucerin-Gemisch). — GRASSOW: Bioch. Z. Bd. 148, S. 61. 1924; C. 1924, II, 685 (35,6% Alkohole, ca. 60% Säuren). — OESTERMANN: Monatsh. prakt. Dermatol. Bd. 45, S. 234. 1924; C. 1924, II, 2806 („Wollfett" und Adeps Lanae). — LIFSCHÜTZ: Z. physiol. Ch. Bd. 141, S. 146. 1924; C. 1925, I, 791 (Veränderlichkeit). — HOLDE und LIFSCHÜTZ in HOLDE „Kohlenwasserstofföle und Fette", 6. Aufl., Berlin 1924, S. 754—760 (Untersuchung von Wollwachs und seinen Destillationsprodukten). — HESS, WEINSTOCK und HELMAN: J. Biol. Ch. Bd. 63, S. 305. 1925; C. 1925, II, 943 (Antirhachitische Wirkung). — GUDJONSSON: Amer. J. Physiol. Bd. 75, S. 533. 1926; C. 1926, II, 1063 (Reichlicher Gehalt an Vitamin A in isländischem Wollwachs). — HUME, LUCAS und SMITH: Bioch. J. Bd. 21, S. 362. 1927; C. 1927, II, 1165 (Vitamin D). — WENNSTRÖM und HARRIS: J. Oil Fat. Ind. Bd. 4, S. 353. 1927; C. 1928, I, 271 (Gewinnung und Reinigung). — KAUFMANN: Z. ang. Bd. 41, S. 19. 1928 (Prüfung von Oleinen auf rhodanometrischem Wege).

Blutwachs („Blutfett"): HÜRTHLE: Z. physiol. Ch. Bd. 21, S. 133. 1896 (Palmitin- und Ölsäurecholesterinester in frischem Blut). — LIFSCHÜTZ: ebenda Bd. 53, S. 142. 1907 (Cholesterinester); ebenda Bd. 117, S. 212. 1921; C. 1922, I, 508 (Zusammensetzung und Eigenschaften).

Rinder-„Leberfett": LIFSCHÜTZ: Z. physiol. Ch. Bd. 63, S. 222. 1909. — CHANNON und MARRIAN: Bioch. J. Bd. 20, S. 409. 1926; C. 1926, II, 242 (Hoch-ungesättigter Kohlenwasserstoff in der Leber; liefert ein Äther-unlösliches Bromid mit 68% Brom und ein Hydrochlorid vom Schmelzpunkt 128°).

Ordnung: Primates.

Wachsartige Substanzen aus peripheren menschlichen Organen: LAMOIS und MARTZ: Ann. malad. d'oreilles 1897, S. 6; Centralbl. med. Wiss. 1898, S. 1 (Ohrenschmalz). — LINSER: Habilitationsschrift Tübingen 1904 („Über den Hauttalg beim Gesunden und bei einigen Hauterkrankungen"). — SIEBERT: Arch. für Dermatologie Bd. 82, S. 371. 1906 (Fettige Hautsekrete). — UNNA: Monatsh. für prakt. Dermatologie Bd. 45, S. 379. 1907 (Menschliche „Hautfette" wesentlich verschieden von Wollwachs). — GOLODETZ: Ch. Revue Bd. 16, S. 238. 1909; C. 1909, II, 1674 (Sekret- und Zellenfette). — UNNA und GOLODETZ: Bioch. Z. Bd. 20, S. 469. 1909; C. 1909, II, 1674 (Eingehende Untersuchung mehrerer Hautwachse).

Fossile Wachse.

Montanwachs.

E. v. BOYEN: D.R.P. 101373; C. 1899, I, 864 (Gewinnung). —HELL: Z. ang. Bd. 13, S. 526. 1900 (Montansäure $C_{29}H_{58}O_2$). — v. BOYEN: ebenda Bd. 14, S. 1110, 1901; C. 1901, II, 1285 (Montansäure; Alkohol mit Schmelzpunkt 60°). — KRAEMER und SPILKER: Ber. Bd. 35, S. 1212. 1902; C. 1902, I, 1173 (Entstehung). — HÜBNER: Inaug.-Dissert. Halle 1903 (Ketone $C_{12}H_{24}O$ und $C_{16}H_{32}O$); s. auch Arch. Pharm. Bd. 244, S. 196. 1908 („Braunkohlenwachs"). — ULZER und PASTROVICH: Ch. Revue Bd. 10, S. 277. 1903; C. 1904, I, 111 (Säurezahl 100,9; Verseifungszahl 101,4). — POTONIÉ: Z. Deutsche geol. Ges. Monatsber. 1905, S. 255 („Denhardtit", wachshaltiges Mineral aus Britisch-Ostafrika, dem Pyropissit nahe verwandt); s. auch SCHRÖTER: Berzelius' Jahresber. Bd. 24, S. 588. 1845 („Hartin"-Krystalle vom Schmelzpunkt 230° aus Gloggnitzer Braunkohle). — WALDEN: Ch.-Ztg. Bd. 30, S. 1167. 1906; C. 1907, I, 582 (Optisches Drehungsvermögen). — GRAEFE: „Die Braunkohlenteerindustrie", Halle 1906 („Schwelkohle"); Braunkohle Bd. 6, S. 220. 1907 (Färbende Bestandteile). — MARCUSSON: Ch. Revue Bd. 15, S. 193. 1908; C. 1908, II, 724 (Montansäure; Unverseifbares). — EISENREICH: Ch. Revue Bd. 16, S. 211. 1909; C. 1909, II, 1088 (Kennzahlen gereinigten Montanwachses; 72,7% freie Montansäure; 29,1% Unverseifbares). — EASTERFIELD und TAYLOR: J. Ch. Soc. Bd. 99, S. 2298. 1911; C. 1912, I, 567 (Montanon, Schmelzpunkt 97°). — RYAN und DILLON: Proc. Roy. Soc. Dublin Bd. 12, S. 202. 1909; C. 1913, II, 2048 (Kennzahlen und Bestandteile von „Montanwachs" aus irischem Torf: Säurezahl 73,3; Verseifungszahl 73,9; Jodzahl 16; 47% Unverseifbares, 53% Säuren, kein Harz). — HOLDE in „Handwörterbuch der Naturwissenschaften", Band I, S. 1148—1163. Jena 1912 („Bitumina": Definition, Gewinnung, Bestandteile). — HANS MEYER und BROD: Monatsh. Bd. 34, S. 1143. 1913; C. 1913, II, 1461 (Montansäure). — SEIFERT: Sfsz. Bd. 40, S. 1029. 1913; C. 1913, II, 1993 (Rohmontanwachs). — GOTHAN in „Handwörterbuch der Naturwissenschaften", Band V, S. 831. Jena 1914 (Angaben über Pyropissit). — FISCHER und GLUUD: Ber. Bd. 49, S. 1460f. 1916; C. 1916, II, 1089 (Gewinnung). — GRÜN und ULBRICH: Ch. Umschau Bd. 23, S. 57. 1916; C. 1916, II, 402; Ch. Umschau Bd. 24, S. 45. 1917; C. 1917, I, 1165 (Kennzahlen; Montansäureketon vom Schmelzpunkt 59,6—59,8°; ein ungesättigter Kohlenwasserstoff). — FISCHER und SCHNEIDER: Braunkohle 1916, S. 235. Ges. Abhandl. z. Kenntnis d. Kohle Bd. I, S. 204. 1917; C. 1919, II, 519 (Ausbeutesteigerung durch Druckextraktion der Braunkohle; z. B. mittels Benzol bei 80° 11%, bei 260° und 60 Atm. 25%). — SCHNEIDER und TROPSCH: Ges. Abhandl. z. Kenntnis d. Kohle Bd. II, S. 57, 1917; C. 1919, II, 619 (Rheinische Kohle schwerer aufschließbar). — MARCUSSON und SMELKUS: Ch.-Ztg. Bd. 41, S. 129 u. 150. 1917; C. 1919, IV, 159 (Kennzahlen von Rohmontanwachs und seinen Destillationsprodukten). — MARCUSSON: Ch. Techn. Wochenschr. S. 78f. 1918; C. 1919, IV, 390 (Gewinnung und Veredelung). — GRÜN und ULBRICH: Z. D. Öl- u. Fettind. Bd. 40, S. 773. 1920; C. 1921, II, 998 (Ausbeuteerhöhung durch vorherige Behandlung mit Mineralsäuren). — MEYERHEIM: Sffbr. Bd. 39, S. 365f. 1919; C. 1920, II, 213 (Gewinnung, Zusammensetzung, Verwendung). — PSCHORR und PFAFF: Ber. Bd. 53, S. 2147. 1920; C. 1921, II, 375 (Zusammensetzung: u. a. 53% Montansäureester, 17% freie Montansäure. Von Alkoholen Tetrakosanol $C_{24}H_{50}O$ sowie Ceryl- und Myricylalkohol). — SCHNEIDER und JANTSCH: Ges. Abhandl. z. Kenntnis d. Kohle Bd. IV, S. 363. 1919; C. 1921, II, 423 (Wachsgehalt der Braunkohlenurteere höchstens 6%). — PSCHORR, PFAFF und BERNDT: Z. ang. Bd. 34, S. 334. 1921; C. 1921, IV, 542 (Gesamtmenge der Montansäure ca. 45%; gebundene aliphatische Alkohole ca. 25%; Methode zur Bestimmung der Verseifungszahl). — TROPSCH und KREUTZER: Brennstoffchemie Bd. 3, S. 49. 1922; C. 1922, II, 762 (Montansäure $C_{29}H_{58}O_2$ mit Schmelzpunkt 86—86,5°; Carbocerinsäure $C_{27}H_{45}O_2$ mit Schmelzpunkt 82°). — MARCUSSON und SMELKUS: Ch.-Ztg. Bd. 46, S. 701. 1922; C. 1922, IV, 773 (Färbende Bestandteile, Oxysäuren). — MARCUSSON: Z. ang. Bd. 37, S. 35 u. 413. 1924; C. 1924, I, 1723 bzw. II, 781 (Erhitzen von Rohmontanwachs). — HOLDE und MAUNE: Ber. Bd. 59, S. 1730. 1926; C. 1926, II, 2520 (Acetylzahlen von Montanwachsdestillaten unter 7).

Ozokerit („Erdwachs").

DOLLFUS und MEUNIER: Compt. rend. Bd. 105, S. 823. 1887 (Optisches Drehungsvermögen). — HELMHACKER: Berg-Hüttenm.-Ztg. Bd. 54, S. 142. 1895; C. 1895, I, 1154 (Vorkommen). — HELMHACKER: Berg-Hüttenm.-Ztg. Bd. 56, S. 11. 1897; C. 1897, I, 518 (Vorkommen und Gewinnung in Galizien). — ISTRATI: Bull. Soc. des Sciences de Bucarest Bd. 6, S. 61. 1897; C. 1897, I, 1222 (Kennzahlen rumänischer Sorten). — v. BOYEN: Z. ang. Bd. 11, S. 383. 1898; C. 1898, I, 1210 (Wertbestimmung von galizischem Ozokerit). — KRAEMER und SPILKER: Ber. Bd. 35, S. 1214. 1902 (Entstehung). — ISTRATI und MICHAILESCOU: Bull. Soc. des Sciences de Bucarest Bd. 13, S. 143. 1904; C. 1904, II, 1448 (Kohlenwasserstoffe mit verzweigter Kette). — FADER: Ch. Revue, Bd. 12, S. 106. 1905; C. 1905, I, 1666 (Argentinischer Ozokerit). — ENGLER: Ch.-Ztg. Bd. 30, S. 711. 1906; C. 1906, II, 1017 (Optisches Drehungsvermögen). — MARCUSSON und SCHLÜTER: Ch.-Ztg. Bd. 31, S. 348. 1907; C. 1907, I, 1356 (Nachweis von Paraffin). — KÜNKLER und SCHWEDHELM: Sfsz. Bd. 35, S. 165. 1908; C. 1908, I, 1322 (Zwischenprodukte bei der Entstehung). — MOROZEWICZ: Anzeiger Akad. Wiss. Krakau 1908, S. 1067; C. 1909, I, 1113 (Kohlenwasserstoff „Hatchettin" $C_{38}H_{78}$). — RAKUSIN: J. Russ. Phys. Chem. Ges. Bd. 41, S. 109. 1909; C. 1909, I, 1434 (Optische Drehung eines Ozokerits von der Insel Tscheleken). — GAUBERT: Compt. rend. Bd. 151, S. 532. 1910; C. 1910, II, 1322 (Brechungsindex). — KOSS: J. Russ. Phys. Chem. Ges. Bd. 43, S. 846. 1911; C. 1911, II, 1264 (Untersuchung der Extraktionsprodukte; keine Sterine). — RAKUSIN: J. Russ. Phys. Chem. Ges. Bd. 43, S. 791. 1911; C. 1911, II, 1973 (Optische Untersuchung; keine Cholesterinreaktion). — SIEGFRIED: Petroleum Bd. 7, S. 1049ff. 1912; C. 1912, II, 1394 („Pasmowachs" und „Kindybal"). — LACHMANN: Ztschr. f. Krystallogr. Bd. 52, S. 137. 1913; C. 1913, I, 1835 (Entstehung). — v. SIEMIRADZKI: Petroleum Bd. 9, S. 301. 1913; C. 1914, I, 420 („Boryslavit": gelb, sehr hart). — SCHOCH: Eng. Bd. 8, S. 1095. 1916; C. 1918, I, 860 („Thrallozokerit" und „Thrallceresin"). — KOSS: Przemysl Chemiczny Bd. 4, S. 74. 1920; C. 1920, IV, 450 (Paraffingehalt 65,9%). — KIRCHDORFER: Sfsz. Bd. 48, S. 317ff. 1921; C. 1921, IV, 297 (Handels-Ceresine). — CIUSA und VOIS: Gazz. chim. Bd. 52, I, S. 135. 1922; C. 1922, IV, 391 (Fossiles Wachs von Monte Falò). — MARCUSSON: Z. ang. Bd. 37, S. 413. 1924; C. 1924, II, 781 (Bildung von Ceresinkohlenwasserstoffen aus Montanwachs). — MARKOW: Petroleumindustrie (russisch: Neftjanoe Chozjajstwo) Bd. 9, S. 707. 1925; C. 1926, I, 2990 (Gewinnung, Eigenschaften, Verwendung). — CHRISTMANN: Sfsz. Bd. 54, S. 250. 1927; C. 1927, I, 2783 (Vorkommen, Handelssorten). — TOKMANOW: Petroleumindustrie (russisch: Neftjanoe Chozjajstwo) Bd. 12, S. 558. 1927; C. 1927, II, 1525 (Bestimmung von Ceresin). — PYHÄLÄ: Petroleum Bd. 24, S. 902. 1928; C. 1928, II, 1164 (Bildung von Ozokeritablagerungen).

Torfwachs.

DURIN: Compt. rend. Bd. 96, S. 652. 1883 (Krystallinische Substanz). — KRAEMER und SPILKER: Ber. Bd. 32, S. 2942. 1899; Bd. 35, S. 1212. 1902 (Entstehung, Kennzahlen); s. auch KRAEMER und WEGER: Ch.-Ztg. Bd. 31, S. 675. 1907. — ZALOZIECKI und HAUSMANN: Z. ang. Bd. 20, S. 1141. 1907; C. 1907, II, 482 (Wachsbestandteile). — SCHREINER und SHOREY: J. Am. Ch. Soc. Bd. 31, S. 116. 1909; C. 1909, I, 869 („Agrosterin"). — HOLDE: Mitt. Mat. Prüf. Bd. 27, S. 23. 1909; C. 1909, I, 1942 (Wachsgehalt). — SCHREINER und SHOREY: J. Am. Ch. Soc. Bd. 32, S. 1674. 1910; C. 1911, I, 585 (Lignocerinsäure); J. Am. Ch. Soc. Bd. 33, S. 81. 1911; C. 1911, I, 679 (Hentriakontan). — ASCHAN: Ref. Brennstoffchemie Bd. 2, S. 316. 1921; Ch. Umschau Bd. 28, S. 271. 1921 („Humocerinsäure"). — BUTTERFIELD: Bull. Imp. Inst. Bd. 25, S. 243. 1927; C. 1927, II, 2729 (25% Wachs in Neuseelandtorf).

Register.

(Mitbearbeitet von Dr. F. JELE und Dr. R. KUNZE.)

Die Hinweise auf diejenigen Fette und Wachse, für die keine deutschen Bezeichnungen vorliegen, findet man unter den betreffenden wissenschaftlichen Namen im botanischen bzw. zoologischen Register. — In das Sachverzeichnis wurden die folgenden besonders häufig vorkommenden Fettsäuren nicht aufgenommen: Myristinsäure, Palmitinsäure, Stearinsäure, Arachinsäure, Ölsäure, Linolsäure und Linolensäure. — Die eingeklammerten Seitenzahlen beziehen sich auf Bestandteile, deren Vorkommen nicht mit Sicherheit festgestellt wurde. — Die Seitenzahlen über 588 betreffen die Angaben in der Bibliographie.

Sachverzeichnis.

Verzeichnis der botanischen Namen.

Verzeichnis der zoologischen Namen.

GPSR Compliance

The European Union's (EU) General Product Safety Regulation (GPSR) is a set of rules that requires consumer products to be safe and our obligations to ensure this.

If you have any concerns about our products, you can contact us on ProductSafety@springernature.com

In case Publisher is established outside the EU, the EU authorized representative is:

Springer Nature Customer Service Center GmbH
Europaplatz 3
69115 Heidelberg, Germany

Batch number: 10683448

Printed by Printforce, the Netherlands